普通高等学校“十四五”规划力学类专业精品教材

振 动 力 学

主　编　何　锃
副主编　江　雯
参　编　代胡亮　张栋梁　乔　厚
　　　　李志江　杨　琳　吉德三
　　　　王　琳

华中科技大学出版社
中国·武汉

内 容 提 要

本书共17章，可以分为三部分：第一部分（第1～6章）为基本部分，主要介绍线性单自由度系统，线性多自由度系统建模、模态分析和响应求解，振动特征值问题的求解方法、振动的数值积分方法，单自由度非线性振动以及分岔和混沌；第二部分（第7～14章）为连续体振动部分，主要介绍弦的横振，杆的纵振，轴的扭振，梁的横振和弯-扭耦合振动，膜、板和壳的横振，连续体振动的近似分析方法以及复合材料壳；第三部分（第15～17章）为随机振动部分，主要介绍随机振动的数学基础、线性系统随机振动的时域和频域分析方法，简单介绍了线性系统的直接随机分析方法。除绪论、第14章和第17章外，其他各章均安排了难度不同的习题，并配有习题参考答案。

图书在版编目(CIP)数据

振动力学 / 何锃主编 . -- 武汉 ：华中科技大学出版社，2024. 12. --（普通高等学校"十四五"规划力学类专业精品教材）. -- ISBN 978-7-5772-1333-0

Ⅰ. TB123

中国国家版本馆 CIP 数据核字第 2024AJ0418 号

振动力学
Zhendong Lixue

何　锃　主编

策划编辑：万亚军
责任编辑：杨赛君　杜筱娜
封面设计：廖亚萍
责任监印：朱　玢

出版发行：华中科技大学出版社（中国·武汉）　电话：(027)81321913
武汉市东湖新技术开发区华工科技园　邮编：430223

录　　排：武汉正风天下文化发展有限公司
印　　刷：武汉科源印刷设计有限公司
开　　本：787mm×1092mm　1/16
印　　张：43.5
字　　数：1059千字
版　　次：2024年12月第1版第1次印刷
定　　价：98.00元

前　　言

本书是按照力学专业 80 个学时以上的振动力学课程需要编写的。本书内容分为三部分，即基本部分、连续体振动部分和随机振动部分。在内容安排方面，我们力求做到理论严谨、逻辑清晰、由浅入深、论述简明。

振动理论和应用发展到现在，体系和内容已经非常庞杂，一本教材是不可能完全囊括的。本书作为本科生教材，将基础内容作为重点，试图对常规线性振动建立一个比较完整的体系，包括离散自由度振动系统、连续体振动系统和随机振动的理论。为了保证教材的基本完整性，也为学有余力的学生自学以拓宽知识面，本书加入了离散自由度系统非线性振动（第 5 章）和非线性动力学（第 6 章）方面的内容；在连续体振动部分，加入了复合材料壳的振动分析内容；在随机振动部分，加入了线性系统的直接随机分析内容。诸如振动的流固耦合问题、声振耦合问题、非线性结构动力学、非线性随机振动、一些先进的振动控制方法和深入的波动问题等内容，本书均未涉及，教师可根据学生和课时情况，安排课外阅读和研习。基于本书上述架构，学生学完振动力学课程后，应对振动理论的基本概念、基本方法以及一些经典现象和结果有一个比较清晰的认识，建立一个比较好的知识基础，具有解决一般振动问题的能力。

下面对全书内容进行概述。第 1、2 章为单自由度系统的振动和多自由度系统的振动，为最基础的内容，编者对这两章的内容作了适当的调整和合并，主要强调建模和响应分析方法，介绍了一些重要的特殊问题，简单介绍了周期性结构的振动。第 3 章主要介绍了振动特征值问题的性质，以及一些典型求解方法，包括 Sturm 序列方法、Jacobi 方法、Lanczos 方法和 QR 算法等。第 4 章介绍了离散自由度系统振动响应的数值求解方法，包括 Runge-Kutta 法、Wilson θ 法、Newmark 法，简单介绍了 Newmark 法的精度分析方法和非线性离散系统的数值求解方法。第 5 章为单自由度系统（或平面系统）的非线性振动，介绍了非线性的来源、相轨线的画法和特征以及一些典型求解方法（包括直接展开法、平均法和多尺度法等），简单介绍了时变系统的分析。第 6 章提纲式地介绍了分岔和混沌，为学生提供一个导引性材料，使他们了解非线性动力学系统的分岔和混沌现象、特征及一些基本分析方法。第 1～6 章可以认为是振动力学的基本部分，教师可根据实际情况选用。第 7 章为弦的横向振动，介绍了弦振动的建模、边界条件和一维波动方程的求解，简单介绍了弦中的波传播问题。第 8 章介绍了杆纵向振动的建模和求解方法，针对杆纵向振动的特殊性，介绍了考虑杆纵向运动与横向运动的惯性以及剪切刚度的耦合效应，这些知识对于精密振动问题的分析和控制会有一定的帮助。第 9 章介绍了轴扭转振动的建模和响应分析，以及非圆形截面轴的扭转变形和沿轴向正应变的耦合问题。第 10 章比较系统完整地论述了几种横向振动梁理论，包括 Euler 梁理论、Timoshenko 梁理论，比较详细地介绍了受轴力作用的梁、弹性基础上的梁、梁的弯-扭耦合振动等重要的特殊问题。第 11 章为膜和板的横向振动，论述了薄膜的建模和波动问题、经典板理论和响应求解方法，讨论了矩形、圆形等几种规则形状和简单边界条件板的振动模态和响应求解，比较详细地介绍了考虑转动惯量和剪切变形效应以及受面内载荷作用板的处理方法。第 12 章详细论述了壳的变形模式和应力、应变的公式，推出了壳的 Love 方程；介绍了 Donnell-Mushtari-Vlasov 简化理论，给出了 DMV 方程及相关应用；介绍了考虑转动惯量和剪切变形效应的处理方法。第 13 章比较详细地介绍了几种连续体振动的常用近似分析方法，包括 Rayleigh 方法、假设模态法、加权余值法等，简单介绍了梁、板、壳的有限元公式。第 14 章简单介绍了复合材料壳的特性和建模(由于力学专业学生一般都学过复合材料课程，因此对于力学专业学生，本章可作为课外阅读材料)。第 7～14 章为连续体振动部分，该部分经常同时采用平衡方法和 Hamilton 原理建模，以使学生熟悉各种连续体的能量表达公式和变分法的应用。第 15 章为随机振动的数学基础，简单复习了有关的概率论知识，介绍了随机过程的特性和描述方法，给出了随机微分和随机积分的定义。第 16 章介绍了线性系统随机振动的时域分析方法，给出了平稳激励的响应计算公式，包括均值、相关函数和方差等的计算；论述了随机过程的频域分析，给出了平稳过程的谱密度函数的定义和性质；建立了单输入-单输出、多输入-多输出线性系统的频域响应计算方法；简单介绍了线性连续体系统随机振动的特点和分析方法。第 17 章简单介绍了线性系统随机振动的直接随机分析方法，该方法针对随机响应的统计特征量推导出一些确定性微分方程，这些确定性微分方程的解直接给出一个或多个响应的统计特征量随时间的演变，从原理上说，这是一种很好的方法，但是方程系数的计算可能比较复杂，初始条件的获得比较困难；介绍了线性系统的 Fokker-Planck 方程，它控制非平稳过程概率密度的演化，但目前只限于特殊情况使用。第 15～17 章为随机振动部分，这部分的学习可以使学生形成较好的线性随机振动知识基础，能处理一些常规、简单的随机振动问题。

本书由华中科技大学何锃担任主编，华中科技大学江雯担任副主编，参与编写的还有华中科技大学代胡亮、王琳，中国电建集团华东勘测设计研究院有限公司张栋梁、乔厚，湖北工程学院李志江，武汉科技大学杨琳、吉德三。

在此，感谢华中科技大学将本书列入校级“十四五”本科规划教材建设目录，感谢华中科技大学出版社的领导和编辑为本书付出的辛劳。

由于编者学识和水平有限，谬误和不妥之处在所难免，恳请读者批评指正，以便将来再版时修正。

编　者

2024 年 5 月

目　录

绪　论

0.1　振动的基本概念和分类

0.1.1　振动的定义

任意一种运动，如果在一段时间后会重复出现，那么这种运动就称为**振动**(**vibration or oscillation**)。注意：两个相邻时间段之间的运动不要求完全准确地重现，当然两个相邻时间段的长度也不必精确相等；此外，振动可以是相对运动。一个单摆的来回摆动是一种典型的振动。振动力学主要研究物理系统和工程系统中的振动现象、特征和计算分析方法。随着时代的发展和需要，振动研究已经扩展到其他系统，如生物和生命系统。

0.1.2　振动系统的基本组成部分

一个振动系统，一般包含**势能存贮部件**，通常为弹簧或弹性体，它们为振动系统提供恢复力；**动能存贮部件**，即具有质量或惯性的物体；**能量损耗部件**，比如阻尼器。

一个系统的振动是将系统的动能转换为势能以及将势能转换为动能，如果是阻尼系统，则每次来回振动都会消耗能量，此时，如果要维持某种稳态振动，则需要外源不断地对系统供给能量。图 0.1～图 0.3 分别为单自由度、二自由度和三自由度振动系统。图 0.4 是一根悬臂梁，它是一个有无穷多个自由度的系统。

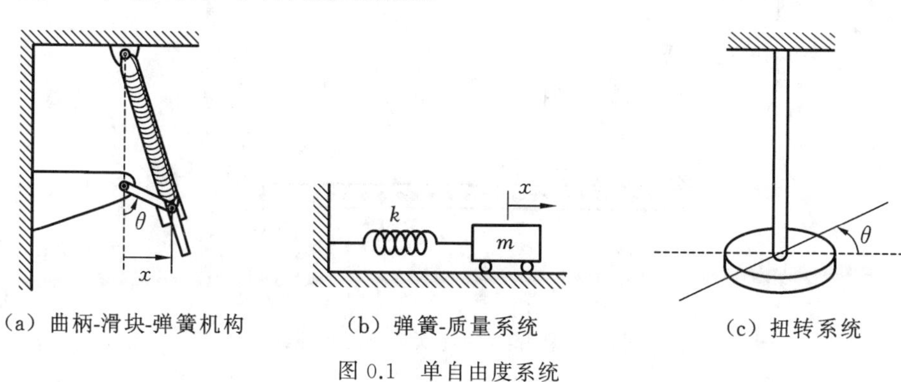

(a) 曲柄-滑块-弹簧机构　　(b) 弹簧-质量系统　　(c) 扭转系统

图 0.1　单自由度系统

0.1.3　离散和连续系统

很多实际系统可以用有限个自由度来描述它们的运动(见图 0.1～图 0.3)。有些系统，特别是那些含有连续弹性元件的系统，比如图 0.4 所示的悬臂梁，由于梁具有无数个点，我们需要无限多个坐标来描述它们的运动，因此其有无限多个自由度。

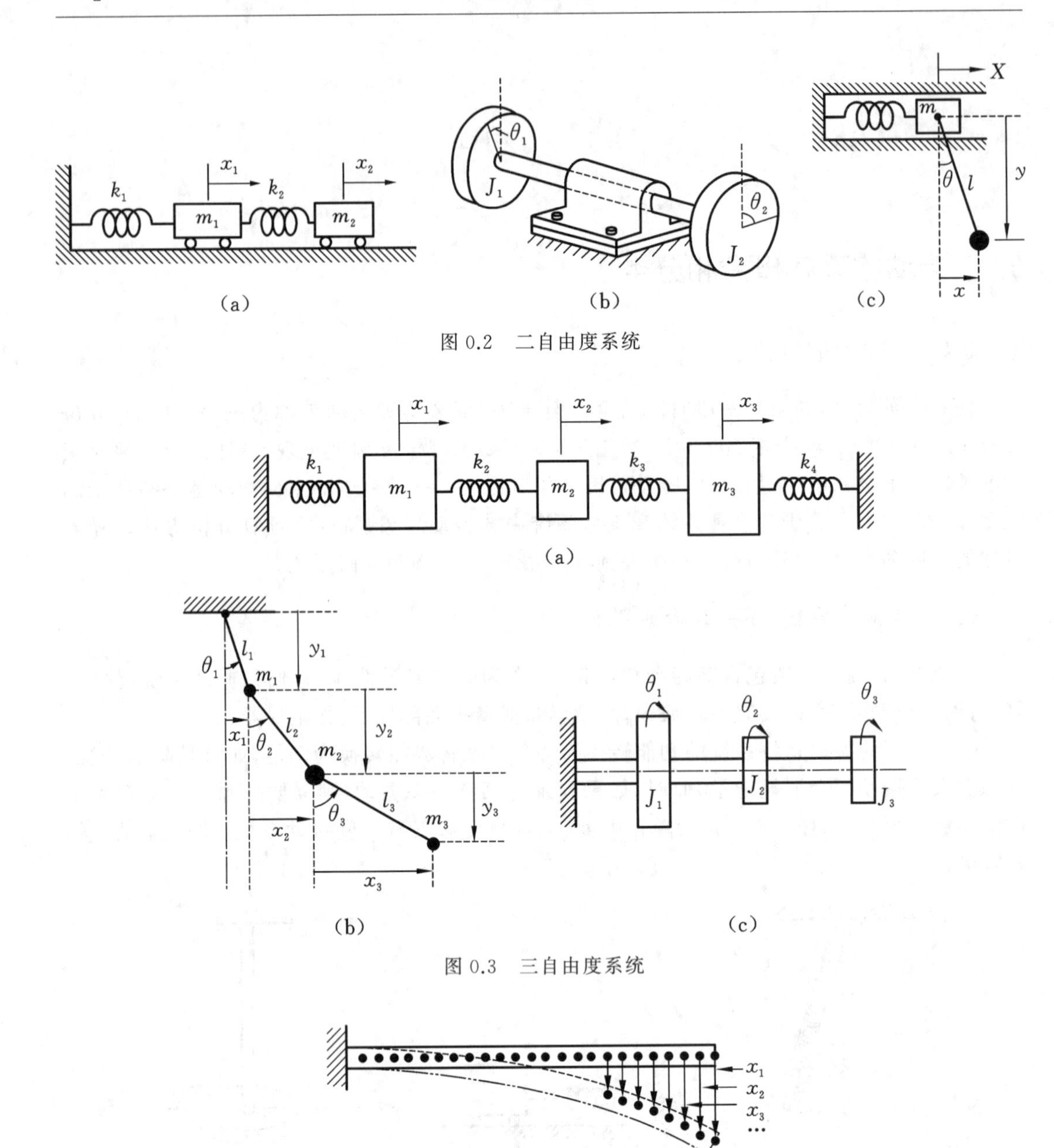

图 0.2　二自由度系统

图 0.3　三自由度系统

图 0.4　悬臂梁(一个无限自由度系统)

有限个自由度的系统称为**离散或集中参数系统**,具有无限多个自由度的系统称为**连续或分布参数系统**。很多情况下,可用离散系统来近似替代和处理连续系统。

0.2　振动的分类

振动可以按不同的方式进行分类,一些重要的分类如下。

0.2.1 自由振动和受迫振动

一个系统在受到初始扰动后，任由其自身发生振动，这种振动称为**自由振动**（**free vibration**）。

如果一个系统在外力作用下发生振动，则称为**受迫振动**（**forced vibration**）。

0.2.2 无阻尼和阻尼振动

如果在振动过程中，没有能量损失或耗散，这种振动称为**无阻尼振动**（**undamped vibration**）；反之，若在振动过程中有能量损失或耗散，这种振动称为**阻尼振动**（**damped vibration**）。

0.2.3 线性和非线性振动

如果一个振动系统的基本部件（如质量部件、弹簧和阻尼器）都表现出线性行为，则系统对应的振动称为**线性振动**（**linear vibration**）；反之，振动系统只要存在一个部件表现出非线性行为，则对应的振动称为**非线性振动**（**nonlinear vibration**）。

0.2.4 确定性和随机振动

如果作用于一个振动系统的激励（力或运动）的值在任意给定时刻是已知的，则系统对应的振动称为**确定性振动**（**deterministic vibration**）；反之，若系统的激励是随机的，则对应的振动称为**随机性振动**（**random vibration**）。图 0.5 分别给出了一个确定性激励和一个随机激励。

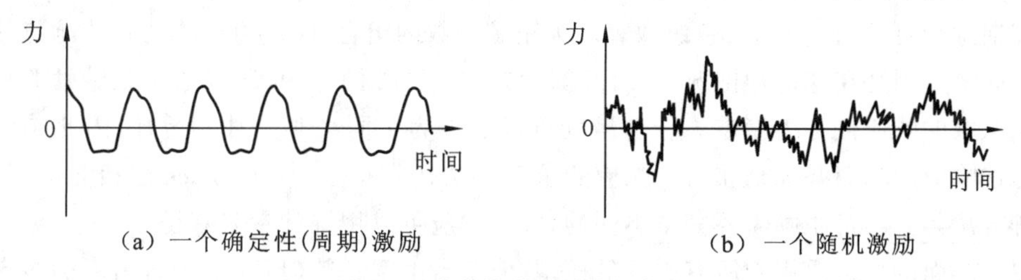

（a）一个确定性（周期）激励　　（b）一个随机激励

图 0.5 确定性激励和随机激励

0.3 振动分析的一般步骤和方法

0.3.1 一般步骤

振动系统是动态系统，其变量，如激励（输入）和响应（输出），是时间依赖的。系统的响应一般既依赖于初始条件，也依赖于外部激励。大部分实际振动系统是很复杂的，因此通过某种数学分析不可能弄清楚振动系统的所有细节。分析中一般只能考虑在特定输入下预测响应的最重要的一些特征。通常只能对复杂物理系统建立数学模型才能得到其所有的动态行为。因此，振动系统的分析一般包含数学建模、推导控制方程、求解控制方程，以及对结果作出解释。

振动分析的一般步骤如下。

步骤1:建立数学模型。数学模型需要表示出系统重要特征,目的是进一步推导出控制系统行为的数学方程。

步骤2:推导控制方程。一旦数学模型可用,就可以用物理原理(甚至实验)推导出控制方程,比如Newton定律、动量定理、动量矩定理、Lagrange方程、Hamilton原理等。

步骤3:求解控制方程。必须求解控制方程才能得到系统的响应。求解方法有多种,比如常规的微分方程求解方法、Fourier变换方法、Laplace变换方法、矩阵方法、数值方法等。具体采用何种方法需要根据系统与方程的性质和形式才能确定。

步骤4:解释结果。求出的响应一般包含了位移、速度和加速度等。这些结果需要按照分析的需要和目的作出明确的解释。

0.3.2 振动分析方法的一般性描述

系统对给定激励的响应取决于系统特性,这反映在运动微分方程中。如果响应随激励呈比例增大,则系统被认为是线性的;否则,它是非线性的。线性对系统来说至关重要,因为它决定了运动方程的求解方法。事实上,线性系统可应用叠加原理,这极大地简化了求解过程。叠加原理不适用于非线性系统。

不同类型的激励需要不同的求解方法,特别是外部激励。利用叠加原理,可以分别获得线性系统对初始激励和外部激励的响应,然后进行线性组合。因为大多实际系统,或多或少存在能量耗散现象,所以系统对初始激励的响应都会随着时间而衰减,它被称为**瞬态**。在正弦激励的情况下,通过频域图而不是时域图来处理响应更为有利。

周期激励可以通过Fourier级数表示为正弦函数的组合,响应可以作为正弦响应的相应组合来获得。因为在这两种情况下,时间都没有起到特殊的作用,所以对正弦激励的响应和对周期激励的响应被称为**稳态**。任意激励可以被视为不同大小脉冲的叠加,因此响应可以通过脉冲响应的相应叠加来获得。响应的求解方法还有很多,如Laplace变换方法、状态转移矩阵方法等。随机激励需要完全不同的方法,响应可以用统计量来获得。

尽管前面的讨论适用于所有类型的模型,但多自由度系统(指有限个自由度的多自由度系统)和分布参数系统需要进一步阐述。与直接应用Newton第二定律相比,用Lagrange方程可以更有效地推导出多自由度系统的运动方程。线性或线性化的运动方程最好用矩阵形式表示。它们的求解可以通过模态分析使方程独立来进行。这涉及代数特征值问题的求解和模态矩阵正交变换的使用,所有这些都需要熟练应用相关的线性代数方法。独立的模态方程类似于单自由度系统模态方程,可以分别单独地求解。描述线性分布参数系统的偏微分方程的求解更困难一些,但也已经有许多解决方法,本书将在相关章节作详细论述和介绍。

叠加原理不适用于非线性系统,这一事实导致求解这种系统很困难。如果人们只关心在某些平衡点附近定性的稳定性特征,而不是系统响应,那么可以通过在给定平衡点附近的线性化运动方程,求解相应的特征值问题,并从特征值的性质得出稳定性结论来获得这些信息。对于具有小非线性的系统,可以通过摄动方法获得更多的定量结果。对于任意大小的非线性的系统,只能在计算机上用数值方法求解。为此,Runge-Kutta 方法是非常有效的。

在随机激励的情况下会出现不同类型的困难。对随机激励的响应也是随机的,只能用统计量来定义。对于高斯随机过程,其处理相对简单一些,只需要知道均值和标准差这两个统计量。随机系统的分析经常要使用 Fourier 变换在频域中而不是在时域中进行计算。

0.4 研究振动问题的重要性

人类的许多活动都包含这种或那种形式的振动。例如,我们能听到声音是因为耳膜的振动,呼吸与肺的振动有关,行走包含了腿和手的振动,说话需要喉舌的振动。振动领域中的早期学者主要致力于理解振动的自然现象,发展描述物理系统振动的数学理论。目前,在许多工程应用推动下很多振动研究已经开展了,比如机器、基础、结构、发动机、涡轮机和可知系统的设计、分析和改进。

由于本质上的不平衡,发动机中的许多部件的基本运动存在振动问题。不平衡可能是由于不完善的设计引起的,也可能是由不良的制造产生的。例如,油缸可以产生足够强的地面波动进而造成城市公害;在高速运行时,由于不平衡,轮胎可以跳离路面几厘米。在涡轮机中,振动会引起机械失效,且工程师还不能避免由叶片和轮毂引起的失效。当然,支撑重型发动机、涡轮机或泵的结构也会受到振动。所有这些情况中,结构和机器部件都会由于振动产生的周期应力而失效。进一步地,振动会引起机械零件(如轴承和齿轮)的快速磨损,也会产生严重的噪声。在机器中,振动可能引起诸如螺帽松动等现象。在金属切削过程中,振动会引起颤振,进而严重降低零件的光洁度。

当结构或机器的固有频率与外部激励的频率一致时,会出现所谓的**共振**(**resonance**)现象,它会产生严重的变形和失效。有些振动系统,在一定的条件下会失稳而产生严重的破坏,比如机翼的颤振。桥梁由于风致振动而发生气动不稳定(见图 0.6),历史上塔科马大桥的垮塌就是一个典型例子。

图 0.6　桥梁由于风致振动而失稳垮塌

在许多工程系统中,人是振动系统的主要部分。传递到人的振动使人感到不舒适并降低效率。发动机的振动和噪声使人烦恼。仪表板的振动可能引起故障和影响人员读数。因此,振动研究的一个主要目的是通过恰当的设计和其他措施减小振动。

当然,振动也有有利的一面,可以加以利用。事实上,现在振动设备的应用已经愈来愈多,例如振动输送机构、振动加料斗、振动筛、振动压实机、振动选矿设备、电动牙刷、牙钻、挂钟等。振动已应用到打桩、材料的振动试验和振动抛光等方面。

第1章　单自由度系统的振动

1.1　引言

实际中存在很多单自由度系统，图1.1给出了几个单自由度系统的模型。一个系统没有外力作用，只在初始扰动下振荡，则称为**自由振动**。系统在振动过程中，如果有外部能量供应，则称系统发生了**受迫振动**（或**强迫振动**）。外部能量可以通过外作用力（见图1.1(a)～(d)）或位移激励（见图1.1(e)）来提供。施加的力或位移激励在时变特性上可以是简谐的、非简谐但周期的、非周期或随机的。系统对简谐激励的响应称为**简谐响应**。非周期激励可能有较长或较短的持续时间。动态系统对突然施加的非周期激励的响应称为**瞬态响应**。

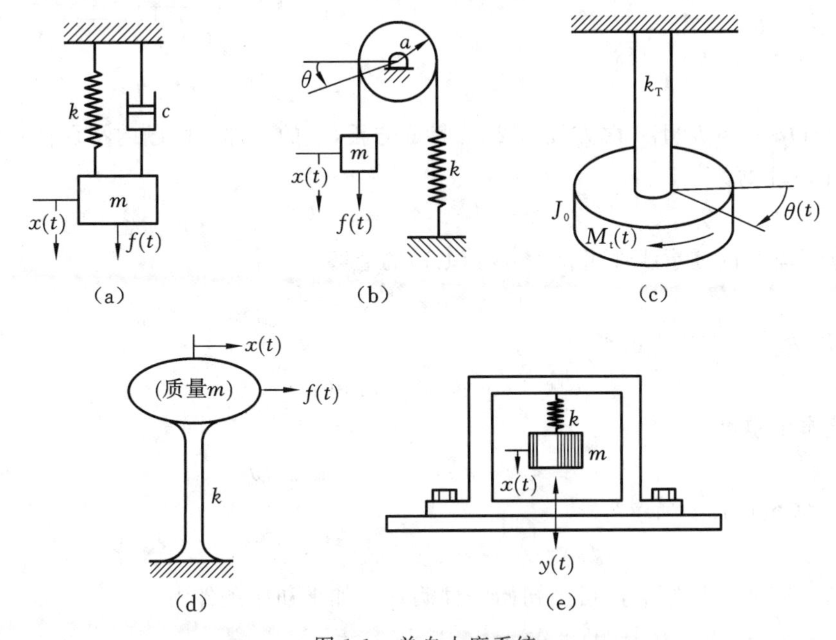

图1.1　单自由度系统

1.2　无阻尼平移系统的自由振动

图1.2为一个弹簧-质量系统，由于没有外力施加到质量块上，因此由初始扰动引起的运动是自由振动。由于没有引起能量耗散的元件，运动幅度随时间保持不变，它是一个**无阻尼系统**。在实际中，除真空外，由于周围介质（如空气）或材料内摩擦等因素会产生阻力，因此自由振动的幅度会随时间的推移而逐渐减小，这种振动称为**阻尼振动**。研究无阻尼单自由度系统和阻尼单自由度系统的自由振动是理解振动问题中更高深课题的基础。

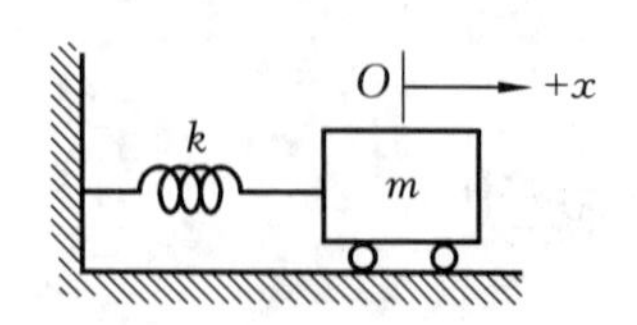

图 1.2　弹簧-质量系统

对于图 1.2 所示的无阻尼单自由度系统，质量块平动。由 Newton 第二定律易得其运动方程为

$$m\ddot{x}+kx=0 \tag{1.1}$$

这个方程可写为

$$\ddot{x}+\omega_n^2 x=0 \tag{1.2}$$

其中

$$\omega_n=\sqrt{\frac{k}{m}} \tag{1.3}$$

式中，ω_n 称为系统的**固有频率**。任何单自由度线性振动系统的自由振动都可以用形如式(1.2)的方程描述。

方程(1.2)是一个二阶线性齐次常微分方程，它的基本解为

$$x(t)=\mathrm{e}^{st}$$

将此解代入方程(1.1)可得

$$s^2+\omega_n^2=0 \tag{1.4}$$

所以

$$s=\pm\mathrm{i}\omega_n,\quad \mathrm{i}=\sqrt{-1} \tag{1.5}$$

方程(1.4)称为对应于齐次方程(1.2)的**特征方程**，它的根称为问题的特征值。所以方程(1.1)的两个基本解为

$$x_1=\mathrm{e}^{\mathrm{i}\omega_n t},\quad x_2=\mathrm{e}^{-\mathrm{i}\omega_n t}$$

这两个基本解的任意线性组合为方程(1.1)的通解：

$$x(t)=C_1\,\mathrm{e}^{\mathrm{i}\omega_n t}+C_2\,\mathrm{e}^{-\mathrm{i}\omega_n t} \tag{1.6}$$

其中，C_1，C_2 为待定常数。由于

$$\mathrm{e}^{\mathrm{i}\omega_n t}=\cos(\omega_n t)+\mathrm{i}\sin(\omega_n t) \tag{1.7}$$

所以两个基本解也可取为

$$x_1=\cos(\omega_n t),\quad x_2=\sin(\omega_n t)$$

方程(1.1)的实数形式的通解为

$$x(t)=A_1\cos(\omega_n t)+A_2\sin(\omega_n t) \tag{1.8}$$

其中，A_1，A_2 为待定常数，它们可由初始条件确定。如果初始条件为

$$x(0)=A_1=x_0,\quad \dot{x}(0)=\omega_n A_2=\dot{x}_0 \tag{1.9}$$

所以 $A_1=x_0$，$A_2=\dot{x}_0/\omega_n$，将其代入式(1.8)得到

$$x(t)=x_0\cos(\omega_n t)+\frac{\dot{x}_0}{\omega_n}\sin(\omega_n t) \tag{1.10}$$

式(1.10)也可写为

$$x(t)=A\sin(\omega_n t+\phi) \tag{1.11}$$

其中

$$A=\sqrt{x_0^2+\left(\frac{\dot{x}_0}{\omega_n}\right)^2},\quad \phi=\tan^{-1}\left(\frac{\omega_n x_0}{\dot{x}_0}\right) \tag{1.12}$$

式(1.10)或式(1.11)称为系统的**响应**,它表示的运动是简谐运动,所以图1.2所示的系统称为**简谐振子**。系统的速度为

$$\dot{x}(t)=\omega_n A\cos(\omega_n t+\phi) \tag{1.13}$$

对于单自由度系统,其响应可以在一个平面上表示出来。令 $y=\dot{x}$,则 xy 平面,即位移-速度平面,称为**状态平面**或**相平面**。随着时间的推进,系统的状态或相点(x,y)在相平面 xy 上沿着某条曲线运动,这样的曲线称为**相轨迹**。对于现在的简谐运动,由方程(1.11)和方程(1.13)可得其相轨迹方程为

$$\frac{x^2}{A^2}+\frac{y^2}{\omega_n^2A^2}=1 \quad 或 \quad \frac{x^2}{A^2}+\frac{\dot{x}^2}{\omega_n^2A^2}=1 \tag{1.14}$$

可见,简谐运动的相轨迹是一个椭圆,如图1.3所示。

例1.1　图1.4为一个水塔模型,塔柱简化为一根悬臂梁,充满水的水罐简化为与悬臂梁上端固结一个集中质量。塔柱高100 m,用加强混凝土建成,具有管状横截面,内径为2.5 m,外径为3 m。充满水的水罐的质量为275000 kg。忽略塔柱的质量,设加强混凝土的杨氏模量为30 GPa。求:

(1) 水罐的固有频率和横向振动周期。

(2) 设水罐有一个25 cm的初始横向位移,求振动响应。

(3) 水罐的最大速度和加速度。

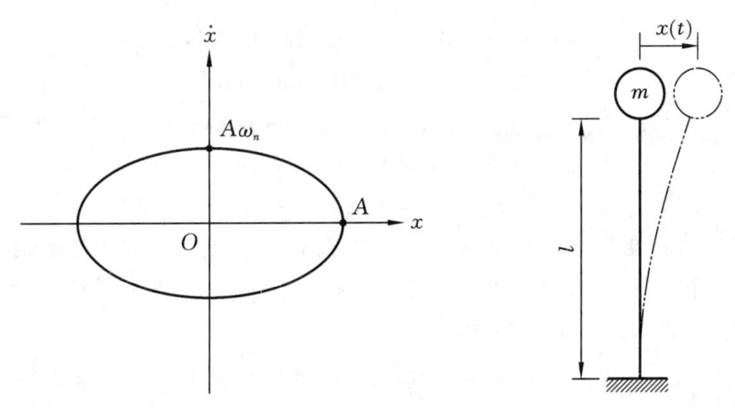

图1.3　无阻尼系统的相轨迹　　图1.4　水塔模型

解　(1) 悬臂梁端部在力 P 作用下产生的横向挠度 $\delta=Pl^3/(3EI)$,其中 l 为梁的长度,E 为杨氏模量,I 为梁截面的惯性矩。因此,塔柱对水罐横向运动产生的刚度为

$$k=\frac{P}{\delta}=\frac{3EI}{l^3}$$

已知 $l=100$ m,$E=30\times10^9$ Pa,且

$$I=\frac{\pi}{64}(d_{\mathrm{o}}^4-d_{\mathrm{i}}^4)=\frac{\pi}{64}\times(3^4-2.5^4)\ \mathrm{m}^4=2.059\ \mathrm{m}^4$$

所以

$$k=\frac{3\times(30\times10^9)\times2.059}{100^3}\ \mathrm{N/m}=185310\ \mathrm{N/m}$$

水塔的横向振动的固有频率为

$$\omega_n=\sqrt{\frac{k}{m}}=\sqrt{\frac{185310}{275000}}\text{ rad/s}=0.8209\text{ rad/s}$$

水罐的横向振动周期为

$$\tau_n=\frac{2\pi}{\omega_n}=\frac{2\pi}{0.8209}\text{s}=7.65\text{ s}$$

(2) 按题设,水罐横向振动的初始条件为 $x_0=0.25$ m,$\dot{x}_0=0$。水罐的响应为

$$x(t)=A_0\sin(\omega_n t+\phi_0)$$

其中,振幅 A_0 为

$$A_0=\left[x_0^2+\left(\frac{\dot{x}_0}{\omega_n}\right)^2\right]^{1/2}=x_0=0.25\text{ m}$$

相位角 ϕ_0 为

$$\phi_0=\tan^{-1}\left(\frac{\omega_n x_0}{\dot{x}_0}\right)=\tan^{-1}\left(\frac{\omega_n x_0}{0}\right)=\frac{\pi}{2}$$

所以,水罐的响应(单位: m)具体为

$$x(t)=0.25\sin\left(0.8209t+\frac{\pi}{2}\right)=0.25\cos(0.8209t)$$

(3) 水罐横振的速度(单位:m/s)和加速度(单位:m/s^2)表达式为

$$\dot{x}(t)=-0.25\times0.8209\sin(0.8209t)$$
$$\ddot{x}(t)=-(0.25\times0.8209^2)\cos(0.8209t)$$

所以,最大速度和加速度为

$$\dot{x}_{\max}=0.25\times0.8209\text{ m/s}=0.2052\text{ m/s}$$
$$\ddot{x}_{\max}=0.25\times0.8209^2\text{ m/s}^2=0.1685\text{ m/s}^2$$

例 1.2 求冲击产生的自由振动响应。如图 1.5 (a)所示,一根悬臂梁的自由端有一个集中质量 M。一个质量 m 从高度为 h 处落下,冲击在 M 上而没有反弹。梁的弯曲刚度为 EI,忽略梁的质量,请确定梁的横向振动。

解 冲击前质量 m 的速度为 $v_m=\sqrt{2gh}$,g 是重力加速度。冲击后两个质量一起运动,根据冲量定理可得

$$mv_m=(M+m)\dot{x}_0$$

其中,$\dot{x}_0$ 就是两个质量 $M+m$ 做自由振动的初始速度。可得

$$\dot{x}_0=\left(\frac{m}{M+m}\right)v_m=\left(\frac{m}{M+m}\right)\sqrt{2gh}$$

由图可见,振动位移 x 的原点取在质量 $M+m$ 的平衡位置,即图 1.5 (c)中的 ZZ 位置,x 向下为正。冲击结束的瞬间,质量 $M+m$ 的位置在质量 M 的平衡位置,即 YY 位置,所以 $M+m$ 的初始位移为

$$x_0=-\frac{mg}{k},\quad k=\frac{3EI}{l^3}$$

其中,k 为悬臂梁对自由端质量初始的刚度。

所以,质量 $M+m$ 的响应为

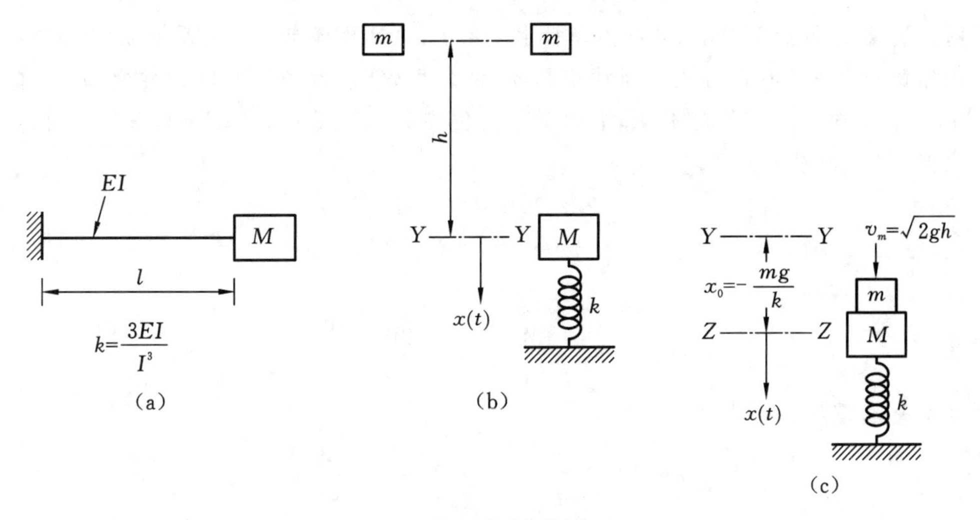

YY 为 M 的平衡位置

ZZ 为 $M+m$ 的平衡位置

图 1.5　冲击产生的响应

$$x(t)=A\cos(\omega_n t-\phi)$$

其中

$$A=\left[x_0^2+\left(\frac{\dot{x}_0}{\omega_n}\right)\right]^{1/2},\quad \phi=\tan^{-1}\left(\frac{\dot{x}_0}{\omega_n x_0}\right)$$

$$\omega_n=\sqrt{\frac{k}{M+m}}=\sqrt{\frac{3EI}{l^3(M+m)}}$$

例 1.3　请确定图 1.6 (a)所示滑轮系统的固有频率。各处摩擦不计，略去滑轮和绳子的质量。

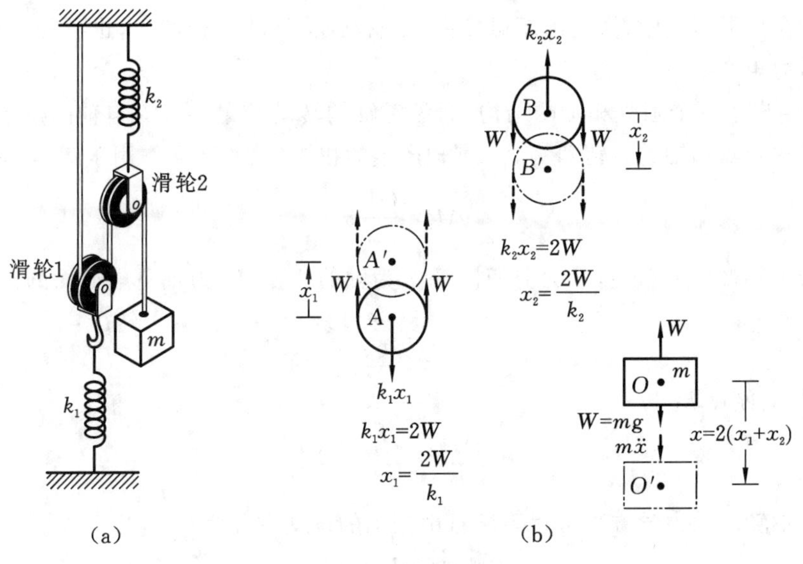

图 1.6　滑轮系统

解 质量 m 做上下振动，系统为单自由度系统；关键要确定系统对质量 m 的等效刚度。在两根弹簧处于原长状态时缓慢释放质量 m 的重力 W，最后静平衡时设质量 m 的向下位移是 x，滑轮 1 向上的位移是 x_1，滑轮 2 向下的位移是 x_2。此时，滑轮 1 和滑轮 2 两边绳子的张力都是 W，由滑轮的平衡可得

$$k_1 x_1 \times R = W \times 2R$$
$$k_2 x_2 = 2W$$

可得

$$x_1 = \frac{2W}{k_1}, \quad x_2 = \frac{2W}{k_2}$$

根据运动关系可得

$$x = 2(x_1 + x_2) \Rightarrow x = 2\left(\frac{2W}{k_1} + \frac{2W}{k_2}\right)$$

可以这样理解上式：先让滑轮 1 向上移动 x_1，而滑轮 2 不动，此时质量 m 下行 $2x_1$；再让滑轮 1 不动，而滑轮 2 向下移动 x_2，则质量 m 再下行 $2x_2$。这样，质量 m 上下振动的等效刚度为

$$k_{eq} = \frac{W}{x} = \frac{k_1 k_2}{4(k_1 + k_2)}$$

系统的固有频率为

$$\omega_n = \sqrt{\frac{k_{eq}}{m}} = \sqrt{\frac{k_1 k_2}{4m(k_1 + k_2)}}$$

1.3 无阻尼扭振系统的自由振动

如果一个刚体绕一根特定的轴做旋转振荡，这种运动就称为**扭转振动**（或**扭振**），用角坐标 θ 表示。在扭振问题中，恢复力矩可能由一根弹性构件的扭转产生，也可能由一个或两个力的不平衡力矩产生。

图 1.7 给出了一个圆盘和轴的结构，圆盘对轴的转动惯量为 J_0，与轴的下端固连，轴的上端固定。取圆盘和轴的扭转角为 θ。圆轴产生的扭矩（轴的下端作用于圆盘）为

$$M_t = \frac{GI_0}{l}\theta \tag{1.15}$$

其中，M_t 为圆轴产生的扭矩，G 为剪切模量，l 为轴的长度，I_0 为轴下端截面的极惯性矩：

$$I_0 = \frac{\pi d^4}{32} \tag{1.16}$$

所以，轴的扭转刚度 k_t 为

$$k_t = \frac{M_t}{\theta} = \frac{GI_0}{l} = \frac{\pi G d^4}{32l} \tag{1.17}$$

应用定轴转动动力学方程可得系统自由振动的运动方程为

$$J_0 \ddot{\theta} + k_t \theta = 0 \tag{1.18}$$

系统的固有频率为

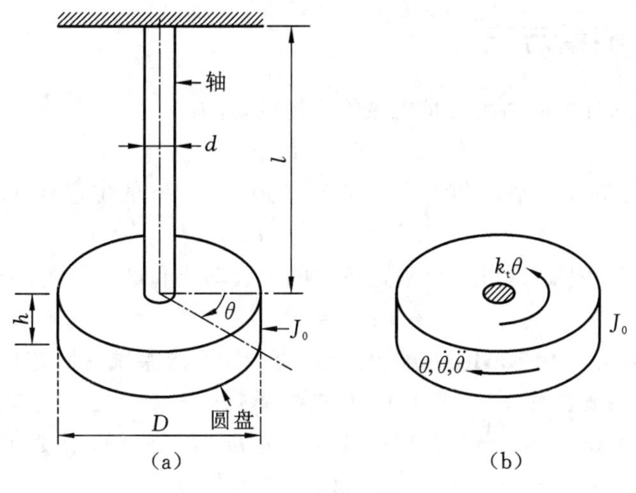

图1.7 扭振系统

$$\omega_n=\sqrt{\frac{k_t}{J_0}} \tag{1.19}$$

扭振运动方程(1.18)的解与前面的相同,为

$$\theta=A_1\cos(\omega_n t)+A_2\sin(\omega_n t) \tag{1.20}$$

其中,A_1,A_2由初始条件确定:

$$A_1=\theta_0,\quad A_2=\dot{\theta}_0/\omega_n \tag{1.21}$$

例1.4 安装在转轴O上的任何刚体(O轴不在质心上),都会在其自身的引力作用下围绕转轴振动。这样的系统称为**复摆**(见图1.8)。设刚体的重量为W,G为刚体的质心,$OG=d$,J_0为刚体对O轴的转动惯量。确定复摆的固有频率。

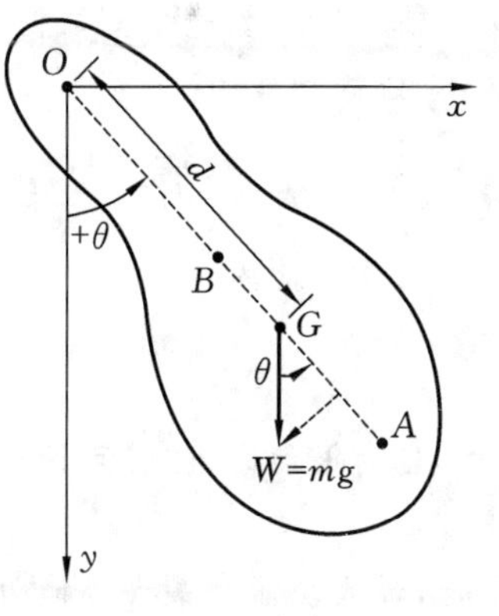

图1.8 复摆

解 由定轴转动动力学方程可得

$$J_0\ddot{\theta}+Wd\sin\theta=0$$

对于微小转角,上式近似为

$$J_0\ddot{\theta}+(Wd)\theta=0$$

所以,复摆的固有频率为

$$\omega_n=\sqrt{\frac{Wd}{J_0}}=\sqrt{\frac{mgd}{J_0}}$$

在OG延长线上取A点,使得

$$OA=\frac{J_0}{md}$$

则复摆的固有频率可表示为

$$\omega_n=\sqrt{\frac{g}{OA}}$$

上式说明,刚体绕O轴或A轴摆动的固有频率相同。

1.4　Rayleigh 能量方法

易知一个无阻尼自由振动系统是机械能守恒的,即有

$$T_1+U_1=T_2+U_2 \tag{1.22}$$

其中,T 和 U 分别为系统的动能和势能。如果取动能 $T_2=0$ 的位置有 $U_1=0$,则有

$$T_1+0=0+U_2 \tag{1.23}$$

如果系统做简谐运动,则 T_1 和 U_2 分别是系统的最大动能和最大势能,于是

$$T_{\max}=U_{\max} \tag{1.24}$$

方程(1.24)的应用称为 **Rayleigh 能量方法**,可以用来求系统的固有频率。

例 1.5　在弹簧-质量系统(见图 1.9)中,确定弹簧的质量对固有频率的影响。设整个弹簧上各截面的位移呈线性分布。已知弹簧的质量为 m_s,原长为 l,刚度为 k。

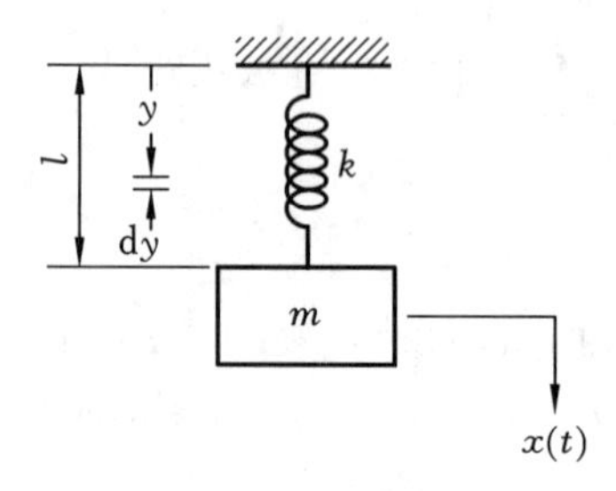

图 1.9　弹簧-质量系统

解　以系统静平衡位置作为零势位和位移零点。易知弹簧 y 截面的位移是 $y(x/l)$,于是,系统的动能为

$$T=\frac{1}{2}m\dot{x}^2+\int_0^l \frac{1}{2}\frac{m_s}{l}\left(\frac{y\dot{x}}{l}\right)^2 \mathrm{d}y=\frac{1}{2}m\dot{x}^2+\frac{1}{2}\frac{m_s}{3}\dot{x}^2$$

系统的总势能为

$$U=\frac{1}{2}kx^2$$

自由振动时,位移可设为

$$x(t)=X\cos(\omega_n t)$$

于是,最大动能和最大势能为

$$T_{\max}=\frac{1}{2}\left(m+\frac{m_s}{3}\right)X^2\omega_n^2,\quad U_{\max}=\frac{1}{2}kX^2$$

由 $T_{\max}=U_{\max}$ 得到系统的固有频率为

$$\omega_n=\sqrt{\frac{k}{m+\frac{1}{3}m_s}}$$

可见,将弹簧质量的三分之一加到主质量上就考虑了弹簧质量的影响。

1.5　含黏性阻尼的自由振动

含有黏性阻尼器的单自由度振动系统如图 1.10 所示。阻尼器对质量块的作用力(阻尼力)为

$$F=-c\dot{x} \tag{1.25}$$

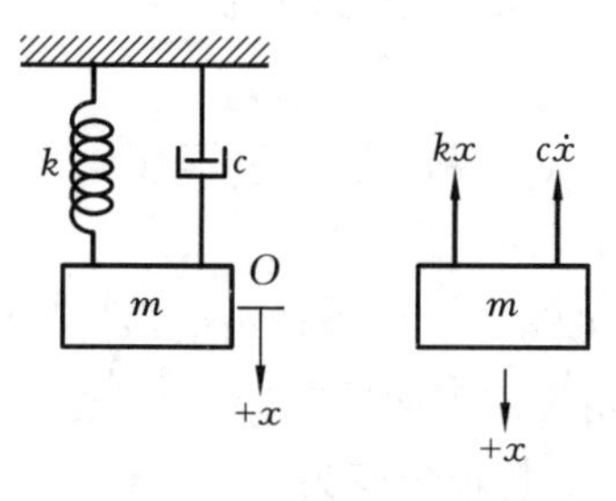

图 1.10　含黏性阻尼器的单自由度系统

于是系统的运动方程为

$$m\ddot{x}=-c\dot{x}-kx$$

即

$$m\ddot{x}+c\dot{x}+kx=0 \tag{1.26}$$

其基本解可设为

$$x(t)=\mathrm{e}^{st} \tag{1.27}$$

代入方程(1.26),得到对应的特征方程为

$$ms^2+cs+k=0 \tag{1.28}$$

方程的根为

$$s_{1,2}=-\frac{c}{2m}\pm\sqrt{\left(\frac{c}{2m}\right)^2-\frac{k}{m}} \tag{1.29}$$

所以两个基本解为

$$x_1(t)=\mathrm{e}^{s_1t},\quad x_2(t)=\mathrm{e}^{s_2t} \tag{1.30}$$

方程(1.26)的通解为

$$x(t)=C_1\mathrm{e}^{s_1t}+C_2\mathrm{e}^{s_2t} \tag{1.31}$$

显然,自由振动响应方程(1.31)与特征根 s_1,s_2 有关,也就是跟阻尼有关。如果阻尼系数 c 使得式(1.29)中的根式为零,则称这一阻尼值为**临界阻尼**,记为 c_c。因此有

$$\left(\frac{c_c}{2m}\right)^2-\frac{k}{m}=0 \tag{1.32}$$

或

$$c_c=2m\sqrt{\frac{k}{m}}=2\sqrt{km}=2m\omega_n \tag{1.33}$$

定义**阻尼比** ζ 为

$$\zeta=\frac{c}{c_c} \tag{1.34}$$

其中,ζ 是一个无量纲参数。

根据式(1.34)和式(1.33)可写出

$$\frac{c}{2m}=\frac{c}{c_c}\cdot\frac{c_c}{2m}=\zeta\omega_n \tag{1.35}$$

所以,系统的自由振动方程可写为

$$\ddot{x}+2\zeta\omega_n\dot{x}+\omega_n^2x=0 \tag{1.36}$$

对应的特征根变为

$$s_{1,2}=(-\zeta\pm\sqrt{\zeta^2-1})\omega_n \tag{1.37}$$

自由振动响应方程(1.31)变为

$$x(t)=C_1\mathrm{e}^{(-\zeta+\sqrt{\zeta^2-1})\omega_n t}+C_2\mathrm{e}^{(-\zeta-\sqrt{\zeta^2-1})\omega_n t} \tag{1.38}$$

显然,当 $\zeta=0$ 时退化到无阻尼情况。下面针对 $\zeta\neq0$ 讨论三种情况。

情况 1 欠阻尼情况($\zeta<1$)。特征根变为

$$\begin{aligned}s_1&=(-\zeta+\mathrm{i}\sqrt{1-\zeta^2})\omega_n=-\delta+\mathrm{i}\omega_d\\ s_2&=(-\zeta-\mathrm{i}\sqrt{1-\zeta^2})\omega_n=-\delta-\mathrm{i}\omega_d\end{aligned} \tag{1.39}$$

其中

$$\delta=\zeta\omega_n,\quad \omega_d=\sqrt{1-\zeta^2}\,\omega_n \tag{1.40}$$

ω_d 称为**有阻尼固有频率**。实数形式的自由振动解变为

$$\begin{aligned}x(t)&=\mathrm{e}^{-\omega_n\zeta t}\left[A_1\cos\left(\sqrt{\zeta^2-1}\,\omega_n t\right)+A_2\sin\left(\sqrt{\zeta^2-1}\,\omega_n t\right)\right]\\&=\mathrm{e}^{-\delta t}[A_1\cos(\omega_d t)+A_2\sin(\omega_d t)]\end{aligned} \tag{1.41}$$

若初始条件为

$$x(0)=x_0,\quad \dot{x}(0)=\dot{x}_0 \tag{1.42}$$

则式(1.41)变为

$$\begin{aligned}x(t)&=\mathrm{e}^{-\zeta\omega_n t}\left[x_0\cos(\omega_d t)+\frac{\dot{x}_0+\zeta\omega_n x_0}{\omega_d}\sin(\omega_d t)\right]\\&=\mathrm{e}^{-\delta t}\left[x_0\cos(\omega_d t)+\frac{\dot{x}_0+\delta x_0}{\omega_d}\sin(\omega_d t)\right]\end{aligned} \tag{1.43}$$

上式也可写为

$$x(t)=\mathrm{e}^{-\delta t}A\sin(\omega_d t+\phi) \tag{1.44}$$

其中

$$A=\left[x_0^2+\left(\frac{\dot{x}_0+\delta x_0}{\omega_d}\right)^2\right]^{1/2},\quad \phi=\tan^{-1}\frac{\omega_d x_0}{\dot{x}_0+\delta x_0} \tag{1.45}$$

响应随时间变化的曲线如图 1.11 所示。可见,振动幅值随时间在不断衰减,任意一个周期的首、尾处两个幅值之比的对数为

$$\eta=\ln\frac{x_1}{x_2}=\zeta\omega_n\tau_d=\zeta\omega_n\cdot\frac{2\pi}{\omega_d}=\frac{2\pi\zeta}{\sqrt{1-\zeta^2}} \tag{1.46}$$

可见 η 为常数,称为振幅的**对数衰减率**。

情况 2 临界阻尼情况($\zeta=1$)。特征根变为

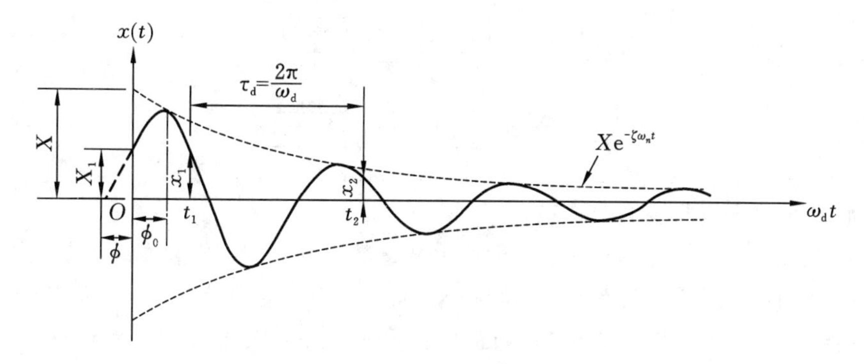

图 1.11　欠阻尼解

$$s_1=s_2=-\omega_n \tag{1.47}$$

这是一个二重根,这时自由振动解为

$$x(t)=(A_1+A_2t)e^{-\omega_n t} \tag{1.48}$$

若初始条件为

$$x(0)=x_0,\quad \dot{x}(0)=\dot{x}_0 \tag{1.49}$$

则式(1.48)变为

$$x(t)=[x_0+(\dot{x}_0+\omega_n x_0)t]e^{-\omega_n t} \tag{1.50}$$

不同阻尼比的响应曲线画在图 1.12 中。

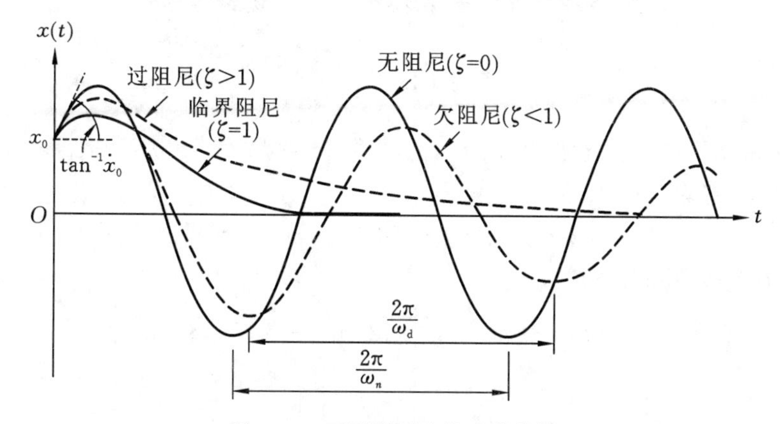

图 1.12　不同阻尼比的响应曲线

情况 3　过阻尼情况($\zeta>1$)。特征根变为

$$\begin{cases} s_1=(-\zeta+\sqrt{\zeta^2-1})\omega_n<0 \\ s_2=(-\zeta-\sqrt{\zeta^2-1})\omega_n<0 \end{cases} \tag{1.51}$$

自由振动解变为

$$x(t)=C_1\,e^{(-\zeta+\sqrt{\zeta^2-1})\omega_n t}+C_2\,e^{(-\zeta-\sqrt{\zeta^2-1})\omega_n t} \tag{1.52}$$

若初始条件为

$$x(0)=x_0,\quad \dot{x}(0)=\dot{x}_0 \tag{1.53}$$

则式(1.52)的待定常数为

$$\begin{cases} C_1=\dfrac{\dot{x}_0+\omega_n x_0(\zeta+\sqrt{\zeta^2-1})}{2\omega_n\sqrt{\zeta^2-1}} \\ C_2=\dfrac{-\dot{x}_0-\omega_n x_0(\zeta-\sqrt{\zeta^2-1})}{2\omega_n\sqrt{\zeta^2-1}} \end{cases} \tag{1.54}$$

过阻尼情况的响应曲线见图 1.12。

例 1.6 如图 1.13 (a)所示，一个锻锤的铁砧重量为 5000 N，安装在弹性基础上，基础的刚度为 5×10^6 N/m，黏性阻尼系数为 10000 N·s/m。锻锤重量为 1000 N，从高度为 2 m 处落下冲击到铁砧上。如果冲击前铁砧静止，确定冲击后铁砧的响应。假定铁砧与锻锤之间的碰撞恢复系数 $r=0.4$。

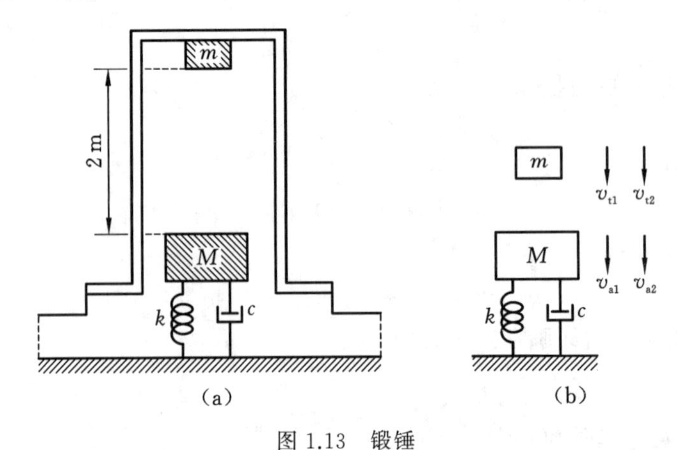

图 1.13 锻锤

解 设铁砧碰撞前后的速度为 v_{a1} 和 v_{a2}，锻锤碰撞前后的速度为 v_{t1} 和 v_{t2}，如图 1.13 (b)所示。由冲量定理可得

$$(Mv_{a2}+mv_{t2})-(Mv_{a1}+mv_{t1})=0$$

已知 $v_{a1}=0$，而锻锤的碰前速度 v_{t1} 为

$$v_{t1}=\sqrt{2gh}=\sqrt{2\times9.81\times2}\ \text{m/s}=6.264184\ \text{m/s}$$

于是得到

$$Mv_{a2}=m(v_{t1}-v_{t2})$$

而由恢复系数可得

$$r=\frac{v_{a2}-v_{t2}}{v_{t1}-0}\quad\Rightarrow\quad v_{a2}-v_{t2}=0.4v_{t1}$$

由以上两式解得

$$v_{t2}=\left(\frac{m}{M}-0.4\right)v_{t1}\Big/\left(1+\frac{m}{M}\right)=-1.043498\ \text{m/s}$$

$$v_{a2}=\frac{m}{M}(v_{t1}-v_{t2})=1.460898\ \text{m/s}$$

所以铁砧的初始条件为

$$x_0=0,\quad \dot{x}_0=1.460898\ \text{m/s}$$

阻尼比为

$$\zeta=\frac{c}{2\sqrt{kM}}=0.0989949$$

系统的固有频率和有阻尼固有频率为

$$\omega_n=\sqrt{\frac{k}{M}}=98.994949\ \text{rad/s}$$

$$\omega_{\mathrm{d}}=\omega_n\sqrt{1-\zeta^2}=\sqrt{\frac{k}{M}(1-\zeta^2)}=98.024799\ \text{rad/s}$$

铁砧的自由振动响应为

$$x(t)=\mathrm{e}^{-\zeta\omega_n t}\left[\frac{\dot{x}_0}{\omega_{\mathrm{d}}}\sin(\omega_{\mathrm{d}}t)\right]=\mathrm{e}^{-9.79995t}[0.01490335\sin(98.024799t)]$$

例 1.7　火炮的示意图如图1.14所示。当火炮发射时，高压气体将炮管内的炮弹加速到很高的速度，反作用力将炮管推向与炮弹运动相反的方向。由于希望让炮管在最短的时间内不振荡地停止运动，因此将炮管作为一个反冲机构的后退质量，该机构实际上就是一个具有临界阻尼的弹簧-阻尼器系统。对一门特定的火炮，炮管和反冲机构的质量为500 kg，反冲弹簧的刚度为10000 N/m。火炮发射后的反冲距离为0.4 m。求：(1) 阻尼器的临界阻尼系数；(2) 火炮的初始反冲速度；(3) 火炮从初始位置后退到0.1 m处所需的时间。

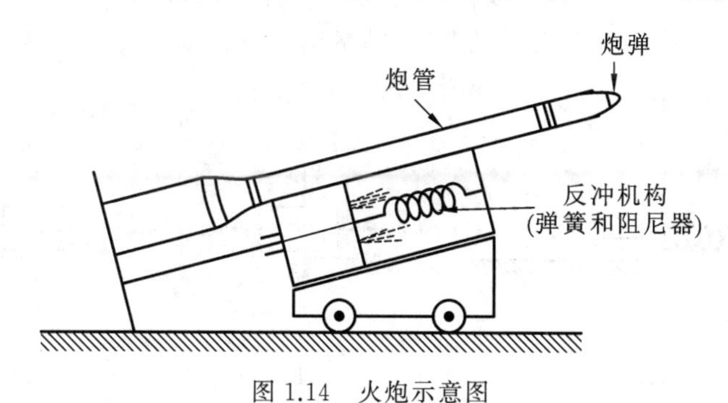

图1.14　火炮示意图

解　(1)系统的固有频率为

$$\omega_n=\sqrt{\frac{k}{m}}=\sqrt{\frac{10000}{500}}\ \text{rad/s}=4.4721\ \text{rad/s}$$

临界阻尼系数为

$$c_{\mathrm{c}}=2m\omega_n=2\times500\times4.4721\ \text{N}\cdot\text{s/m}=4472.1\ \text{N}\cdot\text{s/m}$$

(2) 临界阻尼系统的响应为

$$x(t)=(C_1+C_2t)\mathrm{e}^{-\omega_n t}$$

其中

$$C_1=x_0,\quad C_2=\dot{x}_0+\omega_n x_0$$

系统的速度为

$$\dot{x}(t)=C_2\,\mathrm{e}^{-\omega_n t}-\omega_n(C_1+C_2t)\mathrm{e}^{-\omega_n t}$$

在 $\dot{x}(t)=0$ 时刻 t_1 位移达到最大值，由此得

$$t_1=\frac{1}{\omega_n}-\frac{C_1}{C_2}$$

本例中 $x_0=C_1=0$,所以 $t_1=1/\omega_n$。因为最大位移或反冲距离 $x_{\max}=0.4$ m,我们有

$$x_{\max}=x(t_1)=C_2t_1\ \mathrm{e}^{-\omega_nt_1}=\frac{\dot{x}_0}{\omega_n}\mathrm{e}^{-1}=\frac{\dot{x}_0}{\mathrm{e}\omega_n}$$

所以

$$\dot{x}_0=x_{\max}\omega_n\mathrm{e}=0.4\times4.4721\times2.7183\ \mathrm{m/s}=4.8626\ \mathrm{m/s}$$

(3) 设炮管从初始位置 $x_0=0$ 到 $x=0.1$ m 处所需时间为 t_2,则有

$$0.1=C_2t_2\ \mathrm{e}^{-\omega_nt_2}=4.8626t_2\ \mathrm{e}^{-4.4721t_2}$$

解这个方程得 $t_2=0.8258$ s。

1.6 Coulomb 阻尼系统的自由振动

在许多机械系统中,经常采用 Coulomb 或干摩擦阻尼,这是因为这种阻尼的机理简单且使用方便。当然,在振动结构中,只要构件之间有相对运动,总会出现干摩擦。我们已知,对于放置在水平面上的物体,运动时受到的摩擦力为

$$F=\mu N=\mu mg \tag{1.55}$$

其中,N 为正压力,$W=mg$ 为物体的重力,常数 μ 为摩擦系数。

参见图 1.15,当物块从左向右运动时,物体的运动方程为

$$m\ddot{x}+kx=-\mu N \tag{1.56}$$

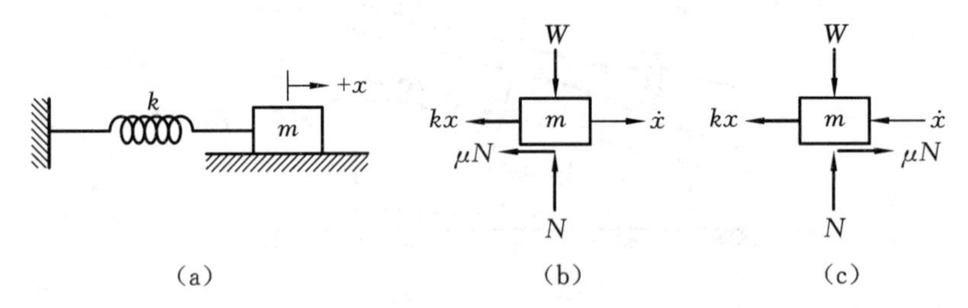

图 1.15 考虑 Coulomb 阻尼的弹簧-质量系统

方程(1.56)的一般解为

$$x(t)=A_1\cos(\omega_nt)+A_2\sin(\omega_nt)-\frac{\mu N}{k} \tag{1.57}$$

当物块从右向左运动时,物体的运动方程为

$$m\ddot{x}+kx=\mu N \tag{1.58}$$

方程(1.58)的一般解为

$$x(t)=A_3\cos(\omega_nt)+A_4\sin(\omega_nt)+\frac{\mu N}{k} \tag{1.59}$$

其中,$\omega_n=(k/m)^{1/2}$。

方程(1.56)和方程(1.58)也可写成

$$m\ddot{x}+\mu N\ \mathrm{sgn}\ \dot{x}+kx=0 \tag{1.60}$$

假设初始条件为

$$x(0)=x_0,\quad \dot{x}(0)=0 \tag{1.61}$$

假设 $x_0>0$ 和 $x_0>\mu N/k$，则物块从 x_0 开始朝左运动，因此采用式(1.59)，应用初始条件式(1.61)可得

$$x(t)=\left(x_0-\frac{\mu N}{k}\right)\cos(\omega_n t)+\frac{\mu N}{k} \tag{1.62}$$

这个解只在半个周期内有效，即 $0\leqslant t\leqslant \pi/\omega_n$。当 $t=t_1=\pi/\omega_n$ 时，物块运动到左边的最大位置，此时物块的坐标为

$$x(t_1)=x_1=\left(x_0-\frac{\mu N}{k}\right)\cos\pi+\frac{\mu N}{k}=-x_0+\frac{2\mu N}{k}$$

此时，物块的速度为零，即 $\dot{x}(t_1)=\dot{x}_1=0$。以 x_1 和 $\dot{x}_1$ 为初始条件，物块开始朝右运动，利用式(1.57)求第二个半周期的解答，可得

$$x(t)=\left(x_0-\frac{3\mu N}{k}\right)\cos(\omega_n t)-\frac{\mu N}{k} \tag{1.63}$$

这个解的有效范围是 $\pi/\omega_n\leqslant t\leqslant 2\pi/\omega_n$。可见，振动幅值逐渐减小，第 r 个半周期末了时刻振动幅值为

$$x_0-r\,\frac{2\mu N}{k}$$

如果这个幅值小于或等于 $\mu N/k$，说明弹性力的幅值小于最大摩擦力的幅值，同时由于此时物块的速度为零，因此物块此后将停止运动。也就是说，物块停止运动的条件为

$$x_0-r\,\frac{2\mu N}{k}\leqslant\frac{\mu N}{k}$$

即

$$r\geqslant\frac{x_0-\dfrac{\mu N}{k}}{\dfrac{2\mu N}{k}} \tag{1.64}$$

干摩擦阻尼系统位移的时间历程如图 1.16 所示。

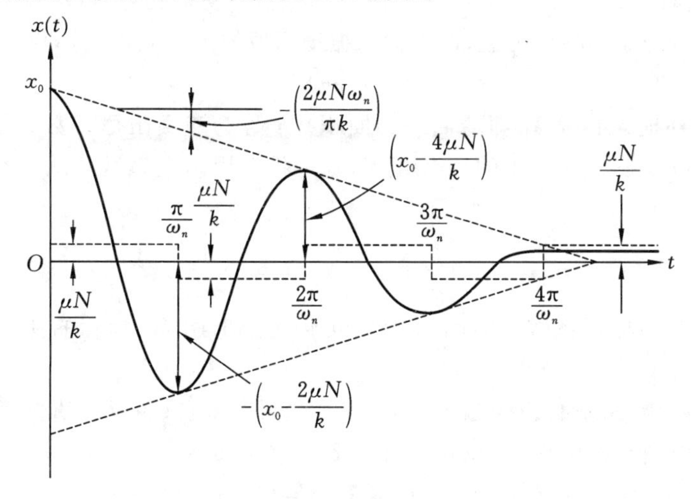

图 1.16　考虑 Coulomb 阻尼的物块的自由振动

1.7 滞回阻尼系统的自由振动

考虑图 1.17 所示的弹簧-黏性阻尼器系统，弹簧与阻尼器受到的力 F 与运动的关系为

$$F = kx + c\dot{x} \tag{1.65}$$

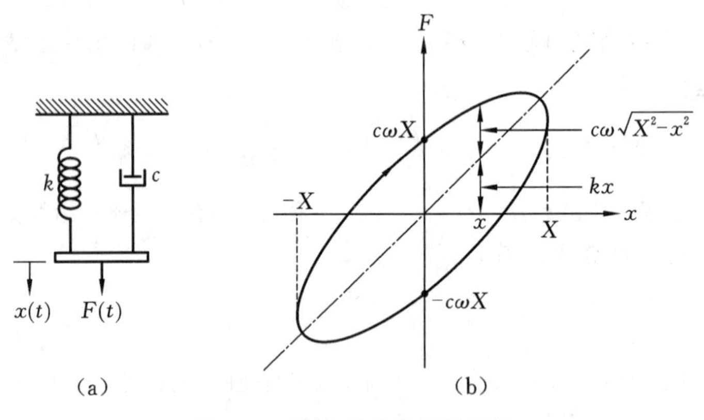

图 1.17 弹簧-黏性阻尼器系统

对于简谐运动，有

$$x(t) = X\sin(\omega t) \tag{1.66}$$

此时作用力 F 为

$$F(t) = kX\sin(\omega t) + cX\omega\cos(\omega t) = kx \pm \sqrt{X^2 - x^2} \tag{1.67}$$

按式(1.67)画出 F 与 x 的关系曲线，为一个封闭环，如图 1.17 (b)所示。这个闭环的面积就是阻尼力在一个周期 $T = 2\pi/\omega$ 内所损耗的能量，为

$$\begin{aligned}\Delta W &= \oint F\,\mathrm{d}x = \int_0^{2\pi/\omega} [kX\sin(\omega t) + cX\omega\cos(\omega t)][X\omega\cos(\omega t)]\mathrm{d}t \\ &= \pi\omega c X^2\end{aligned} \tag{1.68}$$

对于滞回阻尼，假设它具有图 1.18 (a)所示的滞回环，该环与图 1.17 (b)有一定的相似性，利用这种相似性，我们可以定义一个滞回阻尼系数。实验已经证实，材料内摩擦形成的滞回环损耗的能量与振动频率无关，而近似与振动幅值的平方成正比，即有

$$\Delta W = \pi h X^2 \tag{1.69}$$

这里 ΔW 为滞回环损耗的能量(即滞回环的面积)，h 称为**滞回阻尼系数**。如果采用能量平衡理论，令式(1.69)与式(1.68)中的 ΔW 相等，则可将滞回阻尼系数化为一个**等效黏性阻尼系数**，有

$$c = \frac{h}{\omega} \tag{1.70}$$

其中，c 就是等效黏性阻尼系数。因此，滞回环可化为图 1.18 (b)所示的弹簧-滞回阻尼并联模型。

下面介绍**复刚度(complex stiffness)**的概念。如果图 1.17(a)所示的弹簧-黏性阻尼器系统中发生一般的复值简谐位移 $x = X\mathrm{e}^{\mathrm{i}\omega t}$，则力-位移关系变为

$$F = kX\mathrm{e}^{\mathrm{i}\omega t} + c\omega\mathrm{i}X\mathrm{e}^{\mathrm{i}\omega t} = (k + \mathrm{i}\omega c)x \tag{1.71}$$

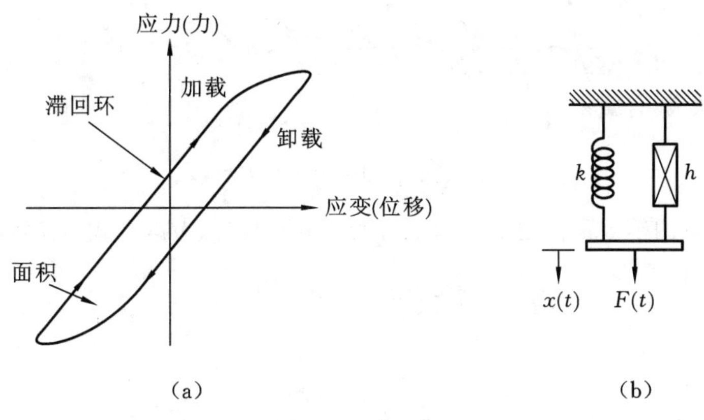

图 1.18　滞回环

类似地,对于图 1.18 (b)所示的弹簧-滞回阻尼系统,力-位移关系可写为

$$F=(k+\mathrm{i}h)x \tag{1.72}$$

其中

$$k+\mathrm{i}h=k(1+\mathrm{i}\beta),\quad \beta=\frac{h}{k} \tag{1.73}$$

$k+\mathrm{i}h$ 称为系统的**复刚度**,无量纲常数 β 为阻尼的一种度量。

现在考虑滞回阻尼系统的响应。将每周期损耗的能量用 β 表示,为

$$\Delta W=\pi k\beta X^2 \tag{1.74}$$

滞回阻尼系统可认为近似做简谐运动(因为 ΔW 很小),振幅在每周期的衰减可以用能量平衡确定。比如,图 1.19 中 P 和 Q 点(隔了半个周期)的能量由下式给出:

$$\frac{kX_j^2}{2}-\frac{\pi k\beta X_j^2}{4}-\frac{\pi k\beta X_{j+0.5}^2}{4}=\frac{kX_{j+0.5}^2}{2}$$

或

$$\frac{X_j}{X_{j+0.5}}=\sqrt{\frac{2+\pi\beta}{2-\pi\beta}} \tag{1.75}$$

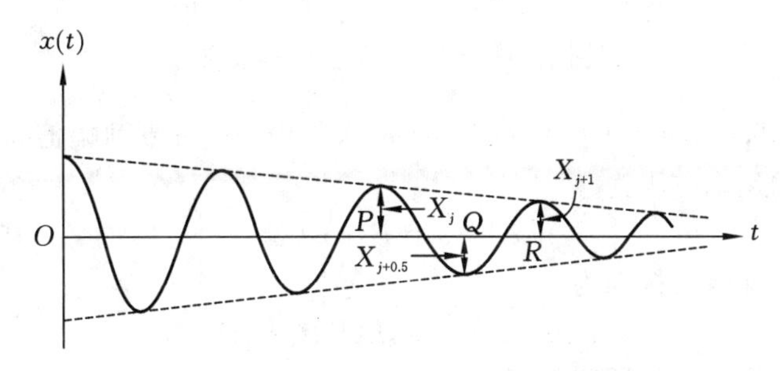

图 1.19　滞回阻尼系统的自由振动

类似地,有

$$\frac{X_{j+0.5}}{X_{j+1}}=\sqrt{\frac{2+\pi\beta}{2-\pi\beta}} \tag{1.76}$$

将式(1.75)和式(1.76)相乘,得出

$$\frac{X_j}{X_{j+1}}=\frac{2+\pi\beta}{2-\pi\beta}=\frac{2-\pi\beta+2\pi\beta}{2-\pi\beta}\approx 1+\pi\beta=\text{常数} \tag{1.77}$$

滞回阻尼的对数衰减率为

$$\eta=\ln\frac{X_j}{X_{j+1}}=\ln(1+\pi\beta)\approx\pi\beta \tag{1.78}$$

假定滞回阻尼的等效黏性阻尼比为 ζ_{eq}，则有 $\eta\approx 2\pi\zeta_{\mathrm{eq}}$，考虑到式(1.78)，得

$$\eta\approx 2\pi\zeta_{\mathrm{eq}}\approx\pi\beta=\frac{\pi h}{k}$$

所以可得

$$\zeta_{\mathrm{eq}}=\frac{\beta}{2}=\frac{h}{2k} \tag{1.79}$$

进而，等效阻尼系数为

$$c_{\mathrm{eq}}=c_{\mathrm{c}}\cdot\zeta_{\mathrm{eq}}=2\sqrt{mk}\cdot\frac{\beta}{2}=\beta\sqrt{mk}=\frac{\beta k}{\omega_n}=\frac{h}{\omega_n} \tag{1.80}$$

1.8 无阻尼系统的简谐激励响应

一个弹簧-质量-黏性阻尼器系统，受到外力 $F(t)$ 的激励(见图 1.20)，其运动方程为

$$m\ddot{x}+c\dot{x}+kx=F(t) \tag{1.81}$$

其中，$F(t)$ 称为**激励力**。下面我们先来考察无阻尼系统的简谐响应。

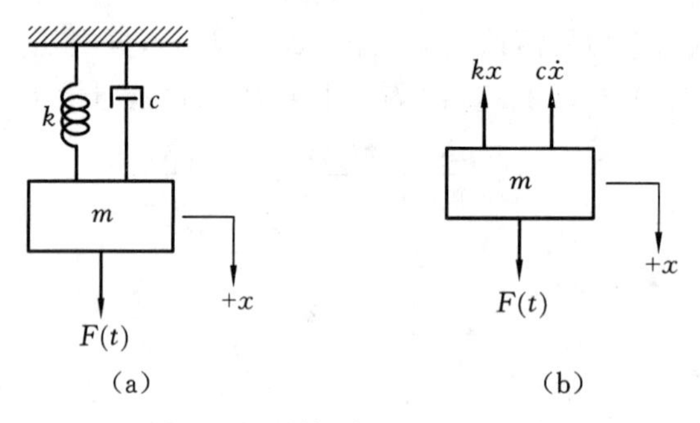

图 1.20 弹簧-质量-阻尼器系统

在方程(1.81)中，令 $c=0$，$F(t)=F_0\cos(\omega t)$，其中 F_0 为**激励幅值**，ω 为**激励频率**。因此，得无阻尼系统的运动方程为

$$m\ddot{x}+kx=F_0\cos(\omega t) \tag{1.82}$$

该方程的齐次通解，即自由振动为

$$x_{\mathrm{h}}(t)=C_1\cos(\omega_n t)+C_2\sin(\omega_n t) \tag{1.83}$$

其中，$\omega_n=(k/m)^{1/2}$ 为系统的固有频率。

系统的特解，即**受迫振动**为

$$x_{\mathrm{p}}(t)=X\cos(\omega t) \tag{1.84}$$

将式(1.84)代入方程(1.82)可得

$$X=\frac{F_0}{k-m\omega^2}=\frac{X_0}{1-(\omega/\omega_n)^2} \tag{1.85}$$

其中，$X_0=F_0/k$ 为系统的**静态位移**。所以，系统的全解为

$$x(t)=C_1\cos(\omega_n t)+C_2\sin(\omega_n t)+\frac{F_0}{k-m\omega^2}\cos(\omega t) \tag{1.86}$$

应用初始条件 $x(0)=x_0$，$\dot{x}(0)=\dot{x}_0$，可得

$$C_1=x_0-\frac{F_0}{k-m\omega^2},\quad C_2=\frac{\dot{x}_0}{\omega_n} \tag{1.87}$$

所以全解为

$$x(t)=\left(x_0-\frac{F_0}{k-m\omega^2}\right)\cos(\omega_n t)+\frac{\dot{x}_0}{\omega_n}\sin(\omega_n t)+\frac{F_0}{k-m\omega^2}\cos(\omega t) \tag{1.88}$$

式(1.85)中的最大振幅 X 可表示为

$$\frac{X}{X_0}=\frac{1}{1-(\omega/\omega_n)^2} \tag{1.89}$$

其中，X/X_0 为动态幅值与静态幅值之比，称为**放大因子**（**magnification factor** or **amplification factor**）或振幅放大因子。振幅放大因子 X/X_0 与频率比 $r=\omega/\omega_n$ 的关系曲线如图 1.21 所示。

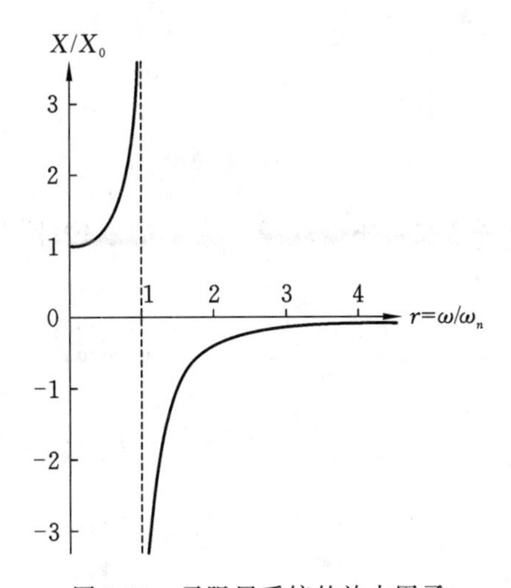

图 1.21　无阻尼系统的放大因子

下面我们介绍共振和拍振这两种特殊的振动现象。

当 $\omega/\omega_n=1$，即激励频率与固有频率相等时，$X/X_0\to\infty$，这种情况称为**共振**。为了得到共振时的响应(共振解)，我们把式(1.88)写为

$$x(t)=\left\{x_0\cos(\omega_n t)+\frac{\dot{x}_0}{\omega_n}\sin(\omega_n t)+X_0\left[\frac{\cos(\omega t)-\cos(\omega_n t)}{1-(\omega/\omega_n)^2}\right]\right\}_{\omega\to\omega_n} \tag{1.90}$$

式中，方括号中的项为

$$\lim_{\omega\to\omega_n}\left[\frac{\cos(\omega t)-\cos(\omega_n t)}{1-(\omega/\omega_n)^2}\right]=\lim_{\omega\to\omega_n}\frac{\frac{\mathrm{d}}{\mathrm{d}\omega}[\cos(\omega t)-\cos(\omega_n t)]}{\frac{\mathrm{d}}{\mathrm{d}\omega}(1-\omega^2/\omega_n^2)}$$

$$=\lim_{\omega\to\omega_n}\left[\frac{t\sin(\omega t)}{2\omega/\omega_n^2}\right]=\frac{\omega_n t}{2}\sin(\omega_n t) \tag{1.91}$$

因此,**共振响应**为

$$x(t)=x_0\cos(\omega_n t)+\frac{\dot{x}_0}{\omega_n}\sin(\omega_n t)+\frac{X_0\omega_n t}{2}\sin(\omega_n t) \tag{1.92}$$

上式中的最后一项,即共振时的受迫振动的时间历程示于图 1.22 中,可见共振振幅随时间线性增大。由于实际系统总是存在阻尼,自由振动会很快衰减,因此上式中的最后一项也近似等于共振响应。

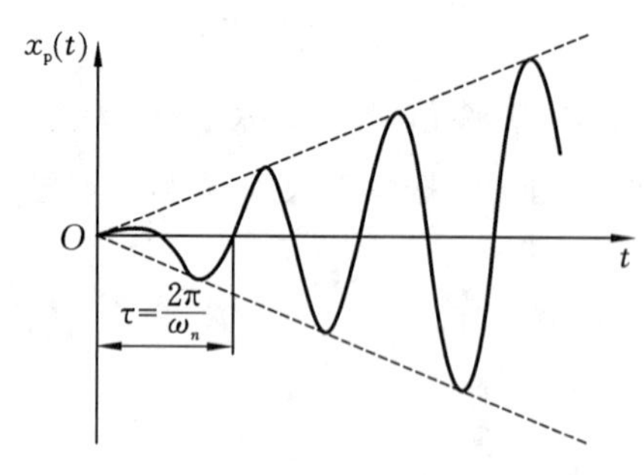

图 1.22 共振响应($\omega=\omega_n$)

当激励频率 ω 接近 ω_n 时会发生**拍振**现象。为了揭示这种现象,令初始条件为零,即令 $x_0=\dot{x}_0=0$,于是式(1.88)退化为

$$x(t)=\frac{F_0/m}{\omega_n^2-\omega^2}[\cos(\omega t)-\cos(\omega_n t)]$$

$$=\frac{F_0/m}{\omega_n^2-\omega^2}\left[2\sin\left(\frac{\omega_n+\omega}{2}t\right)\cdot\sin\left(\frac{\omega_n-\omega}{2}t\right)\right] \tag{1.93}$$

令

$$\omega_n-\omega=2\varepsilon \tag{1.94}$$

其中,ε 为一个正值小量,则有

$$\omega_n+\omega\approx 2\omega,\quad \omega_n^2-\omega^2\approx 4\varepsilon\omega \tag{1.95}$$

将式(1.94)和式(1.95)代入式(1.93),得

$$x(t)=\left[\frac{F_0/m}{2\varepsilon\omega}\sin(\varepsilon t)\right]\sin(\omega t)\triangleq A(t)\sin(\omega t) \tag{1.96}$$

这就是**拍振响应**,如图 1.23 所示。可见,振幅 $A(t)$ 随时间以微小频率 ε 变化,其周期 $2\pi/\varepsilon$ 很大,因此 $A(t)$ 是慢变的;而 $x(t)$ 本身则以频率 ω 变化,它是快变的。振幅为零的两个相邻时间称为**拍振周期** τ_b,由图可见 τ_b 为

$$\tau_b=\frac{2\pi}{2\varepsilon}=\frac{2\pi}{\omega_n-\omega} \tag{1.97}$$

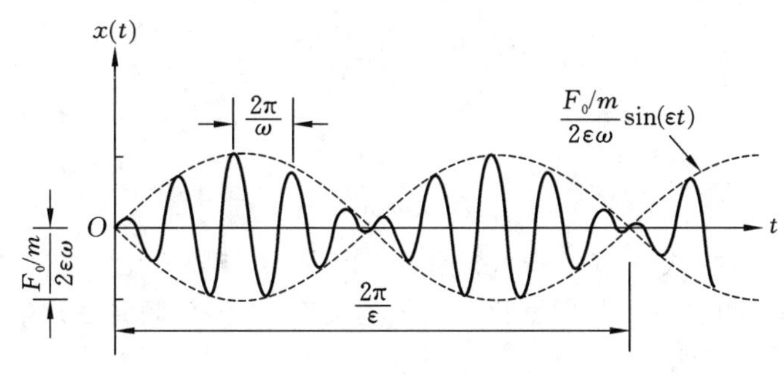

图 1.23　拍振现象

1.9　黏性阻尼系统的简谐响应

1.9.1　对实值简谐激励力的响应

激励力为简谐激励力，即 $F(t)=F_0\cos(\omega t)$ 时，系统的运动方程(1.81)变为

$$m\ddot{x}+c\dot{x}+kx=F_0\cos(\omega t) \tag{1.98}$$

方程(1.98)的特解，此处即简谐响应，为

$$x_p=X\cos(\omega t-\phi) \tag{1.99}$$

将式(1.99)代入方程(1.98)可得

$$X=\frac{F_0}{[(k-m\omega^2)^2+c^2\omega^2]^{1/2}} \tag{1.100}$$

$$\phi=\tan^{-1}\left(\frac{c\omega}{k-m\omega^2}\right) \tag{1.101}$$

简谐激励力和稳态响应如图 1.24 所示。

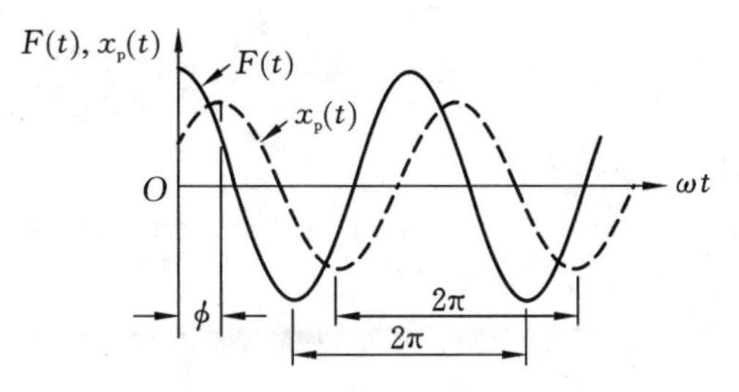

图 1.24　简谐激励力和稳态响应

系统的特解，以后我们将其称为**稳态响应**，为

$$x_p=\frac{F_0}{[(k-m\omega^2)^2+c^2\omega^2]^{1/2}}\cos(\omega t-\phi) \tag{1.102}$$

将式(1.100)和式(1.101)的振幅和相位角表示成无量纲形式，即

$$M=\frac{X}{X_0}=\frac{1}{\sqrt{(1-r)^2+(2\zeta r)^2}} \tag{1.103}$$

$$\phi=\tan^{-1}\left(\frac{2\zeta r}{1-r^{2}}\right) \tag{1.104}$$

其中

$$X_0=\frac{F_0}{k},\quad r=\frac{\omega}{\omega_n},\quad \zeta=\frac{c}{2m\omega_n}=\frac{c}{2\sqrt{mk}},\quad \omega_n=\sqrt{\frac{k}{m}}$$

在阻尼比 ζ 确定时，式(1.103)表示振幅放大因子 M 与频率比 r 之间的关系，称为**幅频特性**；式(1.104)则为相位角 ϕ 与频率比 r 之间的关系，称为**相频特性**。幅频特性曲线和相频特性曲线如图 1.25 所示。

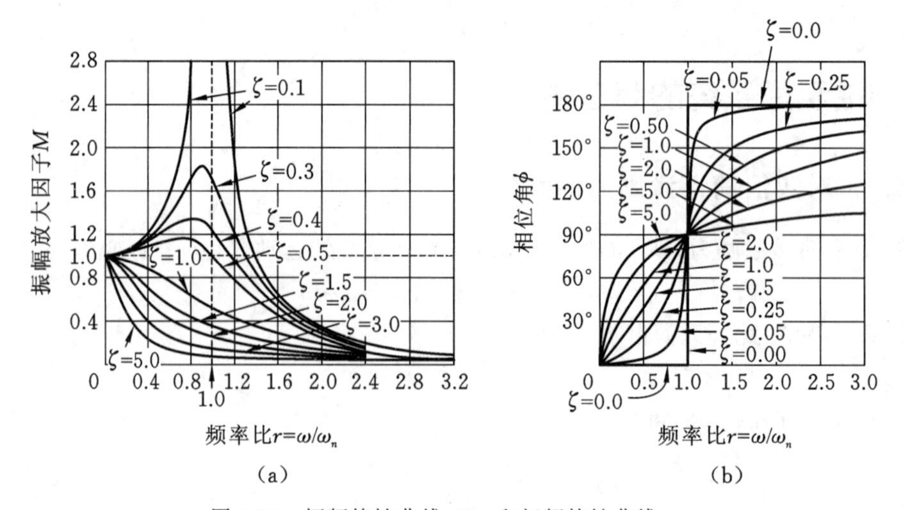

图 1.25 幅频特性曲线 M-r 和相频特性曲线 ϕ-r

可见，当 $\zeta\geqslant 1/\sqrt{2}$ 时，振幅放大因子 M 随频率比 r 单调减小；当 $0<\zeta<1/\sqrt{2}$ 时，M 有一个极大值(峰值)，此时的频率和峰值大小为

$$r=\sqrt{1-2\zeta^2}\quad\Rightarrow\quad M_{\max}=\left(\frac{X}{X_0}\right)_{\max}=\frac{1}{2\zeta\sqrt{1+\zeta^2}} \tag{1.105}$$

对于欠阻尼系统，系统的全解为

$$x(t)=A\mathrm{e}^{-\zeta\omega_n t}\cos(\omega_\mathrm{d}t-\phi_0)+X\cos(\omega t-\phi) \tag{1.106}$$

应用初始条件 $x(0)=x_0,\dot{x}(0)=\dot{x}_0$，可得

$$x_0=A\cos\phi_0+X\cos\phi$$

$$\dot{x}_0=-\zeta\omega_n A\cos\phi_0+\omega_\mathrm{d}A\sin\phi_0+\omega X\sin\phi$$

解得

$$A=\left[(x_0-X\cos\phi)^2+\frac{1}{\omega_\mathrm{d}^2}(\zeta\omega_n x_0+\dot{x}_0-\zeta\omega_n X\cos\phi-\omega X\sin\phi)^2\right]^{1/2} \tag{1.107}$$

$$\tan^{-1}\phi_0=\frac{\zeta\omega_n x_0+\dot{x}_0-\zeta\omega_n X\cos\phi-\omega X\sin\phi}{\omega_\mathrm{d}(x_0-X\cos\phi)} \tag{1.108}$$

对于小阻尼情况($\zeta<0.05$)，近似有

$$\left(\frac{X}{X_0}\right)_{\max}\approx\left(\frac{X}{X_0}\right)_{\omega=\omega_n}=\frac{1}{2\zeta}\triangleq Q \tag{1.109}$$

振幅放大因子在共振点的值称为系统的**品质因子**,记为Q,如图1.26所示。在一些电子电气工程的应用中,人们感兴趣的是希望共振时的振幅尽可能大。振幅放大因子等于$Q/\sqrt{2}$的两个点R_1和R_2称为**半功率点**。

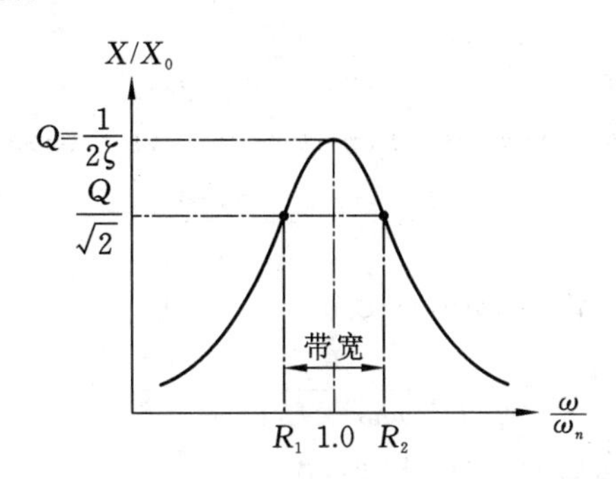

图1.26　简谐响应曲线的半功率点和带宽

由式(1.68)可得,在激励频率ω处,由阻尼损耗的平均功率P_{aver}为

$$P_{\text{aver}}=\frac{\Delta W}{\tau}=\frac{\pi c\omega X^2}{2\pi/\omega}=\frac{c\omega^2X^2}{2} \tag{1.110}$$

即P_{aver}与振幅的平方成正比。在半功率点,阻尼损耗的平均功率为最大损耗功率的一半。我们将两个半功率点的频率之差称为系统的**带宽**。为了求出带宽,令

$$\frac{1}{\sqrt{(1-r)^2+(2\zeta r)^2}}=\frac{Q}{\sqrt{2}} \tag{1.111}$$

解得两个半功率点的频率比分别为

$$r_1^2=1-2\zeta^2-2\zeta\sqrt{1+\zeta^2}$$

$$r_2^2=1-2\zeta^2+2\zeta\sqrt{1+\zeta^2}$$

对于微小的ζ,上式近似为

$$r_1^2=R_1^2=\left(\frac{\omega_1}{\omega_n}\right)^2\approx1-2\zeta,\quad r_2^2=R_2^2=\left(\frac{\omega_2}{\omega_n}\right)^2\approx1+2\zeta \tag{1.112}$$

其中,$\omega_1=\omega|_{R_1}$,$\omega_2=\omega|_{R_2}$。由式(1.112)可得

$$\begin{cases}\omega_2^2-\omega_1^2=(\omega_2+\omega_1)(\omega_2-\omega_1)=(R_2^2-R_1^2)\omega_n^2\approx4\zeta\omega_n^2\\ \omega_2+\omega_1\approx2\omega_n\end{cases} \tag{1.113}$$

由此得到带宽为

$$\Delta\omega=\omega_2-\omega_1\approx2\zeta\omega_n \tag{1.114}$$

1.9.2　对复值简谐激励力的响应

取激励力为复值简谐激励力$F(t)=F_0\mathrm{e}^{\mathrm{i}\omega t}$时,运动方程为

$$m\ddot{x}+c\dot{x}+kx=F_0\mathrm{e}^{\mathrm{i}\omega t} \tag{1.115}$$

其中,F_0一般为复数。方程(1.115)的特解可设为

$$x_{\mathrm{p}}=X\mathrm{e}^{\mathrm{i}\omega t} \tag{1.116}$$

将式(1.116)代入方程(1.115),可得

$$X=\frac{F_0}{(k-m\omega^2)+\mathrm{i}c\omega} \tag{1.117}$$

上式也可写为

$$X=\frac{F_0\,\mathrm{e}^{-\mathrm{i}\phi}}{[(k-m\omega^2)^2+c^2\omega^2]^{1/2}} \tag{1.118}$$

其中

$$\phi=\tan^{-1}\left(\frac{c\omega}{k-m\omega^2}\right) \tag{1.119}$$

现在系统的**稳态解**(**steady-state solution**)变为

$$x_p=\frac{F_0}{[(k-m\omega^2)^2+c^2\omega^2]^{1/2}}\mathrm{e}^{\mathrm{i}(\omega t-\phi)} \tag{1.120}$$

我们将式(1.117)写成振幅放大因子的形式：

$$\frac{X}{X_0}=\frac{1}{1-r^2+\mathrm{i}\cdot 2\zeta r}\triangleq H(\mathrm{i}\omega),\quad X_0=\frac{F_0}{k} \tag{1.121}$$

复变函数 $H(\mathrm{i}\omega)$称为系统的**频率响应函数**(简称**频响函数**)。频响函数可写为

$$H(\mathrm{i}\omega)=|H(\mathrm{i}\omega)|\,\mathrm{e}^{-\mathrm{i}\phi} \tag{1.122}$$

其中

$$|H(\mathrm{i}\omega)|=\left|\frac{X}{X_0}\right|=\frac{1}{[(1-r^2)^2+(2\zeta r)^2]^{1/2}} \tag{1.123}$$

$$\phi=\tan^{-1}\left(\frac{2\zeta r}{1-r^2}\right) \tag{1.124}$$

显然,式(1.123)和式(1.124)为前面已经给出的幅频特性和相频特性。系统的稳态响应又可写为

$$x_p(t)=X_0\,|H(\mathrm{i}\omega)|\,\mathrm{e}^{\mathrm{i}(\omega t-\phi)} \tag{1.125}$$

如果激励力为实值简谐激励力 $F(t)=F_0\cos(\omega t)$,则其稳态响应(式(1.102))为

$$\begin{aligned}x_p&=\frac{F_0}{[(k-m\omega^2)^2+c^2\omega^2]^{1/2}}\cos(\omega t-\phi)\\&=\mathrm{Re}[X_0\,|H(\mathrm{i}\omega)|\,\mathrm{e}^{\mathrm{i}(\omega t-\phi)}]\end{aligned} \tag{1.126}$$

如果激励力为实值简谐激励力 $F(t)=F_0\sin(\omega t)$,则其稳态响应为

$$\begin{aligned}x_p&=\frac{F_0}{[(k-m\omega^2)^2+c^2\omega^2]^{1/2}}\sin(\omega t-\phi)\\&=\mathrm{Im}[X_0\,|H(\mathrm{i}\omega)|\,\mathrm{e}^{\mathrm{i}(\omega t-\phi)}]\end{aligned} \tag{1.127}$$

1.9.3 基础激励系统

如图 1.27 所示,当基础有运动时,系统的运动方程为

$$m\ddot{x}+c(\dot{x}-\dot{y})+k(x-y)=0 \tag{1.128}$$

如果基础做简谐运动,即 $y(t)=Y\sin(\omega t)$,则方程(1.128)变为

$$\begin{aligned}m\ddot{x}+c\dot{x}+kx=ky+c\dot{y}&=kY\sin(\omega t)+c\omega Y\cos(\omega t)\\&=A\sin(\omega t-\alpha)\end{aligned} \tag{1.129}$$

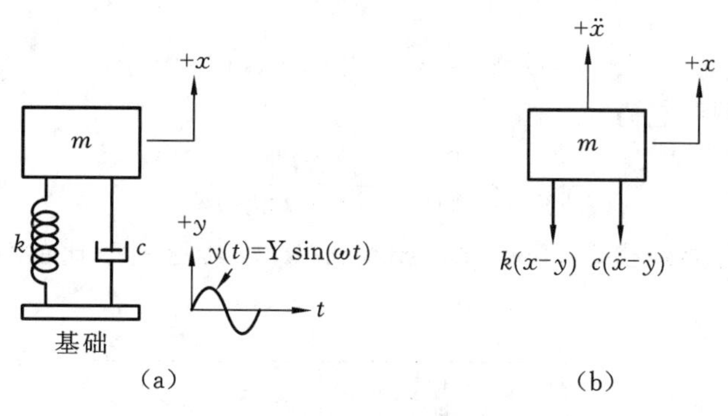

图 1.27　基础激励系统

其中，$A=Y\left[k^2+(c\omega)^2\right]^{1/2}$，$\alpha=\tan^{-1}(-c\omega/k)$。系统的稳态响应为

$$x_p(t)=\frac{Y\sqrt{k^2+(c\omega)^2}}{\left[(k-m\omega^2)^2+c^2\omega^2\right]^{1/2}}\sin(\omega t-\alpha-\phi_1) \tag{1.130}$$

其中

$$\phi_1=\tan^{-1}\left(\frac{c\omega}{k-m\omega^2}\right) \tag{1.131}$$

稳态响应也可设为

$$x_p(t)=X\sin(\omega t-\phi) \tag{1.132}$$

代入方程(1.129)，可得

$$\frac{X}{Y}=\left[\frac{k^2+(c\omega)^2}{(k-m\omega^2)^2+c^2\omega^2}\right]^{1/2}=\left[\frac{1+(2\zeta r)^2}{(1-r^2)^2+(2\zeta r)^2}\right]^{1/2}\triangleq T_d \tag{1.133}$$

$$\phi=\tan^{-1}\left[\frac{mc\omega^3}{k\ (k-m\omega^2)^2+c^2\omega^2}\right]=\tan^{-1}\left[\frac{2\zeta r^3}{1+(4\zeta^2-1)r^2}\right]^{1/2} \tag{1.134}$$

$T_d=X/Y$ 称为**位移传递率**(**displacement transmissibility**)，T_d 和相位角 ϕ 随频率比的变化曲线如图 1.28 所示。

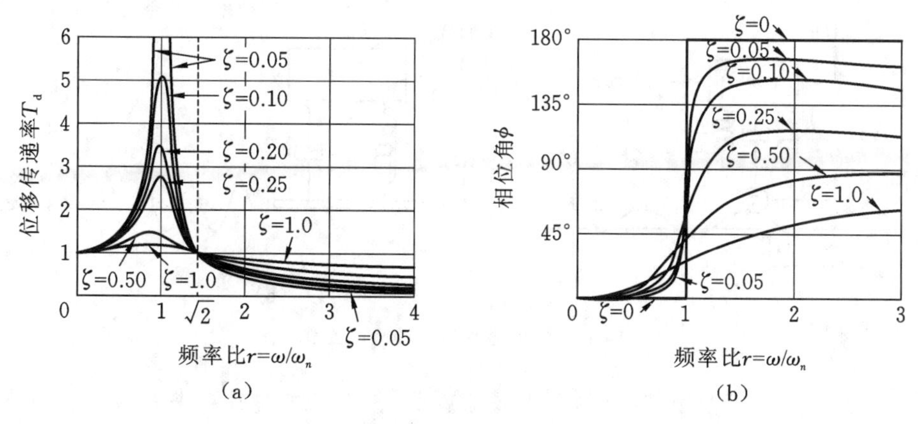

图 1.28　T_d 和 ϕ 随 r 的变化

现在来考察图 1.27 中通过弹簧和阻尼器传递到基础的力 F，它为

$$F=k(x-y)+c(\dot{x}-\dot{y})=-m\ddot{x} \tag{1.135}$$

所以

$$F=m\omega^2 X\sin(\omega t-\phi)=F_T\sin(\omega t-\phi) \tag{1.136}$$

其中，F_T 为 F 的振幅，它为

$$\frac{F_T}{kY}=r^2\left[\frac{1+(2\zeta r)^2}{(1-r^2)^2+(2\zeta r)^2}\right]^{1/2} \tag{1.137}$$

比值 $F_T/(kY)$ 称为**力传递率**（**force transmissibility**），其随频率比的变化曲线如图 1.29 所示。

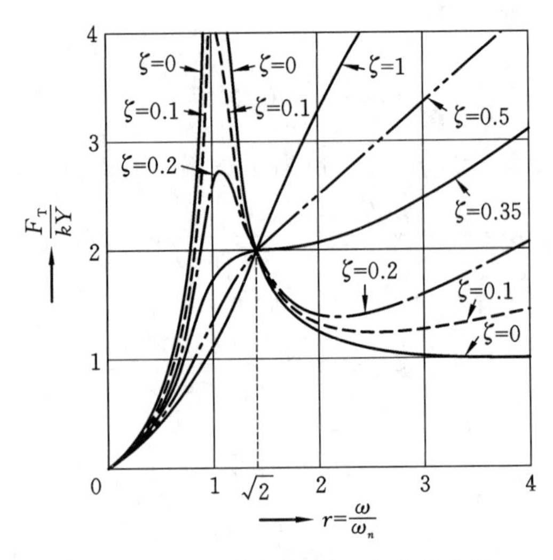

图 1.29　力传递率随频率比的变化曲线

例 1.8　图 1.30 为一辆汽车的简单模型，它在粗糙的道路上行驶时会在铅垂方向振动。汽车的质量为 1200 kg。悬挂系统的弹簧刚度为 400 kN/m，阻尼比 $\zeta=0.5$。如果汽车速度为 20 km/h，求出其位移振幅。假设路面以振幅 $Y=0.05$ m 和波长 $l=6$ m 的空间谐波变化。

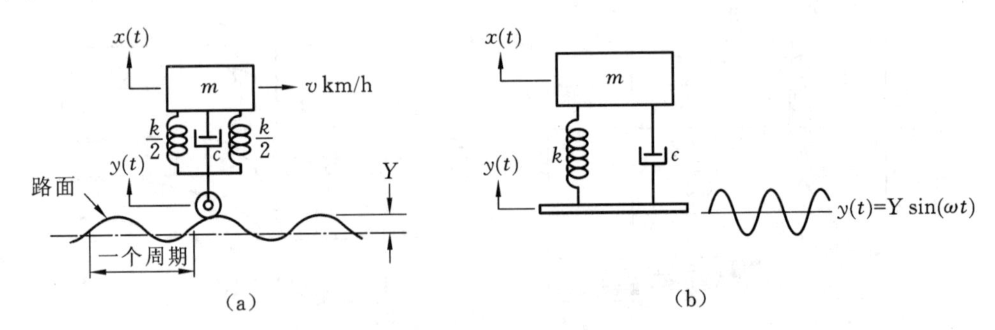

图 1.30　粗糙路面上行驶的车辆

解　这是一个路面激励问题（相当于基础激励）。当汽车驶过一个路面波长的路程时，路面对汽车完成一个时间周期的铅垂方向激励。因此，路面的激励频率为

$$\omega=2\pi f=\frac{2\pi}{T}=\frac{2\pi}{l/v}=\frac{2\pi\times 20\times 10^3/3600}{6}\ \text{rad/s}=5.81776\ \text{rad/s}$$

系统的固有频率为

$$\omega_n=\sqrt{\frac{k}{m}}=\sqrt{\frac{400\times10^3}{1200}}\ \text{rad/s}=18.2574\ \text{rad/s}$$

所以频率比为

$$r=\frac{\omega}{\omega_n}=\frac{5.81776}{18.2574}=0.318652$$

汽车的振幅由式(1.133)计算：

$$\frac{X}{Y}=\left[\frac{1+(2\zeta r)^2}{(1-r^2)^2+(2\zeta r)^2}\right]^{1/2}=1.100964$$

汽车的振幅为

$$X=1.100964Y=0.055048\ \text{m}$$

1.10　Coulomb阻尼系统的受迫振动

单自由度Coulomb阻尼系统如图1.31所示，在简谐激励力作用下，运动方程为

$$m\ddot{x}+kx\pm\mu N=F_0\sin(\omega t) \tag{1.138}$$

摩擦力前面的符号，当$\dot{x}>0$(物块从左往右运动)时取正号，反之取负号。

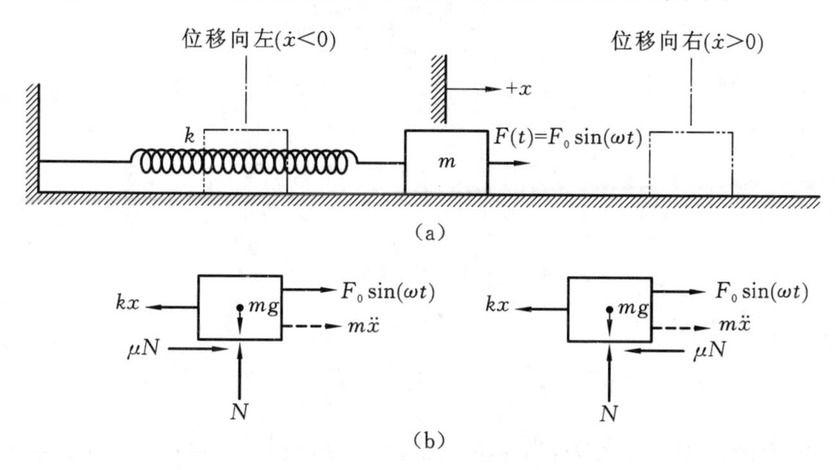

图1.31　考虑Coulomb阻尼的单自由度简谐激励系统

求方程(1.138)的精确解是很复杂的。**当摩擦力与激励力幅值F_0相比是个小量时，我们可以将干摩擦阻尼等效为一个黏性阻尼，进而可得到方程**(1.138)**的近似解**。等效的原则是令干摩擦阻尼在一个周期中损耗的能量等于等效黏性阻尼损耗的能量。易知干摩擦阻尼在一个周期中损耗的能量为

$$\Delta W=4\mu NX \tag{1.139}$$

其中，X为系统稳态振动的振幅。而等效黏性阻尼在一个周期中损耗的能量为

$$\Delta W=\pi c_{\text{eq}}\omega X^2 \tag{1.140}$$

其中，c_{eq}表示等效黏性阻尼系数。令两种损耗的能量相等，得到

$$c_{\text{eq}}=\frac{4\mu N}{\pi\omega X} \tag{1.141}$$

这样原方程(1.138)近似为

$$m\ddot{x}+c_{\mathrm{eq}}\dot{x}+kx=F_0\sin(\omega t) \tag{1.142}$$

该方程的稳态解为

$$x_{\mathrm{p}}(t)=X\sin(\omega t-\phi) \tag{1.143}$$

振幅 X 和相位角 ϕ 分别为

$$X=\frac{F_0}{[(k-m\omega^2)^2+(c_{\mathrm{eq}}\omega)^2]^{1/2}}=\frac{(F_0/k)}{[(1-\omega^2/\omega_n^2)^2+(2\zeta_{\mathrm{eq}}\omega/\omega_n)^2]^{1/2}} \tag{1.144}$$

$$\phi=\tan^{-1}\left(\frac{c_{\mathrm{eq}}\omega}{k-m\omega^2}\right)=\tan^{-1}\left(\frac{2\zeta_{\mathrm{eq}}\omega/\omega_n}{1-\omega^2/\omega_n^2}\right) \tag{1.145}$$

其中

$$\zeta_{\mathrm{eq}}=\frac{c_{\mathrm{eq}}}{2m\omega_n}=\frac{2\mu N}{\pi m\omega\omega_n X} \tag{1.146}$$

所以振幅 X 又可写为

$$X=\frac{(F_0/k)}{[(1-\omega^2/\omega_n^2)^2+(4\mu N/\pi kX)^2]^{1/2}} \tag{1.147}$$

由这个方程可解得

$$X=\frac{F_0}{k}\left[\frac{1-(4\mu N/\pi F_0)^2}{(1-\omega^2/\omega_n^2)^2}\right]^{1/2} \tag{1.148}$$

为了避免 X 成为虚数,必须有

$$1-\left(\frac{4\mu N}{\pi F_0}\right)^2>0 \quad\Rightarrow\quad \frac{F_0}{\mu N}>\frac{4}{\pi} \tag{1.149}$$

相位角 ϕ 又可写为

$$\phi=\tan^{-1}\left(\frac{4\mu N/\pi kX}{1-\omega^2/\omega_n^2}\right) \tag{1.150}$$

将前文的 X 代入上式,得

$$\phi=\tan^{-1}\left\{\frac{(4\mu N/\pi F_0)}{[1-(4\mu N/\pi F_0)^2]^{1/2}}\right\} \tag{1.151}$$

式(1.150)与激励频率 ω 有关,当 $\omega/\omega_n<1$ 时 ϕ 取正值,当 $\omega/\omega_n>1$ 时 ϕ 取负值。由于式(1.151)与激励频率 ω 无关,因此为了表示 ϕ 取值的正负,将式(1.151)写为

$$\phi=\tan^{-1}\left\{\frac{(\pm 4\mu N/\pi F_0)}{[1-(4\mu N/\pi F_0)^2]^{1/2}}\right\} \tag{1.152}$$

1.11　滞回阻尼系统的受迫振动

图 1.32 表示一个滞回阻尼系统,受到简谐激励力 $F(t)=F_0\sin(\omega t)$的作用。将滞回阻尼看成等效黏性阻尼,系统的运动方程为

$$m\ddot{x}+\frac{\beta k}{\omega}\dot{x}+kx=F_0\sin(\omega t) \tag{1.153}$$

其中,$(\beta k/\omega)\dot{x}=(h/\omega)\dot{x}$ 表示阻尼力。当激励力为一般时间函数 $F(t)$时,这个方程的求解是很复杂的,但是现在是一个简谐激励力,则稳态响应为

$$x_p(t)=X\sin(\omega t-\phi) \tag{1.154}$$

将式(1.154)代入方程(1.153)可得

$$X=\frac{F_0}{k\left[(1-\omega^2/\omega_n^2)^2+\beta^2\right]^{1/2}} \tag{1.155}$$

$$\phi=\tan^{-1}\left(\frac{\beta}{1-\omega^2/\omega_n^2}\right) \tag{1.156}$$

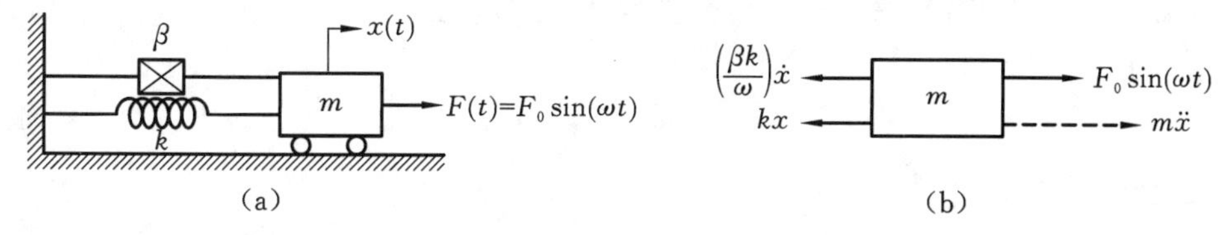

图 1.32　简谐激励的滞回阻尼系统

滞回阻尼系统的幅频特性和相频特性如图 1.33 所示。

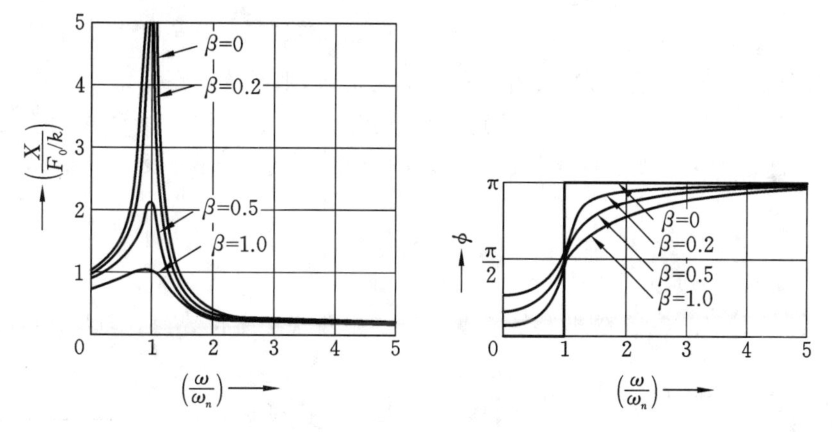

图 1.33　滞回阻尼系统的稳态响应

1.12　自激振动和稳定性分析

作用于系统的力通常是由外部给系统的，且与运动无关。但是，也有一些系统，其激励力是运动参数的函数，如位移、速度或加速度。因为运动本身产生激励力，所以这种系统称为**自激振动系统(self-excited vibrating system)**。不稳定转轴、涡轮机的叶片、管道的流致振动汽车轮子的摆振以及桥梁的气动诱导运动都是典型的自激振动例子。

1.12.1　动态稳定性分析

如果一个系统的运动(或位移)随时间收敛到定常或保持定常，则称该系统是**动态稳定的(dynamically stable)**；反之，若位移的幅值随时间持续最大(发散)，则称该系统是**动态不稳定的(dynamically unstable)**。为了说明这些概念，我们考虑一个单自由度系统：

$$m\ddot{x}+c\dot{x}+kx=0 \tag{1.157}$$

它的解可设为 $x=Ce^{st}$，代入方程(1.157)得到

$$s^2+\frac{c}{m}s+\frac{k}{m}=0 \tag{1.158}$$

这个方程的根为

$$s_{1,2}=-\frac{c}{2m}\pm\frac{1}{2}\left[\left(\frac{c}{m}\right)^2-4\left(\frac{k}{m}\right)\right]^{1/2} \tag{1.159}$$

设 $m>0$。**当两个根均为实数时,若 c 和 k 均为负数或其中一个为负数,则至少一个根为正实数,位移 $x=Ce^{st}$ 将发散;若 c 和 k 均为正数,则位移收敛**。当两个根为共轭复数时,将它们写为

$$s_1=p+\mathrm{i}q,\quad s_2=p-\mathrm{i}q \tag{1.160}$$

其中,p 和 q 为实数,因此有

$$(s-s_1)(s-s_2)=s^2-(s_1+s_2)s+s_1s_2=s^2+\frac{c}{m}s+\frac{k}{m}=0 \tag{1.161}$$

进而有

$$\frac{c}{m}=-(s_1+s_2)=-2p,\quad \frac{k}{m}=s_1s_2=p^2+q^2 \tag{1.162}$$

此时,若 c 为负数,则系统动态发散;若 c 和 k 均为正数,则系统动态稳定。

例 1.9 考虑图 1.34 (a)所示的运动皮带上的弹簧-质量系统。物块与皮带之间的动摩擦系数与相对速度的关系如图 1.34 (b)所示。假定相对速度 v 小于转变速度 v_Q 时,摩擦系数 μ 可表示为

$$\mu=\mu_0-\frac{a}{W}v$$

其中,a 是一个常数,$W=mg$ 为物块的重量。请确定物块平衡位置的自由振动性质。

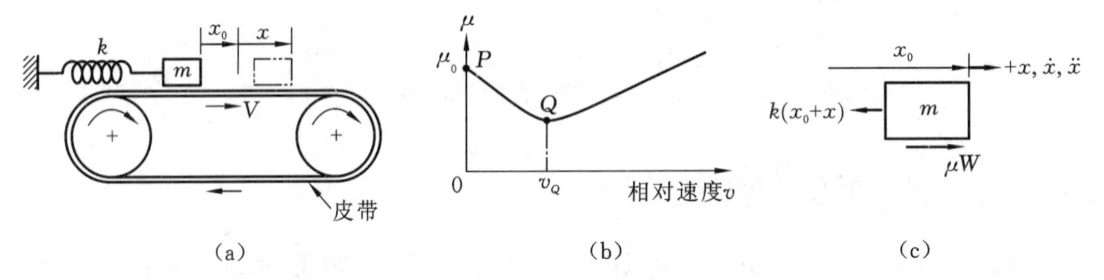

图 1.34 运动皮带上的弹簧-质量系统

解 令物块的平衡位置为 x_0,则有

$$\mu W=kx_0$$

或

$$x_0=\frac{\mu W}{k}=\frac{\mu_0 W}{k}-\frac{aV}{k}$$

其中,V 为皮带的速度。如果物块从平衡位置 x_0 开始发生一个位移 x,则相对速度为

$$v=V-\dot{x}$$

因此,物块的自由振动方程(参见图 1.34 (c))为

$$m\ddot{x}=-k(x_0+x)+\mu W=-k(x_0+x)+W\left[\mu_0-\frac{a}{W}(V-\dot{x})\right]$$

即
$$m\ddot{x}-a\dot{x}+kx=0$$

因为 $a>0$，所以 $\dot{x}$ 的系数小于零，对应于这个方程的运动是不稳定的。方程的通解为

$$x(t)=\mathrm{e}^{(a/2m)t}(C_1\,\mathrm{e}^{r_1 t}+C_2\,\mathrm{e}^{r_2 t})$$

其中

$$r_1=\frac{1}{2}\left[\left(\frac{a}{m}\right)^2-\left(\frac{k}{m}\right)\right]^{1/2},\quad r_2=-\frac{1}{2}\left[\left(\frac{a}{m}\right)^2-\left(\frac{k}{m}\right)\right]^{1/2}$$

可见，$x(t)$ 随时间增大，直到 $V-\dot{x}=0$ 或 $V+\dot{x}=v_Q$；此后，μ 具有正斜率，因此运动的性质将不同。

1.12.2 流体流动引起的动态不稳定性

由物体周围的流体流动引起的振动称为**流致振动**(**flow-induced vibration**)。例如烟囱、潜艇的潜望镜、输电线等，在某些流动条件下会产生剧烈振动。类似地，水管、油管和空气压缩器的管子，在某些管流条件下会发生严重的流致振动。

流致振动会引起各种现象。例如，覆冰输电线路会产生低频(1～2Hz)振动，称为**舞动**(**galloping**)，它是由作用于导线的升力和阻力引起的。机翼的不稳定振动，称为**颤振**(**flutter**)，也是如此。输电线的高频振动，称为**振鸣**(**singing**)，它是一种涡激振动。

下面简单介绍覆冰导线的舞动机理。考虑圆柱形截面，设水平横向风的风速为 U，如图1.35 (a)所示。由于截面的对称性，风的作用力方向与风向相同。如果给圆柱以向下的微小速度 u，则风将有一个向上的分量 u(相对于圆柱)，因此作用于圆柱的合成风力将向上，如图1.35 (b)所示。因为这个力(向上)与圆柱的运动方向(向下)相反，因此圆柱受到阻尼作用。然而，对于非圆截面的覆冰导线，如图1.35 (c)所示，它受到的合成风力不是总与截面的运动方向相反；此时，导线的运动受到风力的推动，这表示系统受到负阻尼的作用。

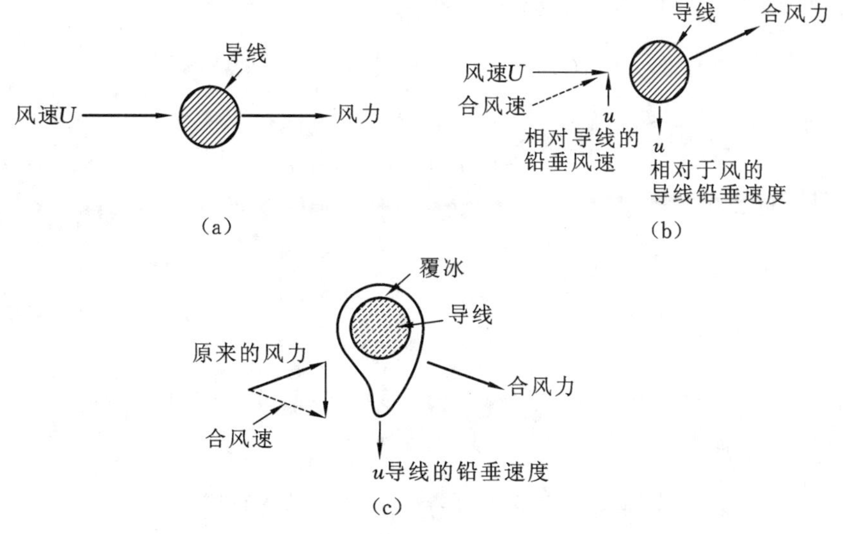

图1.35 覆冰导线的舞动

例 1.10 如图 1.36 所示的翼型，放在流速为 u 的均匀自由流场中，设支承刚度为 k，阻尼系数为 c。试确定使翼型动态不稳定的 u 值。

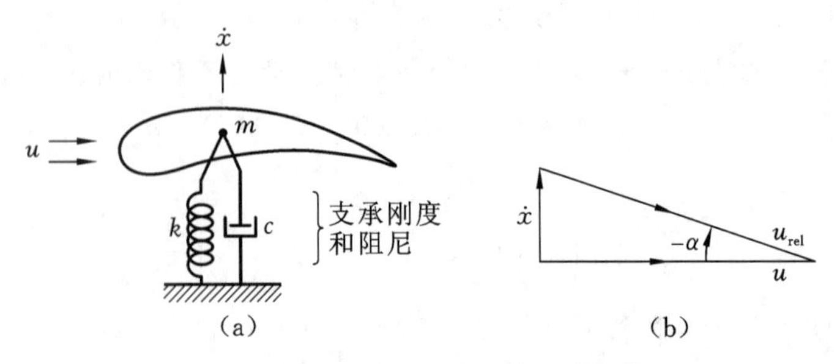

图 1.36 简化为单自由度系统的翼型模型

解 沿 x 方向作用于翼型的升力为

$$F=\frac{1}{2}\rho u^2 DC_x$$

其中，ρ 为流体的密度，u 为自由流场流速，D 为与流动方向垂直的翼型宽度，C_x 为铅垂力系数，表达式为

$$C_x=\frac{u_{\mathrm{rel}}^2}{u^2}(C_{\mathrm{L}}\cos\alpha+C_{\mathrm{D}}\sin\alpha)$$

其中，u_{rel} 为流体的相对速度，C_{L} 为升力系数，C_{D} 为阻力系数，α 为攻角。本例的翼型只有上下运动，α 为

$$\alpha=-\tan^{-1}\left(\frac{\dot{x}}{u}\right)$$

对于小的攻角，近似为

$$\alpha=-\frac{\dot{x}}{u}$$

将 C_x 在 $\alpha=0$ 处作 Taylor 级数展开可得

$$C_x\approx C_x\Big|_{\alpha=0}+\frac{\partial C_x}{\partial\alpha}\Big|_{\alpha=0}\cdot\alpha$$

对于小的攻角 α，$u_{\mathrm{rel}}\approx u$，则有

$$C_x\approx C_{\mathrm{L}}\cos\alpha+C_{\mathrm{D}}\sin\alpha$$

进而用 Taylor 级数展开可得

$$C_x\approx C_x\Big|_{\alpha=0}+\alpha\frac{\partial C_x}{\partial\alpha}\Big|_{\alpha=0}=C_{\mathrm{L}}\Big|_{\alpha=0}-\frac{\dot{x}}{u}\left(\frac{\partial C_{\mathrm{L}}}{\partial\alpha}\Big|_{\alpha=0}+C_{\mathrm{D}}\Big|_{\alpha=0}\right)$$

于是升力为

$$F=\frac{1}{2}\rho u^2 DC_{\mathrm{L}}\Big|_{\alpha=0}-\frac{1}{2}\rho uD\frac{\partial C_x}{\partial\alpha}\Big|_{\alpha=0}\dot{x}$$

翼型的运动方程为

$$m\ddot{x}+c\dot{x}+kx=F=\frac{1}{2}\rho u^2 DC_{\mathrm{L}}\Big|_{\alpha=0}-\frac{1}{2}\rho uD\frac{\partial C_x}{\partial\alpha}\Big|_{\alpha=0}\dot{x}$$

对应的自由振动方程为

$$m\ddot{x}+\left(c+\frac{1}{2}\rho uD\left.\frac{\partial C_x}{\partial\alpha}\right|_{\alpha=0}\right)\dot{x}+kx=0$$

因此，系统的不稳定条件为

$$u<-\frac{2c}{\rho D\left.\frac{\partial C_x}{\partial\alpha}\right|_{\alpha=0}}$$

对于正方形截面，由实验已知$\left.\frac{\partial C_x}{\partial\alpha}\right|_{\alpha=0}=-2.7$。

1.13　传递函数方法

1.13.1　传递函数定义

基于 Laplace 变换的传递函数方法，通常在控制理论文献中用于动态问题的列式和求解。它也可以方便地用于强迫振动问题的求解。传递函数将系统的输出与输入联系起来。这个函数允许将输入、系统和输出分离成三个独立、分离的部分（不像微分方程，这三个部分不能很容易分离）。

定义：线性、时不变微分方程的**传递函数**定义为输出或响应函数的 Laplace 变换与输入或激励函数的 Laplace 变换的比值，假设初始条件为零。

求线性微分方程传递函数的一般过程，包括取两边的 Laplace 变换、假设零初始条件、求取输出和输入的 Laplace 变换的比值。线性微分方程由变量及其导数组成，Laplace 变换将微分方程转化为 Laplace 变量中的多项式方程。

例 1.11　一个动态系统的 n 阶线性、时不变控制微分方程为

$$a_n\frac{\mathrm{d}^n x(t)}{\mathrm{d}t^n}+a_{n-1}\frac{\mathrm{d}^{n-1}x(t)}{\mathrm{d}t^{n-1}}+\cdots+a_0x(t)=b_m\frac{\mathrm{d}^m f(t)}{\mathrm{d}t^m}+b_{m-1}\frac{\mathrm{d}^{m-1}f(t)}{\mathrm{d}t^{m-1}}+\cdots+b_0f(t)$$

其中，$x(t)$是输出，$f(t)$是输入，各个 a_i 和 b_i 是常数。求出系统的传递函数，并用框图表示输入、系统和输出。

解　对以上微分方程取 Laplace 变换可得

$$\begin{aligned}&a_ns^nX(s)+a_{n-1}s^{n-1}X(s)+\cdots+a_0X(s)+\text{初始条件}\\&\quad=b_ms^mF(s)+b_{m-1}s^{m-1}F(s)+\cdots+b_0F(s)+\text{初始条件}\end{aligned}$$

如果所有初始条件为零，上式变为

$$(a_ns^n+a_{n-1}s^{n-1}+\cdots+a_0)X(s)=(b_ms^m+b_{m-1}s^{m-1}+\cdots+b_0)F(s)$$

传递函数为

$$T(s)=\frac{X(s)}{F(s)}=\frac{b_ms^m+b_{m-1}s^{m-1}+\cdots+b_0}{a_ns^n+a_{n-1}s^{n-1}+\cdots+a_0}$$

其中，$X(s)$和 $F(s)$分别为输出和输入的 Laplace 变换。上式也可写为

$$X(s)=T(s)F(s)$$

图 1.37 为输入、系统和输出的方框图。

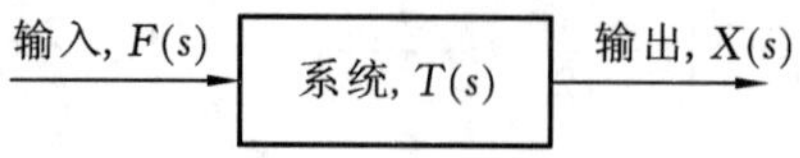

输入, $F(s)$ → 系统, $T(s)$ → 输出, $X(s)$

图 1.37　表示输入、系统和输出的方框图

例 1.12　求一个单自由度阻尼系统的传递函数。

解　系统的运动方程为

$$m\ddot{x}+c\dot{x}+kx=f(t)$$

对上式取 Laplace 变换，可得

$$m[s^2X(s)-sx(0)-\dot{x}(0)]+c[sX(s)-x(0)]+kX(s)=F(s)$$

即

$$(ms^2+cs+k)X(s)-[msx(0)+m\dot{x}(0)+cx(0)]=F(s)$$

令 $x(0)=\dot{x}(0)=0$，得到传递函数为

$$T(s)=\frac{X(s)}{F(s)}=\frac{1}{ms^2+cs+k}$$

例 1.13　利用 Laplace 变换求阻尼系统的响应。

解　根据上例的结果可得，单自由度阻尼系统响应的 Laplace 变换为

$$X(s)=\frac{F(s)}{m(s^2+2\zeta\omega_n s+\omega_n^2)}+\frac{s+2\zeta\omega_n}{s^2+2\zeta\omega_n s+\omega_n^2}x(0)+\frac{1}{s^2+2\zeta\omega_n s+\omega_n^2}\dot{x}(0) \tag{1}$$

对上式右边三项分别进行 Laplace 反变换就可得响应 $x(t)$。应用卷积定理可得右边第一项的 Laplace 反变换为

$$\mathcal{L}^{-1}\left[\frac{F(s)}{m(s^2+2\zeta\omega_n s+\omega_n^2)}\right]=\frac{1}{\omega_d}\int_{\tau=0}^{t}f(\tau)e^{-\zeta\omega_n(t-\tau)}\sin[\omega_d(t-\tau)]d\tau \tag{2}$$

其中，$\omega_d=\omega_n(1-\zeta^2)^{1/2}$。

式(1)右边第二项的 Laplace 反变换为

$$\mathcal{L}^{-1}\left[\frac{s+2\zeta\omega_n}{s^2+2\zeta\omega_n s+\omega_n^2}x(0)\right]=x(0)\frac{\omega_n}{\omega_d}e^{-\zeta\omega_n t}\cos(\omega_d t-\phi_1) \tag{3}$$

其中

$$\phi_1=\tan^{-1}\frac{\zeta\omega_n}{\omega_d}=\tan^{-1}\frac{\zeta}{\sqrt{1-\zeta^2}}$$

式(1)右边第三项的 Laplace 反变换为

$$\mathcal{L}^{-1}\left[\frac{1}{s^2+2\zeta\omega_n s+\omega_n^2}\dot{x}(0)\right]=\dot{x}(0)\frac{1}{\omega_d}e^{-\zeta\omega_n t}\sin(\omega_d t) \tag{4}$$

将式(2)、式(3)、式(4)相加可得系统响应为

$$x(t)=\frac{1}{\omega_d}\int_{\tau=0}^{t}f(\tau)e^{-\zeta\omega_n(t-\tau)}\sin[\omega_d(t-\tau)]d\tau$$
$$+x(0)\frac{\omega_n}{\omega_d}e^{-\zeta\omega_n t}\cos(\omega_d t-\phi_1)+\dot{x}(0)\frac{1}{\omega_d}e^{-\zeta\omega_n t}\sin(\omega_d t)$$

1.13.2　频率传递函数

设系统受到简谐激励，比如 $M_i\cos(\omega t+\phi_i)$，该激励可用复变函数(或**相量**)$M_i e^{i\phi_i}$ 表示

(ω 作为隐变量),在复平面或平面矢量图上,这个量就是一个长度为 M_i、以 ϕ_i 为起始角、以匀角速度 ω 转动的旋转矢量。系统的稳态输出或简谐响应可表示为 $M_o e^{i\phi_o}$。其中,$M_i(\omega)$ 为激励幅值,$\phi_i(\omega)$ 为激励的相位角,$M_o(\omega)$ 是响应幅值,$\phi_o(\omega)$ 为响应的相位角,认为它们都是激励频率 ω 的函数。于是,稳态输出可写为

$$\begin{aligned} M_o(\omega)e^{i\phi_o(\omega)} &= M_s(\omega)e^{i\phi_s(\omega)}M_i(\omega)e^{i\phi_i(\omega)} \\ &= M_s(\omega)M_i(\omega)e^{i[\phi_s(\omega)+\phi_i(\omega)]} \end{aligned} \tag{1.163}$$

其中,$M_s(\omega)$ 为系统对输入幅值的放大率,$\phi_s(\omega)$ 为系统对输入相位角的偏移值。

图 1.38 表示一个弹簧-质量-阻尼器系统的输入、输出以及它们之间的关系框图。

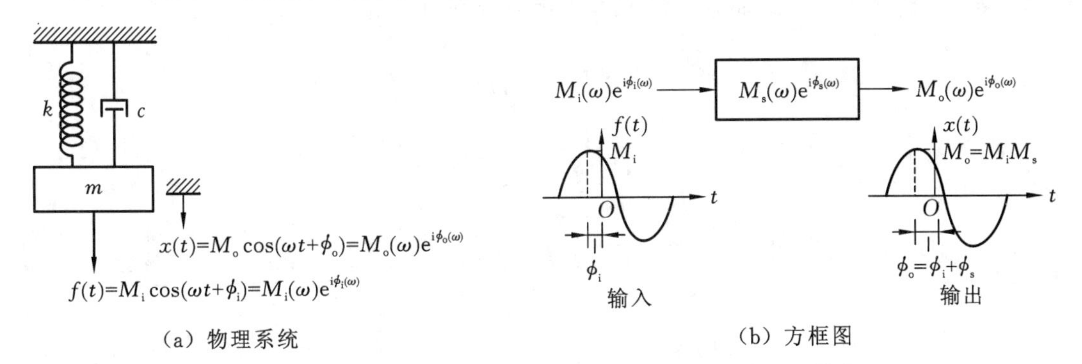

图 1.38　弹簧-质量-阻尼器系统的输入-输出关系及方框图

因此,系统函数 $M_s(\omega)e^{i\phi_s(\omega)}$ 的幅值和相位角为

$$M_s(\omega)=\frac{M_o(\omega)}{M_i(\omega)} \tag{1.164}$$

$$\phi_s(\omega)=\phi_o(\omega)-\phi_i(\omega) \tag{1.165}$$

我们将系统函数 $M_s(\omega)e^{i\phi_s(\omega)}$ 称为系统的**频率响应函数**(简称**频响函数**),其中 $M_s(\omega)$ 称为**幅频函数**,$\phi_s(\omega)$ 称为**相频函数**。

根据前面关于单自由度系统简谐响应的结果,就单自由度系统而言,这里的频响函数与式(1.121)中定义的频响函数是一样的,只不过这里定义的频响函数适用于更一般的线性系统。由此可知,系统的频响函数可以由系统的运动微分方程作 Fourier 变换得到,于是根据 Fourier 变换与 Laplace 变换之间的关系,在系统的传递函数中将 Laplace 变量 s 换成 $i\omega$ 就可得到系统的频响函数,即有

$$T(i\omega)=M_s(\omega)e^{i\phi_s(\omega)} \tag{1.166}$$

因此,系统的频响函数也称为**频率传递函数**。

1.14　一般周期激励下的响应

当激励力 $F(t)$ 为周期 $\tau=2\pi/\omega$ 的周期函数时,它可以展开为 Fourier 级数:

$$F(t)=\frac{a_0}{2}+\sum_{k=1}^{\infty}a_k\cos(k\omega t)+\sum_{k=1}^{\infty}b_k\sin(k\omega t) \tag{1.167}$$

其中

$$a_k = \frac{2}{\tau}\int_0^{\tau} F(t)\cos(k\omega t)\mathrm{d}t, \quad k=0,1,2,\cdots \tag{1.168}$$

$$b_k = \frac{2}{\tau}\int_0^{\tau} F(t)\sin(k\omega t)\mathrm{d}t, \quad k=1,2,3,\cdots \tag{1.169}$$

将式(1.167)中各项简谐激励的响应分别求出后再叠加即得系统的响应。

对于单自由度黏性阻尼系统,运动方程变为

$$m\ddot{x} + c\dot{x} + kx = \frac{a_0}{2} + \sum_{j=1}^{\infty} a_j\cos(j\omega t) + \sum_{j=1}^{\infty} b_j\sin(j\omega t) \tag{1.170}$$

激励项 $a_0/2, a_j\cos(j\omega t), b_j\sin(j\omega t)$ 的稳态响应分别为

$$x_1(t) = \frac{a_0}{2k} \tag{1.171}$$

$$x_2(t) = \frac{(a_j/k)}{\sqrt{(1-j^2r^2)+(2\zeta jr)^2}}\cos(j\omega t - \phi_j) \tag{1.172}$$

$$x_3(t) = \frac{(b_j/k)}{\sqrt{(1-j^2r^2)+(2\zeta jr)^2}}\sin(j\omega t - \phi_j) \tag{1.173}$$

其中

$$\phi_j = \tan^{-1}\left(\frac{2\zeta jr}{1-j^2r^2}\right), \quad r=\frac{\omega}{\omega_n}, \quad \omega_n=\sqrt{\frac{k}{m}}, \quad \zeta=\frac{c}{2m\omega_n} \tag{1.174}$$

总的稳态响应 $x_{\mathrm{p}}(t) = x_1(t)+x_2(t)+x_3(t)$,即

$$x_{\mathrm{p}}(t) = \frac{a_0}{2k} + \sum_{j=1}^{\infty}\frac{k}{\sqrt{(1-j^2r^2)+(2\zeta jr)^2}}[a_j\cos(j\omega t-\phi_j)+b_j\sin(j\omega t-\phi_j)] \tag{1.175}$$

例 1.14 在液压控制系统阀门振动的研究中,阀门及其弹性阀杆模化为质量-弹簧-阻尼器系统,如图 1.39 (a)所示。除了弹簧力和阻尼力外,阀门上还有一种流体压力,随着阀门的开启或关闭量的变化而变化。当阀腔内压力按图 1.39 (b)所示曲线变化时,求出阀门的稳态响应。假设 $k=2500$ N/m,$c=10$ N·s/m,$m=0.25$ kg,阀门直径为 50 mm。

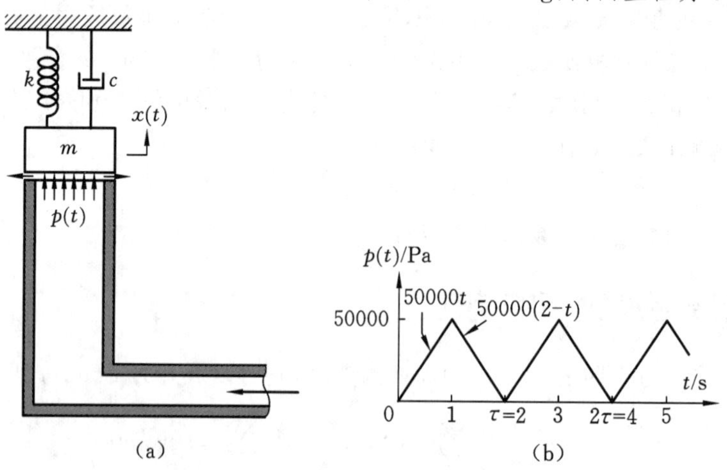

图 1.39 一个液压阀的周期振动

解 压力(激励力)函数为

$$F(t)=Ap(t)$$

其中,A 为阀腔的横截面积,为

$$A=\frac{\pi\times 50^2}{4}\mathrm{mm}^2=625\pi\ \mathrm{mm}^2=0.000625\pi\ \mathrm{m}^2$$

压强 $p(t)$为周期函数,周期 $\tau=2$ s。压力函数的频率 $\omega=2\pi/\tau=\pi$ rad/s,所以

$$F(t)=\frac{a_0}{2}+a_1\cos(\omega t)+a_2\cos(2\omega t)+\cdots+b_1\sin(\omega t)+b_2\sin(2\omega t)+\cdots$$

可以算出

$$a_0=50000A,\quad a_1=-\frac{2\times 10^5 A}{\pi^2},\quad a_2=0,\quad a_3=-\frac{2\times 10^5 A}{9\pi^2},$$
$$a_4=a_6=\cdots=0;\quad b_1=b_2=b_3=\cdots=0$$

所以

$$F(t)\approx 25000A-\frac{2\times 10^5 A}{\pi^2}\cos(\omega t)-\frac{2\times 10^5 A}{9\pi^2}\cos(3\omega t)+\cdots$$

系统的稳态响应为

$$x_{\mathrm{p}}(t)=\frac{25000A}{k}-\frac{2\times 10^5 A}{k\pi^2\sqrt{(1-r^2)^2+(2\zeta r)^2}}\cos(\omega t-\phi_1)$$
$$-\frac{2\times 10^5 A}{9k\pi^2\sqrt{(1-9r^2)^2+(6\zeta r)^2}}\cos(3\omega t-\phi_3)+\cdots$$

其中,各个参数可以算出:

$$\omega_n=100\ \mathrm{rad/s},\quad r=0.031416,\quad \zeta=0.2$$
$$\phi_1=0.0125664\ \mathrm{rad},\quad \phi_3=0.0380483\ \mathrm{rad}$$

于是,稳态响应的结果为

$$x_{\mathrm{p}}(t)=0.019635-0.015930\cos(\pi t-0.0125664)-0.0017828\cos(3\pi t-0.0380483)+\cdots$$

1.15 非周期激励下的响应

当激励力 $F(t)$为非周期函数时,可以采用多种方法来计算系统对这种任意激励的响应。常用的一些方法如下:

(1) 用 Fourier 积分来表示激励;

(2) 应用卷积积分方法;

(3) 应用 Laplace 变换方法;

(4) 对运动方程进行数值积分。

下面分别介绍卷积积分方法、Laplace 变换方法和数值积分方法。

1.15.1 卷积积分方法

我们先来考虑物块上作用一个脉冲力,即在极短时间 Δt 内作用一个很大的力 F。设物块沿 x 轴运动,脉冲力沿 x 轴作用。根据冲量定理,近似有

$$F\Delta t=m\dot{x}_2-m\dot{x}_1 \tag{1.176}$$

其中，$\dot{x}_1$ 和 $\dot{x}_2$ 分别为脉冲力作用前后物块的速度。只有当 $\Delta t\to 0$，冲量 $F\Delta t$ 趋于一个有限值时上式才精确成立，也就是有限冲量的作用要在瞬间完成。

为了模拟这种瞬间作用的冲量，我们引入一个广义函数 $\delta(t)$，如图 1.40 所示，它的定义为

$$\delta(t)=\begin{cases}\dfrac{1}{2\varepsilon}, & t\leqslant|\varepsilon| \\ 0, & t>|\varepsilon|\end{cases} \tag{1.177}$$

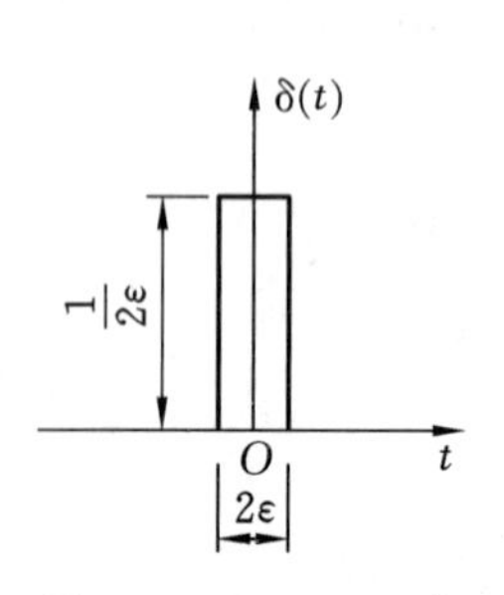

图 1.40 Dirac δ 函数

图 1.40 中矩形的面积始终等于 1。需要指出的是，$\delta(t)$ 函数一般是有量纲的，如果自变量 t 为时间，则其量纲为 1/时间，如果自变量为长度，则其量纲为 1/长度。现在，一个瞬间作用的、大小为无穷大、但它的冲量却等于 1 的力，就可表示为 $1\cdot\delta(t)$，其中 $\delta(t)$ 函数前面的 1 表示单位冲量（实际使用时不写出 1）。这个函数 $\delta(t)$ 称为**单位脉冲函数**（或 **Dirac δ 函数**）。

$\delta(t)$ 函数有两个重要性质：

$$\int_{-\infty}^{\infty}\delta(t)\mathrm{d}t=1 \tag{1.178}$$

$$\int_{-\infty}^{\infty}F(t)\delta(t-\tau)\mathrm{d}t=F(\tau) \tag{1.179}$$

其中，$\delta(t-\tau)$ 表示 $t=\tau$ 时刻作用的单位脉冲力。

当物块上瞬间作用一个单位脉冲力时，式(1.176)精确成立，为

$$1=m\dot{x}_2-m\dot{x}_1 \tag{1.180}$$

而在脉冲作用前后，物块的位置不会改变。因此，如果 $t=0$ 时刻作用一个单位脉冲力，脉冲力作用前物块位置 $x(0)=x_0=0$，速度为零，则脉冲力作用后的瞬间，物块的位置和速度为

$$x(0)=x_0=0,\quad \dot{x}(0)=\dot{x}_0=\frac{1}{m} \tag{1.181}$$

如果物块与弹簧和阻尼器连接成常规的单自由度系统，且阻尼比小于 1，则脉冲力作用后，物块将以式(1.181)的初始条件做自由振动：

$$h(t)=\frac{\mathrm{e}^{-\zeta\omega_n t}}{m\omega_\mathrm{d}}\sin(\omega_\mathrm{d}t) \tag{1.182}$$

其中

$$\omega_n=\sqrt{\frac{k}{m}},\quad \zeta=\frac{c}{2m\omega_n},\quad \omega_\mathrm{d}=\omega_n\sqrt{1-\zeta^2}$$

式(1.182)称为单自由度系统的**脉冲响应函数**。如果在 $t=\tau$ 时刻作用一个单位脉冲力 $\delta(t-\tau)$，则脉冲响应函数为

$$h(t-\tau)=\frac{\mathrm{e}^{-\zeta\omega_n(t-\tau)}}{m\omega_\mathrm{d}}\sin[\omega_\mathrm{d}(t-\tau)],\quad t\geqslant\tau \tag{1.183}$$

现在来考虑单自由度阻尼系统在任意激励 $F(t)$ 作用下的响应，假设 $F(t)$ 从 $t=0$ 时刻开始作用（见图 1.41），初始条件为零，运动方程为

$$m\ddot{x}+c\dot{x}+kx=F(t) \tag{1.184}$$

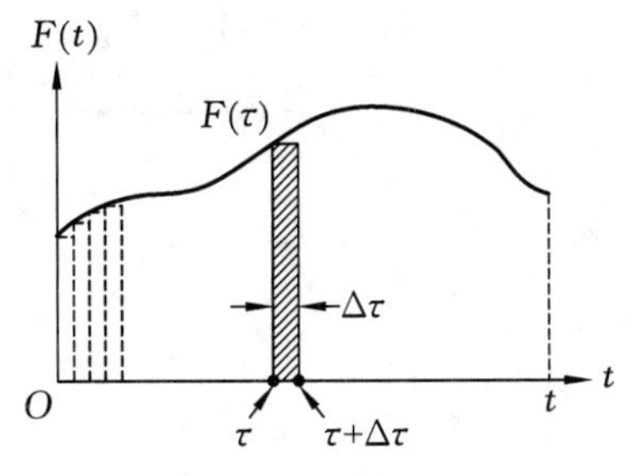

图 1.41 一个任意力函数

现在 $F(t)$ 可以表示为

$$\begin{aligned} F(t) &= \int_0^t F(\tau)\delta(t-\tau)\mathrm{d}\tau \\ &= \sum_{n=1}^{N} F(n\Delta\tau)\delta(t-n\Delta\tau)\Delta\tau \end{aligned} \tag{1.185}$$

所以，系统的响应为

$$\begin{aligned} x(t) &= \sum_{n=1}^{N} F(n\Delta\tau)\Delta\tau h(t-n\Delta\tau) = \int_0^t F(\tau)h(t-\tau)\mathrm{d}\tau \\ &= \frac{1}{m\omega_{\mathrm{d}}}\int_0^t F(\tau)\mathrm{e}^{-\zeta\omega_n(t-\tau)}\sin[\omega_{\mathrm{d}}(t-\tau)]\mathrm{d}\tau \end{aligned} \tag{1.186}$$

这是一个**卷积积分**，式(1.186)也称为 **Duhamel 积分**。

例 1.15 一台压缩机，简化为一个单自由度系统，如图 1.42 (a)所示。作用在质量 m 上的力由一个突加的压力产生(m 包括活塞、平台和被压缩物体的质量)，可以简化为一个阶跃力，如图 1.42 (b)所示。试确定系统的响应。

解 系统的响应为

$$\begin{aligned} x(t) &= \frac{F_0}{m\omega_{\mathrm{d}}}\int_0^t \mathrm{e}^{-\zeta\omega_n(t-\tau)}\sin[\omega_{\mathrm{d}}(t-\tau)]\mathrm{d}\tau \\ &= \frac{F_0}{m\omega_{\mathrm{d}}}\left\{\mathrm{e}^{-\zeta\omega_n(t-\tau)}\frac{\zeta\omega_n\sin[\omega_{\mathrm{d}}(t-\tau)]+\omega_{\mathrm{d}}\cos[\omega_{\mathrm{d}}(t-\tau)]}{(\zeta\omega_n)^2+\omega_{\mathrm{d}}^2}\right\}_{\tau=0}^{t} \\ &= \frac{F_0}{m\omega_{\mathrm{d}}}\left[1-\frac{1}{\sqrt{1-\zeta^2}}\mathrm{e}^{-\zeta\omega_n t}\cos(\omega_{\mathrm{d}}t-\phi)\right] \end{aligned}$$

其中

$$\phi=\tan^{-1}\left(\frac{\zeta}{\sqrt{1-\zeta^2}}\right)$$

此时响应曲线如图 1.42(c)所示。

如果系统无阻尼，则响应变为

$$x(t)=\frac{F_0}{k}[1-\cos(\omega_n t)]$$

此时响应曲线如图 1.42 (d)所示。

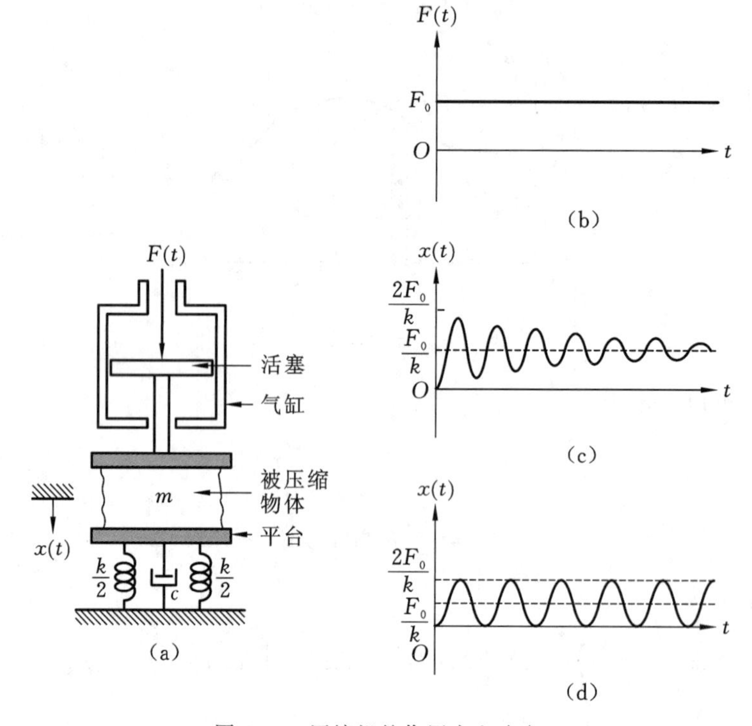

图 1.42　压缩机的作用力和响应

1.15.2　Laplace 变换方法

用 Laplace 变换方法求系统响应的步骤为

(1) 写出系统的运动方程；

(2) 变换方程中的每一项，同时应用初始条件；

(3) 解出系统响应 $x(t)$ 的 Laplace 变换 $X(s)$；

(4) 对 $X(s)$ 取 Laplace 反变换得到系统响应。

有时可以应用初值定理和终值定理。

$$x(t=0)=\lim_{s\to\infty}[sX(s)] \tag{1.187}$$

方程(1.187)称为**初值定理**。

系统的稳态振动 x_{ss} 为

$$x_{ss}=x(t\to\infty)=\lim_{s\to 0}[sX(s)] \tag{1.188}$$

方程(1.188)称为**终值定理**，其中 x_{ss} 就是响应 $x(t)$ 的稳态值。

例 1.16　求单自由度欠阻尼系统的脉冲响应。

解　系统的运动方程为

$$m\ddot{x}+c\dot{x}+kx=\delta(t)$$

对上式取 Laplace 变换，得

$$[m(s^2-sx_0-\dot{x}_0)+c(s-x_0)+k]X(s)=1$$

假定 $x_0=\dot{x}_0=0$，则上式变为

$$(ms^2+cs+k)X(s)=1$$

解得

$$X(s)=\frac{1}{ms^2+cs+k}=\frac{1}{m(s^2+2\zeta\omega_n s+\omega_n^2)}$$

上式右边可以分解为部分分式：

$$X(s)=\frac{1}{2\mathrm{i}m\omega_\mathrm{d}}\left(\frac{1}{s-s_1}-\frac{1}{s-s_2}\right) \tag{1}$$

其中

$$s_1=-\zeta\omega_n+\mathrm{i}\omega_\mathrm{d},\quad s_2=-\zeta\omega_n-\mathrm{i}\omega_\mathrm{d}$$

$$\omega_\mathrm{d}=\omega_n\sqrt{1-\zeta^2}$$

对方程(1)取 Laplace 反变换，得

$$x(t)=\frac{1}{2\,\mathrm{i}m\omega_\mathrm{d}}(\mathrm{e}^{s_1 t}-\mathrm{e}^{s_2 t})=\frac{1}{m\omega_\mathrm{d}}\mathrm{e}^{-\zeta\omega_n t}\sin(\omega_\mathrm{d}t),\quad t\geqslant 0$$

1.15.3　数值积分方法

考虑单自由度阻尼系统，运动方程为

$$m\ddot{x}+c\dot{x}+kx=f(t) \tag{1.189}$$

这个方程可化为一个等价的一阶方程组：

$$\begin{cases}\dot{x}_1=x_2\\ \dot{x}_2=-\dfrac{k}{m}x_1-\dfrac{c}{m}x_2+\dfrac{1}{m}f(t)\end{cases}$$

写成矩阵形式

$$\dot{\boldsymbol{x}}=\boldsymbol{F}(\boldsymbol{x},t) \tag{1.190}$$

其中

$$\boldsymbol{x}=\begin{bmatrix}x_1\\x_2\end{bmatrix},\quad \boldsymbol{F}=\begin{bmatrix}F_1\\F_2\end{bmatrix}=\begin{bmatrix}x_2\\-\dfrac{k}{m}x_1-\dfrac{c}{m}x_2+\dfrac{1}{m}f(t)\end{bmatrix} \tag{1.191}$$

对方程(1.190)进行数值积分就可得到系统的响应。

下面直接给出常用的数值积分方法——Runge-Kutta 法的公式。已知$\boldsymbol{x}_0=\boldsymbol{x}(0)$，令$\boldsymbol{x}_i=\boldsymbol{x}(t_i)$，$t_i=ih$，$h=\Delta t$，则 Runge-Kutta 法的迭代公式为

$$\boldsymbol{x}_{i+1}=\boldsymbol{x}_i+\frac{1}{6}(\boldsymbol{K}_1+2\,\boldsymbol{K}_2+2\,\boldsymbol{K}_3+\boldsymbol{K}_4) \tag{1.192}$$

其中

$$\begin{cases}\boldsymbol{K}_1=h\boldsymbol{F}(\boldsymbol{x}_i,t_i),\quad \boldsymbol{K}_2=h\boldsymbol{F}\left(\boldsymbol{x}_i+\dfrac{1}{2}\boldsymbol{K}_1,t_i+\dfrac{1}{2}h\right)\\ \boldsymbol{K}_3=h\boldsymbol{F}\left(\boldsymbol{x}_i+\dfrac{1}{2}\boldsymbol{K}_2,t_i+\dfrac{1}{2}h\right),\quad \boldsymbol{K}_4=h\boldsymbol{F}(\boldsymbol{x}_i+\boldsymbol{K}_3,t_{i+1})\end{cases} \tag{1.193}$$

例 1.17　单自由度系统的运动方程为

$$500\,\ddot{x}+200\dot{x}+750x=2000$$

初始条件为 $x_0=0,\dot{x}_0=0$，请用数值积分法求出响应。

解　利用方程(1.190)和式(1.191)，已知 $\boldsymbol{F}$ 向量初始条件为

$$\boldsymbol{F}=\begin{bmatrix}F_1\\F_2\end{bmatrix}=\begin{bmatrix}x_2\\\frac{1}{500}(-750x_1-200x_2+2000)\end{bmatrix},\quad \boldsymbol{x}_0=\begin{bmatrix}0\\0\end{bmatrix}$$

取计算时长 $t=20$ s，$\Delta t=h=0.05$ s，计算结果如表 1.1 所示。

表 1.1　例 1.17 计算结果

i	$x_1(i)=x(t_i)$	$x_2(i)=\dot{x}(t_i)$
1	0.000000	0.000000
2	4.965271×10^{-3}	1.978895×10^{-1}
3	1.971136×10^{-2}	3.911261×10^{-1}
4	4.398987×10^{-2}	5.790846×10^{-1}
5	7.752192×10^{-2}	7.611720×10^{-1}
6	1.199998×10^{-1}	9.368286×10^{-1}
7	1.710888×10^{-1}	1.105530
8	2.304287×10^{-1}	1.266787
9	2.976359×10^{-1}	1.420150
10	3.723052×10^{-1}	1.565205
⋮	⋮	⋮
391	2.675602	-6.700943×10^{-2}
392	2.672270	-6.622167×10^{-2}
393	2.668983	-6.520372×10^{-2}
394	2.665753	-6.396391×10^{-2}
395	2.662590	-6.251125×10^{-2}
396	2.659505	-6.085533×10^{-2}
397	2.656508	-5.900634×10^{-2}
398	2.653608	-5.697495×10^{-2}
399	2.650814	-5.477231×10^{-2}
340	2.648133	-5.241000×10^{-2}

习题

1.1 消防车座舱位于可伸缩吊臂的末端，座舱与消防员一起的重量为 2000 N。求座舱沿铅垂方向振动的固有频率(假设吊臂只有轴向伸缩变形，忽略其弯曲变形)。已知材料的杨氏模量 $E=2.1\times10^{11}\ \mathrm{N/m^2}$，长度 $l_1=l_2=l_3=3\ \mathrm{m}$，截面积 $A_1=20\ \mathrm{cm^2}$，$A_2=10\ \mathrm{cm^2}$，$A_3=5\ \mathrm{cm^2}$。

1.2 如图所示的一均匀弹性悬臂梁，梁本身的质量为 m，自由端有一集中质量 M(图中未画出)。设梁的长度为 l，弯曲刚度为 EI。将这个系统简化为质量 M 做横向振动的单自由度系统，设梁按静态挠曲线形状振动，挠曲线方程为

$$y(x)=\frac{Px^2}{6EI}(3l-x)$$

试确定系统的固有频率。

1.3 图示弹性悬臂梁的长度为 l，弯曲刚度为 EI，自由端右端有集中质量 m，梁的质量不计，中间有两个刚度为 k_1 和 k_2 的支承弹簧，求系统的固有频率。

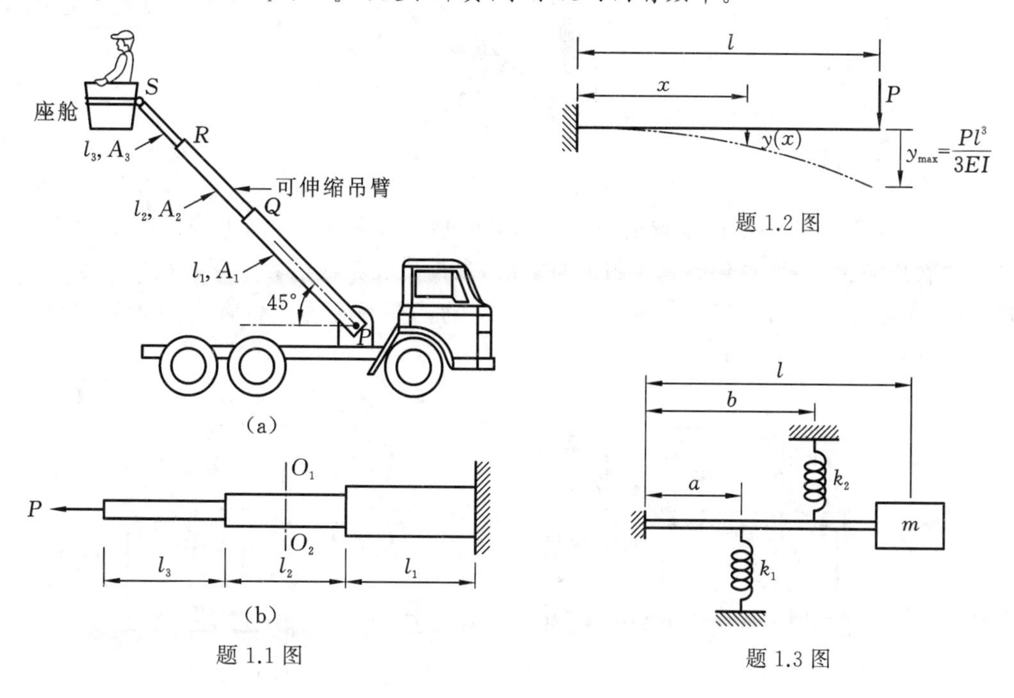

题 1.1 图

题 1.2 图

题 1.3 图

1.4 刚性大物块质量为 M，由刚度为 k 的四根弹簧对称支承。另一质量为 m 的小物块从高度为 l 处落下与大物块碰撞，碰撞后两物块黏在一起运动。求碰撞结束后系统的自由振动。

1.5 质量为 m 的质点固结在一根张力为 T 的弦上，假定质点做横向微振动，振动过程中张力的大小不变。写出质点横向振动的运动微分方程，求出系统的固有频率。

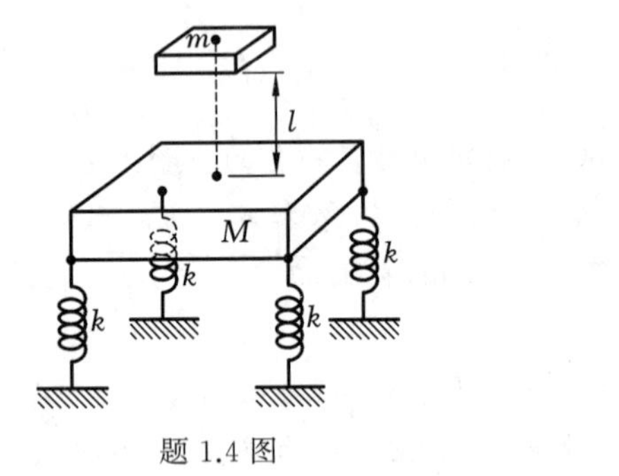

题 1.4 图

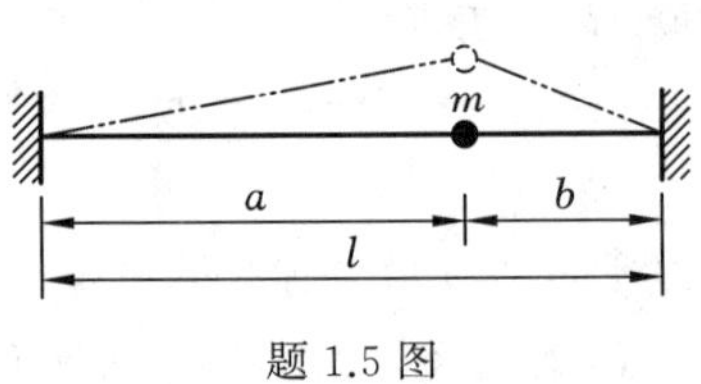

题 1.5 图

1.6　如图所示，倾斜压力计用于测量压力。如果管中汞的总长度为 L，求出汞振荡的固有频率的表达式。

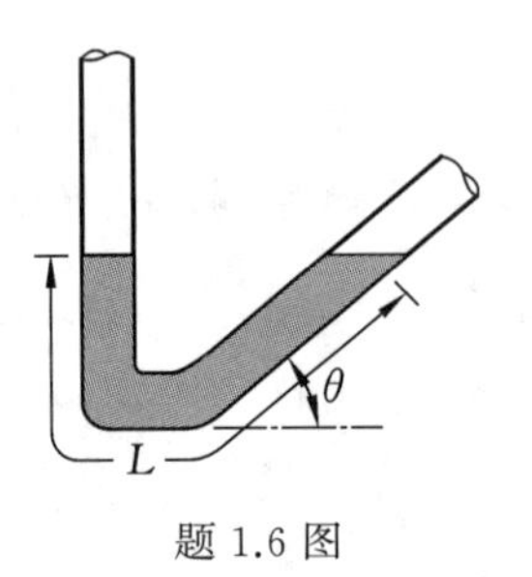

题 1.6 图

1.7　如图所示，一个建筑框架由四根相同的钢柱和一个重量为 W 的刚性地板组成。柱子固定在地面上，每根钢柱的抗弯刚度为 EI。假设楼板和钢柱之间分别通过铰接(见题 1.7 图 (a))和刚接(见题 1.7 图(b))两种方式连接。考虑钢柱自重的影响，求两种连接方式下系统的固有频率。

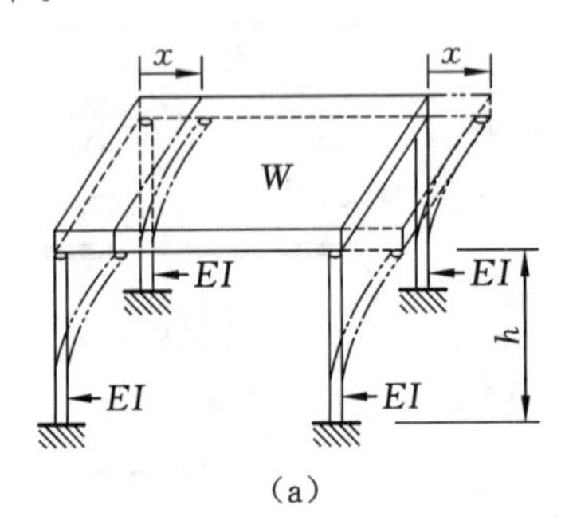

(a)

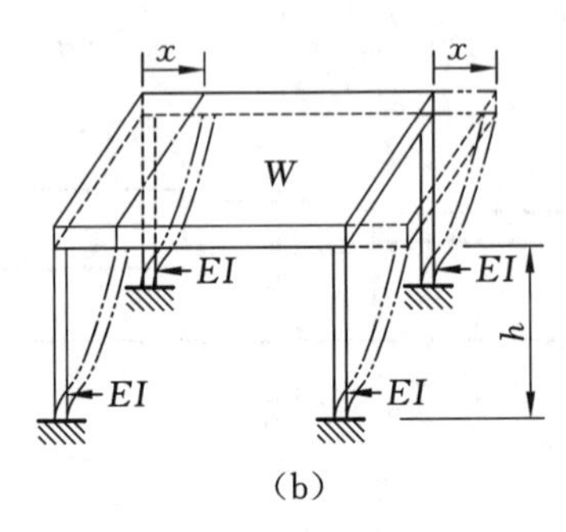

(b)

题 1.7 图

1.8　如图所示，一个重量为 W 的滑块用刚度为 k 的两个弹簧与基础相连，滑块由两个相同的圆柱滚子支撑，以相同的角速度朝相反的方向旋转。当物体的重心最初移动 x 距离时，物体将处于简谐运动状态。如果已知滑块的振动频率为 ω，请确定滑块与滚子之间的摩擦系数。

1.9　质量为 m 的均布刚性杆一端通过铰链 O 与墙体连接，另一端承载集中质量 M，如图所示。该杆围绕点 O 旋转，受到扭转弹簧 k_t 和扭转阻尼器的作用。假定阻尼是黏性阻

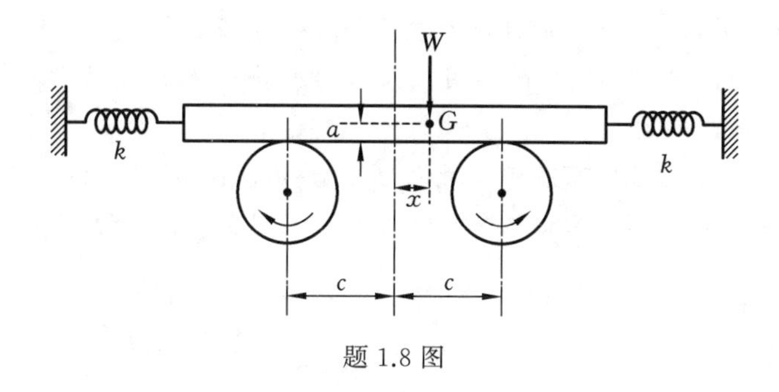

题 1.8 图

尼，其值为临界阻尼。当杆在 $\theta=75°$ 的初始位置释放后，在 2 s 的时间内返回到 $\theta=5°$ 位置。求系统固有频率 ω_n 满足的方程。

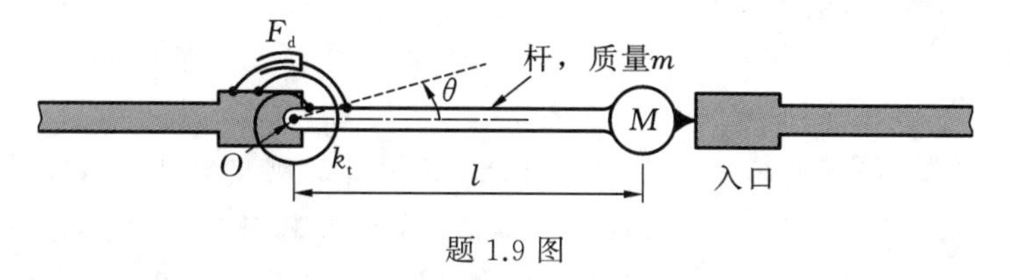

题 1.9 图

1.10　如图所示为月球漫游模块的模型，简化为四个对称位置的腿支撑的质量，每个腿都可以近似为一个弹簧-阻尼器系统。请设计系统的弹簧和阻尼器，使其有阻尼振动周期在 1～2 s 之间。

1.11　图示为永磁动圈电流表。当电流 I 流过绕在磁芯上的线圈时，磁芯旋转的角度与指针所指示的电流大小成正比。磁芯与线圈具有转动惯量 J_0，扭转弹簧的刚度为 k_t，扭振阻尼器的阻尼系数为 c_t。电流表的刻度经过校准，当 1 A 的直流电通过线圈时，指针指示的是 1 A 的角度。为了测量交流电的大小，仪表必须重新校准。请确定当 5 A 和 50 Hz 频率的交流电通过线圈时，指针所指示的电流的稳态值(即交流电流的幅值)。假设 $J_0=0.001$ $\text{kg}\cdot\text{m}^2$，$k_t=62.5$ N·m/rad，$c_t=0.5$ N·m·s/rad。

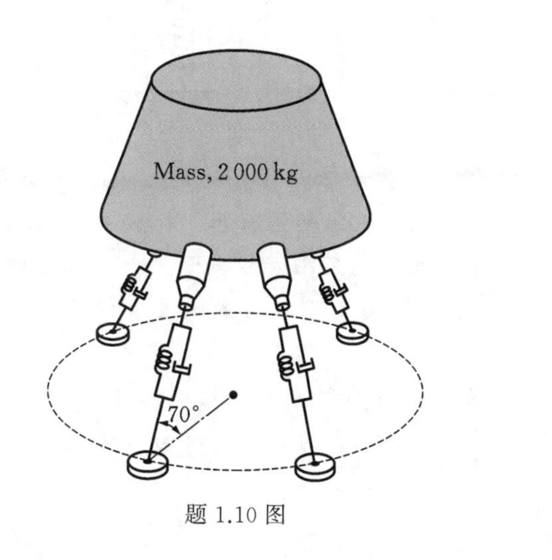

题 1.10 图

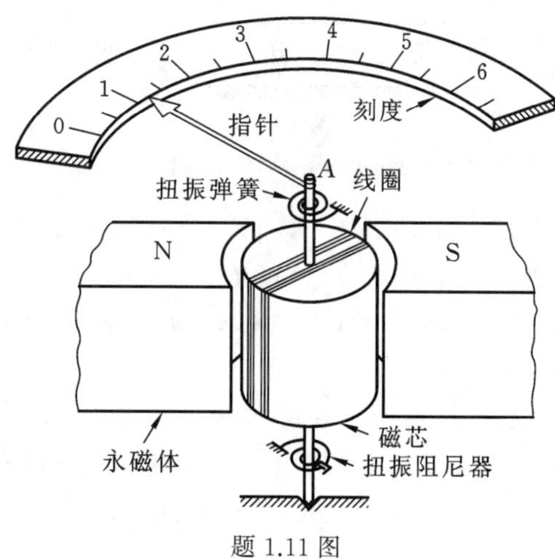

题 1.11 图

1.12　如图所示系统，x 和 y 分别表示质量 m 和阻尼器端部 Q 的绝对位移。设端部 Q 受到简谐位移运动 $y(t)=Y\cos(\omega t)$ 的作用。求：(1)质量 m 的运动方程；(2)质量 m 的稳态位移；(3)传递到支座 P 的力。

1.13　如图所示，飞机的起落架可以简化为弹簧-质量-阻尼器系统。假设跑道表面的起伏可用 $y(t)=y_0\cos(\omega t)$ 描述，请确定将飞机的振幅限制在 0.1 m 的 k 和 c 的值。

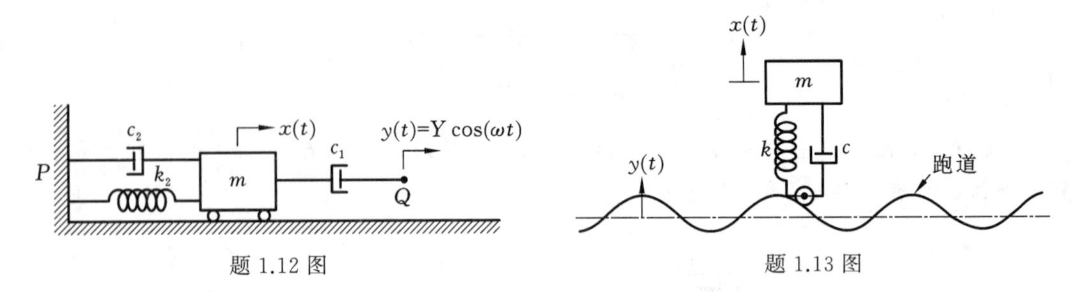

题 1.12 图　　　题 1.13 图

1.14　如图所示，精密磨床安放在隔振器上，隔振器的刚度为 1 MN/m，黏性阻尼系数为 1 kN · s/m。磨床附近有振动较大的发动机在运行，安装磨床的地板受到谐波干扰。假设磨床和砂轮是一个重量为 5000 N 的刚体，如果要限制砂轮（或磨床）的振幅不超过10^{-6} m，求出地板的最大可接受的位移幅值 Y。

1.15　求出图示系统的稳态响应。系统参数为：$k_1=1000$ N/m，$k_2=500$ N/m，$c=500$ N · s/m，$m=10$ kg，$r=5$ cm，$J_0=1$ kg · m^2，$F_0=50$ N，$\omega=20$ rad/s。

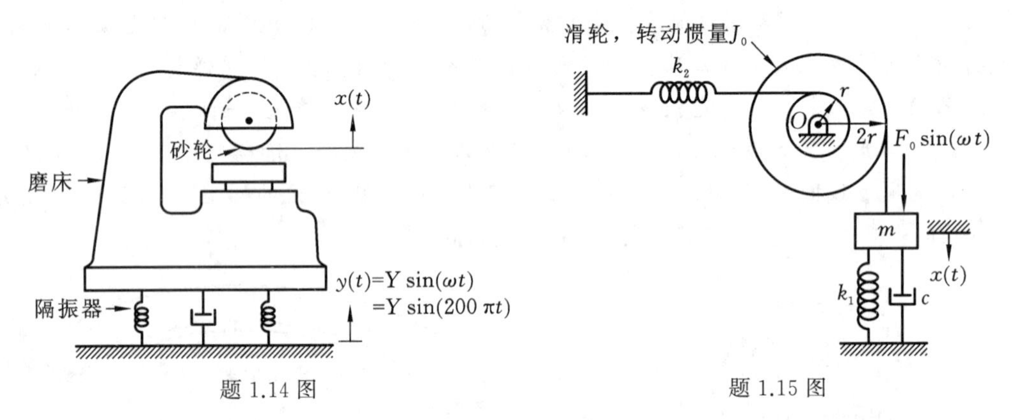

题 1.14 图　　　题 1.15 图

1.16　质量为 100 kg 的单缸空气压缩机安装在橡胶支座上，如图所示。橡胶支座的刚度和阻尼系数分别为10^6 N/m 和 2000 N · s/m。如果压缩机的不平衡相当于一个 0.1 kg 的质量，位于曲柄末端（A 点），设曲柄转速为 3000 r/min，请确定压缩机的响应。假设 $r=10$ cm，$l=40$ cm。

1.17　如图所示系统，气缸内压力呈正弦波动，活塞的截面积为 A。物块的质量为 m，请推导出运动方程。刚度为 k_1 的弹簧在铅垂位置时受到的张力为 T_0，物块与滑道间的摩擦系数为 μ，整个系统在一个铅垂平面内。

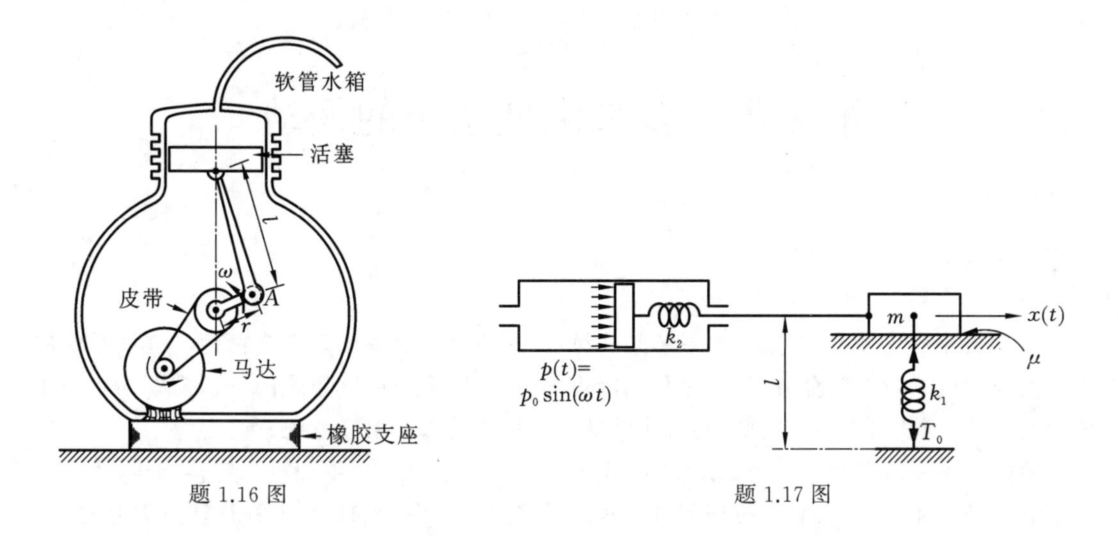

题1.16图　　　　题1.17图

1.18　在含有滞回阻尼的弹簧-质量系统中,简谐激励下滞回阻尼一个周期耗散的能量可用一般形式表示为

$$\Delta W=\pi\beta kX^{\gamma}$$

其中,β 和 γ 为常数,k 为弹簧刚度,取 $k=60\ \mathrm{kN/m}$。设外力对系统做共振激励,当共振能量输入为 3.8 N·m 时,稳态振幅为 40 mm;当共振能量输入增加到 9.5 N·m 时,振幅为 60 mm。请确定常数 β 和 γ。

1.19　如图所示,一种密度流体流经长度为 l、横截面积为 A 的悬臂钢管。请确定发生动态不稳定时流体的速度 v。设管道的总质量为 m,弯曲刚度为 EI。

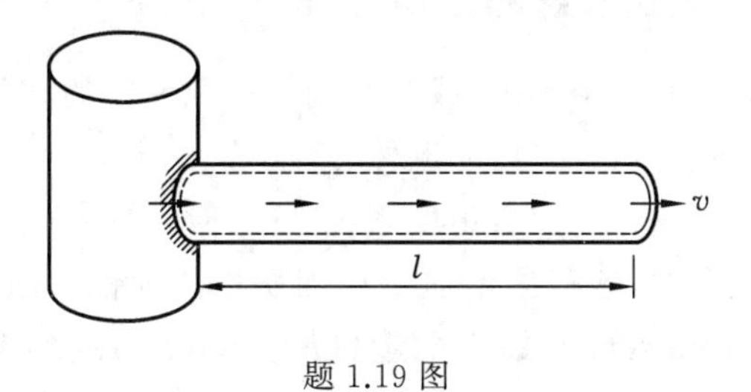

题1.19图

第 2 章　多自由度系统的振动

2.1　引言

在绪论中已论及,大多数工程系统是连续的,理论上具有无限多个自由度。连续系统的振动分析需要求解偏微分方程,这是相当困难的。另外,多自由度系统的分析需要求解一组常微分方程,这相对简单。因此,经常将连续系统近似为多自由度系统。

多自由度系统采用广义坐标来描述,系统的运动方程可以由牛顿第二定律求得,也可以用影响系数法求得。然而,用拉格朗日方程推导多自由度系统的运动方程往往更为方便。

对于一个有 n 个自由度的线性系统,它有 n 个固有频率,每个固有频率都有自己的振型,由系统的特征方程确定。随着自由度的增加,特征方程的求解变得更加复杂。模态振型具有正交特性,可用于无阻尼系统的解耦。

本章我们将介绍线性多自由度系统的一些基本建模方法和响应求解方法,揭示系统振动的一些基本特征。

2.2　多自由度系统的建模

2.2.1　用物理定律建立系统的运动方程

同时可在多个方向运动的一个刚体,或多个刚体按照一定的方式连接而成的系统,都是多自由度系统,如平面运动刚体、定点运动刚体、双摆等。

一个连续系统可以近似成一个多自由度系统。一种简单的方法就是用有限个集中质量或刚体来替代分布质量或惯性,这些集中质量用无质量的弹性或阻尼元件连接。这种模型称为**集中参数**(**lumped-parameter**)或**集中质量**(**lumped-mass**)或**离散质量**(**discrete-mass**)系统。图 2.1 和图 2.2 给出了这种近似模型。

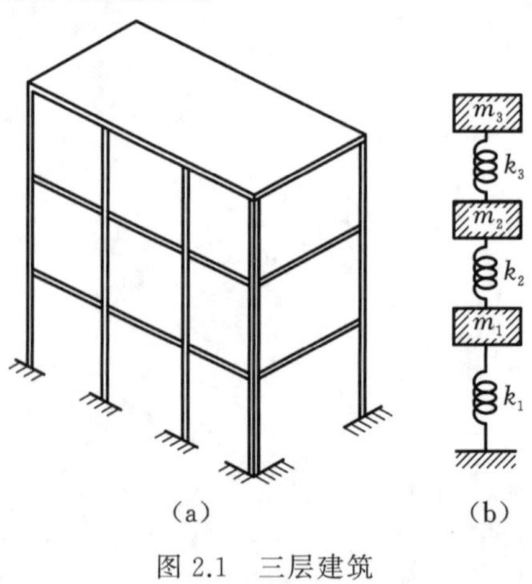

图 2.1　三层建筑

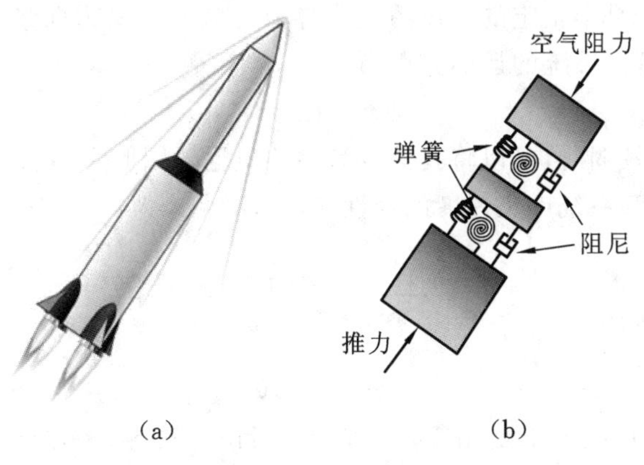

(a)　　(b)

图 2.2　火箭模型

连续系统的另一种近似建模方法就是有限元法，它用大量微小单元来替代连续结构，学生们可能已经学习过有限元法的课程，我们将在有关章节中针对振动问题简单介绍这种方法，但不深入展开。

列写多自由度系统的运动方程，可以采用 Newton 第二定律、动量矩定理、Lagrange 方程等方法，需要根据具体问题的特点选择合适的方法。

对于完整定常系统的线性振动或微振动，我们可以用第二类 Lagrange 方程推出其一般形式的运动方程。设系统有 N 个质点，n 个自由度，取广义坐标为 $\boldsymbol{x}=[x_1,\cdots,x_n]^{\mathrm{T}}$，则各质点的矢径$\boldsymbol{r}_k$ 和速度$\boldsymbol{v}_k$ 可表示为

$$\boldsymbol{r}_k=\boldsymbol{r}_k(x_1,\cdots,x_n)=\boldsymbol{r}_k(\boldsymbol{x}),\quad \boldsymbol{v}_k=\sum_{i=1}^{n}\frac{\partial \boldsymbol{r}_k}{\partial x_i}\dot{x}_i \tag{2.1}$$

系统的动能为

$$\begin{aligned}T&=\frac{1}{2}\sum_{k=1}^{N}m_k v_k^2=\frac{1}{2}\sum_{k=1}^{N}m_k\left(\sum_{i=1}^{n}\frac{\partial \boldsymbol{r}_k}{\partial x_i}\dot{x}_i\right)\cdot\left(\sum_{j=1}^{n}\frac{\partial \boldsymbol{r}_k}{\partial x_j}\dot{x}_j\right)\\&=\frac{1}{2}\sum_{i=1}^{n}\sum_{j=1}^{n}\left(\sum_{k=1}^{N}m_k\frac{\partial \boldsymbol{r}_k}{\partial x_i}\cdot\frac{\partial \boldsymbol{r}_k}{\partial x_j}\right)\dot{x}_i\dot{x}_j=\frac{1}{2}\sum_{i=1}^{n}\sum_{j=1}^{n}m_{ij}\dot{x}_i\dot{x}_j=\frac{1}{2}\dot{\boldsymbol{x}}^{\mathrm{T}}\boldsymbol{M}\dot{\boldsymbol{x}}\end{aligned} \tag{2.2}$$

系统的势能为 $V=V(x_1,\cdots,x_1)=V(\boldsymbol{x})$，我们取系统的平衡位置作为零势位和坐标原点，则 $V(\boldsymbol{0})=0,\partial V(\boldsymbol{0})/\partial \boldsymbol{x}=0$。在 $\boldsymbol{x}=\boldsymbol{0}$ 附近将 $V(\boldsymbol{x})$作 Taylor 级数展开，有

$$\begin{aligned}V(\boldsymbol{x})&=V(\boldsymbol{0})+\sum_{i=1}^{n}\frac{\partial V(\boldsymbol{0})}{\partial x_i}x_i+\frac{1}{2}\sum_{i=1}^{n}\sum_{j=1}^{n}\frac{\partial^2 V(\boldsymbol{0})}{\partial x_i\partial x_j}x_i x_j+\cdots\\&\simeq V(\boldsymbol{0})+\boldsymbol{x}^{\mathrm{T}}\frac{\partial V(\boldsymbol{0})}{\partial \boldsymbol{x}}+\frac{1}{2}\sum_{i=1}^{n}\sum_{j=1}^{n}k_{ij}x_i x_j=\frac{1}{2}\boldsymbol{x}^{\mathrm{T}}\boldsymbol{K}\boldsymbol{x}\end{aligned} \tag{2.3}$$

其中

$$\boldsymbol{M}=[m_{ij}]_{n\times n},\quad m_{ij}=m_{ji}=\sum_{k=1}^{N}m_k\frac{\partial \boldsymbol{r}_k}{\partial x_i}\cdot\frac{\partial \boldsymbol{r}_k}{\partial x_j} \tag{2.4}$$

$$\boldsymbol{K}=[k_{ij}]_{n\times n},\quad k_{ij}=k_{ji}=\frac{\partial^2 V(\boldsymbol{0})}{\partial x_i\partial x_j} \tag{2.5}$$

矩阵 $\boldsymbol{M}$ 和 $\boldsymbol{K}$ 称为系统的**质量矩阵**和**刚度矩阵**，它们均为对称矩阵，$\boldsymbol{M}$ 是正定矩阵，$\boldsymbol{K}$

一般也是正定的，至少是半正定的。设系统非势力对应的广义力向量为 $\boldsymbol{F}=[F_1,\cdots,F_n]^{\mathrm{T}}$，则由 Lagrange 方程可得系统的运动方程为

$$\boldsymbol{M}\ddot{\boldsymbol{x}}+\boldsymbol{K}\boldsymbol{x}=\boldsymbol{F} \tag{2.6}$$

当系统的阻尼比较弱时，可以将其等效为黏性阻尼。因此在多自由度系统中，一般将阻尼产生的广义力假设为系统广义速度的线性函数，即

$$F_{\mathrm{d}i}=-\sum_{j=1}^{n}c_{ij}\dot{x}_j,\quad i=1,2,\cdots,n$$

即

$$\boldsymbol{F}_{\mathrm{d}}=-\boldsymbol{C}\dot{\boldsymbol{x}} \tag{2.7}$$

矩阵 $\boldsymbol{C}$ 一般为正定或半正定矩阵，称为**阻尼矩阵**。这样，阻尼多自由度系统的运动方程为

$$\boldsymbol{M}\ddot{\boldsymbol{x}}+\boldsymbol{C}\dot{\boldsymbol{x}}+\boldsymbol{K}\boldsymbol{x}=\boldsymbol{F} \tag{2.8}$$

方程(2.8)就是线性多自由度系统运动方程的一般形式。

例 2.1 多自由度弹簧-质量-阻尼器系统如图 2.3 (a)所示，请建立它的运动方程。

解 中间的任意一个质量 m_i 的运动和受力分析如图 2.3 (b)所示，根据 Newton 第二定律可得这个质量的运动方程为

$$\begin{cases}m_i\ddot{x}_i=-k_i(x_i-x_{i-1})+k_{i+1}(x_{i+1}-x_i)-c_i(\dot{x}_i-\dot{x}_{i-1})\\+c_{i+1}(\dot{x}_{i+1}-\dot{x}_i)+F_i,\quad i=2,3,\cdots,n-1\\\text{或}\\m_i\ddot{x}_i-c_i\dot{x}_{i-1}+(c_i+c_{i+1})\dot{x}_i-c_{i+1}\dot{x}_{i+1}-k_ix_{i-1}\\+(k_i+k_{i+1})x_i-k_{i+1}\dot{x}_{i+1}=F_i,\quad i=2,3,\cdots,n-1\end{cases} \tag{1}$$

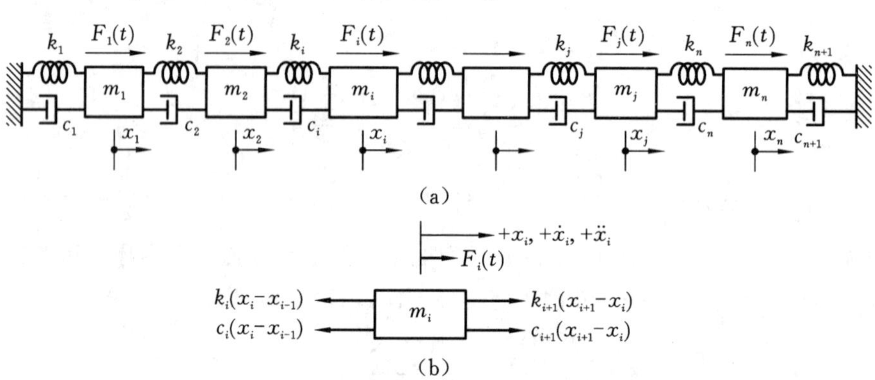

图 2.3 弹簧-质量-阻尼器系统

对于 m_1 和 m_n 这两个首尾质量，与质量 m_i 的区别是左边或右边与基础相连，所以它们的运动方程为

$$m_1\ddot{x}_1+(c_1+c_2)\dot{x}_1-c_2\dot{x}_2+(k_1+k_2)x_1-k_2\dot{x}_2=F_1 \tag{2}$$

$$m_n\ddot{x}_n-c_n\dot{x}_{n-1}+(c_n+c_{n+1})\dot{x}_n-k_n\dot{x}_{n-1}+(k_n+k_{n+1})x_n=F_n \tag{3}$$

按照方程(2)、方程(1)、方程(3)的顺序，可将这组方程写成如下矩阵形式：

$$\boldsymbol{M}\ddot{\boldsymbol{x}}+\boldsymbol{C}\dot{\boldsymbol{x}}+\boldsymbol{K}\boldsymbol{x}=\boldsymbol{F} \tag{4}$$

其中

$$\boldsymbol{x}=\begin{bmatrix} x_1 \\ x_2 \\ \vdots \\ x_n \end{bmatrix},\quad \boldsymbol{F}=\begin{bmatrix} F_1 \\ F_2 \\ \vdots \\ F_n \end{bmatrix},\quad \boldsymbol{M}=\begin{bmatrix} m_1 & 0 & \cdots & 0 \\ 0 & m_2 & \cdots & 0 \\ \vdots & \vdots & & \vdots \\ 0 & 0 & \cdots & m_n \end{bmatrix} \tag{5}$$

$$\boldsymbol{C}=\begin{bmatrix} c_1+c_2 & -c_2 & 0 & \cdots & 0 \\ -c_2 & c_2+c_3 & -c_3 & \cdots & 0 \\ \cdots & \cdots & \cdots & \cdots & \cdots \\ 0 & \cdots & -c_{n-1} & c_{n-1}+c_n & -c_n \\ 0 & \cdots & 0 & -c_n & c_n+c_{n+1} \end{bmatrix} \tag{6}$$

$$\boldsymbol{K}=\begin{bmatrix} k_1+k_2 & -k_2 & 0 & \cdots & 0 \\ -k_2 & k_2+k_3 & -k_3 & \cdots & 0 \\ \cdots & \cdots & \cdots & \cdots & \cdots \\ 0 & \cdots & -k_{n-1} & k_{n-1}+k_n & -k_n \\ 0 & \cdots & 0 & -k_n & k_n+k_{n+1} \end{bmatrix} \tag{7}$$

例 2.2　图 2.4 为复合摆-拖车系统，取拖车的平动坐标 x 和摆杆的转角 θ 为广义坐标，摆杆视为均质细杆。请建立该系统的运动方程。

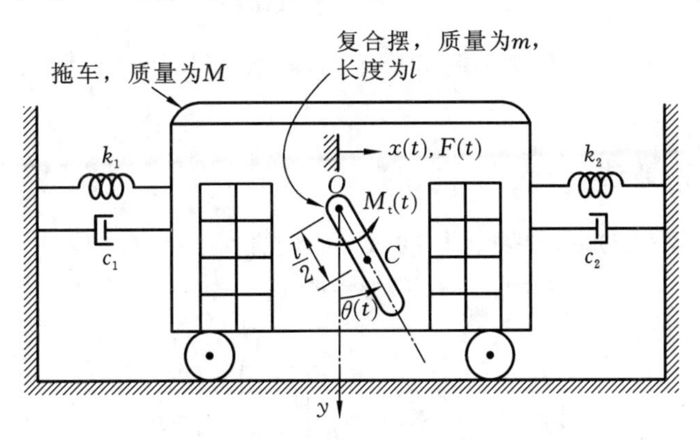

图 2.4　复合摆-拖车系统

解　采用 Lagrange 方程，系统的动能为

$$\begin{aligned} T &= \frac{1}{2}M\dot{x}^2+\frac{1}{2}m\left[\left(\dot{x}+\frac{l}{2}\dot{\theta}\cos\theta\right)^2+\left(\frac{l}{2}\dot{\theta}\sin\theta\right)^2\right]+\frac{1}{2}\cdot\frac{1}{12}ml^2\dot{\theta}^2 \\ &= \frac{1}{2}(M+m)\dot{x}^2+\frac{1}{2}\cdot\frac{l^2}{3}m\dot{\theta}^2+\frac{1}{2}ml\dot{x}\dot{\theta}\cos\theta \end{aligned}$$

系统的势能为

$$V=\frac{1}{2}(k_1+k_2)x^2+\frac{1}{2}mgl(1-\cos\theta)$$

阻尼力所做的虚功为

$$\delta W=-(c_1+c_2)\dot{x}\delta x$$

所以阻尼力的广义力为

$$F_{dx}=-(c_1+c_2)\dot{x},\quad F_{d\theta}=0$$

由图示已知在两个广义坐标方向作用的广义力分别为

$$F_x=F(t),\quad F_\theta=M_t(t)$$

本例的 Lagrange 方程为

$$\frac{\mathrm{d}}{\mathrm{d}t}\frac{\partial T}{\partial \dot{x}}-\frac{\partial T}{\partial x}=-\frac{\partial V}{\partial x}+F_{dx}+F_x$$

$$\frac{\mathrm{d}}{\mathrm{d}t}\frac{\partial T}{\partial \dot{\theta}}-\frac{\partial T}{\partial \theta}=-\frac{\partial V}{\partial \theta}+F_{d\theta}+F_\theta$$

由此得系统的运动方程为

$$(M+m)\ddot{x}+\frac{1}{2}ml\ddot{\theta}\cos\theta-\frac{1}{2}ml\dot{\theta}^2\sin\theta+(c_1+c_2)\dot{x}+(k_1+k_2)x=F(t)$$

$$\frac{1}{2}ml\ddot{x}\cos\theta+\frac{l^2}{3}m\ddot{\theta}+\frac{1}{2}mgl\sin\theta=M_t(t)$$

当转角 θ 很小时，上式可线性化为

$$(M+m)\ddot{x}+\frac{1}{2}ml\ddot{\theta}+(c_1+c_2)\dot{x}+(k_1+k_2)x=F(t)$$

$$\frac{1}{2}ml\ddot{x}+\frac{l^2}{3}m\ddot{\theta}+\frac{1}{2}mgl\theta=M_t(t)$$

也可以将动能和势能展开保留到二阶小量，再代入 Lagrange 方程，结果与上式是相同的。

2.2.2 影响系数法

在线性振动方程(2.8)中，如果令 $\ddot{\boldsymbol{x}}=\boldsymbol{0}$，$\dot{\boldsymbol{x}}=\boldsymbol{0}$，则有

$$\boldsymbol{K}\boldsymbol{x}=\boldsymbol{F}\tag{2.9}$$

将这个方程具体写出，为

$$\begin{bmatrix}k_{11} & k_{12} & \cdots & k_{1n}\\ k_{21} & k_{22} & \cdots & k_{2n}\\ \vdots & \vdots & & \vdots\\ k_{n1} & k_{n2} & \cdots & k_{nn}\end{bmatrix}\begin{bmatrix}x_1\\ x_2\\ \vdots\\ x_n\end{bmatrix}=\begin{bmatrix}F_1\\ F_2\\ \vdots\\ F_n\end{bmatrix}\tag{2.10}$$

从方程(2.10)可见，如果令 $x_j=1(1\leqslant j\leqslant n)$，而其余 $x_i=0(i\neq j)$，则有

$$\begin{bmatrix}k_{1j}\\ k_{2j}\\ \vdots\\ k_{nj}\end{bmatrix}=\begin{bmatrix}F_1\\ F_2\\ \vdots\\ F_n\end{bmatrix}\tag{2.11}$$

上式表明，在位移模式为 $x_j=1(1\leqslant j\leqslant n)$，而其余 $x_i=0(i\neq j)$时，刚度矩阵的第 j 列等于为实现这种位移模式需要施加的广义力向量。这样，我们可以逐列求出刚度矩阵，这种方法称为**刚度影响系数法**。

我们也可以将方程(2.9)写成柔度矩阵的形式：

$$\boldsymbol{AF}=\boldsymbol{x} \tag{2.12}$$

其中，$\boldsymbol{A}=\boldsymbol{K}^{-1}$为系统的**柔度矩阵**。与刚度影响系数法类似，当加载模式为 $F_j=1(1\leqslant j\leqslant n)$，而其余 $F_i=0(i\neq j)$时，柔度矩阵的第 j 列等于在这种加载模式下系统产生的位移向量。这样，我们可以逐列求出柔度矩阵，这种方法称为**柔度影响系数法**。

例 2.3　多自由度质量-弹簧系统如图 2.5 (a)所示，请用刚度影响系数法求出系统的刚度矩阵。

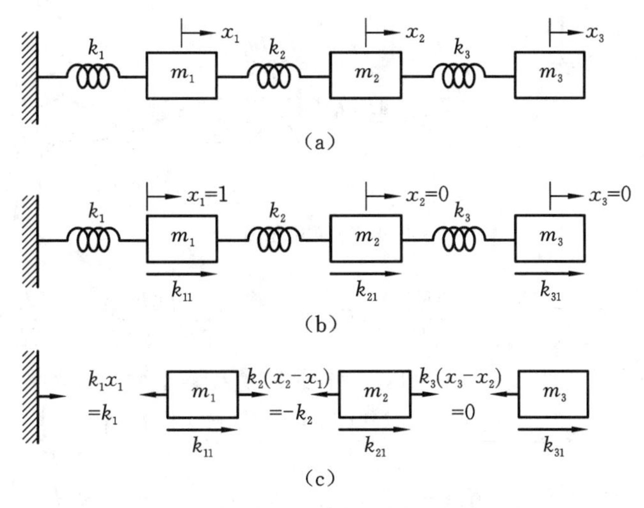

图 2.5　例 2.3 图

解　求刚度矩阵的第一列。令 $x_1=1, x_2=0, x_3=0$，如图 2.5 (b)所示，为了实现这一位移模式，假设对应于广义坐标 x_1, x_2, x_3 需要施加如下广义力：

$$\begin{bmatrix} F_1 \\ F_2 \\ F_3 \end{bmatrix}=\begin{bmatrix} k_{11} \\ k_{21} \\ k_{31} \end{bmatrix}$$

这时，各个质量的受力如图 2.5 (c)所示。由各个质量的平衡可得

$$k_{11}=k_1+k_2,\quad k_{21}=-k_2,\quad k_{31}=0$$

这样就求出了刚度矩阵的第一列。

类似地，可求出刚度矩阵的第二列、第三列，最后结果为

$$\boldsymbol{K}=\begin{bmatrix} k_1+k_2 & -k_2 & 0 \\ -k_2 & k_2+k_3 & -k_3 \\ 0 & -k_3 & k_3 \end{bmatrix}$$

例 2.4　请用刚度影响系数法确定图 2.6 (a)所示框架的刚度矩阵。广义坐标取为角点 B 的两个位移 x, y 和该处截面的转角 θ。忽略 AB 和 BC 段的轴向刚度效应。

解　显然 AB 和 BC 段视为梁，梁的力-挠度公式可以用来计算框架的刚度矩阵。梁单元两端的横向位移和转角，以及对应的广义力如图 2.6 (b)所示。使梁的一端产生挠度但转角为零和产生转角但挠度为零所需的广义力如图 2.6 (b)的中间和下方两图所示。

求刚度矩阵第一列。令 $x=1, y=0, \theta=0$，此时需要作用的广义力为

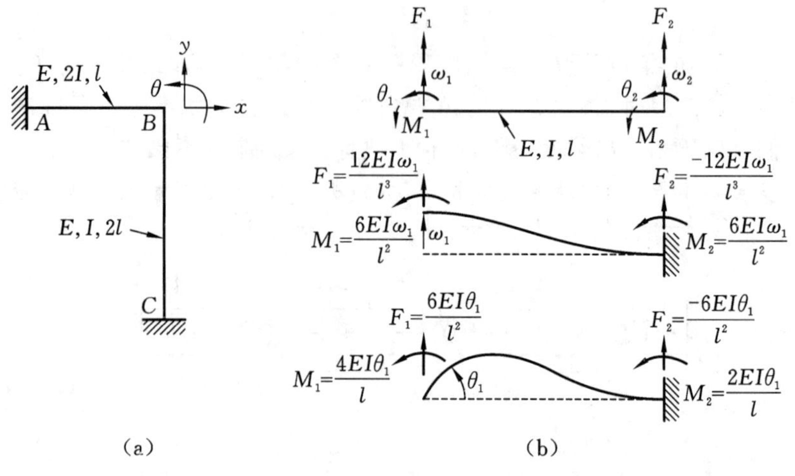

图 2.6　例 2.4 图

$$F_x=\left(\frac{12EI}{l^3}\right)_{BC}=\frac{3EI}{2l^3},\quad F_y=0,\quad M_\theta=\left(\frac{6EI}{l^2}\right)_{BC}=\frac{3EI}{2l^2}$$

求刚度矩阵第二列。令 $x=0,y=1,\theta=0$,此时需要作用的广义力为

$$F_x=0,\quad F_y=\left(\frac{12EI}{l^3}\right)_{BA}=\frac{24EI}{l^3},\quad M_\theta=-\left(\frac{6EI}{l^2}\right)_{BA}=-\frac{12EI}{l^2}$$

求刚度矩阵第三列。令 $x=0,y=0,\theta=1$,此时需要作用的广义力为

$$F_x=\left(\frac{6EI}{l^2}\right)_{BC}=\frac{3EI}{2l^2},\quad F_y=-\left(\frac{6EI}{l^2}\right)_{BA}=-\frac{12EI}{l^2}$$

$$M_\theta=\left(\frac{4EI}{l}\right)_{BC}+\left(\frac{4EI}{l}\right)_{BA}=\frac{2EI}{l}+\frac{8EI}{l}=\frac{10EI}{l}$$

最后,刚度矩阵为

$$\boldsymbol{K}=\frac{EI}{l^3}\begin{bmatrix}\frac{3}{2} & 0 & \frac{3}{2}l\\ 0 & 24 & -12l\\ \frac{3}{2}l & -12l & 10l^2\end{bmatrix}$$

例 2.5　请用柔度影响系数法确定图 2.7 (a)所示质量-弹簧系统的柔度矩阵。

解　求柔度矩阵第一列。在各个质量上施加力 $F_1=1,F_2=0,F_3=0$,由此产生的位移设为 $x_1=a_{11},x_2=a_{21},x_3=a_{31}$,如图 2.7 (b)所示。此时各个质量的受力如图 2.7(c)所示。由各个质量的力平衡可得

$$k_1a_{11}=k_2(a_{21}-a_{11})+1$$
$$k_2(a_{21}-a_{11})=k_3(a_{31}-a_{21})$$
$$k_3(a_{31}-a_{21})=0$$

解得

$$a_{11}=\frac{1}{k_1},\quad a_{21}=\frac{1}{k_1},\quad a_{31}=\frac{1}{k_1}$$

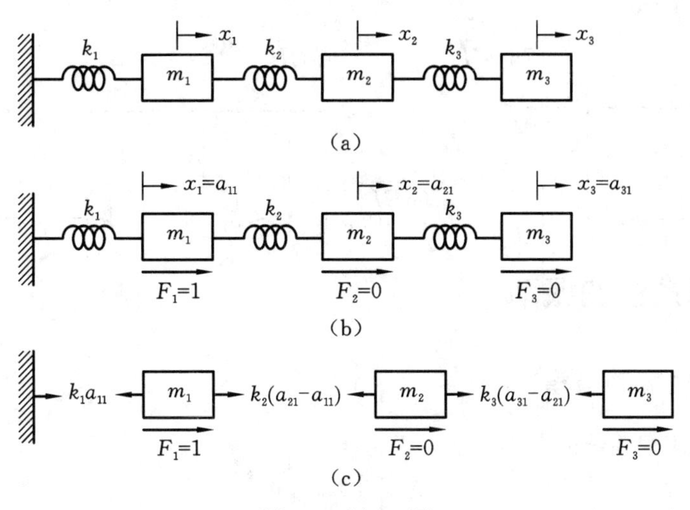

图 2.7　例 2.5 图

这样就得到了柔度矩阵的第一列。第二列、第三列可类似得到,结果为

$$a_{12}=\frac{1}{k_1},\quad a_{22}=\frac{1}{k_1}+\frac{1}{k_2},\quad a_{32}=\frac{1}{k_1}+\frac{1}{k_2}$$

$$a_{13}=\frac{1}{k_1},\quad a_{23}=\frac{1}{k_1}+\frac{1}{k_2},\quad a_{33}=\frac{1}{k_1}+\frac{1}{k_2}+\frac{1}{k_3}$$

例 2.6　请用柔度影响系数法确定图 2.8 (a)所示无质量简支梁的柔度矩阵。广义坐标取为 x_1,x_2,x_3。

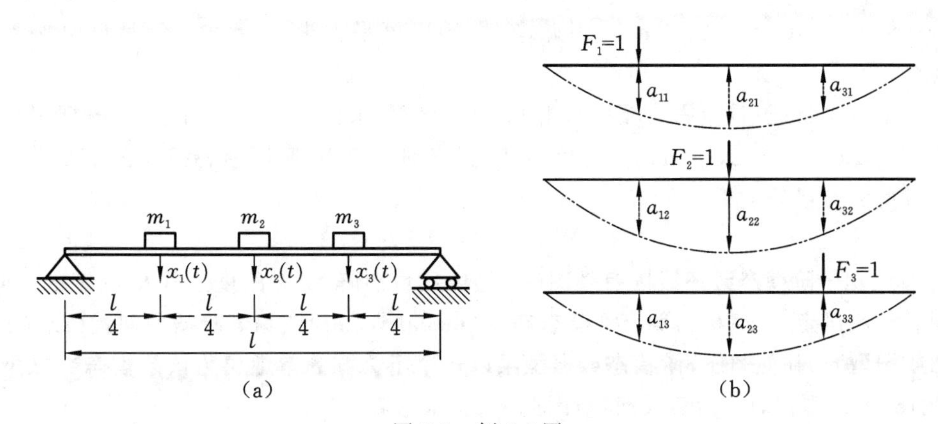

图 2.8　例 2.6 图

解　求柔度矩阵第一列。在各个质量上施加力 $F_1=1,F_2=0,F_3=0$,由此产生的位移设为 $x_1=a_{11},x_2=a_{21},x_3=a_{31}$,如图 2.8 (b)所示。由简支梁的挠度公式可得

$$a_{11}=\frac{9}{768}\frac{l^3}{EI},\quad a_{21}=\frac{11}{768}\frac{l^3}{EI},\quad a_{31}=\frac{7}{768}\frac{l^3}{EI}$$

这样就得到了柔度矩阵的第一列。第二列、第三列可类似得到,结果为

$$a_{12}=\frac{11}{768}\frac{l^3}{EI},\quad a_{22}=\frac{1}{48}\frac{l^3}{EI},\quad a_{32}=\frac{11}{768}\frac{l^3}{EI}$$

$$a_{13}=\frac{7}{768}\frac{l^3}{EI},\quad a_{23}=\frac{11}{768}\frac{l^3}{EI},\quad a_{33}=\frac{9}{768}\frac{l^3}{EI}$$

所以柔度矩阵为

$$\boldsymbol{A}=\frac{l^3}{768EI}\begin{bmatrix}9 & 11 & 7\\ 11 & 16 & 11\\ 7 & 11 & 9\end{bmatrix}$$

2.3 无阻尼系统的振动

2.3.1 自由振动与模态

多自由度无阻尼系统的自由振动方程为

$$\boldsymbol{M}\ddot{\boldsymbol{x}}+\boldsymbol{K}\boldsymbol{x}=\boldsymbol{0} \tag{2.13}$$

方程(2.13)是一个齐次常微分方程,它的解就是系统的自由振动。不难看出,方程(2.13)的基本解为 $\boldsymbol{\psi}\cos(\omega t)$和 $\boldsymbol{\psi}\sin(\omega t)$,所以假设自由振动解为

$$\boldsymbol{x}=\boldsymbol{\psi}\cos(\omega t+\theta) \tag{2.14}$$

将式(2.14)代入方程(2.13),得

$$(\boldsymbol{K}-\omega^2\boldsymbol{M})\boldsymbol{\psi}=\boldsymbol{0}\quad 或\quad \boldsymbol{K}\boldsymbol{\psi}=\omega^2\boldsymbol{M}\boldsymbol{\psi} \tag{2.15}$$

方程(2.15)称为方程(2.13)的**特征方程**,它是一个广义特征值问题,一般有 n 个特征值 ω_i^2 $(i=1,2,\cdots,n)$。

当矩阵 $\boldsymbol{M}$ 为对称正定矩阵,矩阵 $\boldsymbol{K}$ 为对称正定(或半正定)矩阵时,根据线性代数理论,所有特征值 $\omega_i^2\geqslant 0(i=1,2,\cdots,n)$;因此,它们的正值平方根 $\omega_i=\sqrt{\omega_i^2}$ 就是自由振动方程(2.14)的角频率。

对应于每个特征值(或固有频率),由方程(2.15)可求出一个特征向量,一般情况下就有 n 个特征向量$\boldsymbol{\psi}_i(i=1,2,\cdots,n)$。**如果所有特征值都是单根,则所有特征向量相互独立**。这样我们可得 n 个**特征对**:

$$\omega_i,\quad \boldsymbol{\psi}_i,\quad i=1,2,\cdots,n \tag{2.16}$$

ω_i 称为**第 i 阶模态频率**或**固有频率**(ω_i 是由质量矩阵 $\boldsymbol{M}$ 和刚度矩阵 $\boldsymbol{K}$ 确定的,即由系统的固有参数确定),$\boldsymbol{\psi}_i$ 称为**第 i 阶模态向量(modal vector)**或**第 i 阶振型向量**(或简称**第 i 阶模态或振型**)。显然,**任一阶模态或振型乘以一个不为零的常数仍为该阶模态或振型**。由方程(2.15)可以看出,$\boldsymbol{\psi}_i$ 为实数向量,因此将$\boldsymbol{\psi}_i$ 称为**实模态**。

2.3.2 振型的正交性

将第 i 阶和第 j 阶模态代入方程(2.15),可得

$$\boldsymbol{K}\boldsymbol{\psi}_i=\omega_i^2\boldsymbol{M}\boldsymbol{\psi}_i,\quad \boldsymbol{K}\boldsymbol{\psi}_j=\omega_j^2\boldsymbol{M}\boldsymbol{\psi}_j \tag{2.17}$$

上式第一个方程两边同时左乘 $\boldsymbol{\psi}_j^{\mathrm{T}}$,第二个方程两边同时左乘 $\boldsymbol{\psi}_i^{\mathrm{T}}$,得

$$\boldsymbol{\psi}_j^{\mathrm{T}}\boldsymbol{K}\boldsymbol{\psi}_i=\omega_i^2\boldsymbol{\psi}_j^{\mathrm{T}}\boldsymbol{M}\boldsymbol{\psi}_i,\quad \boldsymbol{\psi}_i^{\mathrm{T}}\boldsymbol{K}\boldsymbol{\psi}_j=\omega_j^2\boldsymbol{\psi}_i^{\mathrm{T}}\boldsymbol{M}\boldsymbol{\psi}_j \tag{2.18}$$

由于 $\boldsymbol{K}$ 对称,因此以上两式的左边相等,进而两式相减并考虑到矩阵 $\boldsymbol{M}$ 对称,得

$$(\omega_i^2-\omega_j^2)\boldsymbol{\psi}_i^{\mathrm{T}}\boldsymbol{M}\boldsymbol{\psi}_j=0 \tag{2.19}$$

当 $i \neq j$ 时，如果有 $\omega_i \neq \omega_j$，则有

$$\boldsymbol{\psi}_i^{\mathrm{T}} \boldsymbol{M} \boldsymbol{\psi}_j = 0, \quad i \neq j \tag{2.20}$$

再由式(2.18)的第一个方程或第二个方程可得

$$\boldsymbol{\psi}_i^{\mathrm{T}} \boldsymbol{K} \boldsymbol{\psi}_j = 0, \quad i \neq j \tag{2.21}$$

式(2.20)和式(2.21)表示模态的一个最重要的性质，称为振型关于质量矩阵和刚度矩阵的正交性，简称**振型的正交性**或**模态的正交性**。

当 $i=j$ 时，由式(2.18)的第一方程或第二个方程可得

$$\omega_i^2 = \frac{\boldsymbol{\psi}_i^{\mathrm{T}} \boldsymbol{K} \boldsymbol{\psi}_i}{\boldsymbol{\psi}_i^{\mathrm{T}} \boldsymbol{M} \boldsymbol{\psi}_i} \tag{2.22}$$

由于振型可以乘以一个不为零的任意常数，所以一定可以做到

$$\boldsymbol{\psi}_i^{\mathrm{T}} \boldsymbol{M} \boldsymbol{\psi}_i = 1, \quad i = 1, 2, \cdots, n \tag{2.23}$$

或

$$\boldsymbol{\Psi}^{\mathrm{T}} \boldsymbol{M} \boldsymbol{\Psi} = \boldsymbol{I} \tag{2.24}$$

其中，$\boldsymbol{I}$ 为单位矩阵，$\boldsymbol{\Psi} = [\boldsymbol{\psi}_1, \boldsymbol{\psi}_2, \cdots, \boldsymbol{\psi}_n]$ 是各个振型向量排成的矩阵，称为**振型矩阵**或**模态矩阵**。满足方程(2.23)的振型称为**正则振型**，矩阵 $\boldsymbol{\Psi}$ 称为**正则振型矩阵**。对于正则振型矩阵，由式(2.22)得到

$$\boldsymbol{\psi}_i^{\mathrm{T}} \boldsymbol{K} \boldsymbol{\psi}_i = \omega_i^2 \quad 或 \quad \boldsymbol{\Psi}^{\mathrm{T}} \boldsymbol{K} \boldsymbol{\Psi} = \boldsymbol{\Lambda} \tag{2.25}$$

其中，$\boldsymbol{\Lambda} = \mathrm{diag}[\omega_1^2, \omega_2^2, \cdots, \omega_n^2]$。

2.3.3 无阻尼系统的自由振动

我们由式(2.14)可得自由振动的 n 个基本解：

$$\boldsymbol{x}_i(t) = \boldsymbol{\psi}_i \cos(\omega_i t + \theta_i), \quad i = 1, 2, \cdots, n \tag{2.26}$$

这 n 个解称为**模态解**。自由振动的通解为这 n 个基本解的线性组合，即

$$\boldsymbol{x}(t) = \sum_{i=1}^{n} a_i \boldsymbol{x}_i(t) = \sum_{i=1}^{n} a_i \boldsymbol{\psi}_i \cos(\omega_i t + \theta_i) \tag{2.27}$$

其中，a_i，θ_i 由初始条件确定(也可用其他时间的条件确定)。设初始条件为

$$\boldsymbol{x}(0) = \begin{bmatrix} x_1(0) \\ x_2(0) \\ \vdots \\ x_n(0) \end{bmatrix} \triangleq \boldsymbol{x}_0, \quad \dot{\boldsymbol{x}}(0) = \begin{bmatrix} \dot{x}_1(0) \\ \dot{x}_2(0) \\ \vdots \\ \dot{x}_n(0) \end{bmatrix} = \dot{\boldsymbol{x}}_0 \tag{2.28}$$

对式(2.27)应用初始条件可得

$$\boldsymbol{x}(0) = \boldsymbol{x}_0 = \sum_{i=1}^{n} a_i \boldsymbol{\psi}_i \cos\theta_i \quad 或 \quad \boldsymbol{\Psi} \boldsymbol{c} = \boldsymbol{x}_0 \tag{2.29}$$

$$\dot{\boldsymbol{x}}(0) = \dot{\boldsymbol{x}}_0 = -\sum_{i=1}^{n} a_i \boldsymbol{\psi}_i \omega_i \sin\theta_i \quad 或 \quad \boldsymbol{\Psi} \boldsymbol{s} = -\dot{\boldsymbol{x}}_0 \tag{2.30}$$

其中，$\boldsymbol{c} = [a_1 \cos\theta_1, \cdots, a_n \cos\theta_n]^{\mathrm{T}}$，$\boldsymbol{s} = [a_1 \omega_1 \sin\theta_1, \cdots, a_n \omega_n \sin\theta_n]^{\mathrm{T}}$。由方程(2.29)、方程(2.30)可分别求出向量 $\boldsymbol{c}$ 和 $\boldsymbol{s}$，进而可求出 $a_1, \cdots, a_n$ 和 $\theta_1, \cdots, \theta_n$。

例 2.7　如图 2.9 所示系统，设初始条件为 $\dot{x}_i(0)=0$，$i=1,2,3$，$x_1(0)=x_{10}$，$x_2(0)=x_3(0)$

$=0$。假定 $k_i=k, m_i=m, i=1,2,3$。请确定系统的自由振动响应。

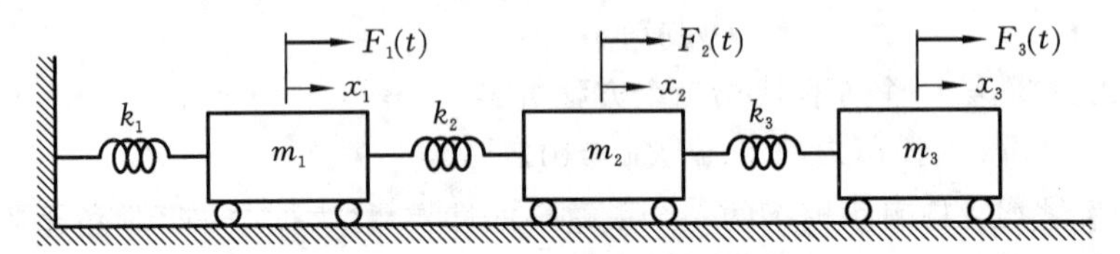

图 2.9 一个三自由度弹簧-质量系统

解 系统的质量矩阵和刚度矩阵为

$$M=\begin{bmatrix} m_1 & 0 & 0 \\ 0 & m_2 & 0 \\ 0 & 0 & m_3 \end{bmatrix}, \quad K=\begin{bmatrix} k_1+k_2 & -k_2 & 0 \\ -k_2 & k_2+k_3 & -k_3 \\ 0 & -k_3 & k_3 \end{bmatrix}$$

当 $k_i=k, m_i=m, i=1,2,3$ 时，求得固有频率和振型为

$$\omega_1=0.44504\sqrt{\frac{k}{m}}, \quad \omega_2=1.2471\sqrt{\frac{k}{m}}, \quad \omega_3=1.8025\sqrt{\frac{k}{m}}$$

$$\boldsymbol{\psi}_1=\begin{bmatrix} 1 \\ 1.8019 \\ 2.2470 \end{bmatrix}, \quad \boldsymbol{\psi}_2=\begin{bmatrix} 1 \\ 0.4450 \\ -0.8020 \end{bmatrix}, \quad \boldsymbol{\psi}_3=\begin{bmatrix} 1 \\ -1.2468 \\ 0.5544 \end{bmatrix}$$

将这些代入方程(2.29)、方程(2.30)可解得

$$a_1=0.1076x_{10}, \quad a_2=0.5431x_{10}, \quad a_3=0.3493x_{10}$$
$$\theta_1=\theta_2=\theta_3=0$$

由此得到系统的自由振动为

$$x_1(t)=x_{10}[0.1076\cos(\omega_1 t)+0.5431\cos(\omega_2 t)+0.3493\cos(\omega_3 t)]$$
$$x_2(t)=x_{10}[0.1939\cos(\omega_1 t)+0.2417\cos(\omega_2 t)-0.4355\cos(\omega_3 t)]$$
$$x_3(t)=x_{10}[0.2418\cos(\omega_1 t)-0.4356\cos(\omega_2 t)+0.1937\cos(\omega_3 t)]$$

2.3.4 求解无阻尼系统受迫振动的模态展开法

无阻尼系统的受迫振动运动方程为

$$\boldsymbol{M}\ddot{\boldsymbol{x}}+\boldsymbol{K}\boldsymbol{x}=\boldsymbol{F}(t) \tag{2.31}$$

系统的 n 个振型向量与质量矩阵和刚度矩阵的加权正交性，说明它们是相互线性独立的，因此它们是 n 维空间的一组基，任何 n 维向量可以表示为这 n 个振型向量的线性组合。因此，我们用正则振型矩阵 $\boldsymbol{\Psi}$ 对变量 $\boldsymbol{x}$ 进行线性变换：

$$\boldsymbol{x}=\boldsymbol{\Psi}\boldsymbol{q} \tag{2.32}$$

其中，$\boldsymbol{q}=[q_1(t), q_2(t), \cdots, q_n(t)]^{\mathrm{T}}$ 称为**模态坐标**(或**模态参与系数**)，实际上，它是一组广义坐标。将式(2.32)代入方程(2.31)，得

$$\boldsymbol{M}\boldsymbol{\Psi}\ddot{\boldsymbol{q}}+\boldsymbol{K}\boldsymbol{\Psi}\boldsymbol{q}=\boldsymbol{F}(t) \tag{2.33}$$

上式两边左乘 $\boldsymbol{\Psi}^{\mathrm{T}}$，得

$$\boldsymbol{\Psi}^{\mathrm{T}}\boldsymbol{M}\boldsymbol{\Psi}\ddot{\boldsymbol{q}}+\boldsymbol{\Psi}^{\mathrm{T}}\boldsymbol{K}\boldsymbol{\Psi}\boldsymbol{q}=\boldsymbol{\Psi}^{\mathrm{T}}\boldsymbol{F}(t) \tag{2.34}$$

利用正则振型矩阵的性质，上式变为

$$\ddot{\boldsymbol{q}}+\boldsymbol{\Lambda q}=\boldsymbol{Q}(t) \tag{2.35}$$

或写为

$$\ddot{q}_i(t)+\omega_i^2 q_i(t)=Q_i(t),\quad i=1,2,\cdots,n \tag{2.36}$$

其中,$\boldsymbol{Q}(t)=\boldsymbol{\Psi}^{\mathrm{T}}\boldsymbol{F}(t)$为**模态力向量或广义力向量**。

这样,原方程已分解为式(2.36)所示的 n 个独立的单自由度振动方程,这种过程称为**解耦**。求出 $\boldsymbol{q}(t)$后,代入式(2.32)就得到原坐标 $\boldsymbol{x}(t)$的解答。无阻尼单自由度系统的上述解法称为**模态展开法**或**模态叠加法**。

方程(2.33)与方程(2.34)在数学上是完全等价的,进而与原方程(2.31)也是完全等价的,在这里之所以这样做,是为了利用振型的正交性。进一步考察,还可发现这样做可使方程(2.34)满足 Lagrange 方程。变换前系统的动能、势能和广义力为

$$T=\frac{1}{2}\dot{\boldsymbol{x}}^{\mathrm{T}}\boldsymbol{Mx},\quad V=\frac{1}{2}\boldsymbol{x}^{\mathrm{T}}\boldsymbol{Kx},\quad \delta W_F=\delta\boldsymbol{x}^{\mathrm{T}}\boldsymbol{F}(t) \tag{2.37}$$

其中,$\delta\boldsymbol{x}$ 表示 $\boldsymbol{x}$ 的虚变分。变换后系统的动能、势能和广义力为

$$T=\frac{1}{2}\dot{\boldsymbol{q}}^{\mathrm{T}}\boldsymbol{\Psi}^{\mathrm{T}}\boldsymbol{M\Psi}\dot{\boldsymbol{q}},\quad V=\frac{1}{2}\boldsymbol{q}^{\mathrm{T}}\boldsymbol{\Psi}^{\mathrm{T}}\boldsymbol{K\Psi q},\quad \delta W_F=\delta\boldsymbol{q}^{\mathrm{T}}\boldsymbol{\Psi}^{\mathrm{T}}\boldsymbol{F}(t)=\delta\boldsymbol{q}^{\mathrm{T}}\boldsymbol{Q}(t) \tag{2.38}$$

将上式各量代入 Lagrange 方程就得到方程(2.34)。

在变换式(2.32)中,变换矩阵 $\boldsymbol{\Psi}$ 是 $n\times n$ 满矩阵,且是非奇异的,所以方程(2.33)与原方程(2.31)在数学上是完全等价的。以后我们会采用近似的减缩变换,即变换矩阵 $\boldsymbol{\Psi}$ 中列数会少于 n,那时方程(2.33)与原方程(2.31)在数学上是不等价的,即方程(2.34)只是方程(2.31)的一种近似,但现在我们知道了,这种近似变换的结果满足 Lagrange 方程,至少满足力学原理。

2.3.5　无阻尼系统的简谐激励响应

假定系统所有激励力为同频同相的简谐函数,即

$$\boldsymbol{F}(t)=\boldsymbol{F}_0\cos(\omega t),\quad 其中\ \boldsymbol{F}_0=[F_{01},F_{02},\cdots,F_{0n}]^{\mathrm{T}} \tag{2.39}$$

应用变换式(2.32)后,原方程变为方程(2.35)或方程(2.36),其中

$$\boldsymbol{Q}(t)=\boldsymbol{\Psi}^{\mathrm{T}}\boldsymbol{F}(t)=\boldsymbol{\Psi}^{\mathrm{T}}\boldsymbol{F}_0\cos(\omega t)\triangleq\boldsymbol{Q}_0\cos(\omega t) \tag{2.40}$$

式中

$$\boldsymbol{Q}_0=\boldsymbol{\Psi}^{\mathrm{T}}\boldsymbol{F}_0=[Q_{01},Q_{02},\cdots,Q_{0n}]^{\mathrm{T}}\quad 或\quad Q_{0i}=\boldsymbol{\psi}_i^{\mathrm{T}}\boldsymbol{F}_0,\quad i=1,2,\cdots,n \tag{2.41}$$

按照第 1 章的有关结果,方程(2.36)的解为

$$q_i(t)=\left(q_{0i}-\frac{Q_{0i}}{\omega_i^2-\omega^2}\right)\cos(\omega_i t)+\frac{\dot{q}_{0i}}{\omega_i}\sin(\omega_i t)+\frac{Q_{0i}}{\omega_i^2-\omega^2}\cos(\omega t),\quad i=1,2,\cdots,n \tag{2.42}$$

其中,模态坐标 $\boldsymbol{q}(t)$的初始条件,按变换式(2.32),为

$$\boldsymbol{q}_0=\boldsymbol{q}(0)=\boldsymbol{\Psi}^{-1}\boldsymbol{x}_0,\quad \dot{\boldsymbol{q}}_0=\dot{\boldsymbol{q}}(0)=\boldsymbol{\Psi}^{-1}\dot{\boldsymbol{x}}_0$$

由于 $\boldsymbol{\Psi}^{\mathrm{T}}\boldsymbol{M\Psi}=\boldsymbol{I}$,所以 $\boldsymbol{\Psi}^{-1}=\boldsymbol{\Psi}^{\mathrm{T}}\boldsymbol{M}$,因此可得

$$\boldsymbol{q}_0=\boldsymbol{\Psi}^{\mathrm{T}}\boldsymbol{M}\boldsymbol{x}_0,\quad \dot{\boldsymbol{q}}_0=\boldsymbol{\Psi}^{\mathrm{T}}\boldsymbol{M}\dot{\boldsymbol{x}}_0 \tag{2.43}$$

注意:$\boldsymbol{\Psi}$ 为正则振型矩阵。

实际系统一般总是有阻尼，因此，式(2.42)右边前两项会衰减掉，剩下第三项称为**稳态振动**或**稳态响应**，即稳态响应为

$$q_i(t)=\frac{Q_{0i}}{\omega_i^2-\omega^2}\cos(\omega t)=\frac{\boldsymbol{\psi}_i^{\mathrm{T}}\boldsymbol{F}_0}{\omega_i^2-\omega^2}\cos(\omega t),\quad i=1,2,\cdots,n$$

返回到原坐标 $\boldsymbol{x}$，稳态响应为

$$\boldsymbol{x}(t)=\boldsymbol{\Psi q}(t)=\sum_{i=1}^{n}\boldsymbol{\psi}_i q_i(t)=\sum_{i=1}^{n}\frac{\boldsymbol{\psi}_i\boldsymbol{\psi}_i^{\mathrm{T}}}{\omega_i^2-\omega^2}\boldsymbol{F}_0\cos(\omega t) \tag{2.44}$$

稳态响应也可直接由原方程(2.31)的特解求得，将方程右边换成简谐激励，得

$$\boldsymbol{M}\ddot{\boldsymbol{x}}+\boldsymbol{Kx}=\boldsymbol{F}_0\cos(\omega t)$$

方程的特解形式为 $\boldsymbol{x}=\boldsymbol{X}_0\cos(\omega t)$，代入上式得到

$$(\boldsymbol{K}-\omega^2\boldsymbol{M})\boldsymbol{X}_0=\boldsymbol{F}_0 \quad\Rightarrow\quad \boldsymbol{X}_0=(\boldsymbol{K}-\omega^2\boldsymbol{M})^{-1}\boldsymbol{F}_0$$

所以稳态响应为

$$\boldsymbol{x}(t)=(\boldsymbol{K}-\omega^2\boldsymbol{M})^{-1}\boldsymbol{F}_0\cos(\omega t) \tag{2.45}$$

其中，$(\boldsymbol{K}-\omega^2\boldsymbol{M})$称为系统的**阻抗矩阵**或**动刚度矩阵**，而 $\boldsymbol{H}(\omega)=(\boldsymbol{K}-\omega^2\boldsymbol{M})^{-1}$ 称为系统的**频率响应函数矩阵**或**动柔度矩阵**。在实际中，由于 ω 是一个变参数，因此逆矩阵 $(\boldsymbol{K}-\omega^2\boldsymbol{M})^{-1}$ 的解析表达式一般是得不到的；但是，比较式(2.45)与式(2.44)可得 $(\boldsymbol{K}-\omega^2\boldsymbol{M})^{-1}$ 的模态表达式为

$$\boldsymbol{H}(\omega)=(\boldsymbol{K}-\omega^2\boldsymbol{M})^{-1}=\sum_{i=1}^{n}\frac{\boldsymbol{\psi}_i\boldsymbol{\psi}_i^{\mathrm{T}}}{\omega_i^2-\omega^2} \tag{2.46}$$

这个表达式除了免于求逆矩阵外，还可对部分模态给出近似表达式。实际中，当质量矩阵和刚度矩阵的维数很大时，一般只能比较准确地求出前面的若干低阶模态，比如前 $r<n$ 个模态，此时近似有

$$\boldsymbol{H}(\omega)=(\boldsymbol{K}-\omega^2\boldsymbol{M})^{-1}\approx\sum_{i=1}^{r}\frac{\boldsymbol{\psi}_i\boldsymbol{\psi}_i^{\mathrm{T}}}{\omega_i^2-\omega^2} \tag{2.47}$$

2.3.6 无阻尼系统的任意激励响应

当系统受到任意激励时，由第1章可得，方程(2.36)的解为

$$q_i(t)=q_i(0)\cos(\omega_i t)+\frac{\dot{q}_i(0)}{\omega_i}\sin(\omega_i t)+\frac{1}{\omega_i}\int_0^t Q_i(\tau)\sin[\omega_i(t-\tau)]\mathrm{d}\tau,\quad i=1,2,\cdots,n \tag{2.48}$$

$\boldsymbol{q}(t)$的初始条件仍由式(2.43)给出，为

$$\boldsymbol{q}(0)=\boldsymbol{\Psi}^{\mathrm{T}}\boldsymbol{Mx}_0,\quad \dot{\boldsymbol{q}}(0)=\boldsymbol{\Psi}^{\mathrm{T}}\boldsymbol{M}\dot{\boldsymbol{x}}_0$$

令 $\boldsymbol{Q}(t)=\boldsymbol{0}$，由式(2.48)也可求出系统的自由振动响应。求出 $\boldsymbol{q}(t)$后，代入式(2.32)就得到原坐标 $\boldsymbol{x}(t)$的解答。

例 2.8 应用模态分析法，求二自由度系统的自由振动响应，系统的运动方程为

$$\begin{bmatrix} m_1 & 0 \\ 0 & m_2 \end{bmatrix}\begin{bmatrix} \ddot{x}_1 \\ \ddot{x}_2 \end{bmatrix}+\begin{bmatrix} k_1+k_2 & -k_2 \\ -k_2 & k_2+k_3 \end{bmatrix}\begin{bmatrix} x_1 \\ x_2 \end{bmatrix}=\begin{bmatrix} 0 \\ 0 \end{bmatrix}$$

假设 $m_1=10, m_2=1, k_1=30, k_2=5, k_3=0$。初始条件为

$$\boldsymbol{x}(0)=\begin{bmatrix}x_1(0)\\x_2(0)\end{bmatrix}=\begin{bmatrix}1\\0\end{bmatrix},\quad \dot{\boldsymbol{x}}(0)=\begin{bmatrix}\dot{x}_1(0)\\\dot{x}_2(0)\end{bmatrix}=\begin{bmatrix}0\\0\end{bmatrix}$$

解　易得固有频率和正则振型为

$$\omega_1=1.5811,\quad \boldsymbol{\psi}_1=\frac{1}{\sqrt{14}}\begin{bmatrix}1\\2\end{bmatrix}=\begin{bmatrix}0.2673\\0.5346\end{bmatrix}$$

$$\omega_2=2.4495,\quad \boldsymbol{\psi}_2=\frac{1}{\sqrt{35}}\begin{bmatrix}1\\-5\end{bmatrix}=\begin{bmatrix}0.1690\\-0.8450\end{bmatrix}$$

正则振型矩阵为

$$\boldsymbol{\Psi}=\begin{bmatrix}0.2673 & 0.1690\\0.5346 & -0.8450\end{bmatrix}$$

应用模态变换：

$$\boldsymbol{x}=\boldsymbol{\Psi q}$$

得

$$\ddot{q}_i(t)+\omega_i^2q_i(t)=0,\quad i=1,2$$

其解为

$$q_i(t)=q_{i0}\cos(\omega_it)+\frac{\dot{q}_{i0}}{\omega_i}\sin(\omega_it),\quad i=1,2$$

模态坐标的初始条件为

$$\boldsymbol{q}(0)=\begin{bmatrix}q_{i0}\\q_{i0}\end{bmatrix}=\boldsymbol{\Psi M x}(0)=\begin{bmatrix}2.673\\1.690\end{bmatrix}$$

$$\dot{\boldsymbol{q}}(0)=\begin{bmatrix}\dot{q}_{i0}\\\dot{q}_{i0}\end{bmatrix}=\boldsymbol{\Psi M}\dot{\boldsymbol{x}}(0)=\begin{bmatrix}0\\0\end{bmatrix}$$

所以模态坐标的解为

$$q_1(t)=2.673\cos(1.5811t)$$

$$q_2(t)=1.690\cos(2.4495t)$$

返回到原来的坐标，自由振动解为

$$\boldsymbol{x}(t)=\boldsymbol{\Psi q}(t)=\begin{bmatrix}0.2673 & 0.1690\\0.5346 & -0.8450\end{bmatrix}\begin{bmatrix}2.673\cos(1.5811t)\\1.690\cos(2.4495t)\end{bmatrix}$$

例 2.9　一个矩形冲击力 $F_1(t)$ 作用在质量块 m_1，如图 2.10 所示，$m_1=200\times10^3$ kg，$m_2=250\times10^3$ kg，$k_1=150\times10^6$ N/m，$k_2=75\times10^6$ N/m。设初始位移和初速度为零，求系统的响应。

解　系统的运动方程为

$$\boldsymbol{M}\ddot{\boldsymbol{x}}+\boldsymbol{Kx}=\boldsymbol{F}(t)$$

其中

$$\boldsymbol{M}=\begin{bmatrix}m_1 & 0\\0 & m_2\end{bmatrix}=\begin{bmatrix}200\times10^3 & 0\\0 & 250\times10^3\end{bmatrix}$$

$$\boldsymbol{K}=\begin{bmatrix}k_1 & -k_1\\-k_1 & k_1+k_2\end{bmatrix}=\begin{bmatrix}150\times10^6 & -150\times10^6\\-150\times10^6 & 225\times10^6\end{bmatrix}$$

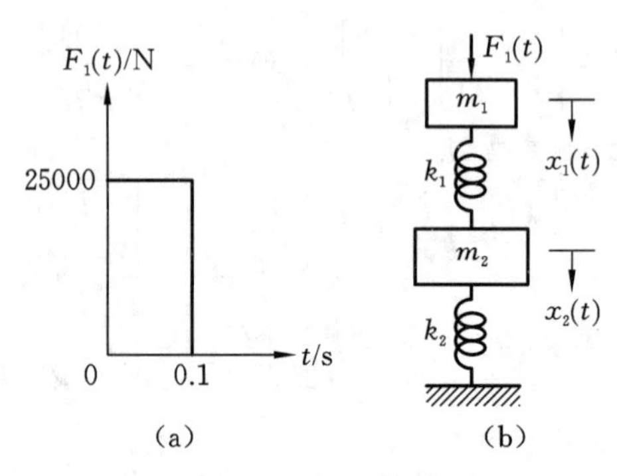

图 2.10　一个受到矩形冲击力作用的系统

$$\boldsymbol{F}(t)=\begin{bmatrix}F_1(t)\\0\end{bmatrix}$$

可得频率和正则振型矩阵为

$$\omega_1=12.2474\ \mathrm{rad/s},\quad \omega_2=38.7298\ \mathrm{rad/s}$$

$$\boldsymbol{\Psi}=\begin{bmatrix}1.6667 & 1.4907\\1.3334 & -1.4907\end{bmatrix}\times10^{-3}$$

采用模态变换：

$$\boldsymbol{x}(t)=\boldsymbol{\Psi q}(t),\quad \boldsymbol{q}(t)=\begin{bmatrix}q_1(t)\\q_2(t)\end{bmatrix}$$

由已知可得 $\boldsymbol{q}(t)$的初始条件为 $q_1(0)=q_2(0)=0,\dot{q}_1(0)=\dot{q}_2(0)=0$，所以 $\boldsymbol{q}(t)$的响应为

$$q_i(t)=\frac{1}{\omega_i}\int_0^t Q_i(\tau)\sin(\omega_i\tau)\mathrm{d}\tau,\quad i=1,2$$

其中

$$\boldsymbol{Q}(t)=\boldsymbol{\Psi}^{\mathrm{T}}\boldsymbol{F}(t)$$

或

$$\begin{bmatrix}Q_1(t)\\Q_2(t)\end{bmatrix}=\begin{bmatrix}1.6667 & 1.3334\\1.4907 & -1.4907\end{bmatrix}\times10^{-3}\begin{bmatrix}F_1(t)\\0\end{bmatrix}$$
$$=\begin{bmatrix}1.6667\times10^{-3}\\1.4907\times10^{-3}\end{bmatrix}F_1(t)$$

这样，可得

$$\left.\begin{aligned}q_1(t)&=0.2778[1-\cos(12.2474t)]\\q_2(t)&=0.02484[1-\cos(38.7298t)]\end{aligned}\right\},\quad t\leqslant0.1$$

当 $t>0.1$ s 时，没有外激励力作用，系统以 $q_1(0.1),\dot{q}_1(0.1),q_2(0.1),\dot{q}_2(0.1)$为初始条件做自由振动。

回到原来的坐标，系统的响应为

$$\begin{bmatrix}x_1(t)\\x_2(t)\end{bmatrix}=\boldsymbol{\Psi q}(t)=\begin{bmatrix}1.6667q_1(t)+1.4907q_2(t)\\1.3334q_1(t)-1.4907q_2(t)\end{bmatrix}\times10^{-3}$$

2.4　阻尼系统的振动

2.4.1　比例阻尼系统的响应

此时，系统的运动方程为方程(2.8)，重写如下：

$$\boldsymbol{M}\ddot{\boldsymbol{x}}+\boldsymbol{C}\dot{\boldsymbol{x}}+\boldsymbol{K}\boldsymbol{x}=\boldsymbol{F} \tag{2.49}$$

其中，$\boldsymbol{M}$ 为对称正定矩阵，$\boldsymbol{K}$ 和 $\boldsymbol{C}$ 为对称正定或半正定矩阵。为了求得系统的响应，我们自然想到了采用模态变换将方程(2.49)解耦，但矩阵 $\boldsymbol{C}$ 一般不能用模态变换解耦。为了实现解耦，我们近似假设矩阵 $\boldsymbol{C}$ 是质量矩阵 $\boldsymbol{M}$ 和刚度矩阵 $\boldsymbol{K}$ 的线性组合，即

$$\boldsymbol{C}=\alpha\boldsymbol{M}+\beta\boldsymbol{K} \tag{2.50}$$

其中，α 和 β 为常数，这样的阻尼称为**比例阻尼**。将式(2.50)代入方程(2.49)，得

$$\boldsymbol{M}\ddot{\boldsymbol{x}}+(\alpha\boldsymbol{M}+\beta\boldsymbol{K})\dot{\boldsymbol{x}}+\boldsymbol{K}\boldsymbol{x}=\boldsymbol{F} \tag{2.51}$$

采用正则模态变换：

$$\boldsymbol{x}(t)=\boldsymbol{\Psi}\boldsymbol{q}(t) \tag{2.52}$$

可得

$$\ddot{\boldsymbol{q}}+(\alpha\boldsymbol{I}+\beta\boldsymbol{\Lambda})\dot{\boldsymbol{q}}+\boldsymbol{\Lambda}\boldsymbol{q}=\boldsymbol{Q}(t) \tag{2.53}$$

$$\boldsymbol{Q}(t)=[Q_1(t),Q_2(t),\cdots,Q_n(t)]^{\mathrm{T}}=\boldsymbol{\Psi}^{\mathrm{T}}\boldsymbol{F}(t) \tag{2.54}$$

其中，$\boldsymbol{\Lambda}=\mathrm{diag}[\omega_1^2,\omega_2^2,\cdots,\omega_n^2]$。上式可写成如下形式：

$$\ddot{q}_i(t)+(\alpha+\beta\omega_i^2)\dot{q}_i(t)+\omega_i^2q_i(t)=Q_i(t),\quad i=1,2,\cdots,n \tag{2.55}$$

方程(2.54)也可写成模态阻尼比的形式：

$$\ddot{q}_i(t)+2\zeta_i\omega_i\dot{q}_i(t)+\omega_i^2q_i(t)=Q_i(t),\quad i=1,2,\cdots,n \tag{2.56}$$

其中

$$\alpha+\beta\omega_i^2=2\zeta_i\omega_i \tag{2.57}$$

因此，如果已知两个模态的阻尼比，就可按上式确定常数 α 和 β。也就是说，按比例阻尼方法选定的黏性阻尼矩阵 $\boldsymbol{C}$ 可以使两个模态的阻尼比等于指定的值，其他模态的阻尼比就没法控制了。

对于 $\zeta_i<1$ 的欠阻尼情况，在初始条件 $q_{i0}=q_i(0)$，$\dot{q}_{i0}=\dot{q}_i(0)$下，方程(2.56)的解为

$$\begin{aligned}q_i(t)=&\,\mathrm{e}^{-\zeta_i\omega_i t}\left\{\left[\cos(\omega_{\mathrm{d}i}t)+\frac{\zeta_i\omega_i}{\omega_{\mathrm{d}i}}\sin(\omega_{\mathrm{d}i}t)\right]q_{i0}+\frac{1}{\omega_{\mathrm{d}i}}\sin(\omega_{\mathrm{d}i}t)\dot{q}_{i0}\right\}\\&+\frac{1}{\omega_{\mathrm{d}i}}\int_0^t Q_i(\tau)\mathrm{e}^{-\zeta_i\omega_i(t-\tau)}\sin[\omega_{\mathrm{d}i}(t-\tau)]\mathrm{d}\tau,\quad i=1,2,\cdots,n\end{aligned} \tag{2.58}$$

或

$$\begin{aligned}q_i(t)=&\,\mathrm{e}^{-\zeta_i\omega_i t}A\sin(\omega_{\mathrm{d}i}t+\varphi_i)\\&+\frac{1}{\omega_{\mathrm{d}i}}\int_0^t Q_i(\tau)\mathrm{e}^{-\zeta_i\omega_i(t-\tau)}\sin[\omega_{\mathrm{d}i}(t-\tau)]\mathrm{d}\tau,\quad i=1,2,\cdots,n\end{aligned} \tag{2.59}$$

其中

$$\omega_{\mathrm{d}i}=\omega_i\sqrt{1-\zeta_i^2},\quad A=\sqrt{q_{i0}^2+\left(\frac{\dot{q}_{i0}+\zeta_i\omega_iq_{i0}}{\omega_{\mathrm{d}i}}\right)^2},\quad \varphi_i=\tan^{-1}\left(\frac{\omega_{\mathrm{d}i}q_{i0}}{\dot{q}_{i0}+\zeta_i\omega_iq_{i0}}\right) \tag{2.60}$$

例 2.10 请列出图 2.11 所示振动系统的运动方程。设 $F_1=F_2=F_3=F_0\cos(\omega t)$，其中激励频率 $\omega=1.75\sqrt{k/m}$；$m_1=m_2=m_3=m$，$k_1=k_2=k_3=k$。给出一组使阻尼矩阵成为比例阻尼的条件，假定在比例阻尼下，系统的三个模态阻尼比分别为 ζ_1,ζ_2,ζ_3，写出系统正则模态坐标稳态响应的表达式。

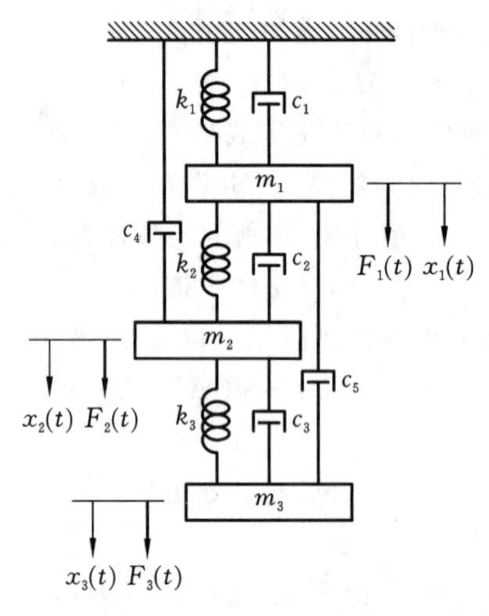

图 2.11 一个三自由度振动系统

解 由 Lagrange 方程可以得到系统的运动方程为

$$\boldsymbol{M}\ddot{\boldsymbol{x}}+\boldsymbol{C}\dot{\boldsymbol{x}}+\boldsymbol{K}\boldsymbol{x}=\boldsymbol{F}$$

其中

$$\boldsymbol{M}=\mathrm{diag}[m_1,m_2,m_3]$$

$$\boldsymbol{C}=\begin{bmatrix} c_1+c_2+c_5 & -c_2 & -c_5 \\ -c_2 & c_2+c_3+c_4 & -c_3 \\ -c_5 & -c_3 & c_3+c_5 \end{bmatrix}$$

$$\boldsymbol{K}=\begin{bmatrix} k_1+k_2 & -k_2 & 0 \\ -k_2 & k_2+k_3 & -k_3 \\ 0 & -k_3 & k_3 \end{bmatrix}$$

$$\boldsymbol{x}=\begin{bmatrix} x_1(t) \\ x_2(t) \\ x_3(t) \end{bmatrix},\quad \boldsymbol{F}=\begin{bmatrix} F_1(t) \\ F_2(t) \\ F_3(t) \end{bmatrix}$$

当 $k_1=k_2=k_3=k$ 时，只要 $c_1=c_2=c_3=c$，$c_4=c_5=0$，则阻尼矩阵与刚度矩阵成比例，成为比例阻尼。为了写出系统正则模态坐标稳态响应的表达式，我们要求出系统的模态。固有频率为

$$\omega_1=0.44504\sqrt{\frac{k}{m}},\quad \omega_2=1.2471\sqrt{\frac{k}{m}},\quad \omega_3=1.8025\sqrt{\frac{k}{m}}$$

对应的正则振型矩阵为

$$\boldsymbol{\Psi}=\frac{1}{\sqrt{m}}\begin{bmatrix}0.3280 & 0.7370 & 0.5911\\0.5911 & 0.3280 & -0.7370\\0.7370 & -0.5911 & 0.3280\end{bmatrix}$$

取正则模态变换：

$$\boldsymbol{x}=\boldsymbol{\Psi q}$$

其中，$\boldsymbol{q}=[q_1,q_2,q_3]^{\mathrm{T}}$ 为正则模态坐标。因此，广义力(或模态力)为

$$\boldsymbol{Q}(t)=\boldsymbol{\Psi}^{\mathrm{T}}\boldsymbol{F}(t)=\frac{1}{\sqrt{m}}\begin{bmatrix}0.3280 & 0.7370 & 0.5911\\0.5911 & 0.3280 & -0.7370\\0.7370 & -0.5911 & 0.3280\end{bmatrix}\begin{bmatrix}F_0\cos(\omega t)\\F_0\cos(\omega t)\\F_0\cos(\omega t)\end{bmatrix}$$

$$=\begin{bmatrix}Q_{10}\\Q_{20}\\Q_{30}\end{bmatrix}\cos(\omega t)$$

其中

$$Q_{10}=1.6561\frac{F_0}{\sqrt{m}},\quad Q_{20}=0.1821\frac{F_0}{\sqrt{m}},\quad Q_{30}=0.4739\frac{F_0}{\sqrt{m}}$$

变换后得到的正则模态坐标的方程为

$$\ddot{q}_i(t)+2\zeta_i\omega_i\dot{q}_i(t)+\omega_i^2q_i(t)=Q_i(t),\quad i=1,2,3$$

该方程的稳态解为

$$q_i(t)=A_i\cos(\omega t-\phi_i),\quad i=1,2,3$$

其中

$$A_i=\frac{Q_{i0}}{\omega_i^2}\frac{1}{\{[1-(\omega/\omega_i)^2]^2+(2\zeta_i\omega/\omega_i)^2\}^{1/2}}$$

$$\phi_i=\tan^{-1}\left[\frac{2\zeta_i\omega/\omega_i}{1-(\omega/\omega_i)^2}\right]$$

2.4.2　一般阻尼系统的响应

如果系统的阻尼矩阵不能用模态矩阵对角化或近似对角化，则上面的方法就失效了。下面来讨论具有一般黏性阻尼矩阵 $\boldsymbol{C}$ 时响应的求解方法。重写系统的运动方程：

$$\boldsymbol{M}\ddot{\boldsymbol{x}}+\boldsymbol{C}\dot{\boldsymbol{x}}+\boldsymbol{K}\boldsymbol{x}=\boldsymbol{F}(t)\tag{2.61}$$

其中，$\boldsymbol{M}$，$\boldsymbol{K}$ 和 $\boldsymbol{C}$ 均为对称矩阵，并假定它们都是正定的。先来考察自由振动，齐次方程为

$$\boldsymbol{M}\ddot{\boldsymbol{x}}+\boldsymbol{C}\dot{\boldsymbol{x}}+\boldsymbol{K}\boldsymbol{x}=\boldsymbol{0}\tag{2.62}$$

这时自由振动解可设为

$$\boldsymbol{x}=\boldsymbol{\psi}\mathrm{e}^{\lambda t}\tag{2.63}$$

将式(2.63)代入方程(2.62)，得

$$(\lambda^2\boldsymbol{M}+\lambda\boldsymbol{C}+\boldsymbol{K})\boldsymbol{\psi}\triangleq\boldsymbol{D}(\lambda)\boldsymbol{\psi}=\boldsymbol{0}\tag{2.64}$$

上式有非零解的充分必要条件为

$$\Delta(\lambda)\triangleq|\boldsymbol{D}(\lambda)|=0\tag{2.65}$$

这是一般线性阻尼系统的特征方程。它是 λ 的 $2n$ 次代数方程，有 $2n$ 个根 λ_i，$i=1,2,\cdots$，

$2n$，即有 $2n$ 个特征值；对应有 $2n$ 个特征向量 $\boldsymbol{\psi}_i, i=1,2,\cdots,2n$，即振型。现在 λ_i 一般是复数，$\boldsymbol{\psi}_i$ 也是复值向量，称它们为**复振型**或**复模态**。因为阻尼矩阵 $\boldsymbol{C}$ 是正定的，耗散能量，所以自由振动解一定是衰减的，于是如果 λ_i 为复数，则一定具有负实部，如果 λ_i 为实数，则一定是负数。此外，由于特征方程的系数都是实数，因此复特征值一定是共轭成对地出现的，对应的特征向量也是共轭成对出现的。$2n$ 个振型可以排成一个 $n\times 2n$ 振型（或模态）矩阵：

$$\boldsymbol{\Psi}=[\boldsymbol{\psi}_1,\boldsymbol{\psi}_2,\cdots,\boldsymbol{\psi}_{2n}] \tag{2.66}$$

遗憾的是，这个振型矩阵不能作为变换矩阵，因为方程（2.61）中的变量只有 n 个。

为了实现解耦变换，我们将二阶微分方程组改写为一阶微分方程组：

$$\hat{\boldsymbol{M}}\dot{\boldsymbol{y}}+\hat{\boldsymbol{K}}\boldsymbol{y}=\hat{\boldsymbol{F}}(t) \tag{2.67}$$

其中

$$\begin{gathered}\boldsymbol{y}=\begin{bmatrix}\dot{\boldsymbol{x}}\\ \boldsymbol{x}\end{bmatrix},\quad \hat{\boldsymbol{F}}(t)=\begin{bmatrix}\boldsymbol{0}\\ \boldsymbol{F}(t)\end{bmatrix},\\ \hat{\boldsymbol{M}}=\begin{bmatrix}\boldsymbol{0} & \boldsymbol{M}\\ \boldsymbol{M} & \boldsymbol{C}\end{bmatrix},\quad \hat{\boldsymbol{K}}=\begin{bmatrix}-\boldsymbol{M} & \boldsymbol{0}\\ \boldsymbol{0} & \boldsymbol{K}\end{bmatrix}\end{gathered} \tag{2.68}$$

由于 $\boldsymbol{M}$，$\boldsymbol{K}$ 和 $\boldsymbol{C}$ 为对称矩阵，所以 $\hat{\boldsymbol{M}}$，$\hat{\boldsymbol{K}}$ 也是对称矩阵。

自由振动时，有

$$\hat{\boldsymbol{M}}\dot{\boldsymbol{y}}+\hat{\boldsymbol{K}}\boldsymbol{y}=\boldsymbol{0} \tag{2.69}$$

方程（2.69）的自由振动解可设为

$$\boldsymbol{y}=\boldsymbol{\phi}\mathrm{e}^{\lambda t} \tag{2.70}$$

这个解与原方程的自由振动解式（2.63）之间的关系为

$$\boldsymbol{y}=\boldsymbol{\phi}\mathrm{e}^{\lambda t}=\begin{bmatrix}\dot{\boldsymbol{x}}\\ \boldsymbol{x}\end{bmatrix}=\begin{bmatrix}\lambda\boldsymbol{\psi}\\ \boldsymbol{\psi}\end{bmatrix}\mathrm{e}^{\lambda t}$$

所以方程（2.69）的特征向量与原方程（2.62）的特征向量之间的关系为

$$\boldsymbol{\phi}_i=\begin{bmatrix}\lambda_i\boldsymbol{\psi}_i\\ \boldsymbol{\psi}_i\end{bmatrix},\quad i=1,2,\cdots,2n \tag{2.71}$$

现在来考察特征向量 $\boldsymbol{\phi}_i$ 的正交性。由方程（2.69）可得

$$\begin{gathered}\lambda_r\hat{\boldsymbol{M}}\boldsymbol{\phi}_r+\hat{\boldsymbol{K}}\boldsymbol{\phi}_r=\boldsymbol{0}\\ \lambda_s\hat{\boldsymbol{M}}\boldsymbol{\phi}_s+\hat{\boldsymbol{K}}\boldsymbol{\phi}_s=\boldsymbol{0}\end{gathered} \tag{2.72}$$

以上两个方程分别左乘 $\boldsymbol{\phi}_s^{\mathrm{T}}$ 和 $\boldsymbol{\phi}_r^{\mathrm{T}}$，得

$$\begin{cases}\lambda_r\boldsymbol{\phi}_s^{\mathrm{T}}\hat{\boldsymbol{M}}\boldsymbol{\phi}_r+\boldsymbol{\phi}_s^{\mathrm{T}}\hat{\boldsymbol{K}}\boldsymbol{\phi}_r=\boldsymbol{0}\\ \lambda_s\boldsymbol{\phi}_r^{\mathrm{T}}\hat{\boldsymbol{M}}\boldsymbol{\phi}_s+\boldsymbol{\phi}_r^{\mathrm{T}}\hat{\boldsymbol{K}}\boldsymbol{\phi}_s=\boldsymbol{0}\end{cases} \tag{2.73}$$

将式（2.73）中的两式相减，考虑到矩阵 $\hat{\boldsymbol{M}}$，$\hat{\boldsymbol{K}}$ 的对称性，得

$$(\lambda_r-\lambda_s)\boldsymbol{\phi}_s^{\mathrm{T}}\hat{\boldsymbol{M}}\boldsymbol{\phi}_r=0 \tag{2.74}$$

由此立得 $\boldsymbol{\phi}_s^{\mathrm{T}}$ 和 $\boldsymbol{\phi}_r^{\mathrm{T}}$ 关于 $\hat{\boldsymbol{M}}$ 具有以下正交关系：

$$\boldsymbol{\phi}_s^{\mathrm{T}}\hat{\boldsymbol{M}}\boldsymbol{\phi}_r=0,\quad \text{当}\ \lambda_r\neq\lambda_s \tag{2.75}$$

再由式（2.73）可得 $\boldsymbol{\phi}_s^{\mathrm{T}}$ 和 $\boldsymbol{\phi}_r^{\mathrm{T}}$ 关于 $\hat{\boldsymbol{K}}$ 的正交关系：

$$\boldsymbol{\phi}_s^{\mathrm{T}}\hat{\boldsymbol{K}}\boldsymbol{\phi}_r=0,\quad \text{当}\ \lambda_r\neq\lambda_s \tag{2.76}$$

当 $s=r$ 时，式（2.74）自动满足，我们记

$$\boldsymbol{\phi}_r^{\mathrm{T}}\hat{\boldsymbol{M}}\boldsymbol{\phi}_r=\widetilde{m}_r,\quad \boldsymbol{\phi}_r^{\mathrm{T}}\hat{\boldsymbol{K}}\boldsymbol{\phi}_r=\widetilde{k}_r \tag{2.77}$$

由式(2.73)有

$$\widetilde{k}_r=-\lambda_r\widetilde{m}_r \tag{2.78}$$

其中，$\widetilde{m}_r$，$\widetilde{k}_r$ 分别为第 r 阶模态的模态质量和模态刚度，它们一般为复数，并且对于共轭的特征向量，它们也是共轭的。

利用上述特征向量的正交性，可对方程(2.67)进行解耦。取模态变换：

$$\boldsymbol{y}=\boldsymbol{\Phi}\boldsymbol{z} \tag{2.79}$$

其中

$$\boldsymbol{\Phi}=[\boldsymbol{\phi}_1,\boldsymbol{\phi}_2,\cdots,\boldsymbol{\phi}_{2n}]=\begin{bmatrix}\boldsymbol{\Psi}\boldsymbol{\Lambda}\\ \boldsymbol{\Psi}\end{bmatrix} \tag{2.80}$$

式中，$\boldsymbol{\Lambda}=\mathrm{diag}[\lambda_1,\cdots,\lambda_{2n}]$。方程(2.67)变为

$$\boldsymbol{\Phi}^{\mathrm{T}}\hat{\boldsymbol{M}}\boldsymbol{\Phi}\dot{\boldsymbol{z}}+\boldsymbol{\Phi}^{\mathrm{T}}\hat{\boldsymbol{K}}\boldsymbol{\Phi}\boldsymbol{z}=\boldsymbol{\Phi}^{\mathrm{T}}\hat{\boldsymbol{F}}(t)$$

考虑到正交性，上式可写为

$$\widetilde{\boldsymbol{M}}\dot{\boldsymbol{z}}+\widetilde{\boldsymbol{K}}\boldsymbol{z}=\widetilde{\boldsymbol{F}}(t) \tag{2.81}$$

其中

$$\begin{cases}\widetilde{\boldsymbol{M}}=\boldsymbol{\Phi}^{\mathrm{T}}\hat{\boldsymbol{M}}\boldsymbol{\Phi}=\mathrm{diag}[\widetilde{m}_1,\cdots,\widetilde{m}_{2n}]\\ \widetilde{\boldsymbol{K}}=\boldsymbol{\Phi}^{\mathrm{T}}\hat{\boldsymbol{K}}\boldsymbol{\Phi}=\mathrm{diag}[\widetilde{k}_1,\cdots,\widetilde{k}_{2n}]\\ \widetilde{\boldsymbol{F}}(t)=\boldsymbol{\Phi}^{\mathrm{T}}\hat{\boldsymbol{F}}(t)=[\widetilde{F}_1(t),\cdots,\widetilde{F}_{2n}(t)]^{\mathrm{T}}\end{cases} \tag{2.82}$$

所以，方程(2.81)可写为

$$\widetilde{m}_r\dot{z}_r+\widetilde{k}_rz_r=\widetilde{F}_r(t),\quad r=1,2,\cdots,2n$$

或

$$\dot{z}_r-\lambda_rz_r=\frac{1}{\widetilde{m}_r}\widetilde{F}_r(t),\quad r=1,2,\cdots,2n \tag{2.83}$$

其中

$$\widetilde{F}_r(t)=\boldsymbol{\phi}_r^{\mathrm{T}}\hat{\boldsymbol{F}}(t)=[\lambda\boldsymbol{\psi}_r^{\mathrm{T}},\boldsymbol{\psi}_r^{\mathrm{T}}]\begin{bmatrix}\boldsymbol{0}\\ \boldsymbol{F}(t)\end{bmatrix}=\boldsymbol{\psi}_r^{\mathrm{T}}\boldsymbol{F}(t) \tag{2.84}$$

方程(2.83)对应于零初始条件的特解可用积分变换法求解。对方程(2.83)作 Fourier 变换可得

$$\mathrm{i}\omega z_r(\omega)-\lambda_rz_r(\omega)=\frac{1}{\widetilde{m}_r}\widetilde{F}_r(\omega),\quad \mathrm{i}=\sqrt{-1}$$

所以

$$z_r(\omega)=\frac{1}{\widetilde{m}_r}\frac{\widetilde{F}_r(\omega)}{\mathrm{i}\omega-\lambda_r}$$

对上式取 Fourier 反变换可得

$$\begin{aligned}z_r(t)&=\frac{1}{\widetilde{m}_r}\widetilde{F}_r(t)*\mathrm{e}^{\lambda_rt}=\frac{1}{\widetilde{m}_r}\int_0^t\widetilde{F}_r(\tau)\mathrm{e}^{\lambda_r(t-\tau)}\mathrm{d}\tau\\ &=\frac{1}{\widetilde{m}_r}\int_0^t\boldsymbol{\phi}_r^{\mathrm{T}}\hat{\boldsymbol{F}}(\tau)\mathrm{e}^{\lambda_r(t-\tau)}\mathrm{d}\tau=\frac{1}{\widetilde{m}_r}\int_0^t\boldsymbol{\psi}_r^{\mathrm{T}}\boldsymbol{F}(\tau)\mathrm{e}^{\lambda_r(t-\tau)}\mathrm{d}\tau\end{aligned}$$

其中，算符“*”表示卷积。方程(2.83)的齐次通解为

$$z_r(t)=A_r e^{\lambda_r t}$$

其中,A_r 为待定常数。所以方程(2.83)的全解为

$$z_r(t)=A_r e^{\lambda_r t}+\frac{1}{\widetilde{m}_r}\int_0^t \boldsymbol{\psi}_r^{\mathrm{T}}\boldsymbol{F}(\tau)e^{\lambda_r(t-\tau)}\mathrm{d}\tau,\quad r=1,2,\cdots,2n$$

如果已知初始条件 $z_r(0)$,则易知 $A_r=z_r(0)$,上式变为

$$z_r(t)=z_r(0)e^{\lambda_r t}+\frac{1}{\widetilde{m}_r}\int_0^t \boldsymbol{\psi}_r^{\mathrm{T}}\boldsymbol{F}(\tau)e^{\lambda_r(t-\tau)}\mathrm{d}\tau,\quad r=1,2,\cdots,2n \tag{2.85}$$

考虑到

$$\boldsymbol{y}=\begin{bmatrix}\dot{\boldsymbol{x}}\\ \boldsymbol{x}\end{bmatrix}=\boldsymbol{\Phi z}=\begin{bmatrix}\boldsymbol{\Psi\Lambda}\\ \boldsymbol{\Psi}\end{bmatrix}\boldsymbol{z} \tag{2.86}$$

于是返回到原来的坐标 $\boldsymbol{x}$,系统的全解为

$$\boldsymbol{x}=\boldsymbol{\Psi z}=\sum_{r=1}^{2n}\boldsymbol{\psi}_r z_r=\sum_{r=1}^{2n}\left[z_r(0)\boldsymbol{\psi}_r e^{\lambda_r t}+\frac{\boldsymbol{\psi}_r\boldsymbol{\psi}_r^{\mathrm{T}}}{\widetilde{m}_r}\int_0^t \boldsymbol{F}(\tau)e^{\lambda_r(t-\tau)}\mathrm{d}\tau\right] \tag{2.87}$$

其中

$$\boldsymbol{\Psi}=[\boldsymbol{\psi}_1 e^{\lambda_1 t},\boldsymbol{\psi}_2 e^{\lambda_2 t},\cdots,\boldsymbol{\psi}_{2n}e^{\lambda_{2n}t}] \tag{2.88}$$

下面来确定 $\boldsymbol{z}(0)$。设系统的初始条件为

$$\boldsymbol{x}(0)=\boldsymbol{x}_0,\quad \dot{\boldsymbol{x}}(0)=\dot{\boldsymbol{x}}_0 \tag{2.89}$$

由式(2.86)可得

$$\boldsymbol{z}(0)=\boldsymbol{\Phi}^{-1}\begin{bmatrix}\dot{\boldsymbol{x}}_0\\ \boldsymbol{x}_0\end{bmatrix}$$

因为 $\boldsymbol{\Phi}^{\mathrm{T}}\hat{\boldsymbol{M}}\boldsymbol{\Phi}=\widetilde{\boldsymbol{M}}$,所以

$$\boldsymbol{\Phi}^{-1}=\widetilde{\boldsymbol{M}}^{-1}\boldsymbol{\Phi}^{\mathrm{T}}\hat{\boldsymbol{M}}=\widetilde{\boldsymbol{M}}^{-1}[\boldsymbol{\Lambda\Psi}^{\mathrm{T}},\boldsymbol{\Psi}^{\mathrm{T}}]\begin{bmatrix}\boldsymbol{0}&\boldsymbol{M}\\ \boldsymbol{M}&\boldsymbol{C}\end{bmatrix}$$

于是

$$\begin{aligned}\boldsymbol{z}(0)&=\widetilde{\boldsymbol{M}}^{-1}[\boldsymbol{\Lambda\Psi}^{\mathrm{T}},\boldsymbol{\Psi}^{\mathrm{T}}]\begin{bmatrix}\boldsymbol{0}&\boldsymbol{M}\\ \boldsymbol{M}&\boldsymbol{C}\end{bmatrix}\begin{bmatrix}\dot{\boldsymbol{x}}_0\\ \boldsymbol{x}_0\end{bmatrix}\\ &=\widetilde{\boldsymbol{M}}^{-1}[\boldsymbol{\Lambda\Psi}^{\mathrm{T}}\boldsymbol{M}\boldsymbol{x}_0+\boldsymbol{\Psi}^{\mathrm{T}}(\boldsymbol{M}\dot{\boldsymbol{x}}_0+\boldsymbol{C}\boldsymbol{x}_0)]\end{aligned}$$

或写成

$$z_r(0)=\frac{\boldsymbol{\psi}_r^{\mathrm{T}}}{\widetilde{m}_r}(\lambda_r\boldsymbol{M}\boldsymbol{x}_0+\boldsymbol{M}\dot{\boldsymbol{x}}_0+\boldsymbol{C}\boldsymbol{x}_0),\quad r=1,2,\cdots,2n \tag{2.90}$$

将式(2.90)代入式(2.87),得

$$\boldsymbol{x}=\sum_{r=1}^{2n}\frac{\boldsymbol{\psi}_r\boldsymbol{\psi}_r^{\mathrm{T}}}{\widetilde{m}_r}\left[(\lambda_r\boldsymbol{M}\boldsymbol{x}_0+\boldsymbol{M}\dot{\boldsymbol{x}}_0+\boldsymbol{C}\boldsymbol{x}_0)e^{\lambda_r t}+\int_0^t \boldsymbol{F}(\tau)e^{\lambda_r(t-\tau)}\mathrm{d}\tau\right] \tag{2.91}$$

例 2.11 在例 2.10 中,设 $m_1=m_2=m_3=m=10$ kg,$k_1=k_2=k_3=k=7200$ N/m,$c_1=c_2=c_3=c_4=c_5=c=10$ N·s/m;$F_1=F_2=F_3=F_0\cos(\omega t)$,其中激励力幅值 $F_0=100$ N,激励频率 $\omega=0.3\sqrt{k/m}$。用复模态方法求系统的响应,设系统的初始条件为 $\boldsymbol{x}_0=[0.1,0.1,0.1]^{\mathrm{T}}$(单位:m),$\dot{\boldsymbol{x}}_0=[0.5,0.7,1]^{\mathrm{T}}$(单位:m/s)。

解 由例 2.10 已知系统的运动方程为

$$\boldsymbol{M}\ddot{\boldsymbol{x}}+\boldsymbol{C}\dot{\boldsymbol{x}}+\boldsymbol{K}\boldsymbol{x}=\boldsymbol{F} \tag{1}$$

其中

$$\boldsymbol{M}=\mathrm{diag}[m_1,m_2,m_3]=\mathrm{diag}\ m\cdot[1,1,1]$$

$$\boldsymbol{C}=\begin{bmatrix} c_1+c_2+c_5 & -c_2 & -c_5 \\ -c_2 & c_2+c_3+c_4 & -c_3 \\ -c_5 & -c_3 & c_3+c_5 \end{bmatrix}=c\begin{bmatrix} 3 & -1 & -1 \\ -1 & 3 & -1 \\ -1 & -1 & 2 \end{bmatrix}$$

$$\boldsymbol{K}=\begin{bmatrix} k_1+k_2 & -k_2 & 0 \\ -k_2 & k_2+k_3 & -k_3 \\ 0 & -k_3 & k_3 \end{bmatrix}=k\begin{bmatrix} 2 & -1 & 0 \\ -1 & 2 & -1 \\ 0 & -1 & 1 \end{bmatrix}$$

$$\boldsymbol{x}(t)=\begin{bmatrix} x_1(t) \\ x_2(t) \\ x_3(t) \end{bmatrix},\quad \boldsymbol{F}(t)=\begin{bmatrix} F_1(t) \\ F_2(t) \\ F_3(t) \end{bmatrix}=\begin{bmatrix} 1 \\ 1 \\ 1 \end{bmatrix}F_0\cos(\omega t)$$

计算得到复特征值为$-1.9296+48.3091\mathrm{i}$，$-1.9296-48.3091\mathrm{i}$，$-1.7131+33.4142\mathrm{i}$，$-1.7131-33.4142\mathrm{i}$，$-0.3574+11.9379\mathrm{i}$，$-0.3574-11.9379\mathrm{i}$，对应的复特征向量矩阵(即式(2.80)所示矩阵$\boldsymbol{\Phi}$)为

$$\begin{bmatrix} 0.8006-0.0066\mathrm{i} & 0.8006+0.0066\mathrm{i} & -0.9842+0.0158\mathrm{i} & -0.9842-0.0158\mathrm{i} & -0.4033-0.0479\mathrm{i} & -0.4033+0.0479\mathrm{i} \\ -0.9993-0.0007\mathrm{i} & -0.9993+0.0007\mathrm{i} & -0.4373+0.0102\mathrm{i} & -0.4373-0.0102\mathrm{i} & -0.7280-0.0746\mathrm{i} & -0.7280+0.0746\mathrm{i} \\ 0.4443-0.0185\mathrm{i} & 0.4443+0.0185\mathrm{i} & 0.7899+0.0065\mathrm{i} & 0.7899-0.0065\mathrm{i} & -0.9077-0.0923\mathrm{i} & -0.9077+0.0923\mathrm{i} \\ -0.0008-0.0165\mathrm{i} & -0.0008+0.0165\mathrm{i} & 0.0020+0.0294\mathrm{i} & 0.0020-0.0294\mathrm{i} & -0.0030+0.0339\mathrm{i} & -0.0030-0.0339\mathrm{i} \\ 0.0008+0.0207\mathrm{i} & 0.0008-0.0207\mathrm{i} & 0.0010+0.0130\mathrm{i} & 0.0010-0.0130\mathrm{i} & -0.0044+0.0611\mathrm{i} & -0.0044-0.0611\mathrm{i} \\ -0.0007-0.0092\mathrm{i} & -0.0007+0.0092\mathrm{i} & -0.0010-0.0236\mathrm{i} & -0.0010+0.0236\mathrm{i} & -0.0054+0.0762\mathrm{i} & -0.0054-0.0762\mathrm{i} \end{bmatrix}$$

该矩阵的下半部分就是复模态矩阵(即式(2.66)所示矩阵$\boldsymbol{\Psi}$)。

利用这些数据和式(2.91)可计算出系统的响应，计算结果如图2.12所示，三个图分别为$x_1(t)$，$x_2(t)$，$x_3(t)$的位移-时间响应曲线，图中实线为式(2.91)的计算结果。为了验证计算的正确性，我们采用四阶Runge-Kutta法对方程(1)进行数值积分求出了位移响应，如图2.12中的点线所示，可见两者吻合得很好。

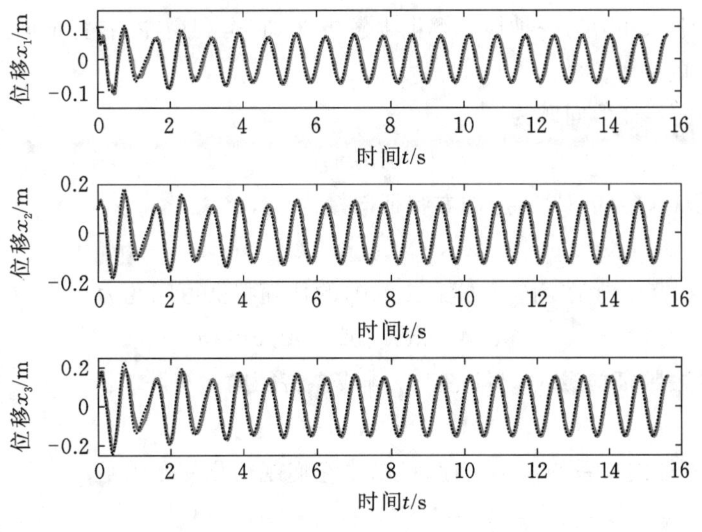

图2.12　一个三自由度振动系统的响应曲线

2.5 回转系统的响应

在旋转的线性振动系统中，往往会产生一种**回转力**，这种力是广义速度的线性组合，但与阻尼力不同，它们不损耗能量；将这种系统称为**回转系统**，其运动方程的一般形式为

$$\boldsymbol{M}\ddot{\boldsymbol{x}}+(\boldsymbol{G}+\boldsymbol{C})\dot{\boldsymbol{x}}+\boldsymbol{K}\boldsymbol{x}=\boldsymbol{F}(t) \tag{2.92}$$

其中，$\boldsymbol{M}$ 和 $\boldsymbol{K}$ 分别为质量矩阵和刚度矩阵，它们为实对称矩阵，并假定它们正定；$\boldsymbol{C}$ 为阻尼矩阵，它为实对称矩阵；$\boldsymbol{G}$ 为**回转矩阵**(gyroscopic matrix)，$\boldsymbol{G}\dot{\boldsymbol{x}}$ 就是回转力。矩阵 $\boldsymbol{G}$ 是一个反对称矩阵，即有 $\boldsymbol{G}=-\boldsymbol{G}^{\mathrm{T}}$，因此回转力功率 $\dot{\boldsymbol{x}}^{\mathrm{T}}\boldsymbol{G}\dot{\boldsymbol{x}}=0$。

我们引入 $2n$ 维状态向量：

$$\boldsymbol{y}(t)=[\dot{\boldsymbol{x}}^{\mathrm{T}}(t),\boldsymbol{x}^{\mathrm{T}}(t)]^{\mathrm{T}} \tag{2.93}$$

则方程(2.92)可写为下面的 $2n$ 维一阶常微分方程组：

$$\hat{\boldsymbol{M}}\dot{\boldsymbol{y}}+\hat{\boldsymbol{K}}\boldsymbol{y}=\hat{\boldsymbol{F}}(t) \tag{2.94}$$

其中

$$\hat{\boldsymbol{M}}=\begin{bmatrix}\boldsymbol{M} & \boldsymbol{0}\\ \boldsymbol{0} & \boldsymbol{K}\end{bmatrix},\quad \hat{\boldsymbol{K}}=\begin{bmatrix}\boldsymbol{G}+\boldsymbol{C} & \boldsymbol{K}\\ -\boldsymbol{K} & \boldsymbol{0}\end{bmatrix},\quad \hat{\boldsymbol{F}}(t)=\begin{bmatrix}\boldsymbol{F}(t)\\ \boldsymbol{0}\end{bmatrix} \tag{2.95}$$

可见，$\hat{\boldsymbol{M}}$ 为正定对称矩阵，但是 $\hat{\boldsymbol{K}}$ 矩阵既不是正定的，也不是对称的。将正定对称矩阵 $\hat{\boldsymbol{M}}$ 进行 Cholesky 分解：

$$\hat{\boldsymbol{M}}=\boldsymbol{L}\boldsymbol{L}^{\mathrm{T}} \tag{2.96}$$

其中，$\boldsymbol{L}$ 为下三角矩阵。再引入线性变换：

$$\boldsymbol{y}(t)=\boldsymbol{L}^{-\mathrm{T}}\boldsymbol{u}(t) \tag{2.97}$$

则方程(2.94)可简化为

$$\dot{\boldsymbol{u}}(t)=\boldsymbol{A}\boldsymbol{u}(t)+\boldsymbol{b}(t) \tag{2.98}$$

其中

$$\boldsymbol{A}=-\boldsymbol{L}^{-1}\hat{\boldsymbol{K}}\boldsymbol{L}^{-\mathrm{T}},\quad \boldsymbol{b}(t)=\boldsymbol{L}^{-1}\hat{\boldsymbol{F}}(t) \tag{2.99}$$

下面介绍方程(2.98)的一种模态解耦求解方法，它是利用左、右特征向量的双正交性来对方程进行解耦的一种方法。

方程(2.98)的特征值问题为

$$A\boldsymbol{u}=\lambda\boldsymbol{u} \tag{2.100}$$

假如所有特征值 λ_i 均为单根，对应的**右特征向量**为 $\boldsymbol{u}_i$，令

$$\boldsymbol{\Lambda}=\mathrm{diag}[\lambda_1,\lambda_2,\cdots,\lambda_{2n}],\quad \boldsymbol{U}=[\boldsymbol{u}_1,\boldsymbol{u}_2,\cdots,\boldsymbol{u}_{2n}] \tag{2.101}$$

其中，矩阵 $\boldsymbol{U}$ 为右特征向量矩阵。方程(2.100)的伴随特征值问题为

$$\boldsymbol{v}^{\mathrm{T}}\boldsymbol{A}=\lambda\boldsymbol{v}^{\mathrm{T}}\quad 或\quad \boldsymbol{A}^{\mathrm{T}}\boldsymbol{v}=\lambda\boldsymbol{v} \tag{2.102}$$

由此可得对应的**左特征向量** $\boldsymbol{v}_i$，将所有 $\boldsymbol{v}_i$ 排成左特征向量矩阵 $\boldsymbol{V}$：

$$\boldsymbol{V}=[\boldsymbol{v}_1,\boldsymbol{v}_2,\cdots,\boldsymbol{v}_{2n}] \tag{2.103}$$

根据左、右特征向量系的双正交性，可以将它们规格化使之满足：

$$\boldsymbol{V}^{\mathrm{T}}\boldsymbol{U}=\boldsymbol{U}^{\mathrm{T}}\boldsymbol{V}=\boldsymbol{I},\quad \boldsymbol{V}^{\mathrm{T}}\boldsymbol{A}\boldsymbol{U}=\boldsymbol{\Lambda} \tag{2.104}$$

方程(2.98)的解可以假设为

$$\boldsymbol{u}(t)=\sum_{i=1}^{2n}\boldsymbol{u}_i z_i(t)=\boldsymbol{Uz}(t) \tag{2.105}$$

将式(2.105)代入方程(2.98),再左乘 $\boldsymbol{V}^{\mathrm{T}}$,得

$$\dot{\boldsymbol{z}}(t)=\boldsymbol{\Lambda z}(t)+\boldsymbol{h}(t) \tag{2.106}$$

其中

$$\boldsymbol{h}(t)=\boldsymbol{V}^{\mathrm{T}}\boldsymbol{b}(t) \tag{2.107}$$

方程(2.106)表示 $2n$ 个相互独立的一阶方程,其求解方法与方程(2.83)相同,解为

$$z_r(t)=\mathrm{e}^{\lambda_r t}z_r(0)+\int_0^t h_r(\tau)\mathrm{e}^{\lambda_r(t-\tau)}\mathrm{d}\tau,\quad r=1,2,\cdots,2n \tag{2.108}$$

其中

$$\boldsymbol{z}(0)=[z_1(0),\cdots,z_{2n}(0)]^{\mathrm{T}}=\boldsymbol{U}^{-1}\boldsymbol{u}(0)=\boldsymbol{\Lambda}^{-1}\boldsymbol{V}^{\mathrm{T}}\boldsymbol{Au}(0) \tag{2.109}$$

需要指出的是,这里介绍的解耦方法在实际中未必是有效的,原因如下:① 相关的是一个非对称矩阵的特征值问题,并且一般包含复数运算,这会带来许多计算上的麻烦;② 通常难以保证计算的稳定性,特别是对病态矩阵和高维问题。若碰到这种情况,则需用数值积分方法。

例 2.12 如图 2.13 所示系统,刚性圆环绕 O 轴以匀角速度 Ω 旋转,质量为 m 的质点受到弹簧和阻尼器的约束,假定系统在水平面内。O 点为质点的平衡位置;Oxy 坐标系与圆环固连,x、y 方向的弹性总刚度分别为 k_1 和 k_2,阻尼器的阻尼系数为 c_1。

(1) 建立系统的微振动方程;

(2) 令 $k_1=2m\Omega^2, k_2=3m\Omega^2, c_1=0.3m\Omega$;$x$、$y$ 方向的激励力分别为 $F_1(t)=F_{01}H(t), F_2(t)=0$,其中 $H(t)$ 为单位阶跃函数;初始条件为零。设 $m=1$ kg,$\Omega=2\pi$ rad/s,$F_{01}=3$ N。用模态解耦方法求解系统的响应。

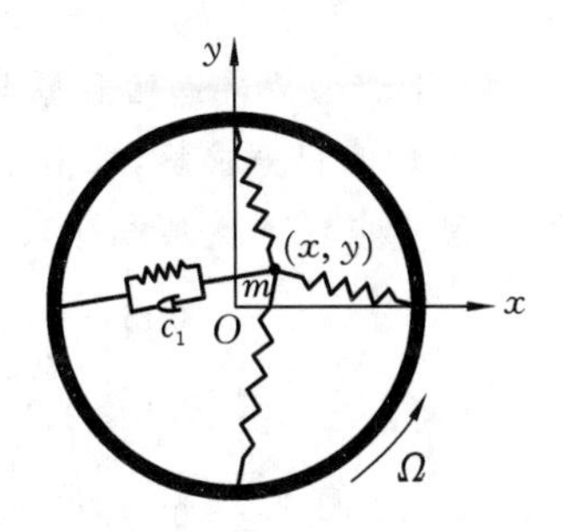

图 2.13 旋转圆环约束的质点振动

解 (1) 系统的动能为

$$T=\frac{1}{2}m[(\dot{x}-\Omega y)^2+(\dot{y}+\Omega x)^2]$$

系统的势能为

$$V=\frac{1}{2}(k_1x^2+k_2y^2)$$

阻尼力和激励力的虚功为

$$\delta W=-c_1\dot{x}\delta x+F_1(t)\delta x+F_2(t)\delta y$$

所以广义力为

$$F_x=-c_1\dot{x}+F_1(t),\quad F_y=F_2(t)$$

将动能、势能和广义力代入 Lagrange 方程,得

$$m\ddot{x}-2m\Omega\dot{y}+c_1\dot{x}-m\Omega^2x+k_1x=F_1(t)$$
$$m\ddot{y}+2m\Omega\dot{x}-m\Omega^2x+k_2y=F_2(t)$$

写成矩阵形式为

$$\boldsymbol{M}\ddot{\boldsymbol{x}}+(\boldsymbol{G}+\boldsymbol{C})\dot{\boldsymbol{x}}+\boldsymbol{K}\boldsymbol{x}=\boldsymbol{F}(t) \tag{1}$$

其中

$$\begin{gathered}\boldsymbol{M}=\begin{bmatrix}m & 0\\ 0 & m\end{bmatrix},\quad \boldsymbol{G}=\begin{bmatrix}0 & -2m\Omega\\ 2m\Omega & 0\end{bmatrix},\quad \boldsymbol{C}=\begin{bmatrix}c_1 & 0\\ 0 & 0\end{bmatrix},\\ \boldsymbol{K}=\begin{bmatrix}k_1-m\Omega^2 & 0\\ 0 & k_2-m\Omega^2\end{bmatrix},\quad \boldsymbol{F}(t)=\begin{bmatrix}F_1(t)\\ F_2(t)\end{bmatrix},\quad \boldsymbol{x}(t)=\begin{bmatrix}x(t)\\ y(t)\end{bmatrix}\end{gathered} \tag{2}$$

(2) 以上方程可化成一阶方程(2.98)的形式,结果为

$$\dot{\boldsymbol{u}}(t)=\boldsymbol{A}\boldsymbol{u}(t)+\boldsymbol{b}(t) \tag{3}$$

其中

$$\boldsymbol{A}=\begin{bmatrix}-1.885 & 12.566 & -6.2832 & 0\\ -12.566 & 0 & 0 & -8.8858\\ 6.2832 & 0 & 0 & 0\\ 0 & 8.8858 & 0 & 0\end{bmatrix},\quad \boldsymbol{b}(t)=\begin{bmatrix}3\\ 0\\ 0\\ 0\end{bmatrix}$$

再对方程(3)利用左、右特征向量矩阵进行解耦,结果为

$$\dot{\boldsymbol{z}}(t)=\boldsymbol{\Lambda}\boldsymbol{z}(t)+\boldsymbol{h}(t) \tag{4}$$

其中

$$\begin{gathered}\boldsymbol{\Lambda}=\mathrm{diag}\,[\lambda_1,\lambda_2,\lambda_3,\lambda_4],\quad \boldsymbol{h}=[h_1,h_2,h_3,h_4]^{\mathrm{T}}\\ \lambda_{1,2}=-0.69139\pm 16.228\mathrm{i},\quad \lambda_{3,4}=-0.25109\pm 3.428\mathrm{i}\\ h_{1,2}=-0.14308\pm 1.8113\mathrm{i},\quad h_{3,4}=0.079984\mp 1.092\mathrm{i}\end{gathered}$$

解出 $\boldsymbol{z}(t)$后再返回到原坐标 $\boldsymbol{x}(t)$就得到本例的解。我们也用 Runge-Kutta 法对方程(3)进行数值积分求解,求出 $\boldsymbol{u}(t)$后再返回到原坐标 $\boldsymbol{x}(t)$。两种方法求出的响应如图 2.14 所示,其中虚线为数值积分求解结果。

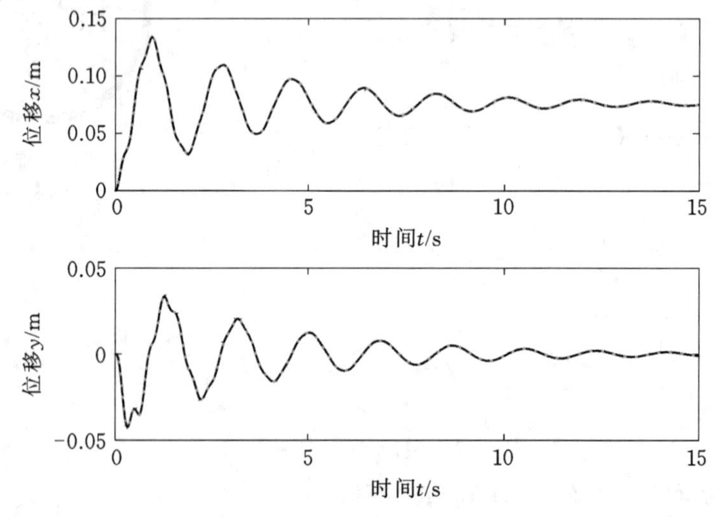

图 2.14　一个回转系统的响应

2.6 模态问题的一些特殊情况

2.6.1 等固有频率(重特征值)问题

当特征值均为单根时,n 维系统有 n 个线性无关特征向量,它们构成 n 自由度线性振动系统的完备解耦基。当特征方程出现重根时,对应的特征向量不能唯一确定。比如,设特征方程有二重根 $\omega_1=\omega_2=\omega_r$,对应的特征向量为 $\boldsymbol{\psi}_1$ 与 $\boldsymbol{\psi}_2$,则有

$$\boldsymbol{K\psi}_1=\omega_r^2\boldsymbol{M\psi}_1, \quad \boldsymbol{K\psi}_2=\omega_r^2\boldsymbol{M\psi}_2$$

所以

$$\boldsymbol{K}(a\boldsymbol{\psi}_1+b\boldsymbol{\psi}_2)=\omega_r^2\boldsymbol{M}(a\boldsymbol{\psi}_1+b\boldsymbol{\psi}_2)$$

即 $a\boldsymbol{\psi}_1+b\boldsymbol{\psi}_2$ 也是对应于 ω_r 的特征向量。

现在的问题是:当 r 重根对应于 r 个线性无关的特征向量时,如何选定这 r 个线性无关的特征向量?答案是应按正交性条件来选取,即所选定的特征向量必须满足 $\boldsymbol{M}$、$\boldsymbol{K}$ 的正交性条件。下面举例说明。

如图2.15所示的四自由度系统,它的质量矩阵和刚度矩阵为

$$\boldsymbol{M}=\mathrm{diag}\ m\cdot[1,1,1,1]$$

$$\boldsymbol{K}=k\begin{bmatrix}3 & -1 & -1 & -1\\ -1 & 1 & 0 & 0\\ -1 & 0 & 1 & 0\\ -1 & 0 & 0 & 1\end{bmatrix}$$

解特征值问题,可得固有频率为

$$\omega_1^2=0, \quad \omega_2^2=\omega_3^2=\frac{k}{m}, \quad \omega_4^2=\frac{4k}{m}$$

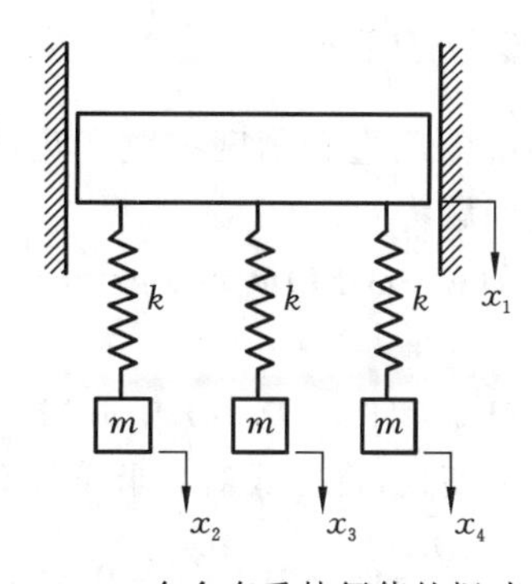

图2.15　一个含有重特征值的振动系统

容易确定对应于 ω_1 和 ω_4 的特征向量为

$$\boldsymbol{\psi}_1=[1,1,1,1]^{\mathrm{T}}, \quad \boldsymbol{\psi}_4=[-3,1,1,1]^{\mathrm{T}}$$

对应于 $\omega_2^2=\omega_3^2=k/m$ 的特征向量由下式求出:

$$\boldsymbol{K\psi}=\frac{k}{m}\boldsymbol{M\psi}$$

即

$$\begin{bmatrix} 2 & -1 & -1 & -1 \\ -1 & 0 & 0 & 0 \\ -1 & 0 & 0 & 0 \\ -1 & 0 & 0 & 0 \end{bmatrix}\begin{bmatrix} \psi_1 \\ \psi_2 \\ \psi_3 \\ \psi_4 \end{bmatrix}=0 \quad \Leftrightarrow \quad \begin{cases} 2\psi_1-\psi_2-\psi_3-\psi_4=0 \\ \psi_1=0 \end{cases}$$

令 ψ_3 和 ψ_4 为自由变量,它们的两组独立的取值就对应于二重根的两个独立的特征向量。不妨取$[\psi_3,\psi_4]$为$[1,0]$和$[0,1]$,由此得到对应于两个重特征值的特征向量为

$$\widetilde{\boldsymbol{\psi}}_2=[0,-1,1,0]^{\mathrm{T}}, \quad \widetilde{\boldsymbol{\psi}}_3=[0,-1,0,1]^{\mathrm{T}}$$

我们再取特征向量$\widetilde{\boldsymbol{\psi}}_2$ 和$\widetilde{\boldsymbol{\psi}}_3$ 的两个线性组合 $\boldsymbol{\psi}_2$ 和 $\boldsymbol{\psi}_3$,使它们满足正交化条件:

$$\boldsymbol{\psi}_2^{\mathrm{T}}\boldsymbol{M}\boldsymbol{\psi}_3=0, \quad \boldsymbol{\psi}_2^{\mathrm{T}}\boldsymbol{K}\boldsymbol{\psi}_3=0$$

因为$(k/m)\boldsymbol{\psi}_2^{\mathrm{T}}\boldsymbol{M}\boldsymbol{\psi}_3=\boldsymbol{\psi}_2^{\mathrm{T}}\boldsymbol{K}\boldsymbol{\psi}_3$,所以上述两个等式中只需满足一个即可。正交化方法如下:

$$\boldsymbol{\psi}_2=\widetilde{\boldsymbol{\psi}}_2, \quad \boldsymbol{\psi}_3=\widetilde{\boldsymbol{\psi}}_2+a\,\widetilde{\boldsymbol{\psi}}_3$$

于是

$$\widetilde{\boldsymbol{\psi}}_2^{\mathrm{T}}\boldsymbol{M}(\widetilde{\boldsymbol{\psi}}_2+a\,\widetilde{\boldsymbol{\psi}}_3)=0 \quad \Rightarrow \quad a=-\frac{\widetilde{\boldsymbol{\psi}}_2^{\mathrm{T}}\boldsymbol{M}\,\widetilde{\boldsymbol{\psi}}_2}{\widetilde{\boldsymbol{\psi}}_2^{\mathrm{T}}\boldsymbol{M}\,\widetilde{\boldsymbol{\psi}}_3}=-2$$

所以

$$\boldsymbol{\psi}_2=[0,-1,1,0]^{\mathrm{T}}, \quad \boldsymbol{\psi}_3=[0,1,1,-2]^{\mathrm{T}}$$

现在可以写出满足正交性的振型矩阵为

$$\boldsymbol{\Psi}=\begin{bmatrix} 1 & 0 & 0 & -3 \\ 1 & -1 & 1 & 1 \\ 1 & 1 & 1 & 1 \\ 1 & 0 & -2 & 1 \end{bmatrix}$$

2.6.2 固有频率随系统参数的变化

显然系统的固有频率会随系统的质量和刚度参数变化,现在来计算固有频率关于系统参数的变化率。设系统的特征值问题为

$$(\boldsymbol{K}-\omega^2\boldsymbol{M})\boldsymbol{\psi} \triangleq \boldsymbol{D}\boldsymbol{\psi}=\boldsymbol{0} \tag{2.110}$$

所以第 i 阶模态满足

$$\boldsymbol{D}_i\boldsymbol{\psi}_i=\boldsymbol{0}, \quad \boldsymbol{D}_i=\boldsymbol{K}-\omega_i^2\boldsymbol{M} \tag{2.111}$$

假定质量和刚度参数随参数 s 变化,将上式对 s 求偏导数可得

$$\frac{\partial \boldsymbol{D}_i}{\partial s}\boldsymbol{\psi}_i+\boldsymbol{D}_i\frac{\partial \boldsymbol{\psi}_i}{\partial s}=\boldsymbol{0}$$

上式左乘 $\boldsymbol{\psi}_i^{\mathrm{T}}$,得

$$\boldsymbol{\psi}_i^{\mathrm{T}}\frac{\partial \boldsymbol{D}_i}{\partial s}\boldsymbol{\psi}_i+\boldsymbol{\psi}_i^{\mathrm{T}}\boldsymbol{D}_i\frac{\partial \boldsymbol{\psi}_i}{\partial s}=\boldsymbol{0}$$

由方程(2.111)有 $\boldsymbol{\psi}_i^{\mathrm{T}}\boldsymbol{D}_i=(\boldsymbol{D}_i\boldsymbol{\psi}_i)^{\mathrm{T}}=\boldsymbol{0}$,所以上式变为

$$\boldsymbol{\psi}_i^{\mathrm{T}}\frac{\partial \boldsymbol{D}_i}{\partial s}\boldsymbol{\psi}_i=0$$

即

$$\boldsymbol{\psi}_i^{\mathrm{T}}\left(\frac{\partial \boldsymbol{K}}{\partial s}-2\omega_i\frac{\partial \omega_i}{\partial s}\boldsymbol{M}-\omega_i^2\frac{\partial \boldsymbol{M}}{\partial s}\right)\boldsymbol{\psi}_i=0$$

假定振型矩阵已经正则化，即 $\boldsymbol{\psi}_i^{\mathrm{T}}\boldsymbol{M}\boldsymbol{\psi}_i=1$，则由上式立得

$$\frac{\partial \omega_i}{\partial s}=\frac{1}{2\omega_i}\boldsymbol{\psi}_i^{\mathrm{T}}\left(\frac{\partial \boldsymbol{K}}{\partial s}-\omega_i^2\frac{\partial \boldsymbol{M}}{\partial s}\right)\boldsymbol{\psi}_i \tag{2.112}$$

这就是固有频率随参数的变化率，它实际上是固有频率的参数灵敏度。如果系统有多个参数可以调整，通过计算和比较灵敏度的大小，可知道调整哪些参数更有效。

例 2.13 图 2.16 所示为发电机组的扭振模型。各个 J 为转动惯量，各个 k 为轴的扭转刚度，具体值见表 2.1。求二阶固有频率对各个 J 和 k 的灵敏度。

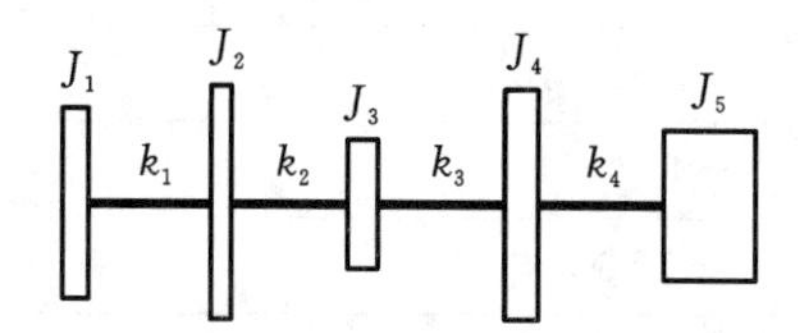

图 2.16 发电机组的扭振模型

表 2.1 各个 J 和 k 的值

下标 j	$J_j/(\mathrm{kg\cdot m^2})$	$k_j/(\times 10^5\ \mathrm{N\cdot m/rad})$
1	0.10	1.00
2	0.10	0.50
3	0.50	0.25
4	0.30	1.00
5	1.10	

解 系统的质量矩阵和刚度矩阵为

$$\boldsymbol{M}=\mathrm{diag}[J_1,J_2,J_3,J_4,J_5]$$

$$\boldsymbol{K}=\begin{bmatrix} k_1 & -k_1 & 0 & 0 & 0 \\ -k_1 & k_1+k_2 & -k_2 & 0 & 0 \\ 0 & -k_2 & k_2+k_3 & -k_3 & 0 \\ 0 & 0 & -k_3 & k_3+k_4 & -k_4 \\ 0 & 0 & 0 & -k_4 & k_4 \end{bmatrix}$$

求得系统的固有频率和振型为

$$[\omega_1^2,\cdots,\omega_5^2]=[0,0.0437,0.3148,0.5037,2.2953]\times 10^6$$

$$\boldsymbol{\Psi}=\begin{bmatrix} 0.6901 & -1.1479 & 2.1038 & 0.2668 & 1.9259 \\ 0.6901 & -1.0977 & 1.4416 & 0.1324 & -2.4946 \\ 0.6901 & -0.9014 & -0.7905 & -0.2698 & 0.1164 \\ 0.6901 & 0.2792 & -0.2777 & 1.6438 & -0.0052 \\ 0.6901 & 0.5377 & 0.1128 & -0.3620 & 0.0002 \end{bmatrix}$$

根据灵敏度公式(2.112)可得

$$\frac{\partial \omega_2}{\partial k_i}=\frac{1}{2\omega_2}\boldsymbol{\psi}_2^{\mathrm{T}}\frac{\partial \boldsymbol{K}}{\partial k_i}\boldsymbol{\psi}_2,\quad i=1,\cdots,4$$

$$\frac{\partial \omega_2}{\partial J_i}=-\frac{1}{2}\omega_2\boldsymbol{\psi}_2^{\mathrm{T}}\frac{\partial \boldsymbol{M}}{\partial J_i}\boldsymbol{\psi}_2,\quad i=1,\cdots,5$$

灵敏度的计算结果见表 2.2。

表 2.2　灵敏度计算结果

下标 i	$\frac{\partial \omega_2}{\partial J_i}$/[(rad/s)/(kg·m²)]	$\frac{\partial \omega_2}{\partial k_i}$/[(rad/s)/(N·m/rad)]
1	-2.75×10^2	6.02×10^{-6}
2	-2.52×10^2	9.22×10^{-5}
3	-1.70×10^2	3.33×10^{-3}
4	-1.63×10	1.06×10^{-4}
5	-6.05×10	

2.6.3　约束对固有频率的影响

从直觉上看，系统受到约束后，刚度会增大，因此总体上固有频率也会增大。下面我们用一种线性约束情况来考察约束对固有频率的影响。

设线性振动系统已解耦成正则坐标形式：

$$\ddot{z}_i+\omega_i^2 z_i=0,\quad i=1,\cdots,n$$

或

$$\ddot{\boldsymbol{z}}+\boldsymbol{\Lambda}\boldsymbol{z}=0,\quad \boldsymbol{\Lambda}=\mathrm{diag}[\omega_1^2,\cdots,\omega_n^2] \tag{2.113}$$

现在假设对正则坐标集加上一个线性约束：

$$\sum_{i=1}^{n} b_i z_i=0 \tag{2.114}$$

不妨设 $b_n\neq 0$，则式(2.114)可写成

$$z_n=\sum_{j=1}^{n-1} c_j z_j \quad\Rightarrow\quad \boldsymbol{z}=[\boldsymbol{I},\boldsymbol{c}]^{\mathrm{T}}\boldsymbol{y} \tag{2.115}$$

其中，$\boldsymbol{c}=[c_1,\cdots,c_{n-1}]^{\mathrm{T}}$，$\boldsymbol{y}=[z_1,\cdots,z_{n-1}]^{\mathrm{T}}$，$\boldsymbol{I}$ 为一个 $n-1$ 阶单位矩阵。因此，线性约束实际上等价于一个减缩变换式(2.115)。应用变换式(2.115)后方程(2.113)变为

$$[\boldsymbol{I},\boldsymbol{c}]\begin{bmatrix}\boldsymbol{I}\\ \boldsymbol{c}^{\mathrm{T}}\end{bmatrix}\ddot{\boldsymbol{y}}+[\boldsymbol{I},\boldsymbol{c}]\boldsymbol{\Lambda}\begin{bmatrix}\boldsymbol{I}\\ \boldsymbol{c}^{\mathrm{T}}\end{bmatrix}\boldsymbol{y}=\boldsymbol{0}$$

即

$$\ddot{\boldsymbol{y}}+\boldsymbol{c}\boldsymbol{c}^{\mathrm{T}}\ddot{\boldsymbol{y}}+\tilde{\boldsymbol{\Lambda}}\boldsymbol{y}+\omega_n^2\boldsymbol{c}\boldsymbol{c}^{\mathrm{T}}\boldsymbol{y}=\boldsymbol{0},\quad \tilde{\boldsymbol{\Lambda}}=\mathrm{diag}[\omega_1^2,\cdots,\omega_{n-1}^2] \tag{2.116}$$

方程(2.116)对应的特征值问题为

$$[(\tilde{\boldsymbol{\Lambda}}-\boldsymbol{I}\omega^2)+(\omega_n^2-\omega^2)\boldsymbol{c}\boldsymbol{c}^{\mathrm{T}}]\boldsymbol{\psi}=\boldsymbol{0}$$

特征方程为

$$\Delta(\omega)=\det[(\tilde{\boldsymbol{\Lambda}}-\boldsymbol{I}\omega^2)+(\omega_n^2-\omega^2)\boldsymbol{cc}^{\mathrm{T}}]=0$$

这是一个关于 ω^2 的 $n-1$ 次多项式求根问题,它有 $n-1$ 个根,为了判断这 $n-1$ 个根的值,我们来考察 $\Delta(\omega_i)$,$i=1,2,\cdots,n$ 的值。有

$$\begin{aligned}\Delta(\omega_1)&=\det[(\tilde{\boldsymbol{\Lambda}}-\boldsymbol{I}\omega_1^2)+(\omega_n^2-\omega_1^2)\boldsymbol{cc}^{\mathrm{T}}]\\&=\left|\begin{bmatrix}0&&&\\&\omega_2^2-\omega_1^2&&\\&&\ddots&\\&&&\omega_{n-1}^2-\omega_1^2\end{bmatrix}+(\omega_n^2-\omega_1^2)\begin{bmatrix}c_1^2&c_1c_2&\cdots&c_1c_{n-1}\\c_2c_1&c_2^2&\cdots&c_2c_{n-1}\\\vdots&\vdots&&\vdots\\c_{n-1}c_1&c_{n-1}c_2&\cdots&c_{n-1}^2\end{bmatrix}\right|\end{aligned}$$

上式中矩阵的第一行元素乘以$(-c_i/c_1)$再加到第 i 行上去,可得

$$\begin{aligned}\Delta(\omega_1)&=\left|\begin{bmatrix}0&&&\\&\omega_2^2-\omega_1^2&&\\&&\ddots&\\&&&\omega_{n-1}^2-\omega_1^2\end{bmatrix}+(\omega_n^2-\omega_1^2)\begin{bmatrix}c_1^2&c_1c_2&\cdots&c_1c_{n-1}\\0&0&\cdots&0\\\vdots&\vdots&&\vdots\\0&0&\cdots&0\end{bmatrix}\right|\\&=c_1^2(\omega_2^2-\omega_1^2)(\omega_3^2-\omega_1^2)\cdots(\omega_n^2-\omega_1^2)\end{aligned}$$

类似可得

$$\Delta(\omega_2)=c_2^2(\omega_1^2-\omega_2^2)(\omega_3^2-\omega_2^2)\cdots(\omega_n^2-\omega_2^2)$$

$$\cdots\cdots$$

$$\Delta(\omega_{n-1})=c_{n-1}^2(\omega_1^2-\omega_{n-1}^2)\cdots(\omega_{n-2}^2-\omega_{n-1}^2)(\omega_n^2-\omega_{n-1}^2)$$

$$\Delta(\omega_n)=(\omega_1^2-\omega_n^2)(\omega_2^2-\omega_n^2)\cdots(\omega_{n-1}^2-\omega_n^2)$$

假设无约束系统的 n 个固有频率已经按递增次序排列:

$$\omega_1<\omega_2<\cdots<\omega_n$$

那么以上各个 $\Delta(\omega_i)$的正负号刚好是交替出现的。这表明无约束固有频率 ω_i 与 ω_{i+1}之间有 $\Delta(\omega)=0$,即存在约束系统的一个根,因此约束系统的 $n-1$ 个特征根(固有频率)镶嵌在原系统的 n 个固有频率之间,如图 2.17 所示。

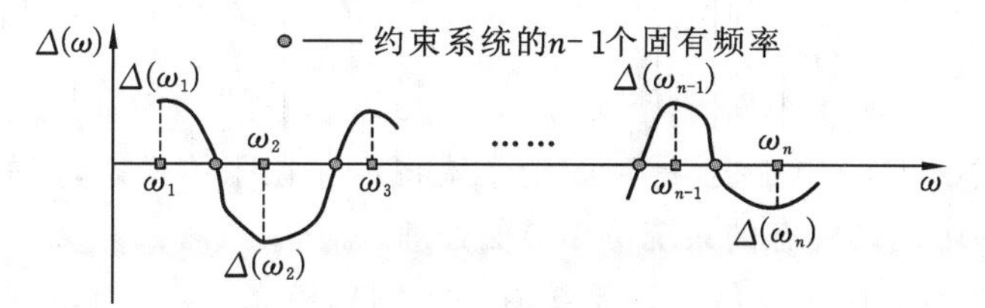

图 2.17　约束系统固有频率的位置

2.6.4　具有刚体模态的系统

整体上无约束的振动系统,可以在一个方向或几个方向上做整体的刚体运动,此时系统的弹性变形为零,弹性能为零,因此,刚体运动形成的模态所对应的固有频率为零,这种零频模态称为**刚体模态**。显然,具有刚体模态的系统,它的刚度矩阵为半正定矩阵。图 2.18 为一个无约束扭振系统,它有一个刚体模态。图 2.15 和图 2.16 所示系统也是具有刚体模态的系统。

刚体模态可以直接写出,比如图 2.18 所示系统的刚体模态可取为

$$\boldsymbol{\psi}_{\mathrm{R}}=[1,1,1]^{\mathrm{T}}$$

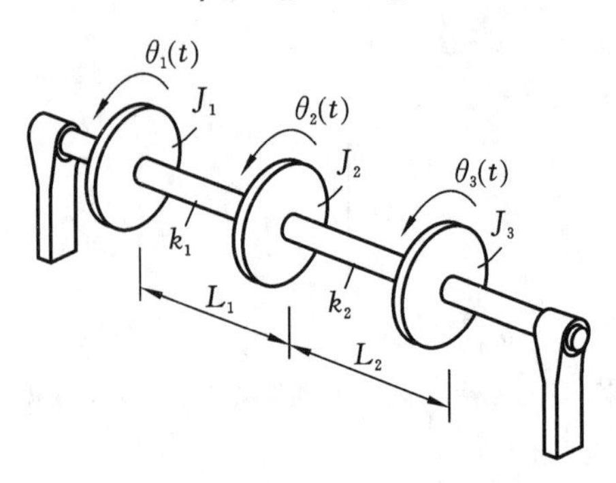

图 2.18　一个无约束扭振系统

当系统的广义坐标列向量 $\boldsymbol{x}=[\theta_1,\theta_2,\theta_3]^{\mathrm{T}}$ 表示其他模态时,它必须与 $\boldsymbol{\psi}_{\mathrm{R}}$ 关于质量矩阵 $\boldsymbol{M}=\mathrm{diag}[J_1,J_2,J_3]$加权正交,这意味着各个广义坐标变化时不能完全自由取值,它们之间的约束为

$$\boldsymbol{\psi}_{\mathrm{R}}\boldsymbol{M}\boldsymbol{x}=0 \quad 或 \quad [1,1,1]^{\mathrm{T}}\begin{bmatrix} J_1 & 0 & 0 \\ 0 & J_2 & 0 \\ 0 & 0 & J_3 \end{bmatrix}\begin{bmatrix} \theta_1 \\ \theta_2 \\ \theta_3 \end{bmatrix}=0$$

即

$$J_1\theta_1+J_2\theta_2+J_3\theta_3=0 \tag{2.117}$$

由于存在约束方程(2.117),$\theta_1,\theta_2,\theta_3$ 三个坐标中只有两个是自由的,不妨取 θ_1,θ_2 为自由变量,由此可得如下的减缩变换:

$$\begin{bmatrix} \theta_1 \\ \theta_2 \\ \theta_3 \end{bmatrix}=\begin{bmatrix} 1 & 0 \\ 0 & 1 \\ -J_1/J_3 & -J_1/J_3 \end{bmatrix}\begin{bmatrix} \theta_1 \\ \theta_2 \end{bmatrix} \tag{2.118}$$

对原系统用式(2.118)作变换,得到的新系统将不存在刚体模态,新的刚度矩阵将是正定的。对于具有多个刚体模态的系统可作类似处理。

我们来考察图 2.15 所示系统。该系统有一个刚体模态 $\boldsymbol{\psi}_{\mathrm{R}}=[1,1,1,1]^{\mathrm{T}}$,因此其广义坐标列向量 $\boldsymbol{x}=[x_1,x_2,x_3,x_4]^{\mathrm{T}}$ 需要满足如下正交性条件:

$$\mathrm{diag}\ \boldsymbol{\psi}_{\mathrm{R}}\boldsymbol{M}\boldsymbol{x}=m\cdot[1,1,1,1]\begin{bmatrix} 1 & 0 & 0 & 0 \\ 0 & 1 & 0 & 0 \\ 0 & 0 & 1 & 0 \\ 0 & 0 & 0 & 1 \end{bmatrix}\begin{bmatrix} x_1 \\ x_2 \\ x_3 \\ x_4 \end{bmatrix}$$

$$=m(x_1+x_2+x_3+x_4)=0$$

即

$$x_1+x_2+x_3+x_4=0$$

于是可得如下减缩变换：

$$\begin{bmatrix} x_1 \\ x_2 \\ x_3 \\ x_4 \end{bmatrix} = \begin{bmatrix} 1 & 0 & 0 \\ 0 & 1 & 0 \\ 0 & 0 & 1 \\ -1 & -1 & -1 \end{bmatrix} \begin{bmatrix} x_1 \\ x_2 \\ x_3 \end{bmatrix} \triangleq \boldsymbol{T}_{\mathrm{R}} \begin{bmatrix} x_1 \\ x_2 \\ x_3 \end{bmatrix}$$

变换后的质量矩阵与刚度矩阵为

$$\hat{\boldsymbol{M}} = \boldsymbol{T}_{\mathrm{R}}^{\mathrm{T}} \boldsymbol{M} \boldsymbol{T}_{\mathrm{R}} = m \begin{bmatrix} 2 & 1 & 1 \\ 1 & 2 & 1 \\ 1 & 1 & 2 \end{bmatrix}, \quad \hat{\boldsymbol{K}} = \boldsymbol{T}_{\mathrm{R}}^{\mathrm{T}} \boldsymbol{K} \boldsymbol{T}_{\mathrm{R}} = k \begin{bmatrix} 6 & 1 & 1 \\ 1 & 2 & 1 \\ 1 & 1 & 2 \end{bmatrix}$$

容易算出对应的三个特征值(即固有频率)为

$$\omega_2^2 = \omega_3^2 = \frac{k}{m}, \quad \omega_4^2 = \frac{4k}{m}$$

与原来的结果相同。

对于有多个刚体模态的系统,可按上述方法类似处理。

2.7 传递矩阵法

很多实际结构系统都是链式结构,它们由一系列惯性元件和弹性元件串联组成,如连续梁结构、各种传动轴系等。传递矩阵法是针对链式结构系统提出的一种动力学建模方法,可以用来计算系统的模态振动。它将链式结构分解成刚性惯性元件和无质量弹性元件,建立这些元件两端的状态向量之间的传递矩阵,并进一步根据系统的串联特点,得到整体系统两端的传递关系。下面我们介绍轴系扭振和梁横振的传递矩阵法。

2.7.1 轴系的扭振

图 2.19 表示一个多盘扭振系统,将它分割成结构形式相同的两端单元,即轴段和盘,如图 2.20 所示。将盘视为刚性惯性元件,将轴段视为无质量弹性元件。轴段任一截面的扭转运动取由其转角和扭矩确定,因此取元件端部的转角 θ 和扭矩 T 作为元件的状态变量,状态向量为

$$\boldsymbol{X} = [\theta, T]^{\mathrm{T}} \tag{2.119}$$

其中,转角 θ 的正负按右手规则确定,所以元件转角的正向相同;扭矩 T 的正负,以扭矩矢量离开端部截面为正。

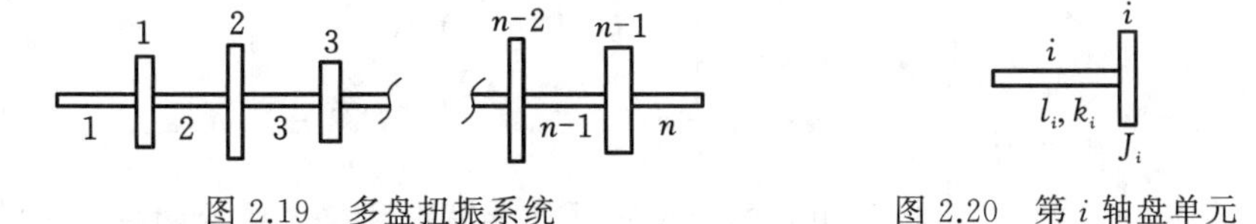

图 2.19　多盘扭振系统　　图 2.20　第 i 轴盘单元

因此,第 i 盘(参见图 2.21)的动力学方程为

$$\begin{cases} \theta_i^{\mathrm{R}} = \theta_i^{\mathrm{L}} \\ T_i^{\mathrm{R}} = T_i^{\mathrm{L}} + J_i \ddot{\theta}_i \end{cases} \tag{2.120}$$

其中，J_i 为第 i 盘绕轴的转动惯量；θ_i^{R}，T_i^{R} 和 θ_i^{L}，T_i^{L} 分别为第 i 盘右端和左端的状态变量。设盘做频率为 ω 的模态振动，即 $\theta_i=\Theta_i \mathrm{e}^{\mathrm{j}\omega t}$，则得

$$\boldsymbol{X}_i^{\mathrm{R}}=\boldsymbol{S}_i^{\mathrm{P}}\boldsymbol{X}_i^{\mathrm{L}} \tag{2.121}$$

其中

$$\boldsymbol{S}_i^{\mathrm{P}}=\begin{bmatrix} 1 & 0 \\ -\omega^2 J_i & 1 \end{bmatrix} \tag{2.122}$$

$\boldsymbol{S}_i^{\mathrm{P}}$ 称为**点传递矩阵**。

第 i 轴段（参见图 2.22）的平衡与变形方程为

$$T_i^{\mathrm{L}}=T_{i-1}^{\mathrm{R}}$$

$$T_i^{\mathrm{L}}=k_i(\theta_i^{\mathrm{L}}-\theta_{i-1}^{\mathrm{R}})$$

写成矩阵形式为

$$\boldsymbol{X}_i^{\mathrm{L}}=\boldsymbol{S}_i^{\mathrm{F}}\boldsymbol{X}_{i-1}^{\mathrm{R}} \tag{2.123}$$

其中

$$\boldsymbol{S}_i^{\mathrm{F}}=\begin{bmatrix} 1 & 1/k_i \\ 0 & 1 \end{bmatrix} \tag{2.124}$$

$\boldsymbol{S}_i^{\mathrm{F}}$ 称为**场传递矩阵**。

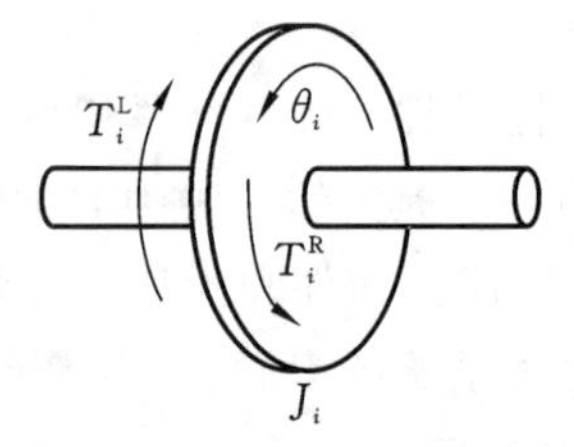

图 2.21　第 i 盘的受力

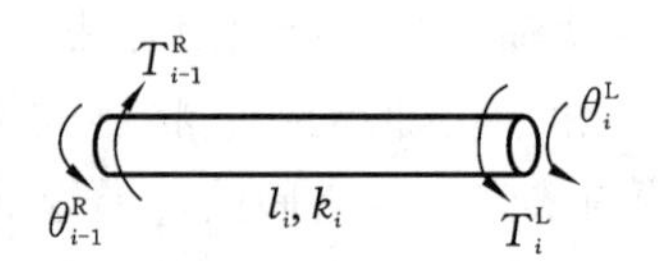

图 2.22　第 i 轴段的受力

式(2.124)中轴段的扭振刚度为

$$k_i=\frac{G_i I_{\mathrm{P}i}}{l_i} \tag{2.125}$$

其中，G_i 为轴的剪切模量，$I_{\mathrm{P}i}$ 为轴截面的极惯性矩，l_i 为轴段的长度。

式(2.123)中，$\boldsymbol{X}_i^{\mathrm{L}}$ 为第 i 盘左端的状态向量，$\boldsymbol{X}_{i-1}^{\mathrm{R}}$ 为第 $i-1$ 盘右端的状态向量。将式(2.123)代入式(2.121)得到

$$\boldsymbol{X}_i^{\mathrm{R}}=\boldsymbol{S}_i^{\mathrm{P}}\boldsymbol{S}_i^{\mathrm{F}}\boldsymbol{X}_{i-1}^{\mathrm{R}}=\boldsymbol{S}_i\boldsymbol{X}_{i-1}^{\mathrm{R}} \tag{2.126}$$

其中

$$\boldsymbol{S}_i=\boldsymbol{S}_i^{\mathrm{P}}\boldsymbol{S}_i^{\mathrm{F}}=\begin{bmatrix} 1 & 1/k_i \\ -\omega^2 J_i & 1-\omega^2 J_i/k_i \end{bmatrix} \tag{2.127}$$

$\boldsymbol{S}_i$ 为第 i 单元的**传递矩阵**。

对于有 n 个盘的轴系，将各单元的传递关系连乘就得到整个系统两端状态的传递关系：

$$\boldsymbol{X}_n^{\mathrm{R}}=\boldsymbol{S}_n\boldsymbol{S}_{n-1}\cdots\boldsymbol{S}_1\boldsymbol{X}_0^{\mathrm{R}}=\boldsymbol{S}\boldsymbol{X}_0^{\mathrm{R}} \tag{2.128}$$

即

$$\begin{bmatrix} \theta_n^{\mathrm{R}} \\ T_n^{\mathrm{R}} \end{bmatrix}=\begin{bmatrix} S_{11}(\omega) & S_{12}(\omega) \\ S_{21}(\omega) & S_{22}(\omega) \end{bmatrix}\begin{bmatrix} \theta_0^{\mathrm{R}} \\ T_0^{\mathrm{R}} \end{bmatrix} \tag{2.129}$$

再根据轴系两端的边界条件,比如两端自由的情况,有

$$T_n^{\mathrm{R}}=T_0^{\mathrm{R}}=0$$

进而有

$$\theta_n=S_{11}(\omega)\theta_0^{\mathrm{R}},\quad S_{21}(\omega)\theta_0^{\mathrm{R}}=0$$

满足以上第二个方程的 ω 就是系统的固有频率。

例 2.14　一根锥形均质轴,$x=0$ 端固支,$x=L$ 端自由。该轴的剪切模量为 G,单位长度的转动惯量 $J(x)$ 以及扭振刚度 $GJ(x)$ 随坐标 x 的分布关系为

$$J(x)=\frac{6J_0}{5}\left[1-\frac{1}{2}\left(\frac{x}{L}\right)^2\right],\quad GJ(x)=\frac{6GJ_0}{5}\left[1-\frac{1}{2}\left(\frac{x}{L}\right)^2\right]$$

将轴等分成 10 段,每段的转动惯量近似认为沿各段均布,均布值取各段中点的值;再将各段的转动惯量向各段中点集中形成 10 个刚性盘,这 10 个盘同时隔离出 10 段轴,如图2.23所示。这 10 段轴的扭振刚度也认为在各段内均布,均布值取各段中点的值。请应用传递矩阵法求出该锥形轴的前三阶固有频率,画出这三阶模态的振型。

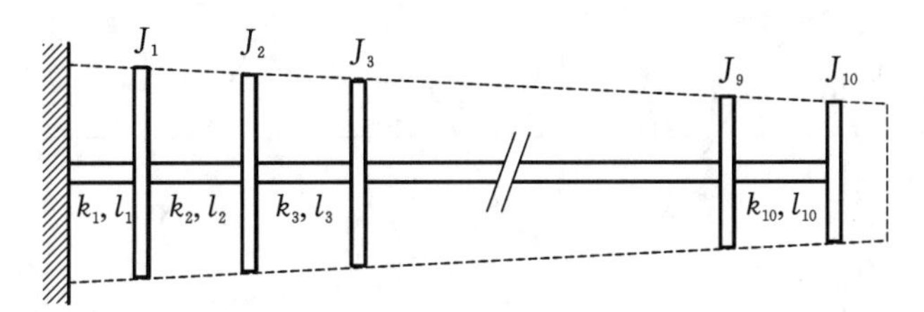

图 2.23　一根锥形轴的集中参数模型

解　锥形轴的集中参数模型如图 2.23 所示,按照题目给出的简化方法,可得

$$l_1=0.5l,\quad l_2=\cdots=l_{10}=l=L/10$$

经计算可得各盘的转动惯量 J_i 和各轴段的扭转刚度 k_i 如下:

$J_1=0.11985J_0L$, $J_2=0.11865J_0L$, $J_3=0.11625J_0L$, $J_4=0.11265J_0L$,
$J_5=0.10785J_0L$, $J_6=0.10185J_0L$, $J_7=0.09465J_0L$, $J_8=0.08615J_0L$,
$J_9=0.07665J_0L$, $J_{10}=0.06585J_0L$

$$k_1=23.992\frac{GI_0}{L},\quad k_2=11.94\frac{GI_0}{L},\quad k_3=11.76\frac{GI_0}{L},\quad k_4=11.46\frac{GI_0}{L},$$

$$k_5=11.04\frac{GI_0}{L},\quad k_6=10.50\frac{GI_0}{L},\quad k_7=9.84\frac{GI_0}{L},\quad k_8=9.06\frac{GI_0}{L},$$

$$k_9=8.16\frac{GI_0}{L},\quad k_{10}=7.14\frac{GI_0}{L}$$

引入无量纲状态变量 $\bar{\theta}=\theta$, $\overline{T}=T/k$,则单元传递矩阵变为

$$\overline{\boldsymbol{S}}_i=\begin{bmatrix}1 & 1\\ -\omega^2J_i/k_i & 1-\omega^2J_i/k_i\end{bmatrix}=\begin{bmatrix}1 & 1\\ -\bar{\omega}^2\gamma_i & 1-\bar{\omega}^2\gamma_i\end{bmatrix}$$

其中

$$\bar{\omega}^2=\omega^2\frac{J_0L^2}{GI_0},\quad \gamma_i=\frac{J_i}{k_i}\bigg/\frac{J_0L^2}{GI_0}$$

由图 2.23 可见,锥形轴分成 10 个单元,每个单元的传递矩阵按上式计算,总的传递关系为

$$\begin{bmatrix}\bar{\theta}_{10}^{R}\\ \bar{T}_{10}^{R}\end{bmatrix}=\begin{bmatrix}S_{11}(\bar{\omega}) & S_{12}(\bar{\omega})\\ S_{21}(\bar{\omega}) & S_{22}(\bar{\omega})\end{bmatrix}\begin{bmatrix}\bar{\theta}_{0}^{R}\\ \bar{T}_{0}^{R}\end{bmatrix}$$

按题设边界条件，有

$$\begin{bmatrix}\bar{\theta}_{10}^{R}\\ 0\end{bmatrix}=\begin{bmatrix}S_{11}(\bar{\omega}) & S_{12}(\bar{\omega})\\ S_{21}(\bar{\omega}) & S_{22}(\bar{\omega})\end{bmatrix}\begin{bmatrix}0\\ \bar{T}_{0}^{R}\end{bmatrix}\quad\Rightarrow\quad S_{22}(\bar{\omega})\bar{T}_{0}^{R}=0$$

因此满足 $S_{22}(\bar{\omega})=0$ 的 $\bar{\omega}$ 就是系统的固有频率。

计算得到 $S_{22}(\bar{\omega})$ 随 $\bar{\omega}$ 变化的曲线如图 2.24 所示，进而可得前三个特征根为

$$\bar{\omega}_1=1.532,\quad \bar{\omega}_2=4.5652,\quad \bar{\omega}_3=7.571$$

所以前三个固有频率为

$$\omega_1=1.532\sqrt{\frac{GI_0}{J_0L^2}},\quad \omega_2=4.5652\sqrt{\frac{GI_0}{J_0L^2}},\quad \omega_3=7.571\sqrt{\frac{GI_0}{J_0L^2}}$$

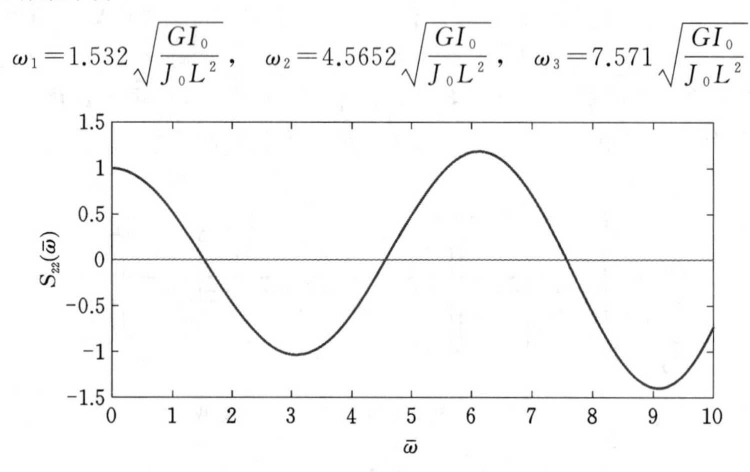

图 2.24　一个三自由度振动系统

现在来计算振型，取 $[\bar{\theta}_0^R, \bar{T}_0^R]^T=[0,1]^T$，则

$$\begin{bmatrix}\bar{\theta}_{i}^{R}\\ \bar{T}_{i}^{R}\end{bmatrix}=\boldsymbol{S}_i(\bar{\omega}_k)\cdots\boldsymbol{S}_1(\bar{\omega}_k)\begin{bmatrix}0\\ 1\end{bmatrix},\quad i=1,\cdots,10,\quad k=1,2,3$$

这样就可计算出各个盘的一组扭转角 $\bar{\theta}_i^R, i=1,\cdots,10$，即扭振振型，最后将振型规范化。锥形轴前三阶振型如图 2.25 所示。

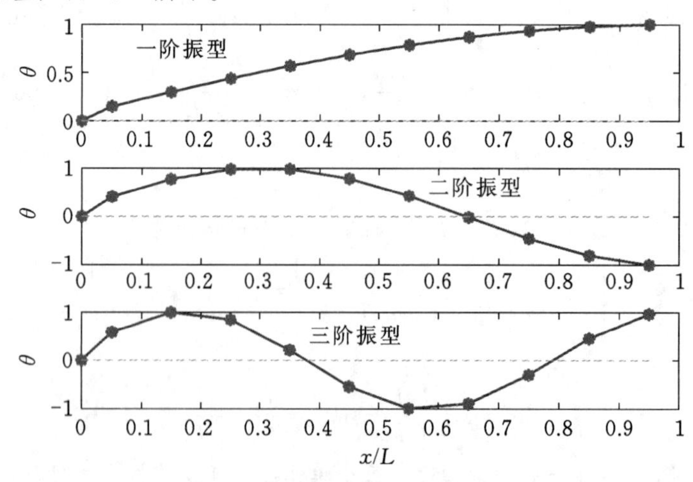

图 2.25　锥形轴前三阶振型

下面来讨论齿轮传动轴系和分支扭振的问题。图 2.26 (a)为一个齿轮传动轴系,假定齿轮的质量可以忽略。设轴 1 与轴 2 之间的转速比为 $\dot{\theta}_1 : \dot{\theta}_2 = 1 : n$,则系统的动能为

$$T=\frac{1}{2}J_1\dot{\theta}_1^2+\frac{1}{2}J_2n^2\dot{\theta}_1^2$$

因此,盘 2 的等效转动惯量可取为 n^2J_2,如图 2.26 (b)所示。将两个盘固定,让轴 1 的齿轮产生扭转角 θ_1,则轴 2 齿轮产生扭转角 $n\theta_1$,系统的弹性势能为

$$V=\frac{1}{2}k_1\theta_1^2+\frac{1}{2}k_2n^2\theta_1^2$$

因此,轴 2 的等效扭转刚度可取为 n^2k_2,如图 2.26 (b)所示。

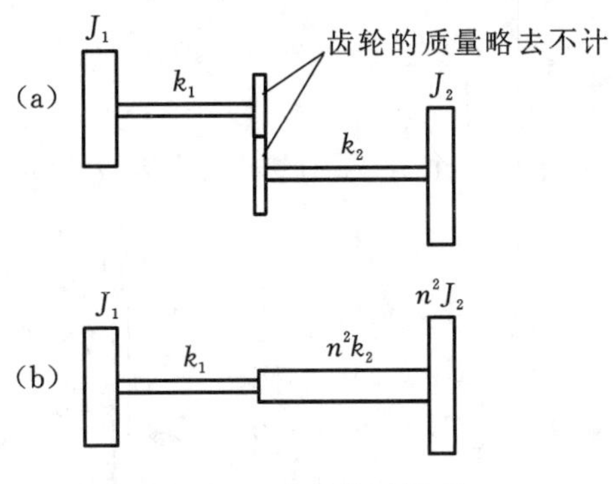

图 2.26　齿轮传动轴系

由此可得出结论:**设被简化轴与基准轴的转速比是 $n:1$,则被简化轴的转动惯量与扭转刚度乘以 n^2,即得等效转动惯量与等效扭转刚度。**

分支扭振系统可以用上述传动轴系的简化方法简化为图 2.27 所示的 1∶1 齿轮传动轴系。仍然假设 0 端(即分支点)的齿轮质量忽略不计。将分支点 0 端作为各分支的始端,**约定各分支轴的转角,其角位移矢量指向各自的末端为正**。在 0 端,有

$$\theta_{0a}=\theta_{0b}=\theta_{0c}=\theta_0 \tag{2.130}$$

设各分支轴在 0 端的扭矩分别为 T_{0a}, T_{0b}, T_{0c},其正负号仍按原来的取法,则由平衡条件有

$$T_{0a}+T_{0b}+T_{0c}=0 \tag{2.131}$$

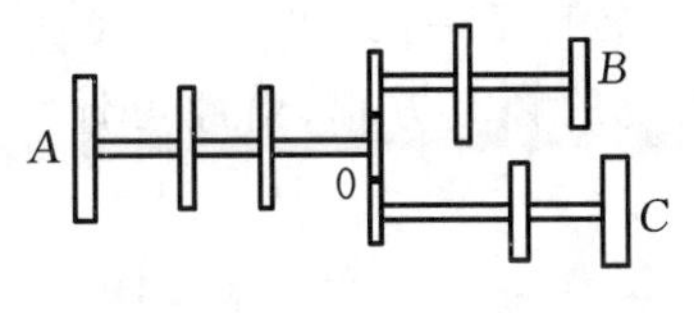

图 2.27　一个分支轴系

记各分支轴末端的状态矢量为

$$\boldsymbol{X}_a=\begin{bmatrix}\theta_a\\T_a\end{bmatrix},\quad \boldsymbol{X}_b=\begin{bmatrix}\theta_b\\T_b\end{bmatrix},\quad \boldsymbol{X}_c=\begin{bmatrix}\theta_c\\T_c\end{bmatrix}$$

这样各分支轴就有下面的传递关系:

$$\begin{bmatrix}\theta_a\\T_a\end{bmatrix}=\begin{bmatrix}A_{11}&A_{12}\\A_{21}&A_{22}\end{bmatrix}\begin{bmatrix}\theta_0\\T_{0a}\end{bmatrix}$$

$$\begin{bmatrix}\theta_b\\T_b\end{bmatrix}=\begin{bmatrix}B_{11}&B_{12}\\B_{21}&B_{22}\end{bmatrix}\begin{bmatrix}\theta_0\\T_{0b}\end{bmatrix}$$

$$\begin{bmatrix}\theta_c\\T_c\end{bmatrix}=\begin{bmatrix}C_{11}&C_{12}\\C_{21}&C_{22}\end{bmatrix}\begin{bmatrix}\theta_0\\T_{0c}\end{bmatrix}$$

以上三式可合写为

$$\begin{bmatrix}\theta_a\\T_a\\\theta_b\\T_b\\\theta_c\\T_c\end{bmatrix}=\begin{bmatrix}A_{11}&A_{12}&0&0\\A_{21}&A_{22}&0&0\\B_{11}&0&B_{12}&0\\B_{21}&0&B_{22}&0\\C_{11}&0&0&C_{12}\\C_{21}&0&0&C_{22}\end{bmatrix}\begin{bmatrix}\theta_0\\T_{0a}\\T_{0b}\\T_{0c}\end{bmatrix}\tag{2.132}$$

再对上式强加边界条件,比如三个分支轴的末端均为自由端,则 $T_a=T_b=T_c=0$,由上式可以得到

$$\begin{bmatrix}0\\0\\0\end{bmatrix}=\begin{bmatrix}A_{21}&A_{22}&0&0\\B_{21}&0&B_{22}&0\\C_{21}&0&0&C_{22}\end{bmatrix}\begin{bmatrix}\theta_0\\T_{0a}\\T_{0b}\\T_{0c}\end{bmatrix}\tag{2.133}$$

将式(2.133)与式(2.131)合并,得

$$\begin{bmatrix}0\\0\\0\\0\end{bmatrix}=\begin{bmatrix}A_{21}&A_{22}&0&0\\B_{21}&0&B_{22}&0\\C_{21}&0&0&C_{22}\\0&1&1&1\end{bmatrix}\begin{bmatrix}\theta_0\\T_{0a}\\T_{0b}\\T_{0c}\end{bmatrix}\tag{2.134}$$

式(2.134)必有非零解,所以必须有

$$\Delta=\det\begin{bmatrix}A_{21}&A_{22}&0&0\\B_{21}&0&B_{22}&0\\C_{21}&0&0&C_{22}\\0&1&1&1\end{bmatrix}=0\tag{2.135}$$

这就是图 2.27 所示分支扭振系统的频率方程,由此可计算系统的固有频率,进而可算出振型。

2.7.2 梁的弯曲振动

将梁结构简化成一系列点质量和无质量弹性梁段,如图 2.28 所示,一个单元包含左边的一段无质量梁和右边的一个点质量。梁段任一截面的弯曲运动由其挠度 y、转角 θ、弯矩 M 和剪力 F_S 确定,因此梁的状态变量取为

$$\boldsymbol{X}=[y,\theta,M,F_S]^T\tag{2.136}$$

我们约定:y **向上为正,梁段两端截面上的弯矩** M **使梁段向下弯曲为正,梁段两端截面上的剪力** F_S **使梁段顺时针转动为正**,参见图 2.29。

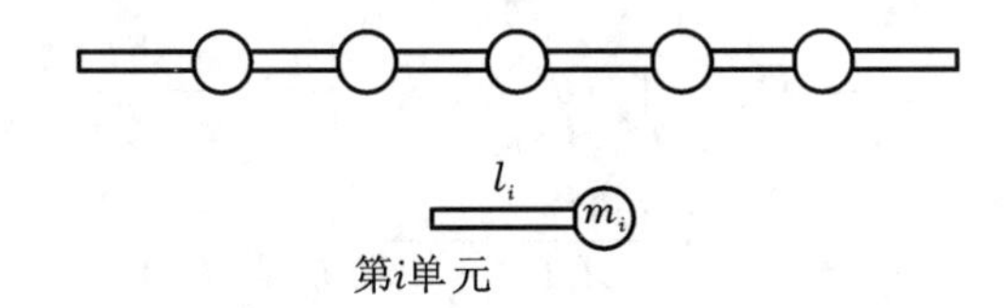

图 2.28　梁的集中质量离散模型

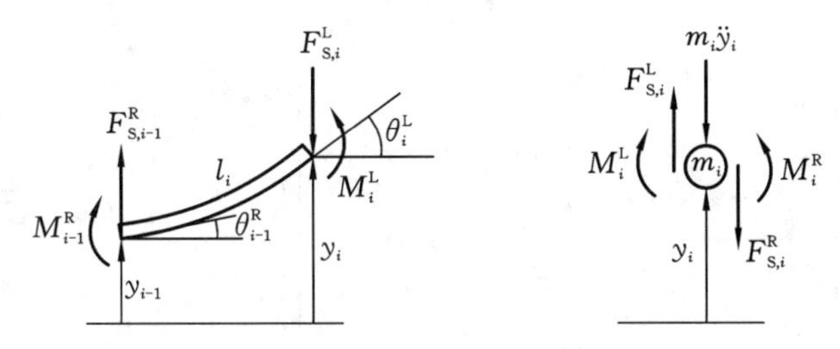

图 2.29　第 i 梁段和质量的受力和运动分析

第 i 个集中质量(参见图 2.29)的连续性方程和动力学方程为

$$\begin{cases} y_i^R = y_i^L \\ \theta_i^R = \theta_i^L \\ M_i^R = M_i^L \\ F_{S,i}^R = F_{S,i}^L - m_i \ddot{y}_i \end{cases} \tag{2.137}$$

设 $y_i = A\mathrm{e}^{\mathrm{i}\omega t}$,则得

$$\boldsymbol{X}_i^R = \boldsymbol{S}_i^P \boldsymbol{X}_i^L \tag{2.138}$$

其中

$$\boldsymbol{X}_i^L = \begin{bmatrix} y_i^L \\ \theta_i^L \\ M_i^L \\ F_{S,i}^L \end{bmatrix}, \quad \boldsymbol{X}_i^R = \begin{bmatrix} y_i^R \\ \theta_i^R \\ M_i^R \\ F_{S,i}^R \end{bmatrix}, \quad \boldsymbol{S}_i^P = \begin{bmatrix} 1 & 0 & 0 & 0 \\ 0 & 1 & 0 & 0 \\ 0 & 0 & 1 & 0 \\ \omega^2 m_i & 0 & 0 & 1 \end{bmatrix} \tag{2.139}$$

$\boldsymbol{X}_i^L$,$\boldsymbol{X}_i^R$ 分别为第 i 个集中质量左边和右边的状态向量,矩阵 $\boldsymbol{S}_i^P$ 称为**点传递矩阵**。

第 i 梁段(参见图 2.29)的平衡方程为

$$\begin{cases} F_{S,i}^L = F_{S,i-1}^R \\ M_i^L = M_{i-1}^R + F_{S,i-1}^R l_i \end{cases} \tag{2.140}$$

均匀梁段的控制方程为

$$M = EI\frac{\mathrm{d}^2 y}{\mathrm{d}x^2} = EI\frac{\mathrm{d}\theta}{\mathrm{d}x} \quad \Rightarrow \quad \theta = \frac{1}{EI}\int M\mathrm{d}x$$

因此有

$$\begin{aligned} \theta_i^L &= \theta_{i-1}^R + \frac{1}{EI}\int_0^{l_i} (M_{i-1}^R + xF_{S,i-1}^R)\mathrm{d}x \\ &= \theta_{i-1}^R + \frac{l_i M_{i-1}^R}{EI} + \frac{l_i^2 F_{S,i-1}^R}{2EI} \end{aligned} \tag{2.141}$$

$$y_i^{\mathrm{L}}=\int\theta\,\mathrm{d}x=y_{i-1}^{\mathrm{R}}+\int_0^{l_i}\left(\theta_{i-1}^{\mathrm{R}}+\frac{xM_{i-1}^{\mathrm{R}}}{EI}+\frac{x^2F_{\mathrm{S},i-1}^{\mathrm{R}}}{2EI}\right)\mathrm{d}x$$

$$=y_{i-1}^{\mathrm{R}}+l_i\theta_{i-1}^{\mathrm{R}}+\frac{l_i^2M_{i-1}^{\mathrm{R}}}{2EI}+\frac{l_i^3F_{\mathrm{S},i-1}^{\mathrm{R}}}{6EI} \tag{2.142}$$

将方程(2.142)、方程(2.141)和方程(2.140)写成矩阵形式：

$$\boldsymbol{X}_i^{\mathrm{L}}=\boldsymbol{S}_i^{\mathrm{F}}\boldsymbol{X}_{i-1}^{\mathrm{R}} \tag{2.143}$$

$$\boldsymbol{X}_i^{\mathrm{L}}=\begin{bmatrix}y_i^{\mathrm{L}}\\ \theta_i^{\mathrm{L}}\\ M_i^{\mathrm{L}}\\ F_{\mathrm{S},i}^{\mathrm{L}}\end{bmatrix},\quad \boldsymbol{X}_{i-1}^{\mathrm{R}}=\begin{bmatrix}y_{i-1}^{\mathrm{R}}\\ \theta_{i-1}^{\mathrm{R}}\\ M_{i-1}^{\mathrm{R}}\\ F_{\mathrm{S},i-1}^{\mathrm{R}}\end{bmatrix},\quad \boldsymbol{S}_i^{\mathrm{F}}=\begin{bmatrix}1 & l_i & \dfrac{l_i^2}{2E_iI_i} & \dfrac{l_i^3}{6E_iI_i}\\ 0 & 1 & \dfrac{l_i}{E_iI_i} & \dfrac{l_i^2}{E_iI_i}\\ 0 & 0 & 1 & l_i\\ 0 & 0 & 0 & 1\end{bmatrix} \tag{2.144}$$

单元的传递关系为

$$\boldsymbol{X}_i^{\mathrm{R}}=\boldsymbol{S}_i^{\mathrm{P}}\boldsymbol{S}_i^{\mathrm{F}}\boldsymbol{X}_{i-1}^{\mathrm{R}}=\boldsymbol{S}_i\boldsymbol{X}_{i-1}^{\mathrm{R}} \tag{2.145}$$

其中

$$\boldsymbol{S}_i=\begin{bmatrix}1 & l_i & \dfrac{l_i^2}{2E_iI_i} & \dfrac{l_i^3}{6E_iI_i}\\ 0 & 1 & \dfrac{l_i}{E_iI_i} & \dfrac{l_i^2}{2E_iI_i}\\ 0 & 0 & 1 & l_i\\ \omega^2m_i & \omega^2m_il_i & \dfrac{\omega^2m_il_i^2}{2E_iI_i} & 1+\dfrac{\omega^2m_il_i^3}{6E_iI_i}\end{bmatrix} \tag{2.146}$$

$\boldsymbol{S}_i$ 为**单元传递矩阵**。

对于有 n 个梁段的梁，将各单元的传递关系连乘就得到整个系统两端状态的传递关系：

$$\boldsymbol{X}_n^{\mathrm{R}}=\boldsymbol{S}_n\boldsymbol{S}_{n-1}\cdots\boldsymbol{S}_1\boldsymbol{X}_0^{\mathrm{R}}=\boldsymbol{S}\boldsymbol{X}_0^{\mathrm{R}} \tag{2.147}$$

再应用梁两端的边界条件，比如两端简支的情况，有

$$y_0^{\mathrm{R}}=y_n^{\mathrm{R}}=M_0^{\mathrm{R}}=M_n^{\mathrm{R}}=0$$

代入方程(2.147)，得

$$\begin{bmatrix}0\\ \theta_n^{\mathrm{R}}\\ 0\\ F_{\mathrm{S},n}^{\mathrm{R}}\end{bmatrix}=\begin{bmatrix}S_{11} & S_{12} & S_{13} & S_{14}\\ S_{21} & S_{22} & S_{23} & S_{24}\\ S_{31} & S_{32} & S_{33} & S_{34}\\ S_{41} & S_{42} & S_{43} & S_{44}\end{bmatrix}\begin{bmatrix}0\\ \theta_0^{\mathrm{R}}\\ 0\\ F_{\mathrm{S},0}^{\mathrm{R}}\end{bmatrix}$$

由第一行、第三行，得

$$\begin{bmatrix}S_{12} & S_{14}\\ S_{32} & S_{34}\end{bmatrix}\begin{bmatrix}\theta_0^{\mathrm{R}}\\ F_{\mathrm{S},0}^{\mathrm{R}}\end{bmatrix}=0$$

由非零解条件得到频率方程为

$$\Delta(\omega)=\begin{vmatrix}S_{12} & S_{14}\\ S_{32} & S_{34}\end{vmatrix}=0$$

实际应用时，可先计算出 $\Delta(\omega)\sim\omega$ 曲线，再来搜索各个固有频率。

例 2.15　一根均匀简支梁，长度为 l，质量为 m，弯曲刚度为 EI，将其等分成 10 段，请用传递矩阵法求前四阶固有频率。

解　均匀简支梁均分成 10 段，每段质量集中后，各个集中质量为 $m/10$。本例各个单元是完全相同的，对这种情况，可以先对状态变量进行无量纲化：

$$\bar{y}=\frac{y}{l_e},\quad \bar{\theta}=\theta,\quad \overline{M}=\frac{Ml_e}{EI},\quad \overline{F}_S=\frac{F_S l_e^2}{EI}$$

再令 $\lambda=\frac{m_e\omega^2 l_e^3}{EI}$，其中 $l_e=\frac{l}{10}$，$m_e=\frac{m}{10}$，于是所有单元的传递矩阵均相同，为

$$\boldsymbol{S}_e=\begin{bmatrix} 1 & 1 & \frac{1}{2} & \frac{1}{6} \\ 0 & 1 & 1 & \frac{1}{2} \\ 0 & 0 & 1 & 1 \\ \lambda & \lambda & \frac{\lambda}{2} & 1+\frac{\lambda}{6} \end{bmatrix}$$

所以，系统的总传递矩阵为

$$\boldsymbol{S}=[\boldsymbol{S}_e]^{10}$$

应用两端简支条件，可得频率方程为

$$\Delta(\lambda)=\begin{vmatrix} S_{12} & S_{14} \\ S_{32} & S_{34} \end{vmatrix}=0$$

计算可得 $\Delta(\lambda)\sim\lambda$ 曲线如图 2.30 所示，进而可算得 λ 的特征根。再由

$$\omega_i^2=\frac{\lambda_i EI}{m_e l_e^3}=10000\lambda_i\cdot\frac{EI}{ml^3}$$

可算得固有频率 ω_i^2。前四阶固有频率 ω_i^2 的计算值和精确值如下。

① ω_i^2 计算值：9.73988333×10，1.55888003×10^3，7.88000174×10^3，2.48128391×10^4；

② ω_i^2 精确值：9.74090910×10，1.55854546×10^3，7.89013637×10^3，2.49367273×10^4。

可见，ω_i^2 的计算值和精确值间的误差非常小，由此表明传递矩阵法是计算梁模态的有效方法。

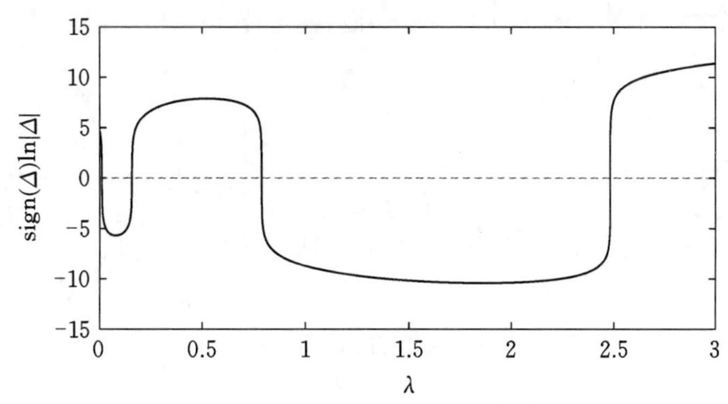

图 2.30　均匀简支梁的 $\Delta(\lambda)\sim\lambda$ 曲线

例 2.16 图 2.31(a)所示系统中，梁质量不计，m，l 和 EI 已知，支承弹簧刚度 $k=6EI/l^3$。请用传递矩阵法计算系统的固有频率。

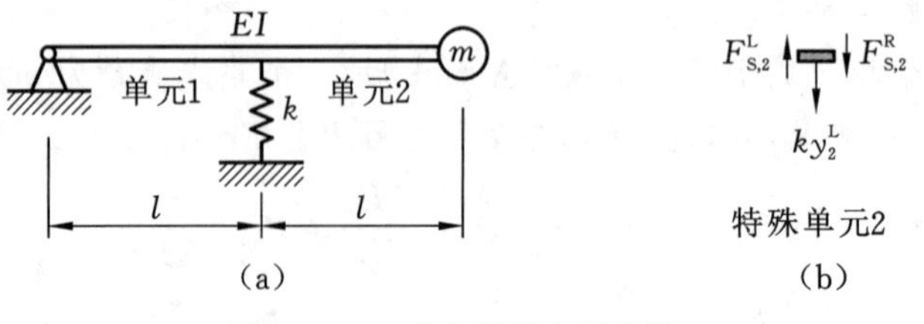

图 2.31 一根由弹簧支承的梁

解 本例只求基频，将梁对中分成两段。各单元的传递矩阵为

$$\boldsymbol{S}_1=\begin{bmatrix}1 & l & \dfrac{l^2}{2EI} & \dfrac{l^3}{6EI}\\ 0 & 1 & \dfrac{l}{EI} & \dfrac{l^2}{2EI}\\ 0 & 0 & 1 & l\\ 0 & 0 & 0 & 1\end{bmatrix},\quad \boldsymbol{S}_3=\begin{bmatrix}1 & l & \dfrac{l^2}{2EI} & \dfrac{l^3}{6EI}\\ 0 & 1 & \dfrac{l}{EI} & \dfrac{l^2}{2EI}\\ 0 & 0 & 1 & l\\ \omega^2 m & \omega^2 ml & \dfrac{\omega^2 ml^2}{2EI} & 1+\dfrac{\omega^2 ml^3}{6EI}\end{bmatrix}$$

两个单元之间有一个弹簧支承，可以看成一个长度和质量均为零的特殊单元 2，该单元两端的状态只有剪力不相等，如图 2.31(b)所示。其传递关系为

$$\begin{bmatrix}y^R_2\\ \theta^R_2\\ M^R_2\\ F^R_{S,2}\end{bmatrix}=\begin{bmatrix}1 & 0 & 0 & 0\\ 0 & 1 & 0 & 0\\ 0 & 0 & 1 & 0\\ -k & 0 & 0 & 1\end{bmatrix}\begin{bmatrix}y^L_2\\ \theta^L_2\\ M^L_2\\ F^L_{S,2}\end{bmatrix}\quad\Rightarrow\quad \boldsymbol{X}^R_2=\boldsymbol{S}_2\boldsymbol{X}^L_2$$

所以系统的总传递矩阵为

$$\boldsymbol{S}=\boldsymbol{S}_3\boldsymbol{S}_2\boldsymbol{S}_1$$

边界条件为

$$y_0=M_0=0,\quad M^R_3=F^R_{S,3}=0$$

由此可得

$$\begin{bmatrix}S_{32} & S_{34}\\ S_{42} & S_{44}\end{bmatrix}\begin{bmatrix}y_0\\ M_0\end{bmatrix}=0$$

所以频率方程为

$$\begin{vmatrix}-\dfrac{6EI}{l} & l\\ \omega^2 ml-\dfrac{6EI}{l^2} & \dfrac{7\omega^2 ml^3}{6EI}\end{vmatrix}=0$$

固有频率为

$$\omega=\sqrt{3EI/(4ml^3)}$$

2.8　周期结构

周期结构是具有重复模式的结构。每个周期子系统被称为一个**子元(bay)**,它们被设计成相同的,并以相同的方式连接到下一个子元。图 2.32 为一个周期结构。

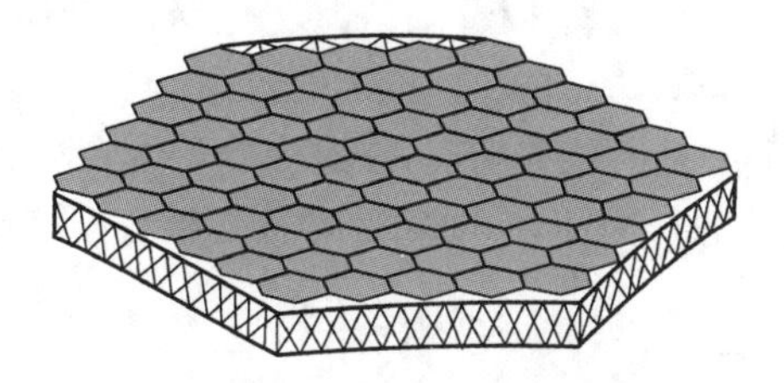

图 2.32　具有周期性几何性质的结构(这是一个由框架支撑的镜面网状结构的示意图)

通常假设重复结构的各个子元相同。此外,在自由振动或受迫振动中,如果载荷也是对称的,则只需要分析一个子元加上边界条件即可。然而,在实际结构中,周期性一般是不精确的,当从一个子元过渡到另一个子元时,至少在材料和几何特性上存在一些小的差异。研究已经表明,即使是很小的缺陷也会导致这种近周期结构的结构响应发生重大变化。我们将首先考察一个完全周期结构的行为,然后研究周期结构中的缺陷如何影响结构响应。

2.8.1　完美晶格模型

考虑图 2.33 所示的质量-弹簧结构。每个质量表示一个子元的惯性。每个质量通过耦合弹簧 k_i 和 k_{i+1} 与相邻质量连接,表示子结构之间的耦合刚度。每个质量也与一个固定弹簧 K_i 连接,K_i 表示该子结构的刚度。当各个子元完全相同时,这种结构就是完美周期结构,有时也称为晶格模型,因为在历史上,这样的弹簧-质量系统在物理学家看来就像晶格,他们用它们来模拟固体中原子的相互作用。

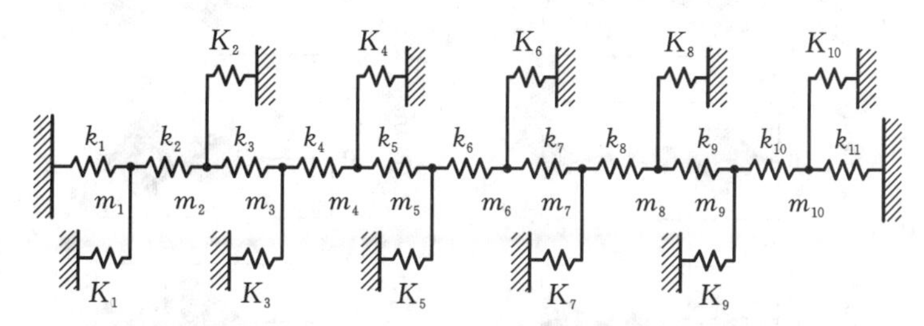

图 2.33　有 10 个子元的纵向运动结构(其中有 10 个质量 m_i、11 个耦合弹簧 k_i、10 个固定弹簧 K_i)

图 2.33 所示的周期结构的运动方程为

$$\boldsymbol{M}\ddot{\boldsymbol{x}}+\boldsymbol{K}\boldsymbol{x}=\boldsymbol{0} \tag{2.148}$$

其中

$$\boldsymbol{M}=\mathrm{diag}[m_1,m_2,\cdots,m_{10}],\quad \boldsymbol{x}=[x_1,x_2,\cdots,x_{10}]^{\mathrm{T}}$$

$$
\boldsymbol{K}=\begin{bmatrix} k_1+K_1+k_2 & -k_2 & 0 & \cdots & 0 \\ -k_2 & k_2+K_2+k_3 & \ddots & \ddots & \vdots \\ 0 & \ddots & \ddots & \ddots & 0 \\ \vdots & \ddots & \ddots & \ddots & -k_{10} \\ 0 & \cdots & 0 & -k_{10} & k_{10}+K_{10}+k_{11} \end{bmatrix} \tag{2.149}
$$

刚度矩阵 $\boldsymbol{K}$ 是一个三对角矩阵。

我们的目的是检查每个质量的位移响应，在这个例子中，我们对所有 i 取 $m_i=10$ kg 和 $K_i=100$ N/m。在这种系统的行为中，一个重要参数是**耦合刚度比**，即

$$
\mathrm{CSR}=\frac{k_i}{K_i} \tag{2.150}
$$

一旦指定 CSR 就可以确定耦合刚度 k_i。比如，若取 CSR＝0.01 或 1 %，则 $k_i=1$ N/m。耦合刚度 k_i 影响能量从一个子元到下一个子元的传递快慢。

图 2.34 显示了在质量 m_1 处施加单位初始位移时 10 个质量的位移响应，时间历史长度为 600 s。从图中我们可以看到波是如何从 1 号位置传播到 10 号位置，然后从右端返回的。由于周期系统是完全周期性的，没有不连续或缺陷，因此相邻子元之间的没有特性不匹配，不会导致某些能量反射。

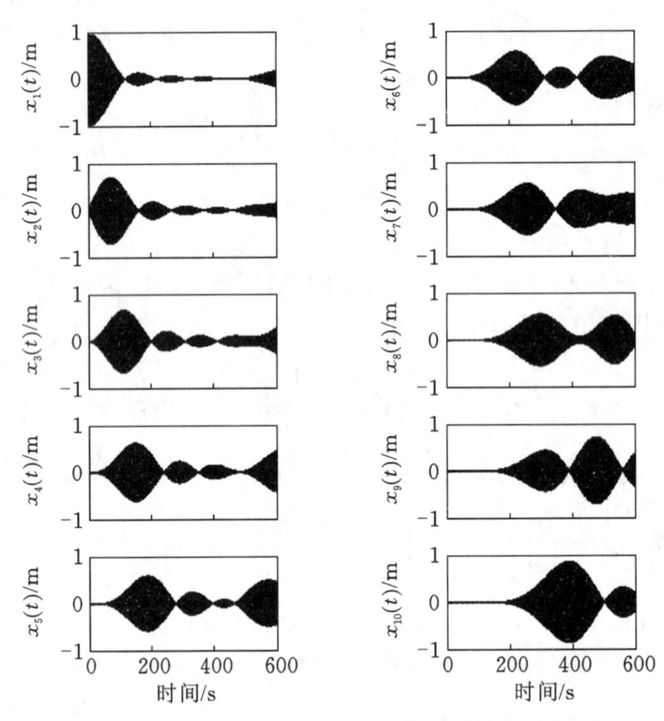

图 2.34 理想结构在 $x_1(0)=1, \dot{x}_1(0)=0$，其他质量的初始条件均为零时的位移响应

（由于时间尺度的原因，响应曲线被压缩并呈现出实心图形状）

2.8.2　结构缺陷的影响

缺陷的影响可以通过引入一个参数来研究，该参数是对相邻子元之间物理特性差异的度量。假设缺陷是由于各子元的刚度 K_i 之间的差异造成的，将**刚度缺陷率**定义为

$$\mathrm{SIR}=\frac{K_{\mathrm{d}}-K}{K} \tag{2.151}$$

其中，K_{d} 为缺陷子元的刚度，K 为理想子元的刚度。图 2.35 给出了具有小的刚度缺陷率时的位移响应，图 2.36 给出了缺陷对一阶模态形状的影响。

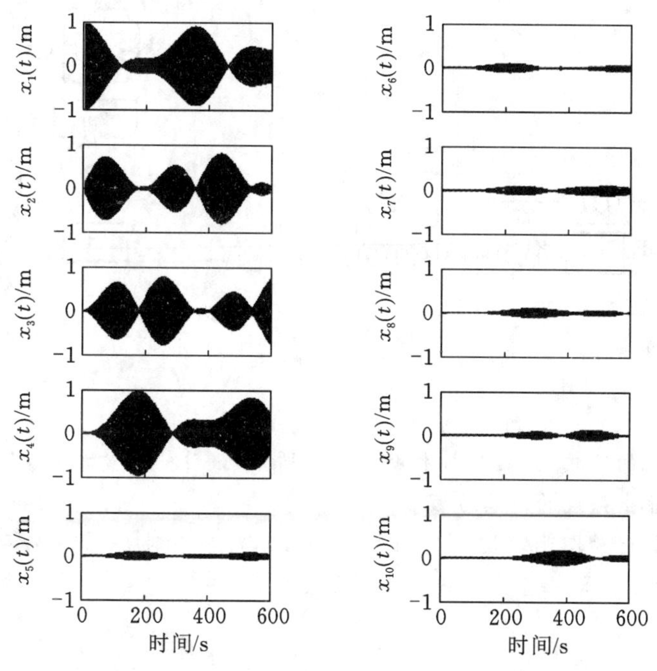

图 2.35　子元 5 的刚度缺陷率 SIR＝10%，子元 1 的刚度缺陷率 SIR＝1%时结构在 $x_1(0)=1, \dot{x}_1(0)=0$，其他质量的初始条件均为零时的位移响应

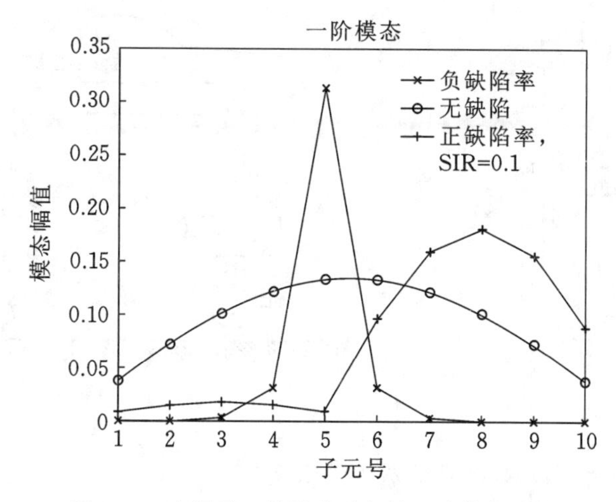

图 2.36　由子元 5 的缺陷引起的一阶模态畸变

习题

2.1 振动系统的结构、广义坐标和激励如图所示,请推导出系统的运动方程。

2.2 振动系统的结构、广义坐标和激励如图所示,请推导出系统的运动方程。

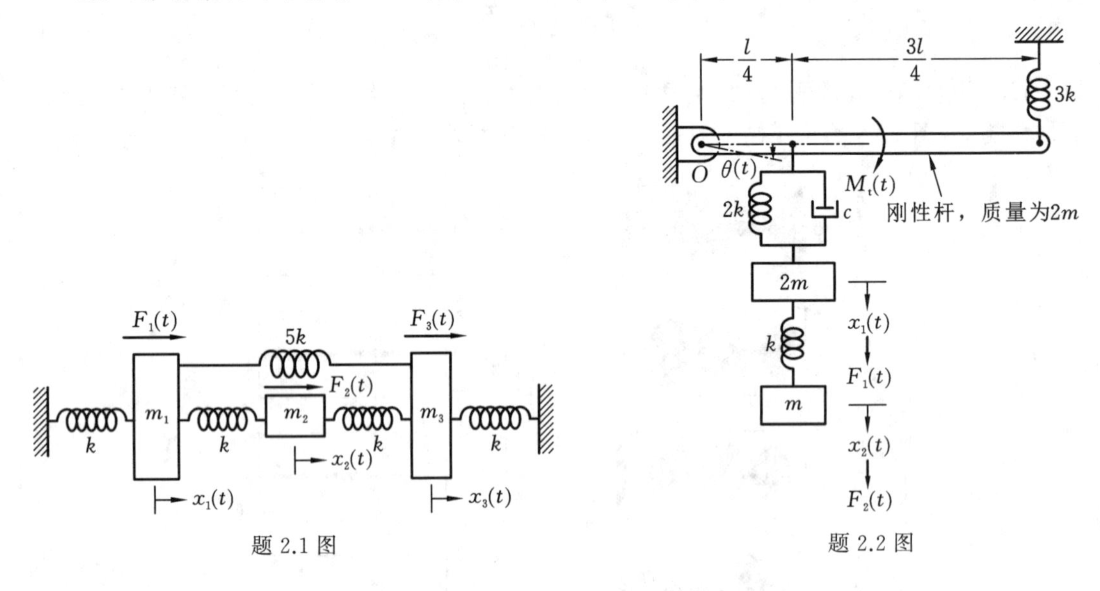

题 2.1 图　　题 2.2 图

2.3 振动系统的结构、广义坐标和激励如图所示,鼓轮的质量为 M,对质心轴 O 的转动惯量为 J_O。请推导出系统的运动方程。

2.4 汽车可简化为图示结构,车身的质量为 M,对质心轴 G 点的转动惯量为 J_G,广义坐标和激励如图所示。请推导出系统的运动方程。

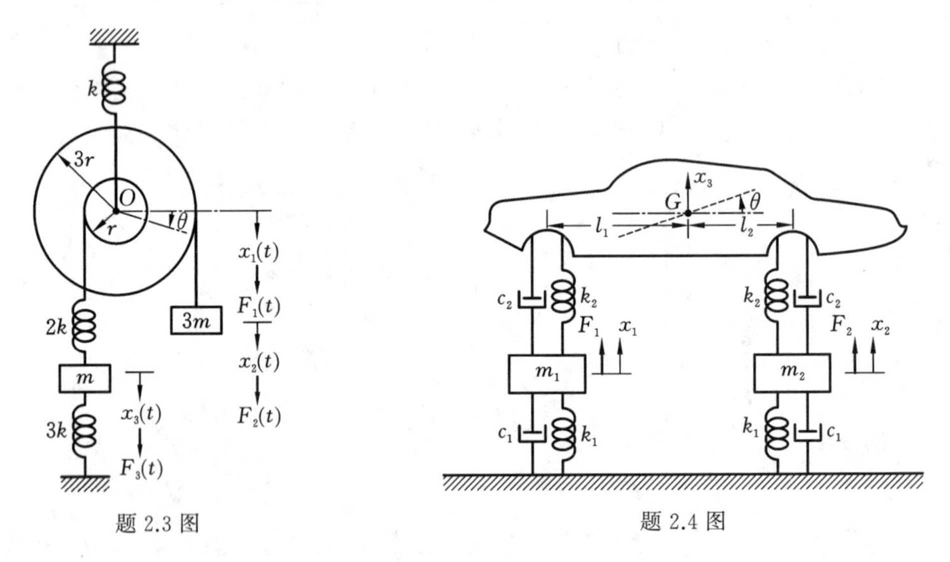

题 2.3 图　　题 2.4 图

2.5 用刚度影响系数法求出图示系统的刚度矩阵。

2.6 如图所示结构,水平圆形刚性板 O,半径为 r,在圆周的三个等分点 A、B、C 处,由三根相同的无重弹性支柱铅垂支承，板与支柱固结；支柱长度为 l，弯曲刚度为 $12EI/l^3$，扭转刚度不计。取板的广义坐标为圆心 O 点的位移 x 和 y 以及板绕 O 点的转角 θ，x 轴平行于 AB，取广义坐标列向量 $\boldsymbol{q}=[x,y,\theta]^{\mathrm{T}}$。请用刚度影响系数法求结构的刚度矩阵。

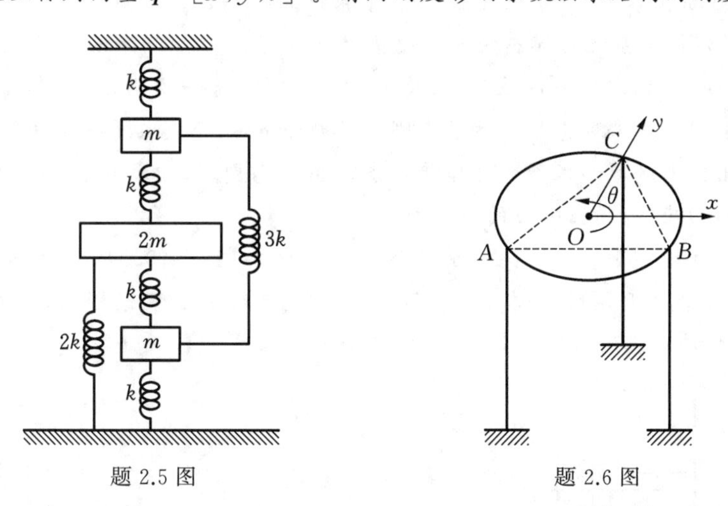

题 2.5 图　　题 2.6 图

2.7　一座四层建筑物，简化为刚性楼板和弹性立柱刚接而成的结构，图中给出了楼板的质量、水平位移和立柱的刚度，以及等效黏性阻尼。请推导出该系统的运动方程。

2.8　当飞机做对称振动时，可以将机身理想化为集中质量 M_0，将机翼简化为自由端有集中质量 M 的刚性杆，如图所示。机翼和机身之间的柔性用两个各自具有刚度 k_t 的扭转弹簧来表示。(1)取广义坐标为 x 和 θ，利用拉格朗日方程导出飞机的运动方程。(2)求出飞机的固有频率和振型。(3)求扭转弹簧的刚度，使扭转模态下的固有振动频率大于 2 Hz。其中 $M_0=1000$ kg，$M=500$ kg，$l=6$ m。

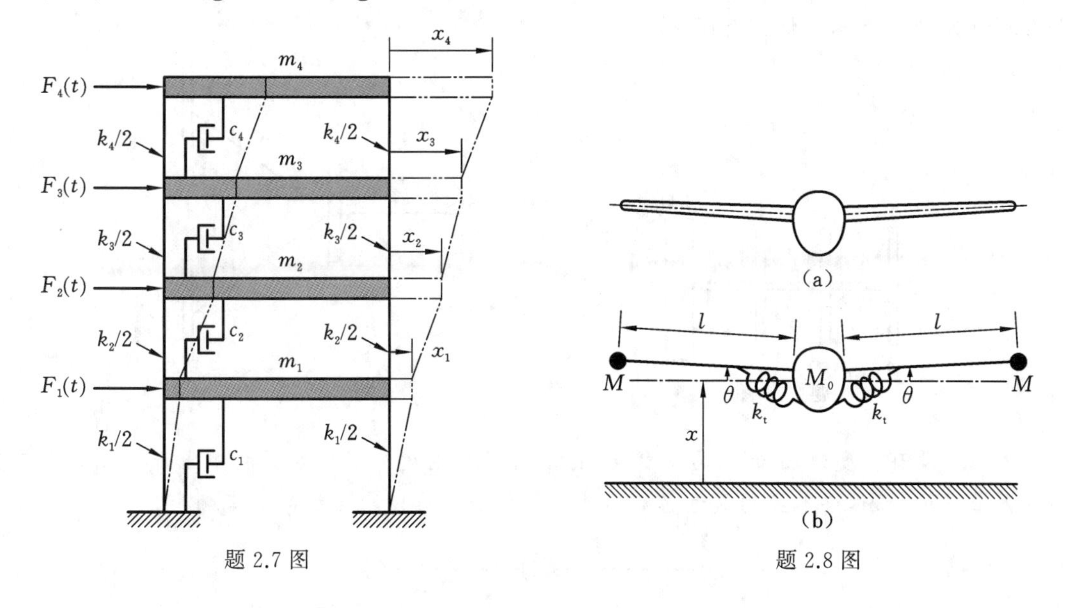

题 2.7 图　　题 2.8 图

2.9　已知系统的运动方程为

$$\begin{bmatrix} m & 0 \\ 0 & m \end{bmatrix}\begin{bmatrix} \ddot{x}_1 \\ \ddot{x}_2 \end{bmatrix}+\begin{bmatrix} 3k & -2k \\ -2k & 2k \end{bmatrix}\begin{bmatrix} x_1 \\ x_2 \end{bmatrix}=\begin{bmatrix} F_1(t) \\ F_2(t) \end{bmatrix}$$

其中，$F_1(t)=\cos(0.66\sqrt{k/m}t)$，$F_2(t)=0$。求系统的稳态解。

2.10　求图示扭振系统的模态矩阵。设 $J_1=J_2=J_3=J_0$，$k_{t1}=k_t$，$k_{t2}=2k_t$。

2.11　(1) 对图示三自由度系统，推导出运动方程，对任意刚度 k_1, k_2, k_3, k_4 和质量 m_1, m_2, m_3 求解固有频率和振型。然后在刚度参数值 $k=1$ N/m、所有质量参数值 $m=1$ kg 的情况下计算出固有频率和振型的具体值。绘制出模态图，求出初值 $x_1(0)=0.5$ cm，其他初值均为零时的响应，并画出响应的时变曲线。

(2) 假设 $k_1=k_3=k_4=k=1$ N/m，$k_2=(1+\varepsilon)k=(1+0.05)k$，$m_1=m_2=m_3=m=1$ kg，其中 ε 是刚度缺陷系数。求解固有频率和振型，绘制出模态图，求出初值 $x_1(0)=0.5$ cm，其他初值均为零时的响应，并画出响应的时变曲线。

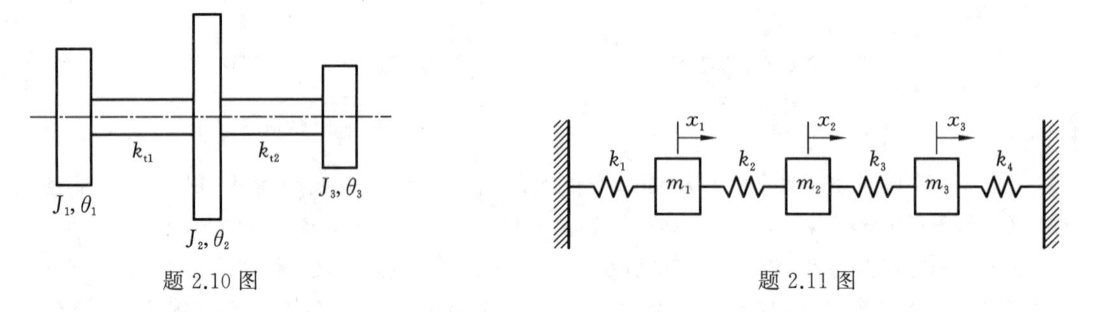

题 2.10 图　　题 2.11 图

2.12　用传递矩阵法求图示轴系模型的各阶扭振固有频率。

2.13　图示分支轴系中，各个参数为 $J_1=30$ kg·m^2，$J_2=2$ kg·m^2，$J_3=5$ kg·m^2，$J_4=12.5$ kg·m^2，$k_1=1\times10^7$ N·m/rad，$k_2=5\times10^6$ N·m/rad，$k_3=1\times10^6$ N·m/rad，用传递矩阵法求非零最低固有频率。

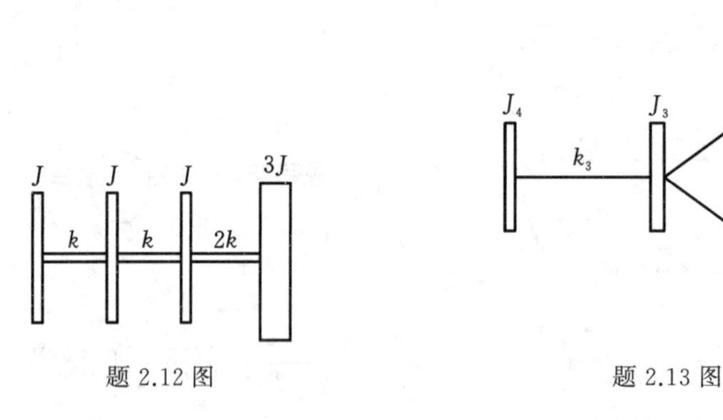

题 2.12 图　　题 2.13 图

2.14　设有长度为 $2l$ 的均匀悬臂梁，其截面弯曲刚度为 EI，在梁的中点和自由端各有集中质量 $2m$ 与 m，梁本身的质量忽略不计。用传递矩阵法求系统的固有频率。

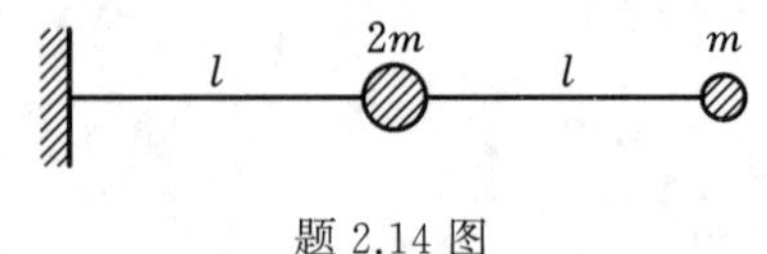

题 2.14 图

第3章　振动特征值问题的求解方法

我们已经知道，多自由度系统的振动分析需要求解广义特征值问题 $\boldsymbol{Kx}=\omega^2\boldsymbol{Mx}$，对某些特殊问题，如气动弹性系统，可能需要求解一般矩阵的特征值问题，所以特征值问题对于振动分析计算具有基础意义。

在1950—1960年期间，矩阵特征值问题的求解方法取得了巨大的进展。实对称矩阵的Jacobi方法被重新发现和改进。为了避免Jacobi方法的迭代特性，Givens(1953)给出了将对称矩阵简化为三对角矩阵形式的方法。Householder(1958)以不同但更有效的形式提出了同样的算法。后来也出现了更一般的变换方法，如LR方法(Rutishauser，1958)和QR方法(Francis，1961，1962)，用来处理不对称特征值问题。

Lanczos(1950)采用不同的方法研究了Krylov序列的概念。他证明了Krylov向量的正交化可以通过一种类似于共轭梯度法的正交化方案来实现，并且由得到的变换序列生成了一个三对角矩阵形式的简化特征值问题，它张成了原特征值问题的低阶特征谱。这个概念也被Arnoldi(1951)推广到非对称问题。

子空间迭代的概念始于1957年H. Bauer的工作，命名为正交化的阶梯迭代。

直到20世纪60年代后期，结构工程界普遍认为 $\boldsymbol{Kq}=\boldsymbol{p}$ 型静态问题的解和 $\boldsymbol{Kx}=\omega^2\boldsymbol{Mx}$ 型特征值问题的解是两个完全不同的问题。随着新概念的出现，情况发生了巨大的变化。这些新概念如下。

(1) **动态缩减(dynamic reduction)**。在1960—1970年期间，计算机技术开始快速发展。但是结构动力学家当时面临的主要瓶颈是**自由度数量的障碍**。有限元方法中遇到了大型稀疏刚度矩阵，人们很快发现，刚度矩阵的稀疏特性需要开发特定的求解方法，如波前法(Irons，1970)。另外，人们也越来越清楚，尽管生成足够详细的有限元模型以获得准确的内应力表示是重要的，但使用大量的自由度来模拟惯性载荷分布是多余的。于是人们引入了**动态缩减**的概念，它包括系统自由度向量的划分和以静态方式将惯性载荷转移到减缩坐标集上。这种动态问题的静态凝聚原理是由Irons(1965)和Guyan(1965)同时独立发表的，它被迅速推广到动态子结构方法，该方法是由Craig和Bampton(1968)提出的，可用于大型项目的简化计算和动态设计。

(2) **逆迭代(inverse iteration)**。1960—1970年期间，另一个重要进展是认识到不应把静态解和特征值分析问题分开。随着特征值问题规模的增大，提高其数值求解效率只能采用基于逆幂迭代的两步策略：第一步是对幂法的连续迭代进行计算，以建立一个可以张成原始问题基本特征解的子空间；第二步是求解所谓的特征值交互问题，其解近似于原始问题的低频解。

实践表明，对于广义特征值问题 $\boldsymbol{Kx}=\omega^2\boldsymbol{Mx}$，特征解提取算法的效率在很大程度上取决于用于求解静态问题序列的线性方程组求解器的效率，这些静态问题需要构造子空间来寻求解。本章后面有一部分专门介绍有效的线性求解器。

本章的主要目的并不是介绍特征值问题的所有最新进展，作为教材，我们将重点放在方法和原理的介绍上，同时介绍一些常用的有效求解算法。

3.1 相关的基本特征值问题

3.1.1 实对称矩阵的特征值问题

考虑一个 n 阶实对称矩阵 $\boldsymbol{A}$ 的特征值问题 $\boldsymbol{A}\boldsymbol{x}=\lambda\boldsymbol{x}$，该类矩阵有一些特有的基本性质。最重要的一个结果为**任一实对称矩阵的特征值都为实数**。另一个基本结果为**实对称矩阵 $\boldsymbol{A}$ 对应于不同特征值的特征向量是正交的**。

如果**实对称矩阵 $\boldsymbol{A}$ 的特征值 λ_i 为 m_i 重根，则对应于 λ_i 一定存在 m_i 个线性无关的特征向量**。这 m_i 个线性无关的特征值向量的任一线性组合仍然是 λ_i 的特征向量，我们可以选取(一定可以做到) m_i 个相互正交的组合向量作为 λ_i 的特征向量。

设 n 阶实对称矩阵 $\boldsymbol{A}$ 的 n 个特征向量为 $\boldsymbol{x}_1,\boldsymbol{x}_2,\cdots,\boldsymbol{x}_n$，将其归一化，我们有

$$\boldsymbol{x}_i^{\mathrm{T}}\boldsymbol{x}_j=\delta_{ij},\quad i,j=1,2,\cdots,n \tag{3.1}$$

进而有

$$\boldsymbol{X}^{\mathrm{T}}\boldsymbol{A}\boldsymbol{X}=\boldsymbol{\Lambda} \tag{3.2}$$

其中

$$\boldsymbol{X}=[\boldsymbol{x}_1,\boldsymbol{x}_2,\cdots,\boldsymbol{x}_n],\quad \boldsymbol{\Lambda}=\mathrm{diag}[\lambda_1,\lambda_2,\cdots,\lambda_n] \tag{3.3}$$

由方程(3.2)可知，实对称矩阵 $\boldsymbol{A}$ 正定当且仅当 $\boldsymbol{\Lambda}$ 正定，即**实对称矩阵 $\boldsymbol{A}$ 的所有特征值 $\lambda_1,\lambda_2,\cdots,\lambda_n$ 均为正数是实对称矩阵 $\boldsymbol{A}$ 正定的充分必要条件**。

由方程(3.2)可以得到

$$\boldsymbol{A}=\boldsymbol{X}\boldsymbol{\Lambda}\boldsymbol{X}^{\mathrm{T}} \tag{3.4}$$

由方程(3.4)可以得到一些有趣的结果。令 p 为整数并写成：

$$\begin{aligned}\boldsymbol{A}^p&=(\boldsymbol{X}\boldsymbol{\Lambda}\boldsymbol{X}^{\mathrm{T}})^p=(\boldsymbol{X}\boldsymbol{\Lambda}\boldsymbol{X}^{\mathrm{T}})(\boldsymbol{X}\boldsymbol{\Lambda}\boldsymbol{X}^{\mathrm{T}})\cdots(\boldsymbol{X}\boldsymbol{\Lambda}\boldsymbol{X}^{\mathrm{T}})\\&=\boldsymbol{X}\boldsymbol{\Lambda}^p\boldsymbol{X}^{\mathrm{T}}\end{aligned} \tag{3.5}$$

其中，考虑到了单位正交矩阵 $\boldsymbol{X}$，有 $\boldsymbol{X}\boldsymbol{X}^{\mathrm{T}}=\boldsymbol{I}$。因此，**如果实对称矩阵 $\boldsymbol{A}$ 是正定的，则 $\boldsymbol{A}^p$ 也是正定的**。

实对称正定矩阵 $\boldsymbol{A}$ 可分解为 $\boldsymbol{A}=\boldsymbol{Q}^{\mathrm{T}}\boldsymbol{Q}$，$\boldsymbol{Q}$ 为一个非奇异矩阵。

3.1.2 广义特征值问题

考虑如下特征值问题：

$$\lambda\boldsymbol{M}\boldsymbol{x}=\boldsymbol{K}\boldsymbol{x} \tag{3.6}$$

其中，矩阵 $\boldsymbol{M}$，$\boldsymbol{K}$ 为对称矩阵。这是由两个实对称矩阵形成的特征值问题。

当 $\boldsymbol{M}$ 正定时，可将 $\boldsymbol{M}$ 分解为

$$\boldsymbol{M}=\boldsymbol{Q}^{\mathrm{T}}\boldsymbol{Q} \tag{3.7}$$

方程(3.6)可变为

$$\boldsymbol{A}\boldsymbol{x}=\lambda\boldsymbol{x},\quad \boldsymbol{A}=\boldsymbol{Q}^{-\mathrm{T}}\boldsymbol{K}\boldsymbol{Q}^{-1} \tag{3.8}$$

因此，**当 $\boldsymbol{M}$(或 $\boldsymbol{K}$)正定时，特征值问题式(3.6)可化为一个实对称矩阵的特征值问题**。

3.1.3 Rayleigh 原理

假定 $\boldsymbol{A}$ 为 n 阶正定对称矩阵，因此它有 n 个实正的特征值 λ_i 和 n 个特征向量 $\boldsymbol{x}_i(i=1,2,\cdots,n)$满足特征值问题：

$$\boldsymbol{A}\boldsymbol{x}_i=\lambda_i\boldsymbol{x}_i,\quad i=1,2,\cdots,n \tag{3.9}$$

设 $\lambda_1\leqslant\lambda_2\leqslant\cdots\leqslant\lambda_n$，我们可得

$$\lambda_i=\frac{\boldsymbol{x}_i^{\mathrm{T}}\boldsymbol{A}\boldsymbol{x}_i}{\|\boldsymbol{x}_i\|^2},\quad i=1,2,\cdots,n \tag{3.10}$$

如果特征向量已经归一化，则有

$$\lambda_i=\boldsymbol{x}_i^{\mathrm{T}}\boldsymbol{A}\boldsymbol{x}_i,\quad \|\boldsymbol{x}_i\|=1,\quad i=1,2,\cdots,n \tag{3.11}$$

即特征值等于矩阵 $\boldsymbol{A}$ 与相应特征向量构成的二次型。

现在要问，将方程(3.10)中的特征向量 $\boldsymbol{x}_i$ 换成一个任意 n 维向量 $\boldsymbol{x}$ 会有什么结果？为此，我们写出：

$$\lambda(\boldsymbol{x})=\frac{\boldsymbol{x}^{\mathrm{T}}\boldsymbol{A}\boldsymbol{x}}{\|\boldsymbol{x}\|^2} \tag{3.12}$$

式(3.12)称为 **Rayleigh 商**。如果 $\boldsymbol{x}$ 为单位向量，则上式变为

$$\lambda(\boldsymbol{x})=\boldsymbol{x}^{\mathrm{T}}\boldsymbol{A}\boldsymbol{x},\quad \|\boldsymbol{x}\|=1 \tag{3.13}$$

设矩阵 $\boldsymbol{A}$ 的特征向量排成的正交矩阵为 $\boldsymbol{X}$，即 $\boldsymbol{X}^{\mathrm{T}}\boldsymbol{X}=\boldsymbol{I}$，则 $\boldsymbol{x}$ 可展开为

$$\boldsymbol{x}=\sum_{i=1}^{n}c_i\boldsymbol{x}_i=\boldsymbol{X}\boldsymbol{c},\quad \boldsymbol{c}=[c_1,c_2,\cdots,c_n]^{\mathrm{T}} \tag{3.14}$$

我们已知

$$\boldsymbol{X}^{\mathrm{T}}\boldsymbol{A}\boldsymbol{X}=\boldsymbol{\Lambda},\quad \boldsymbol{\Lambda}=\mathrm{diag}[\lambda_1,\lambda_2,\cdots,\lambda_n] \tag{3.15}$$

$$1=\boldsymbol{x}^{\mathrm{T}}\boldsymbol{x}=\boldsymbol{c}^{\mathrm{T}}\boldsymbol{X}^{\mathrm{T}}\boldsymbol{X}\boldsymbol{c}=\boldsymbol{c}^{\mathrm{T}}\boldsymbol{c}$$

即

$$\boldsymbol{c}^{\mathrm{T}}\boldsymbol{c}=\|\boldsymbol{c}\|^2=1 \tag{3.16}$$

所以 $\boldsymbol{c}$ 为单位向量。进而，由式(3.12)、式(3.14)可得

$$\lambda(\boldsymbol{x})=\boldsymbol{c}^{\mathrm{T}}\boldsymbol{X}^{\mathrm{T}}\boldsymbol{A}\boldsymbol{X}\boldsymbol{c}=\boldsymbol{c}^{\mathrm{T}}\boldsymbol{\Lambda}\boldsymbol{c}=\sum_{i=1}^{n}\lambda_i c_i^2 \tag{3.17}$$

现在，假设 $\boldsymbol{x}$ 很接近某个特征向量 $\boldsymbol{x}_r$，这意味着由式(3.14)有 $c_r^2\gg c_i^2,i=1,2,\cdots,n,i\neq r$。

引入符号：

$$\frac{c_i^2}{c_r^2}=\varepsilon_i^2,\quad i=1,2,\cdots,n,i\neq r \tag{3.18}$$

因此，方程(3.17)可以写成：

$$\lambda(\boldsymbol{x})=\lambda_r+c_r^2\sum_{i=1}^{n}(\lambda_i-\lambda_r)\varepsilon_i^2 \tag{3.19}$$

可见，当 $\boldsymbol{x}\to\boldsymbol{x}_r$ 时，$\varepsilon_i^2\to0,i=1,2,\cdots,n,i\neq r$，则 $\lambda\to\lambda_r$。因此，**Rayleigh 商在特征向量处取对应的特征值。**

当 $r=1$ 时，方程(3.19)变为

$$\lambda(\boldsymbol{x})=\lambda_1+c_1^2\sum_{i=1}^{n}(\lambda_i-\lambda_1)\varepsilon_i^2\geqslant\lambda_1 \tag{3.20}$$

因此,**Rayleigh 商总是大于最低阶特征值** λ_1,进而有

$$\lambda_1=\min \boldsymbol{x}^{\mathrm{T}}\boldsymbol{A}\boldsymbol{x},\quad \|\boldsymbol{x}\|=1 \tag{3.21}$$

方程(3.21)通常称为 **Rayleigh 原理**。

当 $r=n$ 时,方程(3.19)变为

$$\lambda(\boldsymbol{x})=\lambda_n-c_n^2\sum_{i=1}^{n}(\lambda_n-\lambda_i)\varepsilon_i^2\leqslant\lambda_n \tag{3.22}$$

因此,**Rayleigh 商总是小于最高阶特征值** λ_n,进而有

$$\lambda_n=\max \boldsymbol{x}^{\mathrm{T}}\boldsymbol{A}\boldsymbol{x},\quad \|\boldsymbol{x}\|=1 \tag{3.23}$$

下面的问题是如何估算 λ_1 与 λ_n 之间的特征值。首先讨论 λ_2 的估计。如果在式(3.14)中向量 $\boldsymbol{c}=[0,c_2,\cdots,c_n]^{\mathrm{T}}$,则试探向量 $\boldsymbol{x}$ 中只缺少特征向量 $\boldsymbol{x}_1$ 的信息,再令 $\boldsymbol{x}$ 与 $\boldsymbol{x}_2$ 接近,此时,方程(3.19)可写为

$$\lambda(\boldsymbol{x})=\lambda_2+c_2^2\sum_{i=3}^{n}(\lambda_i-\lambda_2)\varepsilon_i^2\geqslant\lambda_2 \tag{3.24}$$

可见,只要试探向量 $\boldsymbol{x}$ 中不包含 $\boldsymbol{x}_1$(即$\boldsymbol{x}^{\mathrm{T}}\boldsymbol{x}_1=0$),则 Rayleigh 商不会小于 λ_2。因此有

$$\lambda_2=\min \boldsymbol{x}^{\mathrm{T}}\boldsymbol{A}\boldsymbol{x},\quad \|\boldsymbol{x}\|=1,\quad \boldsymbol{x}^{\mathrm{T}}\boldsymbol{x}_1=0 \tag{3.25}$$

即对于所有正交于一阶特征向量的试探向量 $\boldsymbol{x}$,Rayleigh 商有极小值 λ_2。

类似地,第 r 阶特征值λ_r 的估计式为

$$\begin{gathered}\lambda_r=\min \boldsymbol{x}^{\mathrm{T}}\boldsymbol{A}\boldsymbol{x},\quad \|\boldsymbol{x}\|=1,\quad \boldsymbol{x}^{\mathrm{T}}\boldsymbol{x}_i=0\\ i=1,2,\cdots,r-1\end{gathered} \tag{3.26}$$

对于振动问题的广义特征值问题:

$$\boldsymbol{K}\boldsymbol{u}=\lambda\boldsymbol{M}\boldsymbol{u},\quad \lambda=\omega^2\geqslant0 \tag{3.27}$$

其中,$\boldsymbol{K}$ 为 n 阶正定或半正定实对称刚度矩阵,$\boldsymbol{M}$ 为 n 阶正定实对称质量矩阵。因此有

$$\lambda=\frac{\boldsymbol{u}^{\mathrm{T}}\boldsymbol{K}\boldsymbol{u}}{\boldsymbol{u}^{\mathrm{T}}\boldsymbol{M}\boldsymbol{u}} \tag{3.28}$$

这就是系统的 Rayleigh 商。上式也可以写成式(3.12)的形式。实际上,已知可以做到

$$\boldsymbol{M}=\boldsymbol{Q}^{\mathrm{T}}\boldsymbol{Q} \tag{3.29}$$

所以,令

$$\boldsymbol{u}=\boldsymbol{Q}^{-1}\boldsymbol{x},\quad \|\boldsymbol{x}\|=1 \tag{3.30}$$

则式(3.28)即变为式(3.12),即

$$\lambda=\boldsymbol{x}^{\mathrm{T}}\boldsymbol{A}\boldsymbol{x},\quad \boldsymbol{A}=\boldsymbol{Q}^{-\mathrm{T}}\boldsymbol{K}\boldsymbol{Q}^{-1} \tag{3.31}$$

因此,前面给出的 Rayleigh 商的所有性质也适用于常规振动问题的特征值问题。

3.1.4 约束系统的 Rayleigh 原理

我们讨论一个 n 自由度的振动系统,其特征值问题为

$$\boldsymbol{K}\boldsymbol{u}=\lambda\boldsymbol{M}\boldsymbol{u},\quad \lambda=\omega^2\geqslant0 \tag{3.32}$$

其中,$\boldsymbol{K}$ 为 n 阶正定或半正定实对称刚度矩阵,$\boldsymbol{M}$ 为 n 阶正定实对称质量矩阵。令

$$M=Q^{\mathrm{T}}Q,\quad u=Q^{-1}x,\quad \|x\|=1 \tag{3.33}$$

则系统的 Rayleigh 商可以写为

$$\lambda=x^{\mathrm{T}}Ax,\quad \|x\|=1 \tag{3.34}$$

现在假定系统受到下面的约束：

$$v^{\mathrm{T}}x=x^{\mathrm{T}}v=0 \tag{3.35}$$

其中，v 为给定向量。**以上约束对特征值问题的影响是：要求系统的特征向量（或试探特征向量）x 与给定向量 v 正交。**

假设无约束系统的特征值为 $\lambda_1,\lambda_2,\cdots,\lambda_n$，约束系统的特征值为 $\tilde{\lambda}_1,\tilde{\lambda}_2,\cdots,\tilde{\lambda}_{n-1}$。将无约束系统的 Rayleigh 原理类推，可写出**约束系统的 Rayleigh 原理**：

$$\tilde{\lambda}_1(v)=\min x^{\mathrm{T}}Ax,\quad \|x\|=1,\quad v^{\mathrm{T}}x=0 \tag{3.36}$$

下面我们来证明：

$$\lambda_1\leqslant\tilde{\lambda}_1\leqslant\lambda_2 \tag{3.37}$$

证明：先证明 $\lambda_1\leqslant\tilde{\lambda}_1$。因为约束有增加系统刚度的趋势，因此特征值 $\tilde{\lambda}_1$ 一般大于 λ_1，至少等于 λ_1。$\tilde{\lambda}_1=\lambda_1$ 的唯一条件是 v 等于某一高阶特征向量，同时试探向量 x 等于无约束系统的一阶特征向量 x_1。

其次来证明 $\tilde{\lambda}_1\leqslant\lambda_2$。当 $v=x_1$，$x=x_2$ 时，$\tilde{\lambda}_1=\lambda_2$，其中 x_2 为无约束系统的二阶特征向量。再来证明 $\tilde{\lambda}_1$ 不会超过 λ_2，这只要证明，对任意给定的 $v\neq 0$，存在一个 x 使 $v^{\mathrm{T}}x=0$ 以及 $x^{\mathrm{T}}Ax$ 不会超过 λ_2。实际上，我们可以取

$$x=c_1x_1+c_2x_2 \tag{3.38}$$

其中，x_i 为无约束系统的归一化特征向量，这个 x 与 v 的正交性条件为

$$\begin{cases} c_1v^{\mathrm{T}}x_1+c_2v^{\mathrm{T}}x_2=0 \\ x^{\mathrm{T}}x=(c_1x_1+c_2x_2)^{\mathrm{T}}(c_1x_1+c_2x_2)=c_1^2+c_2^2=1 \end{cases} \tag{3.39}$$

显然存在满足上式的系数 c_1、c_2。此时有

$$\begin{aligned} x^{\mathrm{T}}Ax &=(c_1x_1+c_2x_2)^{\mathrm{T}}A(c_1x_1+c_2x_2) \\ &=c_1^2\lambda_1+c_2^2\lambda_2\leqslant\lambda_2(c_1^2+c_2^2)=\lambda_2 \end{aligned} \tag{3.40}$$

所以

$$\tilde{\lambda}_1(v)=\min x^{\mathrm{T}}Ax\leqslant\lambda_2 \tag{3.41}$$

证毕。

3.1.5　非对称实矩阵的特征值问题

我们讨论一般特征值问题：

$$Ax=\lambda x \tag{3.42}$$

其中，A 为 $n\times n$ 非对称实矩阵。我们来讨论特征向量的正交性以及它的展开定理。为此，我们研究 A^{T} 的特征值问题：

$$A^{\mathrm{T}}y=\lambda y \tag{3.43}$$

这个问题称为矩阵 A 的左特征值问题，相应地，方程(3.42)称为矩阵 A 的右特征值问题，x 和 y 分别称为**矩阵 A 的左、右特征向量**。我们已知**矩阵 A 与 A^{T} 具有相同的特征值，但是对应的特征向量是不同的**。对于 A 的所有特征值各不相同的情况，A 所有特征向量是线性无

关的，因此 $\boldsymbol{A}^{\mathrm{T}}$ 的特征向量也是线性无关的。

方程(3.42)和方程(3.43)有两个不同的解，它们满足：

$$\boldsymbol{A}\boldsymbol{x}_i=\lambda_i\boldsymbol{x}_i, \quad \boldsymbol{A}^{\mathrm{T}}\boldsymbol{y}_j=\lambda_j\boldsymbol{y}_j, \quad i,j=1,2,\cdots,n \tag{3.44}$$

由此可得

$$\boldsymbol{y}_j^{\mathrm{T}}\boldsymbol{A}\boldsymbol{x}_i=\lambda_i\boldsymbol{y}_j^{\mathrm{T}}\boldsymbol{x}_i, \quad \boldsymbol{y}_j^{\mathrm{T}}\boldsymbol{A}\boldsymbol{x}_i=\lambda_j\boldsymbol{y}_j^{\mathrm{T}}\boldsymbol{x}_i \tag{3.45}$$

上式中两个方程相减，得

$$(\lambda_i-\lambda_j)\boldsymbol{y}_j^{\mathrm{T}}\boldsymbol{x}_i=0 \tag{3.46}$$

如果 $\lambda_i\neq\lambda_j$，则有

$$\boldsymbol{y}_j^{\mathrm{T}}\boldsymbol{x}_i=0 \tag{3.47}$$

可见，**矩阵 A 的左、右特征向量是正交的，称为双正交性。**

将左、右特征向量归一化，使其满足：

$$\boldsymbol{y}_i^{\mathrm{T}}\boldsymbol{x}_i=1, \quad i=1,2,\cdots,n \tag{3.48}$$

再引入特征向量矩阵：

$$\boldsymbol{X}=[\boldsymbol{x}_1,\boldsymbol{x}_2,\cdots,\boldsymbol{x}_n], \quad \boldsymbol{Y}=[\boldsymbol{y}_1,\boldsymbol{y}_2,\cdots,\boldsymbol{y}_n] \tag{3.49}$$

则方程(3.47)和方程(3.48)可以合并写成矩阵形式：

$$\boldsymbol{Y}^{\mathrm{T}}\boldsymbol{X}=\boldsymbol{I}, \quad \boldsymbol{X}^{-1}=\boldsymbol{Y}^{\mathrm{T}} \tag{3.50}$$

或者

$$\boldsymbol{X}^{\mathrm{T}}\boldsymbol{Y}=\boldsymbol{I}, \quad \boldsymbol{Y}^{-1}=\boldsymbol{X}^{\mathrm{T}} \tag{3.51}$$

方程(3.42)的所有特征值和特征向量可以合并写成矩阵形式：

$$\boldsymbol{A}\boldsymbol{X}=\boldsymbol{X}\boldsymbol{\Lambda}, \quad \boldsymbol{\Lambda}=\mathrm{diag}[\lambda_1,\lambda_2,\cdots,\lambda_n] \tag{3.52}$$

$$\boldsymbol{Y}^{\mathrm{T}}\boldsymbol{A}\boldsymbol{X}=\boldsymbol{X}^{-1}\boldsymbol{A}\boldsymbol{X}=\boldsymbol{\Lambda} \tag{3.53}$$

根据以上结果，对于任意 n 维向量 $\boldsymbol{x}$，有如下展开定理：

$$\boldsymbol{x}=\boldsymbol{X}\boldsymbol{\alpha}, \quad \boldsymbol{\alpha}=\boldsymbol{Y}^{\mathrm{T}}\boldsymbol{x} \tag{3.54}$$

或

$$\boldsymbol{x}=\boldsymbol{Y}\boldsymbol{\beta}, \quad \boldsymbol{\beta}=\boldsymbol{X}^{\mathrm{T}}\boldsymbol{x} \tag{3.55}$$

3.2 动态和对称迭代矩阵

考虑广义特征值问题：

$$\boldsymbol{K}\boldsymbol{x}=\omega^2\boldsymbol{M}\boldsymbol{x} \tag{3.56}$$

假设我们所处理的系统没有刚体模态，所以刚度矩阵 $\boldsymbol{K}$ 非奇异，特征值问题可以写成：

$$\boldsymbol{D}\boldsymbol{x}=\lambda\boldsymbol{x} \tag{3.57}$$

前提是我们需要构造矩阵：

$$\boldsymbol{D}=\boldsymbol{K}^{-1}\boldsymbol{M} \tag{3.58}$$

其特征值与系统的固有频率关系为

$$\lambda_r=\frac{1}{\omega_r^2}$$

矩阵 $\boldsymbol{D}$ 称为系统的**动态矩阵**。动态矩阵 $\boldsymbol{D}$ 在所有基于幂迭代计算特征解的算法中起着核心作用，因此也被称为**迭代矩阵**。

将式(3.57)的特征值按下列规律排序：

$$\lambda_1 \geqslant \lambda_2 \geqslant \cdots \geqslant \lambda_n \tag{3.59}$$

由于特征问题是不对称的，为了得到左、右特征向量的双正交性，考虑下面的左特征值问题：

$$\boldsymbol{D}^{\mathrm{T}} \boldsymbol{p} = \lambda \boldsymbol{p} \tag{3.60}$$

这个特征值问题的特征值与原问题相同，其特征向量 $\boldsymbol{p}_{(r)}$ 与原特征向量 $\boldsymbol{x}_{(r)}$ 之间的关系为

$$\boldsymbol{p}_{(r)} = \boldsymbol{M}\boldsymbol{x}_{(r)} \tag{3.61}$$

因此，式(3.57)的特征向量与式(3.60)的特征向量之间存在双正交关系，即

$$\boldsymbol{p}_{(r)}^{\mathrm{T}} \boldsymbol{x}_{(s)} = \boldsymbol{x}_{(r)}^{\mathrm{T}} \boldsymbol{M} \boldsymbol{x}_{(s)} = \mu_r \delta_{rs} \tag{3.62}$$

利用矩阵 $\boldsymbol{K}$ 和 $\boldsymbol{M}$ 的对称性，可以构造一个**对称迭代矩阵**。因为质量矩阵 $\boldsymbol{M}$ 是正定的，所以它可分解为下三角矩阵 $\boldsymbol{C}$ 与其转置矩阵的积：

$$\boldsymbol{M} = \boldsymbol{C}\boldsymbol{C}^{\mathrm{T}} \tag{3.63}$$

这种分解可用 **Cholesky 三角分解算法**完成(后面会介绍)。将式(3.63)代入式(3.57)可得

$$\boldsymbol{K}^{-1}\boldsymbol{C}\boldsymbol{C}^{\mathrm{T}}\boldsymbol{x} = \lambda \boldsymbol{x} \tag{3.64}$$

两边同乘 $\boldsymbol{C}^{\mathrm{T}}$，取变换：

$$\boldsymbol{y} = \boldsymbol{C}^{\mathrm{T}} \boldsymbol{x} \tag{3.65}$$

得到

$$\boldsymbol{S}\boldsymbol{y} = \lambda \boldsymbol{y} \tag{3.66}$$

其中

$$\boldsymbol{S} = \boldsymbol{C}^{\mathrm{T}} \boldsymbol{K}^{-1} \boldsymbol{C} \tag{3.67}$$

$\boldsymbol{S}$ 是一个对称矩阵。

将方程(3.66)看成具有单位质量矩阵的系统，所以特征向量 $\boldsymbol{y}_{(i)}$ 之间的正交关系为

$$\boldsymbol{y}_{(r)}^{\mathrm{T}} \boldsymbol{y}_{(s)} = 0, \quad \boldsymbol{y}_{(r)}^{\mathrm{T}} \boldsymbol{S} \boldsymbol{y}_{(s)} = 0, \quad r \neq s \tag{3.68}$$

一旦式(3.66)的特征向量和特征值已知，则采用回代法解线性方程组(3.65)就可以求出原系统的特征向量 $\boldsymbol{x}$。

3.3　三对角矩阵行列式的计算：Sturm 序列方法

Sturm 序列方法可用于计算对称三对角矩阵的行列式。设已有对称三对角矩阵为

$$\begin{bmatrix} c_1 & b_1 & & & \\ b_1 & c_2 & \ddots & \boldsymbol{0} & \\ & \ddots & \ddots & \ddots & \\ & \boldsymbol{0} & \ddots & \ddots & b_{n-1} \\ & & & b_{n-1} & c_n \end{bmatrix} \tag{3.69}$$

令 $P_r(\lambda)$ 为下面的 r 维对称三对角矩阵

$$\begin{bmatrix} c_1-\lambda & b_1 & & \boldsymbol{0} \\ b_1 & c_2-\lambda & \ddots & \\ \boldsymbol{0} & \ddots & \ddots & b_{r-1} \\ & & b_{r-1} & c_r-\lambda \end{bmatrix} \tag{3.70}$$

的特征多项式。为了求出 $P_{r+1}(\lambda)$，利用行列式展开公式可得

$$P_{r+1}(\lambda)=(c_{r+1}-\lambda)P_r(\lambda)-b_r^2P_{r-1}(\lambda) \tag{3.71}$$

且有

$$P_0(\lambda)=1 \quad 和 \quad P_1(\lambda)=c_1-\lambda \tag{3.72}$$

这个递推序列称为 **Sturm 序列**，是计算对称三对角矩阵行列式的非常有效的方法。由式(3.71)和式(3.72)可知

$$P_r(\lambda)>0, \quad \lambda\to-\infty \tag{3.73}$$

Sturm 序列的性质来自如下重要结果：

$$如果 \quad P_r(\lambda)=0,则 \quad P_{r+1}(\lambda)P_{r-1}(\lambda)<0 \tag{3.74}$$

这一结果的证明很简单，用 $P_{r-1}(\lambda)$乘以式(3.71)可得

$$P_{r+1}(\lambda)P_{r-1}(\lambda)=-b_r^2P_{r-1}^2(\lambda)<0$$

由式(3.74)可推出 **Sturm 序列的第一个性质：$P_{r+1}(\lambda)$的根包夹 $P_r(\lambda)$的根。**

我们来解释这个性质。考虑 $n=3$ 这一情况的顺次多项式的根(见图 3.1)分别为 $P_1(\lambda)$的根 ν_1；$P_2(\lambda)$的根 μ_1,μ_2；$P_3(\lambda)$的根 $\lambda_1,\lambda_2,\lambda_3$。

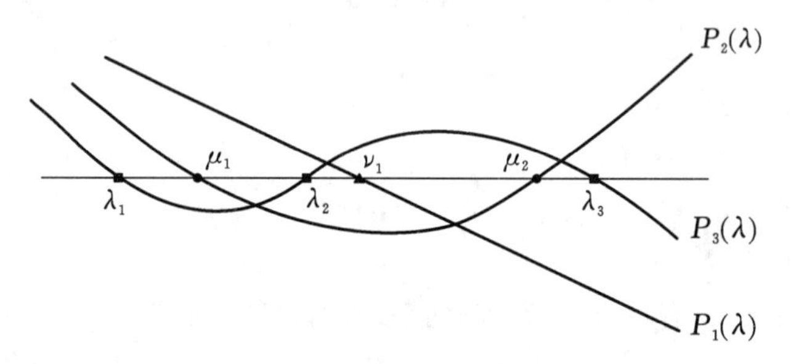

图 3.1　Sturm 序列

对 $P_2(\lambda)$有 $P_2(\pm\infty)=+\infty$和 $P_2(\nu_1)P_0(\nu_1)=P_2(\nu_1)<0$，因此，$P_2(\lambda)$的根就可以包夹 $P_1(\lambda)$的根 ν_1，如图 3.1 所示。

对 $P_3(\lambda)$有 $P_3(-\infty)=+\infty$，$P_3(+\infty)=-\infty$和 $P_3(\mu_1)P_1(\mu_1)=-b_2^2P_1^2(\mu_1)\Rightarrow P_3(\mu_1)<0$，$P_3(\mu_2)P_1(\mu_2)=-b_2^2P_1^2(\mu_2)\Rightarrow P_3(\mu_2)>0$，于是 $P_3(\lambda)$的根就可以包夹 $P_2(\lambda)$的根 μ_1,μ_2。

值得指出，也已证明，只有当 $b_r\neq0$ 时才发生根的包夹，此时不存在多重根。

考虑下面的多项式序列：

$$\{1,P_1(\lambda),P_2(\lambda),\cdots,P_n(\lambda)\}$$

对于确定的 λ，设 $a(\lambda)$为序列中相邻项符号相同的数目，将其称为序列的**同号数**。注意，如果 $P_i(\lambda)=0$，则令 $\mathrm{sign}(P_i(\lambda))=-\mathrm{sign}(P_{i-1}(\lambda))$。

Sturm 序列的第二个性质：序列的同号数 $a(\lambda)$等于 $P_n(\lambda)$的根数目，且根的数目严格大于 λ。

为了展示这一性质，我们由图 3.1 列出表 3.1。

表 3.1　由图 3.1 得出的同号数

	$[-\infty,\lambda_1]$	$[\lambda_1,\mu_1]$	$[\mu_1,\lambda_2]$	$[\lambda_2,\nu_1]$	$[\nu_1,\mu_2]$	$[\mu_2,\lambda_3]$	$[\lambda_3,+\infty]$
$P_0(\lambda)$	+	+	+	+	+	+	+
$P_1(\lambda)$	+	+	+	+	−	−	−
$P_2(\lambda)$	+	+	−	−	−	+	+
$P_3(\lambda)$	+	−	−	+	+	+	−
$a(\lambda)$	3	2	2	1	1	1	0

有时可以利用以上两个性质来确定某些特征值的位置，佐证计算结果的正确性。

3.4　矩阵变换方法

给定一个实对称矩阵，可以用正交变换方法将其化为对角或三对角矩阵，这样就可直接得到对角矩阵的特征值，或利用前面 Sturm 序列方法求出三对角矩阵的特征值，这些特征值就是原矩阵的特征值。

3.4.1　简化为对角矩阵：Jacobi 方法

尽管 Jacobi 方法已经有一百多年的历史，但至今仍然在经常使用，它的特点是非常稳定和非常简单，**可以不受限制地应用于任何对称矩阵**，无论其特征值是正的、负的或零。

1. 算法

Jacobi 算法是通过一系列正交变换，将初始对称矩阵逐步简化为对角矩阵。系列正交变换的递推关系为

$$\boldsymbol{S}^{(k+1)}=\boldsymbol{R}_k^{\mathrm{T}}\boldsymbol{S}^{(k)}\boldsymbol{R}_k,\quad \boldsymbol{R}_k^{\mathrm{T}}\boldsymbol{R}_k=\boldsymbol{I} \tag{3.75}$$

这种变换不改变**特征值谱**（即所有特征值的集合），因为

$$\begin{aligned}\det(\boldsymbol{S}^{(k+1)}-\lambda\boldsymbol{I})&=\det(\boldsymbol{R}_k^{\mathrm{T}}\boldsymbol{S}^{(k)}\boldsymbol{R}_k-\lambda\boldsymbol{I})\\&=\det(\boldsymbol{R}_k^{\mathrm{T}}\boldsymbol{S}^{(k)}\boldsymbol{R}_k-\lambda\boldsymbol{R}_k^{\mathrm{T}}\boldsymbol{R}_k)\\&=\det(\boldsymbol{R}_k^{\mathrm{T}})\det(\boldsymbol{S}^{(k)}-\lambda\boldsymbol{I})\det(\boldsymbol{R}_k)=\det(\boldsymbol{S}^{(k)}-\lambda\boldsymbol{I})\end{aligned}$$

理论上，实现对角线形式所需的正交变换的次数是无限的。然而，在实践中，当非对角线项趋于零时，该过程可以停止。

为了书写简便，我们用 $\boldsymbol{S}$ 和 $\boldsymbol{S}'$ 分别表示一次变换前、后的矩阵（即 $\boldsymbol{S}^{(k)}$ 和 $\boldsymbol{S}^{(k+1)}$）。令 s_{pq} 为 $\boldsymbol{S}$ 的最大模非对角元。我们按如下要求构造变换矩阵 $\boldsymbol{R}$：

① 将非对角元 s_{pq} 变为零；

② $\boldsymbol{R}$ 为一个正交矩阵（即 $\boldsymbol{R}^{\mathrm{T}}\boldsymbol{R}=\boldsymbol{I}$）；

③ $\boldsymbol{S}'$ 只在 p 行、q 行和 p 列、q 列与 $\boldsymbol{S}$ 不同。

由此 $\boldsymbol{R}$ 可取如下矩阵：

$$\boldsymbol{R}=\boldsymbol{I}+(\cos\theta-1)(\boldsymbol{e}_p\boldsymbol{e}_p^{\mathrm{T}}+\boldsymbol{e}_q\boldsymbol{e}_q^{\mathrm{T}})+\sin\theta(\boldsymbol{e}_p\boldsymbol{e}_q^{\mathrm{T}}-\boldsymbol{e}_q\boldsymbol{e}_p^{\mathrm{T}}) \tag{3.76}$$

其中，$\boldsymbol{e}_j$ 是沿 j 方向的单位向量，这个正交变换矩阵具体形式为

$$
\begin{array}{c}
\begin{array}{ccccccccccc}
 & & & p & & & & q & & & \\
\end{array} \\
\left[\begin{array}{ccccccccccc}
1 & & & & & & & & & & \\
 & 1 & & \vdots & & \mathbf{0} & & \vdots & & \mathbf{0} & \\
 & & 1 & & & & & & & & \\
 & \cdots & & \cos\theta & & \cdots & & \sin\theta & & \cdots & \\
 & & & & 1 & & & & & & \\
 & \mathbf{0} & & \vdots & & 1 & & \vdots & & \mathbf{0} & \\
 & & & & & & 1 & & & & \\
 & \cdots & & -\sin\theta & & \cdots & & \cos\theta & & \cdots & \\
 & \mathbf{0} & & \vdots & & & \mathbf{0} & \vdots & 1 & & \\
 & & & & & & & & & 1 &
\end{array}\right]
\begin{array}{c}
\\ \\ \\ p \\ \\ \\ \\ q \\ \\ \\
\end{array}
\end{array}
$$

因此有

$$\boldsymbol{R}\boldsymbol{e}_j=\boldsymbol{e}_j,\quad j\neq p,q$$

$$\boldsymbol{R}\boldsymbol{e}_p=\cos\theta\boldsymbol{e}_p-\sin\theta\boldsymbol{e}_q$$

$$\boldsymbol{R}\boldsymbol{e}_q=\sin\theta\boldsymbol{e}_p+\cos\theta\boldsymbol{e}_q$$

从几何观点看,这个变换就是将平面上的基向量 $\boldsymbol{e}_p$ 和 $\boldsymbol{e}_q$ 旋转 θ 角。

这个正交变换作用于元素 s_{ij} 的结果为

$$s'_{ij}=\boldsymbol{e}_i^{\mathrm{T}}\boldsymbol{S}'\boldsymbol{e}_j=(\boldsymbol{R}\boldsymbol{e}_i)^{\mathrm{T}}\boldsymbol{S}(\boldsymbol{R}\boldsymbol{e}_j)$$

由此立得

$$
\begin{cases}
s'_{ij}=s_{ij}, \quad i,j\neq p,q \\
s'_{ip}=s'_{pi}=s_{ip}\cos\theta-s_{iq}\sin\theta, \quad i\neq p,q \\
s'_{iq}=s'_{qi}=s_{ip}\sin\theta+s_{iq}\cos\theta, \quad i\neq p,q \\
s'_{pp}=s_{pp}\cos^2\theta-2s_{pq}\sin\theta\cos\theta+s_{qq}\sin^2\theta \\
s'_{qq}=s_{pp}\sin^2\theta+2s_{pq}\sin\theta\cos\theta+s_{qq}\cos^2\theta \\
s'_{pq}=s'_{qp}=(s_{pp}-s_{qq})\sin\theta\cos\theta+s_{pq}(\cos^2\theta-\sin^2\theta)
\end{cases}
\tag{3.77}
$$

令 $s'_{pq}=0$,可得转角为

$$\tan(2\theta)=\frac{2s_{pq}}{s_{qq}-s_{pp}}$$

为了更准确地计算角度 θ,建议在实践中进行如下操作。

(1) 如果令 $\alpha=\cot(2\theta)=(s_{qq}-s_{pp})/(2s_{pq})$ 和 $t=\tan\theta$,则 t 满足下列二次方程:

$$t^2+2\alpha t-1=0$$

其解为

$$t=\frac{1}{\alpha\pm\sqrt{\alpha^2+1}}$$

(2) 如果进一步取

$$
t=\begin{cases}
\dfrac{1}{\alpha+\operatorname{sign}(\alpha)\sqrt{\alpha^2+1}}, & \alpha\neq 0 \\
1, & \alpha=0
\end{cases}
$$

可得

$$\cos\theta=\frac{1}{\sqrt{t^2+1}},\quad \sin\theta=t\cos\theta$$

因此有 $\cos\theta\geqslant 1/\sqrt{2}$，$|t|\leqslant 1$，$\sin\theta\leqslant 1/\sqrt{2}$，$\theta$ 的变化范围是 $\left[-\frac{\pi}{4},\frac{\pi}{4}\right]$。

2. 方法的收敛性

Jacobi 方法是一种迭代方法，该方法的收敛性是由平面旋转引起非对角线项平方和的减小来保证的。证明如下，我们定义

$$Q(\boldsymbol{S})=\sum_{i=1}^{n}\sum_{\substack{j=1\\ j\neq i}}^{n}(s_{ij})^2 \tag{3.78}$$

旋转后有

$$Q(\boldsymbol{S}')=\sum_{\substack{i=1\\ i\neq p,q}}^{n}\sum_{\substack{j=1\\ j\neq i\\ j\neq p,q}}^{n}s_{ij}'^2+\sum_{\substack{i=1\\ i\neq p,q}}^{n}(s_{ip}'^2+s_{iq}'^2)+\sum_{\substack{j=1\\ j\neq p,q}}^{n}(s_{pj}'^2+s_{qj}'^2)+2s_{pq}'^2$$

由式(3.77)可以推知

$$s_{ij}'^2=s_{ij}^2$$
$$s_{ip}'^2+s_{iq}'^2=s_{ip}^2+s_{iq}^2$$
$$s_{pj}'^2+s_{qj}'^2=s_{pj}^2+s_{qj}^2$$

考虑 $s_{pq}'=0$，则得到

$$Q(\boldsymbol{S}')=Q(\boldsymbol{S})-2s_{pq}^2$$

由此证明了旋转后非对角元素的平方和减小，这意味着 Jacobi 方法是收敛的。

假定最大模非对角元素已变为零，则有

$$Q(\boldsymbol{S})\leqslant\frac{n(n-1)}{2}[Q(\boldsymbol{S})-Q(\boldsymbol{S}')]$$

或

$$Q(\boldsymbol{S}')\leqslant\left[1-\frac{2}{n(n-1)}\right]Q(\boldsymbol{S})$$

第 k 次旋转后有

$$Q(\boldsymbol{S}^{(k)})\leqslant\left[1-\frac{2}{n(n-1)}\right]^k Q(\boldsymbol{S}^{(0)})$$

如果我们希望达到如下的收敛精度：

$$\frac{Q(\boldsymbol{S}^{(k)})}{Q(\boldsymbol{S}^{(0)})}<10^{-t}$$

则要求

$$\left[1-\frac{2}{n(n-1)}\right]^k<10^{-t}\quad 或\quad k\approx\frac{n^2}{2}t$$

即旋转或迭代次数 k 大致与矩阵维数 n 的平方成正比。

由于具有这种性质，该方法不能应用于大型矩阵(比如 $n>50$)。因此，尽管它比较简单

且具有很好的稳定性，但它只有在初始特征值问题首先被投影到一个足够小的子空间后才能被用于结构分析。

3.4.2 简化为三对角矩阵：Householder 方法

Householder 方法是一种逐次正交变换方法，它通过 $n-2$ 次变换将初始对称矩阵简化为三对角矩阵。与 Jacobi 方法不同，它是一种有限数量的变换。

由于成本低，三对角化方法被广泛用于解决中等规模的问题，但是它不适用于解决较大规模的问题。

设初始实对称矩阵为 $\boldsymbol{S}$，我们构造正交变换矩阵 $\boldsymbol{Q}_1, \boldsymbol{Q}_2, \cdots, \boldsymbol{Q}_r$，第 r 次正交变换的结果可表示为

$$\boldsymbol{S}_r = \boldsymbol{Q}_r \boldsymbol{Q}_{r-1} \cdots \boldsymbol{Q}_1 \boldsymbol{S} \boldsymbol{Q}_1^{\mathrm{T}} \cdots \boldsymbol{Q}_{r-1}^{\mathrm{T}} \boldsymbol{Q}_r^{\mathrm{T}}$$

假设 $\boldsymbol{S}_r$ 变为如下形式

$$\boldsymbol{S}_r = \underbrace{\left[\begin{array}{ccccccc} * & * & & & & \boldsymbol{0} & \\ * & * & * & & & & \\ & * & * & \ddots & & & \\ & & \ddots & \ddots & * & & \\ & & & * & * & * & * & * \\ & & & & * & * & * & * \\ & \boldsymbol{0} & & & * & * & * & * \\ & & & & * & * & * & * \end{array}\right]}_{r\text{列}} \left.\begin{matrix} \\ \\ \\ \\ \\ \end{matrix}\right\} r\text{行}$$

为了得到上述结果，我们考虑基本 **Householder 变换**，它为

$$\boldsymbol{Q}_r = \boldsymbol{I} - 2\boldsymbol{u}_r \boldsymbol{u}_r^{\mathrm{T}}, \quad \boldsymbol{u}_r^{\mathrm{T}} \boldsymbol{u}_r = 1 \tag{3.79}$$

直接验证可知 $\boldsymbol{Q}_r$ 是正交和对称矩阵。构造这个变换是为了使 $\boldsymbol{S}_{r-1}$ 的前 $r-1$ 行和前 $r-1$ 列不变，而将第 r 行和第 r 列的非三对角线项变为零。为得到这个结果，需要将 $\boldsymbol{u}_r$ 的前 r 个元素置零且适当选取非零元素。按此进行，在 $n-2$ 次变换后就可得三对角形式。

我们来看看如何构造 $\boldsymbol{Q}_1$，其他矩阵可按相同的算法得到。

令 $\boldsymbol{u}_1$ 取如下形式：

$$\boldsymbol{u}_1^{\mathrm{T}} = [0, *, *, *, \cdots, *] \tag{3.80}$$

通过恰当地选取 $\boldsymbol{u}_1$ 的非零元素，按式(3.79)构造变换矩阵后左乘 $\boldsymbol{S}$ 可将其变换为

$$(\boldsymbol{I} - 2\boldsymbol{u}_1 \boldsymbol{u}_1^{\mathrm{T}})\boldsymbol{S} = \begin{bmatrix} * & * & * & \cdots & * \\ * & * & * & \cdots & * \\ 0 & * & * & \cdots & * \\ \vdots & \vdots & \vdots & & \vdots \\ 0 & * & * & \cdots & * \end{bmatrix}$$

得到的矩阵的第一行与 $\boldsymbol{S}$ 矩阵的相同。上式再右乘变换矩阵，则该矩阵的第一列不变，希望得到以下结果：

$$\boldsymbol{S}_1=(\boldsymbol{I}-2\boldsymbol{u}_1\boldsymbol{u}_1^{\mathrm{T}})\boldsymbol{S}(\boldsymbol{I}-2\boldsymbol{u}_1\boldsymbol{u}_1^{\mathrm{T}})=\begin{bmatrix} * & * & 0 & \cdots & 0 \\ * & * & * & \cdots & * \\ 0 & * & * & \cdots & * \\ \vdots & \vdots & \vdots & & \vdots \\ 0 & * & * & \cdots & * \end{bmatrix}$$

因此,问题变为如何选取 $\boldsymbol{u}_1$ 使得

$$(\boldsymbol{I}-2\boldsymbol{u}_1\boldsymbol{u}_1^{\mathrm{T}})\boldsymbol{s}=\boldsymbol{c} \tag{3.81}$$

其中,$\boldsymbol{u}_1^{\mathrm{T}}\boldsymbol{u}_1=1$,$\boldsymbol{u}_1^{\mathrm{T}}=[0,*,*,*,\cdots,*]$,$\boldsymbol{c}^{\mathrm{T}}=[*,*,0,\cdots,0]$,$\boldsymbol{s}$ 为 $\boldsymbol{S}$ 的第一列。为此,利用下面的引理。

引理　令 $\boldsymbol{x}$ 和 $\boldsymbol{y}$ 具有这样的关系:$\boldsymbol{x}\neq\boldsymbol{y}$,但

$$\|\boldsymbol{x}\|=\|\boldsymbol{y}\| \tag{3.82}$$

则存在一个向量 $\boldsymbol{u}$ 使得

$$(\boldsymbol{I}-2\boldsymbol{u}\boldsymbol{u}^{\mathrm{T}})\boldsymbol{x}=\boldsymbol{y} \tag{3.83}$$

$\boldsymbol{u}$ 的表达式为

$$\boldsymbol{u}=\frac{\boldsymbol{x}-\boldsymbol{y}}{\|\boldsymbol{x}-\boldsymbol{y}\|} \tag{3.84}$$

以上结果可直接验证:将式(3.84)代入式(3.83)并考虑到式(3.82),可得

$$\left[\boldsymbol{I}-2\frac{(\boldsymbol{x}-\boldsymbol{y})(\boldsymbol{x}-\boldsymbol{y})^{\mathrm{T}}}{(\boldsymbol{x}-\boldsymbol{y})^{\mathrm{T}}(\boldsymbol{x}-\boldsymbol{y})}\right]\boldsymbol{x}=\boldsymbol{x}-\frac{2(\boldsymbol{x}^{\mathrm{T}}\boldsymbol{x}-\boldsymbol{y}^{\mathrm{T}}\boldsymbol{x})}{2(\boldsymbol{x}^{\mathrm{T}}\boldsymbol{x}-\boldsymbol{y}^{\mathrm{T}}\boldsymbol{x})}(\boldsymbol{x}-\boldsymbol{y})=\boldsymbol{y}$$

将式(3.83)、式(3.84)应用于式(3.81),且令向量 $\boldsymbol{c}$ 为

$$\boldsymbol{c}^{\mathrm{T}}=[s_{11},\pm r,0,\cdots,0]\quad 且\quad \|\boldsymbol{c}\|=\|\boldsymbol{s}\|$$

因此有

$$r^2=\|\boldsymbol{s}\|^2-s_{11}^2=\sum_{j=2}^{n}s_{j1}^2$$

而变换向量为

$$\boldsymbol{u}_1=\frac{\boldsymbol{s}-\boldsymbol{c}}{\|\boldsymbol{s}-\boldsymbol{c}\|}=\frac{1}{\|\boldsymbol{s}-\boldsymbol{c}\|}[0,s_{21}\mp r,s_{31},\cdots,s_{n1}]^{\mathrm{T}} \tag{3.85}$$

变换后的矩阵 $\boldsymbol{S}_1$ 为

$$\boldsymbol{S}_1=(\boldsymbol{I}-2\boldsymbol{u}_1\boldsymbol{u}_1^{\mathrm{T}})\boldsymbol{S}(\boldsymbol{I}-2\boldsymbol{u}_1\boldsymbol{u}_1^{\mathrm{T}})=\begin{bmatrix} s_{11} & \pm r & 0 & \cdots & 0 \\ \pm r & * & * & \cdots & * \\ 0 & * & * & \cdots & * \\ \vdots & \vdots & \vdots & & \vdots \\ 0 & * & * & \cdots & * \end{bmatrix}$$

为了完成三对角化,我们注意到同样的变换可以应用到维数为 $n-1$ 的子对角矩阵块,而不改变 $\boldsymbol{S}_1$ 的第一行和第一列。用同样的方法,我们用以下变换向量递推地执行 $n-2$ 次变换:

$$\boldsymbol{u}_r=[\underbrace{0\ 0\ 0\ \cdots\ 0}_{r个0}\quad \underbrace{*\ *\ *\ *\ *\cdots *}_{n-r个非零元素}]$$

可得 $\boldsymbol{S}_{n-2}$。

3.5 向量迭代法(幂算法)

向量迭代法,也称为幂算法,它的主要优点有:

(1) 它使得我们可以求解部分特征解(而不是全部);

(2) 对给定解的收敛速度与矩阵大小无关,这可能使它成为求解规模非常大的系统的理想方法。

但是,幂算法的基本形式也有如下缺点:

(1) 要求显式构造式(3.58)的动态矩阵;

(2) 当两个或多个特征值相互接近时,它的收敛速度将急剧降低;

(3) 不能直接用于存在刚体模态的情况。

可以采取一些补救方法以避免这些缺点,下面会适当介绍。

3.5.1 计算基本特征解

标准特征值问题 $\boldsymbol{Dx}=\lambda\boldsymbol{x}$ 的迭代解可以从任意起始向量 $\boldsymbol{z}_0$ 开始依次形成 $\boldsymbol{z}_p$ 而得到,迭代关系为

$$\boldsymbol{z}_{p+1}=\boldsymbol{D}\boldsymbol{z}_p \tag{3.86}$$

下面来说明这个简单过程为什么能收敛到一个特征向量。将 $\boldsymbol{z}_0$ 用正则模态展开:

$$\boldsymbol{z}_0=\sum_{i=1}^{n}\alpha_i\boldsymbol{x}_{(i)} \tag{3.87}$$

其中,模态 $\boldsymbol{x}_{(i)}$ 对应如下特征值排列顺序:

$$\lambda_1\geqslant\lambda_2\geqslant\cdots\geqslant\lambda_n \tag{3.88}$$

显然,α_i 的值是未知的,取决于起始向量的选取。经过连续 p 次迭代后,有

$$\boldsymbol{z}_p=\boldsymbol{D}^p\boldsymbol{z}_0=\lambda_1^p\left[\alpha_1\boldsymbol{x}_{(1)}+\sum_{i=2}^{n}\alpha_i\left(\frac{\lambda_i}{\lambda_1}\right)^p\boldsymbol{x}_{(i)}\right] \tag{3.89}$$

所以,当 $p\to\infty$ 时有

$$\boldsymbol{z}_p\to\lambda_1^p\alpha_1\boldsymbol{x}_{(1)} \tag{3.90}$$

$$\boldsymbol{z}_{p+1}\to\lambda_1^{p+1}\alpha_1\boldsymbol{x}_{(1)} \tag{3.91}$$

如果 $\alpha_1\neq0$ 和 $\lambda_1\neq0$,则迭代收敛到**一阶模态**,收敛速度趋于最大特征值 λ_1。在 $\alpha_1=0$ 的情况下,起始向量中不含有一阶模态向量的信息,迭代收敛到二阶模态。然而,在实践中,由于迭代数值计算中舍入误差的累积会出现一个小的 $\boldsymbol{x}_{(1)}$ 分量,迭代仍然会收敛到基本解,但速度较慢。

从实用的角度来看,为了避免由于 λ_1^p 的作用而使得迭代向量的元素过分增大或减小,将每次的迭代向量归一化,幂算法公式变为

$$\begin{cases}\boldsymbol{z}_{p+1}^*=\boldsymbol{D}\boldsymbol{z}_p\\ \boldsymbol{z}_{p+1}=\dfrac{\boldsymbol{z}_{p+1}^*}{\|\boldsymbol{z}_{p+1}^*\|}\end{cases} \tag{3.92}$$

对于前 $m<n$ 个特征值 λ_i 相等的情况(例如由于结构的物理对称性),算法收敛的特征向量是 m 个模态 $\boldsymbol{x}_{(i)}$ 的任意线性组合。前 m 个特征值相互接近的情况,会严重影响算法的

收敛性。

现在来考察停止迭代的问题。由式(3.90)、式(3.91)和式(3.92)可得

$$\lambda_{1p}=\frac{z_{p+1,j}^{*}}{z_{p,j}} \tag{3.93}$$

其中，λ_{1p}表示$p+1$次迭代后一阶特征值的估值，$z_{p+1,j}^{*}$为向量$\boldsymbol{z}_{p+1}^{*}$的第j个元素，$z_{p,j}$为向量$\boldsymbol{z}_p$的第j个元素。实际计算中，可取最大模元素作为第j个元素。特征值的估值也可用下式计算：

$$\lambda_{1p}=\frac{\boldsymbol{z}_p^{\mathrm{T}}\boldsymbol{M}\boldsymbol{z}_p}{\boldsymbol{z}_p^{\mathrm{T}}\boldsymbol{K}\boldsymbol{z}_p} \quad 或 \quad \lambda_{1p}=\frac{\boldsymbol{z}_p^{\mathrm{T}}\boldsymbol{D}\boldsymbol{z}_p}{\boldsymbol{z}_p^{\mathrm{T}}\boldsymbol{z}_p}=\boldsymbol{z}_p^{\mathrm{T}}\boldsymbol{z}_{p+1}^{*} \tag{3.94}$$

当λ_{1p}的值趋于稳定时，可停止计算，一阶特征解为

$$\lambda_1\approx\lambda_{1p},\quad \boldsymbol{x}_{(1)}\approx\boldsymbol{z}_{p+1}$$

下面来分析算法的收敛性。由于特征向量可乘以任意尺度因子，两个非归一化的顺次迭代向量可以表示为

$$\begin{cases}\boldsymbol{z}_p=\lambda_1^p\boldsymbol{x}_{(1)}+\lambda_2^p\boldsymbol{x}_{(2)}+\cdots\\ \boldsymbol{z}_{p+1}=\lambda_1^{p+1}\boldsymbol{x}_{(1)}+\lambda_2^{p+1}\boldsymbol{x}_{(2)}+\cdots\end{cases} \tag{3.95}$$

假定收敛性由特征值估计式(3.93)监控，我们可以写出

$$\frac{z_{p+1,j}}{z_{p,j}}=\frac{\lambda_1(x_{(1),j}+r^{p+1}x_{(2),j}+\cdots)}{x_{(1),j}+r^p x_{(2),j}+\cdots} \tag{3.96}$$

其中，r为比值，有

$$r=\frac{\lambda_2}{\lambda_1} \tag{3.97}$$

如果我们定义

$$a_j=\frac{x_{(2),j}}{x_{(1),j}}$$

以及假设$|\lambda_2|<|\lambda_1|$，则对于充分大的p，可得到特征值的第p次估值为

$$\lambda_{1p}=\frac{z_{p+1,j}}{z_{p,j}}=\frac{\lambda_1(1+a_j r^{p+1}+\cdots)}{1+a_j r^p+\cdots}\approx\lambda_1[1+a_j r^p(r-1)] \tag{3.98}$$

因此，我们可以算出需要经过多少次计算才能使特征值以t位有效数字稳定下来，需要经过的次数N_{it}满足：

$$\left|\frac{\lambda_{1(N_{it}+1)}-\lambda_{1(N_{it})}}{\lambda_{1(N_{it})}}\right|\leqslant 10^{-t} \quad\Rightarrow\quad a_j r^{N_{it}}\approx 10^{-t}$$

由此可得

$$N_{it}\approx\frac{1}{\log(\lambda_1/\lambda_2)} \tag{3.99}$$

这表明幂算法的收敛性只取决于矩阵的两个最大特征值之比，而与矩阵的维数n无关。

3.5.2　确定高阶模态：正交紧缩

确定基本特征向量$\boldsymbol{x}_{(1)}$后，我们可以形成一个正交投影算子：

$$\boldsymbol{P}_1=\boldsymbol{I}-\frac{\boldsymbol{x}_{(1)}\boldsymbol{x}_{(1)}^{\mathrm{T}}\boldsymbol{M}}{\boldsymbol{x}_{(1)}^{\mathrm{T}}\boldsymbol{M}\boldsymbol{x}_{(1)}}$$

它作用于任一向量后将使该向量的投影与 $\boldsymbol{x}_{(1)}$ 正交。当 $\boldsymbol{x}_{(1)}$ 关于 $\boldsymbol{M}$ 正交归一化时，上式变为

$$\boldsymbol{P}_1=\boldsymbol{I}-\boldsymbol{x}_{(1)}\boldsymbol{x}_{(1)}^{\mathrm{T}}\boldsymbol{M} \tag{3.100}$$

实际上，对任意向量 $\boldsymbol{z}$，我们可以证明：

$$\boldsymbol{x}_{(1)}^{\mathrm{T}}\boldsymbol{M}(\boldsymbol{P}_1\boldsymbol{z})=\boldsymbol{x}_{(1)}^{\mathrm{T}}\boldsymbol{M}\boldsymbol{z}-\boldsymbol{x}_{(1)}^{\mathrm{T}}\boldsymbol{M}\boldsymbol{x}_{(1)}\boldsymbol{x}_{(1)}^{\mathrm{T}}\boldsymbol{M}\boldsymbol{z}=0$$

理论上，只需要从起始迭代向量中剔除 $\boldsymbol{x}_{(1)}$ 的信息。然而，在实际应用中，由于数值误差的累积，特征向量 $\boldsymbol{x}_{(1)}$ 将逐渐重新出现在迭代向量中。因此，我们将每次迭代结果都进行投影后再投入下一次迭代：

$$\begin{cases}\boldsymbol{z}_p^*=\boldsymbol{P}_1\boldsymbol{z}_p\\ \boldsymbol{z}_{p+1}=\boldsymbol{D}\boldsymbol{z}_p^*\end{cases} \tag{3.101}$$

迭代方案式(3.101)等价于将动态矩阵 $\boldsymbol{D}=\boldsymbol{K}^{-1}\boldsymbol{M}$ 替换为矩阵 $\boldsymbol{P}_1\boldsymbol{D}$ 或 $\boldsymbol{D}\boldsymbol{P}_1$。除了 λ_1 外，这个矩阵与 $\boldsymbol{D}$ 有相同的特征值，λ_1 被移到了原点。事实上，紧缩后的矩阵为

$$\boldsymbol{D}_1=\boldsymbol{P}_1\boldsymbol{D}=\boldsymbol{D}\boldsymbol{P}_1=\boldsymbol{D}-\lambda_1\boldsymbol{x}_{(1)}\boldsymbol{x}_{(1)}^{\mathrm{T}}\boldsymbol{M} \tag{3.102}$$

所以

$$\boldsymbol{D}_1\boldsymbol{x}_{(i)}=\lambda_i\boldsymbol{x}_{(i)},\quad i\neq1$$

$$\boldsymbol{D}_1\boldsymbol{x}_{(1)}=0$$

以上投影算法称为**正交紧缩方法**。这个过程可以推广到任一高阶模态，投影算子为

$$\boldsymbol{P}_j=\boldsymbol{I}-\boldsymbol{x}_{(j)}\boldsymbol{x}_{(j)}^{\mathrm{T}}\boldsymbol{M},\quad j=1,2,\cdots,n \tag{3.103}$$

它具有如下性质：

$$\boldsymbol{P}_j\boldsymbol{x}_{(i)}=(1-\delta_{ij})\boldsymbol{x}_{(i)}$$

投影算子之间满足交换律：

$$\boldsymbol{P}_j\boldsymbol{P}_i=\boldsymbol{P}_i\boldsymbol{P}_j \tag{3.104}$$

投影算子与动态矩阵 $\boldsymbol{D}$ 也满足交换律：

$$\boldsymbol{P}_j\boldsymbol{D}=\boldsymbol{D}\boldsymbol{P}_j \tag{3.105}$$

我们注意到：

$$\boldsymbol{P}_1\boldsymbol{P}_2\cdots\boldsymbol{P}_k=\boldsymbol{I}-\sum_{j=1}^{k}\boldsymbol{x}_{(j)}\boldsymbol{x}_{(j)}^{\mathrm{T}}\boldsymbol{M}=\boldsymbol{I}-\boldsymbol{X}\boldsymbol{X}^{\mathrm{T}}\boldsymbol{M}=\boldsymbol{P}_{12\cdots k} \tag{3.106}$$

其中，$\boldsymbol{X}$ 的各列中包含了前 k 阶模态。由此可有效完成多重投影。

将 $\boldsymbol{P}_1\boldsymbol{P}_2\cdots\boldsymbol{P}_k$ 作用于动态矩阵 $\boldsymbol{D}$ 得到

$$\boldsymbol{D}_k=\boldsymbol{D}-\sum_{i=1}^{k}\lambda_i\boldsymbol{x}_{(i)}\boldsymbol{x}_{(i)}^{\mathrm{T}}\boldsymbol{M} \tag{3.107}$$

用 $\boldsymbol{D}_k$ 来迭代将收敛到 $\boldsymbol{x}_{(k+1)}$。紧缩矩阵满足如下递推关系：

$$\boldsymbol{D}_k=\boldsymbol{D}_{k-1}-\lambda_k\boldsymbol{x}_{(k)}\boldsymbol{x}_{(k)}^{\mathrm{T}}\boldsymbol{M} \tag{3.108}$$

监测高阶模态的计算是否劣化，可以采用下面的比值来检查：

$$\eta=\frac{\mathrm{tr}\,\boldsymbol{D}_k+\sum_{i=1}^{k}\lambda_{i(\mathrm{c})}-\mathrm{tr}\,\boldsymbol{D}}{\mathrm{tr}\,\boldsymbol{D}} \tag{3.109}$$

其中，$\lambda_{i(c)}$表示特征值的计算值。因为矩阵迹等于其特征值之和，如果没有近似误差，则 η 的值为零，所以如果 η 值接近于零且变化稳定，则表示近似误差很小且计算没有劣化。

3.5.3　向量迭代法的逆迭代形式

如果应用幂迭代式(3.86)求一个动态系统的特征向量，则显式地构造动态矩阵 $\boldsymbol{D}=\boldsymbol{K}^{-1}\boldsymbol{M}$ 对计算是不利的。所以更有效的迭代公式为

$$\begin{cases}\boldsymbol{y}_p=\boldsymbol{M}\boldsymbol{z}_p\\ \text{求解 } \boldsymbol{K}\boldsymbol{z}_{p+1}^{*}=\boldsymbol{y}_p\\ \boldsymbol{z}_{p+1}=\dfrac{\boldsymbol{z}_{p+1}^{*}}{\|\boldsymbol{z}_{p+1}^{*}\|}\end{cases}\tag{3.110}$$

这种向量迭代法称为**逆迭代法**。

3.6　线性方程组的求解

在很多问题的数值解法中都会遇到线性方程组的求解，如有限元静态问题、前文所述的逆迭代问题、系统动态响应的计算等。在这里，我们将讨论常用的直接求解器，并假定一个一般的方程组，其形式为

$$\boldsymbol{A}\boldsymbol{x}=\boldsymbol{b}\tag{3.111}$$

其中，$\boldsymbol{A}$ 为方矩阵。

3.6.1　非奇异线性系统

假设矩阵 $\boldsymbol{A}$ 非奇异，则式(3.11)存在唯一的解 $\boldsymbol{x}$。

1. 非对称系统：$\boldsymbol{LU}$ 分解

解方程组(3.111)的最自然的方法是将其中的第一个方程写为

$$x_1=\frac{1}{a_{11}}(b_1-a_{12}x_2-\cdots-a_{1n}x_n)\tag{3.112}$$

将式(3.112)代入其他方程可消去 x_1。对 $x_2,\cdots,x_{n-1}$施行这一过程，最后可解出 x_n。再逐次将 $x_n,\cdots,x_2$ 进行回代，可依次求解出 $x_{n-1},\cdots,x_1$。

这个过程也可以理解为对原方程的线性变换，使矩阵 $\boldsymbol{A}$ 变为上三角矩阵 $\boldsymbol{U}$。假设对应于 $x_1,\cdots,x_{k-1}$的消元过程已经完成，变换后的系统矩阵如图 3.2 所示。第 k 步是将第 $k+1,\cdots,n$ 个方程转化为第 k 个方程的线性组合，使 x_k 的系数为零。因此，如果将 $\boldsymbol{U}$ 和 $\tilde{\boldsymbol{b}}$ 的初值分别置为 $\boldsymbol{A}$ 和 $\boldsymbol{b}$，则第 k 步对 $\boldsymbol{U}$ 和 $\tilde{\boldsymbol{b}}$ 的元素作以下变换：

$$\begin{cases}u_{ij}\leftarrow u_{ij}-l_{ik}u_{kj},\\ \tilde{b}_i\leftarrow\tilde{b}_i-l_{ik}\tilde{b}_k,\end{cases}\quad i,j=k+1,\cdots,n,\quad l_{ik}=\frac{u_{ik}}{u_{kk}}\tag{3.113}$$

$n-1$ 步后，$\boldsymbol{U}$ 变为上三角矩阵。由回代求出的解为

$$x_i=\frac{1}{u_{ii}}\left(\tilde{b}_i-\sum_{j=i+1}^{n}u_{ij}x_j\right),\quad i=n,n-1,\cdots,1\tag{3.114}$$

这种算法称为 **Gauss 消去法**。

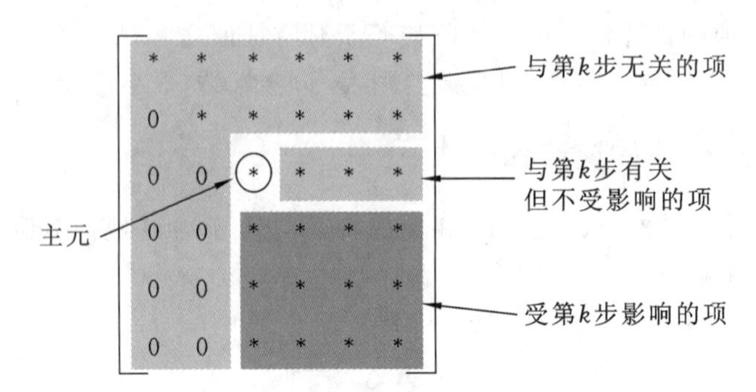

图 3.2　Gauss 消去法：将矩阵 $\boldsymbol{A}$ 变换为上三角矩阵 $\boldsymbol{U}$

可以将 Gauss 消去法看作把矩阵 $\boldsymbol{A}$ 变为一个下三角矩阵 $\boldsymbol{L}$ 和上三角矩阵 $\boldsymbol{U}$ 的积：

$$\boldsymbol{A}=\boldsymbol{L}\boldsymbol{U} \tag{3.115}$$

其中，$\boldsymbol{L}$ 的元素 l_{ik} 由式(3.113)定义，其对角元为 1。

以上这种直接解法可总结如下：

将 $\boldsymbol{A}$ 分解为 $\boldsymbol{A}=\boldsymbol{L}\boldsymbol{U}$，方程组变为

$$\boldsymbol{L}\boldsymbol{U}\boldsymbol{x}=\boldsymbol{L}\widetilde{\boldsymbol{b}}=\boldsymbol{b} \tag{3.116}$$

所以有

$$\boldsymbol{L}\widetilde{\boldsymbol{b}}=\boldsymbol{b} \tag{3.117}$$

$$\boldsymbol{U}\boldsymbol{x}=\widetilde{\boldsymbol{b}} \tag{3.118}$$

求解方程(3.117)对应于式(3.113)第二式中右侧的变换，称为**前向代换**，求解方程(3.118)对应于式(3.114)中定义的回代。

第 k 步中的对角元 u_{kk} 称为主元(见图 3.2)，要求它非零。为此，往往需要交换各个方程和未知量的次序，使得主元非零且其模较大。

2. 对称系统：$\boldsymbol{L}\boldsymbol{D}\boldsymbol{L}^{\mathrm{T}}$ 和 Cholesky 分解

如果矩阵 $\boldsymbol{A}$ 是对称的，则可分解为

$$\boldsymbol{A}=\boldsymbol{L}\boldsymbol{D}\boldsymbol{L}^{\mathrm{T}} \tag{3.119}$$

这相当于原来的分解中的上三角矩阵 $\boldsymbol{U}=\boldsymbol{D}\boldsymbol{L}^{\mathrm{T}}$，其中 $\boldsymbol{D}$ 为由 $\boldsymbol{U}$ 的对角元素构成的对角矩阵。这种分解具体写出为

$$\begin{bmatrix} a_{11} & a_{21} & a_{31} & \cdots \\ a_{21} & a_{22} & a_{23} & \cdots \\ a_{31} & a_{32} & a_{33} & \\ \vdots & \vdots & & \ddots \end{bmatrix}=\begin{bmatrix} 1 & & & \\ l_{21} & 1 & & \boldsymbol{0} \\ l_{31} & l_{32} & 1 & \\ \vdots & & & \ddots \end{bmatrix}\begin{bmatrix} d_{11} & d_{11}l_{21} & d_{11}l_{31} & \cdots \\ & d_{22} & d_{22}l_{32} & \\ & & d_{33} & \\ \boldsymbol{0} & & & \ddots \end{bmatrix} \tag{3.120}$$

分解的第 k 步的计算公式为

$$a_{kj}=d_{jj}l_{kj}+\sum_{s=1}^{j-1}l_{ks}d_{ss}l_{js},\quad j=1,\cdots,k-1 \Rightarrow l_{kj}=\frac{1}{d_{jj}}\left(a_{kj}-\sum_{s=1}^{j-1}l_{ks}d_{ss}l_{js}\right) \tag{3.121}$$

$$a_{kk}=d_{kk}+\sum_{s=1}^{k-1}d_{ss}l_{ks}^{2} \Rightarrow d_{kk}=a_{kk}-\sum_{s=1}^{k-1}d_{ss}l_{ks}^{2} \tag{3.122}$$

若令 $\tilde{l}_{kj}=d_{jj}l_{kj}$，即

$$\begin{cases}\tilde{l}_{kj}=a_{kj}-\sum_{s=1}^{j-1}\tilde{l}_{ks}l_{js}, \quad j=1,\cdots,k-1\\ d_{kk}=a_{kk}-\sum_{s=1}^{k-1}\tilde{l}_{ks}l_{ks}\end{cases} \tag{3.123}$$

则可以先确定 $\tilde{l}_{kj}$，再计算 l_{kj}：

$$l_{kj}=\frac{\tilde{l}_{kj}}{d_{jj}}, \quad j=1,\cdots,k-1 \tag{3.124}$$

若矩阵 $\boldsymbol{A}$ 是对称正定的，则可分解为

$$\boldsymbol{A}=\boldsymbol{LDL}^{\mathrm{T}}=\boldsymbol{LD}^{1/2}\boldsymbol{D}^{1/2}\boldsymbol{L}^{\mathrm{T}}=\boldsymbol{CC}^{\mathrm{T}} \tag{3.125}$$

这种分解称为 **Cholesky** 分解。

3.6.2　奇异矩阵和零空间

满足方程

$$\boldsymbol{An}_s=\boldsymbol{0}, \quad s=1,\cdots,m \tag{3.126}$$

的所有 m 个解 $\boldsymbol{n}_s$ 的集合称为 $\boldsymbol{A}$ 的零空间。对于一个刚度矩阵，$\boldsymbol{n}_s$ 表示刚体模态 $\boldsymbol{u}_{(s)}$。注意：$\boldsymbol{n}_s$ 的任何线性组合仍然满足方程(3.126)。

如果 $n\times n$ 矩阵 $\boldsymbol{A}$ 存在 m 个零空间向量 $\boldsymbol{n}_s$，则矩阵 $\boldsymbol{A}$ 只有 $n-m$ 个列或行是线性独立的。

假定系统可以分块为

$$\begin{bmatrix}\boldsymbol{A}_{11} & \boldsymbol{A}_{12}\\ \boldsymbol{A}_{21} & \boldsymbol{A}_{22}\end{bmatrix}\begin{bmatrix}\boldsymbol{x}_1\\ \boldsymbol{x}_2\end{bmatrix}=\begin{bmatrix}\boldsymbol{b}_1\\ \boldsymbol{b}_2\end{bmatrix} \tag{3.127}$$

其中，方矩阵 $\boldsymbol{A}_{11}$ 为 $\boldsymbol{A}$ 的最大非奇异子矩阵，其维数等于 $\boldsymbol{A}$ 的秩。由于 $\boldsymbol{A}$ 的后 m 列与前 $n-m$ 列线性相关，故有

$$\begin{bmatrix}\boldsymbol{A}_{12}\\ \boldsymbol{A}_{22}\end{bmatrix}=\begin{bmatrix}\boldsymbol{A}_{11}\\ \boldsymbol{A}_{21}\end{bmatrix}\boldsymbol{W} \tag{3.128}$$

由式(3.128)的第一组方程可得

$$\boldsymbol{W}=\boldsymbol{A}_{11}^{-1}\boldsymbol{A}_{12} \tag{3.129}$$

由式(3.128)可写出

$$\begin{bmatrix}\boldsymbol{A}_{11} & \boldsymbol{A}_{12}\\ \boldsymbol{A}_{21} & \boldsymbol{A}_{22}\end{bmatrix}\begin{bmatrix}-\boldsymbol{W}\\ \boldsymbol{I}_{m\times m}\end{bmatrix}=\boldsymbol{0} \tag{3.130}$$

其中，$\boldsymbol{I}_{m\times m}$ 为 m 维单位矩阵。所以 $\boldsymbol{A}$ 的零空间可表示为

$$\boldsymbol{N}=[\boldsymbol{n}_1,\cdots,\boldsymbol{n}_m]=\begin{bmatrix}-(\boldsymbol{A}_{11}^{-1}\boldsymbol{A}_{12})\\ \boldsymbol{I}_{m\times m}\end{bmatrix} \tag{3.131}$$

3.6.3　奇异系统的解

如果系统矩阵 $\boldsymbol{A}$ 是奇异的，则 $\boldsymbol{A}$ 没有逆。但该系统的解可能是存在的。实际上，在方

程(3.127)中,如果$\boldsymbol{b}_1$和$\boldsymbol{b}_2$具有与$\boldsymbol{A}$的列和行相同的线性相关性,即若

$$\boldsymbol{b}_2=\boldsymbol{W}^{\mathrm{T}}\boldsymbol{b}_1 \tag{3.132}$$

则系统有解。式(3.131)和式(3.132)等价于$\boldsymbol{N}^{\mathrm{T}}\boldsymbol{b}=\boldsymbol{0}$。因此,可以这样说,**方程组$\boldsymbol{Ax}=\boldsymbol{b}$的解存在,当且仅当$\boldsymbol{b}$与$\boldsymbol{A}$的零空间正交,且$\boldsymbol{A}$是对称的。**

如果$\boldsymbol{A}$是一个刚度矩阵,上述结果的实际含义就是对刚体模态施加的力向量自成平衡力系。如果我们定义$\boldsymbol{A}$的像(或范围)为$\boldsymbol{Ay}$张成的空间($\boldsymbol{y}$为任意向量),就可以等价地说**方程组$\boldsymbol{Ax}=\boldsymbol{b}$的解存在,当且仅当$\boldsymbol{b}$属于$\boldsymbol{A}$的像。**

3.7 逆迭代法的实际考虑

逆迭代法的有效实施需要求解线性系统式(3.110),这个问题已在前面讨论过。在应用逆迭代法时,面临着两个重要问题:

(1) 存在刚体模态的结构需要适当的处理。将这些模态集中在矩阵$\boldsymbol{U}$中,则$\boldsymbol{U}$为特征值为零的特征模态,它们就是刚度矩阵的零空间。

(2) 为了在特定频率附近找到特征解,或者当特征值相互接近时,可以应用谱偏移方法。这种方法可以改善特征值的密排情况,提高逆迭代的收敛速度。

3.7.1 存在刚体模态的逆迭代

存在刚体模态时,刚度矩阵$\boldsymbol{K}$是奇异的,存在m个独立的解$\boldsymbol{u}_{(i)}$满足:

$$\boldsymbol{Ku}_{(i)}=\boldsymbol{0},\quad i=1,\cdots,m \tag{3.133}$$

所有$\boldsymbol{u}_{(i)}$形成$\boldsymbol{K}$的零空间$\boldsymbol{U}$,根据式(3.131),有

$$\boldsymbol{U}=[\boldsymbol{u}_{(1)},\cdots,\boldsymbol{u}_{(m)}]=\begin{bmatrix}-(\boldsymbol{K}_{11}^{-1}\boldsymbol{K}_{12})\\ \boldsymbol{I}_{m\times m}\end{bmatrix} \tag{3.134}$$

在存在刚体模态时,求解反迭代的静态问题需要特别小心。只有当静态方程(3.110)中的$\boldsymbol{y}_p=\boldsymbol{0}$,即$\boldsymbol{Mz}_p=\boldsymbol{0}$时,才存在解。因此,让我们来定义投影矩阵:

$$\boldsymbol{P}_U=\boldsymbol{I}-\boldsymbol{U}(\boldsymbol{U}^{\mathrm{T}}\boldsymbol{MU})^{-1}\boldsymbol{U}^{\mathrm{T}}\boldsymbol{M} \tag{3.135}$$

假定刚体模态关于质量矩阵正交,则上式可写为

$$\boldsymbol{P}_U=\boldsymbol{I}-\boldsymbol{UU}^{\mathrm{T}}\boldsymbol{M} \tag{3.136}$$

如果我们用$\boldsymbol{P}_U\boldsymbol{z}_p$替代$\boldsymbol{z}_p$,则可保证:

$$\boldsymbol{U}^{\mathrm{T}}\boldsymbol{MP}_U\boldsymbol{z}_p=0 \tag{3.137}$$

这样,投影矩阵$\boldsymbol{P}_U$消除了$\boldsymbol{z}_p$中不与$\boldsymbol{M}$正交的任何成分。逆迭代公式变为

$$\begin{cases}\boldsymbol{y}_p=\boldsymbol{Mz}_p\\ \text{求解 }\boldsymbol{Kz}_{p+1}^{*}=\boldsymbol{y}_p\\ \boldsymbol{z}_{p+1}=\boldsymbol{P}_U\dfrac{\boldsymbol{z}_{p+1}^{*}}{\|\boldsymbol{z}_{p+1}^{*}\|}\end{cases} \tag{3.138}$$

3.7.2 谱偏移

将一般的广义特征值问题写成下面的等价形式:

$$(\boldsymbol{K}-\mu\boldsymbol{M})\boldsymbol{x}=(\omega^2-\mu)\boldsymbol{M}\boldsymbol{x} \tag{3.139}$$

定义

$$\boldsymbol{K}_{\text{shift}}=\boldsymbol{K}-\mu\boldsymbol{M} \tag{3.140}$$

$$\omega_{\text{shift}}^2=\omega^2-\mu \tag{3.141}$$

于是,特征值问题变为

$$\boldsymbol{K}_{\text{shift}}\boldsymbol{x}=\omega_{\text{shift}}^2\boldsymbol{M}\boldsymbol{x} \tag{3.142}$$

式(3.141)表示谱 ω_{shift}^2 在原来的谱 ω^2 上偏移了 μ。

偏移后的逆迭代公式为

$$\begin{cases}\boldsymbol{y}_p=\boldsymbol{M}\boldsymbol{z}_p\\ \text{求解}(\boldsymbol{K}-\mu\boldsymbol{M})\boldsymbol{z}_{p+1}^*=\boldsymbol{y}_p\\ \boldsymbol{z}_{p+1}=\dfrac{\boldsymbol{z}_{p+1}^*}{\|\boldsymbol{z}_{p+1}^*\|}\end{cases} \tag{3.143}$$

现在,迭代将收敛到特征向量 $\boldsymbol{x}_{(r)}$,它对应于特征值 ω_r^2:

$$|\omega_r^2-\mu|=\min_j\{|\omega_j^2-\mu|\}$$

3.8　子空间构造方法

前面介绍的方法还有必要作进一步改进,使其能够处理密排特征值问题,并以较高的精度和最大的效率提供多个特征解。我们注意到逆迭代法有如下的缺点:① 对每个特征解的迭代过程都是从头开始的,即寻找前面的解时产生的所有信息都被丢弃;② 每个特征解的收敛不能给出更高特征解的收敛知识,因此对于大小接近的特征值收敛速度较差。

子空间迭代和 Lanczos 方法提供了两种不同的方法来改进或最大限度地利用在迭代过程中生成的信息。

3.8.1　子空间迭代法

子空间迭代法背后的思想是同时对几个向量进行逆迭代。

子空间迭代的原理是生成一个维数为 $n\times p$ 的矩阵序列 $\boldsymbol{Z}_0,\cdots,\boldsymbol{Z}_k$,它们的列张成维数为 p 的一系列子空间 $E_0^p,E_1^p,\cdots,E_k^p$,目的是让这些子空间收敛于子空间 $E_\infty^p=E^p$,E^p 表示由 $\boldsymbol{X}^{(p)}$ 张成的特征子空间,$\boldsymbol{X}^{(p)}=[\boldsymbol{x}_{(1)},\cdots,\boldsymbol{x}_{(p)}]$表示系统的前 p 个特征模态。

因此,该方法的核心是:

$$\begin{cases}\boldsymbol{Y}_k=\boldsymbol{M}\boldsymbol{Z}_k\\ \boldsymbol{K}\boldsymbol{Z}_{k+1}=\boldsymbol{Y}_k\end{cases} \tag{3.144}$$

由于逆迭代的基本性质是使迭代向量向最低阶模态方向靠近,所以算法公式(3.144)将会使 $\boldsymbol{Z}_k$ 的每一列都收敛到第一阶特征模态,这显然是没有意义的。

我们希望 $\boldsymbol{Z}_k$ 中的 p 个列向量分别收敛到前 p 阶特征模态,为此我们必须使初始迭代矩阵 $\boldsymbol{Z}_0$ 的各列与前 p 阶特征模态关于 $\boldsymbol{M}$ 正交。一开始我们并不知道前 p 阶特征模态,因此一开始不能做到使迭代矩阵 $\boldsymbol{Z}_0$ 的各列与前 p 阶特征模态关于 $\boldsymbol{M}$ 正交。但是,我们可以在迭代过程中逐步做到,做法如下。

从式(3.144)第二个方程解出 $\boldsymbol{Z}_k$，但不马上投入下一次迭代，而是先对它进行正交化处理。为此，对原系统引入 Ritz 减缩变换：

$$\boldsymbol{x}=\boldsymbol{Z}_k\boldsymbol{v} \tag{3.145}$$

则原系统的特征值问题变为

$$\widetilde{\boldsymbol{K}}_k\boldsymbol{v}=\widetilde{\omega}^2\widetilde{\boldsymbol{M}}_k\boldsymbol{v} \tag{3.146}$$

其中

$$\widetilde{\boldsymbol{K}}_k=\boldsymbol{Z}_k^{\mathrm{T}}\boldsymbol{K}\boldsymbol{Z}_k,\quad \widetilde{\boldsymbol{M}}_k=\boldsymbol{Z}_k^{\mathrm{T}}\boldsymbol{M}\boldsymbol{Z}_k \tag{3.147}$$

这是一个 p 维特征值问题，通常为低阶问题（一般 $p\ll n$），可以比较容易地求出特征解：

$$\widetilde{\omega}_{(1),k}^2,\cdots,\widetilde{\omega}_{(p),k}^2;\boldsymbol{v}_{(1),k},\cdots,\boldsymbol{v}_{(p),k} \tag{3.148}$$

所以有

$$\widetilde{\boldsymbol{K}}_k\boldsymbol{V}_k=\widetilde{\boldsymbol{M}}_k\boldsymbol{V}_k\widetilde{\boldsymbol{\Omega}}^2 \tag{3.149}$$

其中

$$\widetilde{\boldsymbol{\Omega}}^2=\mathrm{diag}[\widetilde{\omega}_{(1),k}^2,\cdots,\widetilde{\omega}_{(p),k}^2],\quad \boldsymbol{V}_k=[\boldsymbol{v}_{(1),k},\cdots,\boldsymbol{v}_{(p),k}] \tag{3.150}$$

假定 $\boldsymbol{V}_k$ 是一组正则模态，则有

$$\begin{cases}\boldsymbol{V}_k^{\mathrm{T}}\widetilde{\boldsymbol{K}}_k\boldsymbol{V}_k=\boldsymbol{X}_k^{\mathrm{T}}\boldsymbol{K}\boldsymbol{X}_k=\widetilde{\boldsymbol{\Omega}}^2\\ \boldsymbol{V}_k^{\mathrm{T}}\widetilde{\boldsymbol{M}}_k\boldsymbol{V}_k=\boldsymbol{X}_k^{\mathrm{T}}\boldsymbol{M}\boldsymbol{X}_k=\boldsymbol{I}\end{cases} \tag{3.151}$$

其中，$\boldsymbol{X}_k=\boldsymbol{Z}_k\boldsymbol{V}_k$。因此，可用 $\boldsymbol{Z}_k\boldsymbol{V}_k$ 替代 $\boldsymbol{Z}_k$ 投入下一次迭代，随着迭代次数 k 的增大，$\boldsymbol{X}_k=\boldsymbol{Z}_k\boldsymbol{V}_k$ 趋向于原特征值问题的前 p 个特征向量，$\widetilde{\boldsymbol{\Omega}}^2=\mathrm{diag}[\widetilde{\omega}_{(1),k}^2,\cdots,\widetilde{\omega}_{(p),k}^2]$为前 p 个特征值的近似值。

总结上述，可得子空间迭代法的计算步骤为

$$\begin{cases}\boldsymbol{Y}_k=\boldsymbol{M}\boldsymbol{Z}_k\\ \text{求解 }\boldsymbol{K}\boldsymbol{Z}_{k+1}^*=\boldsymbol{Y}_k\\ \text{构造 }\widetilde{\boldsymbol{K}}_{k+1}=\boldsymbol{Z}_{k+1}^{*\mathrm{T}}\boldsymbol{K}\boldsymbol{Z}_{k+1}^*,\quad \widetilde{\boldsymbol{M}}_{k+1}=\boldsymbol{Z}_{k+1}^{*\mathrm{T}}\boldsymbol{M}\boldsymbol{Z}_{k+1}^*\\ \text{求解 }\widetilde{\boldsymbol{K}}_{k+1}\boldsymbol{V}_{k+1}=\widetilde{\boldsymbol{M}}_{k+1}\boldsymbol{V}_{k+1}\widetilde{\boldsymbol{\Omega}}^2\\ \boldsymbol{Z}_{k+1}=\boldsymbol{Z}_{k+1}^*\boldsymbol{V}_{k+1}\end{cases} \tag{3.152}$$

实际应用子空间迭代法还有一个重要问题，就是初始迭代向量矩阵如何选取。这里推荐 $\boldsymbol{Y}_0$ 的一种取法：

(1) 如果 r 为待求的特征值数目，则迭代向量的个数 p 取为

$$p=\min\{2r,r+8\} \tag{3.153}$$

(2) 令 $\boldsymbol{Y}_0(=\boldsymbol{M}\boldsymbol{Z}_0)=[\boldsymbol{y}_{(1),0},\boldsymbol{y}_{(2),0},\cdots,\boldsymbol{y}_{(p),0}]$，取其中的第一列 $\boldsymbol{y}_{(1),0}$ 为

$$\boldsymbol{y}_{(1),0}=[1,1,\cdots,1]^{\mathrm{T}}\quad \text{或}\quad \boldsymbol{y}_{(1),0}=[m_{11},m_{22},\cdots,m_{nn}]^{\mathrm{T}} \tag{3.154}$$

其中，m_{ii} 为矩阵 $\boldsymbol{M}$ 的对角元素。由矩阵 $\boldsymbol{M}$ 和 $\boldsymbol{K}$ 的对角元素得到对角矩阵：

$$\boldsymbol{D}=\mathrm{diag}\left[\frac{m_{11}}{k_{11}},\frac{m_{22}}{k_{22}},\cdots,\frac{m_{nn}}{k_{nn}}\right] \tag{3.155}$$

按 m_{ii}/k_{ii} 的值由大到小将对角矩阵 $\boldsymbol{D}$ 的各列重新排列，再用 1 替代 m_{ii}/k_{ii} 的值，得到矩阵 $\widetilde{\boldsymbol{D}}$。矩阵 $\widetilde{\boldsymbol{D}}$ 的前 $p-1$ 列就取为 $\boldsymbol{Y}_0$ 的第 2～p 列。

初始迭代矩阵的取法举例如下：

设

$$\boldsymbol{M}=\begin{bmatrix}3 & & & \text{对} & \\ \times & 14 & & & \text{称} \\ \times & \times & 3 & & \\ \times & \times & \times & 24 & \\ \times & \times & \times & \times & 12\end{bmatrix},\quad \boldsymbol{K}=\begin{bmatrix}3 & & & \text{对} & \\ \times & 2 & & & \text{称} \\ \times & \times & 1 & & \\ \times & \times & \times & 4 & \\ \times & \times & \times & \times & 4\end{bmatrix} \tag{3.156}$$

所以

$$\boldsymbol{D}=\operatorname{diag}(m_{ii}/k_{ii})=\begin{bmatrix}1 & 0 & 0 & 0 & 0 \\ 0 & 7 & 0 & 0 & 0 \\ 0 & 0 & 3 & 0 & 0 \\ 0 & 0 & 0 & 6 & 0 \\ 0 & 0 & 0 & 0 & 3\end{bmatrix} \tag{3.157}$$

按 m_{ii}/k_{ii} 的值由大到小将对角矩阵 $\boldsymbol{D}$ 的各列重新排列，再用 1 替代 m_{ii}/k_{ii} 的值，得

$$\widetilde{\boldsymbol{D}}=\begin{bmatrix}0 & 0 & 0 & 0 & 1 \\ 1 & 0 & 0 & 0 & 0 \\ 0 & 0 & 1 & 0 & 0 \\ 0 & 1 & 0 & 0 & 0 \\ 0 & 0 & 0 & 1 & 0\end{bmatrix} \tag{3.158}$$

所以初始迭代矩阵为

$$\boldsymbol{Y}_0=\begin{bmatrix}1 & 0 & 0 & 0 & 0 \\ 1 & 1 & 0 & 0 & 0 \\ 1 & 0 & 0 & 1 & 0 \\ 1 & 0 & 1 & 0 & 0 \\ 1 & 0 & 0 & 0 & 1\end{bmatrix} \tag{3.159}$$

3.8.2 Lanczos 方法

子空间迭代法在有限元分析中很常用，因为它可以提取非常大系统的特征解，并且具有其他方法无法提供的鲁棒性。它的收敛速度相当高，但是，它需要大量的内存空间。下面介绍 Lanczos 方法，其计算成本低于子空间迭代法。

Lanczos 方法的原理是从单个起始向量生成一个增长的子空间，该子空间将近似张成系统的基本特征解。对一个起始向量 $\boldsymbol{z}_0$ 进行逆迭代，递归地建立近似空间。我们可以构建下面的 **Krylov 序列**：

$$\{\boldsymbol{z}_0, \boldsymbol{K}^{-1}\boldsymbol{M}\boldsymbol{z}_0, (\boldsymbol{K}^{-1}\boldsymbol{M})^2\boldsymbol{z}_0, \cdots\} \tag{3.160}$$

设法使其中的各项相互正交。这样，问题的特征解将在这个增长的子空间中搜索。我们将会发现，可以非常有效地在 Krylov 子空间中找到近似特征解。

Lanczos 方法的主要步骤介绍如下。

我们称 $\boldsymbol{z}_0$ 为起始向量，先对 $\boldsymbol{z}_0$ 作 $\boldsymbol{M}$ 归一化处理：

$$\boldsymbol{z}_0 \leftarrow \boldsymbol{z}_0 / \sqrt{\boldsymbol{z}_0^{\mathrm{T}}\boldsymbol{M}\boldsymbol{z}_0}$$

现在计算下一个 Krylov 基向量：

$$\bar{\boldsymbol{z}}_1=\boldsymbol{K}^{-1}\boldsymbol{M}\boldsymbol{z}_0$$

这一计算实际上是通过逆迭代的两次运算完成的。要求 Krylov 序列中的所有向量是 $\boldsymbol{M}$ 正交的，因此现在将 $\bar{\boldsymbol{z}}_1$ 与 $\boldsymbol{z}_0$ 进行 $\boldsymbol{M}$ 正交化，以确保过程不会退化（否则，迭代将都收敛到一阶模态）：

$$\boldsymbol{z}_1=\bar{\boldsymbol{z}}_1-a_{00}\boldsymbol{z}_0,\quad 其中\quad a_{00}=\boldsymbol{z}_0^{\mathrm{T}}\boldsymbol{M}\bar{\boldsymbol{z}}_1$$

同时保证 $\boldsymbol{z}_1$ 是 $\boldsymbol{M}$ 归一化的：

$$\boldsymbol{z}_1\leftarrow\boldsymbol{z}_1/\gamma_1,\quad \gamma_1=\sqrt{\boldsymbol{z}_1^{\mathrm{T}}\boldsymbol{M}\boldsymbol{z}_1}$$

这一过程可以递归地继续下去，总结如下：

$$\begin{cases}\bar{\boldsymbol{z}}_{p+1}=\boldsymbol{K}^{-1}\boldsymbol{M}\boldsymbol{z}_p\\ \boldsymbol{z}_{p+1}=\bar{\boldsymbol{z}}_{p+1}-\sum\limits_{i=0}^{p}a_{ip}\boldsymbol{z}_i,\quad 其中\ a_{ip}=\boldsymbol{z}_i^{\mathrm{T}}\boldsymbol{M}\bar{\boldsymbol{z}}_{p+1}\\ \boldsymbol{z}_{p+1}\leftarrow\boldsymbol{z}_{p+1}/\gamma_{p+1},\quad \gamma_{p+1}=\sqrt{\boldsymbol{z}_{p+1}^{\mathrm{T}}\boldsymbol{M}\boldsymbol{z}_{p+1}}\end{cases}\tag{3.161}$$

其中，第二步使新的迭代向量与之前的所有迭代向量是 $\boldsymbol{M}$ 正交的。由算法公式(3.161)生成的向量 $\boldsymbol{z}_p$ 与式(3.160)中的 Krylov 向量并不完全相同，因为它们经过了归一化和正交化处理。然而，由于式(3.161)第二个运算式中仅仅涉及向量的线性组合，因此由向量 $\boldsymbol{z}_p$ 张成的空间与式(3.160)的完全相同。

根据幂迭代算法的原理，我们知道由这些 $\boldsymbol{z}_p$ 张成的子空间将表示一些最低频率模态的模态空间，尽管这些 $\boldsymbol{z}_p$ 本身不是特征模态。于是，可在该子空间中寻找一些低阶特征模态的良好近似。我们首先注意序列公式(3.161)生成的向量满足：

$$\gamma_{p+1}\boldsymbol{z}_{p+1}=\boldsymbol{K}^{-1}\boldsymbol{M}\boldsymbol{z}_p-\sum_{i=0}^{p}a_{ip}\boldsymbol{z}_i\tag{3.162}$$

或

$$\boldsymbol{K}^{-1}\boldsymbol{M}\boldsymbol{z}_p=\gamma_{p+1}\boldsymbol{z}_{p+1}+\sum_{i=0}^{p}a_{ip}\boldsymbol{z}_i\tag{3.163}$$

写成矩阵形式为

$$\boldsymbol{K}^{-1}\boldsymbol{M}\boldsymbol{Z}=\boldsymbol{Z}\boldsymbol{T}+\boldsymbol{E}\tag{3.164}$$

其中

$$\begin{cases}\boldsymbol{Z}=[\boldsymbol{z}_0,\boldsymbol{z}_1,\boldsymbol{z}_2,\cdots,\boldsymbol{z}_p]\\ \boldsymbol{T}=\begin{bmatrix}a_{00}&a_{01}&a_{02}&a_{03}&\cdots&a_{0p}\\ \gamma_1&a_{11}&a_{12}&a_{13}&\cdots&a_{1p}\\ 0&\gamma_2&a_{22}&a_{23}&\cdots&a_{2p}\\ 0&0&\gamma_3&a_{33}&\cdots&a_{3p}\\ \vdots&\vdots&&\ddots&\ddots&\vdots\\ 0&0&\cdots&0&\gamma_p&a_{pp}\end{bmatrix}\\ \boldsymbol{E}=[\boldsymbol{0},\cdots,\boldsymbol{0},\gamma_{p+1}\boldsymbol{z}_{p+1}]\end{cases}\tag{3.165}$$

注意，$\boldsymbol{T}$ 为一个上 **Hessenberg 矩阵**。迭代的正交性可写为

$$\boldsymbol{Z}^{\mathrm{T}}\boldsymbol{M}\boldsymbol{Z}=\boldsymbol{I},\quad \boldsymbol{Z}^{\mathrm{T}}\boldsymbol{M}\boldsymbol{E}=\boldsymbol{0}\tag{3.166}$$

我们使用 $\boldsymbol{Z}$ 作为一个子空间，在这个子空间中我们希望找到一个特征模态的近似，即

$$\boldsymbol{x}_{(s)} \approx \boldsymbol{Z}\boldsymbol{y}_{(s)} \tag{3.167}$$

其中，$\boldsymbol{y}_{(s)}$ 为模态向量 $\boldsymbol{x}_{(s)}$ 在 Krylov 子空间中的近似坐标向量。第 s 个特征解 ω_s^2，$\boldsymbol{x}_{(s)}$ 满足：

$$(\boldsymbol{I}-\omega_s^2\boldsymbol{K}^{-1}\boldsymbol{M})\boldsymbol{x}_{(s)}=\boldsymbol{0}$$

将近似值式(3.167)代入上式可得

$$(\boldsymbol{I}-\omega_s^2\boldsymbol{K}^{-1}\boldsymbol{M})\boldsymbol{Z}\boldsymbol{y}_{(s)}=\boldsymbol{0}+\boldsymbol{r} \tag{3.168}$$

其中，$\boldsymbol{r}$ 表示残值。这个残值一般不为零，因此设法寻求近似解 $\boldsymbol{y}_{(s)}$，它至少保证在子空间 $\boldsymbol{MZ}$ 中残值 $\boldsymbol{r}$ 是零，也就是我们希望 $\boldsymbol{Z}^{\mathrm{T}}\boldsymbol{M}\boldsymbol{r}=\boldsymbol{0}$。

因此，在子空间 $\boldsymbol{Z}$ 中，式(3.168)特征值问题写为

$$\boldsymbol{Z}^{\mathrm{T}}\boldsymbol{M}(\boldsymbol{I}-\omega_s^2\boldsymbol{K}^{-1}\boldsymbol{M})\boldsymbol{Z}\boldsymbol{y}_{(s)}=\boldsymbol{0} \tag{3.169}$$

这个方程描述了如何在 Krylov 子空间中找到近似特征模态。利用式(3.164)和式(3.166)，方程(3.169)可写为

$$\left(\frac{1}{\omega_s^2}\boldsymbol{I}-\boldsymbol{T}\right)\boldsymbol{y}_{(s)}=\boldsymbol{0} \tag{3.170}$$

这样，可以通过计算 $\boldsymbol{T}$ 的特征解来求出近似模态，然后将 $\boldsymbol{y}_{(s)}$ 代入式(3.167)计算近似特征模态。因为 $\boldsymbol{T}$ 的维数是 p(低阶问题)，所以可比较方便地求解式(3.170)特征值问题，而且对于上 Hessenberg 矩阵，存在诸如 QR 算法这样的高效特征求解器。

对于对称特征值问题，迭代向量之间具有递归正交性，使得 $\boldsymbol{T}$ 矩阵变为一个对称三对角矩阵，说明如下。

重写式(3.161)中的正交化系数 a_{ip}：

$$\begin{aligned} a_{ip} &= \boldsymbol{z}_i^{\mathrm{T}}\boldsymbol{M}\,\bar{\boldsymbol{z}}_{p+1}=\boldsymbol{z}_i^{\mathrm{T}}\boldsymbol{M}(\boldsymbol{K}^{-1}\boldsymbol{M}\boldsymbol{z}_p) \\ &= (\boldsymbol{K}^{-1}\boldsymbol{M}\boldsymbol{z}_i)^{\mathrm{T}}\boldsymbol{M}\boldsymbol{z}_p, \quad i=0,1,\cdots,p \end{aligned}$$

再利用式(3.163)可得

$$a_{ip}=\left(\gamma_{i+1}\boldsymbol{z}_{i+1}+\sum_{j=0}^{i}a_{ji}\boldsymbol{z}_j\right)^{\mathrm{T}}\boldsymbol{M}\boldsymbol{z}_p, \quad i=0,1,\cdots,p \tag{3.171}$$

由迭代中的 $\boldsymbol{M}$ 正交性可知

$$a_{ip}=0, \quad i<p-1 \tag{3.172}$$

这意味着新的迭代向量 $\bar{\boldsymbol{z}}_{p+1}$ 只需要与 $\boldsymbol{z}_p$ 和 $\boldsymbol{z}_{p-1}$ 进行 $\boldsymbol{M}$ 正交化。对早期向量的 $\boldsymbol{M}$ 正交性将被自动递归地满足。

将 $i=p-1$ 代入式(3.171)，可得

$$a_{p-1,p}=\left(\gamma_p\boldsymbol{z}_p+\sum_{j=0}^{p-1}a_{j,p-1}\boldsymbol{z}_j\right)^{\mathrm{T}}\boldsymbol{M}\boldsymbol{z}_p$$

由迭代的正交性可得

$$a_{p-1,p}=\gamma_p \tag{3.173}$$

由此可知，矩阵 $\boldsymbol{T}$ 是一个对称的三对角矩阵：

$$
\boldsymbol{T}=\begin{bmatrix} \alpha_0 & \gamma_1 & & & & \\ \gamma_1 & \alpha_1 & \gamma_2 & & \boldsymbol{0} & \\ & \gamma_2 & \ddots & \ddots & & \\ & & \ddots & \ddots & \ddots & \\ & \boldsymbol{0} & & \ddots & \ddots & \gamma_p \\ & & & & \gamma_p & \alpha_p \end{bmatrix} \tag{3.174}
$$

其中

$$
\alpha_k=a_{kk}=\boldsymbol{z}_k^{\mathrm{T}}\boldsymbol{M}\,\bar{\boldsymbol{z}}_{k+1}=\boldsymbol{z}_k^{\mathrm{T}}\boldsymbol{M}\boldsymbol{K}^{-1}\boldsymbol{M}\boldsymbol{z}_k
$$

$$
\gamma_k=a_{k-1,k}=\boldsymbol{z}_{k-1}^{\mathrm{T}}\boldsymbol{M}\,\bar{\boldsymbol{z}}_{k+1}=\boldsymbol{z}_{k-1}^{\mathrm{T}}\boldsymbol{M}\boldsymbol{K}^{-1}\boldsymbol{M}\boldsymbol{z}_k
$$

但是，以上结果只是理论性的。在实际应用中，由于数值计算的精度有限，迭代几次后就会失去递归正交性。这将导致出现伪解，甚至对于少量期望得到的低阶特征值也会失去精度。因此，在实践中，采用式(3.161)中所述的完全正交化，以避免由于各个 $\boldsymbol{z}_i$ 方向间的正交性丢失而导致过程的中断。

可以通过特征值的相对误差来检验算法的收敛性。另一种检验算法收敛性的方法是检查特征值问题的误差，即

$$
\|(\boldsymbol{I}-\omega_s^2\boldsymbol{K}^{-1}\boldsymbol{M})\boldsymbol{x}_{(s)}\|/\|\boldsymbol{x}_{(s)}\|<\varepsilon
$$

应用关系式(3.164)和式(3.167)可得

$$
\begin{aligned}
(\boldsymbol{I}-\omega_s^2\boldsymbol{K}^{-1}\boldsymbol{M})\boldsymbol{x}_{(s)} &= (\boldsymbol{I}-\omega_s^2\boldsymbol{K}^{-1}\boldsymbol{M})\boldsymbol{Z}\boldsymbol{y}_{(s)} \\
&= \boldsymbol{Z}(\boldsymbol{I}-\omega_s^2\boldsymbol{T})\boldsymbol{y}_{(s)}-\omega_s^2\boldsymbol{E}\boldsymbol{y}_{(s)}=-\omega_s^2\boldsymbol{E}\boldsymbol{y}_{(s)}
\end{aligned}
$$

矩阵 $\boldsymbol{E}$ 由式(3.165)给出，于是需要计算的误差为

$$
\boldsymbol{r}=(\boldsymbol{I}-\omega_s^2\boldsymbol{K}^{-1}\boldsymbol{M})\boldsymbol{x}_{(s)}=-\gamma_{p+1}\omega_s^2\boldsymbol{z}_{p+1}y_{(s),p+1} \tag{3.175}
$$

其中，$y_{(s),p+1}$ 是 $\boldsymbol{y}_{(s)}$ 的第 $p+1$ 个分量。

3.9　一般实矩阵特征值问题的 QR 算法

QR 算法是计算一般实矩阵(非实对称矩阵)特征值和特征向量的一种有效方法，主要思想是用正交变换将所给矩阵简化为上三角矩阵或拟上三角矩阵。

3.9.1　实矩阵特征值问题 QR 算法的原理

后面会看到，可以采用 Householder 变换将任意一个 $n\times n$ 维实矩阵 $\boldsymbol{A}$ 作下面的 QR 分解：

$$
\boldsymbol{A}=\boldsymbol{Q}\boldsymbol{R} \tag{3.176}
$$

其中，$\boldsymbol{Q}$ 为正交矩阵，$\boldsymbol{R}$ 是上三角矩阵。

设特征值问题为

$$
\boldsymbol{A}\boldsymbol{x}=\lambda\boldsymbol{x} \tag{3.177}
$$

其中，$\boldsymbol{A}$ 为实矩阵。QR 算法是将矩阵 $\boldsymbol{A}$ 进行连续 QR 分解和迭代，迭代公式为

$$
\boldsymbol{A}_k=\boldsymbol{Q}_k\boldsymbol{R}_k,\quad \boldsymbol{A}_{k+1}=\boldsymbol{R}_k\boldsymbol{Q}_k,\quad k=1,2,\cdots \tag{3.178}
$$

$$
\boldsymbol{A}_1=\boldsymbol{A} \tag{3.179}
$$

其中,$\boldsymbol{Q}_k$ 为正交矩阵,$\boldsymbol{R}_k$ 为上三角矩阵或拟上三角矩阵。

由式(3.178)的第一个方程可得

$$\boldsymbol{R}_k=\boldsymbol{Q}_k^{\mathrm{T}}\boldsymbol{A}_k \tag{3.180}$$

将方程(3.180)代入式(3.178)的第二个方程,得

$$\boldsymbol{A}_{k+1}=\boldsymbol{Q}_k^{\mathrm{T}}\boldsymbol{A}_k\boldsymbol{Q}_k,\quad k=1,2,\cdots \tag{3.181}$$

可见,QR 算法实际上是将矩阵 $\boldsymbol{A}$ 进行连续的正交相似变换。方程(3.181)可展开写为

$$\begin{aligned}\boldsymbol{A}_{k+1}&=\boldsymbol{Q}_k^{\mathrm{T}}\boldsymbol{A}_k\boldsymbol{Q}_k=\boldsymbol{Q}_k^{\mathrm{T}}\boldsymbol{Q}_{k-1}^{\mathrm{T}}\boldsymbol{A}_{k-1}\boldsymbol{Q}_{k-1}\boldsymbol{Q}_k=\cdots\\&=\boldsymbol{Q}_k^{\mathrm{T}}\cdots\boldsymbol{Q}_2^{\mathrm{T}}\boldsymbol{Q}_1^{\mathrm{T}}\boldsymbol{A}\boldsymbol{Q}_1\boldsymbol{Q}_2\cdots\boldsymbol{Q}_k\end{aligned} \tag{3.182}$$

可见,$\boldsymbol{A}_{k+1}$ 与 $\boldsymbol{A}$ 正交相似。

按式(3.182)经过多次正交相似变换后,$\boldsymbol{A}_{k+1}$ 一般不能变为一个实的上三角矩阵,否则,所有的一般实矩阵的特征值均为实数,这是不正确的,因为一般实矩阵通常存在复特征值。因此,**QR 算法一般只能收敛到一个实的拟上三角矩阵**。所谓**拟上三角矩阵**,是指对角线上含有 1×1 或 2×2 的子矩阵块,如图 3.3 所示。其中对角子矩阵的特征值可以立即求出,它们为原矩阵的其中几个特征值。

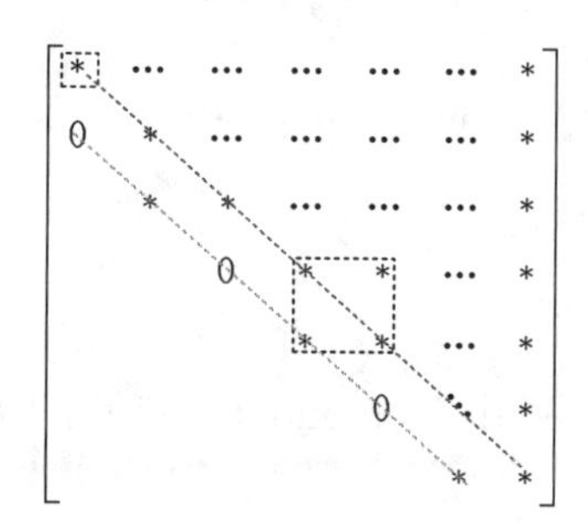

图 3.3　拟上三角矩阵的形式

后面会看到,形成式(3.182)的正交相似变换并不需要一次一次地进行 QR 分解,而是可以采用 Householder 变换形成一系列正交相似变换,将矩阵 $\boldsymbol{A}$ 相似变换为上 Hessenberg 矩阵或拟上三角矩阵。

3.9.2　Householder 变换

前面已经介绍过 Householder 变换,在计算一般实矩阵特征值问题的 QR 算法中,Householder 变换是一个基本工具。为了加深认识,这里针对 QR 算法重新介绍这个变换。**Householder 变换矩阵**是人为构造出来的,其一般形式为

$$\boldsymbol{Q}=\boldsymbol{I}-2\boldsymbol{w}\boldsymbol{w}^{\mathrm{T}},\quad \|\boldsymbol{w}\|=1 \tag{3.183}$$

其中,$\boldsymbol{w}$ 为一个任意单位列向量。我们注意到:

$$\boldsymbol{Q}^{\mathrm{T}}=(\boldsymbol{I}-2\boldsymbol{w}\boldsymbol{w}^{\mathrm{T}})^{\mathrm{T}}=\boldsymbol{I}-(2\boldsymbol{w}\boldsymbol{w}^{\mathrm{T}})^{\mathrm{T}}=\boldsymbol{I}-2\boldsymbol{w}\boldsymbol{w}^{\mathrm{T}}=\boldsymbol{Q}$$

$$\boldsymbol{Q}^{\mathrm{T}}\boldsymbol{Q}=\boldsymbol{Q}\boldsymbol{Q}=(\boldsymbol{I}-2\boldsymbol{w}\boldsymbol{w}^{\mathrm{T}})(\boldsymbol{I}-2\boldsymbol{w}\boldsymbol{w}^{\mathrm{T}})=\boldsymbol{I}-4\boldsymbol{w}\boldsymbol{w}^{\mathrm{T}}+4\boldsymbol{w}\boldsymbol{w}^{\mathrm{T}}=\boldsymbol{I}$$

因此,**矩阵 $\boldsymbol{Q}$ 为一个对称正交矩阵**。

Householder 变换矩阵的主要用途是将一个列向量下部的所有元素变为零。例如:已知列向量

$$x=[x_1,x_2,\cdots,x_n]^{\mathrm{T}}$$

取

$$\begin{cases} \boldsymbol{v}=[0,\cdots,0,x_k+\alpha,x_{k+1},\cdots,x_n]^{\mathrm{T}}, \quad \alpha=\mathrm{sign}(x_k)\cdot\sqrt{\sum_{j=k}^{n}x_j^2} \\ \boldsymbol{w}=\dfrac{\boldsymbol{v}}{\|\boldsymbol{v}\|}, \quad \boldsymbol{Q}=\boldsymbol{I}-2\boldsymbol{w}\boldsymbol{w}^{\mathrm{T}} \end{cases} \tag{3.184}$$

则

$$\boldsymbol{Q}\boldsymbol{x}=[x_1,\cdots,x_{k-1},\alpha,0,\cdots,0]^{\mathrm{T}} \tag{3.185}$$

因此，**按式(3.184)形成的 Householder 变换矩阵 $\boldsymbol{Q}$ 左乘列向量 $\boldsymbol{x}$，则 $\boldsymbol{x}$ 的前 $k-1$ 个元素不变，后 $n-k$ 个元素变为零。**

如果这个矩阵 $\boldsymbol{Q}$ 右乘行向量 $\boldsymbol{y}=[y_1,y_2,\cdots,y_n]$，则结果为

$$\boldsymbol{y}\boldsymbol{Q}=[y_1,\cdots,y_{k-1},*,\cdots,*] \tag{3.186}$$

其中，$*$ 表示向量 $\boldsymbol{y}$ 中已经被改变的元素。因此，**按式(3.184)形成的 Householder 变换矩阵 $\boldsymbol{Q}$ 右乘行向量 $\boldsymbol{y}$，则 $\boldsymbol{y}$ 的前 $k-1$ 个元素不变。**

对于矩阵 $\boldsymbol{A}$：

$$\boldsymbol{A}=\begin{bmatrix} a_{11} & a_{12} & \cdots & a_{1n} \\ a_{21} & a_{22} & \cdots & a_{2n} \\ \vdots & \vdots & & \vdots \\ a_{n1} & a_{n2} & \cdots & a_{nn} \end{bmatrix}$$

按式(3.184)依次对矩阵 $\boldsymbol{A}$ 的各列作 Householder 变换，可将各列对角线以下的元素变为零。依次取

$$\begin{cases} \boldsymbol{v}_k=[\underbrace{0,\cdots,0}_{k-1\text{个}0},a_{kk}+\alpha_k,a_{k+1,k},\cdots,a_{nk}]^{\mathrm{T}}, \quad \alpha_k=\mathrm{sign}(a_{kk})\cdot\sqrt{\sum_{i=k}^{n}a_{ik}^2} \\ \boldsymbol{w}_k=\dfrac{\boldsymbol{v}_k}{\|\boldsymbol{v}_k\|}, \quad \boldsymbol{Q}_k=\boldsymbol{I}-2\boldsymbol{w}_k\boldsymbol{w}_k^{\mathrm{T}}, \quad k=1,2,\cdots,n-1 \end{cases} \tag{3.187}$$

注意，$k\geqslant 2$ 时，上式中的 a_{ik} 是经过 $k-1$ 次变换后矩阵 $\boldsymbol{A}$ 的元素，而不是原矩阵 $\boldsymbol{A}$ 的元素。我们有

$$\boldsymbol{Q}_{n-1}\cdots\boldsymbol{Q}_2\boldsymbol{Q}_1\boldsymbol{A}=\begin{bmatrix} r_{11} & r_{12} & \cdots & r_{1n} \\ & r_{22} & \cdots & r_{2n} \\ & & \ddots & \vdots \\ & & & r_{nn} \end{bmatrix}=\boldsymbol{R} \tag{3.188}$$

即矩阵 $\boldsymbol{A}$ 变为上三角矩阵 $\boldsymbol{R}$。式(3.188)也可写为

$$\boldsymbol{A}=\boldsymbol{Q}_1\boldsymbol{Q}_2\cdots\boldsymbol{Q}_{n-1}\boldsymbol{R}=\boldsymbol{Q}\boldsymbol{R}, \quad \text{其中 } \boldsymbol{Q}=\boldsymbol{Q}_1\boldsymbol{Q}_2\cdots\boldsymbol{Q}_{n-1} \tag{3.189}$$

由于 $\boldsymbol{Q}$ 为正交矩阵，所以式(3.189)是矩阵 $\boldsymbol{A}$ 的一次 QR 分解。由上面的过程可见，**用 Householder 变换将矩阵 $\boldsymbol{A}$ 变为上三角矩阵，对矩阵 $\boldsymbol{A}$ 不需要作任何限定。**

显然，也可用 Householder 变换将矩阵 $\boldsymbol{A}$ 各列的次对角线以下元素变为零。为此，应取

$$\begin{cases} \boldsymbol{v}_k = [\underbrace{0,\cdots,0}_{k\text{个}0}, a_{k+1,k}+\alpha_k, a_{k+2,k},\cdots,a_{nk}]^{\mathrm{T}}, \quad \alpha_k = \operatorname{sign}(a_{kk}) \cdot \sqrt{\sum_{i=k+1}^{n} a_{ik}^2} \\ \boldsymbol{w}_k = \dfrac{\boldsymbol{v}_k}{\|\boldsymbol{v}_k\|}, \quad \boldsymbol{Q}_k = \boldsymbol{I} - 2\boldsymbol{w}_k\boldsymbol{w}_k^{\mathrm{T}}, \quad k=1,2,\cdots,n-2 \end{cases} \tag{3.190}$$

注意，$k \geqslant 2$ 时，上式中的 a_{ik} 是经过 $k-1$ 次变换后矩阵 $\boldsymbol{A}$ 的元素。我们有

$$\boldsymbol{Q}_{n-2}\cdots\boldsymbol{Q}_2\boldsymbol{Q}_1\boldsymbol{A} = \begin{bmatrix} a_{11} & a_{12} & a_{13} & \cdots & a_{1n} \\ a_{21} & a_{22} & a_{23} & \cdots & a_{2n} \\ 0 & a_{32} & a_{33} & \cdots & a_{3n} \\ \vdots & \ddots & \ddots & \ddots & \vdots \\ 0 & \cdots & 0 & a_{n,n-1} & a_{nn} \end{bmatrix} \tag{3.191}$$

上式右边的矩阵，次对角线以下元素均为零，这样的矩阵称为上 **Hessenberg** 矩阵。

现在，我们用式(3.190)形成的 $\boldsymbol{Q}_1,\boldsymbol{Q}_2,\cdots,\boldsymbol{Q}_{n-2}$ 依次对矩阵 $\boldsymbol{A}$ 作正交相似变换，则有

$$\boldsymbol{Q}_1\boldsymbol{A}\boldsymbol{Q}_1 = \begin{bmatrix} a_{11} & a_{12} & a_{13} & \cdots & a_{1n} \\ a_{21} & a_{22} & a_{23} & \cdots & a_{2n} \\ 0 & a_{32} & a_{33} & \cdots & a_{3n} \\ \vdots & \vdots & \vdots & & \vdots \\ 0 & a_{n2} & a_{n3} & \cdots & a_{nn} \end{bmatrix} \tag{3.192}$$

$$\boldsymbol{Q}_2\boldsymbol{Q}_1\boldsymbol{A}\boldsymbol{Q}_1\boldsymbol{Q}_2 = \begin{bmatrix} a_{11} & a_{12} & a_{13} & a_{14} & \cdots & a_{1n} \\ a_{21} & a_{22} & a_{23} & a_{24} & \cdots & a_{2n} \\ 0 & a_{32} & a_{33} & a_{34} & \cdots & a_{3n} \\ 0 & 0 & a_{43} & a_{44} & \cdots & a_{4n} \\ \vdots & \vdots & \vdots & \vdots & & \vdots \\ 0 & 0 & a_{n3} & a_{n4} & \cdots & a_{nn} \end{bmatrix} \tag{3.193}$$

$$\cdots\cdots$$

注意，式(3.192)和式(3.193)中的 a_{ij} **是矩阵 A 经变换后的结果，而不是原矩阵 A 的元素。** 我们能得到以上结果的原因是：$\boldsymbol{Q}_1\boldsymbol{A}$ 将 $\boldsymbol{A}$ 的第 1 列次对角线以下元素变为零，而 $\boldsymbol{Q}_1$ 右乘 $\boldsymbol{Q}_1\boldsymbol{A}$ 不会改变 $\boldsymbol{Q}_1\boldsymbol{A}$ 的第 1 列；$\boldsymbol{Q}_2\boldsymbol{Q}_1\boldsymbol{A}\boldsymbol{Q}_1$ 将 $\boldsymbol{A}$ 的第 1、2 列次对角线以下元素变为零，而 $\boldsymbol{Q}_2$ 右乘 $\boldsymbol{Q}_2\boldsymbol{Q}_1\boldsymbol{A}\boldsymbol{Q}_1$ 不改变 $\boldsymbol{Q}_2\boldsymbol{Q}_1\boldsymbol{A}\boldsymbol{Q}_1$ 的前两列；等等。

可见，用式(3.190)形成的 $\boldsymbol{Q}_1,\boldsymbol{Q}_2,\cdots,\boldsymbol{Q}_{n-2}$ **依次对矩阵 A 作正交相似变换，将矩阵 A 变为上 Hessenberg 矩阵。**

3.9.3　一种加速的 QR 算法

(1) 采用 Householder 变换将矩阵 A 变为上 Hessenberg 矩阵。

$$\boldsymbol{A}_1 = \boldsymbol{P}\boldsymbol{A}\boldsymbol{P} \tag{3.194}$$

其中，$\boldsymbol{P}$ 为 Householder 变换矩阵，$\boldsymbol{A}_1$ 为一个上 Hessenberg 矩阵。

(2) 对上 Hessenberg 矩阵 A_1 作带原点位移的双步 QR 分解。

此法按如下方式构成矩阵序列：

$$(\boldsymbol{A}_1-s\boldsymbol{I})(\boldsymbol{A}_1-\bar{s}\boldsymbol{I})=(\boldsymbol{A}_1-\bar{s}\boldsymbol{I})(\boldsymbol{A}_1-s\boldsymbol{I})=\boldsymbol{Q}_1\boldsymbol{Q}_2\boldsymbol{R}_2\boldsymbol{R}_1 \tag{3.195}$$

$$\boldsymbol{A}_3=\boldsymbol{Q}_2^{\mathrm{T}}\boldsymbol{Q}_1^{\mathrm{T}}\boldsymbol{A}_1\boldsymbol{Q}_1\boldsymbol{Q}_2 \tag{3.196}$$

使得 $\boldsymbol{A}_3$ 也成为上 Hessenberg 矩阵。这样做实际上对 $\boldsymbol{A}_1$ 进行了双步 QR 分解：

$$\begin{cases}\boldsymbol{A}_1-s\boldsymbol{I}=\boldsymbol{Q}_1\boldsymbol{R}_1, & \boldsymbol{A}_2=\boldsymbol{R}_1\boldsymbol{Q}_1+s\boldsymbol{I}=\boldsymbol{Q}_1^{\mathrm{T}}\boldsymbol{A}_1\boldsymbol{Q}_1\\ \boldsymbol{A}_2-\bar{s}\boldsymbol{I}=\boldsymbol{Q}_2\boldsymbol{R}_2, & \boldsymbol{A}_3=\boldsymbol{R}_2\boldsymbol{Q}_2+\bar{s}\boldsymbol{I}=\boldsymbol{Q}_2^{\mathrm{T}}\boldsymbol{A}_2\boldsymbol{Q}_2\end{cases} \tag{3.197}$$

s 为位移量(可以是复数)，$\bar{s}$ 为 s 的共轭复数。

原点位移是为了加快收敛速度，而双步 QR 分解是为了避免复数运算。实际计算中，无须进行上述的双步 QR 分解，而是直接由 $\boldsymbol{A}_1$ 来计算 $\boldsymbol{A}_3$。令

$$\boldsymbol{M}=(\boldsymbol{A}_1-s\boldsymbol{I})(\boldsymbol{A}_1-\bar{s}\boldsymbol{I}),\quad \boldsymbol{Q}=\boldsymbol{Q}_1\boldsymbol{Q}_2,\quad \boldsymbol{R}=\boldsymbol{R}_2\boldsymbol{R}_1 \tag{3.198}$$

则式(3.195)和式(3.196)可改写为

$$\boldsymbol{M}=\boldsymbol{Q}\boldsymbol{R} \tag{3.199}$$

$$\boldsymbol{A}_3=\boldsymbol{Q}^{\mathrm{T}}\boldsymbol{A}_1\boldsymbol{Q} \tag{3.200}$$

因为 $\boldsymbol{M}$ 和 $\boldsymbol{Q}$ 是实矩阵，由式(3.199)说明 $\boldsymbol{R}$ 也为实矩阵，进而由式(3.200)得知 $\boldsymbol{A}_3$ 也为实矩阵。

也已证明，在式(3.200)中，$\boldsymbol{A}_3$ 和 $\boldsymbol{Q}$ 完全取决于 $\boldsymbol{Q}$ 的第 1 列，又由于式(3.199)中 $\boldsymbol{R}$ 为上三角矩阵，因此 $\boldsymbol{Q}$ 的第 1 列又取决于 $\boldsymbol{M}$ 的第 1 列；总的来说，$\boldsymbol{A}_3$ 和 $\boldsymbol{Q}$ 完全取决于 $\boldsymbol{M}$ 的第 1 列。而 $\boldsymbol{M}$ 的第 1 列 $\boldsymbol{m}_1$ 只有三个非零元素，由式(3.198)易知 $\boldsymbol{m}_1$ 的形式为

$$\boldsymbol{m}_1=\begin{bmatrix}a_{11}^2+a_{21}a_{12}-(s+\bar{s})a_{11}+s\bar{s}\\ a_{21}a_{11}+a_{22}a_{21}-(s+\bar{s})a_{21}\\ a_{32}a_{21}\\ 0\\ \vdots\\ 0\end{bmatrix} \tag{3.201}$$

注意，为了书写方便，式(3.201)中的 a_{ij} 为矩阵 $\boldsymbol{A}_1$ 中的元素。由于正交矩阵 $\boldsymbol{Q}$ 的各列为单位向量，故 $\boldsymbol{Q}$ 的第 1 列 $\boldsymbol{q}_1$ 取为

$$\boldsymbol{q}_1=\boldsymbol{m}_1/\|\boldsymbol{m}_1\| \tag{3.202}$$

$\boldsymbol{q}_1$ 确定之后，我们要确定 $\boldsymbol{Q}$ 的其他列，使式(3.200)左边的 $\boldsymbol{A}_3$ 成为一个上 Hessenberg 矩阵，具体构造方法和公式如下。

首先构造一个 Householder 矩阵 $\boldsymbol{G}_1$，使其第一列为 $\boldsymbol{q}_1$，由于 $\boldsymbol{q}_1$ 仅有前 3 个分量非零，可以得知 $\boldsymbol{G}_1$ 必有如下形式：

$$\boldsymbol{G}_1=\begin{bmatrix}\times & \times & \times & & & \\ \times & \times & \times & & \boldsymbol{0} & \\ \times & \times & \times & & & \\ & & & 1 & & \\ & \boldsymbol{0} & & & \ddots & \\ & & & & & 1\end{bmatrix} \tag{3.203}$$

根据 $\boldsymbol{G}_1$ 的这种形式，可令 $\boldsymbol{G}_1$ 为如下的 Householder 矩阵：

$$\begin{cases} \boldsymbol{G}_1 = \boldsymbol{I} - 2\boldsymbol{v}_1^{\mathrm{T}}\boldsymbol{v}_1 \\ \boldsymbol{w}_1 = [1, \varphi, \psi, 0, \cdots, 0]^{\mathrm{T}}, \quad \boldsymbol{v}_1 = \boldsymbol{w}_1 / \| \boldsymbol{w}_1 \| \end{cases} \tag{3.204}$$

其中，φ，ψ 为待定常数。选取 $\boldsymbol{G}_1$ 的第一列等于 $\boldsymbol{q}_1$，由式(3.201)、式(3.202)和式(3.204)可知 φ，ψ 满足如下方程：

$$\left.\begin{aligned} (\boldsymbol{G}_1)_1 &= \left[1 - \frac{1}{\Delta^2}, -\frac{\varphi}{\Delta^2}, -\frac{\psi}{\Delta^2}, 0, \cdots, 0\right]^{\mathrm{T}} \\ \boldsymbol{q}_1 &= \left[\pm\frac{\alpha}{\Omega}, \pm\frac{\beta}{\Omega}, \pm\frac{\gamma}{\Omega}, 0, \cdots, 0\right]^{\mathrm{T}} \end{aligned}\right\} \Rightarrow \begin{cases} \pm\dfrac{\alpha}{\Omega} = 1 - \dfrac{1}{\Delta^2} \\ \pm\dfrac{\beta}{\Omega} = -\dfrac{\varphi}{\Delta^2} \\ \pm\dfrac{\gamma}{\Omega} = -\dfrac{\psi}{\Delta^2} \end{cases}$$

其中

$$\begin{cases} \Delta^2 = 1 + \varphi^2 + \psi^2, \quad \Omega = \sqrt{\alpha^2 + \beta^2 + \gamma^2} \\ \alpha = a_{11}^2 + a_{21}a_{12} - (s + \bar{s})a_{11} + s\bar{s} \\ \beta = a_{21}a_{11} + a_{22}a_{21} - (s + \bar{s})a_{21} \\ \gamma = a_{32}a_{21} \end{cases} \tag{3.205}$$

由此可得

$$\varphi = \frac{\beta}{\alpha \pm \Omega}, \quad \psi = \frac{\gamma}{\alpha \pm \Omega} \tag{3.206}$$

为了避免精度损失，在式(3.206)中取 α 和 Ω 具有相同的符号。

这样就确定了 $\boldsymbol{G}_1$，根据式(3.203)所示的 $\boldsymbol{G}_1$ 的形式，易知 $\boldsymbol{G}_1\boldsymbol{A}_1\boldsymbol{G}_1$ 有如下形式：

$$\boldsymbol{G}_1\boldsymbol{A}_1\boldsymbol{G}_1 = \begin{bmatrix} \times & \times & \times & \times & \cdots & \cdots & \times \\ \times & \times & \times & \times & \cdots & \cdots & \times \\ \times & \times & \times & \times & \cdots & \cdots & \times \\ \times & \times & \times & \times & \cdots & \cdots & \times \\ & & & \times & \ddots & & \vdots \\ & \boldsymbol{0} & & & \ddots & \ddots & \vdots \\ & & & & & \times & \times \end{bmatrix}$$

$\boldsymbol{G}_1\boldsymbol{A}_1\boldsymbol{G}_1$ 为一个具有三个附加元素的上 Hessenberg 矩阵，可以采用由式(3.190)给出的 $n-2$ 个 Householder 变换矩阵 $\boldsymbol{G}_2, \cdots, \boldsymbol{G}_{n-1}$ 使 $\boldsymbol{G}_1\boldsymbol{A}_1\boldsymbol{G}_1$ 变为上 Hessenberg 矩阵。这样就得到 $\boldsymbol{A}_3$ 和 $\boldsymbol{Q}$ 为

$$\begin{cases} \boldsymbol{A}_3 = \boldsymbol{G}_{n-1}\cdots\boldsymbol{G}_2\boldsymbol{G}_1\boldsymbol{A}_1\boldsymbol{G}_1\boldsymbol{G}_2\cdots\boldsymbol{G}_{n-1} = \boldsymbol{Q}^{\mathrm{T}}\boldsymbol{A}_1\boldsymbol{Q} \\ \boldsymbol{Q} = \boldsymbol{G}_1\boldsymbol{G}_2\cdots\boldsymbol{G}_{n-1} \end{cases} \tag{3.207}$$

到此，对上 Hessenberg 矩阵 $\boldsymbol{A}_1$ 的一次带原点位移的双步 QR 分解和迭代已经完成。

令 $\boldsymbol{A}_3 \to \boldsymbol{A}_1$，重复上述双步 QR 分解和迭代过程。

(3) 位移量 s 和 $\bar{s}$ 的取值。

设矩阵 $\boldsymbol{A}_1$ 的右下角二阶子矩阵为

$$\begin{bmatrix} a_{n-1,n-1} & a_{n-1,n} \\ a_{n,n-1} & a_{nn} \end{bmatrix}$$

位移量 s 和 $\bar{s}$ 一般可取该子矩阵的特征值，因此有

$$s+\bar{s}=a_{n-1,n-1}+a_{nn}, \quad s\bar{s}=a_{n-1,n-1}-a_{n-1,n}a_{n,n-1} \tag{3.208}$$

(4) 特征值的计算和矩阵 $\boldsymbol{A}_1$ 降阶。

经过若干次以上的迭代，矩阵 $\boldsymbol{A}_1$ 的对角线上会出现收敛的对角子块。因此，每次计算出矩阵 $\boldsymbol{A}_1$ 后，检查矩阵 $\boldsymbol{A}_1$ 的次对角元素，如果部分次对角元素变为零或近似为零，则 $\boldsymbol{A}_1$ 可划分为若干个对角子块(见图 3.4)。此时，如果有 1×1 或 2×2 的对角子矩阵，则可立即求出这些子矩阵的特征值(当然也可推导出专用公式求出 3×3、4×4 对角子矩阵的特征值)，并将这些对角子块所在行和列删除，使矩阵 $\boldsymbol{A}_1$ 降阶；同时分别对阶数大于 2 的对角子块进行双步 QR 分解和迭代(无须对整个 $\boldsymbol{A}_1$ 进行处理)。重复这个过程，不断求出 $\boldsymbol{A}_1$ 的特征值，不断使 $\boldsymbol{A}_1$ 降阶，直到求出所有特征值。

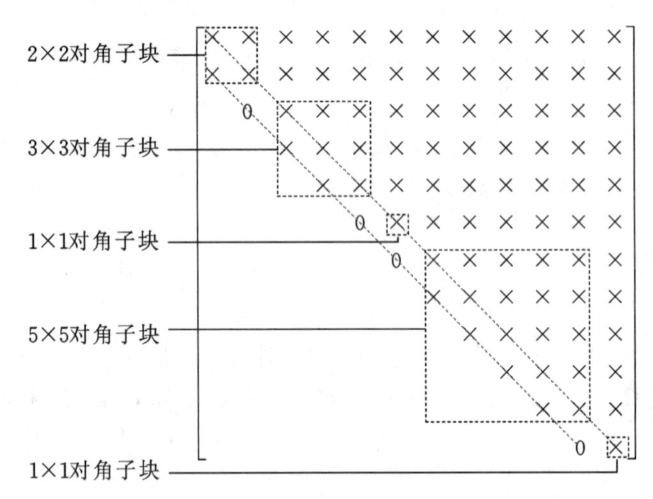

图 3.4　包含不同对角子矩阵的拟上三角矩阵

(5) 特征向量的计算。

开始计算时，保存式(3.194)中的第一个上 Hessenberg 矩阵 $\boldsymbol{A}_1$，将该矩阵 $\boldsymbol{A}_1$ 记为 $\boldsymbol{A}_S$。根据已求出的特征值和矩阵 $\boldsymbol{A}_S$ 来计算特征向量。设某个特征值为 λ_k，则对应的特征向量 $\boldsymbol{v}_k=[v_1, v_2, \cdots, v_n]^{\mathrm{T}}$ 满足线性方程组：

$$\boldsymbol{A}_k\boldsymbol{v}_k=\boldsymbol{0}, \quad \boldsymbol{A}_k=\boldsymbol{A}_S-\lambda_k\boldsymbol{I} \tag{3.209}$$

用 Householder 变换将矩阵 $\boldsymbol{A}_k$ 变为上三角矩阵。如果 λ_k 为单根，理论上这个上三角矩阵的对角线上会出现一个零元素，比如第 i 个对角元为零，于是方程(3.209)变为

$$i\begin{bmatrix} \times & * & * & * & * & \cdots & * \\ & \ddots & * & * & * & \cdots & \vdots \\ & & \times & * & * & \cdots & * \\ & & & 0 & * & \cdots & * \\ & & & & \times & \cdots & * \\ & & & & & \ddots & \vdots \\ & & & & & & \times \end{bmatrix}\begin{bmatrix} v_1 \\ \vdots \\ v_{i-1} \\ v_i \\ v_{i+1} \\ \vdots \\ v_n \end{bmatrix}=\begin{bmatrix} 0 \\ \vdots \\ 0 \\ 0 \\ 0 \\ \vdots \\ 0 \end{bmatrix} \tag{3.210}$$

（矩阵上方第 4 列标记 i，左侧第 4 行标记 i）

其中,“×”表示非零对角元,用“ * ”表示的元素可以为零也可以非零。不难看出,$v_{i+1}=\cdots=v_n=0$,而 v_i 可取任意非零值,我们取 $v_i=1$,因此方程(3.210)变为

$$\begin{bmatrix} * & \cdots & \cdots & * \\ & * & \cdots & * \\ & & \ddots & \vdots \\ & & & * \end{bmatrix}\begin{bmatrix} v_1 \\ v_2 \\ \vdots \\ v_{i-1} \end{bmatrix}=\begin{bmatrix} * \\ * \\ \vdots \\ * \end{bmatrix} \tag{3.211}$$

方程(3.211)很容易用回代方法求解。

求出所有特征向量后,设它们排成的特征向量矩阵为 $\boldsymbol{V}$,则原矩阵 $\boldsymbol{A}$ 的特征向量矩阵 $\boldsymbol{U}$ 为

$$\boldsymbol{U}=\boldsymbol{P}\boldsymbol{V} \tag{3.212}$$

其中,$\boldsymbol{P}$ 为正交矩阵,由式(3.194)给出。

思考:重特征值的特征向量怎么确定?请学生在编程时想办法解决。

拓展知识　Schmidt 正交化方法

记 $\boldsymbol{A}$ 的各列依次为 $\boldsymbol{a}_1,\boldsymbol{a}_2,\cdots,\boldsymbol{a}_n$,因为 $\boldsymbol{A}$ 是非奇异的,所以它们是线性无关的。要求利用 $\boldsymbol{a}_1,\boldsymbol{a}_2,\cdots,\boldsymbol{a}_n$ 构造另一组向量 $\boldsymbol{q}_1,\boldsymbol{q}_2,\cdots,\boldsymbol{q}_n$,使它们相互正交,且每个向量的范数为 1。

令

$$\boldsymbol{a}_1=r_{11}\boldsymbol{q}_1,\quad r_{11}=\|\boldsymbol{a}_1\|$$

所以 $\|\boldsymbol{q}_1\|=1$。再设

$$\tilde{\boldsymbol{q}}_2=\boldsymbol{a}_2-r_{12}\boldsymbol{q}_1,\quad r_{12}=\boldsymbol{q}_1^{\mathrm{T}}\boldsymbol{a}_2$$

则$\tilde{\boldsymbol{q}}_2$ 与 $\boldsymbol{q}_1$ 正交。将$\tilde{\boldsymbol{q}}_2$ 归一化,可得

$$\boldsymbol{q}_2=\frac{1}{\|\boldsymbol{a}_2-r_{12}\boldsymbol{q}_1\|}\boldsymbol{a}_2-\frac{r_{12}}{\|\boldsymbol{a}_2-r_{12}\boldsymbol{q}_1\|}\boldsymbol{q}_1$$

上式可写为

$$\boldsymbol{a}_2=r_{12}\boldsymbol{q}_1+r_{22}\boldsymbol{q}_2,\quad r_{22}=\|\tilde{\boldsymbol{q}}_2\|=\|\boldsymbol{a}_2-c_{12}\boldsymbol{q}_1\|$$

重复以上过程,到第 k 步时已得到单位正交向量 $\boldsymbol{q}_1,\cdots,\boldsymbol{q}_{k-1}$,令

$$\tilde{\boldsymbol{q}}_k=\boldsymbol{a}_k-\sum_{i=1}^{k-1}r_{ik}\boldsymbol{q}_i,\quad r_{ik}=\boldsymbol{q}_i^{\mathrm{T}}\boldsymbol{a}_k,\quad i=1,\cdots,k-1$$

则$\tilde{\boldsymbol{q}}_k$ 与 $\boldsymbol{q}_1,\cdots,\boldsymbol{q}_{k-1}$正交。将$\tilde{\boldsymbol{q}}_k$ 归一化,可得

$$\boldsymbol{q}_k=\frac{1}{\left\|\boldsymbol{a}_k-\sum\limits_{i=1}^{k-1}r_{ik}\boldsymbol{q}_i\right\|}\boldsymbol{a}_k-\frac{1}{\left\|\boldsymbol{a}_k-\sum\limits_{i=1}^{k-1}r_{ik}\boldsymbol{q}_i\right\|}\sum_{i=1}^{k-1}r_{ik}\boldsymbol{q}_i$$

上式可写为

$$\boldsymbol{a}_k=r_{1k}\boldsymbol{q}_1+r_{2k}\boldsymbol{q}_2+\cdots+r_{kk}\boldsymbol{q}_k,\quad r_{kk}=\|\tilde{\boldsymbol{q}}_k\|=\left\|\boldsymbol{a}_k-\sum_{i=1}^{k-1}r_{ik}\boldsymbol{q}_i\right\|$$

当 $k=n$ 时,我们得到

$$\boldsymbol{a}_1 = r_{11}\boldsymbol{q}_1$$

$$\boldsymbol{a}_2 = r_{12}\boldsymbol{q}_1 + r_{22}\boldsymbol{q}_2$$

……

$$\boldsymbol{a}_n = r_{1n}\boldsymbol{q}_1 + r_{2n}\boldsymbol{q}_2 + \cdots + r_{nn}\boldsymbol{q}_n$$

上式写成矩阵形式为

$$\boldsymbol{A} = \boldsymbol{Q}\boldsymbol{R}$$

其中

$$\boldsymbol{R} = \begin{bmatrix} r_{11} & r_{12} & \cdots & r_{1n} \\ & r_{22} & \cdots & r_{2n} \\ & & \ddots & \vdots \\ & & & r_{nn} \end{bmatrix}$$

$$\boldsymbol{A} = [\boldsymbol{a}_1, \boldsymbol{a}_2, \cdots, \boldsymbol{a}_n], \quad \boldsymbol{Q} = [\boldsymbol{q}_1, \boldsymbol{q}_2, \cdots, \boldsymbol{q}_n]$$

$\boldsymbol{Q}$ 为正交矩阵，$\boldsymbol{R}$ 为上三角矩阵。

习题

3.1　编制一个 MATLAB 程序，完成如下计算：用 Householder 变换将一般实矩阵化为实对称三对角矩阵，再用 Sturm 序列方法计算该矩阵的特征值。

3.2　编制一个 MATLAB 程序，用 Jacobi 方法计算实对称矩阵的特征值。

3.3　编制一个 MATLAB 程序，用子空间迭代法计算广义特征值问题 $\boldsymbol{K}\boldsymbol{x} = \omega^2\boldsymbol{M}$ 的特征值和特征向量。

3.4　编制一个 MATLAB 程序，用 Lanczos 方法计算广义特征值问题 $\boldsymbol{K}\boldsymbol{x} = \omega^2\boldsymbol{M}$ 的特征值和特征向量。

3.5　编制一个 MATLAB 程序，采用 Householder 变换和 QR 算法，求解一般实矩阵的特征值和特征向量。

第 4 章　振动分析中的数值积分法

4.1　引言

当振动系统的运动微分方程不能以封闭形式积分时，必须采用数值积分方法。有几种数值积分方法可用于求解振动问题。数值积分方法有两个基本特点：首先，它们只是在一些离散时间间隔 Δt 上使运动微分方程得到满足；其次，在每个时间间隔 Δt 内，假定位移、速度和加速度按某种适当的类型变化。每个时间间隔 Δt 内，根据位移、速度和加速度的不同变化类型，可以得到不同的数值积分方法。直接数值积分法不限于线性情况，而且可以很容易地扩展到非线性系统。因此，在非线性振动或非线性结构动力学问题中，直接数值积分法是一种重要的计算分析工具。

本章将介绍一些常规的直接数值积分法，包括有限差分法、Runge-Kutta 法、Houbolt 法、Wilson θ 法、Newmark 法，最后简单介绍非线性控制方程的直接数值积分法。

4.2　有限差分法

有限差分法的主要思想是对导数进行近似。因此，运动微分方程和相关的边界条件将被相应的有限差分方程所取代。推导有限差分方程主要采用三种类型的公式——前向、后向和中心差分公式。下面只考虑中心差分公式，因为它们是最准确的。

在有限差分法中，我们用有限数量的点（称为网格点）来替换解的定义域，并设法确定这些点上解的值。网格点通常设置为沿着每个独立坐标等间隔分布（见图 4.1）。利用 Taylor 级数展开，可以将 x_{i+1} 和 x_{i-1} 用网格点 x_i 表示为

$$x_{i+1}=x_i+h\dot{x}_i+\frac{h^2}{2}\ddot{x}_i+\frac{h^3}{6}\dddot{x}_i+\cdots \tag{4.1}$$

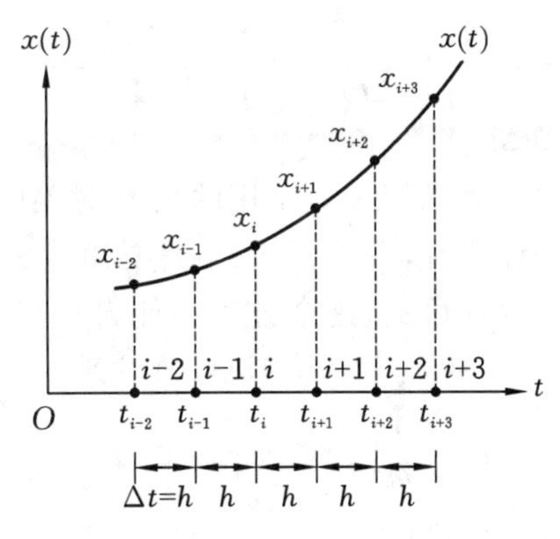

图 4.1　离散网格点

$$x_{i-1}=x_i-h\dot{x}_i+\frac{h^2}{2}\ddot{x}_i-\frac{h^3}{6}\dddot{x}_i+\cdots \tag{4.2}$$

其中，$x_i=x(t_i)$，$h=t_{i+1}-t_i=\Delta t$。以上两式只取前两项，再用式(4.1)减去式(4.2)可得一阶导数的中心差分公式为

$$\dot{x}_i=\left.\frac{\mathrm{d}x}{\mathrm{d}t}\right|_{t=t_i}=\frac{1}{2h}(x_{i+1}-x_{i-1}) \tag{4.3}$$

将式(4.1)和式(4.2)取到二阶导数项，再将两式相加可得二阶导数的中心差分公式为

$$\ddot{x}_i=\left.\frac{\mathrm{d}^2x}{\mathrm{d}t^2}\right|_{t=t_i}=\frac{1}{h^2}(x_{i+1}-2x_i+x_{i-1}) \tag{4.4}$$

4.3 单自由度系统的中心差分法

黏性阻尼单自由度系统的控制方程为

$$m\frac{\mathrm{d}^2x}{\mathrm{d}t^2}+c\frac{\mathrm{d}x}{\mathrm{d}t}+kx=f(t) \tag{4.5}$$

将解的持续时间分为 n 个相等的间隔 $h=\Delta t$。一种数值积分方法，如果要求时间步长 Δt 小于临界时间步长 Δt_{cri}，就称为**条件稳定**的。如果 Δt 大于 Δt_{cri}，该数值方法就变为不稳定的。这意味着在推导方程(4.3)和方程(4.4)时截断高阶项(或在计算机中四舍五入)，会导致误差累积，使响应计算在大多数情况下毫无价值。为了得到一个满意的解，我们必须选取一个时间步长 Δt 小于临界时间步长 Δt_{cri}。临界时间步长 $\Delta t_{\mathrm{cri}}=\tau_n/\pi$，其中 τ_n 为系统的固有周期，多自由度系统中为最小固有周期。当然，解的精度总是取决于时间步长的大小。通过使用无条件稳定的方法，我们可以只考虑精度而不考虑稳定性来选择时间步长。这通常允许更大的时间步长来用于任何给定的精度。

设给定的初始条件为 $x(t=0)=x_0$，$\dot{x}(t=0)=\dot{x}_0$。将方程(4.5)中的导数用网格点 i 的中心差分代替可得

$$m\left[\frac{x_{i+1}-2x_i+x_{i-1}}{(\Delta t)^2}\right]+c\left(\frac{x_{i+1}-x_{i-1}}{2\,\Delta t}\right)+kx_i=f_i \tag{4.6}$$

从方程(4.6)解出 x_{i+1}：

$$x_{i+1}=\left[\frac{1}{\dfrac{m}{(\Delta t)^2}+\dfrac{c}{2\,\Delta t}}\right]\left\{\left[\frac{2m}{(\Delta t)^2}-k\right]x_i+\left[\frac{c}{2\,\Delta t}-\frac{m}{(\Delta t)^2}\right]x_{i-1}+f_i\right\} \tag{4.7}$$

这是计算 x_{i+1} 的递推公式。注意到求解 x_{i+1} 采用的是 t_i 时刻的平衡方程(4.6)，因此这个积分过程称为**显式积分法**。开始计算时，为了计算 x_1 需要知道 x_0 和 x_{-1}，但已知初始条件是 x_0 和 $\dot{x}_0$，因此需要求出 x_{-1}。由此可见，这个方法不能自行启动，但是我们可用式(4.3)和式(4.4)来求出 x_{-1}。为此，将 x_0 和 $\dot{x}_0$ 代入方程(4.5)得到

$$\ddot{x}_0=\frac{1}{m}[f(0)-c\dot{x}_0-kx_0] \tag{4.8}$$

将式(4.3)和式(4.4)在 $i=0$ 处取值可得

$$x_{-1}=x_0-\Delta t\dot{x}_0+\frac{(\Delta t)^2}{2}\ddot{x}_0 \tag{4.9}$$

联立以上两式可求出 x_{-1}。

例 4.1　已知单自由度阻尼系统的激励力为

$$f(t)=1-\sin\frac{\pi t}{2t_0}$$

其中 $t_0=\pi$。系统参数 $m=1, c=0.2, k=1$。假定 $t=0$ 时质量的位移和速度均为零。请用中心差分法求解该系统的数值解。

解　系统的控制方程为

$$m\ddot{x}+c\dot{x}+kx=1-\sin\frac{\pi t}{2t_0} \tag{1}$$

因为初始条件为 $x_0=0, \dot{x}_0=0$，所以由式(4.8)可得 $\ddot{x}_0=1$；进而由式(4.9)得出 $x_{-1}=(\Delta t)^2/2$。这样，由式(4.7)可得方程(1)的有限差分解为

$$x_{i+1}=\left[\frac{1}{\dfrac{m}{(\Delta t)^2}+\dfrac{c}{2\Delta t}}\right]\left\{\left[\frac{2m}{(\Delta t)^2}-k\right]x_i+\left[\frac{c}{2\Delta t}-\frac{m}{(\Delta t)^2}\right]x_{i-1}+f_i\right\} \tag{2}$$

$$i=0,1,2,\cdots$$

对应的无阻尼系统的固有频率和固有周期为

$$\omega_n=\left(\frac{k}{m}\right)^{1/2}=1 \tag{3}$$

$$\tau_n=\frac{2\pi}{\omega_n}=2\pi \tag{4}$$

所以，时间步长必须小于 $\tau_n/\pi=2$。对不同时间步长的求解结果列于表 4.1。

表 4.1　例 4.1 在不同的 Δt 下的解

t_i	在不同的 Δt 下 x_i 的值			由精确解得到的 x_i 值
	$\Delta t=\frac{\tau_n}{40}$	$\Delta t=\frac{\tau_n}{20}$	$\Delta t=\frac{\tau_n}{2}$	
0	0.00000	0.00000	0.00000	0.00000
$\pi/10$	0.04638	0.04935	—	0.04541
$2\pi/10$	0.16569	0.17169	—	0.16377
$3\pi/10$	0.32767	0.33627	—	0.32499
$4\pi/10$	0.50056	0.51089	—	0.49746
$5\pi/10$	0.65456	0.66543	—	0.65151
$6\pi/10$	0.76485	0.77491	—	0.76238
$7\pi/10$	0.81395	0.82185	—	0.81255
$8\pi/10$	0.79314	0.79771	—	0.79323
$9\pi/10$	0.70297	0.70340	—	0.70482
π	0.55275	0.54869	4.93480	0.55647
2π	0.19208	0.19898	−29.55100	—

续表

t_i	在不同的 Δt 下 x_i 的值			由精确解得到的 x_i 值
	$\Delta t=\frac{\tau_n}{40}$	$\Delta t=\frac{\tau_n}{20}$	$\Delta t=\frac{\tau_n}{2}$	
3π	2.77500	2.76790	181.90	—
4π	0.83299	0.83852	−1058.8	—
5π	−0.05926	−0.06431	6253.1	—

4.4 单自由度系统的 Runge-Kutta 法

将 $x(t)$在 $t+\Delta t$ 展开为 Taylor 级数：

$$x(t+\Delta t)=x(t)+\dot{x}\Delta t+\ddot{x}\frac{(\Delta t)^2}{2!}+\dddot{x}\frac{(\Delta t)^3}{3!}+\ddddot{x}\frac{(\Delta t)^4}{4!}+\cdots \tag{4.10}$$

式(4.10)的计算要求知道高阶导数。而 Runge-Kutta 法是基于一阶方程推导出来的，它不要求一阶导数以外的显式导数。所以对于二阶微分方程的求解，我们首先将其简化为两个一阶方程。例如，方程(4.5)可以写为

$$\ddot{x}=\frac{1}{m}[f(t)-c\dot{x}-kx]=p(x,\dot{x},t) \tag{4.11}$$

定义 $x_1=x$ 和 $x_2=\dot{x}$，则方程(4.11)可写为两个一阶方程：

$$\begin{cases}\dot{x}_1=x_2\\ \dot{x}_2=p(x_1,x_2,t)\end{cases} \tag{4.12}$$

定义向量：

$$\boldsymbol{x}(t)=\begin{bmatrix}x_1\\ x_2\end{bmatrix},\quad \boldsymbol{f}(\boldsymbol{x},t)=\begin{bmatrix}x_2\\ p(x_1,x_2,t)\end{bmatrix}$$

按照四阶 Runge-Kutta 法，计算 $\boldsymbol{x}(t)$在网格点 t_i 的值的递推公式为

$$\boldsymbol{x}_{i+1}=\boldsymbol{x}_i+\frac{1}{6}(\boldsymbol{K}_1+2\boldsymbol{K}_2+2\boldsymbol{K}_3+\boldsymbol{K}_4) \tag{4.13}$$

其中

$$\boldsymbol{K}_1=h\boldsymbol{f}(\boldsymbol{x}_i,t_i) \tag{4.14}$$

$$\boldsymbol{K}_2=h\boldsymbol{f}\left(\boldsymbol{x}_i+\frac{1}{2}\boldsymbol{K}_1,t_i+\frac{1}{2}h\right) \tag{4.15}$$

$$\boldsymbol{K}_3=h\boldsymbol{f}\left(\boldsymbol{x}_i+\frac{1}{2}\boldsymbol{K}_2,t_i+\frac{1}{2}h\right) \tag{4.16}$$

$$\boldsymbol{K}_4=h\boldsymbol{f}(\boldsymbol{x}_i+\boldsymbol{K}_3,t_{i+1}) \tag{4.17}$$

例 4.2 已知单自由度阻尼系统的激励力为

$$f(t)=1-\sin\frac{\pi t}{2t_0}$$

其中 $t_0=\pi$。系统参数 $m=1,c=0.2,k=1$。假定 $t=0$ 时质量的位移和速度均为零。请用

Runge-Kutta 法求解该系统的响应。

解　取时间步长 $\Delta t=0.3142$，定义

$$\boldsymbol{x}(t)=\begin{bmatrix}x_1\\x_2\end{bmatrix}=\begin{bmatrix}x\\\dot{x}\end{bmatrix}$$

$$\boldsymbol{f}(t)=\begin{bmatrix}x_2\\p(x,\dot{x},t)\end{bmatrix}=\begin{bmatrix}\dot{x}\\\dfrac{1}{m}\left[\left(1-\sin\dfrac{\pi t}{2t_0}\right)-c\dot{x}-kx\right]\end{bmatrix}$$

初始条件为

$$\boldsymbol{x}_0=\begin{bmatrix}0\\0\end{bmatrix}$$

由式(4.13)可算出 $\boldsymbol{x}_{i+1}$，$i=0,1,2,\cdots$，结果列于表 4.2。

表 4.2　例 4.2 的结果

i	t_i	$x_1=x$	$x_2=\dot{x}$
1	0.3142	0.045406	0.275591
2	0.6283	0.163726	0.461502
3	0.9425	0.324850	0.547296
⋮	⋮	⋮	⋮
19	5.9690	−0.086558	0.765737
20	6.2832	0.189886	0.985565

4.5　多自由度系统的中心差分法

黏性阻尼多自由度线性系统的运动方程为

$$\boldsymbol{M}\ddot{\boldsymbol{x}}+\boldsymbol{C}\dot{\boldsymbol{x}}+\boldsymbol{K}\boldsymbol{x}=\boldsymbol{f} \tag{4.18}$$

其中，$\boldsymbol{M}$，$\boldsymbol{C}$ 和 $\boldsymbol{K}$ 分别为质量矩阵、阻尼矩阵和刚度矩阵，$\boldsymbol{x}$ 是位移向量，$\boldsymbol{f}$ 是激励力向量。速度向量和加速度向量的中心差分公式为

$$\dot{\boldsymbol{x}}_i=\frac{1}{2\Delta t}(\boldsymbol{x}_{i+1}-\boldsymbol{x}_{i-1}) \tag{4.19}$$

$$\ddot{\boldsymbol{x}}_i=\frac{1}{(\Delta t)^2}(\boldsymbol{x}_{i+1}-2\boldsymbol{x}_i+\boldsymbol{x}_{i-1}) \tag{4.20}$$

将这两式代入 t_i 时刻的方程(4.18)可得

$$\boldsymbol{M}\frac{1}{(\Delta t)^2}(\boldsymbol{x}_{i+1}-2\boldsymbol{x}_i+\boldsymbol{x}_{i-1})+\boldsymbol{C}\frac{1}{2\Delta t}(\boldsymbol{x}_{i+1}-\boldsymbol{x}_{i-1})+\boldsymbol{K}\boldsymbol{x}_i=\boldsymbol{f}_i \tag{4.21}$$

整理上式可得

$$\left[\frac{1}{(\Delta t)^2}\boldsymbol{M}+\frac{1}{2\Delta t}\boldsymbol{C}\right]\boldsymbol{x}_{i+1}=\boldsymbol{f}_i-\left[\boldsymbol{K}-\frac{2}{(\Delta t)^2}\boldsymbol{M}\right]\boldsymbol{x}_i-\left[\frac{1}{(\Delta t)^2}\boldsymbol{M}-\frac{1}{2\Delta t}\boldsymbol{C}\right]\boldsymbol{x}_{i-1} \tag{4.22}$$

在已知 $\boldsymbol{x}_i$ 和 $\boldsymbol{x}_{i-1}$ 后，由方程(4.22)可解出 $\boldsymbol{x}_{i+1}$。启动计算时需要知道 $\boldsymbol{x}_0$ 和 $\boldsymbol{x}_{-1}$，$\boldsymbol{x}_0$ 是

事先指定的初始条件,$\boldsymbol{x}_{-1}$需要另外求出。为求出 $\boldsymbol{x}_{-1}$,在方程(4.18)～方程(4.20)中令 $i=0$,可得

$$\boldsymbol{M}\ddot{\boldsymbol{x}}_0+\boldsymbol{C}\dot{\boldsymbol{x}}_0+\boldsymbol{K}\boldsymbol{x}_0=\boldsymbol{f}_0 \tag{4.23}$$

$$\dot{\boldsymbol{x}}_0=\frac{1}{2\ \Delta t}(\boldsymbol{x}_1-\boldsymbol{x}_{-1}) \tag{4.24}$$

$$\ddot{\boldsymbol{x}}_0=\frac{1}{(\Delta t)^2}(\boldsymbol{x}_1-2\boldsymbol{x}_0+\boldsymbol{x}_{-1}) \tag{4.25}$$

由方程(4.23)可得

$$\ddot{\boldsymbol{x}}_0=\boldsymbol{M}^{-1}(\boldsymbol{f}_0-\boldsymbol{C}\dot{\boldsymbol{x}}_0-\boldsymbol{K}\boldsymbol{x}_0) \tag{4.26}$$

由方程(4.24)得出

$$\boldsymbol{x}_1=\boldsymbol{x}_{-1}+2\ \Delta t\dot{\boldsymbol{x}}_0 \tag{4.27}$$

将式(4.27)代入式(4.25),得

$$\ddot{\boldsymbol{x}}_0=\frac{2}{(\Delta t)^2}(\Delta t\dot{\boldsymbol{x}}_0-\boldsymbol{x}_0+\boldsymbol{x}_{-1})$$

所以

$$\boldsymbol{x}_{-1}=\boldsymbol{x}_0-\Delta t\dot{\boldsymbol{x}}_0+\frac{(\Delta t)^2}{2}\ddot{\boldsymbol{x}}_0 \tag{4.28}$$

其中,$\ddot{\boldsymbol{x}}_0$ 由式(4.26)给出。这样,由式(4.28)可根据指定的初始条件 $\boldsymbol{x}_0$ 和 $\dot{\boldsymbol{x}}_0$ 求出 $\boldsymbol{x}_{-1}$。

由方程(4.22)可得递推公式为

$$\boldsymbol{x}_{i+1}=\left[\frac{1}{(\Delta t)^2}\boldsymbol{M}+\frac{1}{2\ \Delta t}\boldsymbol{C}\right]^{-1}\left\{\boldsymbol{f}_i-\left[\boldsymbol{K}-\frac{2}{(\Delta t)^2}\boldsymbol{M}\right]\boldsymbol{x}_i-\left[\frac{1}{(\Delta t)^2}\boldsymbol{M}-\frac{1}{2\ \Delta t}C\right]\boldsymbol{x}_{i-1}\right\} \tag{4.29}$$

其中

$$\boldsymbol{f}_i=\boldsymbol{f}(t=t_i) \tag{4.30}$$

系统的速度和加速度分别由式(4.19)和式(4.20)计算。

例 4.3 二自由度系统如图 4.2 所示。其运动方程为

$$\boldsymbol{M}\ddot{\boldsymbol{x}}+\boldsymbol{C}\dot{\boldsymbol{x}}+\boldsymbol{K}\boldsymbol{x}=\boldsymbol{f}$$

其中

$$\boldsymbol{M}=\begin{bmatrix}1&0\\0&2\end{bmatrix},\quad \boldsymbol{C}=\begin{bmatrix}0&0\\0&0\end{bmatrix},\quad \boldsymbol{K}=\begin{bmatrix}6&-2\\-2&8\end{bmatrix},\quad \boldsymbol{f}=\begin{bmatrix}0\\10\end{bmatrix}$$

初始条件为

$$\boldsymbol{x}_0=\begin{bmatrix}0\\0\end{bmatrix},\quad \dot{\boldsymbol{x}}_0=\begin{bmatrix}0\\0\end{bmatrix}$$

求系统的响应。

解 不难求出系统的固有频率为

$$\omega_1=1.807747,\quad \omega_2=2.594620$$

对应的固有周期为

$$\tau_1=\frac{2\pi}{\omega_1}=3.4757,\quad \tau_2=\frac{2\pi}{\omega_2}=2.4216$$

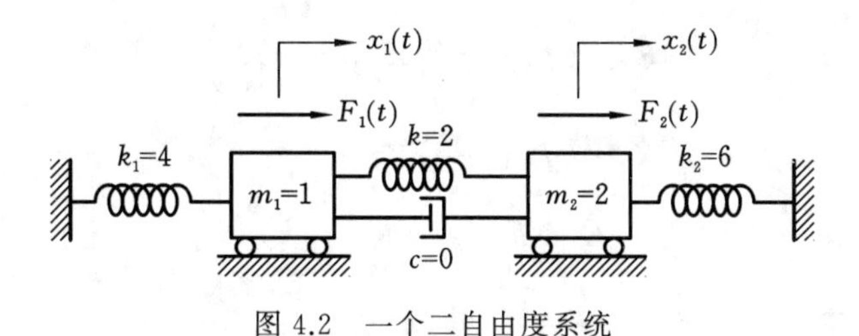

图 4.2　一个二自由度系统

取时间步长 $\Delta t=\tau_2/10=0.24216$。初始加速度为

$$\ddot{\boldsymbol{x}}_0=\boldsymbol{M}^{-1}(\boldsymbol{f}_0-\boldsymbol{K}\boldsymbol{x}_0)=\begin{bmatrix}1 & 0\\0 & 2\end{bmatrix}^{-1}\begin{bmatrix}0\\10\end{bmatrix}=\begin{bmatrix}0\\5\end{bmatrix}$$

$\boldsymbol{x}_{-1}$ 的值为

$$\boldsymbol{x}_{-1}=\boldsymbol{x}_0-\Delta t\dot{\boldsymbol{x}}_0+\frac{(\Delta t)^2}{2}\ddot{\boldsymbol{x}}_0=\begin{bmatrix}0\\0.1466\end{bmatrix}$$

进一步可用式(4.29)递推计算出 $\boldsymbol{x}_1,\boldsymbol{x}_2,\cdots$。

4.6　多自由度系统的 Runge-Kutta 法

在 Runge-Kutta 法中，通常将运动方程(4.18)表示为

$$\ddot{\boldsymbol{x}}=\boldsymbol{M}^{-1}(\boldsymbol{f}-\boldsymbol{C}\dot{\boldsymbol{x}}-\boldsymbol{K}\boldsymbol{x}) \tag{4.31}$$

定义 $\boldsymbol{y}(t)=\begin{bmatrix}\boldsymbol{x}(t)\\\dot{\boldsymbol{x}}(t)\end{bmatrix}$，则

$$\dot{\boldsymbol{y}}=\begin{bmatrix}\dot{\boldsymbol{x}}\\\ddot{\boldsymbol{x}}\end{bmatrix}=\begin{bmatrix}\dot{\boldsymbol{x}}\\\boldsymbol{M}^{-1}(\boldsymbol{f}-\boldsymbol{C}\dot{\boldsymbol{x}}-\boldsymbol{K}\boldsymbol{x})\end{bmatrix} \tag{4.32}$$

方程(4.32)可写为

$$\dot{\boldsymbol{y}}=\begin{bmatrix}\boldsymbol{0} & \boldsymbol{I}\\\boldsymbol{M}^{-1}\boldsymbol{K} & \boldsymbol{M}^{-1}\boldsymbol{C}\end{bmatrix}\boldsymbol{y}+\begin{bmatrix}\boldsymbol{0}\\\boldsymbol{M}^{-1}\boldsymbol{f}\end{bmatrix}$$

即

$$\dot{\boldsymbol{y}}=\tilde{\boldsymbol{f}}(\boldsymbol{y},t) \tag{4.33}$$

其中

$$\tilde{\boldsymbol{f}}(\boldsymbol{y},t)=\boldsymbol{A}\boldsymbol{y}(t)+\boldsymbol{p}(t) \tag{4.34}$$

$$\boldsymbol{A}=\begin{bmatrix}\boldsymbol{0} & \boldsymbol{I}\\\boldsymbol{M}^{-1}\boldsymbol{K} & \boldsymbol{M}^{-1}\boldsymbol{C}\end{bmatrix} \tag{4.35}$$

$$\boldsymbol{p}(t)=\begin{bmatrix}\boldsymbol{0}\\\boldsymbol{M}^{-1}\boldsymbol{f}(t)\end{bmatrix} \tag{4.36}$$

这样，四阶 Runge-Kutta 法给出的 $\boldsymbol{y}(t)$ 在不同网格点的递推公式为

$$\boldsymbol{y}_{i+1}=\boldsymbol{y}_i+\frac{1}{6}(\boldsymbol{K}_1+2\boldsymbol{K}_2+2\boldsymbol{K}_3+\boldsymbol{K}_4) \tag{4.37}$$

其中

$$\boldsymbol{K}_1=h\tilde{\boldsymbol{f}}(\boldsymbol{y}_i,t_i) \tag{4.38}$$

$$\boldsymbol{K}_2=h\tilde{\boldsymbol{f}}\left(\boldsymbol{y}_i+\frac{1}{2}\boldsymbol{K}_1,t_i+\frac{1}{2}h\right) \tag{4.39}$$

$$\boldsymbol{K}_3=h\tilde{\boldsymbol{f}}\left(\boldsymbol{y}_i+\frac{1}{2}\boldsymbol{K}_2,t_i+\frac{1}{2}h\right) \tag{4.40}$$

$$\boldsymbol{K}_4=h\tilde{\boldsymbol{f}}(\boldsymbol{y}_i+\boldsymbol{K}_3,t_{i+1}) \tag{4.41}$$

4.7 Houbolt 法

下面介绍求解多自由度系统的 **Houbolt 法**。在这个方法中,采用的有限差分表达式为

$$\dot{\boldsymbol{x}}_{i+1}=\frac{1}{6\,\Delta t}(11\boldsymbol{x}_{i+1}-18\boldsymbol{x}_i+9\boldsymbol{x}_{i-1}-2\boldsymbol{x}_{i-2}) \tag{4.42}$$

$$\ddot{\boldsymbol{x}}_{i+1}=\frac{1}{(\Delta t)^2}(2\boldsymbol{x}_{i+1}-5\boldsymbol{x}_i+4\boldsymbol{x}_{i-1}-\boldsymbol{x}_{i-2}) \tag{4.43}$$

为了推导式(4.42)和式(4.43),我们来考察标量函数 $x(t)$ 的展开式。考虑四个网格点 $t_{i-2}=t_i-2\,\Delta t$,$t_{i-1}=t_i-\Delta t$,t_i 和 $t_{i+1}=t_i+\Delta t$,x 在这些点上的值为 x_{i-2},x_{i-1},x_i 和 x_{i+1},如图 4.3 所示。用后向时间步的 Taylor 级数展开,具体如下。

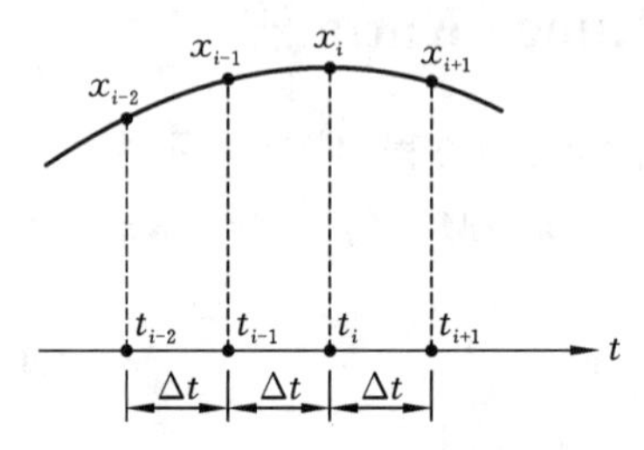

图 4.3　等间距网格点

(1) 一步时间 Δt:

$$x(t)=x(t+\Delta t)-\Delta t\ \dot{x}(t+\Delta t)+\frac{(\Delta t)^2}{2!}\ddot{x}(t+\Delta t)-\frac{(\Delta t)^3}{3!}\dddot{x}(t+\Delta t)+\cdots$$

或

$$x_i=x_{i+1}-\Delta t\ \dot{x}_{i+1}+\frac{1}{2}(\Delta t)^2\ \ddot{x}_{i+1}-\frac{1}{6}(\Delta t)^3\ \dddot{x}_{i+1}+\cdots \tag{4.44}$$

(2) 两步时间 $2\Delta t$:

$$x(t-\Delta t)=x(t+\Delta t)-2\Delta t\ \dot{x}(t+\Delta t)+\frac{(2\Delta t)^2}{2!}\ddot{x}(t+\Delta t)-\frac{(2\Delta t)^3}{3!}\dddot{x}(t+\Delta t)+\cdots$$

或

$$x_{i-1}=x_{i+1}-2\Delta t\ \dot{x}_{i+1}+2\,(\Delta t)^2\ \ddot{x}_{i+1}-\frac{4}{3}(\Delta t)^3\ \dddot{x}_{i+1}+\cdots \tag{4.45}$$

(3) 三步时间 $3\Delta t$:

$$x(t-2\Delta t)=x(t+\Delta t)-3\Delta t\ \dot{x}(t+\Delta t)+\frac{(3\Delta t)^2}{2!}\ddot{x}(t+\Delta t)-\frac{(3\Delta t)^3}{3!}\dddot{x}(t+\Delta t)+\cdots$$

或

$$x_{i-2}=x_{i+1}-3\Delta t\,\dot{x}_{i+1}+\frac{9}{2}(\Delta t)^2\,\ddot{x}_{i+1}-\frac{9}{2}(\Delta t)^3\,\dddot{x}_{i+1}+\cdots \tag{4.46}$$

由方程(4.44)～方程(4.46)可解出 $\dot{x}_{i+1}$，$\ddot{x}_{i+1}$和 $\dddot{x}_{i+1}$，其中 $\dot{x}_{i+1}$和$\ddot{x}_{i+1}$为

$$\dot{x}_{i+1}=\frac{1}{6\Delta t}(11x_{i+1}-18x_i+9x_{i-1}-2x_{i-2}) \tag{4.47}$$

$$\ddot{x}_{i+1}=\frac{1}{(\Delta t)^2}(2x_{i+1}-5x_i+4x_{i-1}-x_{i-2}) \tag{4.48}$$

式(4.42)和式(4.43)就是以上两式的向量形式。

写出多自由度系统在 t_{i+1}时刻的运动方程：

$$\boldsymbol{M}\ddot{\boldsymbol{x}}_{i+1}+\boldsymbol{C}\dot{\boldsymbol{x}}_{i+1}+\boldsymbol{K}\boldsymbol{x}_{i+1}=\boldsymbol{f}_{i+1} \tag{4.49}$$

将式(4.42)和式(4.43)代入方程(4.49)可得

$$\begin{aligned}\left[\frac{2}{(\Delta t)^2}\boldsymbol{M}+\frac{11}{6\Delta t}\boldsymbol{C}+\boldsymbol{K}\right]\boldsymbol{x}_{i+1}&=\boldsymbol{f}_{i+1}+\left[\frac{5}{(\Delta t)^2}\boldsymbol{M}+\frac{3}{\Delta t}\boldsymbol{C}\right]\boldsymbol{x}_i\\&\quad-\left[\frac{4}{(\Delta t)^2}\boldsymbol{M}+\frac{3}{2\Delta t}\boldsymbol{C}\right]\boldsymbol{x}_{i-1}+\left[\frac{1}{(\Delta t)^2}\boldsymbol{M}+\frac{1}{3\Delta t}\boldsymbol{C}\right]\boldsymbol{x}_{i-2}\end{aligned} \tag{4.50}$$

或写为

$$\begin{aligned}\boldsymbol{x}_{i+1}=\left[\frac{2}{(\Delta t)^2}\boldsymbol{M}+\frac{11}{6\Delta t}\boldsymbol{C}+\boldsymbol{K}\right]^{-1}\Bigg\{&\boldsymbol{f}_{i+1}+\left[\frac{5}{(\Delta t)^2}\boldsymbol{M}+\frac{3}{\Delta t}\boldsymbol{C}\right]\boldsymbol{x}_i\\&-\left[\frac{4}{(\Delta t)^2}\boldsymbol{M}+\frac{3}{2\Delta t}\boldsymbol{C}\right]\boldsymbol{x}_{i-1}+\left[\frac{1}{(\Delta t)^2}\boldsymbol{M}+\frac{1}{3\Delta t}\boldsymbol{C}\right]\boldsymbol{x}_{i-2}\Bigg\}\end{aligned} \tag{4.51}$$

注意到以上求解 $\boldsymbol{x}_{i+1}$时使用了 t_{i+1}时刻的运动方程(4.49)，因此这种方法称为**隐式积分法**。

我们采用 $\boldsymbol{x}_{-1}$，$\boldsymbol{x}_0$，$\boldsymbol{x}_1$ 和 $\boldsymbol{x}_2$ 来启动计算，其中 $\boldsymbol{x}_0$ 是事先指定的，$\boldsymbol{x}_{-1}$，$\boldsymbol{x}_1$ 和 $\boldsymbol{x}_2$ 利用前面的中心差分法来得到。$\boldsymbol{x}_{-1}$用式(4.28)计算，$\boldsymbol{x}_1$ 和 $\boldsymbol{x}_2$ 用式(4.29)计算，之后可用递推公式(4.51)计算 $\boldsymbol{x}_3$，$\boldsymbol{x}_4$，…。

4.8　Wilson θ 法

这个方法假设系统的加速度在 $t_i=i\Delta t$ 与 $t_{i+\theta}=t_i+\theta\Delta t$ 两个时刻之间呈线性变化，如图 4.4 所示，其中 $\theta\geqslant 1.0$，所以这个方法称为 **Wilson θ 法**。

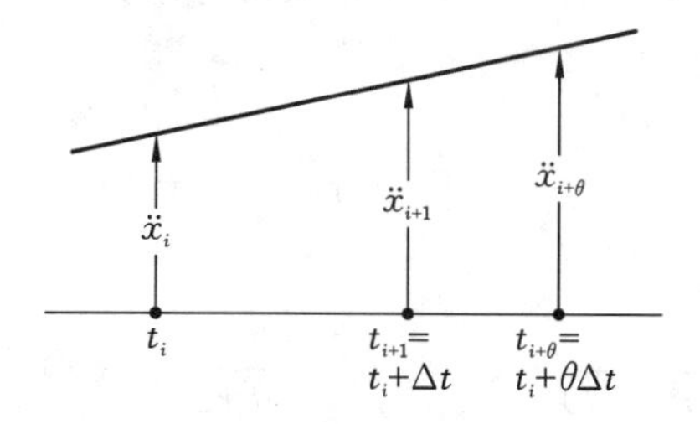

图 4.4　Wilson θ 法的线性加速度假设

稳定性分析表明，只要 $\theta\geqslant 1.37$，**那么 Wilson θ 法就是无条件稳定的**。

因为假设了$\ddot{\boldsymbol{x}}(t)$在t_i与$t_{i+\theta}$之间呈线性变化，我们可以预测$\ddot{\boldsymbol{x}}$在任意时刻$t_i+\tau(0\leqslant\tau\leqslant\theta\Delta t)$的值：

$$\ddot{\boldsymbol{x}}(t_i+\tau)=\ddot{\boldsymbol{x}}_i+\frac{\tau}{\theta\Delta t}(\ddot{\boldsymbol{x}}_{i+\theta}-\ddot{\boldsymbol{x}}_i) \tag{4.52}$$

将式(4.52)对时间积分两次可得

$$\dot{\boldsymbol{x}}(t_i+\tau)=\dot{\boldsymbol{x}}_i+\ddot{\boldsymbol{x}}_i\tau+\frac{\tau^2}{2\theta\Delta t}(\ddot{\boldsymbol{x}}_{i+\theta}-\ddot{\boldsymbol{x}}_i) \tag{4.53}$$

$$\boldsymbol{x}(t_i+\tau)=\boldsymbol{x}_i+\dot{\boldsymbol{x}}_i\tau+\frac{1}{2}\ddot{\boldsymbol{x}}_i\tau^2+\frac{\tau^3}{6\theta\Delta t}(\ddot{\boldsymbol{x}}_{i+\theta}-\ddot{\boldsymbol{x}}_i) \tag{4.54}$$

在式(4.53)和式(4.54)中取$\tau=\theta\Delta t$可得

$$\dot{\boldsymbol{x}}_{i+\theta}=\dot{\boldsymbol{x}}(t_i+\theta\Delta t)=\dot{\boldsymbol{x}}_i+\frac{\theta\Delta t}{2}(\ddot{\boldsymbol{x}}_{i+\theta}+\ddot{\boldsymbol{x}}_i) \tag{4.55}$$

$$\boldsymbol{x}_{i+\theta}=\boldsymbol{x}(t_i+\theta\Delta t)=\boldsymbol{x}_i+\theta\Delta t\dot{\boldsymbol{x}}_i+\frac{\theta^2(\Delta t)^2}{6}(\ddot{\boldsymbol{x}}_{i+\theta}+2\ddot{\boldsymbol{x}}_i) \tag{4.56}$$

由方程(4.56)可以解出

$$\ddot{\boldsymbol{x}}_{i+\theta}=\frac{6}{\theta^2(\Delta t)^2}(\boldsymbol{x}_{i+\theta}-\boldsymbol{x}_i)-\frac{6}{\theta\Delta t}\dot{\boldsymbol{x}}_i-2\ddot{\boldsymbol{x}}_i \tag{4.57}$$

将式(4.57)代入式(4.55)可得

$$\dot{\boldsymbol{x}}_{i+\theta}=\frac{3}{\theta\Delta t}(\boldsymbol{x}_{i+\theta}-\boldsymbol{x}_i)-2\dot{\boldsymbol{x}}_i-\frac{\theta\Delta t}{2}\ddot{\boldsymbol{x}}_i \tag{4.58}$$

为了得到$\boldsymbol{x}_{i+\theta}$，我们将运动方程(4.18)在$t_{i+\theta}=t_i+\theta\Delta t$取值，有

$$\boldsymbol{M}\ddot{\boldsymbol{x}}_{i+\theta}+\boldsymbol{C}\dot{\boldsymbol{x}}_{i+\theta}+\boldsymbol{K}\boldsymbol{x}_{i+\theta}=\boldsymbol{f}_{i+\theta} \tag{4.59}$$

其中

$$\boldsymbol{f}_{i+\theta}=\boldsymbol{f}_i+\theta(\boldsymbol{f}_{i+1}-\boldsymbol{f}_i) \tag{4.60}$$

将式(4.57)、式(4.58)和式(4.60)代入方程(4.59)可得

$$\begin{aligned}\left[\frac{6}{\theta^2(\Delta t)^2}\boldsymbol{M}+\frac{3}{\theta\Delta t}\boldsymbol{C}+\boldsymbol{K}\right]\boldsymbol{x}_{i+\theta}&=\boldsymbol{f}_i+\theta(\boldsymbol{f}_{i+1}-\boldsymbol{f}_i)+\left[\frac{6}{\theta^2(\Delta t)^2}\boldsymbol{M}+\frac{3}{\theta\Delta t}\boldsymbol{C}\right]\boldsymbol{x}_i\\&\quad+\left(\frac{6}{\theta\Delta t}\boldsymbol{M}+2\boldsymbol{C}\right)\dot{\boldsymbol{x}}_i+\left(2\boldsymbol{M}+\frac{\theta\Delta t}{2}\boldsymbol{C}\right)\ddot{\boldsymbol{x}}_i\end{aligned} \tag{4.61}$$

由此可以求出$\boldsymbol{x}_{i+\theta}$。

开始计算时，用式(4.26)先计算出$\ddot{\boldsymbol{x}}_0$，接下来就可用方程(4.61)逐步求出$\boldsymbol{x}_{i+\theta}$。下面给出计算$\ddot{\boldsymbol{x}}_{i+1}$，$\dot{\boldsymbol{x}}_{i+1}$和$\boldsymbol{x}_{i+1}$的公式。

在式(4.52)中取$\tau=\Delta t$可得

$$\ddot{\boldsymbol{x}}_{i+\theta}=\ddot{\boldsymbol{x}}_i+\theta\ddot{\boldsymbol{x}}_{i+1}-\theta\ddot{\boldsymbol{x}}_i$$

将上式代入式(4.57)得到

$$\ddot{\boldsymbol{x}}_{i+1}=\frac{6}{\theta^3(\Delta t)^2}(\boldsymbol{x}_{i+\theta}-\boldsymbol{x}_i)-\frac{6}{\theta^2\Delta t}\dot{\boldsymbol{x}}_i+\left(1-\frac{3}{\theta}\right)\ddot{\boldsymbol{x}}_i \tag{4.62}$$

再在式(4.55)和式(4.56)中取$\theta=1$可得

$$\dot{\boldsymbol{x}}_{i+1}=\dot{\boldsymbol{x}}_i+\frac{\Delta t}{2}(\ddot{\boldsymbol{x}}_{i+1}+\ddot{\boldsymbol{x}}_i) \tag{4.63}$$

$$\boldsymbol{x}_{i+1}=\boldsymbol{x}_i+\Delta t\dot{\boldsymbol{x}}_i+\frac{(\Delta t)^2}{6}(\ddot{\boldsymbol{x}}_{i+1}+2\ddot{\boldsymbol{x}}_i) \tag{4.64}$$

4.9 Newmark 法

4.9.1 方法的推导

一般的单变量函数 $f(t)$在 t_n 的 Taylor 级数展开为

$$f(t_n+h)=f(t_n)+hf'(t_n)+\frac{h^2}{2!}f''(t_n)+\cdots+\frac{h^s}{s!}f^{(s)}(t_n)+R_s \tag{4.65}$$

其中,余项 R_s 为

$$R_s=\frac{1}{s!}\int_{t_n}^{t_n+h}(t_n+h-\tau)^s f^{(s+1)}(\tau)\mathrm{d}\tau,\quad t_n\leqslant\tau\leqslant t_n+h \tag{4.66}$$

设多自由度系统的位移向量为 $\boldsymbol{x}(t)$,对 $\dot{\boldsymbol{x}}(t)$和 $\boldsymbol{x}(t)$分别应用式(4.65)可得

$$\begin{cases}\dot{\boldsymbol{x}}_{n+1}=\dot{\boldsymbol{x}}_n+\displaystyle\int_{t_n}^{t_{n+1}}\ddot{\boldsymbol{x}}(\tau)\mathrm{d}\tau\\ \boldsymbol{x}_{n+1}=\boldsymbol{x}_n+h\dot{\boldsymbol{x}}_n+\displaystyle\int_{t_n}^{t_{n+1}}(t_{n+1}-\tau)\ddot{\boldsymbol{x}}(\tau)\mathrm{d}\tau\end{cases} \tag{4.67}$$

为了得到上式的近似结果,需要计算加速度 $\ddot{\boldsymbol{x}}(\tau)$在区间$[t_n,t_{n+1}]$上的积分。为此,我们写出如下展开式:

$$\begin{cases}\ddot{\boldsymbol{x}}_n=\ddot{\boldsymbol{x}}(\tau)+\boldsymbol{x}^{(3)}(\tau)(t_n-\tau)+\boldsymbol{x}^{(4)}(\tau)\dfrac{(t_n-\tau)^2}{2!}+\cdots\\ \ddot{\boldsymbol{x}}_{n+1}=\ddot{\boldsymbol{x}}(\tau)+\boldsymbol{x}^{(3)}(\tau)(t_{n+1}-\tau)+\boldsymbol{x}^{(4)}(\tau)\dfrac{(t_{n+1}-\tau)^2}{2!}+\cdots\end{cases} \tag{4.68}$$

以上两式分别乘以$(1-\gamma)$和 γ,我们得到

$$\ddot{\boldsymbol{x}}(\tau)=(1-\gamma)\ddot{\boldsymbol{x}}_n+\gamma\ddot{\boldsymbol{x}}_{n+1}+\boldsymbol{x}^{(3)}(\tau)(\tau-h\gamma-t_n)+O(h^2\boldsymbol{x}^{(4)}) \tag{4.69}$$

类似地,式(4.68)的两个表达式分别乘以$(1-2\beta)$和 2β,我们得到

$$\ddot{\boldsymbol{x}}(\tau)=(1-2\beta)\ddot{\boldsymbol{x}}_n+2\beta\ddot{\boldsymbol{x}}_{n+1}+\boldsymbol{x}^{(3)}(\tau)(\tau-2h\beta-t_n)+O(h^2\boldsymbol{x}^{(4)}) \tag{4.70}$$

将式(4.69)和式(4.70)分别代入式(4.67)的两个积分中,可得

$$\begin{cases}\displaystyle\int_{t_n}^{t_{n+1}}\ddot{\boldsymbol{x}}(\tau)\mathrm{d}\tau=(1-\gamma)h\ddot{\boldsymbol{x}}_n+\gamma h\ddot{\boldsymbol{x}}_{n+1}+\boldsymbol{r}_n\\ \displaystyle\int_{t_n}^{t_{n+1}}(t_{n+1}-\tau)\ddot{\boldsymbol{x}}(\tau)\mathrm{d}\tau=\left(\frac{1}{2}-\beta\right)h^2\ddot{\boldsymbol{x}}_n+\beta h^2\ddot{\boldsymbol{x}}_{n+1}+\hat{\boldsymbol{r}}_n\end{cases} \tag{4.71}$$

其中

$$\begin{cases}\boldsymbol{r}_n=\left(\gamma-\dfrac{1}{2}\right)h^2\boldsymbol{x}^{(3)}(\tilde{\tau})+O(h^3\boldsymbol{x}^{(4)}),\\ \hat{\boldsymbol{r}}_n=\left(\beta-\dfrac{1}{6}\right)h^3\boldsymbol{x}^{(3)}(\tilde{\tau})+O(h^4\boldsymbol{x}^{(4)}),\end{cases}\quad t_n<\tilde{\tau}<t_{n+1} \tag{4.72}$$

$\boldsymbol{r}_n$ 和 $\hat{\boldsymbol{r}}_n$ 为积分误差的一种度量。

取 $\gamma=\dfrac{1}{2},\beta=\dfrac{1}{6}$,则得到加速度的线性插值结果:

$$\ddot{x}(\tau)=\ddot{x}_n+(\tau-t_n)\frac{\ddot{x}_{n+1}-\ddot{x}_n}{h}$$

若取 $\gamma=\frac{1}{2},\beta=\frac{1}{4}$，则得到平均加速度的结果：

$$\ddot{x}(\tau)=\frac{\ddot{x}_n+\ddot{x}_{n+1}}{2}$$

将式(4.71)代入式(4.67)，我们得到 **Newmark 法的近似公式**：

$$\begin{cases}\dot{x}_{n+1}=\dot{x}_n+(1-\gamma)h\ddot{x}_n+\gamma h\ddot{x}_{n+1}\\ x_{n+1}=x_n+h\dot{x}_n+h^2\left(\frac{1}{2}-\beta\right)\ddot{x}_n+h^2\beta\ddot{x}_{n+1}\end{cases}\tag{4.73}$$

为了计算 $\ddot{x}_{n+1}$，我们考虑黏性阻尼系统的运动方程(4.18)，在 t_{n+1} 时刻有

$$M\ddot{x}_{n+1}+C\dot{x}_{n+1}+Kx_{n+1}=f_{n+1}\tag{4.74}$$

将式(4.73)代入方程(4.74)可得

$$\begin{aligned}(M+\gamma hC+\beta h^2K)\ddot{x}_{n+1}=&f_{n+1}-C[\dot{x}_n+(1-\gamma)h\ddot{x}_n]\\&-K\left[x_n+h\dot{x}_n+\left(\frac{1}{2}-\beta\right)h^2\ddot{x}_n\right]\end{aligned}\tag{4.75}$$

由方程(4.75)可以解出 $\ddot{x}_{n+1}$，再由式(4.73)可计算出 $\dot{x}_{n+1}$ 和 x_{n+1}。

4.9.2 Newmark 法的一致性

状态空间向量 $u_n^{\mathrm{T}}=[\dot{x}_n^{\mathrm{T}},x_n^{\mathrm{T}}]$ 完全描述了系统在 t_n 时刻的状态。由式(4.73)给定的积分方法的一致性分析基于向量 u_n 在两个相邻时刻的比较。

一种积分方案，如果满足条件

$$\lim_{h\to 0}\frac{u_{n+1}-u_n}{h}=\dot{u}(t_n)\tag{4.76}$$

则称这种积分方案具有**一致性**。

Newmark 积分算子满足这个条件，因为由式(4.73)与式(4.69)可得出

$$\begin{aligned}\lim_{h\to 0}\frac{u_{n+1}-u_n}{h}&=\lim_{h\to 0}\begin{bmatrix}(1-\gamma)\ddot{x}_n+\gamma\ddot{x}_{n+1}\\ \dot{x}_n+\left(\frac{1}{2}-\beta\right)h\ddot{x}_n+\beta h\ddot{x}_{n+1}\end{bmatrix}\\&=\lim_{\substack{h\to 0\\ \tau\to t_n}}\begin{bmatrix}\ddot{x}(\tau)-x^{(3)}(\tau)(\tau-h\gamma-t_n)+O(h^2x^{(4)})\\ \dot{x}_n+\left(\frac{1}{2}-\beta\right)h\ddot{x}_n+\beta h\ddot{x}_{n+1}\end{bmatrix}=\begin{bmatrix}\ddot{x}_n\\ \dot{x}_n\end{bmatrix}\end{aligned}$$

一致性条件是收敛的必要条件，即当时间步长 h 趋于零时，保证数值解向精确解收敛的条件。

4.9.3 Newmark 算子的一阶形式——放大矩阵

由式(4.73)给出的 Newmark 积分算子可以容易地写成一阶矩阵形式。为此，我们写出系统在 t_n 和 t_{n+1} 时刻的运动方程：

$$\begin{cases}M\ddot{x}_n=-C\dot{x}_n-Kx_n+f_n\\ M\ddot{x}_{n+1}=-C\dot{x}_{n+1}-Kx_{n+1}+f_{n+1}\end{cases}\tag{4.77}$$

式(4.73)左乘 $\boldsymbol{M}$，再考虑式(4.77)，我们得到下面的递推关系：

$$\begin{cases}\boldsymbol{M}\dot{\boldsymbol{x}}_{n+1}=\boldsymbol{M}\dot{\boldsymbol{x}}_n+h(1-\gamma)(-\boldsymbol{C}\dot{\boldsymbol{x}}_n-\boldsymbol{K}\boldsymbol{x}_n+\boldsymbol{f}_n)\\ \qquad+\gamma h(-\boldsymbol{C}\dot{\boldsymbol{x}}_{n+1}-\boldsymbol{K}\boldsymbol{x}_{n+1}+\boldsymbol{f}_{n+1})\\ \boldsymbol{M}\boldsymbol{x}_{n+1}=\boldsymbol{M}\boldsymbol{x}_n+h\boldsymbol{M}\dot{\boldsymbol{x}}_n+\left(\dfrac{1}{2}-\beta\right)h^2(-\boldsymbol{C}\dot{\boldsymbol{x}}_n-\boldsymbol{K}\boldsymbol{x}_n+\boldsymbol{f}_n)\\ \qquad+\beta h^2(-\boldsymbol{C}\dot{\boldsymbol{x}}_{n+1}-\boldsymbol{K}\boldsymbol{x}_{n+1}+\boldsymbol{f}_{n+1})\end{cases}\tag{4.78}$$

为了更好地理解时间积分算子与动力系统谱之间的相互作用，我们假设系统具有可对角化阻尼矩阵，并将每步的解答 $\boldsymbol{x}_n$ 用无阻尼特征模态展开：

$$\boldsymbol{x}_n=\boldsymbol{X}\boldsymbol{\eta}_n$$

其中，$\boldsymbol{X}$ 表示系统的模态矩阵，$\boldsymbol{\eta}_n$ 表示模态坐标向量 $\boldsymbol{\eta}(t)$ 在 t_n 时刻的值。用 $\boldsymbol{X}^{\mathrm{T}}$ 左乘方程(4.78)可得

$$\begin{cases}(\boldsymbol{I}+2\gamma h\boldsymbol{e\Omega})\dot{\boldsymbol{\eta}}_{n+1}+\gamma h\boldsymbol{\Omega}^2\boldsymbol{\eta}_{n+1}=[\boldsymbol{I}-2(1-\gamma)h\boldsymbol{e\Omega}]\dot{\boldsymbol{\eta}}_n-(1-\gamma)h\boldsymbol{\Omega}^2\boldsymbol{\eta}_n\\ \qquad+(1-\gamma)h\boldsymbol{\phi}_n+\gamma h\boldsymbol{\phi}_{n+1}\\ 2\beta h^2\boldsymbol{e\Omega}\dot{\boldsymbol{\eta}}_{n+1}+(\boldsymbol{I}+\beta h^2\boldsymbol{\Omega}^2)\boldsymbol{\eta}_{n+1}=\left[h\boldsymbol{I}-2\left(\dfrac{1}{2}-\beta\right)h^2\boldsymbol{e\Omega}\right]\dot{\boldsymbol{\eta}}_n\\ \qquad+\left[\boldsymbol{I}-\left(\dfrac{1}{2}-\beta\right)h^2\boldsymbol{\Omega}^2\right]\boldsymbol{\eta}_n\\ \qquad+\left(\dfrac{1}{2}-\beta\right)h^2\boldsymbol{\phi}_n+\beta h^2\boldsymbol{\phi}_{n+1}\end{cases}\tag{4.79}$$

其中

$$\boldsymbol{\mu}=\boldsymbol{X}^{\mathrm{T}}\boldsymbol{M}\boldsymbol{X}=\mathrm{diag}(\mu_i),\quad \boldsymbol{\Omega}^2=\boldsymbol{X}^{\mathrm{T}}\boldsymbol{K}\boldsymbol{X}=\mathrm{diag}(\omega_i^2)$$

$$\boldsymbol{\beta}=\boldsymbol{X}^{\mathrm{T}}\boldsymbol{C}\boldsymbol{X}=\mathrm{diag}(\beta_i),\quad \boldsymbol{e}=\mathrm{diag}(\varepsilon_i),\quad \varepsilon_i=\frac{\beta_i}{2\omega_i\mu_i},\quad \boldsymbol{\phi}=\boldsymbol{\mu}^{-1}\boldsymbol{X}^{\mathrm{T}}\boldsymbol{f}$$

式(4.79)可写成一阶递推关系的形式：

$$\boldsymbol{u}_{n+1}=\boldsymbol{T}(h)\boldsymbol{u}_n+\boldsymbol{b}_{n+1}(h)\tag{4.80}$$

其中

$$\boldsymbol{u}_n=\begin{bmatrix}\dot{\boldsymbol{\eta}}_n\\ \boldsymbol{\eta}_n\end{bmatrix},\quad \boldsymbol{T}(h)=\boldsymbol{H}_1^{-1}\boldsymbol{H}_0\tag{4.81}$$

$$\boldsymbol{H}_1=\begin{bmatrix}\boldsymbol{I}+2\gamma h\boldsymbol{e\Omega} & \gamma h\boldsymbol{\Omega}^2\\ 2\beta h^2\boldsymbol{e\Omega} & \boldsymbol{I}+\beta h^2\boldsymbol{\Omega}^2\end{bmatrix}\tag{4.82}$$

$$\boldsymbol{H}_0=\begin{bmatrix}\boldsymbol{I}-2(1-\gamma)h\boldsymbol{e\Omega} & -(1-\gamma)h\boldsymbol{\Omega}^2\\ h\boldsymbol{I}-(1-2\beta)h^2\boldsymbol{e\Omega} & \boldsymbol{I}-\left(\dfrac{1}{2}-\beta\right)h^2\boldsymbol{\Omega}^2\end{bmatrix}\tag{4.83}$$

$$\boldsymbol{b}_{n+1}=\boldsymbol{H}_1^{-1}\begin{bmatrix}(1-\gamma)h\boldsymbol{\phi}_n+\gamma h\boldsymbol{\phi}_{n+1}\\ \left(\dfrac{1}{2}-\beta\right)h^2\boldsymbol{\phi}_n+\beta h^2\boldsymbol{\phi}_{n+1}\end{bmatrix}\tag{4.84}$$

矩阵 $\boldsymbol{T}(h)$ 称为与积分算子相关的**放大矩阵**，它在算法的稳定性分析中扮演重要的角色。

为了分析算法的稳定性，将状态向量 $\boldsymbol{u}$ 的元素重新排列，即按各个模态的状态向量依次

排列,也就是令

$$\boldsymbol{u}=[\dot{\eta}_1,\eta_1,\cdots,\dot{\eta}_N,\eta_N]^{\mathrm{T}}$$

其中,N 表示模态个数。这样,矩阵 $\boldsymbol{T}(h)$ 变为块对角矩阵,每个对角子块为一个 2×2 矩阵,对应于一个模态坐标的状态向量$[\dot{\eta}_s,\eta_s]^{\mathrm{T}}$。为简便,我们仍然用 $\boldsymbol{T}(h)$ 表示任意一个对角子块,不难算出它为

$$\boldsymbol{T}=\begin{bmatrix} t_{11} & t_{12} \\ t_{21} & t_{22} \end{bmatrix} \tag{4.85}$$

四个元素为

$$\begin{cases} t_{11}=\dfrac{1}{D}[1+2(\gamma-1)\varepsilon\omega h+(\beta-\gamma)\omega^2h^2+(\gamma-2\beta)\varepsilon\omega^3h^3] \\ t_{22}=\dfrac{1}{D}\left[1+2\gamma\varepsilon\omega h+\left(\beta-\dfrac{1}{2}\right)\omega^2h^2+(2\beta-\gamma)\varepsilon^2\omega^3h^3\right] \\ t_{12}=\dfrac{1}{D}\left[-\omega^2h+\left(\dfrac{\gamma}{2}-\beta\right)\omega^4h^3\right] \\ t_{21}=\dfrac{1}{D}[h+(2\gamma-1)\varepsilon\omega h^2+2(2\beta-\gamma)\varepsilon^2\omega^2h^3] \\ D=\det\boldsymbol{H}_1=1+2\varepsilon\gamma\omega h+\beta\omega^2h^2 \end{cases} \tag{4.86}$$

为了分析稳定性,以后还需要下面的不变量:

$$\begin{cases} I_1=\dfrac{1}{2}\mathrm{tr}\ \boldsymbol{T}=1-\dfrac{1}{D}\left[\varepsilon\omega h+\dfrac{1}{2}\left(\dfrac{1}{2}+\gamma\right)\omega^2h^2\right] \\ I_2=\det\ \boldsymbol{T}=1-\dfrac{1}{D}\left[2\varepsilon\omega h+\left(\gamma-\dfrac{1}{2}\right)\omega^2h^2\right] \end{cases} \tag{4.87}$$

4.9.4 矩阵范数和谱半径

通过分析放大矩阵确定一种积分方法的稳定性区域需要用到矩阵范数和谱的概念,下面介绍这些概念。

一个任意 $n\times n$ **矩阵 $\mathbf{A}$ 的范数**定义为

$$\|\mathbf{A}\|=\max_{\boldsymbol{x}}\frac{\|\mathbf{A}\boldsymbol{x}\|}{\|\boldsymbol{x}\|} \tag{4.88}$$

如果采用向量的 2-范数,则式(4.88)变为

$$\|\mathbf{A}\|=\max_{\boldsymbol{x}}\frac{(\boldsymbol{x}^{\mathrm{T}}\mathbf{A}^{\mathrm{T}}\mathbf{A}\boldsymbol{x})^{1/2}}{(\boldsymbol{x}^{\mathrm{T}}\boldsymbol{x})^{1/2}} \tag{4.89}$$

矩阵 2-范数通常称为矩阵**谱范数**,它就是对称、半正定矩阵 $\mathbf{A}^{\mathrm{T}}\mathbf{A}$ 的 Rayleigh 商,也已证明:

$$\|\mathbf{A}\|\leqslant\sigma_1^2 \tag{4.90}$$

σ_1^2 是矩阵 $\mathbf{A}^{\mathrm{T}}\mathbf{A}$ 的最大特征值。由式(4.88)直接得到

$$\|\mathbf{A}\boldsymbol{x}\|\leqslant\|\mathbf{A}\|\ \|\boldsymbol{x}\| \tag{4.91}$$

下面考虑相关的特征值问题 $\mathbf{A}\boldsymbol{x}=\lambda\boldsymbol{x}$,它的范数为

$$\|\mathbf{A}\boldsymbol{x}\|=|\lambda|\ \|\boldsymbol{x}\|\leqslant\|\mathbf{A}\|\ \|\boldsymbol{x}\|$$

所以矩阵 $\boldsymbol{A}$ 的所有特征值满足下面的不等式：

$$|\lambda_i| \leqslant \|\boldsymbol{A}\| \tag{4.92}$$

矩阵的积 $\boldsymbol{AB}$ 的范数满足：

$$\|\boldsymbol{AB}\| = \max_{x} \frac{\|\boldsymbol{ABx}\|}{\|\boldsymbol{x}\|} \leqslant \|\boldsymbol{A}\| \max_{x} \frac{\|\boldsymbol{Bx}\|}{\|\boldsymbol{x}\|} \tag{4.93}$$

所以

$$\|\boldsymbol{AB}\| \leqslant \|\boldsymbol{A}\| \ \|\boldsymbol{B}\| \tag{4.94}$$

最后，定义矩阵 $\boldsymbol{A}$ 的**谱半径**为

$$\rho(\boldsymbol{A}) = \max_{i} |\lambda_i| \tag{4.95}$$

由式(4.92)可得出以下不等式：

$$\rho(\boldsymbol{A}) \leqslant \|\boldsymbol{A}\| \tag{4.96}$$

4.9.5　积分方法的稳定性——谱稳定性

一种积分方法：

$$\boldsymbol{u}_{n+1} = \boldsymbol{T}\boldsymbol{u}_n + \boldsymbol{b}_{n+1}$$

如果存在一个积分步长 $h_0>0$，使得对于任意的 $h\in[0,h_0]$，状态向量在 t_n 时刻的有限变化只会引起后续时刻 t_{n+j} 的状态向量 $\boldsymbol{u}_{n+j}$ 的非递增变化，则称该积分方法是**稳定**的。

我们考虑初始扰动

$$\delta\boldsymbol{u}_0 = \boldsymbol{u}_0' - \boldsymbol{u}_0$$

无扰动解依次由下式给出：

$$\begin{aligned}
\boldsymbol{u}_{n+1} &= \boldsymbol{T}\boldsymbol{u}_n + \boldsymbol{b}_{n+1} \\
&= \boldsymbol{T}^2\boldsymbol{u}_{n-1} + \boldsymbol{T}\boldsymbol{b}_n + \boldsymbol{b}_n \\
&\ \vdots \\
&= \boldsymbol{T}^{n+1}\boldsymbol{u}_0 + \sum_{j=0}^{n+1} \boldsymbol{T}^{n-j+1}\boldsymbol{b}_j
\end{aligned}$$

同时，扰动解为

$$\boldsymbol{u}_{n+1}' = \boldsymbol{T}^{n+1}\boldsymbol{u}_0' + \sum_{j=0}^{n+1} \boldsymbol{T}^{n-j+1}\boldsymbol{b}_j$$

以上两式相减得到

$$\delta\boldsymbol{u}_{n+1} = \boldsymbol{T}^{n+1}\delta\boldsymbol{u}_0 \tag{4.97}$$

它的幅值由下面的不等式控制：

$$\|\delta\boldsymbol{u}_n\| \leqslant \|\boldsymbol{T}^n\| \ \|\delta\boldsymbol{u}_0\| \tag{4.98}$$

所以，$\delta\boldsymbol{u}_n$ 不发散的条件是：

$$\|\boldsymbol{T}^n\| \leqslant c, \quad \forall n \tag{4.99}$$

可以证明，不等式(4.99)成立的条件如下：

(1) $\rho(\boldsymbol{T}) \leqslant 1$；

(2) $\boldsymbol{T}$ 的重数为 $r>1$ 的重特征值的模严格小于1。

在这种情况下，认为矩阵 $\boldsymbol{T}$ 是**谱稳定**的。

下面来证明这个结论,分成两种情况来证明。

情况 1:具有线性独立的特征向量。

此时,特征值问题

$$\boldsymbol{T}\boldsymbol{p}=\lambda\boldsymbol{p}$$

的所有特征值为单根,可以形成一个对角矩阵 $\boldsymbol{\Lambda}$,记对应的特征向量矩阵为 $\boldsymbol{P}$,则有

$$\boldsymbol{T}\boldsymbol{P}=\boldsymbol{P}\boldsymbol{\Lambda} \quad \Rightarrow \quad \boldsymbol{T}^n=\boldsymbol{P}\boldsymbol{\Lambda}^n\boldsymbol{P}^{-1} \tag{4.100}$$

对上式取范数得到

$$\|\boldsymbol{T}^n\|=\|\boldsymbol{P}\boldsymbol{\Lambda}^n\boldsymbol{P}^{-1}\|\leqslant\|\boldsymbol{P}\|\ \|\boldsymbol{\Lambda}^n\|\ \|\boldsymbol{P}^{-1}\|=\|\boldsymbol{\Lambda}^n\| \tag{4.101}$$

$\boldsymbol{\Lambda}^n$ 为对角矩阵,有

$$\boldsymbol{\Lambda}^n=\mathrm{diag}(\lambda_1^n,\cdots,\lambda_{2N}^n)$$

所以如果 $\rho(\boldsymbol{T})=\max\limits_i|\lambda_i|\leqslant 1$,则

$$\|\boldsymbol{T}^n\|\leqslant\|\boldsymbol{\Lambda}^n\|\leqslant c \tag{4.102}$$

情况 2:具有线性相关的特征向量。

此时,矩阵 $\boldsymbol{T}$ 不能分解为式(4.100)那样的形式,但却可以分解为以下的 Jordan 标准型:

$$\boldsymbol{T}^n=\boldsymbol{Q}\boldsymbol{J}^n\boldsymbol{Q}^{-1} \tag{4.103}$$

其中,$\boldsymbol{Q}$ 是一个酉矩阵,$\boldsymbol{J}$ 为一个块对角矩阵,其形式为

$$\boldsymbol{J}=\begin{bmatrix}\boldsymbol{J}_1 & & \\ & \ddots & \\ & & \boldsymbol{J}_m\end{bmatrix} \tag{4.104}$$

其中

$$\boldsymbol{J}_i=\lambda_i,\quad \text{对单特征值 } \lambda_i$$

$$\boldsymbol{J}_i=\begin{bmatrix}\lambda_i & 1 & & \\ & \ddots & \ddots & \\ & & \ddots & 1 \\ & & & \lambda_i\end{bmatrix},\quad \text{对 } r \text{ 重特征值 } \lambda_i \tag{4.105}$$

对式(4.103)取范数得到

$$\|\boldsymbol{T}^n\|=\|\boldsymbol{J}^n\|$$

不难证明,$\boldsymbol{J}^n$ 中的块对角矩阵取如下形式:

$$\boldsymbol{J}_i^n=\begin{bmatrix}\lambda_i^n & n\lambda_i^{n-1} & & \\ & \ddots & \ddots & \\ & & \ddots & n\lambda_i^{n-1} \\ & & & \lambda_i^n\end{bmatrix} \tag{4.106}$$

所以,如果 $|\lambda_i|<1$,则 $\|\boldsymbol{J}_i^n\|\to 0$,进而有

$$\|\boldsymbol{T}^n\|=\|\boldsymbol{J}^n\|<c,\quad \forall n \tag{4.107}$$

如果有一个 r 重特征值 $|\lambda_i|=1$,则由式(4.106)可知 $\|\boldsymbol{J}_i^n\|$ 随 n 线性增大,进而 $\|\boldsymbol{T}^n\|$ 也随 n 线性增大,式(4.107)将不再满足。

4.9.6　Newmark 法的谱稳定性

对于一个单自由度系统，可以用放大矩阵的谱特性来表征 Newmark 法的稳定性。此时 $\boldsymbol{T}$ 为一个 2×2 矩阵，因此可以很简单地完成需要的分析。

矩阵的特征值是下列方程的解：

$$\det(\boldsymbol{T}-\lambda\boldsymbol{I})=\lambda^2-2I_1\lambda+I_2=0 \tag{4.108}$$

其中，I_1 和 I_2 为 $\boldsymbol{T}$ 的两个不变量，由式(4.87)给出。上式的根为

$$\lambda=I_1\pm(I_1^2-I_2)^{1/2} \tag{4.109}$$

由式(4.109)有：

① 如果 $I_1^2<I_2$，则为共轭复根；

② 如果 $I_1^2=I_2$，则为两个相等的实根；

③ 如果 $I_1^2>I_2$，则为两个不同的实根。

谱稳定性要求 I_1，I_2 应使得 $\rho(\boldsymbol{T})\leqslant 1$，在 $I_1\sim I_2$ 平面上，稳定性区域的边界为 $\rho(\boldsymbol{T})=1$。为了确定 $I_1\sim I_2$ 平面上的稳定性区域，在式(4.108)中令 $\lambda=\mathrm{e}^{\mathrm{i}\theta}$，得到

$$\mathrm{e}^{2\mathrm{i}\theta}-2I_1\mathrm{e}^{\mathrm{i}\theta}+I_2=[2\cos\theta(\cos\theta-I_1)+I_2-1]+\mathrm{i}[2\sin\theta(\cos\theta-I_1)]=0 \tag{4.110}$$

令实部和虚部分别等于零，得到

$$\begin{cases}2\cos\theta(\cos\theta-I_1)+I_2-1=0\\2\sin\theta(\cos\theta-I_1)=0\end{cases} \tag{4.111}$$

由此可得，使 $\rho(\boldsymbol{T})=1$ 的 I_1，I_2 满足以下关系：

$$\begin{cases}\theta=0 & \rightarrow & 1-2I_1+I_2=0\\\theta=\pi & \rightarrow & 1+2I_1+I_2=0\\\cos\theta=I_1 & \rightarrow & I_2=0\end{cases} \tag{4.112}$$

上式给出了 $I_1\sim I_2$ 平面上的几条曲线，它们是稳定性区域的边界，如图4.5所示。

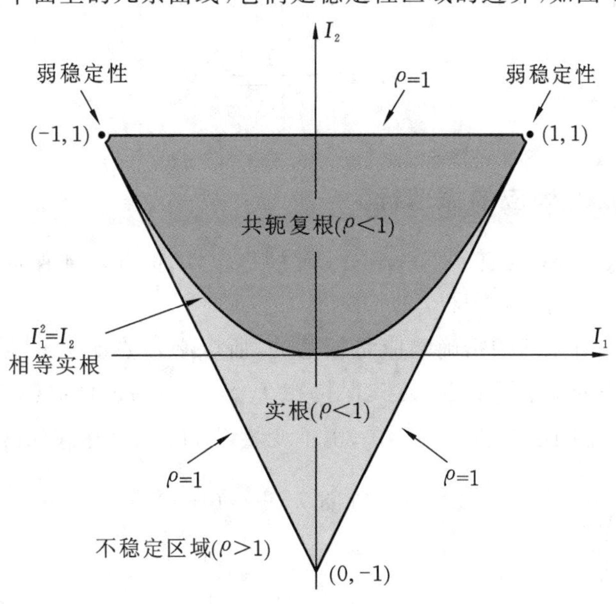

图4.5　Newmark 法在 $I_1\sim I_2$ 平面上的稳定性区域

利用不变量 I_1, I_2 的表达式(4.87),稳定性条件式(4.112)可写成如下形式:

$$\begin{cases} 1-I_2\geqslant 0 \quad \rightarrow \quad 2\varepsilon\omega h+\left(\gamma-\dfrac{1}{2}\right)\omega^2h^2\geqslant 0 \\ 1+I_2\geqslant 0 \quad \rightarrow \quad 2+4\left(\gamma-\dfrac{1}{2}\right)\varepsilon\omega h+\left(\gamma-\dfrac{1}{2}+2\beta\right)\omega^2h^2\geqslant 0 \\ \dfrac{1}{2}(1+I_2)-I_1\geqslant 0 \quad \rightarrow \quad \omega^2h^2\geqslant 0 \\ \dfrac{1}{2}(1+I_2)+I_1\geqslant 0 \quad \rightarrow \quad (2\beta-\gamma)\omega^2h^2+4\left(\gamma-\dfrac{1}{2}\right)\varepsilon\omega h+2\geqslant 0 \end{cases} \tag{4.113}$$

因此,可以考虑以下两种情况:

(1) 如果

$$2\beta\geqslant\gamma\geqslant\frac{1}{2} \tag{4.114}$$

则数值解无条件稳定。

(2) 如果

$$\begin{cases} \gamma\geqslant\dfrac{1}{2}, \quad 0\leqslant\beta<\dfrac{\gamma}{2} \\ \omega<\omega_{cr} \end{cases} \tag{4.115}$$

则数值解条件稳定,其中临界频率 ω_{cr} 需要满足式(4.113)的第四个条件,即

$$\omega_{cr}h=\frac{\left(\gamma-\dfrac{1}{2}\right)\varepsilon+\sqrt{\dfrac{\gamma}{2}-\beta+\left(\gamma-\dfrac{1}{2}\right)^2\varepsilon^2}}{\dfrac{\gamma}{2}-\beta} \tag{4.116}$$

特别是,当无阻尼或 $\gamma=\dfrac{1}{2}$ 时,式(4.116)变为如下的简单形式:

$$\omega_{cr}h=\frac{1}{\sqrt{\dfrac{\gamma}{2}-\beta}} \tag{4.117}$$

4.9.7 Newmark 响应的振荡行为

式(4.114)和式(4.115)保证了 Newmark 解的稳定性,但并不能保证它们是符合实际的正确的解。

单自由度系统自由振动的精确响应是振荡的,所以必须验证积分能保持响应的物理特征。这就要求选择积分算子的参数,使其保持在 $I_1\sim I_2$ 平面上由抛物线 $I_2=I_1^2$ 所划分的子区域内。因此需要满足条件 $I_1^2-I_2<0$,由不变量 I_1, I_2 的表达式(4.87)可得该条件为

$$I_1^2-I_2=\frac{\omega^2h^2}{16D^2}\left\{\left[(1+2\gamma)^2-16\beta\right]\omega^2h^2+8\varepsilon(1-2\gamma)\omega h+16(\varepsilon^2-1)\right\}<0 \tag{4.118}$$

由式(4.118)立即得到:

(1) 如果

$$0 \leqslant \varepsilon < 1, \quad \gamma \geqslant \frac{1}{2}, \quad \beta \geqslant \frac{1}{4}(1+2\gamma)^2 \tag{4.119}$$

则数值方法是无条件稳定的，且在整个频率范围内根是共轭的。

(2) 如果

$$0 \leqslant \varepsilon < 1, \quad \gamma \geqslant \frac{1}{2}, \quad \frac{1}{4}(1+2\gamma)^2 > \beta \geqslant \frac{\gamma}{2} \tag{4.120}$$

则数值方法是无条件稳定的，并且只要频率小于分岔阈值，即

$$\omega h < (\omega h)_{\text{bif}} = \frac{\frac{1}{2}\varepsilon\left(\gamma - \frac{1}{2}\right) + \left[\frac{1}{4}\left(\gamma + \frac{1}{2}\right)^2 - \beta + \varepsilon^2\left(\beta - \frac{1}{2}\gamma\right)\right]^{1/2}}{\frac{1}{4}\left(\gamma + \frac{1}{2}\right)^2 - \beta} \tag{4.121}$$

就会产生一个振荡响应。在无阻尼($\varepsilon=0$)时，分岔阈值为

$$\omega h < (\omega h)_{\text{bif}} = \left[\frac{1}{4}\left(\gamma + \frac{1}{2}\right)^2 - \beta\right]^{-1/2} \tag{4.122}$$

当频率大于以上阈值频率时，根是实数，数值解是不振荡的。

$\gamma \sim \beta$ 平面上不同区域的划分如图 4.6 所示。

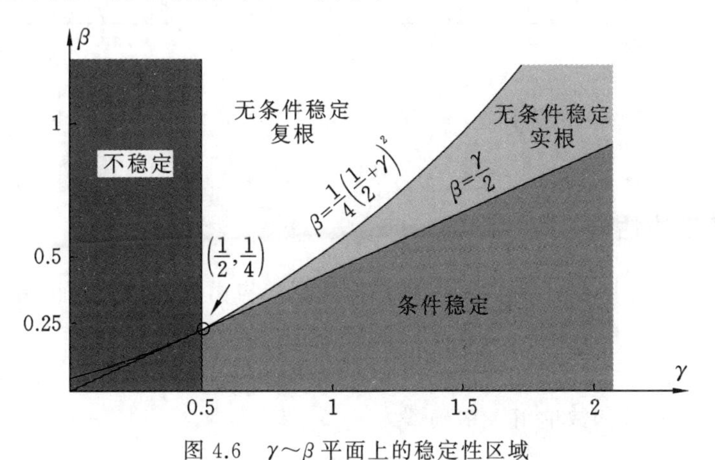

图 4.6　$\gamma \sim \beta$ 平面上的稳定性区域

最后，我们注意到，对于振荡响应的情况，可以从式(4.109)和式(4.87)得到当 $\omega h \to \infty$ 时 Newmark 算法的渐近行为。对于复根，我们有

$$|\lambda| = I_2 \tag{4.123}$$

所以

$$\rho_\infty = \lim_{\omega h \to \infty} I_2 = 1 - \frac{2\gamma - 1}{2\beta} \tag{4.124}$$

特别是，$\gamma = \frac{1}{2}$ 时谱半径等于 1。

例 4.4　考虑将 Newmark 法应用于一个无阻尼($\varepsilon=0$)单自由度系统的情况，取 $\gamma=0.7$。

解　根据式(4.119)～式(4.121)，如果 $\beta \geqslant \frac{1}{2}\gamma = 0.35$，则产生一个无条件稳定的响应，而

如果 $\beta \geqslant \frac{1}{4}\left(\gamma+\frac{1}{2}\right)^2=0.36$，则在整个频率范围上响应是振荡的。图 4.7 给出了 $\beta=0.35$ 和 0.36 时 $\rho(\boldsymbol{T})$ 随 ωh 的变化曲线。

可以看出以下两点：

(1) 对于 $\beta=0.36$，谱半径是关于 ωh 的单调减函数，趋于渐近值 $\rho_\infty=0.667$，该值由式(4.124)计算得到。

(2) 对于 $\beta=0.35$，谱半径先随 ωh 单调递减，直到分岔阈值：

$$(\omega h)_{\text{bif}}=\left[\frac{1}{4}\left(\gamma+\frac{1}{2}\right)^2-\beta\right]^{-1/2}=10$$

超过该阈值，根变为实数，分岔后谱半径单调递增，其中一个根趋于 $\rho_\infty=1$。

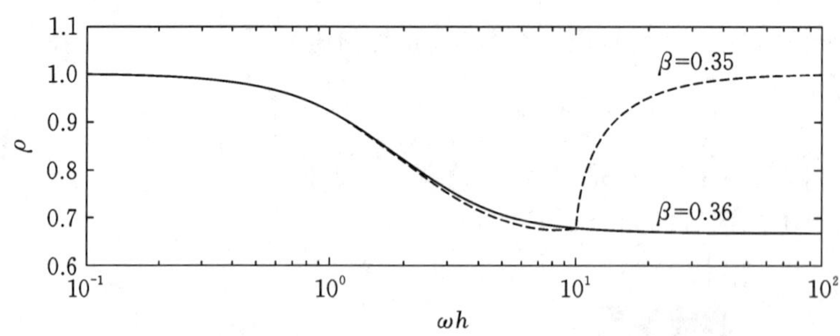

图 4.7　Newmark 法的谱半径($\gamma=0.7$)：实根发生在 $\frac{1}{4}\left(\gamma+\frac{1}{2}\right)^2>\beta\geqslant\frac{1}{2}\gamma$

4.9.8　精度的估计

为了表征 Newmark 法的精度特性，考虑有阻尼单自由度振子及其初始条件：

$$\begin{cases}\ddot{\eta}+2\varepsilon\omega\dot{\eta}+\omega^2\eta=0\\ \eta(0)=\eta_0, \quad \dot{\eta}(0)=\dot{\eta}_0\end{cases} \tag{4.125}$$

我们来比较它的精确解和数值解。精确解为

$$\eta(t)=\mathrm{e}^{-\varepsilon\omega t}\left[\eta_0\cos(\omega_{\mathrm{d}}t)+\frac{\dot{\eta}_0+\varepsilon\omega\eta_0}{\omega_{\mathrm{d}}}\sin(\omega_{\mathrm{d}}t)\right], \quad \omega_{\mathrm{d}}=\sqrt{1-\varepsilon^2}\,\omega \tag{4.126}$$

根据式(4.80)，数值解可表示为

$$\boldsymbol{u}_n=\boldsymbol{T}\boldsymbol{u}_{n-1}, \quad 其中\ \boldsymbol{u}_0=\begin{bmatrix}\dot{\eta}_0\\ \eta_0\end{bmatrix} \tag{4.127}$$

上式具体写出为

$$\begin{cases}\dot{\eta}_n=t_{11}\dot{\eta}_{n-1}+t_{12}\eta_{n-1}\\ \eta_n=t_{21}\dot{\eta}_{n-1}+t_{22}\eta_{n-1}\end{cases} \tag{4.128}$$

其中 $t_{11}, t_{12}, t_{21}, t_{22}$ 由式(4.86)给出。我们也有

$$\eta_{n+1}=t_{21}\dot{\eta}_n+t_{22}\eta_n \tag{4.129}$$

在式(4.128)和式(4.129)中消去 $\dot{\eta}_n$ 和 $\dot{\eta}_{n-1}$，得到以下差分方程：

$$\eta_{n+1}-2I_1\eta_n+I_2\eta_{n-1}=0 \tag{4.130}$$

其中，I_1, I_2 由式(4.87)给出，即

$$I_1=\frac{1}{2}\mathrm{tr}\ \boldsymbol{T}=1-\frac{1}{D}\left[\varepsilon\omega h+\frac{1}{2}\left(\frac{1}{2}+\gamma\right)\omega^2h^2\right]$$

$$I_2=\det\ \boldsymbol{T}=1-\frac{1}{D}\left[2\varepsilon\omega h+\left(\gamma-\frac{1}{2}\right)\omega^2h^2\right]$$

方程(4.130)的解可设为

$$\eta_n=c\lambda^n$$

将此代入方程(4.130)可得对应的特征方程：

$$\lambda^{n-1}(\lambda^2-2I_1\lambda+I_2)=0 \tag{4.131}$$

丢弃 $\lambda=0$ 这个根，我们得到方程(4.108)。所以方程(4.130)的通解为

$$\eta_n=c_1\lambda_1^n+c_2\lambda_2^n \tag{4.132}$$

其中，λ_1，λ_2 为矩阵 $\boldsymbol{T}$ 的特征值，c_1，c_2 为常数，取决于初始条件。

方程(4.125)的精确解是振荡的，我们假定积分参数 β，γ 和积分步长的选取使得矩阵 $\boldsymbol{T}$ 的特征值为共轭复数：

$$\lambda_{1,2}=I_1\pm\mathrm{i}\sqrt{I_2-I_1^2},\quad I_2-I_1^2>0 \tag{4.133}$$

将 $\lambda_{1,2}$ 写成三角函数形式：

$$\lambda_{1,2}=\mathrm{e}^{-\bar{\varepsilon}\bar{\omega}h}[\cos(\bar{\omega}_\mathrm{d}h)+\mathrm{i}\sin(\bar{\omega}_\mathrm{d}h)] \tag{4.134}$$

其中，$\bar{\omega}$，$\bar{\varepsilon}$ 和 $\bar{\omega}_\mathrm{d}$ 为数值计算参数，$\bar{\varepsilon}$ 称为**数值阻尼比**。$\bar{\varepsilon}$ 的取值使 $\bar{\omega}$ 和 $\bar{\omega}_\mathrm{d}$ 有如下关系：

$$\bar{\omega}_\mathrm{d}=\bar{\omega}\sqrt{1-\bar{\varepsilon}^2} \tag{4.135}$$

由式(4.134)和式(4.133)可得

$$\bar{\varepsilon}\bar{\omega}h=-\ln I_2,\quad \bar{\omega}_\mathrm{d}h=\arctan\left(\sqrt{\frac{I_2}{I_1^2}-1}\right) \tag{4.136}$$

数值积分的精度可以用周期误差和数值阻尼比来度量。周期误差为

$$\frac{\Delta T}{T}=\frac{\bar{T}}{T}-1=\frac{\omega}{\bar{\omega}}-1 \tag{4.137}$$

注意，周期误差是根据无阻尼周期计算的。对于无阻尼系统，数值阻尼比 $\bar{\varepsilon}$ 和周期误差的近似表达式为

$$\begin{cases}\bar{\varepsilon}=\dfrac{1}{2}\left(\gamma-\dfrac{1}{2}\right)\omega h-\dfrac{1}{2}\left[\left(\beta+\dfrac{\gamma}{2}-\dfrac{1}{4}\right)\left(\gamma-\dfrac{1}{2}\right)\right]\omega^3h^3+O(\omega^5h^5)\\ \dfrac{\Delta T}{T}=\dfrac{1}{2}\left[\beta+\dfrac{11}{48}+\dfrac{\gamma}{4}(\gamma-3)\right]\omega^2h^2+O(\omega^4h^4)\end{cases} \tag{4.138}$$

可见，Newmark 算法中的数值阻尼随 ωh 线性增大，因此这种算法只有一阶精度。实际中，数值阻尼通常由一个参数 α 控制，以保证稳定的数值阻尼解。

$$0\leqslant\alpha<1,\quad \gamma=\frac{1}{2}+\alpha,\quad \beta=\frac{(1+\alpha)^2}{4} \tag{4.139}$$

在这种情况下，精度的度量变为

$$\begin{cases}\bar{\varepsilon}\approx\dfrac{\alpha}{2}\omega h\\ \dfrac{\Delta T}{T}\approx\left(\dfrac{1}{12}+\dfrac{\alpha^2}{4}\right)\omega^2h^2\end{cases} \tag{4.140}$$

如果存在实际阻尼，则上式不再有效，它们应修正成

$$\begin{cases}\bar{\varepsilon}\approx\varepsilon+\dfrac{\alpha}{2}\omega h\\ \dfrac{\Delta T}{T}\approx\dfrac{3}{2}\left(\dfrac{1}{2}-\gamma\right)\varepsilon\omega h+\left(\dfrac{1}{12}+\dfrac{\alpha^2}{4}\right)\omega^2h^2\end{cases}\tag{4.141}$$

在保证算法稳定性的条件下，希望周期误差和数值阻尼比尽量小。

4.10　非线性情况

我们假设系统的运动微分方程具有以下形式：

$$\begin{cases}\boldsymbol{M}\ddot{\boldsymbol{q}}+\boldsymbol{f}(\boldsymbol{q},\dot{\boldsymbol{q}})=\boldsymbol{p}(\boldsymbol{q},t)\\ \boldsymbol{q}_0,\dot{\boldsymbol{q}}_0\ \text{给定}\end{cases}\tag{4.142}$$

这里假设惯性系数(即质量矩阵 $\boldsymbol{M}$)与构型无关。

4.10.1　显式方法

t_n 时刻的运动微分方程为

$$\boldsymbol{M}\ddot{\boldsymbol{q}}_n+\boldsymbol{f}(\boldsymbol{q}_n,\dot{\boldsymbol{q}}_n)=\boldsymbol{p}(\boldsymbol{q}_n,t_n)\tag{4.143}$$

其中，$\boldsymbol{p}(\boldsymbol{q}_n,t_n)$为系统受到的外作用力，$\boldsymbol{f}(\boldsymbol{q}_n,\dot{\boldsymbol{q}}_n)$一般为系统的弹性力和阻尼力。

如果采用中心差分公式，则有

$$\dot{\boldsymbol{q}}_n=\frac{1}{2h}(\boldsymbol{q}_{n+1}-\boldsymbol{q}_{n-1})\tag{4.144}$$

$$\ddot{\boldsymbol{q}}_n=\frac{1}{h^2}(\boldsymbol{q}_{n+1}-2\boldsymbol{q}_n+\boldsymbol{q}_{n-1})\tag{4.145}$$

将式(4.144)和式(4.145)代入方程(4.143)可得

$$\frac{1}{h^2}\boldsymbol{M}(\boldsymbol{q}_{n+1}-2\boldsymbol{q}_n+\boldsymbol{q}_{n-1})+\boldsymbol{f}\left(\boldsymbol{q}_n,\frac{1}{2h}(\boldsymbol{q}_{n+1}-\boldsymbol{q}_{n-1})\right)=\boldsymbol{p}(\boldsymbol{q}_n,t_n)\tag{4.146}$$

求解非线性方程(4.146)可得 $\boldsymbol{q}_{n+1}$。

启动计算时需要知道 $\boldsymbol{q}_0$ 和 $\boldsymbol{q}_{-1}$，$\boldsymbol{q}_0$ 是事先指定的初始条件，$\boldsymbol{q}_{-1}$需要另外求出。为求出 $\boldsymbol{q}_{-1}$，在方程(4.143)～方程(4.145)中令 $n=0$，可得

$$\boldsymbol{M}\ddot{\boldsymbol{q}}_0+\boldsymbol{f}(\boldsymbol{q}_0,\dot{\boldsymbol{q}}_0)=\boldsymbol{p}(\boldsymbol{q}_0,t_0)\tag{4.147}$$

$$\dot{\boldsymbol{q}}_0=\frac{1}{2h}(\boldsymbol{q}_1-\boldsymbol{q}_{-1})\tag{4.148}$$

$$\ddot{\boldsymbol{q}}_0=\frac{1}{h^2}(\boldsymbol{q}_1-2\boldsymbol{q}_0+\boldsymbol{q}_{-1})\tag{4.149}$$

由方程(4.147)可得

$$\ddot{\boldsymbol{q}}_0=\boldsymbol{M}^{-1}[\boldsymbol{p}(\boldsymbol{q}_0,t_0)-\boldsymbol{f}(\boldsymbol{q}_0,\dot{\boldsymbol{q}}_0)]\tag{4.150}$$

由式(4.148)～式(4.150)可得

$$\boldsymbol{q}_{-1}=\boldsymbol{q}_0-h\,\dot{\boldsymbol{q}}_0+\frac{1}{2}h^2\,\boldsymbol{M}^{-1}[\boldsymbol{p}(\boldsymbol{q}_0,t_0)-\boldsymbol{f}(\boldsymbol{q}_0,\dot{\boldsymbol{q}}_0)]\tag{4.151}$$

4.10.2　隐式积分方法

将系统的方程重写为

$$\boldsymbol{r}(\boldsymbol{q})=\boldsymbol{M}\ddot{\boldsymbol{q}}(t)+\boldsymbol{f}(\boldsymbol{q},\dot{\boldsymbol{q}})-\boldsymbol{p}(\boldsymbol{q},t)=\boldsymbol{0} \tag{4.152}$$

其中，$\boldsymbol{r}$ 是余值向量。将 Newmark 法的近似公式(4.73)重写于下：

$$\begin{cases}\dot{\boldsymbol{q}}_{n+1}=\dot{\boldsymbol{q}}_n+(1-\gamma)h\ddot{\boldsymbol{q}}_n+\gamma h\ddot{\boldsymbol{q}}_{n+1}\\ \boldsymbol{q}_{n+1}=\boldsymbol{q}_n+h\dot{\boldsymbol{q}}_n+h^2\left(\dfrac{1}{2}-\beta\right)\ddot{\boldsymbol{q}}_n+h^2\beta\ddot{\boldsymbol{q}}_{n+1}\end{cases} \tag{4.153}$$

令

$$\begin{cases}\dot{\boldsymbol{q}}^*_{n+1}=\dot{\boldsymbol{q}}_n+(1-\gamma)h\ddot{\boldsymbol{q}}_n\\ \boldsymbol{q}^*_{n+1}=\boldsymbol{q}_n+h\dot{\boldsymbol{q}}_n+\left(\dfrac{1}{2}-\beta\right)h^2\ddot{\boldsymbol{q}}_n\end{cases} \tag{4.154}$$

由以上两式可得

$$\begin{cases}\ddot{\boldsymbol{q}}_{n+1}=\dfrac{1}{\beta h^2}(\boldsymbol{q}_{n+1}-\boldsymbol{q}^*_{n+1})\\ \dot{\boldsymbol{q}}_{n+1}=\dot{\boldsymbol{q}}^*_{n+1}+\dfrac{\gamma}{\beta h}(\boldsymbol{q}_{n+1}-\boldsymbol{q}^*_{n+1})\end{cases} \tag{4.155}$$

将式(4.155)代入方程(4.152)，可得余值方程只依赖于 $\boldsymbol{q}_{n+1}$：

$$\boldsymbol{r}(\boldsymbol{q}_{n+1})=\boldsymbol{0} \tag{4.156}$$

求解非线性方程组(4.156)的大多数方法都是线性化方法，介绍如下。

令 $\boldsymbol{q}^k_{n+1}$ 是第 k 次迭代得到的 $\boldsymbol{q}_{n+1}$ 的一个近似值。在这个值的邻域内，余值表达式可线性化为

$$\boldsymbol{r}(\boldsymbol{q}^{k+1}_{n+1})=\boldsymbol{r}(\boldsymbol{q}^k_{n+1})+\boldsymbol{S}(\boldsymbol{q}^k_{n+1})(\boldsymbol{q}^{k+1}_{n+1}-\boldsymbol{q}^k_{n+1}) \tag{4.157}$$

其中，Jacobi 矩阵为

$$\boldsymbol{S}(\boldsymbol{q}^k_{n+1})=\left[\frac{\partial\boldsymbol{r}}{\partial\boldsymbol{q}}\right]_{\boldsymbol{q}^k_{n+1}} \tag{4.158}$$

它是本问题中的迭代矩阵，它的表达式为

$$\boldsymbol{S}(\boldsymbol{q})=\frac{\partial\boldsymbol{f}}{\partial\boldsymbol{q}}+\frac{\partial\boldsymbol{f}}{\partial\dot{\boldsymbol{q}}}\frac{\partial\dot{\boldsymbol{q}}}{\partial\boldsymbol{q}}+\boldsymbol{M}\frac{\partial\ddot{\boldsymbol{q}}}{\partial\boldsymbol{q}}-\frac{\partial\boldsymbol{p}}{\partial\boldsymbol{q}} \tag{4.159}$$

由式(4.155)可得

$$\frac{\partial\ddot{\boldsymbol{q}}}{\partial\boldsymbol{q}}=\frac{1}{\beta h^2}\boldsymbol{I},\quad \frac{\partial\dot{\boldsymbol{q}}}{\partial\boldsymbol{q}}=\frac{\gamma}{\beta h}\boldsymbol{I} \tag{4.160}$$

所以，迭代矩阵为

$$\boldsymbol{S}(\boldsymbol{q})=\boldsymbol{K}^{\mathrm{t}}+\frac{\gamma}{\beta h}\boldsymbol{C}^{\mathrm{t}}+\frac{1}{\beta h^2}\boldsymbol{M} \tag{4.161}$$

其中

$$\boldsymbol{K}^{\mathrm{t}}=\frac{\partial\boldsymbol{f}}{\partial\boldsymbol{q}},\quad \boldsymbol{C}^{\mathrm{t}}=\frac{\partial\boldsymbol{f}}{\partial\dot{\boldsymbol{q}}} \tag{4.162}$$

$\boldsymbol{K}^{\mathrm{t}}$，$\boldsymbol{C}^{\mathrm{t}}$ 分别为系统的**切线刚度矩阵**和**切线阻尼矩阵**。于是，非线性方程组(4.156)可以用 Newton-Raphson 方法迭代求解。在第 $n+1$ 时间步的第 k 次迭代开始时，位移向量、速度向

量和加速度向量的近似值用 $\boldsymbol{q}_{n+1}^{k}, \dot{\boldsymbol{q}}_{n+1}^{k}, \ddot{\boldsymbol{q}}_{n+1}^{k}$ 表示，迭代结束时修正为 $\boldsymbol{q}_{n+1}^{k}+\Delta\boldsymbol{q}^{k}, \dot{\boldsymbol{q}}_{n+1}^{k}+\Delta\dot{\boldsymbol{q}}^{k}, \ddot{\boldsymbol{q}}_{n+1}^{k}+\Delta\ddot{\boldsymbol{q}}^{k}$。

位移增量向量 $\Delta\boldsymbol{q}^{k}$ 由下面的方程计算：

$$\boldsymbol{S}\Delta\boldsymbol{q}^{k}=-\boldsymbol{r}(\boldsymbol{q}_{n+1}^{k}) \tag{4.163}$$

速度增量向量和加速度增量向量可由式(4.155)得到，为

$$\begin{cases}\Delta\ddot{\boldsymbol{q}}^{k}=\dfrac{1}{\beta h^{2}}\Delta\boldsymbol{q}^{k}\\ \Delta\dot{\boldsymbol{q}}^{k}=\dfrac{\gamma}{\beta h}\Delta\boldsymbol{q}^{k}\end{cases} \tag{4.164}$$

注意，计算开始时，可取 $\ddot{\boldsymbol{q}}_{0}=\boldsymbol{M}^{-1}[\boldsymbol{p}(\boldsymbol{q}_{0},t_{0})-\boldsymbol{f}(\boldsymbol{q}_{0},\dot{\boldsymbol{q}}_{0})]$；第 $n+1$ 时间步的迭代开始时可取 $\ddot{\boldsymbol{q}}_{n+1}=\ddot{\boldsymbol{q}}_{n+1}^{0}=\boldsymbol{0}$。

4.10.3 时间步的控制

我们只讨论隐式积分的时间步调整。

数值积分过程中进行时间步的调整，通常基于积分方案所带来的积分误差来进行。按照式(4.72)，一个时间步上的误差为

$$\boldsymbol{r}=\left(\beta-\frac{1}{6}\right)h^{3}\left|\frac{\mathrm{d}\ddot{\boldsymbol{q}}}{\mathrm{d}t}\right| \tag{4.165}$$

因此，误差依赖于时间步内加速度的变化率。这个量没有计算出来(时间积分只考虑到解的二阶导数)，但它可以近似估计。例如，应用有限差分公式：

$$\frac{\mathrm{d}\ddot{\boldsymbol{q}}}{\mathrm{d}t}=\frac{\ddot{\boldsymbol{q}}(t+h)-\ddot{\boldsymbol{q}}(t)}{h} \tag{4.166}$$

于是积分误差的估计为

$$\boldsymbol{r}=\left(\beta-\frac{1}{6}\right)h^{2}\left|\ddot{\boldsymbol{q}}(t+h)-\ddot{\boldsymbol{q}}(t)\right|=\left(\beta-\frac{1}{6}\right)h^{2}\,\Delta\ddot{\boldsymbol{q}} \tag{4.167}$$

于是，就可调整时间步使其不超过预定的误差限制 ε。

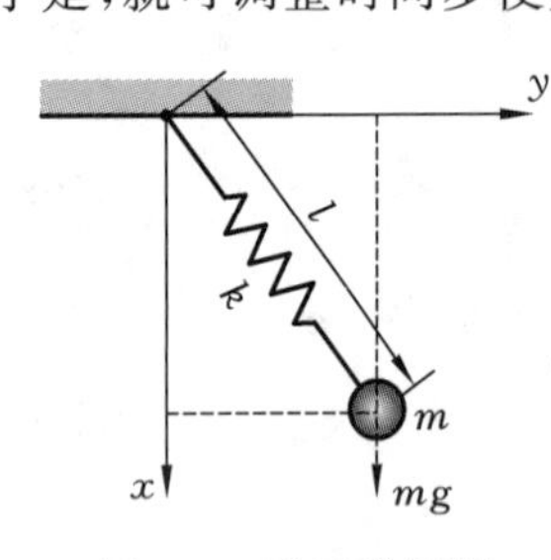

图 4.8 平面弹簧摆

例 4.5 图 4.8 所示为平面弹簧摆，其运动微分方程为

$$m\ddot{x}+k(l-l_{0})\frac{x}{l}-mg=0,\quad m\ddot{y}+k(l-l_{0})\frac{y}{l}=0$$

其中 $l=\sqrt{x^{2}+y^{2}}$。系统的切线刚度矩阵为

$$\boldsymbol{K}^{\mathrm{t}}=\begin{bmatrix}k\left(1-\dfrac{l_{0}}{l}+\dfrac{l_{0}x^{2}}{l^{3}}\right) & k\dfrac{l_{0}xy}{l^{3}}\\ k\dfrac{l_{0}xy}{l^{3}} & k\left(1-\dfrac{l_{0}}{l}+\dfrac{l_{0}y^{2}}{l^{3}}\right)\end{bmatrix}$$

系统的参数取为

$$m=1\ \mathrm{kg},\quad k=30\ \mathrm{N/m},\quad g=10\ \mathrm{m/s^{2}},\quad l_{0}=1\ \mathrm{m}$$

$$h=3\times10^{-2}\ \mathrm{s},\quad \text{迭代阈值}\ \|\boldsymbol{r}\|:mg\times10^{-5}$$

$$h=3\times10^{-2}\ \mathrm{s},\quad \text{初值}:\begin{cases}x(0)=0,\quad y(0)=1.5\ \mathrm{m}\\ \dot{x}(0)=\dot{y}(0)=0\end{cases}$$

请采用 Newmark 法$\left(\gamma=\dfrac{1}{2},\beta=\dfrac{1}{4}\right)$计算系统的数值响应。

解　计算结果如图 4.9～图 4.12 所示。

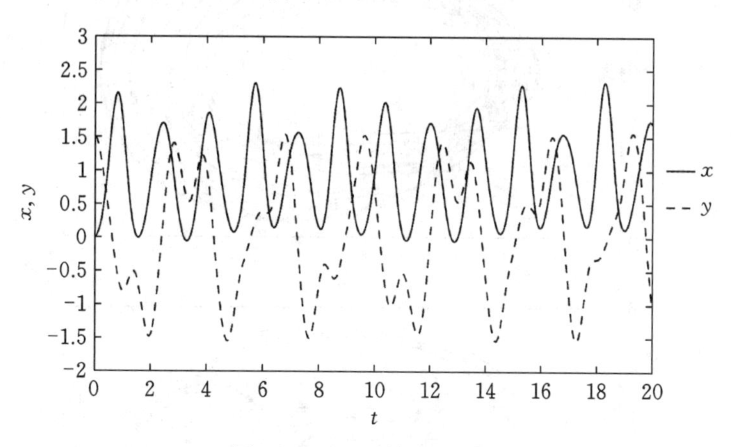

图 4.9　平面弹簧摆的位移

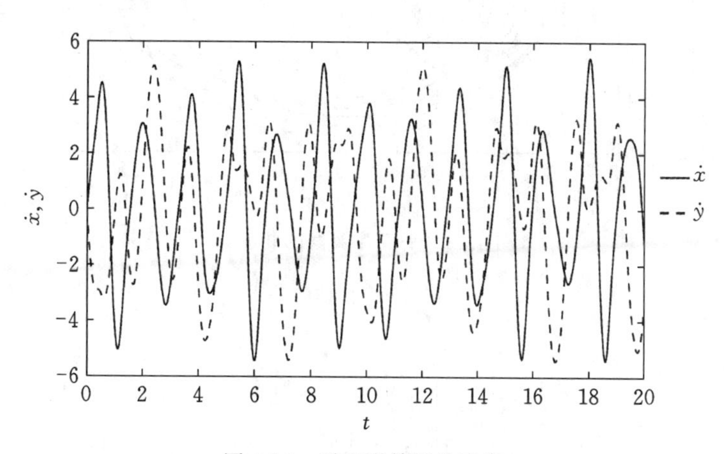

图 4.10　平面弹簧摆的速度

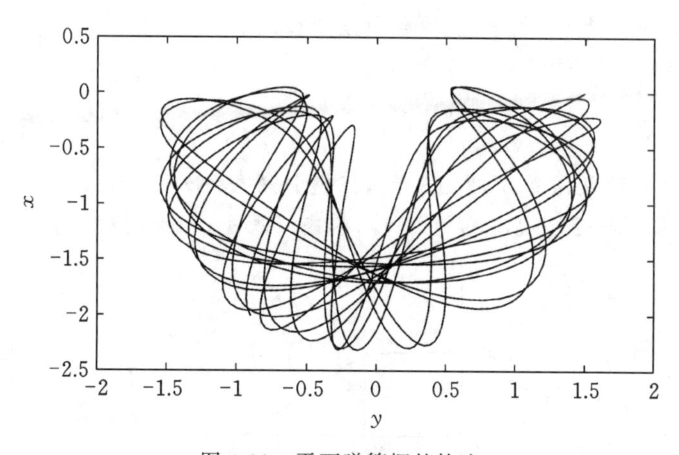

图 4.11　平面弹簧摆的轨迹

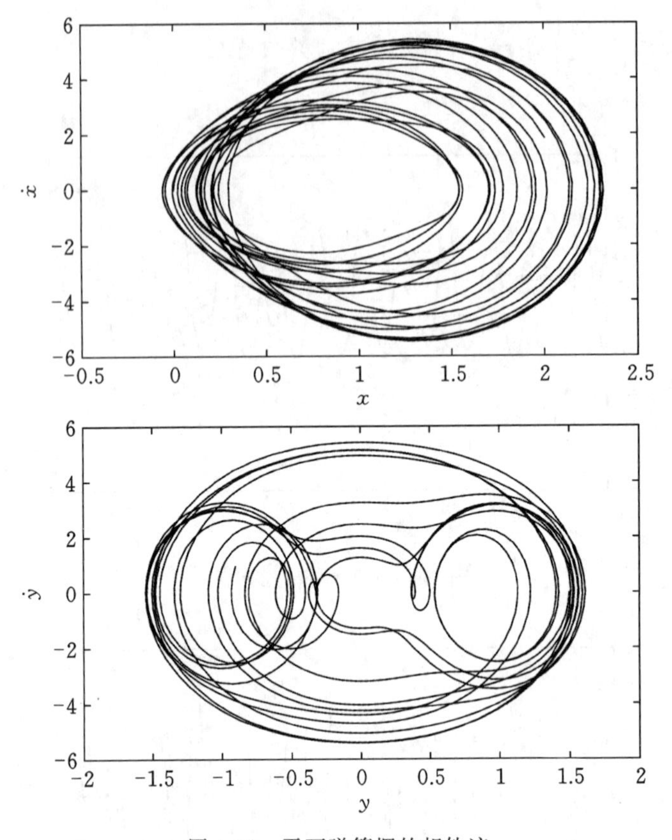

图 4.12　平面弹簧摆的相轨迹

习题

4.1　在点 $t=t_i$，一阶导数的后向差分公式定义为

$$\frac{\mathrm{d}x}{\mathrm{d}t}=\frac{x(t)-x(t-\Delta t)}{\Delta t}=\frac{x_i-x_{i-1}}{\Delta t}$$

请推导 $\mathrm{d}^2x/\mathrm{d}t^2$，$\mathrm{d}^3x/\mathrm{d}t^3$ 和 $\mathrm{d}^4x/\mathrm{d}t^4$ 的后向差分公式。

4.2　已知方程

$$-\frac{\mathrm{d}^2x}{\mathrm{d}t^2}+0.1x=0,\quad 0\leqslant t\leqslant 10$$

用后向差分公式求它的数值积分，取 $\Delta t=1$，假定初始条件为 $x_0=1$，$\dot{x}_0=0$。

4.3　已知方程 $4\ddot{x}+2\dot{x}+3000x=F(t)$，瞬态激励 $F(t)$ 如图所示。用中心差分法求方

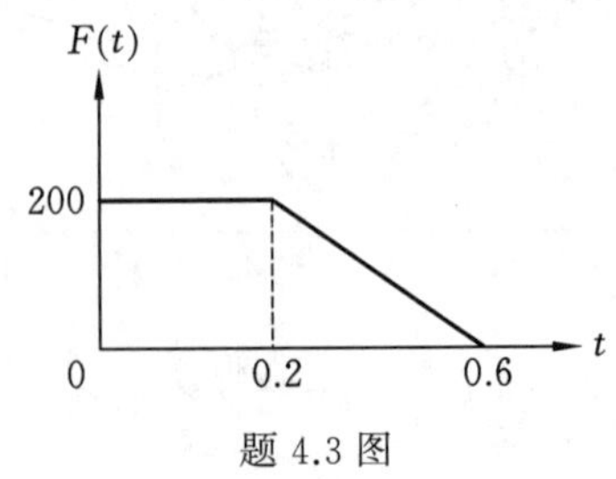

题 4.3 图

程在 $0\leqslant t\leqslant 1$ 上的数值解。取 $\Delta t=0.05$，假定初始条件为 $x_0=0, \dot{x}_0=0$。

4.4　二自由度系统如图所示，取 $F_1(t)=10\sin(5t)$，$F_2(t)=0$，用 Wilson θ 法求解本题，取 $\theta=1.4$。

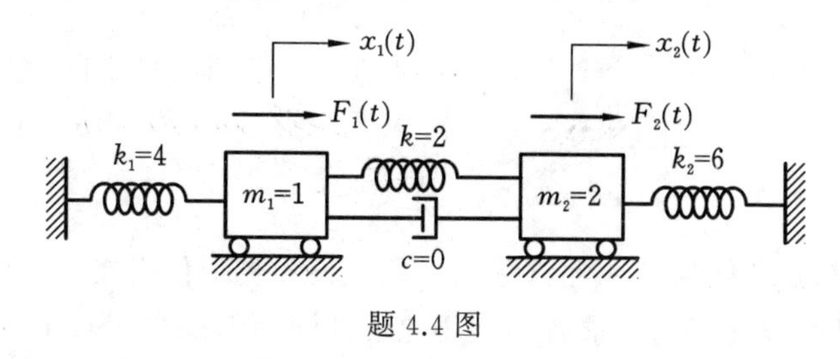

题 4.4 图

4.5　用数值积分法求解单摆方程：

$$\ddot{\theta}+\frac{g}{l}\sin\theta=0$$

取 $g/l=0.01$，初始条件为 $\theta_0=1$ rad，$\dot{\theta}_0=1.5$ rad/s。这个方程有首次积分：

$$\dot{\theta}^2=-\frac{g}{l}\cos\theta+C$$

其中，C 为积分常数。将数值结果与上式比较以判断结果的正确性。

第 5 章　非线性振动

5.1　引言

所有物理系统都是非线性的。经常采用一些假设和近似使得支配系统行为的数学问题成为线性的，原因是非线性问题的求解困难要比线性问题大得多。对于很多工程问题，应用线性近似所得的结果已经足够精确了，这也正是我们采用线性理论处理大部分问题的原因。

但是，在许多情况下，线性分析不足以充分描述物理系统的行为。将物理系统模化为非线性系统的一个主要原因是，在非线性系统中有时会发生完全意想不到的现象——线性理论无法预测甚至暗示的现象。线性叠加原理已经不适用于非线性系统，由此使得非线性系统的分析面临新的困难，主要有：

（1）二阶非线性微分方程的齐次解不等于两个线性独立解的线性组合；

（2）非线性微分方程的通解不能表示为一个齐次解和一个特解之和，一个非线性系统的受迫响应不能从自由振动中分离出来；

（3）对于不同激励的组合，总的响应不等于各个响应的叠加；

（4）因为卷积积分是应用叠加原理推出的，它不能用于非线性系统；

（5）Laplace 变换不能用于非线性微分方程的求解。

本章将介绍单自由度非线性振动系统的一些特征和分析求解方法，包括一些精确解、近似解析方法、图解和数值方法。

5.2　非线性振动问题的例子

（1）单摆。

单摆的运动和受力分析如图 5.1 所示。在质点的切向应用质心运动定理，可得运动微分方程：

$$ml\ddot{\theta}+mg\sin\theta=0 \tag{5.1}$$

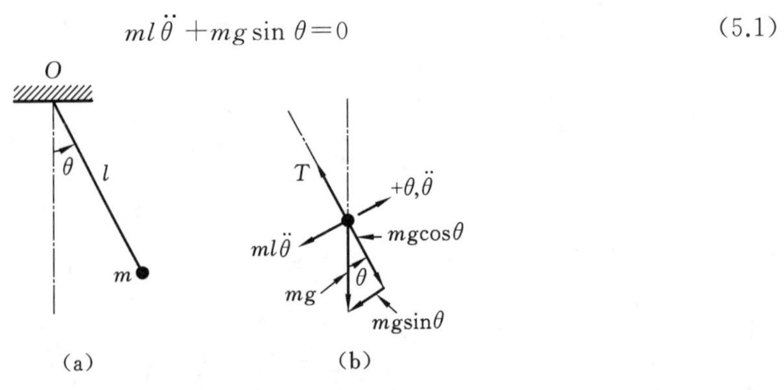

图 5.1　单摆

这是一个非线性微分方程,其中的**非线性是由大运动产生的**。对于微小转角 θ,方程简化为

$$\ddot{\theta}+\omega_0^2\theta=0 \tag{5.2}$$

其中

$$\omega_0^2=g/l \tag{5.3}$$

方程(5.2)是线性齐次常微分方程,其通解为

$$\theta=A_0\sin(\omega_0 t+\phi) \tag{5.4}$$

其中,A_0,ϕ 由初始条件确定,角频率 ω_0 与振幅 A_0 无关。

对方程(5.1)更好的近似是对非线性项取两项近似,得到

$$\ddot{\theta}+\omega_0^2\left(\theta-\frac{1}{6}\theta^3\right)=0 \tag{5.5}$$

上式含有非线性项 θ^3,它与线性项一起构成非线性恢复力。

对于质量-弹簧系统,假定恢复力用 $f(x)$表示,则系统的运动微分方程为

$$m\ddot{x}+f(x)=0 \tag{5.6}$$

如果 $\mathrm{d}f(x)/\mathrm{d}x=k=$常数,则弹簧是线性的。若 $\mathrm{d}f(x)/\mathrm{d}x$ 是 x 的严格递增函数,则弹簧称为**硬弹簧(hard spring)**。若 $\mathrm{d}f(x)/\mathrm{d}x$ 是 x 的严格递减函数,则弹簧称为**软弹簧(soft spring)**。非线性弹簧特性如图 5.2 所示。由弹性构件的本构关系产生的非线性称为**材料非线性**。

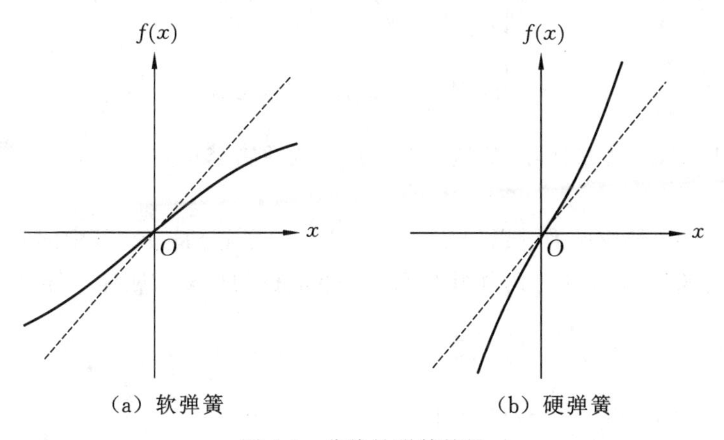

(a) 软弹簧　(b) 硬弹簧

图 5.2　非线性弹簧特性

(2) 弹簧摆。

如图 5.3 所示系统,其中弹簧本身是线性的。令 x 是从弹簧-质量系统处于静平衡状态起算的伸缩量,伸长为正、压缩为负。系统的动能为

$$T=\frac{1}{2}m[\dot{x}^2+(l+x)^2\dot{\theta}^2] \tag{5.7}$$

系统的势能为

$$V=\frac{1}{2}k\left(x+\frac{mg}{k}\right)^2-mg(l+x)\cos\theta \tag{5.8}$$

应用 Lagrange 方程可得系统的运动微分方程:

$$\begin{cases}m\ddot{x}+kx-m(l+x)\dot{\theta}^2+mg(1-\cos\theta)=0\\ m(l+x)^2\ddot{\theta}+mg(l+x)\sin\theta+2m(l+x)\dot{x}\dot{\theta}=0\end{cases} \tag{5.9}$$

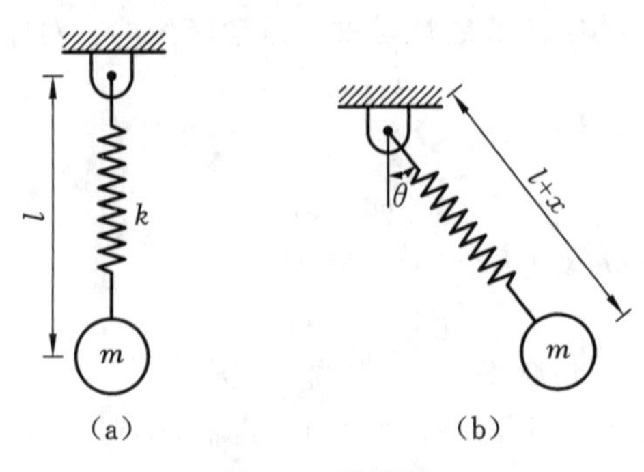

图 5.3　弹簧摆

当 θ 和 x 为微小量时，方程(5.9)可线性化为

$$\begin{cases} m\ddot{x}+kx=0 \\ \ddot{\theta}+\dfrac{g}{l}\theta=0 \end{cases} \tag{5.10}$$

这是两个独立的线性系统，有两种独立的振动模态(或模式)。如果只保留最大的非线性项，则方程(5.9)变为

$$\begin{cases} \ddot{x}+kx-l\dot{\theta}^2+\dfrac{g}{2}\theta^2=0 \\ l\ddot{\theta}+g\theta+\dfrac{g}{l}\theta x+2\dot{x}\dot{\theta}=0 \end{cases} \tag{5.11}$$

由于方程中的非线性项为二次项，故这种非线性称为**平方非线性**。

(3) 旋转 U 形管。

图 5.4 所示的 U 形管压力计以匀角速度 ω 绕一根偏心轴转动，其中的液体不可压缩，密度为 ρ，液柱的总长度为 l，管的截面积为 A。假定液柱的运动如刚体一样，$h(t)$ 为右腿中液柱的瞬时高度。

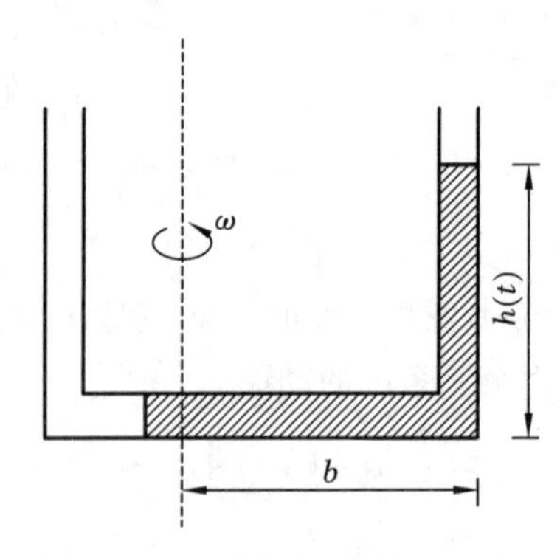

图 5.4　旋转的 U 形管压力计

系统的势能为

$$V=\frac{1}{2}\rho gAh^2 \tag{5.12}$$

系统的动能为

$$T=\frac{1}{2}\rho A\, l\dot{h}^2+\frac{1}{2}\rho Ab^2\omega^2+\int_0^b \rho Ar^2\omega^2\,\mathrm{d}r+\int_0^{l-b-h}\rho Ar^2\omega^2\,\mathrm{d}r \tag{5.13}$$

不考虑阻尼，应用 Lagrange 方程可得系统的运动方程为

$$l\ddot{h}+gb+\frac{1}{2}\omega^2(l-b-h)^2=\frac{1}{2}\omega^2b^2 \tag{5.14}$$

上式中含有平方非线性项。

(4) 质量-弹簧振子与皮带组成的机械颤振系统(mechanical chatter system)。

如图 5.5(a)所示，质量块与皮带之间存在干摩擦，系统的运动方程可写为

$$m\ddot{x}+F(\dot{x})+kx=0 \tag{5.15}$$

摩擦力 $F(\dot{x})$与质量块的速度 $\dot{x}$ 之间的关系如图 5.5(b)所示。这个系统的**非线性是由阻力产生的**。

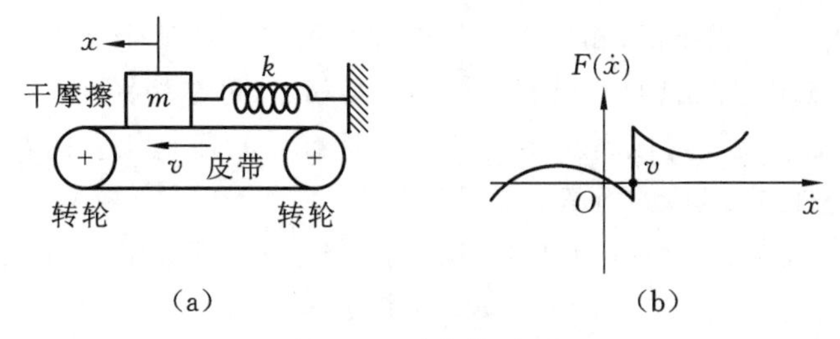

图 5.5　干摩擦阻尼

开始摩擦力会对质量块做功，使质量块向前运动，也使系统的动能和势能增大，移动到一定幅值，摩擦力不能克服弹性力而质量块继续向前运动；随后，质量块快速向后回弹，摩擦力消耗能量，到一定幅值后，质量块重新开始向前运动和积蓄能量。这样就形成一种周期运动，这是一种**自激振动**，在这种类型的系统中称为**机械颤振**。

(5) 变质量系统。

如图 5.6 所示，系统的质量取决于位移 x，所以运动方程为

$$\frac{\mathrm{d}}{\mathrm{d}t}(m\dot{x})+kx=0 \tag{5.16}$$

本系统的**非线性由质量变化产生**。

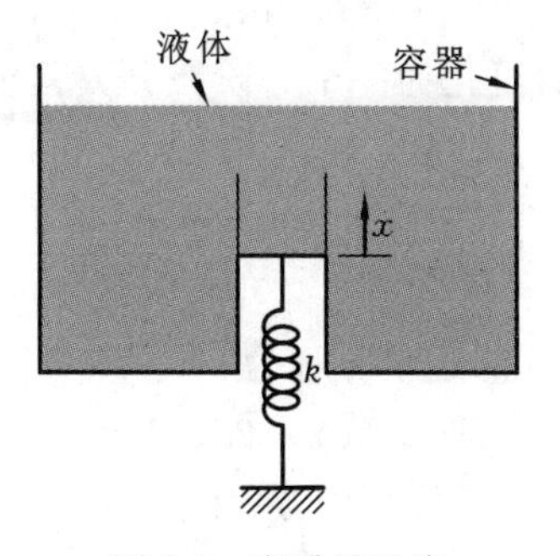

图 5.6　变质量系统

5.3 定性分析

当系统的运动微分方程不显含时间 t 时,称为**自治系统**,否则称为**非自治系统**。对于单自由度自治振动系统,其运动方程一般可写为

$$\ddot{x}+f(x,\dot{x})=0 \tag{5.17}$$

令 $y=\dot{x}$,则方程(5.17)可化为一个一阶微分方程组:

$$\begin{cases}\dot{x}=y\\ \dot{y}=-f(x,y)\end{cases} \tag{5.18}$$

方程组(5.18)的两个方程也可合并写为

$$\frac{\mathrm{d}y}{\mathrm{d}x}=\frac{-f(x,y)}{y} \tag{5.19}$$

我们将 xy 平面称为**相平面**,相平面上的点称为**相点**。从某个相点出发,随着时间的进行,按照方程(5.18)或方程(5.19)给出的一系列后续相点,可在相平面上画出一条曲线,这种曲线称为**相轨线**。由相轨线可以看出系统的运动是有界的还是无界的,是收敛的还是发散的,是周期运动还是非周期运动,等等。

系统的静平衡状态(或平衡点)对应的相点称为**奇点**(或**不动点**)。静平衡状态满足:

$$y=0,\quad \dot{y}=-f(x,y)=0 \tag{5.20}$$

即满足方程(5.20)的相点为奇点。

画相轨线时,先取定一个初始点(或出发点),再对方程(5.20)进行数值积分,计算出一系列相点,这些相点构成一条相轨线。比如,我们用一般的微商代替方程(5.18)中的导数,可得

$$\begin{cases}x_1=x_0+y_0\,\Delta t\\ y_1=y_0-f(x_0,y_0)\Delta t\end{cases} \tag{5.21}$$

由方程(5.21)可以算出从点(x_0,y_0)出发经 Δt 时间后到达的点(x_1,y_1),再将(x_1,y_1)看作(x_0,y_0),重复上述计算,就可计算出一系列相点。如果需要提高计算精度,则可以选取更高精度的数值微分格式。

不计阻尼的单摆的运动方程为

$$\ddot{\theta}+\omega_0^2\sin\theta=0 \tag{5.22}$$

令 $x=\theta,y=\dot{\theta}=\dot{x}$,则方程(5.22)可化为一个一阶微分方程组:

$$\begin{cases}\dot{x}=y\\ \dot{y}=-\omega_0^2\sin x\end{cases} \tag{5.23}$$

单摆的相轨线如图 5.7 所示。

设一个非线性弹簧-质量系统的运动方程为

$$\ddot{x}+\omega_0^2(x-2\alpha x^3)=0 \tag{5.24}$$

令 $y=\dot{x}$,则方程(5.24)可化为一个一阶微分方程组:

$$\begin{cases}\dot{x}=y\\ \dot{y}=-\omega_0^2(x-2\alpha x^3)\end{cases} \tag{5.25}$$

系统有三个奇点,即$(0,0)$,$(1/\sqrt{2\alpha},0)$,$(-1/\sqrt{2\alpha},0)$。该系统的相轨线如图 5.8 所示。

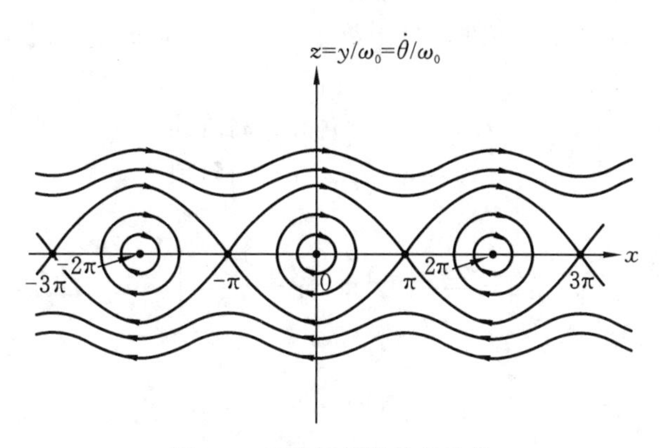

图 5.7　无阻尼单摆的相轨线

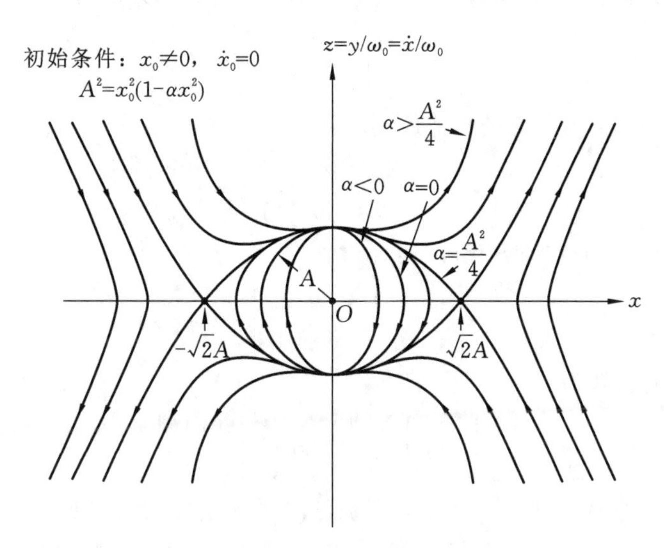

图 5.8　一个非线性系统的相轨线

5.4　平衡状态的稳定性

一个处于平衡状态的系统，在受到微小干扰后会偏离平衡状态；在干扰消失后，如果系统能逐渐回到平衡状态或围绕平衡状态做有界的运动，则称这个**平衡状态是稳定的**，否则是不稳定的。在相平面中，平衡状态的稳定性对应于奇点的稳定性。

考虑一个单自由度非线性自治振动系统，由下面的两个一阶微分方程描述：

$$\begin{cases}\dot{x}=f_1(x,y)\\ \dot{y}=f_2(x,y)\end{cases}\tag{5.26}$$

假定(x_0,y_0)为一个奇点，则它满足

$$f_1(x_0,y_0)=0,\quad f_2(x_0,y_0)=0\tag{5.27}$$

我们采用变量替换：

$$x'=x-x_0,\quad y'=y-y_0\tag{5.28}$$

则在$x'y'$平面上，奇点变为(0,0)，因此，我们不妨设奇点在原点(0,0)。

下面来考察奇点(0,0)的稳定性。将函数 $f_1(x,y)$,$f_2(x,y)$在点(0,0)作 Taylor 级数展开,则方程(5.26)可写为

$$\begin{cases}\dot{x}=a_{11}x+a_{12}y+\text{高阶项}\\ \dot{y}=a_{21}x+a_{22}y+\text{高阶项}\end{cases} \tag{5.29}$$

其中

$$a_{11}=\left.\frac{\partial f_1}{\partial x}\right|_{(0,0)},\quad a_{12}=\left.\frac{\partial f_1}{\partial y}\right|_{(0,0)},\quad a_{21}=\left.\frac{\partial f_2}{\partial x}\right|_{(0,0)},\quad a_{22}=\left.\frac{\partial f_2}{\partial y}\right|_{(0,0)} \tag{5.30}$$

略去高阶小量,方程(5.29)可写为

$$\begin{Bmatrix}\dot{x}\\ \dot{y}\end{Bmatrix}=\begin{bmatrix}a_{11} & a_{12}\\ a_{21} & a_{22}\end{bmatrix}\begin{Bmatrix}x\\ y\end{Bmatrix} \tag{5.31}$$

矩阵 $\mathbf{A}=[a_{ij}]$称为系统的 Jacobi 矩阵。这是一个一阶线性齐次微分方程组,它的解可设为

$$\begin{bmatrix}x\\ y\end{bmatrix}=\begin{bmatrix}X\\ Y\end{bmatrix}e^{\lambda t} \tag{5.32}$$

将它代入方程(5.31),可得下面的特征值问题:

$$\begin{bmatrix}a_{11}-\lambda & a_{12}\\ a_{21} & a_{22}-\lambda\end{bmatrix}\begin{Bmatrix}X\\ Y\end{Bmatrix}=\begin{Bmatrix}0\\ 0\end{Bmatrix} \tag{5.33}$$

特征值 λ_1 和 λ_2 由下面的特征方程确定:

$$\begin{vmatrix}a_{11}-\lambda & a_{12}\\ a_{21} & a_{22}-\lambda\end{vmatrix}=0 \tag{5.34}$$

因此,方程(5.31)的通解为

$$\begin{bmatrix}x\\ y\end{bmatrix}=C_1\begin{bmatrix}X_1\\ Y_1\end{bmatrix}e^{\lambda_1 t}+C_2\begin{bmatrix}X_2\\ Y_2\end{bmatrix}e^{\lambda_2 t} \tag{5.35}$$

其中,C_1,C_2 为待定常数。式(5.35)表示系统偏离平衡位置(奇点)(0,0)后的运动状态,它们是否收敛以及是否有界,取决于特征值 λ_1 和 λ_2 的值。我们只考虑系统运动随时间变化的情况,因此认为不会出现 $\lambda_1=0$ 和(或)$\lambda_2=0$ 的情况。

情况 1:λ_1,λ_2 均为实数。

此时,只有 λ_1,λ_2 均为负数,系统是收敛的,系统的运动状态最终将回到平衡位置;λ_1,λ_2 中只要有一个为正数,系统的运动状态将发散。

$\lambda_1<0$,$\lambda_2<0$ 时奇点(0,0)附近的相轨线如图 5.9 (a)所示,对应的奇点称为**稳定结点**。$\lambda_1>0$,$\lambda_2>0$ 时奇点(0,0)附近的相轨线如图 5.9 (b)所示,对应的奇点称为**不稳定结点**。$\lambda_1=\lambda_2<0$时奇点(0,0)附近的相轨线如图 5.9 (c)所示,对应的奇点还是稳定结点。$\lambda_1\lambda_2<0$ 时奇点(0,0)附近的相轨线如图 5.9 (d)所示,对应的奇点称为**鞍点**。

情况 2:λ_1,λ_2 为共轭复数。

此时,如果实部为负数,则系统是收敛的,对应的奇点称为**稳定焦点**,如图 5.9(e)所示。如果实部为正数,则系统的运动状态将发散,对应的奇点称为**不稳定焦点**,如图 5.9(f)所示。如果实部为零,则系统做简谐运动(有界),对应的奇点称为**中心**,如图 5.9(g)所示。

如果 Jacobi 矩阵的所有特征值的实部均不等于零,对应的平衡点称为**双曲不动点**或**非退化不动点**;如果存在至少一个特征值实部为零(即具有纯虚特征值$\pm i\omega$),则该平衡点称为

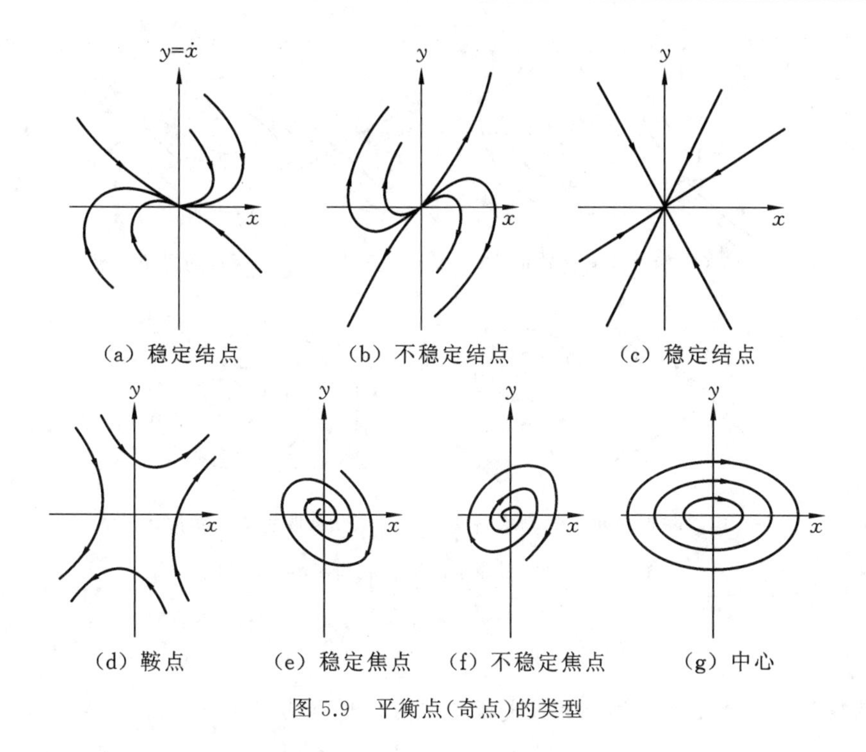

图 5.9　平衡点(奇点)的类型

非双曲不动点或**退化不动点**,此时的稳定性需要由非线性项确定。

5.5　同宿轨道和异宿轨道

相平面上分离出明显不同区域的相轨线称为**分界线**。它可以是任何一条进入或离开鞍点的路径,或者是一个极限环(极限环是一条孤立的封闭相轨线,后面会专门介绍),或者是一条连接两个平衡点的路径。下面,我们在平衡点的背景下定义它们。

任何一条从一个平衡点出发最后又回到这个平衡点的相轨线都是分界线的一种形式,称为**同宿轨道**,任何一条连接一个平衡点与另一个平衡点的相轨线称为**异宿轨道**。对于平面自治系统,同宿轨道只能与鞍点(或某些广义类型的鞍点)相关联,因为相轨线既要从平衡点出发,又要回到平衡点。另外,异宿轨道可以连接任意两个双曲平衡点,即鞍点、结点或焦点中的任意两个(包括同一类型)。连接两个相同或不同鞍点的相轨线也称为**鞍点连接**。图 5.10 中的虚线为同宿轨道和异宿轨道的一些例子。

例 5.1　已知系统

$$\dot{x}=y,\quad \dot{y}=x-x^3$$

求出该系统的同宿轨道,并求出用时间 t 表示的同宿轨道的解。

解　平衡点满足 $y=x-x^3=0$,所以平衡点为(0,0)和(±1,0),原点(0,0)为鞍点,$x=\pm1$ 为两个中心。相轨线满足下面的微分方程:

$$\frac{\mathrm{d}y}{\mathrm{d}x}=\frac{x(1-x^2)}{y}$$

积分可得

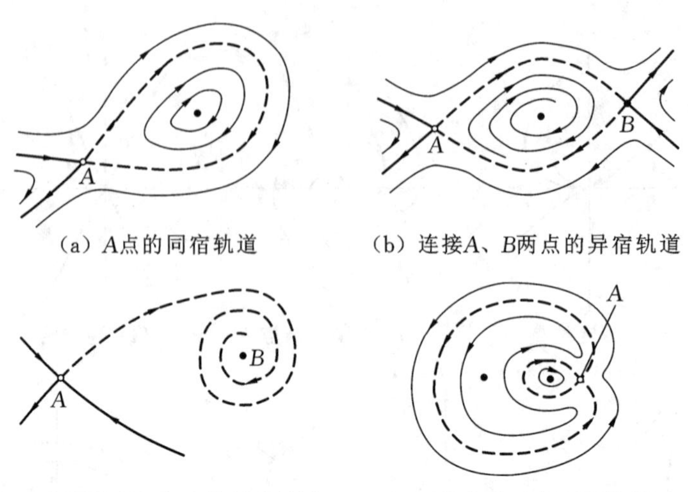

(a) A点的同宿轨道　　(b) 连接A、B两点的异宿轨道

(c) 连接鞍点和焦点的异宿轨道　　(d) A点的两条同宿轨道

图 5.10　用虚线表示的同宿轨道和异宿轨道

$$y^2=x^2-\frac{1}{2}x^4+C$$

其中,C 为常数。如果 $C=0$,则相轨线趋近于原点。这样的相轨线有两条,它们的方程为

$$y^2=x^2-\frac{1}{2}x^4$$

一条曲线在区间 $-\sqrt{2}\leqslant x\leqslant 0$ 上,另一条曲线在区间 $0\leqslant x\leqslant\sqrt{2}$ 上,这是两条同宿轨道,如图 5.11 (a)所示。

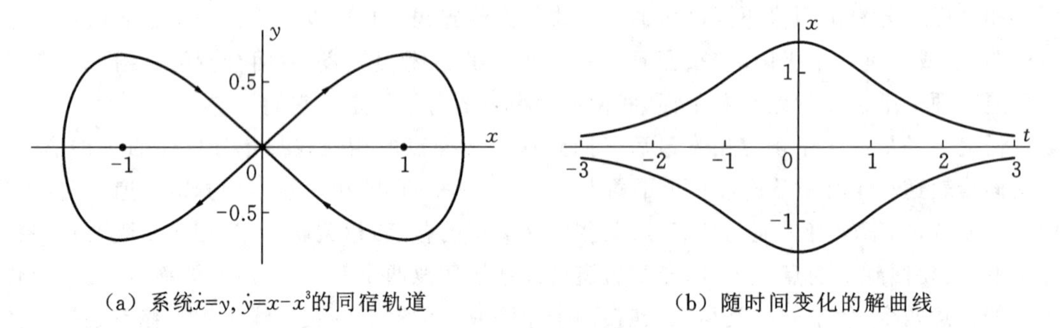

(a) 系统 $\dot{x}=y,\ \dot{y}=x-x^3$ 的同宿轨道　　(b) 随时间变化的解曲线

图 5.11　同宿轨道和解曲线

同宿轨道上的时变解满足下面的微分方程:

$$\left(\frac{\mathrm{d}x}{\mathrm{d}t}\right)^2=x^2-\frac{1}{2}x^4$$

分离变量可得

$$\int\frac{\mathrm{d}x}{x\sqrt{1-\frac{1}{2}x^2}}=\pm(t-t_0)$$

积分可得

$$x=\pm\operatorname{sech}(t-t_0)$$

随时间变化的解曲线如图5.11 (b)所示。

现在考虑系统：

$$\ddot{x}+\varepsilon\dot{x}-x+x^3=0,\quad \dot{x}=y$$

其中，ε 为小参数。如果 $\varepsilon>0$，则 $\varepsilon\dot{x}$ 为正阻尼(耗散能量)，平衡点$(\pm1,0)$是稳定焦点；如果 $\varepsilon<0$，则 $\varepsilon\dot{x}$ 为负阻尼(吸收能量)，平衡点$(\pm1,0)$是不稳定焦点。当 ε 从负值开始增大而通过零值时，分界线从焦点-鞍点连接($\varepsilon<0$)变为同宿鞍点连接($\varepsilon=0$)，再变到鞍点-焦点连接($\varepsilon>0$)，如图5.12所示。这种转变称为**同宿分岔**。

异宿分岔的情况如图5.13所示。

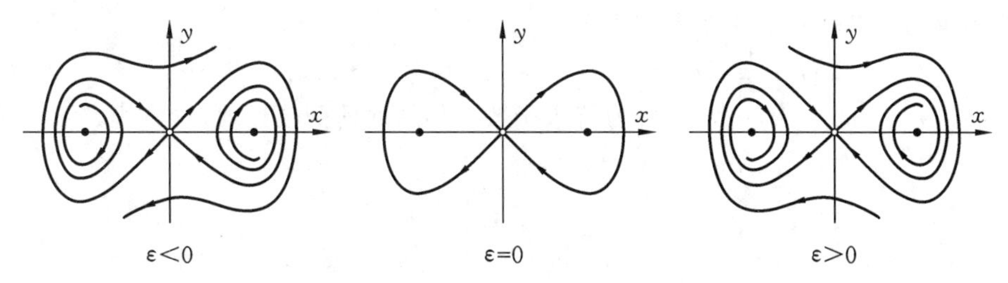

图5.12 系统 $\ddot{x}+\varepsilon\dot{x}-x+x^3=0,\dot{x}=y$ 的同宿分岔

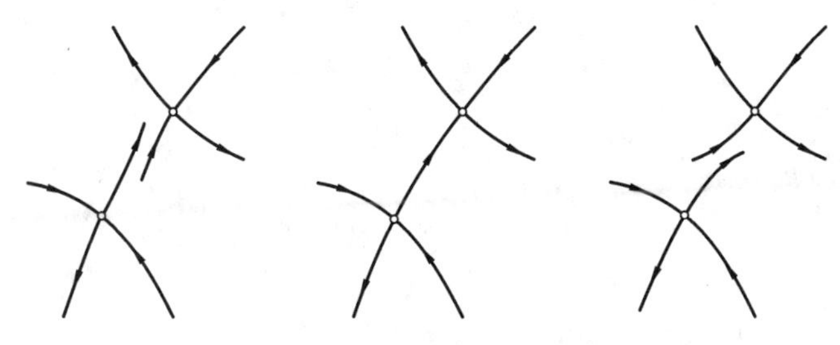

图5.13 异宿分岔示意图

5.6 近似分析方法

5.6.1 基本方法

现在研究如下形式的非线性振动方程：

$$\dot{\boldsymbol{x}}=\boldsymbol{f}(\boldsymbol{x},t)+\varepsilon\boldsymbol{g}(\boldsymbol{x},t) \tag{5.36}$$

其中

$$\begin{cases}\boldsymbol{x}=[x_1,x_2,\cdots,x_n]^{\mathrm{T}}\\ \boldsymbol{f}(\boldsymbol{x},t)=[f_1(\boldsymbol{x},t),f_2(\boldsymbol{x},t),\cdots,f_n(\boldsymbol{x},t)]^{\mathrm{T}}\\ \boldsymbol{g}(\boldsymbol{x},t)=[g_1(\boldsymbol{x},t),g_2(\boldsymbol{x},t),\cdots,g_n(\boldsymbol{x},t)]^{\mathrm{T}}\end{cases} \tag{5.37}$$

假定非线性项只出现在 $\boldsymbol{g}(\boldsymbol{x},t)$ 中，ε 是一个小参数。

对这种情况，Poincaré 假设方程(5.36)具有级数形式的解：

$$\boldsymbol{x}(t)=\boldsymbol{x}_0(t)+\varepsilon\boldsymbol{x}_1(t)+\varepsilon^2\boldsymbol{x}_2(t)+\varepsilon^3\boldsymbol{x}_3(t)+\cdots \tag{5.38}$$

式(5.38)的级数解应具有两个基本性质：

(1) 当 $\varepsilon\to 0$ 时，式(5.38)退化为线性方程 $\dot{x}=f(x,t)$ 的精确解 $x(t)=x_0(t)$。

(2) 对微小的 ε，级数应该迅速收敛，因此即使只取前两项或前三项也能给出相当准确的解答。

由方程(5.36)控制的系统，如果方程中显含时间 t，则称为**非自治系统**；如果不显含时间 t，则称为**自治系统**。

我们用单摆方程(5.5)来阐明 **Poincaré 方法**。方程(5.5)可写为

$$\ddot{x}+\omega_0^2x+\varepsilon x^3=0 \tag{5.39}$$

其中 $x=\theta,\omega_0^2=g/l,\varepsilon=-\omega_0^2/6$。方程(5.39)称为**自由 Duffing 方程**。假设为弱非线性情况(即 ε 为小量)，则方程(5.39)的解表示为

$$x(t)=x_0(t)+\varepsilon x_1(t)+\varepsilon^2x_2(t)+\cdots+\varepsilon^nx_n(t)+\cdots \tag{5.40}$$

其中，$x_0(t),x_1(t),x_2(t),\cdots,x_n(t)$ 为待求函数。如果取前两项近似，则方程(5.39)可写为

$$(\ddot{x}_0+\varepsilon\ddot{x}_1)+\omega_0^2(x_0+\varepsilon x_1)+\varepsilon\,(x_0+\varepsilon x_1)^3=0$$

整理后有

$$(\ddot{x}_0+\omega_0^2x_0)+\varepsilon(\ddot{x}_1+\omega_0^2x_1+x_0^3)+\varepsilon^2(3x_0^2x_1)+\varepsilon^3(3x_0x_1^2)+\varepsilon^4x_1^3=0 \tag{5.41}$$

因为假设 ε 为小量，所以我们将含有 $\varepsilon^2,\varepsilon^3,\varepsilon^4$ 的项略去，那么如果下列方程满足：

$$\ddot{x}_0+\omega_0^2x_0=0 \tag{5.42}$$

$$\ddot{x}_1+\omega_0^2x_1=-x_0^3 \tag{5.43}$$

则方程(5.41)也满足。

方程(5.42)的解可表示为

$$x_0(t)=A_0\sin(\omega_0t+\phi) \tag{5.44}$$

所以方程(5.43)变为

$$\begin{aligned}\ddot{x}_1+\omega_0^2x_1&=-A_0^3\sin^3(\omega_0t+\phi)\\&=-A_0^3\left\{\frac{3}{4}\sin(\omega_0t+\phi)-\frac{1}{4}\sin[3(\omega_0t+\phi)]\right\}\end{aligned} \tag{5.45}$$

方程(5.45)的特解为

$$x_1(t)=\frac{3}{8\omega_0}tA_0^3\cos(\omega_0t+\phi)-\frac{A_0^3}{32\omega_0^2}\sin[3(\omega_0t+\phi)] \tag{5.46}$$

这样，方程(5.39)的近似解为

$$\begin{aligned}x(t)&=x_0(t)+\varepsilon x_1(t)\\&=A_0\sin(\omega_0t+\phi)+\frac{3\varepsilon t}{8\omega_0}A_0^3\cos(\omega_0t+\phi)-\frac{A_0^3\varepsilon}{32\omega_0^2}\sin[3(\omega_0t+\phi)]\end{aligned} \tag{5.47}$$

初始条件可以用来确定常量 A_0,ϕ。

注意：

(1) 即使对于弱非线性(即 ε 为小量)也会导致方程出现非周期解，因为解答式(5.47)右边第二项为时间的线性项。一般地，如果只保留有限项，则解答式(5.40)会给出非周期解。

(2) 在式(5.47)中，由于右边第二项为时间的线性项，则整个解答随时间 $t\to\infty$ 而趋于无穷大，解答成为无界的，但是实际上方程(5.39)的精确解是有界的。解成为无界的原因是式

(5.47)中只取了前两项。由于无界性,式(5.47)右边第二项称为**永久项(secular term)**。式(5.40)能成为方程(5.39)的有界解是因为它是收敛的。为了阐明这一点,我们将 $\sin(\omega t+\varepsilon t)$ 展成 Taylor 级数:

$$\sin(\omega t+\varepsilon t)=\sin(\omega t)+\varepsilon t\cos(\omega t)-\frac{\varepsilon^2 t^2}{2!}\sin(\omega t)-\frac{\varepsilon^3 t^3}{3!}\cos(\omega t)+\cdots \tag{5.48}$$

如果上式右边只取前两项,则解答将随 $t\to\infty$ 而趋于无穷。但是,这个函数本身和它的无穷级数展开却都是有界的。

可见,上面这种直接展开方法不能得到非线性系统的周期解。为了解决这一问题,下面介绍 Lindstedt 摄动法。

5.6.2 Lindstedt 摄动法

这个方法进一步假设角频率是幅值 A_0 的函数。这样,就可在近似的每一步要求解答是周期解而消除永久项。因此,将解和角频率假设为

$$x(t)=x_0(t)+\varepsilon x_1(t)+\varepsilon^2 x_2(t)+\cdots \tag{5.49}$$

$$\omega^2=\omega_0^2+\varepsilon\omega_1(A_0)+\varepsilon^2\omega_2(A_0)+\cdots \tag{5.50}$$

我们用单摆方程(5.39)来说明这种摄动方法。在式(5.49)和式(5.50)中只取到 ε 的线性项:

$$x(t)=x_0(t)+\varepsilon x_1(t) \tag{5.51}$$

$$\omega^2=\omega_0^2+\varepsilon\omega_1(A_0) \tag{5.52}$$

将式(5.51)和式(5.52)代入方程(5.39),得

$$\ddot{x}_0+\varepsilon\ddot{x}_1+[\omega^2-\varepsilon\omega_1(A_0)](x_0+\varepsilon x_1)+\varepsilon(x_0+\varepsilon x_1)^3=0$$

整理后有

$$\ddot{x}_0+\omega^2 x_0+\varepsilon(\omega^2 x_1+x_0^3-\omega_1 x_0+\ddot{x}_1)+\varepsilon^2(3x_1x_0^2-\omega_1 x_1)+\varepsilon^3(3x_1^2x_0)+\varepsilon^4 x_1^3=0 \tag{5.53}$$

将含有 $\varepsilon^2,\varepsilon^3,\varepsilon^4$ 的项略去,再令 ε 的各次幂的系数为零,可得

$$\ddot{x}_0+\omega^2 x_0=0 \tag{5.54}$$

$$\ddot{x}_1+\omega^2 x_1=-x_0^3+\omega_1 x_0 \tag{5.55}$$

方程(5.54)的解可表示为

$$x_0(t)=A_0\sin(\omega t+\phi) \tag{5.56}$$

将式(5.56)代入方程(5.55),可得

$$\begin{aligned}\ddot{x}_1+\omega^2 x_1&=-[A_0\sin(\omega t+\phi)]^3+\omega_1[A_0\sin(\omega t+\phi)]\\&=-\frac{3}{4}A_0^3\sin(\omega t+\phi)+\frac{1}{4}A_0^3\sin[3(\omega t+\phi)]+\omega_1 A_0\sin(\omega t+\phi)\end{aligned} \tag{5.57}$$

含有 $\sin(\omega t+\phi)$ 的项会引发共振而产生永久项,因此我们令这些项之和为零,得

$$\omega_1=\frac{3}{4}A_0^2 \tag{5.58}$$

因此,方程(5.57)变为

$$\ddot{x}_1+\omega^2 x_1=\frac{1}{4}A_0^3\sin[3(\omega t+\phi)] \tag{5.59}$$

方程(5.59)的解为

$$x_1(t)=A_1\sin(\omega t+\phi_1)-\frac{A_0^3}{32\omega^2}\sin[3(\omega t+\phi)] \tag{5.60}$$

令初始条件为 $x(0)=A,\dot{x}(0)=0$。我们迫使 $x_0(t)$满足这一初始条件,从而使得$x_1(t)$满足零初始条件。于是有

$$A=x_0(0)=A_0\sin\phi,\quad 0=\dot{x}_0(0)=A_0\omega\cos\phi$$

$$0=x_1(0)=A_1\sin\phi_1-\frac{A_0^3}{32\omega^2}\sin(3\phi)$$

$$0=\dot{x}_1(0)=A_1\omega\cos\phi_1-\frac{A_0^3}{32\omega^2}(3\omega)\cos(3\phi)$$

所以

$$A_0=A,\quad \phi=\pi/2,\quad A_1=-\frac{A^3}{32\omega^2},\quad \phi_1=\frac{\pi}{2}$$

因此,方程(5.39)的解为

$$x(t)=A_0\sin(\omega t+\phi)-\frac{\varepsilon A_0^3}{32\omega^2}\{\sin(\omega t+\phi)+\sin[3(\omega t+\phi)]\} \tag{5.61}$$

$$\omega^2=\omega_0^2+\frac{3}{4}\varepsilon A_0^2 \tag{5.62}$$

可见,Lindstedt 摄动法只能给出方程(5.39)的周期解,但不能给出任何非周期解,即使存在非周期解,也是如此。

5.6.3 多尺度法

在 Lindstedt 摄动法中,检查最后的结果可知,解的展开式(式(5.61)、式(5.62))实际上可视为两个独立变量 t 和 ω(或 $\tau=\omega t$)的函数,t 和 τ 是两个不同的时间尺度。受此启发,现在我们将解的展开式表示为多个独立时间变量(或多个尺度)的函数,这就是多尺度法的基本思想。

一般,我们引入如下的独立时间变量:

$$T_n=\varepsilon^n t,\quad n=0,1,2,\cdots \tag{5.63}$$

由此,对时间 t 的导数变成对 T_n 的偏导数项的展开式:

$$\begin{cases}\dfrac{\mathrm{d}}{\mathrm{d}t}=\dfrac{\mathrm{d}T_0}{\mathrm{d}t}\dfrac{\partial}{\partial T_0}+\dfrac{\mathrm{d}T_1}{\mathrm{d}t}\dfrac{\partial}{\partial T_1}+\cdots=D_0+\varepsilon D_1+\cdots\\[2ex] \dfrac{\mathrm{d}^2}{\mathrm{d}t^2}=(D_0+\varepsilon D_1+\varepsilon^2D_2+\cdots)^2\\[1ex] \quad=D_0^2+2\varepsilon D_0D_1+\varepsilon^2(D_1^2+2D_0D_2)+\cdots\end{cases} \tag{5.64}$$

考虑一个一般的非线性自由振动方程:

$$\ddot{x}+\sum_{n=1}^{N}\alpha_n x^n=0 \tag{5.65}$$

其中,非线性项的系数为小量。假设方程(5.65)的解为以下展开式:

$$x(t;\varepsilon)=\varepsilon x_1(T_0,T_1,T_2,\cdots)+\varepsilon^2x_2(T_0,T_1,T_2,\cdots)+\varepsilon^3x_3(T_0,T_1,T_2,\cdots)+\cdots \tag{5.66}$$

将此代入方程(5.65),保留到 ε^3 项,并令 ε 的同次幂系数为零,得

$$D_0^2 x_1 + \omega_0^2 x_1 = 0 \tag{5.67}$$

$$D_0^2 x_2 + \omega_0^2 x_2 = -2D_0 D_1 x_1 - \alpha_2 x_1^2 \tag{5.68}$$

$$D_0^2 x_3 + \omega_0^2 x_3 = -2D_0 D_1 x_2 - D_1^2 x_1 - 2D_0 D_2 x_1 - 2\alpha_2 x_1 x_2 - \alpha_3 x_1^3 \tag{5.69}$$

其中,$\omega_0 = \sqrt{\alpha_1}$。我们注意到,解的展开式中需用到的独立变量 T_n 的个数,取决于解的展开式的最高阶次,比如,解展开到二阶,则需用到的独立变量为 T_0, T_1;如果解展开到三阶,则需用到的独立变量为 T_0, T_1 和 T_2。

方程(5.67)的解为

$$x_1 = A(T_1, T_2) e^{i\omega_0 T_0} + \bar{A}(T_1, T_2) e^{-i\omega_0 T_0} \tag{5.70}$$

将式(5.70)代入式(5.68)得到

$$D_0^2 x_2 + \omega_0^2 x_2 = -2\,i\omega_0 D_1 A e^{i\omega_0 T_0} - \alpha_2 (A^2 e^{2i\omega_0 T_0} + A\bar{A}) + cc \tag{5.71}$$

其中,cc 表示其前面所有项的复共轭。为了从上式中消除永久项,必须有

$$D_1 A = 0 \quad \Rightarrow \quad A = A(T_2) \tag{5.72}$$

进而由方程(5.71)解出

$$x_2 = \frac{\alpha_2 A^2}{3\omega_0^2} \exp(2\,i\omega_0 T_0) - \frac{\alpha_2}{\omega_0^2} A\bar{A} + cc \tag{5.73}$$

将式(5.70)和式(5.73)代入方程(5.69),得

$$\begin{aligned} D_0^2 x_3 + \omega_0^2 x_3 = & -\left(2\,i\omega_0 D_2 A - \frac{10\alpha_2^2 - 9\alpha_3\omega_0^2}{3\omega_0^2} A^2 \bar{A}\right) e^{i\omega_0 T_0} \\ & - \frac{3\alpha_3\omega_0^2 + 2\alpha_2^2}{3\omega_0^2} A^3 e^{3i\omega_0 T_0} + cc \end{aligned} \tag{5.74}$$

为了从上式中消除永久项,必须有

$$2\,i\omega_0 D_2 A - \frac{10\alpha_2^2 - 9\alpha_3\omega_0^2}{3\omega_0^2} A^2 \bar{A} = 0 \tag{5.75}$$

为了考察方程(5.75),方法之一是将 A 写成极坐标形式:

$$A = \frac{1}{2} a e^{i\beta} \tag{5.76}$$

其中,a, β 为 T_2 的实函数。将式(5.76)代入方程(5.75)得到

$$\omega_0 a' = 0, \quad \omega_0 \beta' + \frac{10\alpha_2^2 - 9\alpha_3\omega_0^2}{24\omega_0^2} a^2 = 0 \tag{5.77}$$

其中,记号“$'$”表示对 T_2 求导数。所以,a 为常数,进而

$$\beta = \frac{9\alpha_3\omega_0^2 - 10\alpha_2^2}{24\omega_0^3} a^2 T_2 + \beta_0 \tag{5.78}$$

综合以上结果,可得方程的二阶近似解为

$$x = a\cos(\omega t + \beta_0) - \frac{a^2\alpha_2}{2\alpha_1}\left[1 - \frac{1}{3}\cos(2\omega t + 2\beta_0)\right] + O(\varepsilon^3) \tag{5.79}$$

其中

$$\omega = \sqrt{\alpha_1}\left(1 + \frac{9\alpha_3\alpha_1 - 10\alpha_2^2}{24\alpha_1^2} a^2\right) + O(\varepsilon^3) \tag{5.80}$$

式(5.79)和式(5.80)中已经将 εa 记为 a。不难验算,这一结果与 Lindstedt 摄动法的完全相同。

5.6.4 平均法

平均法源自参数变异法。单自由度线性系统 $\ddot{x}+\omega_0^2 x=0$ 的解为

$$x=a\cos(\omega_0 t+\beta),\quad \dot{x}=-a\omega_0\sin(\omega_0 t+\beta) \tag{5.81}$$

对于相应的弱非线性系统式(5.65),假定仍然有以上形式的解,但是,常数 a 和 b 变为时间的函数。

因此,假设方程(5.65)的解为

$$\begin{cases}x=a(t)\cos[\omega_0 t+\beta(t)]\\ \dot{x}=-a(t)\omega_0\sin[\omega_0 t+\beta(t)]\end{cases} \tag{5.82}$$

式(5.82)相当于一种变换,它们将 x 和 $\dot{x}$ 变为 a 和 β。式(5.82)的第一个方程对 t 求导后与第二个方程合并,得

$$\dot{a}\cos\phi-a\dot{\beta}\sin\phi=0 \tag{5.83}$$

式(5.82)的第二个方程对 t 求导后与方程(5.65)(只保留到 x^3 项)合并,得

$$\dot{a}\sin\phi+a\dot{\beta}\cos\phi=\omega_0^{-1}\alpha_2 a^2\cos^2\phi+\omega_0^{-1}\alpha_3 a^3\cos^3\phi \tag{5.84}$$

其中,$\phi=\omega_0 t+\beta(t)$。由方程(5.83)和方程(5.84)解得

$$\begin{cases}\dot{a}=\omega_0^{-1}\sin\phi(\alpha_2 a^2\cos^2\phi+\alpha_3 a^3\cos^3\phi)\\ \dot{\beta}=\omega_0^{-1}\cos\phi(\alpha_2 a\cos^2\phi+\alpha_3 a^2\cos^3\phi)\end{cases} \tag{5.85}$$

上式在一个周期内取平均值,得

$$\dot{a}=0,\quad \dot{\beta}=\frac{3}{8}\omega_0^{-1}\alpha_3 a^2 \tag{5.86}$$

因此,得到方程的近似解为

$$x=a\cos(\omega t+\beta_0) \tag{5.87}$$

其中

$$\omega=\dot{\phi}=\sqrt{\alpha_1}\left(1+\frac{3}{8}\alpha_3\alpha_1^{-1}a^2\right) \tag{5.88}$$

以上结果与 Lindstedt 摄动法的不一致,原因是与二次非线性项相关的项在一周期内的平均值为零,即平均法不能反映二次非线性项对系统响应的影响。为了得到相同的展开式,有人发展了推广的平均法,我们不作进一步介绍。

5.7 自激振动

我们考虑方程:

$$\ddot{u}+\omega_0^2 u=\varepsilon f(u,\dot{u}) \tag{5.89}$$

我们用平均法来求解该方程。为此,设方程的解为

$$u=a(t)\cos[\omega_0 t+\beta(t)]\triangleq a\cos\phi \tag{5.90}$$

同时假设

$$\dot{u}=-a\omega_0\sin\phi \tag{5.91}$$

这两个方程相当于引入了一种变换，它们将 u 和 $\dot{u}$ 变为 a 和 β。

将式(5.90)对 t 求导可得

$$\dot{u}=\dot{a}\cos\phi-a\omega_0\sin\phi-a\dot{\beta}\sin\phi \tag{5.92}$$

比较式(5.91)和式(5.92)可得

$$\dot{a}\cos\phi-a\dot{\beta}\sin\phi=0 \tag{5.93}$$

将方程(5.91)对 t 求导可得

$$\ddot{u}=-\omega_0^2 a\cos\phi-\omega_0\dot{a}\sin\phi-\omega_0 a\dot{\beta}\sin\phi \tag{5.94}$$

将式(5.90)、式(5.91)和式(5.94)代入方程(5.89)可得

$$\omega_0\dot{a}\sin\phi+\omega_0 a\dot{\beta}\sin\phi=-\varepsilon f(a\cos\phi,-\omega_0 a\sin\phi) \tag{5.95}$$

由方程(5.93)和方程(5.95)解出 $\dot{a}$ 和 $\dot{\beta}$，得

$$\dot{a}=-\frac{\varepsilon}{\omega_0}\sin\phi f(a\cos\phi,-a\omega_0\sin\phi) \tag{5.96}$$

$$\dot{\beta}=-\frac{\varepsilon}{\omega_0 a}\cos\phi f(a\cos\phi,-a\omega_0\sin\phi) \tag{5.97}$$

因为 ε 为小参数，方程(5.96)和方程(5.97)意味着 $\dot{a}$ 和 $\dot{\beta}$ 随时间的变化远慢于 $\phi=\omega_0 t+\beta$。换言之，在函数 f 的一个周期 2π 内，$\dot{a}$ 和 $\dot{\beta}$ 变化很小、很缓慢。因此，我们可以用这两个方程右边的函数在一个周期内的平均值来代表 $\dot{a}$ 和 $\dot{\beta}$。于是有

$$\dot{a}=-\frac{\varepsilon}{2\pi\omega_0}\int_0^{2\pi}\sin\phi f(a\cos\phi,-a\omega_0\sin\phi)\mathrm{d}\phi \tag{5.98}$$

$$\dot{\beta}=-\frac{\varepsilon}{2\pi\omega_0 a}\int_0^{2\pi}\cos\phi f(a\cos\phi,-a\omega_0\sin\phi)\mathrm{d}\phi \tag{5.99}$$

下面我们考虑 Rayleigh 方程：

$$\ddot{u}+\omega_0^2 u=\varepsilon(\dot{u}-\dot{u}^3),\quad \varepsilon>0 \tag{5.100}$$

在方程(5.98)和方程(5.99)中令 $f=\dot{u}-\dot{u}^3$，得

$$\dot{a}=\frac{\varepsilon a}{2\pi}\int_0^{2\pi}(\sin^2\phi+a^2\omega_0\sin^4\phi)\mathrm{d}\phi=\frac{1}{2}\varepsilon a\left(1-\frac{3}{4}a^2\omega_0\right) \tag{5.101}$$

$$\dot{\beta}=\frac{\varepsilon}{2\pi}\int_0^{2\pi}(1-a^2\omega_0\sin^2\phi)\sin\phi\cos\phi\mathrm{d}\phi=0 \tag{5.102}$$

由此得

$$a^2=\frac{a_0^2}{\frac{3}{4}\omega_0^2 a_0^2+\left(1-\frac{3}{4}\omega_0^2 a_0^2\right)\exp(-\varepsilon t)},\quad \beta=\beta_0 \tag{5.103}$$

式(5.103)表明，振动的振幅趋向于 $a=2/(\sqrt{3}\omega_0)$，而与初始条件的大小无关。所以，方程(5.100)的近似解是一个稳态简谐振动。这种类型的振动称为**自激振动**。

自激振动的机理简单分析如下：方程(5.100)的右边与速度 $\dot{u}$ 有关，它实际上表示一种阻尼力。当 $\dot{u}$ 的值变化时，$\dot{u}-\dot{u}^3$ 的值可以大于零，也可以小于零，因此方程右边表示一种交变阻尼力，有时为正阻尼(耗散能量)，有时为负阻尼(吸收能量)，当耗散的能量与吸收的能量相等时，就形成稳态的周期振动(不一定是简谐运动)。

自激振动对应的相轨线是一条孤立的闭曲线，称为**极限环**，如图 5.14 所示。

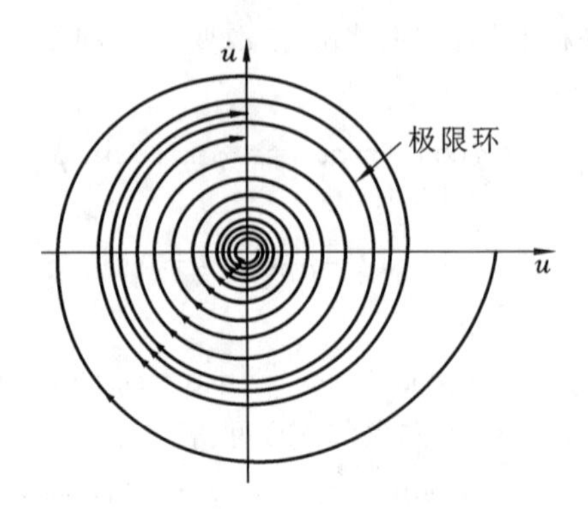

图 5.14 Rayleigh 方程的相轨线

5.8 非线性系统的受迫振动

我们考虑系统：

$$\ddot{u}+\omega_0^2 u=-2\varepsilon\mu\dot{u}-\varepsilon\alpha u^3+E(t) \tag{5.104}$$

$$E(t)=K\cos(\Omega t) \tag{5.105}$$

当激励频率发生改变时，系统会出现不同特征的响应，下面分别介绍。

5.8.1 主共振

在方程(5.104)中，如果去掉阻尼项和非线性项，那么当 $\Omega\approx\omega_0$ 时，系统发生共振，无论激励幅值 K 多么小，系统的响应幅值最终都会达到无穷大。但实际中，由于受到阻尼和非线性的制约，响应幅值是有限的，这种振动称为**主共振**响应。

因此，为了得到主共振响应，必须使阻尼项、非线性项和激励项同时出现在同一阶方程中，这样才能使三者在一起相互作用，从而限制响应幅值的无限增大。因为阻尼项和非线性项最低为 ε 阶，因此激励项必须为 ε 阶，即

$$K=\varepsilon k \tag{5.106}$$

其中 $k=O(1)$，这种激励称为**软激励**。另外，当 $\varepsilon=0$ 时，方程(5.104)的解为 $u_0=O(1)$。因此，方程(5.104)的解可设为如下形式：

$$u(t;\varepsilon)=u_0(T_0,T_1)+\varepsilon u_1(T_0,T_1)+\cdots \tag{5.107}$$

此外，我们引入**解谐参数** σ 来表示 $\Omega\approx\omega_0$：

$$\Omega=\omega_0+\varepsilon\sigma \tag{5.108}$$

将式(5.107)代入方程(5.104)，保留到 ε 项，得

$$\begin{aligned}0&=\ddot{u}+\omega_0^2 u+2\varepsilon\mu\dot{u}+\varepsilon\alpha u^3-K\cos(\Omega t)\\&=(D_0^2+2\varepsilon D_0 D_1)(u_0+\varepsilon u_1)+\omega_0^2(u_0+\varepsilon u_1)\\&\quad+2\varepsilon\mu D_0 u_0+\varepsilon\alpha(u_0+\varepsilon u_1)^3-\varepsilon k\cos(\omega_0 T_0+\sigma T_1)\\&=D_0^2 u_0+\omega_0^2 u_0+\varepsilon[D_0^2 u_1+\omega_0^2 u_1+2D_0 D_1 u_0+2\mu D_0 u_0\\&\quad+\alpha u_0^3-k\cos(\omega_0 T_0+\sigma T_1)]\end{aligned} \tag{5.109}$$

在上式中，令 ε 的同次幂系数为零，得

$$D_0^2 u_0 + \omega_0^2 u_0 = 0 \tag{5.110}$$

$$D_0^2 u_1 + \omega_0^2 u_1 = -2D_0 D_1 u_0 - 2\mu D_0 u_0 - \alpha u_0^3 + k\cos(\omega_0 T_0 + \sigma T_1) \tag{5.111}$$

方程(5.110)的解为

$$u_0 = A(T_1)\exp(\mathrm{i}\omega_0 T_0) + \overline{A}(T_1)\exp(-\mathrm{i}\omega_0 T_0) \tag{5.112}$$

将式(5.112)代入式(5.111),得

$$\begin{aligned} D_0^2 u_1 + \omega_0^2 u_1 &= -[2\mathrm{i}\omega_0(A' + \mu A) + 3\alpha A^2 \overline{A}]\mathrm{e}^{\mathrm{i}\omega_0 T_0} - \alpha A^3 \mathrm{e}^{3\mathrm{i}\omega_0 T_0} + \frac{1}{2}k\,\mathrm{e}^{\mathrm{i}(\omega_0 T_0 + \sigma T_1)} + cc \\ &= -\left[2\mathrm{i}\omega_0(A' + \mu A) + 3\alpha A^2 \overline{A} - \frac{1}{2}k\,\mathrm{e}^{\mathrm{i}\sigma T_1}\right]\mathrm{e}^{\mathrm{i}\omega_0 T_0} - \alpha A^3 \mathrm{e}^{3\mathrm{i}\omega_0 T_0} + cc \end{aligned} \tag{5.113}$$

为了从上式中消除永久项,必须有

$$2\mathrm{i}\omega_0(A' + \mu A) + 3\alpha A^2 \overline{A} - \frac{1}{2}k\,\mathrm{e}^{\mathrm{i}\sigma T_1} = 0 \tag{5.114}$$

令

$$A = \frac{1}{2}a\,\mathrm{e}^{\mathrm{i}\beta} \tag{5.115}$$

可得

$$\begin{cases} a' = -\mu a + \dfrac{1}{2}\dfrac{k}{\omega_0}\sin(\sigma T_1 - \beta) \\ a\beta' = \dfrac{3}{8}\dfrac{\alpha}{\omega_0}a^3 - \dfrac{1}{2}\dfrac{k}{\omega_0}\cos(\sigma T_1 - \beta) \end{cases} \tag{5.116}$$

所以,方程的一阶近似解为

$$u = a\cos(\omega_0 t + \beta) + O(\varepsilon) \tag{5.117}$$

其中,a 和 β 由方程(5.116)给定。可见,非线性系统受迫振动的幅值 a 和相位 β 一般是随时间变化的,但是方程(5.116)存在常值解(或稳态解),即方程(5.116)的奇点,每个常值解就是系统的一个简谐振动。下面来详细研究方程(5.116)的常值解的确定方法以及它们随参数的变化规律。

方程(5.116)为非自治方程,可以将它化为自治的。令

$$\gamma = \sigma T_1 - \beta \tag{5.118}$$

则得

$$\begin{cases} a' = -\mu a + \dfrac{1}{2}\dfrac{k}{\omega_0}\sin\gamma \\ a\gamma' = \sigma a - \dfrac{3}{8}\dfrac{\alpha}{\omega_0}a^3 + \dfrac{1}{2}\dfrac{k}{\omega_0}\cos\gamma \end{cases} \tag{5.119}$$

显然,方程(5.119)的常值解必须满足 $a' = \gamma' = 0$,所以,常值解必须满足的方程为

$$\mu a = \frac{1}{2}\frac{k}{\omega_0}\sin\gamma, \qquad \sigma a - \frac{3}{8}\frac{\alpha}{\omega_0}a^3 = -\frac{1}{2}\frac{k}{\omega_0}\cos\gamma \tag{5.120}$$

两式中消去 γ,得

$$\left[\mu^2 + \left(\sigma - \frac{3}{8}\frac{\alpha}{\omega_0}a^2\right)^2\right]a^2 = \frac{k^2}{4\omega_0^2} \tag{5.121}$$

这个方程很重要，称为**频率-响应方程**(**frequency-response equation**)，它给出了主共振稳态振幅随参数的变化关系。由式(5.117)，系统的主共振稳态振动为

$$u=a\cos(\omega_0 t+\varepsilon\sigma t-\gamma)+O(\varepsilon)=a\cos(\Omega t-\gamma)+O(\varepsilon) \tag{5.122}$$

可见，主共振稳态响应的振动频率与激励频率完全相同(都为 Ω)，这种现象称为**非线性将响应频率精确地调制到激励频率**。

由频率-响应方程可见，稳态响应幅值 a 是解谐参数 σ 和激励幅值 k 的函数，我们可以画出这种函数曲线。比如，为了画出幅频响应曲线，即 $a\sim\sigma$ 曲线，将频率-响应方程写为

$$\sigma=\frac{3}{8}\frac{\alpha}{\omega_0}a^2\pm\left(\frac{k^2}{4\omega_0^2a^2}-\mu^2\right)^{1/2} \tag{5.123}$$

仔细观察不难知道，这种曲线有两个分支，中间夹着如下曲线：

$$\sigma=\frac{3}{8}\frac{\alpha}{\omega_0}a^2 \tag{5.124}$$

这种曲线称为脊骨曲线，如图 5.15 所示。再按式(5.123)画出幅频响应曲线，如图 5.15 所示。

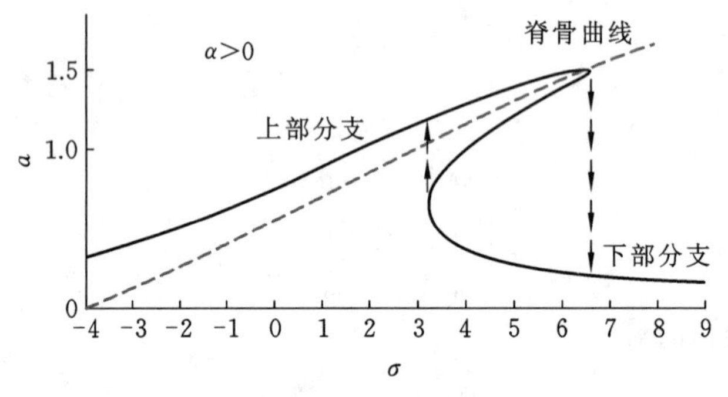

图 5.15　立方非线性系统主共振的幅频响应曲线

可见，随着激励频率的变化，非线性振动的幅频响应曲线会弯曲，弯曲的方向根据非线性的硬特性和软特性是不同的，如图 5.16 所示，幅频响应曲线的弯曲产生了振幅的**跳跃现象**。幅频响应曲线发生弯曲，使得在 σ 的一段范围内，对于任意一个 σ 值，有三个稳态振幅(图 5.16 中的 2—3、3—6 和 4—6 线段)。对方程(5.119)进行平衡点的稳定性分析可知，其中两个稳态振幅是稳定的，剩下一个是不稳定的(3—6 线段上的稳态振幅不稳定)。这三个平衡点附近的相轨线如图 5.17 所示。

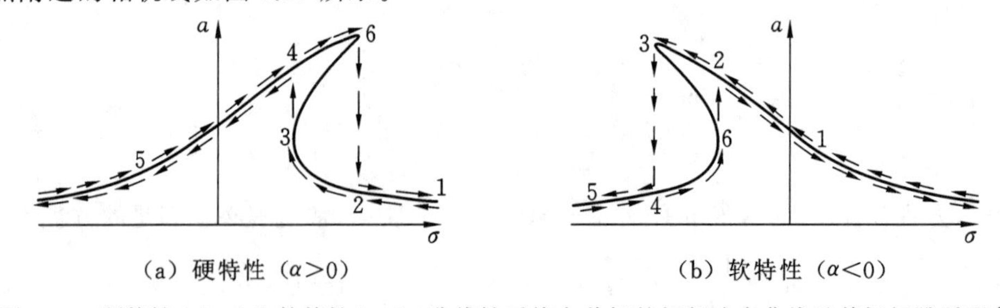

图 5.16　硬特性($\alpha>0$)和软特性($\alpha<0$)非线性系统主共振的幅频响应曲线及其振幅跳跃现象

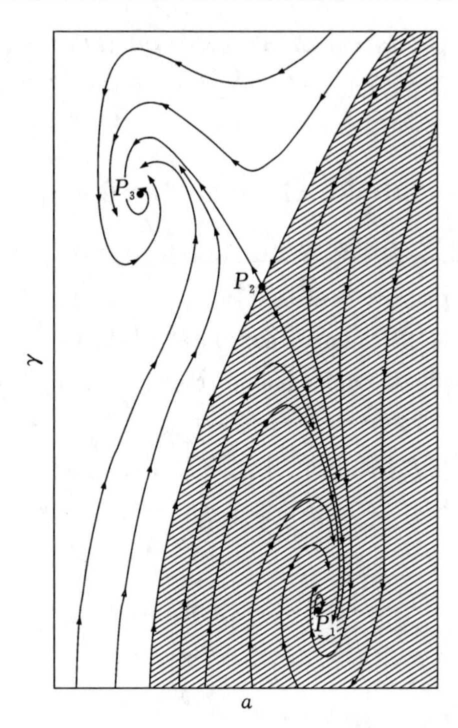

图 5.17 立方非线性系统主共振的三个振幅平衡点及附近的相轨线

5.8.2 非共振硬激励

当Ω远离ω_0时,我们需要研究外激励为**硬激励**的情况,即$K=O(1)$的情况。这是因为,如果仍然为软激励,则激励对系统的影响可忽略,系统退化为自由振动系统。因此,现在的外激励项设为

$$E(t)=K\cos(\Omega t) \tag{5.125}$$

此时,设方程(5.104)的解为

$$u(t;\varepsilon)=u_0(T_0,T_1)+\varepsilon u_1(T_0,T_1)+\cdots \tag{5.126}$$

我们得到

$$D_0^2u_0+\omega_0^2u_0=K\cos(\Omega t) \tag{5.127}$$

$$D_0^2u_1+\omega_0^2u_1=-2D_0D_1u_0-2\mu D_0u_0-\alpha u_0^3 \tag{5.128}$$

方程(5.127)的解为

$$u_0=A(T_1)\exp(\mathrm{i}\omega_0T_0)+\Lambda\exp(-\mathrm{i}\Omega T_0)+cc \tag{5.129}$$

$$\Lambda=\frac{1}{2}K(\omega_0^2-\Omega^2)^{-1}$$

简化式(5.129)并将其代入方程(5.128),得

$$\begin{aligned}D_0^2u_1+\omega_0^2u_1=&-[2\mathrm{i}\omega_0(A'+\mu A)+6\alpha A\Lambda^2+3\alpha A^2\overline{A}]\exp(\mathrm{i}\omega_0T_0)\\&-\alpha\{A^3\exp(3\mathrm{i}\omega_0T_0)+\Lambda^3\exp(3\mathrm{i}\Omega T_0)\\&+3A^2\Lambda\exp[\mathrm{i}(2\omega_0+\Omega)T_0]+3\overline{A}^2\Lambda\exp[\mathrm{i}(\Omega-2\omega_0)T_0]\\&+3A\Lambda^2\exp[\mathrm{i}(\omega_0+2\Omega)T_0]+3A\Lambda^2\exp[\mathrm{i}(\omega_0-2\Omega)T_0]\}\end{aligned}$$

$$-\Lambda(2\mathrm{i}\mu\Omega+3\alpha\Lambda^3+6A\overline{A})\exp(\mathrm{i}\Omega T_0)+cc \tag{5.130}$$

可见,随激励频率 Ω 取值的不同,上述方程右边含有 Ω 的一些项都有可能成为共振激励项,具体为

$$\Omega\approx 0,\quad \Omega\approx 3\omega_0,\quad \Omega\approx\frac{1}{3}\omega_0$$

我们排除 $\Omega\approx 0$ 的情况。因此,为了在方程(5.130)中消除永久项,需要讨论三种情况:① Ω 远离 $\omega_0/3$ 和 $3\omega_0$;② Ω 接近 $\omega_0/3$;③ Ω 接近 $3\omega_0$。

以上情况①称为**无共振**(**nonresonant**);情况②称为**超谐共振**(**superharmonic resonance**);情况③称为**亚谐共振**(**subharmonic resonance**)。超谐共振和亚谐共振均称为**次共振**(**secondary resonance**)。

对于无共振情况,为了在方程(5.130)中消除永久项,必须有

$$2\mathrm{i}\omega_0(A'+\mu A)+6\alpha A\Lambda^2+3\alpha A^2\overline{A}=0 \tag{5.131}$$

令 $A=\frac{1}{2}a\exp(\mathrm{i}\beta)$,得

$$a'=-\mu a,\quad \omega_0 a\beta'=3\alpha\left(\Lambda^2+\frac{31}{8}a^2\right)a \tag{5.132}$$

所以

$$a=a_0\,\mathrm{e}^{-\mu T_1}\to 0 \tag{5.133}$$

由式(5.129)可得无共振的稳态解为

$$u=K\,(\omega_0^2-\Omega^2)^{-1}\cos(\Omega t)+O(\varepsilon) \tag{5.134}$$

这个结果与线性情况的稳态解相同。

5.8.3 超谐共振

对于现在的立方非线性系统,考虑 $\Omega\approx\frac{1}{3}\omega_0$ 的情况,此时称为**超谐共振**。为了表示 Ω 与 $\omega_0/3$ 的接近程度,引入解谐参数 σ:

$$3\Omega=\omega_0+\varepsilon\sigma \tag{5.135}$$

此时,为了在式(5.130)中消除永久项,必须有

$$2\mathrm{i}\omega_0(A'+\mu A)+6\alpha A\Lambda^2+3\alpha A^2\overline{A}+\alpha\Lambda^3\,\mathrm{e}^{\mathrm{i}\sigma T_1}=0 \tag{5.136}$$

令 $A=\frac{1}{2}a\exp(\mathrm{i}\beta)$,得

$$\begin{cases}a'=-\mu a-\dfrac{\alpha\Lambda^3}{\omega_0}\sin(\sigma T_1-\beta)\\ a\beta'=\dfrac{3\alpha}{\omega_0}\left(\Lambda^2+\dfrac{1}{8}a^2\right)a+\dfrac{\alpha\Lambda^3}{\omega_0}\cos(\sigma T_1-\beta)\end{cases} \tag{5.137}$$

令

$$\gamma=\sigma T_1-\beta \tag{5.138}$$

则方程(5.137)变为

$$\begin{cases} a'=-\mu a-\dfrac{a\Lambda^3}{\omega_0}\sin\gamma \\ a\gamma'=\left(\sigma-\dfrac{3\alpha\Lambda^2}{\omega_0}\right)a-\dfrac{3\alpha}{8\omega_0}a^3-\dfrac{\alpha\Lambda^3}{\omega_0}\cos\gamma \end{cases} \tag{5.139}$$

因此,方程(5.104)的超谐共振近似解为

$$u=a\cos(3\Omega t-\gamma)+K\ (\omega_0^2-\Omega^2)^{-1}\cos(\Omega t)+O(\varepsilon) \tag{5.140}$$

在方程(5.139)中,令 $a'=0,\gamma'=0$,得到稳态解满足的方程为

$$-\mu a=\frac{a\Lambda^3}{\omega_0}\sin\gamma,\quad \left(\sigma-\frac{3\alpha\Lambda^2}{\omega_0}\right)a-\frac{3\alpha}{8\omega_0}a^3=\frac{a\Lambda^3}{\omega_0}\cos\gamma \tag{5.141}$$

由此可得频率-响应方程为

$$\left[\mu^2+\left(\sigma-\frac{3\alpha\Lambda^2}{\omega_0}-\frac{3\alpha}{8\omega_0}a^2\right)^2\right]a^2=\frac{\alpha^2\Lambda^6}{\omega_0^2} \tag{5.142}$$

进而有

$$\sigma=\frac{3\alpha\Lambda^2}{\omega_0}+\frac{3\alpha}{8\omega_0}a^2\pm\left(\frac{\alpha^2\Lambda^6}{\omega_0^2a^2}-\mu^2\right)^{1/2} \tag{5.143}$$

由此可画出幅频响应曲线,如图 5.18 所示。

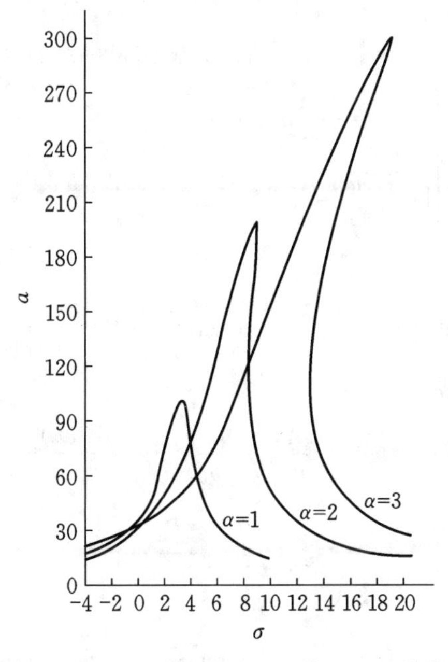

图 5.18　立方非线性系统在不同非线性项取值下的超谐共振幅频响应曲线

5.8.4　亚谐共振

对于现在的立方非线性系统,考虑 $\Omega\approx3\omega_0$ 的情况,此时称为**亚谐共振**。为了表示 Ω 与 $3\omega_0$ 的接近程度,引入解谐参数 σ:

$$\Omega=3\omega_0+\varepsilon\sigma \tag{5.144}$$

此时,为了在式(5.130)中消除永久项,必须有

$$2\mathrm{i}\omega_0(A'+\mu A)+6\alpha A\Lambda^2+3\alpha A^2\bar{A}+3\alpha\Lambda\bar{A}^2\mathrm{e}^{\mathrm{i}\sigma T_1}=0 \tag{5.145}$$

令 $A=\frac{1}{2}a\exp(\mathrm{i}\beta)$,得

$$\begin{cases}a'=-\mu a-\dfrac{3\alpha\Lambda}{4\omega_0}a^2\sin(\sigma T_1-3\beta)\\ a\beta'=\dfrac{3\alpha}{\omega_0}\left(\Lambda^2+\dfrac{1}{8}a^2\right)a+\dfrac{3\alpha\Lambda}{4\omega_0}a^2\cos(\sigma T_1-3\beta)\end{cases} \tag{5.146}$$

令

$$\gamma=\sigma T_1-3\beta \tag{5.147}$$

则方程(5.146)变为

$$\begin{cases}a'=-\mu a-\dfrac{3\alpha\Lambda}{4\omega_0}a^2\sin\gamma\\ a\gamma'=\left(\sigma-\dfrac{9\alpha\Lambda^2}{\omega_0}\right)a-\dfrac{9\alpha}{8\omega_0}a^3-\dfrac{9\alpha\Lambda}{4\omega_0}a^2\cos\gamma\end{cases} \tag{5.148}$$

因此,方程(5.104)的亚谐共振近似解为

$$u=a\cos\left[\frac{1}{3}(\Omega t-\gamma)\right]+K\,(\omega_0^2-\Omega^2)^{-1}\cos(\Omega t)+O(\varepsilon) \tag{5.149}$$

在方程(5.148)中,令 $a'=0,\gamma'=0$,得到稳态解满足的方程为

$$\begin{cases}-\mu a=\dfrac{3\alpha\Lambda}{4\omega_0}a^2\sin\gamma\\ \left(\sigma-\dfrac{9\alpha\Lambda^2}{\omega_0}\right)a-\dfrac{9\alpha}{8\omega_0}a^3=\dfrac{9\alpha\Lambda}{4\omega_0}a^2\cos\gamma\end{cases} \tag{5.150}$$

由此可得频率-响应方程为

$$\left[9\mu^2+\left(\sigma-\frac{9\alpha\Lambda^2}{\omega_0}-\frac{9\alpha}{8\omega_0}a^2\right)^2\right]a^2=\frac{81\alpha^2\Lambda^2}{16\omega_0^2}a^4 \tag{5.151}$$

方程(5.151)除 $a=0$ 之外,满足

$$9\mu^2+\left(\sigma-\frac{9\alpha\Lambda^2}{\omega_0}-\frac{9\alpha}{8\omega_0}a^2\right)^2=\frac{81\alpha^2\Lambda^2}{16\omega_0^2}a^2 \tag{5.152}$$

这个方程的解为

$$a^2=p\pm\sqrt{p^2-q} \tag{5.153}$$

其中

$$p=\frac{8\omega_0\sigma}{9\alpha}-6\Lambda^2,\quad q=\frac{64\omega_0^2}{81\alpha^2}\left[9\mu^2+\left(\sigma-\frac{9\alpha\Lambda^2}{\omega_0}\right)^2\right] \tag{5.154}$$

我们注意到 q 总是正的,所以,非零定常幅值 a 存在的条件为

$$p>0,\quad p^2\geqslant q$$

由此可得,对于给定的 Λ,非零定常幅值 a 存在的条件为

$$\alpha\sigma\geqslant\frac{2\mu^2\omega_0}{\Lambda^2}+\frac{63\alpha^2\Lambda^2}{8\omega_0} \tag{5.155}$$

而对于给定的 σ,非零定常幅值 a 存在的条件为

$$\frac{\sigma}{\mu}-\left(\frac{\sigma^2}{\mu^2}-63\right)^{1/2}\leqslant\frac{63\alpha\Lambda^2}{4\omega_0\mu}\leqslant\frac{\sigma}{\mu}+\left(\frac{\sigma^2}{\mu^2}-63\right)^{1/2} \tag{5.156}$$

所以，非零定常幅值 a 存在区域的边界方程为

$$\frac{63\alpha\Lambda^2}{4\omega_0\mu}=\frac{\sigma}{\mu}\pm\left(\frac{\sigma^2}{\mu^2}-63\right)^{1/2} \tag{5.157}$$

图 5.19 展示了三条亚谐共振的幅频响应曲线，可见不会出现振幅跳跃现象。对应于一个 σ 值，每条曲线上有两个稳态振幅值（稳定），再加上零振幅（不稳定），共有三个稳态振幅值，相应有三个平衡点 P_1,P_2,P_3。

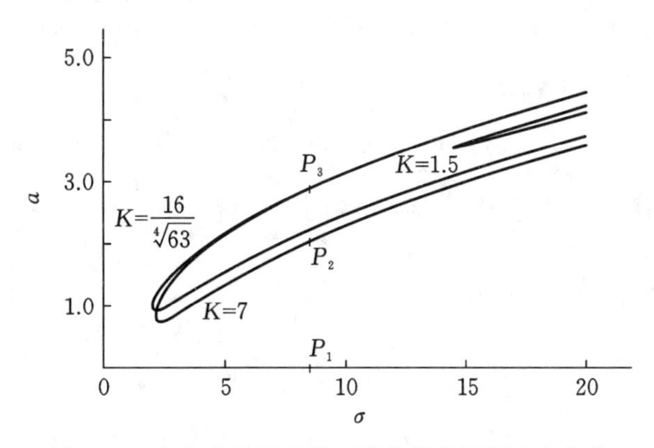

图 5.19　立方非线性系统亚谐共振的幅频响应曲线

5.9　时变系数系统（Mathieu 方法）

考虑图 5.20 (a)所示单摆，其支座可沿铅垂方向做简谐振动，令支座的振动为

$$y(t)=Y\cos(\omega t) \tag{5.158}$$

不难得到单摆的运动方程为

$$ml^2\ddot{\theta}+m(g-\ddot{y})l\sin\theta=0 \tag{5.159}$$

对于 $\theta=0$ 附近的小角度运动，方程(5.159)退化为

$$\ddot{\theta}+\left[\frac{g}{l}+\frac{\omega^2 Y}{l}\cos(\omega t)\right]\theta=0 \tag{5.160}$$

如果单摆是倒置的（即倒立摆），如图 5.20 (b)所示，则对于支座固定的倒立摆，运动方程为

$$ml^2\ddot{\theta}-mgl\sin\theta=0\quad 或\quad \ddot{\theta}-\frac{g}{l}\sin\theta=0 \tag{5.161}$$

对于支座做铅垂简谐振动的倒立摆，运动方程为

$$\ddot{\theta}+\left[-\frac{g}{l}+\frac{\omega^2 Y}{l}\cos(\omega t)\right]\sin\theta=0 \tag{5.162}$$

对于 $\theta=0$ 附近的小角度运动，方程(5.162)退化为

$$\ddot{\theta}+\left[-\frac{g}{l}+\frac{\omega^2 Y}{l}\cos(\omega t)\right]\theta=0 \tag{5.163}$$

方程(5.160)和方程(5.163)就是所谓的 **Mathieu 方程**的一种特殊形式，它们是非自治方

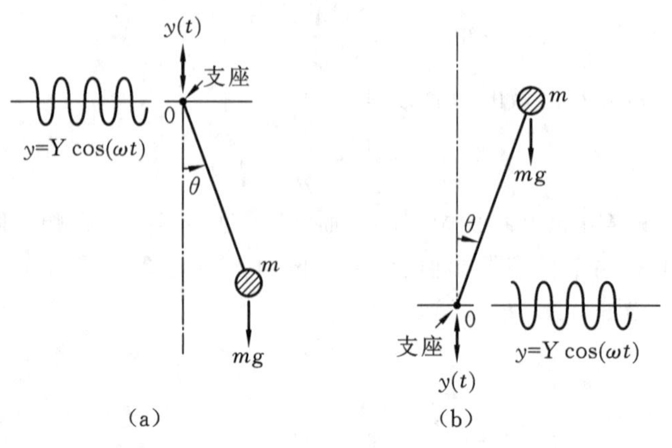

图 5.20　支座做简谐振动的单摆

程。为了考察在不同的微小幅值下,这种系统的周期解及其稳定性,我们转而研究 **Mathieu 方程的周期解**。

考虑下面形式的 Mathieu 方程:

$$\ddot{y}+(a+\varepsilon\cos t)y=0 \tag{5.164}$$

其中,ε 是小参数。我们用 Lindstedt 摄动法来求 Mathieu 方程的周期解。设近似解为

$$y(t)=y_0(t)+\varepsilon y_1(t)+\varepsilon^2 y_2(t)+\cdots \tag{5.165}$$

$$a=a_0+\varepsilon a_1+\varepsilon^2 a_2+\cdots \tag{5.166}$$

因为周期系数 $\cos t$ 的周期是 2π,按照 Floquet 理论,可能存在的周期解只有两种:周期为 2π 或周期为 4π。因此,我们来寻求形如式(5.165)的解,使其为方程(5.164)的周期解,周期为 2π 或 4π。将式(5.165)和式(5.166)代入方程(5.164),可得

$$\begin{aligned}0=&(\ddot{y}_0+a_0y_0)+\varepsilon(\ddot{y}_1+a_1y_0+y_0\cos t+a_0y_1)\\&+\varepsilon^2(\ddot{y}_2+a_2y_0+a_1y_1+y_1\cos t+a_0y_2)+\cdots\end{aligned} \tag{5.167}$$

在上式中,令 ε 各次幂的系数为零,得

$$\ddot{y}_0+a_0y_0=0 \tag{5.168}$$

$$\ddot{y}_1+a_0y_1+a_1y_0+y_0\cos t=0 \tag{5.169}$$

$$\ddot{y}_2+a_0y_2+a_2y_0+a_1y_1+y_1\cos t=0 \tag{5.170}$$

……

现在要求各个 y_i 是周期为 2π 或 4π 的周期函数,因此方程(5.168)的解可表示为

$$y_0=\begin{cases}\cos(\sqrt{a_0}\,t)\\\sin(\sqrt{a_0}\,t)\end{cases}\triangleq\begin{cases}\cos\left(\dfrac{n}{2}t\right)\\\sin\left(\dfrac{n}{2}t\right)\end{cases},\quad n=0,1,2,\cdots \tag{5.171}$$

其中

$$a_0=\frac{n^2}{4},\quad n=0,1,2,\cdots$$

下面分别考虑 n 的各个特殊值。

(1) $n=0$ 的情况。

此时，由方程(5.171)给出 $a_0=0$ 和 $y_0=1$，进而由方程(5.169)得到

$$\ddot{y}_1=-a_1-\cos t \tag{5.172}$$

为了使 y_1 成为周期函数，必须使 $a_1=0$，进而有

$$y_1(t)=\cos t+\alpha \tag{5.173}$$

其中，α 是一个常数。现在方程(5.170)变为

$$\ddot{y}_2=-\frac{1}{2}-a_2-\alpha\cos t-\frac{1}{2}\cos(2t) \tag{5.174}$$

为了使 y_2 成为周期函数，必须使 $-\frac{1}{2}-a_2=0$，即 $a_2=-\frac{1}{2}$。综合以上结果可得

$$a=-\frac{1}{2}\varepsilon^2+\cdots \tag{5.175}$$

也就是，在 $n=0$ 时，参数 a 和 ε 必须满足式(5.175)，才能保证周期解的存在。

(2) $n=1$ 的情况。

此时，由方程(5.171)给出 $a_0=\frac{1}{4}$ 和 $y_0=\cos\left(\frac{1}{2}t\right)$ 或 $\sin\left(\frac{1}{2}t\right)$。若取 $y_0=\cos\left(\frac{1}{2}t\right)$，则由方程(5.169)得到

$$\ddot{y}_1+\frac{1}{4}y_1=\left(-a_1-\frac{1}{2}\right)\cos\left(\frac{1}{2}t\right)-\frac{1}{2}\cos\left(\frac{3}{2}t\right)$$

为了使 y_1 成为周期函数，首先要消除上式右边的共振激励项，所以必须使 $a_1=-\frac{1}{2}$，进而有

$$\ddot{y}_1+\frac{1}{4}y_1=-\frac{1}{2}\cos\left(\frac{3}{2}t\right) \tag{5.176}$$

方程(5.176)的齐次解可以并入 $y_0(t)$ 中，因此只取方程(5.176)的特解，即 $y_1=\frac{1}{4}\cdot\cos\left(\frac{3}{2}t\right)$，现在方程(5.170)变为

$$\ddot{y}_2+\frac{1}{4}y_2=\left(-a_2-\frac{1}{8}\right)\cos\left(\frac{1}{2}t\right)+\frac{1}{8}\cos\left(\frac{3}{2}t\right)-\frac{1}{8}\cos\left(\frac{5}{2}t\right) \tag{5.177}$$

为了使 y_2 成为周期函数，必须使 $-a_2-\frac{1}{8}=0$，即 $a_2=-\frac{1}{8}$。综合以上结果可得

$$a=\frac{1}{4}-\frac{1}{2}\varepsilon-\frac{1}{8}\varepsilon^2+\cdots \tag{5.178}$$

若取 $y_0=\sin\left(\frac{1}{2}t\right)$，可得参数 a 和 ε 必须满足的关系为

$$a=\frac{1}{4}+\frac{1}{2}\varepsilon-\frac{1}{8}\varepsilon^2+\cdots \tag{5.179}$$

也就是，在 $n=1$ 时，参数 a 和 ε 必须满足式(5.178)或式(5.179)，才能保证周期解的存在。

(3) $n=2$ 的情况。

此时，由方程(5.171)给出 $a_0=1$ 和 $y_0=\cos t$ 或 $\sin t$。若取 $y_0=\cos t$，则由方程(5.169)得到

$$\ddot{y}_1+y_1=-a_1\cos t-\frac{1}{2}-\frac{1}{2}\cos(2t)$$

为了使 y_1 成为周期函数，首先要消除上式右边的共振激励项，所以必须使 $a_1=0$；再求出上式的特解为 $y_1(t)=-\frac{1}{2}+\frac{1}{6}\cos(2t)$。现在方程(5.170)变为

$$\ddot{y}_2+y_2=\left(-a_2+\frac{5}{12}\right)\cos t+\frac{1}{2}\cos(3t) \tag{5.180}$$

为了使 y_2 成为周期函数，必须使 $-a_2+\frac{5}{12}=0$，即 $a_2=\frac{5}{12}$。综合以上结果可得

$$a=1+\frac{5}{12}\varepsilon^2+\cdots \tag{5.181}$$

若取 $y_0=\sin t$，可得参数 a 和 ε 必须满足的关系为

$$a=1-\frac{1}{12}\varepsilon^2+\cdots \tag{5.182}$$

也就是，在 $n=2$ 时，参数 a 和 ε 必须满足式(5.181)或式(5.182)，才能保证周期解的存在。

将参数 a 和 ε 的关系式(5.175)、式(5.178)和式(5.179)、式(5.181)和式(5.182)在 $a\sim\varepsilon$ 参数平面上画出，这些曲线称为**过渡曲线**。当参数 a 和 ε 离开过渡曲线时，Mathieu 方程的解不再是周期解。已证明非周期解可能是稳定的解，也可能是不稳定的解，因此过渡曲线将 $a\sim\varepsilon$ 参数平面划分为两部分，当参数 a 和 ε 落于稳定区域时，解是稳定的，否则解是不稳定的。对于方程(5.164)所示的 Mathieu 方程，过渡曲线和解的稳定区域如图 5.21 所示。

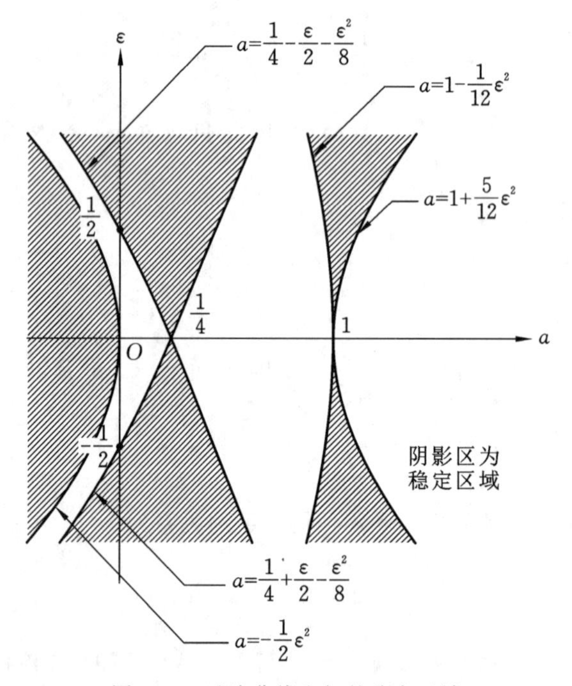

图 5.21　过渡曲线和解的稳定区域

习题

5.1　对于下面的各个系统，要求：①在相平面上画出相轨线；②在图上标出奇点及其类型。

(1) $\ddot{u}+u=0$；

(2) $\ddot{u}+u-u^3=0$；

(3) $\ddot{u}-u+u^3=0$；

(4) $\ddot{u}+u+u^3=0$；

(5) $\ddot{u}-u-u^3=0$。

5.2　应用多尺度法求出下面保守系统周期振动的频率-振幅关系：

(1) $\ddot{u}+\omega_0^2 u\,(1+u^2)^{-1}=0$；

(2) $\ddot{u}-u+u^3=0$。

5.3　考虑图示系统。

(1) 证明系统的运动方程为

$$\left(m_1+\frac{m_2x^2}{l^2-x^2}\right)\ddot{x}+\frac{m_2l^2\ x\dot{x}^2}{(l^2-x^2)^2}+kx+m_2g\ \frac{x}{(l^2-x^2)^{1/2}}=0$$

(2) 令 $R=m_2/m_1$ 和 $u=x/l$，然后将上式对 $|u|\ll 1$ 展开。证明：

$$(1+Ru^2)\ddot{u}+Ru\dot{u}^2+\omega_0^2u+\frac{Rg}{2l}u^3=0$$

其中，$\omega_0^2=\dfrac{k}{m_1}+\dfrac{Rg}{l}$。

(3) 求出自由振动频率-振幅的二项近似关系。

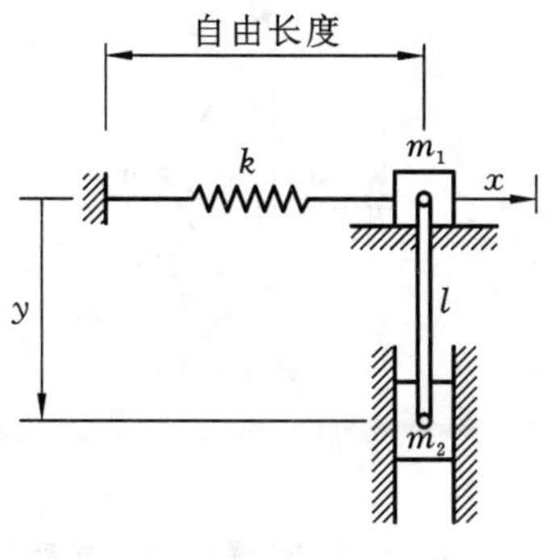

题5.3图

5.4　在相平面上画出下列非保守系统的相轨线。

(1) $\ddot{u}+2\mu\dot{u}+u+u^3=0$；

(2) $\ddot{u}+2\mu\dot{u}+u-u^3=0$；

(3) $\ddot{u}+2\mu\dot{u}-u+u^3=0$；

(4) $\ddot{u}+2\mu\dot{u}-u-u^3=0$。

5.5　已知平面系统为

$$\begin{cases}\dot{x}=x^2-y\\ \dot{y}=x-y\end{cases}$$

请确定该系统的奇点及其类型，画出相轨线。

5.6　已知 van der Pol 方程为

$$\ddot{u}+\varepsilon(\beta\dot{u}^2-1)\dot{u}+u=0$$

取 $\varepsilon=0.1,\beta=1$，请画出它的极限环。

5.7　考虑下面的 Rayleigh 方程：

$$\ddot{u}+\omega_0^2u-\varepsilon(\dot{u}-\dot{u}^3)=0$$

令 $x_1=u$ 和 $x_2=\dot{x}_1$，研究其奇点的稳定性。当 ε 为小参数时，利用平均法求解该方程。

5.8　如图所示为带有阻尼器的单摆。

(1) 证明系统的运动方程为

$$ml_1\ddot{\theta}=-mg\sin\theta-\hat{\mu}ml_1\dot{\theta}\cos^2(\beta-\theta)\tag{a}$$

进一步证明方程(a)可写为

$$\ddot{\theta}+\omega_0^2\sin\theta+\frac{\hat{\mu}(l_1+l_2)^2\sin^2\theta}{l_2^2+2l_1(l_1+l_2)(1-\cos\theta)}\dot{\theta}=0\tag{b}$$

(2) 保留到三阶小量，证明方程(b)可展开为

$$\ddot{\theta}+\omega_0^2\left(1-\frac{1}{6}\theta^2\right)\theta+2\mu\theta^2\dot{\theta}=0\tag{c}$$

其中

$$2\mu=\frac{\hat{\mu}(l_1+l_2)^2}{l_2^2}\tag{d}$$

应用方程(c)，求出 θ 的一阶近似解。

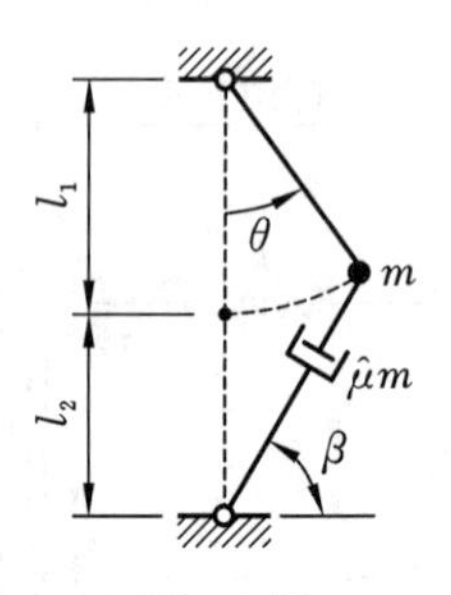

题 5.8 图

5.9　考虑一个具有平方阻尼和立方非线性的受迫振动系统，其运动方程为

$$\ddot{u}+u=-\varepsilon(|\dot{u}|\dot{u}+\alpha u^3)+2K\cos(\Omega t)$$

(1) 对 $\Omega\approx1$ 的情况，采用多尺度法证明：

$$u=a\cos[T_0+\beta(T_1)]+O(\varepsilon)$$

其中

$$a'=-\frac{4a^2}{3\pi}+k\sin\gamma$$

$$a\gamma' = a\sigma - \frac{3\alpha a^3}{8} + k\cos\gamma$$

$$\gamma = \sigma T_1 - \beta, \quad \varepsilon\sigma = \Omega - 1 \quad 和 \quad \varepsilon k = K$$

(2) 求出频率-响应方程。取 k 为常值,画出 $a \sim \sigma$ 曲线。

5.10　考虑由下面的方程控制的系统:

$$\ddot{u} - \frac{1}{2}(u - u^3) = K\cos(\Omega t)$$

在 $u=1$ 附近,针对如下情况求该系统的近似解:

(1) Ω 接近 1;

(2) Ω 接近 22;

(3) Ω 接近 $\frac{1}{2}$;

(4) Ω 接近 3;

(5) Ω 接近 $\frac{1}{3}$。

第6章　分岔和混沌

一个**动力系统**(**dynamical system**)是指其状态随时间 t 演化或变化(evolve or change)的系统。演化是由一组**规则**(**不一定是方程**)控制的，它们确定系统在离散或连续时间点的状态。一个离散时间演化过程通常用一组代数方程(映射)来描述，而一个连续时间演化过程则通常用一组微分方程来描述。

一个动力系统在 $t \to \infty$ 时的渐近行为称为系统的**稳态**(**steady state**)。这种稳态可能对应于一个边界集，也可能是一个静态解或**动态解**。**在达到稳态之前，动力系统的行为称为瞬态或暂态**(**transient state**)，此时动力系统的解称为**瞬态解**。一个动力系统的解可以是常值或时变的。**常值解**也经常称为**不动点**(**fixed point**)、**平衡解**(**equilibrium solution**)或**定常解**(**stationary solution**)，**时变解**也称为**动态解**。

某些动力系统(特别是非线性动力系统)的一个特点是，当初始条件或参数值发生变化时，它们能够产生各种各样的响应。从一组响应到另一组响应的过渡经常发生得非常突然，或者说是"灾难性的"，当参数通过一个叫作分岔点的临界值时，行为突然发生变化。**分岔**(**bifurcation**)是由 Poincaré 引入动力系统的一个术语，用来表示系统特征的定性变化，诸如解的个数和类型随一个或多个系统参数而改变。一个系统可以包含一个以上的参数，每个参数都有自己的分岔点，因此它可以显示出极其复杂的行为。本章介绍连续时间系统和映射的几种基本的分岔及其特征。

在这一章中，我们将揭示连续时间系统和映射的一些**混沌解**(**chaotic solution**)。这种解与平衡点、周期解和拟周期解一样，也是有界的。不存在混沌解的精确定义，因为它们不能通过标准的数学函数表示。从实际的观点看，**混沌**(**chaos**)可以定义为一种有界的稳态行为(steady-state behavior)，这种行为既不是一个平衡解，也不是一个周期解或拟周期解。与混沌运动相联系的吸引子是一个复杂的几何对象(它们不是有限个点、闭曲线或一个光滑曲面等)。

一个混沌解是一个非周期解，它具有某些可以被识别的特征。混沌信号的频谱具有连续宽带的特征。一个混沌运动是大量不稳定周期运动的叠加。因此，一个混沌系统可能在短时间内呈现出接近某个周期的周期运动，然后变化到另一个 k 倍周期的周期运动。这种运动长时间看似乎是随机的，而短时间看又是有序的。混沌系统还具有对初值很敏感的特征，也即输入的微小变化，可以被迅速放大而在输出中产生不可忽视和不可预测的影响。

6.1　简单的分岔例子

本节中，我们直观地观察一些简单的分岔。考虑系统：

$$\dot{x}=y,\quad \dot{y}=-\lambda x$$

它含有参数 λ，其取值范围是$(-\infty,\infty)$。该系统相图中包含一个 $\lambda>0$ 对应的中心和 $\lambda<0$

对应的鞍点，这些分类代表了完全不同类型的稳定和不稳定系统行为。当 λ 从负值通过 $\lambda=0$处时，系统的稳定性发生变化，这时我们说系统在 $\lambda=0$ 处发生了分岔，$\lambda=0$ 称为**分岔点**，λ 称为**分岔参数**。

阻尼系统：

$$\dot{x}=y,\quad \dot{y}=-ky-\omega^2 x \tag{6.1}$$

其中，$\omega>0$ 是常值，k 是**分岔参数**，系统的行为取决于特征方程

$$m^2+km+\omega^2=0$$

的特征根 m。$k<-2\omega$ 时，相图为一个不稳定结点；$-2\omega<k<0$ 时，相图为一个不稳定焦点；$0<k<2\omega$ 时，相图为一个稳定焦点；$k>2\omega$ 时，相图为一个稳定结点。乍一看，从稳定焦点到稳定结点的转变应该发生了一个分岔，但是一个重要的共同特征是两者都是渐近稳定的，因此，即使稳定焦点看起来不同于稳定结点，我们也不把 $k=2\omega$ 称为一个分岔点。然而，当 k 从负值通过 $k=0$ 到正值时，伴随着**稳定性的变化**，因此我们认为系统在 $k=0$ 处发生了分岔。我们将在后面更多地讨论一般的线性问题。

方程

$$\ddot{x}-k(x^2+\dot{x}^2-1)\dot{x}+x=0$$

有一个极限环 $x^2+y^2=1$，其中 $y=\dot{x}$。令 k 为分岔参数，原点附近的行为由下面的线性化方程表示：

$$\ddot{x}+k\dot{x}+x=0$$

它本质上与方程(6.1)取 $\omega=1$ 时相同。平衡点(0,0)处发生与方程(6.1)相同的分岔。极限环 $x^2+y^2=1$ 总是存在的，但它的稳定性随着 k 的增加而从稳定变化到不稳定，所以在这个例子中，相图的变化不仅限于平衡点，还包括其他特征。

例 6.1　求出系统 $\dot{x}=-\lambda x+y$，$\dot{y}=-\lambda x-3y$ 的分岔点。

解　令

$$\boldsymbol{x}=\begin{bmatrix}x\\y\end{bmatrix},\quad \boldsymbol{A}(\lambda)=\begin{bmatrix}-\lambda & 1\\-\lambda & -3\end{bmatrix}$$

所以系统等价于如下的矩阵形式：

$$\dot{\boldsymbol{x}}=\boldsymbol{A}(\lambda)\boldsymbol{x}$$

如果 $\lambda\neq 0$，则系统只有一个平衡点，即原点。如果 $\lambda=0$，则 $y=0$ 上的所有点均为平衡点。

为了考察稳定性，我们计算矩阵 $\boldsymbol{A}(\lambda)$ 的特征值 m，有

$$|\boldsymbol{A}(\lambda)-m\boldsymbol{I}|=0 \quad 或 \quad \begin{vmatrix}-\lambda-m & 1\\-\lambda & -3-m\end{vmatrix}=0$$

所以 m 满足如下关系：

$$m^2+(3+\lambda)m+4\lambda=0$$

特征值为

$$m_1,m_2=\frac{1}{2}\left[-\lambda-3\pm\sqrt{(\lambda-1)(\lambda-9)}\right]$$

特征根和平衡类型见表 6.1。

表 6.1　特征根和平衡类型

λ	特征根	平衡类型
$\lambda<0$	符号相反的两个实根	鞍点
$0<\lambda<1$	两个负实根	稳定结点
$1<\lambda<9$	负实部的两个复根	稳定焦点
$\lambda>9$	两个负实根	稳定结点

如图 6.1 所示，系统有一个分岔点 $\lambda=0$，此处发生从鞍点到稳定结点的改变。

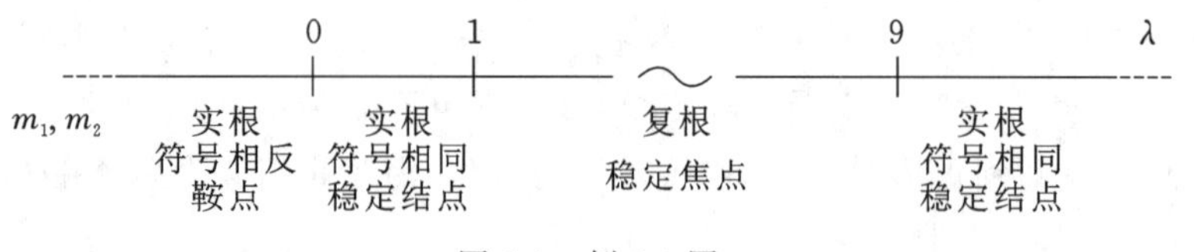

图 6.1　例 6.1 图

6.2　一些基本的分岔

我们进一步研究一阶系统的参数分岔。首先对包含 m 个实参数、n 个实变量的一阶自治系统作一些一般性的考察。系统的微分方程为

$$\dot{\boldsymbol{x}}=\boldsymbol{X}(\boldsymbol{\mu},\boldsymbol{x}),\quad \boldsymbol{x}\in\mathbf{R}^n,\quad \boldsymbol{\mu}\in\mathbf{R}^m \tag{6.2}$$

其中，$\boldsymbol{\mu}$ 为 m 维实参数向量。平衡点满足如下 n 个方程：

$$\boldsymbol{X}(\boldsymbol{\mu},\boldsymbol{x})=\mathbf{0} \tag{6.3}$$

假设$(\boldsymbol{\mu}_0,\boldsymbol{x}_0)$是这个方程的一个解。如果当 $\boldsymbol{\mu}$ 经过 $\boldsymbol{\mu}_0$ 时相图结构发生改变，则 $\boldsymbol{\mu}=\boldsymbol{\mu}_0$ 为一个**分岔点**。这个相当不精确的定义涵盖了许多可能性，包括当 $\boldsymbol{\mu}$ 经过 $\boldsymbol{\mu}_0$ 时平衡点的数目发生变化，或者平衡点的稳定性发生变化。$\boldsymbol{\mu}$ 可以通过很多途径经过 $\boldsymbol{\mu}_0$，如果 $m=3$，那么我们可以观察所有通过 $\boldsymbol{\mu}_0$ 的直线的变化，有些方向可能会产生分岔，有些可能不会，但如果至少有一个方向会产生分岔，则 $\boldsymbol{\mu}_0$ 是一个分岔点。另一种可能是平衡点的出现和消失，尽管它们的数量保持不变，但都导致相图产生不连续的变化。

几何上，平衡点出现在 n 维 $\boldsymbol{x}$ 空间中由方程(6.3)确定的 n 个曲面的交点处，但显然，这些曲面的位置会随着参数向量 $\boldsymbol{\mu}$ 的变化而变化。或者，我们可以把平衡点看作曲面在 $(m+n)$维$(\boldsymbol{x},\boldsymbol{\mu})$空间中的交点；在这个空间中，$\boldsymbol{\mu}$ 为常值向量的任何投影将给出 $\boldsymbol{x}$ 子空间中的 n 个曲面，它们的交点决定了系统的平衡点。

下面我们将给出一些常见的重要分岔情况。

6.2.1　褶皱分岔

系统的分岔与突变密切相关。一般来说，当参数值的平滑变化导致系统响应的突然变化时，就称系统经历**突变**。在这里，我们将以一般的方式将两个最简单的突变及其相关的参数分岔集联系起来，它们出现在保守系统中，采用标准形式，系统方程为

$$\ddot{x}=f(x)=-V'(x)$$

其中,V 为系统的势能。

假设我们有一个具体的势能:

$$V(\lambda,x)=\frac{1}{3}x^3+\lambda x \tag{6.4}$$

平衡点由 $\partial V/\partial x=0$ 给出,所以有

$$x^2+\lambda=0 \tag{6.5}$$

如果 $\lambda<0$,则有两个平衡点 $x=\pm\sqrt{-\lambda}$;若 $\lambda=0$,则有一个平衡点;若 $\lambda>0$,则没有平衡点。势能图形如图 6.2 所示,其与 λ 值有关。如果 $\lambda<0$,则 V 在 $x=\sqrt{-\lambda}$ 为一个极小点,平衡点为中心,V 在 $x=-\sqrt{-\lambda}$ 为一个极大点,对应为鞍点。$\lambda=0$ 和 $\lambda>0$ 的情况可类似讨论。

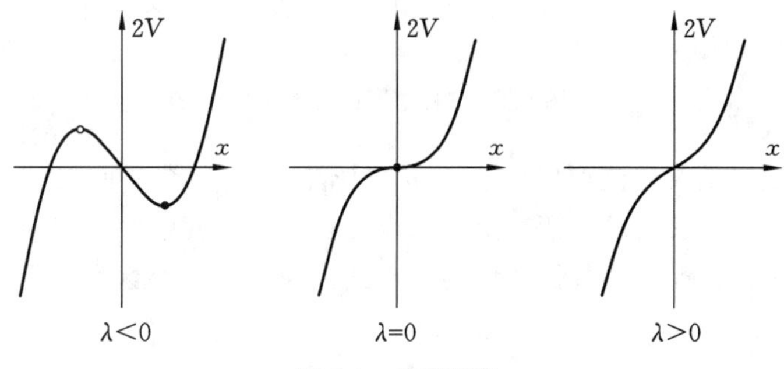

图 6.2　势能图形

方程(6.5)定义了这个问题的所谓“**突变流形**”,如图 6.3 所示,它的形状有点像一个**褶皱**(**fold**)。它用 λ 值显示了平衡点的位置,其中 $\lambda=0$ 是分岔点,在这里解的性质发生突变,这个点刚好是褶皱的**顶点**(**cusp**)。

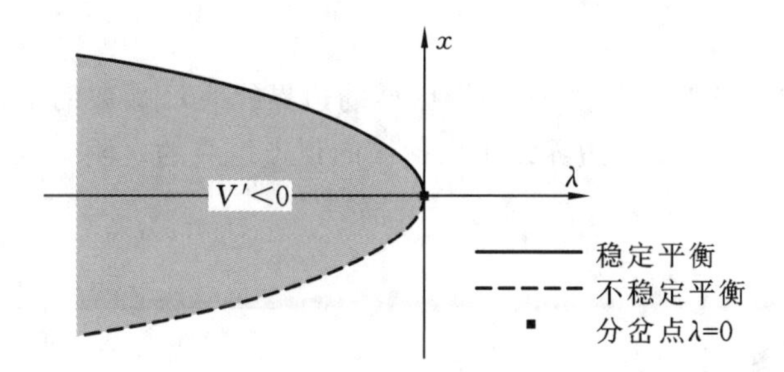

图 6.3　褶皱突变的流形曲线

对应保守系统,势能的极小点对应于稳定平衡点(中心),势能极大点对应于不稳定平衡点(鞍点)。所以图 6.3 中阴影区域上方边界线对应稳定平衡点,其余的是不稳定的。

势能可能包含两个或更多的参数。假设有如下的势能:

$$V(\lambda,\mu,x)=\frac{1}{4}x^4-\frac{1}{2}\lambda x^2+\mu x \tag{6.6}$$

其中,λ,μ 为两个参数。平衡点满足如下关系:

$$M(\lambda,\mu,x)=x^3-\lambda x+\mu=0 \tag{6.7}$$

该三次方程的根取决于下列判别式的符号：

$$D(\lambda,\mu)=\mu^2+4\left(\frac{-\lambda}{3}\right)^3=\mu^2-\frac{4}{27}\lambda^3$$

如果 $D>0$,则有一个实根和两个复根;如果 $D=0$,则有两个实根,其中一个为二重根;如果 $D<0$,则有三个实根。三种情况的势能图形如图 6.4 所示。

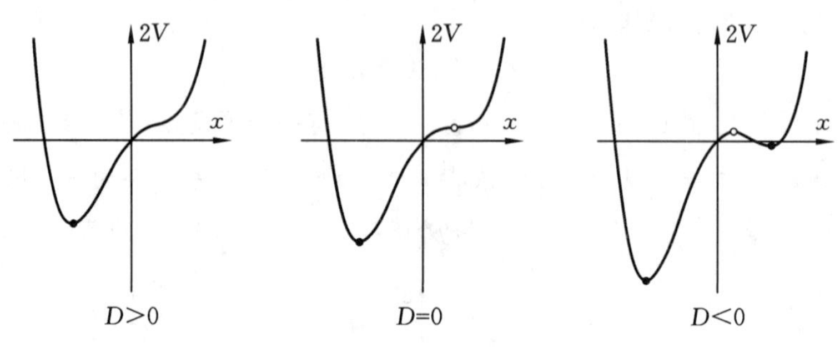

图 6.4　三种情况的势能图形

由方程(6.7)定义的突变流形现在是(λ,μ,x)空间中的一个曲面(见图 6.5)。褶皱是从原点出发大致沿 λ 轴生长而成。褶皱上从原点辐射出去的两条曲线特别有意义,因为它们是一个平衡点和三个平衡点的参数区域的分界线。我们将这个区域投影到(λ,μ)平面上。在褶皱的边缘,有

$$\frac{\partial M}{\partial x}=3x^2-\lambda=0 \tag{6.8}$$

方程(6.7)和方程(6.8)消去 x,得到褶皱边界在(λ,μ)平面上的投影,该投影曲线的方程为

$$\mu=\pm\frac{2}{3\sqrt{3}}\lambda^{3/2}$$

图 6.6 所示为**尖点突变**的分岔集,阴影区域的边界线表示参数的临界值,在这些临界值上,方程输出性质会发生突变。边界线是由褶皱的顶点组成的。阴影区域对应三个平衡点,外面只有一个平衡点。

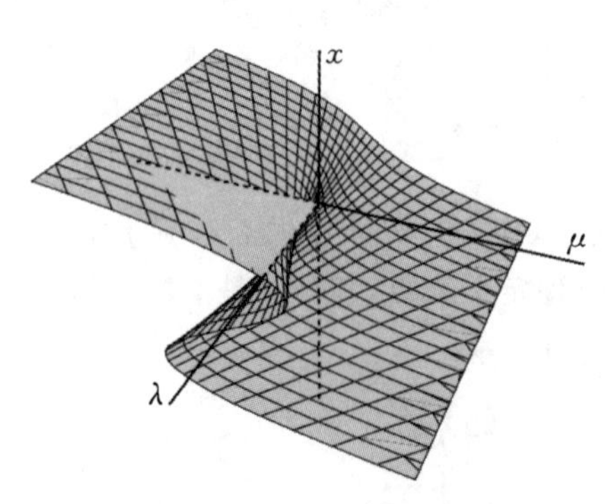

图 6.5　具有尖点突变的流形

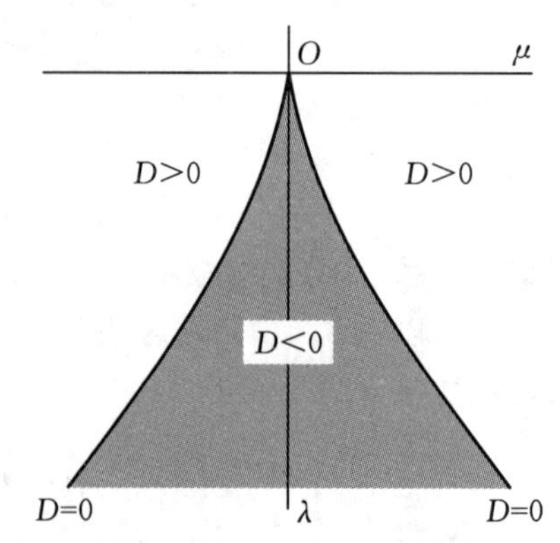

图 6.6　尖点突变的分岔集

为了确定图 6.5 曲面的哪些部分对应稳定的平衡点,哪些部分对应不稳定的平衡点,我们注意到该曲面将空间分为两部分,在"下"半部分,导数 $\partial V/\partial x$ 是负的,而在"上"半部分,导数 $\partial V/\partial x$ 是正的(在曲面上,$\partial V/\partial x=0$)。因此,上、下部分之间的褶皱连接部分代表不稳定的平衡点,其余部分是稳定的平衡点。

6.2.2　鞍-结分岔

考虑方程:

$$\dot{x}=y,\quad \dot{y}=x^2-y-\mu \tag{6.9}$$

平衡点满足方程 $y=0, x^2-y-\mu=0$。几何上,它们位于(x,y,μ)空间中平面 $y=0$ 和曲面 $y=x^2-\mu$ 的交点上。在这种情况下,所有的平衡点都位于平面 $y=0$ 上,所以我们只需要在(x,μ)平面上显示平衡点的曲线 $x^2=\mu$,如图 6.7 (a)所示。当 $\mu=\mu_0=0$ 时,有一个分岔点,该处 $x=x_0=0, y=y_0=0$;$\mu<0$ 时没有平衡点,而 $\mu>0$ 时有两个平衡点 $x=\pm\sqrt{\mu}$。

对于 $\mu>0$,在方程(6.9)中令 $x=\pm\sqrt{\mu}+x', y=y'$。可得 x'和 y'的一阶近似方程:

$$\dot{x}'=y',\quad \dot{y}'=(\pm\sqrt{\mu}+x')^2-y'-\mu\approx\pm 2x'\sqrt{\mu}-y' \tag{6.10}$$

由此可得,对于 $x>0$,平衡点是一个鞍点;而对于 $x<0$,平衡点为稳定结点,当$\sqrt{\mu}>\dfrac{1}{8}$时变为稳定焦点。然而,μ 从零增大时的分岔是**鞍-结**型。图 6.7(b)所示为 $\mu=0.01$ 时的鞍-结点附近的相图。鞍-结分岔是一种褶皱分岔。

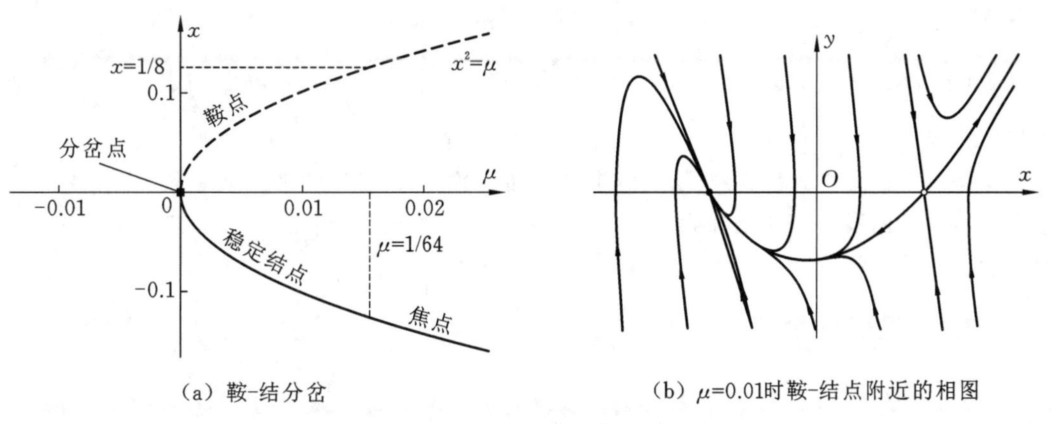

(a) 鞍-结分岔　　(b) μ=0.01时鞍-结点附近的相图

图 6.7　鞍-结分岔及对应的相图

6.2.3　跨临界分岔(transcritical bifurcation)

考虑参数系统:

$$\dot{x}=y,\quad \dot{y}=\mu x-x^2-y$$

平衡点为$(x,y)=(0,0)$和$(x,y)=(\mu,0)$。所有平衡点都在 $y=0$ 直线上。分岔曲线由 $x(x-\mu)=0$给出,它们是在原点相交的两条直线,如图 6.8 所示。

分岔点在 $\mu=\mu_0=0$,因此,该处平衡点的个数从两个($\mu<0$)到一个($\mu=0$),再回到两个($\mu>0$)。在原点附近有

$$\begin{bmatrix}\dot{x}\\\dot{y}\end{bmatrix}=\begin{bmatrix}0 & 1\\\mu & -1\end{bmatrix}\begin{bmatrix}x\\y\end{bmatrix}$$

因此，对于 $\mu<0$，平衡点是稳定的，当 $-\frac{1}{4}<\mu<0$ 时，平衡点为稳定结点，当 $\mu<-\frac{1}{4}$ 时，平衡点为稳定焦点。如果 $\mu>0$，则平衡点为鞍点。

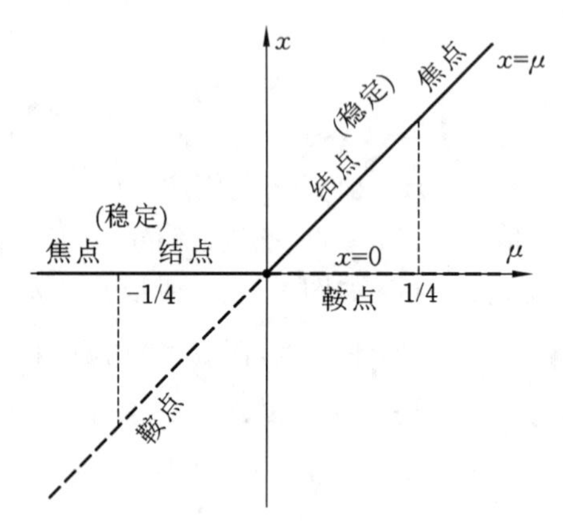

图 6.8　跨临界分岔

在 $x=\mu$ 附近，令 $x=\mu+x'$，$y=y'$，有

$$\begin{bmatrix}\dot{x}'\\\dot{y}'\end{bmatrix}=\begin{bmatrix}0 & 1\\-\mu & -1\end{bmatrix}\begin{bmatrix}x'\\y'\end{bmatrix}$$

因此，对于 $\mu<0$，$x=\mu$ 是鞍点；如果 $\mu>0$，当 $0<\mu<\frac{1}{4}$ 时，$x=\mu$ 为稳定结点，当 $\mu>\frac{1}{4}$ 时，为稳定焦点。

这是一个**跨临界分岔**的例子，在两个分岔曲线的交点，稳定的平衡从一条曲线切换到分岔点的另一条曲线。当 μ 增加到 0 时，鞍点与结点在原点处发生抵触，当稳定结点远离原点时，鞍点保持不变。

6.2.4　叉形分岔

考虑系统：

$$\dot{x}=y,\quad \dot{y}=\mu x-x^3-y \tag{6.11}$$

(x,μ)分岔图如图 6.9 所示，在 $\mu=0$ 有一个分岔点，即原点。在原点附近有

$$\begin{bmatrix}\dot{x}\\\dot{y}\end{bmatrix}=\begin{bmatrix}0 & 1\\\mu & -1\end{bmatrix}\begin{bmatrix}x\\y\end{bmatrix}$$

由此可知，对于 $\mu<0$，平衡点是 $x=0$，它是稳定的，$\mu<-\frac{1}{4}$ 时，平衡点为稳定焦点，$-\frac{1}{4}<\mu<0$ 时，平衡点为稳定结点。如果 $\mu>0$，平衡点 $x=0$ 为鞍点。

对于 $\mu>0$，平衡点是 $x=\pm\sqrt{\mu}$。不难知道，$0<\mu<\frac{1}{8}$ 时，$x=\pm\sqrt{\mu}$ 是稳定结点；$\mu>\frac{1}{8}$ 时，$x=\pm\sqrt{\mu}$ 为稳定焦点。因此，当 μ 从 $\mu<0$ 增大通过零值时，一个稳定平衡点分岔为三个

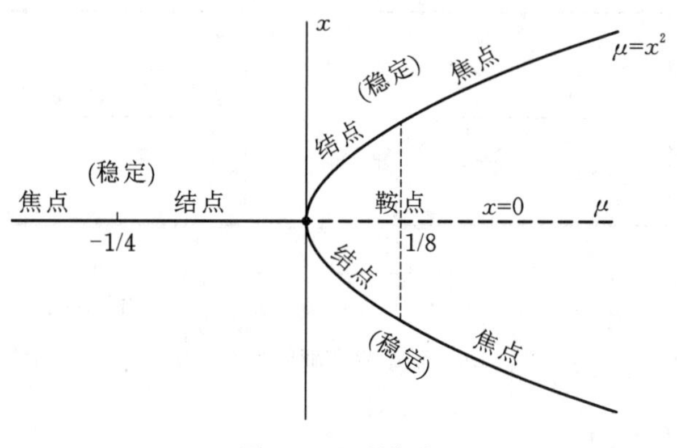

图 6.9　叉形分岔

平衡点,其中两个是稳定的,一个是不稳定的。这是一个**叉形分岔**的例子,因(x,μ)平面上的分岔图的形状而得名。

叉形分岔常与**对称破缺**(**symmetry breaking**)联系在一起。在上面的系统中,$\mu<0$ 时 $x=0$是唯一的(稳定)平衡点,但当 μ 增大通过零值后,系统可能会被扰动到任意一个稳定模式,从而破坏对称性。

例 6.2　考虑系统:

$$\dot{x}=F(x;\mu)=\mu x+\alpha x^3$$

其中,μ 为控制参数。这个方程有三个不动点:

$$\begin{cases} x=0, & \text{平凡不动点} \\ x=\pm\sqrt{-\mu/\alpha}, & \text{非平凡不动点} \end{cases}$$

研究该系统的分岔情况。

解　对于现在的情况,Jacobi 矩阵为

$$\frac{\partial F}{\partial x}=\mu+3\alpha x^2$$

它有如下特征值:

$$\begin{cases} \lambda=\mu, & x=0 \\ \lambda=-2\mu, & x=\pm\sqrt{-\mu/\alpha} \end{cases}$$

于是,当 $\mu<0$ 时,平凡不动点(trivial fixed point)是稳定的;当 $\mu>0$ 时,平凡不动点是不稳定的。另外,当 $\alpha<0$ 时,非平凡不动点只有在 $\mu>0$ 时才存在,且是稳定的;而当 $\alpha>0$ 时,非平凡不动点只有在 $\mu<0$ 时才存在,且是不稳定的。图 6.10 (a)和(b)分别为 $\alpha=-1$ 和 $\alpha=1$ 时的分岔图。

当 $\alpha=-1$ 时,两个稳定的不动点分支 $x=\sqrt{\mu}$ 和 $x=-\sqrt{\mu}$ 从分岔点向 $\mu>0$ 的一侧分岔出来,如图 6.10 (a)所示。当 $\alpha=1$ 时,两个不稳定的不动点分支 $x=\sqrt{\mu}$ 和 $x=-\sqrt{\mu}$ 从分岔点向 $\mu<0$ 的一侧分岔出来,如图 6.10 (b)所示。诸如在图 6.10(a)和(b)中观察到的分岔分别称为**超临界叉形分岔**(**supercritical pitchfork bifurcation**)和**亚临界或反向叉形分岔**(**sub-critical** or **reverse pitchfork bifurcation**)。

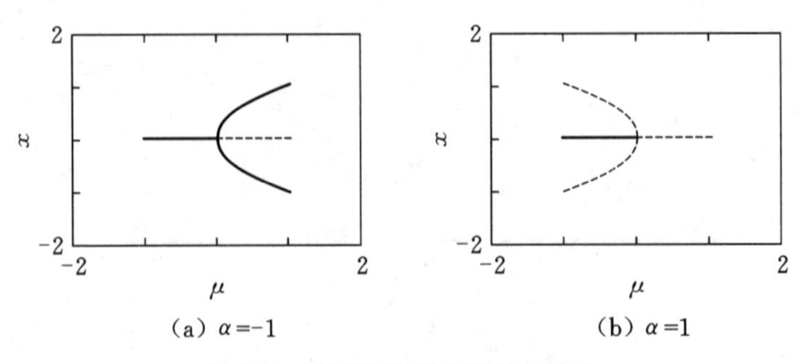

(a) $\alpha=-1$　　(b) $\alpha=1$

图 6.10　超临界和亚临界叉形分岔

例 6.3　考虑系统：

$$\dot{x}=x-2y-\mu,\quad \dot{y}=y-x^2+\mu \tag{1}$$

研究系统的分岔点。

解　平衡点满足方程：

$$x-2y-\mu=0,\quad y-x^2+\mu=0$$

在(x,y,μ)空间中,平衡点位于平面$x-2y-\mu=0$与$y-x^2+\mu=0$的交叉曲线上。消去μ得$y=x-x^2$。因此,用参数化方法给出的交叉曲线为

$$x=w,\quad y=w-w^2,\quad \mu=-w+2w^2 \tag{2}$$

其中,w为参数。这条三维曲线在(μ,y)平面上的投影如图 6.11 所示。分岔发生在μ关于w取极大值或极小值处。此处$\mathrm{d}\mu/\mathrm{d}w=0$,故而$w=\frac{1}{4}$,而$\mu=-\frac{1}{8}$。因此可知,$\mu<-\frac{1}{8}$时没有平衡点,$\mu>-\frac{1}{8}$时有两个平衡点。

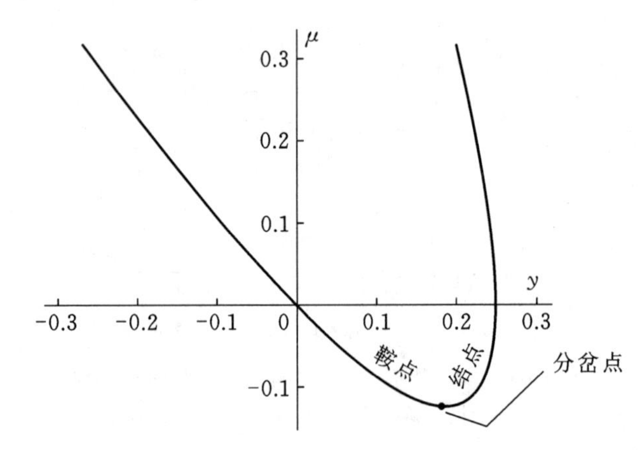

图 6.11　$(x,\ y,\ \mu)$空间中的平衡曲线投影到(μ,y)平面

假设(μ_1,x_1,y_1)为一个平衡点且$\mu_1\geqslant-\frac{1}{8}$。令$x=x_1+x'$,$y=y_1+y'$,则方程(1)的线性化方程为

$$\dot{x}'=x'-2y' \tag{3}$$

$$\dot{y}'=-x_1x'+y' \tag{4}$$

由式(2)有 $2x_1^2-x_1-\mu_1=0$，所以

$$x_1=\frac{1}{4}(1\pm\sqrt{1+8\mu_1}),\quad \mu_1\geqslant-\frac{1}{8}$$

上式中，“+”号对应于鞍点，“−”号对应于不稳定结点，如图 6.11 所示。

例 6.4　证明系统

$$\dot{x}=y,\quad \dot{y}=[(x+1)^2-\mu+y][(x-1)^2+\mu+y]$$

对所有 μ 有两个平衡点，并讨论发生在 $\mu=0$ 处的分岔。

解　平衡点满足方程：

$$(x+1)^2-\mu=0\quad 或\quad (x-1)^2+\mu=0$$

平衡曲线如图 6.12 所示。对于所有的 μ 总是有两个平衡点，但是 $\mu>0$ 时一个平衡点消失，而在 $\mu=0$ 时另一个平衡点出现(见图 6.12)。它们都是鞍-结分岔，分岔点为 (x,μ) 平面上的 $(0,-1)$ 和 $(0,1)$ 点。

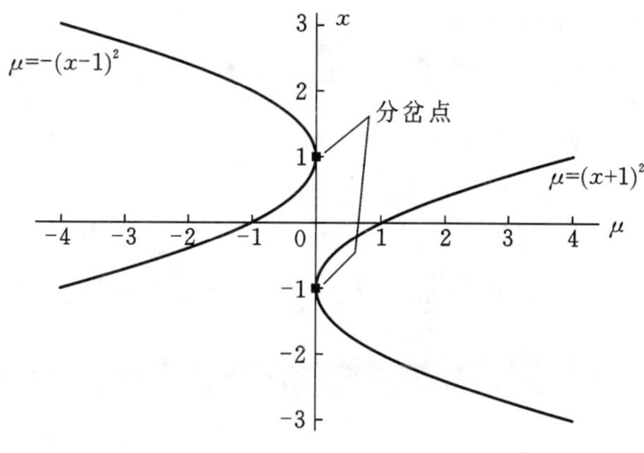

图 6.12　例 6.4 平衡曲线

6.3　Hopf 分岔

一些分岔会产生极限环或其他周期解。考虑系统：

$$\dot{x}=\mu x+y-x(x^2+y^2)\tag{6.12}$$

$$\dot{y}=-x+\mu y-y(x^2+y^2)\tag{6.13}$$

其中，μ 为分岔参数。系统只有一个平衡点，在原点。

在极坐标中，方程(6.12)和方程(6.13)变为

$$\dot{r}=r(\mu-r^2),\quad \dot{\theta}=-1$$

如果 $\mu\leqslant0$，则原点为一个稳定焦点。如果 $\mu>0$，则在原点处有一个不稳定的焦点，它被一个从原点生长出来的稳定的极限环所包围，如图 6.13 所示。这个例子在参数 $\mu=0$ 处发生分岔，原点从稳定焦点变为不稳定焦点，并且产生一个极限环，这种分岔称为 **Hopf 分岔**。通常在这种情况下，方程(6.12)和方程(6.13)的线性化方程预测原点是一个中心，这显然是错误的，因为原点从渐近稳定变为不稳定，而不经过中心的阶段。

下面是一个简单的定理，对于一类方程得到一个更一般的结果。

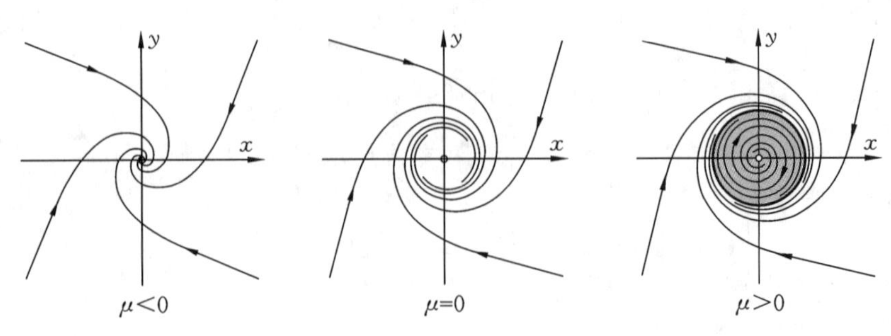

图 6.13 Hopf 分岔中极限环的发展

定理 6.1 给定方程 $\dot{x}=\mu x+y-xf(r)$，$\dot{y}=-x+\mu y-yf(r)$，其中 $r=\sqrt{x^2+y^2}$，$r\geqslant 0$时 $f(r)$和 $f'(r)$连续，$f(0)=0$，$r>0$ 时，$f(r)>0$。原点是唯一的平衡点，则有

(1) $\mu<0$ 时，原点是稳定焦点且这种相图覆盖整个平面；

(2) $\mu=0$ 时，原点是稳定焦点；

(3) $\mu>0$ 时，有一个稳定的极限环，其半径随 μ 增大而增大。

证明：选取 Lyapunov 函数 $V(x,y)=\dfrac{1}{2}(x^2+y^2)$，于是有

$$
\begin{aligned}
\dot{V}(x,y)&=\frac{\partial V}{\partial x}\dot{x}+\frac{\partial V}{\partial y}\dot{y}\\
&=x[\mu x+y-xf(r)]+y[-x+\mu y-yf(r)]\\
&=r^2[\mu-f(r)]<0
\end{aligned}
$$

其中，假定 $\mu\leqslant 0$。因此，由定理 6.1 可得原点是渐近稳定的，吸引域是整个平面。进一步地，由极坐标形式的方程

$$\dot{r}=r[\mu-f(r)],\quad \dot{\theta}=-1$$

可知原点是一个焦点。

假定 $\mu>0$，将时间倒转，即用 $-t$ 替代 t，取同样的 Lyapunov 函数，于是，对 μ 的某个区间 $0<\mu<r_1$，有

$$\dot{V}(x,y)=r^2[f(r)-\mu]<0$$

这证明了时间反演系统的原点是稳定的，所以原系统的原点是不稳定的，并且用极坐标方程证实了它是一个在 $0<\mu<r_1$ 的焦点。

最后，在某个区间 $0<\mu<\mu_1$，$\mu-f(r)=0$ 对充分小的 μ_1 一定有一个精确解。对于这个 r 值，对应的圆形路径是一个极限环。用极坐标方程证实了这个极限环是稳定的。证毕。

例 6.5 考虑方程：

$$\ddot{x}+(x^2+\dot{x}^2-\mu)\dot{x}+x=0$$

证明：当 μ 从零增大时，有一个 Hopf 分岔。

解 将方程写成

$$\dot{x}=X(x,y)=y$$

$$\dot{y}=Y(x,y)=-(x^2+y^2-\mu)y-x$$

于是，对所有(x,y)和 $\mu<0$，有

$$\frac{\partial X}{\partial x}+\frac{\partial Y}{\partial y}=-x^2-3y^2+\mu<0$$

用 Bendixson 定理* 可判断出 $\mu<0$ 时该方程没有周期解。

对于临界情况 $\mu=0$,应用 Lyapunov 函数:

$$V(x,y)=\frac{1}{2}(x^2+y^2)$$

所以

$$\dot{V}(x,y)=-(x^2+y^2)y^2$$

可见,$\dot{V}(x,y)$除了在 $y=0$ 为零外,其他所有位置均严格为负值,因此原点为渐近稳定平衡点。对 $\mu>0$,系统有一个极限环 $x^2+y^2=\mu$。

6.4 高阶系统:流形

现在来研究 n 阶自治系统:

$$\dot{\boldsymbol{x}}=\boldsymbol{X}(\boldsymbol{x}),\quad \boldsymbol{x}=[x_1,x_2,\cdots,x_n]^{\mathrm{T}},\quad \boldsymbol{X}=[X_1,X_2,\cdots,X_n]^{\mathrm{T}}\in\mathbf{R}^n \tag{6.14}$$

平衡点满足:

$$\boldsymbol{X}(\boldsymbol{x})=\mathbf{0}$$

如果 $\boldsymbol{x}=\boldsymbol{x}_0$ 是一个平衡点,令 $\boldsymbol{x}=\boldsymbol{x}_0+\boldsymbol{x}'$,则方程(6.14)在 $\boldsymbol{x}_0$ 点的线性化方程近似为

$$\dot{\boldsymbol{x}}'=\boldsymbol{J}(\boldsymbol{x}_0)\boldsymbol{x}'=\boldsymbol{A}\boldsymbol{x}'$$

其中,$\boldsymbol{A}=\boldsymbol{J}(\boldsymbol{x}_0)$是 $\boldsymbol{X}$ 在 $\boldsymbol{x}=\boldsymbol{x}_0$ 的 Jacobi 矩阵,即

$$\boldsymbol{A}=\boldsymbol{J}(\boldsymbol{x}_0)=[J_{ij}(\boldsymbol{x}_0)]=\left[\frac{\partial X_i}{\partial x_j}\right]_{\boldsymbol{x}=\boldsymbol{x}_0},\quad i,j=1,2,\cdots,n$$

线性近似方程在平衡点的稳定性分类将依赖于矩阵 $\boldsymbol{A}$ 的特征值,如果 $\boldsymbol{A}$ 的所有特征值都具有负实部,那么线性近似方程是渐近稳定的,非线性系统也是如此。如果至少有一个特征值具有正实部,那么平衡点是不稳定的。还存在特征值具有零实部(虚特征值)的临界情况,则其稳定性需要进一步研究。

在这一节中,我们将研究 $t\to\infty$ 或 $t\to-\infty$ 时接近平衡点的解。在二维鞍点的情况下,这样的解对应于四条渐近线或分界线(见图 6.14)。现通过下面的三维例子来介绍高阶系统。

例 6.6 考虑系统:

$$\dot{\boldsymbol{x}}=\begin{bmatrix}\dot{x}\\ \dot{y}\\ \dot{z}\end{bmatrix}=\begin{bmatrix}1&2&1\\2&1&1\\1&1&2\end{bmatrix}\begin{bmatrix}x\\y\\z\end{bmatrix}$$

求该系统的特征值和特征向量,确定稳定解和不稳定解。

解 $\boldsymbol{A}$ 的特征值由下式给出

---

* Bendixson 定理:对于平面系统,$\dot{x}=X(x,y)$,$\dot{y}=Y(x,y)$,如果 $\partial X/\partial x+\partial Y/\partial y$ 的值在相平面(x,y)上不变号,则系统在相平面(x,y)上不存在周期解。

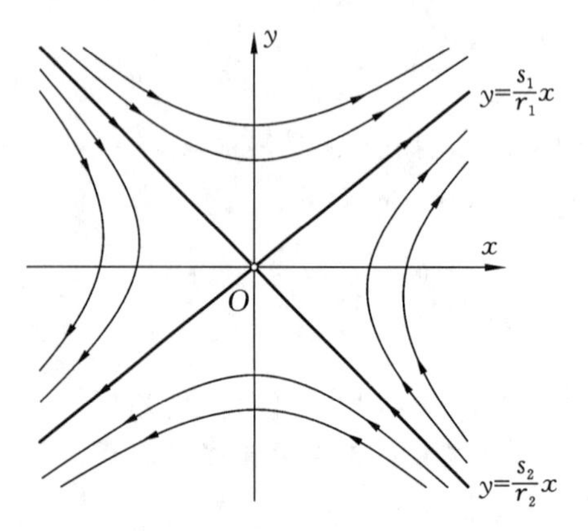

图 6.14 鞍点及其附近的相轨线

$$\det[\boldsymbol{A}-mI_3]=\begin{vmatrix}1-m & 2 & 1\\ 2 & 1-m & 1\\ 1 & 1 & 2-m\end{vmatrix}=(4-m)(-1-m)(1-m)=0$$

特征值为 $m_1=4, m_2=1, m_3=-1$。因此，原点是不稳定平衡点。三个特征向量为

$$\boldsymbol{r}_1=\begin{bmatrix}1\\1\\1\end{bmatrix},\quad \boldsymbol{r}_2=\begin{bmatrix}-1\\-1\\2\end{bmatrix},\quad \boldsymbol{r}_3=\begin{bmatrix}1\\-1\\0\end{bmatrix}$$

因此，方程的通解为

$$\begin{bmatrix}x\\y\\z\end{bmatrix}=\alpha\begin{bmatrix}1\\1\\1\end{bmatrix}e^{4t}+\beta\begin{bmatrix}-1\\-1\\2\end{bmatrix}e^{t}+\gamma\begin{bmatrix}1\\-1\\0\end{bmatrix}e^{-t}$$

其中，α,β,γ 为常数。

平衡点是不稳定的，因为两个特征值是正的，一个是负的，所以它为**鞍点型**平衡点（三维平衡点）。$\alpha=\beta=0$ 的任何解总是在由下式给出的直线上：

$$x=\gamma e^{-t},\quad y=-\gamma e^{-t},\quad z=0 \quad 或 \quad x+y=0,\quad z=0$$

从这条直线出发的任何解都将在 $t\to\infty$ 时趋近原点。这条直线是平衡点的**稳定流形**的一个例子。$\gamma=0$ 的任意解将在 $x-y=0$ 的平面上（通过在 x,y 和 z 的解中消去 α 和 β 得到），并在 $t\to-\infty$ 时逼近原点。每一个在平面 $x-y=0$ $((x,y)\neq(0,0))$ 上的解在 $t\to-\infty$ 时趋于原点。这种初始点的集合定义了平衡点的**不稳定流形**。

在前面的例子中，我们相当不严格地使用了"**流形**"这个术语。流形是空间 $\mathbf{R}^n$ 中维数为 $m<n$ 的子空间，通常满足连续性和可微性条件。因此球面 $x^2+y^2+z^2=1$ 是 $\mathbf{R}^3$ 中的二维流形，实心球面 $x^2+y^2+z^2<1$ 是 $\mathbf{R}^3$ 中的三维流形，抛物线 $y=x^2$ 是 $\mathbf{R}^2$ 中的一维流形。如果一个微分方程的解开始于一个给定的空间，并始终保持在某个曲面或曲线（即一个流形）上，那么这个流形就是**不变流形**。例如，Rayleigh 方程有一个极限环，任何从极限环开始的解都会一直在极限环上。因此，相平面上的闭合曲线是一个不变流形（也可用集合这一术语来替代流形）。平衡点也是不变流形。

我们利用下面的例子来说明一条同宿轨道如何同时位于平衡点处的稳定流形和不稳定

流形上。

例 6.7 考虑系统：

$$\dot{x}=-\frac{1}{2}x-y+\frac{1}{2}z+2y^3 \tag{1}$$

$$\dot{y}=-\frac{1}{2}x+\frac{1}{2}z \tag{2}$$

$$\dot{z}=z-(x+z)y^2 \tag{3}$$

求系统的平衡点，研究原点附近的线性近似。证明

$$\dot{x}-2\dot{y}+\dot{z}=(x-2y+z)\left(\frac{1}{2}-y^2\right) \tag{4}$$

在平面 $x-2y+z=0$ 上存在时间解，进而证明原点存在如下同宿解：

$$x=(1+\tanh t)\operatorname{sech} t,\quad y=\operatorname{sech} t,\quad z=(1-\tanh t)\operatorname{sech} t$$

解 平衡点满足方程：

$$-\frac{1}{2}x-y+\frac{1}{2}z+2y^3=-\frac{1}{2}x+\frac{1}{2}z=z-(x+z)y^2=0$$

所以

$$z=x,\quad y(1-2y^2)=0,\quad x(1-2y^2)=0$$

可见，平衡点为原点，以及平面 $z=x$ 与 $y=\pm 1/\sqrt{2}$ 交线上的所有点。

在原点附近，线性近似方程为

$$\begin{bmatrix}\dot{x}\\ \dot{y}\\ \dot{z}\end{bmatrix}=\begin{bmatrix}-\frac{1}{2} & -1 & \frac{1}{2}\\ -\frac{1}{2} & 0 & \frac{1}{2}\\ 0 & 0 & 1\end{bmatrix}\begin{bmatrix}x\\ y\\ z\end{bmatrix}$$

线性方程的特征值为 $m_1=-1, m_2=\frac{1}{2}, m_3=1$，对应的特征向量为

$$\boldsymbol{r}_1=\begin{bmatrix}2\\ 1\\ 0\end{bmatrix},\quad \boldsymbol{r}_2=\begin{bmatrix}-1\\ 1\\ 0\end{bmatrix},\quad \boldsymbol{r}_3=\begin{bmatrix}0\\ \frac{1}{2}\\ 1\end{bmatrix}$$

线性方程的通解为

$$\begin{bmatrix}x\\ y\\ z\end{bmatrix}=\alpha\boldsymbol{r}_1\,\mathrm{e}^{-t}+\beta\boldsymbol{r}_2\,\mathrm{e}^{\frac{1}{2}t}+\gamma\boldsymbol{r}_3\,\mathrm{e}^{t} \tag{5}$$

其中，α,β,γ 为常数。因为特征值是实数且有不同的符号，所以原点是一个鞍点型的平衡点。

由原始方程(1)、方程(2)、方程(3)可得

$$\frac{\mathrm{d}}{\mathrm{d}t}(x-2y+z)=(x-2y+z)\left(\frac{1}{2}-y^2\right)$$

所以存在如下的解：

$$x-2y+z=0 \tag{6}$$

现在利用式(6)使方程(2)和方程(3)消去 x，得

$$\dot{y}=z-y \tag{7}$$

$$\dot{z}=z-2y^3 \tag{8}$$

以上这两个方程合并得到 $\ddot{y}=y-2y^3$，它的一个特解为

$$y(t)=\operatorname{sech} t \tag{9}$$

将此代入式(8)得到方程 $\dot{z}=z-2\operatorname{sech}^3 t$，它的解为

$$z(t)=(1-\tanh t)\operatorname{sech} t \tag{10}$$

最后，再次由式(6)可得

$$x(t)=2y(t)-z(t)=(1+\tanh t)\operatorname{sech} t \tag{11}$$

可见，当 $t\to\pm\infty$ 时 $x(t),y(t),z(t)\to 0$，由此断定对应的相轨迹同宿于原点。这条相轨线(在平面式(6)上位于象限 $x>0,y>0,z>0$)以及它在原点的反射，同宿于原点，如图 6.15 所示。

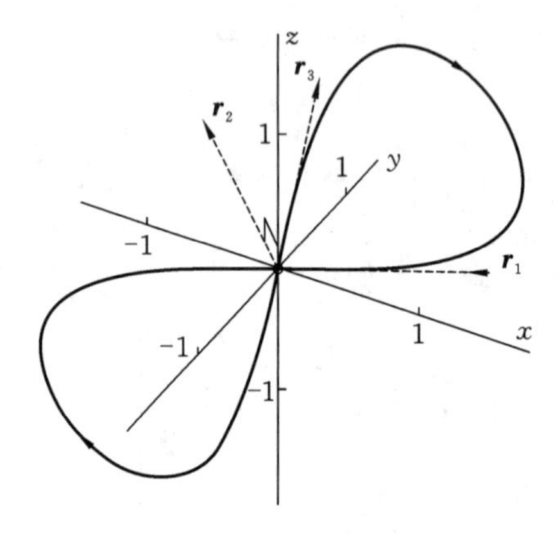

图 6.15 例 6.7 的同宿轨道

本例中，原点线性近似方程的特征值为 $-1,\frac{1}{2},1$，两个是正数，一个是负数。由式(9)、式(10)和式(11)确切地知道，$x>0$ 时的同宿轨道是从原点沿着特征向量 $\boldsymbol{r}_3(\alpha=\beta=0)$ 的方向出发(见方程(5))，沿 $\boldsymbol{r}_1(\beta=\gamma=0)$ 方向接近原点，由于原点只有一个负特征值，因此在这条同宿路径上所有初始坐标都是解在 $t\to\infty$ 时接近原点的点。这条曲线显性地定义了原点的稳定流形。

对于相空间中在 $t\to-\infty$ 时接近原点的解，考虑所有这些解的初始点。由于原点有两个正的特征值，这些点将位于一个**二维不稳定流形(一个曲面)**上，这个曲面在原点附近包含稳定流形曲线。当 $t\to\infty$ 时，**不稳定流形的切平面**与特征向量 $\boldsymbol{r}_2$ 和 $\boldsymbol{r}_3$ 在原点构成的平面重合。

一般用符号 W^s 和 W^u 来标记稳定流形和不稳定流形，它们一般是非常复杂的结构，很难想象。下面这个人为的例子体现了显性流形。

例 6.8 求出系统

$$\dot{x}=y,\quad \dot{y}=x-x^3,\quad \dot{z}=2z$$

的稳定流形和不稳定流形。

解　这是一个平面系统再加上一个关于 z 的分离方程。平衡点有(0,0,0),(1,0,0)和(−1,0,0)。关于原点的线性近似方程的特征值为 $m_1=-1, m_2=1, m_3=-2$,对应的特征向量为

$$\boldsymbol{r}_1=[-1,1,0]^{\mathrm{T}},\quad \boldsymbol{r}_2=[1,1,0]^{\mathrm{T}},\quad \boldsymbol{r}_3=[0,0,1]^{\mathrm{T}}$$

两个特征向量位于 (x,y) 平面上,另一个沿 z 轴。与原点相关的同宿轨道由下式给出:

$$x=\pm\sqrt{2}\,\mathrm{sech}\,t,\quad y=\mp\sqrt{2}\,\mathrm{sech}\,t\tanh t,\quad z=0$$

由于 $z=Ce^{2t}$,只有初始点在这些曲线上的解才在 $t\to\infty$ 时趋向原点,所以这些曲线定义了原点的稳定流形 W^s。另外,因为 $z=Ce^{2t}$,故初始点在柱面

$$x=\pm\sqrt{2}\,\mathrm{sech}\,t,\quad y=\mp\sqrt{2}\,\mathrm{sech}\,t\tanh t$$

上的解在 $t\to-\infty$ 时趋向原点。这些柱面定义了原点的不稳定流形 W^u,如图 6.16 所示。

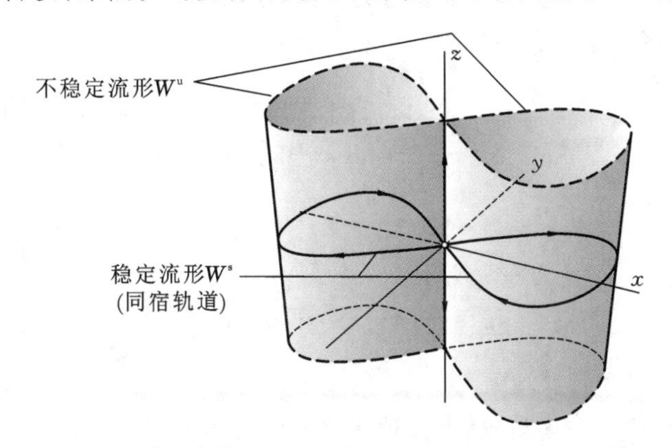

图 6.16　系统 $\dot{x}=y, \dot{y}=x-x^3, \dot{z}=2z$ 的稳定流形和不稳定流形

当然,例 6.8 是一个特殊情况,稳定流形嵌入不稳定流形中,如图 6.16 所示。如果有阻尼 Duffing 方程加上可分离的 z 方程:

$$\dot{x}=y,\quad \dot{y}=-ky+x-x^3,\quad \dot{z}=2z$$

那么,对于 $k>0$,原点仍然有两个正特征值和一个负特征值。现在没有同宿路径,稳定流形仍为曲线,不稳定流形为柱面,如图 6.17 所示,但是除了在原点外,两者不再相交。

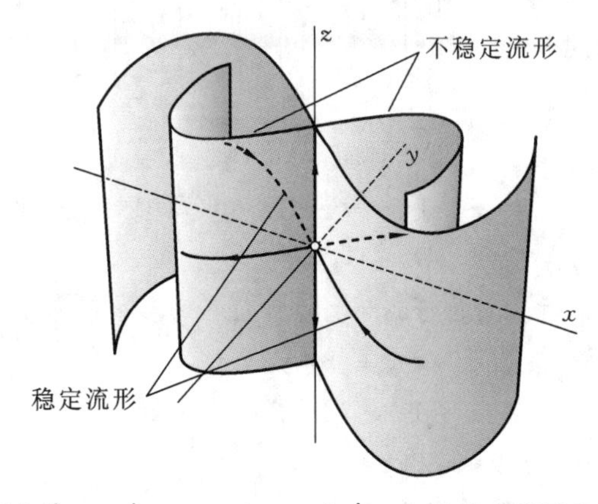

图 6.17　系统 $\dot{x}=y, \dot{y}=-ky+x-x^3, \dot{z}=2z$ 的稳定流形和不稳定流形

6.5 线性近似:中心流形

假设一个 n 阶非线性自治系统在原点处有一个平衡点(如果它在其他点上,我们总可以通过平移 x 将它移动到原点),设原点附近的线性近似方程为

$$\dot{\boldsymbol{x}}=\boldsymbol{A}\boldsymbol{x}$$

其中,$\boldsymbol{A}$ 是一个 $n\times n$ 常数矩阵。原点处的稳定流形和不稳定流形由 $\boldsymbol{A}$ 的特征值的实部符号确定,如果 $\boldsymbol{A}$ 的所有特征值都有负实部,那么线性系统的稳定流形就是整个 $\mathbf{R}^n$,没有不稳定流形。对于非线性系统,稳定流形将占据 $\mathbf{R}^n$ 的一个子集,其中包括原点的一个邻域。

我们通过考察非线性系统的线性近似来集中研究非线性系统的局部行为。如果 $\boldsymbol{A}$ 有 $p<n$ 个负实部特征值,$n-p$ 个正实部特征值,那么稳定流形将是 $\mathbf{R}^n$ 的 p 维子空间,而不稳定流形将是 $\mathbf{R}^n$ 的 $n-p$ 维子空间。正如前文所述,如果 $n=3$ 和 $p=2$,那么稳定流形将是一个平面,而不稳定流形将是一条直线。

例 6.9 求出系统

$$\dot{x}=\frac{1}{4}(-\sin x+5y-9z)$$

$$\dot{y}=\frac{1}{4}(4x-\mathrm{e}^z+1)$$

$$\dot{z}=\frac{1}{4}(4x-4\sin y+3z)$$

在原点附近的稳定流形和不稳定流形。

解 原点是系统的一个平衡点,对应的线性近似方程为 $\dot{\boldsymbol{x}}'=\boldsymbol{A}\boldsymbol{x}'$,其中

$$\boldsymbol{A}=\frac{1}{4}\begin{bmatrix}-1 & 5 & -9\\ 4 & 0 & -1\\ 4 & -4 & 3\end{bmatrix}$$

矩阵 $\boldsymbol{A}$ 的特征值 $m_1=-\frac{1}{4}-\mathrm{i}$,$m_2=-\frac{1}{4}+\mathrm{i}$ 和 $m_3=1$,对应的特征向量为

$$\boldsymbol{r}_1=\begin{bmatrix}-\mathrm{i}\\ 1\\ 1\end{bmatrix},\quad \boldsymbol{r}_2=\begin{bmatrix}\mathrm{i}\\ 1\\ 1\end{bmatrix},\quad \boldsymbol{r}_3=\begin{bmatrix}1\\ 1\\ 0\end{bmatrix}$$

线性方程的通解为

$$\begin{bmatrix}x'\\ y'\\ z'\end{bmatrix}=\alpha\boldsymbol{r}_1\,\mathrm{e}^{\left(-\frac{1}{4}-\mathrm{i}\right)t}+\bar{\alpha}\boldsymbol{r}_2\,\mathrm{e}^{\left(-\frac{1}{4}+\mathrm{i}\right)t}+\beta\boldsymbol{r}_3\,\mathrm{e}^t$$

其中,α 为复常数,β 为实常数。对应于 $\beta=0$ 的解位于 $y=z$ 平面上,它定义了非线性系统在原点的稳定流形的切平面。对应于 $\alpha=0$ 的解为

$$x=\beta\mathrm{e}^t,\quad y=\beta\mathrm{e}^t,\quad z=0$$

它们定义了与不稳定流形相切的一条直线。

线性近似方程在原点的流形如图 6.18 所示。

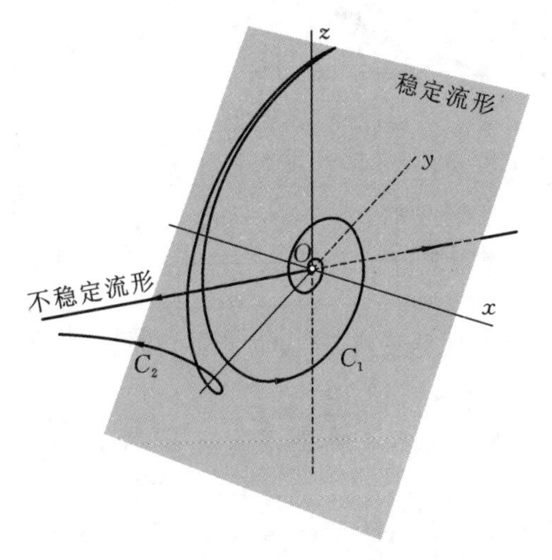

图 6.18 例 6.9 的线性近似方程在原点的稳定流形和不稳定流形
（C_1 为稳定流形中的相轨线，C_2 是从接近于 C_1 的
一个初始点出发的相轨线，它最终趋近不稳定流形）

对于某些高阶系统，它们在平衡点的线性化近似的特征值具有非零实部，有必要进一步总结这类高阶系统平衡点的流形的性质。如前所述，这种平衡点称为**双曲型的**。考虑如下自治系统：

$$\dot{\boldsymbol{x}}=\boldsymbol{f}(\boldsymbol{x})=\boldsymbol{A}\boldsymbol{x}+\boldsymbol{g}(\boldsymbol{x}),\quad \boldsymbol{x}\in\mathbf{R}^n \tag{6.15}$$

其中，$\boldsymbol{f}(\boldsymbol{0})=\boldsymbol{g}(\boldsymbol{0})=\boldsymbol{0}$。假设 $\boldsymbol{x}=\boldsymbol{0}$ 为方程(6.15)的平衡点，再假设

$$\|\boldsymbol{g}(\boldsymbol{x})\|=o(\|\boldsymbol{x}\|)\text{，当}\|\boldsymbol{x}\|\to 0\text{ 时}$$

线性近似方程为

$$\dot{\boldsymbol{x}}'=\boldsymbol{A}\boldsymbol{x}' \tag{6.16}$$

其稳定流形和不稳定流形称为原方程(6.15)的**线性流形**，它们对应的空间分别记为 E^s 和 E^u。这里 E^s 是由 $k(0\leqslant k\leqslant n)$ 个具有负实部特征值对应的特征向量张成的子空间，E^u 是由具有正实部特征值对应的特征向量张成的子空间。原非线性方程(6.16)在平衡点的稳定流形 W^s 和不稳定流形 W^u 与子空间 E^s 和 E^u 在 $\boldsymbol{x}=\boldsymbol{0}$ 处相切。

到目前为止，排除了特征值为纯虚根的情况，如果存在纯虚根特征值，那么对于线性近似，就会出现第三种流形，称为**中心流形**，记为 E^c。

一般来说，原点处的任何线性近似都可能包含三种流形 E^s、E^u 和 E^c 中的任何一种或全部。下面这个线性系统的例子说明了这一点。

例 6.10 求出线性系统

$$\dot{x}=-x+3y$$
$$\dot{y}=-x+y-z$$
$$\dot{z}=-y-z$$

的流形。

解 系统矩阵

$$A=\begin{bmatrix}-1 & 3 & 0\\ -1 & 1 & -1\\ 0 & -1 & -1\end{bmatrix}$$

的特征值为 $m_1=-\mathrm{i}$，$m_2=\mathrm{i}$ 和 $m_3=-1$，对应的特征向量为

$$\boldsymbol{r}_1=\begin{bmatrix}-3\\ -1+\mathrm{i}\\ 1\end{bmatrix},\quad \boldsymbol{r}_2=\begin{bmatrix}-3\\ -1-\mathrm{i}\\ 1\end{bmatrix},\quad \boldsymbol{r}_3=\begin{bmatrix}-1\\ 0\\ 1\end{bmatrix}$$

由于 $m_3=-1$ 是唯一的实数特征值，而且它是负的，因此可知不存在不稳定流形，稳定流形是直线，参数方程为 $x=-u$，$y=0$，$z=u(-\infty<u<\infty)$。中心流形 E^c（它必须具有偶数维数）是平面 $x+3z=0$。用代数术语描述，我们说 E^s 是由 $\boldsymbol{r}_3$ 张成的空间，E^c 是由 $\boldsymbol{r}_1$ 和 $\boldsymbol{r}_2$ 张成的空间，写为

$$E^s=\operatorname{span}\{\boldsymbol{r}_3\},\quad E^u=\operatorname{span}\{0\},\quad E^c=\operatorname{span}\{\boldsymbol{r}_1,\boldsymbol{r}_2\}$$

这个术语包含了相关解集合的线性结构。例如，E^c 由实数解集合 $\alpha\boldsymbol{r}_1\mathrm{e}^{m_1t}+\beta\boldsymbol{r}_2\mathrm{e}^{m_2t}$ 构成，其中 $m_2=\bar{m}_1$，$\boldsymbol{r}_2=\bar{\boldsymbol{r}}_1$，$\beta=\bar{\alpha}$，$\alpha$ 为任意复常数。

图 6.19 显示了系统在平衡点的流形。

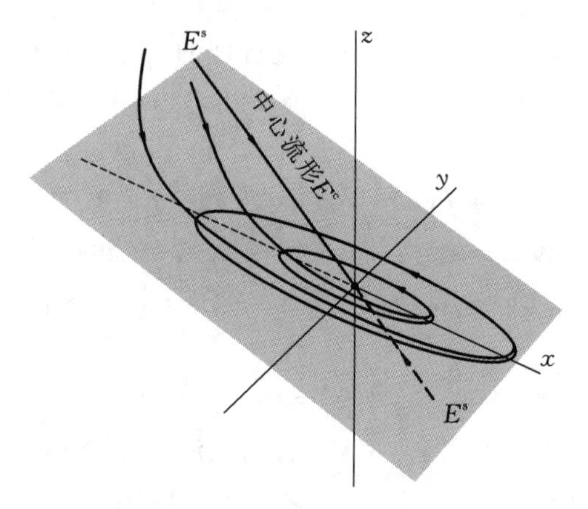

图 6.19　中心流形 E^c 位于平面 $x+3z=0$ 上，稳定流形 E^s 为直线 $x=-u$，$y=0$，$z=u$

对于一个平衡点的线性流形为 E^s，E^u 和 E^c 的非线性系统，实际非线性流形 W^s，W^u 和 W^c 与 E^s，E^u 和 E^c 相切。当 $t\to\pm\infty$ 时，W^s 和 W^u 上的解渐近地趋近于 E^s 和 E^u 上的解，而 W^c 则不一样，W^c 上的解可以是稳定的、不稳定的或振荡的。

在上例的线性近似中，原点是一个稳定的平衡点，但由于 E^c 的存在，它不是渐近稳定的。问题出现了：如果在平衡点处非线性问题的线性近似有一个中心流形，则原非线性系统的平衡点的稳定性需要更深入考察。纯虚数的特征值及其与稳定性的关系被称为中心流形理论，它的详细说明可以在一些专门书籍中找到。在这里，我们将给出一个说明性的例子。

例 6.11　考虑系统：

$$\dot{x}=-y-xz \tag{1}$$

$$\dot{y}=x-y^3 \tag{2}$$

$$\dot{z}=-z-2xy-2x^4+x^2 \tag{3}$$

考察在原点的线性流形 E^s,E^u 和 E^c,以及非线性流形 W^s,W^u 和 W^c。

解　系统有三个平衡点$(0,0,0)$,$(2^{1/2},2^{-5/6},2^{1/3})$,$(-2^{1/2},-2^{-5/6},2^{1/3})$。在原点附近的线性近似方程为 $\dot{\boldsymbol{x}}'=\boldsymbol{A}\boldsymbol{x}'$,其中

$$\boldsymbol{A}=\begin{bmatrix}0&-1&0\\1&0&0\\0&0&-1\end{bmatrix}$$

矩阵的特征值为 $m_1=\mathrm{i}$,$m_2=-\mathrm{i}$ 和 $m_3=-1$,对应的特征向量为

$$\boldsymbol{r}_1=\begin{bmatrix}1\\-\mathrm{i}\\0\end{bmatrix},\quad \boldsymbol{r}_2=\begin{bmatrix}1\\\mathrm{i}\\0\end{bmatrix},\quad \boldsymbol{r}_3=\begin{bmatrix}0\\0\\1\end{bmatrix}$$

由于 $\boldsymbol{A}$ 有两个纯虚数的特征值,故该系统有中心流形 E^c(它为 $z=0$ 平面)和稳定流形 E^s(它为 z 轴)。

该系统有一张通过原点的曲面,其上有解存在。由式(1)和式(3)消去 y,可得

$$\dot{z}=-z+x^2-2x\dot{x}-2x^4+2x^2z$$

或

$$\frac{\mathrm{d}}{\mathrm{d}t}(z-x^2)=-(z-x^2)(1-2x^2)$$

由此得到一个特解 $z=x^2$,这是一个流形,它与 E^c,即 $z=0$ 平面在原点相切,如图 6.20 所示。在这张曲面上,x 和 y 满足方程:

$$\dot{x}=-y-x^3 \tag{4}$$

$$\dot{y}=x-y^3 \tag{5}$$

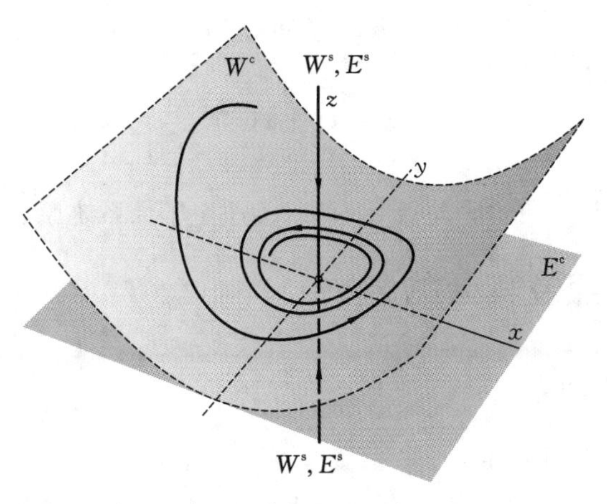

图 6.20　系统 $\dot{x}=-y-xz$,$\dot{y}=x-y^3$,$\dot{z}=-z-2xy-2x^4+x^2$ 在原点的中心流形 E^c 和 W^c,原点渐近稳定

因此,从这张曲面出发的解仍然在这张曲面上。引入 Lyapunov 函数 $V(x,y)=x^2+y^2$,由方程(4)和方程(5)可得

$$\frac{\mathrm{d}V}{\mathrm{d}t}=\frac{\partial V}{\partial x}\dot{x}+\frac{\partial V}{\partial y}\dot{y}=-2x^4-2y^4<0,\quad (x,y)\neq(0,0)$$

所以由方程(4)和方程(5)给出的系统在原点渐近稳定。

非线性系统的**中心流形** W^c 定义为一些相轨线的集合,这些轨线在原点以 E^c 作为切面。所以例 6.11 中 W^c 为曲面 $z=x^2$。

下面对一类系统给出**中心流形定理**。考虑如下形式的 n 维系统:

$$\dot{\boldsymbol{x}}=\boldsymbol{A}\boldsymbol{x}+\boldsymbol{h}(\boldsymbol{x}) \tag{6.17}$$

假定 $\boldsymbol{A}$ 为常值矩阵,可以表示为分块对角形式:

$$\boldsymbol{A}=\begin{bmatrix}\boldsymbol{B} & \boldsymbol{0}\\ \boldsymbol{0} & \boldsymbol{C}\end{bmatrix} \tag{6.18}$$

其中,$\boldsymbol{B}$ 为$(n-m)\times(n-m)$矩阵,$\boldsymbol{C}$ 为 $m\times m$ 矩阵。假设 $\boldsymbol{h}(\boldsymbol{0})=\boldsymbol{0}$,故原点为平衡点。

将向量 $\boldsymbol{x}$ 分割为

$$\boldsymbol{x}=\begin{bmatrix}\boldsymbol{u}\\ \boldsymbol{v}\end{bmatrix}$$

其中,$\boldsymbol{u}$ 为 $n-m$ 维向量,$\boldsymbol{v}$ 为 m 维向量。于是,方程(6.17)可重写为

$$\dot{\boldsymbol{u}}=\boldsymbol{B}\boldsymbol{u}+\boldsymbol{f}(\boldsymbol{u},\boldsymbol{v})$$
$$\dot{\boldsymbol{v}}=\boldsymbol{C}\boldsymbol{u}+\boldsymbol{g}(\boldsymbol{u},\boldsymbol{v})$$

其中

$$\boldsymbol{h}(\boldsymbol{x})=\begin{bmatrix}\boldsymbol{f}(\boldsymbol{u},\boldsymbol{v})\\ \boldsymbol{g}(\boldsymbol{u},\boldsymbol{v})\end{bmatrix}$$

定理 6.2(中心流形定理) 假设矩阵 $\boldsymbol{B}$ 只有纯虚数特征值(这意味着 $n-m$ 必须是一个偶数),$\boldsymbol{C}$ 的特征值具有负实部。稳定流形 W^s 的维数为 m,中心流形 W^c 的维数为 $n-m$。假设 W^c 的局部可以用流形 $\boldsymbol{v}=\boldsymbol{p}(\boldsymbol{u})$表示。如果 $\boldsymbol{u}=\boldsymbol{0}$ 是下面的 $n-m$ 维系统

$$\dot{\boldsymbol{u}}=\boldsymbol{B}\boldsymbol{u}+\boldsymbol{f}(\boldsymbol{u},\boldsymbol{p}(\boldsymbol{u}))$$

的渐近平衡点,则原系统

$$\dot{\boldsymbol{x}}=\boldsymbol{A}\boldsymbol{x}+\boldsymbol{h}(\boldsymbol{x})$$

的原点是渐近稳定的。

换句话说,投影到 W^c 上的解 $\boldsymbol{v}=\boldsymbol{p}(\boldsymbol{u})$的行为决定了原系统原点的渐近稳定性。

6.6 映射的不动点及其分岔

6.6.1 映射的不动点

一个离散的时间演化过程由

$$\boldsymbol{x}_{k+1}=\boldsymbol{F}(\boldsymbol{x}_k) \tag{6.19}$$

控制,其中 $\boldsymbol{x}$ 为有限维向量。$\boldsymbol{x}_k$,$\boldsymbol{x}_{k+1}$分别表示系统在离散时刻 t_k 和 t_{k+1}的状态。令有限维状态向量的维数为 n,那么我们需要 n 个实数来确定系统的状态。状态向量 $\boldsymbol{x}\in\mathbf{R}^n$,$t\in\mathbf{R}$,其中 $\mathbf{R}^n$ 表示一个 n 维 Euclidean 空间,即一个实数空间。$\boldsymbol{F}$ 的逆记为$\boldsymbol{F}^{-1}$,我们有

$$\boldsymbol{x}_k=\boldsymbol{F}^{-1}(\boldsymbol{x}_{k+1})$$

从 $\boldsymbol{x}=\boldsymbol{x}_0$ 开始的、可逆映射的一条**轨道(orbit)**由下列离散点序列组成:

$$\{\cdots,\boldsymbol{F}^{-m}(\boldsymbol{x}_0),\cdots,\boldsymbol{F}^{-2}(\boldsymbol{x}_0),\boldsymbol{F}^{-1}(\boldsymbol{x}_0),\boldsymbol{x}_0,\boldsymbol{F}(\boldsymbol{x}_0),\boldsymbol{F}^2(\boldsymbol{x}_0),\cdots,\boldsymbol{F}^m(\boldsymbol{x}_0),\cdots\}$$

其中，$m \in \mathbf{Z}^+$，$\mathbf{Z}^+$ 为所有正整数的集合。当 $k>0$ 时，$\boldsymbol{F}^k$ 表示连续 k 次应用映射 $\boldsymbol{F}$。从 $\boldsymbol{x}=\boldsymbol{x}_0$ 开始的、不可逆映射的一条轨道由下列离散点序列组成：

$$\{\boldsymbol{x}_0, \boldsymbol{F}(\boldsymbol{x}_0), \boldsymbol{F}^2(\boldsymbol{x}_0), \cdots, \boldsymbol{F}^m(\boldsymbol{x}_0), \cdots\}$$

下面考虑受到某些参数控制的映射：

$$\boldsymbol{x}_{k+1}=\boldsymbol{F}(\boldsymbol{x}_k;\boldsymbol{M}) \tag{6.20}$$

这个**映射的不动点** $\boldsymbol{x}_0$ 满足如下条件：

$$\boldsymbol{x}_0=\boldsymbol{F}^m(\boldsymbol{x}_0;\boldsymbol{M}_0), \quad m \in \mathbf{Z} \tag{6.21}$$

其中，$\boldsymbol{M}=\boldsymbol{M}_0$ 为控制参数向量的取值。我们注意到从一个映射的不动点开始的轨道就是不动点本身。此外，一个映射的不动点组成的集合是一个不变集。

为了确定不动点 $\boldsymbol{x}_0$ 的稳定性，我们在它上面叠加一个扰动 $\boldsymbol{y}$，方程(6.20)变为

$$\boldsymbol{x}_0+\boldsymbol{y}_{k+1}=\boldsymbol{F}(\boldsymbol{x}_0+\boldsymbol{y}_k;\boldsymbol{M}_0) \tag{6.22}$$

其中，$k \in \mathbf{Z}$。将 $\boldsymbol{F}$ 在 $\boldsymbol{x}_0$ 展成 Taylor 级数，应用式(6.21)且关于 $\boldsymbol{y}_k$ 线性化，得

$$\boldsymbol{y}_{k+1}=D_x\boldsymbol{F}(\boldsymbol{x}_0;\boldsymbol{M}_0)\boldsymbol{y}_k=\boldsymbol{A}\boldsymbol{y}_k \tag{6.23}$$

其中，$\boldsymbol{A}=D_x\boldsymbol{F}$ 为 $\boldsymbol{F}$ 在$(\boldsymbol{x}_0;\boldsymbol{M}_0)$的偏导数矩阵。

为了确定不动点 $\boldsymbol{x}_0$ 的稳定性，需要在复平面上检查矩阵 $\boldsymbol{A}$ 的特征值相对于单位圆的位置，如图 6.21 所示。如果矩阵 $\boldsymbol{A}$ 的所有特征值要么都在单位圆内，要么都在单位圆外，则对应的不动点称为**双曲型不动点**。一个双曲型不动点，如果对应的特征值一部分在单位圆内，其余的在单位圆外，则称其为**鞍点**。一个双曲型不动点，如果对应的特征值都在单位圆内，则称其为**汇**，是稳定的；如果对应的特征值都在单位圆外，则称其为**源**，是不稳定的。如果矩阵 $\boldsymbol{A}$ 的一个或多个特征值在单位圆周上，则这样的不动点称为**非双曲型不动点**。

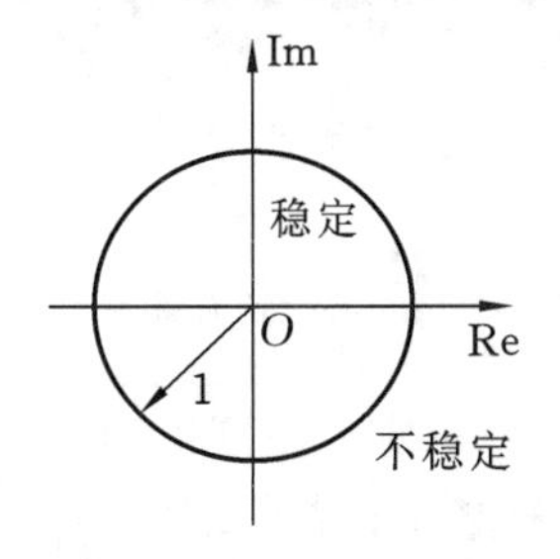

图 6.21　复平面上的单位圆

Hartman-Grobman 定理　一个映射的线性化对于确定双曲型不动点的稳定性是充分的。如果矩阵 $\boldsymbol{A}$ 的所有特征值均在单位圆内，则对应的不动点 $\boldsymbol{x}_0$ 称为**渐近稳定的**。如果矩阵 $\boldsymbol{A}$ 至少有一个特征值在单位圆外，则对应的不动点 $\boldsymbol{x}_0$ 是不稳定的。如果矩阵 $\boldsymbol{A}$ 没有一个特征值在单位圆外，但对应的不动点为非双曲的，则线性分析确定非双曲型不动点的稳定性是不充分的，需要将非线性项包含在方程(6.23)的右边。

与连续时间系统类似，离散时间系统仍然有不变线性子空间 E^s，E^u 和 E^c 与映射的一个不动点相关。子空间 E^s 是由$|\rho_s|<1$ 的特征值 ρ_s 对应的特征值向量张成的。子空间 E^u 是由$|\rho_u|>1$ 的特征值 ρ_u 对应的特征值向量张成的。子空间 E^c 是由$|\rho_c|=1$ 的特征值 ρ_c 对应的特征值向量张成的。对于双曲型不动点，子空间 E^c 是空集。

与连续时间系统类似，离散时间系统也有不变流形与映射的一个不动点相关。与映射

的不动点相关的稳定流形为一些初值点形成的集合，从这些初值点出发的轨道在迭代次数 $k\to\infty$ 时将渐近趋于不动点。反之，与映射的不动点相关的不稳定流形也为一些初值点形成的集合，从这些初值点出发的轨道在迭代次数 $k\to-\infty$ 时将渐近趋于不动点。

一个解 $\boldsymbol{x}_0$ 如果满足如下条件：

$$\boldsymbol{x}_0=\boldsymbol{F}^k(\boldsymbol{x}_0;\boldsymbol{M}_0) \tag{6.24}$$

其中 $k\geqslant1$，则 $\boldsymbol{x}_0$ 称为映射 $\boldsymbol{F}$ 的一个**周期-k 点**（**period-k point**）或 k **阶周期点**（**periodic point of order k**）。这个点是映射 $\boldsymbol{G}$ 的一个不动点，映射 $\boldsymbol{G}$ 由 $\boldsymbol{F}$ 经过 k 次连续迭代得到，即

$$\boldsymbol{G}(\boldsymbol{x};\boldsymbol{M})=\boldsymbol{F}^k(\boldsymbol{x};\boldsymbol{M})$$

于是，$\boldsymbol{F}$ 的周期-k 点的稳定性可以通过研究 $\boldsymbol{G}$ 的不动点的稳定性来判定。

例如，Logistic 映射 $x_{k+1}=4\alpha x_k(1-x_k)$ 的一个不动点为 $x=0$。对于 $0<\alpha<0.25$，它是稳定的，因为 $|F'(x=0)|<1$。对于 $\alpha>0.25$，存在一个非平凡不动点 $x_0=1-0.25/\alpha$。因为 $F'(x_0)=2-4\alpha$，所以当 $0.25<\alpha<0.75$ 时，这个不动点稳定。在 $\alpha=0.75$ 时，这个非平凡不动点为非双曲型的。在图 6.22 (a)中，我们画出了 $\alpha=0.8$ 时 $F(x)\sim x$ 曲线。直线 $y=x$ 与曲线 $F(x)$ 的交点为 $F(x)$ 的不动点，交点是 $x=0$ 和 $x=0.6875$。不动点 $x=0.6875$ 是不稳定的，因为 $|F'(x=0.6875)|>1$。

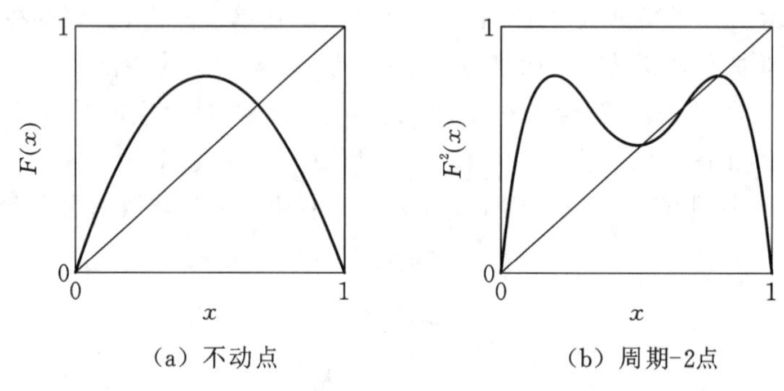

(a) 不动点　　(b) 周期-2点

图 6.22　Logistic 映射在 $\alpha=0.8$ 时的解

下面，我们来研究 $F^2(x)$ 的不动点，它由下式给出：

$$F^2(x)=F[F(x)]=F[4\alpha x(1-x)]$$

或

$$F^2(x)=16\alpha^2x(1-x)[1-4\alpha x(1-x)]$$

所以 $F^2(x)$ 的不动点由下式给定：

$$16\alpha^2x(1-x)[1-4\alpha x(1-x)]=x$$

解得

$$x=0,\quad x=1-\frac{1}{4\alpha},\quad x=\frac{1}{2}+\frac{1}{4\alpha}\left[\frac{1}{2}\pm\sqrt{\left(2\alpha-\frac{1}{2}\right)^2-1}\right]$$

前两个不动点也是 $F(x)$ 的不动点。

在图 6.22 (b)中，我们画出了 $\alpha=0.8$ 时 $F^2(x)\sim x$ 曲线。直线 $y=x$ 与曲线 $F^2(x)$ 的交点为 $F^2(x)$ 的不动点，有四个交点，分别为 $x=0$，$x=0.5130$，$x=0.6875$ 和 $x=0.7795$。我们注意到 $F(0.5130)=0.7795$，$F^2(0.5130)=0.5130$，$F(0.7795)=0.5130$，$F^2(0.7795)=$

0.7795，所以 $x=0.5130$ 和 $x=0.7795$ 是 $F(x)$ 的周期-2点。

为了确定 $F^2(x)$ 的不动点的稳定性，我们计算它的Jacobi矩阵的特征值，它为

$$\rho=\frac{\mathrm{d}}{\mathrm{d}x}[F^2(x)]=16\alpha^2(1-2x)[1-8\alpha x(1-x)]$$

对于 $x=0$ 和 $x=0.6875$ 这两个不动点，$\rho=10.24$ 和 $\rho=1.44$，所以它们是不稳定的。这是意料之中的，因为这两个不动点也是 $F(x)$ 的不动点，而 $F'(x=0)=3.2$，$F'(x=0.6875)=1.2$。另外，对于 $F^2(x)$ 的不动点 $x=0.5130$ 和 $x=0.7795$，$\rho=0.159$ 和 $\rho=0.573$，所以它们是稳定的。

6.6.2　映射的分岔

当单个参数变化时，一个映射的非双曲型不动点可以发生分岔。由前面的论述可知，有三个条件会使映射式(6.20)在参数值 $\boldsymbol{M}=\boldsymbol{M}_0$ 的一个分岔点 $\boldsymbol{x}=\boldsymbol{x}_0$ 成为非双曲型的。这些条件如下：

(1) $D_x\boldsymbol{F}(\boldsymbol{x}_0,\boldsymbol{M}_0)$ 有一个特征值等于1，其余 $n-1$ 个特征值在单位圆内；

(2) $D_x\boldsymbol{F}(\boldsymbol{x}_0,\boldsymbol{M}_0)$ 有一个特征值等于 -1，其余 $n-1$ 个特征值在单位圆内；

(3) $D_x\boldsymbol{F}(\boldsymbol{x}_0,\boldsymbol{M}_0)$ 有一对复共轭特征值在单位圆上，其余 $n-2$ 个特征值在单位圆内。

例如，我们考虑Logistic映射：

$$x_{k+1}=F(x_k)=4\alpha x_k(1-x_k)$$

当 $\alpha>0.25$ 时，这个映射的不动点为

$$x_{10}=1-\frac{1}{4\alpha}$$

相应的特征值为

$$\rho_1=2-4\alpha$$

在 $\alpha=0.75$ 时，$\rho_1=-1$，所以此时不动点 x_{10} 是非双曲型的。当 $\alpha>0.75$ 时，不动点 x_{10} 是不稳定的，F 有下面两个**周期-2点**(**period-two point**)：

$$x_{20,30}=\frac{1}{2}+\frac{1}{4\alpha}\left[\frac{1}{2}\pm\sqrt{\left(2\alpha-\frac{1}{2}\right)^2-1}\right]$$

这些周期-2点为下列映射的不动点：

$$F^2(x_k)=F[F(x_k)]=F[4\alpha x_k(1-x_k)]$$

或

$$F^2(x_k)=16\alpha^2x_k(1-x_k)[1-4\alpha x_k(1-x_k)]$$

这个映射在不动点 x_{j0} 对应的Jacobi矩阵的特征值为

$$\rho_2=16\alpha^2(1-2x_{j0})[1-8\alpha x_{j0}(1-x_{j0})],\quad j=2,3$$

我们用数值方法确定了 F^2 的不动点 x_{20} 和 x_{30} 对 $\alpha<0.85$ 是稳定的。在图6.23中，我们给出了 F 的不同解及其对 $0.65<\alpha<0.85$ 的稳定性。稳定分支和不稳定分支分别用实线和虚线画出。F 的不动点 x_{10} 在 $\alpha=0.75$ 经历一个**倍周期分岔**(**period-doubling bifurcation**)，因而在这个分岔点出现了两个周期-2点的分支。我们注意到从这两个分支的任一点出发的一个 F 迭代，都将在这两个分支之间跳跃，这是因为

$$F(x_{20})=x_{30},\quad F(x_{30})=x_{20}$$

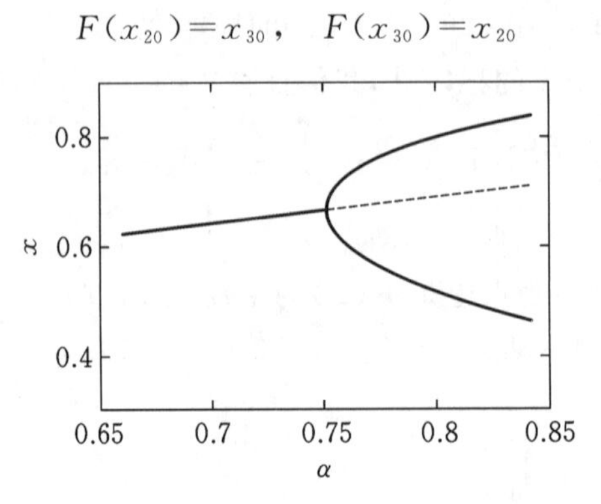

图 6.23　Logistic 映射周期-2 点的分岔图

基于这个理由，一个映射不动点的倍周期分岔也称为**跳跃分岔**（**flip bifurcation**）。映射 F 的不动点 x_{10}，x_{20} 和 x_{30} 也是 F^2 的不动点。在 $\alpha=0.75$，F^2 的不动点 x_{10} 为非双曲型的，因为 $\rho_2=1$。所以，从图 6.23 可以推断，F^2 的这个不动点在 $\alpha=0.75$ 经历一个叉形分岔。在现在的情况下，这个叉形分岔是超临界的。在别的情况中，F 的倍周期分岔可能对应于映射 F^2 的亚临界叉形分岔。由这种分岔产生的周期-2 点将是不稳定的。

6.7　Poincaré 序列

考虑自治系统

$$\dot{x}=X(x,y),\quad \dot{y}=Y(x,y)$$

及其在相平面 (x,y) 上的相图。令 Σ 是相平面上的一条曲线或一个截面，其特点是在相图的某一区域横切每一条相轨线，即不与相轨线相切。Σ 称为相图的 **Poincaré 截面**。

考虑 Poincaré 截面 Σ 上的一点 A_0：(x_0,y_0)，如图 6.24 所示。如果我们在 A_0 点的相轨线上沿着流动方向穿过 Σ，下一次相轨线以同样的方式在 A_1：(x_1,y_1) 点穿过 Σ，这个点是点 A_0 的**首次返回映射**，或 **Poincaré 映射**。我们并没有暗示这样的点一定存在，但是如果它存在，那么称它为 A_0 的**首次返回点**。我们继续这一过程，可得 A_2：(x_2,y_2) 是 A_1 的首次返回点（见图 6.24）。我们可以用算子 P_Σ 将这个过程表示为一个映射或函数，即对于所选的特定截面 Σ，以及对于 Σ 上的每一个 (x,y)，有

$$(x',y')=P_\Sigma(x,y)$$

其中，(x',y') 是从 (x,y) 出发的首次返回点。从 (x_0,y_0) 出发的后续返回点可以记为

$$(x_2,y_2)=P_\Sigma(P_\Sigma(x_0,y_0))=P_\Sigma^2(x_0,y_0);\quad (x_n,y_n)=P_\Sigma^n(x_0,y_0)$$

对于自治系统，一个首次返回序列的开始时间是无关紧要的。注意，返回点之间的时间间隔通常不是常数。

图 6.24 中有一个稳定的极限环，其内部和外部相轨迹螺旋地向极限环靠近。从 A_0 点开始的、位于 Σ 上的返回点 A_1，A_2，…趋近于 B 点，它是极限环与 Σ 的交点。如果 A_0 在极限环内部，则可形成类似的返回点，不过返回点在极限环内部。如果将 B 点取为 Σ 上的初始点，那么所有返回点都是 B 点，因此 B 是映射 P_Σ 的一个**不动点**。在 Σ 上开始的所有接近 B 的序列均趋近于 B 点。这种行为表示 B 点是一个稳定的不动点。一般地，我们将 A_0，

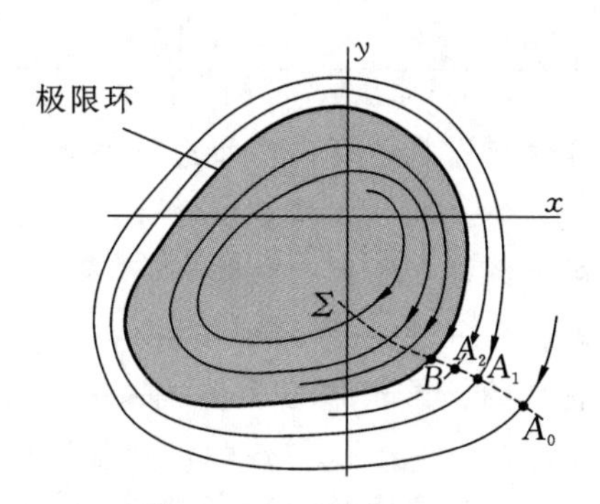

图 6.24　一条螺旋相轨线和极限环的 Poincaré 截面以及首次返回点 $A_1, A_2, \cdots$，它们趋近于不动点 B

$A_1, A_2, \cdots$称为 **Poincaré 序列**。

例 6.12　已知微分方程：

$$\dot{x}=\mu x+y-x\sqrt{x^2+y^2}$$

$$\dot{y}=-x+\mu y-y\sqrt{x^2+y^2}$$

取截面 Σ 为 $y=0$ 和 $x>0$(即 x 正半轴)，对初始点$(x_0,0)(x_0<\mu)$求出首次返回映射 P_Σ。

解　不妨取开始时刻为 $t_0=0$。在极坐标系中，方程变为

$$\dot{r}=r(\mu-r),\quad \dot{\theta}=-1$$

方程的解为

$$r=\mu r_0/[r_0+(\mu-r_0)\mathrm{e}^{-\mu t}],\quad \theta=-t+\theta_0$$

其中，$r(0)=r_0$ 和 $\theta(0)=\theta_0$。$r=\mu$ 为一个极限环，由 $\dot{r}$ 的符号表示趋近方向，由此可知极限环是稳定的。以上两式中消去 t 可得 $r=\mu r_0/[r_0+(\mu-r_0)\mathrm{e}^{\mu(\theta-\theta_0)}]$，给定的截面(即 x 正半轴)对应于 $\theta_0=0$，后续返回点发生在 $\theta=-2\pi,-4\pi,\cdots$(记住，因为 $\dot{\theta}=-1$，所以相点是顺时针旋转的)。初始点为$(r_0,0)$，于是

$$r_n=\mu r_0/[r_0+(\mu-r_0)\mathrm{e}^{-\mu\cdot 2n\pi}],\quad \theta_n=-2n\pi,\quad n=1,2,\cdots \tag{1}$$

当 $n\to\infty$ 时，返回点序列趋近于不动点$(\mu,0)$，如图 6.25 所示。

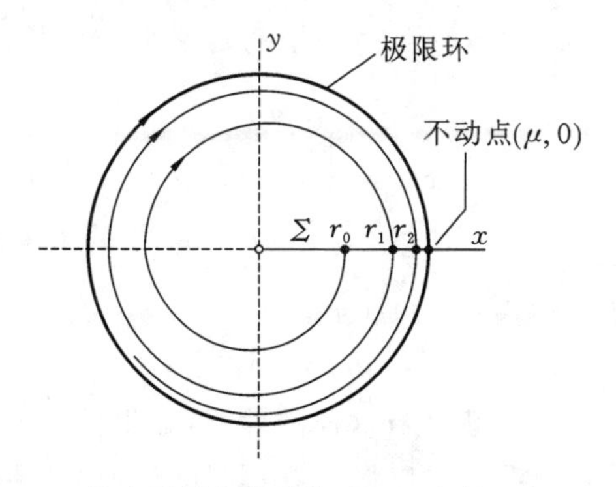

图 6.25　首次返回点序列趋近于 Σ 上的$(\mu,0)$，$\theta_0=0$

我们可以找出以式(1)作为解答的差分方程，由式(1)可知

$$r_{n+1}=\frac{\mu r_0}{r_0+(\mu-r_0)\mathrm{e}^{-2(n+1)\mu\pi}}=\frac{\mu r_n}{r_n(1-\mathrm{e}^{-2\mu\pi})+\mu\mathrm{e}^{-2\mu\pi}}=f(r_n) \tag{2}$$

方程(2)是 r_n 的一阶差分方程。尽管我们已知这个方程的解 $r_n, n=0,1,2,\cdots$,但考察用几何方法来表示它是很有指导意义的。如图 6.26 所示,绘制曲线 $z=f(r)$ 和直线 $z=r$。Poincaré 截面的不动点出现在曲线与直线的交点处,即满足 $r=f(r)$ 的 r 值,如我们所料,解为 $r=0, r=\mu$。从 $r=r_0$ 开始的序列 r_n 也显示在图 6.26 中,它是由在 $z=r$ 和 $z=f(r)$ 之间反射的直线的蛛网序列构成的。图 6.26 显示了 $r_0<\mu$ 和 $r_0>\mu$ 的代表性蛛网序列。不动点的稳定性由收敛于(μ,μ)点的蛛网表示。方程(2)所描述的序列映射即算子 P_Σ。

在这个特定情况中,返回点之间的时间间隔都是相等的,间隔为 2π,但一般并非如此。

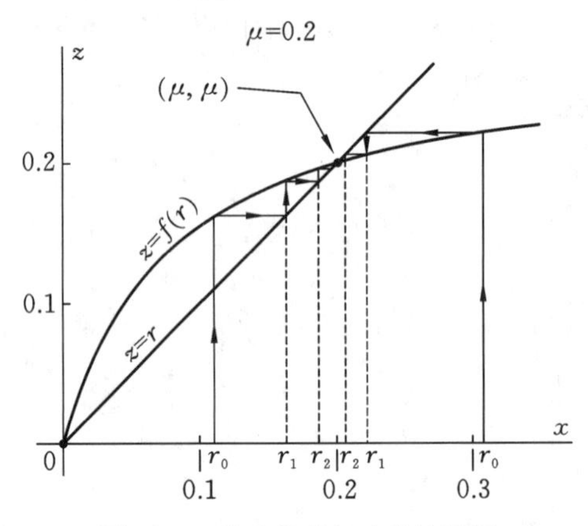

图 6.26　形成序列$\{r_n\}$的蛛网图

6.8　非自治系统的 Poincaré 截面

下面通过例子介绍一种非自治系统的处理方法。考虑一维的一阶非自治系统:

$$\dot{x}=-\frac{1}{8}x+\cos t \tag{6.25}$$

通过以下过程,方程(6.25)可以写成一个高一维的自治系统。我们指定用第二个变量 θ 来代替 t,并将关系改写为

$$\dot{x}=-\frac{1}{8}x+\cos\theta \tag{6.26}$$

$$\dot{\theta}=1 \tag{6.27}$$

为了使 θ 与 t 具有完全确定的关系,我们规定:

$$\theta(0)=0 \tag{6.28}$$

二维方程(6.26)和方程(6.27)现在有这样的性质:如果用 $\theta+2n\pi$(n 是整数)替换 θ,那么方程组不变。利用这一特性,我们可以将 x 在等时间步长 2π 的各点的计算值的图形和与方程(6.26)和方程(6.27)相关联的 Poincaré 映射联系起来,不过这种联系不是在平面空间(x,y)上,而是在圆柱面上。这个圆柱面空间是通过下面的条形来构建的:

$$-\infty<x<\infty,\quad 0<\theta\leqslant 2\pi$$

该条形取自(x,θ)平面，将它卷绕到周长为 2π 的圆柱面上，于是 $\theta=0$ 的这条边粘接到 $\theta=2\pi$的边上，令这条边为 x 轴(是圆柱面的一条母线)，也是现在的 Poincaré 截面。在这个空间上，对所有的时间，方程(6.26)和方程(6.27)适用，解由环绕圆柱的曲线表示，对于周期为 2π 倍数的周期解，将在柱面上缠绕不止一次，并平滑地连接在一起，如图 6.27 所示。

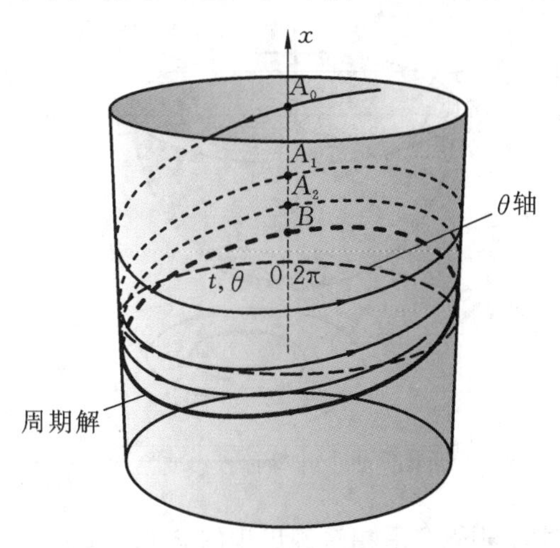

图 6.27　一个非自治系统的解映射到周长为 2π 的圆柱面上形成的卷绕曲线，Poincaré 映射是序列 $A_0, A_1, A_2, \cdots$，极限点为 B

按类似的方式，考虑二维系统：

$$\dot{x}=X(x,y,t),\quad \dot{y}=Y(x,y,t)$$

假定其中 X, Y 对变量 t 是周期变化的，周期为 T，则它等价于

$$\dot{x}=X(x,y,(T/2\pi)\theta),\quad \dot{y}=Y(x,y,(T/2\pi)\theta),\quad \dot{\theta}=\frac{2\pi}{T}$$

这样，X, Y 是 θ 的周期函数，周期为 2π。现在的情况可以想象成一个“环形空间”，将等间隔平面 $\theta=0, 2\pi, 4\pi, \cdots$(等价于 $t=0, T, 2T, \cdots$)弯转后使其与 $\theta=0$ 重合，$\theta=0$ 平面作为 Poincaré 序列的截面。将 θ 在 $2\pi n$ 和 $2\pi(n+1)$之间的 x 和 y 值映射到 0 与 2π 之间的 θ 上，θ 方向的维度通常用符号 S 表示，所以环形相空间为 $\mathbf{R}^2\times S$，如图 6.28 所示。

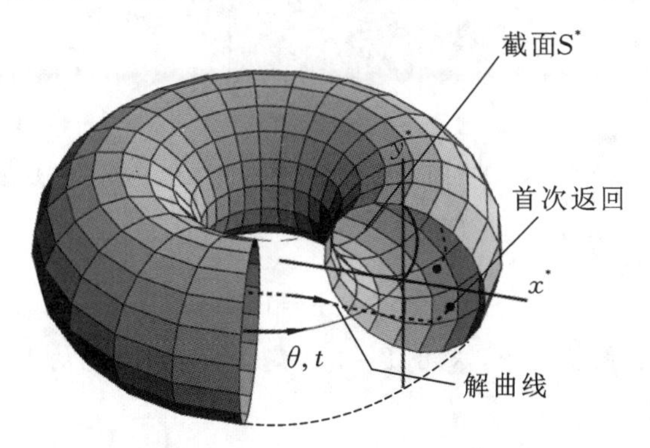

图 6.28　一个环形空间，截面 S^* 是(x^*, y^*)平面上的投影

如果相图占据了整个(x,y)平面,那么我们就不能画出环面。然而,如果采用单位半径的半球面投影变换(见图 6.29),将(x,y)平面映射到有限直径平面(x^*,y^*),就可将它画出。Poincaré 映射显示在一个单位半径的圆盘上,如图 6.29 所示。

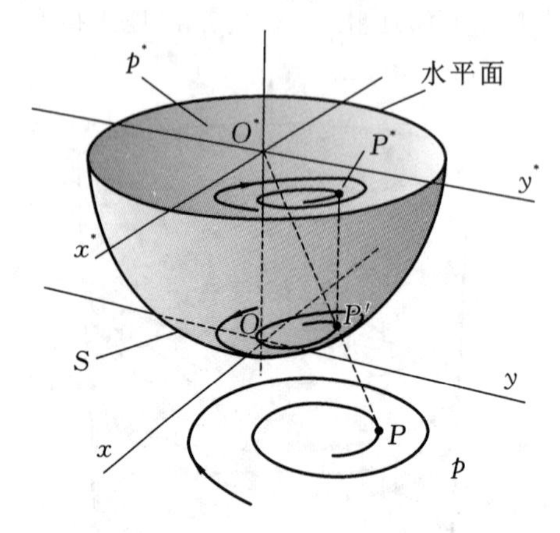

图 6.29 半球面投影变换

另一种考察以常值时间间隔 T 沿相轨迹出现的 Poincaré 点序列的方法是将时间 t 设为第三(垂直)轴。取 $t=0,t=T,t=2T,\cdots$ 处的截面,然后将特定相轨迹上的点投影回 $t=0$ 平面上,如图 6.30 所示。显然,任何其他起始时间 $t=t_0$ 以及时间步长 T 都可以按上述方法选取。

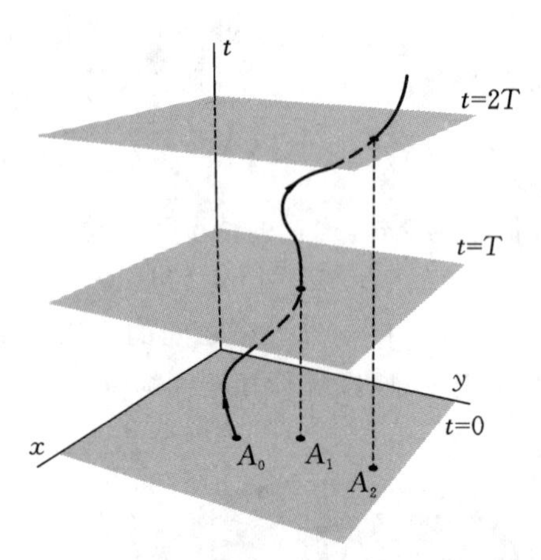

图 6.30 在(x,y,t)空间中从截面 $t=0,T,2T,\cdots$获得首次返回点

例 6.13 已知方程:

$$\ddot{x}+3\dot{x}+2x=10\cos t$$

对该方程,在任意初始状态下,求出 $T=2\pi$,截面 $\Sigma:\theta=0$ 上的 Poincaré 系列,并找到这个非自治方程的不动点。

解 引入新变量 $\theta=t$(本例周期 $T=2\pi$),将系统转化为自治系统:

$$\dot{x}=y,\quad \dot{y}=-2x-3y+10\cos\theta,\quad \dot{\theta}=1,\quad 其中\ \theta(0)=0$$

对应于 $t=0,2\pi,\cdots$ 的一个 Poincaré 序列，它是相轨线与 $\theta=0$ 或 (x,y) 平面的交点序列。为了得到这个序列，设 $t=0$ 时的初始条件为 $x=x_0,y=y_0$，满足这个初始条件的解为

$$x=(-5+2x_0+y_0)e^{-t}+(4-x_0-y_0)e^{-2t}+\cos t+3\sin t$$

$$y=(-5+2x_0+y_0)e^{-t}-2(4-x_0-y_0)e^{-2t}-\sin t+3\cos t$$

因此，$\theta=0$ 平面上从 (x_0,y_0) 开始的序列由下式给出：

$$x_n=(-5+2x_0+y_0)e^{-2n\pi}+(4-x_0-y_0)e^{-4n\pi}+1$$

$$y_n=-(-5+2x_0+y_0)e^{-2n\pi}-2(4-x_0-y_0)e^{-4n\pi}+3$$

这是方程的解在 $t=0,2\pi,4\pi,\cdots$ 形成的 Poincaré 序列，当 $n\to\infty$ 时，$(x_n,y_n)\to(1,3)$，此即为所求不动点，该点在方程的极限环上，如图 6.31 所示。

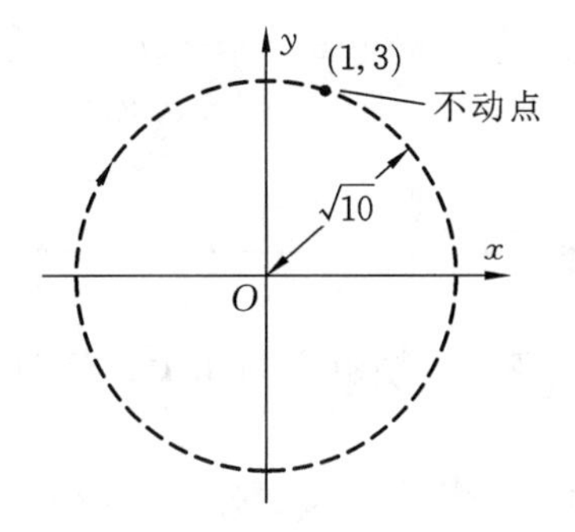

图 6.31 方程 $\ddot{x}+3\dot{x}+2x=10\cos t$ 的解在 $t=0,2\pi,4\pi,\cdots$ 形成的 Poincaré 序列的不动点，该点在极限环 $x=\cos t+3\sin t, y=-\sin t+3\cos t$ 上

如果我们考虑初始时刻 $t=t_0$ 的值不等于 0 或 2π 的倍数，不动点就不会是 $(1,3)$ 这个点。不过，一般没有必要探索所有这些可能性。

例 6.14 求方程

$$64\ddot{x}+16\dot{x}+65x=64\cos t$$

的时间间隔为 2π 的 Poincaré 序列，序列的起点取为 $x(0)=0,\dot{x}(0)=0$，并计算周期解的不动点坐标。

解 微分方程的特征根为 $p_1=-\dfrac{1}{8}+\mathrm{i}$ 和 $p_2=-\dfrac{1}{8}-\mathrm{i}$。系统的特解为

$$x=A\cos t+B\sin t$$

将此代入方程，可得 $A=64/257$ 和 $B=1024/257$。系统的通解为

$$x=e^{-t/8}(C\cos t+D\sin t)+(64\cos t+1024\sin t)/257$$

由初始条件可得 $C=-64/257$ 和 $D=-1032/257$。这个解的首次返回序列为

$$x_n=A(1-e^{-n\pi/4}),\quad y_n=B(1-e^{-n\pi/4}),\quad n=1,2,\cdots$$

图 6.32 给出了从原点开始的首次返回序列。当 $n\to\infty$ 时，序列趋于不动点 (A,B)，这是受迫振动 $A\cos t+B\sin t$ 轨迹上的一个点。

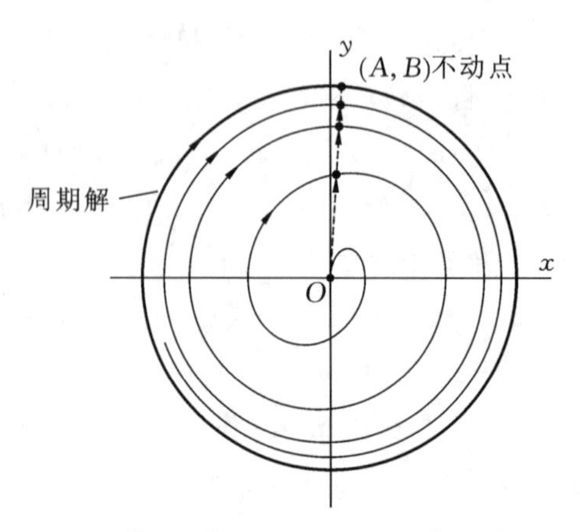

图 6.32　方程 $64\ddot{x}+16\dot{x}+65x=64\cos t$，$\dot{x}=y$ 从(0,0)开始，
在 $t=0,2\pi,4\pi,\cdots$ 的首次返回点

6.9　次谐波和倍周期解

正如我们所见，不动点的出现与周期解密切相关。然而，有些解的不动点来自某些截面。考虑如下系统：

$$\ddot{x}-x=2\mathrm{e}^{-t}[\cos(2t)-\sin(2t)]$$

它的一个特解为

$$x=\mathrm{e}^{-t}\sin^2 t,\quad y=\dot{x}=\mathrm{e}^{-t}(-\sin^2 t+2\sin t\cos t)$$

于是在 $t=0,2\pi,\cdots$ 处 $x(t),y(t)$ 为零，所以 $x=0,y=0$ 是一个不动点，但是 $x(t)$ 和 $y(t)$ 却不是 t 的周期函数，(0,0)也不是平衡点。只有当所有截面都存在不动点时，Poincaré 序列才能确定地表示一个周期解。

当激励项具有周期 T 时，从时间间隔为 T 的序列也许可以探察出周期为 $T,2T,\cdots$ 的可能解。下面讨论具有 2π 激励周期的系统可能出现周期解的一些序列，如图 6.33 所示。在相轨线上显示的 Poincaré 序列由一个或多个在 $t=0,2\pi,4\pi,\cdots$ 的点$(x(t),\dot{x}(t))$组成。

线性方程

$$\ddot{x}+\frac{1}{4}x=\frac{3}{4}\cos t,\quad \dot{x}=y$$

有一个特解 $x=\cos t$，其时间历程和相轨线如图 6.33(a)所示，不动点为(x,y)平面上的(1,0)点。这个微分方程也有如下解：

$$x=0.5\sin\left(\frac{1}{2}t\right)-0.3\cos\left(\frac{1}{2}t\right)+\cos t$$

它是一个周期为 4π 的次谐波，产生一个双环相轨线，以及两个不动点(0.7,0.25)和(1.3,−0.25)，首次返回点在它们之间交替改变(见图 6.33(b))。微分方程是无阻尼的，因此不存在收敛的 Poincaré 序列(所有的解都是周期性的)。如果选择两者之一作为初始点，就会显示交替返回。如图 6.33(b)所示的这个例子，表示一个**倍周期**或**周期-2 映射**。

如下的这个解

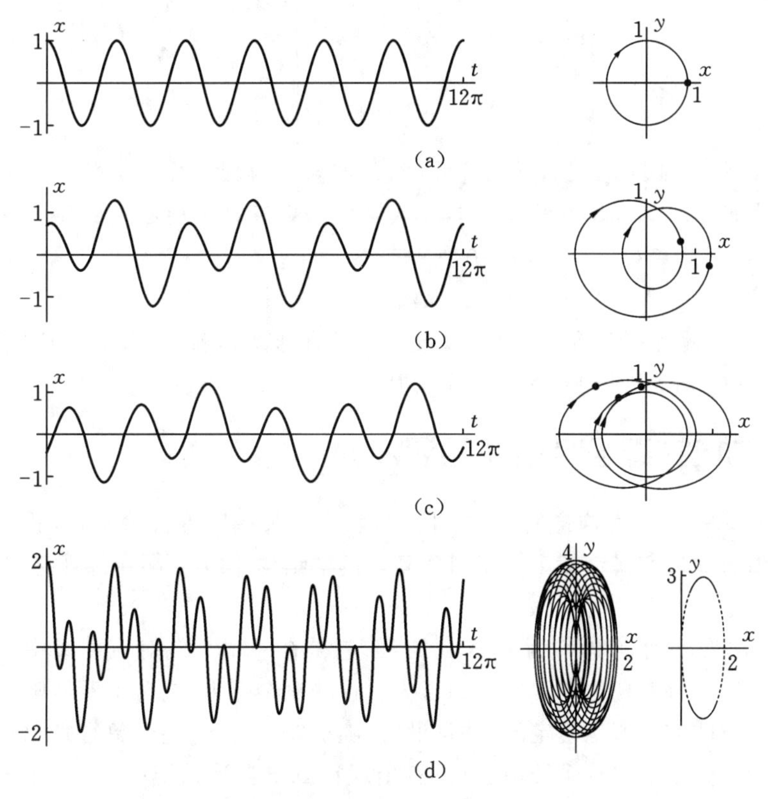

图 6.33 四种时变信号在 $t=0,2\pi,4\pi,\cdots$ 的 Poincaré 映射

$$x=-0.4\sin\left(\frac{1}{3}\right)t+0.8\sin t-0.4\cos t$$

是一个周期为 6π 的次谐波，产生图 6.33 (c)所示的一条三环相轨线，以及三个不动点。Poincaré 映射以 $2a\pi$ 为间隔在三个不动点之间交替，称为**周期-3 映射**。

如图 6.33 (d)所示，其解为

$$x=\cos(\pi t)+\cos t$$

它是两个周期函数的和，它们的频率比不是一个有理数。该准周期解的相轨线填充一个椭圆区域，且首次返回点位于一个椭圆上。

当微分方程的精确解无法得到时，必须通过计算来得到 Poincaré 映射。但总的来说，对于一个先验知识很少的系统，通过计算结果来找到周期解，一般是不容易的。

例 6.15 对于 Duffing 方程：

$$\ddot{x}+k\dot{x}+x+\beta x^3=\Gamma\cos(\omega t),\quad k>0,\quad \beta<0 \tag{1}$$

求出时间间隔为 $2\pi/\omega$ 的 Poincaré 映射不动点的近似位置。

解 已经证明存在一个稳定的近似振动解：

$$x(t)=a_0\cos(\omega t)+b_0\sin(\omega t) \tag{2}$$

其中，a_0，b_0 由下面的方程确定：

$$
\begin{cases}
b\left[\omega^2-1-\dfrac{3}{4}\beta(a^2+b^2)\right]+k\omega a=0 \\
a\left[\omega^2-1-\dfrac{3}{4}\beta(a^2+b^2)\right]-k\omega b=\Gamma
\end{cases}
\tag{3}
$$

在 $y=\dot{x}$ 的相平面 (x,y) 上，近似解式(2)的相轨迹为圆心在原点的一个椭圆。如果我们从方程(3)求出 a_0,b_0 的数值解并将其代入式(2)，则可以用椭圆上的任一点作为一个精确的 Poincaré 映射的起始点，比如 $t=0$ 点，有

$$x_0=a_0,\quad y_0=b_0$$

这就相对迅速地对一个不动点的位置进行了比较准确的估计，以这个点作为初始条件，可以比较快地在 (x,y) 平面上绘制出整个周期环。

6.10 同宿轨道、奇怪吸引子和混沌

对于诸如 Duffing 方程这样的受激二阶方程，或者某些三维自治系统，总可以求出数值解，对这些数值解的研究揭示了出乎意料的复杂的解结构。Lorenz 首先研究了下面的系统：

$$\dot{x}=a(y-x),\quad \dot{y}=bx-y-xz,\quad \dot{z}=xy-cz \tag{6.29}$$

其中 a,b,c 为常数，这组方程称为 **Lorenz 方程**，它是在一个大气对流模型中产生的。在参数的大范围中，数值解表现出非常复杂的行为。这些复杂行为，包含了看似随机或“混沌”的系统输出，尽管解的初始值是确定的，并且没有“随机”输入。这些现象特别出现在三阶和高阶方程中，或者在受激的二阶系统中(但没有出现在二阶自治系统中)。Lorenz 方程和类似的模型已经被解释为流体力学中的紊流。这类系统的长期行为的某些方面，显示出在一定程度上独立于初始条件和参数值的特征，这为理性地研究它们的“混沌”行为开辟了道路。

我们来详细研究 Rössler 系统：

$$\dot{x}=-y-z,\quad \dot{y}=x+ay,\quad \dot{z}=bx-cz+xz,\quad a,b,c>0 \tag{6.30}$$

它比 Lorenz 方程简单，其中只有一个二次非线性项。系统的平衡点满足如下关系：

$$-y-z=0,\quad x+ay=0,\quad bx-cz+xz=0$$

显然原点总是一个平衡点，另一个平衡点在

$$x=x_1=c-ab,\quad y=y_1=-(c-ab)/a,\quad z=z_1=(c-ab)/a \tag{6.31}$$

在这个三参数系统中，我们来考察一种特殊情况，即 $a=0.4,b=0.3$，但允许参数 c 改变(这组 a 和 b 的值是在数值计算后确定的，这样的参数空间 (a,b,c) 使系统发生混沌现象)。当 $c=ab$ 时，两个平衡点重合。下面我们假设 $c>ab$，对于固定的 a 和 b，参数 c 的值从 ab 增大时，由式(6.31)给定的平衡点在通过原点的直线上移动，Rössler 系统在原点附近的线性化近似为 $\dot{\boldsymbol{x}}=\boldsymbol{A}\boldsymbol{x}$，其中

$$
\boldsymbol{A}=\begin{bmatrix} 0 & -1 & -1 \\ 1 & a & 0 \\ b & 0 & -c \end{bmatrix}
$$

A 的特征值满足下面的三次方程：

$$\lambda^3+(c-a)\lambda^2+(b+1-ac)\lambda+c-ab=0$$

取 $a=0.4,b=0.3$ 时，方程变为

$$f(\lambda,c)\equiv\lambda^3+(c-0.4)\lambda^2-(0.4c-1.3)\lambda+(c-0.12)=0$$

对于 $c>ab=0.12$，$f(0,c)=c-0.12>0$。因为当 $\lambda\to\pm\infty$ 时，$f(\lambda,c)\to\pm\infty$，所以至少有一个负的特征值。其他特征值是具有正实部的共轭复数。原点这个平衡点称为**鞍-焦点**（**saddle-spiral**）。

在其他平衡点 (x_1,y_1,z_1) 附近，令 $x=x_1+x'$，$y=y_1+y'$，$z=z_1+z'$。于是在 (x_1,y_1,z_1) 附近的线性化近似为 $\dot{\boldsymbol{x}}'=\boldsymbol{B}\boldsymbol{x}'$，其中

$$\boldsymbol{B}=\begin{bmatrix}0 & -1 & -1\\ 1 & a & 0\\ b+z_1 & 0 & -c+x_1\end{bmatrix}$$

$\boldsymbol{B}$ 的特征值满足（取 $a=0.4$，$b=0.3$）下面的方程：

$$g(\lambda,c)\equiv\lambda^3-0.28\lambda^2+(0.952+2.5c)\lambda-(c-0.12)=0$$

对于 $c>ab=0.12$，$g(\lambda,c)$ 的一个根为正实数（因为 $g(0,c)<0$），另外两个根为复数，如果 $c<1.287$，则具有负实部，如果 $c>1.287$，则具有正实部，所以这个平衡点是不稳定的。综上，对于 $c>0.12$，两个平衡点都是不稳定的。

在原点附近的平面不稳定流形上，存在从原点螺旋绕出的同宿轨道。流形所在平面的法向由原点处的两个复特征值决定。最终，当非线性项开始起作用时，解开始在 z 方向上转向。然后这条路径就有可能沿着它的稳定流形返回到原点。当 $a=0.4$，$b=0.3$，$c=4.449$ 时，存在图 6.34 所示的**近-同宿轨道**（**near-homoclinic path**）。

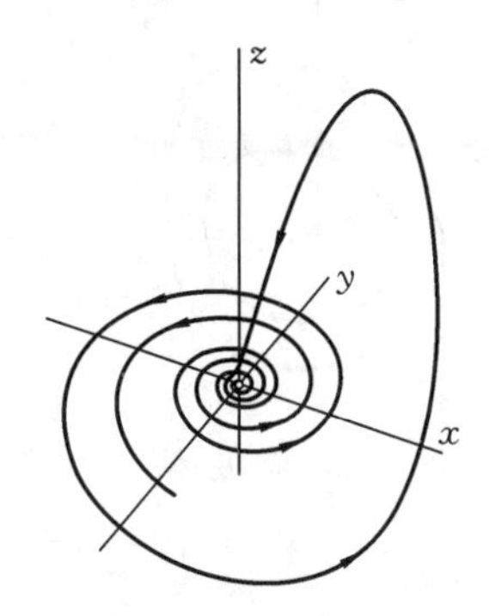

图 6.34　Rössler 吸引子 $\dot{x}=-y-z$，$\dot{y}=x+ay$，$\dot{z}=bx-cz+xz$ 的一条近-同宿轨道，取 $a=0.4$，$b=0.3$，$c=4.449$

这些路径被稳定流形的稳定效应吸引到原点，然后又受不稳定流形的影响而卷绕出去。结果是，在 $\mathbf{R}^3$ 中的某个有界吸引集合中，一个解似乎以不重复的方式在徘徊，如图 6.35 所示，它显示了具有相同 a，b 和 c 参数值的长时间解。

虽然这个 Rössler 系统不存在稳定平衡点，但可能存在一个稳定的极限环，它可以吸引所有的解。对于 $c=1.4$，一个简单的数值模拟揭示了一个稳定的周期解，如图 6.36(a)所示。如果 c 增大到 2，则解发生了分岔，将这个解的相轨线投影到 (x,y) 平面上时，它绕行原点两次（见图 6.36 (b)）。随着 c 继续增大到 2.63，将发生进一步的分叉，相轨线的投影路径绕行原点四次，给出周期-4 解，如图 6.36 (c)所示。该过程继续，绕行周期会倍增到 8，16，32，…。参数序列收敛到 c 的某个值，超过这个值，所有这些周期都出现了，当 $c=4.449$ 时，我们得到

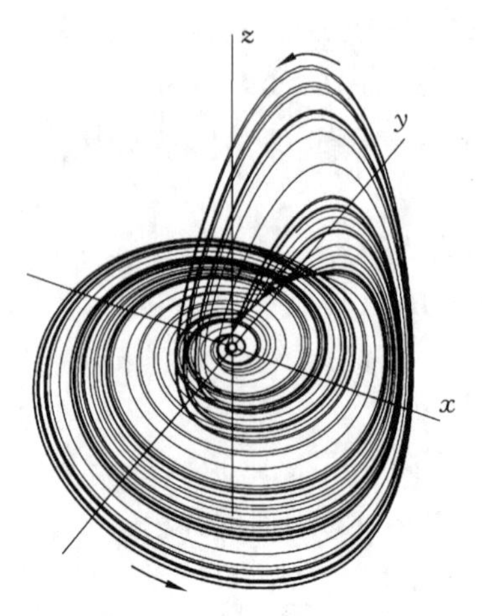

图 6.35 Rössler 吸引子 $\dot{x}=-y-z,\dot{y}=x+ay,\dot{z}=bx-cz+xz$ 的一个长时间解,取 $a=0.4,b=0.3,c=4.449$

了图 6.35 所示的**混沌吸引集**(**chaotic attracting set**),称为**奇怪吸引子***(**strange attractor**),它通过参数变化而形成周期倍增的发展过程。在每一个分叉处,都有一个不稳定的周期轨道,因此最终的吸引子一定包括无数个不稳定极限环。

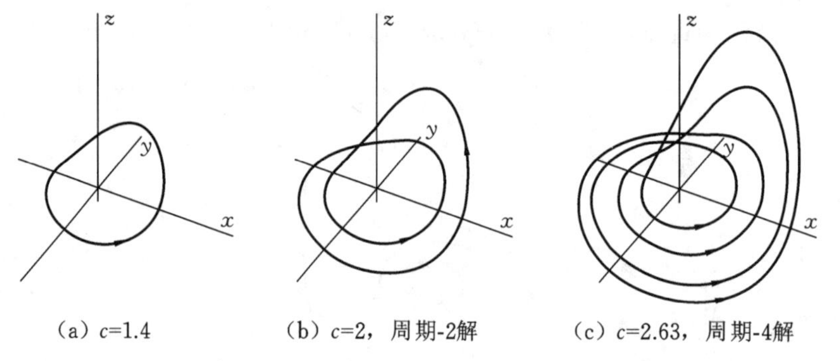

图 6.36 Rössler 吸引子 $\dot{x}=-y-z,\dot{y}=x+ay,\dot{z}=bx-cz+xz$ 的解,取 $a=0.4,b=0.3$

当然,这种描述并不能真正说明为什么这些极限环会变得不稳定和分叉。如果我们从 $c=1.4$ 开始观察周期倍增发展过程(见图 6.36 (a)),则会发现封闭曲线接近于原点的不稳定流形的切面。随着 c 的增大,部分相轨线变得更接近原点,而另一个环路在 z 方向上增长。换句话说,随着 c 的增大,周期解更接近于不稳定的同宿轨道。

---

* 在一般情况下,令 T^t 表示一个演化算子,它作用于初始状态 $\boldsymbol{x}_0$ 使得 $T^t\boldsymbol{x}_0=\boldsymbol{x}(\boldsymbol{x}_0,t)$,其中 $\boldsymbol{x},\boldsymbol{x}_0\in\mathbf{R}^n$。重复应用 T^t 可能使某个状态进入 $\mathbf{R}^n$ 中的一个称为吸引子的子空间。吸引子由下面的性质定义:

(1)**不变性**(**invariance**):一个吸引子 X 是系统的流的一个不变集,即 $T^tX=X$。

(2)**吸引性**(**attractivity**):存在吸引子的一个邻域 U(即 $X\subset U$),使得在 U 中开始的演化保持在 U 中,并且当 $t\to\infty$ 时趋于 X,用式子表示为,对 $t\geqslant 0$ 有 $T^tU=U$,且当 $t\to\infty$ 时有 $T^tU\to X$。

(3)**重现性**(**recurrence**):从 X 的一个开子集中的状态开始的轨道,对于任意大的时间值,将不断地任意接近这个初始状态。

(4)**不可分性**(**indecomposability**):一个吸引子不能分裂成两个非平凡的吸引子。

6.11 受激 Duffing 振子的混沌

在大多数实际应用中,激励在时间上是周期性的,人们主要感兴趣的是主谐波和次谐波响应。对于这样的系统,可以方便地在激励周期的周期时间点计算出 Poincaré 序列,以检测周期倍增和混沌,我们将采用这种方法来研究如下受激 Duffing 振子:

$$\ddot{x}+k\dot{x}-x+x^3=\Gamma\cos(\omega t) \tag{6.32}$$

注意,这个系统具有负线性和正立方恢复力项。对应的自治系统($\Gamma=0$)的平衡点为 $x=\pm 1$(当 $0<k<2\sqrt{2}$ 时为稳定焦点,当 $k>2\sqrt{2}$ 时为稳定结点),以及 $x=0$(为一个鞍点)。

对于 $\Gamma>0$ 的情况,我们求出如下形式的周期为 $2\pi/\omega$ 的周期解:

$$x=c(t)+a(t)\cos(\omega t)+b(t)\sin(\omega t) \tag{6.33}$$

现采用谐波平衡法,我们假定振幅 $a(t)$ 和 $b(t)$"缓慢变化",因此其二阶导数可以忽略不计,但 $c(t)$ 的二阶导数不能忽略。此外,在近似中高于一阶的谐波将被忽略。在这些假设下,将式(6.33)代入式(6.32),在式(6.32)两边对 $\cos(\omega t)$ 和 $\sin(\omega t)$ 的系数以及常数项进行匹配,我们可得

$$\ddot{c}+k\dot{c}=-c\left(c^2-1+\frac{3}{2}r^2\right) \tag{6.34}$$

$$k\dot{a}+2\omega\dot{b}=-a\left(-1-\omega^2+3c^2+\frac{3}{4}r^2\right)-k\omega b+\Gamma \tag{6.35}$$

$$-2\omega\dot{a}+k\dot{b}=-b\left(-1-\omega^2+3c^2+\frac{3}{4}r^2\right)+k\omega a \tag{6.36}$$

其中,$r^2=a^2+b^2$。如果我们进一步令

$$\dot{c}=d \tag{6.37}$$

则式(6.34)变为

$$\dot{d}=-c\left(c^2-1+\frac{3}{2}r^2\right)-kd \tag{6.38}$$

由式(6.35)~式(6.38)定义的轨迹位于四维空间(a,b,c,d)中。

这个系统的平衡点,对应于原系统的定常振动,应满足下列方程:

$$c\left(c^2-1+\frac{3}{2}r^2\right)=0 \tag{6.39}$$

$$a\left(-1-\omega^2+3c^2+\frac{3}{4}r^2\right)+k\omega b=\Gamma \tag{6.40}$$

$$b\left(-1-\omega^2+3c^2+\frac{3}{4}r^2\right)-k\omega a=0 \tag{6.41}$$

方程(6.40)和方程(6.41)平方后相加,得

$$r^2\left[\left(-1-\omega^2+3c^2+\frac{3}{4}r^2\right)^2+k^2\omega^2\right]=\Gamma^2 \tag{6.42}$$

考虑方程(6.42)的两组解:

类型Ⅰ

$$c=0,\quad r^2\left[\left(-1-\omega^2+\frac{3}{4}r^2\right)^2+k^2\omega^2\right]=\Gamma^2 \tag{6.43}$$

类型Ⅱ　　对 $r\leqslant\sqrt{2/3}$，$c^2=1-\frac{3}{2}r^2$，$r^2\left[\left(2-\omega^2-\frac{15}{4}r^2\right)^2+k^2\omega^2\right]=\Gamma^2$　　(6.44)

取 $k=0.3,\omega=1.2$，采用方程(6.43)和方程(6.44)分别画出 r 与 $|\Gamma|$ 的关系曲线 C_1 和 C_2，如图6.37所示。选取 $k=0.3,\omega=1.2$ 是为了展示解的一些有趣的特性。参数的最佳选择并非易事，需要对解作大量计算和图形显示，但对于现在这个阻尼系数 k 值，所讨论的现象发生在频率 ω 和振幅 Γ 的很宽的范围内。

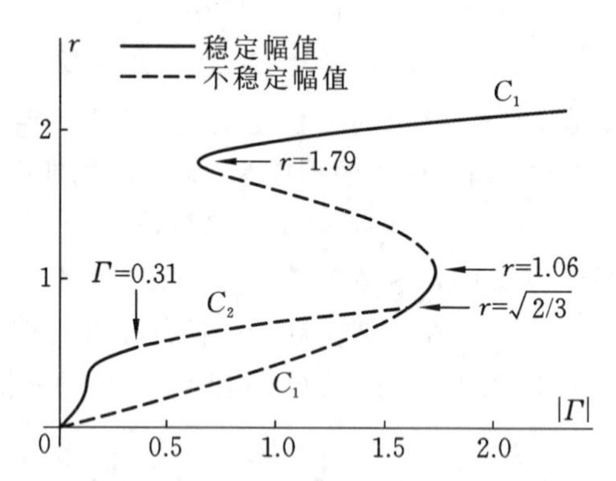

图6.37　Duffing振子的定常振动幅值 r 与激励幅值 $|\Gamma|$ 的关系曲线 C_1 与 C_2，取 $k=0.3,\omega=1.2$

类型Ⅰ(方程(6.43))　设 $a=a_0,b=b_0,c=0,d=0$ 为方程(6.35)～方程(6.38)的一个平衡点。令 $a=a_0+\xi,b=b_0+\eta$。于是对微小的 $|\xi|,|\eta|,|c|,|d|$，方程(6.35)～方程(6.38)的线性化近似为

$$k\dot{\xi}+2\omega\dot{\eta}+A\xi+B\eta=0 \tag{6.45}$$

$$-2\omega\dot{\xi}+k\dot{\eta}+C\xi+D\eta=0 \tag{6.46}$$

$$\dot{c}=d \tag{6.47}$$

$$\dot{d}=c\left(1-\frac{3}{2}r_0^2\right)-kd \tag{6.48}$$

其中，$r_0^2=a_0^2+b_0^2$，A,B,C,D 公式如下：

$$A=-1-\omega^2+\frac{9}{4}a_0^2+\frac{3}{4}b_0^2,\quad B=k\omega+\frac{3}{2}a_0b_0 \tag{6.49}$$

$$C=-k\omega+\frac{3}{2}a_0b_0,\quad D=-1-\omega^2+\frac{3}{4}a_0^2+\frac{9}{4}b_0^2 \tag{6.50}$$

给定 $c>0$，当且仅当 $r_0^2>\frac{2}{3}$ 时，方程(6.47)和方程(6.48)具有渐近稳定解。

方程(6.45)和方程(6.46)可以写成如下形式

$$\dot{\boldsymbol{\xi}}=\boldsymbol{P}\boldsymbol{\xi}$$

其中，$\boldsymbol{\xi}=[\xi,\eta]^{\mathrm{T}}$ 和 $\boldsymbol{P}=\frac{1}{k^2+4\omega^2}\begin{bmatrix}-Ak+2\omega C & -Bk+2\omega D\\ -Ck-2\omega A & -Dk-2\omega B\end{bmatrix}$。

矩阵 $\boldsymbol{P}$ 的特征值具有负实部(这意味着渐近稳定)的条件为

$$p=2\omega(C-B)-k(A+D)<0 \tag{6.51}$$

$$q=(-Ak+2\omega C)(-Dk-2\omega B)-(-Bk+2\omega D)(-Ck-2\omega A)$$

$$=-(4\omega^2+k^2)(BC-AD)>0 \tag{6.52}$$

应用式(6.49)和式(6.50),不等式(6.51)和不等式(6.52)变为

$$p=k(2-2\omega^2-3r_0^2)<0 \quad 或 \quad r_0^2>\max\left\{\frac{2}{3}(1-\omega^2)\right\} \tag{6.53}$$

$$q=\frac{1}{16}(4\omega^2+k^2)[27r_0^4-48(1+\omega^2)r_0^2+16(1+\omega^2)^2]>0$$

或

$$\left[r_0^2-\frac{24}{27}(1+\omega^2)\right]^2+\frac{16}{81}[13k^2\omega^2-(1+\omega^2)^2]>0 \tag{6.54}$$

这些条件是渐近稳定的充分必要条件。对于图 6.37 的情况,其中 $k=0.3,\omega=1.2$,条件式(6.53)和式(6.54)满足,当且仅当

$$r_0>1.794 \quad 或 \quad 0.816<r_0<1.058$$

可见,这些临界值发生在$(|\Gamma|,r)$-曲线翻转和突然变化的地方。

类型Ⅱ(方程(6.44))　振荡中心不在原点,这使得分析变得复杂。

稳定性的计算步骤如下:对 $c^2=1-\frac{3}{2}r^2$ 和一个选定的 Γ 值,利用数值方法从方程(6.39)和方程(6.41)中解出 a_0 和 b_0。平衡点为

$$a=a_0,\quad b=b_0,\quad c=c_0=\sqrt{1-\frac{3}{2}(a_0^2+b_0^2)},\quad d=d_0 \tag{6.55}$$

方程(6.35)、方程(6.36)的线性化近似为

$$\dot{\boldsymbol{u}}=\boldsymbol{Q}\boldsymbol{u}$$

其中,$\boldsymbol{u}=[a',b',c',d']^{\mathrm{T}}$ 为平衡点附近的扰动量,矩阵 $\boldsymbol{Q}$ 为

$$\boldsymbol{Q}=\begin{bmatrix} q_{11} & q_{12} & q_{13} & 0 \\ q_{21} & q_{22} & q_{23} & 0 \\ 0 & 0 & 0 & 1 \\ -3a_0c_0 & -3b_0c_0 & -2c_0^2 & -k \end{bmatrix} \tag{6.56}$$

其中

$$q_{11}=\left[\left(-2-\omega^2+\frac{15}{4}r_0^2-\frac{3}{2}a_0^2\right)k+3a_0b_0\omega\right]\Big/(k^2+4\omega^2)$$

$$q_{12}=\left[\left(4-k^2-2\omega^2-\frac{15}{2}r_0^2+3b_0^2\right)\omega-\frac{3}{2}a_0b_0k\right]\Big/(k^2+4\omega^2)$$

$$q_{13}=6c_0(2\omega b_0-a_0k)/(k^2+4\omega^2)$$

$$q_{21}=\left[\left(-4+k^2+2\omega^2+\frac{15}{2}r_0^2-3a_0^2\right)\omega-\frac{3}{2}a_0b_0k\right]\Big/(k^2+4\omega^2)$$

$$q_{22}=\left[\left(-2-\omega^2+\frac{15}{4}r_0^2-\frac{3}{2}b_0^2\right)k-3a_0b_0\omega\right]\Big/(k^2+4\omega^2)$$

$$q_{23}=6c_0(-2\omega a_0-b_0k)/(k^2+4\omega^2)$$

$\boldsymbol{Q}$ 的特征值可按如下步骤计算:指定 ω,k 和 r_0,于是可从方程(6.44)中解出 Γ;由方程(6.55)计算 a_0,b_0 和 c_0;最后可计算 $\boldsymbol{Q}$ 的特征值。根据特征值实部的符号就可确定稳定性。稳

定性的边界出现在两个特征值实部为零而另两个特征值实部为负的地方。这可以通过对 r_0 尝试一系列试验值来得到(对 ω 和 k 也是如此),直到将零点逼近到可接受的误差范围内。

为了与图 6.37 进行比较,在计算特征值时我们取相同的参数 $k=0.3$ 和 $\omega=1.2$。对于 $r_0\approx0.526$,计算给出

$$\Gamma\approx0.314,\quad a_0\approx-0.419,\quad b_0\approx0.317$$

Q 的特征值为

$$[-0.276\pm0.58\mathrm{i},\quad 0\pm0.527\mathrm{i}]$$

对于 $\Gamma>0.314$,至少有一个特征值的实部为正数,它们是图 6.37 中曲线 C_2 上的不稳定部分。

对 Duffing 方程(6.32)进行周期解的数值搜索证实了对于 $0<\Gamma<0.27$ 存在 $2\pi/\omega$-周期解,与图 6.37 所示的稳定区域 $0<\Gamma<0.314$ 是接近的。图 6.38 (a)给出了 $k=0.3$ 和 $\omega=1.2$ 时 $\Gamma=0.2$ 的计算解以及它的相轨线和 $t=0,2\pi/\omega,\cdots$时的 Poincaré 映射。对于 $\Gamma=0.28$,在不稳定区间内存在周期为 $4\pi/\omega$ 的稳定次谐波,如图 6.38 (b)所示,双点 Poincaré 映射显示在右边。当 Γ 进一步增加到 0.29 时,显示出周期为 $8\pi/\omega$ 的稳定次谐波,即周期-4 解(见图 6.38 (c))。

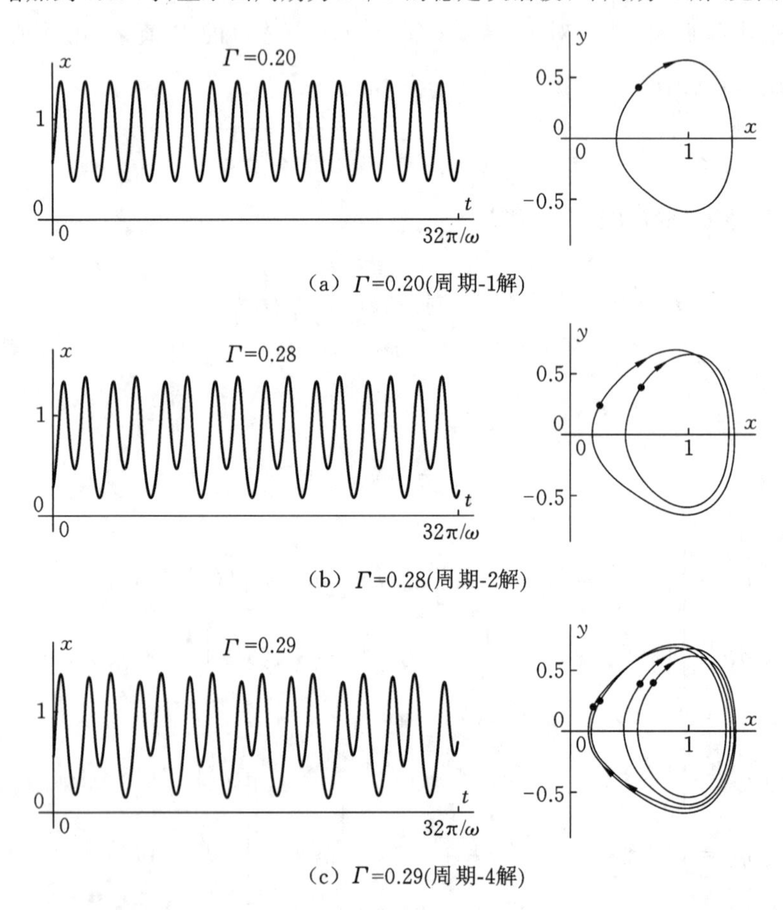

(a) Γ=0.20(周期-1解)

(b) Γ=0.28(周期-2解)

(c) Γ=0.29(周期-4解)

图 6.38 Duffing 振子的时间解和 Poincaré 映射,取 $k=0.3,\omega=1.2$

这个一连串的周期倍增是一个快速发展的分岔序列,当 $\Gamma=0.3$ 时,它倍增到无穷大,留

下一个"振荡"而没有任何明显的周期行为。解是有界的,但不是周期的。Poincaré 映射成为一个有界的返回集合,没有任何明显的重复,它是奇怪吸引子的另一个例子。一个示例解及其对应的相图如图 6.39 所示。

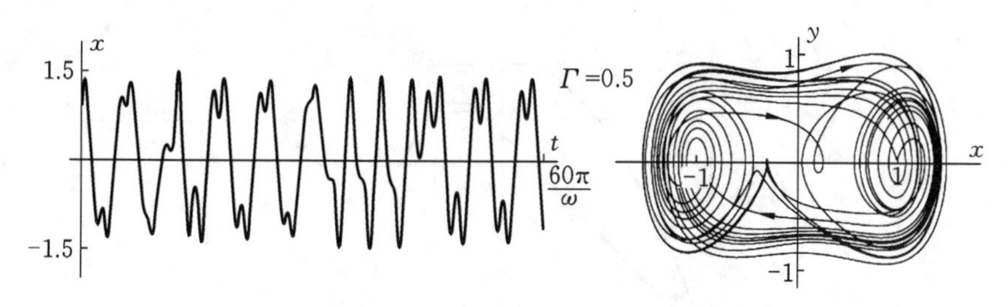

图 6.39　Duffing 振子的混沌解,取 $k=0.3,\omega=1.2,\Gamma=0.5$

图 6.40 显示了上述 Duffing 系统在 $\Gamma=0.5$ 时的 Poincaré 映射,显示的序列是在 $t=2\pi n/\omega(n=0,1,2,\cdots)$ 处得到的,画出了近 2000 个点。没有不动点被观察到,而只是有一个固定的集合,这个集合在很大程度上独立于初始值,并且具有这样的属性:集合中的任何点都会生成一个首次返回序列,所有这些都在集合中。这是奇怪吸引子的另一个例子。

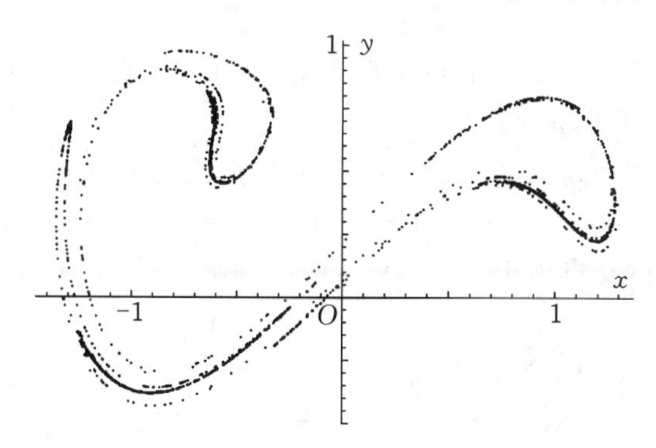

图 6.40　Duffing 振子的 Poincaré 返回点,取 $k=0.3,\omega=1.2,\Gamma=0.5$
(图为在 $t=0,2\pi/\omega,4\pi/\omega,\cdots$得到的 2000 个返回点)

6.12　一个离散系统:Logistic 差分方程

再一次考虑 Logistic 映射:

$$u_{n+1}=\alpha u_n(1-u_n)$$

令 $f(u)=\alpha u(1-u)$,则上式变为

$$u_{n+1}=f(u_n),\quad n=0,1,2,\cdots$$

差分方程的不动点 $u_n=u$ 满足 $f(u)=u$,或对 Logistic 方程,不动点满足:

$$u=\alpha u(1-u),\quad \alpha>0$$

因此,不动点为 $u=0$ 和 $u=(\alpha-1)/\alpha$。令 $v=f(u)$,于是(u,v)平面上,平衡点$(0,0)$和$((\alpha-1)/\alpha,(\alpha-1)/\alpha)$是直线 $v=u$ 和$v=f(u)=\alpha u(1-u)$的交点,如图 6.41 所示,这个图是取 $\alpha=2.8$ 画出的。

蛛网结构表明了 P 点的稳定性。假设初始时 $u=u_0$,则 $u_1=\alpha u_0(1-u_0)$,u_1 的值可画

一条垂线满足 $v=f(u)$，然后画一条水平线到 $v=u$，如图 6.41 所示。重复这个过程可以找到 $u_1,u_2,\cdots$。从图形上看，很明显，P 点是稳定的，因为蛛网收敛于 P，其中 $\alpha=2.8$，$u=(\alpha-1)/\alpha=9/14$。

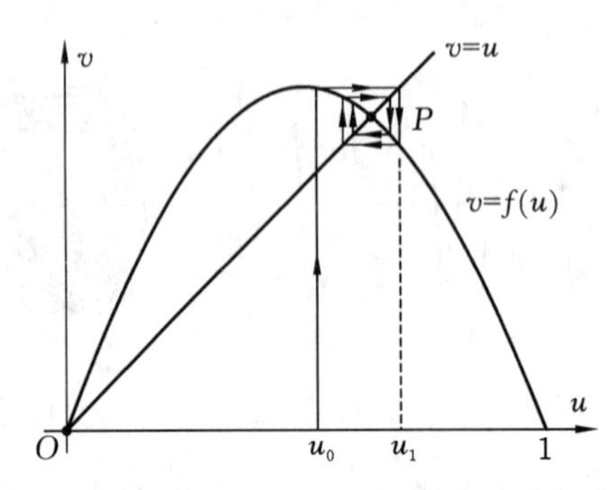

图 6.41　蛛网结构表示的 Logistic 映射的不动点及其稳定性

可见，这种一维映射的**不动点 P 点的稳定性严格取决于** $v=f(u)$**在 P 点的斜率**。前面方程的斜率为

$$f'((\alpha-1)/\alpha)=2-\alpha$$

如果这个斜率在区间$(-1,1)$内，则不动点是稳定的，且当 $n\to\infty$ 时 $u_n\to(\alpha-1)/\alpha$；否则蛛网将螺旋式发散而离开不动点。

我们来考察 $\alpha>3$（不稳定区间）时 Logistic 映射迭代产生的结果。考虑曲线：

$$v=f(f(u))=\alpha[\alpha u(1-u)][1-\alpha u(1-u)]=\alpha^2 u(1-u)[1-\alpha u(1-u)]$$

直线 $v=u$ 与这条曲线的交点位于

$$u=\alpha^2 u(1-u)[1-\alpha u(1-u)]$$

所以 $v=f(f(u))$的不动点的位置满足：

$$u=0 \quad \text{或} \quad [\alpha^2u^2-\alpha(\alpha+1)u+(\alpha+1)][\alpha u-(\alpha-1)]=0$$

注意，方程 $u=f(f(u))$自动包含 $u=f(u)$的解，因此上式第二个方程总是有解 $u=(\alpha-1)/\alpha$，如果 $\alpha>3$，还有两个实数解。对 $\alpha=3$，图 6.42 (a)给出了曲线 $v=f(f(u))$。对 $\alpha=3.4$ 的情况，曲线 $v=f(f(u))$与直线 $v=u$ 的交点为 O,A,B,C，见图 6.42 (b)。因为

$$u_A=f(f(u_A)),\quad u_B=f(f(u_B))$$

所以可以插入一个对角线为 AC 的正方形，使它的其他角点位于 $v=f(u)$上。这是因为上面的这一对方程总是有下面的解：

$$u_B=f(u_A),\quad u_A=f(u_B)$$

这个正方形的存在表明 Logistic 映射存在一个周期-2 解（即解为 2 个点组成的集合），使 u_n 在 u_A 和 u_C 之间交替变化，其中 u_A 和 u_C 是方程

$$\alpha^2u^2-\alpha(1+\alpha)u+(1+\alpha)=0$$

的根，其中 $\alpha>3$。

在 $\alpha=3.4$，周期-2 解是稳定的，因为在 u_A 和 u_C 处曲线斜率均大于-1。斜率为-1 的条件是满足下式：

$$\frac{\mathrm{d}}{\mathrm{d}u}f(f(u))=\alpha^2-2\alpha^2(1+\alpha)u+6\alpha^3u^2-4\alpha^3u^3=-1 \tag{6.57}$$

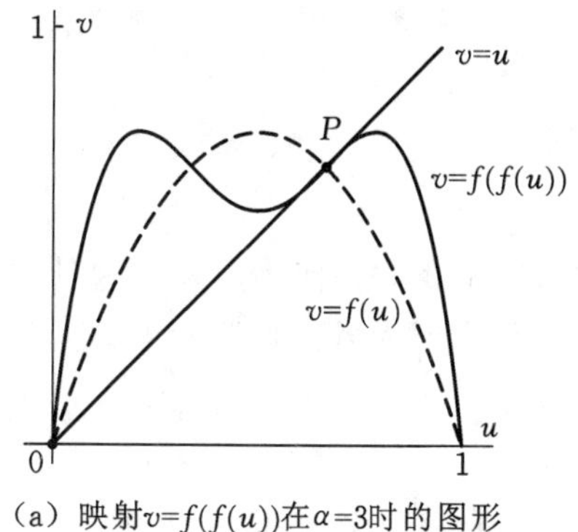

(a) 映射$v=f(f(u))$在$\alpha=3$时的图形

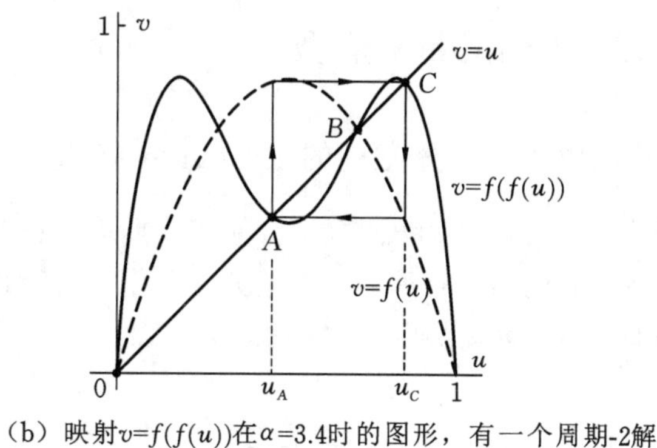

(b) 映射$v=f(f(u))$在$\alpha=3.4$时的图形，有一个周期-2解

图 6.42　映射 $v=f(f(u))$在 $\alpha=3$ 和 $\alpha=3.4$ 时的图形

其中，u 满足：

$$\alpha^2u^2-\alpha(1+\alpha)u+(1+\alpha)=0 \tag{6.58}$$

方程(6.58)乘以 $4\alpha u$，在式(6.57)中消去 u^3，得

$$u^2-\frac{\alpha+1}{\alpha}u+\frac{\alpha^2+1}{2\alpha^2(\alpha-2)}=0 \tag{6.59}$$

而方程(6.58)可写为

$$u^2-\frac{\alpha+1}{\alpha}u+\frac{\alpha+1}{\alpha^2}=0 \tag{6.60}$$

在方程(6.59)和方程(6.60)中消去 u，得到 α 应满足的方程为

$$\alpha^2-2\alpha-5=0$$

因为 $\alpha>3$，保留根 $\alpha=1+\sqrt{6}\approx3.449$。因此，对于 $3<\alpha<1+\sqrt{6}$ 存在一个稳定的周期-2 解。在这个值之外，我们必须考察曲线 $v=f(f(f(f(u))))$，其 $\alpha=3.54$ 的曲线如图 6.43 所示，它与直线 $v=u$ 有 8 个交点，所以有 8 个不动点，这条曲线上唯一稳定的解是周期-4 解，下一个倍增发生在 $\alpha\approx3.544$。可见，周期倍增之间的间隔迅速减小，直到在 $\alpha\approx3.570$ 达到极限，超过这个极限就会发生不规则的混沌行为。当 $2.8<\alpha<4$ 时吸引子的发展演化如图 6.44 所示。

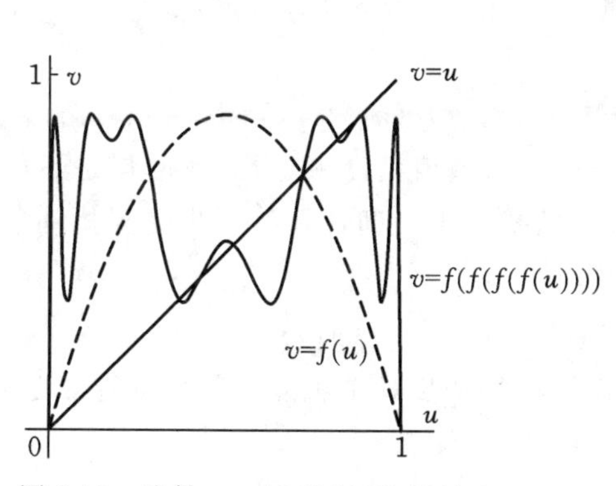

图 6.43　映射 $v=f(f(f(f(u))))$在 $\alpha=3.54$ 时的 8 个不动点

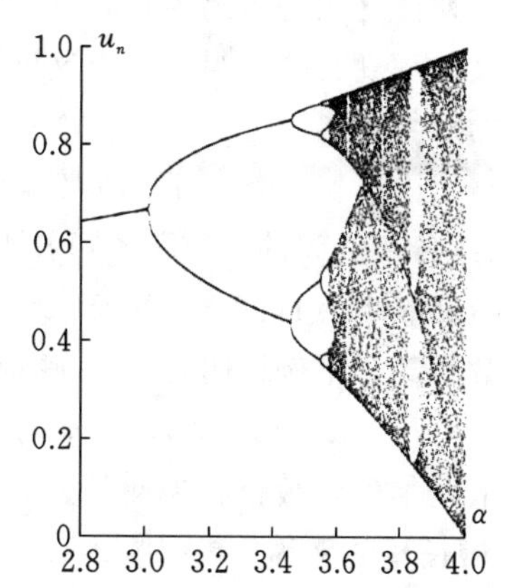

图 6.44　Logistic 映射在 $\alpha=2.8\sim4$ 的周期倍增，混沌分界点在 $\alpha\approx3.570$

6.13 Lyapunov 指数

6.13.1 差分方程的 Lyapunov 指数

虽然图 6.44 用数值结果显示了周期倍增和混沌行为,但是我们如何确定发生这种现象的参数 α 的域?这就需要对差分方程作深入分析,这一工作也可为后面将要考虑的微分方程的混沌行为提供启示。考虑差分方程:

$$u_{n+1}=f(u_n)$$

假定初值为 $A_0:(0,u_0)$,随后迭代出 $A_1:(1,u_1)$,其中 $u_1=f(u_0)$,$A_2:(2,u_2)$,其中 $u_2=f(u_1)$,等等。迭代序列记为 $A_0,A_1,A_2,\cdots$,如图 6.45 所示。考虑另一个初始值 $M_0:(0,u_0+\varepsilon)$,其中 $|\varepsilon|$ 是小量,所以它与 u_0 接近。这个点被映射为 $M_1:(1,f(u_0+\varepsilon))$。近似有

$$f(u_0+\varepsilon)\approx f(u_0)+f'(u_0)\varepsilon=u_1+f'(u_0)\varepsilon$$

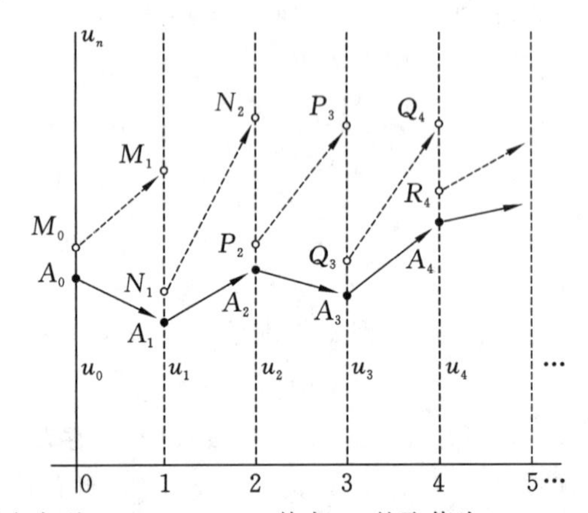

图 6.45 精确的映射点序列 $A_0,A_1,A_2,\cdots$,其中 u_n 的取值为 $u_0,u_1,u_2,\cdots$;邻近的近似点序列为 $M_0M_1,N_1N_2,P_2P_3,\cdots$,其中 $A_0M_0=A_1N_1=A_2P_2=\cdots=\varepsilon$

两个初值之间的距离为 $|\varepsilon|$,A_1 与 M_1 之间的距离为 $|f'(u_0)\|\varepsilon|$。混沌行为与邻近解的指数发散程度有关。为了考察这种指数发散情况,取距离的对数,因此 $n=0$ 到 $n=1$ 之间的增加的对数距离为

$$\ln(|f'(u_0)\|\varepsilon|)-\ln|\varepsilon|=\ln|f'(u_0)|$$

本来,后续各步之间的对数距离可按此方法计算,但从数值角度来看,指数增长是不可持续的,因此在点 $N_1:(1,u_1+\varepsilon)$ 重新启动这一过程(见图 6.45),即计算每一步受到扰动 ε 后增加的对数距离。举例说明,点 N_1 映射到 N_2,其中

$$f(u_1+\varepsilon)\approx f(u_1)+f'(u_1)\varepsilon=u_2+f'(u_1)\varepsilon$$

这一步上增加的对数距离为 $|f'(u_1)|$。现在我们在每个步骤中重复重新启动这个过程,则 N 步总增长量的平均值就是

$$\frac{1}{N}\sum_{k=0}^{N}\ln|f'(u_k)|$$

这个和的极限 Λ 称为 **Lyapunov 指数**,为

$$\Lambda=\lim_{N\to\infty}\frac{1}{N}\sum_{k=0}^{N}\ln|f'(u_k)| \tag{6.61}$$

顺便指出,它与 ε 无关。**如果 Lyapunov 指数 Λ 为正数,则将发生混沌。**

重新考虑 Logistic 映射:

$$u_{n+1}=\alpha u_n(1-u_n) \tag{6.62}$$

按现在的记号,$f(x)=\alpha(1-x)$,所以式(6.61)变为

$$\Lambda(\alpha)=\lim_{N\to\infty}\frac{1}{N}\sum_{k=0}^{N}\ln|\alpha(1-2u_k)| \tag{6.63}$$

它与参数 α 有关。在参数区间 $3.3<\alpha<3.9$ 上,Lyapunov 指数随参数 α 的分布如图 6.46 所示,正指数表示混沌输出。在图 6.46 中,有可见的"负"峰值,它们表示周期解的窗口。

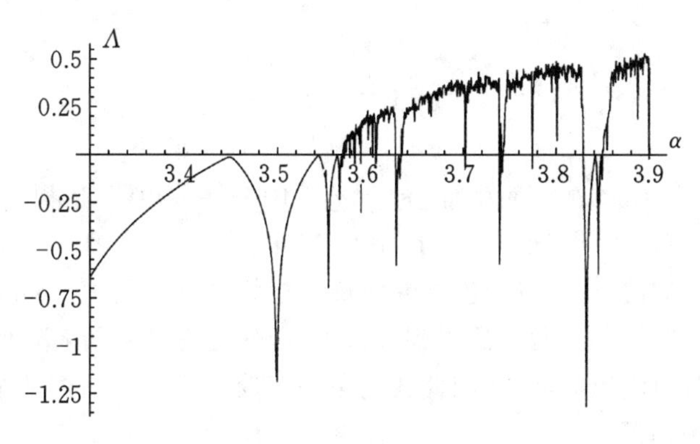

图 6.46　Logistic 映射在 $\alpha=3.3\sim3.9$ 上的 Lyapunov 指数

例 6.16　证明 $u_n=\sin^2(2^n)$ 是方程 $u_{n+1}=4u_n(1-u_n)$ 的解。求出这个解的 Lyapunov 指数。这个解是混沌解吗?

解　我们有

$$\begin{aligned}4u_n(1-u_n)&=4\sin^2(2^n)[1-\sin^2(2^n)]\\&=4\sin^2(2^n)\cos^2(2^n)=\sin^2(2^{n+1})=u_{n+1}\end{aligned}$$

这就验证了 $u_n=\sin^2(2^n)$ 是方程 $u_{n+1}=4u_n(1-u_n)$ 的解。

应用式(6.61),并注意到 $f(u)=4u(1-u)$,可得 Lyapunov 指数为

$$\begin{aligned}\Lambda&=\lim_{N\to\infty}\frac{1}{N}\sum_{k=0}^{N}\ln|f'(u_k)|=\lim_{N\to\infty}\frac{1}{N}\sum_{k=0}^{N}\ln|4-8u_k|\\&=\lim_{N\to\infty}\frac{1}{N}\sum_{k=0}^{N}\ln|4-8\sin^2(2^k)|\\&=\lim_{N\to\infty}\frac{1}{N}\sum_{k=0}^{N}\ln|4\cos^2(2^{k+1})|\end{aligned}$$

虽然这是 Lyapunov 指数的精确表达式,但随着 k 的增加,指数 2^k 的增长会产生计算问题。通过从适当的初始值 u_0 计算序列 $\{u_k\}$,然后使用式(6.63)来计算 Λ 更容易。因此,如果取 $u_0=0.9$,则

$$u_1=4u_0(1-u_0)=0.36,\quad u_2=4u_1(1-u_1)=0.9216,\cdots$$

这种计算与三角函数 $\cos(2^k)$ 计算相比要容易,应用式(6.63)可得 $\Lambda\approx0.693$,它是正数,表示

会产生混沌行为。

6.13.2 微分方程的 Lyapunov 指数

前面我们已经介绍了一阶差分方程的 Lyapunov 指数计算方法。现在将这个方法推广到非线性微分方程。考虑任意阶次的一般的自治系统：

$$\dot{\boldsymbol{x}}=\boldsymbol{f}(\boldsymbol{x}) \tag{6.64}$$

设该系统的一个特解为 $\boldsymbol{x}^*(t)$，即 $\dot{\boldsymbol{x}}^*=\boldsymbol{f}(\boldsymbol{x}^*)$。设一个摄动解为 $\boldsymbol{x}=\boldsymbol{x}^*+\boldsymbol{\eta}$，$|\boldsymbol{\eta}(t)|$ 为小量，将此代入方程(6.64)，并应用 Taylor 级数展开，得

$$\dot{\boldsymbol{x}}^*+\dot{\boldsymbol{\eta}}=\boldsymbol{f}(\boldsymbol{x}^*+\boldsymbol{\eta})\approx\boldsymbol{f}(\boldsymbol{x}^*)+\mathbf{A}(\boldsymbol{x}^*)\boldsymbol{\eta} \tag{6.65}$$

其中

$$\mathbf{A}(\boldsymbol{x}^*)=[\nabla\boldsymbol{f}]=\begin{bmatrix} f_x & f_y & f_z \\ g_x & g_y & g_z \\ h_x & h_y & h_z \end{bmatrix}$$

即矩阵 $\mathbf{A}(\boldsymbol{x}^*)$ 为 $\boldsymbol{f}=[f,g,h]^{\mathrm{T}}$ 对坐标 $[x,y,z]^{\mathrm{T}}$ 的偏导数矩阵，所以

$$\dot{\boldsymbol{\eta}}=\mathbf{A}(\boldsymbol{x}^*)\boldsymbol{\eta} \tag{6.66}$$

$\boldsymbol{\eta}$ 的演化取决于其初值，可以发生指数增长和指数衰减。**用 Lyapunov 指数来度量这种增长和衰减**。由于一般微分方程无法得到解析解，即使能得到解析解，计算长时间尺度上的指数增长也会出现数值溢出等问题，因此我们考察在较短时间区间内的平均增长，这种平均增长的数值计算方法如下：

(1) 选取一个可能会产生混沌解的初始值 $\boldsymbol{x}^*(t_0)$，对方程(6.64)求数值解，得到在时间区间 $t_0\leqslant t\leqslant t_1$ 上的解 $\boldsymbol{x}^*(t)$。

(2) 在 $t_0\leqslant t\leqslant t_1$ 上按必要的时间步长计算出 $\mathbf{A}(\boldsymbol{x}^*)$。

(3) 因为方程 $\dot{\boldsymbol{\eta}}=\mathbf{A}(\boldsymbol{x}^*)\boldsymbol{\eta}$ 是线性齐次方程，所以可以将初始条件规范化使 $|\boldsymbol{\eta}(t_0)|=1$。我们取 n 个正交的单位向量作为初值向量：

$$\boldsymbol{\eta}_1^{(0)}(t_0)=[1,0,0,\cdots,0]^{\mathrm{T}},\quad \boldsymbol{\eta}_2^{(0)}(t_0)=[0,1,0,\cdots,0]^{\mathrm{T}},\cdots,\quad \boldsymbol{\eta}_n^{(0)}(t_0)=[0,0,0,\cdots,1]^{\mathrm{T}}$$

利用这些初值求解方程 $\dot{\boldsymbol{\eta}}=\mathbf{A}(\boldsymbol{x}^*)\boldsymbol{\eta}$，取 t_1 使各个解 $\boldsymbol{\eta}_i^{(0)}(t_1)$ 的范数不要过大。

(4) 向量集合 $\{\boldsymbol{\eta}_i^{(0)}(t_1)\}$ 一般不再是正交的，但是可以用 Gram-Schmidt 方法构造一组正交的向量 $\{\boldsymbol{\eta}_i^{(1)}(t_1)\}$。

(5) 重复以上步骤(1)～步骤(4)，得到向量集合 $\{\boldsymbol{\eta}_i^{(j-1)}(t_j)\}$，$j=1,2,\cdots,N$。

(6) 第 i 个 Lyapunov 指数的一阶近似定义为

$$\Lambda_i^{(1)}=\frac{1}{t_1-t_0}\ln|\boldsymbol{\eta}_i^{(0)}(t_1)|$$

二阶近似定义为

$$\Lambda_i^{(2)}=\frac{1}{t_2-t_0}[\ln|\boldsymbol{\eta}_i^{(0)}(t_1)|+\ln|\boldsymbol{\eta}_i^{(1)}(t_2)|]$$

类似地，N 阶近似定义为

$$\Lambda_i^{(N)}=\frac{1}{t_N-t_0}\sum_{k=1}^{N}\ln|\boldsymbol{\eta}_i^{(k-1)}(t_k)| \tag{6.67}$$

如果存在极限，则 **Lyapunov 指数**$\{\Lambda_i\}$定义为

$$\Lambda_i = \lim_{N\to\infty}\Lambda_i^{(N)} = \lim_{t_N\to\infty}\frac{1}{t_N - t_0}\sum_{k=1}^{N}\ln|\boldsymbol{\eta}_i^{(k-1)}(t_k)|$$

长度 $d_{ik}=|\boldsymbol{\eta}_i^{(k-1)}(t_k)|$是向量 $\boldsymbol{x}^*(t_k)+\boldsymbol{\eta}_i^{(k-1)}(t_k)$与 $\boldsymbol{x}^*(t_k)$之间的距离。**正的 Lyapunov 指数 Λ 表示混沌可能发生，但这只是一个必要条件，而不是充分条件**。在迭代过程中有许多不可预计的因素会影响其准确性，包括参数的选择，时间步长 $t_1,t_2,\cdots$和迭代次数 N。

我们可以用一种简单的方式看出 Lyapunov 指数的定义隐含的思想，假设$|\boldsymbol{\eta}_i(t_k)|\sim\exp[\mu_i(t_k-t_{k-1})]$，则有

$$\Lambda_i^{(N)}\sim\frac{1}{t_N-t_0}\sum_{k=1}^{N}\ln e^{\mu_i(t_k-t_{k-1})}=\frac{1}{t_N-t_0}\mu_i(t_N-t_0)=\mu_i$$

所以，一个正的 μ 隐含着一个正的 Lyapunov 指数，对 $\mu<0$ 有类似结论。

例 6.17　已知线性系统：

$$\dot{\boldsymbol{x}}=\begin{bmatrix}\dot{x}\\ \dot{y}\\ \dot{z}\end{bmatrix}=\begin{bmatrix}1 & 2 & 1\\ 2 & 1 & 1\\ 1 & 1 & 2\end{bmatrix}\begin{bmatrix}x\\ y\\ z\end{bmatrix}=\boldsymbol{A}\boldsymbol{x}$$

求该线性系统的 Lyapunov 指数。

解　矩阵 $\boldsymbol{A}$ 的特征值为 4,1,−1，所以方程的通解是

$$\boldsymbol{x}=\alpha\boldsymbol{r}_1 e^{4t}+\beta\boldsymbol{r}_2 e^{t}+\gamma\boldsymbol{r}_3 e^{-t}$$

其中正交的特征向量为

$$\boldsymbol{r}_1=\frac{1}{\sqrt{3}}[1,1,1]^{\mathrm{T}},\quad \boldsymbol{r}_2=\frac{1}{6}[1,1,1]^{\mathrm{T}},\quad \boldsymbol{r}_3=\frac{1}{\sqrt{2}}[1,1,1]^{\mathrm{T}}$$

因为矩阵 $\boldsymbol{A}$ 为常值矩阵，摄动向量 $\boldsymbol{\eta}$ 满足同样的方程：

$$\dot{\boldsymbol{\eta}}=\boldsymbol{A}\boldsymbol{\eta}$$

所以

$$\boldsymbol{\eta}=\alpha_1\boldsymbol{r}_1 e^{4t}+\beta_1\boldsymbol{r}_2 e^{t}+\gamma_1\boldsymbol{r}_3 e^{-t}$$

令 $t_0=0$。由于解是精确的，故不用迭代，我们可以取 $0\leqslant t\leqslant\infty$ 作为第一次区间。如果取 $\boldsymbol{\eta}_i(0)=\boldsymbol{r}_i$，则得到一组正交的向量组。于是，对 $\boldsymbol{\eta}_1$，我们取 $\alpha_1=1,\beta_1=\gamma_1=0$，所以 $\boldsymbol{\eta}_1=\boldsymbol{r}_1 e^{4t}$，进而可得

$$\Lambda_1=\lim_{t\to\infty}\frac{1}{t}\ln|\boldsymbol{\eta}_1(t)|=\lim_{t\to\infty}\frac{1}{t}\ln e^{4t}=4$$

6.14　受激系统的同宿分岔

我们已经在前面提到了同宿分岔在某些三阶系统（如 Rössler 吸引子）中可能会引发混沌。对于 Rössler 自治系统，同宿路径与一个平衡点相联系，但同宿路径也可与一个极限环相联系，我们来具体讨论这种系统的行为。考虑系统：

$$\dot{x}=y,\quad \dot{y}=f(x,y,t)\tag{6.68}$$

其中，$f(x,y,t+2\pi/\omega)=f(x,y,t)$，这是一个 $2\pi/\omega$-周期激励系统。假定系统有一个周期为 $2\pi/\omega$ 的不稳定极限环。同时假设与该极限环相关的有两族解，一族解是吸引的，当 $t\to$

∞时这族解被吸引到极限环；另一族解是排斥的，当 $t\to-\infty$ 时这族解趋于极限环。我们取时间步长等于激励周期 $2\pi/\omega$、从时间 $t=0$ 开始的 Poincaré 序列。由于极限环的周期是 $2\pi/\omega$，故极限环上 $t=0$ 的那一点是不动点。

现在考虑一组初始点 $(x(0),y(0))$，从该点出发的解趋近极限环，但只记录 $n=1,2,\cdots$ 时相轨线上的点 $(x(2n\pi/\omega),y(2n\pi/\omega)),\cdots$。在 (x,y) 相平面上，这些点的累积表现为一条接近极限环上不动点的曲线。这条 Poincaré 序列的曲线称为极限环不动点的**稳定流形**（参考时间 $t=0$）。我们可以从一个不同的初始时间开始，比如 $t=t_0$，这会得到一个不同的稳定流形，它有不同的不动点，但仍然在极限环上。

类似地，我们可以考虑从另一组初始值 (x_0,y_0) 出发的 Poincaré 序列 $(x(2n\pi/\omega),y(2n\pi/\omega))$，$n=-1,-2,\cdots$，它趋近极限环上的不动点。这就是关于初始时间 $t=0$ 的**不稳定流形**。

当稳定流形与不稳定流形相交时，就会发生同宿分岔，因为通过任何这样的交点，都有一个解在 $t\to\infty$ 和 $t\to-\infty$ 时趋近极限环，称这样的解**同宿于极限环**。

对于非线性系统来说，一般很难找到流形的显式解的例子，但是，对于某些线性系统却是可以的，这有助于理解它们的构造。

考虑线性方程：

$$\ddot{x}+\dot{x}-2x=10\cos t,\quad \dot{x}=y \tag{6.69}$$

这个方程的通解为

$$x(t)=A\mathrm{e}^{t}+B\mathrm{e}^{-2t}-3\cos t+\sin t \tag{6.70}$$

如果初始条件为 $x(0)=x_0$ 和 $y(0)=y_0$，则有

$$x(t)=\frac{1}{3}(2x_0+y_0+5)\mathrm{e}^{t}+\frac{1}{3}(x_0-y_0+4)\mathrm{e}^{-2t}-3\cos t+\sin t \tag{6.71}$$

该方程有一个孤立的 2π-周期解，即

$$x(t)=-3\cos t+\sin t$$

其相轨线为圆 $x^2+y^2=10$，对应于通解在 $A=B=0$ 时的情况。由式(6.71)可见，获得这个解要求初始条件 (x_0,y_0) 位于两条直线 L_1 和 L_2 的交点：

$$L_1:2x_0+y_0+5=0,\quad L_2:x_0-y_0+4=0$$

如图 6.47 所示，这个交点为 $F:(-3,1)$，它是 Poincaré 序列 $t=0,2\pi,4\pi,\cdots$ 在极限环上的一个不动点。

由式(6.71)可见，从 $L_1:2x_0+y_0+5=0$ 上所有点出发的相点当 $t\to\infty$ 时趋近极限环。这是解的**吸引族**。

取 L_1 上任意一点 (x_0,y_0)，对应的解用 $X(t)$ 表示，考虑 $t=0,2\pi,4\pi,\cdots$ 的 Poincaré 序列 (x_n,y_n)，第一个返回点为 $(x_1,y_1)=(X(2\pi),X'(2\pi))$，$(x_1,y_1)$ 作为后续步骤的初始条件。另外，在微分方程(6.68)中，激励项为 2π-周期函数，不受时间平移 $t\to t+2\pi$ 的影响，因此方程(6.71)中用 (x_1,y_1) 替代 (x_0,y_0)，方程 $2x_1+y_1+5=0$ 也成立。因此 (x_1,y_1) 在 L_1 上，对于序列的所有后续点 (x_n,y_n) 也是如此，故步长为 2π 的 Poincaré 序列收敛于 F 点。直线 L_1 称为**稳定流形**。

类似地，从点集 $L_2:x_0-y_0+4=0$ 上出发的解不趋于极限环，对应于 $t=0,2\pi,4\pi,\cdots$ 的

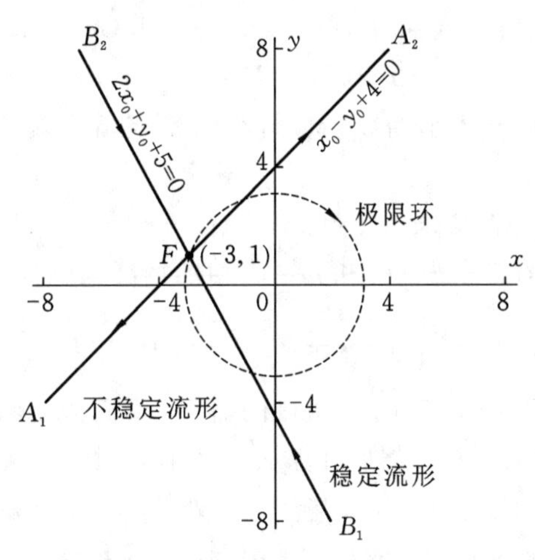

图 6.47　系统 $\ddot{x}+\dot{x}-2x=10\cos t, y=\dot{x}$ 的极限环在不动点(−3,1)处的稳定流形和不稳定流形

Poincaré 序列(x_n, y_n)当 $n\to\infty$时从 F 点发散，则直线 L_2 称为**不稳定流形**。

对于不同于 $t=0$ 的初始时间，类似的结构导致不动点 F 在极限环上，因为式(6.71)在这种情况下采用不同的形式。**因此，极限环上的每一点都有一个稳定流形和一个不稳定流形。**

下面考虑具有微小阻尼和激励幅值的 Duffing 方程：

$$\ddot{x}+\varepsilon\kappa\dot{x}-x+x^3=\varepsilon\gamma\cos(\omega t), \quad \dot{x}=y, \quad 0<\varepsilon\ll 1 \tag{6.72}$$

我们现在感兴趣的是相平面上关于原点的不稳定极限环，以及与极限环上的点相关的稳定流形和不稳定流形。对于微小的$|x|$，x 近似满足：

$$\ddot{x}+\varepsilon\kappa\dot{x}-x=\varepsilon\gamma\cos(\omega t) \tag{6.73}$$

方程的周期解为

$$x_p=C\cos(\omega t)+D\sin(\omega t)$$

其中

$$C=\frac{-\varepsilon\gamma(1+\omega^2)}{(1+\omega^2)^2+\varepsilon^2\kappa^2\omega^2}=\frac{-\varepsilon\gamma}{1+\omega^2}+O(\varepsilon^3)$$

$$D=\frac{\varepsilon^2\gamma\kappa(1+\omega^2)}{(1+\omega^2)^2+\varepsilon^2\kappa^2\omega^2}=\frac{\varepsilon^2\gamma\kappa\omega^2}{(1+\omega^2)^2}+O(\varepsilon^3)$$

精确到 ε^3，它具有如下不动点：

$$\left(\frac{-\varepsilon\gamma}{1+\omega^2}, \frac{\varepsilon^2\gamma\kappa\omega^2}{(1+\omega^2)^2}\right)$$

方程(6.73)的特征方程有如下的根：

$$m_1, m_2=\frac{1}{2}\left(-\varepsilon\kappa\pm\sqrt{\varepsilon^2\kappa^2+4}\right)$$

所以通解为

$$x=A\mathrm{e}^{m_1 t}+B\mathrm{e}^{m_2 t}+x_p$$

如果 $x(0)=x_0$ 和 $y(0)=y_0$，则

$$A = [(C - x_0)m_2 - (D\omega - y_0)]/(m_2 - m_1)$$
$$B = [-(C - x_0)m_2 - (D\omega - y_0)]/(m_2 - m_1)$$

因为 $m_1 > 0, m_2 < 0$，对于微小的 $\varepsilon > 0$，局部的稳定流形和不稳定流形由下面的直线给出：

$$(C - x_0)m_2 - (D\omega - y_0) = 0, \quad -(C - x_0)m_2 - (D\omega - y_0) = 0$$

所以这些直线通过不动点的斜率为 m_1 和 m_2，类似的情况如图 6.47 所示。其中

$$m_1, m_2 = \frac{1}{2}\left(-\varepsilon\kappa \pm \sqrt{\varepsilon^2\kappa^2 + 4}\right) \approx \pm 1 - \frac{1}{2}\varepsilon\kappa$$

为了计算 Duffing 方程式(6.72)的不动点的流形，我们假定参数值取为 $k = \varepsilon\kappa = 0.3$ 和 $\omega = 12$。设(x_c, y_c)为不动点的坐标。然后计算从 $t = 0$ 在$(x_c \pm \delta, y_c \pm m_1\delta)$开始的解，其中 δ 是一个正的小参数。首次返回值在 $t = 2\pi/\omega, 4\pi/\omega, \cdots$处计算。对于稳定流形，我们考虑从 $t = 0$ 在$(x_c \pm \delta, y_c \pm m_2\delta)$开始、但时间相反的解。采用上述步骤可绘制图 6.48 所示的流形。

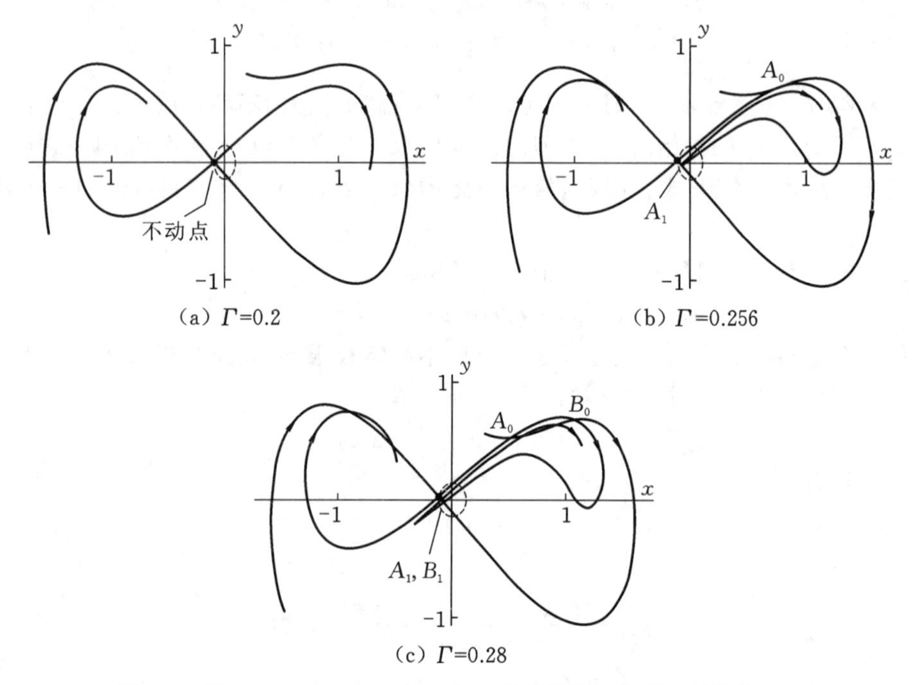

图 6.48 取 $k = 0.3, \omega = 1.2$ 时 Duffing 方程的稳定流形和不稳定流形

图 6.48 (a)显示了 $\varepsilon\gamma = \Gamma = 0.2$ 时的流形，这时两种流形不相交。当 $\varepsilon\gamma = \Gamma \approx 0.256$ 时，流形在 A_0 相切接触，如图 6.48 (b)所示。根据 Duffing 方程在 t 中的周期性，如果流形在 $t = 0$ 时接触，那么它们必然在 $t = 2n\pi/\omega$ 时接触，其中 $n = \cdots, -2, -1, 0, 1, 2, \cdots$，即在时间上周期性地向前或向后。例如，在 $t = 2\pi/\omega$ 时，下一个切向接触发生在图 6.48 (b)所示的 A_1 处。当 $t \to \pm\infty$时，通过 A_0 的解看起来就像图 6.49 (a)所示的曲线一样具有周期性。其相图如图 6.49 (b)所示。这个解非常不稳定的。

对于 $\Gamma > 0.256$，流形的横切相交发生。$\Gamma = 0.28$ 的情况如图 6.48 (c)所示。两个横向交点 A_0, B_0 在时间 $2\pi/\omega$ 后返回到点 A_1, B_1，等等。部分复杂性可以在稳定流形与不稳定流形的内部循环的进一步相交中看到，后者也将生成返回点。

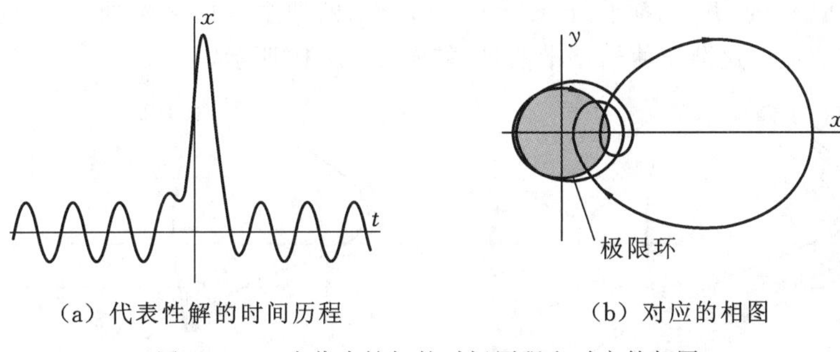

(a) 代表性解的时间历程　(b) 对应的相图

图 6.49　一个代表性解的时间历程和对应的相图

在 Duffing 振子中，由于不动点附近的交点非常拥挤，故很难看到流形的横切交点及其返回点。图 6.50 显示了展开后稳定流形 W^s 和不稳定流形 W^u 的同宿相交。考虑 A_0 处的交点，当 $t\to\infty$ 时，一定有无限个交叉点序列 $A_1,A_2,\cdots$ 趋于不动点。同样，也必须有无限的交叉点序列 $A_{-1},A_{-2},\cdots$，如图 6.50 所示。

在图 6.50 中靠近不动点的阴影区域，流形会更密集地彼此相交。为了理解这些横切交叉的含义，考虑图 6.51 阴影区域所示的一个初值点的集合 S，并跟踪它们的后续返回点。区域 S 包含 W^u 和 W^s 的两个横切交点，这两个交点在 S 的连续返回中仍然存在。当 S 接近不动点时，它将沿着 W^u 方向被压缩，但沿 W^s 方向被拉伸。考虑初始点 P_0 在 S 和 W^u 上，而不是在 W^s 上(见图 6.51)，假设 P_1 和 P_2 为前两个返回点，它们仍然只是在 W^u 上，而第三个返回点 P_3 则在 W^u 和 W^s 的交点上。因为 P_3 也在 W^s 上，所以下一个返回点 P_4 也必须在 W^s 上，以此类推。因此，在 W^u 中振荡的“振幅”会随着不断接近不动点而增大。S 的阴影图像将沿着 W^u 被稀疏拉伸，最终在 S 中重新出现。这一过程将对 S 中的一些点重复，因此 S 中的初始点沿着靠近不稳定流形的一个条带分散。在稳定流形附近，同样的事情反过来发生。这说明了同宿分岔的混沌搅拌效应。

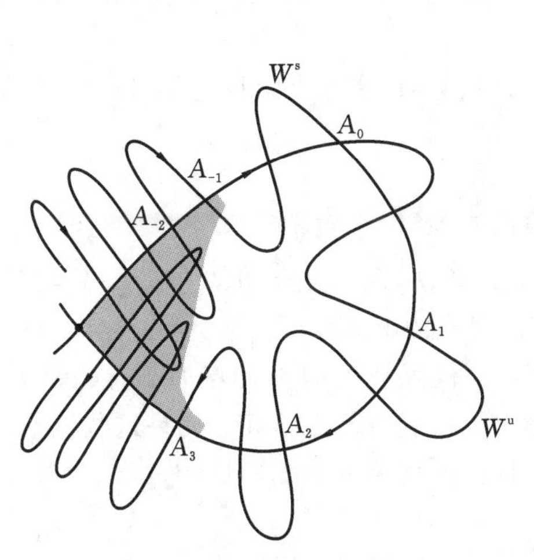

图 6.50　稳定流形和不稳定流形的横切交点

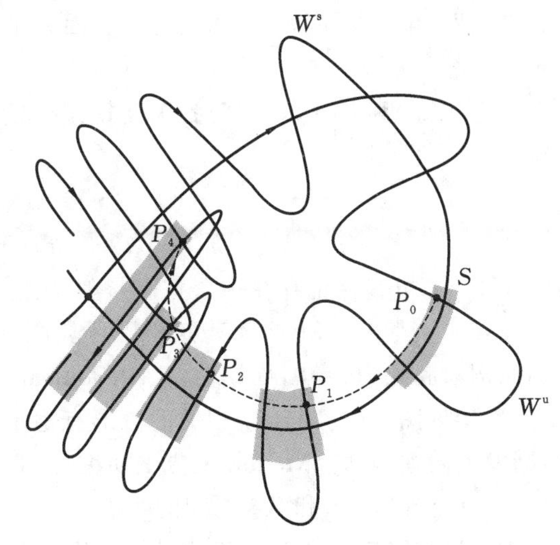

图 6.51　沿一条稳定流形条带 S 的首次返回点

图 6.51 中条带 S 放大后的详细图景如图 6.52 所示。如果在图 6.51 中进一步压缩和拉

伸条带，则序列中的点 P_7 必须位于图 6.52 (a)所示的两个流形交叉处。P_0 的进一步返回点将沿着稳定流形以逐渐变薄的条带前进，如图 6.52 (b)所示。

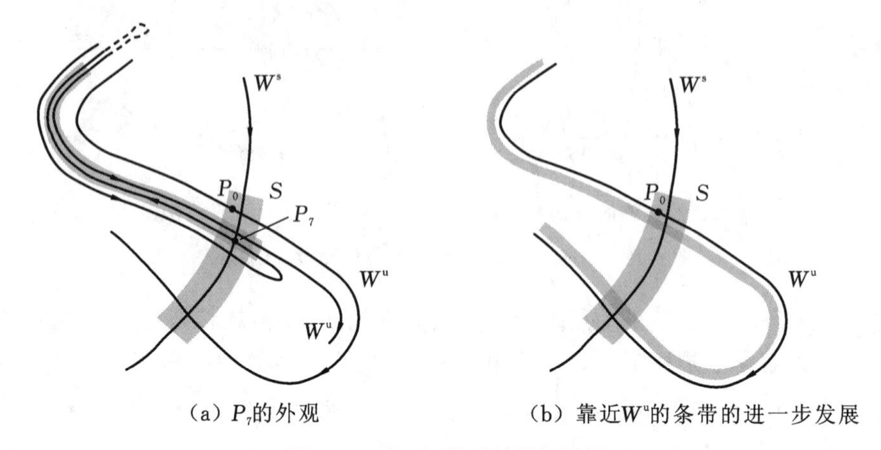

(a) P_7的外观　　(b) 靠近W^u的条带的进一步发展

图 6.52　在 P_0 附近的详细图景

6.15　检测同宿分岔的 Melnikov 方法

现在介绍检测同宿分岔的 Melnikov 方法。这是一种全局摄动方法，适用于已知具有同宿轨道的自治系统。

这里我们考虑下面形式的一类系统：

$$\dot{x}=y,\quad \dot{y}+f(x)=\varepsilon h(x,y,t) \tag{6.74}$$

其中，$h(x,y,t)$对于 t 为周期为 T 的周期函数，$|\varepsilon|$为小参数。未扰系统为

$$\dot{x}=y,\quad \dot{y}+f(x)=0$$

假定 $f(0)=0$，原点是一个简单鞍点，已知具有同宿轨道 $x=x_0(t-t_0)$，$y=y_0(t-t_0)$，考虑从原点出发、位于半平面 $x\geqslant 0$ 上的环。因为系统是自治的，所以可以有一个任意的时间平移 t_0。

假定 $f(x)$和 $h(x,y,t)$对各个变量具有各阶连续偏导数，在原点附近应用 Taylor 级数可得

$$f(x)=f'(0)x+\cdots$$

$$h(x,y,t)=h(0,0,t)+[h_x(0,0,t)x+h_y(0,0,t)y]+\cdots$$

假定 $f'(0)<0$(为保证存在一个鞍点)，除了孤立的 t 之外，$h_x(0,0,t)\neq 0$，$h_y(0,0,t)\neq 0$。

随着 ε 从零增大，一个不稳定极限环从原点出现，对应的解为 $x=x_\varepsilon(t)\neq 0$，$y=y_\varepsilon(t)$。我们照例取起点为 $t=0$，周期为 T 的 Poincaré 序列，设极限环上的不动点为 P_ε：$(x_\varepsilon(0)$，$y_\varepsilon(0))$，参见图 6.53。与 P_ε 相关的流形有稳定流形 W_ε^s 和不稳定流形 W_ε^u，如果这些流形相交，则发生同宿分岔。Melnikov 方法研究 $t=0$ 时无扰动同宿轨道上的一点 P_0：$(x_0(-t_0)$，$y_0(-t_0))$处流形 W_ε^s 和 W_ε^u 之间的距离。

为了逼近稳定流形 W_ε^s，我们对相点$(x_\varepsilon^s(t,t_0),y_\varepsilon^s(t,t_0))$采用常规摄动：

$$\begin{cases}x_\varepsilon^s(t,t_0)=x_0(t-t_0)+\varepsilon x_1^s(t,t_0)+O(\varepsilon^2)\\ y_\varepsilon^s(t,t_0)=y_0(t-t_0)+\varepsilon y_1^s(t,t_0)+O(\varepsilon^2)\end{cases},\quad t\geqslant 0$$

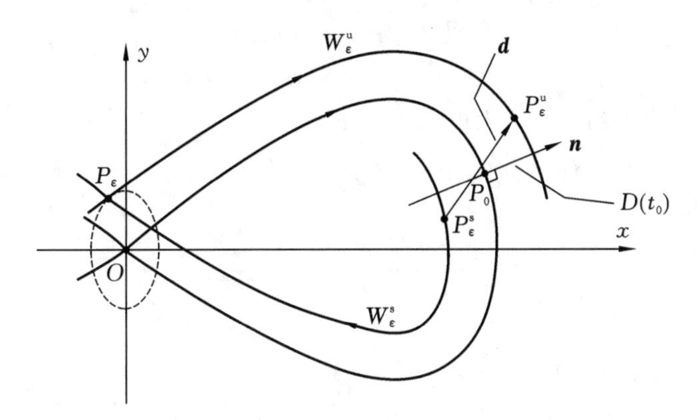

图 6.53　流形 W_ε^s 和 W_ε^u 在无扰动同宿轨道上 P_0 点的距离函数 $D(t_0)$

为了保证 W_ε^s 趋近于 P_ε，我们要求：

$$x_\varepsilon^s(t,t_0)-x_\varepsilon(t)\xrightarrow{t\to\infty}0,\quad y_\varepsilon^s(t,t_0)-y_\varepsilon(t)\xrightarrow{t\to\infty}0$$

将 $x_\varepsilon^s(t,t_0)$ 和 $y_\varepsilon^s(t,t_0)$ 的展开式代入方程(6.74)。然后令 ε 的系数等于零并应用下式：

$$f(x_\varepsilon^s(t,t_0))=f(x_0(t-t_0))+\varepsilon f'(x_0(t-t_0))x_1^s(t,t_0)+O(\varepsilon^2)$$

于是，可得 $x_1^s(t,t_0)$ 和 $y_1^s(t,t_0)$ 满足：

$$\begin{cases}\dot{y}_1^s(t,t_0)+f'(x_0(t-t_0))x_1^s(t,t_0)=h(x_0(t-t_0),y_0(t-t_0),t)\\ y_1^s(t,t_0)=\dot{x}_1^s(t,t_0)\end{cases}\tag{6.75}$$

类似地，对于不稳定流形 W_ε^u，对相点 $(x_\varepsilon^u(t,t_0),y_\varepsilon^u(t,t_0))$ 也采用常规摄动：

$$\begin{cases}x_\varepsilon^u(t,t_0)=x_0(t-t_0)+\varepsilon x_1^u(t,t_0)+O(\varepsilon^2)\\ y_\varepsilon^u(t,t_0)=y_0(t-t_0)+\varepsilon y_1^u(t,t_0)+O(\varepsilon^2)\end{cases},\quad t\leqslant 0$$

其中

$$x_\varepsilon^u(t,t_0)-x_\varepsilon(t)\xrightarrow{t\to-\infty}0,\quad y_\varepsilon^u(t,t_0)-y_\varepsilon(t)\xrightarrow{t\to-\infty}0$$

于是，可得 $x_1^u(t,t_0)$ 和 $y_1^u(t,t_0)$ 满足：

$$\begin{cases}\dot{y}_1^u(t,t_0)+f'(x_0(t-t_0))x_1^u(t,t_0)=h(x_0(t-t_0),y_0(t-t_0),t)\\ y_1^u(t,t_0)=\dot{x}_1^u(t,t_0)\end{cases}\tag{6.76}$$

注意，稳定流形 W_ε^s 由所有 t_0 对应的点 $(x_\varepsilon^s(0,t_0),y_\varepsilon^s(0,t_0))$ 所成的点集定义，而不稳定流形 W_ε^u 由所有 t_0 对应的点集 $(x_\varepsilon^u(0,t_0),y_\varepsilon^u(0,t_0))$ 定义。

记

$$\boldsymbol{x}_\varepsilon^{u,s}(t,t_0)=[x_\varepsilon^{u,s}(t,t_0),y_\varepsilon^{u,s}(t,t_0)]^T$$

则 $t=0$ 时刻的位移矢量可定义为

$$\begin{aligned}\boldsymbol{d}(t_0)&=\boldsymbol{x}_\varepsilon^u(0,t_0)-\boldsymbol{x}_\varepsilon^s(0,t_0)\\&=\varepsilon[\boldsymbol{x}_1^u(0,t_0)-\boldsymbol{x}_1^s(0,t_0)]+O(\varepsilon^2)\end{aligned}$$

其中

$$\boldsymbol{x}_1^{u,s}=[x_1^{u,s},y_1^{u,s}]^T$$

设 $\boldsymbol{n}(0,t_0)$ 为 P_0 点的外法线单位矢量(见图 6.53)，则点 $P_\varepsilon^{u,s}$：$(x_\varepsilon^{u,s}(0,t_0),y_\varepsilon^{u,s}(0,t_0))$ 将不是精确位于法线上，而是偏移至图 6.53 所示的位置。我们使用距离函数 $D(t_0)$，它是将位移

矢量 $\boldsymbol{d}(t_0)$投影到单位法向矢量 $\boldsymbol{n}$ 上而得到的。因此

$$D(t_0)=\boldsymbol{d}(t_0)\cdot\boldsymbol{n}(0,t_0)+O(\varepsilon^2)$$

在 $t=0$ 时的无扰动同宿轨道上的切线矢量为

$$[\dot{x}_0(-t_0),\dot{y}_0(-t_0)]=[x_0(-t_0),f(x_0(-t_0))]$$

所以外法线单位矢量为

$$\boldsymbol{n}(0,t_0)=\frac{[f(x_0(-t_0)),y_0(-t_0)]}{\sqrt{[f(x_0(-t_0))]^2+[y_0(-t_0)]^2}}$$

进而

$$\begin{aligned}D(t_0)&=\boldsymbol{d}(t_0)\cdot\boldsymbol{n}(0,t_0)\\&=\frac{\varepsilon\{[x_1^{\mathrm{u}}(-t_0)-x_1^{\mathrm{s}}(-t_0)]f(x_0(-t_0))+[y_1^{\mathrm{u}}(-t_0)-y_1^{\mathrm{s}}(-t_0)]y_0(-t_0)\}}{\sqrt{[f(x_0(-t_0))]^2+[y_0(-t_0)]^2}}+O(\varepsilon^2)\end{aligned}$$

当 $D(t_0)=0$ 时,由于流形之间的距离变为 $O(\varepsilon^2)$,所以发生同宿分岔。下面我们将证明,确定 $D(t_0)$不需要方程(6.75)和方程(6.76)的解。令

$$\Delta^{\mathrm{u,s}}(t,t_0)=x_1^{\mathrm{u,s}}(t,t_0)f(x_0(t-t_0))+y_1^{\mathrm{u,s}}(t,t_0)y_0(t-t_0)$$

注意到

$$D(t_0)=\frac{\varepsilon[\Delta^{\mathrm{u}}(0,t_0)-\Delta^{\mathrm{s}}(0,t_0)]}{\sqrt{[f(x_0(0,t_0))]^2+[y_0(0,t_0)]^2}}+O(\varepsilon^2)\tag{6.77}$$

现在需证明确定 $\Delta^{\mathrm{s}}(t,t_0)$和 $\Delta^{\mathrm{u}}(t,t_0)$不需要 $x_1^{\mathrm{s}}(t,t_0)$和 $x_1^{\mathrm{u}}(t,t_0)$。将 $\Delta^{\mathrm{s}}(t,t_0)$对 t 求导并应用方程(6.75)和方程(6.76)可得

$$\begin{aligned}\frac{\mathrm{d}\Delta^{\mathrm{s}}(t,t_0)}{\mathrm{d}t}&=\dot{x}_1^{\mathrm{s}}(t,t_0)f(x_0(t-t_0))+x_1^{\mathrm{s}}(t,t_0)f'(x_0(t-t_0))\dot{x}_0(t-t_0)\\&\quad+\dot{y}_1^{\mathrm{s}}(t,t_0)y_0(t-t_0)+y_1^{\mathrm{s}}(t,t_0)\dot{y}_0(t-t_0)\\&=y_1^{\mathrm{s}}(t,t_0)f(x_0(t-t_0))+x_1^{\mathrm{s}}(t,t_0)f'(x_0(t-t_0))\dot{x}_0(t-t_0)\\&\quad+y_0(t-t_0)\{[-f'(x_0(t-t_0))]x_1^{\mathrm{s}}(t,t_0)\\&\quad+h(x_0(t-t_0),y_0(t-t_0),t)\}-y_1^{\mathrm{s}}(t,t_0)f(x_0(t-t_0))\\&=y_0(t-t_0)h(x_0(t-t_0),y_0(t-t_0),t)\end{aligned}\tag{6.78}$$

对方程(6.78)关于 t 从 $0\sim\infty$积分,并注意到当 $t\to\infty$时,有 $y_0(t-t_0)\to0$ 和 $f(x_0(t-t_0))\to0$,进而 $\Delta^{\mathrm{s}}(t,t_0)\to0$。所以

$$\Delta^{\mathrm{s}}(0,t_0)=-\int_0^{\infty}y_0(t-t_0)h(x_0(t-t_0),y_0(t-t_0),t)\mathrm{d}t$$

类似有

$$\Delta^{\mathrm{u}}(0,t_0)=\int_{-\infty}^{0}y_0(t-t_0)h(x_0(t-t_0),y_0(t-t_0),t)\mathrm{d}t$$

所以,式(6.77)的分子中系数 ε 控制了同宿分岔。令

$$M(t_0)=\Delta^{\mathrm{u}}(0,t_0)-\Delta^{\mathrm{s}}(0,t_0)=\int_{-\infty}^{\infty}y_0(t-t_0)h(x_0(t-t_0),y_0(t-t_0),t)\mathrm{d}t\tag{6.79}$$

$M(t_0)$称为 **Melnikov 函数**。如果 $M(t_0)=0$ 对于 t_0 存在实数根,那么对于这些特定的 t_0 值,流形一定存在 $O(\varepsilon^2)$阶的横切交点。横切相交发生时对应的无扰动同宿轨道上的 P_0 点的近似坐标为$(x_0(-t_0),y_0(-t_0))$。

例 6.18 已知摄动 Duffing 方程：

$$\ddot{x}+\varepsilon\kappa\dot{x}-x+x^{3}=\varepsilon\gamma\cos(\omega t)$$

其中 ε 为小参数。求该方程的 Melnikov 函数，精确到 $O(\varepsilon^2)$；求出流形横切相交时 κ,γ 和 ω 的关系。

解 在方程(6.74)中，令

$$f(x)=-x+x^{3},\quad h(x,y,t)=-\kappa y+\gamma\cos(\omega t)$$

所以 $T=2\pi/\omega$，无扰动系统为

$$\ddot{x}-x+x^{3}=0$$

原点为这个方程的一个不动点，为鞍点。对 $x>0$，无扰动同宿解 $x_0(t)=\sqrt{2}\operatorname{sech}t$。所以

$$\begin{aligned}M(t_0)&=\int_{-\infty}^{\infty}\dot{x}_0(t-t_0)[-\kappa\dot{x}_0(t-t_0)+\gamma\cos(\omega t)]\mathrm{d}t\\&=-2\kappa\int_{-\infty}^{\infty}\operatorname{sech}^2(t-t_0)\tanh^2(t-t_0)\mathrm{d}t\\&\quad-\gamma\sqrt{2}\int_{-\infty}^{\infty}\operatorname{sech}(t-t_0)\tanh(t-t_0)\cos(\omega t)\mathrm{d}t\\&=-2\kappa\int_{-\infty}^{\infty}\operatorname{sech}^2u\tanh^2u\,\mathrm{d}u\\&\quad+\gamma\sqrt{2}\sin(\omega t_0)\int_{-\infty}^{\infty}\operatorname{sech}u\tanh u\sin(\omega u)\mathrm{d}u\end{aligned}\tag{1}$$

上式中的两个积分已经有解析结果，为

$$\int_{-\infty}^{\infty}\operatorname{sech}^2u\tanh^2u\,\mathrm{d}u=\frac{2}{3}$$

$$\int_{-\infty}^{\infty}\operatorname{sech}u\tanh u\sin(\omega u)\mathrm{d}u=\pi\omega\operatorname{sech}\left(\frac{1}{2}\omega\pi\right)$$

所以

$$M(t_0)=-\frac{4}{3}\kappa+\sqrt{2}\omega\pi\gamma\operatorname{sech}\left(\frac{1}{2}\omega\pi\right)\sin(\omega t_0)$$

对于给定的 κ,γ,ω，要使流形横切相交，$M(t_0)=0$ 必须有实根 t_0。设 $\kappa,\gamma>0$，这个条件要求 $|\sin(\omega t_0)|\leqslant 1$，所以 ω 需要满足的条件为

$$\frac{2\sqrt{2}\kappa}{3\pi\gamma\omega}\cosh\left(\frac{1}{2}\omega\pi\right)\leqslant 1$$

如果 κ 和 ω 固定，则流形之间开始相切所要求的激励力幅值为

$$\gamma=\gamma_c=\frac{2\sqrt{2}\kappa}{3\pi\omega}\cosh\left(\frac{1}{2}\omega\pi\right)\tag{2}$$

超过这个值，流形之间将相交缠绕。对于典型值 $\omega=1.2$，$\varepsilon\kappa=0.3$，激励力幅值的临界值 $\Gamma_c=\varepsilon\gamma_c=0.253$。

在临界值 $\gamma=\gamma_c$ 有 $\sin(\omega t_0)=1$，$M(t_0)=0$ 的根为 $t_0=\pi/(2\omega)$，所以会发生流形之间的相切，对应的接触点在无扰动同宿轨道上的坐标在 $t=0$ 时近似为

$$\left(\sqrt{2}\operatorname{sech}\left(-\frac{\pi}{2\omega}\right),-\sqrt{2}\operatorname{sech}^2\left(-\frac{\pi}{2\omega}\right)\sinh\left(-\frac{\pi}{2\omega}\right)\right)=(0.712,0.615)$$

6.16 功率谱

微分方程

$$\ddot{x}=f(x,\dot{x},t)$$

的每一个数值解就是一个**时间序列**。为了考察时间序列的频率结构,需要用 Fourier 变换。对于具有 N 个值的等时间间隔的时间序列 $x=x_0,x_1,\cdots,x_N$,离散 Fourier 变换为

$$X_k=\frac{1}{\sqrt{N}}\sum_{m=0}^{N}x_m\mathrm{e}^{-2\pi ikm/N},\quad k=0,1,2,\cdots,N-1$$

其反变换为

$$x_j=\frac{1}{\sqrt{N}}\sum_{k=0}^{N}X_k\mathrm{e}^{2\pi ikj/N},\quad j=0,1,2,\cdots,N-1$$

一般 X_k 为复数。我们通过其功率谱来确定时间序列的频率结构。功率谱 $P(\omega_k)$定义为

$$P(\omega_k)=X_k\bar{X}_k=|X_k|^2$$

对于受激 Duffing 方程:

$$\ddot{x}+k\dot{x}-x+x^3=\Gamma\cos(\omega t)\tag{6.80}$$

取 $k=0.3,\omega=1.2,\Gamma=0.5$,我们可以根据 Duffing 方程的数值解计算出对应的功率谱,利用其功率谱观察优势频率,识别出数值解中的周期解成分。图 6.54 示出了 Duffing 方程数值解的功率谱,该图显示存在大量的优势频率,可见次谐波 $\omega/3$ 和主频 ω 是很明显的优势频率,即两个明显的周期解成分。但总的来说,数值解是由大量周期解叠加的结果。

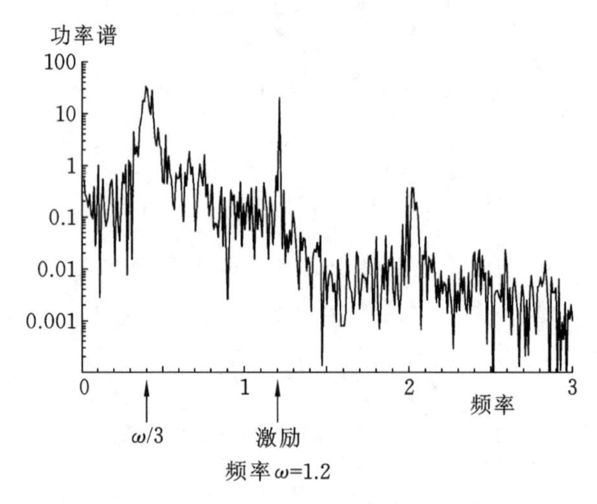

图 6.54 取 $k=0.3,\omega=1.2,\Gamma=0.5$ 时 Duffing 方程的功率谱

习题

6.1 已知线性系统 $\dot{\boldsymbol{x}}=\boldsymbol{A}(\lambda)\boldsymbol{x},\boldsymbol{x}=[x_1,x_2]^{\mathrm{T}}$,矩阵 $\boldsymbol{A}(\lambda)$可为

(1) $\boldsymbol{A}(\lambda)=\begin{bmatrix}-2 & \frac{1}{4}\\ -1 & \lambda\end{bmatrix}$;

(2) $\boldsymbol{A}(\lambda)=\begin{bmatrix}\lambda & \lambda-1\\ 1 & \lambda\end{bmatrix}$。

求该系统的分岔点。

6.2　设系统的势能为 $V(x,\lambda,\mu)=\frac{1}{4}x^4-\frac{1}{2}x^2+\mu x$，对应的分岔曲面方程为 $x^3-\lambda x^2+\mu=0$，请在(λ,μ)平面上画出尖点。

6.3　求系统 $\dot{x}=y^2-\lambda,\dot{y}=x+\lambda$ 的分岔点。

6.4　同宿轨道是在自治系统中连接平衡点到自身的相轨线。证明 $\dot{x}=y,\dot{y}=x-x^2$ 存在这样一条路径，并求出它的方程。对于摄动系统 $\dot{x}=y+\lambda x,\dot{y}=x-x^2$，画出 $\lambda>0$ 和 $\lambda<0$ 时的相轨线。

6.5　异宿轨道是连接两个不同平衡点的相轨线。证明 $\dot{x}=y,\dot{y}=x-x^2$ 存在这样一条路径，并求出它的方程。对于摄动系统 $\dot{x}=xy+\lambda,\dot{y}=1-y^2$，画出 $\lambda>0$ 和 $\lambda<0$ 时的相轨线。

6.6　令

$$\dot{x}=-\mu x-y+\frac{x}{1+x^2+y^2},\quad \dot{y}=x-\mu y+\frac{y}{1+x^2+y^2}$$

证明：当 μ 减小而通过 $\mu=1$ 时发生 Hopf 分岔。对 $0<\mu<1$，求周期轨道的半径。

6.7　考虑系统：

$$\dot{x}=-x+y-x(x^2+y^2),\quad \dot{y}=-x+y-y(x^2+y^2)$$

求其极坐标解答 $r(t),\theta(t)$。令 Σ 为截面 $\theta=0,r>0$，求微分方程在截面上的 Poincaré 序列。

6.8　设系统为 $\ddot{x}+\dot{x}-2x=10\cos t,\dot{x}=y$，对周期为 2π 和初始时刻 $t=0$ 的 Poincaré 映射，求出稳定流形和不稳定流形。

6.9　已知系统：

$$\ddot{x}+\varepsilon\kappa\dot{x}+x^3=\varepsilon\gamma(1-x^2)\cos(\omega t),\quad \kappa>0,\quad \varepsilon>0,\quad \gamma>0$$

应用 Melnikov 方法证明：如果

$$\omega^2\ll 2,\quad |\gamma|\geqslant\frac{2\sqrt{2}\kappa}{\pi\omega(2-\omega^2)}\cosh\left(\frac{1}{2}\omega\pi\right)$$

则将发生同宿分岔。

6.10　Duffing 振子方程为 $\ddot{x}+\varepsilon\kappa\dot{x}-x+x^3=\varepsilon f(t)$，由均值为零、周期为 T 的偶函数 $f(t)$驱动。假定 $f(t)$可以表示为 Fourier 级数：

$$\sum_{n=1}^{\infty}a_n\cos(n\omega t),\quad \omega=\frac{2\pi}{T}$$

求振子的 Melnikov 函数。

令

$$f(t)=\begin{cases}\gamma, & -\dfrac{1}{2}<t<\dfrac{1}{2}\\ -\gamma, & \dfrac{1}{2}<t<\dfrac{3}{2}\end{cases}$$

其中 $f(t)$是一个周期-2 函数。证明:如果

$$\frac{\kappa}{\gamma}=-\frac{3\pi}{2\sqrt{2}}\sum_{r=1}^{\infty}(-1)^r\operatorname{sech}\left[\frac{1}{2}\pi^2(2r-1)\right]\sin[(2r-1)\pi t_0]$$

则 Melnikov 函数为零。

6.11 证明:当 $\lambda=4$ 时 Logistic 差分方程

$$u_{n+1}=\lambda u_n(1-u_n)$$

具有一般解 $u_n=\sin^2(2^n C\pi)$,其中 C 是一个任意常数(为不失一般性,C 可限制为 $0<C<1$)。进一步证明:如果 $C=1/(2^q-1)$方程的解是 2^q-周期的(q 为任意正整数),则所有这些倍周期解的存在表明系统发生混沌。

6.12 双参数 Duffing 方程为

$$\ddot{x}+k\dot{x}+x^3=\Gamma\cos t,\quad \dot{x}=y$$

分别取下面的各组参数值和初值:

(1) $k=0.08,\Gamma=0.2,x(0)=-0.205,y(0)=0.0171;x(0)=1.05,y(0)=0.78$。

(2) $k=0.2,\Gamma=5.5,x(0)=2.958,y(0)=2.958;x(0)=2.029,y(0)=-0.632$。

(3) $k=0.2,\Gamma=10,x(0)=3.064,y(0)=4.936$。

(4) $k=0.1,\Gamma=12,x(0)=0.892,y(0)=-1.292$。

(5) $k=0.1,\Gamma=12,x(0)=3,y(0)=-1.2$。

请计算并画出对应的相图。

第 7 章　弦的横向振动

张紧弦的横向振动的运动方程是一维波动方程，与后面要讲的杆的纵向振动和轴的扭转振动具有相同的运动方程。本章我们将介绍弦的波动和振动的一些基本分析方法和典型结果，它们对一大类弹性连续体的振动问题具有基本意义，一些重要的波动概念，如频散、群速可以用于更复杂的弹性系统。

7.1　无限长弦的波动

本节先推导张紧弦的运动方程，然后研究无限长或半无限长弦的自由波和受迫振动的求解分析方法以及对应的波传播特性。

7.1.1　运动方程

考虑张力为 T 的一段弦微元，如图 7.1 所示。假定由于位移引起的张力变化可忽略，单位长度的质量密度为 ρ，体力或外载荷为 $q(x,t)$。位移沿铅垂方向的运动方程为

$$-T\sin\theta+T\sin\left(\theta+\frac{\partial\theta}{\partial x}\mathrm{d}x\right)+q\,\mathrm{d}x=\rho\,\mathrm{d}s\,\frac{\partial^2 y}{\partial t^2}\tag{7.1}$$

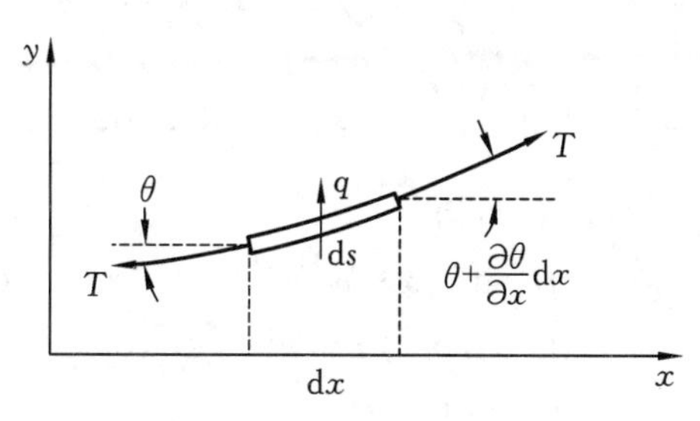

图 7.1　张紧弦的微元

弧长 $\mathrm{d}s$ 由 $\mathrm{d}s=(1+y'^2)^{1/2}\mathrm{d}x$ 给出。假设弦做微小运动，则 $\mathrm{d}s\cong\mathrm{d}x$，$\sin\theta\cong\theta$ 和 $\theta\cong\partial y/\partial x$。于是以上方程变为

$$T\frac{\partial^2 y}{\partial x^2}+q=\rho\frac{\partial^2 y}{\partial t^2}\tag{7.2}$$

这个非齐次偏微分方程的解将在以后研究。现在令 $q=0$ 得到齐次方程，即

$$\frac{\partial^2 y}{\partial x^2}=\frac{1}{c_0^2}\frac{\partial^2 y}{\partial t^2},\quad c_0=\left(\frac{T}{\rho}\right)^{1/2}\tag{7.3}$$

这是一个**波动方程**，它控制了弦的横向自由运动。

7.1.2　简谐波

我们来研究简谐波在弦中的传播。用分离变量法，令 $y=Y(x)T(t)$，代入方程(7.3)

可得

$$\frac{Y''}{Y}=\frac{\ddot{T}}{c_0^2 T}=-\gamma^2 \tag{7.4}$$

由此不难得到解答为

$$y(x,t)=[A_1\sin(\gamma x)+A_2\cos(\gamma x)][A_3\sin(\omega t)+A_4\cos(\omega t)] \tag{7.5}$$

其中,振动频率 $\omega=c_0\gamma$。上式可写成

$$\begin{aligned}y(x,t)=&A_1A_4\sin(\gamma x)\cos(\omega t)+A_2A_3\cos(\gamma x)\sin(\omega t)\\&+A_2A_4\cos(\gamma x)\cos(\omega t)+A_1A_3\sin(\gamma x)\sin(\omega t)\end{aligned} \tag{7.6}$$

考虑上式中的一个典型项:

$$y=A\cos(\gamma x)\sin(\omega t) \tag{7.7}$$

该项表示弦的挠度 y 在后续各个时刻的形状,如图 7.2 所示,都是简谐波形,在一个确定的空间点 x 上 y 随时间简谐变化,这样的波称为**简谐波**。我们注意到图中一些零振动点,称为**节点**,以及最大幅值点,称为**反节点**,它们处于一些固定位置上,不随时间而变。式(7.7)表示的振动称为**驻波**(**standing wave**)。

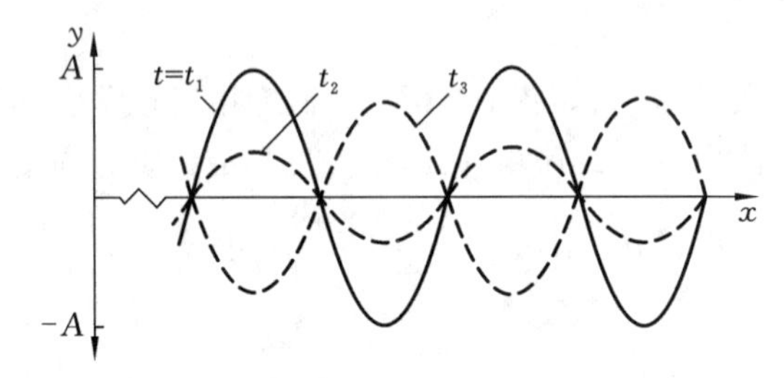

图 7.2　弦的驻波 $y=A\cos(\gamma x)\sin(\omega t)$ 的振动模式

利用三角函数恒等式,式(7.6)可写为

$$\begin{aligned}y(x,t)=&B_1\sin(\gamma x+\omega t)+B_2\sin(\gamma x-\omega t)\\&+B_3\cos(\gamma x+\omega t)-B_4\cos(\gamma x-\omega t)\end{aligned} \tag{7.8}$$

考虑其中一个典型项:

$$y(x,t)=A\cos(\gamma x-\omega t)=A\cos[\gamma(x-c_0t)] \tag{7.9}$$

它表示沿 x 正方向传播的波。将式(7.9)中的宗量称为**相位** ϕ,即

$$\phi=\gamma x-\omega t=\gamma(x-c_0t) \tag{7.10}$$

可见,为了保持相位 $x-c_0t$ 为常值,当 t 增加时,x 也要增加,后续各时刻弦的形状如图 7.3 所示。常值相位的传播速度(行进速度)为 c_0,称为**相速度**。需要注意,式(7.9)表示一个无限长的波形,它没有“波前”或起点,因此只考虑相位,由它可以考察传播速度。

参考图 7.3,任意时刻的一条波形曲线上相邻的两个常值相位点间的距离 λ 称为**波长**,易知 $\lambda=2\pi/\gamma$,参数 γ 称为**波数**。描述波动的另一个量是波动(或振动)频率 f,即 $\omega=2\pi f$,或波动(或振动)周期 $T=1/f$。我们将这些量的定义和相互关系总结如下:A 表示波的幅值(长度);γ 表示波数(1/长度);ω 表示波的振动角频率(rad/时间);c_0 表示相速(长度/时间);f 表示波的振动频率(Hz);T 表示波动周期(时间);λ 表示波长(长度)。

$$\omega=\gamma c_0,\quad \omega=2\pi f \tag{7.11}$$

$$T=1/f,\quad \lambda=2\pi/\gamma \tag{7.12}$$

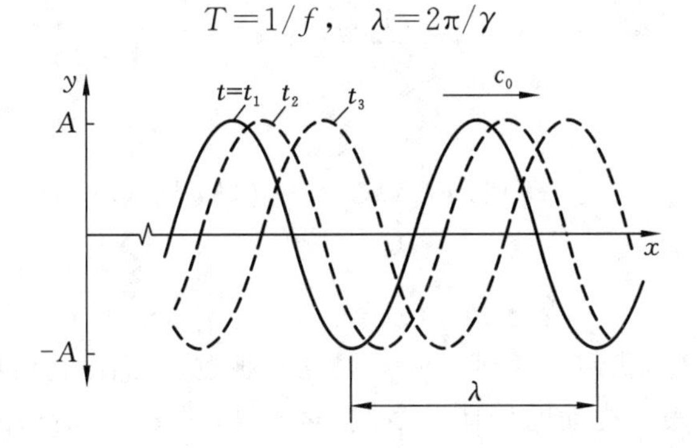

图 7.3　弦的传播波 $y=A\cos(\gamma x-\omega t)$在后续各个时刻的波形

式(7.8)中具有宗量(或相位)$\gamma x+\omega t$ 的项是向 x 负方向传播的波。稍作考察可知,式(7.6)表示的驻波是由向左和向右的传播波叠加形成的。例如,两个等幅传播波的叠加结果为

$$y=\frac{1}{2}A\cos(\gamma x+\omega t)+\frac{1}{2}A\cos(\gamma x-\omega t)=A\cos(\gamma x)\cos(\omega t) \tag{7.13}$$

最后,考虑简谐波的另一种表示形式。我们可以用指数形式来代替 $\cos(\omega t)$或 $\sin(\omega t)$,即

$$y=Y(x)\mathrm{e}^{\mathrm{i}\omega t} \tag{7.14}$$

代入式(7.3)可得解答为

$$y=A_1\mathrm{e}^{\mathrm{i}(\gamma x+\omega t)}+B_1\mathrm{e}^{-\mathrm{i}(\gamma x-\omega t)} \tag{7.15}$$

上式右边分别表示一个沿 x 负向和沿 x 正向传播的简谐波。在式(7.14)中若用 $\mathrm{e}^{-\mathrm{i}\omega t}$,则解答为

$$y=A_2\mathrm{e}^{\mathrm{i}(\gamma x-\omega t)}+B_2\mathrm{e}^{-\mathrm{i}(\gamma x+\omega t)} \tag{7.16}$$

7.1.3　d'Alembert 解

现在介绍 d'Alembert 对波动方程给出的一种经典解,它可以为波传播现象提供更清晰的图景。为此,在波动方程(7.3)中引入变换

$$\xi=x-c_0t,\quad \eta=x+c_0t \tag{7.17}$$

可得

$$\begin{cases}\dfrac{\partial y}{\partial x}=\dfrac{\partial y}{\partial \xi}\dfrac{\partial \xi}{\partial x}+\dfrac{\partial y}{\partial \eta}\dfrac{\partial \eta}{\partial x}=\dfrac{\partial y}{\partial \xi}+\dfrac{\partial y}{\partial \eta}\\ \dfrac{\partial y}{\partial t}=\dfrac{\partial y}{\partial \xi}\dfrac{\partial \xi}{\partial t}+\dfrac{\partial y}{\partial \eta}\dfrac{\partial \eta}{\partial t}=-c_0\dfrac{\partial y}{\partial \xi}+c_0\dfrac{\partial y}{\partial \eta}\end{cases} \tag{7.18}$$

进而二阶导数为

$$\begin{cases}\dfrac{\partial^2 y}{\partial x^2}=\dfrac{\partial^2 y}{\partial \xi^2}+2\dfrac{\partial^2 y}{\partial \xi\partial \eta}+\dfrac{\partial^2 y}{\partial \eta^2}\\ \dfrac{\partial^2 y}{\partial t^2}=c_0^2\left(\dfrac{\partial^2 y}{\partial \xi^2}-2\dfrac{\partial^2 y}{\partial \xi\partial \eta}+\dfrac{\partial^2 y}{\partial \eta^2}\right)\end{cases} \tag{7.19}$$

将式(7.19)代入波动方程(7.3)得到

$$\frac{\partial^2 y}{\partial\xi\partial\eta}=0 \tag{7.20}$$

对上式直接积分得出

$$\frac{\partial y}{\partial\xi}=F(\xi),\quad y(\xi,\eta)=f(\xi)+g(\eta) \tag{7.21}$$

代回变量 x,t，得

$$y(x,t)=f(x-c_0t)+g(x+c_0t) \tag{7.22}$$

对于这一结果，首先，我们注意到 f 和 g 是任意函数，它们由初值条件或扰动函数确定，更重要的是，这些函数表示扰动的传播。由此，对于 $f(x-c_0t)$，若 $x-c_0t$ 为常数，则函数保持常值。与简谐波的讨论类似，为使 f 的宗量保持常值，当 t 增大时，要求 x 增大，这对应于一个沿 x 正向传播的波。同理，$g(x+c_0t)$ 为沿 x 负向传播的波。

其次，无论 f 和 g 的初值形状为何，在传播中不会改变，因此波的传播没有畸变。图 7.4 给出了沿 x 正向传播的脉冲。

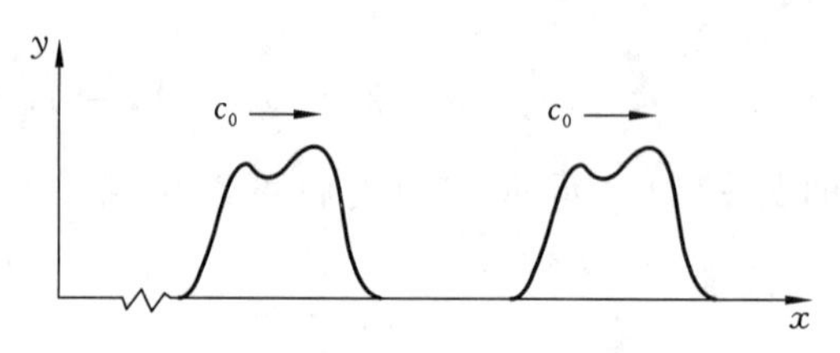

图 7.4　一个脉冲 $f(x-c_0t)$ 的无畸变传播

7.1.4　初值问题

在预先给定的初值条件下，现在我们要确定解答式(7.22)的函数形式。设初始条件为

$$y(x,0)=U(x),\quad \dot{y}(x,0)=V(x) \tag{7.23}$$

而由式(7.22)有

$$f(x)+g(x)=U(x) \tag{7.24}$$

$$-c_0f'(x)+c_0g'(x)=V(x) \tag{7.25}$$

其中，记号“′”表示对宗量求导，它是在处理 $\dot{y}(x,0)$ 时出现的，即有

$$\begin{aligned}\frac{\partial y}{\partial t}&=\frac{\partial f(x-c_0t)}{\partial(x-c_0t)}\frac{\partial(x-c_0t)}{\partial t}+\frac{\partial g(x+c_0t)}{\partial(x+c_0t)}\frac{\partial(x+c_0t)}{\partial t}\\&=-c_0f'(x-c_0t)+c_0g'(x+c_0t)\end{aligned} \tag{7.26}$$

于是

$$\dot{y}(x,0)=-c_0f'(x)+c_0g'(x) \tag{7.27}$$

对式(7.25)积分，可得

$$f(x)-g(x)=-\frac{1}{c_0}\int_b^x V(\zeta)\mathrm{d}\zeta \tag{7.28}$$

其中，任意的积分下限 b 只是为了吸收积分常数。由方程(7.24) 和方程(7.28) 可得

$$f(x)=\frac{U(x)}{2}-\frac{1}{2c_0}\int_b^x V(\zeta)\mathrm{d}\zeta \tag{7.29}$$

$$g(x)=\frac{U(x)}{2}+\frac{1}{2c_0}\int_b^x V(\zeta)\mathrm{d}\zeta \tag{7.30}$$

对于 $t\neq 0$，我们只需在式(7.29)中用 $x-c_0t$ 替代 x，在式(7.30)中用 $x+c_0t$ 替代 x。我们注意到

$$-\int_b^{x-c_0t}V(\zeta)\mathrm{d}\zeta+\int_b^{x+c_0t}V(\zeta)\mathrm{d}\zeta=\int_{x-c_0t}^{x+c_0t}V(\zeta)\mathrm{d}\zeta \tag{7.31}$$

积分结果可写为

$$\int_{x-c_0t}^{x+c_0t}V(\zeta)\mathrm{d}\zeta=H(x+c_0t)-H(x-c_0t) \tag{7.32}$$

其中，$\mathrm{d}H(\zeta)/\mathrm{d}\zeta=V(\zeta)$。因此，初值问题的最后解答为

$$y(x,t)=\frac{1}{2}[U(x-c_0t)+U(x+c_0t)]-\frac{1}{2c_0}[H(x-c_0t)-H(x+c_0t)] \tag{7.33}$$

例如，考虑如下初值问题：

$$\begin{cases} y(x,0)=U(x)=\begin{cases}1, & -a<x<a\\ 0, & |x|>a\end{cases} \\ \dot{y}(x,0)=V(x)=0\end{cases} \tag{7.34}$$

则解为

$$y(x,t)=\frac{1}{2}[U(x-c_0t)+U(x+c_0t)] \tag{7.35}$$

各个时刻弦的动态形状如图 7.5 所示。

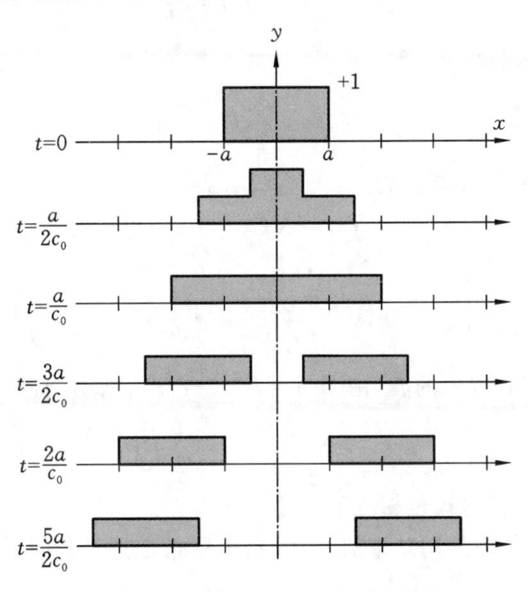

图 7.5　弦上的初始矩形位移的传播

7.1.5　弦中的能量

弦微元的动能为

$$dK=\frac{1}{2}\rho ds\dot{y}^2 \tag{7.36}$$

x_1 与 x_2 之间一段弦的总动能为

$$K(t)=\frac{1}{2}\int_{x_1}^{x_2}\rho\dot{y}^2\left[1+\left(\frac{\partial y}{\partial x}\right)^2\right]^{1/2}dx \tag{7.37}$$

对于小位移的弦运动可忽略上式中的$(\partial y/\partial x)^2$,因此

$$K(t)=\frac{1}{2}\int_{x_1}^{x_2}\rho\dot{y}^2\,dx \tag{7.38}$$

于是定义**动能密度** $k(x,t)$为

$$k(x,t)=\frac{1}{2}\rho\dot{y}^2 \tag{7.39}$$

现在计算弦的势能。弧段$[x_1,x_2]$的变形量为

$$\Delta l=\int_{x_1}^{x_2}ds-(x_2-x_1)=\int_{x_1}^{x_2}\left[1+\left(\frac{\partial y}{\partial x}\right)^2\right]^{1/2}dx-(x_2-x_1) \tag{7.40}$$

小变形时有$[1+(\partial y/\partial x)^2]^{1/2}\cong 1+\frac{1}{2}(\partial y/\partial x)^2$,于是上式变为

$$\Delta l\cong\frac{1}{2}\int_{x_1}^{x_2}\left(\frac{\partial y}{\partial x}\right)^2dx \tag{7.41}$$

弧段$[x_1,x_2]$的势能 $V(t)$为 $T\Delta l$,所以

$$V(t)=\frac{1}{2}\int_{x_1}^{x_2}T\left(\frac{\partial y}{\partial x}\right)^2dx \tag{7.42}$$

我们定义**势能密度** $v(x,t)$为

$$v(x,t)=\frac{1}{2}T\left(\frac{\partial y}{\partial x}\right)^2 \tag{7.43}$$

弧段$[x_1,x_2]$上的系统总能量为

$$E(t)=K(t)+V(t) \tag{7.44}$$

总能量密度为

$$\varepsilon(x,t)=k(x,t)+v(x,t)=\frac{1}{2}\rho\dot{y}^2+\frac{1}{2}T\left(\frac{\partial y}{\partial x}\right)^2 \tag{7.45}$$

现在考虑沿 x 轴正向传播的波,由于 $y=f(x-c_0t)$,则动能密度和势能密度为

$$k=\frac{1}{2}\rho c_0^2f'^2,\quad v=\frac{1}{2}Tf'^2 \tag{7.46}$$

因为 $c_0^2=T/\rho$,所以两个表达式是相等的。

另一种表示能量的方法是用**功率流**描述,它表示指定点处能量传递的速率,定义为

$$P(x_0,t)=-T\frac{\partial y}{\partial x}\dot{y}\bigg|_{x=x_0} \tag{7.47}$$

对于负向传播的波 $g(x+c_0t)$,它向左传播,有

$$P(x_0,t)=-Tc_0g'^2\leqslant 0 \tag{7.48}$$

对于正向传播的波 $f(x-c_0t)$,它向右传播,有

$$P(x_0,t)=Tc_0f'^2\geqslant 0 \tag{7.49}$$

7.1.6 半无限长弦的受迫运动

现在来考虑弦的受迫运动。有两种基本途径将能量注入弦中，即通过边界力作用和使弦的一段运动。我们首先考虑前者，这时控制方程仍然是齐次的。

简单起见，考虑 $x \geqslant 0$ 的半无限长弦，边界上受到简谐位移 $y(0,t)=y_0\,\mathrm{e}^{\mathrm{i}\omega t}$ 的激励。最直接的方法是假设解的形式为式(7.15)，即

$$y=A_1\,\mathrm{e}^{\mathrm{i}(\gamma x+\omega t)}+B_1\,\mathrm{e}^{-\mathrm{i}(\gamma x-\omega t)},\quad \gamma=\omega/c_0 \tag{7.50}$$

由边界条件可得 $y_0=A_1+B_1$，故

$$y=A_1\,\mathrm{e}^{\mathrm{i}(\gamma x+\omega t)}+(y_0-A_1)\mathrm{e}^{-\mathrm{i}(\gamma x-\omega t)} \tag{7.51}$$

上式右边第一项为沿 x 负向传播的波，除非 $x=\infty$ 处有能量源产生辐射波或者有边界反射波，否则这一项的存在没有任何物理基础，故必须有 $A_1=0$，进而有

$$y=y_0\,\mathrm{e}^{-\mathrm{i}(\gamma x-\omega t)} \tag{7.52}$$

上述 $x=\infty$ 处的条件称为**辐射条件**。

再来考虑边界上受到瞬态位移激励的半无限长弦，即边界条件为

$$y(0,t)=g(t) \tag{7.53}$$

采用 Fourier 变换方法求解。对波动方程(7.3)取 Fourier 变换可得

$$\frac{\mathrm{d}^2\bar{y}}{\mathrm{d}x^2}+\frac{\omega^2}{c_0^2}\bar{y}=0 \tag{7.54}$$

其中，$\bar{y}=\bar{y}(x,\omega)$ 为变换后的位移，ω 是变换变量。方程(7.54)的通解为

$$\bar{y}=A\exp(\mathrm{i}\omega x/c_0)+B\exp(-\mathrm{i}\omega x/c_0) \tag{7.55}$$

变换后的边界条件为

$$\bar{y}(0,\omega)=\bar{g}(\omega) \tag{7.56}$$

由此得 $A+B=\bar{g}(\omega)$。对式(7.55)取 Fourier 反变换，可得

$$y(x,t)=\frac{1}{\sqrt{2\pi}}\int_{-\infty}^{\infty}\{[\bar{g}(\omega)-B]\exp(\mathrm{i}\omega x/c_0)+B\exp(-\mathrm{i}\omega x/c_0)\}\exp(-\mathrm{i}\omega t)\mathrm{d}\omega \tag{7.57}$$

考虑 $x=\infty$ 处的辐射条件，必须有 $B=0$，所以

$$y(x,t)=\frac{1}{\sqrt{2\pi}}\int_{-\infty}^{\infty}\bar{g}(\omega)\exp[\mathrm{i}\omega(x/c_0-t)]\mathrm{d}\omega \tag{7.58}$$

由此立即可得

$$y(x,t)=g(x/c_0-t) \tag{7.59}$$

7.1.7 无限长弦的受迫振动

重写弦的控制方程如下：

$$\frac{\partial^2 y}{\partial x^2}-\frac{1}{c_0^2}\frac{\partial^2 y}{\partial t^2}=p(x,t),\quad p(x,t)=-\frac{q(x,t)}{T} \tag{7.60}$$

其中，外激励 $p(x,t)$ 可以是空间和时间变量的任意函数，为了求出受迫响应 $y(x,t)$，我们先来考虑外激励 $p(x,t)=\delta(x-\xi)\delta(t-\tau)$ 的情况（即在 ξ 点和时刻 τ 作用一个单位集中力

脉冲)，设这种外激励下弦的响应为

$$G=G(x,t;\xi,\tau) \tag{7.61}$$

$G(x,t;\xi,\tau)$称为系统的 **Green 函数**。显然 Green 函数 G 满足如下方程：

$$\frac{\partial^2 G}{\partial x^2}-\frac{1}{c_0^2}\frac{\partial^2 G}{\partial t^2}=\delta(x-\xi)\delta(t-\tau) \tag{7.62}$$

我们采用变换方法求解方程(7.62)。先对空间变量作 Fourier 变换，得

$$-\gamma^2\overline{G}-\frac{1}{c_0^2}\frac{\partial^2\overline{G}}{\partial t^2}=\frac{e^{i\gamma\xi}}{\sqrt{2\pi}}\delta(t-\tau) \tag{7.63}$$

假设系统初始时是静止的，所以 $y(x,0)=\dot{y}(x,0)=0$。对方程(7.63)再取 Laplace 变换，得

$$-\gamma^2\overline{G}_L-\frac{s^2}{c_0^2}\overline{G}_L=\frac{1}{\sqrt{2\pi}}e^{i\gamma\xi}e^{-s\tau} \tag{7.64}$$

其中，$\overline{G}_L=\overline{G}_L(\gamma,s;\xi,\tau)$。由方程(7.64)解得

$$\overline{G}_L=-\frac{c_0^2}{\sqrt{2\pi}}\frac{e^{i\gamma\xi}e^{-s\tau}}{s^2+c_0^2\gamma^2} \tag{7.65}$$

为了求出上式的逆变换，我们先取 Laplace 逆变换，有

$$\mathcal{L}^{-1}\left\{\frac{1}{s^2+c_0^2\gamma^2}\right\}=\frac{1}{c_0\gamma}\sin(c_0\gamma t) \tag{7.66}$$

另外，有下面的一般公式：

$$\mathcal{L}^{-1}\{e^{s\tau}F_L(s)\}=F(t-\tau),\quad \text{当 } t<0 \text{ 时 } F(t)=0 \tag{7.67}$$

所以式(7.65)的 Laplace 逆变换为

$$\overline{G}=-\frac{c_0^2}{\sqrt{2\pi}}\frac{e^{i\gamma\xi}}{c_0\gamma}\sin[c_0\gamma(t-\tau)]H\langle t-\tau\rangle \tag{7.68}$$

其中，$H\langle t-\tau\rangle$为 Heaviside 阶跃函数。再对式(7.68)作 Fourier 逆变换，得

$$G=-\frac{c_0^2}{2\pi}H\langle t-\tau\rangle\int_{-\infty}^{\infty}\frac{\sin[c_0\gamma(t-\tau)]}{c_0\gamma}e^{-i\gamma(x-\xi)}d\gamma \tag{7.69}$$

已知有公式：

$$\mathcal{F}^{-1}\left\{\sqrt{\frac{2}{\pi}}\frac{\sin(a\gamma)}{\gamma}\right\}=\frac{1}{\sqrt{2\pi}}\int_{-\infty}^{\infty}e^{-i\gamma x}\sqrt{\frac{2}{\pi}}\frac{\sin(a\gamma)}{\gamma}d\gamma=\begin{cases}1, & |x|<a\\ 0, & |x|>a\end{cases} \tag{7.70}$$

为了应用式(7.70)，将式(7.69)写为如下形式：

$$G=-\frac{c_0}{2}H\langle t'/c_0\rangle\frac{1}{\sqrt{2\pi}}\int_{-\infty}^{\infty}\sqrt{\frac{2}{\pi}}\frac{\sin(t'\gamma)}{\gamma}e^{-i\gamma x'}d\gamma \tag{7.71}$$

其中，$t'=c_0(t-\tau)$，$x'=x-\xi$。对上式应用式(7.70)可得

$$G=-\frac{c_0}{2}H\langle t'/c_0\rangle(H\langle x'+t'\rangle-H\langle x'-t'\rangle) \tag{7.72}$$

将变量换回 x,t，得

$$G(x,t;\xi,\tau)=-\frac{c_0}{2}H\langle t-\tau\rangle[H\langle x-\xi+c_0(t-\tau)\rangle-H\langle x-\xi-c_0(t-\tau)\rangle] \tag{7.73}$$

对于一般的激励函数 $p(x,t)$，根据 δ 函数的性质，它可写为

$$p(x,t)=\int_0^\infty \mathrm{d}\tau\int_{-\infty}^{\infty} p(x,t)\delta(x-\xi)\delta(t-\tau)\mathrm{d}\xi$$
$$=\lim_{\substack{\Delta\xi_i\to 0\\ \Delta\tau_j\to 0}}\sum_i\sum_j p(\xi_i,\tau_j)\Delta\xi_i\Delta\tau_j\delta(x-\xi_i)\delta(t-\tau_j) \tag{7.74}$$

根据叠加原理,方程(7.60)的解为

$$y(x,t)=\lim_{\substack{\Delta\xi_i\to 0\\ \Delta\tau_j\to 0}}\sum_i\sum_j G(x,t;\xi_i,\tau_j)\Delta\xi_i\Delta\tau_j$$
$$=\int_0^t \mathrm{d}\tau\int_{-\infty}^{\infty} G(x,t;\xi,\tau)p(\xi,\tau)\mathrm{d}\xi \tag{7.75}$$

这就是弦在一般载荷作用下的响应。

下面考虑另一种特殊载荷 $p(x,t)=f(x)\exp(-\mathrm{i}\omega t)$,即随时间简谐变化的载荷。此时,解的形式可设为 $y(x,t)=Y(x)\exp(-\mathrm{i}\omega t)$,控制方程(7.60)变为

$$\frac{\mathrm{d}^2Y}{\mathrm{d}x^2}+\frac{\omega^2}{c_0^2}Y=f(x) \tag{7.76}$$

与前面的做法类似,先来考虑在 ξ 点作用单位集中力的情况,即先取 $f(x)=\delta(x-\xi)$。此时,方程(7.76)的解为**弦在简谐载荷下的 Green 函数**,记为 $G=G(x;\xi)$,方程(7.76)变为

$$\frac{\mathrm{d}^2G}{\mathrm{d}x^2}+\frac{\omega^2}{c_0^2}G=\delta(x-\xi) \tag{7.77}$$

对方程(7.77)作 Fourier 变换可得

$$\overline{G}=-\frac{1}{\sqrt{2\pi}}\frac{\mathrm{e}^{\mathrm{i}\gamma\xi}}{\gamma^2-\gamma_0^2},\quad \gamma_0=\frac{\omega}{c_0} \tag{7.78}$$

再对上式取 Fourier 逆变换,得到

$$G=-\frac{1}{2\pi}\int_{-\infty}^{\infty}\frac{\mathrm{e}^{-\mathrm{i}\gamma(x-\xi)}}{\gamma^2-\gamma_0^2}\mathrm{d}\gamma \tag{7.79}$$

考虑式(7.79)的简单情况,令 $\xi=0$,即集中力作用在原点,我们有

$$G(x;0)=-\frac{1}{2\pi}\int_{-\infty}^{\infty}\frac{\mathrm{e}^{-\mathrm{i}\gamma x}}{\gamma^2-\gamma_0^2}\mathrm{d}\gamma \tag{7.80}$$

为了计算上式中的积分,将 γ 视为复数,这个积分等于沿图 7.6 的围线积分(如果在半圆路径上的积分为零)。根据留数定理,围线积分为

$$\int_C\frac{\mathrm{e}^{-\mathrm{i}\gamma x}}{\gamma^2-\gamma_0^2}\mathrm{d}\gamma=2\pi\mathrm{i}\sum\mathrm{Res} \tag{7.81}$$

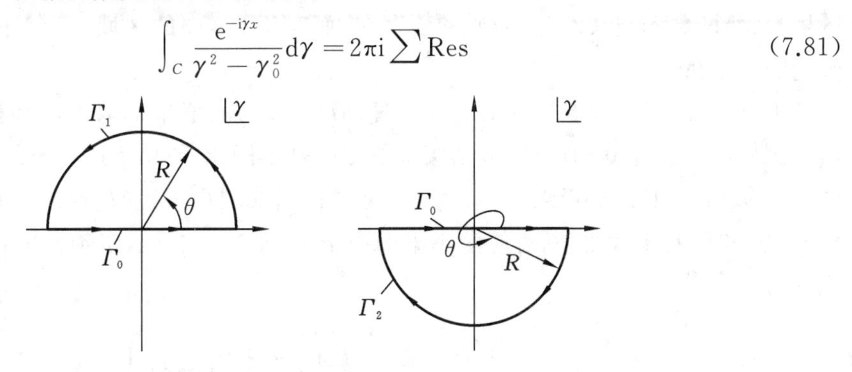

图 7.6　计算积分的两种可能围线

其中,C 为复平面上的一条封闭围线。图 7.6 给出了两种可能的围线,但图中没有画出实轴上的极点 $\gamma=\pm\gamma_0$。在半圆路径 Γ_1 和 Γ_2 上,令 $\gamma=R\exp(\mathrm{i}\theta)$,设沿 Γ_1 的积分为 I_1,则有

$$I_1=\lim_{R\to\infty}\int_0^{\pi}\frac{\mathrm{e}^{xR\sin\theta}\,\mathrm{e}^{-\mathrm{i}xR\cos\theta}}{R^2\,\mathrm{e}^{\mathrm{i}(2\theta)}-\gamma_0^2}\mathrm{i}R\,\mathrm{e}^{\mathrm{i}\theta}\,\mathrm{d}\theta \tag{7.82}$$

沿路径 Γ_1 有 $\sin\theta>0$,因此若 $x<0$,则当 $R\to\infty$时指数函数值将迅速衰减为零,即 $I_1\to0$;反之,若 $x>0$,则 $I_1\to\infty$。

对于沿路径 Γ_2 的积分 I_2,当 $x>0$ 和 $R\to\infty$时 $I_2\to0$。因此,计算式(7.81)积分时,对$-\infty<x<0$应选路径 Γ_1,对 $0<x<\infty$应选路径 Γ_2。而计算式(7.79)积分时,对$-\infty<x<\xi$应选路径Γ_1,对 $\xi<x<\infty$应选路径 Γ_2。

式(7.81)积分计算中的另一个问题是实轴上的极点的处理,可用小的半圆路径避免积分路径上的奇异性,同时,还可选择小半圆的凹向,将极点包含进或排除出围线,如图 7.7 所示。先计算式(7.81)积分在两个极点处的留数:

$$\mathrm{Res}\bigg|_{\gamma=-\gamma_0}=-\frac{\exp(\mathrm{i}\gamma_0x)}{2\gamma_0},\quad \mathrm{Res}\bigg|_{\gamma=\gamma_0}=\frac{\exp(-\mathrm{i}\gamma_0x)}{2\gamma_0} \tag{7.83}$$

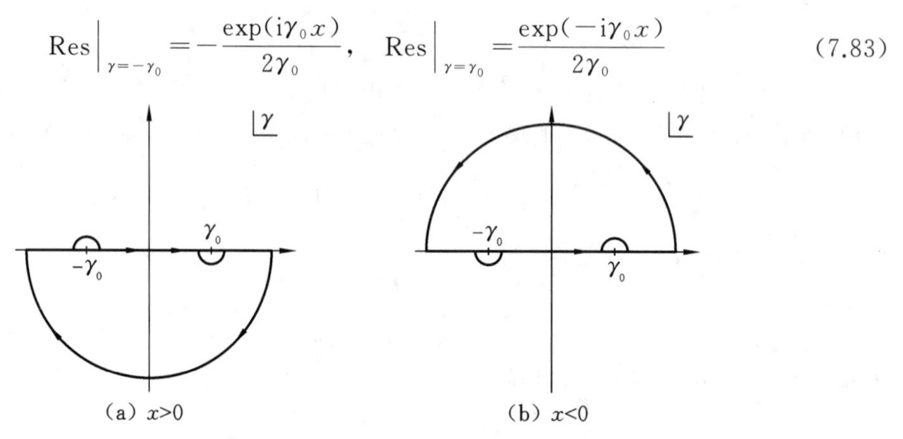

图 7.7　不同的 x 值所需要的积分围线和小半圆凹向

式(7.80)中的原积分,在实轴上同时有两个极点 $\gamma=\pm\gamma_0$,因此原积分的结果中必然同时包含具有因子 $\exp(\mathrm{i}\gamma_0x)$和 $\exp(-\mathrm{i}\gamma_0x)$的项,这些项与时间谐波项 $\exp(-\mathrm{i}\omega t)$结合后便得到波动解 $y(x,t)$,即波动解中同时包含具有因子 $\exp[\mathrm{i}(\gamma_0x-\omega t)]$和 $\exp[-\mathrm{i}(\gamma_0x+\omega t)]$的项,但是根据辐射条件,波动必须从脉冲作用点向外传播,在现在的情况下,对于 $x>0$ 的区域,只允许含 $\exp[\mathrm{i}(\gamma_0x-\omega t)]$的项存在,而对于 $x<0$ 的区域,只允许含 $\exp[-\mathrm{i}(\gamma_0x+\omega t)]$的项存在。

由以上讨论可知,求式(7.81)积分时,应由 x 的取值来选取围线和极点处小半圆的凹向。例如,对于 $x>0$ 的区域,应选实轴下方的基本围线,再由于此时 $y(x,t)$中只含有 $\exp[\mathrm{i}(\gamma_0x-\omega t)]$的项,因此极点 $\gamma=-\gamma_0$ 应包含在围线之内,对应的小半圆向上凹;同理,极点$\gamma=\gamma_0$ 应排除在围线之外,对应的小半圆向下凹,如图 7.7 (a)所示。于是,可得式(7.80)的积分为

$$G(x;0)=-\frac{1}{2\pi}\left(-2\pi\mathrm{i}\,\mathrm{Res}\bigg|_{\gamma=\gamma_0}\right) \tag{7.84}$$

上式右边括号中的负号是因为图 7.7 (a)的积分围线是顺时针转的。因此,最后的结果为

$$G(x;0)=-\frac{\mathrm{i}}{2\gamma_0}\exp(\mathrm{i}\gamma_0 x),\quad x>0 \tag{7.85}$$

对 $x<0$ 的情况可类似处理,不再讨论。

求出 Green 函数 $G(x;\xi)$后,可用卷积定理求 $Y(x)$:

$$Y(x)=\frac{1}{\sqrt{2\pi}}\int_{-\infty}^{\infty}G(\alpha;\xi)f(x-\alpha)\mathrm{d}\alpha \tag{7.86}$$

如果不采用卷积方法,则可直接采用 Fourier 逆变换积分:

$$Y(x)=-\frac{1}{\sqrt{2\pi}}\int_{-\infty}^{\infty}\frac{\bar{f}(\gamma)}{\gamma^2-\gamma_0^2}\mathrm{e}^{-\mathrm{i}\gamma x}\mathrm{d}\gamma \tag{7.87}$$

7.2　弦的边界条件

通常遇到的弦的边界类型及其边界条件总结如下。

(1) 两端固定。

边界如图 7.8 (a)所示,边界条件为

$$y(0,t)=0,\quad y(l,t)=0 \tag{7.88}$$

(2) 两端自由。

边界如图 7.8 (b)所示,边界条件为

$$\frac{\partial y}{\partial x}(0,t)=0,\quad \frac{\partial y}{\partial x}(l,t)=0 \tag{7.89}$$

(3) 两端附加集中质量。

边界如图 7.8 (c)所示,边界条件为

$$\begin{cases} m_1\dfrac{\partial^2 y}{\partial t^2}(0,t)=T\dfrac{\partial y}{\partial x}(0,t) \\ -m_2\dfrac{\partial^2 y}{\partial t^2}(l,t)=T\dfrac{\partial y}{\partial x}(l,t) \end{cases} \tag{7.90}$$

(4) 两端附加集中弹簧。

边界如图 7.8 (d)所示,边界条件为

$$\begin{cases} k_1 y(0,t)=T\dfrac{\partial y}{\partial x}(0,t) \\ -k_2 y(l,t)=T\dfrac{\partial y}{\partial x}(l,t) \end{cases} \tag{7.91}$$

(5) 两端附加黏性阻尼器。

边界如图 7.8 (e)所示,边界条件为

$$\begin{cases} c_1\dfrac{\partial y}{\partial t}(0,t)=T\dfrac{\partial y}{\partial x}(0,t) \\ -c_2\dfrac{\partial y}{\partial t}(l,t)=T\dfrac{\partial y}{\partial x}(l,t) \end{cases} \tag{7.92}$$

当两端具有不同的边界时,利用上述结果可以给出任意一种组合的边界条件。

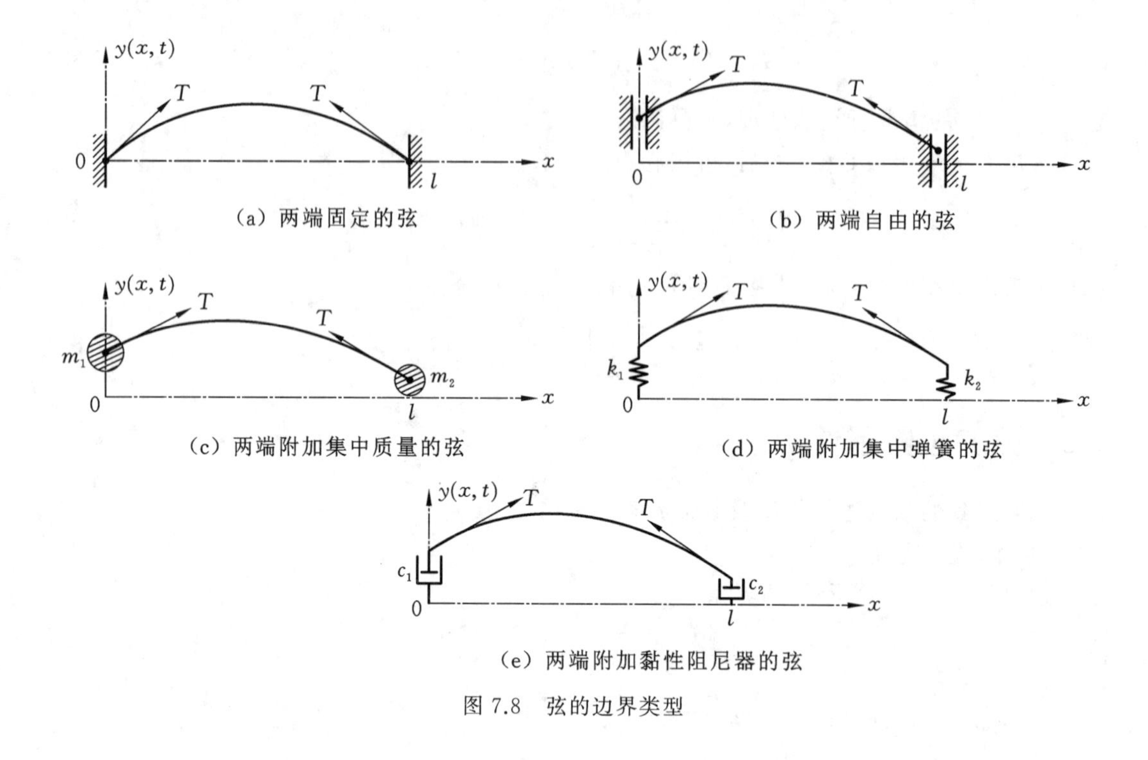

(a) 两端固定的弦

(b) 两端自由的弦

(c) 两端附加集中质量的弦

(d) 两端附加集中弹簧的弦

(e) 两端附加黏性阻尼器的弦

图 7.8　弦的边界类型

7.3　有限长弦的自由振动

7.3.1　两端固定弦的振动

考虑波动方程(7.3)的分离变量解:

$$y(x,t)=Y(x)\psi(t) \tag{7.93}$$

将此代入波动方程可得

$$c_0^2\frac{Y''}{Y}=\frac{\ddot{\psi}}{\psi}=-\omega^2 \tag{7.94}$$

进而可得

$$Y''+\frac{\omega^2}{c_0^2}Y=0 \tag{7.95}$$

$$\ddot{\psi}+\omega^2\psi=0 \tag{7.96}$$

方程(7.96)的通解为

$$\psi=A\sin(\omega t)+B\cos(\omega t) \tag{7.97}$$

或者用虚指数表示为

$$\psi=A_1\mathrm{e}^{\mathrm{i}\omega t}+B_1\mathrm{e}^{-\mathrm{i}\omega t} \tag{7.98}$$

这个解表示系统随时间做简谐运动。如果式(7.94)中的分离常数为一个正数 $\bar{\omega}^2$,则

$$\psi=A_1\mathrm{e}^{\bar{\omega}t}+B_1\mathrm{e}^{-\bar{\omega}t}$$

这一结果会发散,因此实际中不允许出现这样的解。

方程(7.95)的通解为

$$Y(x)=C\sin(\beta x)+D\cos(\beta x),\quad \beta^2=\omega^2/c_0^2 \tag{7.99}$$

边界条件为

$$y(0,t)=y(l,t)=0 \tag{7.100}$$

应用边界条件后可得 $D=0$，同时有

$$\sin(\beta l)=0,\quad \beta l=n\pi,\quad n=1,2,\cdots \tag{7.101}$$

所以

$$\omega_n=c_0\beta_n=n\pi c_0/l,\quad n=1,2,\cdots \tag{7.102}$$

$$Y_n(x)=C_n\sin(\beta_n x),\quad n=1,2,\cdots \tag{7.103}$$

其中 ω_n 称为弦的**固有频率**，$Y_n(x)$称为**模态**（或**模态形状**或**振型**）。图 7.9 画出了几个模态，可见奇数模态（$n=1,3,5,\cdots$）为对称模态，偶数模态（$n=2,4,6,\cdots$）为反对称模态。每个模态的零位移点称为该模态的**节点**（**node**），而最大振动点称为**反节点**（**antinode**）。

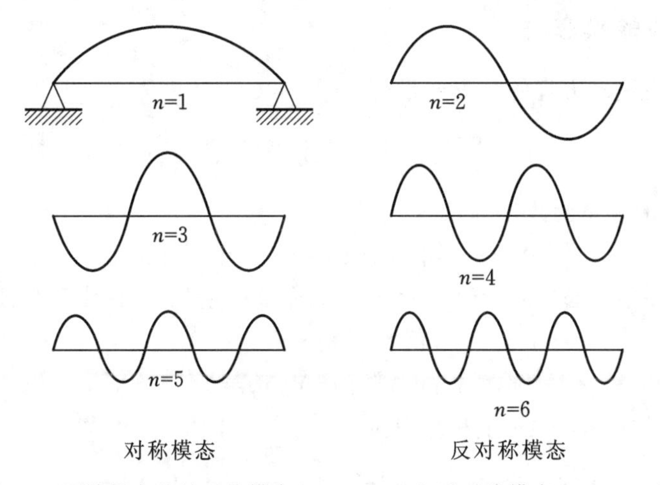

图 7.9　两端固定弦的对称模态（$n=1,3,5$）和反对称模态（$n=2,4,6$）

由于 $\sin(\beta_n x)$是正交函数系，所以弦的模态（连续系统的模态）具有**正交性**，即有

$$\int_0^l \sin(\beta_n x)\sin(\beta_m x)\,\mathrm{d}x=\begin{cases} l/2, & m=n \\ 0, & m\neq n \end{cases} \tag{7.104}$$

每个模态对应的弦振动称为**模态振动**，为

$$y_n(x,t)=[A_n\sin(\omega_n t)+B_n\cos(\omega_n t)]\sin(\beta_n x) \tag{7.105}$$

弦自由振动的通解为

$$y(x,t)=\sum_{n=1}^{\infty}[A_n\sin(\omega_n t)+B_n\cos(\omega_n t)]\sin(\beta_n x) \tag{7.106}$$

若初始条件为

$$y(x,0)=U(x),\quad \dot{y}(x,0)=V(x) \tag{7.107}$$

则应用初始条件可得

$$U(x)=\sum_{n=1}^{\infty}B_n\sin(\beta_n x) \tag{7.108}$$

$$V(x)=\sum_{n=1}^{\infty}A_n\omega_n\sin(\beta_n x) \tag{7.109}$$

利用模态的正交性可得

$$A_n=\frac{2}{l\omega_n}\int_0^l V(x)\sin(\beta_n x)\mathrm{d}x \tag{7.110}$$

$$B_n=\frac{2}{l}\int_0^l U(x)\sin(\beta_n x)\mathrm{d}x \tag{7.111}$$

回到式(7.106),我们可以写出

$$A_n\sin(\omega_n t)\sin(\beta_n x)=\frac{A_n}{2}\cos(\beta_n x-\omega_n t)-\frac{A_n}{2}\cos(\beta_n x+\omega_n t) \tag{7.112}$$

$$B_n\cos(\omega_n t)\sin(\beta_n x)=\frac{B_n}{2}\sin(\beta_n x+\omega_n t)+\frac{B_n}{2}\sin(\beta_n x-\omega_n t) \tag{7.113}$$

它们是行波表达式。

7.3.2 一般的模态解

我们再次考虑波动方程的分离变量解:

$$y(x,t)=\sum_{n=1}^{\infty}[A_n\sin(\omega_n t)+B_n\cos(\omega_n t)]Y_n(x) \tag{7.114}$$

其中,$Y_n(x)$为弦的模态函数,它满足:

$$Y_n''(x)+\beta_n^2 Y_n(x)=0,\quad \beta_n^2=\omega_n^2/c_n^2 \tag{7.115}$$

我们来考察一般模态的正交性。对任意 n 阶和 m 阶模态,由方程(7.115)可得

$$\begin{cases}Y_m Y_n''+\beta_n^2 Y_m Y_n=0\\ Y_n Y_m''+\beta_m^2 Y_m Y_n=0\end{cases} \tag{7.116}$$

将以上两式相减并在 $0\leqslant x\leqslant l$ 上积分,得

$$\int_0^l (Y_m Y_n''-Y_n Y''_m)\mathrm{d}x+\int_0^l(\beta_n^2-\beta_m^2)Y_m Y_n\mathrm{d}x=0 \tag{7.117}$$

应用两次分部积分,可得

$$\int_0^l Y_m Y_n''\mathrm{d}x=[Y_m Y_n'-Y'_m Y_n]_0^l+\int_0^l Y_m'' Y_n\mathrm{d}x \tag{7.118}$$

将此代入式(7.117)得到

$$[Y_m Y_n'-Y_m' Y_n]_0^l+(\beta_n^2-\beta_m^2)\int_0^l Y_m Y_n\mathrm{d}x=0 \tag{7.119}$$

如果在 $x=0$ 和 $x=l$ 处边界条件对任意 a_1,b_1,a_2,b_2 满足:

$$\begin{cases}a_1 Y(0)+b_1 Y'(0)=0\\ a_2 Y(l)+b_2 Y'(l)=0\end{cases} \tag{7.120}$$

则式(7.119)左边方括号的值为零。易知对于固定、自由或弹性边界条件,式(7.120)是满足的。因此有

$$(\beta_n^2-\beta_m^2)\int_0^l Y_m Y_n\mathrm{d}x=0 \tag{7.121}$$

因为对 $n\neq m$ 有 $\beta_n\neq\beta_m$,我们得

$$\int_0^l Y_m Y_n\mathrm{d}x=0,\quad m\neq n \tag{7.122}$$

这就是模态的正交性。

7.4 有限长弦的受迫振动

有限长弦受迫振动的控制方程为

$$T\frac{\partial^2 y}{\partial x^2}-\rho\frac{\partial^2 y}{\partial t^2}=-q(x,t) \tag{7.123}$$

载荷 $q(x,t)$ 通常为空间和时间的一般函数。下面我们给出一些响应的求解方法。

7.4.1 Green 函数法

考虑在 $x=\xi$ 点作用简谐集中力的情况，即

$$q(x,t)=P\delta(x-\xi)\mathrm{e}^{-\mathrm{i}\omega t} \tag{7.124}$$

若令 $P=-T$，则方程(7.123)变为

$$\frac{\partial^2 y}{\partial x^2}-\frac{1}{c_0^2}\frac{\partial^2 y}{\partial t^2}=\delta(x-\xi)\mathrm{e}^{-\mathrm{i}\omega t} \tag{7.125}$$

它的解可写为如下形式：

$$y(x,t)=\psi(x)\mathrm{e}^{-\mathrm{i}\omega t} \tag{7.126}$$

$\psi(x)$应满足：

$$\psi''+\beta^2\psi=\delta(x-\xi),\quad \beta^2=\omega^2/c_0^2 \tag{7.127}$$

现在假设边界为固定-固定，则

$$\psi(0)=\psi(l)=0 \tag{7.128}$$

因为在 $x\neq\xi$ 处 $\delta(x-\xi)=0$，由式(7.127)可得

$$\psi_1=A_1\sin(\beta x)+B_1\cos(\beta x),\quad 0\leqslant x<\xi \tag{7.129}$$

$$\psi_2=A_2\sin(\beta x)+B_2\cos(\beta x),\quad \xi<x\leqslant l \tag{7.130}$$

由边界条件式(7.128)可得

$$\psi_1=A_1\sin(\beta x),\quad 0\leqslant x<\xi \tag{7.131}$$

$$\psi_2=A_2[\sin(\beta x)-\tan(\beta l)\cos(\beta x)],\quad \xi<x\leqslant l \tag{7.132}$$

在 $x=\xi$ 的协调条件为

$$\begin{cases}\psi_1(\xi)=\psi_2(\xi)\\ \displaystyle\int_{\xi-\varepsilon}^{\xi+\varepsilon}(\psi''+\beta^2\psi)\mathrm{d}x=\int_{\xi-\varepsilon}^{\xi+\varepsilon}\delta(x-\xi)\mathrm{d}x=1\end{cases} \tag{7.133}$$

式(7.133)是将方程(7.127)在 $x=\xi$ 的邻域内积分得到的。对上式右边进行积分可得

$$\int_{\xi-\varepsilon}^{\xi+\varepsilon}(\psi''+\beta^2\psi)\mathrm{d}x=\int_{\xi-\varepsilon}^{\xi+\varepsilon}\psi''\mathrm{d}x=\psi_2'(\xi)-\psi_1'(\xi)=1 \tag{7.134}$$

于是可得

$$\begin{cases}A_1\sin(\beta\xi)=A_2[\sin(\beta\xi)-\tan(\beta l)\cos(\beta\xi)]\\ A_2[\cos(\beta\xi)+\tan(\beta l)\sin(\beta\xi)]-A_1\cos(\beta\xi)=\dfrac{1}{\beta}\end{cases} \tag{7.135}$$

由此可确定 A_1，A_2，进而可得

$$\begin{cases}\psi_1=-\dfrac{\sin(\beta x)\sin[\beta(l-\xi)]}{\beta\sin(\beta l)}, & 0\leqslant x<\xi\\ \psi_2=-\dfrac{\sin(\beta\xi)\sin[\beta(l-x)]}{\beta\sin(\beta l)}, & \xi<x\leqslant l\end{cases}\tag{7.136}$$

这个解就是两端固定弦的 **Green 函数**,记为 $G(x;\xi)$,即有

$$G(x;\xi)=\begin{cases}-\dfrac{\sin(\beta x)\sin[\beta(l-\xi)]}{\beta\sin(\beta l)}, & 0\leqslant x<\xi\\ -\dfrac{\sin(\beta\xi)\sin[\beta(l-x)]}{\beta\sin(\beta l)}, & \xi<x\leqslant l\end{cases}\tag{7.137}$$

所以,在 $x=\xi$ 处作用大小为 $P=-T$ 的简谐集中力时,弦的受迫振动为

$$y(x,t)=G(x;\xi)\mathrm{e}^{-\mathrm{i}\omega t}\tag{7.138}$$

7.4.2 Laplace 变换法

仍然考虑前面的问题,即对于方程(7.123),令 $q(x,t)=-T\delta(x-\xi)\mathrm{e}^{-\mathrm{i}\omega t}$,则得

$$\frac{\partial^2 y}{\partial x^2}-\frac{1}{c_0^2}\frac{\partial^2 y}{\partial t^2}=\delta(x-\xi)\mathrm{e}^{-\mathrm{i}\omega t}\tag{7.139}$$

令 $y(x,t)=\psi(x)\mathrm{e}^{-\mathrm{i}\omega t}$ 可得

$$\psi''+\beta^2\psi=\delta(x-\xi),\quad \beta^2=\omega^2/c_0^2\tag{7.140}$$

对这个方程关于空间变量取 Laplace 变换可得

$$s^2\Psi(s)-s\psi(0)-\psi'(0)+\beta^2\Psi(s)=\mathcal{L}\{\delta(x-\xi)\}\tag{7.141}$$

其中

$$\mathcal{L}\{\delta(x-\xi)\}=\int_0^\infty\delta(x-\xi)\mathrm{e}^{-sx}\,\mathrm{d}x=\mathrm{e}^{-s\xi}\tag{7.142}$$

解出 $\Psi(s)$,有

$$\Psi(s)=\frac{s\psi(0)+\psi'(0)}{s^2+\beta^2}+\frac{\mathrm{e}^{-s\xi}}{s^2+\beta^2}\tag{7.143}$$

作 Laplace 逆变换得到

$$\psi(x)=\psi(0)\mathcal{L}^{-1}\left(\frac{s}{s^2+\beta^2}\right)+\psi'(0)\mathcal{L}^{-1}\left(\frac{1}{s^2+\beta^2}\right)+\mathcal{L}^{-1}\left(\frac{\mathrm{e}^{-s\xi}}{s^2+\beta^2}\right)\tag{7.144}$$

上式右边前两项为

$$\mathcal{L}^{-1}\left(\frac{s}{s^2+\beta^2}\right)=\cos(\beta x),\quad \mathcal{L}^{-1}\left(\frac{1}{s^2+\beta^2}\right)=\frac{\sin(\beta x)}{\beta}\tag{7.145}$$

将式(7.144)中右边第三项看作 $f_1(s)$ 与 $f_2(s)$ 的积:

$$f_1(s)=\frac{\mathrm{e}^{-s\xi}}{s},\quad f_2(s)=\frac{s}{s^2+\beta^2}\tag{7.146}$$

查表可知

$$\mathcal{L}^{-1}\{f_1(s)\}=\mathcal{L}^{-1}\left(\frac{\mathrm{e}^{-s\xi}}{s}\right)=\begin{cases}0, & 0<x<\xi\\ 1, & x>\xi\end{cases}\tag{7.147}$$

$$\mathcal{L}^{-1}\{f_2(s)\}=\mathcal{L}^{-1}\left(\frac{s}{s^2+\beta^2}\right)=\cos(\beta x)\tag{7.148}$$

于是,由卷积定理可得

$$\mathcal{L}^{-1}\left(\frac{\mathrm{e}^{-s\xi}}{s^2+\beta^2}\right)=\begin{cases}0, & 0<x<\xi\\ \int_{\xi}^{x}\cos[\beta(x-u)]\mathrm{d}u, & \xi<x\leqslant l\end{cases} \tag{7.149}$$

因此有

$$\psi(x)=\psi(0)\cos(\beta x)+\psi'(0)\frac{\sin(\beta x)}{\beta}+\frac{1}{\beta}\begin{cases}0, & 0<x<\xi\\ \sin[\beta(x-\xi)], & \xi<x\leqslant l\end{cases} \tag{7.150}$$

假设弦的两端固定,即边界条件为

$$\psi(0)=\psi(l)=0 \tag{7.151}$$

由此可得

$$\psi(l)=\psi'(0)\frac{\sin(\beta l)}{\beta}+\frac{\sin[\beta(l-\xi)]}{\beta}=0 \tag{7.152}$$

由此可确定 $\psi'(0)$,进而得到

$$\psi(x)=-\frac{\sin[\beta(l-\xi)]}{\beta\sin(\beta l)}\sin(\beta x)+\frac{1}{\beta}\begin{cases}0, & 0<x<\xi\\ \sin[\beta(x-\xi)], & \xi<x\leqslant l\end{cases} \tag{7.153}$$

这一结果也可写为

$$\psi(x)=\begin{cases}-\dfrac{\sin[\beta(l-\xi)]}{\beta\sin(\beta l)}\sin(\beta x), & 0<x<\xi\\ -\dfrac{\sin(\beta\xi)\sin[\beta(l-x)]}{\beta\sin(\beta l)}, & \xi<x\leqslant l\end{cases} \tag{7.154}$$

这一结果与 Green 函数式(7.137)完全相同。

7.4.3 有限 Fourier 变换法

考虑如下的一般载荷:

$$q(x,t)=TW(x)\mathrm{e}^{\mathrm{i}\omega t} \tag{7.155}$$

弦的控制方程变为

$$\frac{\partial^2 y}{\partial x^2}-\frac{1}{c_0^2}\frac{\partial^2 y}{\partial t^2}=-W(x)\mathrm{e}^{\mathrm{i}\omega t} \tag{7.156}$$

设 $y(x,t)=Y(x)\mathrm{e}^{\mathrm{i}\omega t}$,我们有

$$Y''(x)+\beta^2Y(x)+W(x)=0,\quad \beta^2=\omega^2/c_0^2 \tag{7.157}$$

由于上式定义在有限区间[0,l]上,因此可使用有限 Fourier 变换。边界条件的性质将决定是采用正弦变换还是余弦变换。我们首先采用正弦变换:

$$F_s\{Y''(x)\}=\frac{1}{l}\int_0^l Y''(x)\sin\frac{n\pi x}{l}\mathrm{d}x \tag{7.158}$$

应用分部积分得到

$$F_s\{Y''(x)\}=\frac{1}{l}\left[Y'(x)\sin\frac{n\pi x}{l}-\frac{n\pi}{l}Y(x)\cos\frac{n\pi x}{l}\right]_0^l-\frac{1}{l}\left(\frac{n\pi}{l}\right)^2\int_0^l Y(x)\sin\frac{n\pi x}{l}\mathrm{d}x \tag{7.159}$$

对于两端固定的弦，有 $Y(0)=Y(l)=0$，而在 $x=0,l$ 处 $\sin(n\pi x/l)=0$。因此式(7.159)中右边方括号的值为零，则

$$F_s\{Y''(x)\}=-\left(\frac{n\pi}{l}\right)^2\overline{Y}(n) \tag{7.160}$$

其中

$$\overline{Y}(n)=\frac{1}{l}\int_0^l Y(x)\sin\frac{n\pi x}{l}\mathrm{d}x \tag{7.161}$$

于是，对方程(7.157)进行变换后可得

$$\overline{Y}(n)=\frac{\overline{W}(n)}{\alpha_n^2-\beta^2},\quad \alpha_n=\frac{n\pi}{l} \tag{7.162}$$

对上式取逆变换可得

$$Y(x)=2\sum_{n=1}^{\infty}\frac{\overline{W}(n)\sin(\alpha_n x)}{\alpha_n^2-\beta^2}=\frac{2}{l}\sum_{n=1}^{\infty}\frac{\sin(\alpha_n x)}{\alpha_n^2-\beta^2}\int_0^l W(u)\sin(\alpha_n u)\mathrm{d}u \tag{7.163}$$

于是

$$y(x,t)=Y(x)\mathrm{e}^{\mathrm{i}\omega t} \tag{7.164}$$

对于 $W(x)=\delta(x-\xi)$ 的特殊情况将得出前面的结果，即式(7.154)。

7.4.4 Laplace 和有限 Fourier 变换法

我们仍然考虑两端固定的弦，其控制方程和边界条件为

$$T\frac{\partial^2 y}{\partial x^2}-\rho\frac{\partial^2 y}{\partial t^2}+q(x,t)=0 \tag{7.165}$$

$$y(0,t)=y(l,t)=0 \tag{7.166}$$

设初始条件为

$$y(x,0)=h(x),\quad \dot{y}(x,0)=g(x) \tag{7.167}$$

先关于时间变量 t 取 Laplace 变换：

$$c_0^2\bar{y}''(x,s)-s^2\bar{y}(x,s)=-\frac{1}{\rho}\bar{q}(x,s)-sh(x)-g(x) \tag{7.168}$$

再对上式关于空间变量 x 取有限 Fourier 正弦变换，得

$$(c_0^2\alpha_n^2+s^2)\overline{Y}(n,s)=\frac{1}{\rho}\overline{Q}(n,s)+sH(n)+G(n) \tag{7.169}$$

由此得到

$$\overline{Y}(n,s)=\frac{\overline{Q}/\rho+sH+G}{c_0^2\alpha_n^2+s^2},\quad \alpha_n=\frac{n\pi}{l} \tag{7.170}$$

对上式取逆 Fourier 正弦变换可得

$$\begin{aligned}\bar{y}(x,s)=\frac{2}{l}\sum_{n=1}^{\infty}\frac{\sin(\alpha_n x)}{c_0^2\alpha_n^2+s^2}\Big[&\frac{1}{\rho}\int_0^l\bar{q}(u,s)\sin(\alpha_n u)\mathrm{d}u\\&+s\int_0^l h(u)\sin(\alpha_n u)\mathrm{d}u+\int_0^l g(u)\sin(\alpha_n u)\mathrm{d}u\Big]\end{aligned} \tag{7.171}$$

采用卷积定理对上式求 Laplace 逆变换。我们有

$$\begin{cases} \mathcal{L}^{-1}\left(\dfrac{1}{s^2+c_0^2\alpha_n^2}\right)=\dfrac{1}{\omega_n}\sin(\omega_n t), \\ \mathcal{L}^{-1}\left(\dfrac{s}{s^2+c_0^2\alpha_n^2}\right)=\cos(\omega_n t), \end{cases} \quad \omega_n=c_0\alpha_n \tag{7.172}$$

由卷积定理有

$$\mathcal{L}^{-1}\{\bar{f}(s)\bar{g}(s)\}=\bar{f}*\bar{g}=\int_0^t f(\tau)g(t-\tau)\mathrm{d}\tau \tag{7.173}$$

所以我们有

$$\mathcal{L}^{-1}\left(\frac{\bar{q}(u,s)}{s^2+\omega_n^2}\right)=\frac{1}{\omega_n}\int_0^t q(u,\tau)\sin[\omega_n(t-\tau)]\mathrm{d}\tau \tag{7.174}$$

于是，对式(7.171)作 Laplace 逆变换可得

$$\begin{aligned} y(x,t)=&\frac{2}{\rho c_0 l}\sum_{n=1}^{\infty}\frac{\sin(\alpha_n x)}{\alpha_n}\int_0^l \sin(\alpha_n u)\mathrm{d}u\int_0^t q(u,\tau)\sin[\omega_n(t-\tau)]\mathrm{d}\tau \\ &+\frac{2}{l}\sum_{n=1}^{\infty}\sin(\alpha_n x)\left[\cos(\omega_n t)\int_0^l h(u)\sin(\alpha_n u)\mathrm{d}u+\frac{\sin(\omega_n t)}{\omega_n}\int_0^l g(u)\sin(\alpha_n u)\mathrm{d}u\right] \end{aligned} \tag{7.175}$$

对于初始条件 $g(x)=h(x)=0$，以及

$$q(x,t)=Q(t)\delta(x-\xi) \tag{7.176}$$

的情况，有

$$y(x,t)=\frac{2}{\rho c_0 l}\sum_{n=1}^{\infty}\frac{\sin(\alpha_n x)\sin(\alpha_n\xi)}{\alpha_n}\int_0^t Q(\tau)\sin[\omega_n(t-\tau)]\mathrm{d}\tau \tag{7.177}$$

若载荷为一个时间脉冲，即 $Q(\tau)=\delta(\tau)$，则

$$y(x,t)=\frac{2}{\rho c_0 l}\sum_{n=1}^{\infty}\frac{\sin(\alpha_n x)\sin(\alpha_n\xi)}{\alpha_n}\sin(\omega_n t)=G(x,t;\xi) \tag{7.178}$$

上式可视为两端固定弦的双重 Green 函数。对一个任意载荷 $q(x,t)$ 的响应为

$$y(x,t)=\int_0^l \mathrm{d}\xi\int_0^t G(x,t;\xi)q(\xi,\tau)\mathrm{d}\tau \tag{7.179}$$

7.4.5　模态叠加法

重写弦的受迫振动控制方程：

$$T\frac{\partial^2 y}{\partial x^2}-\rho\frac{\partial^2 y}{\partial t^2}+q(x,t)=0 \tag{7.180}$$

假设弦的自由振动已经解出，则其模态函数 $Y_n(x)$，$n=1,2,\cdots$已经求出，即 $Y_n(x)$满足：

$$Y_n''(x)+\beta_n^2 Y_n(x)=0,\quad \beta_n^2=\omega_n^2/c_0^2 \tag{7.181}$$

假设模态是正交的，且设响应为

$$y(x,t)=\sum_{n=1}^{\infty}q_n(t)Y_n(x) \tag{7.182}$$

将上式代入方程(7.180)，得

$$\sum_{n=1}^{\infty}[Tq_n(t)Y_n''-\rho\ddot{q}_n(t)Y_n]=-q(x,t) \tag{7.183}$$

或

$$\sum_{n=1}^{\infty}[\ddot{q}_n(t)+\omega_n^2 q_n(t)]Y_n(x)=\frac{1}{\rho}q(x,t) \tag{7.184}$$

其中使用了关系 $Y_n''=-(\omega_n/c_0)^2 Y_n$。上式两边同乘 $Y_m(x)$后积分，得

$$\sum_{n=1}^{\infty}[\ddot{q}_n(t)+\omega_n^2 q_n(t)]\int_0^l Y_m Y_n \mathrm{d}x=\frac{1}{\rho}\int_0^l Y_m q(x,t)\mathrm{d}x \tag{7.185}$$

利用模态正交性可得

$$\ddot{q}_n(t)+\omega_n^2 q_n(t)=\frac{1}{\rho N}\int_0^l Y_n q(x,t)\mathrm{d}x=Q_n(t),\quad N=\int_0^l Y_n Y_n \mathrm{d}x \tag{7.186}$$

因此我们需要解常微分方程组：

$$\ddot{q}_n(t)+\omega_n^2 q_n(t)=Q_n(t),\quad n=1,2,3,\cdots \tag{7.187}$$

这组方程的解为

$$\begin{aligned}q_n(t)=&q_n(0)\cos(\omega_n t)+\frac{\dot{q}_n(0)}{\omega_n}\sin(\omega_n t)\\&-\frac{1}{\omega_n}\int_0^t Q_n(\tau)\sin[\omega_n(t-\tau)]\mathrm{d}\tau,\quad n=1,2,3,\cdots\end{aligned} \tag{7.188}$$

这样，响应已经求出，因为有

$$y(x,t)=\sum_{n=1}^{\infty}q_n(t)Y_n(x) \tag{7.189}$$

7.5 弹性基础上的弦和频散

7.5.1 控制方程

设弦安放在分布刚度为 k 的弹性基础上，易得弦的自由振动方程为

$$T\frac{\partial^2 y}{\partial x^2}-ky=\rho\frac{\partial^2 y}{\partial t^2} \tag{7.190}$$

或

$$\frac{\partial^2 y}{\partial x^2}-\frac{k}{T}y=\frac{1}{c_0^2}\frac{\partial^2 y}{\partial t^2},\quad c_0^2=\frac{T}{\rho} \tag{7.191}$$

7.5.2 简谐波的传播

现在考察简谐波是否能在弹性基础的弦上传播，若能，需要满足什么条件？也就是说，在什么条件下，弦运动

$$y=A\mathrm{e}^{\mathrm{i}(\gamma x-\omega t)} \tag{7.192}$$

满足控制方程(7.191)。将式(7.192)代入方程(7.191)得到

$$\left(-\gamma^2-\frac{k}{T}+\frac{\omega^2}{c_0^2}\right)A\mathrm{e}^{\mathrm{i}(\gamma x-\omega t)}=0 \tag{7.193}$$

若存在非零解，则必须有

$$\omega^2=c_0^2\left(\gamma^2+\frac{k}{T}\right) \tag{7.194}$$

或

$$\gamma^2=\frac{\omega^2}{c_0^2}-\frac{k}{T} \tag{7.195}$$

以上两式用符号形式表示可写为

$$\omega=\omega(\gamma),\quad \gamma=\gamma(\omega) \tag{7.196}$$

也可以得到另一种形式的结果。注意到

$$e^{i(\gamma x-\omega t)}=e^{i\gamma(x-ct)} \tag{7.197}$$

其中,$c=\omega/\gamma$ 为波的相速度。在前面讨论的简单弦中相速度 $c=c_0$ 为常数,但现在的相速度却不是常数。将弦的运动形式取为

$$y=A e^{i\gamma(x-ct)} \tag{7.198}$$

代入方程(7.191)得到

$$c^2=c_0^2\left(1+\frac{k}{T\gamma^2}\right) \tag{7.199}$$

或

$$\gamma^2=\frac{k/T}{(c^2/c_0^2)-1} \tag{7.200}$$

以上两式用符号形式表示可写为

$$c=c(\gamma),\quad \gamma=\gamma(c) \tag{7.201}$$

从式(7.194)和式(7.200)中消去 γ,得

$$\omega^2=\frac{c^2k/T}{c^2/c_0^2-1},\quad c^2=\frac{\omega^2c_0^2}{\omega^2-(kc_0^2/T)} \tag{7.202}$$

以上两式形式上可写为

$$\omega=\omega(c),\quad c=c(\omega) \tag{7.203}$$

由以上一系列结果可得结论:在弹性基础上的弦中,一个频率为 ω 的简谐波,只能以一个由方程 $\omega=\omega(c)$ 控制的相速度 c 传播。

因此,若在 $t=t_0$ 时作用一个脉冲,它可视为由很多谐波叠加而成,由于各个谐波的传播速度不同,在 $t>t_0$ 时各个谐波的叠加将不能形成原来的脉冲波形,即传播的脉冲波形将发生畸变。

现在考虑式(7.195),有

$$\gamma=\pm\left(\frac{\omega^2}{c_0^2}-\frac{k}{T}\right)^{1/2} \tag{7.204}$$

若 $\omega^2/c_0^2>k/T$,则得 γ 的两个实根,这时有

$$y=A e^{i(\pm\gamma x-\omega t)} \tag{7.205}$$

γ 的两个实根分别对应向左和向右传播的波。

若 $\omega^2/c_0^2<k/T$,则得 γ 的两个虚根,令 $\bar{\gamma}^2=-\gamma^2$,则有

$$y=A e^{\pm\bar{\gamma}x}e^{-i\omega t} \tag{7.206}$$

这个解对应于一个空间变化的但不传播的波形。**上式中的正负号视 x 所在的区间,按照使 y 不发散的原则选取。**

若 $\omega^2/c_0^2=k/T$,得 $\gamma=0$,有

$$y=A\exp(-\mathrm{i}\omega_c t),\quad \omega_c=c_0\sqrt{k/T} \tag{7.207}$$

此时整根弦同步地随时间做简谐振动，运动特征与单自由度质量-弹簧系统相同，已无波动可言。ω_c 称为**截止频率(cut-off frequency)**。由以上结果可见，**简谐波只有当其频率大于截止频率时才能传播**。

我们可以画出频率 ω 随波数 γ 变化的曲线，称为**频谱曲线**，如图 7.10 所示。将 Im $\gamma\sim\omega$ 和 Re $\gamma\sim\omega$ 曲线画到一个平面上，如图 7.11 所示。

波传播速度(相速度)c 随波数 γ 变化的曲线，称为**频散曲线**，如图 7.12 所示。

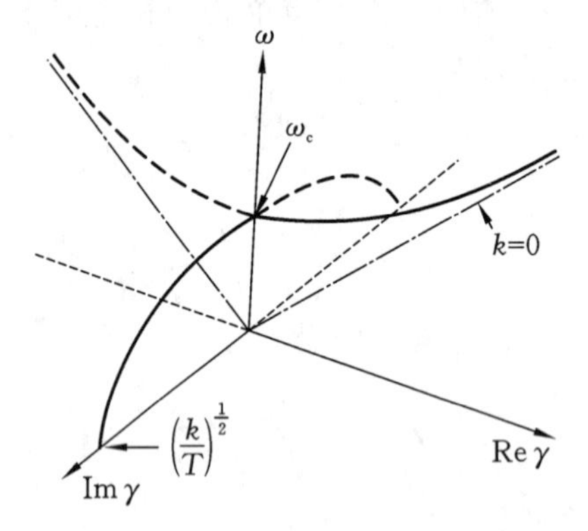

图 7.10　弹性基础上的弦的频谱曲线

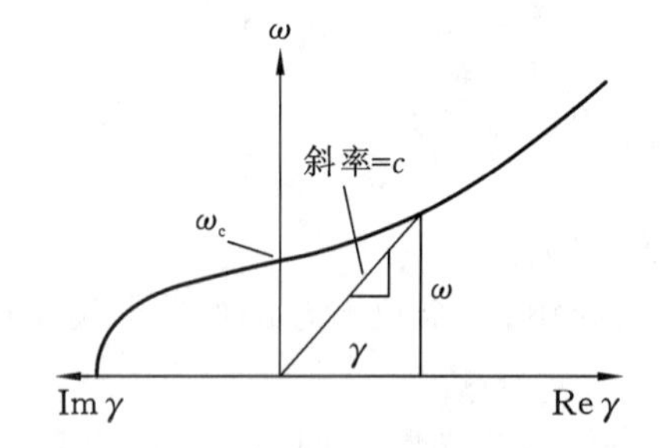

图 7.11　频谱的二维表示(体现出曲线上各点的射线斜率与相速度的关系)

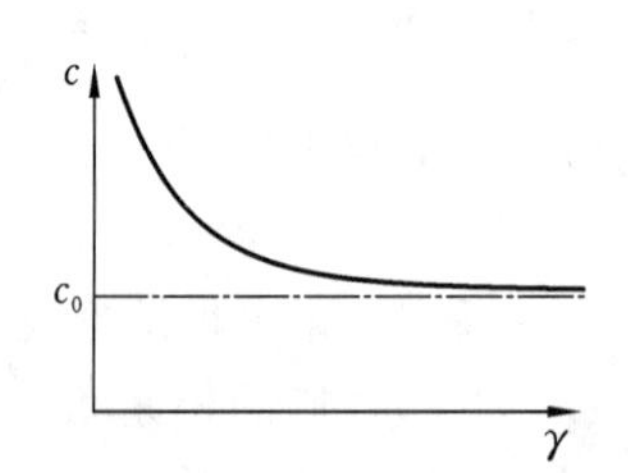

图 7.12　弹性基础上的弦的频散曲线

7.6　频散介质中的脉冲和群速

7.6.1　群速的概念

现在来考察一组波作为整体的传播特性。先考虑两个等幅传播的简谐波，它们的频率为 ω_1 和 ω_2，这两个频率有一个小的差值。将两个波叠加：

$$y=A\cos(\gamma_1 x-\omega_1 t)+A\cos(\gamma_2 x-\omega_2 t) \tag{7.208}$$

其中，$\omega_1=\gamma_1 c_1$，$\omega_2=\gamma_2 c_2$。上式可重写为

$$y=2A\cos\left[\frac{1}{2}(\gamma_2-\gamma_1)x-\frac{1}{2}(\omega_2-\omega_1)t\right]\cos\left[\frac{1}{2}(\gamma_2+\gamma_1)x-\frac{1}{2}(\omega_2+\omega_1)t\right] \tag{7.209}$$

令

$$\omega_2-\omega_1=\Delta\omega,\quad \gamma_2-\gamma_1=\Delta\gamma \tag{7.210}$$

$$\omega=\frac{1}{2}(\omega_1+\omega_2),\quad \gamma=\frac{1}{2}(\gamma_1+\gamma_2) \tag{7.211}$$

则

$$y=2A\cos\left(\frac{1}{2}\Delta\gamma x-\frac{1}{2}\Delta\omega t\right)\cos(\gamma x-\omega t) \tag{7.212}$$

式(7.212)中包含 $\Delta\omega$,$\Delta\gamma$ 的余弦项是低频项,该项的传播速度为

$$c_g=\Delta\omega/\Delta\gamma \tag{7.213}$$

式(7.212)中包含 ω,γ 的余弦项是高频项,该项以平均速度 $c=\omega/\gamma$ 传播。低频项主要对高频载波项起调制作用。运动的波形如图 7.13 所示。

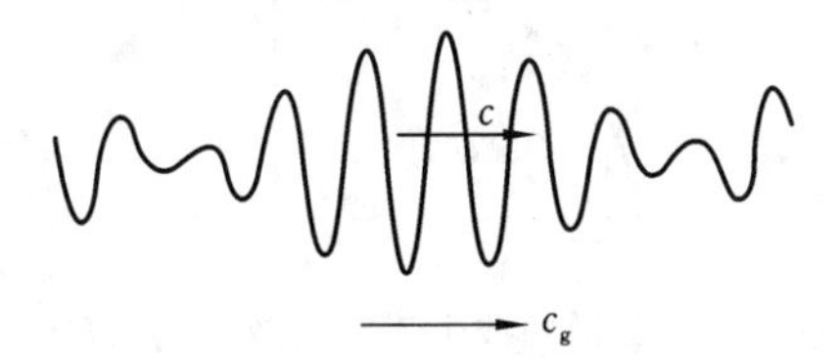

图 7.13　频率差别微小的两个波叠加而成的简单波群

图 7.13 中波群的轮廓波形(即包络线波形,图中未画出)以速度 c_g 传播。高频载波的速度 c 可以大于、等于或小于 c_g,到底为哪个速度取决于弹性系统的频散特性,具体如下:

① $c>c_g$,此时波好像是从波群的后面产生,向前传播,然后消失;

② $c=c_g$,此时波群与载波没有相对运动,波群沿着无畸变的波行进;

③ $c<c_g$,此时波好像是从波群的前方产生,向后行进,然后消失。

由式(7.213)引入的速度 c_g 称为**群速(group velocity)**,它表示一组波(或一群波)作为整体的传播速度(移动速度)。

再来考虑多个波的叠加:

$$y=\sum_{i=1}^{n}A_1\cos(\gamma_i x-\omega_i t+\phi_i) \tag{7.214}$$

其中,各个 γ_i 之间、各个 ω_i 之间差别很小。

我们假设在 $t=t_0$ 和 $x=x_0$ 处,各个波的相位大致相同,从而形成一个波群。在 $t=t_0+\mathrm{d}t$ 和 $x=x_0+\mathrm{d}x$ 处,相位的改变 $\mathrm{d}P_i$ 为

$$\mathrm{d}P_i=[\gamma_i(x+\mathrm{d}x)-\omega_i(t+\mathrm{d}t)+\phi_i]-(\gamma_i x-\omega_i t+\phi_i)=\gamma_i\mathrm{d}x-\omega_i\mathrm{d}t \tag{7.215}$$

为了使波群能保持原有波形,各个波的相位改变应相同,即 $\mathrm{d}P_i-\mathrm{d}P_j=0$,因此有

$$(\gamma_j-\gamma_i)\mathrm{d}x-(\omega_j-\omega_i)\mathrm{d}t=0 \tag{7.216}$$

因为 γ_j 与 γ_i 之间、ω_j 与 ω_i 之间只相差一个微量,可令 $\mathrm{d}\gamma=\gamma_j-\gamma_i$,$\mathrm{d}\omega=\omega_j-\omega_i$,所以

$$\mathrm{d}\gamma\mathrm{d}x-\mathrm{d}\omega\mathrm{d}t=0 \tag{7.217}$$

于是得到波群的移动速度为

$$c_g=\frac{\mathrm{d}x}{\mathrm{d}t}=\frac{\mathrm{d}\omega}{\mathrm{d}\gamma} \tag{7.218}$$

我们将式(7.218)作为**群速的定义式**。由此可得

$$c_g = c + \frac{\gamma \, dc}{d\gamma} \tag{7.219}$$

因为 $\gamma = 2\pi/\lambda$，λ 为波长，所以有

$$c_g = c - \frac{\lambda \, dc}{d\lambda} \tag{7.220}$$

定义式(7.218)可直接用频谱图解释，如图 7.14 所示。

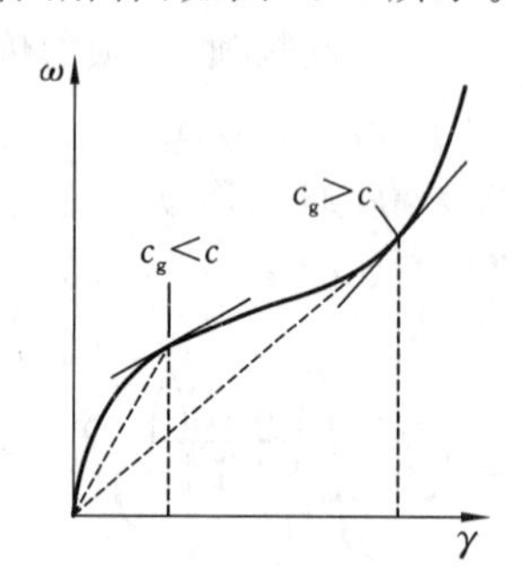

图 7.14 频谱曲线上不同波数对应的群速

7.6.2 窄带脉冲的传播

我们注意到一个简谐信号 $\exp(-i\omega_0 t)$的频谱函数为

$$f(\omega_0) = \frac{1}{\sqrt{2\pi}} \int_{-\infty}^{\infty} e^{-i\omega_0 t} e^{i\omega t} \, dt = \sqrt{2\pi}\, \delta(\omega - \omega_0)$$

因此，在频域中，图 7.15 (a)所示的简谐波由一条谱线表示，如图 7.15(b)所示。现在假定 $F(t)$为有限时长的振荡脉冲，如图 7.15 (c)所示，脉冲波形的振荡频率为 ω_0。它的 Fourier 频谱图如图 7.15(d)所示，图形主要是一个尖峰，其中心频率为 ω_0，尖峰的带宽 $\Delta\omega$ 相较于 ω_0 很小。这样 $F(t)$就是一个**窄带脉冲**信号。

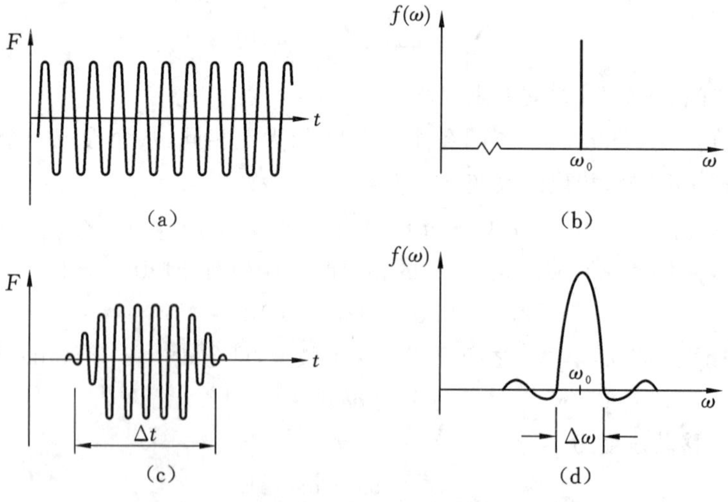

图 7.15 简谐和窄带时域信号及其频谱

我们考虑放置在弹性基础上的一根半无限长弦($0\leqslant x<\infty$),在边界上受到窄带脉冲作用(比如边界位移的作用),下面对这种问题给出一种处理方法。假定我们已经将 Fourier 变换应用于该问题,则我们已知解的一般形式(参见式(7.58))为

$$y=\frac{1}{\sqrt{2\pi}}\int_{-\infty}^{\infty}f(\omega)\mathrm{e}^{\mathrm{i}(\gamma x-\omega t)}\mathrm{d}\omega \tag{7.221}$$

前面已知,对于频散系统有 $\gamma=\gamma(\omega)$。作用于系统的激励由 $f(\omega)$ 给出:

$$f(\omega)=\frac{1}{\sqrt{2\pi}}\int_{-\infty}^{\infty}F(t)\mathrm{e}^{\mathrm{i}\omega t}\mathrm{d}t \tag{7.222}$$

其中,$F(t)$为边界的激励函数。现在假定 $f(\omega)$具有窄带特性。

我们回到式(7.222)。现在将 $\gamma=\gamma(\omega)$在 ω_0 展开,有

$$\gamma(\omega)=\gamma_0+\left.\frac{\mathrm{d}\gamma}{\mathrm{d}\omega}\right|_{\omega_0}(\omega-\omega_0)+\cdots \tag{7.223}$$

对于窄带脉冲,取前两项已经足够精确。将 $\gamma(\omega)$的近似式代入式(7.221),得

$$y=\frac{\exp\left[\mathrm{i}\left(\gamma_0-\left.\frac{\mathrm{d}\gamma}{\mathrm{d}\omega}\right|_{\omega_0}\omega_0\right)x\right]}{\sqrt{2\pi}}\int_{-\infty}^{\infty}f(\omega)\exp\left[\mathrm{i}\left(x\left.\frac{\mathrm{d}\gamma}{\mathrm{d}\omega}\right|_{\omega_0}-t\right)\omega\right]\mathrm{d}\omega \tag{7.224}$$

注意到群速 $c_{\mathrm{g}}=\mathrm{d}\omega/\mathrm{d}\gamma$,因此 $c_{\mathrm{g}}^0=\mathrm{d}\omega/\mathrm{d}\gamma\,|_{\omega=\omega_0}$ 为 ω_0 处的群速。引入新变量:

$$t'=x/c_g^0-t \tag{7.225}$$

则式(7.224)中的积分为

$$F(t')=\frac{1}{\sqrt{2\pi}}\int_{-\infty}^{\infty}f(\omega)\exp(\mathrm{i}\omega t')\mathrm{d}\omega \tag{7.226}$$

于是式(7.224)变为

$$y=\exp[\mathrm{i}(\gamma_0-\omega_0/c_{\mathrm{g}}^0)x]F(t') \tag{7.227}$$

7.6.3 宽带脉冲和稳相法

如果式(7.221)中 $f(\omega)$为宽带频谱函数,即使采用数值方法,求解积分也是很麻烦的。为此,我们用 Kelvin 的稳相法来处理这一问题。该方法针对如下类型的积分:

$$y(x)=\int_a^b f(\omega)\mathrm{e}^{\mathrm{i}xh(\omega)}\mathrm{d}\omega \tag{7.228}$$

其中,$f(\omega)$和 $h(\omega)$为实函数。稳相法的基本精神是对大的正 x 值,存在一些 ω 的值,积分的主要贡献来自这些值,对于其他值,由于自相消的振荡本质,它们对积分的贡献可忽略。稳相法首先由 Stokes 用来获得下面的函数的渐近表达式:

$$y(x)=\int_0^{\infty}\cos[x(\omega^3-\omega)]\mathrm{d}\omega \tag{7.229}$$

考察式(7.228)中的被积函数可以帮助我们更好地理解以上的讨论。只考虑被积函数的实部,我们有

$$I=f(\omega)\cos[xh(\omega)] \tag{7.230}$$

我们先画出相位 $xh(\omega)$与 ω 的关系曲线,如图 7.16 (a)所示。对同样的 $\Delta\omega$,在驻点附近$xh(\omega)$的变化幅度很小,$\cos[xh(\omega)]$只包含很少一部分波形,离开驻点后 $\cos[xh(\omega)]$则

包含多个周期的波形，如图 7.16 (b)所示。因此，在图 7.16(c)中，驻点附近 $\cos[xh(\omega)]$相对于 $\Delta\omega$ 没有振荡，而在离开驻点的 ω 处，微小的 $\Delta\omega$ 中包含 $\cos[xh(\omega)]$的多个振荡周期，这些振荡波形对 ω 积分后将自行抵消，所以积分值主要来自驻点附近的 ω 值。前面要求 x 为大的正值，这样可以增大 $h(\omega)$的极大值，它使得在非驻点处 $\cos[xh(\omega)]$具有更强烈的振荡。

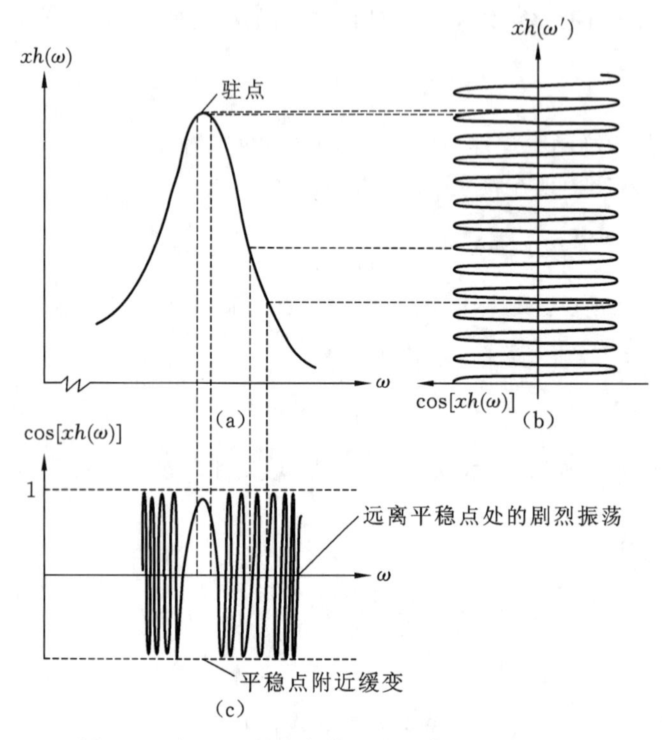

图 7.16　在 $h(\omega)$的驻点附近时 $\cos[xh(\omega)]$的行为

为计算式(7.228)的积分，将 $h(\omega)$在 ω_0 附近展开，得

$$xh(\omega)\cong x\left[h(\omega_0)+h'(\omega_0)(\omega-\omega_0)+\frac{1}{2}h''(\omega_0)(\omega-\omega_0)^2\right] \tag{7.231}$$

如果驻点频率为 ω_0，则 $h'(\omega_0)=0$，上式变为

$$xh(\omega)\cong x\left[h(\omega_0)+\frac{1}{2}h''(\omega_0)(\omega-\omega_0)^2\right] \tag{7.232}$$

于是，式(7.228)变为

$$y(x)=\int_{-\infty}^{\infty} f(\omega_0)\exp\left\{\mathrm{i}x\left[h(\omega_0)+\frac{1}{2}h''(\omega_0)(\omega-\omega_0)^2\right]\right\}\mathrm{d}\omega \tag{7.233}$$

上式中的积分限已扩展到无穷大，这是因为远离驻点处的积分可忽略不计。因此有

$$y(x)=f(\omega_0)\exp[\mathrm{i}xh(\omega_0)]\int_{-\infty}^{\infty}\exp\left[\mathrm{i}\cdot\frac{1}{2}xh''(\omega_0)(\omega-\omega_0)^2\right]\mathrm{d}\omega \tag{7.234}$$

查积分表可得

$$\int_{-\infty}^{\infty}\exp\left[\mathrm{i}\cdot\frac{1}{2}xh''(\omega_0)(\omega-\omega_0)^2\right]\mathrm{d}\omega=\sqrt{\frac{2\pi}{xh''(\omega_0)}}\exp\left(\frac{\mathrm{i}\pi}{4}\right) \tag{7.235}$$

于是，我们有

$$y(x)=\sqrt{\frac{2\pi}{xh''(\omega_0)}}f(\omega_0)\exp\left[\mathrm{i}\left(xh(\omega_0)+\frac{\pi}{4}\right)\right] \tag{7.236}$$

利用基本结果式(7.236)可以计算宽带脉冲的响应式(7.221)。为此，比较式(7.228)与式(7.221)可得

$$h(\omega)=\gamma-\omega t/x \tag{7.237}$$

为了求出驻点，要求 $h'(\omega_0)=0$，由此给出

$$\frac{\mathrm{d}h(\omega)}{\mathrm{d}\omega}=\frac{\mathrm{d}\gamma}{\mathrm{d}\omega}-\frac{t}{x}=0 \tag{7.238}$$

或

$$\frac{\mathrm{d}\gamma}{\mathrm{d}\omega}=\frac{t}{x} \tag{7.239}$$

但是 $\mathrm{d}\omega/\mathrm{d}\gamma$ 是群速。因此，稳相法的结果表示到达 x 点的扰动的主要部分在时间 t 将以群速 $c_g=x/t$ 行进，其主要频率 ω_0 由式(7.238)确定。图 7.17 所示为到达 x_0 处的扰动在 t_0 时刻的情况。

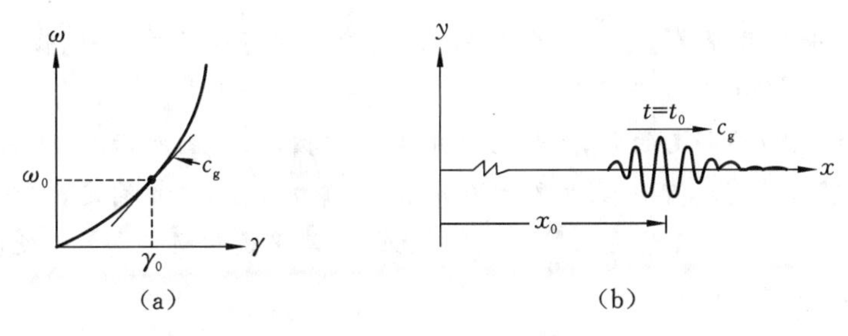

图 7.17　频率为 ω_0 的信号在 t_0 时刻到达 x_0 的情况

习题

7.1　长度为 l、单位长度质量为 ρ 的弦，张力为 T。弦的左端连接一集中质量 m，它可在铅垂滑道中滑动；右端系在刚度为 k 弹簧上，如图所示。求弦横向振动的频率方程。

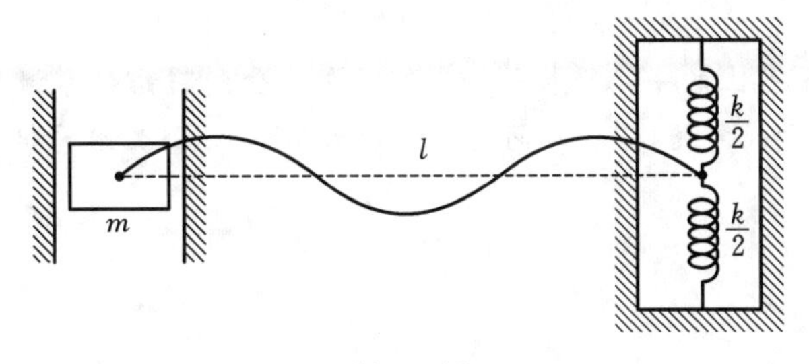

题 7.1 图

7.2　长度为 l、单位长度质量为 ρ 的弦，张力为 T，弦两端固定。求弦的自由振动。假设初始条件为

$$y(x,0)=0, \quad \frac{\partial y}{\partial t}(x,0)=\frac{2ax}{l}, \quad 0\leqslant x\leqslant \frac{l}{2}$$

和

$$\frac{\partial y}{\partial t}(x,0)=2a\left(1-\frac{x}{l}\right), \quad \frac{l}{2}\leqslant x\leqslant l$$

7.3　将导线近似看作张紧直弦。设两个铁塔之间的距离为 2000 m，张力为 T，如图所示。设导线材料的密度为 8890 kg/m^3，材料的许用应力为 300 MPa，导线的直径为 0.1 m。如果要求前四阶固有频率在 0～20 Hz，请确定必需的导线张力。

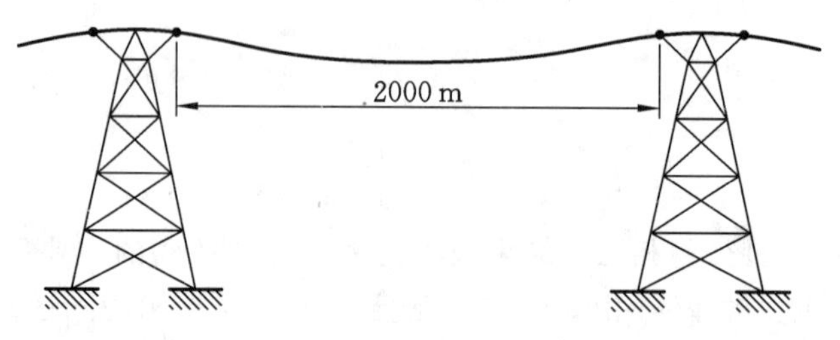

题 7.3 图

7.4　设单位长度质量为 ρ、张力为 T 的弦，在黏性阻尼介质中振动，设单位长度的阻尼系数为 c。请推导这种弦的运动方程。

7.5　长度为 l、两端固定的弦，初始时刻中点处被拨动，如图所示，求弦的后续运动。

7.6　一长度为 l 的弦，单位长度质量为 ρ，弦中张力为 T，左端固定，右端连接于另一弹簧-质量系统的质量 m 上，质量块只能做上下微振动，其平衡位置在 $y=0$ 处，如图所示。求此弦横向振动的频率方程。

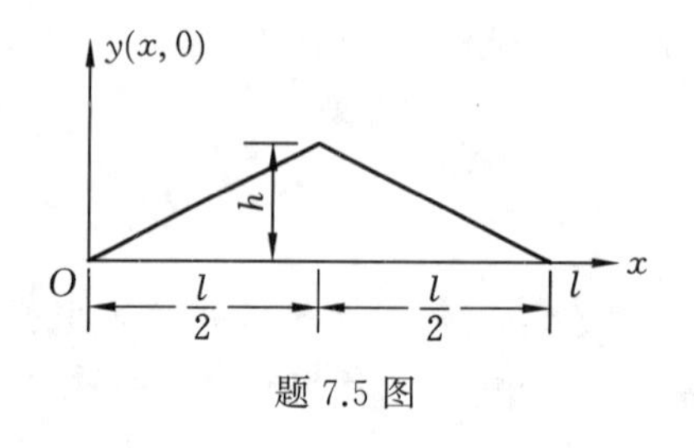

题 7.5 图

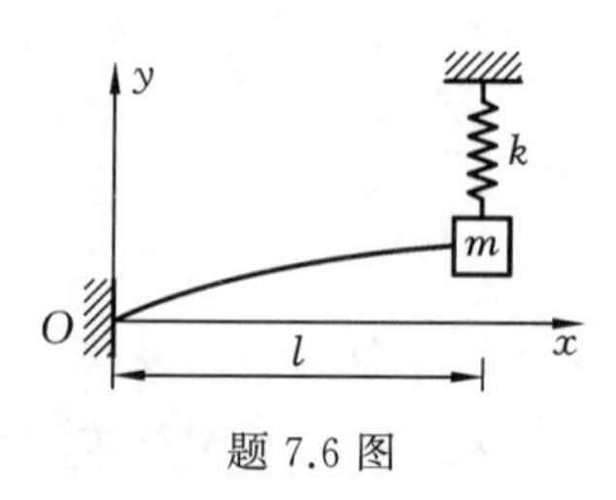

题 7.6 图

7.7　考虑弹性地基上的半无限长弦($x\geqslant 0$)，左端受到瞬态位移激励 $y(0,t)=y_0(t)$。将 Fourier 变换应用于此问题，证明此问题的响应为形如式(7.221)的积分。

第 8 章　杆的纵向振动

8.1　引言

一根弹性直杆可以承受纵向振动、扭转振动和横向振动。其中,纵向振动的分析是最简单的。如果 x 表示纵向(质心)轴线,y,z 代表横截面的两个主方向,纵向振动发生在 x 方向上,扭转振动发生在 x 轴上,横向振动是发生在 xy 平面或 xz 平面上的运动。在某些情况下,这些振动可能是耦合的。本章只介绍杆的纵向振动。

8.2　运动方程

我们考虑**杆纵向振动的简单理论**,它基于下面的假设:

(1) 原来的平截面在变形过程中保持平面;

(2) 除纵向之外的位移分量都忽略。

这些假设使位移能表示为沿杆长方向的单个空间坐标的函数。尽管横向位移分量存在于任何横截面,但可以证明对于振动波长远大于横截面尺寸的杆,第二个假设是有效的。我们将分别用 Newton 第二定律和 Hamilton 原理来推导杆纵向振动的运动方程。

8.2.1　用 Newton 第二定律推导运动方程

弹性直杆如图 8.1 所示,设杆长为 l,杨氏模量为 E,截面积为 $A(x)$。对于图 8.1 (b)所示的杆微元体,截面的纵向合力为

$$P=\sigma A=EA\frac{\partial u}{\partial x} \tag{8.1}$$

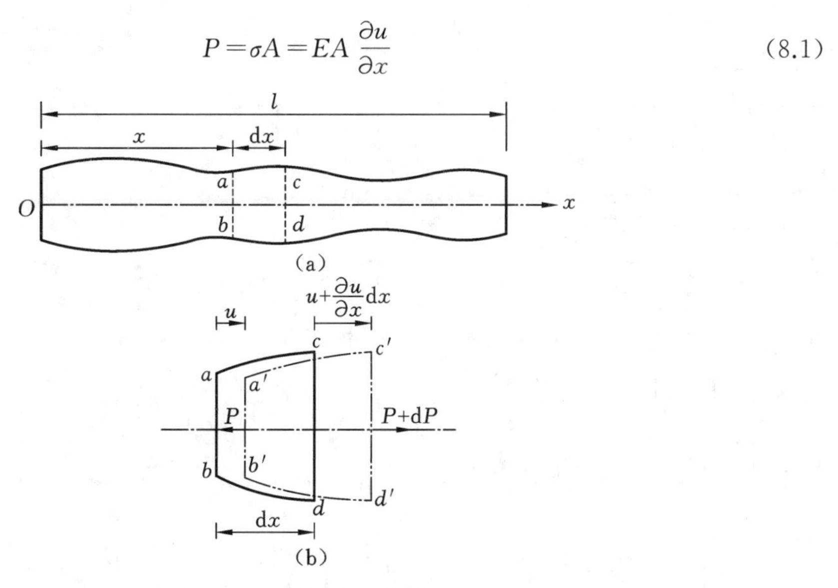

图 8.1　一根杆的纵向振动

其中，σ 为纵向应力。对纵向应用 Newton 第二定律，可得杆的运动方程为

$$\left(P+\frac{\partial P}{\partial x}\mathrm{d}x\right)-P+f\,\mathrm{d}x=\rho A\,\frac{\partial^2 u(x,t)}{\partial t^2}\mathrm{d}x \tag{8.2}$$

将式(8.1)代入方程(8.2)，可得杆的纵向运动方程为

$$\frac{\partial}{\partial x}\left[E(x)A(x)\frac{\partial u(x,t)}{\partial x}\right]+f(x,t)=\rho(x)A(x)\frac{\partial^2 u(x,t)}{\partial t^2} \tag{8.3}$$

其中，$u(x,t)$为杆的纵向位移，$\rho(x)$为杆的质量密度，$f(x,t)$为杆受到的纵向载荷(即单位长度的力)。

对于均匀杆，运动方程变为

$$EA\,\frac{\partial^2 u(x,t)}{\partial x^2}+f(x,t)=\rho A\,\frac{\partial^2 u(x,t)}{\partial t^2} \tag{8.4}$$

8.2.2 用 Hamilton 原理推导运动方程

杆截面上任一点的位移为

$$u=u(x,t),\quad v=0,\quad w=0 \tag{8.5}$$

截面上的应变为

$$\varepsilon_{xx}=\frac{\partial u}{\partial x},\quad \varepsilon_{yy}=\varepsilon_{zz}=0,\quad \varepsilon_{xy}=\varepsilon_{yz}=\varepsilon_{zx}=0 \tag{8.6}$$

应力为

$$\sigma_{xx}=E\,\frac{\partial u}{\partial x},\quad \sigma_{yy}=\sigma_{zz}=0,\quad \sigma_{xy}=\sigma_{yz}=\sigma_{zx}=0 \tag{8.7}$$

所以，杆的应变能和动能为

$$\pi=\frac{1}{2}\int_0^l \sigma_{xx}\varepsilon_{xx}A\,\mathrm{d}x=\frac{1}{2}\int_0^l EA\left(\frac{\partial u}{\partial x}\right)^2\mathrm{d}x \tag{8.8}$$

$$T=\frac{1}{2}\int_0^l \rho A\left(\frac{\partial u}{\partial t}\right)^2\mathrm{d}x \tag{8.9}$$

外力功为

$$W=\int_0^l f(x,t)u\,\mathrm{d}x \tag{8.10}$$

广义 Hamilton 原理为

$$\int_{t_1}^{t_2}(\delta T-\delta\pi+\delta W)\mathrm{d}t=0 \tag{8.11}$$

将式(8.8) ~ 式(8.10) 代入方程(8.11)，可得

$$\begin{aligned}
0&=\int_{t_1}^{t_2}\left\{\delta\left[\frac{1}{2}\int_0^l\rho A\left(\frac{\partial u}{\partial t}\right)^2\mathrm{d}x\right]-\delta\left[\frac{1}{2}\int_0^l EA\left(\frac{\partial u}{\partial x}\right)^2\mathrm{d}x\right]+\delta\left(\int_0^l f(x,t)u\,\mathrm{d}x\right)\right\}\mathrm{d}t\\
&=\int_0^l\mathrm{d}x\int_{t_1}^{t_2}\rho A\,\frac{\partial u}{\partial t}\delta\left(\frac{\partial u}{\partial t}\right)\mathrm{d}t-\int_{t_1}^{t_2}\mathrm{d}t\int_0^l EA\,\frac{\partial u}{\partial x}\delta\left(\frac{\partial u}{\partial x}\right)\mathrm{d}x+\int_{t_1}^{t_2}\mathrm{d}t\int_0^l f\,\delta u\,\mathrm{d}x\\
&=\int_0^l\mathrm{d}x\int_{t_1}^{t_2}\rho A\,\frac{\partial u}{\partial t}\mathrm{d}(\delta u)-\int_{t_1}^{t_2}\mathrm{d}t\int_0^l EA\,\frac{\partial u}{\partial x}\mathrm{d}(\delta u)+\int_{t_1}^{t_2}\mathrm{d}t\int_0^l f\,\delta u\,\mathrm{d}x
\end{aligned}$$

$$
\begin{aligned}
&=\int_0^l\left\{\left[\rho A\frac{\partial u}{\partial t}\delta u\right]_{t_1}^{t_2}-\int_{t_1}^{t_2}\delta u\rho A\frac{\partial^2 u}{\partial t^2}\mathrm{d}t\right\}\mathrm{d}x\\
&\quad-\int_{t_1}^{t_2}\left[EA\frac{\partial u}{\partial x}\delta u\right]_0^l\mathrm{d}t+\int_{t_1}^{t_2}\int_0^l\delta u\frac{\partial}{\partial x}\left(EA\frac{\partial u}{\partial x}\right)\mathrm{d}x\,\mathrm{d}t+\int_{t_1}^{t_2}\int_0^l f\delta u\,\mathrm{d}x\,\mathrm{d}t\\
&=\int_{t_1}^{t_2}\int_0^l\left[-\rho A\frac{\partial^2 u}{\partial t^2}+\frac{\partial}{\partial x}\left(EA\frac{\partial u}{\partial x}\right)+f\right]\delta u\,\mathrm{d}x\,\mathrm{d}t-\int_{t_1}^{t_2}\left[EA\frac{\partial u}{\partial x}\delta u\right]_0^l\mathrm{d}t
\end{aligned}
$$

我们考虑在 t_1 和 t_2，位移 u 为已知问题(本书所有变分问题均为这类问题)，所以在$[t_1,t_2]$区间 u 的变分为零。要使上式成立，必须有

$$
\frac{\partial}{\partial x}\left(EA\frac{\partial u}{\partial x}\right)+f=\rho A\frac{\partial^2 u}{\partial t^2} \tag{8.12}
$$

$$
\left[EA\frac{\partial u}{\partial x}\delta u\right]_0^l=0 \tag{8.13}
$$

这样，就得到了运动方程(8.12)。方程(8.13)是纵向振动杆的边界条件。方程(8.13)给出两种边界条件：一种是自由边界的边界条件，即

$$
\sigma_{xx}=EA\frac{\partial u}{\partial x}=0 \tag{8.14}
$$

另一种是事先给定位移的边界条件，即 $\delta u=0$。对于固定边界，有

$$
u=0 \tag{8.15}
$$

8.3 自由振动和固有频率

纵向振动杆的自由振动方程为

$$
\frac{\partial}{\partial x}\left(EA\frac{\partial u}{\partial x}\right)=\rho A\frac{\partial^2 u}{\partial t^2} \tag{8.16}
$$

对于均匀杆，方程变为

$$
EA\frac{\partial^2 u}{\partial x^2}=\rho A\frac{\partial^2 u}{\partial t^2}
$$

或

$$
c^2\frac{\partial^2 u}{\partial x^2}=\frac{\partial^2 u}{\partial t^2} \tag{8.17}
$$

其中

$$
c=\sqrt{\frac{E}{\rho}} \tag{8.18}
$$

方程(8.17)与弦的横向振动方程相同，是一个一维波动方程，c 为杆中的纵向波传播速度，它的解可以采用波动解方法或分离变量法得到。方程(8.17)的波动解为(d'Alembert解)为

$$
u(x,t)=f_1(x-ct)+f_2(x+ct) \tag{8.19}
$$

这个解在研究一些冲击和波传播问题时很有用，但在振动问题中用处不大。下面我们采用分离变量法求杆的自由振动解。

8.3.1 分离变量法求解

设方程(8.16)的解为

$$u(x,t)=U(x)T(t) \tag{8.20}$$

将上式代入方程(8.16)可得

$$\frac{1}{\rho AU}\frac{\mathrm{d}}{\mathrm{d}x}\left(EA\ \frac{\mathrm{d}U}{\mathrm{d}x}\right)=\frac{1}{T}\frac{\mathrm{d}^2 T}{\mathrm{d}t^2} \tag{8.21}$$

上式两边分别是 x 和 t 的函数,它们必须等于同一个常数,该常数记为 $-\omega^2$,则得

$$\frac{\mathrm{d}^2 T(t)}{\mathrm{d}t^2}+\omega^2 T(t)=0 \tag{8.22}$$

$$\frac{\mathrm{d}}{\mathrm{d}x}\left(EA\ \frac{\mathrm{d}U(x)}{\mathrm{d}x}\right)+\rho A\omega^2 U(x)=0 \tag{8.23}$$

满足方程(8.22)和方程(8.23)以及边界条件的 ω、$U(x)$ 就是杆的**固有频率**和**模态函数**。对于均匀杆,方程(8.23)变为

$$\frac{\mathrm{d}^2 U(x)}{\mathrm{d}x^2}+\frac{\omega^2}{c^2}U(x)=0 \tag{8.24}$$

方程(8.22)、方程(8.24)的解为

$$T(t)=C\cos(\omega t)+D\sin(\omega t) \tag{8.25}$$

$$U(x)=A\cos\frac{\omega x}{c}+B\sin\frac{\omega x}{c} \tag{8.26}$$

所以,方程(8.16)的全解为

$$u(x,t)=\left(A\cos\frac{\omega x}{c}+B\sin\frac{\omega x}{c}\right)[C\cos(\omega t)+D\sin(\omega t)] \tag{8.27}$$

可见,杆的纵向自由振动是频率为 ω 的简谐振动。

应用边界条件后可得常数 A 和 B,同时可得固有频率满足的方程,称为**频率方程**,由此可确定固有频率。常见的边界条件有固定和自由边界。对于固定边界:

$$u=0 \tag{8.28}$$

对于自由边界:

$$\frac{\partial u}{\partial x}=0 \tag{8.29}$$

确定常数 C 和 D 需要应用时间条件,常用的是初始条件。如果 $t=0$ 时,杆的位移为 $u_0(x)$,速度为 $\dot{u}_0(x)$,则初始条件为

$$u(x,t=0)=u_0(x) \tag{8.30}$$

$$\frac{\partial u}{\partial t}(x,t=0)=\dot{u}_0(x) \tag{8.31}$$

8.3.2 模态的正交性

从前面论述可知,无论是否为均匀杆,第 i 阶模态 $U_i(x)$ 满足方程(8.23),即

$$\frac{\mathrm{d}}{\mathrm{d}x}\left(EA\ \frac{\mathrm{d}U_i(x)}{\mathrm{d}x}\right)=-\rho A\omega_i^2 U_i(x) \tag{8.32}$$

将方程(8.23)应用于第 j 阶模态 $U_j(x)$，可得

$$\frac{\mathrm{d}}{\mathrm{d}x}\left(EA\ \frac{\mathrm{d}U_j(x)}{\mathrm{d}x}\right)=-\rho A\omega_j^2U_j(x) \tag{8.33}$$

方程(8.32)两边同乘 $U_j(x)$，方程(8.33)两边同乘 $U_i(x)$后，再对 x 在 $0\sim l$ 上积分，得

$$\int_0^l \frac{\mathrm{d}}{\mathrm{d}x}\left(EA\ \frac{\mathrm{d}U_i}{\mathrm{d}x}\right)U_j\,\mathrm{d}x=-\omega_i^2\int_0^l\rho AU_iU_j\,\mathrm{d}x \tag{8.34}$$

$$\int_0^l \frac{\mathrm{d}}{\mathrm{d}x}\left(EA\ \frac{\mathrm{d}U_j}{\mathrm{d}x}\right)U_i\,\mathrm{d}x=-\omega_j^2\int_0^l\rho AU_jU_i\,\mathrm{d}x \tag{8.35}$$

对这两个方程的左边应用分部积分可得

$$EAU_i'U_j\Big|_0^l-\int_0^l EAU_i'U_j'\,\mathrm{d}x=-\omega_i^2\int_0^l\rho AU_iU_j\,\mathrm{d}x \tag{8.36}$$

$$EAU_j'U_i\Big|_0^l-\int_0^l EAU_i'U_j'\,\mathrm{d}x=-\omega_j^2\int_0^l\rho AU_iU_j\,\mathrm{d}x \tag{8.37}$$

如果杆的边界为固定或自由，则以上两个方程中的边界值均为零，于是

$$\int_0^l EAU_i'U_j'\,\mathrm{d}x=\omega_i^2\int_0^l\rho AU_iU_j\,\mathrm{d}x \tag{8.38}$$

$$\int_0^l EAU_i'U_j'\,\mathrm{d}x=\omega_j^2\int_0^l\rho AU_iU_j\,\mathrm{d}x \tag{8.39}$$

以上两式相减得到

$$(\omega_i^2-\omega_j^2)\int_0^l\rho AU_iU_j\,\mathrm{d}x=0 \tag{8.40}$$

如果 $\omega_i^2\neq\omega_j^2$，由方程(8.40) 就得到模态的正交性：

$$\int_0^l\rho AU_iU_j\,\mathrm{d}x=0,\quad i\neq j \tag{8.41}$$

再由方程(8.36) 和方程(8.34)(或方程(8.35)) 可得

$$\int_0^l EAU_i'U_j'\,\mathrm{d}x=0,\quad i\neq j \tag{8.42}$$

$$\int_0^l \frac{\mathrm{d}}{\mathrm{d}x}\left(EA\ \frac{\mathrm{d}U_i}{\mathrm{d}x}\right)U_j\,\mathrm{d}x=\int_0^l \frac{\mathrm{d}}{\mathrm{d}x}\left(EA\ \frac{\mathrm{d}U_j}{\mathrm{d}x}\right)U_i\,\mathrm{d}x=0,\quad i\neq j \tag{8.43}$$

其中，记号“$'$”表示对 x 求导。这两个方程表示，特征函数的导数也满足正交性。

对于在 $x=l$ 端附加了集中质量 m 的杆，相当于在 $x=l$ 处单位长度的质量分布为 $m\delta(x-l)$，因此，由式(8.41)可得

$$\int_0^l\rho AU_iU_j\,\mathrm{d}x+mU_i(l)U_j(l)=0,\quad i\neq j \tag{8.44}$$

这就是 $x=l$ 端连接了集中质量 m 的杆的正交性条件。

对于同一个模态，式(8.41)的积分不为零，我们可以对模态作归一化处理，使

$$\int_0^l\rho AU_i^2\,\mathrm{d}x=1,\quad i=1,2,\cdots \tag{8.45}$$

我们将满足式(8.45)的模态称为**正则模态**。此时，由方程(8.34)可得

$$\omega_i^2=-\int_0^l \frac{\mathrm{d}}{\mathrm{d}x}\left(EA\ \frac{\mathrm{d}U_i}{\mathrm{d}x}\right)U_i\,\mathrm{d}x \tag{8.46}$$

例 8.1 均匀杆的端点连接了质量、弹簧和黏性阻尼器，如图 8.2 (a)所示。请写出杆纵向振动的边界条件。

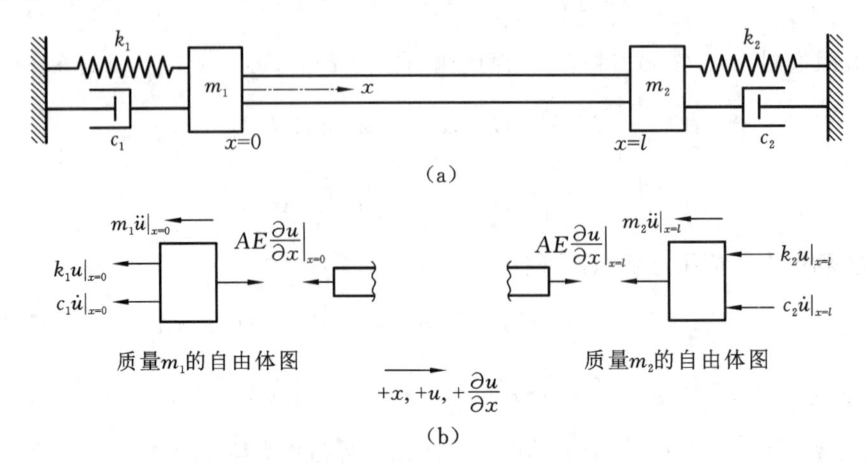

图 8.2 两端附加质量、弹簧和阻尼器的一根杆

解 参见图 8.2 (b)，对 $x=0$ 端的质量应用 d'Alembert 原理，边界条件可表示为

$$AE\frac{\partial u}{\partial x}(0,t)-k_1 u(0,t)-c_1\frac{\partial u}{\partial t}(0,t)-m_1\frac{\partial^2 u}{\partial t^2}(0,t)=0$$

同理，$x=l$ 端的边界条件可表示为

$$AE\frac{\partial u}{\partial x}(l,t)+k_2 u(l,t)+c_2\frac{\partial u}{\partial t}(l,t)+m_2\frac{\partial^2 u}{\partial t^2}(l,t)=0$$

例 8.2 长度为 l、截面积为 A 的均匀杆的一端固定，另一端连接了集中质量 M，杆的密度为 ρ，弹性模量为 E，如图 8.3 (a)所示。请确定杆纵向振动固有频率和模态形状。

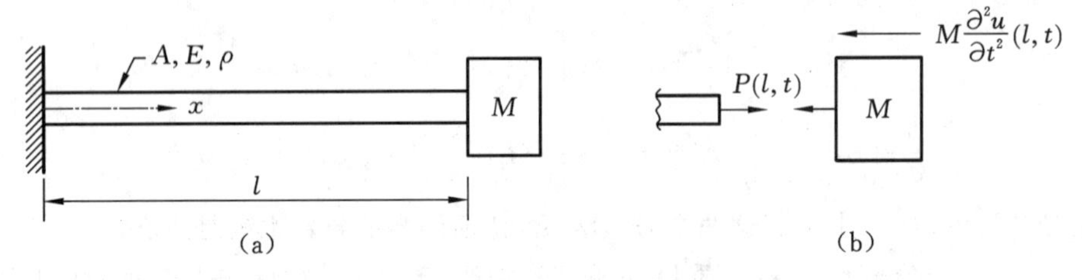

图 8.3 左端固定、右端附加质量的一根杆

解 杆的自由振动解为

$$u(x,t)=\left(\widetilde{A}\cos\frac{\omega x}{c}+\widetilde{B}\sin\frac{\omega x}{c}\right)\left[C\cos(\omega t)+D\sin(\omega t)\right] \tag{1}$$

边界条件为

$$u(0,t)=0 \tag{2}$$

$$AE\frac{\partial u}{\partial x}(l,t)=-M\frac{\partial^2 u}{\partial t^2}(l,t) \tag{3}$$

对解式(1)应用边界条件式(2)可得 $\widetilde{A}=0$，所以解变为

$$u(x,t)=\widetilde{B}\sin\frac{\omega x}{c}[C\cos(\omega t)+D\sin(\omega t)] \tag{4}$$

对上式应用边界条件式(3)可得

$$AE\frac{\omega}{c}\widetilde{B}\cos\frac{\omega l}{c}[C\cos(\omega t)+D\sin(\omega t)]=M\omega^2 B\sin\frac{\omega l}{c}[C\cos(\omega t)+D\sin(\omega t)]$$

即

$$\tan\frac{\omega l}{c}=\frac{AE}{M\omega c}$$

这就是频率方程，由它可确定固有频率 ω_n。进一步，可由式(4)得到模态形状为

$$U_n(x)=B_n\sin\frac{\omega_n x}{c},\quad n=1,2,\cdots$$

例 8.3　长度为 l、截面积为 A 的均匀杆，一端自由，另一端连接了集中弹簧 K，杆的密度为 ρ，弹性模量为 E，如图 8.4 (a)所示。请确定杆纵向振动固有频率和模态形状。

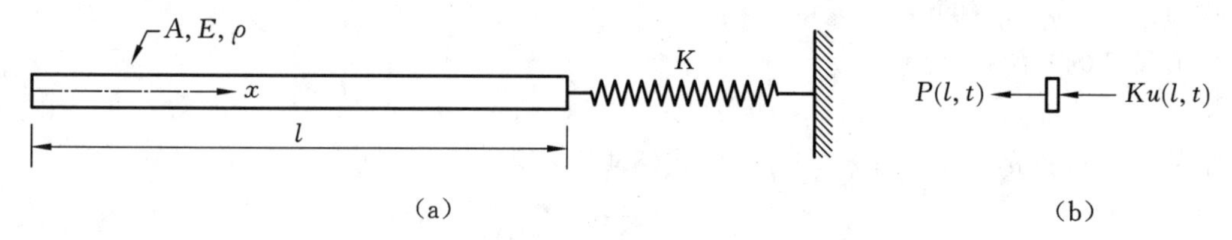

图 8.4　左端自由、右端附加弹簧的一根杆

解　杆的自由振动解为

$$u(x,t)=\left(\widetilde{A}\cos\frac{\omega x}{c}+\widetilde{B}\sin\frac{\omega x}{c}\right)[C\cos(\omega t)+D\sin(\omega t)] \tag{1}$$

边界条件为

$$AE\frac{\partial u}{\partial x}(0,t)=0 \tag{2}$$

$$AE\frac{\partial u}{\partial x}(l,t)=-Ku(l,t) \tag{3}$$

对解式(1)应用边界条件式(2)可得 $\widetilde{B}=0$，所以解变为

$$u(x,t)=\widetilde{A}\cos\frac{\omega x}{c}[C\cos(\omega t)+D\sin(\omega t)] \tag{4}$$

对上式应用边界条件式(3)可得

$$\cot\frac{\omega l}{c}=\frac{AE\omega}{Kc}$$

这就是频率方程，由它可确定固有频率 ω_n。进一步，可由式(4)得到模态形状为

$$U_n(x)=A_n\cos\frac{\omega_n x}{c},\quad n=1,2,\cdots$$

8.3.3　杆对初始激励的自由振动响应

考虑均匀杆，自由振动响应假设为正则模态函数的线性叠加：

$$u(x,t)=\sum_{i=1}^{\infty}U_i(x)\eta_i(t) \tag{8.47}$$

代入方程(8.16)得到

$$\sum_{i=1}^{\infty}[-EA\eta_i(t)U_i''(x)+\rho A\ddot{\eta}_i(t)U_i(x)]=0 \tag{8.48}$$

上式乘 $U_j(x)$后再对 x 在 $0\sim l$ 上积分,得

$$\sum_{i=1}^{\infty}\left[-\eta_i\int_0^l EAU_i''U_j\,\mathrm{d}x+\ddot{\eta}_i\int_0^l \rho AU_iU_j\,\mathrm{d}x\right]=0 \tag{8.49}$$

应用正交性关系和正则模态可得

$$\ddot{\eta}_i(t)+\omega_i^2\eta_i(t)=0,\quad i=1,2,\cdots \tag{8.50}$$

方程(8.50)的解为

$$\eta_i(t)=\eta_i(0)\cos(\omega_i t)+\frac{\dot{\eta}_i(0)}{\omega_i}\sin(\omega_i t) \tag{8.51}$$

其中,$\eta_i(0)=\eta_{i0}$,$\dot{\eta}_i(0)=\dot{\eta}_{i0}$。

假设杆的初始条件为

$$u(x,0)=u_0(x),\quad \dot{u}(x,0)=\dot{u}_0(x) \tag{8.52}$$

为了从 $u_0(x)$和 $\dot{u}_0(x)$得到 η_{i0}和 $\dot{\eta}_{i0}$,由式(8.47)可得

$$u_0(x)=\sum_{i=1}^{\infty}U_i(x)\eta_{i0} \tag{8.53}$$

$$\dot{u}_0(x)=\sum_{i=1}^{\infty}U_i(x)\dot{\eta}_{i0} \tag{8.54}$$

对以上两式乘 $\rho AU_j(x)$后再对 x 在 $0\sim l$ 上积分,得

$$\rho A\int_0^l u_0(x)U_j(x)\,\mathrm{d}x=\sum_{i=1}^{\infty}\eta_{i0}\int_0^l \rho AU_i(x)U_j(x)\,\mathrm{d}x=\eta_{j0}$$

$$\rho A\int_0^l \dot{u}_0(x)U_j(x)\,\mathrm{d}x=\sum_{i=1}^{\infty}\dot{\eta}_{i0}\int_0^l \rho AU_i(x)U_j(x)\,\mathrm{d}x=\dot{\eta}_{j0}$$

即

$$\eta_{i0}=\rho A\int_0^l u_0(x)U_i(x)\,\mathrm{d}x \tag{8.55}$$

$$\dot{\eta}_{i0}=\rho A\int_0^l \dot{u}_0(x)U_i(x)\,\mathrm{d}x \tag{8.56}$$

这样,最后得到杆纵向自由振动解为

$$u(x,t)=\sum_{i=1}^{\infty}U_i(x)\left[\eta_{i0}\cos(\omega_i t)+\frac{\dot{\eta}_{i0}}{\omega_i}\sin(\omega_i t)\right] \tag{8.57}$$

其中,η_{i0},$\dot{\eta}_{i0}$由式(8.55)和式(8.56)给定。

例 8.4 一根自由-自由的均匀杆,两端受到轴向压力作用。求当压力突然撤除时,杆的自由振动响应。

解 前面已经求出,均匀杆自由振动的一般表达式(见式(8.27))为

$$u(x,t)=\left(A\cos\frac{\omega x}{c}+B\sin\frac{\omega x}{c}\right)[C\cos(\omega t)+D\sin(\omega t)] \tag{1}$$

自由-自由杆的边界条件为

$$\frac{\partial u}{\partial x}(0,t)=\frac{\partial u}{\partial x}(l,t)=0 \tag{2}$$

由式(1)和式(2)可得

$$B\ \frac{\omega}{c}\cos\frac{\omega x}{c}[C\cos(\omega t)+D\sin(\omega t)]=0 \quad \Rightarrow \quad B=0$$

$$-A\ \frac{\omega}{c}\sin\frac{\omega l}{c}[C\cos(\omega t)+D\sin(\omega t)]=0 \quad \Rightarrow \quad \sin\frac{\omega l}{c}=0$$

所以第 n 阶固有频率和模态形状为

$$\omega_n=\frac{n\pi c}{l}, \quad U_n(x)=\cos\frac{n\pi x}{l} \tag{3}$$

进而,自由-自由杆的自由振动响应可设为

$$u(x,t)=\sum_{n=1}^{\infty}\cos\frac{n\pi x}{l}\left[C_n\cos\left(\frac{n\pi c}{l}t\right)+D_n\sin\left(\frac{n\pi c}{l}t\right)\right] \tag{4}$$

下面应用初始条件来确定常数 C_n,D_n。我们假设初始时刻杆的中点没有位移,所以压力突然撤除前,杆的初始位移分布为

$$u_0=u(x,0)=\frac{\varepsilon_0 l}{2}-\varepsilon_0 x \tag{5}$$

初始速度分布为零,即

$$\dot{u}_0=\frac{\partial u}{\partial t}(x,0)=0 \tag{6}$$

将式(5)和式(6)代入式(4)可得

$$\sum_{n=1}^{\infty}C_n\cos\frac{n\pi x}{l}=\frac{\varepsilon_0 l}{2}-\varepsilon_0 x$$

$$\sum_{n=1}^{\infty}D_n\frac{n\pi c}{l}\cos\frac{n\pi x}{l}=0$$

以上两式乘 $\cos(n\pi x/l)$ 后,再对 x 在 $0\sim l$ 上积分,并利用模态的正交性,得

$$C_n=\frac{2}{l}\int_0^l\left(\frac{\varepsilon_0 l}{2}-\varepsilon_0 x\right)\cos\frac{n\pi x}{l}\mathrm{d}x=\begin{cases}0, & n\text{ 为偶数}\\ \dfrac{4\varepsilon_0 l}{n^2\pi^2}, & n\text{ 为奇数}\end{cases}$$

$$D_n=0$$

所以,本例杆的自由振动响应为

$$u(x,t)=\frac{4\varepsilon_0 l}{\pi^2}\sum_{n=1,3,5,\cdots}\frac{1}{n^2}\cos\frac{n\pi x}{l}\cos\left(\frac{n\pi c}{l}t\right)$$

例 8.5 长度为 l、截面积为 A、两端固定的杆,设弹性模量为 E,密度为 ρ。如图 8.5 所示,在杆的中点受到力 F_0 的作用,在 $t=0$ 突然撤除 F_0。求杆的自由振动。

解 杆左半边的应变为

$$\varepsilon=\frac{F_0}{2EA}$$

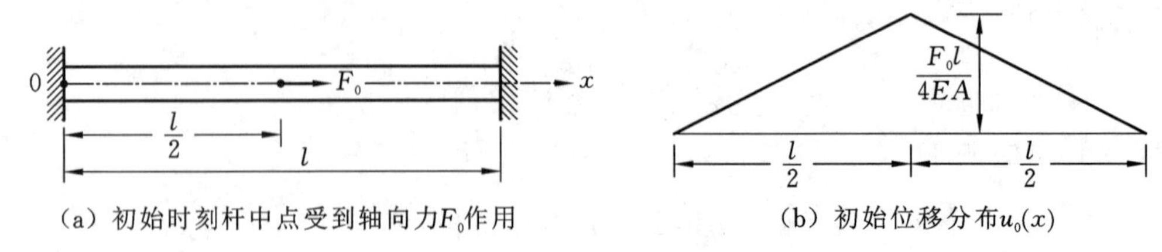

(a) 初始时刻杆中点受到轴向力F_0作用　　(b) 初始位移分布$u_0(x)$

图 8.5　中点受力的两端固定杆

杆右半边为压应变,大小与上式相同。于是,初始位移为

$$u(x,0)=u_0(x)=\begin{cases}\varepsilon x=\dfrac{F_0 x}{2EA}, & 0\leqslant x\leqslant\dfrac{l}{2}\\[2ex] \varepsilon(l-x)=\dfrac{F_0(l-x)}{2EA}, & \dfrac{l}{2}\leqslant x\leqslant l\end{cases}\tag{1}$$

初始速度为零,即

$$\frac{\partial u}{\partial t}(x,0)=\dot{u}_0(x)=0,\quad 0\leqslant x\leqslant l\tag{2}$$

本例杆的边界条件为

$$u(0,t)=0,\quad t\geqslant 0$$
$$u(l,t)=0,\quad t\geqslant 0$$

均匀杆自由振动的一般表达式(见式(8.27))为

$$u(x,t)=\left(A\cos\frac{\omega x}{c}+B\sin\frac{\omega x}{c}\right)[C\cos(\omega t)+D\sin(\omega t)]$$

应用上面的边界条件可得

$$A\cos\frac{\omega x}{c}[C\cos(\omega t)+D\sin(\omega t)]=0\quad\Rightarrow\quad A=0$$

$$B\sin\frac{\omega l}{c}[C\cos(\omega t)+D\sin(\omega t)]=0\quad\Rightarrow\quad \sin\frac{\omega l}{c}=0$$

所以第 n 阶固有频率和模态形状为

$$\omega_n=\frac{n\pi c}{l},\quad U_n(x)=\sin\frac{n\pi x}{l}$$

进而,两端固定杆的自由振动响应为

$$u(x,t)=\sum_{n=1}^{\infty}\sin\frac{n\pi x}{l}\left[C_n\cos\left(\frac{n\pi c}{l}t\right)+D_n\sin\left(\frac{n\pi c}{l}t\right)\right]\tag{3}$$

下面应用初始条件来确定常数 C_n,D_n。将式(1)和式(2)代入式(3)可得

$$\sum_{n=1}^{\infty}C_n\sin\frac{n\pi x}{l}=\begin{cases}\varepsilon x=\dfrac{F_0 x}{2EA}, & 0\leqslant x\leqslant\dfrac{l}{2}\\[2ex] \varepsilon(l-x)=\dfrac{F_0(l-x)}{2EA}, & \dfrac{l}{2}\leqslant x\leqslant l\end{cases}$$

初始速度为零,即

$$\sum_{n=1}^{\infty} D_n \frac{n\pi c}{l} \sin \frac{n\pi x}{l} = 0$$

以上两式乘 $\sin(n\pi x/l)$ 后，再对 x 在 $0\sim l$ 上积分，并利用模态的正交性，得

$$C_n = \frac{2}{l}\int_0^{l/2} \frac{F_0 x}{2EA} \sin \frac{n\pi x}{l} \mathrm{d}x + \frac{2}{l}\int_{l/2}^{l} \frac{F_0(l-x)}{2EA} \sin \frac{n\pi x}{l} \mathrm{d}x$$

$$= \begin{cases} \dfrac{2F_0 l}{AE\pi^2} \dfrac{(-1)^{(n-1)/2}}{n^2}, & n \text{ 为奇数} \\ 0, & n \text{ 为偶数} \end{cases}$$

$$D_n = 0$$

所以，本例杆的自由振动响应为

$$u(x,t) = \frac{2F_0 l}{AE\pi^2} \sum_{n=1,3,5,\cdots} \frac{(-1)^{(n-1)/2}}{n^2} \sin \frac{n\pi x}{l} \cos\left(\frac{n\pi c}{l} t\right)$$

8.4　受迫振动

考虑均匀杆的纵向振动，受迫振动方程为

$$-EA \frac{\partial^2 u}{\partial x^2} + \rho A \frac{\partial^2 u}{\partial t^2} = f \tag{8.58}$$

或

$$-c^2 u''(x,t) + \ddot{u}(x,t) = \tilde{f}(x,t) \tag{8.59}$$

其中

$$c = \sqrt{\frac{E}{\rho}}, \quad \tilde{f} = \frac{f}{M} = \frac{f}{\rho A} \tag{8.60}$$

假设杆的受迫振动解仍然为正则模态的线性组合，即式(8.47)，重写如下：

$$u(x,t) = \sum_{i=1}^{\infty} U_i(x) \eta_i(t)$$

将上式代入方程(8.58)后，两边乘 $U_j(x)$，再对 x 在 $0\sim l$ 积分，得

$$\sum_{i=1}^{\infty} \left[-\eta_i \int_0^l EAU_i''(x) U_j(x) \mathrm{d}x + \ddot{\eta}_i \int_0^l \rho A U_i(x) U_j(x) \mathrm{d}x \right] = \int_0^l U_j(x) \tilde{f}(x,t) \mathrm{d}x \tag{8.61}$$

利用模态的正交性和正则模态得到

$$\ddot{\eta}_i + \omega_i^2 \eta_i = \int_0^l U_i(x) \tilde{f}(x,t) \mathrm{d}x \tag{8.62}$$

方程(8.62) 的特解可由 Duhamel 积分得到，为

$$\eta_i(t) = \frac{1}{\omega_i} \int_0^l U_i(x) \mathrm{d}x \int_0^t \tilde{f}(x,\tau) \sin[\omega_i(t-\tau)] \mathrm{d}\tau \tag{8.63}$$

所以杆的受迫振动响应为

$$u(x,t) = \sum_{i=1}^{\infty} \frac{U_i(x)}{\omega_i} \int_0^l U_i(x) \mathrm{d}x \int_0^t \tilde{f}(x,\tau) \sin[\omega_i(t-\tau)] \mathrm{d}\tau \tag{8.64}$$

这个解忽略了初值的影响。

如果杆上作用的是在 $x=x_m$ 处的集中力 $F_m(t)$，则杆的受迫振动响应变为

$$u(x,t)=\sum_{i=1}^{\infty}\frac{U_i(x)U_i(x_m)}{\omega_i}\int_0^t\frac{F_m(\tau)}{\rho A}\sin[\omega_i(t-\tau)]\mathrm{d}\tau \tag{8.65}$$

例 8.6 长度为 l、截面积为 A、两端固定的杆，设弹性模量为 E，密度为 ρ。杆受到轴向均匀分布力 f_0 和作用于中点的集中力 F_0 的作用，如图 8.6 所示。求杆的稳态响应。

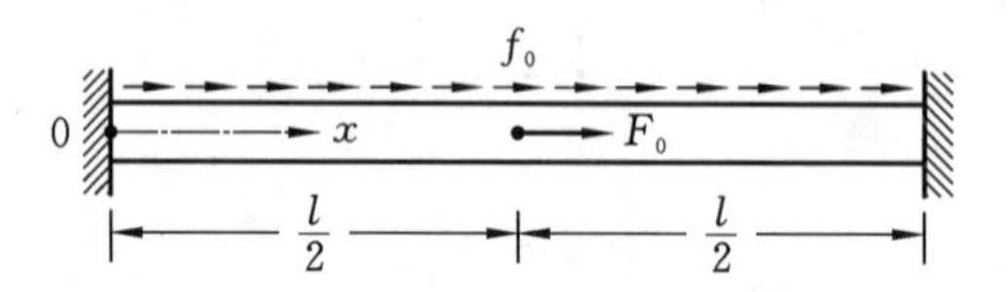

图 8.6 受到分布力和集中力作用的杆

解 两种载荷的稳态解可分别求出，然后叠加得到总的稳态解。由式(8.64)可知，杆对均匀分布力 f_0 的稳态响应为

$$u(x,t)=\sum_{i=1}^{\infty}\frac{U_i(x)}{\omega_i}f_0\int_0^l U_i(x)\mathrm{d}x\int_0^t\sin[\omega_i(t-\tau)]\mathrm{d}\tau$$

两端固定杆的固有频率和正则模态为

$$\omega_i=\frac{i\pi c}{l},\quad U_i(x)=\sqrt{\frac{2}{l}}\sin\frac{i\pi x}{l}$$

所以

$$\begin{aligned}u(x,t)&=\sum_{i=1}^{\infty}\sqrt{\frac{2}{l}}\frac{l}{i\pi c}\sin\frac{i\pi x}{l}\frac{f_0}{\rho A}\int_0^l\sqrt{\frac{2}{l}}\sin\frac{i\pi x}{l}\mathrm{d}x\int_0^t\sin[\omega_i(t-\tau)]\mathrm{d}\tau\\&=\sum_{i=1,3,5,\cdots}\frac{4f_0l^2}{\pi^3c^2\rho A}\frac{1}{i^3}\sin\frac{i\pi x}{l}\left(1-\cos\frac{i\pi ct}{l}\right)\end{aligned}$$

杆对集中力 F_0 的稳态响应可根据上式直接写出：

$$\begin{aligned}u(x,t)&=\sum_{i=1}^{\infty}\sqrt{\frac{2}{l}}\frac{l}{i\pi c}\sin\frac{i\pi x}{l}\sqrt{\frac{2}{l}}\sin\frac{i\pi}{2}\frac{F_0}{\rho A}\int_0^t\sin[\omega_i(t-\tau)]\mathrm{d}\tau\\&=\sum_{i=1,3,5,\cdots}\frac{2F_0l}{\pi^2c^2\rho A}\frac{1}{i^2}\sin\frac{i\pi x}{l}(-1)^{(i-1)/2}\left(1-\cos\frac{i\pi ct}{l}\right)\end{aligned}$$

所以，本例杆总的稳态响应为

$$u(x,t)=\frac{2l}{\pi^2c^2\rho A}\sum_{i=1,3,5,\cdots}\left[\frac{2f_0l}{\pi i^3}+\frac{F_0}{i^2}(-1)^{(i-1)/2}\right]\sin\frac{i\pi x}{l}\left(1-\cos\frac{i\pi ct}{l}\right)$$

8.5 杆对支座运动的响应

如图 8.7 所示，假设杆的基础有纵向运动 $u_b(t)=p(t)$。杆截面在固定坐标系中的纵向位移仍然用 $u(x,t)$ 表示，所以杆的弹性位移为 $u(x,t)-u_b(t)$。于是杆的运动方程为

$$\rho A\frac{\partial^2u(x,t)}{\partial t^2}-EA\frac{\partial^2}{\partial x^2}[u(x,t)-u_b(t)]=0 \tag{8.66}$$

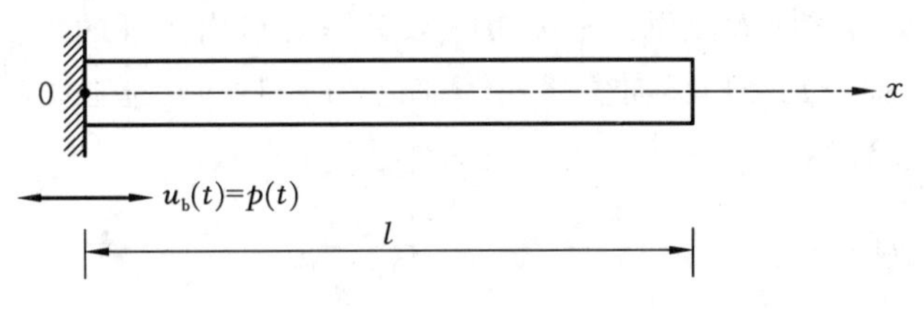

图 8.7　支座运动的杆

引入

$$v(x,t)=u(x,t)-u_{b}(t)=u(x,t)-p(t) \tag{8.67}$$

所以

$$\frac{\partial^2 u}{\partial t^2}=\frac{\partial^2 v}{\partial t^2}+\frac{\mathrm{d}^2 p}{\mathrm{d}t^2} \tag{8.68}$$

进而，方程(8.66)变为

$$\rho A\ \frac{\partial^2 v(x,t)}{\partial t^2}-EA\ \frac{\partial^2 v(x,t)}{\partial x^2}=-\rho A\ \frac{\mathrm{d}^2 p(t)}{\mathrm{d}t^2} \tag{8.69}$$

上式也可写成

$$\frac{\partial^2 v(x,t)}{\partial t^2}-c^2\ \frac{\partial^2 v(x,t)}{\partial x^2}=-\frac{\mathrm{d}^2 p(t)}{\mathrm{d}t^2} \tag{8.70}$$

所以，支座运动 $p(t)$相当于一个激励$-\mathrm{d}^2 p(t)/\mathrm{d}t^2$。

方程(8.70)的解仍然假设为式(8.47)，即

$$v(x,t)=\sum_{i=1}^{\infty}U_i(x)\eta_i(t)$$

将上式代入方程(8.70)，按照前面类似的方法，可得广义坐标 $\eta_i(t)$满足的方程为

$$\frac{\mathrm{d}^2 \eta_i}{\mathrm{d}t^2}+\omega_i^2\eta_i=-\frac{\mathrm{d}^2 p}{\mathrm{d}t^2}\int_0^l U_i(x)\mathrm{d}x,\quad i=1,2,\cdots \tag{8.71}$$

应用 Duhamel 积分，可得

$$\eta_i(t)=-\frac{1}{\omega_i}\int_0^l U_i(x)\mathrm{d}x\int_0^t \frac{\mathrm{d}^2 p(\tau)}{\mathrm{d}t^2}\sin[\omega_i(t-\tau)]\mathrm{d}\tau \tag{8.72}$$

进而有

$$v(x,t)=-\sum_{i=1}^{\infty}\frac{U_i(x)}{\omega_i}\int_0^l U_i(x)\mathrm{d}x\int_0^t \frac{\mathrm{d}^2 p(\tau)}{\mathrm{d}t^2}\sin[\omega_i(t-\tau)]\mathrm{d}\tau \tag{8.73}$$

最后得到支座激励下杆的稳态响应为

$$u(x,t)=v(x,t)+u_{b}(t) \tag{8.74}$$

8.6　Rayleigh 理论

8.6.1　运动方程

在这个理论中，将考虑由于杆的纵向运动使杆产生横向运动的惯性效应，但忽略剪切刚

度对应变能的贡献。考虑杆横截面上坐标为(y,z)的一点,由于杆的纵向运动和 Poisson 效应,该点沿 y 和 z 方向分别经历横向位移$-\nu y(\partial u/\partial x)$和$-\nu z(\partial u/\partial x)$,$\nu$ 表示 Poisson 比。因此,位移场由下式给出:

$$u(x,t)=u(x,t),\quad v(x,t)=-\nu y\frac{\partial u(x,t)}{\partial x},\quad w(x,t)=-\nu z\frac{\partial u(x,t)}{\partial x}\tag{8.75}$$

其中,ν 为 Poisson 比。可见上式中假设的横向位移 $v(x,t)$和 $w(x,t)$是完全由纵向正应力的 Poisson 效应诱导产生的,所以实际上假设了 $\sigma_{yy}=\sigma_{zz}=0$。

如果不考虑剪切变形产生的应变能,则杆的应变能仍为式(8.8),即

$$\pi=\frac{1}{2}\int_0^l\sigma_{xx}\varepsilon_{xx}A\,\mathrm{d}x=\frac{1}{2}\int_0^l EA\left(\frac{\partial u}{\partial x}\right)^2\mathrm{d}x$$

杆的动能为

$$\begin{aligned}T&=\frac{1}{2}\int_0^l\mathrm{d}x\int_A\rho\left(\frac{\partial u}{\partial t}\right)^2\mathrm{d}A+\frac{1}{2}\int_0^l\mathrm{d}x\int_A\rho\left[\left(\frac{\partial v}{\partial t}\right)^2+\left(\frac{\partial w}{\partial t}\right)^2\right]\mathrm{d}A\\&=\frac{1}{2}\int_0^l\rho A\left(\frac{\partial u}{\partial t}\right)^2\mathrm{d}x+\frac{1}{2}\int_0^l\mathrm{d}x\int_A\rho\left[\left(-\nu y\frac{\partial^2 u}{\partial x\partial t}\right)^2+\left(-\nu z\frac{\partial^2 u}{\partial x\partial t}\right)^2\right]\mathrm{d}A\\&=\frac{1}{2}\int_0^l\rho A\left(\frac{\partial u}{\partial t}\right)^2\mathrm{d}x+\frac{1}{2}\int_0^l\rho\nu^2 I_p\left(\frac{\partial^2 u}{\partial x\partial t}\right)^2\mathrm{d}x\end{aligned}\tag{8.76}$$

其中 I_p 是截面对 x 轴的极惯性矩,为

$$I_p=\int_A(y^2+z^2)\mathrm{d}A\tag{8.77}$$

外力功仍然为式(8.10)。将应变能、动能和外力功代入广义 Hamilton 原理可得

$$\delta\int_{t_1}^{t_2}\mathrm{d}t\int_0^l\left[\frac{1}{2}\rho A\left(\frac{\partial u}{\partial t}\right)^2+\frac{1}{2}\rho\nu^2 I_p\left(\frac{\partial^2 u}{\partial x\partial t}\right)^2-\frac{1}{2}EA\left(\frac{\partial u}{\partial x}\right)^2+fu\right]\mathrm{d}x=0\tag{8.78}$$

进行变分和分部积分运算后,可得运动方程和边界条件为

$$-\frac{\partial}{\partial x}\left(\rho\nu^2 I_p\frac{\partial^3 u}{\partial x\partial t^2}\right)-\frac{\partial}{\partial x}\left(EA\frac{\partial u}{\partial x}\right)+\rho A\frac{\partial^2 u}{\partial t^2}=f\tag{8.79}$$

$$\left(EA\frac{\partial u}{\partial x}+\rho\nu^2 I_p\frac{\partial^3 u}{\partial x\partial t^2}\right)\delta u\Big|_0^l=0\tag{8.80}$$

可见,边界条件式(8.80)可被固定端和自由端满足。因为,在固定端有 $u=0$,所以 $\delta u=0$,而在自由端则需满足:

$$EA\frac{\partial u}{\partial x}+\rho\nu^2 I_p\frac{\partial^3 u}{\partial x\partial t^2}=0\tag{8.81}$$

8.6.2 固有频率和模态形状

对于均匀杆的自由振动,运动方程和边界条件为

$$\rho\nu^2 I_p\frac{\partial^4 u}{\partial x^2\partial t^2}+EA\frac{\partial^2 u}{\partial x^2}-\rho A\frac{\partial^2 u}{\partial t^2}=0\tag{8.82}$$

$$\left(EA\frac{\partial u}{\partial x}+\rho\nu^2 I_p\frac{\partial^3 u}{\partial x\partial t^2}\right)\delta u\Big|_0^l=0\tag{8.83}$$

假定自由振动解为一个简谐振动：

$$u(x,t)=U(x)\cos(\omega t) \tag{8.84}$$

上式代入方程(8.82)可得

$$(-\rho\nu^2 I_p\omega^2+EA)\frac{d^2U}{dx^2}+\rho A\omega^2 U=0 \tag{8.85}$$

方程(8.85)的通解为

$$U(x)=C_1\cos(px)+C_2\sin(px) \tag{8.86}$$

其中

$$p=\sqrt{\frac{\rho A\omega^2}{EA-\rho\nu^2 I_p\omega^2}} \tag{8.87}$$

常数 C_1, C_2 由边界条件确定。

对于两端固定的杆，边界条件为

$$U(x=0)=0,\quad U(x=l)=0 \tag{8.88}$$

由式(8.86)和式(8.88)可得

$$C_1=0 \tag{8.89}$$

$$\sin(pl)=0 \tag{8.90}$$

所以，第 n 阶固有频率和模态形状为

$$\omega_n^2=\frac{n^2\pi^2}{(1+n^2\pi^2\nu^2 I_p/Al^2)}\frac{E}{\rho l^2},\quad n=1,2,\cdots \tag{8.91}$$

$$U_n(x)=\sin(n\pi x),\quad n=1,2,\cdots \tag{8.92}$$

可见，模态形状与以前的简单理论的结果相同，但固有频率变小了。

8.7 Bishop 理论

8.7.1 运动方程

在这个理论中，将同时考虑横向运动的惯性和剪切刚度的影响。考虑杆横截面上坐标为(y,z)的一点，位移场仍然由式(8.75)给出，所以应变为

$$\begin{cases}\varepsilon_{xx}=\dfrac{\partial u}{\partial x},\quad \varepsilon_{yy}=\dfrac{\partial v}{\partial y}=-\nu\dfrac{\partial u}{\partial x},\quad \varepsilon_{zz}=\dfrac{\partial w}{\partial z}=-\nu\dfrac{\partial u}{\partial x}\\ \varepsilon_{xy}=\left(\dfrac{\partial u}{\partial y}+\dfrac{\partial v}{\partial x}\right)=-\nu y\dfrac{\partial^2 u}{\partial x^2},\quad \varepsilon_{yz}=\left(\dfrac{\partial v}{\partial z}+\dfrac{\partial w}{\partial y}\right)=0\\ \varepsilon_{zx}=\left(\dfrac{\partial u}{\partial z}+\dfrac{\partial w}{\partial x}\right)=-\nu z\dfrac{\partial^2 u}{\partial x^2}\end{cases} \tag{8.93}$$

其中，ν 为 Poisson 比。这种应变场产生的应力可由三维 Hooke 定律得到：

$$\begin{bmatrix}\sigma_{xx}\\\sigma_{yy}\\\sigma_{zz}\\\sigma_{xy}\\\sigma_{yz}\\\sigma_{zx}\end{bmatrix}=\begin{bmatrix}1-\nu & \nu & \nu & 0 & 0 & 0\\\nu & 1-\nu & \nu & 0 & 0 & 0\\\nu & \nu & 1-\nu & 0 & 0 & 0\\0 & 0 & 0 & \frac{1}{2}(1-2\nu) & 0 & 0\\0 & 0 & 0 & 0 & \frac{1}{2}(1-2\nu) & 0\\0 & 0 & 0 & 0 & 0 & \frac{1}{2}(1-2\nu)\end{bmatrix}\begin{bmatrix}\varepsilon_{xx}\\\varepsilon_{yy}\\\varepsilon_{zz}\\\varepsilon_{xy}\\\varepsilon_{yz}\\\varepsilon_{zx}\end{bmatrix}\tag{8.94}$$

结果为

$$\begin{bmatrix}\sigma_{xx}\\\sigma_{yy}\\\sigma_{zz}\\\sigma_{xy}\\\sigma_{yz}\\\sigma_{zx}\end{bmatrix}=\begin{bmatrix}E\dfrac{\partial u}{\partial x}\\0\\0\\-\nu Gy\dfrac{\partial^2 u}{\partial x^2}\\0\\-\nu Gz\dfrac{\partial^2 u}{\partial x^2}\end{bmatrix}\tag{8.95}$$

杆的应变能为

$$\begin{aligned}\pi&=\frac{1}{2}\int_V(\sigma_{xx}\varepsilon_{xx}+\sigma_{xy}\varepsilon_{xy}+\sigma_{zx}\varepsilon_{zx})\mathrm{d}V\\&=\frac{1}{2}\int_0^l\mathrm{d}x\int_A\left[EA\left(\frac{\partial u}{\partial x}\right)^2+\nu^2Gy^2\left(\frac{\partial^2 u}{\partial x^2}\right)^2+\nu^2Gz^2\left(\frac{\partial^2 u}{\partial x^2}\right)^2\right]\mathrm{d}A\\&=\frac{1}{2}\int_0^l\left[EA\left(\frac{\partial u}{\partial x}\right)^2+\nu^2GI_\mathrm{p}\left(\frac{\partial^2 u}{\partial x^2}\right)^2\right]\mathrm{d}x\end{aligned}\tag{8.96}$$

可见,现在的应变能与 Rayleigh 理论相比,多出了剪切变形的项。杆的动能仍为式(8.76),外力功仍然为式(8.10)。

将应变能、动能和外力功代入广义 Hamilton 原理,进行变分和分部积分运算后,可得运动方程和边界条件为

$$\frac{\partial^2}{\partial x^2}\left(\nu^2GI_\mathrm{p}\frac{\partial^2 u}{\partial x^2}\right)-\frac{\partial}{\partial x}\left(\rho\nu^2I_\mathrm{p}\frac{\partial^3 u}{\partial x\partial t^2}\right)-\frac{\partial}{\partial x}\left(EA\frac{\partial u}{\partial x}\right)+\rho A\frac{\partial^2 u}{\partial t^2}=f\tag{8.97}$$

$$\left[EA\frac{\partial u}{\partial x}+\rho\nu^2I_\mathrm{p}\frac{\partial^3 u}{\partial x\partial t^2}-\nu^2\frac{\partial}{\partial x}\left(GI_\mathrm{p}\frac{\partial^2 u}{\partial x^2}\right)\right]\delta u\Big|_0^l+\left(\nu^2GI_\mathrm{p}\frac{\partial^2 u}{\partial x^2}\right)\delta\left(\frac{\partial u}{\partial x}\right)\Big|_0^l=0\tag{8.98}$$

可见,如果杆端是刚性固定的,则 $u=\partial u/\partial x=0$,所以 $\delta u=\delta(\partial u/\partial x)=0$,进而满足边界条件式(8.98)。

8.7.2 固有频率和模态形状

对于均匀杆的自由振动,运动方程和边界条件为

$$\nu^2 GI_p \frac{\partial^4 u}{\partial x^4} - \rho\nu^2 I_p \frac{\partial^4 u}{\partial x^2 \partial t^2} - EA \frac{\partial^2 u}{\partial x^2} + \rho A \frac{\partial^2 u}{\partial t^2} = 0 \tag{8.99}$$

$$\left(EA \frac{\partial u}{\partial x} + \rho\nu^2 I_p \frac{\partial^3 u}{\partial x \partial t^2} - \nu^2 GI_p \frac{\partial^3 u}{\partial x^3}\right)\delta u \Big|_0^l + \left(\nu^2 GI_p \frac{\partial^2 u}{\partial x^2}\right)\delta\left(\frac{\partial u}{\partial x}\right)\Big|_0^l = 0 \tag{8.100}$$

假定自由振动解为一个简谐振动：

$$u(x,t) = U(x)\cos(\omega t) \tag{8.101}$$

上式代入方程(8.99)可得

$$\nu^2 GI_p \frac{d^4 U}{dx^4} + (\rho\nu^2 I_p \omega^2 - EA)\frac{d^2 U}{dx^2} - \rho A\omega^2 U = 0 \tag{8.102}$$

设方程(8.102)的解为

$$U(x) = C e^{px} \tag{8.103}$$

可得

$$\nu^2 GI_p p^4 + (\rho\nu^2 I_p \omega^2 - EA)p^2 - \rho A\omega^2 U = 0 \tag{8.104}$$

这个方程的根为

$$p^2 = \frac{(EA - \rho\nu^2 I_p \omega^2) \pm \sqrt{(EA - \rho\nu^2 I_p \omega^2)^2 + 4\nu^2 GI_p \rho A\omega^2}}{2\nu^2 GI_p} = a \pm b \tag{8.105}$$

其中

$$a = \frac{EA - \rho\nu^2 I_p \omega^2}{2\nu^2 GI_p} \tag{8.106}$$

$$b = \frac{\sqrt{(EA - \rho\nu^2 I_p \omega^2)^2 + 4\nu^2 GI_p \rho A\omega^2}}{2\nu^2 GI_p} \tag{8.107}$$

因为 $b > a$，以上四个根可写为

$$p_1 = -p_2 = s_1 = \sqrt{a+b}, \quad p_3 = -p_4 = \mathrm{i}s_2 = \mathrm{i}\sqrt{b-a} \tag{8.108}$$

所以方程(8.104)的通解为

$$U(x) = \overline{C}_1 e^{s_1 x} + \overline{C}_2 e^{-s_1 x} + \overline{C}_3 e^{\mathrm{i}s_2 x} + \overline{C}_4 e^{-\mathrm{i}s_2 x} \tag{8.109}$$

上式也可写为实数形式的解：

$$U(x) = C_1 \cosh(s_1 x) + C_2 \sinh(s_1 x) + C_3 \cos(s_2 x) + C_4 \sin(s_2 x) \tag{8.110}$$

如果端部的位移和剪应力均为零，这样的端部称为**松散固定端**（**fixed loosely at ends**）。对于两端松散固定的杆，边界条件为

$$U(0) = 0 \tag{8.111}$$

$$U(l) = 0 \tag{8.112}$$

$$\frac{d^2 U(0)}{dx^2} = 0 \tag{8.113}$$

$$\frac{d^2 U(l)}{dx^2} = 0 \tag{8.114}$$

由式(8.110)～式(8.114)可得

$$C_1 + C_3 = 0 \tag{8.115}$$

$$C_1 \cosh(s_1 l) + C_2 \sinh(s_1 l) + C_3 \cos(s_2 l) + C_4 \sin(s_2 l) = 0 \tag{8.116}$$

$$C_1 s_1^2 - C_3 s_2^2 = 0 \tag{8.117}$$

$$C_1 s_1^2 \cosh(s_1 l) + C_2 s_1^2 \sinh(s_1 l) - C_3 s_2^2 \cos(s_2 l) - C_4 s_2^2 \sin(s_2 l) = 0 \tag{8.118}$$

由方程(8.115)和方程(8.117)得到

$$C_1 = C_3 = 0 \tag{8.119}$$

方程(8.116)和方程(8.118)简化为

$$\begin{cases} C_2 \sinh(s_1 l) + C_4 \sin(s_2 l) = 0 \\ C_2 s_1^2 \sinh(s_1 l) - C_4 s_2^2 \sin(s_2 l) = 0 \end{cases} \tag{8.120}$$

这组方程的非零解条件为

$$\begin{vmatrix} \sinh(s_1 l) & \sin(s_2 l) \\ s_1^2 \sinh(s_1 l) & -s_2^2 \sin(s_2 l) \end{vmatrix} = 0 \tag{8.121}$$

或

$$\sinh(s_1 l) \sin(s_2 l) = 0 \tag{8.122}$$

因为 $\sinh(s_1 l) \neq 0$，所以式(8.122)变为

$$\sin(s_2 l) = 0 \tag{8.123}$$

固有频率由下式给出：

$$s_2 l = n\pi, \quad n = 1, 2, \cdots \tag{8.124}$$

所以，第 n 阶固有频率和模态形状为

$$\omega_n^2 = \frac{n^2 \pi^2 E}{\rho l^2} \left(\frac{AEl^2 + n^2 \pi^2 \nu^2 GI_p}{AEl^2 + n^2 \pi^2 \nu^2 EI_p} \right), \quad n = 1, 2, \cdots \tag{8.125}$$

$$U_n(x) = \sin(n\pi x), \quad n = 1, 2, \cdots \tag{8.126}$$

可见，模态形状与以前的简单理论结果相同，但固有频率变小了。

8.7.3 用模态分析法求杆的受迫振动

杆纵向振动的运动方程(8.99)可写为

$$M\ddot{u} + Lu = f \tag{8.127}$$

其中，M 和 L 为微分算子：

$$M = \rho A - \nu^2 \rho I_p \frac{\partial^2}{\partial x^2} \tag{8.128}$$

$$L = \nu^2 GI_p \frac{\partial^4}{\partial x^4} - EA \frac{\partial^2}{\partial x^2} \tag{8.129}$$

在模态展开法中，问题的解表示为模态函数的线性组合：

$$u(x,t) = \sum_{i=1}^{\infty} U_i(x) \eta_i(t)$$

将上式代入运动方程可得

$$\sum_{i=1}^{\infty} M[U_i(x)] \ddot{\eta}_i(t) + L[U_i(x)] \eta_i(t) = f(x,t) \tag{8.130}$$

方程(8.130) 两边同乘 $U_j(x)$ 后，再对 x 在 $0 \sim l$ 上积分，可得

$$\sum_{i=1}^{\infty} \left\{ \int_0^l M[U_i(x)] U_j(x) \mathrm{d}x \, \ddot{\eta}_i(t) + \int_0^l L[U_i(x)] U_j(x) \mathrm{d}x \, \eta_i(t) \right\} = \int_0^l f(x,t) U_j(x) \mathrm{d}x \tag{8.131}$$

考虑到模态正交性，方程(8.131) 可简化为

$$M_i\ddot{\eta}_i(t)+K_i\eta_i(t)=f_i,\quad i=1,2,\cdots \tag{8.132}$$

其中，M_i，K_i 为广义质量和广义刚度，f_i 为广义力，分别为

$$M_i=\int_0^l M[U_i(x)]U_i(x)\mathrm{d}x \tag{8.133}$$

$$K_i=\int_0^l L[U_i(x)]U_i(x)\mathrm{d}x \tag{8.134}$$

$$f_i=\int_0^l f(x,t)U_i(x)\mathrm{d}x \tag{8.135}$$

方程(8.132) 的解为

$$\eta_i(t)=\eta_i(0)\cos(\omega_i t)+\frac{\dot{\eta}_i(0)}{\omega_i}\sin(\omega_i t)$$
$$+\frac{1}{M_i\omega_i}\int_0^t f_i(\tau)\sin[\omega_i(t-\tau)]\mathrm{d}\tau,\quad i=1,2,\cdots \tag{8.136}$$

其中，ω_i 为第 i 阶固有频率，由下式给出：

$$\omega_i=\sqrt{\frac{K_i}{M_i}},\quad i=1,2,\cdots \tag{8.137}$$

$\eta_i(0)$ 和 $\dot{\eta}_i(0)$ 为广义坐标 $\eta_i(t)$ 的初始条件，它们与 $u(x,t)$ 的初始条件 $u_0(x)$ 和 $\dot{u}_0(x)$ 之间的关系为

$$u_0(x)=\sum_{i=1}^{\infty}U_i(x)\eta_i(0) \tag{8.138}$$

$$\dot{u}_0(x)=\sum_{i=1}^{\infty}U_i(x)\dot{\eta}_i(0) \tag{8.139}$$

将方程(8.138) 和方程(8.139) 两边同乘 $M[U_j(x)]$ 后，再对 x 在 $0\sim l$ 上积分，可得

$$\int_0^l u_0(x)M[U_j(x)]\mathrm{d}x=\sum_{i=1}^{\infty}\eta_i(0)\int_0^l U_i(x)M[U_j(x)]\mathrm{d}x \tag{8.140}$$

$$\int_0^l \dot{u}_0(x)M[U_j(x)]\mathrm{d}x=\sum_{i=1}^{\infty}\dot{\eta}_i(0)\int_0^l U_i(x)M[U_j(x)]\mathrm{d}x \tag{8.141}$$

应用模态的正交性，可得

$$\eta_i(0)=\frac{1}{M_i}\int_0^l u_0(x)M[U_i(x)]\mathrm{d}x,\quad i=1,2,\cdots \tag{8.142}$$

$$\dot{\eta}_i(0)=\frac{1}{M_i}\int_0^l \dot{u}_0(x)M[U_i(x)]\mathrm{d}x,\quad i=1,2,\cdots \tag{8.143}$$

最后，杆的纵向位移可表示为

$$u(x,t)=\sum_{i=1}^{\infty}\left\{\eta_i(0)\cos(\omega_i t)+\frac{\dot{\eta}_i(0)}{\omega_i}\sin(\omega_i t)\right.$$
$$\left.+\frac{1}{M_i\omega_i}\int_0^t f_i(\tau)\sin[\omega_i(t-\tau)]\mathrm{d}\tau\right\}U_i(x) \tag{8.144}$$

例 8.7　杆两端松散固定，力 F_0 突然作用于杆的中点，如图 8.8 所示。求杆的稳态响应。

解　由式(8.125)和式(8.126)得到杆的第 i 阶固有频率和模态形状为

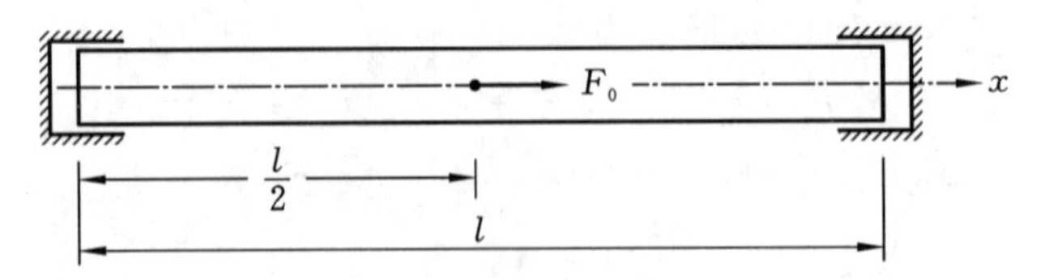

图 8.8 两端松散固定的杆

$$\omega_i^2=\frac{n^2\pi^2 E}{\rho l^2}\left(\frac{AEl^2+i^2\pi^2\nu^2 GI_{\mathrm{p}}}{AEl^2+i^2\pi^2\nu^2 EI_{\mathrm{p}}}\right),\quad i=1,2,\cdots$$

$$U_i(x)=\sin(i\pi x),\quad i=1,2,\cdots$$

广义质量 M_i 和广义刚度 K_i 分别为

$$\begin{aligned}M_i&=\int_0^l M[U_i(x)]U_i(x)\mathrm{d}x\\&=\int_0^l\left[\left(\rho A-\nu^2\rho I_{\mathrm{p}}\frac{\partial^2}{\partial x^2}\right)\sin(i\pi x)\right]\sin(i\pi x)\mathrm{d}x\\&=(\rho A+\nu^2\rho I_{\mathrm{p}}i^2\pi^2)\frac{l}{2}\end{aligned}$$

$$\begin{aligned}K_i&=\int_0^l L[U_i(x)]U_i(x)\mathrm{d}x\\&=\int_0^l\left[\left(\nu^2 GI_{\mathrm{p}}\frac{\partial^4}{\partial x^4}-EA\frac{\partial^2}{\partial x^2}\right)\sin(i\pi x)\right]\sin(i\pi x)\mathrm{d}x\\&=(\nu^2 GI_{\mathrm{p}}i^4\pi^4+EAi^2\pi^2)\frac{l}{2}\end{aligned}$$

集中力 F_0 可写为

$$f(x,t)=F_0 H(t)\delta\left(x-\frac{l}{2}\right)$$

其中，$H(t)$ 为单位阶跃函数。对应的广义力 f_i 为

$$\begin{aligned}f_i(t)&=\int_0^l f(x,t)U_i(x)\mathrm{d}x=\int_0^l F_0 H(t)\delta\left(x-\frac{l}{2}\right)U_i(x)\mathrm{d}x\\&=F_0 H(t)U_i\left(x=\frac{l}{2}\right)=F_0 H(t)\sin\frac{i\pi l}{2}\end{aligned}$$

杆广义坐标的稳态响应为

$$\begin{aligned}\eta_i(t)&=\frac{1}{M_i\omega_i}\int_0^t F_0 H(\tau)\sin\frac{i\pi l}{2}\sin[\omega_i(t-\tau)]\mathrm{d}\tau\\&=\frac{F_0\sin(i\pi l/2)}{M_i\omega_i}\int_0^t H(\tau)\sin[\omega_i(t-\tau)]\mathrm{d}\tau\\&=\frac{F_0\sin(i\pi l/2)}{M_i\omega_i^2}[1-\cos(\omega_i t)]\end{aligned}$$

所以，杆的稳态响应为

$$u(x,t)=\sum_{i=1}^{\infty}\frac{F_0\sin(i\pi l/2)}{M_i\omega_i^2}\sin(i\pi x)[1-\cos(\omega_i t)]$$

8.8　刚性质块对杆的冲击

图 8.9 表示刚性质块以速度 V_0 冲击一根半无限长杆，杆的波动方程的解为

$$u(x,t)=f(c_0t-x) \tag{8.145}$$

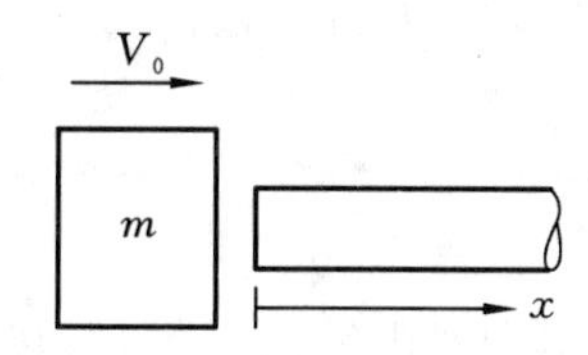

图 8.9　刚性质块冲击半无限长杆

其中，$c_0=\sqrt{E/\rho}$。它是一个从冲击点向杆的无穷远处传播的波。对质块应用冲量定理，得

$$mV_f(t)-mV_0=-\int_0^t F(\tau)\mathrm{d}\tau \tag{8.146}$$

其中，m 为质块的质量，$F(t)$ 为杆对质块的冲击力，V_f 为冲击结束瞬时质块的速度，t 为从冲击开始瞬时起算的时间。由接触面的速度连续性和力平衡，结合式(8.145)，对于杆的 $x=0$ 端可得

$$V_f(t)=c_0f'(c_0t),\quad F(t)=-EAf'(c_0t) \tag{8.147}$$

其中，记号“′”表示对宗量 c_0t-x 求导。由式(8.146)和式(8.147)得

$$-EA\int_0^t f'(c_0\tau)\mathrm{d}\tau=m[c_0f'(c_0t)-V_0] \tag{8.148}$$

上式左边的积分为

$$\int_0^t f'(c_0\tau)\mathrm{d}\tau=\frac{1}{c_0}\int_0^{ct}f'(\xi)\mathrm{d}\xi=\frac{1}{c_0}[f(c_0t)-f(0)] \tag{8.149}$$

将上式代回式(8.148)得到

$$f'(c_0t)+\frac{EA}{mc_0^2}f(c_0t)=\frac{EA}{mc_0^2}f(0)+\frac{V_0}{c_0} \tag{8.150}$$

这个一阶微分方程的解为

$$f(c_0t)=D\exp\left(-\frac{EA}{mc_0}t\right)+f(0)+\frac{mc_0}{EA}V_0 \tag{8.151}$$

由初始条件 $f(0)=0$ 可得积分常数 D 为

$$D=-\frac{mc_0V_0}{EA}$$

所以 $u(0,t)$ 由下式给出：

$$u(c_0t)=\frac{mc_0V_0}{EA}\left[1-\exp\left(-\frac{EA}{mc_0}t\right)\right] \tag{8.152}$$

杆中一般形式的位移场为

$$u(x,t)=\frac{mc_0V_0}{EA}H\langle c_0t-x\rangle\left\{1-\exp\left[-\frac{EA}{mc_0^2}(c_0t-x)\right]\right\} \tag{8.153}$$

所以，杆中的速度、应变和轴力分别为

$$
\begin{cases}
v(x,t)=V_0 H\langle c_0 t-x\rangle \exp\left[-\dfrac{EA}{mc_0^2}(c_0 t-x)\right] \\
\varepsilon(x,t)=-\dfrac{V_0}{c_0} H\langle c_0 t-x\rangle \exp\left[-\dfrac{EA}{mc_0^2}(c_0 t-x)\right] \\
F(x,t)=-\dfrac{EAV_0}{c_0} H\langle c_0 t-x\rangle \exp\left[-\dfrac{EA}{mc_0^2}(c_0 t-x)\right]
\end{cases} \tag{8.154}
$$

8.9　变截面杆的频散效应

在等截面均匀杆中，传播的波不会发生畸变。但是，在变截面杆中，波传播时会产生畸变，也就是说，变截面杆具有频散效应。下面来讨论这个问题。

由方程(8.16)可得，变截面杆的自由振动方程为

$$
\frac{\partial^2 u}{\partial x^2}+\frac{1}{A}\frac{\mathrm{d}A}{\mathrm{d}x}\frac{\partial u}{\partial x}=\frac{1}{c_0^2}\frac{\partial^2 u}{\partial t^2} \tag{8.155}
$$

图 8.10 给出了几种变截面杆，它们的截面积如下。

线性变化截面杆：
$$
A(x)=\frac{A_0}{a}x \tag{8.156}
$$

圆截面锥形杆：
$$
A(x)=\frac{A_0}{a^2}x^2 \tag{8.157}
$$

双曲线变化截面杆：
$$
A(x)=A_0\cosh^2\left(\frac{x}{h}\right) \tag{8.158}
$$

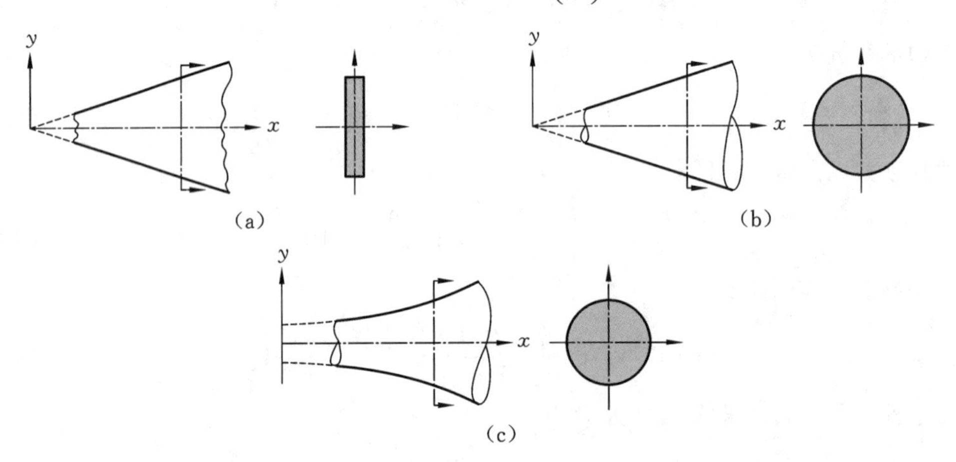

图 8.10　几种不同截面形状和不同截面积变化的杆

考虑截面积线性变化的锥杆，在 $x=a$ 端（左端）作用一个简谐激励力 $P_0\exp(-\mathrm{i}\omega t)$。此时，控制方程(8.155)变为

$$
\frac{\partial^2 u}{\partial x^2}+\frac{1}{x}\frac{\partial u}{\partial x}=\frac{1}{c_0^2}\frac{\partial^2 u}{\partial t^2} \tag{8.159}
$$

它的解可设为

$$
u=U(x)\mathrm{e}^{-\mathrm{i}\omega t} \tag{8.160}
$$

于是有

$$\frac{d^2U}{dx^2}+\frac{1}{x}\frac{dU}{dx}+\beta^2U=0,\quad \beta^2=\frac{\omega^2}{c_0^2} \tag{8.161}$$

这是一个零阶 Bessel 方程，有解

$$U=A_1\,\mathrm{J}_0(\beta x)+B_1\,\mathrm{Y}_0(\beta x) \tag{8.162}$$

或

$$U=A\,\mathrm{H}_0^{(1)}(\beta x)+B\,\mathrm{H}_0^{(2)}(\beta x) \tag{8.163}$$

其中，J_0，Y_0 为第一类、第二类 Bessel 函数，$\mathrm{H}_0^{(1)}$，$\mathrm{H}_0^{(2)}$ 为第三类 Bessel 函数，且有

$$\begin{cases}\mathrm{H}_0^{(1)}(\beta x)=\mathrm{J}_0(\beta x)+\mathrm{i}\mathrm{Y}_0(\beta x)\\ \mathrm{H}_0^{(2)}(\beta x)=\mathrm{J}_0(\beta x)-\mathrm{i}\mathrm{Y}_0(\beta x)\end{cases} \tag{8.164}$$

对于大的宗量 βx，$\mathrm{H}_0^{(1)}$，$\mathrm{H}_0^{(2)}$ 的渐近表示为

$$\begin{cases}\mathrm{H}_0^{(1)}(\beta x)\sim\sqrt{\dfrac{2}{\pi\beta x}}\exp\left[\mathrm{i}\left(\beta x-\dfrac{\pi}{4}\right)\right](1-\cdots)\\ \mathrm{H}_0^{(2)}(\beta x)\sim\sqrt{\dfrac{2}{\pi\beta x}}\exp\left[i\left(\beta x-\dfrac{\pi}{4}\right)\right](1+\cdots)\end{cases} \tag{8.165}$$

将之代入式(8.163)，再与 $\mathrm{e}^{-\mathrm{i}\omega t}$ 结合，然后应用无穷远处辐射条件可知，应使 $B=0$。再应用边界条件：

$$EA_0\frac{\partial u(a,t)}{\partial x}=P_0\,\mathrm{e}^{-\mathrm{i}\omega t} \tag{8.166}$$

即

$$EA_0A\left.\frac{\mathrm{d}\,\mathrm{H}_0^{(1)}(\beta x)}{\mathrm{d}x}\right|_{x=a}=P_0 \tag{8.167}$$

我们注意到

$$\frac{\mathrm{d}\,\mathrm{H}_0^{(1)}(\beta x)}{\mathrm{d}x}=-\beta\mathrm{H}_1^{(1)}(\beta x) \tag{8.168}$$

所以

$$u(x,t)=-\frac{P_0}{EA_0\beta\mathrm{H}_1^{(1)}(\beta a)}\mathrm{H}_0^{(1)}(\beta x)\mathrm{e}^{-\mathrm{i}\omega t} \tag{8.169}$$

考虑圆截面锥杆，这时控制方程为

$$\frac{\partial^2 u}{\partial x^2}+\frac{2}{x}\frac{\partial u}{\partial x}=\frac{1}{c_0^2}\frac{\partial^2 u}{\partial t^2} \tag{8.170}$$

假设与线性锥杆相同的解形式，得

$$\frac{d^2U}{dx^2}+\frac{2}{x}\frac{dU}{dx}+\beta^2U=0,\quad \beta^2=\frac{\omega^2}{c_0^2} \tag{8.171}$$

这仍是 Bessel 方程，它的解为

$$U=\frac{1}{\sqrt{x}}\left[A_1\,\mathrm{J}_{\frac{1}{2}}(\beta x)+B_1\,\mathrm{Y}_{\frac{1}{2}}(\beta x)\right] \tag{8.172}$$

其中，半阶 Bessel 函数 $\mathrm{J}_{1/2}$，$\mathrm{Y}_{1/2}$ 称为**球 Bessel 函数**，因此，方程(8.171)称为零阶球面 Bessel 方程。方程(8.171)的标准形式解为

$$U=A\,\mathrm{h}_0^{(1)}(\beta x)+B\,\mathrm{h}_0^{(2)}(\beta x) \tag{8.173}$$

其中，$\mathrm{h}_0^{(1)}$，$\mathrm{h}_0^{(2)}$ 称为第三类球 Bessel 函数，可表示为第一类和第二类球 Bessel 函数的组合：

$$\begin{cases} \mathrm{h}_n^{(1)}(\beta x)=\mathrm{j}_n(\beta x)+\mathrm{i}\,\mathrm{n}_n(\beta x) \\ \mathrm{h}_n^{(2)}(\beta x)=\mathrm{j}_n(\beta x)-\mathrm{i}\,\mathrm{n}_n(\beta x) \end{cases} \tag{8.174}$$

其中

$$\mathrm{j}_n(\beta x)=\sqrt{\frac{2}{\pi\beta x}}\mathrm{J}_{n+1/2}(\beta x),\quad \mathrm{n}_n(\beta x)=\sqrt{\frac{2}{\pi\beta x}}\mathrm{Y}_{n+1/2}(\beta x) \tag{8.175}$$

球 Bessel 函数可以用有限级数展开，对于 $\mathrm{h}_n^{(1)}$，有

$$\mathrm{h}_n^{(1)}(\beta x)=\frac{\mathrm{e}^{\mathrm{i}\beta x}(-1)^{-n+1}}{\beta x}\sum_{r=0}^{n}\frac{(n+r)!}{r!\,(n-r)}\left(\frac{\mathrm{i}}{2\beta x}\right)^n \tag{8.176}$$

函数 $\mathrm{h}_n^{(1)}$ 的渐近行为由下式给出：

$$\mathrm{h}_n^{(1)}(\beta x)\sim\frac{\mathrm{i}^{-n}}{\mathrm{i}\beta x}\mathrm{e}^{\mathrm{i}\beta x} \tag{8.177}$$

对式(8.173)应用辐射条件可得 $B=0$。所以方程(8.170)的解为

$$u(x,t)=A\,\mathrm{h}_0^{(1)}(\beta x)\mathrm{e}^{-\mathrm{i}\omega t} \tag{8.178}$$

杆端的条件为

$$EA_0\left.\frac{\partial u}{\partial x}\right|_{x=a}=P_0\,\mathrm{e}^{-\mathrm{i}\omega t} \tag{8.179}$$

注意到

$$\frac{\mathrm{d}\,\mathrm{h}_0^{(1)}(\beta x)}{\mathrm{d}x}=-\beta\mathrm{h}_1^{(1)}(\beta x) \tag{8.180}$$

于是可确定待定常数 A，进而得到解为

$$u(x,t)=-\frac{P_0}{EA_0\beta\mathrm{h}_1^{(1)}(\beta a)}\mathrm{h}_0^{(1)}(\beta x)\mathrm{e}^{-\mathrm{i}\omega t} \tag{8.181}$$

利用渐近式(8.177)有

$$\mathrm{h}_0^{(1)}(\beta x)=-\frac{\mathrm{i}\,\mathrm{e}^{\mathrm{i}\beta x}}{\beta x},\quad \mathrm{h}_1^{(1)}(\beta x)=\frac{\mathrm{e}^{\mathrm{i}\beta x}}{\beta x}\left(1+\frac{\mathrm{i}}{\beta x}\right) \tag{8.182}$$

习题

8.1　求图示三种纵向振动杆的频率方程。

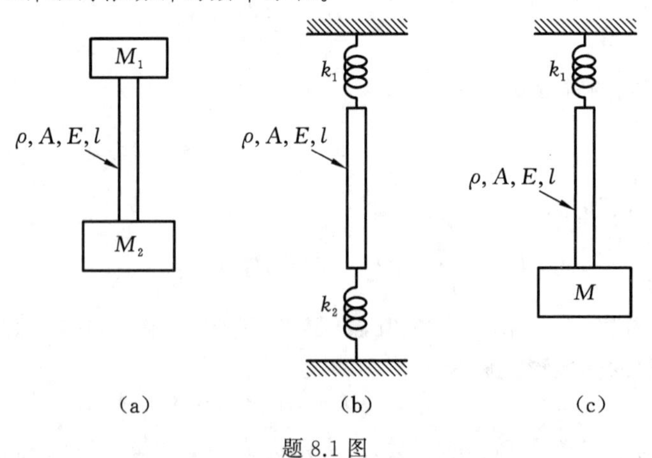

题 8.1 图

8.2　长度为 l、质量为 m 的杆，左端固定、右端自由，为了使杆的基频减小 50 %，自由端应附加多大的集中质量？

8.3　均匀杆左端固定，右端附加刚度为 k 的弹簧，证明杆的模态 $U_n(x)$ 满足正交性：

$$\int_0^l U_m(x)U_n(x)\mathrm{d}x = 0, \quad m \neq n$$

8.4　阶梯形复合杆由两段杆刚结而成，左端固定、右端自由，试推导其纵向振动的频率方程。

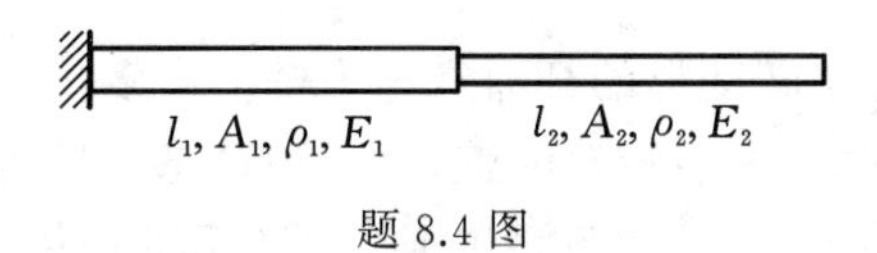

题 8.4 图

8.5　两根半无限长杆刚结成一根阶梯形复合杆，左边杆中的应力波 σ_i 向右传播，对于交界面，它就是入射波，入射波通过交界面时，一部分被反射回左边杆，这就是反射波 σ_r；另一部分穿过界面沿右边杆向右传播，这就是透射波 σ_t。求 σ_r 和 σ_t 的表达式，用 σ_i 和结构参数表示。

8.6　阶梯形复合杆由两段杆刚结而成，假定两端自由。求复合杆的频率方程。如果 $E_1=E_2$，$l_1=l_2=l$，$\beta_1=\beta_2=\beta$，求两段杆中任一阶模态振动的幅值之比。

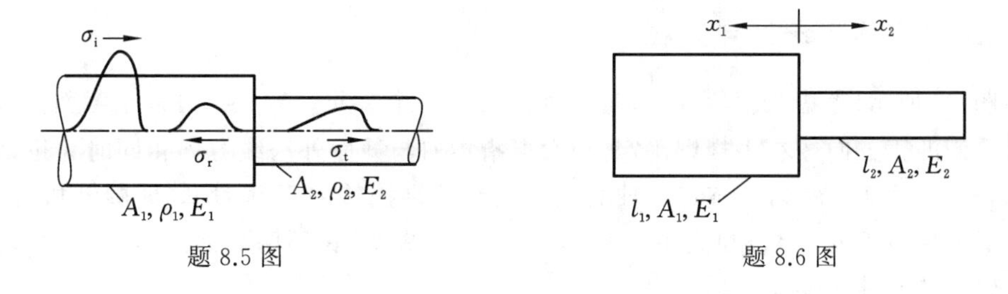

题 8.5 图　　题 8.6 图

第 9 章　轴的扭转振动

9.1　引言

承受扭转载荷(扭矩)和扭转变形的杆通常称为**轴**。许多传动轴都会发生扭转振动。高速机械中使用的轴,特别是携带重型转轮的轴,会受到动态扭转力和振动的作用。对于微小扭转变形情况,一根实心的或空心的圆形截面轴,在经受扭转位移时,每一横截面都保持在自身平面内。在这种情况下,轴的横截面不经历任何平行于轴的运动。但是,如果轴的横截面不是圆形的,则扭转会使截面发生翘曲。本章研究等截面、非等截面圆形截面轴和非圆形截面轴的扭转振动,介绍利用 Prandtl 应力函数确定非圆形截面轴扭转刚度的方法。对于非圆形截面轴,运动方程是用 Saint-Venant 和 Timoshenko-Gere 理论推导得到的。

9.2　运动方程

9.2.1　平衡方法推导方程

如图 9.1 所示,考虑长度为 $\mathrm{d}x$ 非等截面圆轴的一个单元。$M_{\mathrm{t}}(x,t)$ 表示截面扭矩(是内力矩),它们的正方向按右手规则确定,当大拇指指向与截面外法线方向相同时为正,否则为负;$\theta(x,t)$ 为截面的转角。假定圆轴的扭转振动满足**扭转的平面假设**(即圆轴扭转变形过程中横截面保持平面,形状和大小不变,半径保持直线,且相邻两截面的距离不变),则圆轴单元对转轴的定轴转动动力学方程为

$$\left(M_{\mathrm{t}}+\frac{\partial M_{\mathrm{t}}}{\partial x}\mathrm{d}x\right)-M_{\mathrm{t}}+m_{\mathrm{t}}\mathrm{d}x=I_0\,\mathrm{d}x\,\frac{\partial^2\theta}{\partial t^2}\tag{9.1}$$

其中,m_{t} 为沿轴线分布的外作用扭矩,I_0 为单位长度轴段对转轴的转动惯量。由材料力学理论可知

$$M_{\mathrm{t}}=GI_{\mathrm{p}}\frac{\partial\theta}{\partial x}\tag{9.2}$$

其中,G 为材料的剪切模量,$I_{\mathrm{p}}=J$ 为截面对转轴的极惯性矩。由方程(9.1)和方程(9.2)可得圆轴的扭转运动方程为

$$\frac{\partial}{\partial x}\left(GI_{\mathrm{p}}\frac{\partial\theta}{\partial x}\right)+m_{\mathrm{t}}=I_0\frac{\partial^2\theta}{\partial t^2}\tag{9.3}$$

9.2.2　变分法推导方程

现在采用变分法来推导图 9.1 所示圆轴扭转的运动方程以及边界条件。由假设可知截面绕转轴旋转一个角度 $\theta(x,t)$ 后形状不变,截面上任一点 P 在截面旋转 θ 角度后到达 P' 点,如图 9.2 所示。P 点在 y 和 z 方向的位移分量由位移 PP' 在这两个方向的投影给出:

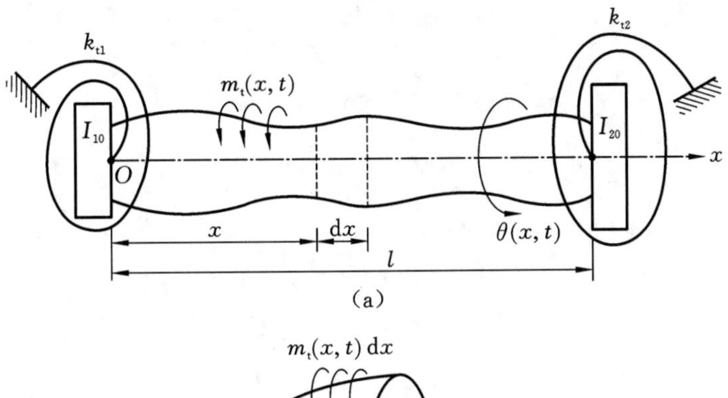

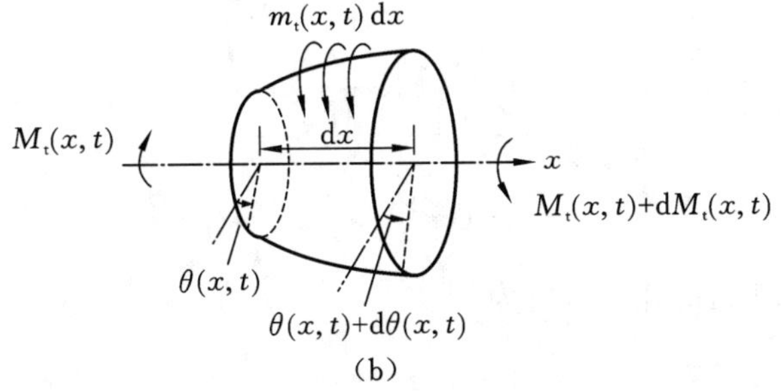

图 9.1　非均匀轴扭转振动

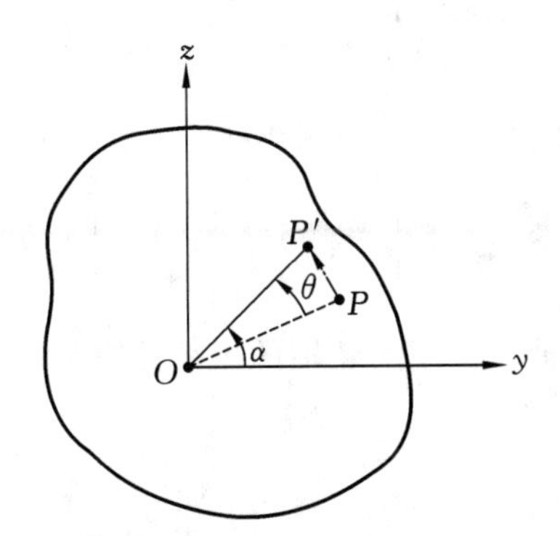

图 9.2　轴截面上一点的圆周运动

$$\begin{cases} v(y,z)=OP'\cos\alpha-OP\cos(\alpha-\theta) \\ \qquad\quad =OP'\cos\alpha-OP\cos\alpha\cos\theta-OP\sin\alpha\sin\theta \\ w(y,z)=OP'\sin\alpha-OP\sin(\alpha-\theta) \\ \qquad\quad =OP'\sin\alpha-OP\sin\alpha\cos\theta+OP\cos\alpha\sin\theta \end{cases} \tag{9.4}$$

因为角变形 θ 为小量，近似有

$$\begin{cases} \sin\theta\approx\theta,\quad \cos\theta\approx 1 \\ OP\cos\alpha\approx OP'\cos\alpha=y \\ OP\sin\alpha\approx OP'\sin\alpha=z \end{cases} \tag{9.5}$$

所以

$$v(y,z)=-z\theta,\quad w(y,z)=y\theta \tag{9.6}$$

因此，扭转圆轴的位移场为

$$\begin{cases} u(x,t)=0 \\ v(x,t)=-z\theta(x,t) \\ w(x,t)=y\theta(x,t) \end{cases} \tag{9.7}$$

对应的应变为

$$\begin{cases} \varepsilon_{xx}=\varepsilon_{yy}=\varepsilon_{zz}=\varepsilon_{yz}=0 \\ \varepsilon_{xy}=\dfrac{\partial u}{\partial y}+\dfrac{\partial v}{\partial x}=-z\dfrac{\partial \theta}{\partial x} \\ \varepsilon_{zx}=\dfrac{\partial u}{\partial z}+\dfrac{\partial w}{\partial x}=y\dfrac{\partial \theta}{\partial x} \end{cases} \tag{9.8}$$

对应的应力分量为

$$\begin{cases} \sigma_{xx}=\sigma_{yy}=\sigma_{zz}=\sigma_{yz}=0 \\ \sigma_{xy}=-Gz\dfrac{\partial \theta}{\partial x}, \quad \sigma_{zx}=Gy\dfrac{\partial \theta}{\partial x} \end{cases} \tag{9.9}$$

所以,轴和两端扭簧的弹性势能为

$$\begin{aligned} \pi &= \frac{1}{2}\int_V (\sigma_{xx}\varepsilon_{xx}+\sigma_{yy}\varepsilon_{yy}+\sigma_{zz}\varepsilon_{zz}+\sigma_{xy}\varepsilon_{xy}+\sigma_{yz}\varepsilon_{yz}+\sigma_{zx}\varepsilon_{zx})\mathrm{d}V \\ &\quad +\left[\frac{1}{2}k_{t1}\theta^2(0,t)+\frac{1}{2}k_{t2}\theta^2(l,t)\right] \\ &= \frac{1}{2}\int_0^l\int_A\left[G\left(\frac{\partial \theta}{\partial x}\right)^2(y^2+z^2)\right]\mathrm{d}A\,\mathrm{d}x+\left[\frac{1}{2}k_{t1}\theta^2(0,t)+\frac{1}{2}k_{t2}\theta^2(l,t)\right] \\ &= \frac{1}{2}\int_0^l GI_p\left(\frac{\partial \theta}{\partial x}\right)^2\mathrm{d}x+\left[\frac{1}{2}k_{t1}\theta^2(0,t)+\frac{1}{2}k_{t2}\theta^2(l,t)\right] \end{aligned} \tag{9.10}$$

其中,$I_p=\int_A(y^2+z^2)\mathrm{d}A$ 为轴横截面对转轴的极惯性矩。

轴的动能为

$$\begin{aligned} T &= \frac{1}{2}\int_V \rho\left[\left(\frac{\partial u}{\partial t}\right)^2+\left(\frac{\partial v}{\partial t}\right)^2+\left(\frac{\partial w}{\partial t}\right)^2\right]\mathrm{d}V \\ &\quad +\left\{\frac{1}{2}I_{10}\left[\frac{\partial \theta}{\partial t}(0,t)\right]^2+\frac{1}{2}I_{20}\left[\frac{\partial \theta}{\partial t}(l,t)\right]^2\right\} \\ &= \frac{1}{2}\int_0^l \rho I_p\left(\frac{\partial \theta}{\partial t}\right)^2\mathrm{d}x+\left\{\frac{1}{2}I_{10}\left[\frac{\partial \theta}{\partial t}(0,t)\right]^2+\frac{1}{2}I_{20}\left[\frac{\partial \theta}{\partial t}(l,t)\right]^2\right\} \end{aligned} \tag{9.11}$$

其中,I_{10} 和 I_{20} 为两端集中质量对转轴的转动惯量。外作用扭矩 $m_t(x,t)$ 所做的功为

$$W=\int_0^l m_t\theta\,\mathrm{d}x \tag{9.12}$$

应用广义 Hamilton 原理:

$$\delta\int_{t_1}^{t_2}(\pi-T-W)\mathrm{d}t=0$$

可得

$$\delta\int_{t_1}^{t_2}\left\{\frac{1}{2}\int_0^l GI_p\left(\frac{\partial \theta}{\partial x}\right)^2\mathrm{d}x+\left[\frac{1}{2}k_{t1}\theta^2(0,t)+\frac{1}{2}k_{t2}\theta^2(l,t)\right]\right.$$

$$-\frac{1}{2}\int_0^l \rho I_p\left(\frac{\partial\theta}{\partial t}\right)^2 dx-\left\{\frac{1}{2}I_{10}\left[\frac{\partial\theta}{\partial t}(0,t)\right]^2+\frac{1}{2}I_{20}\left[\frac{\partial\theta}{\partial t}(l,t)\right]^2\right\}$$
$$-\int_0^l m_t\theta dx\Bigg\}dt=0 \tag{9.13}$$

上式右边各项的变分为

$$\delta\int_{t_1}^{t_2}\frac{1}{2}\int_0^l GI_p\left(\frac{\partial\theta}{\partial x}\right)^2 dx\,dt=\int_{t_1}^{t_2}\int_0^l GI_p\frac{\partial\theta}{\partial x}\frac{\partial(\delta\theta)}{\partial x}dx\,dt$$
$$=\int_{t_1}^{t_2}\left(GI_p\frac{\partial\theta}{\partial x}\delta\theta\Big|_0^l\right)dt-\int_{t_1}^{t_2}\int_0^l\frac{\partial}{\partial x}\left(GI_p\frac{\partial\theta}{\partial x}\right)\delta\theta\,dx\,dt \tag{9.14}$$

$$\delta\int_{t_1}^{t_2}\left[\frac{1}{2}k_{t1}\theta^2(0,t)+\frac{1}{2}k_{t2}\theta^2(l,t)\right]dt=\int_{t_1}^{t_2}[k_{t1}\theta(0,t)\delta\theta(0,t)+k_{t2}\theta(l,t)\delta\theta(l,t)]\,dt \tag{9.15}$$

$$\delta\int_{t_1}^{t_2}\frac{1}{2}\int_0^l\rho I_p\left(\frac{\partial\theta}{\partial t}\right)^2 dx\,dt=\int_0^l\left(\rho I_p\frac{\partial\theta}{\partial t}\delta\theta\right)\Big|_{t_1}^{t_2}dx-\int_0^l\left(\int_{t_1}^{t_2}\rho I_p\frac{\partial^2\theta}{\partial t^2}\delta\theta\,dt\right)dx$$
$$=-\int_{t_1}^{t_2}\left(\int_0^l dx\rho I_p\frac{\partial^2\theta}{\partial t^2}\delta\theta\,dx\right)dt \tag{9.16}$$

$$\delta\int_{t_1}^{t_2}\left\{\frac{1}{2}I_{10}\left[\frac{\partial\theta}{\partial t}(0,t)\right]^2+\frac{1}{2}I_{20}\left[\frac{\partial\theta}{\partial t}(l,t)\right]^2\right\}dt$$
$$=-\int_{t_1}^{t_2}\left[I_{10}\frac{\partial\theta^2(0,t)}{\partial t^2}\delta\theta(0,t)+I_{20}\frac{\partial\theta^2(l,t)}{\partial t^2}\delta\theta(l,t)\right]dt \tag{9.17}$$

其中,应用了分部积分和 $\delta\theta(x,t_1)=\delta\theta(x,t_2)=0$ 的事实。将式(9.14)～式(9.17)代入方程(9.13)可得

$$\int_{t_1}^{t_2}\left(GI_p\frac{\partial\theta}{\partial x}\delta\theta\Big|_0^l+k_{t1}\theta\delta\theta\Big|_0+I_{10}\frac{\partial^2\theta}{\partial t^2}\delta\theta\Big|_0+k_{t2}\theta\delta\theta\Big|^l+I_{20}\frac{\partial^2\theta}{\partial t^2}\delta\theta\Big|^l\right)dt$$
$$+\int_{t_1}^{t_2}\left\{\int_0^l\left[-\frac{\partial}{\partial x}\left(GI_p\frac{\partial\theta}{\partial x}\right)+\rho I_p\frac{\partial^2\theta}{\partial t^2}-m_t\right]\delta\theta\,dx\right\}dt=0 \tag{9.18}$$

由此得到圆轴扭转的运动方程:

$$I_0\frac{\partial^2\theta}{\partial t^2}=\frac{\partial}{\partial x}\left(GI_p\frac{\partial\theta}{\partial x}\right)+m_t \tag{9.19}$$

以及边界条件:

$$\begin{cases}\left(GI_p\dfrac{\partial\theta}{\partial x}+k_{t1}\theta+I_{10}\dfrac{\partial^2\theta}{\partial t^2}\right)\delta\theta=0, & 当\ x=0\\[2ex]\left(-GI_p\dfrac{\partial\theta}{\partial x}+k_{t2}\theta+I_{20}\dfrac{\partial^2\theta}{\partial t^2}\right)\delta\theta=0, & 当\ x=l\end{cases} \tag{9.20}$$

其中,$I_0=\rho I_p$ 为单位长度的轴对转轴的转动惯量。式(9.20)的第一个条件要求 $\theta(0,t)$ 事先指定,或者有

$$GI_p\frac{\partial\theta}{\partial x}+k_{t1}\theta+I_{10}\frac{\partial^2\theta}{\partial t^2}=0,\quad 当\ x=0 \tag{9.21}$$

式(9.20)的第二个条件要求 $\theta(l,t)$ 事先指定,或者有

$$-GI_p\frac{\partial\theta}{\partial x}+k_{t2}\theta+I_{20}\frac{\partial^2\theta}{\partial t^2}=0,\quad 当\ x=l \tag{9.22}$$

9.3 圆轴扭转振动的模态及其正交性

9.3.1 圆轴扭转振动的模态

根据方程(9.19),圆轴的自由振动方程为

$$I_0 \frac{\partial^2 \theta}{\partial t^2}=\frac{\partial}{\partial x}\left(GI_p \frac{\partial \theta}{\partial x}\right) \tag{9.23}$$

对于等截面均匀圆轴,方程变为

$$c^2 \frac{\partial^2 \theta}{\partial x^2}=\frac{\partial^2 \theta}{\partial t^2} \tag{9.24}$$

其中

$$c=\sqrt{\frac{G}{\rho}} \tag{9.25}$$

方程(9.23)是一个一维波动方程,c为波传播速度(相速度)。

假设方程(9.23)的解为

$$\theta(x,t)=\Theta(x)T(t) \tag{9.26}$$

将此代入方程(9.23),可得

$$\frac{1}{T(t)}\frac{\partial^2 T(t)}{\partial t^2}=\frac{1}{I_0\Theta(x)}\frac{\partial}{\partial x}\left[GI_p \frac{\partial \Theta(x)}{\partial x}\right] \tag{9.27}$$

由此可得

$$\frac{d^2 T(t)}{dt^2}+\omega^2 T(t)=0 \tag{9.28}$$

$$\frac{d}{dx}\left[GI_p \frac{d\Theta(x)}{dx}\right]+I_0\omega^2\Theta(x)=0 \tag{9.29}$$

满足方程(9.28)和方程(9.29)以及边界条件的ω、$\Theta(x)$就是轴的**固有频率**和**模态形状**。

对于等截面均匀圆轴,方程(9.29)变为

$$\frac{d^2\Theta(x)}{dx^2}+\frac{\omega^2}{c^2}\Theta(x)=0 \tag{9.30}$$

方程(9.28)和方程(9.30)的解为

$$\Theta(x)=A\cos\frac{\omega x}{c}+B\sin\frac{\omega x}{c} \tag{9.31}$$

$$T(t)=C\cos(\omega t)+D\sin(\omega t) \tag{9.32}$$

9.3.2 模态的正交性

从前面的论述可知,无论是否为等截面均匀轴,第i阶模态$\Theta_i(x)$满足方程(9.29),即

$$\frac{d}{dx}\left[GI_p \frac{d\Theta_i(x)}{dx}\right]+I_0\omega_i^2\Theta_i(x)=0 \tag{9.33}$$

将方程(9.29)用于第j阶模态$\Theta_j(x)$,可得

$$\frac{\mathrm{d}}{\mathrm{d}x}\left[GI_{\mathrm{p}}\frac{\mathrm{d}\Theta_j(x)}{\mathrm{d}x}\right]+I_0\omega_j^2\Theta_j(x)=0 \tag{9.34}$$

方程(9.33)乘以$\Theta_j(x)$,方程(9.34)乘以$\Theta_i(x)$后,再对x在$0\sim l$上积分,得

$$\int_0^l \frac{\mathrm{d}}{\mathrm{d}x}\left(GI_{\mathrm{p}}\frac{\mathrm{d}\Theta_i}{\mathrm{d}x}\right)\Theta_j\,\mathrm{d}x=-\omega_i^2\int_0^l I_0\Theta_i\Theta_j\,\mathrm{d}x \tag{9.35}$$

$$\int_0^l \frac{\mathrm{d}}{\mathrm{d}x}\left(GI_{\mathrm{p}}\frac{\mathrm{d}\Theta_j}{\mathrm{d}x}\right)\Theta_i\,\mathrm{d}x=-\omega_j^2\int_0^l I_0\Theta_i\Theta_j\,\mathrm{d}x \tag{9.36}$$

对这两个方程的左边应用分部积分,可得

$$GI_{\mathrm{p}}\Theta_i'\Theta_j\Big|_0^l-\int_0^l GI_{\mathrm{p}}\Theta_i'\Theta_j'\,\mathrm{d}x=-\omega_i^2\int_0^l I_0\Theta_i\Theta_j\,\mathrm{d}x \tag{9.37}$$

$$GI_{\mathrm{p}}\Theta_j'\Theta_i\Big|_0^l-\int_0^l GI_{\mathrm{p}}\Theta_i'\Theta_j'\,\mathrm{d}x=-\omega_j^2\int_0^l I_0\Theta_i\Theta_j\,\mathrm{d}x \tag{9.38}$$

如果杆的边界为固定或自由,则以上两个方程中的边界值均为零,于是有

$$\int_0^l GI_{\mathrm{p}}\Theta_i'\Theta_j'\,\mathrm{d}x=\omega_i^2\int_0^l I_0\Theta_i\Theta_j\,\mathrm{d}x \tag{9.39}$$

$$\int_0^l GI_{\mathrm{p}}\Theta_i'\Theta_j'\,\mathrm{d}x=\omega_j^2\int_0^l I_0\Theta_i\Theta_j\,\mathrm{d}x \tag{9.40}$$

以上两式相减得到

$$(\omega_i^2-\omega_j^2)\int_0^l I_0\Theta_i\Theta_j\,\mathrm{d}x=0 \tag{9.41}$$

如果$\omega_i^2\neq\omega_j^2$,由方程(9.41)就得到模态的正交性:

$$\int_0^l I_0\Theta_i\Theta_j\,\mathrm{d}x=0,\quad i\neq j \tag{9.42}$$

再由方程(9.39)和方程(9.35)(或方程(9.36))可得

$$\int_0^l GI_{\mathrm{p}}\Theta_i'\Theta_j'\,\mathrm{d}x=0,\quad i\neq j \tag{9.43}$$

$$\int_0^l \frac{\mathrm{d}}{\mathrm{d}x}\left(GI_{\mathrm{p}}\frac{\mathrm{d}\Theta_i}{\mathrm{d}x}\right)\Theta_j\,\mathrm{d}x=\int_0^l \frac{\mathrm{d}}{\mathrm{d}x}\left(GI_{\mathrm{p}}\frac{\mathrm{d}\Theta_j}{\mathrm{d}x}\right)\Theta_i\,\mathrm{d}x=0,\quad i\neq j \tag{9.44}$$

其中,记号"$'$"表示对x求导。这两个方程表示模态函数的导数也满足正交性。

对于在$x=0$和$x=l$端附加了集中转动惯量I_1和I_2的轴,相当于在这两处单位长度的质量分布为$I_1\delta(x)$和$I_2\delta(x-l)$,因此,由式(9.42)可得

$$I_0\int_0^l \Theta_i\Theta_j\,\mathrm{d}x+I_1\Theta_i(0)\Theta_j(0)+I_2\Theta_i(l)\Theta_j(l)=0,\quad i\neq j \tag{9.45}$$

这就是在$x=0$和$x=l$端附加了集中转动惯量I_1和I_2的轴的正交性条件。

对于同一个模态,式(9.42)的积分不为零,我们可以对模态作归一化处理,使

$$\int_0^l I_0\Theta_i^2\,\mathrm{d}x=1,\quad i=1,2,\cdots \tag{9.46}$$

我们将满足式(9.46)的模态称为**正则模态**。此时,由方程(9.35)可得

$$\omega_i^2=-\int_0^l \frac{\mathrm{d}}{\mathrm{d}x}\left(GI_{\mathrm{p}}\frac{\mathrm{d}\Theta_i}{\mathrm{d}x}\right)\Theta_i\,\mathrm{d}x \tag{9.47}$$

例 9.1　求两端固定均匀圆轴的固有频率。

解　两端固定均匀圆轴的边界条件为

$$\theta(0,t)=0 \tag{1}$$

$$\theta(l,t)=0 \tag{2}$$

由式(9.26) 可知单个模态振动解为

$$\theta(x,t)=\Theta(x)T(t)=\left(A\cos\frac{\omega x}{c}+B\sin\frac{\omega x}{c}\right)[C\cos(\omega t)+D\sin(\omega t)] \tag{3}$$

由条件式(1) 可得

$$A=0 \tag{4}$$

所以式(3) 变为

$$\theta(x,t)=\sin\frac{\omega x}{c}[C'\cos(\omega t)+D'\sin(\omega t)] \tag{5}$$

对上式应用条件式(2) 可得

$$\sin\frac{\omega l}{c}=0 \tag{6}$$

由此得到固有频率为

$$\frac{\omega l}{c}=n\pi,\quad n=1,2,\cdots$$

或

$$\omega_n=\frac{n\pi c}{l},\quad n=1,2,\cdots \tag{7}$$

模态形状为

$$\Theta_n(x)=B_n\sin\frac{\omega_n x}{c},\quad n=1,2,\cdots \tag{8}$$

两端固定轴的自由振动一般解为

$$\theta(x,t)=\sum_{n=1}^{\infty}\sin\frac{\omega_n x}{c}[C_n\cos(\omega_n t)+D_n\sin(\omega_n t)] \tag{9}$$

例 9.2　求两端自由均匀圆轴的固有频率。

解　这种轴的边界条件为

$$\frac{\partial\theta}{\partial x}(0,t)=0 \tag{1}$$

$$\frac{\partial\theta}{\partial x}(l,t)=0 \tag{2}$$

这些条件也可用模态函数 $\Theta(x)$ 来表示,即

$$\frac{\mathrm{d}\Theta}{\mathrm{d}x}(0,t)=0 \tag{3}$$

$$\frac{\mathrm{d}\Theta}{\mathrm{d}x}(l,t)=0 \tag{4}$$

模态函数 $\Theta(x)$ 的表达式仍然为式(9.31),即

$$\Theta(x)=A\cos\frac{\omega x}{c}+B\sin\frac{\omega x}{c} \tag{5}$$

$$\frac{d\Theta(x)}{dx}=-\frac{A\omega}{c}\sin\frac{\omega x}{c}+\frac{B\omega}{c}\cos\frac{\omega x}{c} \tag{6}$$

应用条件式(3) 可得

$$B=0 \tag{7}$$

再应用条件式(4) 得到

$$\sin\frac{\omega l}{c}=0 \tag{8}$$

所以,第 n 阶固有频率为

$$\omega_n=\frac{n\pi c}{l}=\frac{n\pi}{l}\sqrt{\frac{G}{\rho}},\quad n=1,2,\cdots \tag{9}$$

第 n 阶模态形状为

$$\Theta_n(x)=A_n\cos\frac{\omega_n x}{c},\quad n=1,2,\cdots \tag{10}$$

所以,两端自由均匀圆轴的自由振动一般解为

$$\theta(x,t)=\sum_{n=1}^{\infty}\cos\frac{\omega_n x}{c}[C_n\cos(\omega_n t)+D_n\sin(\omega_n t)] \tag{11}$$

例 9.3 求一端固定、另一端连接着扭簧的圆轴的固有频率。

解 这种轴如图 9.3 所示,其边界条件为

$$\theta(0,t)=0 \tag{1}$$

$$GI_p\frac{\partial\theta}{\partial x}(l,t)=-k_t\theta(l,t) \tag{2}$$

易知,这种轴的自由振动仍然可表示为

$$\theta(x,t)=\Theta(x)T(t)=\left(A\cos\frac{\omega x}{c}+B\sin\frac{\omega x}{c}\right)[C\cos(\omega t)+D\sin(\omega t)] \tag{3}$$

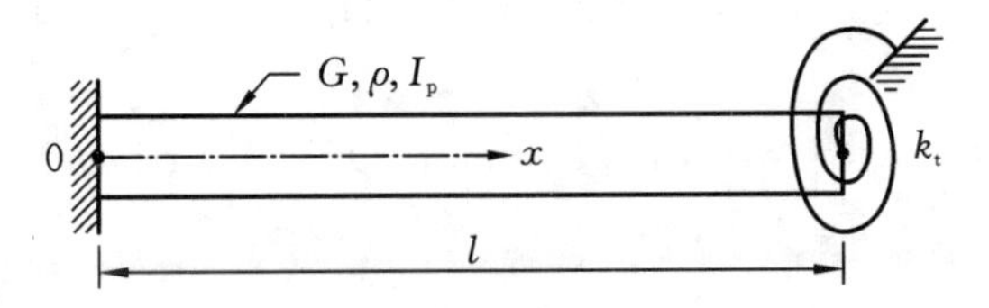

图 9.3 左端固定、右端附加扭簧的轴

应用条件式(1) 可得

$$A=0 \tag{4}$$

所以式(3) 变为

$$\theta(x,t)=\sin\frac{\omega x}{c}[\overline{C}\cos(\omega t)+\overline{D}\sin(\omega t)] \tag{5}$$

再应用条件式(2) 可得

$$\frac{\omega GI_p}{c}\cos\frac{\omega l}{c}=-k_t\sin\frac{\omega l}{c} \tag{6}$$

上式可写为

$$(1/\alpha)\tan\alpha=-\beta \tag{7}$$

其中

$$\alpha=\frac{\omega l}{c},\quad \beta=\frac{GI_{\mathrm{p}}}{k_{\mathrm{t}}l} \tag{8}$$

方程(7)的第 n 个根记为 α_n,则第 n 阶固有频率为

$$\omega_n=\frac{\alpha_n c}{l},\quad n=1,2,\cdots \tag{9}$$

第 n 阶模态形状为

$$\Theta_n(x)=B_n\sin\frac{\omega_n x}{c},\quad n=1,2,\cdots \tag{10}$$

轴的自由振动一般解为

$$\theta(x,t)=\sum_{n=1}^{\infty}\sin\frac{\omega_n x}{c}[C_n\cos(\omega_n t)+D_n\sin(\omega_n t)] \tag{11}$$

例 9.4 轴的两端刚接了薄盘(见图 9.4),请确定这种盘-轴系统的自由扭振解。

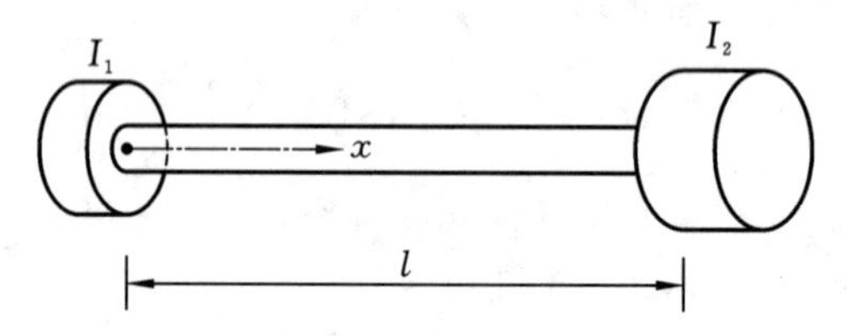

图 9.4 两端附加圆盘的轴

解 这根轴的边界条件为

$$GJ\frac{\partial\theta}{\partial x}(0,t)=I_1\frac{\partial^2\theta}{\partial t^2}(0,t)$$

$$GJ\frac{\partial\theta}{\partial x}(l,t)=-I_2\frac{\partial^2\theta}{\partial t^2}(l,t)$$

设第 n 阶模态解为

$$\theta_n(x,t)=\Theta_n(x)[C_n\cos(\omega_n t)+D_n\sin(\omega_n t)]$$

其中

$$\Theta_n(x)=A_n\cos\frac{\omega_n x}{c}+B_n\sin\frac{\omega_n x}{c}$$

应用边界条件可得

$$GJ\frac{\omega_n}{c}B_n=-I_1\omega_n^2A_n$$

$$GJ\frac{\omega_n}{c}\left(-A_n\sin\frac{\omega_n l}{c}+B_n\cos\frac{\omega_n l}{c}\right)=I_2\omega_n^2\left(A_n\cos\frac{\omega_n l}{c}+B_n\sin\frac{\omega_n l}{c}\right)$$

上式写成矩阵形式为

$$\begin{bmatrix} I_1\omega_n^2 & GJ\,\dfrac{\omega_n}{c} \\ GJ\,\dfrac{\omega_n}{c}\sin\dfrac{\omega_n l}{c}+I_2\omega_n^2\cos\dfrac{\omega_n l}{c} & -GJ\,\dfrac{\omega_n}{c}\cos\dfrac{\omega_n l}{c}+I_2\omega_n^2\sin\dfrac{\omega_n l}{c} \end{bmatrix}\begin{bmatrix} A_n \\ B_n \end{bmatrix}=\begin{bmatrix} 0 \\ 0 \end{bmatrix} \quad (1)$$

这是一个关于A_n和B_n的齐次线性方程组，由非零解条件(矩阵行列式为零)得到频率方程：

$$\left(\frac{\alpha_n^2}{\beta_1\beta_2}-1\right)\tan\alpha_n=\alpha_n\left(\frac{1}{\beta_1}+\frac{1}{\beta_2}\right)$$

其中

$$\alpha_n=\frac{\omega_n l}{c},\quad \beta_1=\frac{\rho J l}{I_1}=\frac{I_0}{I_1},\quad \beta_2=\frac{\rho J l}{I_2}=\frac{I_0}{I_2}$$

由方程组(1)可得A_n与B_n的比值，进而可得第n阶模态形状为

$$\Theta_n(x)=A_n\left(\cos\frac{\alpha_n x}{l}-\frac{\alpha_n}{\beta_1}\sin\frac{\alpha_n x}{l}\right)$$

轴的自由振动一般解为

$$\theta(x,t)=\sum_{n=1}^{\infty}\left(\cos\frac{\alpha_n x}{l}-\frac{\alpha_n}{\beta_1}\sin\frac{\alpha_n x}{l}\right)[C_n\cos(\omega_n t)+D_n\sin(\omega_n t)]$$

例 9.5　轴的两端刚接了薄盘和扭簧(见图9.5)，请确定这种盘-轴系统的频率方程。

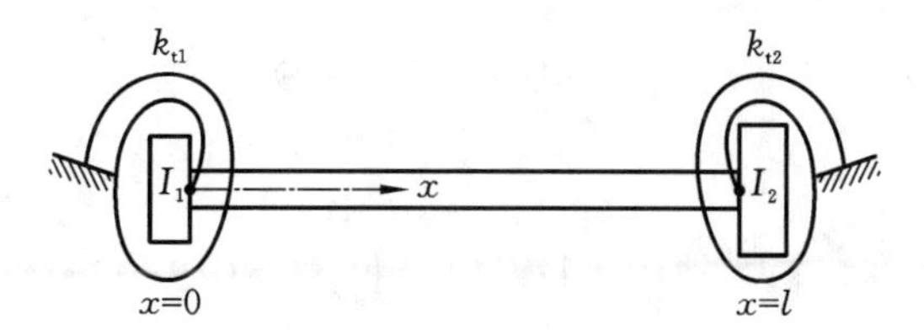

图 9.5　两端附加扭簧的轴

解　这根轴的边界条件为

$$GI_p\frac{\partial\theta}{\partial x}(0,t)=I_1\frac{\partial^2\theta}{\partial t^2}(0,t)+k_{t1}\theta(0,t) \quad (1)$$

$$GI_p\frac{\partial\theta}{\partial x}(l,t)=-I_2\frac{\partial^2\theta}{\partial t^2}(l,t)-k_{t2}\theta(l,t) \quad (2)$$

设第n阶模态解为

$$\theta_n(x,t)=\Theta_n(x)[C_n\cos(\omega_n t)+D_n\sin(\omega_n t)]$$

其中

$$\Theta_n(x)=A_n\cos\frac{\omega_n x}{c}+B_n\sin\frac{\omega_n x}{c}$$

应用边界条件式(1)和式(2)，可得

$$\begin{bmatrix} I_1\omega_n^2-k_{t1} & \dfrac{GI_p\omega_n}{c} \\ \dfrac{GI_p\omega_n}{c}\sin\dfrac{\omega_n l}{c}+(I_2\omega_n^2-k_{t2})\cos\dfrac{\omega_n l}{c} & (I_2\omega_n^2-k_{t2})\sin\dfrac{\omega_n l}{c}-GI_p\dfrac{\omega_n}{c}\cos\dfrac{\omega_n l}{c} \end{bmatrix}\begin{bmatrix} A_n \\ B_n \end{bmatrix}=\begin{bmatrix} 0 \\ 0 \end{bmatrix}$$

这是一个关于A_n和B_n的齐次线性方程组，由非零解条件得到频率方程：

$$\begin{vmatrix} I_1\omega_n^2-k_{t1} & \dfrac{GI_p\omega_n}{c} \\ \dfrac{GI_p\omega_n}{c}\sin\dfrac{\omega_n l}{c}+(I_2\omega_n^2-k_{t2})\cos\dfrac{\omega_n l}{c} & (I_2\omega_n^2-k_{t2})\sin\dfrac{\omega_n l}{c}-GI_p\dfrac{\omega_n}{c}\cos\dfrac{\omega_n l}{c} \end{vmatrix}=0$$

9.4 均匀圆轴自由振动响应:模态分析

扭转振动轴的角变形可用模态 $\Theta_i(x)$ 展开为

$$\theta(x,t)=\sum_{i=1}^{\infty}\Theta_i(x)\eta_i(t) \tag{9.48}$$

其中,$\eta_i(t)$ 为广义坐标。将上式代入运动方程(9.24)得到

$$c^2\sum_{i=1}^{\infty}\Theta_i''(x)\eta_i(t)=\sum_{i=1}^{\infty}\Theta_i(x)\ddot{\eta}_i(t) \tag{9.49}$$

其中,$\Theta_i''(x)=\mathrm{d}^2\Theta_i(x)/\mathrm{d}x^2$,$\ddot{\eta}_i(t)=\mathrm{d}^2\eta_i(t)/\mathrm{d}t^2$。上式乘以 $\Theta_j(x)$ 后再对 x 在 $0\sim l$ 上积分,得

$$c^2\sum_{i=1}^{\infty}\int_0^l\Theta_i''(x)\Theta_j(x)\mathrm{d}x\,\eta_i(t)=\sum_{i=1}^{\infty}\int_0^l\Theta_i(x)\Theta_j(x)\mathrm{d}x\,\ddot{\eta}_i(t) \tag{9.50}$$

利用模态的正交性得到

$$c^2\int_0^l\Theta_i''(x)\Theta_i(x)\mathrm{d}x\,\eta_i(t)=\int_0^l\Theta_i^2(x)\mathrm{d}x\,\ddot{\eta}_i(t)$$

或

$$-\omega_i^2\left(\int_0^l\Theta_i^2(x)\mathrm{d}x\right)\eta_i(t)=\left(\int_0^l\Theta_i^2(x)\mathrm{d}x\right)\ddot{\eta}_i(t) \tag{9.51}$$

则式(9.51)变为

$$\ddot{\eta}_i(t)+\omega_i^2\eta_i(t)=0,\quad i=1,2,\cdots \tag{9.52}$$

这个方程的通解为

$$\eta_i(t)=\eta_{i0}\cos(\omega_i t)+\frac{\dot{\eta}_{i0}}{\omega_i}\sin(\omega_i t) \tag{9.53}$$

其中,$\eta_{i0}=\eta_i(0)$,$\dot{\eta}_{i0}=\dot{\eta}_i(0)$,表示广义坐标的初始条件。

如果初始条件由轴的初始转角和角速度分布给出,即

$$\theta(x,0)=\theta_0(x) \tag{9.54}$$

$$\frac{\partial\theta}{\partial t}(x,0)=\dot{\theta}_0(x) \tag{9.55}$$

则由式(9.48)可得

$$\theta_0(x)=\sum_{i=1}^{\infty}\Theta_i(x)\eta_{i0} \tag{9.56}$$

$$\dot{\theta}_0(x)=\sum_{i=1}^{\infty}\Theta_i(x)\dot{\eta}_{i0} \tag{9.57}$$

以上两式乘以 $\Theta_j(x)$ 后再对 x 在 $0\sim l$ 上积分,利用模态的正交性,得

$$\int_0^l\theta_0(x)\Theta_j(x)\mathrm{d}x=\sum_{i=1}^{\infty}\eta_{i0}\int_0^l\Theta_i(x)\Theta_j(x)\mathrm{d}x=\eta_{j0},\quad j=1,2,\cdots \tag{9.58}$$

$$\int_0^l \dot{\theta}_0(x)\Theta_j(x)\mathrm{d}x = \sum_{i=1}^{\infty}\dot{\eta}_{i0}\int_0^l \Theta_i(x)\Theta_j(x)\mathrm{d}x = \dot{\eta}_{j0}, \quad j=1,2,\cdots \tag{9.59}$$

这样就得到了广义坐标的初始条件,轴的自由振动解为

$$\theta(x,t) = \sum_{i=1}^{\infty}\Theta_i(x)\left[\eta_{i0}\cos(\omega_i t) + \frac{\dot{\eta}_{i0}}{\omega_i}\sin(\omega_i t)\right] \tag{9.60}$$

例 9.6　求出图 9.6 所示无约束均匀轴自由扭转振动响应。初始 $t=0$ 时刻轴两端给定一个相等但相反的转角 a_0。

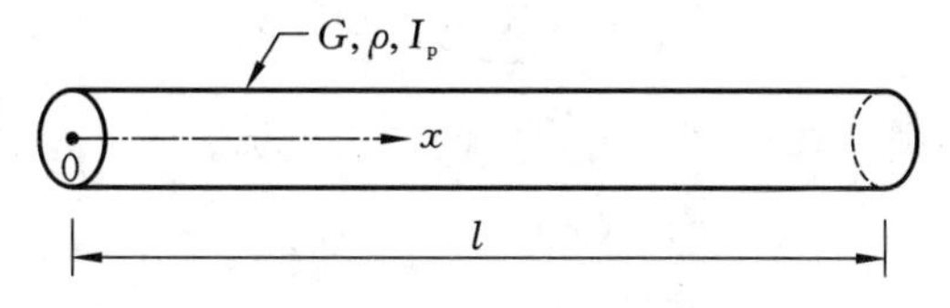

图 9.6　无约束(自由-自由)轴

解　初始条件为

$$\begin{cases}\theta(x,0) = \theta_0(x) = a_0\left(2\dfrac{x}{l} - 1\right) \\ \dot{\theta}(x,0) = \dot{\theta}_0(x) = 0\end{cases} \tag{1}$$

两端自由轴的固有频率和模态形状为

$$\begin{cases}\omega_i = \dfrac{i\pi}{l}\sqrt{\dfrac{G}{\rho}}, \\ \Theta_i(x) = A_i\cos\dfrac{\omega_i x}{c},\end{cases} \quad i=1,2,\cdots \tag{2}$$

假设模态已经归一化,即

$$\int_0^l \Theta_i^2(x)\mathrm{d}x = A_i^2\int_0^l\left(\cos\frac{\omega_i x}{c}\right)^2\mathrm{d}x = 1 \quad \Rightarrow \quad A_i = \sqrt{\frac{2}{l}}$$

所以

$$\Theta_i(x) = \sqrt{\frac{2}{l}}\cos\frac{\omega_i x}{c}, \quad i=1,2,\cdots \tag{3}$$

进而可得

$$\eta_{i0} = \int_0^l \theta_0(x)\Theta_i(x)\mathrm{d}x = \int_0^l a_0\left(2\frac{x}{l} - 1\right)\sqrt{\frac{2}{l}}\cos\frac{\omega_i x}{c}\mathrm{d}x$$

$$= \begin{cases}-\dfrac{4a_0\sqrt{2l}}{i^2\pi^2}, & i=1,3,5,\cdots \\ 0, & i=2,4,6,\cdots\end{cases} \tag{4}$$

$$\dot{\eta}_{i0} = \int_0^l \dot{\theta}_0(x)\Theta_i(x)\mathrm{d}x = 0 \tag{5}$$

轴的自由振动响应为

$$\theta(x,t) = -\frac{8a_0}{\pi^2}\sum_{i=1,3,5,\cdots}^{\infty}\frac{1}{i^2}\cos\frac{i\pi x}{l}\cos\frac{i\pi ct}{l} \tag{6}$$

9.5　均匀圆轴的受迫振动

均匀圆轴受到外分布扭矩 $m_t(x,t)$ 作用时，其运动方程为

$$GI_p \frac{\partial^2\theta}{\partial x^2}(x,t)+m_t(x,t)=I_0\frac{\partial^2\theta}{\partial t^2}(x,t) \tag{9.61}$$

利用模态分析方法，方程(9.61)的解可表示为

$$\theta(x,t)=\sum_{n=1}^{\infty}\Theta_n(x)\eta_n(t) \tag{9.62}$$

其中，$\Theta_n(x)$ 为第 n 阶正则模态，$\eta_n(t)$ 为对应的广义坐标。$\Theta_n(x)$ 是下列特征值问题的解：

$$GI_p\frac{\partial^2\Theta_n(x)}{\partial x^2}+I_0\omega_n^2\Theta_n(x)=0 \tag{9.63}$$

将式(9.62)代入方程(9.61)可得

$$\sum_{n=1}^{\infty}GI_p\Theta_n''(x)\eta_n(t)+m_t(x,t)=\sum_{n=1}^{\infty}I_0\Theta_n(x)\ddot{\eta}_n(t) \tag{9.64}$$

其中

$$\Theta_n''(x)=\frac{\mathrm{d}^2\Theta_n(x)}{\mathrm{d}x^2},\quad \ddot{\eta}_n(t)=\frac{\mathrm{d}^2\eta_n(t)}{\mathrm{d}t^2} \tag{9.65}$$

考虑到方程(9.63)，式(9.64)变为

$$-\sum_{n=1}^{\infty}I_0\omega_n^2\Theta_n(x)\eta_n(t)+m_t(x,t)=\sum_{n=1}^{\infty}I_0\Theta_n(x)\ddot{\eta}_n(t) \tag{9.66}$$

方程(9.66)乘以 $\Theta_m(x)$ 后，再对 x 在 $0\sim l$ 上积分，可得

$$-\sum_{n=1}^{\infty}I_0\omega_n^2\eta_n(t)\int_0^l\Theta_n(x)\Theta_m(x)\mathrm{d}x+\int_0^l m_t(x,t)\Theta_m(x)\mathrm{d}x$$
$$=\sum_{n=1}^{\infty}I_0\ddot{\eta}_n(t)\int_0^l\Theta_n(x)\Theta_m(x)\mathrm{d}x \tag{9.67}$$

利用模态的正交性，上式变为

$$\ddot{\eta}_n(t)+\omega_n^2\eta_n(t)=Q_n,\quad n=1,2,\cdots \tag{9.68}$$

其中，模态 $\Theta_n(x)$ 满足规范化条件，即

$$\int_0^l\Theta_n^2(x)\mathrm{d}x=1,\quad n=1,2,\cdots \tag{9.69}$$

Q_n 为对应于第 n 阶模态的**广义力**，为

$$Q_n=\frac{1}{I_0}\int_0^l m_t(x,t)\Theta_n(x)\mathrm{d}x \tag{9.70}$$

于是，方程(9.68)的通解为

$$\eta_n(t)=A_n\cos(\omega_n t)+B_n\sin(\omega_n t)+\frac{1}{\omega_n}\int_0^t Q_n(\tau)\sin[\omega_n(t-\tau)]\mathrm{d}\tau \tag{9.71}$$

上式右边第三项卷积积分隐含假设了 $Q_n(t)$ 从 $t=0$ 开始作用。所以圆轴的扭转受迫振动通解为

$$\theta(x,t)=\sum_{n=1}^{\infty}\left\{A_n\cos(\omega_n t)+B_n\sin(\omega_n t)+\frac{1}{\omega_n}\int_0^t Q_n(\tau)\sin[\omega_n(t-\tau)]\mathrm{d}\tau\right\}\Theta_n(x) \tag{9.72}$$

圆轴的稳态振动(即不考虑初始条件的影响)为

$$\theta(x,t)=\sum_{n=1}^{\infty}\frac{\Theta_n(x)}{\omega_n}\int_0^t Q_n(\tau)\sin[\omega_n(t-\tau)]\mathrm{d}\tau \tag{9.73}$$

如果轴两端自由,则需要在式(9.73)中加入刚体位移$\bar{\theta}(t)$,$\bar{\theta}(t)$由下面的定轴转动动力学方程确定:

$$I_0\frac{\mathrm{d}^2\bar{\theta}(t)}{\mathrm{d}t^2}=M_{\mathrm{t}}(t) \tag{9.74}$$

其中

$$I_0=\rho l I_{\mathrm{p}},\quad M_{\mathrm{t}}(t)=\int_0^l m_{\mathrm{t}}(x,t)\mathrm{d}x$$

例 9.7　已知一根均匀轴两端自由,在$x=l$端作用一个扭矩$M_{\mathrm{t}}(t)=a_0 t$,其中a_0为一个常数,求该轴的稳态响应。

解　按照式(9.73),轴的稳态响应为

$$\theta(x,t)=\sum_{n=1}^{\infty}\frac{\Theta_n(x)}{\omega_n}\int_0^t Q_n(\tau)\sin[\omega_n(t-\tau)]\mathrm{d}\tau \tag{1}$$

其中,广义力$Q_n(t)$为

$$Q_n(t)=\frac{1}{I_0}\int_0^l m_{\mathrm{t}}(x,t)\Theta_n(x)\mathrm{d}x$$

本例中,$m_{\mathrm{t}}(x,t)$为

$$m_{\mathrm{t}}(x,t)=M_{\mathrm{t}}\delta(x-l)=a_0 t\delta(x-l)$$

其中,δ为 Dirac δ 函数。所以

$$Q_n(t)=\frac{1}{I_0}\int_0^l a_0 t\delta(x-l)\Theta_n(x)\mathrm{d}x=\frac{a_0}{I_0}\Theta_n(l)t$$

固有频率和模态形状为

$$\left.\begin{aligned}\omega_n&=\frac{n\pi c}{l}=\frac{n\pi}{l}\sqrt{\frac{G}{\rho}},\\ \Theta_n(x)&=\sqrt{\frac{2}{l}}\cos\frac{n\pi x}{l},\end{aligned}\right.\quad n=1,2,\cdots$$

其中,$\Theta_n(x)$已经归一化。于是有

$$\begin{aligned}\int_0^t Q_n(\tau)\sin[\omega_n(t-\tau)]\mathrm{d}\tau&=\frac{a_0}{I_0}\sqrt{\frac{2}{l}}\cos(n\pi)\int_0^t\tau\sin[\omega_n(t-\tau)]\mathrm{d}\tau\\&=\frac{a_0}{I_0\omega_n}\cos(n\pi)\sqrt{\frac{2}{l}}\left[t-\frac{1}{\omega_n}\sin(\omega_n t)\right]\end{aligned}$$

将此代入式(1),可得轴的稳态响应为

$$4\theta(x,t)=\sum_{n=1}^{\infty}\frac{2a_0}{lI_0\omega_n^2}\cos(n\pi)\cos\frac{n\pi x}{l}\left[t-\frac{1}{\omega_n}\sin(\omega_n t)\right]$$

$$
\begin{aligned}
&= \sum_{n=2,4,\cdots}^{\infty} \frac{2a_0}{lI_0\omega_n^2}\cos\frac{n\pi x}{l}\left[t-\frac{1}{\omega_n}\sin(\omega_n t)\right] \\
&\quad - \sum_{n=1,3,\cdots}^{\infty} \frac{2a_0}{lI_0\omega_n^2}\cos\frac{n\pi x}{l}\left[t-\frac{1}{\omega_n}\sin(\omega_n t)\right]
\end{aligned} \tag{2}
$$

因为轴的两端自由，所以需要将刚体转动位移附加到式(2)中。由方程(9.74)，轴的刚体转动位移为

$$
\bar{\theta}(t)=\frac{a_0}{I_0}\frac{t^3}{6}
$$

于是，轴扭转振动的完整响应为

$$
\begin{aligned}
\theta(x,t) &= \frac{a_0}{I_0}\frac{t^3}{6}+\frac{2a_0}{lI_0}\left\{\sum_{n=2,4,\cdots}^{\infty}\frac{1}{\omega_n^2}\cos\frac{n\pi x}{l}\left[t-\frac{1}{\omega_n}\sin(\omega_n t)\right]\right. \\
&\quad \left. - \sum_{n=1,3,\cdots}^{\infty}\frac{1}{\omega_n^2}\cos\frac{n\pi x}{l}\left[t-\frac{1}{\omega_n}\sin(\omega_n t)\right]\right\}
\end{aligned} \tag{3}
$$

9.6 非圆形截面轴的扭转振动

非圆形截面轴扭转时，截面会变形。变形前的平截面在变形后会发生**翘曲**，如图 9.7 所示。非圆形截面杆件的扭转可分为自由扭转和约束扭转。等直杆两端受扭矩作用，且翘曲不受任何限制的情况，属于**自由扭转**。这种情况下杆件各截面的翘曲程度相同，轴向纤维的长度无变化，故截面上没有正应力而只有剪应力。若由于约束条件或受力条件的限制，造成杆件各截面翘曲程度不同，进而引起相邻两截面间纵向纤维长度的改变，则此时截面上除剪应力之外还有正应力，这种情况称为**约束扭转**。一般薄壁杆件约束扭转时，截面上的正应力是很大的。但一些实体杆件，如矩形或椭圆形截面杆件，由约束扭转引起的正应力很小，与自由扭转基本相同。本节我们先考虑轴向应变为零的情况，后考虑轴向应变不为零的情况。

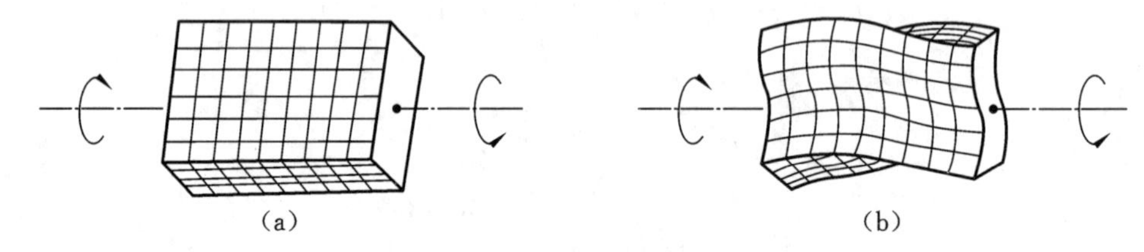

图 9.7 矩形截面轴扭转前后的形状(图(b) 显示了截面翘曲情况)

9.6.1 Saint-Venant 理论

Saint-Venant 理论中，用一个假设的**翘曲函数** $\psi(y,z)$ 来表示轴向位移：

$$
u=\psi(y,z)\frac{\partial\theta}{\partial x} \tag{9.75}
$$

其中，强制假设 $\partial u/\partial x=0$(假设 $\partial\theta/\partial x$ 为常数)，即假设轴向应变为零。注意，翘曲函数 $\psi(y,z)$ 现在是一个未知的待定函数。两个横向位移分量仍然与平截面假设情况相同，为

$$
v=-z\theta(x,t) \tag{9.76}
$$

$$w = y\theta(x, t) \tag{9.77}$$

轴的应变为

$$\begin{cases} \varepsilon_{xx} = \dfrac{\partial u}{\partial x} = 0, \quad \varepsilon_{yy} = \dfrac{\partial v}{\partial y} = 0, \quad \varepsilon_{zz} = \dfrac{\partial w}{\partial z} = 0 \\ \varepsilon_{xy} = \dfrac{\partial u}{\partial y} + \dfrac{\partial v}{\partial x} = \left(\dfrac{\partial \psi}{\partial y} - z\right)\dfrac{\partial \theta}{\partial x} \\ \varepsilon_{yz} = \dfrac{\partial v}{\partial z} + \dfrac{\partial w}{\partial y} = -\theta + \theta = 0 \\ \varepsilon_{zx} = \dfrac{\partial u}{\partial z} + \dfrac{\partial w}{\partial x} = \left(\dfrac{\partial \psi}{\partial z} + y\right)\dfrac{\partial \theta}{\partial x} \end{cases} \tag{9.78}$$

所以应力为

$$\begin{cases} \sigma_{xx} = \sigma_{yy} = \sigma_{zz} = \sigma_{yz} = 0 \\ \sigma_{xy} = G\left(\dfrac{\partial \psi}{\partial y} - z\right)\dfrac{\partial \theta}{\partial x}, \quad \sigma_{zx} = G\left(\dfrac{\partial \psi}{\partial z} + y\right)\dfrac{\partial \theta}{\partial x} \end{cases} \tag{9.79}$$

轴的应变能为

$$\begin{aligned} \pi &= \frac{1}{2}\int_V (\sigma_{xx}\varepsilon_{xx} + \sigma_{yy}\varepsilon_{yy} + \sigma_{zz}\varepsilon_{zz} + \sigma_{xy}\varepsilon_{xy} + \sigma_{yz}\varepsilon_{yz} + \sigma_{zx}\varepsilon_{zx})\mathrm{d}V \\ &= \frac{1}{2}\int_0^l \int_A G\left[\left(\frac{\partial \psi}{\partial y} - z\right)^2 + \left(\frac{\partial \psi}{\partial z} + y\right)^2\right]\left(\frac{\partial \theta}{\partial x}\right)^2 \mathrm{d}A\,\mathrm{d}x \end{aligned} \tag{9.80}$$

定义非圆形截面的**扭转刚度** C 为

$$C = \int_A G\left[\left(\frac{\partial \psi}{\partial y} - z\right)^2 + \left(\frac{\partial \psi}{\partial z} + y\right)^2\right]\mathrm{d}A \tag{9.81}$$

则应变能表示为

$$\pi = \frac{1}{2}\int_0^l C\left(\frac{\partial \theta}{\partial x}\right)^2 \mathrm{d}x \tag{9.82}$$

忽略轴向运动的惯性,轴的动能仍然由式(9.11)给出,外作用扭矩 $m_t(x, t)$ 所做的功仍然由式(9.12)给出。广义 Hamilton 原理可写为

$$\begin{aligned} &\delta\int_{t_1}^{t_2}\int_0^l \left\{\int_A \frac{1}{2}G\left[\left(\frac{\partial \psi}{\partial y} - z\right)^2 + \left(\frac{\partial \psi}{\partial z} + y\right)^2\right]\mathrm{d}A\right\}\left(\frac{\partial \theta}{\partial x}\right)^2 \mathrm{d}x\,\mathrm{d}t \\ &\quad - \delta\int_{t_1}^{t_2}\int_0^l \frac{1}{2}\rho I_p \left(\frac{\partial \theta}{\partial t}\right)^2 \mathrm{d}x\,\mathrm{d}t - \delta\int_{t_1}^{t_2}\int_0^l m_t \theta\,\mathrm{d}x\,\mathrm{d}t = 0 \end{aligned} \tag{9.83}$$

上式第一个变分项为

$$\begin{aligned} &\delta\int_{t_1}^{t_2}\int_0^l \left\{\int_A \frac{1}{2}G\left[\left(\frac{\partial \psi}{\partial y} - z\right)^2 + \left(\frac{\partial \psi}{\partial z} + y\right)^2\right]\mathrm{d}A\right\}\left(\frac{\partial \theta}{\partial x}\right)^2 \mathrm{d}x\,\mathrm{d}t \\ &= \int_{t_1}^{t_2}\int_0^l \left\{\int_A G\left[\left(\frac{\partial \psi}{\partial y} - z\right)^2 + \left(\frac{\partial \psi}{\partial z} + y\right)^2\right]\right\}\frac{\partial \theta}{\partial x}\frac{\partial(\delta\theta)}{\partial x}\mathrm{d}A\,\mathrm{d}x\,\mathrm{d}t \\ &\quad + \int_{t_1}^{t_2}\int_0^l\int_A G\left(\frac{\partial \theta}{\partial x}\right)^2\left[\left(\frac{\partial \psi}{\partial y} - z\right)\frac{\partial(\delta\psi)}{\partial y} + \left(\frac{\partial \psi}{\partial z} + y\right)\frac{\partial(\delta\psi)}{\partial z}\right]\mathrm{d}A\,\mathrm{d}x\,\mathrm{d}t \end{aligned} \tag{9.84}$$

式(9.84)右边第一项可表示为

$$\int_{t_1}^{t_2}\int_0^l GC\frac{\partial \theta}{\partial x}\frac{\partial(\delta\theta)}{\partial x}\mathrm{d}x\,\mathrm{d}t = \int_{t_1}^{t_2}\left[\int_0^l -\frac{\partial}{\partial x}\left(GC\frac{\partial \theta}{\partial x}\right)\delta\theta\,\mathrm{d}x + GC\frac{\partial \theta}{\partial x}\delta\theta\Big|_0^l\right]\mathrm{d}t \tag{9.85}$$

式(9.84)右边第二项是翘曲函数 $\psi(y,z)$ 变分的导数,是任意的,所以它必须为零,即

$$\int_{t_1}^{t_2}\int_0^l\int_A G\left(\frac{\partial\theta}{\partial x}\right)^2\left[\left(\frac{\partial\psi}{\partial y}-z\right)\frac{\partial(\delta\psi)}{\partial y}+\left(\frac{\partial\psi}{\partial z}+y\right)\frac{\partial(\delta\psi)}{\partial z}\right]\mathrm{d}A\,\mathrm{d}x\,\mathrm{d}t=0 \tag{9.86}$$

式(9.86)可写为

$$\int_{t_1}^{t_2}\left[\int_0^l G\left(\frac{\partial\theta}{\partial x}\right)^2\mathrm{d}x\right]\left\{\iint_A\left\{-\delta\psi\frac{\partial}{\partial y}\left(\frac{\partial\psi}{\partial y}-z\right)-\delta\psi\frac{\partial}{\partial z}\left(\frac{\partial\psi}{\partial z}+y\right)\right.\right.$$
$$\left.\left.+\frac{\partial}{\partial y}\left[\left(\frac{\partial\psi}{\partial y}-z\right)\delta\psi\right]+\frac{\partial}{\partial z}\left[\left(\frac{\partial\psi}{\partial z}+y\right)\delta\psi\right]\right\}\mathrm{d}A\right\}\mathrm{d}t=0$$

对上式面积分中的第三项、第四项应用 Green 公式:

$$\int_L(P\,\mathrm{d}x+Q\,\mathrm{d}y)=\int_D\left(\frac{\partial Q}{\partial x}-\frac{\partial P}{\partial y}\right)\mathrm{d}x\,\mathrm{d}y$$

其中,L 是平面域 D 的边界曲线。由此可得

$$\int_{t_1}^{t_2}\left[\int_0^l G\left(\frac{\partial\theta}{\partial x}\right)^2\mathrm{d}x\right]\left[-\int_A\frac{\partial}{\partial y}\left(\frac{\partial\psi}{\partial y}-z\right)\delta\psi\,\mathrm{d}y\,\mathrm{d}z-\int_A\frac{\partial}{\partial z}\left(\frac{\partial\psi}{\partial z}+y\right)\delta\psi\,\mathrm{d}y\,\mathrm{d}z\right.$$
$$\left.+\int_\xi\left(\frac{\partial\psi}{\partial y}-z\right)l_y\delta\psi\,\mathrm{d}\xi+\int_\xi\left(\frac{\partial\psi}{\partial z}+y\right)l_z\delta\psi\,\mathrm{d}\xi\right]\mathrm{d}t=0 \tag{9.87}$$

其中,ξ 表示杆截面的边界曲线,l_y,l_z 为边界曲线外法线的方向余弦。由方程(9.87)得到翘曲函数 $\psi(y,z)$ 应该满足的微分方程

$$\frac{\partial^2\psi}{\partial y^2}+\frac{\partial^2\psi}{\partial z^2}=\nabla^2\psi=0 \tag{9.88}$$

边界条件为

$$\left(\frac{\partial\psi}{\partial y}-z\right)l_y+\left(\frac{\partial\psi}{\partial z}+y\right)l_z=0 \tag{9.89}$$

由式(9.79)可知,方程(9.89)表示截面边界上各点的法向应力为零(参见后面的图 9.8)。

再用式(9.85)取代方程(9.83)中的第一项可得

$$\int_{t_1}^{t_2}\left[\int_0^l-\frac{\partial}{\partial x}\left(GC\frac{\partial\theta}{\partial x}\right)\delta\theta\,\mathrm{d}x+GC\frac{\partial\theta}{\partial x}\delta\theta\Big|_0^l\right]\mathrm{d}t$$
$$-\delta\int_{t_1}^{t_2}\int_0^l\frac{1}{2}\rho I_\mathrm{p}\left(\frac{\partial\theta}{\partial t}\right)^2\mathrm{d}x\,\mathrm{d}t-\delta\int_{t_1}^{t_2}\int_0^l m_\mathrm{t}\theta\,\mathrm{d}x\,\mathrm{d}t=0$$

对上式第二项、第三项作变分,再对第二项作分部积分,可得

$$\int_{t_1}^{t_2}\left\{\int_0^l\left[-\frac{\partial}{\partial x}\left(C\frac{\partial\theta}{\partial x}\right)+\rho I_\mathrm{p}\frac{\partial^2\theta}{\partial t^2}-m_\mathrm{t}\right]\delta\theta\,\mathrm{d}x+C\frac{\partial\theta}{\partial x}\delta\theta\Big|_0^l\right\}\mathrm{d}t=0$$

由这种方程可得 θ 的微分方程为

$$\rho I_\mathrm{p}\frac{\partial^2\theta}{\partial t^2}=\frac{\partial}{\partial x}\left(C\frac{\partial\theta}{\partial x}\right)+m_\mathrm{t} \tag{9.90}$$

边界条件为

$$C\frac{\partial\theta}{\partial x}\delta\theta\Big|_0^l=0 \tag{9.91}$$

9.6.2 非圆形截面轴的扭转刚度

为了求解扭转振动方程(9.90)，必须先确定扭转刚度 C。为此，需要确定翘曲函数 $\psi(y, z)$，也就要求解 Laplace 方程(9.88)，即

$$\nabla^2\psi=\frac{\partial^2\psi}{\partial y^2}+\frac{\partial^2\psi}{\partial z^2}=0 \tag{9.92}$$

以及边界条件

$$\left(\frac{\partial\psi}{\partial y}-z\right)l_y+\left(\frac{\partial\psi}{\partial z}+y\right)l_z=0 \tag{9.93}$$

上式也可写为

$$\sigma_{xy}l_y+\sigma_{zx}l_z=0 \tag{9.94}$$

求解方程(9.92)及其边界条件式(9.93)一般是很困难的，因此，这里采用另一种解法。我们引入一个应力函数 $\Phi(y,z)$，称为 **Prandtl 函数**，来表示应力 σ_{xy} 和 σ_{zx}：

$$\sigma_{xy}=\frac{\partial\Phi}{\partial z},\quad \sigma_{zx}=-\frac{\partial\Phi}{\partial y} \tag{9.95}$$

可以验证，对应于 Saint-Venant 理论的应力场，即式(9.79)和式(9.95)，满足平衡方程：

$$\begin{cases}\dfrac{\partial\sigma_{xx}}{\partial x}+\dfrac{\partial\sigma_{xy}}{\partial y}+\dfrac{\partial\sigma_{zx}}{\partial z}=0\\[2mm]\dfrac{\partial\sigma_{xy}}{\partial x}+\dfrac{\partial\sigma_{yy}}{\partial y}+\dfrac{\partial\sigma_{yz}}{\partial z}=0\\[2mm]\dfrac{\partial\sigma_{zx}}{\partial x}+\dfrac{\partial\sigma_{yz}}{\partial y}+\dfrac{\partial\sigma_{zz}}{\partial z}=0\end{cases} \tag{9.96}$$

由式(9.79)和式(9.95)可得

$$G\left(\frac{\partial\psi}{\partial y}-z\right)\frac{\partial\theta}{\partial x}=\frac{\partial\Phi}{\partial z} \tag{9.97}$$

$$G\left(\frac{\partial\psi}{\partial z}+y\right)\frac{\partial\theta}{\partial x}=-\frac{\partial\Phi}{\partial y} \tag{9.98}$$

以上两式分别对 z 和 y 求导，再将结果相减，得到下面的 Poisson 方程：

$$\nabla^2\Phi=\frac{\partial^2\Phi}{\partial y^2}+\frac{\partial^2\Phi}{\partial z^2}=-2G\beta \tag{9.99}$$

其中

$$\beta=\frac{\partial\theta}{\partial x} \tag{9.100}$$

在 Saint-Venant 理论中假设 β 为常数。

式(9.94)的左边实际上是截面边界的法向应力，记为 σ_{xn}，如图 9.8 所示。所以式(9.94)可写为

$$\sigma_{xn}=\sigma_{xy}l_y+\sigma_{zx}l_z=0 \tag{9.101}$$

而方向余弦 l_y，l_z 可写为

$$l_y=\cos\alpha=\frac{\mathrm{d}z}{\mathrm{d}\tau},\quad l_z=\sin\alpha=-\frac{\mathrm{d}y}{\mathrm{d}\tau} \tag{9.102}$$

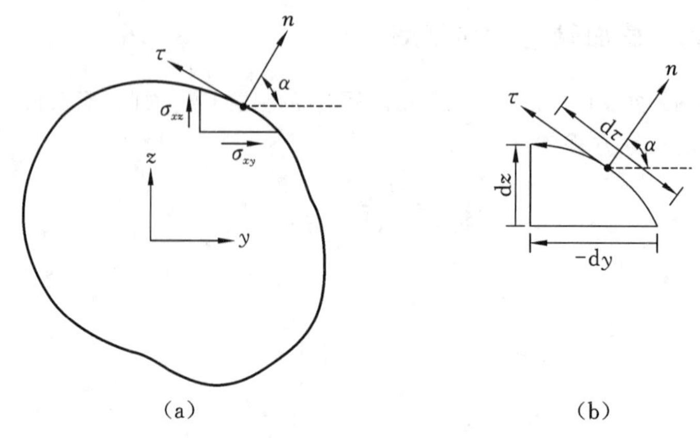

(a) (b)

图 9.8 应力边界条件

其中，τ 表示边界的切线方向，如图 9.8 (b) 所示。利用式(9.95)，式(9.101) 可写为

$$\frac{\partial \Phi}{\partial z}\frac{\mathrm{d}z}{\mathrm{d}\tau}+\frac{\partial \Phi}{\partial y}\frac{\mathrm{d}y}{\mathrm{d}\tau}=0 \tag{9.103}$$

于是，函数 Φ 沿边界的切向变化率为

$$\frac{\mathrm{d}\Phi}{\mathrm{d}\tau}=\frac{\partial \Phi}{\partial y}\frac{\mathrm{d}y}{\mathrm{d}\tau}+\frac{\partial \Phi}{\partial z}\frac{\mathrm{d}z}{\mathrm{d}\tau}=0 \tag{9.104}$$

式(9.104) 表明**函数 Φ 沿截面的边界线为常值**。因为 Φ 附加一个任一常值不影响应力的值，所以可取 Φ 的边界条件为

$$\Phi=0 \tag{9.105}$$

下面来推导单位长度轴段的扭转角 $\beta=\partial\theta/\partial x$ 与截面剪应力形成的扭矩 M_{t} 之间的关系。如图 9.9 所示，截面上任意面元 $\mathrm{d}A$ 上的剪力形成的扭矩为

$$(\sigma_{zx}\mathrm{d}A)y-(\sigma_{xy}\mathrm{d}A)z \tag{9.106}$$

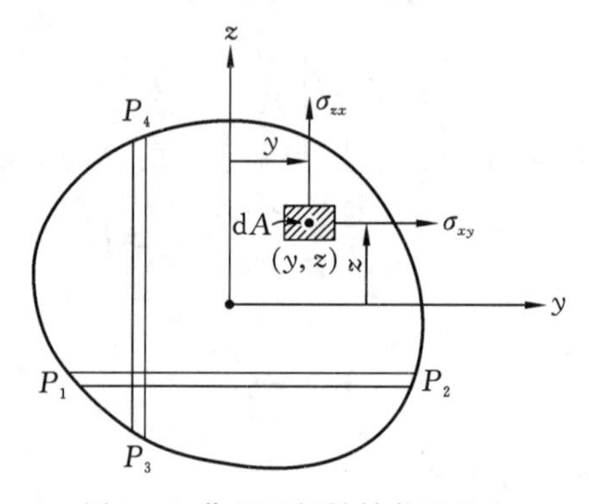

图 9.9 作用于扭转轴截面的力

所以

$$M_{\mathrm{t}}=\int_A(\sigma_{zx}y-\sigma_{xy}z)\mathrm{d}A=-\int_A\left(\frac{\partial \Phi}{\partial y}y+\frac{\partial \Phi}{\partial z}z\right)\mathrm{d}A \tag{9.107}$$

上式右边各项的积分为

$$
\begin{aligned}
\int_A \frac{\partial \Phi}{\partial y} y\,\mathrm{d}A &= \int_A \frac{\partial \Phi}{\partial y} y\,\mathrm{d}y\,\mathrm{d}z = \int \mathrm{d}z \int_{P_1}^{P_2} \frac{\partial \Phi}{\partial y} y\,\mathrm{d}y \\
&= \int \left(\Phi y \Big|_{P_1}^{P_2} - \int_{P_1}^{P_2} \Phi \mathrm{d}y \right) \mathrm{d}z = -\int \left(\int_{P_1}^{P_2} \Phi \mathrm{d}y \right) \mathrm{d}z = -\int_A \Phi \mathrm{d}A
\end{aligned} \tag{9.108}
$$

类似地，有

$$
\begin{aligned}
\int_A \frac{\partial \Phi}{\partial z} z\,\mathrm{d}A &= \int_A \frac{\partial \Phi}{\partial z} z\,\mathrm{d}y\,\mathrm{d}z = \int \mathrm{d}y \int_{P_3}^{P_4} \frac{\partial \Phi}{\partial z} z\,\mathrm{d}z \\
&= \int \left(\Phi z \Big|_{P_3}^{P_4} - \int_{P_3}^{P_4} \Phi \mathrm{d}z \right) \mathrm{d}y = -\int \left(\int_{P_3}^{P_4} \Phi \mathrm{d}z \right) \mathrm{d}y = -\int_A \Phi \mathrm{d}A
\end{aligned} \tag{9.109}
$$

于是

$$
M_{\mathrm{t}} = 2\int_A \Phi \mathrm{d}A \tag{9.110}
$$

对于实际问题，由线性 Poisson 方程(9.99) 及其边界条件解出应力函数 Φ 后，可由式(9.110) 计算出截面扭矩 M_{t}。

另外，轴的应变能可用截面扭矩写出：

$$
\pi = \frac{1}{2}\int_0^l M_{\mathrm{t}} \mathrm{d}\theta = \frac{1}{2}\int_0^l M_{\mathrm{t}} \frac{\partial \theta}{\partial x} \mathrm{d}x \tag{9.111}
$$

而轴的应变能表达式也可以是式(9.82)，所以有

$$
\pi = \frac{1}{2}\int_0^l M_{\mathrm{t}} \frac{\partial \theta}{\partial x} \mathrm{d}x = \frac{1}{2}\int_0^l C \left(\frac{\partial \theta}{\partial x} \right)^2 \mathrm{d}x
$$

由此得到

$$
M_{\mathrm{t}} = C\frac{\partial \theta}{\partial x} = C\beta \tag{9.112}
$$

因此，由式(9.110) 计算出截面扭矩 M_{t} 后，可由式(9.112) 计算出扭转刚度：

$$
C = \frac{M_{\mathrm{t}}}{\beta} \tag{9.113}
$$

满足线性 Poisson 方程(9.99) 的解 Φ 线性依赖于 $G\beta$，因此由方程(9.110) 计算出的截面扭矩 M_{t} 与 $G\beta$ 成正比，即 M_{t} 的表达式可写为 $M_{\mathrm{t}} = \alpha G\beta$，代入式(9.113) 后将自动消去 β，得到只依赖于截面形状和大小的扭转刚度 C。

例 9.8　求椭圆形截面杆(见图 9.10) 的扭转刚度。

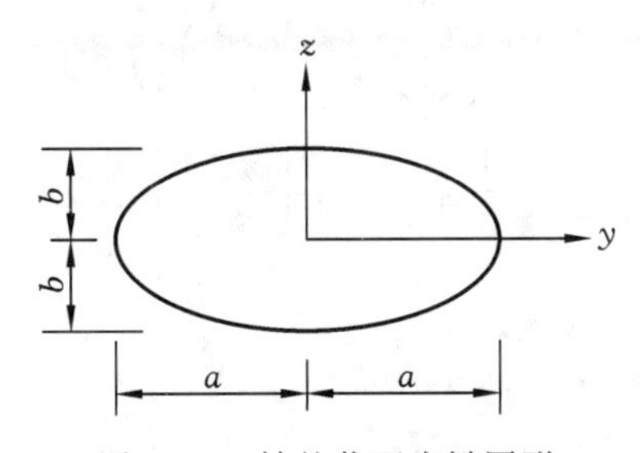

图 9.10　轴的截面为椭圆形

解　椭圆曲线的方程为

$$f(y,z)=1-\frac{y^2}{a^2}-\frac{z^2}{b^2}=0$$

易知$\nabla^2 f$为一个常数，所以我们可以取应力函数$\Phi(y,z)$为

$$\Phi(y,z)=c\left(1-\frac{y^2}{a^2}-\frac{z^2}{b^2}\right) \tag{1}$$

其中，c为一个常数。将上式代入方程(9.99)得到

$$\nabla^2\Phi=\frac{\partial^2\Phi}{\partial y^2}+\frac{\partial^2\Phi}{\partial z^2}=-2c\left(\frac{1}{a^2}+\frac{1}{b^2}\right)=-2G\beta$$

因此

$$c=\frac{G\beta a^2b^2}{a^2+b^2} \tag{2}$$

这样，由式(1)和式(2)给出的函数$\Phi(y,z)$不但满足微分方程(9.99)，而且也满足边界条件式(9.105)。

所以，截面上的扭矩为

$$\begin{aligned}M_t&=2\int_A\Phi\,\mathrm{d}A=2\int_A c\left(1-\frac{y^2}{a^2}-\frac{z^2}{b^2}\right)\mathrm{d}A\\&=\pi abc=\frac{\pi a^3b^3}{a^2+b^2}G\beta\end{aligned}$$

因为$M_t=C\beta$，所以

$$C=\frac{\pi a^3b^3}{a^2+b^2}G$$

9.6.3 包含轴向运动惯性

前面忽略了由于截面翘曲而引起的轴向运动惯性，现在来考虑这种惯性的影响。按照Saint-Venant理论给出的位移场，即式(9.75)～式(9.77)，现在轴的动能应写为

$$\begin{aligned}T&=\frac{1}{2}\int_0^l\int_A\rho\left[\psi^2(y,z)\left(\frac{\partial^2\theta}{\partial t\partial x}\right)^2+z^2\left(\frac{\partial\theta}{\partial t}\right)^2+y^2\left(\frac{\partial\theta}{\partial t}\right)^2\right]\mathrm{d}A\,\mathrm{d}x\\&=I_1+I_2\end{aligned} \tag{9.114}$$

其中

$$I_1=\frac{1}{2}\int_0^l\int_A\rho\psi^2\left(\frac{\partial^2\theta}{\partial t\partial x}\right)^2\mathrm{d}A\,\mathrm{d}x \tag{9.115}$$

$$I_2=\frac{1}{2}\int_0^l\int_A\rho I_p\left(\frac{\partial\theta}{\partial t}\right)^2\mathrm{d}A\,\mathrm{d}x \tag{9.116}$$

所以

$$\begin{aligned}\delta\int_{t_1}^{t_2}I_1\,\mathrm{d}t&=\int_{t_1}^{t_2}\delta I_1\,\mathrm{d}t\\&=\int_{t_1}^{t_2}\int_0^l\rho\left(\int_A\psi^2\,\mathrm{d}A\right)\frac{\partial^2\theta}{\partial t\partial x}\frac{\partial^2(\delta\theta)}{\partial t\partial x}\mathrm{d}x\,\mathrm{d}t\\&\quad+\int_{t_1}^{t_2}\int_0^l\rho\left(\frac{\partial^2\theta}{\partial t\partial x}\right)^2\left(\int_A\psi\delta\psi\,\mathrm{d}A\right)\mathrm{d}x\,\mathrm{d}t\end{aligned} \tag{9.117}$$

记

$$I_{\psi}=\int_{A}\psi^{2}\,\mathrm{d}A \tag{9.118}$$

$$I_{\theta}=\int_{0}^{l}\rho\left(\frac{\partial^{2}\theta}{\partial t\partial x}\right)^{2}\mathrm{d}x \tag{9.119}$$

于是,由式(9.117)可得

$$\begin{aligned}\delta\int_{t_1}^{t_2}I_1\,\mathrm{d}t&=-\int_{t_1}^{t_2}\int_{0}^{l}\frac{\partial}{\partial t}\left(\rho I_{\psi}\frac{\partial^{2}\theta}{\partial t\partial x}\right)\frac{\partial(\delta\theta)}{\partial x}\mathrm{d}x\,\mathrm{d}t+\int_{t_1}^{t_2}I_{\theta}\int_{A}\psi\,\delta\psi\,\mathrm{d}A\,\mathrm{d}t\\&=\int_{t_1}^{t_2}\int_{0}^{l}\frac{\partial^{2}}{\partial x\partial t}\left(\rho I_{\psi}\frac{\partial^{2}\theta}{\partial t\partial x}\right)\delta\theta\,\mathrm{d}x\,\mathrm{d}t-\int_{t_1}^{t_2}\frac{\partial}{\partial t}\left(\rho I_{\psi}\frac{\partial^{2}\theta}{\partial t\partial x}\right)\delta\theta\Big|_{0}^{l}\mathrm{d}t\\&\quad+\int_{t_1}^{t_2}I_{\theta}\int_{A}\psi\,\delta\psi\,\mathrm{d}A\,\mathrm{d}t\end{aligned} \tag{9.120}$$

将以上结果代入 Hamilton 原理后,可得轴的运动方程和边界条件为

$$\rho I_{\mathrm{p}}\frac{\partial^{2}\theta}{\partial t^{2}}=\frac{\partial^{2}}{\partial x\partial t}\left(\rho I_{\psi}\frac{\partial^{2}\theta}{\partial t\partial x}\right)+\frac{\partial}{\partial x}\left(C\frac{\partial\theta}{\partial x}\right)+m_{\mathrm{t}} \tag{9.121}$$

$$\left(C\frac{\partial\theta}{\partial x}+\rho I_{\psi}\frac{\partial^{2}\theta}{\partial x\partial t}\right)\delta\theta\Big|_{0}^{l}=0 \tag{9.122}$$

$$\frac{\partial^{2}\psi}{\partial y^{2}}+\frac{\partial^{2}\psi}{\partial z^{2}}+\frac{I_{\theta}}{I_{g}}\psi=0 \tag{9.123}$$

$$\left(\frac{\partial\psi}{\partial y}-z\right)l_{y}+\left(\frac{\partial\psi}{\partial z}+y\right)l_{z}=0 \tag{9.124}$$

其中

$$I_{g}=\int_{0}^{l}G\left(\frac{\partial\theta}{\partial x}\right)^{2}\mathrm{d}x \tag{9.125}$$

9.6.4 Timoshenko-Gere 理论

非圆形截面轴扭转时,如果轴向应变和截面正应力不能忽略,则需要考虑它们的影响,因此需要采用 Timoshenko-Gere 理论。在该理论中,轴的截面上任一点的位移还是与 Saint-Venant 理论中的相同:

$$u=\psi(y,z)\frac{\partial\theta}{\partial x} \tag{9.126}$$

$$v=-z\theta(x,t) \tag{9.127}$$

$$w=y\theta(x,t) \tag{9.128}$$

其中,$\psi(y,z)$ 为**翘曲函数**。现在 $\partial\theta/\partial x$ 不再假设为常值。轴的应变为

$$\varepsilon_{xx}=\frac{\partial u}{\partial x}=\psi(y,z)\frac{\partial^{2}\theta}{\partial x^{2}} \tag{9.129}$$

$$\varepsilon_{yy}=\frac{\partial v}{\partial y}=0 \tag{9.130}$$

$$\varepsilon_{zz}=\frac{\partial w}{\partial z}=0 \tag{9.131}$$

$$\varepsilon_{xy}=\frac{\partial u}{\partial y}+\frac{\partial v}{\partial x}=\left(\frac{\partial \psi}{\partial y}-z\right)\frac{\partial \theta}{\partial x} \tag{9.132}$$

$$\varepsilon_{yz}=\frac{\partial v}{\partial z}+\frac{\partial w}{\partial y}=-\theta+\theta=0 \tag{9.133}$$

$$\varepsilon_{zx}=\frac{\partial u}{\partial z}+\frac{\partial w}{\partial x}=\left(\frac{\partial \psi}{\partial z}+y\right)\frac{\partial \theta}{\partial x} \tag{9.134}$$

各向同性材料的应力-应变关系为

$$\begin{bmatrix}\sigma_{xx}\\ \sigma_{yy}\\ \sigma_{zz}\\ \sigma_{xy}\\ \sigma_{yz}\\ \sigma_{zx}\end{bmatrix}=\begin{bmatrix}1-\nu & \nu & \nu & 0 & 0 & 0\\ \nu & 1-\nu & \nu & 0 & 0 & 0\\ \nu & \nu & 1-\nu & 0 & 0 & 0\\ 0 & 0 & 0 & \frac{1}{2}(1-2\nu) & 0 & 0\\ 0 & 0 & 0 & 0 & \frac{1}{2}(1-2\nu) & 0\\ 0 & 0 & 0 & 0 & 0 & \frac{1}{2}(1-2\nu)\end{bmatrix}\begin{bmatrix}\varepsilon_{xx}\\ \varepsilon_{yy}\\ \varepsilon_{zz}\\ \varepsilon_{xy}\\ \varepsilon_{yz}\\ \varepsilon_{zx}\end{bmatrix} \tag{9.135}$$

即各个应力分量为

$$\sigma_{xx}=\frac{E(1-\nu)\psi}{(1+\nu)(1-2\nu)}\frac{\partial^2 \theta}{\partial x^2}\approx E\psi\frac{\partial^2 \theta}{\partial x^2} \tag{9.136}$$

$$\sigma_{yy}=\sigma_{zz}=\frac{E\nu\psi}{(1+\nu)(1-2\nu)}\frac{\partial^2 \theta}{\partial x^2}\approx 0 \tag{9.137}$$

$$\sigma_{xy}=\frac{E}{(1+\nu)(1-2\nu)}\frac{1-2\nu}{2}\left(\frac{\partial \psi}{\partial y}-z\right)\frac{\partial \theta}{\partial x}=G\left(\frac{\partial \psi}{\partial y}-z\right)\frac{\partial \theta}{\partial x} \tag{9.138}$$

$$\sigma_{xy}=0 \tag{9.139}$$

$$\sigma_{zx}=\frac{E}{(1+\nu)(1-2\nu)}\frac{1-2\nu}{2}\left(\frac{\partial \psi}{\partial z}+y\right)\frac{\partial \theta}{\partial x}=G\left(\frac{\partial \psi}{\partial z}+y\right)\frac{\partial \theta}{\partial x} \tag{9.140}$$

其中，ν 为 Poisson 比。注意在式(9.136) 和式(9.137) 中忽略了 Poisson 比。

轴的应变能为

$$\begin{aligned}\pi&=\frac{1}{2}\int_V(\sigma_{xx}\varepsilon_{xx}+\sigma_{yy}\varepsilon_{yy}+\sigma_{zz}\varepsilon_{zz}+\sigma_{xy}\varepsilon_{xy}+\sigma_{yz}\varepsilon_{yz}+\sigma_{zx}\varepsilon_{zx})\mathrm{d}V\\ &=I_1+I_2\end{aligned} \tag{9.141}$$

其中

$$I_1=\frac{1}{2}\int_0^l\int_A E\psi^2\left(\frac{\partial^2 \theta}{\partial t\partial x}\right)^2\mathrm{d}A\,\mathrm{d}x \tag{9.142}$$

$$I_2=\frac{1}{2}\int_0^l\int_A G\left\{\left[\left(\frac{\partial \psi}{\partial y}-z\right)\frac{\partial \theta}{\partial x}\right]^2+\left[\left(\frac{\partial \psi}{\partial z}+y\right)\frac{\partial \theta}{\partial x}\right]^2\right\}\mathrm{d}A\,\mathrm{d}x \tag{9.143}$$

所以

$$\delta\int_{t_1}^{t_2} I_1\,\mathrm{d}t=\delta\int_{t_1}^{t_2}\left[\frac{1}{2}\int_0^l\int_A E\psi^2\left(\frac{\partial^2\theta}{\partial x^2}\right)^2\mathrm{d}A\,\mathrm{d}x\right]\mathrm{d}t$$

$$=\int_{t_1}^{t_2}\int_0^l\int_A E\psi\delta\psi\left(\frac{\partial^2\theta}{\partial x^2}\right)^2\mathrm{d}A\,\mathrm{d}x\,\mathrm{d}t$$

$$+\int_{t_1}^{t_2}\int_0^l\int_A E\psi^2\frac{\partial^2\theta}{\partial x^2}\frac{\partial^2(\delta\theta)}{\partial x^2}\mathrm{d}A\,\mathrm{d}x\,\mathrm{d}t$$

$$=\int_{t_1}^{t_2}\int_0^l\int_A E\psi\delta\psi\left(\frac{\partial^2\theta}{\partial x^2}\right)^2\mathrm{d}A\,\mathrm{d}x\,\mathrm{d}t+\int_{t_1}^{t_2}\int_0^l EI_\psi\frac{\partial^2\theta}{\partial x^2}\frac{\partial^2(\delta\theta)}{\partial x^2}\mathrm{d}x\,\mathrm{d}t \tag{9.144}$$

其中

$$I_\psi=\int_A\psi^2\,\mathrm{d}A \tag{9.145}$$

对式(9.144)右边第二项应用分部积分后得到

$$\delta\int_{t_1}^{t_2} I_1\,\mathrm{d}t=\int_{t_1}^{t_2}\int_0^l\int_A E\psi\delta\psi\left(\frac{\partial^2\theta}{\partial t\partial x}\right)^2\mathrm{d}A\,\mathrm{d}x\,\mathrm{d}t+\int_{t_1}^{t_2}\left[EI_\psi\frac{\partial^2\theta}{\partial x^2}\delta\left(\frac{\partial\theta}{\partial x}\right)\Big|_0^l\right.$$
$$\left.-\frac{\partial}{\partial x}\left(EI_\psi\frac{\partial^2\theta}{\partial x^2}\right)\delta\theta\Big|_0^l+\int_0^l\frac{\partial^2}{\partial x^2}\left(EI_\psi\frac{\partial^2\theta}{\partial x^2}\right)\delta\theta\,\mathrm{d}x\right]\mathrm{d}t \tag{9.146}$$

将以上结果代入 Hamilton 原理,可得轴的运动方程为

$$\rho I_{\mathrm{p}}\frac{\partial^2\theta}{\partial t^2}-\frac{\partial^2}{\partial x\partial t}\left(\rho I_\psi\frac{\partial^2\theta}{\partial t\partial x}\right)-\frac{\partial}{\partial x}\left(C\frac{\partial\theta}{\partial x}\right)+\frac{\partial^2}{\partial x^2}\left(EI_\psi\frac{\partial^2\theta}{\partial x^2}\right)=m_{\mathrm{t}} \tag{9.147}$$

边界条件为

$$\left[\left(C\frac{\partial\theta}{\partial x}+\rho I_\psi\frac{\partial^2\theta}{\partial x\partial t}\right)-\frac{\partial}{\partial x}\left(EI_\psi\frac{\partial^2\theta}{\partial x^2}\right)\right]\delta\theta\Big|_0^l=0 \tag{9.148}$$

$$EI_\psi\frac{\partial^2\theta}{\partial x^2}\delta\left(\frac{\partial\theta}{\partial x}\right)\Big|_0^l=0 \tag{9.149}$$

翘曲函数 $\psi(y,z)$ 满足的微分方程为

$$\left[\int_0^l G\left(\frac{\partial\theta}{\partial x}\right)^2\mathrm{d}x\right]\left(\frac{\partial^2\psi}{\partial y^2}+\frac{\partial^2\psi}{\partial z^2}\right)+\left[\int_0^l\rho\left(\frac{\partial^2\theta}{\partial x\partial t}\right)^2\mathrm{d}x-\int_0^l E\left(\frac{\partial^2\theta}{\partial x^2}\right)^2\mathrm{d}x\right]\psi=0 \tag{9.150}$$

$\psi(y,z)$ 的边界条件为

$$\left(\frac{\partial\psi}{\partial y}-z\right)l_y+\left(\frac{\partial\psi}{\partial z}+y\right)l_z=0 \tag{9.151}$$

习题

9.1　求两端固定的均匀轴的扭振固有频率。

9.2　求左端固定、右端自由的均匀轴的扭振固有频率。

9.3　一根均匀扭转轴两端固定,中点处附加一个薄盘,它对转轴的转动惯量为 J_0,假定初始时刻盘的转角为零,初始转速为 $\dot{\theta}_0$。求轴的自由振动响应。

9.4　长度为 l、扭转刚度为 GJ 的均匀轴,J 为轴截面对转轴的截面惯性矩,轴两端附加了扭簧、阻尼器和薄圆盘,如图所示。请写出轴的边界条件。

9.5　上题中,如果轴两端只有转动惯量为 I_{01} 和 I_{02} 的薄圆盘,求系统的频率方程。

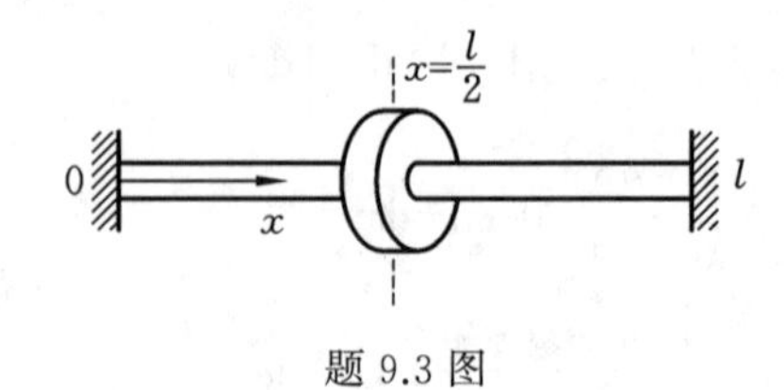

题 9.3 图

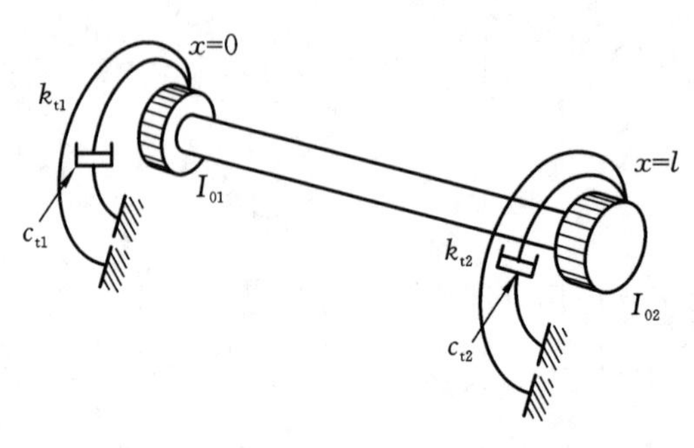

题 9.4 图

9.6　左端固定、右端自由的均匀轴，在自由端作用一个扭矩 $M_t(t)=M_{t0}\cos(\omega t)$，求轴的稳态振动。

9.7　两端固定的均匀杆，长度为 2 m，直径为 0.05 m，材料的密度为 7800 $\mathrm{kg/m^3}$，剪切模量为 $0.8\times10^{11}\ \mathrm{N/m^2}$。求轴的基频。

9.8　长度为 l 的均匀轴，在 $x=0$ 端给它一个初始角速度 ω，同时立即固定 $x=0$ 端。设 $x=l$ 端自由，求轴在后续时间内的角位移响应。

第10章　梁的横向振动

10.1　引言

本章主要考虑梁的横向自由振动和受迫振动，根据 Euler-Bernoulli 理论、Rayleigh 理论和 Timoshenko 理论推导了梁的运动方程。Euler-Bernoulli 理论忽略了转动惯量和剪切变形的影响，适用于细长梁的分析。Rayleigh 理论考虑了转动惯量的影响。Timoshenko 理论同时考虑了转动惯量和剪切变形的影响，可以用于厚梁。本章针对细长梁分别考虑了梁在移动载荷作用下的响应和轴向力作用下的响应，同时介绍了旋转梁的响应、连续梁的响应和弹性地基上梁的响应等特殊情况；给出了自由振动解，包括固有频率和振型的确定；最后，介绍了梁的弯扭组合振动和圆环的平面振动。

10.2　运动方程：Euler-Bernoulli 理论

10.2.1　用平衡方法推导梁的运动方程

我们基于 Euler-Bernoulli 梁理论推导梁的运动方程，其基本假设是：**垂直于梁轴线（挠曲线）的平截面在梁弯曲过程中始终保持平面，且垂直于弯曲后的梁轴线**。这一假设意味着轴向应变随梁厚度线性变化，且对于弹性行为，梁轴线（挠曲线）通过横截面的形心。

承受横向力的一根细长梁如图 10.1(a) 所示，我们考虑平面弯曲的情况，xz 平面为加载平面，xy 平面为梁的中性层平面。长度为 $\mathrm{d}x$ 的梁单元自由体如图 10.1(b) 所示，其中 $M(x,t)$ 为截面弯矩，$V(x,t)$ 为截面剪力，$f(x,t)$ 为外作用横向分布力（即单位长度上的力），$w(x,t)$ 为梁的挠度。对梁单元的 z 方向应用 Newton 第二定律，可得

$$-(V+\mathrm{d}V)+f(x,t)\mathrm{d}x+V=\rho A(x)\mathrm{d}x\frac{\partial^2 w}{\partial t^2}(x,t) \tag{10.1}$$

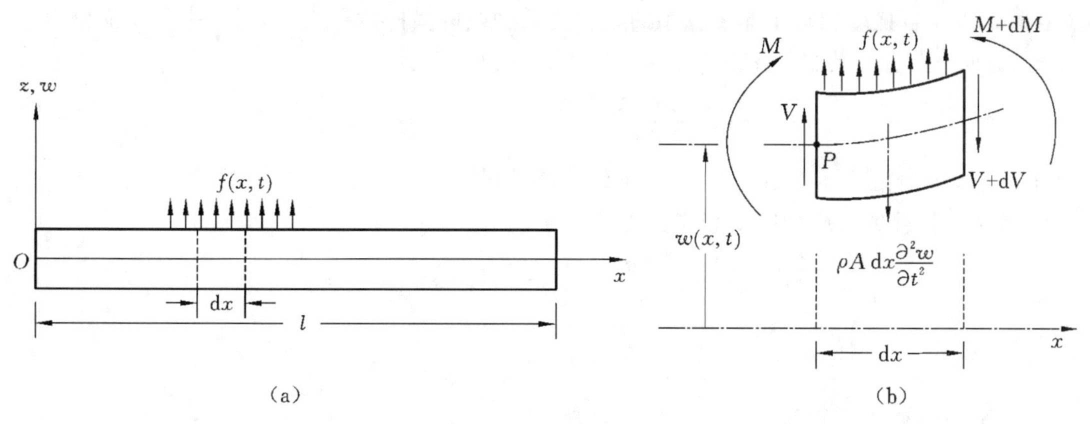

图 10.1　细长梁的横向振动

其中,ρ 为材料密度,$A(x)$ 为梁的横截面积。梁单元对于过 P 的 y 轴取矩的平衡方程为

$$(M+\mathrm{d}M)-(V+\mathrm{d}V)\mathrm{d}x+f(x,t)\mathrm{d}x\ \frac{\mathrm{d}x}{2}-M=0 \tag{10.2}$$

上式忽略了梁段的惯性力矩。因为

$$\mathrm{d}V=\frac{\partial V}{\partial x}\mathrm{d}x,\quad \mathrm{d}M=\frac{\partial M}{\partial x}\mathrm{d}x$$

所以方程(10.1) 和方程(10.2) 可简化为

$$-\frac{\partial V}{\partial x}(x,t)+f(x,t)=\rho A(x)\frac{\partial^2 w}{\partial t^2}(x,t) \tag{10.3}$$

$$\frac{\partial M}{\partial x}(x,t)-V(x,t)=0 \tag{10.4}$$

将方程(10.4) 代入方程(10.3) 得到

$$-\frac{\partial^2 M}{\partial x^2}(x,t)+f(x,t)=\rho A(x)\frac{\partial^2 w}{\partial t^2}(x,t) \tag{10.5}$$

根据 Euler-Bernoulli 的梁弯曲理论,弯矩 $M(x,t)$ 和挠度 $w(x,t)$ 之间的关系为

$$M(x,t)=EI(x)\frac{\partial^2 w}{\partial x^2}(x,t) \tag{10.6}$$

其中,E 为杨氏模量,$I(x)$ 为梁截面对 y 轴(截面的中性轴) 的惯性矩。将式(10.6) 代入方程(10.5),得到梁的运动方程为

$$\frac{\partial^2}{\partial x^2}\left[EI(x)\frac{\partial^2 w}{\partial x^2}(x,t)\right]+\rho A(x)\frac{\partial^2 w}{\partial t^2}(x,t)=f(x,t) \tag{10.7}$$

对于均匀梁,方程(10.7) 变为

$$EI\frac{\partial^4 w}{\partial x^4}(x,t)+\rho A\frac{\partial^2 w}{\partial t^2}(x,t)=f(x,t) \tag{10.8}$$

10.2.2 用 Hamilton 原理推导梁的运动方程

现在,我们采用广义 Hamilton 原理来推导附加有集中质量、线性弹簧和扭转弹簧的细长梁的横向振动运动方程和边界条件,如图 10.2(a) 所示。在 Euler-Bernoulli 或细长梁理论中,与弯曲变形相比,剪切引起的角变形可以忽略不计。细长梁理论适用于长度远大于厚度(至少 10 倍) 且挠度相对于厚度较小的梁。当梁轴线的横向位移为 w,以及平面截面假设成立时,截面上任意一点的所有位移分量(参见图 10.2(c)) 为

$$u=-z\frac{\partial w(x,t)}{\partial x},\quad v=0,\quad w=w(x,t) \tag{10.9}$$

其中,u,v,w 分别表示平行于 x,y,z 轴的位移分量。

与这个位移场对应的应变和应力为

$$\begin{cases}\varepsilon_{xx}=\dfrac{\partial u}{\partial x}=-z\dfrac{\partial^2 w}{\partial x^2}, & \varepsilon_{yy}=\varepsilon_{zz}=\varepsilon_{xy}=\varepsilon_{yz}=\varepsilon_{zx}=0\\ \sigma_{xx}=-Ez\dfrac{\partial^2 w}{\partial x^2}, & \sigma_{yy}=\sigma_{zz}=\sigma_{xy}=\sigma_{yz}=\sigma_{zx}=0\end{cases} \tag{10.10}$$

系统的应变能 π 可表示为

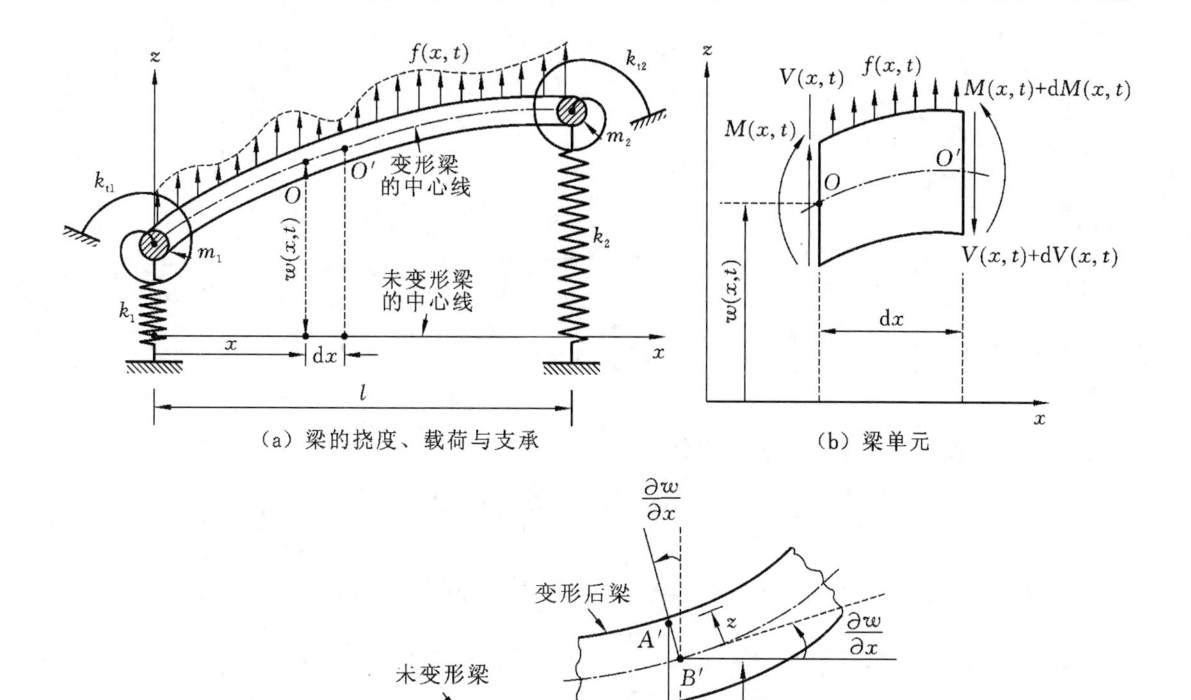

(a) 梁的挠度、载荷与支承　　(b) 梁单元

(c) 梁的变形状态

图 10.2　弯曲的梁

$$
\begin{aligned}
\pi &= \frac{1}{2}\int_V (\sigma_{xx}\varepsilon_{xx} + \sigma_{yy}\varepsilon_{yy} + \sigma_{zz}\varepsilon_{zz} + \sigma_{xy}\varepsilon_{xy} + \sigma_{yz}\varepsilon_{yz} + \sigma_{zx}\varepsilon_{zx})\mathrm{d}V \\
&\quad + \left\{\frac{1}{2}k_1 w^2(0,t) + \frac{1}{2}k_{t1}\left[\frac{\partial w}{\partial x}(0,t)\right]^2 + \frac{1}{2}k_2 w^2(l,t) + \frac{1}{2}k_{t2}\left[\frac{\partial w}{\partial x}(l,t)\right]^2\right\} \\
&= \frac{1}{2}\int_0^l EI\left(\frac{\partial^2 w}{\partial x^2}\right)^2 \mathrm{d}x + \left\{\frac{1}{2}k_1 w^2(0,t) + \frac{1}{2}k_{t1}\left[\frac{\partial w}{\partial x}(0,t)\right]^2\right. \\
&\quad \left. + \frac{1}{2}k_2 w^2(l,t) + \frac{1}{2}k_{t2}\left[\frac{\partial w}{\partial x}(l,t)\right]^2\right\}
\end{aligned} \tag{10.11}
$$

其中，I 为截面对 y 轴的截面惯性矩：

$$
I = I_y = \int_A z^2 \,\mathrm{d}A \tag{10.12}
$$

系统的动能为

$$
\begin{aligned}
T &= \frac{1}{2}\int_0^l\int_A \rho\left(\frac{\partial w}{\partial t}\right)^2 \mathrm{d}A\,\mathrm{d}x + \left\{\frac{1}{2}m_1\left[\frac{\partial w}{\partial t}(0,t)\right]^2 + \frac{1}{2}m_2\left[\frac{\partial w}{\partial t}(l,t)\right]^2\right\} \\
&= \frac{1}{2}\int_0^l \rho A\left(\frac{\partial w}{\partial t}\right)^2 \mathrm{d}x + \left\{\frac{1}{2}m_1\left[\frac{\partial w}{\partial t}(0,t)\right]^2 + \frac{1}{2}m_2\left[\frac{\partial w}{\partial t}(l,t)\right]^2\right\}
\end{aligned} \tag{10.13}
$$

上面的动能**略去了梁段转动的动能**。分布载荷 $f(x,t)$ 所做的功（见图 10.2 (b)）为

$$W=\int_0^l fw\,\mathrm{d}x \tag{10.14}$$

广义 Hamilton 原理为

$$\delta\int_{t_1}^{t_2}(\pi-T-W)\mathrm{d}t=0$$

所以有

$$\begin{aligned}\delta\int_{t_1}^{t_2}\Big\{&\frac{1}{2}\int_0^l EI\left(\frac{\partial^2 w}{\partial x^2}\right)^2\mathrm{d}x+\left\{\frac{1}{2}k_1w^2(0,t)+\frac{1}{2}k_{t1}\left[\frac{\partial w}{\partial x}(0,t)\right]^2+\frac{1}{2}k_2w^2(l,t)+\frac{1}{2}k_{t2}\left[\frac{\partial w}{\partial x}(l,t)\right]^2\right\}\\&-\frac{1}{2}\int_0^l\rho A\left(\frac{\partial w}{\partial t}\right)^2\mathrm{d}x-\left\{\frac{1}{2}m_1\left[\frac{\partial w}{\partial t}(0,t)\right]^2+\frac{1}{2}m_2\left[\frac{\partial w}{\partial t}(l,t)\right]^2\right\}-\int_0^l fw\,\mathrm{d}x\Big\}\mathrm{d}t=0\end{aligned} \tag{10.15}$$

对上式各项作变分运算或应用分部积分,可得

$$\begin{cases}\delta\displaystyle\int_{t_1}^{t_2}\frac{1}{2}\int_0^l EI\left(\frac{\partial^2 w}{\partial x^2}\right)^2\mathrm{d}x\,\mathrm{d}t=\int_{t_1}^{t_2}\left[EI\frac{\partial^2 w}{\partial x^2}\delta\frac{\partial w}{\partial x}\Big|_0^l-\frac{\partial}{\partial x}\left(EI\frac{\partial^2 w}{\partial x^2}\right)\delta w\Big|_0^l\right.\\ \qquad\qquad\left.+\displaystyle\int_0^l\frac{\partial^2}{\partial x^2}\left(EI\frac{\partial^2 w}{\partial x^2}\right)\delta w\,\mathrm{d}x\right]\mathrm{d}t\\ \delta\displaystyle\int_{t_1}^{t_2}\frac{1}{2}\left\{k_1w^2(0,t)+k_{t1}\left[\frac{\partial w}{\partial x}(0,t)\right]^2+k_2w^2(l,t)+k_{t2}\left[\frac{\partial w}{\partial x}(l,t)\right]^2\right\}\mathrm{d}t\\ \quad=\displaystyle\int_{t_1}^{t_2}\left[k_1w(0,t)\delta w(0,t)+k_{t1}\frac{\partial w(0,t)}{\partial x}\delta\left(\frac{\partial w(0,t)}{\partial x}\right)\right.\\ \qquad\left.+k_2w(l,t)\delta w(l,t)+k_{t2}\frac{\partial w(l,t)}{\partial x}\delta\left(\frac{\partial w(l,t)}{\partial x}\right)\right]\mathrm{d}t\end{cases} \tag{10.16}$$

$$\begin{cases}\delta\displaystyle\int_{t_1}^{t_2}\frac{1}{2}\int_0^l\rho A\left(\frac{\partial w}{\partial t}\right)^2\mathrm{d}x\,\mathrm{d}t\\ \quad=\displaystyle\int_0^l\left(\rho A\frac{\partial w}{\partial t}\delta w\Big|_{t_1}^{t_2}\right)\mathrm{d}x-\int_0^l\int_{t_1}^{t_2}\left(\rho A\frac{\partial^2 w}{\partial t^2}\delta w\,\mathrm{d}t\right)\mathrm{d}x\\ \quad=-\displaystyle\int_{t_1}^{t_2}\left(\int_0^l\rho A\frac{\partial^2 w}{\partial t^2}\delta w\,\mathrm{d}x\right)\mathrm{d}t\\ \delta\displaystyle\int_{t_1}^{t_2}\left\{\frac{1}{2}m_1\left[\frac{\partial w}{\partial t}(0,t)\right]^2+\frac{1}{2}m_2\left[\frac{\partial w}{\partial t}(l,t)\right]^2\right\}\mathrm{d}t\\ \quad=-\displaystyle\int_{t_1}^{t_2}\left[m_1\frac{\partial^2 w(0,t)}{\partial t^2}\delta w(0,t)+m_2\frac{\partial^2 w(l,t)}{\partial t^2}\delta w(l,t)\right]\mathrm{d}t\end{cases} \tag{10.17}$$

$$\delta\int_{t_1}^{t_2}\left(\int_0^l fw\,\mathrm{d}x\right)\mathrm{d}t=\int_{t_1}^{t_2}\int_0^l f\,\delta w\,\mathrm{d}x\,\mathrm{d}t \tag{10.18}$$

将式(10.16) ~ 式(10.18)代入式(10.15),得到

$$\begin{aligned}&\int_{t_1}^{t_2}\left\{EI\frac{\partial^2 w}{\partial x^2}\delta\frac{\partial w}{\partial x}\Big|_0^l-\frac{\partial}{\partial x}\left(EI\frac{\partial^2 w}{\partial x^2}\right)\delta w\Big|_0^l+k_1w\delta w\Big|_0+k_{t1}\frac{\partial w}{\partial x}\delta\left(\frac{\partial w}{\partial x}\right)\Big|_0\right.\\&\qquad\left.+m_1\frac{\partial^2 w}{\partial t^2}\delta w\Big|_0+k_2w\delta w\Big|^l+k_{t2}\frac{\partial w}{\partial x}\delta\left(\frac{\partial w}{\partial x}\right)\Big|^l+m_2\frac{\partial^2 w}{\partial t^2}\delta w\Big|^l\right\}\mathrm{d}t\\&\qquad+\int_{t_1}^{t_2}\left\{\int_0^l\left[\frac{\partial^2}{\partial x^2}\left(EI\frac{\partial^2 w}{\partial x^2}\right)+\rho A\frac{\partial^2 w}{\partial t^2}-f\right]\delta w\,\mathrm{d}x\right\}\mathrm{d}t=0\end{aligned} \tag{10.19}$$

由方程(10.19)给出梁的横向振动运动方程和边界条件,运动方程为

$$\frac{\partial^2}{\partial x^2}\left(EI\frac{\partial^2 w}{\partial x^2}\right)+\rho A\frac{\partial^2 w}{\partial t^2}=f(x,t) \tag{10.20}$$

这个方程与前面导出的方程(10.7)相同。边界条件为

$$EI\frac{\partial^2 w}{\partial x^2}\delta\left(\frac{\partial w}{\partial x}\right)\Big|_0^l-\frac{\partial}{\partial x}\left(EI\frac{\partial^2 w}{\partial x^2}\right)\delta w\Big|_0^l+k_1 w\delta w\Big|_0+k_{t1}\frac{\partial w}{\partial x}\delta\left(\frac{\partial w}{\partial x}\right)\Big|_0$$

$$+m_1\frac{\partial^2 w}{\partial t^2}\delta w\Big|_0+k_2 w\delta w\Big|^l+k_{t2}\frac{\partial w}{\partial x}\delta\left(\frac{\partial w}{\partial x}\right)\Big|^l+m_2\frac{\partial^2 w}{\partial t^2}\delta w\Big|^l=0 \tag{10.21}$$

为了使方程(10.21)成立,下列条件必须满足:

$$\left(-EI\frac{\partial^2 w}{\partial x^2}+k_{t1}\frac{\partial w}{\partial x}\right)\delta\left(\frac{\partial w}{\partial x}\right)\Big|_{x=0}=0 \tag{10.22}$$

$$\left(EI\frac{\partial^2 w}{\partial x^2}+k_{t2}\frac{\partial w}{\partial x}\right)\delta\left(\frac{\partial w}{\partial x}\right)\Big|_{x=l}=0 \tag{10.23}$$

$$\left[\frac{\partial}{\partial x}\left(EI\frac{\partial^2 w}{\partial x^2}\right)+k_1 w+m_1\frac{\partial^2 w}{\partial t^2}\right]\delta w\Big|_{x=0}=0 \tag{10.24}$$

$$\left[-\frac{\partial}{\partial x}\left(EI\frac{\partial^2 w}{\partial x^2}\right)+k_2 w+m_2\frac{\partial^2 w}{\partial t^2}\right]\delta w\Big|_{x=l}=0 \tag{10.25}$$

因此,在 $x=0$ 处的边界条件为

$$\frac{\partial w}{\partial x}\text{为常值}\quad\text{或}\quad -EI\frac{\partial^2 w}{\partial x^2}+k_{t1}\frac{\partial w}{\partial x}=0 \tag{10.26}$$

和

$$w\text{ 为常值}\quad\text{或}\quad \frac{\partial}{\partial x}\left(EI\frac{\partial^2 w}{\partial x^2}\right)+k_1 w+m_1\frac{\partial^2 w}{\partial t^2}=0 \tag{10.27}$$

在 $x=l$ 处的边界条件为

$$\frac{\partial w}{\partial x}\text{为常值}\quad\text{或}\quad EI\frac{\partial^2 w}{\partial x^2}+k_{t2}\frac{\partial w}{\partial x}=0 \tag{10.28}$$

和

$$w\text{ 为常值}\quad\text{或}\quad -\frac{\partial}{\partial x}\left(EI\frac{\partial^2 w}{\partial x^2}\right)+k_2 w+m_2\frac{\partial^2 w}{\partial t^2}=0 \tag{10.29}$$

10.2.3 梁的一些常见边界条件

梁的一些常见边界情况如图 10.3 所示。

(1) 两端自由。

边界如图 10.3 (a)所示,边界条件为

$$\begin{cases} x=0: \quad EI\dfrac{\partial^2 w}{\partial x^2}(0,t)=0, \quad \dfrac{\partial}{\partial x}\left(EI\dfrac{\partial^2 w}{\partial x^2}\right)\Big|_{(0,t)}=0 \\ x=l: \quad EI\dfrac{\partial^2 w}{\partial x^2}(l,t)=0, \quad \dfrac{\partial}{\partial x}\left(EI\dfrac{\partial^2 w}{\partial x^2}\right)\Big|_{(l,t)}=0 \end{cases} \tag{10.30}$$

(2) 两端固支。

边界如图 10.3 (b)所示,边界条件为

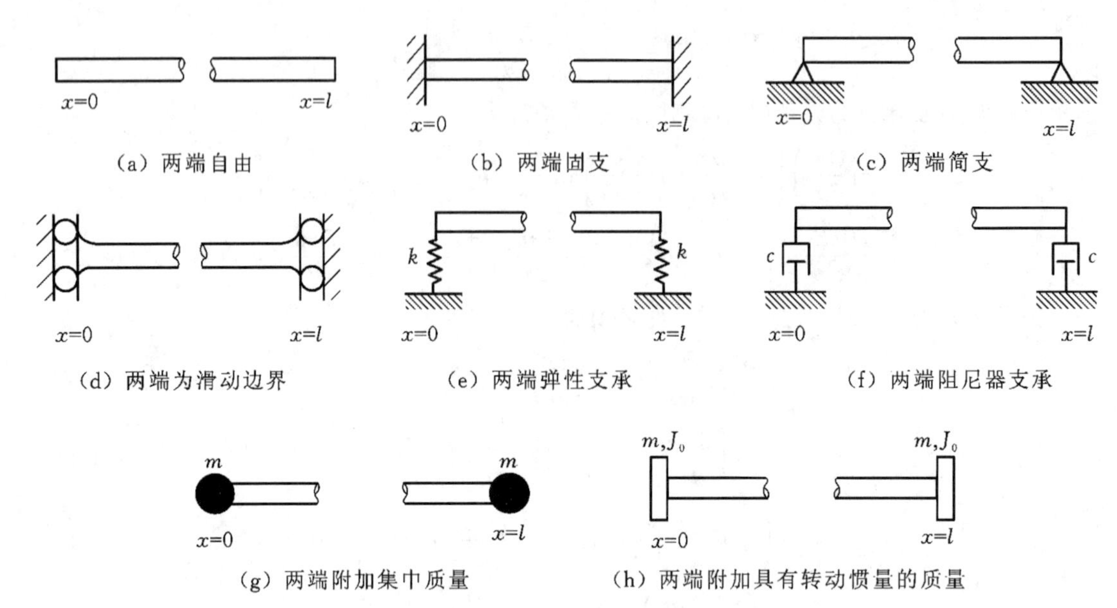

图 10.3 梁的一些常见边界情况

$$\begin{cases} x=0: & w(0,t)=0, \quad \dfrac{\partial w}{\partial x}(0,t)=0 \\ x=l: & w(l,t)=0, \quad \dfrac{\partial w}{\partial x}(l,t)=0 \end{cases} \tag{10.31}$$

(3) 两端简支。

边界如图 10.3 (c)所示,边界条件为

$$\begin{cases} x=0: & w(0,t)=0, \quad EI\dfrac{\partial^2 w}{\partial x^2}(0,t)=0 \\ x=l: & w(l,t)=0, \quad EI\dfrac{\partial^2 w}{\partial x^2}(l,t)=0 \end{cases} \tag{10.32}$$

(4) 两端为滑动边界。

边界如图 10.3 (d)所示,边界条件为

$$\begin{cases} x=0: & \dfrac{\partial w}{\partial x}(0,t)=0, \quad \dfrac{\partial}{\partial x}\left(EI\dfrac{\partial^2 w}{\partial x^2}\right)\Bigg|_{(0,t)}=0 \\ x=l: & \dfrac{\partial w}{\partial x}(l,t)=0, \quad \dfrac{\partial}{\partial x}\left(EI\dfrac{\partial^2 w}{\partial x^2}\right)\Bigg|_{(l,t)}=0 \end{cases} \tag{10.33}$$

(5) 两端弹性支承。

边界如图 10.3 (e)所示,边界条件为

$$\begin{cases} x=0: & \dfrac{\partial}{\partial x}\left(EI\dfrac{\partial^2 w}{\partial x^2}\right)\Bigg|_{(0,t)}=-kw(0,t), \quad EI\dfrac{\partial^2 w}{\partial x^2}(0,t)=0 \\ x=l: & \dfrac{\partial}{\partial x}\left(EI\dfrac{\partial^2 w}{\partial x^2}\right)\Bigg|_{(l,t)}=kw(l,t), \quad EI\dfrac{\partial^2 w}{\partial x^2}(l,t)=0 \end{cases} \tag{10.34}$$

(6) 两端阻尼器支承。

边界如图 10.3 (f)所示,边界条件为

$$\begin{cases} x=0: & \dfrac{\partial}{\partial x}\left(EI\dfrac{\partial^2 w}{\partial x^2}\right)\Big|_{(0,t)}=-c\dfrac{\partial w}{\partial t}(0,t), \quad EI\dfrac{\partial^2 w}{\partial x^2}(0,t)=0 \\ x=l: & \dfrac{\partial}{\partial x}\left(EI\dfrac{\partial^2 w}{\partial x^2}\right)\Big|_{(l,t)}=c\dfrac{\partial w}{\partial t}(l,t), \quad EI\dfrac{\partial^2 w}{\partial x^2}(l,t)=0 \end{cases} \tag{10.35}$$

(7) 两端附加集中质量。

边界如图 10.3 (g)所示,边界条件为

$$\begin{cases} x=0: & EI\dfrac{\partial^2 w}{\partial x^2}(0,t)=0, \quad \dfrac{\partial}{\partial x}\left(EI\dfrac{\partial^2 w}{\partial x^2}\right)\Big|_{(0,t)}=-m\dfrac{\partial^2 w}{\partial t^2}(0,t) \\ x=l: & EI\dfrac{\partial^2 w}{\partial x^2}(l,t)=0, \quad \dfrac{\partial}{\partial x}\left(EI\dfrac{\partial^2 w}{\partial x^2}\right)\Big|_{(l,t)}=m\dfrac{\partial^2 w}{\partial t^2}(l,t) \end{cases} \tag{10.36}$$

(8) 两端附加具有转动惯量的质量。

边界如图 10.3 (h)所示,边界条件为

$$\begin{cases} x=0: & EI\dfrac{\partial^2 w}{\partial x^2}(0,t)=J_0\dfrac{\partial^2 w}{\partial x\partial t^2}(0,t), \quad \dfrac{\partial}{\partial x}\left(EI\dfrac{\partial^2 w}{\partial x^2}\right)\Big|_{(0,t)}=-m\dfrac{\partial^2 w}{\partial t^2}(0,t) \\ x=l: & EI\dfrac{\partial^2 w}{\partial x^2}(l,t)=-J_0\dfrac{\partial^2 w}{\partial x\partial t^2}(l,t), \quad \dfrac{\partial}{\partial x}\left(EI\dfrac{\partial^2 w}{\partial x^2}\right)\Big|_{(l,t)}=m\dfrac{\partial^2 w}{\partial t^2}(l,t) \end{cases} \tag{10.37}$$

10.3　梁的自由振动解

对于自由振动,外激励为零,即

$$f(x,t)=0 \tag{10.38}$$

所以运动方程(10.20)退化为

$$\frac{\partial^2}{\partial x^2}\left[EI(x)\frac{\partial^2 w(x,t)}{\partial x^2}\right]+\rho A(x)\frac{\partial^2 w(x,t)}{\partial t^2}=0 \tag{10.39}$$

对于一根均匀梁,方程(10.39)可表示为

$$c^2\frac{\partial^4 w(x,t)}{\partial x^4}+\frac{\partial^2 w(x,t)}{\partial t^2}=0 \tag{10.40}$$

其中

$$c=\sqrt{\frac{EI}{\rho A}} \tag{10.41}$$

均匀梁的自由振动解可以用分离变量法求出,设

$$w(x,t)=W(x)T(t) \tag{10.42}$$

将上式代入方程(10.40)可得

$$\frac{c^2}{W(x)}\frac{\mathrm{d}^4 W(x)}{\mathrm{d}x^4}=-\frac{1}{T(t)}\frac{\mathrm{d}^2 T(t)}{\mathrm{d}t^2}=\omega^2 \tag{10.43}$$

其中,ω^2 必须是一个正数,否则 $T(t)$的值将随时间趋于无穷大。方程(10.43)可写为下面的两个方程:

$$\frac{d^4W(x)}{dx^4}-\beta^4W(x)=0 \tag{10.44}$$

$$\frac{d^2T(t)}{dt^2}+\omega^2T(t)=0 \tag{10.45}$$

其中

$$\beta^4=\frac{\omega^2}{c^2}=\frac{\rho A\omega^2}{EI} \tag{10.46}$$

方程(10.45)的解为

$$T(t)=A\cos(\omega t)+B\sin(\omega t) \tag{10.47}$$

其中,A,B 为常数,可以用初始条件确定。注意,如果 ω^2 是负数,则 $T(t)$的解中含有 $e^{|\omega|t}$ 这样的成分,将趋于无穷大,这不符合实际情况。

对于方程(10.44),可假设

$$W(x)=Ce^{sx} \tag{10.48}$$

其中,C,s 为常数。将式(10.48)代入方程(10.44)可得

$$s^4-\beta^4=0 \tag{10.49}$$

这个方程的根为

$$s_{1,2}=\pm\beta,\quad s_{3,4}=\pm i\beta \tag{10.50}$$

所以,方程(10.44)的解可表示为

$$W(x)=C_1e^{\beta x}+C_2e^{-\beta x}+C_3e^{i\beta x}+C_4e^{-i\beta x} \tag{10.51}$$

其中,C_1,C_2,C_3,C_4 为常数。这个解可用下面的实数解替代:

$$W(x)=C_1\cos(\beta x)+C_2\sin(\beta x)+C_3\cosh(\beta x)+C_4\sinh(\beta x) \tag{10.52}$$

或

$$\begin{aligned}W(x)=&C_1[\cos(\beta x)+\cosh(\beta x)]+C_2[\cos(\beta x)-\cosh(\beta x)]\\&+C_3[\sin(\beta x)+\sinh(\beta x)]+C_4[\sin(\beta x)-\sinh(\beta x)]\end{aligned} \tag{10.53}$$

注意:以上各个表达式中的 C_1,C_2,C_3,C_4 是不相同的。求出 β 值之后,梁的自由振动频率 ω 可由式(10.46)确定:

$$\omega=\beta^2\sqrt{\frac{EI}{\rho A}}=(\beta l)^2\sqrt{\frac{EI}{\rho Al^4}} \tag{10.54}$$

函数 $W(x)$就是梁的**模态**(或**振型**)或**特征函数**,ω 就是梁的**固有频率**。对于任何一根梁,它有无限多个正则模态和对应的固有频率。常数 C_1,C_2,C_3,C_4 和 β 由边界条件确定。

根据线性常微分方程的基本理论,梁自由振动的总响应可以将各个模态的振动成分叠加得到:

$$w(x,t)=\sum_{i=1}^{\infty}W_i(x)[A_i\cos(\omega_it)+B_i\sin(\omega_it)] \tag{10.55}$$

其中,$W_i(x)$和 ω_i 为第 i 阶正则模态和固有频率,A_i,B_i 由初始条件确定。

10.4 均匀梁的固有频率和模态形状

我们来研究等截面均质梁在不同的边界条件下的固有频率和模态形状。

10.4.1 两端简支的梁

因为简支端位移为零、弯矩为零，所以两端简支的梁的边界条件为

$$W(0)=0 \tag{10.56}$$

$$EI\frac{\mathrm{d}^2W}{\mathrm{d}x^2}(0)=0 \quad 或 \quad \frac{\mathrm{d}^2W}{\mathrm{d}x^2}(0)=0 \tag{10.57}$$

$$W(l)=0 \tag{10.58}$$

$$EI\frac{\mathrm{d}^2W}{\mathrm{d}x^2}(l)=0 \quad 或 \quad \frac{\mathrm{d}^2W}{\mathrm{d}x^2}(l)=0 \tag{10.59}$$

对模态的解式(10.53)应用边界条件式(10.56)和式(10.57)，可得

$$C_1=C_2=0 \tag{10.60}$$

再对式(10.53)应用边界条件式(10.58)和式(10.59)，可得

$$C_3[\sin(\beta l)+\sinh(\beta l)]+C_4[\sin(\beta l)-\sinh(\beta l)]=0 \tag{10.61}$$

$$-C_3[\sin(\beta l)-\sinh(\beta l)]-C_4[\sin(\beta l)+\sinh(\beta l)]=0 \tag{10.62}$$

这是关于 C_3 和 C_4 的一个齐次线性方程组，要使 C_3 和 C_4 有非零解，该方程组的系数矩阵的行列式必须为零，即有

$$-[\sin(\beta l)-\sinh(\beta l)]^2+[\sin(\beta l)+\sinh(\beta l)]^2=0$$

或

$$\sin(\beta l)\sinh(\beta l)=0 \tag{10.63}$$

这个方程称为**频率方程**。除非 $\beta=0$，否则 $\sinh(\beta l)$ 不为零，而如果 $\beta=0$，则 $\omega=0$，梁处于静止状态。我们丢弃这个静态解，因此频率方程变为

$$\sin(\beta l)=0 \tag{10.64}$$

于是

$$\beta_n l=n\pi, \quad n=1,2,\cdots \tag{10.65}$$

振动固有频率为

$$\omega_n=(\beta_n l)^2\left(\frac{EI}{\rho Al^4}\right)^{1/2}=n^2\pi^2\left(\frac{EI}{\rho Al^4}\right)^{1/2}, \quad n=1,2,\cdots \tag{10.66}$$

模态形状为

$$W_n(x)=C_n\sin(\beta_n x)=C_n\sin\frac{n\pi x}{l}, \quad n=1,2,\cdots \tag{10.67}$$

简支梁前 4 阶模态的模态形状如图 10.4 所示。

第 n 阶模态振动为

$$w_n(x,t)=W_n(x)[A_n\cos(\omega_n t)+B_n\sin(\omega_n t)] \tag{10.68}$$

总的自由振动解为

$$w(x,t)=\sum_{n=1}^{\infty}w_n(x,t)=\sum_{n=1}^{\infty}\sin\frac{n\pi x}{l}[A_n\cos(\omega_n t)+B_n\sin(\omega_n t)] \tag{10.69}$$

如果初始条件为

$$w(x,0)=w_0(x) \tag{10.70}$$

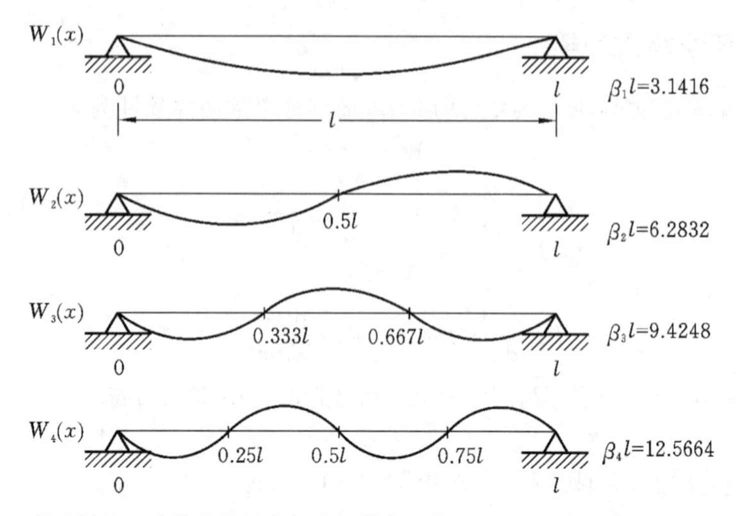

图 10.4　简支梁前 4 阶模态的固有频率和模态形状：$\omega_n=(\beta_n l)^2(EI/\rho Al^4)^{1/2}$，$\beta_n l=n\pi$

$$\frac{\partial w}{\partial t}(x,0)=\dot{w}_0(x) \tag{10.71}$$

则由方程(10.69)～方程(10.71)可得

$$\sum_{n=1}^{\infty}A_n\sin\frac{n\pi x}{l}=w_0(x) \tag{10.72}$$

$$\sum_{n=1}^{\infty}\omega_n B_n\sin\frac{n\pi x}{l}=\dot{w}_0(x) \tag{10.73}$$

以上两式两边乘以 $\sin(n\pi x/l)$后再对 x 从 $0\sim l$ 积分，并利用 $\sin(n\pi x/l)$的正交性，可得

$$A_n=\frac{2}{l}\int_0^l w_0(x)\sin\frac{n\pi x}{l}\mathrm{d}x \tag{10.74}$$

$$B_n=\frac{2}{\omega_n l}\int_0^l \dot{w}_0(x)\sin\frac{n\pi x}{l}\mathrm{d}x \tag{10.75}$$

10.4.2　两端固支的梁

因为固支端位移为零、转角为零，所以两端固支的梁的边界条件为

$$W(0)=0 \tag{10.76}$$

$$\frac{\mathrm{d}W}{\mathrm{d}x}(0)=0 \tag{10.77}$$

$$W(l)=0 \tag{10.78}$$

$$\frac{\mathrm{d}W}{\mathrm{d}x}(l)=0 \tag{10.79}$$

对模态的解式(10.53)应用边界条件式(10.76)和式(10.77)，可得

$$C_1=C_3=0 \tag{10.80}$$

再对式(10.53)应用边界条件式(10.78)和式(10.79)，可得

$$C_2[\cos(\beta l)-\cosh(\beta l)]+C_4[\sin(\beta l)-\sinh(\beta l)]=0 \tag{10.81}$$

$$-C_2[\sin(\beta l)+\sinh(\beta l)]+C_4[\cos(\beta l)-\cosh(\beta l)]=0 \tag{10.82}$$

这是关于 C_2 和 C_4 的一个齐次线性方程组，要使 C_2 和 C_4 有非零解，该方程组的系数矩阵的行列式必须为零，即有

$$[\cos(\beta l)-\cosh(\beta l)]^2+[\sin^2(\beta l)-\sinh^2(\beta l)]=0 \tag{10.83}$$

上式简化后可得**频率方程**为

$$\cos(\beta l)\cosh(\beta l)-1=0 \tag{10.84}$$

由方程(10.81)可得

$$C_4=-\frac{\cos(\beta l)-\cosh(\beta l)}{\sin(\beta l)-\sinh(\beta l)}C_2 \tag{10.85}$$

所以模态形状可写为

$$\begin{aligned}W_n(x)=C_n\Big\{&\cos(\beta_n x)-\cosh(\beta_n x)\\&-\frac{\cos(\beta_n l)-\cosh(\beta_n l)}{\sin(\beta_n l)-\sinh(\beta_n l)}[\sin(\beta_n x)-\sinh(\beta_n x)]\Big\}\end{aligned} \tag{10.86}$$

其中，β_n 为频率方程(10.84)的第 n 个根。

两端固支梁前 4 阶模态的模态形状如图 10.5 所示。

第 n 阶模态振动为

$$w_n(x,t)=W_n(x)[A_n\cos(\omega_n t)+B_n\sin(\omega_n t)] \tag{10.87}$$

总的自由振动解为

$$\begin{aligned}w(x,t)&=\sum_{n=1}^{\infty}w_n(x,t)\\&=\sum_{n=1}^{\infty}\Big\{\cos(\beta_n x)-\cosh(\beta_n x)-\frac{\cos(\beta_n l)-\cosh(\beta_n l)}{\sin(\beta_n l)-\sinh(\beta_n l)}[\sin(\beta_n x)-\sinh(\beta_n x)]\Big\}\\&\quad\times[A_n\cos(\omega_n t)+B_n\sin(\omega_n t)]\end{aligned} \tag{10.88}$$

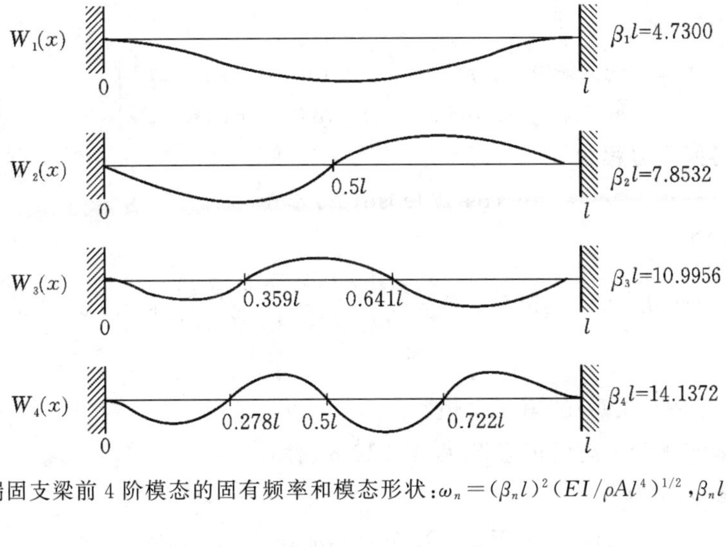

图 10.5　两端固支梁前 4 阶模态的固有频率和模态形状：$\omega_n=(\beta_n l)^2(EI/\rho A l^4)^{1/2}$，$\beta_n l\approx(2n+1)\pi/2$

10.4.3 两端自由的梁

因为自由端弯矩为零、剪力为零,所以两端自由的梁的边界条件为

$$\frac{\mathrm{d}^2W}{\mathrm{d}x^2}(0)=0 \tag{10.89}$$

$$\frac{\mathrm{d}^3W}{\mathrm{d}x^3}(0)=0 \tag{10.90}$$

$$\frac{\mathrm{d}^2W}{\mathrm{d}x^2}(l)=0 \tag{10.91}$$

$$\frac{\mathrm{d}^3W}{\mathrm{d}x^3}(l)=0 \tag{10.92}$$

对模态的解式(10.53)求导,可得

$$\begin{aligned}\frac{\mathrm{d}^2W}{\mathrm{d}x^2}(x)=\beta^2\{&C_1[-\cos(\beta x)+\cosh(\beta x)]+C_2[-\cos(\beta x)-\cosh(\beta x)]\\&+C_3[-\sin(\beta x)+\sinh(\beta x)]+C_4[-\sin(\beta x)-\sinh(\beta x)]\}\end{aligned} \tag{10.93}$$

$$\begin{aligned}\frac{\mathrm{d}^3W}{\mathrm{d}x^3}(x)=\beta^3\{&C_1[\sin(\beta x)+\sinh(\beta x)]+C_2[\sin(\beta x)-\sinh(\beta x)]\\&+C_3[-\cos(\beta x)+\cosh(\beta x)]+C_4[-\cos(\beta x)-\cosh(\beta x)]\}\end{aligned} \tag{10.94}$$

应用边界条件式(10.89)和式(10.90),可得

$$C_2=C_4=0 \tag{10.95}$$

再应用边界条件式(10.91)和式(10.92),可得

$$C_1[-\cos(\beta l)+\cosh(\beta l)]+C_3[-\sin(\beta l)+\sinh(\beta l)]=0 \tag{10.96}$$

$$C_1[\sin(\beta l)+\sinh(\beta l)]+C_3[-\cos(\beta l)+\cosh(\beta l)]=0 \tag{10.97}$$

这是关于 C_1 和 C_3 的一个齐次线性方程组,要使 C_1 和 C_3 有非零解,该方程组的系数矩阵的行列式必须为零,即有

$$\begin{vmatrix}-\cos(\beta l)+\cosh(\beta l) & -\sin(\beta l)+\sinh(\beta l)\\ \sin(\beta l)+\sinh(\beta l) & -\cos(\beta l)+\cosh(\beta l)\end{vmatrix}=0 \tag{10.98}$$

上式简化后可得**频率方程**为

$$\cos(\beta l)\cosh(\beta l)-1=0 \tag{10.99}$$

第 n 阶模态形状为

$$W_n(x)=[\cos(\beta_n x)+\cosh(\beta_n x)]-\frac{\cos(\beta_n l)-\cosh(\beta_n l)}{\sin(\beta_n l)-\sinh(\beta_n l)}[\sin(\beta_n x)+\sinh(\beta_n x)] \tag{10.100}$$

其中,β_n 为频率方程(10.99)的第 n 个根。

两端自由梁前 4 阶模态的模态形状如图 10.6 所示。

第 n 阶模态振动为

$$w_n(x,t)=W_n(x)[A_n\cos(\omega_n t)+B_n\sin(\omega_n t)] \tag{10.101}$$

总的自由振动解为

$$w(x,t)=\sum_{n=1}^{\infty}w_n(x,t)$$
$$=\sum_{n=1}^{\infty}\left\{[\cos(\beta_n x)+\cosh(\beta_n x)]-\frac{\cos(\beta_n l)-\cosh(\beta_n l)}{\sin(\beta_n l)-\sinh(\beta_n l)}[\sin(\beta_n x)+\sinh(\beta_n x)]\right\}$$
$$\times[A_n\cos(\omega_n t)+B_n\sin(\omega_n t)] \tag{10.102}$$

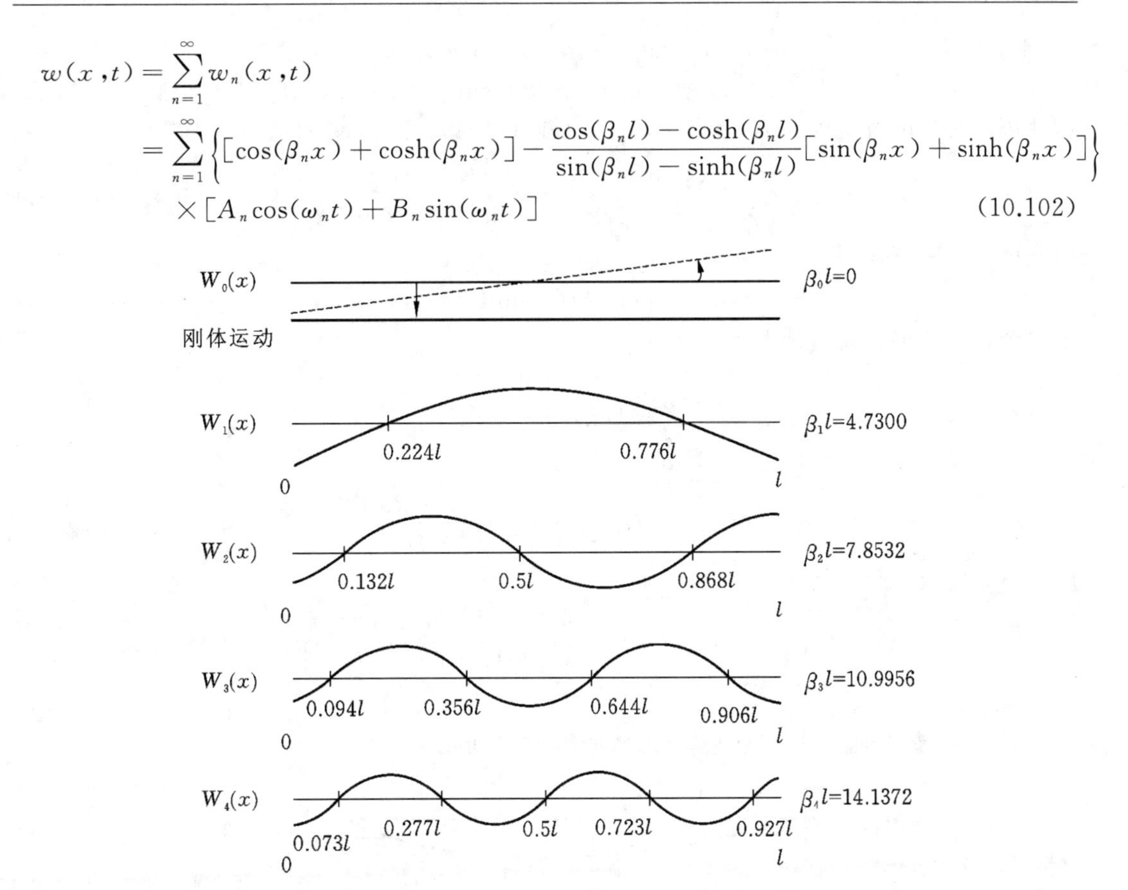

图 10.6　两端自由梁前 4 阶模态的固有频率和模态形状：$\omega_n=(\beta_n l)^2(EI/\rho Al^4)^{1/2}$，$\beta_n l\approx(2n+1)\pi/2$

10.4.4　一端固支、一端简支的梁

此时，梁的边界条件为

$$W(0)=0 \tag{10.103}$$

$$\frac{\mathrm{d}W}{\mathrm{d}x}(0)=0 \tag{10.104}$$

$$W(l)=0 \tag{10.105}$$

$$\frac{\mathrm{d}^2W}{\mathrm{d}x^2}(l)=0 \tag{10.106}$$

对模态的解式(10.52)应用条件式(10.103)，可得

$$C_1+C_3=0 \tag{10.107}$$

再对模态的解式(10.52)应用条件式(10.104)，可得

$$\beta(C_2+C_4)=0 \tag{10.108}$$

于是，模态的解式(10.52)变为

$$W(x)=C_1[\cos(\beta x)-\cosh(\beta x)]+C_2[\sin(\beta x)-\sinh(\beta x)] \tag{10.109}$$

对上式应用边界条件式(10.105)和式(10.106)，可得

$$C_1[\cos(\beta l)-\cosh(\beta l)]+C_2[\sin(\beta l)-\sinh(\beta l)]=0 \tag{10.110}$$

$$-C_1[\cos(\beta l)+\cosh(\beta l)]-C_2[\sin(\beta l)+\sinh(\beta l)]=0 \tag{10.111}$$

由非零解条件可得

$$\begin{vmatrix} \cos(\beta l)-\cosh(\beta l) & \sin(\beta l)-\sinh(\beta l) \\ -[\cos(\beta l)+\cosh(\beta l)] & -[\sin(\beta l)+\sinh(\beta l)] \end{vmatrix}=0 \tag{10.112}$$

由此可得**频率方程**为

$$\tan(\beta l)=\tanh(\beta l) \tag{10.113}$$

设这个方程的根为$\beta_n l$,则固有频率为

$$\omega_n=(\beta_n l)\left(\frac{EI}{\rho A l^4}\right)^{1/2}, \quad n=1,2,\cdots \tag{10.114}$$

由方程(10.110)可得模态系数比为

$$C_{2n}=-C_{1n}\frac{\cos(\beta_n l)-\cosh(\beta_n l)}{\sin(\beta_n l)-\sinh(\beta_n l)} \tag{10.115}$$

所以第 n 阶模态形状为

$$W_n(x)=C_{1n}\left\{[\cos(\beta_n x)-\cosh(\beta_n x)]-\frac{\cos(\beta_n l)-\cosh(\beta_n l)}{\sin(\beta_n l)-\sinh(\beta_n l)}[\sin(\beta_n x)-\sinh(\beta_n x)]\right\} \tag{10.116}$$

固支-简支梁前 4 阶模态的模态形状如图 10.7 所示。

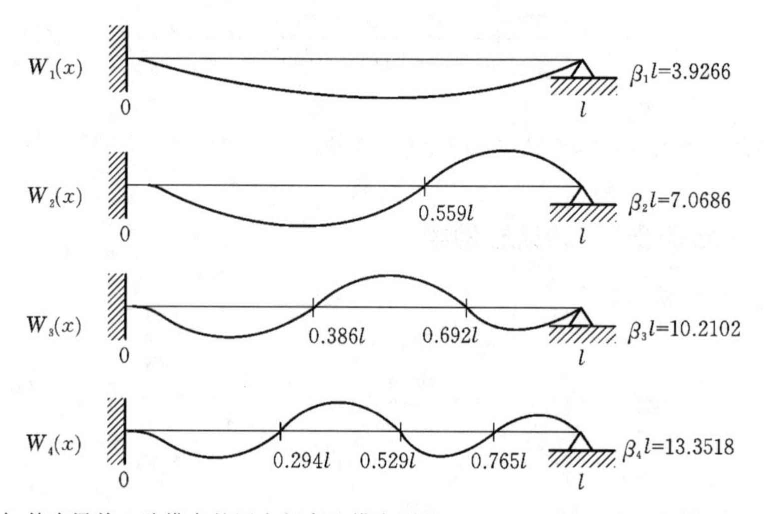

图 10.7 固支-简支梁前 4 阶模态的固有频率和模态形状:$\omega_n=(\beta_n l)^2(EI/\rho A l^4)^{1/2}$,$\beta_n l\approx(4n+1)\pi/4$

10.4.5 一端固支、一端自由的梁

此时,梁的边界条件为

$$W(0)=0 \tag{10.117}$$

$$\frac{\mathrm{d}W}{\mathrm{d}x}(0)=0 \tag{10.118}$$

$$\frac{\mathrm{d}^2 W}{\mathrm{d}x^2}(l)=0 \tag{10.119}$$

$$\frac{\mathrm{d}^3 W}{\mathrm{d}x^3}(l)=0 \tag{10.120}$$

对模态的解式(10.53)应用条件式(10.117)和式(10.118),可得

$$C_1=C_3=0 \tag{10.121}$$

再对模态的解式(10.53)应用条件式(10.119)和式(10.120),可得

$$C_2[\cos(\beta l)+\cosh(\beta l)]+C_4[\sin(\beta l)+\sinh(\beta l)]=0 \tag{10.122}$$

$$C_2[-\sin(\beta l)+\cosh(\beta l)]+C_4[\cos(\beta l)+\cosh(\beta l)]=0 \tag{10.123}$$

由非零解条件可得**频率方程**为

$$\cos(\beta l)\cosh(\beta l)+1=0 \tag{10.124}$$

由方程(10.122)可得模态系数比为

$$C_4=-C_2\frac{\cos(\beta l)+\cosh(\beta l)}{\sin(\beta l)+\sinh(\beta l)} \tag{10.125}$$

所以第 n 阶模态形状为

$$W_n(x)=[\cos(\beta_n x)-\cosh(\beta_n x)]-\frac{\cos(\beta_n l)+\cosh(\beta_n l)}{\sin(\beta_n l)+\sinh(\beta_n l)}[\sin(\beta_n x)-\sinh(\beta_n x)] \tag{10.126}$$

固支-自由梁的前 4 阶模态的模态形状如图 10.8 所示。

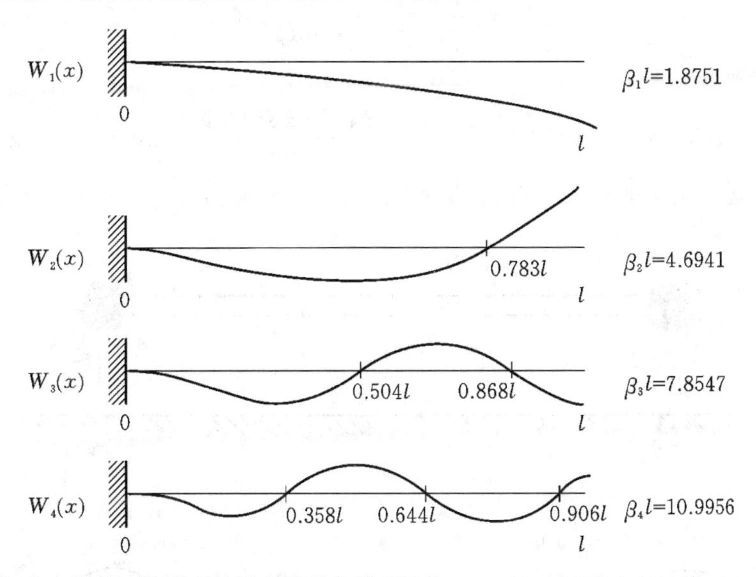

图 10.8　固支-自由梁前 4 阶模态的固有频率和模态形状:$\omega_n=(\beta_n l)^2(EI/\rho A l^4)^{1/2}$,$\beta_n l\approx(2n+1)\pi/2$

例 10.1　均匀梁的一端固支,另一个自由端附加集中质量 M,请确定梁的固有频率和模态形状。

解　这根梁的边界条件为

$$W(0)=0 \tag{1}$$

$$\frac{\mathrm{d}W}{\mathrm{d}x}(0)=0 \tag{2}$$

$$\frac{\mathrm{d}^2 W}{\mathrm{d}x^2}(l)=0 \tag{3}$$

$$EI\frac{\mathrm{d}^3 W}{\mathrm{d}x^3}(l)=-M\omega^2 W(l) \tag{4}$$

对模态的解式(10.53)应用边界条件式(1)和式(2),可得

$$C_1=C_3=0 \tag{5}$$

于是,模态的解变为

$$W(x)=C_2[\cos(\beta x)-\cosh(\beta x)]+C_4[\sin(\beta x)-\sinh(\beta x)] \tag{6}$$

对上式应用条件式(3)和式(4),得到

$$C_2[\cos(\beta l)+\cosh(\beta l)]+C_4[\sin(\beta l)+\sinh(\beta l)]=0 \tag{7}$$

$$\begin{aligned}&C_2\{(-EI\beta^3)[\sin(\beta l)-\sinh(\beta l)]-M\omega^2[\cos(\beta l)-\cosh(\beta l)]\}\\&\quad+C_4\{(EI\beta^3)[\cos(\beta l)+\cosh(\beta l)]-M\omega^2[\sin(\beta l)-\sinh(\beta l)]\}=0\end{aligned} \tag{8}$$

由非零解条件可得频率方程为

$$1+\frac{1}{\cos(\beta l)\cosh(\beta l)}-R\beta l[\tan(\beta l)-\tanh(\beta l)]=0,\quad R=\frac{M}{\rho A l} \tag{9}$$

由方程(7)可得

$$C_4=-\frac{\cos(\beta l)+\cosh(\beta l)}{\sin(\beta l)+\sinh(\beta l)}C_2 \tag{10}$$

所以第 n 阶模态为

$$W_n(x)=[\cos(\beta_n x)-\cosh(\beta_n x)]-\frac{\cos(\beta_n l)+\cosh(\beta_n l)}{\sin(\beta_n l)+\sinh(\beta_n l)}[\sin(\beta_n x)-\sinh(\beta_n x)] \tag{11}$$

例 10.2 梁的两端附加有质量、弹簧和阻尼器(见图 10.9),请应用平衡方法求出梁的边界条件。

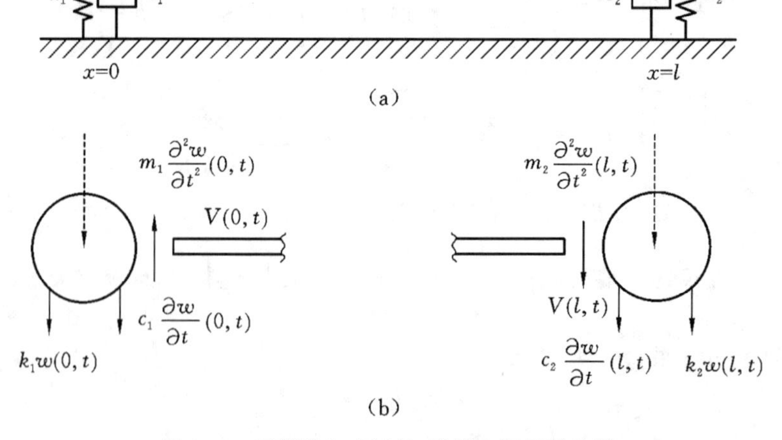

图 10.9 两端附加有质量、弹簧和阻尼器的梁

解　梁端的集中质量的受力如图10.9(b)所示，图中的V表示杆截面上的剪力。在$x=0$端，由集中质量在铅垂方向的力平衡可得：

$$V(0,t)+k_1w(0,t)+c_1\frac{\partial w(0,t)}{\partial t}+m_1\frac{\partial^2 w(0,t)}{\partial^2 t}=0 \tag{1}$$

因为

$$V(0,t)=\frac{\partial}{\partial x}\left[EI(x)\frac{\partial^2 w(x,t)}{\partial^2 x}\right]\bigg|_{x=0}$$

所以方程(1)变为

$$\frac{\partial}{\partial x}\left[EI(x)\frac{\partial^2 w(x,t)}{\partial^2 x}\right]\bigg|_{x=0}+k_1w(0,t)+c_1\frac{\partial w(0,t)}{\partial t}+m_1\frac{\partial^2 w(0,t)}{\partial^2 t}=0 \tag{2}$$

显然$x=0$端的弯矩为零，即有

$$\left[EI(x)\frac{\partial^2 w(x,t)}{\partial^2 x}\right]\bigg|_{x=0}=0 \tag{3}$$

在$x=l$端，类似有

$$\frac{\partial}{\partial x}\left[EI(x)\frac{\partial^2 w(x,t)}{\partial^2 x}\right]\bigg|_{x=l}-k_2w(l,t)-c_2\frac{\partial w(l,t)}{\partial t}-m_2\frac{\partial^2 w(l,t)}{\partial^2 t}=0 \tag{4}$$

$$\left[EI(x)\frac{\partial^2 w(x,t)}{\partial^2 x}\right]\bigg|_{x=l}=0 \tag{5}$$

10.5　模态的正交性

在方程(10.39)中令梁的模态振动为$w(x,t)=W(x)e^{i\omega t}$，可得非均匀梁的特征值问题为

$$\frac{d^2}{dx^2}\left[EI(x)\frac{d^2W(x)}{dx^2}\right]=\omega^2\rho A(x)W(x) \tag{10.127}$$

因此，第i阶模态和第j阶模态分别满足：

$$\frac{d^2}{dx^2}\left[EI(x)\frac{d^2W_i(x)}{dx^2}\right]=\omega_i^2\rho A(x)W_i(x) \tag{10.128}$$

$$\frac{d^2}{dx^2}\left[EI(x)\frac{d^2W_j(x)}{dx^2}\right]=\omega_j^2\rho A(x)W_j(x) \tag{10.129}$$

方程(10.128)乘以$W_j(x)$，再对x在$0\sim l$上积分，可得

$$\int_0^l W_j(x)\frac{d^2}{dx^2}\left[EI(x)\frac{d^2W_i(x)}{dx^2}\right]dx=\omega_i^2\int_0^l\rho A(x)W_i(x)W_j(x)dx \tag{10.130}$$

对上式左边应用两次分部积分，并假设梁两端的边界是简支、固支和自由端的任意组合，可得

$$\begin{aligned}&\int_0^l W_j(x)\frac{d^2}{dx^2}\left[EI(x)\frac{d^2W_i(x)}{dx^2}\right]dx\\&=W_j(x)\frac{d}{dx}\left[EI(x)\frac{d^2W_i(x)}{dx^2}\right]\bigg|_0^l-\frac{dW_j(x)}{dx}EI(x)\frac{d^2W_i(x)}{dx^2}\bigg|_0^l\\&\quad+\int_0^l EI(x)\frac{d^2W_j(x)}{dx^2}\frac{d^2W_i(x)}{dx^2}dx\end{aligned}$$

$$=\int_0^l EI(x)\frac{\mathrm{d}^2W_j(x)}{\mathrm{d}x^2}\frac{\mathrm{d}^2W_i(x)}{\mathrm{d}x^2}\mathrm{d}x \tag{10.131}$$

所以,方程(10.130) 可写为

$$\int_0^l EI(x)\frac{\mathrm{d}^2W_j(x)}{\mathrm{d}x^2}\frac{\mathrm{d}^2W_i(x)}{\mathrm{d}x^2}\mathrm{d}x=\omega_i^2\int_0^l\rho A(x)W_i(x)W_j(x)\mathrm{d}x \tag{10.132}$$

类似地,对方程(10.129) 采取相同的处理,可得

$$\int_0^l EI(x)\frac{\mathrm{d}^2W_i(x)}{\mathrm{d}x^2}\frac{\mathrm{d}^2W_j(x)}{\mathrm{d}x^2}\mathrm{d}x=\omega_j^2\int_0^l\rho A(x)W_i(x)W_j(x)\mathrm{d}x \tag{10.133}$$

以上两式相减可得

$$(\omega_i^2-\omega_j^2)\int_0^l\rho A(x)W_i(x)W_j(x)\mathrm{d}x=0 \tag{10.134}$$

如果特征值互不相同,则有

$$\int_0^l\rho A(x)W_i(x)W_j(x)\mathrm{d}x=0,\quad i,j=1,2,\cdots,\quad \omega_i^2\neq\omega_j^2 \tag{10.135}$$

进而,由方程(10.132) 或方程(10.133) 立得

$$\int_0^l EI(x)\frac{\mathrm{d}^2W_i(x)}{\mathrm{d}x^2}\frac{\mathrm{d}^2W_j(x)}{\mathrm{d}x^2}\mathrm{d}x=0,\quad i,j=1,2,\cdots,\quad \omega_i^2\neq\omega_j^2 \tag{10.136}$$

方程(10.135) 和方程(10.136) 称为**模态函数的正交性关系**。

我们将模态形状归一化,即 $W_i(x)$ 满足:

$$\int_0^l\rho A(x)W_i(x)W_i(x)\mathrm{d}x=1,\quad i=1,2,\cdots \tag{10.137}$$

则模态形状满足:

$$\int_0^l\rho A(x)W_i(x)W_j(x)\mathrm{d}x=\delta_{ij} \tag{10.138}$$

其中

$$\delta_{ij}=\begin{cases}1, & i=j\\ 0, & i\neq j\end{cases} \tag{10.139}$$

进而,由方程(10.130) 得到

$$\int_0^l W_j(x)\frac{\mathrm{d}^2}{\mathrm{d}x^2}\left[EI(x)\frac{\mathrm{d}^2W_i(x)}{\mathrm{d}x^2}\right]\mathrm{d}x=\omega_i^2\delta_{ij} \tag{10.140}$$

任意一个满足梁边界条件的函数 $W(x)$ 表示梁的一种可能振动,可以表示为

$$W(x)=\sum_{i=1}^{\infty}c_iW_i(x) \tag{10.141}$$

利用模态的正交性可得

$$c_i=\int_0^l\rho A(x)W_i(x)W(x)\mathrm{d}x,\quad i=1,2,\cdots \tag{10.142}$$

$$c_i\omega_i^2=\int_0^l W_i(x)\frac{\mathrm{d}^2}{\mathrm{d}x^2}\left[EI(x)\frac{\mathrm{d}^2W(x)}{\mathrm{d}x^2}\right]\mathrm{d}x,\quad i=1,2,\cdots \tag{10.143}$$

10.6 初始条件产生的振动响应

梁的振动响应可用模态函数叠加得到:

$$w(x,t)=\sum_{i=1}^{\infty}W_i(x)\eta_i(t) \tag{10.144}$$

其中，$W_i(x)$ 为第 i 阶模态，$\eta_i(t)$ 为待定的时间函数，称为**模态坐标**或**广义坐标**。将式(10.144)代入梁的运动方程(10.39)可得

$$\sum_{i=1}^{\infty}\frac{d^2}{dx^2}\left[EI(x)\frac{d^2W_i(x)}{dx^2}\right]\eta_i(t)+\sum_{i=1}^{\infty}\rho A(x)W_i(x)\frac{d^2\eta_i(t)}{dt^2}=0 \tag{10.145}$$

方程(10.145)乘以 $W_j(x)$，再对 x 在 $0\sim l$ 上积分，可得

$$\begin{aligned}&\sum_{i=1}^{\infty}\left\{\int_0^l W_j(x)\frac{d^2}{dx^2}\left[EI(x)\frac{d^2W_i(x)}{dx^2}\right]dx\right\}\eta_i(t)\\&+\sum_{i=1}^{\infty}\left[\int_0^l\rho A(x)W_j(x)W_i(x)dx\right]\frac{d^2\eta_i(t)}{dt^2}=0\end{aligned} \tag{10.146}$$

利用模态的正交性，可得到下面的**模态方程**：

$$\frac{d^2\eta_i(t)}{dt^2}+\omega_i^2\eta_i(t)=0,\quad i=1,2,\cdots \tag{10.147}$$

方程(10.147)的通解为

$$\eta_i(t)=A_i\cos(\omega_i t)+B_i\sin(\omega_i t),\quad i=1,2,\cdots \tag{10.148}$$

其中，A_i，B_i 为常数，可由初始条件确定。如果模态坐标 $\eta_i(t)$ 的初始条件为

$$\eta_i(t=0)=\eta_i(0),\quad \frac{d\eta_i}{dt}(t=0)=\dot{\eta}_i(0) \tag{10.149}$$

它们称为**模态位移**和**模态速度**，则式(10.148)可表示为

$$\eta_i(t)=\eta_i(0)\cos(\omega_i t)+\frac{\dot{\eta}_i(0)}{\omega_i}\sin(\omega_i t),\quad i=1,2,\cdots \tag{10.150}$$

如果初始条件由挠度给出，即

$$w(x,t=0)=w_0(x),\quad \frac{\partial w}{\partial t}(x,t=0)=\dot{w}(x,0)=\dot{w}_0(x) \tag{10.151}$$

则需要将它们转化到模态坐标上。利用式(10.144)，有

$$w(x,t=0)=\sum_{i=1}^{\infty}W_i(x)\eta_i(0)=w_0(x) \tag{10.152}$$

$$\frac{\partial w}{\partial t}(x,t=0)=\sum_{i=1}^{\infty}W_i(x)\dot{\eta}_i(0)=\dot{w}_0(x) \tag{10.153}$$

式(10.152)乘以 $\rho A(x)W_j(x)$ 后，再对 x 在 $0\sim l$ 上积分，同时利用模态的正交性，可得

$$\eta_i(0)=\int_0^l\rho A(x)W_i(x)w_0(x)dx,\quad i=1,2,\cdots \tag{10.154}$$

类似可得

$$\dot{\eta}_i(0)=\int_0^l\rho A(x)W_i(x)\dot{w}_0(x)dx,\quad i=1,2,\cdots \tag{10.155}$$

例 10.3 简支均匀梁，整根梁上受到强度为 f_0 的均布载荷作用。如果载荷突然撤除，求梁的振动。

解 这根梁的静态挠度曲线为

$$w_0(x)=\frac{f_0}{24EI}(x^4-2lx^3+l^3x) \tag{1}$$

整根梁的静态速度为零，即

$$\dot{w}_0(x)=0 \tag{2}$$

设简支梁的归一化模态函数为

$$W_i(x)=C_i\sin\frac{i\pi x}{l},\quad i=1,2,\cdots$$

其中，C_i 应满足：

$$\rho AC_i^2\int_0^l \sin^2\frac{i\pi x}{l}\mathrm{d}x=1$$

所以

$$C_i=\sqrt{\frac{2}{\rho Al}},\quad i=1,2,\cdots$$

所以，归一化模态为

$$W_i(x)=\sqrt{\frac{2}{\rho Al}}\sin\frac{i\pi x}{l},\quad i=1,2,\cdots \tag{3}$$

现在，梁振动响应可设为

$$w(x,t)=\sum_{i=1}^{\infty}W_i(x)\left[\eta_i(0)\cos(\omega_i t)+\frac{\dot{\eta}_i(0)}{\omega_i}\sin(\omega_i t)\right] \tag{4}$$

其中，$\eta_i(0)$ 和 $\dot{\eta}_i(0)$ 由式(10.154)和式(10.155)给出：

$$\begin{aligned}\eta_i(0)&=\int_0^l\rho A(x)W_i(x)w_0(x)\mathrm{d}x\\&=\rho A\sqrt{\frac{2}{\rho Al}}\int_0^l\sin\frac{i\pi x}{l}\frac{f_0}{24EI}(x^4-2lx^3+l^3x)\mathrm{d}x\\&=\frac{2\sqrt{2\rho Al}f_0l^4}{EI\pi^5i^5},\quad i=1,3,\cdots\end{aligned} \tag{5}$$

$$\dot{\eta}_i(0)=\int_0^l\rho A(x)W_i(x)\dot{w}_0(x)\mathrm{d}x=0,\quad i=1,3,\cdots \tag{6}$$

所以，梁的振动响应为

$$\begin{aligned}w(x,t)&=\sum_{i=1,3,\cdots}^{\infty}\sqrt{\frac{2}{\rho Al}}\sin\frac{i\pi x}{l}\frac{2\sqrt{2\rho Al}f_0l^4}{EI\pi^5i^5}\cos(\omega_i t)\\&=\frac{4f_0l^4}{EI\pi^5}\sum_{i=1,3,\cdots}^{\infty}\frac{1}{i^5}\sin\frac{i\pi x}{l}\cos(\omega_i t)\end{aligned} \tag{7}$$

10.7 受迫振动

梁受迫振动的运动方程（见方程(10.20)）为

$$\frac{\partial^2}{\partial x^2}\left(EI\frac{\partial^2 w}{\partial x^2}\right)+\rho A\frac{\partial^2 w}{\partial t^2}=f(x,t) \tag{10.156}$$

与前面相同，梁的振动响应仍然用模态函数叠加得到：

$$w(x,t)=\sum_{i=1}^{\infty}W_i(x)\eta_i(t) \tag{10.157}$$

其中,模态函数 $W_i(x)$ 由下面的特征值问题的解给出:

$$\frac{d^2}{dx^2}\left[EI(x)\frac{d^2W_i(x)}{dx^2}\right]-\omega_i^2\rho A(x)W_i(x)=0 \tag{10.158}$$

$\eta_i(t)$ 为**广义坐标**(或称为**模态参与系数**)。将式(10.157)代入方程(10.156)得到

$$\sum_{i=1}^{\infty}\frac{d^2}{dx^2}\left[EI(x)\frac{d^2W_i(x)}{dx^2}\right]\eta_i(t)+\rho A(x)\sum_{i=1}^{\infty}W_i(x)\frac{d^2\eta_i(t)}{dt^2}=f(x,t) \tag{10.159}$$

应用方程(10.158),方程(10.159)变为

$$\rho A(x)\sum_{i=1}^{\infty}\omega_i^2W_i(x)\eta_i(t)+\rho A(x)\sum_{i=1}^{\infty}W_i(x)\frac{d^2\eta_i(t)}{dt^2}=f(x,t) \tag{10.160}$$

上式乘以 $W_j(x)$ 后再对 x 在 $0\sim l$ 上积分,可得

$$\sum_{i=1}^{\infty}\eta_i(t)\int_0^l\rho A(x)\omega_i^2W_j(x)W_i(x)dx+\sum_{i=1}^{\infty}\frac{d^2\eta_i(t)}{dt^2}\int_0^l\rho A(x)W_j(x)W_i(x)dx=\int_0^lW_j(x)f(x,t)dx \tag{10.161}$$

利用模态的正交性和归一化,可得

$$\frac{d^2\eta_i(t)}{dt^2}+\omega_i^2\eta_i(t)=Q_i(t),\quad i=1,2,\cdots \tag{10.162}$$

其中

$$Q_i(t)=\int_0^lW_j(x)f(x,t)dx,\quad i=1,2,\cdots \tag{10.163}$$

$Q_i(t)$ 是对应于第 i 阶模态的广义力。方程(10.162)的通解为

$$\eta_i(t)=A_i\cos(\omega_it)+B_i\sin(\omega_it)+\frac{1}{\omega_i}\int_0^tQ_i(\tau)\sin[\omega_i(t-\tau)]d\tau \tag{10.164}$$

于是,方程(10.156)的解为

$$w(x,t)=\sum_{i=1}^{\infty}\left\{A_i\cos(\omega_it)+B_i\sin(\omega_it)+\frac{1}{\omega_i}\int_0^tQ_i(\tau)\sin[\omega_i(t-\tau)]d\tau\right\}W_i(x) \tag{10.165}$$

例 10.4　简支均匀梁,在 $x=\xi$ 处受到一个大小为 F_0 的阶跃集中力的作用,如图 10.10 所示。假定初始条件为零,求梁的振动响应。

解　这根梁的固有频率和模态形状为

$$\omega_i=\frac{i^2\pi^2}{l^2}\sqrt{\frac{EI}{\rho A}}$$

$$W_i(x)=C_i\sin\frac{i\pi x}{l}$$

其中,C_i 为归一化因子,应满足:

$$\rho AC_i^2\int_0^l\sin^2\frac{i\pi x}{l}dx=1\quad\Rightarrow\quad C_i=\sqrt{\frac{2}{\rho Al}}$$

所以,归一化模态为

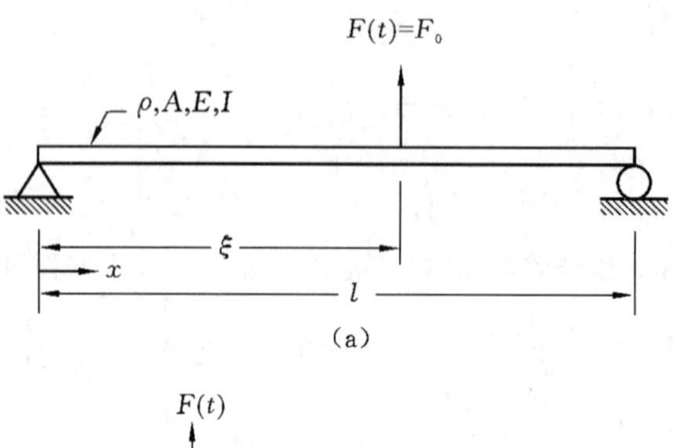

(a)

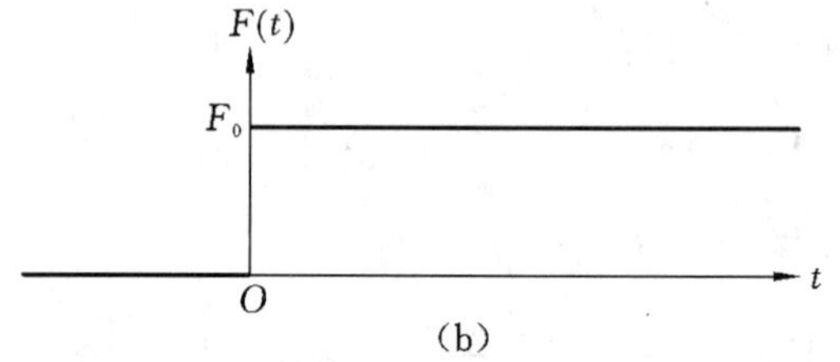

(b)

图 10.10　例 10.4 图

$$W_i(x)=\sqrt{\frac{2}{\rho Al}}\sin\frac{i\pi x}{l},\quad i=1,2,\cdots$$

激励力为

$$f(x,t)=F_0\delta(x-\xi)H(t)$$

其中,$H(t)$ 为阶跃函数。所以广义力为

$$Q_i(t)=\int_0^l W_i(x)f(x,t)\mathrm{d}x=F_0\sqrt{\frac{2}{\rho Al}}\int_0^l\sin\frac{i\pi x}{l}\delta(x-\xi)H(t)\mathrm{d}x$$

$$=F_0\sqrt{\frac{2}{\rho Al}}\sin\frac{i\pi\xi}{l}H(t)$$

由式(10.164)得到对应于第 i 阶模态的广义坐标响应为

$$\eta_i(t)=A_i\cos(\omega_i t)+B_i\sin(\omega_i t)+\frac{F_0}{\omega_i}\sqrt{\frac{2}{\rho Al}}\sin\frac{i\pi\xi}{l}\int_0^t\sin[\omega_i(t-\tau)]\mathrm{d}\tau$$

$$=A_i\cos(\omega_i t)+B_i\sin(\omega_i t)+\frac{F_0}{\omega_i^2}\sqrt{\frac{2}{\rho Al}}\sin\frac{i\pi\xi}{l}[1-\cos(\omega_i t)]$$

本例的初始条件为零,由此可得 A_i,B_i 为零,所以

$$\eta_i(t)=F_0\frac{l^4}{i^4\pi^4}\frac{\rho A}{EI}\sqrt{\frac{2}{\rho Al}}\sin\frac{i\pi\xi}{l}[1-\cos(\omega_i t)]$$

由式(10.165)得到梁的响应为

$$w(x,t)=\frac{2F_0l^3}{\pi^4EI}\sum_{i=1}^{\infty}\frac{1}{i^4}\sin\frac{i\pi x}{l}\sin\frac{i\pi\xi}{l}[1-\cos(\omega_i t)]$$

例 10.5　一根均匀梁,在 $x=\xi$ 处受到一个 $F_0\sin(\Omega t)$ 的简谐集中力的作用,如图 10.11 所示。

(1) 求出对所有边界条件适用的稳态响应表达式。

(2) 求出简支梁的稳态响应,假设 $\xi=l/2$。

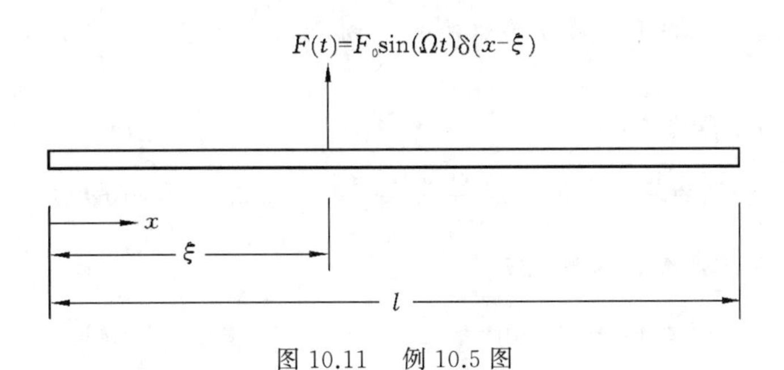

图 10.11　例 10.5 图

解　(1) 广义力为

$$Q_i(t) = F_0 \int_0^l W_i(x)\delta(x-\xi)\sin(\Omega t)\mathrm{d}x = F_0 W_i(\xi)\sin(\Omega t)$$

其中,$W_i(x)$ 为第 i 阶模态形状。广义坐标的稳态响应(参见式(10.164))为

$$\eta_i(t) = \frac{1}{\omega_i}\int_0^t Q_i(\tau)\sin[\omega_i(t-\tau)]\mathrm{d}\tau = \frac{F_0}{\omega_i}\int_0^t W_i(\xi)\sin(\Omega t)\sin[\omega_i(t-\tau)]\mathrm{d}\tau$$

$$= \frac{F_0}{\omega_i^2}W_i(\xi)\frac{1}{1-\Omega^2/\omega_i^2}\left[\sin(\Omega t) - \frac{\Omega}{\omega_i}\sin(\omega_i t)\right]$$

梁的稳态响应为

$$w(x,t) = F_0\sum_{i=1}^{\infty}\frac{W_i(x)W_i(\xi)}{\omega_i^2-\Omega^2}\left[\sin(\Omega t) - \frac{\Omega}{\omega_i}\sin(\omega_i t)\right]$$

(2) 对于简支梁,归一化模态形状为

$$W_i(x) = \sqrt{\frac{2}{\rho A l}}\sin\frac{i\pi x}{l},\quad i=1,2,\cdots$$

所以

$$W_i\left(\xi = \frac{l}{2}\right) = \sqrt{\frac{2}{\rho A l}}\sin\frac{i\pi}{2} = \begin{cases} 0, & i=2,4,6,\cdots \\ \sqrt{\dfrac{2}{\rho A l}}, & i=1,5,9,\cdots \\ -\sqrt{\dfrac{2}{\rho A l}}, & i=3,7,11,\cdots \end{cases}$$

所以,梁的稳态响应为

$$w(x,t) = \frac{2F_0}{\rho A l}\left\{\sum_{i=1,5,9,\cdots}^{\infty}\frac{\sin(i\pi x/l)}{\omega_i^2-\Omega^2}\left[\sin(\Omega t) - \frac{\Omega}{\omega_i}\sin(\omega_i t)\right] - \sum_{i=3,7,11,\cdots}^{\infty}\frac{\sin(i\pi x/l)}{\omega_i^2-\Omega^2}\left[\sin(\Omega t) - \frac{\Omega}{\omega_i}\sin(\omega_i t)\right]\right\}$$

其中

$$\omega_i = \frac{i^2\pi^2}{l^2}\sqrt{\frac{EI}{\rho A}}$$

例 10.6　一根均匀简支梁,受到同时在空间和时间简谐变化的激励力:

$$f(x,t) = f_0\sin\frac{n\pi x}{l}\sin(\omega t) \tag{1}$$

其中，f_0 为常数，n 为一个正整数，l 为梁的长度，ω 为激励频率。假定初始条件为零，求该梁的响应。

解　梁的运动方程为

$$EI\frac{\partial^4 w(x,t)}{\partial x^4}+\rho A\frac{\partial^2 w(x,t)}{\partial t^2}=f_0\sin\frac{n\pi x}{l}\sin(\omega t) \tag{2}$$

这个方程的齐次解(或自由振动解)为

$$w(x,t)=\sum_{i=1}^{\infty}\sin\frac{i\pi x}{l}[C_i\cos(\omega_i t)+D_i\sin(\omega_i t)]$$

其中，ω_i 为梁的固有频率，由下式给出：

$$\omega_i=i^2\pi^2\sqrt{\frac{EI}{\rho A l^4}}$$

观察可知，方程(2)的特解为

$$w(x,t)=a_n\sin\frac{n\pi x}{l}\sin(\omega t)$$

其中

$$a_n=\frac{f_0 l^4}{EI(n\pi)^4[1-(\omega/\omega_n)^2]}$$

所以梁的全解为

$$w(x,t)=\sum_{i=1}^{\infty}\sin\frac{i\pi x}{l}[C_i\cos(\omega_i t)+D_i\sin(\omega_i t)]+a_n\sin\frac{n\pi x}{l}\sin(\omega t) \tag{3}$$

梁的初始条件为

$$w(x,0)=0 \tag{4}$$

$$\frac{\partial w}{\partial t}(x,0)=0 \tag{5}$$

对式(3)应用初始条件式(4)和式(5)，并利用模态函数的正交性，可得

$$C_i=0,\ \forall i$$

$$D_i=\begin{cases}0, & i\neq n\\ -a_n\dfrac{\omega}{\omega_n}, & i=n\end{cases}$$

所以，由式(3)可得梁的振动响应为

$$w(x,t)=\frac{f_0 l^4}{EI(n\pi)^4[1-(\omega/\omega_n)^2]}\sin\frac{n\pi x}{l}\left[\sin(\omega t)-\frac{\omega}{\omega_n}\sin(\omega_n t)\right] \tag{6}$$

10.8　梁对移动载荷的响应

如图10.12所示，我们考虑一根简支均匀梁，一个集中载荷 P 以匀速 v_0 在梁上移动。梁的边界条件为

$$w(0,t)=0 \tag{10.166}$$

$$\frac{\partial^2 w}{\partial x^2}(0,t)=0 \tag{10.167}$$

$$w(l,t)=0 \tag{10.168}$$

$$\frac{\partial^2 w}{\partial x^2}(l,t)=0 \tag{10.169}$$

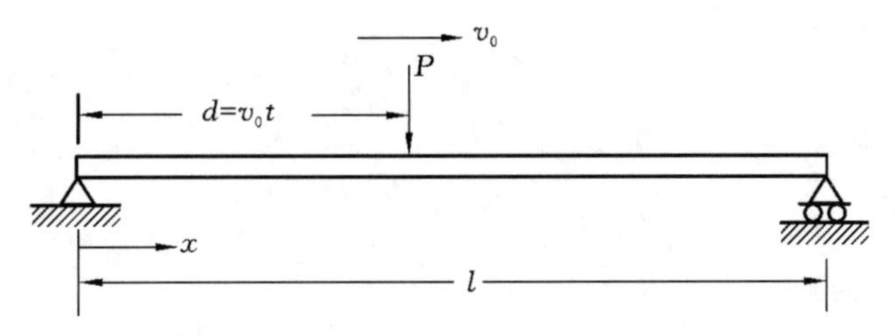

图 10.12　受移动集中载荷作用的简支梁

假设梁初始静止，所以初始条件为

$$w(x,0)=0 \tag{10.170}$$

$$\frac{\partial w}{\partial t}(x,0)=0 \tag{10.171}$$

现在，我们不用Dirac δ函数来表示集中力，而是采用一个Fourier级数来表示它。为此，将作用于 $x=d$ 处的集中力 P 用一个长度为 $2\Delta x$ 的均布载荷来替代，如图 10.13 所示。所以，替代的均布载荷为

$$f(x)=\begin{cases}0, & 0<x<d-\Delta x\\ \dfrac{P}{2\Delta x}, & d-\Delta x\leqslant x\leqslant d+\Delta x\\ 0, & d+\Delta x<x<l\end{cases} \tag{10.172}$$

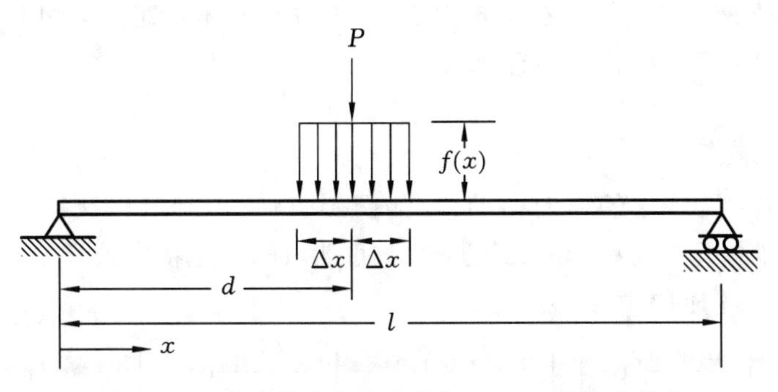

图 10.13　集中载荷替换为长度 $2\Delta x$ 上的均布载荷

对这个分布函数 $f(x)$ 采用有限 Fourier 正弦变换，可得

$$f(x)=\sum_{n=1}^{\infty} f_n \sin\frac{n\pi x}{l} \tag{10.173}$$

$$f_n=\frac{2}{l}\int_0^l f(x)\sin\frac{n\pi x}{l}\mathrm{d}x \tag{10.174}$$

将式(10.172) 代入上式，可得

$$f_n=\frac{2}{l}\int_{d-\Delta x}^{d+\Delta x}\frac{P}{2\Delta x}\sin\frac{n\pi x}{l}\mathrm{d}x=\frac{2P}{l}\sin\frac{n\pi d}{l}\frac{\sin(n\pi\Delta x/l)}{n\pi\Delta x/l} \tag{10.175}$$

因为

$$\lim_{\Delta x \to 0} \frac{\sin(n\pi\Delta x/l)}{n\pi\Delta x/l}=1 \tag{10.176}$$

所以

$$f_n=\frac{2P}{l}\sin\frac{n\pi d}{l} \tag{10.177}$$

$$f(x)=\frac{2P}{l}\sum_{n=1}^{\infty}\sin\frac{n\pi d}{l}\sin\frac{n\pi x}{l} \tag{10.178}$$

应用 $d=v_0 t$，上式可写为

$$f(x)=\frac{2P}{l}\sum_{n=1}^{\infty}\sin\frac{n\pi x}{l}\sin\frac{n\pi v_0 t}{l} \tag{10.179}$$

式(10.179)中第 n 个激励分量产生的响应(参见例10.6中式(6))为

$$w_n(x,t)=\frac{f_0 l^4}{EI\,(n\pi)^4[1-(\omega/\omega_n)^2]}\sin\frac{n\pi x}{l}\left[\sin(\omega t)-\frac{\omega}{\omega_n}\sin(\omega_n t)\right] \tag{10.180}$$

这里 $f_0=2P/l,\omega=n\pi v_0/l$。因此，梁的总响应为

$$w(x,t)=\frac{2Pl^3}{EI\pi^4}\sum_{n=1}^{\infty}\frac{1}{n^4}\frac{1}{1-(n\pi v_0/\omega_n l)^2}\sin\frac{n\pi x}{l}\left[\sin\left(\frac{n\pi v_0}{l}t\right)-\frac{n\pi v_0}{\omega_n l}\sin(\omega_n t)\right] \tag{10.181}$$

10.9　受到轴向力作用的梁的横向振动

受到轴向力作用的梁的横向振动问题可应用于缆绳、拉索和涡轮叶片的振动研究。虽然可以用张紧弦模型来研究电缆的振动，但许多电缆的失效是由于电缆在微风中的尾涡脱落引起的弯曲振动疲劳造成的。在涡轮中，叶片失效与流体高速流动引起的横向载荷和离心作用引起的轴向载荷的组合作用有关。

10.9.1　方程推导

考虑受到轴向张力作用的横向振动梁，如图10.14 (a) 所示。这种梁单元的受力如图10.14(b) 所示。梁单元的初始轴向(x 方向) 长度为 $\mathrm{d}x$，发生横向位移 $w(x,t)$ 后单元的轴向长度(单元在 x 方向的投影长度) 变为

$$\mathrm{d}x_A=\left\{(\mathrm{d}s)^2-\left[\frac{\partial w(x,t)}{\partial x}\mathrm{d}x\right]^2\right\}^{1/2}\approx\left\{(\mathrm{d}x)^2-\left[\frac{\partial w(x,t)}{\partial x}\mathrm{d}x\right]^2\right\}^{1/2}\approx \mathrm{d}x-\frac{1}{2}\left(\frac{\partial w}{\partial x}\right)^2\mathrm{d}x \tag{10.182}$$

所以，由横向位移引起的单元两端的轴向相对位移为

$$\mathrm{d}u_P=\mathrm{d}x_A-\mathrm{d}x=-\frac{1}{2}\left(\frac{\partial w}{\partial x}\right)^2\mathrm{d}x \tag{10.183}$$

假定微小的横向振动位移 $w(x,t)$ 不会引起轴向力 $P(x,t)$ 和横向分布力 $f(x,t)$ 的变化。于是，轴向力 $P(x,t)$ 由于横向位移所做的功为

$$W_P=\int_0^l P(x,t)\mathrm{d}u_P=-\frac{1}{2}\int_0^l P(x,t)\left[\frac{\partial w(x,t)}{\partial x}\right]^2\mathrm{d}x \tag{10.184}$$

横向力 $f(x,t)$ 所做的功为

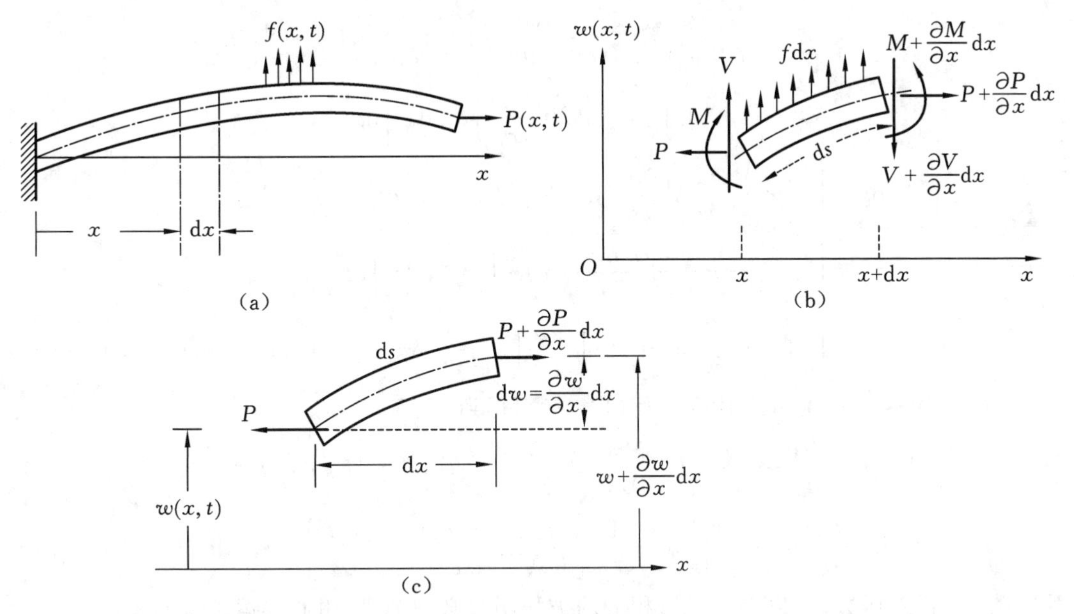

图 10.14　受轴向力作用的梁

$$W_f = \int_0^l f(x, t) w(x, t) \mathrm{d}x \tag{10.185}$$

总的功为

$$W = W_P + W_f = -\frac{1}{2}\int_0^l P(x, t)\left[\frac{\partial w(x, t)}{\partial x}\right]^2 \mathrm{d}x + \int_0^l f(x, t) w(x, t) \mathrm{d}x \tag{10.186}$$

梁的应变能和动能为

$$\pi = \frac{1}{2}\int_0^l EI(x)\left[\frac{\partial w(x, t)}{\partial x}\right]^2 \mathrm{d}x \tag{10.187}$$

$$T = \frac{1}{2}\int_0^l \rho A(x)\left[\frac{\partial w(x, t)}{\partial t}\right]^2 \mathrm{d}x \tag{10.188}$$

广义 Hamilton 原理可为

$$\delta\int_{t_1}^{t_2} (T - \pi + W) \mathrm{d}t = 0 \tag{10.189}$$

上式左边各项的变分为

$$\begin{aligned}
\delta\int_{t_1}^{t_2} T \mathrm{d}t &= \int_{t_1}^{t_2}\int_0^l \rho A \frac{\partial w}{\partial t}\frac{\partial(\delta w)}{\partial t} \mathrm{d}t \mathrm{d}x \\
&= \int_0^l \left[\rho A \frac{\partial w}{\partial t}\delta w \Big|_{t_1}^{t_2} - \int_{t_1}^{t_2} \frac{\partial}{\partial t}\left(\rho A \frac{\partial w}{\partial t}\right)\delta w \mathrm{d}t\right] \mathrm{d}x \\
&= -\int_{t_1}^{t_2}\int_0^l \rho A \frac{\partial^2 w}{\partial t^2}\delta w \mathrm{d}x \mathrm{d}t
\end{aligned} \tag{10.190}$$

$$\begin{aligned}
\delta\int_{t_1}^{t_2} \pi \mathrm{d}t &= \int_{t_1}^{t_2}\int_0^l EI \frac{\partial^2 w}{\partial x^2}\delta\left(\frac{\partial^2 w}{\partial x^2}\right) \mathrm{d}x \mathrm{d}t \\
&= \int_{t_1}^{t_2}\int_0^l EI \frac{\partial^2 w}{\partial x^2}\frac{\partial^2(\delta w)}{\partial x^2} \mathrm{d}x \mathrm{d}t
\end{aligned}$$

$$=\int_{t_1}^{t_2}\left[EI\frac{\partial^2 w}{\partial x^2}\frac{\partial(\delta w)}{\partial x}\bigg|_0^l-\frac{\partial}{\partial x}\left(EI\frac{\partial^2 w}{\partial x^2}\right)\delta w\bigg|_0^l+\int_0^l\frac{\partial^2}{\partial x^2}\left(EI\frac{\partial^2 w}{\partial x^2}\right)\delta w\,\mathrm{d}x\right]\mathrm{d}t \tag{10.191}$$

$$\delta\int_{t_1}^{t_2}W\,\mathrm{d}t=\int_{t_1}^{t_2}\left[-P\frac{\partial w}{\partial x}\delta\left(\frac{\partial w}{\partial x}\right)\mathrm{d}x+\int_0^l f\,\delta w\,\mathrm{d}x\right]\mathrm{d}t$$
$$=\int_{t_1}^{t_2}\left[\int_0^l-P\frac{\partial w}{\partial x}\frac{\partial(\delta w)}{\partial x}\mathrm{d}x+\int_0^l f\,\delta w\,\mathrm{d}x\right]\mathrm{d}t$$
$$=\int_{t_1}^{t_2}\left[-P\frac{\partial w}{\partial x}\delta w\bigg|_0^l+\int_0^l\frac{\partial}{\partial x}\left(P\frac{\partial w}{\partial x}\right)\delta w\,\mathrm{d}x+\int_0^l f\,\delta w\,\mathrm{d}x\right]\mathrm{d}t \tag{10.192}$$

将式(10.190) ~ 式(10.192) 代入方程(10.189)，得到

$$-\int_{t_1}^{t_2}\int_0^l\left[\rho A\frac{\partial^2 w}{\partial t^2}+\frac{\partial^2}{\partial x^2}\left(EI\frac{\partial^2 w}{\partial x^2}\right)-\frac{\partial}{\partial x}\left(P\frac{\partial w}{\partial x}\right)-f\right]\delta w\,\mathrm{d}x\,\mathrm{d}t$$
$$-\int_{t_1}^{t_2}EI\frac{\partial^2 w}{\partial x^2}\delta\left(\frac{\partial w}{\partial x}\right)\bigg|_0^l\mathrm{d}t+\int_{t_1}^{t_2}\left[\frac{\partial}{\partial x}\left(EI\frac{\partial^2 w}{\partial x^2}\right)-P\frac{\partial w}{\partial x}\right]\delta w\bigg|_0^l\mathrm{d}t=0 \tag{10.193}$$

因为 δw 是任意函数，所以上式二重积分的被积函数必须为零，由此得运动微分方程：

$$\frac{\partial^2}{\partial x^2}\left(EI\frac{\partial^2 w}{\partial x^2}\right)-\frac{\partial}{\partial x}\left(P\frac{\partial w}{\partial x}\right)+\rho A\frac{\partial^2 w}{\partial t^2}=f(x,t) \tag{10.194}$$

同样，方程(10.193) 中余下两个积分的被积函数必须为零，由此得到边界条件：

$$EI\frac{\partial^2 w}{\partial x^2}\delta\left(\frac{\partial w}{\partial x}\right)\bigg|_0^l=0 \tag{10.195}$$

$$\left[\frac{\partial}{\partial x}\left(EI\frac{\partial^2 w}{\partial x^2}\right)-P\frac{\partial w}{\partial x}\right]\delta w\bigg|_0^l=0 \tag{10.196}$$

条件式(10.195) 要求梁两端的弯矩或转角等于零，条件式(10.196) 要求梁两端的位移等于零或总剪力为零，即

$$\frac{\partial}{\partial x}\left(EI\frac{\partial^2 w}{\partial x^2}\right)-P\frac{\partial w}{\partial x}=0 \tag{10.197}$$

10.9.2 均匀梁的自由振动

对于一根均匀梁的自由振动，方程(10.194) 变为

$$EI\frac{\partial^4 w}{\partial x^4}-P\frac{\partial^2 w}{\partial x^2}+\rho A\frac{\partial^2 w}{\partial t^2}=0 \tag{10.198}$$

假设梁的自由振动解为

$$w(x,t)=W(x)[A\cos(\omega t)+B\sin(\omega t)] \tag{10.199}$$

将此代入方程(10.198)，得到

$$EI\frac{\mathrm{d}^4 W}{\mathrm{d}x^4}-P\frac{\mathrm{d}^2 W}{\mathrm{d}x^2}-\rho A\omega^2 W=0 \tag{10.200}$$

方程(10.200) 的解可设为

$$W(x)=C\mathrm{e}^{sx} \tag{10.201}$$

将此代入方程(10.200)，可得

$$s^4-\frac{P}{EI}s^2-\frac{\rho A\omega^2}{EI}=0 \tag{10.202}$$

这个方程的根为

$$s_1^2,s_2^2=\frac{P}{2EI}\pm\left(\frac{P^2}{4E^2I^2}+\frac{\rho A\omega^2}{EI}\right)^{1/2} \tag{10.203}$$

所以,方程(10.200)的解为

$$W(x)=C_1\cosh(s_1x)+C_2\sinh(s_1x)+C_3\cos(s_2x)+C_4\sin(s_2x) \tag{10.204}$$

其中,待定常数 C_1,C_2,C_3,C_4 由边界条件确定。

例 10.7 一根均匀简支梁,两端受到轴向拉力的作用,求该梁的固有频率。

解 此时,梁的边界条件为

$$W(0)=0 \tag{1}$$

$$\frac{\mathrm{d}^2W(0)}{\mathrm{d}x^2}=0 \tag{2}$$

$$W(l)=0 \tag{3}$$

$$\frac{\mathrm{d}^2W(l)}{\mathrm{d}x^2}=0 \tag{4}$$

对式(10.204)应用条件式(1)和式(2),可得 $C_1=C_3=0$,所以

$$W(x)=C_2\sinh(s_1x)+C_4\sin(s_2x) \tag{5}$$

对式(5)应用条件式(3)和式(4),可得

$$C_2\sinh(s_1l)+C_4\sin(s_2l)=0 \tag{6}$$

$$C_2s_1^2\sinh(s_1l)-C_4s_2^2\sin(s_2l)=0 \tag{7}$$

由非零解条件可得频率方程为

$$\sinh(s_1l)\sin(s_2l)=0 \tag{8}$$

注意到 $s_1l\geqslant 0$,所以方程(8)的根为

$$s_2l=n\pi,\quad n=0,1,2,\cdots \tag{9}$$

于是,由式(10.203)可得梁的固有频率为

$$\omega_n=\frac{\pi^2}{l^2}\left(\frac{EI}{\rho A}\right)^{1/2}\left(n^4+\frac{n^2Pl^2}{\pi^2EI}\right)^{1/2} \tag{10}$$

梁的模态形状为

$$W_n(x)=C_4\sin(s_2x)=C_4\sin\frac{n\pi x}{l}$$

如果轴向力为压力,则梁的固有频率为

$$\omega_n=\frac{\pi^2}{l^2}\left(\frac{EI}{\rho A}\right)^{1/2}\left(n^4-n^2\frac{P}{P_{\mathrm{cri}}}\right)^{1/2} \tag{11}$$

其中

$$P_{\mathrm{cri}}=\frac{\pi^2EI}{l^2} \tag{12}$$

它的值是简支梁的最小 Euler **屈曲载荷**。

说明：

(1) 如果 $P=0$,则以上结果给出纯粹简支梁的固有频率。

(2) 如果 $EI=0$,式(10)退化为张紧弦的固有频率。

(3) 当压力 $P \to P_{\text{cri}}$ 时,固有频率趋于零。

(4) 如果 $P>0$(即轴向力为拉力),则固有频率增大,即轴向拉力使梁的横向振动刚度增大。

10.10 旋转梁的振动

假设一根均匀梁,与转轴 z 垂直安装,绕 z 轴以匀角速度 Ω 旋转(见图 10.15)。轮毂的半径 r 很小,可忽略。假设梁在 $x=0$ 处固结而在 $x=l$ 处自由。离心力沿梁的分布为

$$P(x)=\int_x^l \rho A\Omega^2 \eta \mathrm{d}\eta=\frac{1}{2}\rho A\Omega^2 l^2\left(1-\frac{x^2}{l^2}\right) \tag{10.205}$$

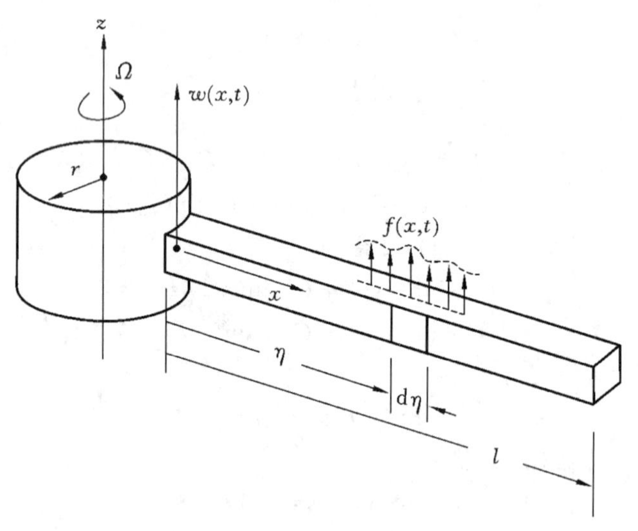

图 10.15 旋转梁

根据方程(10.194),旋转梁的运动微分方程为

$$EI\frac{\partial^4 w}{\partial x^4}+\rho A\frac{\partial^2 w}{\partial t^2}-\frac{1}{2}\rho A\Omega^2 l^2\frac{\partial}{\partial x}\left[\left(1-\frac{x^2}{l^2}\right)\frac{\partial w}{\partial x}\right]=f(x,t) \tag{10.206}$$

因为由式(10.205)给出的离心力在 $x=l$ 处为零,所以这根梁的边界条件与不旋转的梁相同:

$$w(0,t)=0, \quad \frac{\partial w}{\partial x}(0,t)=0 \tag{10.207}$$

$$EI\frac{\partial^2 w}{\partial x^2}(0,t)=0, \quad EI\frac{\partial^3 w}{\partial x^3}(0,t)=0 \tag{10.208}$$

可设旋转梁的自由振动解为简谐振动,即

$$w(x,t)=W(x)\cos(\omega t-\phi) \tag{10.209}$$

将此代入方程(10.206),并利用方程(10.207)、方程(10.208),可得

$$EI\frac{\mathrm{d}^4W}{\mathrm{d}x^4}-\frac{1}{2}\rho A\Omega^2l^2\frac{\mathrm{d}}{\mathrm{d}x}\left[\left(1-\frac{x^2}{l^2}\right)\frac{\mathrm{d}W}{\mathrm{d}x}\right]=\omega^2\rho AW \tag{10.210}$$

或

$$EI\frac{\mathrm{d}^4W}{\mathrm{d}x^4}-\frac{1}{2}\rho A\Omega^2(l^2-x^2)\frac{\mathrm{d}^2W}{\mathrm{d}x^2}+\rho A\Omega^2lx\frac{\mathrm{d}W}{\mathrm{d}x}-\omega^2\rho AW=0 \tag{10.211}$$

$$W(0)=0,\quad \frac{\mathrm{d}W(0)}{\mathrm{d}x}=0 \tag{10.212}$$

$$\frac{\mathrm{d}^2W(l)}{\mathrm{d}x^2}=0,\quad \frac{\mathrm{d}^3W(l)}{\mathrm{d}x^3}=0 \tag{10.213}$$

由方程(10.211) ~ 方程(10.213) 定义的问题，很难获得精确解，但可得到近似解，此处不再展开。

10.11 多支承连续梁的固有频率

考虑一根具有 n 个支承的连续梁，如图 10.16 所示。我们考虑相邻一对支承之间的一跨梁(或一段梁)。于是，模态形状的通解式(10.52) 或式(10.53) 对这一跨梁也是适用的，应用式(10.52)，第 i 跨梁的模态形状为

$$W_i(x)=A_i\cos(\beta_ix)+B_i\sin(\beta_ix)+C_i\cosh(\beta_ix)+D_i\sinh(\beta_ix),\quad i=1,2,\cdots,n-1 \tag{10.214}$$

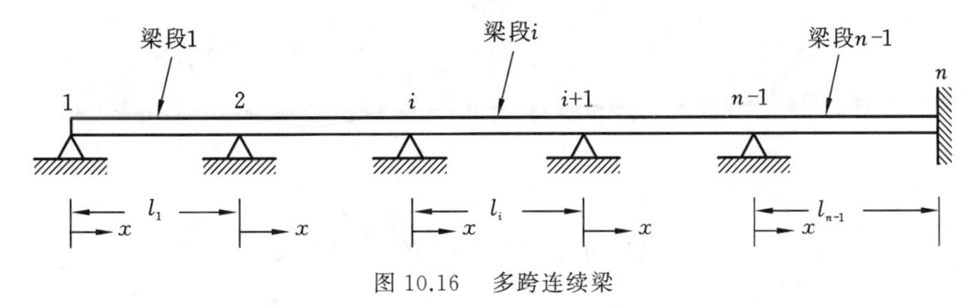

图 10.16 多跨连续梁

其中

$$\beta_i=\left(\frac{\rho_iA_i\omega^2}{E_iI_i}\right)^{1/4},\quad i=1,2,\cdots,n-1 \tag{10.215}$$

为了确定待定常数 $A_i,B_i,C_i,D_i,i=1,2,\cdots,n-1$，考虑下面的条件：

(1) 各跨(第一跨除外) 的起始端的位移为零，即

$$W_i(0)=0 \tag{10.216}$$

(2) 各跨(最后一跨除外) 的末端的位移为零，即

$$W_i(l_i)=0 \tag{10.217}$$

(3) 因为是连续梁，相邻两跨之间的支承处斜率相等、弯矩相等，即具有下面的协调条件：

$$\frac{\mathrm{d}W_{i-1}(l_{i-1})}{\mathrm{d}x}=\frac{\mathrm{d}W_i(0)}{\mathrm{d}x} \tag{10.218}$$

$$E_{i-1}I_{i-1}\frac{\mathrm{d}^2W_{i-1}(l_{i-1})}{\mathrm{d}x^2}=E_iI_i\frac{\mathrm{d}^2W_i(0)}{\mathrm{d}x^2} \tag{10.219}$$

(4) 在支承1和n的每一端,根据支承的性质(如固支、简支或自由),可以写出两个边界条件。这样,对$n-1$跨梁,可以得到$4(n-1)$个边界条件,它们是待定常数A_i,B_i,C_i,D_i,$i=1,\cdots,n-1$的齐次线性方程组,应用非零解条件可得系统的频率方程。

例 10.8 均匀连续梁有三个简支支座,如图10.17 (a) 所示,假定两段梁长度均为l,求该梁的固有频率。

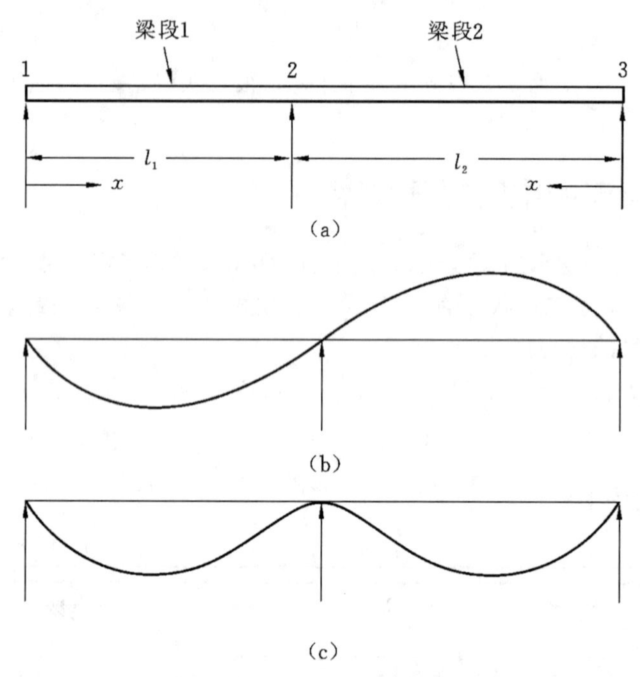

图 10.17 有三个简支支座的二跨连续梁

解 两段梁的模态形状可表示为

$$W_1(x)=A_1\cos(\beta_1x)+B_1\sin(\beta_1x)+C_1\cosh(\beta_1x)+D_1\sinh(\beta_1x) \tag{1}$$

$$W_2(x)=A_2\cos(\beta_2x)+B_2\sin(\beta_2x)+C_2\cosh(\beta_2x)+D_2\sinh(\beta_2x) \tag{2}$$

为了简化运算,两段梁的x轴取成反向,如图10.17(a)所示。支座1的边界条件为

$$W_1(0)=0,\quad \frac{\mathrm{d}^2W_1(0)}{\mathrm{d}x^2}=0$$

对式(1)应用这两个条件,可得

$$A_1+C_1=0,\quad -A_1+C_1=0\quad\Rightarrow\quad A_1=C_1=0$$

所以

$$W_1(x)=B_1\sin(\beta_1x)+D_1\sinh(\beta_1x)$$

支座2处的位移等于零,即$W_1(l_1)=0$,由此可得

$$B_1\sin(\beta_1l_1)+D_1\sinh(\beta_1l_1)=0\quad\Rightarrow\quad D_1=-B_1\frac{\sin(\beta_1l_1)}{\sinh(\beta_1l_1)}$$

进而

$$W_1(x)=B_1\left[\sin(\beta_1 x)-\frac{\sin(\beta_1 l_1)}{\sinh(\beta_1 l_1)}\sinh(\beta_1 x)\right] \tag{3}$$

支座3的边界条件为

$$W_2(0)=0,\quad \frac{\mathrm{d}^2W_2(0)}{\mathrm{d}x^2}=0$$

对式(2)应用这两个条件,可得

$$A_2=C_2=0$$

所以

$$W_2(x)=B_2\sin(\beta_2 x)+D_2\sinh(\beta_2 x)$$

支座2处的位移等于零,即 $W_2(l_2)=0$,由此可得

$$D_2=-B_2\frac{\sin(\beta_2 l_2)}{\sinh(\beta_2 l_2)}$$

进而

$$W_2(x)=B_2\left[\sin(\beta_2 x)-\frac{\sin(\beta_2 l_2)}{\sinh(\beta_2 l_2)}\sinh(\beta_2 x)\right] \tag{4}$$

支座2处的协调条件为

$$\frac{\mathrm{d}W_1(l_1)}{\mathrm{d}x}=-\frac{\mathrm{d}W_2(l_2)}{\mathrm{d}x},\quad E_1I_1\frac{\mathrm{d}^2W_1(l_1)}{\mathrm{d}x^2}=E_2I_2\frac{\mathrm{d}^2W_2(l_2)}{\mathrm{d}x^2}$$

对式(3)和式(4)应用这两个协调条件,可得

$$B_1\beta_1\left[\cos(\beta_1 l_1)-\frac{\sin(\beta_1 l_1)}{\sinh(\beta_1 l_1)}\cosh(\beta_1 l_1)\right]+B_2\beta_2\left[\cos(\beta_2 l_2)-\frac{\sin(\beta_2 l_2)}{\sinh(\beta_2 l_2)}\cosh(\beta_2 l_2)\right]=0$$

$$B_1E_1I_1\beta_1^2\sin(\beta_1 l_1)-B_2E_2I_2\beta_2^2\sin(\beta_2 l_2)=0 \tag{5}$$

由非零解条件可得频率方程为

$$\beta_1\left[\cos(\beta_1 l_1)-\frac{\sin(\beta_1 l_1)}{\sinh(\beta_1 l_1)}\cosh(\beta_1 l_1)\right]E_2I_2\beta_2^2 l_2+\beta_2\left[\cos(\beta_2 l_2)-\frac{\sin(\beta_2 l_2)}{\sinh(\beta_2 l_2)}\cosh(\beta_2 l_2)\right]E_1I_1\beta_1^2 l_1=0 \tag{6}$$

如果两段梁完全相同,即 $E_1=E_2=E$,$I_1=I_2=I$,$\beta_1=\beta_2=\beta$,$l_1=l_2=l$,则方程(6)变为

$$[\cos(\beta l)-\sin(\beta l)\coth(\beta l)]\sin(\beta l)=0 \tag{7}$$

若要方程(7)成立,则要求:

$$\sin(\beta l)=0 \tag{8}$$

或

$$\cot(\beta l)-\coth(\beta l)=0 \tag{9}$$

情况1:当式(8)成立时,固有频率满足:

$$\beta_n l=n\pi,\quad n=1,2,\cdots$$

或

$$\omega_n=n^2\pi^2\sqrt{\frac{EI}{\rho A l^4}},\quad n=1,2,\cdots \tag{10}$$

此时,由方程(5)可得 $B_1=-B_2$,所以模态形状为

梁段 1：
$$W_1(x)=C_n\left[\sin(\beta_n x)-\frac{\sin(\beta_n l)}{\sinh(\beta_n l)}\sinh(\beta_n x)\right] \tag{11}$$

梁段 2：
$$W_2(x)=-C_n\left[\sin(\beta_n x)-\frac{\sin(\beta_n l)}{\sinh(\beta_n l)}\sinh(\beta_n x)\right] \tag{12}$$

这种模态形状关于中点 2 反对称，是**反对称模态**，如图 10.17 (b) 所示。

情况 2：当式(9) 成立时，固有频率与一端固支、一端简支梁的相同。此时，由方程(5) 可得 $B_1=B_2$，所以模态形状为

$$W_1(x)=W_2(x)=D_n\left[\sin(\beta_n x)-\frac{\sin(\beta_n l)}{\sinh(\beta_n l)}\sinh(\beta_n x)\right]$$

这种模态形状关于中点 2 对称，是**对称模态**，如图 10.17 (c) 所示。

10.12 弹性基础上的梁

考虑一根安装在弹性基础上的均匀梁，比如土基上的铁轨，如图 10.18 所示。基础的弹性用基础模量(或地基模量)k_f 来表征，k_f 是分布刚度(其量纲是单位长度的刚度)。不难得到梁的运动微分方程为

$$\frac{\partial^2}{\partial x^2}\left(EI\frac{\partial^2 w}{\partial x^2}\right)+\rho A\frac{\partial^2 w}{\partial t^2}+k_f w=f(x,t) \tag{10.220}$$

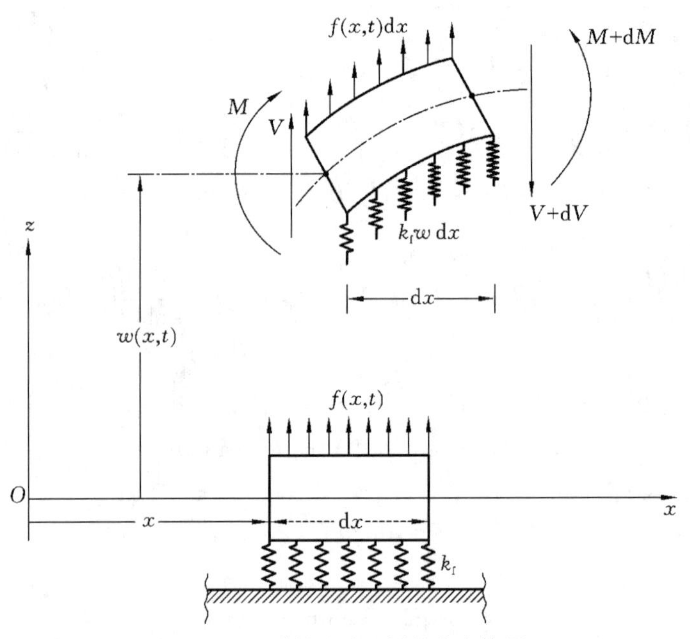

图 10.18　弹性基础上梁的自由体图

10.12.1 自由振动

均匀梁的自由振动方程为

$$EI\frac{\partial^4 w}{\partial x^4}+\rho A\frac{\partial^2 w}{\partial t^2}+k_f w=0 \tag{10.221}$$

自由振动解可表示为

$$w(x,t)=\sum_{i=1}^{\infty}W_i(x)[C_i\cos(\omega_i t)+D_i\sin(\omega_i t)] \tag{10.222}$$

其中，ω_i 和 $W_i(x)$ 为梁的第 i 阶模态的固有频率和模态形状。将第 i 阶模态解代入方程(10.221)，可得

$$\frac{d^4W_i(x)}{dx^4}+\left(-\frac{\rho A\omega_i^2}{EI}+\frac{k_f}{EI}\right)W_i(x)=0 \tag{10.223}$$

定义

$$\alpha_i^4=\frac{\omega_i^2}{c^2}-\frac{k_f}{EI},\quad c=\sqrt{\frac{EI}{\rho A}} \tag{10.224}$$

则方程(10.223)可写为

$$\frac{d^4W_i(x)}{dx^4}-\alpha_i^4W_i(x)=0 \tag{10.225}$$

方程(10.225)的解为

$$W_i(x)=C_{1i}\cos(\alpha_i x)+C_{2i}\sin(\alpha_i x)+C_{3i}\cosh(\alpha_i x)+C_{4i}\sinh(\alpha_i x) \tag{10.226}$$

其中，待定常数 C_{1i}，C_{2i}，C_{3i}，C_{4i} 由边界条件确定。梁的固有频率为

$$\omega_i=c\alpha_i^2\sqrt{1+\frac{k_f}{EI\alpha_i^4}} \tag{10.227}$$

如果梁两端简支，则模态形状为

$$W_i(x)=C_i\sin(\alpha_i x) \tag{10.228}$$

固有频率满足下式：

$$\alpha_i l=i\pi,\quad i=1,2,\cdots$$

或

$$\omega_i=\frac{i^2\pi^2c}{l^2}\sqrt{1+\frac{k_f l^4}{EIi^4\pi^4}},\quad i=1,2,\cdots \tag{10.229}$$

10.12.2　受迫振动

均匀梁的受迫振动方程为

$$\rho A\frac{\partial^2 w}{\partial t^2}+k_f w+EI\frac{\partial^4 w}{\partial x^4}=f(x,t) \tag{10.230}$$

采用模态叠加法求解方程(10.230)，假设方程的解为

$$w(x,t)=\sum_{n=1}^{\infty}W_n(x)\eta_n(t) \tag{10.231}$$

其中，$W_n(x)$ 为正则模态形状，$\eta_n(t)$ 为对应的广义坐标。将式(10.231)代入方程(10.230)，可得

$$\sum_{n=1}^{\infty}\left[\rho AW_n(x)\ddot{\eta}_n(t)+k_fW_n(x)\eta_n(t)+\frac{d^4W_n(x)}{dx^4}EI\eta_n(t)\right]=f(x,t) \tag{10.232}$$

注意到 $W_n(x)$ 满足下面的方程：

$$\frac{\mathrm{d}^4 W_n(x)}{\mathrm{d}x^4}=\left(\frac{\rho A\omega_n^2}{EI}-\frac{k_{\mathrm{f}}}{EI}\right)W_n(x) \tag{10.233}$$

方程(10.232)可写为

$$\sum_{n=1}^{\infty}\left[\rho A W_n(x)\ddot{\eta}_n(t)+\rho A\omega_n^2 W_n(x)\eta_n(t)\right]=f(x,t) \tag{10.234}$$

方程(10.234)乘以 $W_n(x)$ 后再对 x 在 $0\sim l$ 上积分，并利用模态的正交性和正则模态，可得 $\eta_n(t)$ 满足的方程为

$$\ddot{\eta}_n(t)-\omega_n^2\eta_n(t)=Q_n(t),\quad n=1,2,\cdots \tag{10.235}$$

其中

$$Q_n(t)=\int_0^l W_n(x)f(x,t)\mathrm{d}x \tag{10.236}$$

方程(10.235)的解为

$$\eta_n(t)=\frac{1}{\omega_n}\int_0^l Q_n(\tau)\sin(t-\tau)\mathrm{d}\tau+\eta_n(0)\cos(\omega_n t)+\frac{\dot{\eta}_n(0)}{\omega_n}\sin(\omega_n t),\quad n=1,2,\cdots \tag{10.237}$$

广义坐标的初值 $\eta_n(0)$ 和 $\dot{\eta}_n(0)$ 可由梁挠度的初值分布 $w_0(x)$ 和速度的初值分布 $\dot{w}_0(x)$ 得到(参见式(10.154)和式(10.155))：

$$\eta_n(0)=\int_0^l \rho A(x)W_n(x)w_0(x)\mathrm{d}x \tag{10.238}$$

$$\dot{\eta}_n(0)=\int_0^l \rho A(x)W_n(x)\dot{w}_0(x)\mathrm{d}x \tag{10.239}$$

10.12.3　弹性基础上无限长梁受到移动载荷的作用

考虑一根无限长的均匀梁，梁上的横向分布载荷 $f(x,t)$ 以匀速 v_0 运动，如图 10.19 所示。这种梁的运动微分方程为

$$EI\frac{\partial^4 w}{\partial x^4}+\rho A\frac{\partial^2 w}{\partial t^2}+k_{\mathrm{f}}w=f(x-v_0 t) \tag{10.240}$$

其中，ρ 为梁单位长度的质量。假设移动载荷为集中力 $-P$(方向向下，仍假设挠度 w 向上为正)，以匀速 v_0 移动，则梁的控制微分方程为

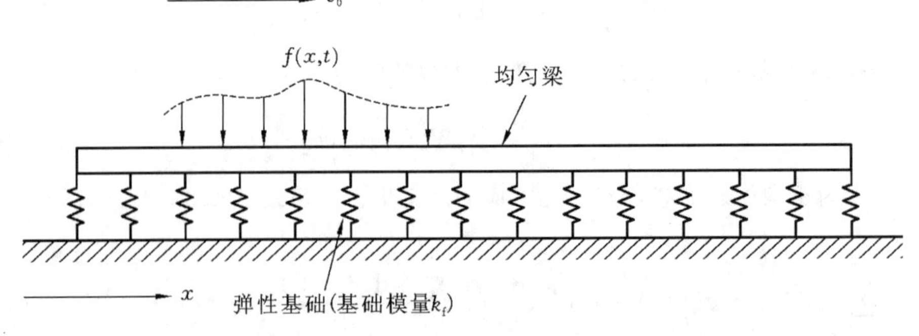

图 10.19　受移动载荷作用的弹性基础上的梁

$$EI\frac{\partial^4 w}{\partial x^4}+\rho A\frac{\partial^2 w}{\partial t^2}+k_f w=-P\delta(x-v_0 t) \tag{10.241}$$

令

$$z=x-v_0 t \tag{10.242}$$

则方程(10.241)变为

$$EI\frac{d^4 w}{dz^4}+\rho A v_0^2\frac{d^2 w}{dz^2}+k_f w=-P\delta(z) \tag{10.243}$$

于是，在移动坐标系 zw 中，动态响应问题变成了一个静态变形问题。在原点 $z=0$ 之外，梁上无载荷，方程为齐次方程：

$$EI\frac{d^4 w}{dz^4}+\rho A v_0^2\frac{d^2 w}{dz^2}+k_f w=0 \tag{10.244}$$

设方程的解为

$$w=e^{hz} \tag{10.245}$$

可得

$$EIh^4+\rho A v_0^2 h^2+k_f=0 \tag{10.246}$$

所以

$$\begin{aligned}
h^2&=\frac{-\rho A v_0^2\pm(\rho^2A^2v_0^4-4EIk_f)^{1/2}}{2EI}=\frac{-\rho A v_0^2\pm\rho A\ (v_0^4-4EIk_f/\rho^2A^2)^{1/2}}{2EI}\\
&=\frac{-\rho A v_0^2\pm\rho A\ (v_0^4-v_{cr}^4)^{1/2}}{2EI}=\frac{-\rho A v_0^2\pm\rho A v_{cr}^2\ [(v_0/v_{cr})^4-1]^{1/2}}{2EI}\\
&=\frac{-\rho A v_{cr}^2[\theta^2\pm(\theta^4-1)^{1/2}]}{2EI}=\frac{-(EIk_f)^{1/2}[2\theta^2\pm2\ (\theta^4-1)^{1/2}]}{2EI}\\
&=-\left(\frac{k_f}{4EI}\right)^{1/2}[2\theta^2\pm2(\theta^4-1)^{1/2}]=-\lambda^2[(\theta^2-1)^{1/2}\pm(\theta^2+1)^{1/2}]^2
\end{aligned} \tag{10.247}$$

其中

$$v_{cr}=\left(\frac{4EIk_f}{\rho^2A^2}\right)^{1/4},\quad \lambda=\left(\frac{k_f}{4EI}\right)^{1/4},\quad \theta=\frac{v_0}{v_{cr}} \tag{10.248}$$

于是

$$h=i\lambda[\pm(\theta^2-1)^{1/2}\pm(\theta^2+1)^{1/2}],\quad i=\sqrt{-1} \tag{10.249}$$

下面按不同的情况进行讨论和处理。

1. 载荷移动速度 $0\leqslant v_0<v_{cr}$，即 $0\leqslant\theta<1$

此时，由式(10.249)有

$$\begin{aligned}
h&=i\lambda[\pm i(1-\theta^2)^{1/2}\pm(1+\theta^2)^{1/2}]\\
&=\mp\lambda(1-\theta^2)^{1/2}\pm i\lambda(1+\theta^2)^{1/2}\\
&\triangleq\mp\alpha\pm i\beta
\end{aligned} \tag{10.250}$$

其中

$$\alpha=\lambda(1-\theta^2)^{1/2},\quad \beta=\lambda(1+\theta^2)^{1/2} \tag{10.251}$$

方程(10.244)实数形式的通解为

$$w = e^{\alpha z}[A\sin(\beta z) + B\cos(\beta z)] + e^{-\alpha z}[C\sin(\beta z) + D\cos(\beta z)] \tag{10.252}$$

由于在无穷远处挠度为零，即 $w(\pm\infty) \to 0$，所以

$$\begin{cases} w = e^{\alpha z}[A\sin(\beta z) + B\cos(\beta z)], & z < 0 \\ w = e^{-\alpha z}[C\sin(\beta z) + D\cos(\beta z)], & z > 0 \end{cases} \tag{10.253}$$

在 $z=0$ 点，梁挠度、斜率和弯矩连续，而剪力从左至右有突变 $-P$。这样就得到如下 4 个边界条件：

$$\lim_{\varepsilon \to 0}[w(0+\varepsilon) - w(0-\varepsilon)] = 0 \tag{10.254}$$

$$\lim_{\varepsilon \to 0}[w'(0+\varepsilon) - w'(0-\varepsilon)] = 0 \tag{10.255}$$

$$\lim_{\varepsilon \to 0}[w''(0+\varepsilon) - w''(0-\varepsilon)] = 0 \tag{10.256}$$

$$\lim_{\varepsilon \to 0}[w'''(0+\varepsilon) - w'''(0-\varepsilon)] = \frac{-P}{EI} \tag{10.257}$$

对式(10.253)应用这些条件，可得

$$\begin{cases} A = \dfrac{P}{4EI\beta(\alpha^2+\beta^2)} = \dfrac{P\lambda}{2k_f(1+\theta^2)^{1/2}} \\ B = -\dfrac{P}{4EI\alpha(\alpha^2+\beta^2)} = -\dfrac{P\lambda}{2k_f(1-\theta^2)^{1/2}} \\ C = -A, \quad D = B \end{cases} \tag{10.258}$$

进而得到 $0 \leqslant \theta < 1$ 时的解为

$$\begin{cases} w = \dfrac{P\lambda}{2k_f}e^{\alpha z}\left[\dfrac{1}{(1+\theta^2)^{1/2}}\sin(\beta z) - \dfrac{1}{(1-\theta^2)^{1/2}}\cos(\beta z)\right], & z < 0 \\ w = \dfrac{P\lambda}{2k_f}e^{-\alpha z}\left[-\dfrac{1}{(1+\theta^2)^{1/2}}\sin(\beta z) - \dfrac{1}{(1-\theta^2)^{1/2}}\cos(\beta z)\right], & z > 0 \end{cases} \tag{10.259}$$

2. 载荷移动速度 $v_0 \geqslant v_{cr}$，即 $\theta \geqslant 1$

此时，由式(10.249)有

$$h_{1,2} = \pm i\gamma_1, \quad h_{3,4} = \pm i\gamma_2 \tag{10.260}$$

其中

$$\begin{cases} \gamma_1 = \lambda[(\theta^2+1)^{1/2} - (\theta^2-1)^{1/2}] \\ \gamma_2 = \lambda[(\theta^2+1)^{1/2} + (\theta^2-1)^{1/2}] \end{cases} \tag{10.261}$$

方程(10.244)实数形式的解为

$$w = A\sin(\gamma_1 z) + B\cos(\gamma_1 z) + C\sin(\gamma_2 z) + D\cos(\gamma_2 z) \tag{10.262}$$

或

$$w = A\sin(\gamma_1 z + \phi_1) + B\sin(\gamma_2 z + \phi_2) \tag{10.263}$$

前面 $0 \leqslant \theta < 1$ 时，梁的位移解在 $z < 0$ 和 $z > 0$ 两边的表达式是不同的。受此启发，对于现在 $\theta \geqslant 1$ 的情况，我们假设对于 $z < 0$ 和 $z > 0$，解的形式应分别取为

$$\begin{cases} w = A\sin(\gamma_1 z + \phi_1), & z < 0 \\ w = B\sin(\gamma_2 z + \phi_2), & z > 0 \end{cases} \tag{10.264}$$

且假设 $A > 0$ 和 $B > 0$。对上式应用 $z=0$ 点的条件式(10.254) ~ 式(10.257)，可得

$$B\sin\phi_2=A\sin\phi_1 \tag{10.265}$$

$$B\gamma_2\cos\phi_2=A\gamma_1\cos\phi_1 \tag{10.266}$$

$$B\gamma_2^2\sin\phi_2=A\gamma_1^2\sin\phi_1 \tag{10.267}$$

$$-B\gamma_2^3\cos\phi_2+A\gamma_1^3\cos\phi_1=\frac{-P}{EI} \tag{10.268}$$

由式(10.265)和式(10.267)可知,如果 $\phi_1\neq0,\phi_2\neq0$,则要求 $\gamma_2^2=\gamma_1^2$,但事实并非如此。所以必须有

$$\phi_1=\phi_2=0 \tag{10.269}$$

此时,由式(10.266)和式(10.268)可得

$$B\gamma_2=A\gamma_1 \tag{10.270}$$

$$-B\gamma_2^3+A\gamma_1^3=\frac{-P}{EI} \tag{10.271}$$

由此可得

$$\begin{cases}A=\dfrac{P}{EI\gamma_1(\gamma_2^2-\gamma_1^2)}=\dfrac{P\lambda}{k_f(\theta^4-1)^{1/2}[(\theta^2+1)^{1/2}-(\theta^2-1)^{1/2}]}\\ B=\dfrac{P}{EI\gamma_2(\gamma_2^2-\gamma_1^2)}=\dfrac{P\lambda}{k_f(\theta^4-1)^{1/2}[(\theta^2+1)^{1/2}+(\theta^2-1)^{1/2}]}\end{cases} \tag{10.272}$$

可见,这组解满足假设 $A>0$ 和 $B>0$,所以 $\theta>1$ 时的解为

$$\begin{cases}w=\dfrac{P\lambda}{2k_f}\dfrac{2\sin\{\lambda[(\theta^2+1)^{1/2}-(\theta^2-1)^{1/2}]z\}}{(\theta^4-1)^{1/2}[(\theta^2+1)^{1/2}-(\theta^2-1)^{1/2}]}, & z<0\\ w=\dfrac{P\lambda}{2k_f}\dfrac{2\sin\{\lambda[(\theta^2+1)^{1/2}+(\theta^2-1)^{1/2}]z\}}{(\theta^4-1)^{1/2}[(\theta^2+1)^{1/2}+(\theta^2-1)^{1/2}]}, & z>0\end{cases} \tag{10.273}$$

10.13　Rayleigh 梁理论

梁弯曲使梁的轴向纤维产生轴向运动,而弯曲中截面保持平面,则使截面绕 y 轴转动,使梁段产生转动惯量效应,前面推导梁的运动方程时,略去了这种惯量效应,现在来考虑这种转动惯量的影响,与此对应的梁理论称为 **Rayleigh 梁理论**。根据式(10.9),弯曲使纤维产生的纵向位移是 $u=-z(\partial w/\partial x)$,于是纵向速度为

$$\frac{\partial u}{\partial t}=-z\frac{\partial^2 w}{\partial t\partial x} \tag{10.274}$$

进而,对应的动能为

$$\begin{aligned}T_a&=\frac{1}{2}\int_0^l\int_A\rho\left(\frac{\partial u}{\partial t}\right)^2\mathrm{d}A\,\mathrm{d}x=\frac{1}{2}\int_0^l\int_A z^2\,\mathrm{d}A\rho\left(\frac{\partial^2 w}{\partial t\partial x}\right)^2\mathrm{d}x\\&=\frac{1}{2}\int_0^l\rho I\left(\frac{\partial^2 w}{\partial t\partial x}\right)^2\mathrm{d}x\end{aligned} \tag{10.275}$$

T_a 的时间积分的变分为

$$\begin{aligned}I_a&=\delta\int_{t_1}^{t_2}T_a\,\mathrm{d}t=\delta\int_{t_1}^{t_2}\frac{1}{2}\int_0^l\rho I\left(\frac{\partial^2 w}{\partial t\partial x}\right)^2\mathrm{d}x\,\mathrm{d}t\\&=\int_{t_1}^{t_2}\int_0^l\rho I\frac{\partial^2 w}{\partial t\partial x}\delta\left(\frac{\partial^2 w}{\partial t\partial x}\right)\mathrm{d}x\,\mathrm{d}t\end{aligned} \tag{10.276}$$

对时间变量应用分部积分可得

$$I_a=-\int_{t_1}^{t_2}\int_0^l \rho I\,\frac{\partial^3 w}{\partial t^2\partial x}\delta\left(\frac{\partial w}{\partial x}\right)\mathrm{d}x\,\mathrm{d}t \tag{10.277}$$

再对变量 x 应用分部积分可得

$$I_a=\int_{t_1}^{t_2}\left[-\rho I\,\frac{\partial^3 w}{\partial t^2\partial x}\delta w\Big|_0^l+\int_0^l\frac{\partial}{\partial x}\left(\rho I\,\frac{\partial^3 w}{\partial t^2\partial x}\right)\delta w\,\mathrm{d}x\right]\mathrm{d}t \tag{10.278}$$

将 $-I_a$ 加入方程(10.19)，则运动方程(10.20) 和边界条件式(10.21) 变为

$$\frac{\partial^2}{\partial x^2}\left(EI\,\frac{\partial^2 w}{\partial x^2}\right)-\frac{\partial}{\partial x}\left(\rho I\,\frac{\partial^3 w}{\partial t^2\partial x}\right)+\rho A\,\frac{\partial^2 w}{\partial t^2}=f(x,t) \tag{10.279}$$

$$EI\,\frac{\partial^2 w}{\partial x^2}\delta\left(\frac{\partial w}{\partial x}\right)\Big|_0^l-\left[\frac{\partial}{\partial x}\left(EI\,\frac{\partial^2 w}{\partial x^2}\right)-\rho I\,\frac{\partial^3 w}{\partial t^2\partial x}\right]\delta w\Big|_0^l=0 \tag{10.280}$$

对于均匀梁，这些方程变为

$$EI\,\frac{\partial^4 w}{\partial x^4}+\rho A\,\frac{\partial^2 w}{\partial t^2}-\rho I\,\frac{\partial^4 w}{\partial t^2\partial x^2}=f(x,t) \tag{10.281}$$

$$EI\,\frac{\partial^2 w}{\partial x^2}\delta\left(\frac{\partial w}{\partial x}\right)\Big|_0^l=0 \tag{10.282}$$

$$\left(EI\,\frac{\partial^3 w}{\partial x^3}-\rho I\,\frac{\partial^3 w}{\partial t^2\partial x}\right)\delta w\Big|_0^l=0 \tag{10.283}$$

自由振动方程为

$$EI\,\frac{\partial^4 w}{\partial x^4}+\rho A\,\frac{\partial^2 w}{\partial t^2}-\rho I\,\frac{\partial^4 w}{\partial t^2\partial x^2}=0 \tag{10.284}$$

可设自由振动解为

$$w(x,t)=W(x)\cos(\omega t-\phi) \tag{10.285}$$

将此代入方程(10.284) 得到

$$EI\,\frac{\mathrm{d}^4 W}{\mathrm{d}x^4}+\rho I\omega^2\,\frac{\mathrm{d}^2 W}{\mathrm{d}x^2}-\rho A\omega^2 W=0 \tag{10.286}$$

应用

$$W(x)=\mathrm{e}^{sx} \tag{10.287}$$

可得

$$EIs^4+\rho I\omega^2 s^2-\rho A\omega^2=0 \tag{10.288}$$

设方程(10.288) 的根为 s_1,s_2,s_3,s_4，则方程(10.286) 的解为

$$W(x)=\sum_{i=1}^{4}C_i\mathrm{e}^{s_i x} \tag{10.289}$$

其中，常数 C_i，$i=1,2,3,4$ 由边界条件确定。

例 10.9 请确定简支的 Rayleigh 梁的固有频率。

解 引入如下参数：

$$\alpha^2=\frac{EI}{\rho A},\quad r^2=\frac{I}{A}$$

则方程(10.284) 可写为

$$\alpha^2 \frac{\partial^4 w}{\partial x^4} + \frac{\partial^2 w}{\partial t^2} - r^2 \frac{\partial^4 w}{\partial t^2 \partial x^2} = 0$$

设自由振动解为

$$w(x,t) = C\sin\frac{n\pi x}{l}\cos(\omega_n t)$$

可得频率方程为

$$\alpha^2 \left(\frac{n\pi}{l}\right)^4 - \omega_n^2 \left(1 + \frac{n^2\pi^2 r^2}{l^2}\right) = 0$$

所以，固有频率为

$$\omega_n^2 = \frac{\alpha^2 (n\pi/l)^4}{1 + (n^2\pi^2/l^2) r^2},\quad n = 1,2,\cdots$$

10.14　Timoshenko 梁理论

Euler-Bernoulli梁理论忽略了截面剪力的影响和转动惯量的效应，忽略剪力便产生了平截面假设，但实际截面如图10.20所示，在截面上顺着轴向取一个微元，在剪力作用下会变形，如图10.20(b)、(c)所示，再将所有微元装配起来，便得到图10.20(d)所示的变形截面(翘曲截面)。前面的Rayleigh梁理论已经考虑了转动惯量的影响，下面介绍同时考虑转动惯量和剪力影响的 **Timoshenko 梁理论**。

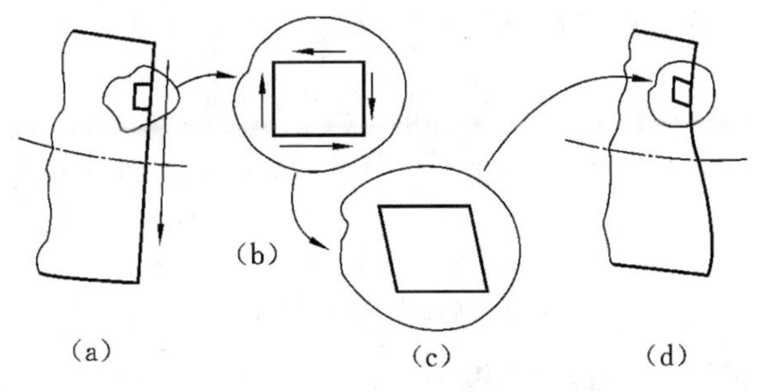

图10.20　剪力对梁截面变形的影响

10.14.1　运动方程

在Timoshenko梁理论中，我们先考虑梁做横向纯剪切运动的情况，如图10.21所示。任取一个垂直截面，比如 PQ，梁经过横向纯剪切运动后该截面到达 $P'Q'$，在 z 方向产生了位移 w。因此，截面上任一点的位移是

$$u = 0,\quad v = 0,\quad w = w(x,t) \tag{10.290}$$

与纯剪切对应的应变分量为

$$\begin{cases} \varepsilon_{xx} = \dfrac{\partial u}{\partial x} = 0,\quad \varepsilon_{yy} = \dfrac{\partial v}{\partial y} = 0,\quad \varepsilon_{zz} = \dfrac{\partial w}{\partial z} = 0, \\ \varepsilon_{xy} = \dfrac{\partial u}{\partial y} + \dfrac{\partial v}{\partial x} = 0,\quad \varepsilon_{yz} = \dfrac{\partial v}{\partial z} + \dfrac{\partial w}{\partial y} = 0,\quad \varepsilon_{zx} = \dfrac{\partial u}{\partial z} + \dfrac{\partial w}{\partial x} = \dfrac{\partial w}{\partial x} \equiv \gamma_0 \end{cases} \tag{10.291}$$

其中，γ_0 表示横向纯剪切运动产生的剪应变，它在同一个截面上为常数。

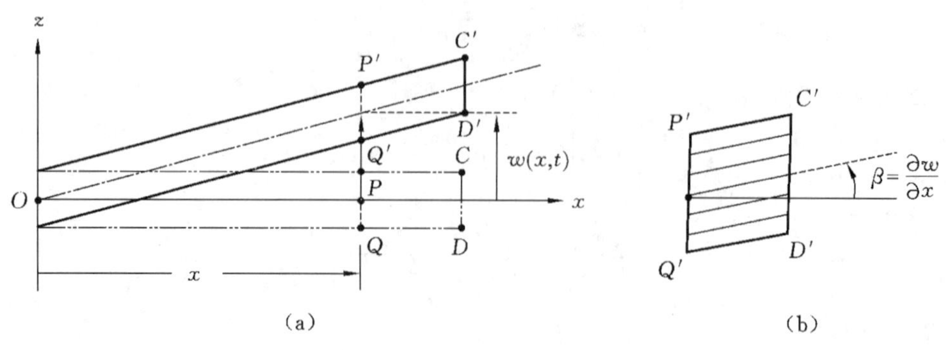

(a)　　(b)

图 10.21　只有剪切变形的梁

对应的应力分量为

$$\sigma_{xx}=\sigma_{yy}=\sigma_{zz}=\sigma_{xy}=\sigma_{yz}=0,\quad \sigma_{zx}=G\varepsilon_{zx}=G\frac{\partial w}{\partial x}\equiv G\gamma_0 \tag{10.292}$$

另外,由图 10.21 (b) 可见,横向纯剪切运动梁的轴向纤维长度不变。因此,横向纯剪切运动不改变梁的轴向纤维长度,截面上各点的剪应力是相同的(均匀的)。于是,横向纯剪切运动产生的截面合剪力为

$$\overline{V}=G\gamma_0 A \tag{10.293}$$

但是实际的梁并不是纯剪切运动(见图 10.20),截面会发生翘曲,实际的截面上不同点的剪应变 ε_{zx} 一般是不同的,截面合剪力 V 应该为

$$V=G\int_A \varepsilon_{zx}\,\mathrm{d}A$$

式中,ε_{zx} 表示实际的剪应变。显然,一般 $V\neq\overline{V}$,为了修正这种误差,Timoshenko 引入了一个修正系数 κ 使下式满足:

$$V=G\int_A \varepsilon_{zx}\,\mathrm{d}A=\kappa(G\gamma_0 A) \tag{10.294}$$

系数 κ 与截面的形状有关,称为**剪切系数**。

现在我们将梁的实际弯曲运动近似为一个纯剪切运动和弯曲运动(不考虑截面剪切效应)的叠加,所以梁轴线总的挠度(参见图 10.22)为

$$w=w_{\mathrm{s}}+w_{\mathrm{b}} \tag{10.295}$$

其中,w_{s} 为纯剪切运动挠度,w_{b} 为纯弯曲运动挠度,梁轴线总的斜率为

$$\frac{\partial w}{\partial x}=\frac{\partial w_{\mathrm{s}}}{\partial x}+\frac{\partial w_{\mathrm{b}}}{\partial x} \tag{10.296}$$

由于梁截面的转动仅由弯曲引起,截面转角 ϕ 可表示为

$$\phi=\frac{\partial w_{\mathrm{b}}}{\partial x}=\frac{\partial w}{\partial x}-\frac{\partial w_{\mathrm{s}}}{\partial x}=\frac{\partial w}{\partial x}-\gamma_0 \tag{10.297}$$

其中,γ_0 为挠曲线与截面交点处的剪应变(由纯剪切运动产生)或剪切角,与前面定义的 γ_0 含义相同。

前面已知,纯剪切运动不会引起轴向位移,因此轴向位移完全由截面的弯曲转角 ϕ 产生。于是梁上任意一点的位移为

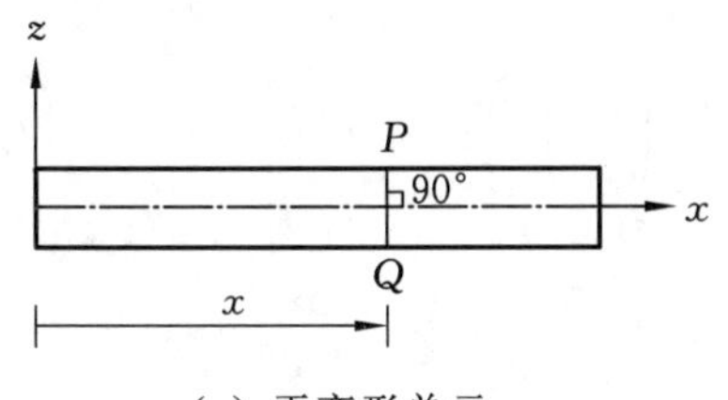

(a) 无变形单元

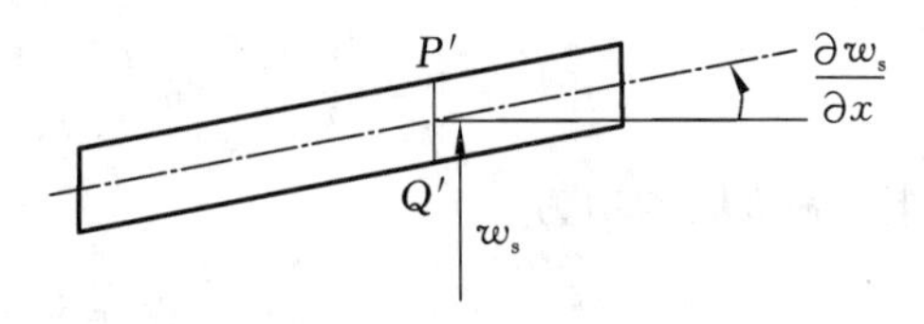

(b) 只有剪切变形的单元

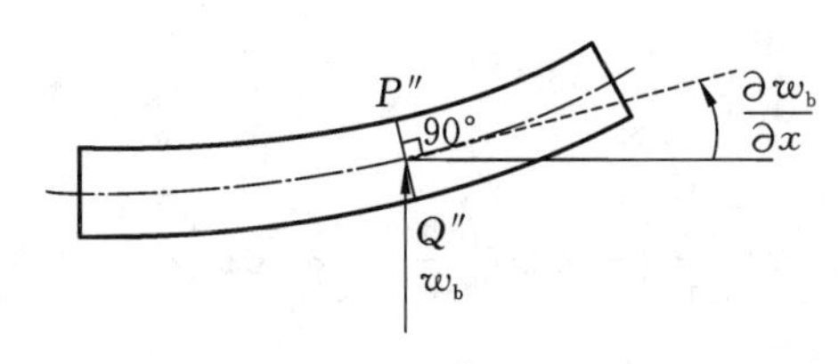

(c) 只有弯曲变形的单元

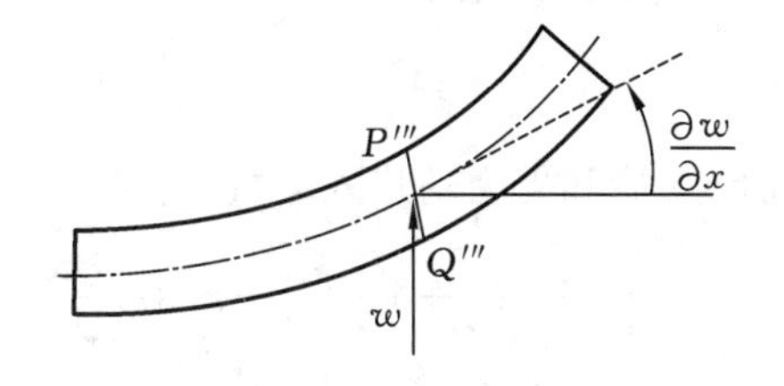

(d) 单元的总变形

图 10.22　梁的弯曲和剪切变形

$$\begin{cases} u = -z\left(\dfrac{\partial w}{\partial x} - \gamma_0\right) \equiv -z\phi(x,t) \\ v = 0 \\ w = w(x,t) \end{cases} \tag{10.298}$$

可见,梁的位移场由挠度 w 和截面弯曲转角 ϕ 确定,它们是两个独立的变量。也就是说,**Timoshenko 梁理论用两个独立的位移变量来描述梁的运动。**

梁上任一点的应变分量为

$$\begin{cases} \varepsilon_{xx} = \dfrac{\partial u}{\partial x} = -z\dfrac{\partial \phi}{\partial x}, \quad \varepsilon_{yy} = \dfrac{\partial v}{\partial y} = 0, \quad \varepsilon_{zz} = \dfrac{\partial w}{\partial z} = 0, \quad \varepsilon_{xy} = \dfrac{\partial u}{\partial y} + \dfrac{\partial v}{\partial x} = 0, \\ \varepsilon_{yz} = \dfrac{\partial v}{\partial z} + \dfrac{\partial w}{\partial y} = 0, \quad \varepsilon_{zx} = \dfrac{\partial u}{\partial z} + \dfrac{\partial w}{\partial x} = -\phi + \dfrac{\partial w}{\partial x} = \gamma_0 \end{cases} \tag{10.299}$$

对应的应力分量为

$$\begin{cases} \sigma_{xx} = -Ez\dfrac{\partial \phi}{\partial x} \\ \sigma_{zx} = \kappa G\varepsilon_{zx} = \kappa G\gamma_0 = \kappa G\left(\dfrac{\partial w}{\partial x} - \phi\right) \\ \sigma_{yy} = \sigma_{zz} = \sigma_{xy} = \sigma_{yz} = 0 \end{cases} \tag{10.300}$$

上式中第二个公式作了剪切系数的修正,表示的是一种平均剪应力。

梁的应变能为

$$\begin{aligned} \pi &= \frac{1}{2}\int_V (\sigma_{xx}\varepsilon_{xx} + \sigma_{yy}\varepsilon_{yy} + \sigma_{zz}\varepsilon_{zz} + \sigma_{xy}\varepsilon_{xy} + \sigma_{yz}\varepsilon_{yz} + \sigma_{zx}\varepsilon_{zx})\mathrm{d}V \\ &= \frac{1}{2}\int_0^l\int_A \left[Ez^2\left(\frac{\partial \phi}{\partial x}\right)^2 + \kappa G\left(\frac{\partial w}{\partial x} - \phi\right)^2\right]\mathrm{d}A\,\mathrm{d}x \\ &= \frac{1}{2}\int_0^l \left[EI\left(\frac{\partial \phi}{\partial x}\right)^2 + \kappa AG\left(\frac{\partial w}{\partial x} - \phi\right)^2\right]\mathrm{d}x \end{aligned} \tag{10.301}$$

梁的动能为

$$T=\frac{1}{2}\int_0^l\left[\rho A\left(\frac{\partial w}{\partial t}\right)^2+\rho I\left(\frac{\partial \phi}{\partial t}\right)^2\right]\mathrm{d}x \tag{10.302}$$

外载荷所做的功为

$$W=\int_0^l fw\,\mathrm{d}x \tag{10.303}$$

广义 Hamilton 原理为

$$\delta\int_{t_1}^{t_2}(\pi-T-W)\,\mathrm{d}t=0$$

将应变能、动能和外力功代入上式，得到

$$\begin{aligned}\int_{t_1}^{t_2}\Bigg\{&\int_0^l\left[EI\frac{\partial\phi}{\partial x}\delta\left(\frac{\partial\phi}{\partial x}\right)+\kappa AG\left(\frac{\partial w}{\partial x}-\phi\right)\delta\left(\frac{\partial w}{\partial x}\right)-\kappa AG\left(\frac{\partial w}{\partial x}-\phi\right)\delta\phi\right]\mathrm{d}x\\&-\int_0^l\left[\rho A\frac{\partial w}{\partial t}\delta\left(\frac{\partial w}{\partial t}\right)+\rho I\frac{\partial\phi}{\partial t}\delta\left(\frac{\partial\phi}{\partial t}\right)\right]\mathrm{d}x-\int_0^l f\delta w\,\mathrm{d}x\Bigg\}\mathrm{d}t=0\end{aligned} \tag{10.304}$$

对上式中各项应用分部积分可得

$$\int_{t_1}^{t_2}\int_0^l EI\frac{\partial\phi}{\partial x}\delta\left(\frac{\partial\phi}{\partial x}\right)\mathrm{d}x\,\mathrm{d}t=\int_{t_1}^{t_2}\left[EI\frac{\partial\phi}{\partial x}\delta\phi\Big|_0^l-\int_0^l\frac{\partial}{\partial x}\left(EI\frac{\partial\phi}{\partial x}\right)\delta\phi\,\mathrm{d}x\right]\mathrm{d}t \tag{10.305}$$

$$\begin{aligned}&\int_{t_1}^{t_2}\int_0^l\kappa AG\left(\frac{\partial w}{\partial x}-\phi\right)\delta\left(\frac{\partial w}{\partial x}\right)\mathrm{d}x\,\mathrm{d}t\\&=\int_{t_1}^{t_2}\left[\kappa AG\left(\frac{\partial w}{\partial x}-\phi\right)\delta w\Big|_0^l-\int_0^l\frac{\partial}{\partial x}\left[\kappa AG\left(\frac{\partial w}{\partial x}-\phi\right)\right]\delta w\,\mathrm{d}x\right]\mathrm{d}t\end{aligned} \tag{10.306}$$

$$-\int_{t_1}^{t_2}\int_0^l\rho A\frac{\partial w}{\partial t}\delta\left(\frac{\partial w}{\partial t}\right)\mathrm{d}x\,\mathrm{d}t=\int_{t_1}^{t_2}\int_0^l\rho A\frac{\partial^2 w}{\partial t^2}\delta w\,\mathrm{d}x\,\mathrm{d}t \tag{10.307}$$

$$-\int_{t_1}^{t_2}\int_0^l\rho I\frac{\partial\phi}{\partial t}\delta\left(\frac{\partial\phi}{\partial t}\right)\mathrm{d}x\,\mathrm{d}t=\int_{t_1}^{t_2}\int_0^l\rho I\frac{\partial^2\phi}{\partial t^2}\delta\phi\,\mathrm{d}x\,\mathrm{d}t \tag{10.308}$$

将式(10.305) ～ 式(10.308) 代入方程(10.304)，可得

$$\begin{aligned}\int_{t_1}^{t_2}\Bigg\{&\kappa AG\left(\frac{\partial w}{\partial x}-\phi\right)\delta w\Big|_0^l+EI\frac{\partial\phi}{\partial x}\delta\phi\Big|_0^l\\&+\int_0^l\left\{-\frac{\partial}{\partial x}\left[\kappa AG\left(\frac{\partial w}{\partial x}-\phi\right)\right]+\rho A\frac{\partial^2 w}{\partial t^2}-f\right\}\delta w\,\mathrm{d}x\\&+\int_0^l\left[-\frac{\partial}{\partial x}\left(EI\frac{\partial\phi}{\partial x}\right)-\kappa AG\left(\frac{\partial w}{\partial x}-\phi\right)+\rho I\frac{\partial^2\phi}{\partial t^2}\right]\delta\phi\,\mathrm{d}x\Bigg\}\mathrm{d}t=0\end{aligned} \tag{10.309}$$

由方程(10.309)给出梁的运动微分方程：

$$-\frac{\partial}{\partial x}\left[\kappa AG\left(\frac{\partial w}{\partial x}-\phi\right)\right]+\rho A\frac{\partial^2 w}{\partial t^2}=f(x,t) \tag{10.310}$$

$$-\frac{\partial}{\partial x}\left(EI\frac{\partial\phi}{\partial x}\right)-\kappa AG\left(\frac{\partial w}{\partial x}-\phi\right)+\rho I\frac{\partial^2\phi}{\partial t^2}=0 \tag{10.311}$$

以及边界条件：

$$\kappa AG\left(\frac{\partial w}{\partial x}-\phi\right)\delta w\Big|_0^l=0 \tag{10.312}$$

$$EI\frac{\partial\phi}{\partial x}\delta\phi\Big|_0^l=0 \tag{10.313}$$

10.14.2　均匀梁的方程

对于均匀梁，方程(10.310)和方程(10.311)变为

$$-\kappa AG\frac{\partial^2 w}{\partial x^2}+\kappa AG\frac{\partial\phi}{\partial x}+\rho A\frac{\partial^2 w}{\partial t^2}=f \tag{10.314}$$

$$-EI\frac{\partial^2\phi}{\partial x^2}-\kappa AG\frac{\partial w}{\partial x}+\kappa AG\phi+\rho I\frac{\partial^2\phi}{\partial t^2}=0 \tag{10.315}$$

这两个方程可以合并为一个方程。为此，将方程(10.315)对 x 求导，得到

$$-EI\frac{\partial^2}{\partial x^2}\left(\frac{\partial\phi}{\partial x}\right)-\kappa AG\frac{\partial^2 w}{\partial x^2}+\kappa AG\frac{\partial\phi}{\partial x}+\rho I\frac{\partial^2}{\partial t^2}\left(\frac{\partial\phi}{\partial x}\right)=0 \tag{10.316}$$

从方程(10.314)解出

$$\frac{\partial\phi}{\partial x}=\frac{\partial^2 w}{\partial x^2}-\frac{\rho}{\kappa G}\frac{\partial^2 w}{\partial t^2}+\frac{f}{\kappa AG} \tag{10.317}$$

再将方程(10.317)代入式(10.316)，得到

$$\begin{aligned}EI\frac{\partial^4 w}{\partial x^4}+\rho A\frac{\partial^2 w}{\partial t^2}-\rho I\left(1+\frac{E}{\kappa G}\right)\frac{\partial^4 w}{\partial x^2\partial t^2}\\+\frac{\rho^2 I}{\kappa G}\frac{\partial^4 w}{\partial t^4}+\frac{EI}{\kappa AG}\frac{\partial^2 f}{\partial x^2}-\frac{\rho I}{\kappa AG}\frac{\partial^2 f}{\partial t^2}-f=0\end{aligned} \tag{10.318}$$

自由振动方程为

$$EI\frac{\partial^4 w}{\partial x^4}+\rho A\frac{\partial^2 w}{\partial t^2}-\rho I\left(1+\frac{E}{\kappa G}\right)\frac{\partial^4 w}{\partial x^2\partial t^2}+\frac{\rho^2 I}{\kappa G}\frac{\partial^4 w}{\partial t^4}=0 \tag{10.319}$$

这个方程左边前两项与 Euler 梁理论的结果相同，第三项 $-\rho I(\partial^4 w/\partial x^2\partial t^2)$ 是转动惯量效应。事实上，上式前三项与 Rayleigh 梁理论得到的结果相同。上式最后两项包含因子 κG，表示剪切变形的影响。下面是三种常见的边界条件：

(1) 在固支端，有

$$\phi=0,\quad w=0 \tag{10.320}$$

(2) 在铰支端，有

$$EI\frac{\partial\phi}{\partial x}=0,\quad w=0 \tag{10.321}$$

(3) 在自由端，有

$$EI\frac{\partial\phi}{\partial x}=0,\quad \kappa AG\left(\frac{\partial w}{\partial x}-\phi\right)=0 \tag{10.322}$$

10.14.3　振动的固有频率

下面我们来求一些典型边界条件下，Timoshenko 梁的固有频率。

(1) 简支梁。

引入参数：

$$\alpha^2=\frac{EI}{\rho A},\quad r^2=\frac{I}{A} \tag{10.323}$$

其中，r 实际上为截面的回转半径。这样，方程(10.319)可写为

$$\alpha^2\frac{\partial^4 w}{\partial x^4}+\frac{\partial^2 w}{\partial t^2}-r^2\left(1+\frac{E}{\kappa G}\right)\frac{\partial^4 w}{\partial x^2\partial t^2}+\frac{\rho r^2}{\kappa G}\frac{\partial^4 w}{\partial t^4}=0 \tag{10.324}$$

简支梁的边界条件为

$$w(x,t)=0,\quad x=0,l \tag{10.325}$$

$$\frac{\partial\phi}{\partial x}(x,t)=0,\quad x=0,l \tag{10.326}$$

应用方程(10.317)，式(10.326)可表示为

$$\frac{\partial\phi(x,t)}{\partial x}=\frac{\partial^2 w(x,t)}{\partial x^2}-\frac{\rho}{\kappa G}\frac{\partial^2 w(x,t)}{\partial t^2}=0,\quad x=0,l \tag{10.327}$$

模态振动时，$\phi(x,t)$ 和 $w(x,t)$ 以频率 ω_n 随时间简谐变化，考虑到条件式(10.325)，则方程(10.327)中的 $\partial^2 w(x,t)/\partial t^2=0$，方程(10.327)退化为

$$\frac{\partial\phi(x,t)}{\partial x}=\frac{\partial^2 w(x,t)}{\partial x^2}=0,\quad x=0,l \tag{10.328}$$

于是，简支梁的边界条件可写为

$$w(0,t)=0,\quad w(l,t)=0 \tag{10.329}$$

$$\frac{\partial^2 w}{\partial x^2}(0,t)=0,\quad \frac{\partial^2 w}{\partial x^2}(l,t)=0 \tag{10.330}$$

方程(10.324)同时满足条件式(10.329)和式(10.330)的解可设为

$$w(x,t)=C\sin\frac{n\pi x}{l}\cos(\omega_n t) \tag{10.331}$$

将此代入方程(10.324)，得到频率方程为

$$\omega_n^4\frac{\rho r^2}{\kappa G}-\omega_n^2\left(1+\frac{n^2\pi^2 r^2}{l^2}+\frac{n^2\pi^2 r^2}{l^2}\frac{E}{\kappa G}\right)+\frac{\alpha^2 n^4\pi^4}{l^2}=0 \tag{10.332}$$

由此方程可解出 ω_n^2。较小的 ω_n^2 值对应于弯曲变形模态，较大的 ω_n^2 值对应于剪切变形模态。

(2) 固支-固支梁。

边界条件为

$$w(0,t)=0,\quad \phi(0,t)=0 \tag{10.333}$$

$$w(l,t)=0,\quad \phi(l,t)=0 \tag{10.334}$$

因为不能用 w 表示出 ϕ 的边界条件，所以直接采用方程(10.314)和方程(10.315)(其中令 $f=0$)。于是，设自由振动解为

$$w(x,t)=W(x)\cos(\omega_n t) \tag{10.335}$$

$$\phi(x,t)=\Phi(x)\cos(\omega_n t) \tag{10.336}$$

将此代入方程(10.314)和方程(10.315)，得到

$$-\kappa AG\frac{\mathrm{d}^2 W}{\mathrm{d}x^2}+\kappa AG\frac{\mathrm{d}\Phi}{\mathrm{d}x}-\rho A\omega_n^2 W=0 \tag{10.337}$$

$$-EI\frac{\mathrm{d}^2\Phi}{\mathrm{d}x^2}-\kappa AG\frac{\mathrm{d}W}{\mathrm{d}x}+\kappa AG\Phi-\rho I\omega_n^2\Phi=0 \tag{10.338}$$

方程(10.337)和方程(10.338)的解可设为

$$W(x)=C_1\exp\left(\frac{ax}{l}\right) \tag{10.339}$$

$$\Phi(x)=C_2\exp\left(\frac{ax}{l}\right) \tag{10.340}$$

将此代入方程(10.337)和方程(10.338),可得

$$\begin{cases}\left(-\kappa AG\dfrac{a^2}{l^2}-\rho A\omega_n^2\right)C_1+\left(\kappa AG\dfrac{a}{l}\right)C_2=0\\[2ex]\left(-\kappa AG\dfrac{a}{l}\right)C_1+\left(-EI\dfrac{a^2}{l^2}+\kappa AG-\rho l\omega_n^2\right)C_2=0\end{cases} \tag{10.341}$$

由非零解条件得到

$$a^4+\left[\omega_n^2 l^2\left(\frac{\rho}{E}+\frac{\rho}{\kappa G}\right)\right]a^2+\left[\omega_n^2 l^4\left(\frac{\omega_n^2\rho^2}{\kappa GE}-\frac{\rho A}{EI}\right)\right]=0 \tag{10.342}$$

方程(10.342)的根为

$$a=\mp\left\{-\frac{a_1}{2}\mp\left[\left(\frac{a_1}{2}\right)^2-a_2\right]\right\}^{1/2} \tag{10.343}$$

其中

$$a_1=\omega_n^2 l^2\rho\left(\frac{1}{E}+\frac{1}{\kappa G}\right),\quad a_2=\omega_n^2 l^4\rho\left(\frac{\omega_n^2\rho}{\kappa GE}-\frac{A}{EI}\right) \tag{10.344}$$

由式(10.343)给出的 a 的4个值可以将 $W(x)$ 和 $\Phi(x)$ 表示成三角函数和双曲函数的线性组合,再应用边界条件就可确定固有频率 ω_n。

例 10.10　矩形截面梁的长度 $l=1$ m,截面的宽度为0.05 m,厚度为0.15 m,两端简支。应用Euler理论、Rayleigh理论和Timoshenko理论确定该梁的前三阶固有频率。假定 $E=207\times10^9$ Pa,$G=79.3\times10^9$ Pa,$\rho=7.8\times10^3$ kg/m^3,$\kappa=\dfrac{5}{6}$。

解　根据Timoshenko梁理论,梁的固有频率满足:

$$\omega_n^4\frac{\rho r^2}{\kappa G}-\omega_n^2\left(1+\frac{n^2\pi^2r^2}{l^2}+\frac{n^2\pi^2r^2}{l^2}\frac{E}{\kappa G}\right)+\frac{\alpha^2n^4\pi^4}{l^2}=0 \tag{1}$$

在上式中去掉剪切效应项(含 κ 的项),得到Rayleigh梁理论对应的方程:

$$-\omega_n^2\left(1+\frac{n^2\pi^2r^2}{l^2}\right)+\frac{\alpha^2n^4\pi^4}{l^2}=0 \tag{2}$$

再在上式中去掉含有转动惯量效应的项(含 r^2 的项),得到Euler梁理论对应的方程:

$$-\omega_n^2+\frac{\alpha^2n^4\pi^4}{l^2}=0 \tag{3}$$

对于本例的梁,截面积和惯性矩为

$$A=0.05\times0.15\ \text{m}^2=0.0075\ \text{m}^2,\quad I=\frac{1}{12}\times0.05\times0.15^3\ \text{m}^4=14.063\times10^{-6}\ \text{m}^4$$

所以方程(1)~方程(3)变为

$$2.1706\times10^{-9}\omega_n^4-(1+76.4754\times10^{-3}n^2)\omega_n^2+494.2300\times10^3n^4=0$$

$$-(1+18.5062\times10^{-3}n^2)\omega_n^2+494.2300\times10^3n^4=0$$

$$-\omega_n^2+494.2300\times10^3n^4=0$$

由此求出前三阶固有频率,见表10.1。

表 10.1 例 10.10 的计算结果

n	固有频率/(rad/s)		
	Euler 梁	Rayleigh 梁	Timoshenko 梁
1	703.0149	696.5987	677.8909
2	2812.0598	2713.4221	2473.3691
3	6327.1348	5858.0654	4948.0063

10.15 梁的弯-扭耦合振动

到目前为止，所考虑的横向振动梁中，隐含假设梁的横截面具有两个对称轴（y 轴和 z 轴），在这种情况下，形心和**剪切中心**（或**弯曲中心**）重合，当载荷通过形心时，弯曲振动和扭转振动不耦合。前面考虑的所有情况中，假定梁的横向振动发生在一个对称平面（xz 平面）内。另外，如果梁的横截面只有一个对称轴，则剪切中心位于对称轴上。当载荷不通过剪切中心时，梁除了弯曲外还会发生扭转。如图 10.23 所示的槽形截面梁，GG' 表示形心轴，x 轴（即 OO'）为剪切中心轴，z 轴为截面对称轴，y 轴平行于腹板的方向。对于薄壁槽形截面，剪切中心和质心的位置为

$$c=\frac{a^2b^2t}{I_z},\quad d=\frac{b^2}{2(b+a)} \tag{10.345}$$

$$I_z\approx\frac{2}{3}a^3t+2\left(\frac{1}{12}bt^3+bta^2\right)\approx\frac{2}{3}a^3t+2a^2bt \tag{10.346}$$

其中，$2a$，b 和 t 是槽形截面尺寸（见图 10.23）。形心与剪切中心的距离为

$$e=c+d=\frac{a^2b^2t}{I_z}+\frac{b^2}{2(b+a)} \tag{10.347}$$

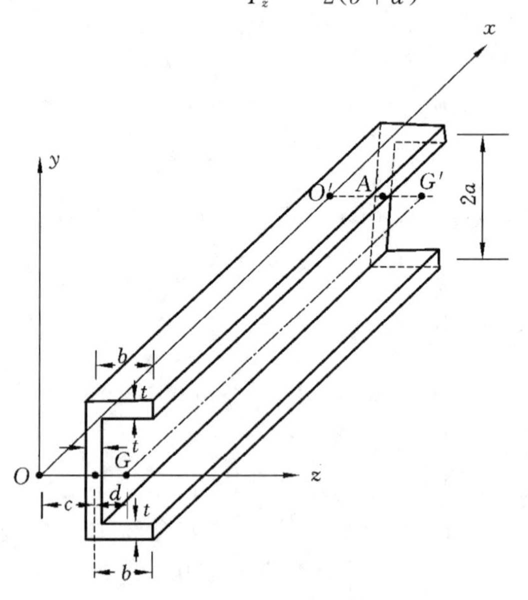

图 10.23 槽形截面梁（GG' 为形心轴，OO' 为剪切中心轴）

10.15.1　运动方程

我们考虑一根槽形截面梁，沿形心轴 GG' 作用分布载荷 $f(x)$，如图 10.24 所示。因为载荷没有通过剪切中心轴 OO'，因此梁将产生弯曲和扭转变形。

为了研究这种梁，将作用于形心轴 GG' 上的分布载荷 f 平移到剪切中心轴 OO'，这样就多出一个沿 OO' 线作用的附加分布扭矩 fe，如图 10.24 所示。于是，xy 平面内的弯曲挠度 v 的控制方程为

$$EI_z \frac{\partial^4 v}{\partial x^4} = f \tag{10.348}$$

其中，EI_z 为截面关于 z 轴的弯曲刚度。

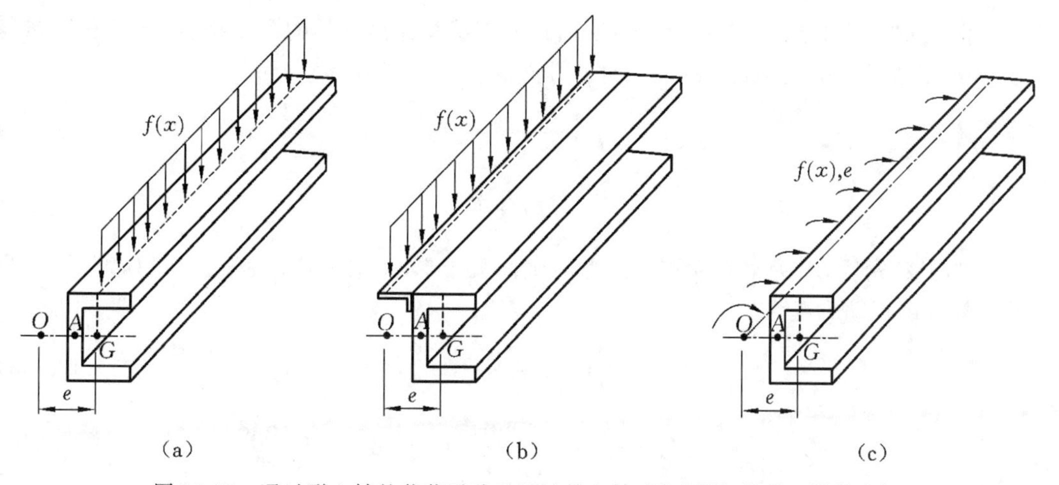

图 10.24　通过形心轴的载荷平移后通过剪心轴，同时附加绕剪心轴的力偶

梁扭转时，各个截面会产生扭转角，由此截面上会产生扭矩 T_{sv}。同时，扭转会使梁的上、下翼板发生弯曲，此时上、下翼板上的剪力方向相反，会产生一个附加的扭矩 T_w。图 10.25 所示的工字梁可以很好地说明这种扭转情况。所以，作用于梁截面的总扭矩 $T(x)$ 为 T_{sv} 与 T_w 之和，也已证明，它们的表达式为

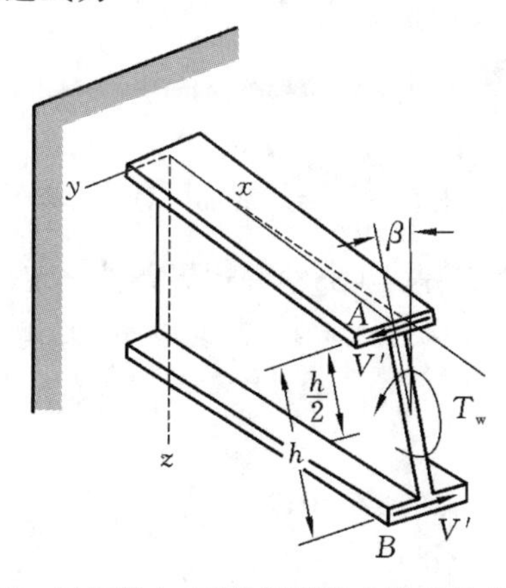

图 10.25　工字梁上、下翼板因剪力形成的截面扭矩

$$T(x)=T_{sv}(x)+T_{w}(x)=GJ\frac{\mathrm{d}\phi}{\mathrm{d}x}-EJ_{w}\frac{\mathrm{d}^3\phi}{\mathrm{d}x^3} \tag{10.349}$$

其中，ϕ 为扭转角，GJ 为平面扭转时的扭转刚度，EJ_w 为翘曲刚度，J_w 为截面惯性矩。对于槽形截面，J 和 J_w 为

$$J=\frac{1}{3}\sum b_i t_i^3=\frac{1}{3}(2bt^3+2at^3)=\frac{2}{3}t^3(a+b) \tag{10.350}$$

$$J_w=\frac{a^2b^3t}{3}\frac{4at+3bt}{2at+6bt} \tag{10.351}$$

因为有关系 $\mathrm{d}T/\mathrm{d}x=fe$，所以有

$$GJ\frac{\mathrm{d}^2\phi}{\mathrm{d}x^2}-EJ_w\frac{\mathrm{d}^4\phi}{\mathrm{d}x^4}=fe \tag{10.352}$$

方程(10.348)和方程(10.352)的解给出在静态载荷作用下梁的弯曲挠度 $v(x)$ 和扭转角 $\phi(x)$。对于梁的自由振动，作用于 y 和 ϕ 方向的惯性力分别为

$$-\rho A\frac{\partial^2}{\partial t^2}(v-e\phi) \tag{10.353}$$

$$-\rho I_G\frac{\partial^2\phi}{\partial t^2} \tag{10.354}$$

其中，ρ 为材料密度，A 为梁截面积，I_G 为梁截面关于形心轴的极惯性矩。所以，弯-扭耦合振动梁的自由振动方程为

$$EI_z\frac{\partial^4 v}{\partial x^4}=-\rho A\frac{\partial^2}{\partial t^2}(v-e\phi) \tag{10.355}$$

$$GJ\frac{\mathrm{d}^2\phi}{\mathrm{d}x^2}-EJ_w\frac{\mathrm{d}^4\phi}{\mathrm{d}x^4}=-\rho Ae\frac{\partial^2}{\partial t^2}(v-e\phi)+\rho I_G\frac{\partial^2\phi}{\partial t^2} \tag{10.356}$$

10.15.2　振动的固有频率

设自由振动解为

$$\begin{cases}v(x,t)=V(x)\cos(\omega t+\theta_1)\\ \phi(x,t)=\Phi(x)\cos(\omega t+\theta_1)\end{cases} \tag{10.357}$$

将此代入方程(10.355)和方程(10.356)，得到

$$\begin{cases}EI_z\dfrac{\mathrm{d}^4 V}{\mathrm{d}x^4}=\rho A\omega^2(V-e\Phi)\\ GJ\dfrac{\mathrm{d}^2\Phi}{\mathrm{d}x^2}-EJ_w\dfrac{\mathrm{d}^4\Phi}{\mathrm{d}x^4}=\rho Ae\omega^2(V-e\Phi)-\rho I_G\omega^2\Phi\end{cases} \tag{10.358}$$

梁的模态 $V(x)$ 和 $\Phi(x)$ 由方程(10.358)和边界条件确定。

例 10.11　槽形截面梁如图 10.23 所示，两端简支，做弯-扭耦合振动，求该梁的固有频率。

解　边界条件为

$$\begin{cases}V(x)=0, & \text{当 } x=0,l\\ \dfrac{\mathrm{d}^2V}{\mathrm{d}x^2}(x)=0, & \text{当 } x=0,l\end{cases} \tag{1}$$

$$\begin{cases} \Phi(x)=0, & \text{当 } x=0,l \\ \dfrac{\mathrm{d}^2\Phi}{\mathrm{d}x^2}(x)=0, & \text{当 } x=0,l \end{cases} \tag{2}$$

可以看出,下面的函数满足边界条件式(1)和式(2):

$$V_j(x)=A_j\sin\frac{j\pi x}{l},\quad \Phi_j(x)=B_j\sin\frac{j\pi x}{l},\quad j=1,2,\cdots \tag{3}$$

将上式代入方程(10.358),得到

$$EI_z\left(\frac{j\pi}{l}\right)^4A_j=\rho A\omega_j^2(A_j-eB_j)$$

$$-GJ\left(\frac{j\pi}{l}\right)^2-EJ_w\left(\frac{j\pi}{l}\right)^4=\rho Ae\omega_j^2(A_j-eB_j)-\rho I_G\omega_j^2B_j$$

上式整理后可得

$$\begin{cases} (p^2-\omega_j^2)A_j+(\omega_j^2e)B_j=0 \\ (q^2\omega_j^2)A_j+(r^2-\omega_j^2)B_j=0 \end{cases} \tag{4}$$

其中

$$\begin{cases} p^2=\dfrac{EI_z}{\rho A}\left(\dfrac{j\pi}{l}\right)^4,\quad q^2=\dfrac{Ae}{I_G+A\mathrm{e}^2} \\ r^2=\dfrac{GJl^2j^2\pi^2+EJ_wj^4\pi^4}{\rho l^4(I_G+A\mathrm{e}^2)} \end{cases} \tag{5}$$

由非零解条件可得

$$\begin{vmatrix} p^2-\omega_j^2 & \omega_j^2e \\ q^2\omega_j^2 & r^2-\omega_j^2 \end{vmatrix}=0$$

或

$$\omega_j^4(1-eq^2)-\omega_j^2(p^2+r^2)+p^2r^2=0 \tag{6}$$

固有频率为

$$\omega_j^2=\frac{p^2+r^2\mp[(p^2-r^2)^2+4ep^2q^2r^2]^{1/2}}{2(1-eq^2)} \tag{7}$$

10.16 平面圆环的振动

10.16.1 运动方程

假定平面圆环有一个纵向对称面,圆环的中心轴线、作用于曲杆的横向载荷均在这一对称面内。考虑从圆环中取出的一个微元,如图 10.26 所示。不难得到微元在 w 和 v 方向的运动方程为

$$-V+\left(V+\frac{\partial V}{\partial\theta}\mathrm{d}\theta\right)-\left(N+\frac{\partial N}{\partial\theta}\mathrm{d}\theta\right)\mathrm{d}\theta=\rho AR\,\mathrm{d}\theta\,\frac{\partial^2w}{\partial t^2} \tag{10.359}$$

$$-N+\left(N+\frac{\partial N}{\partial\theta}\mathrm{d}\theta\right)+\left(V+\frac{\partial V}{\partial\theta}\mathrm{d}\theta\right)\mathrm{d}\theta=\rho AR\,\mathrm{d}\theta\,\frac{\partial^2v}{\partial t^2} \tag{10.360}$$

微元的矩平衡方程为

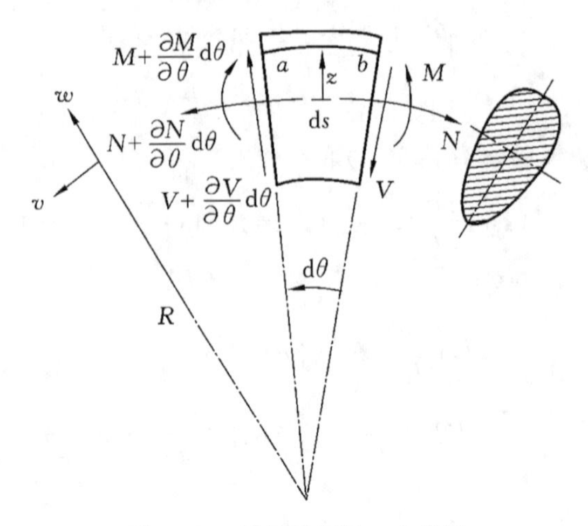

图 10.26　平面曲杆的一个微元

$$M-\left(M+\frac{\partial M}{\partial \theta}d\theta\right)-\left(V+\frac{\partial V}{\partial \theta}d\theta\right)R\,d\theta=0 \tag{10.361}$$

以上方程整理后可得

$$\frac{\partial V}{\partial \theta}-N=\rho AR\,\frac{\partial^2 w}{\partial t^2} \tag{10.362}$$

$$\frac{\partial N}{\partial \theta}+V=\rho AR\,\frac{\partial^2 v}{\partial t^2} \tag{10.363}$$

$$\frac{\partial M}{\partial \theta}+RV=0 \tag{10.364}$$

利用方程(10.364)在式(10.362)和式(10.363)中消去剪力，得

$$-\frac{1}{R}\frac{\partial^2 M}{\partial \theta^2}-N=\rho AR\,\frac{\partial^2 w}{\partial t^2} \tag{10.365}$$

$$\frac{\partial N}{\partial \theta}-\frac{1}{R}\frac{\partial M}{\partial \theta}=\rho AR\,\frac{\partial^2 v}{\partial t^2} \tag{10.366}$$

应用弧长 $ds=R\,d\theta$，以上两个方程可写为

$$\begin{cases}-\dfrac{\partial^2 M}{\partial s^2}-\dfrac{N}{R}=\rho A\,\dfrac{\partial^2 w}{\partial t^2}\\[2ex]\dfrac{\partial N}{\partial s}-\dfrac{1}{R}\dfrac{\partial M}{\partial s}=\rho A\,\dfrac{\partial^2 v}{\partial t^2}\end{cases} \tag{10.367}$$

现在要将张力 N、弯矩 M 与位移 w 和 v 联系起来。图 10.26 示出了微元中的一个任意的纵向纤维层 ab，它的端部应力 σ 向中性轴简化，得

$$N=\int_A \sigma\,dA,\quad M=-\int_A \sigma z\,dA \tag{10.368}$$

其中，$\sigma=E\varepsilon$，ε 为纤维层 ab 的轴向应变，为

$$\varepsilon=(l_2-l_1)/l_1 \tag{10.369}$$

其中，l_1，l_2 分别为纤维层 ab 变形前、后的长度。

我们现在假设初始垂直于中心轴线的平截面，变形后仍然为平面且垂直于变形后的中

心轴线。这与 Euler 梁理论中的假设相同。于是有

$$l_1=(R+z)\mathrm{d}\theta,\quad l_2=(R'+z)\mathrm{d}\theta' \tag{10.370}$$

其中,R',$\mathrm{d}\theta'$为变形后微元中心轴线的曲率半径和夹角(参见图 10.27)。

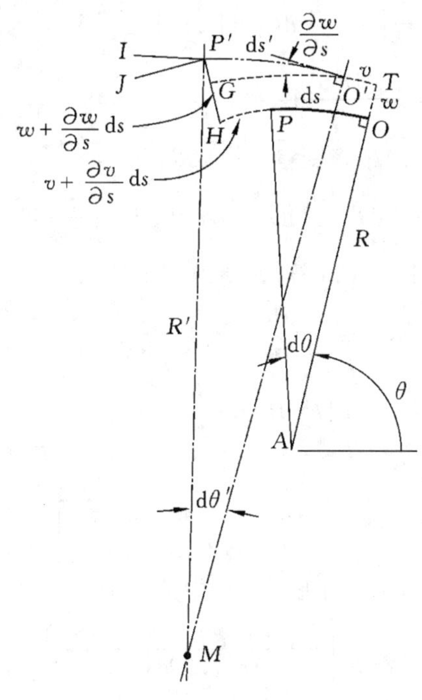

图 10.27　曲杆中心轴线变形前后的位置

图 10.27 给出了变形前后微元中心轴线段的位置和变形。轴线段右端 O 点的位移为 v,w。变形后轴线段的长度为 $\mathrm{d}s'=O'P'\approx O'G$,而

$$\frac{TG}{OH}=\frac{R+w}{R},\quad 即\quad \frac{O'G+v}{\mathrm{d}s+\left(v+\dfrac{\partial v}{\partial s}\mathrm{d}s\right)}=\frac{R+w}{R}$$

注意到 $\mathrm{d}s=R\mathrm{d}\theta$,得

$$\mathrm{d}s'=(R+w)\mathrm{d}\theta+\frac{\partial v}{\partial s}\mathrm{d}s \tag{10.371}$$

现在计算 $\mathrm{d}\theta'$。由图 10.27 中的几何关系可以看出

$$\angle GO'P'\approx\frac{GP'}{\mathrm{d}s'}\approx\frac{\partial w}{\partial s},\quad \angle GO'P'=\angle AO'M$$

MO'与水平线间的夹角为

$$\theta+\frac{v}{R+w}-\angle AO'M\approx\theta+\frac{v}{R}-\frac{\partial w}{\partial s}$$

不难看出,$\angle JP'I=\angle GO'P'+(\partial\angle GO'P'/\partial s)\mathrm{d}s$,即有

$$\angle JP'I=\frac{\partial w}{\partial s}+\left[\frac{\partial}{\partial s}\left(\frac{\partial w}{\partial s}\right)\right]\mathrm{d}s=\frac{\partial w}{\partial s}+\frac{\partial^2 w}{\partial s^2}\mathrm{d}s,\quad \angle JP'I=\angle AP'M$$

所以 MP'与水平线间的夹角为

$$\theta+\mathrm{d}\theta+\frac{1}{R}\left(v+\frac{\partial v}{\partial s}\mathrm{d}s\right)-\angle AP'M=\theta+\mathrm{d}\theta+\frac{1}{R}\left(v+\frac{\partial v}{\partial s}\mathrm{d}s\right)-\left(\frac{\partial w}{\partial s}+\frac{\partial^2 w}{\partial s^2}\mathrm{d}s\right)$$

$\mathrm{d}\theta'$为MO'与MP'间的夹角，由以上结果可得

$$\begin{aligned}\mathrm{d}\theta'&=\left[\theta+\mathrm{d}\theta+\frac{1}{R}\left(v+\frac{\partial v}{\partial s}\mathrm{d}s\right)-\left(\frac{\partial w}{\partial s}+\frac{\partial^2 w}{\partial s^2}\mathrm{d}s\right)\right]-\left(\theta+\frac{v}{R}-\frac{\partial w}{\partial s}\right)\\&=\mathrm{d}\theta+\frac{1}{R}\frac{\partial v}{\partial s}\mathrm{d}s-\frac{\partial^2 w}{\partial s^2}\mathrm{d}s\end{aligned}\tag{10.372}$$

在式(10.371)和式(10.372)中将变量s换成θ，有

$$\mathrm{d}s'=(R+w)\mathrm{d}\theta+\frac{\partial v}{\partial\theta}\mathrm{d}\theta,\quad \mathrm{d}\theta'=\mathrm{d}\theta+\frac{1}{R}\frac{\partial v}{\partial\theta}\mathrm{d}\theta-\frac{1}{R}\frac{\partial^2 w}{\partial\theta^2}\mathrm{d}\theta\tag{10.373}$$

再来计算应变ε。由式(10.370)可知$l_2=\mathrm{d}s'+z\mathrm{d}\theta'$，$l_1=\mathrm{d}s+z\mathrm{d}\theta$，所以

$$\begin{cases}l_2=\left[(R+w)+\dfrac{\partial v}{\partial\theta}+z\left(1+\dfrac{1}{R}\dfrac{\partial v}{\partial\theta}-\dfrac{1}{R}\dfrac{\partial^2 w}{\partial\theta^2}\right)\right]\mathrm{d}\theta\\ l_1=(R+z)\mathrm{d}\theta=R\left(1+\dfrac{z}{R}\right)\mathrm{d}\theta\end{cases}\tag{10.374}$$

进而由式(10.369)得到

$$\varepsilon=\frac{l_2-l_1}{l_1}=\left[w+\frac{\partial v}{\partial\theta}+\frac{z}{R}\left(\frac{\partial v}{\partial\theta}-\frac{\partial^2 w}{\partial\theta^2}\right)\right]\Big/R\left(1+\frac{z}{R}\right)\tag{10.375}$$

如果z/R相较于1而言很小，则上式分母中的z/R可忽略，得

$$\varepsilon=\frac{1}{R}\left[w+\frac{\partial v}{\partial\theta}+\frac{z}{R}\frac{\partial}{\partial\theta}\left(v-\frac{\partial w}{\partial\theta}\right)\right]\tag{10.376}$$

将上式代入式(10.368)可得

$$N=\frac{EA}{R}\left(w+\frac{\partial v}{\partial\theta}\right)\tag{10.377}$$

$$M=-\frac{EAk^2}{R^2}\frac{\partial}{\partial\theta}\left(v-\frac{\partial w}{\partial\theta}\right)\tag{10.378}$$

其中，k为截面的回转半径。将式(10.377)和式(10.378)代入方程(10.365)和方程(10.366)，得到用位移表示的圆环控制方程：

$$\frac{EAk^2}{R^3}\frac{\partial^3}{\partial\theta^3}\left(v-\frac{\partial w}{\partial\theta}\right)-\frac{EA}{R}\left(w+\frac{\partial v}{\partial\theta}\right)=\rho AR\frac{\partial^2 w}{\partial t^2}\tag{10.379}$$

$$\frac{EAk^2}{R^3}\frac{\partial^2}{\partial\theta^2}\left(v-\frac{\partial w}{\partial\theta}\right)+\frac{EA}{R}\frac{\partial}{\partial\theta}\left(w+\frac{\partial v}{\partial\theta}\right)=\rho AR\frac{\partial^2 v}{\partial t^2}\tag{10.380}$$

10.16.2 圆环中的波动

现在考察圆环中的波动特性。考虑谐波：

$$w=A_1\mathrm{e}^{\mathrm{i}(\gamma R\theta-\omega t)},\quad v=A_2\mathrm{e}^{\mathrm{i}(\gamma R\theta-\omega t)}\tag{10.381}$$

其中，R为圆环的半径。代入圆环控制方程可得

$$\begin{bmatrix}\dfrac{\omega^2R^2}{c_0^2}-1-\gamma^4R^2k^2 & -\mathrm{i}(\gamma^3Rk^2+\gamma R)\\ -\mathrm{i}(\gamma^3Rk^2+\gamma R) & \dfrac{\omega^2R^2}{c_0^2}-\gamma^2R^2-\gamma^4k^2\end{bmatrix}\begin{bmatrix}A_1\\A_2\end{bmatrix}=0\tag{10.382}$$

引入无量纲参量：

$$\bar{k}=k/R,\quad \bar{\gamma}=k\gamma,\quad \bar{\omega}=\omega k/c_0,\quad \bar{c}=c/c_0 \tag{10.383}$$

其中，$c_0=\sqrt{E/\rho}$。于是，由方程(10.382)可得频率方程为

$$(\bar{\omega}^2-\bar{k}^2-\bar{\gamma}^2)(\bar{\omega}^2-\bar{k}^2-\bar{k}^2\bar{\gamma}^2)-\bar{k}^2\bar{\gamma}^2(\bar{\gamma}^2+1)^2=0 \tag{10.384}$$

展开得

$$\bar{\omega}^4-[\bar{\gamma}^4+(1+\bar{k}^2)\bar{\gamma}^2+\bar{k}^2]\bar{\omega}^2+\bar{\gamma}^2(\bar{k}^2-\bar{\gamma}^2)^2=0 \tag{10.385}$$

将 $\bar{\omega}=\bar{\gamma}\bar{c}$ 代入上式，得到频散关系：

$$\bar{c}^4-[\bar{\gamma}^2+(1+\bar{k}^2)+\bar{k}^2/\bar{\gamma}^2]\bar{c}^2+\bar{\gamma}^2(1-\bar{k}^2/\bar{\gamma}^2)^2=0 \tag{10.386}$$

我们先来考察长波长($\bar{\gamma}\to 0$)和短波长($\bar{\gamma}\to\infty$)的行为。当 $\bar{\gamma}\to 0$ 时，由方程(10.385)有

$$\bar{\omega}^2(\bar{\omega}^2-\bar{k}^2)=0 \tag{10.387}$$

因此，$\bar{\omega}=0$ 和 $\bar{\omega}=\bar{k}$ 是两个极限值。$\bar{\omega}=\bar{k}$ 给出了径向运动 w 的截止频率。

当 $\bar{\gamma}\to\infty$时，由方程(10.386)有

$$\bar{\gamma}^2(\bar{c}^4/\bar{\gamma}^2-\bar{c}^2+1)=0 \tag{10.388}$$

如果 $\bar{c}$ 保持有限值，则有 $\bar{c}=1$。这对应于直杆中纵波的速度。

对于一般的情况，可以发现 $\bar{c}=0$ 为一个解，此时方程(10.386)简化为

$$\bar{\gamma}^2(1-\bar{k}^2/\bar{\gamma}^2)^2=0 \tag{10.389}$$

由此得 $\bar{\gamma}=\bar{k}$。

另一个有趣的极限情况是圆环的半径 $R\to\infty$，此时方程(10.386)简化为

$$\bar{c}^4-(\bar{\gamma}^2+1)\bar{c}^2+\bar{\gamma}^2=(\bar{c}^2-\bar{\gamma}^2)(\bar{c}^2-1)=0 \tag{10.390}$$

因此，$\bar{c}\to\bar{\gamma},1$。这两个速度分别是 Euler 梁挠曲波的极限和杆纵向波的极限。这一结果是预料之中的，因为 $R\to\infty$时，圆环变为无限长直杆，圆环的两个位移 w 和 v 必退化为直杆的弯曲运动和纵向运动。

有了以上这些极限值，再由方程(10.385)和方程(10.386)就可作出圆环中波动的频谱曲线和频散曲线，图 10.28 给出了 $\bar{k}^2=0.05$ 的一个圆环的这些曲线，其中虚线是 $\bar{k}=0$，即直杆的曲线，以资对照。

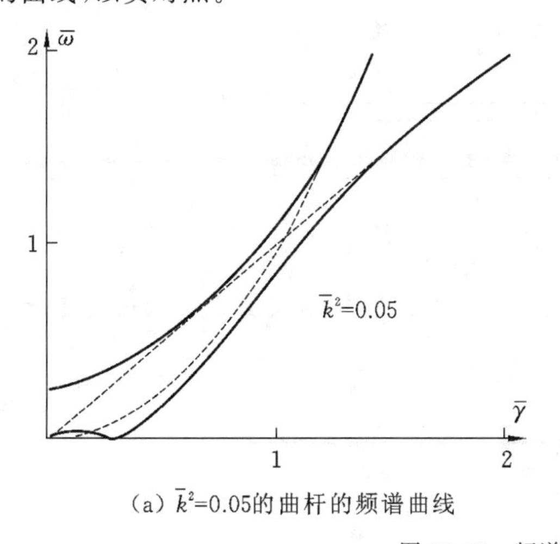

(a) $\bar{k}^2$=0.05的曲杆的频谱曲线

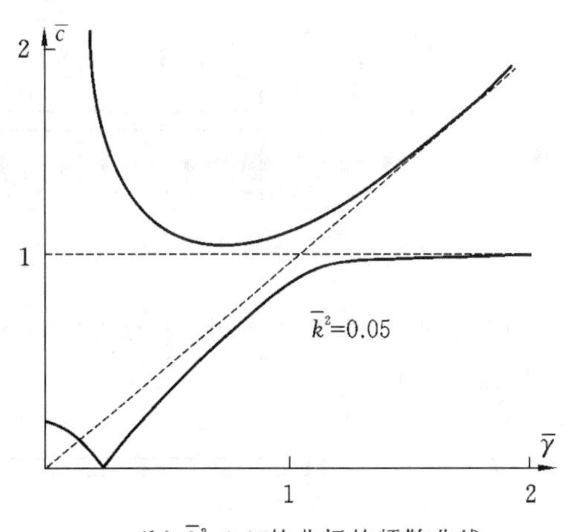

(b) $\bar{k}^2$=0.05的曲杆的频散曲线

图 10.28　频谱曲线和频散曲线

习题

10.1 均匀矩形截面梁，截面尺寸为100 mm×300 mm，长度$l=2$ m，弹性模量$E=20.5\times 10^{10}$ N/m^2，密度$\rho=7.83\times 10^3$ kg/m^3，计算梁的前三阶固有频率。假设边界为：(1) 两端简支；(2) 两端固支；(3) 左端固支、右端自由；(4) 两端自由。

10.2 请推导出固支-自由均匀梁的频率方程。

10.3 均匀梁两端分别连接扭簧和拉伸弹簧，如图所示。请证明这根梁的模态是正交的。

10.4 请推导出由两端弹簧支承的均匀梁（如图所示）横向振动的频率方程。弹簧只能发生垂直位移，而梁在平衡位置是水平的。

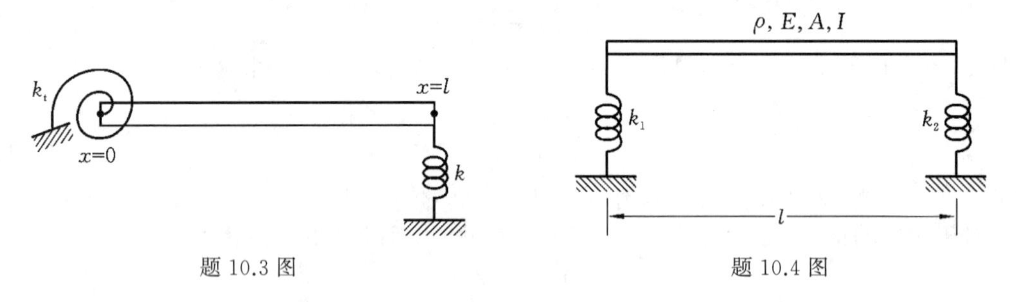

题 10.3 图　　　　题 10.4 图

10.5 长度为l的均匀简支梁，在梁的中心有质量M。设M为质点，求系统对称模态的频率方程。

10.6 长度为$2l$的均匀固定梁在中点简支。请推导出梁横向振动的频率方程。

10.7 简支梁初始承受强度为f_0的均匀分布的载荷，求载荷突然解除后梁的振动响应。

10.8 简支梁承受减小变化的均匀分布的载荷$f_0\sin(\omega t)$作用，求梁的振动响应。

10.9 直径为2 cm、长度为1 m的悬臂钢梁在自由端受到指数衰减力$100\mathrm{e}^{-0.1t}$ N的作用，如图所示。请确定梁的稳态响应。设钢的密度为7500 kg/m^3，弹性模量为210×10^9 N/m^2。

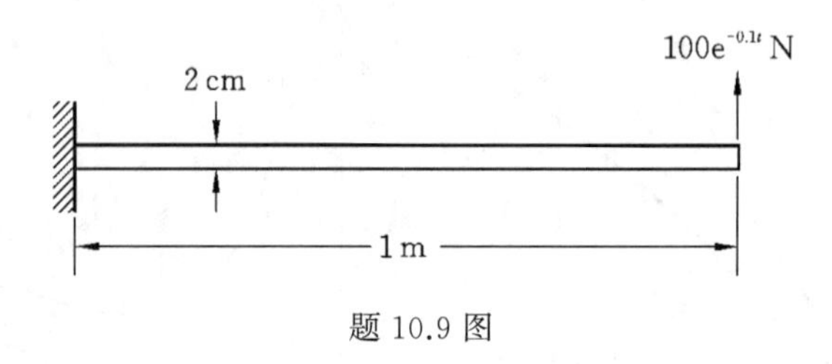

题 10.9 图

10.10 如图所示，长度为$2l$的均匀梁，左端固支，中点简支，右端自由。求出该连续梁振动的频率方程。

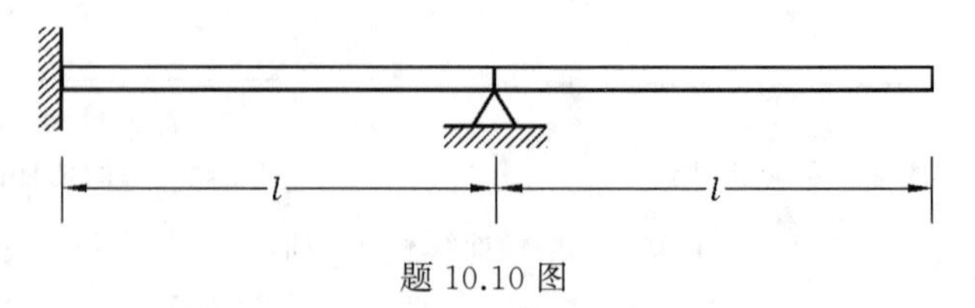

题 10.10 图

10.11　如图所示，长度为 $2l$ 的均匀固支-固支梁，在中点处用简支支座支承。求该连续梁振动的频率方程。

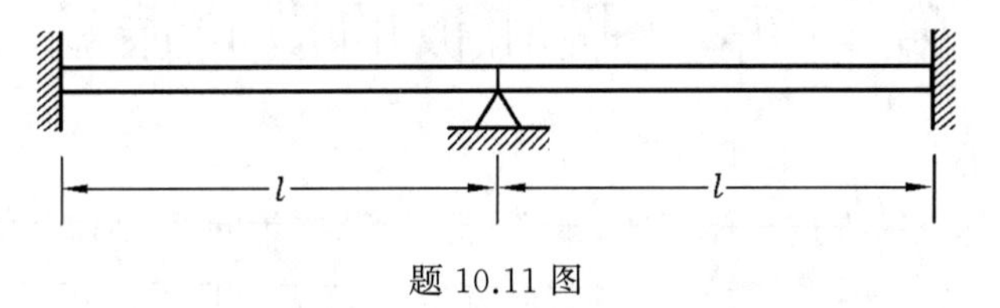

题 10.11 图

10.12　图示 L 形框架在 A 端固支，C 端自由，框架的 AB 和 BC 两段由相同的材料制成，具有相同的截面。将两段视为梁，求框架平面内振动的频率方程。

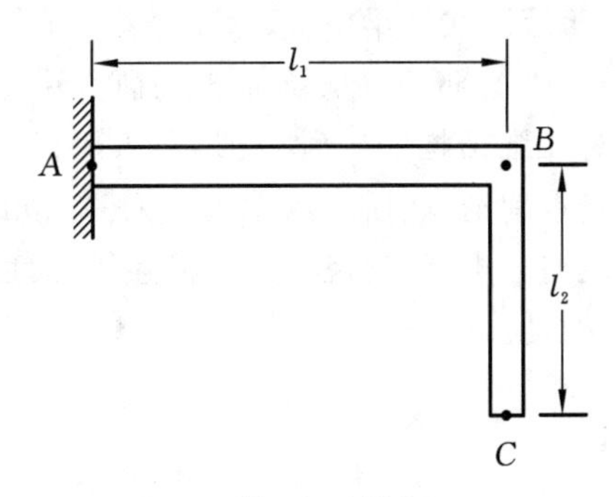

题 10.12 图

10.13　(1) 用 Timoshenko 梁理论分析两端简支均匀梁的固有频率。

(2) 如果梁为矩形截面梁，梁的高度为 h，确定比值 h/l 对固有频率的影响。设 $h/l=0.4$，$k=2/3$ 和 $G/E=0.4$，求模态形状。

第 11 章 膜和板的横向振动

前几章研究的都是一维连续体问题,本章将要讨论二维问题,即膜和板壳中的振动和波动问题。**膜**可以想象为一种二维弦元件,它只能承受拉应力且不抗弯。一块板是以两个平面为边界面(或表面)的固体。两个表面之间的距离定义了板的厚度,假设板的厚度远小于表面尺寸(例如矩形板的长度和宽度、圆形板的直径),若一块板的厚度与表面尺寸之比小于1/20,则这块板通常被认为是**薄板**。在桥梁甲板、水工结构、压力容器盖、高速公路和机场跑道路面、船舶甲板、飞机、导弹和机器部件等实际系统的研究中,板的振动是一个重要方面。弹性板理论是三维弹性理论对二维结构的一种近似,它采用板的中面变形来描述板中每一点的变形。本章先介绍膜的基本理论,然后介绍薄板理论、Mindlin 平板理论,还介绍了矩形板和圆板的自由振动和受迫振动分析计算方法,最后简述了弹性基础上的板、面内载荷作用下板的横向振动、变厚度板的振动。

11.1 膜中的横向振动

膜的恢复力是由面内张力或延展力产生的,膜不能抵抗剪切和弯曲。膜将显示出二维波动特征,比如平面波和斜向波从边界反射的现象。

11.1.1 膜的运动方程

考虑分布张力为 T(单位长度的力)的张紧膜,如图 11.1 (a)所示,由弹性力学可知,膜内任一点处只有正应力(其值等于张力 T),没有剪应力。取一个矩形微元,其变形后的侧视图构形如图 11.1 (b)所示,w 表示膜在 z 方向的位移。z 方向的运动方程为

$$-T\,\mathrm{d}y\theta_x+T\,\mathrm{d}y\left(\theta_x+\frac{\partial\theta_x}{\partial x}\mathrm{d}x\right)-T\,\mathrm{d}x\theta_y+T\,\mathrm{d}x\left(\theta_y+\frac{\partial\theta_y}{\partial x}\mathrm{d}x\right)+p\,\mathrm{d}x\,\mathrm{d}y=\rho\mathrm{d}x\,\mathrm{d}y\,\frac{\partial^2 w}{\partial t^2} \tag{11.1}$$

其中,ρ 是膜的单位面积的质量,$\theta_x=\partial w/\partial x$ 和 $\theta_y=\partial w/\partial y$,且已考虑小变形并令 $\sin\theta_x\approx\theta_x$ 等成立。方程(11.1)简化为

$$T\left(\frac{\partial^2 w}{\partial x^2}+\frac{\partial^2 w}{\partial y^2}\right)+p(x,y,t)=\rho\,\frac{\partial^2 w}{\partial t^2} \tag{11.2}$$

因为在直角坐标系中 **Laplace 算子**定义为

$$\nabla^2=\frac{\partial^2}{\partial x^2}+\frac{\partial^2}{\partial y^2}$$

所以方程(11.2)可写为

$$T\,\nabla^2 w(x,y,t)+p(x,y,t)=\rho\,\frac{\partial^2 w}{\partial t^2} \tag{11.3}$$

这就是**膜的运动方程**。这个方程在极坐标系中为

$$T\nabla^2 w(r,\theta,t)+p(r,\theta,t)=\rho\frac{\partial^2 w(r,\theta,t)}{\partial t^2} \tag{11.4}$$

注意，极坐标系中的 Laplace 算子为

$$\nabla^2=\frac{1}{r}\frac{\partial}{\partial r}\left(r\frac{\partial}{\partial r}\right)+\frac{1}{r^2}\frac{\partial^2}{\partial\theta^2}=\frac{\partial^2}{\partial r^2}+\frac{1}{r}\frac{\partial}{\partial r}+\frac{1}{r^2}\frac{\partial^2}{\partial\theta^2} \tag{11.5}$$

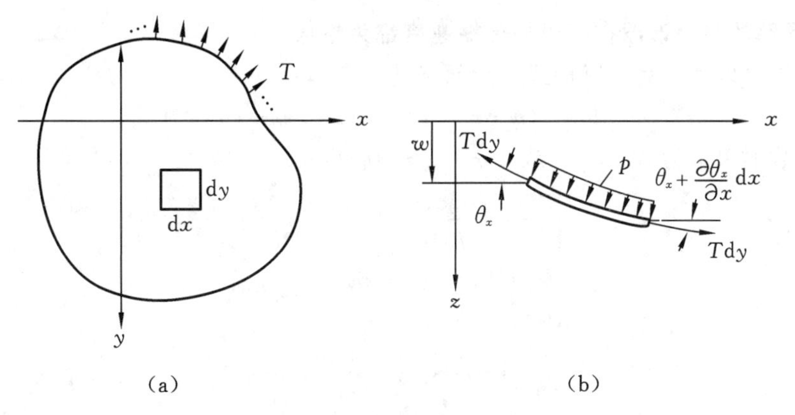

图 11.1　张紧膜和膜微元的侧视图

11.1.2　平面波

我们利用膜的运动来介绍二维问题的平面波传播。这种波动中，与传播方向垂直的平面上，所有质点的运动是相同的。二维空间中平面扰动的传播见图 11.2，图中的双划线表示一个波阵面，对于这样的扰动，线（“平面”）上的每个质点的运动学方程为

$$\boldsymbol{n}\cdot\boldsymbol{r}-ct=\text{常数} \tag{11.6}$$

其中，c 为平面波的传播速度，$\boldsymbol{n}$ 是平面波传播方向的单位矢量。方程(11.6)表明线上所有质点的运动相同。$\boldsymbol{n}$ 和 $\boldsymbol{r}$ 可写成

$$\boldsymbol{n}=l\boldsymbol{i}+m\boldsymbol{j}\triangleq\cos\varphi\boldsymbol{i}+\sin\varphi\boldsymbol{j},\quad \boldsymbol{r}=x\boldsymbol{i}+y\boldsymbol{j} \tag{11.7}$$

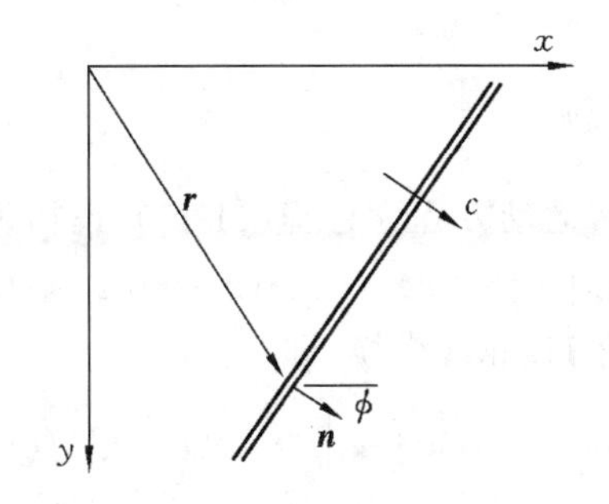

图 11.2　二维空间中平面扰动的传播

考虑一个**平面谐波**：

$$w=A\mathrm{e}^{\mathrm{i}\gamma(lx+my-ct)} \tag{11.8}$$

其中，$\gamma c=\omega$。试问：在什么条件下，上述平面谐波可以在膜中存在？将方程(11.8)代入控制方程(11.3)，且令 $p(x,y,t)=0$，得

$$T(-\gamma^2 l^2-\gamma^2 m^2)A\mathrm{e}^{\mathrm{i}\gamma(lx+my-ct)}=-\rho\gamma^2 c^2 A\mathrm{e}^{\mathrm{i}\gamma(lx+my-ct)} \tag{11.9}$$

即

$$T\gamma^2(l^2+m^2)=\rho\gamma^2 c^2 \tag{11.10}$$

因为 $l^2+m^2=1$,有

$$c^2=T/\rho,\quad c=\sqrt{T/\rho} \tag{11.11}$$

可见,**任何频率的平面谐波在膜中的传播速度都为常数**。

以上结果可以推广为任意形式的平面扰动:

$$w=f(\boldsymbol{n}\cdot\boldsymbol{r}-ct)=f(lx+my-ct) \tag{11.12}$$

定义上述函数的宗量为 ψ,即 $\psi=lx+my-ct$,则有

$$\begin{cases}\dfrac{\partial w}{\partial x}=\dfrac{\partial w}{\partial\psi}\dfrac{\partial\psi}{\partial x}=lw' \\ \dfrac{\partial^2 w}{\partial x^2}=\dfrac{\partial}{\partial\psi}(lw')\dfrac{\partial\psi}{\partial x}=l^2 w'' \\ \dfrac{\partial^2 w}{\partial y^2}=m^2 w'',\quad \dfrac{\partial^2 w}{\partial t^2}=c^2 w''\end{cases} \tag{11.13}$$

于是,由控制方程(11.3)可得

$$T(l^2+m^2)w''=\rho c^2 w'' \tag{11.14}$$

由此又一次得到 $c=\sqrt{T/\rho}$。

现在我们简单考虑极坐标形式的运动方程(11.4)。我们希望知道膜是否存在圆形波前(或波阵面)。因此,考虑轴对称情况,则 $\partial/\partial\theta=0$,则自由运动控制方程变为

$$\frac{\partial^2 w}{\partial r^2}+\frac{1}{r}\frac{\partial w}{\partial r}=\frac{1}{c_0^2}\frac{\partial^2 w}{\partial t^2},\quad c_0^2=\frac{T}{\rho} \tag{11.15}$$

容易证明,形如 $\mathrm{e}^{\mathrm{i}(\gamma r-\omega t)}$ 的圆形波不满足方程(11.15),因此膜中不能存在传播的圆形波。从能量守恒的观点看,这是很正常的,因为能量守恒要求波的幅值必须随极坐标 r 的改变而改变,否则波的能量会越来越大。由此也得到启发,解的形式用 $f(r)\mathrm{e}^{\mathrm{i}(\gamma r-\omega t)}$ 就满足方程(11.15)。

11.1.3 轴对称初值问题

首先研究膜的轴对称运动,运动方程为方程(11.15),设初始条件如下:

$$w(r,0)=f(r),\quad \partial w(r,0)/\partial t=g(r) \tag{11.16}$$

对方程(11.15)的变量 r 作零阶 Hankel 变换,即

$$\bar{w}(\xi,t)=\mathrm{H}(w)=\int_0^\infty r\,w(r,t)J_0(\xi r)\mathrm{d}r \tag{11.17}$$

将这一变换作用于极坐标形式的 Laplace 算子,并给出特别简单的形式:

$$\mathrm{H}\left(\frac{\partial^2 w}{\partial r^2}+\frac{1}{r}\frac{\partial w}{\partial r}\right)=-\xi^2\bar{w}(\xi,t) \tag{11.18}$$

于是,方程(11.15)变换后成为

$$\frac{\mathrm{d}^2\bar{w}}{\mathrm{d}t^2}+c_0^2\xi^2\bar{w}=0 \tag{11.19}$$

解得

$$\bar{w}(\xi,t)=A\cos(c_0\xi t)+B\sin(c_0\xi t) \tag{11.20}$$

变换后的初始条件为

$$\bar{w}(\xi,0)=\bar{f}(\xi),\quad \partial\bar{w}(\xi,0)/\partial t=\bar{g}(\xi) \tag{11.21}$$

由此可确定系数 A,B。于是有

$$\bar{w}(\xi,t)=\bar{f}(\xi)\cos(c_0\xi t)+\frac{\bar{g}(\xi)}{c_0\xi}\sin(c_0\xi t) \tag{11.22}$$

对上式取逆变换,得到一般形式的解

$$\bar{w}(\xi,t)=\int_0^\infty \xi\bar{f}(\xi)\cos(c_0\xi t)J_0(\xi r)\mathrm{d}\xi+\frac{1}{c_0}\int_0^\infty \bar{g}(\xi)\sin(c_0\xi t)J_0(\xi r)\mathrm{d}\xi \tag{11.23}$$

注意,Hankel 变换不存在卷积定理,故对式(11.22)的逆变换不能用卷积。

下面研究两个特例:

(1) 假设初速度为零,初位移为

$$w(r,0)=\begin{cases}1/(\pi a^2), & r<a\\ 0, & r>a\end{cases} \tag{11.24}$$

这个初位移是一个圆柱脉冲。可得变换后的初位移为

$$\bar{w}(\xi,0)=\frac{1}{\pi a}\frac{J_1(a\xi)}{\xi} \tag{11.25}$$

现在令 $a\to 0$,应用 $J_1(z)\Big|_{z\to 0}=z/2$,得

$$\bar{w}(\xi,0)\Big|_{z\to 0}=\frac{1}{2\pi} \tag{11.26}$$

即初始条件成为一个初位移脉冲。代入式(11.23),得到解为

$$w(r,t)=\frac{1}{2\pi}\int_0^\infty \xi\cos(c_0\xi t)J_0(\xi r)\mathrm{d}\xi \tag{11.27}$$

上式可表示为

$$w(r,t)=\frac{1}{2\pi c_0}\frac{\partial}{\partial t}\int_0^\infty \sin(c_0\xi t)J_0(\xi r)\mathrm{d}\xi \tag{11.28}$$

查表可得

$$w(r,t)=\begin{cases}\dfrac{1}{2\pi c_0 r^{1/2}}\dfrac{\partial}{\partial t}\dfrac{1}{c_0^2t^2-r^2}, & 0<r<c_0t\\ 0, & c_0t<r<\infty\end{cases} \tag{11.29}$$

完成微分后得到

$$w(r,t)=\begin{cases}-\dfrac{1}{2\pi r^{1/2}}\dfrac{c_0t}{(c_0^2t^2-r^2)^{3/2}}, & 0<r<c_0t\\ 0, & c_0t<r<\infty\end{cases} \tag{11.30}$$

由此可见,圆柱形初位移按速度 c_0 向外传播,波前为半径 $r=c_0t$ 的圆周。与无限长弦中位移脉冲传播不同的是,膜中的脉冲传播在波前的后面,扰动持续存在,犹如拖在波前后面的尾巴,称为**尾迹**。膜对初始位移场的响应和弦对类似初始条件的响应如图 11.3 所示。

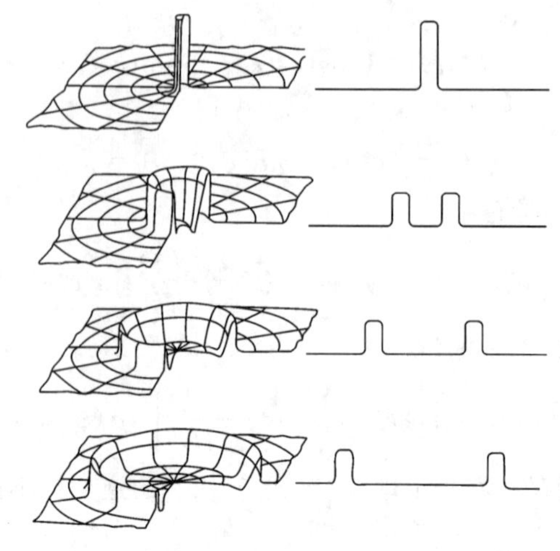

图 11.3 膜对初始位移场的响应和弦对类似初始条件的响应

（2）假设初位移为零，初速度为

$$\frac{\partial w(r,0)}{\partial t}=\begin{cases}1/(\pi a^2), & r<a\\0, & r>a\end{cases} \tag{11.31}$$

与前面的过程类似，令 $a\to 0$，可得这种情况下有

$$\bar{w}(\xi,0)\Big|_{z\to 0}=\frac{1}{2\pi} \tag{11.32}$$

即初始条件成为一个初位移脉冲。代入式(11.23)得到解为

$$w(r,t)=\begin{cases}\dfrac{1}{2\pi c_0}\dfrac{1}{(c_0^2t^2-r^2)^{1/2}}, & 0<r<c_0t\\0, & c_0t<r<\infty\end{cases} \tag{11.33}$$

可见，初速度脉冲在膜中的扩散（或传播）同样有明确的圆周波前和尾迹。膜对初始速度场的响应和弦对类似初始条件的响应如图 11.4 所示。

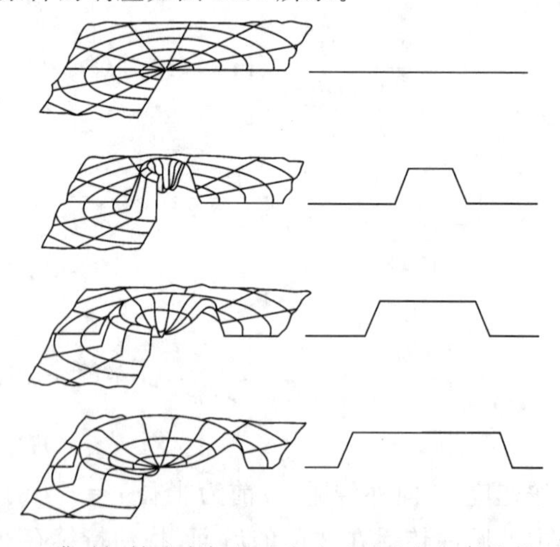

图 11.4 膜对初始速度场的响应和弦对类似初始条件的响应

11.1.4　无限大膜的轴对称简谐激励振动

考虑无限大膜,在以原点为中心、a 为半径的圆域上作用轴对称分布的简谐激励力,我们来求这张膜的受迫振动。与一维问题类似,这种问题可将激励力视为非齐次项而直接解非齐次控制方程,亦可将之视为边界条件而解齐次方程。这里我们采用后者。

设简谐激励力为

$$p(r,t)=\begin{cases}p_0\,\mathrm{e}^{\mathrm{i}\omega t} & r<a\\ 0, & r>a\end{cases} \tag{11.34}$$

它在圆域 $r<a$ 上产生一个合力 $\pi a^2 p_0\,\mathrm{e}^{-\mathrm{i}\omega t}$。这个合力由膜在 $r=a$ 的圆周上的张力分量来平衡,故有

$$\pi a^2 p_0\,\mathrm{e}^{-\mathrm{i}\omega t}=-2\pi a T\frac{\partial w(a,t)}{\partial r} \tag{11.35}$$

设解的形式为 $w(r,t)=W(r)\mathrm{e}^{-\mathrm{i}\omega t}$,则边界条件变为

$$\frac{\mathrm{d}W(a)}{\mathrm{d}r}=-\frac{p_0 a}{2T} \tag{11.36}$$

控制方程变为

$$\frac{\mathrm{d}^2W}{\mathrm{d}r^2}+\frac{1}{r}\frac{\mathrm{d}W}{\mathrm{d}r}+\frac{\omega^2}{c_0^2}W=0 \tag{11.37}$$

方程(11.37)是 Bessel 方程,它的解为

$$W(r)=A\,\mathrm{H}_0^{(1)}(\beta r)+B\,\mathrm{H}_0^{(2)}(\beta r),\quad \beta=\omega/c_0 \tag{11.38}$$

由 $\mathrm{H}_0^{(2)}(\beta r)$的级数形式可知,它与 $\mathrm{e}^{-\mathrm{i}\omega t}$结合后变成一个从无穷远处辐射而来的波,这不符合物理实际,因此必须令 $B=0$。再由边界条件式(11.36)定出系数 A,可得

$$w(r,t)=\frac{p_0 a}{2\beta T}\frac{\mathrm{H}_0^{(1)}(\beta r)}{\mathrm{H}_0^{(1)}(\beta a)}\mathrm{e}^{-\mathrm{i}\omega t} \tag{11.39}$$

远离载荷作用的地方,上式近似为

$$w(r,t)\sim\frac{p_0 a}{\sqrt{2\pi}\beta^{3/2}T\,\mathrm{H}_0^{(1)}(\beta a)}\frac{1}{\sqrt{r}}\mathrm{e}^{\mathrm{i}(\beta r-\omega t-\pi/4)} \tag{11.40}$$

11.1.5　膜边界上波的反射

为了说明膜边界上波的反射,考虑一张半无限大膜 $y\geqslant 0$,在边界 $y=0$ 处膜固定,所以边界条件为

$$w(x,0,t)=0 \tag{11.41}$$

运动方程为

$$\nabla^2 w(x,x,t)=\frac{1}{c_0^2}\frac{\partial^2 w(x,x,t)}{\partial t^2} \tag{11.42}$$

作为典型,我们希望知道**平面谐波**在这个无限大膜中的传播特性。因此,需要寻找满足方程(11.41)和方程(11.42)的平面谐波解,为此设

$$w(x,y,t)=X(x)Y(y)\mathrm{e}^{-\mathrm{i}\omega t} \tag{11.43}$$

代入方程(11.42)可得

$$\frac{X''}{X}+\frac{Y''}{Y}=-\frac{\omega^2}{c_0^2}=-\beta^2 \tag{11.44}$$

或

$$\frac{X''}{X}=-\left(\frac{Y''}{Y}+\beta^2\right)=-\xi^2 \tag{11.45}$$

其中 $\xi^2>0$ 是任意常数。上式分别为关于 $X(x)$ 和 $Y(y)$ 的常微分方程，可解得

$$\begin{cases}X=A_1\,\mathrm{e}^{\mathrm{i}\xi x}+A_2\,\mathrm{e}^{-\mathrm{i}\xi x}\\ Y=B_1\,\mathrm{e}^{\mathrm{i}\zeta y}+B_2\,\mathrm{e}^{-\mathrm{i}\zeta y}\end{cases} \tag{11.46}$$

其中

$$\zeta^2=\beta^2-\xi^2 \tag{11.47}$$

将式(11.46)代入式(11.43)，得到问题的通解为

$$w=A\,\mathrm{e}^{\mathrm{i}(\xi x-\zeta y-\omega t)}+B\,\mathrm{e}^{\mathrm{i}(\xi x+\zeta y-\omega t)}+C\,\mathrm{e}^{-\mathrm{i}(\xi x-\zeta y+\omega t)}+D\,\mathrm{e}^{-\mathrm{i}(\xi x+\zeta y+\omega t)} \tag{11.48}$$

上式中的每一项都表示一个特殊的平面波及其传播方向，如图 11.5 所示。

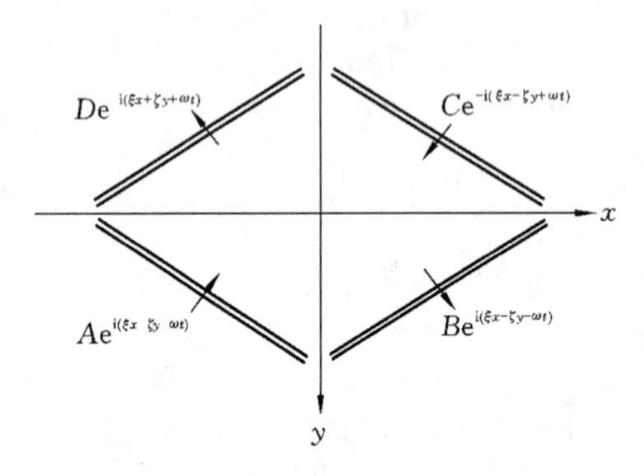

图 11.5　不同平面波及其传播方向

为了研究反射问题，需要事先指定入射波，式(11.48)右边的第一项、第四项均可指定为入射波(因为它们均有从下向上的传播分量)。我们指定第一项为入射波，由于它的水平分量沿 x 的正方向，因此其反射波的水平分量也必须沿 x 的正方向(因为与边界平行的分量不可能被反射)，进而必须有 $C=D=0$(因为对应的波含有 $-x$ 向分量)。于是式(11.48)变为

$$w=A\,\mathrm{e}^{\mathrm{i}(\xi x-\zeta y-\omega t)}+B\,\mathrm{e}^{\mathrm{i}(\xi x+\zeta y-\omega t)} \tag{11.49}$$

参考式(11.8)，我们可以用传播方向的方向余弦和波数来表示平面谐波，有

$$\xi=\gamma l\triangleq\gamma\cos\phi,\quad \zeta=\gamma m\triangleq\gamma\sin\phi \tag{11.50}$$

其中 ϕ 为波阵面法线与正 x 向的夹角(参见图 11.2)。于是式(11.49)变为

$$w=A\,\mathrm{e}^{\mathrm{i}\gamma(lx-my-ct)}+B\,\mathrm{e}^{\mathrm{i}\gamma(lx+my-ct)} \tag{11.51}$$

ξ 和 ζ 有时也表示为

$$\xi=\gamma l'\triangleq\gamma\sin\phi',\quad \zeta=\gamma m'\triangleq\gamma\cos\phi' \tag{11.52}$$

其中 ϕ' 为波阵面法线与正 y 向的夹角。

对式(11.49)应用边界条件，得

$$(A+B)\,\mathrm{e}^{\mathrm{i}(\xi x-\omega t)}=0$$

即

$$B/A=-1 \tag{11.53}$$

因此,反射波的幅值与入射波的幅值相同,而反射波的相位与入射波的相位差 180 °。式(11.49)变为

$$w=A(e^{-i\zeta y}-e^{i\zeta y})e^{i(\xi x-\omega t)}=-2iA\sin(\zeta y)e^{i(\xi x-\omega t)} \tag{11.54}$$

入射波与反射波的传播方向如图 11.6 所示。

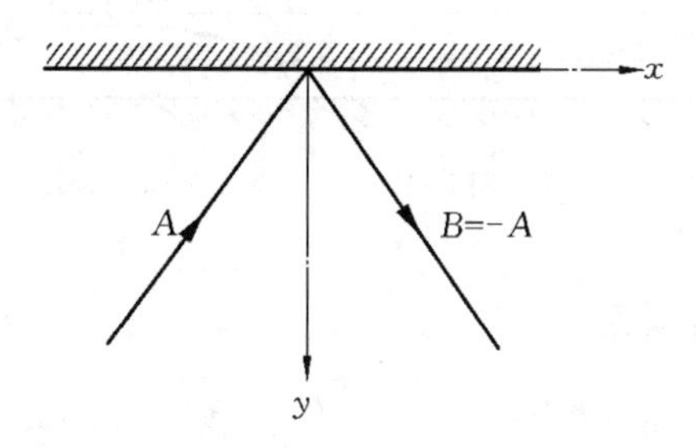

图 11.6　固定膜边界上的入射波和反射波

11.1.6　膜带中的波

考虑宽度为 b 的无限长膜带,取一边与 x 轴重合,则其边界条件为

$$w(x,0,t)=w(x,b,t)=0 \tag{11.55}$$

参照结果(11.54),可将膜带中的解假设为

$$w(x,y,t)=Y(y)e^{i(\xi x-\omega t)} \tag{11.56}$$

代入方程(11.42)可得

$$\frac{d^2Y}{dy^2}+\zeta^2 Y=0,\quad \zeta^2=\beta^2-\xi^2,\quad \beta^2=\frac{\omega^2}{c_0^2} \tag{11.57}$$

通解为

$$Y=A\sin(\zeta y)+B\cos(\zeta y) \tag{11.58}$$

边界条件为

$$Y(0)=Y(b)=0$$

由此给出 $B=0$,以及

$$\sin(\zeta b)=0 \quad \Rightarrow \quad \zeta b=n\pi,\quad n=1,2,\cdots \tag{11.59}$$

由式(11.57)和式(11.59)得

$$\omega^2=c_0^2(\xi^2+n^2\pi^2/b^2),\quad c_0^2=T/P,\quad n=1,2,\cdots \tag{11.60}$$

或

$$\xi^2=\frac{\omega^2}{c_0^2}-\frac{n^2\pi^2}{b^2},\quad n=1,2,\cdots \tag{11.61}$$

式(11.61)表明,对给定的 n,存在 ω_{cn} 使 $\xi=0$,这个 ω_{cn} 就是 n 阶**截止频率**。当 $\omega<\omega_{cn}$ 时,对于 $n+1,n+2,\cdots,\xi\to\pm i\xi$,对应的波已经没有传播行为。图 11.7 示出了膜带中 $n=1$ 和 $n=2$ 的两种传播波。

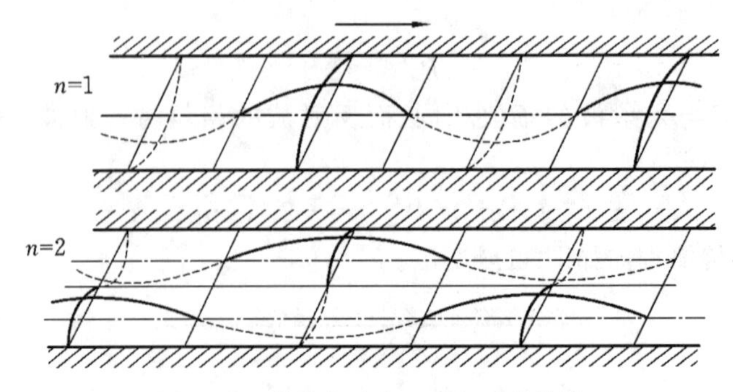

图 11.7 膜带中对应于两个 n 值的波

11.1.7 有限膜中的模态

现在求解矩形膜和圆形膜的模态。先考虑长、宽为 a 和 b 的矩形膜，设边界条件为

$$w(x,0,t)=w(x,b,t)=w(0,y,t)=w(a,y,t)=0 \tag{11.62}$$

它代表四边固定的膜。受半无限膜和膜带中的解的启发，设矩形膜的解为

$$w=X(x)Y(y)[A\cos(\omega t)+B\sin(\omega t)] \tag{11.63}$$

与得到式(11.46)类似，我们有

$$\begin{cases}X(x)=A_1\sin(\xi x)+A_2\cos(\xi x)\\Y(y)=B_1\sin(\zeta x)+B_2\cos(\zeta x)\end{cases} \tag{11.64}$$

其中

$$\zeta^2+\xi^2=\beta^2,\quad \beta^2=\omega^2/c_0^2,\quad c_0^2=T/\rho \tag{11.65}$$

边界条件为

$$Y(0)=Y(b)=X(0)=X(a)=0$$

由此给出 $A_2=B_2=0$，以及

$$\sin(\xi a)=0,\quad \sin(\zeta b)=0 \tag{11.66}$$

或

$$\xi a=n\pi \quad\Rightarrow\quad \xi_n=n\pi/a,\quad n=1,2,\cdots \tag{11.67}$$

$$\zeta b=m\pi \quad\Rightarrow\quad \zeta_m=m\pi/b,\quad m=1,2,\cdots \tag{11.68}$$

对于给定的 n,m，固有频率为

$$\omega_{mn}^2=c_0^2(\xi_n^2+\zeta_m^2)=\pi^2c_0^2\left(\frac{n^2}{a^2}+\frac{m^2}{b^2}\right) \tag{11.69}$$

自由振动解的一般形式可由模态叠加给出，为

$$w=\sum_{n=1}^{\infty}\sum_{m=1}^{\infty}[A_{mn}\cos(\omega_{mn}t)+B_{mn}\sin(\omega_{mn}t)]W_{mn} \tag{11.70}$$

其中，W_{mn} 为矩形膜的模态，它为

$$W_{mn}=\sin(\xi_n x)\sin(\zeta_m y)=\sin\frac{n\pi}{a}x\sin\frac{m\pi}{b}y \tag{11.71}$$

图 11.8 示出了矩形膜的 3 个模态，图 11.8(a)为模态形状，图 11.8(b)为示意图，“＋”号和“－”号表示同一瞬时各部分的相位或凸、凹情况。

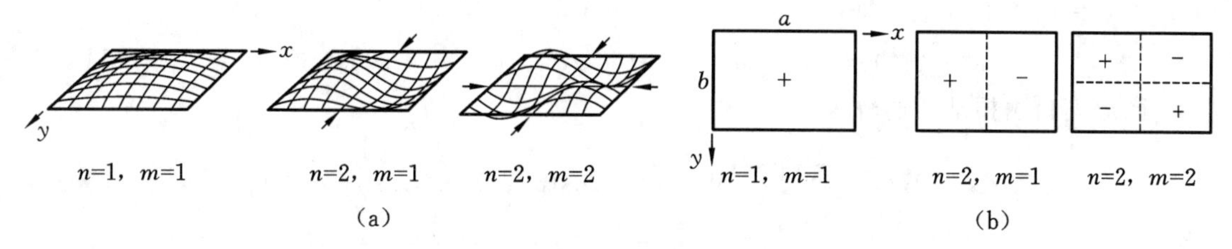

图 11.8　四边固定矩形膜的三阶模态

再来求解圆形膜的固有频率和模态。在极坐标系中，边界条件为

$$w(a,\theta,t)=0 \quad (\text{半径为 } a \text{ 的圆形膜}) \tag{11.72}$$

运动方程为方程(11.4)，为研究自由振动，令 $p(r,\theta,t)=0$。假设解为

$$w(r,\theta,t)=R(r)\Theta(\theta)[A\cos(\omega t)+B\sin(\omega t)] \tag{11.73}$$

代入方程(11.4)，可得

$$r^2\left(\frac{R''}{R}+\frac{1}{r}\frac{R'}{R}+\beta^2\right)=-\frac{\Theta''}{\Theta}=\gamma^2,\quad \beta^2=\frac{\omega^2}{c_0^2} \tag{11.74}$$

对 Θ 我们有

$$\Theta=A_1\cos(\gamma\theta)+A_2\sin(\gamma\theta) \tag{11.75}$$

对于极坐标，现在要应用**位移的周期性连续条件**，即

$$w(r,\theta,t)=w(r,\theta+2\pi,t)$$

由此，式(11.75)中的 γ 必须为整数，即 $\gamma=n$。

关于 R 的方程为

$$R''+\frac{1}{r}R'+\left(\beta^2-\frac{n^2}{r^2}\right)R=0 \tag{11.76}$$

这是 n 阶 Bessel 方程，它的解为

$$R(r)=B_1\mathrm{J}_n(\beta r)+B_2\mathrm{Y}_n(\beta r) \tag{11.77}$$

其中，J_n，Y_n 分别为第一类和第二类 Bessel 函数。已知 $\mathrm{Y}_n(\beta r)$ 在原点趋于无穷大，所以必须令 $B_2=0$。再应用边界条件 $R(a)=0$，就有

$$\mathrm{J}_n(\beta a)=0 \tag{11.78}$$

对每个 n，上式有一系列的根。一些结果如下：

$$\begin{cases} n=0, & \mathrm{J}_0(\beta a)=0: \\ & \beta a=2.405,5.520,8.654,11.792,14.931,\cdots \\ n=1, & \mathrm{J}_1(\beta a)=0: \\ & \beta a=3.832,7.016,10.173,13.324,16.471,\cdots \\ n=2, & \mathrm{J}_2(\beta a)=0: \\ & \beta a=5.136,8.417,11.620,14.796,17.960,\cdots \\ n=3, & \mathrm{J}_3(\beta a)=0: \\ & \beta a=6.380,9.761,13.015,16.223,19.409,\cdots \end{cases} \tag{11.79}$$

固有频率为

$$\omega_{nm}=\beta_{nm}c_0,\quad n=0,1,\cdots,\quad m=1,2,\cdots \tag{11.80}$$

列出几个具体固有频率

$$\omega_{01}=2.405c_0/a,\quad \omega_{12}=7.016c_0/a,\quad \omega_{34}=16.233c_0/a,\cdots \tag{11.81}$$

圆形膜自由振动的通解为

$$w(r,\theta,t)=\sum_{m=1}^{\infty}\left\{\sum_{n=0}^{\infty}W_{nm}\left[A_{nm}\cos(\omega_{nm}t)+B_{nm}\sin(\omega_{nm}t)\right]\right.$$
$$\left.+\sum_{n=1}^{\infty}\widetilde{W}_{nm}\left[\widetilde{A}_{nm}\cos(\omega_{nm}t)+\widetilde{B}_{nm}\sin(\omega_{nm}t)\right]\right\} \tag{11.82}$$

其中,圆形膜的模态为

$$W_{nm}=\mathrm{J}_n(\beta_{nm}r)\cos(n\theta),\quad \widetilde{W}_{nm}=\mathrm{J}_n(\beta_{nm}r)\sin(n\theta) \tag{11.83}$$

图 11.9 示出了圆形膜的一些模态。

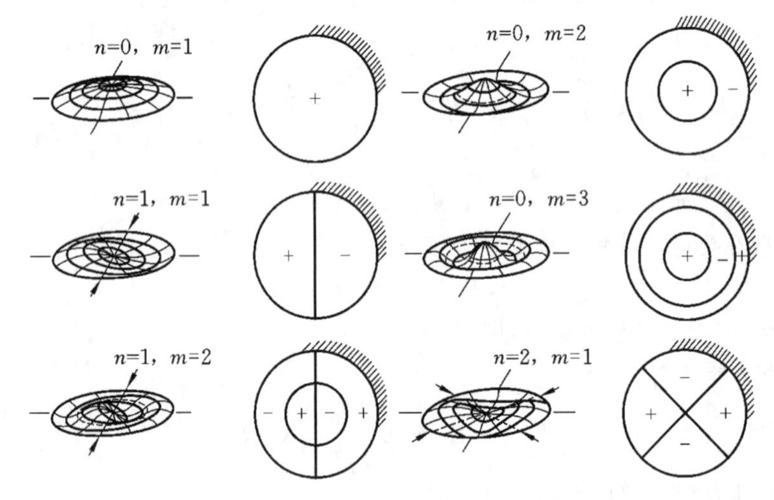

图 11.9 周边固定圆形膜的前几阶模态

11.2 经典板理论的运动方程

11.2.1 平衡方法

薄板的小挠度理论,称为**经典板理论**或 **Kirchhoff 板理论**。这种理论与 Euler-Bernoulli 梁理论类似,在薄板或经典板理论中作了如下假设:

(1) 板的厚度 h 远小于表面尺寸。

(2) 板的中面(midplane)xy 不发生面内变形。因此,板的中面在变形或弯曲后为中性面(neutral plane),参见图 11.10 (a)。

(3) 板的横向挠度 w(即中面的横向位移)与板的厚度相比为小量。

(4) 忽略横向剪切变形的影响,即忽略横向剪应变 ε_{zx} 和 ε_{yz} 的影响,其中 z 表示板的厚度方向。这意味着变形前垂直于中面的平截面在板变形或弯曲后依然垂直于中面。

(5) 忽略由横向载荷产生的横向正应变 ε_{zz},因此横向正应力 σ_{zz} 可忽略。

考虑一块厚度为 h 的薄板,xy 平面为板的未挠曲中面,如图 11.10(a)所示,再考虑板微

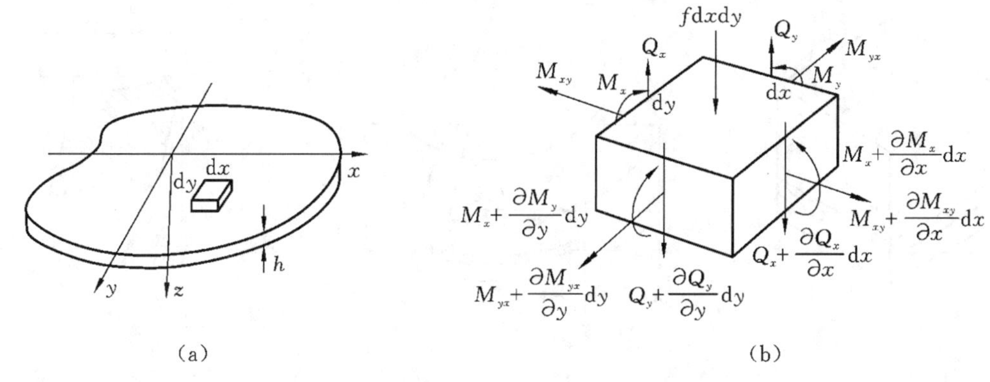

图 11.10　薄板和坐标系以及板微元所受的力和力矩

元 $h\,\mathrm{d}x\,\mathrm{d}y$，如图 11.10(b)所示。图 11.10(b)示出了截面剪力、弯矩和扭矩，以及外载荷。单位长度的弯矩 M_x，M_y 由正应力 σ_{xx}，σ_{yy} 产生，而扭矩 M_{xy}，M_{yx}（用双箭头表示）由剪应力 σ_{xy}，σ_{yx} 产生。单位长度的横向剪力 Q_x，Q_y 由横向剪应力 σ_{zx}，σ_{yz} 产生。

板微元的三个力平衡方程只有 z 方向的那个是非平凡的，而三个矩平衡方程中绕 z 方向的那个是自动满足的，这样，剩下的三个运动方程为

$$-Q_x\,\mathrm{d}y+\left(Q_x+\frac{\partial Q_x}{\partial x}\mathrm{d}x\right)\mathrm{d}y-Q_y\,\mathrm{d}x+\left(Q_y+\frac{\partial Q_y}{\partial y}\mathrm{d}y\right)\mathrm{d}x+f\,\mathrm{d}x\,\mathrm{d}y=\rho h\,\mathrm{d}x\,\mathrm{d}y\,\frac{\partial^2 w}{\partial t^2} \tag{11.84}$$

$$\left(M_y+\frac{\partial M_y}{\partial y}\mathrm{d}y\right)\mathrm{d}x-M_y\,\mathrm{d}x+M_{xy}\,\mathrm{d}y-\left(M_{xy}+\frac{\partial M_{xy}}{\partial x}\mathrm{d}x\right)\mathrm{d}y-Q_y\,\mathrm{d}x\,\mathrm{d}y=0 \tag{11.85}$$

$$\left(M_x+\frac{\partial M_x}{\partial x}\mathrm{d}x\right)\mathrm{d}y-M_x\,\mathrm{d}y+\left(M_{yx}+\frac{\partial M_{yx}}{\partial y}\mathrm{d}y\right)\mathrm{d}x-M_{yx}\,\mathrm{d}x-Q_x\,\mathrm{d}y\,\mathrm{d}x=0 \tag{11.86}$$

方程(11.84)中的位移 $w(x,y,t)$ 表示板中面的挠度。需要注意的是，方程(11.85)和方程(11.86)忽略了微元的转动惯量(即忽略了惯性力矩)。整理后这三个方程变为

$$\frac{\partial Q_x}{\partial x}+\frac{\partial Q_y}{\partial y}+f=\rho h\,\frac{\partial^2 w}{\partial t^2} \tag{11.87}$$

$$\frac{\partial M_y}{\partial y}-\frac{\partial M_{xy}}{\partial x}-Q_y=0 \tag{11.88}$$

$$\frac{\partial M_x}{\partial x}+\frac{\partial M_{yx}}{\partial y}-Q_x=0 \tag{11.89}$$

从方程(11.88)和方程(11.89)中解出 Q_x，Q_y，并代入方程(11.87)，得

$$\frac{\partial^2 M_x}{\partial x^2}+\frac{\partial^2 M_{yx}}{\partial x\partial y}-\frac{\partial^2 M_{xy}}{\partial y\partial x}+\frac{\partial^2 M_y}{\partial y^2}+f=\rho h\,\frac{\partial^2 w}{\partial t^2} \tag{11.90}$$

下面需要推出矩与挠度 w 之间的关系。图 11.11 示出了板微元的变形运动和截面上的应力分布，其中已应用平面假设。考虑一层纤维 $abcd$，它位于横向坐标 z 处，如图 11.11(a)所示。板纯弯曲后，微元在 xz 平面上的侧视图如图 11.11(b)所示，在 yz 平面上的侧视图有类似的形状。令 u，v 为纤维层上一点沿 x，y 的位移，对所研究的纤维层 $abcd$，u，v 为点 d 沿 x，y 的位移，由图 11.11(b)可得

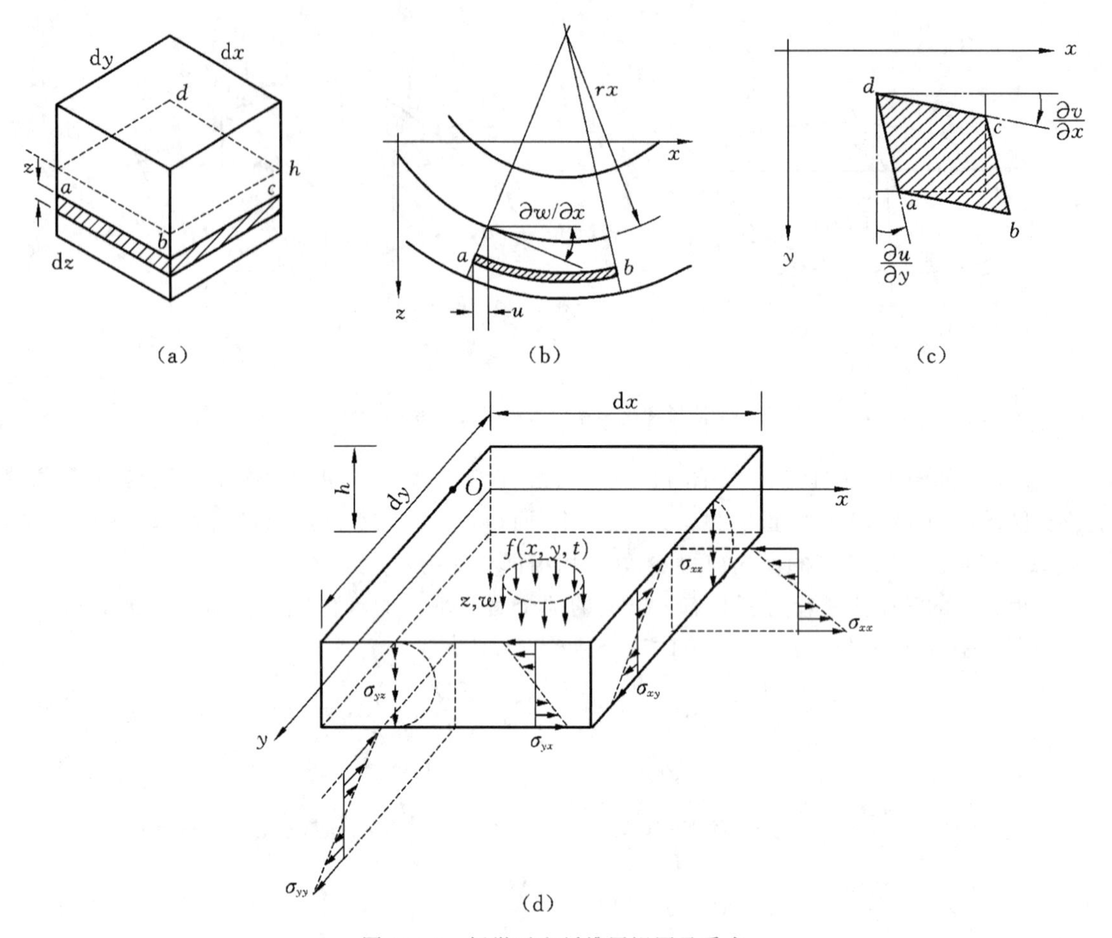

图 11.11　板微元和纤维层视图及受力

$$u=-z\frac{\partial w}{\partial x},\quad v=-z\frac{\partial w}{\partial y} \tag{11.91}$$

所以，纤维层的正应变为

$$\varepsilon_{xx}=\frac{\partial u}{\partial x}=-z\frac{\partial^2 w}{\partial x^2},\quad \varepsilon_{yy}=\frac{\partial v}{\partial y}=-z\frac{\partial^2 w}{\partial y^2} \tag{11.92}$$

参见图 11.11(c)，纤维层的剪应变为

$$\varepsilon_{xy}=\frac{\partial u}{\partial y}+\frac{\partial v}{\partial x} \tag{11.93}$$

将式(11.91)代入式(11.93)，ε_{xy} 变为

$$\varepsilon_{xy}=-2z\frac{\partial^2 w}{\partial x\partial y} \tag{11.94}$$

现在，由 Hooke 定律可得应力为

$$\sigma_{xx}=\frac{E}{1-\nu^2}(\varepsilon_{xx}+\nu\varepsilon_{yy})=-\frac{Ez}{1-\nu^2}\left(\frac{\partial^2 w}{\partial x^2}+\nu\frac{\partial^2 w}{\partial y^2}\right) \tag{11.95}$$

$$\sigma_{yy}=\frac{E}{1-\nu^2}(\varepsilon_{yy}+\nu\varepsilon_{xx})=-\frac{Ez}{1-\nu^2}\left(\frac{\partial^2 w}{\partial y^2}+\nu\frac{\partial^2 w}{\partial x^2}\right) \tag{11.96}$$

$$\sigma_{xy}=G\varepsilon_{xy}=-2Gz\frac{\partial^2 w}{\partial x\partial y}=-\frac{Ez}{(1+\nu)}\frac{\partial^2 w}{\partial x\partial y} \tag{11.97}$$

其中,E 为杨氏模量,$G=E/[2(1+\nu)]$为剪切模量,ν 为 Poisson 比。

现在可以计算截面上的矩,根据微元截面上的应力分布(图 11.11(d)),有

$$M_x\,\mathrm{d}y=\int_{-h/2}^{h/2} z\sigma_{xx}\,\mathrm{d}y\,\mathrm{d}z \tag{11.98}$$

或

$$M_x=\int_{-h/2}^{h/2} z\sigma_{xx}\,\mathrm{d}z \tag{11.99}$$

将式(11.95)代入式(11.99)可得

$$M_x=-D\left(\frac{\partial^2 w}{\partial x^2}+\nu\frac{\partial^2 w}{\partial y^2}\right) \tag{11.100}$$

其中

$$D=Eh^3/[12(1-\nu^2)] \tag{11.101}$$

类似地,对 M_y 有

$$M_y=-D\left(\frac{\partial^2 w}{\partial y^2}+\nu\frac{\partial^2 w}{\partial x^2}\right) \tag{11.102}$$

扭矩 M_{xy} 为

$$M_{xy}=-\int_{-h/2}^{h/2} z\sigma_{xy}\,\mathrm{d}z \tag{11.103}$$

上式中的负号是因为 M_{xy} 的假设转向与 σ_{xy} 的假设正向反向。将式(11.97)代入式(11.103)可得

$$M_{xy}=D(1-\nu)\frac{\partial^2 w}{\partial x\partial y} \tag{11.104}$$

注意,按照前面扭矩 M_{xy},M_{yx} 和剪应力 σ_{xy},σ_{yx} 的假设,有 $M_{xy}=-M_{yx}$。从方程(11.88)和方程(11.89)中解出 Q_x,Q_y,并考虑式(11.100)、式(11.102)和式(11.104)可得

$$Q_x=\frac{\partial M_x}{\partial x}+\frac{\partial M_{yx}}{\partial y}=-D\frac{\partial}{\partial x}\left(\frac{\partial^2 w}{\partial x^2}+\frac{\partial^2 w}{\partial y^2}\right) \tag{11.105}$$

$$Q_y=\frac{\partial M_y}{\partial y}-\frac{\partial M_{xy}}{\partial x}=-D\frac{\partial}{\partial y}\left(\frac{\partial^2 w}{\partial x^2}+\frac{\partial^2 w}{\partial y^2}\right) \tag{11.106}$$

将式(11.100)、式(11.102)和式(11.104)代入式(11.90),得到

$$D\left(\frac{\partial^4 w}{\partial x^4}+2\frac{\partial^4 w}{\partial x^2\partial y^2}+\frac{\partial^4 w}{\partial y^4}\right)-f=-\rho h\frac{\partial^2 w}{\partial t^2} \tag{11.107}$$

上式左边括号中的项可写成

$$\frac{\partial^4 w}{\partial x^4}+2\frac{\partial^4 w}{\partial x^2\partial y^2}+\frac{\partial^4 w}{\partial y^4}=\left(\frac{\partial^2}{\partial x^2}+\frac{\partial^2}{\partial y^2}\right)\left(\frac{\partial^2 w}{\partial x^2}+\frac{\partial^2 w}{\partial y^2}\right)=\nabla^2\nabla^2 w \tag{11.108}$$

即它是对 Laplace 算子再作一次 Laplace 算子,称为**双调和算子**(**biharmonic operator**),记为 ∇^4。板的控制方程可写为

$$D\,\nabla^4 w(x,y,t)+\rho h\frac{\partial^2 w(x,y,t)}{\partial t^2}=f(x,y,t) \tag{11.109}$$

11.2.2 变分法

下面用变分法推导板的运动方程。根据薄板理论的假设，忽略横向正应力 σ_{zz} 以及横向剪应变 ε_{zx} 和 ε_{yz}，所以板的应变能密度为

$$\pi_0=\frac{1}{2}(\sigma_{xx}\varepsilon_{xx}+\sigma_{yy}\varepsilon_{yy}+\sigma_{xy}\varepsilon_{xy}) \tag{11.110}$$

将前面的应变-位移关系和应力-位移关系代入上式可得

$$\pi_0=\frac{Ez^2}{2(1-\nu^2)}\left[\left(\frac{\partial^2 w}{\partial x^2}\right)^2+\left(\frac{\partial^2 w}{\partial y^2}\right)^2+2\nu\frac{\partial^2 w}{\partial x^2}\frac{\partial^2 w}{\partial y^2}+2(1-\nu)\left(\frac{\partial^2 w}{\partial x\partial y}\right)^2\right] \tag{11.111}$$

所以，板的应变能为

$$\begin{aligned}\pi&=\int_V\pi_0\,\mathrm{d}V=\int_A\mathrm{d}A\int_{-h/2}^{h/2}\pi_0\,\mathrm{d}z=\frac{E}{2(1-\nu^2)}\int_A\left[\left(\frac{\partial^2 w}{\partial x^2}\right)^2+\left(\frac{\partial^2 w}{\partial y^2}\right)^2\right.\\&\qquad\left.+2\nu\frac{\partial^2 w}{\partial x^2}\frac{\partial^2 w}{\partial y^2}+2(1-\nu)\left(\frac{\partial^2 w}{\partial x\partial y}\right)^2\right]\mathrm{d}A\int_{-h/2}^{h/2}z^2\,\mathrm{d}z\\&=\frac{D}{2}\int_A\left[\left(\frac{\partial^2 w}{\partial x^2}\right)^2+\left(\frac{\partial^2 w}{\partial y^2}\right)^2+2\nu\frac{\partial^2 w}{\partial x^2}\frac{\partial^2 w}{\partial y^2}+2(1-\nu)\left(\frac{\partial^2 w}{\partial x\partial y}\right)^2\right]\mathrm{d}A\\&=\frac{D}{2}\int_A\left\{\left(\frac{\partial^2 w}{\partial x^2}+\frac{\partial^2 w}{\partial y^2}\right)^2-2(1-\nu)\left[\frac{\partial^2 w}{\partial x^2}\frac{\partial^2 w}{\partial y^2}-\left(\frac{\partial^2 w}{\partial x\partial y}\right)^2\right]\right\}\mathrm{d}A\end{aligned} \tag{11.112}$$

其中，在直角坐标系中，$\mathrm{d}A=\mathrm{d}x\,\mathrm{d}y$，$D$ 由式(11.101)给定。板的动能为

$$T=\frac{\rho h}{2}\int_A\left(\frac{\partial w}{\partial t}\right)^2\mathrm{d}A \tag{11.113}$$

横向分布载荷 $f(x,y,t)$ 对板所做的功为

$$W=\int_A f\,w\,\mathrm{d}A \tag{11.114}$$

这里没有考虑事先指定力或力矩的边界。

广义 Hamilton 原理为

$$\delta\int_{t_1}^{t_2}(\pi-W-T)\mathrm{d}t=0 \tag{11.115}$$

将式(11.112)～式(11.114)代入方程(11.115)可得

$$\begin{aligned}\delta\int_{t_1}^{t_2}&\left\{\frac{D}{2}\int_A\left\{(\nabla^2 w)^2-2(1-\nu)\left[\frac{\partial^2 w}{\partial x^2}\frac{\partial^2 w}{\partial y^2}-\left(\frac{\partial^2 w}{\partial x\partial y}\right)^2\right]\right\}\mathrm{d}A\right.\\&\left.-\frac{\rho h}{2}\int_A\left(\frac{\partial w}{\partial t}\right)^2\mathrm{d}A-\int_A f\,w\,\mathrm{d}A\right\}\mathrm{d}t=0\end{aligned} \tag{11.116}$$

其中∇^2为 Laplace 算子，在直角坐标系中为

$$\nabla^2=\frac{\partial^2 w}{\partial x^2}+\frac{\partial^2 w}{\partial y^2}$$

方程(11.116)中各项的变分为

$$\begin{aligned}I_1&=\delta\int_{t_1}^{t_2}\frac{D}{2}\int_A(\nabla^2 w)^2\,\mathrm{d}A\,\mathrm{d}t=D\int_{t_1}^{t_2}\int_A\nabla^2 w\,\nabla^2(\delta w)\mathrm{d}A\,\mathrm{d}t\\&=D\int_{t_1}^{t_2}\int_A[\nabla^2 w\,\nabla^2(\delta w)-\delta w\,\nabla^2(\nabla^2 w)+\delta w\,\nabla^2(\nabla^2 w)]\mathrm{d}A\,\mathrm{d}t\end{aligned} \tag{11.117}$$

对上式右边的前两项面积分应用 Green 公式(见本章拓展知识)得到

$$I_1 = D\int_{t_1}^{t_2}\left\{\int_A \delta w\ \nabla^4 w \mathrm{d}A + \int_C \left[\nabla^2 w \frac{\partial(\delta w)}{\partial n} - \delta w \frac{\partial(\nabla^2 w)}{\partial n}\right]\mathrm{d}s\right\}\mathrm{d}t \tag{11.118}$$

其中,C 表示板的边界曲线,n 表示边界曲线的外法向,上式第二个积分为沿 C 的曲线积分。式(11.116)第二项变分为

$$\begin{aligned} I_2 &= \delta\int_{t1}^{t2} - D(1-\nu)\int_A \left[\frac{\partial^2 w}{\partial x^2}\frac{\partial^2 w}{\partial y^2} - \left(\frac{\partial^2 w}{\partial x \partial y}\right)^2\right]\mathrm{d}A\,\mathrm{d}t \\ &= -D(1-\nu)\int_{t1}^{t2}\int_A \left[\frac{\partial^2 w}{\partial x^2}\delta\left(\frac{\partial^2 w}{\partial y^2}\right) + \frac{\partial^2 w}{\partial y^2}\delta\left(\frac{\partial^2 w}{\partial x^2}\right) - 2\frac{\partial^2 w}{\partial x \partial y}\delta\left(\frac{\partial^2 w}{\partial x \partial y}\right)\right]\mathrm{d}A\,\mathrm{d}t \end{aligned} \tag{11.119}$$

注意到上式中的被积函数可写为

$$\begin{aligned} &\frac{\partial}{\partial x}\left[\frac{\partial^2 w}{\partial y^2}\frac{\partial(\delta w)}{\partial x} - \frac{\partial^2 w}{\partial x \partial y}\frac{\partial(\delta w)}{\partial y}\right] + \frac{\partial}{\partial y}\left[\frac{\partial^2 w}{\partial x^2}\frac{\partial(\delta w)}{\partial y} - \frac{\partial^2 w}{\partial x \partial y}\frac{\partial(\delta w)}{\partial x}\right] \\ &= \frac{\partial h_1}{\partial x} + \frac{\partial h_2}{\partial y} \end{aligned} \tag{11.120}$$

其中

$$h_1 = \frac{\partial^2 w}{\partial y^2}\frac{\partial(\delta w)}{\partial x} - \frac{\partial^2 w}{\partial x \partial y}\frac{\partial(\delta w)}{\partial y} \tag{11.121}$$

$$h_2 = \frac{\partial^2 w}{\partial x^2}\frac{\partial(\delta w)}{\partial y} - \frac{\partial^2 w}{\partial x \partial y}\frac{\partial(\delta w)}{\partial x} \tag{11.122}$$

于是,式(11.119)变为

$$I_2 = -D(1-\nu)\int_{t_1}^{t_2}\int_A \left(\frac{\partial h_1}{\partial x} + \frac{\partial h_2}{\partial y}\right)\mathrm{d}A\,\mathrm{d}t \tag{11.123}$$

应用 Green 公式得到:

$$I_2 = -D(1-\nu)\int_{t_1}^{t_2}\int_C (h_1\cos\theta + h_2\sin\theta)\mathrm{d}C\,\mathrm{d}t \tag{11.124}$$

其中 θ 为边界外法线与 x 轴正方向的夹角,如图 11.12 所示。

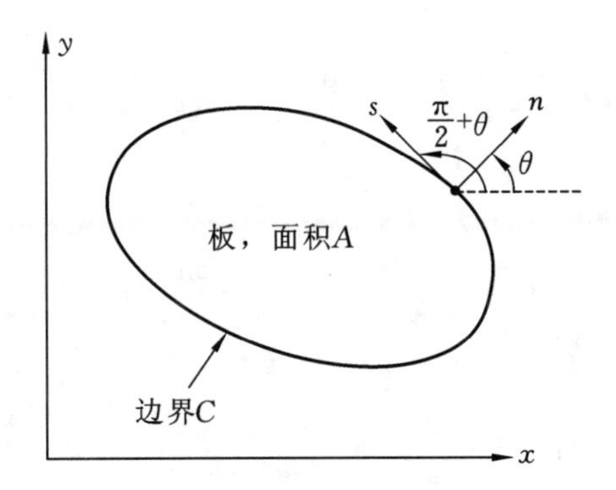

图 11.12　板边界的法线

由图 11.12 可得

$$\frac{\partial(\delta w)}{\partial x} = \frac{\partial(\delta w)}{\partial n}\frac{\partial n}{\partial x} + \frac{\partial(\delta w)}{\partial s}\frac{\partial s}{\partial x} = \frac{\partial(\delta w)}{\partial n}\cos\theta - \frac{\partial(\delta w)}{\partial s}\sin\theta \tag{11.125}$$

$$\frac{\partial(\delta w)}{\partial y}=\frac{\partial(\delta w)}{\partial n}\frac{\partial n}{\partial y}+\frac{\partial(\delta w)}{\partial s}\frac{\partial s}{\partial y}=\frac{\partial(\delta w)}{\partial n}\sin\theta+\frac{\partial(\delta w)}{\partial s}\cos\theta \tag{11.126}$$

于是

$$h_1=\frac{\partial^2 w}{\partial y^2}\left[\frac{\partial(\delta w)}{\partial n}\cos\theta-\frac{\partial(\delta w)}{\partial s}\sin\theta\right]-\frac{\partial^2 w}{\partial x\partial y}\left[\frac{\partial(\delta w)}{\partial n}\sin\theta+\frac{\partial(\delta w)}{\partial s}\cos\theta\right] \tag{11.127}$$

$$h_2=\frac{\partial^2 w}{\partial x^2}\left[\frac{\partial(\delta w)}{\partial n}\sin\theta+\frac{\partial(\delta w)}{\partial s}\cos\theta\right]-\frac{\partial^2 w}{\partial x\partial y}\left[\frac{\partial(\delta w)}{\partial n}\cos\theta-\frac{\partial(\delta w)}{\partial s}\sin\theta\right] \tag{11.128}$$

式(11.124)变为

$$\begin{aligned}I_2=&-D(1-\nu)\int_{t_1}^{t_2}\left\{\int_C\frac{\partial(\delta w)}{\partial n}\left(\frac{\partial^2 w}{\partial y^2}\cos^2\theta+\frac{\partial^2 w}{\partial x^2}\sin\theta-2\frac{\partial^2 w}{\partial x\partial y}\sin\theta\cos\theta\right)\mathrm{d}s\right.\\&\left.+\int_C\frac{\partial(\delta w)}{\partial s}\left[\left(\frac{\partial^2 w}{\partial x^2}-\frac{\partial^2 w}{\partial y^2}\right)\sin\theta\cos\theta+\frac{\partial^2 w}{\partial x\partial y}(\sin^2\theta-\cos^2\theta)\right]\mathrm{d}s\right\}\mathrm{d}t\end{aligned} \tag{11.129}$$

上式第二个线积分可进一步演化，利用下面的分部积分公式：

$$\int_C\frac{\partial(\delta w)}{\partial s}g(x,y)\mathrm{d}s=g(x,y)\delta w\Big|_C-\int_C\delta w\frac{\partial g}{\partial s}\mathrm{d}s \tag{11.130}$$

对于现在的情况，上式中的 $g(x,y)$ 为

$$g(x,y)=\left(\frac{\partial^2 w}{\partial x^2}-\frac{\partial^2 w}{\partial y^2}\right)\sin\theta\cos\theta+\frac{\partial^2 w}{\partial x\partial y}(\sin^2\theta-\cos^2\theta) \tag{11.131}$$

设板的边界曲线 C 为简单闭曲线，所以式(11.130)右边第一项为零，式(11.130)变为

$$\int_C\frac{\partial(\delta w)}{\partial s}g(x,y)\mathrm{d}s=-\int_C\delta w\frac{\partial g}{\partial s}\mathrm{d}s \tag{11.132}$$

将式(11.131)代入式(11.132)，进而式(11.129)变为

$$\begin{aligned}I_2=&-D(1-\nu)\int_{t_1}^{t_2}\left\{\int_C\frac{\partial(\delta w)}{\partial n}\left(\frac{\partial^2 w}{\partial y^2}\cos^2\theta+\frac{\partial^2 w}{\partial x^2}\sin\theta-2\frac{\partial^2 w}{\partial x\partial y}\sin\theta\cos\theta\right)\mathrm{d}s\right.\\&\left.+\int_C\delta w\frac{\partial}{\partial s}\left[\left(\frac{\partial^2 w}{\partial x^2}-\frac{\partial^2 w}{\partial y^2}\right)\sin\theta\cos\theta+\frac{\partial^2 w}{\partial x\partial y}(\sin^2\theta-\cos^2\theta)\right]\mathrm{d}s\right\}\mathrm{d}t\end{aligned} \tag{11.133}$$

动能的变分为

$$I_3=-\delta\int_{t_1}^{t_2}\frac{\rho h}{2}\int_A\left(\frac{\partial w}{\partial t}\right)^2\mathrm{d}A\,\mathrm{d}t=-\frac{\rho h}{2}\int_A\delta\int_{t_1}^{t_2}\left(\frac{\partial w}{\partial t}\right)^2\mathrm{d}A\,\mathrm{d}t \tag{11.134}$$

应用分部积分法可得

$$\begin{aligned}I_3&=-\frac{\rho h}{2}\int_A\int_{t_1}^{t_2}\frac{\partial w}{\partial t}\frac{\partial(\delta w)}{\partial t}\mathrm{d}A\,\mathrm{d}t\\&=-\rho h\int_A\left[\frac{\partial w}{\partial t}\delta w\Big|_{t_1}^{t_2}-\int_{t_1}^{t_2}\frac{\partial}{\partial t}\left(\frac{\partial w}{\partial t}\right)\delta w\,\mathrm{d}t\right]\mathrm{d}A\end{aligned} \tag{11.135}$$

因为 $\delta w(t_1)=\delta w(t_2)=0$，所以

$$I_3=\rho h\int_A\int_{t_1}^{t_2}\ddot{w}\,\delta w\,\mathrm{d}t\,\mathrm{d}A \tag{11.136}$$

其中 $\ddot{w}=\partial^2 w/\partial t^2$。式(11.116)中最后一项变分为

$$I_4=-\delta\int_{t_1}^{t_2}\int_A f\ w\,\mathrm{d}A\,\mathrm{d}t=-\int_{t_1}^{t_2}\int_A f\ \delta w\,\mathrm{d}A\,\mathrm{d}t \tag{11.137}$$

将上面得到的变分项 I_1, I_2, I_3, I_4 代入 Hamilton 方程(11.116)可得

$$\begin{aligned}0=\int_{t_1}^{t_2}\Bigg\{&\int_A (D\,\nabla^4 w+\rho h\ddot{w}-f)\delta w\,\mathrm{d}A\\&+D\int_C\left[\nabla^2 w-(1-\nu)\left(\frac{\partial^2 w}{\partial x^2}\sin\theta-2\frac{\partial^2 w}{\partial x\partial y}\sin\theta\cos\theta\right.\right.\\&\left.\left.+\frac{\partial^2 w}{\partial y^2}\cos^2\theta\right)\right]\frac{\partial(\delta w)}{\partial n}\mathrm{d}s\\&-D\int_C\left\{\frac{\partial(\nabla^2 w)}{\partial n}-(1-\nu)\frac{\partial}{\partial s}\left[\left(\frac{\partial^2 w}{\partial x^2}-\frac{\partial^2 w}{\partial y^2}\right)\sin\theta\cos\theta\right.\right.\\&\left.\left.+\frac{\partial^2 w}{\partial x\partial y}(\sin^2\theta-\cos^2\theta)\right]\delta w\,\mathrm{d}s\right\}\mathrm{d}t\end{aligned} \tag{11.138}$$

由此给出

$$D\,\nabla^4 w+\rho h\ddot{w}-f=0,\quad 在\ A\ 中 \tag{11.139}$$

$$\left[\nabla^2 w-(1-\nu)\left(\frac{\partial^2 w}{\partial x^2}\sin\theta-2\frac{\partial^2 w}{\partial x\partial y}\sin\theta\cos\theta+\frac{\partial^2 w}{\partial y^2}\cos^2\theta\right)\right]\frac{\partial(\delta w)}{\partial n}=0,\quad 在\ C\ 上 \tag{11.140}$$

$$\left\{\frac{\partial(\nabla^2 w)}{\partial n}-(1-\nu)\frac{\partial}{\partial s}\left[\left(\frac{\partial^2 w}{\partial x^2}-\frac{\partial^2 w}{\partial y^2}\right)\sin\theta\cos\theta+\frac{\partial^2 w}{\partial x\partial y}(\sin^2\theta-\cos^2\theta)\right]\right\}\delta w=0,\quad 在\ C\ 上 \tag{11.141}$$

易知方程(11.139)为板的运动方程。方程(11.140)和方程(11.141)为板的边界条件。

11.3　边界条件

板的运动方程(11.139)对空间坐标是一个四阶偏微分方程,如果是一块矩形板,则为了定解,每边需要两个边界条件。下面列出矩形板的一些边界条件。

(1) 固支边界。

板的固支边界如图 11.13 (a)所示,边界条件为

$$w\Big|_{x=a}=0,\quad \frac{\partial w}{\partial x}\Big|_{x=a}=0 \tag{11.142}$$

(2) 简支边界。

板的简支边界如图 11.13 (b)所示,边界条件为

$$w\Big|_{x=a}=0 \tag{11.143}$$

$$M_x=-D\left(\frac{\partial^2 w}{\partial x^2}+\nu\frac{\partial^2 w}{\partial y^2}\right)\Big|_{x=a}=0 \tag{11.144}$$

因为沿 $x=a$ 的边上有 $w=0$,所以有

$$\frac{\partial w}{\partial y}\Big|_{x=a}=0,\quad \frac{\partial^2 w}{\partial y^2}\Big|_{x=a}=0 \tag{11.145}$$

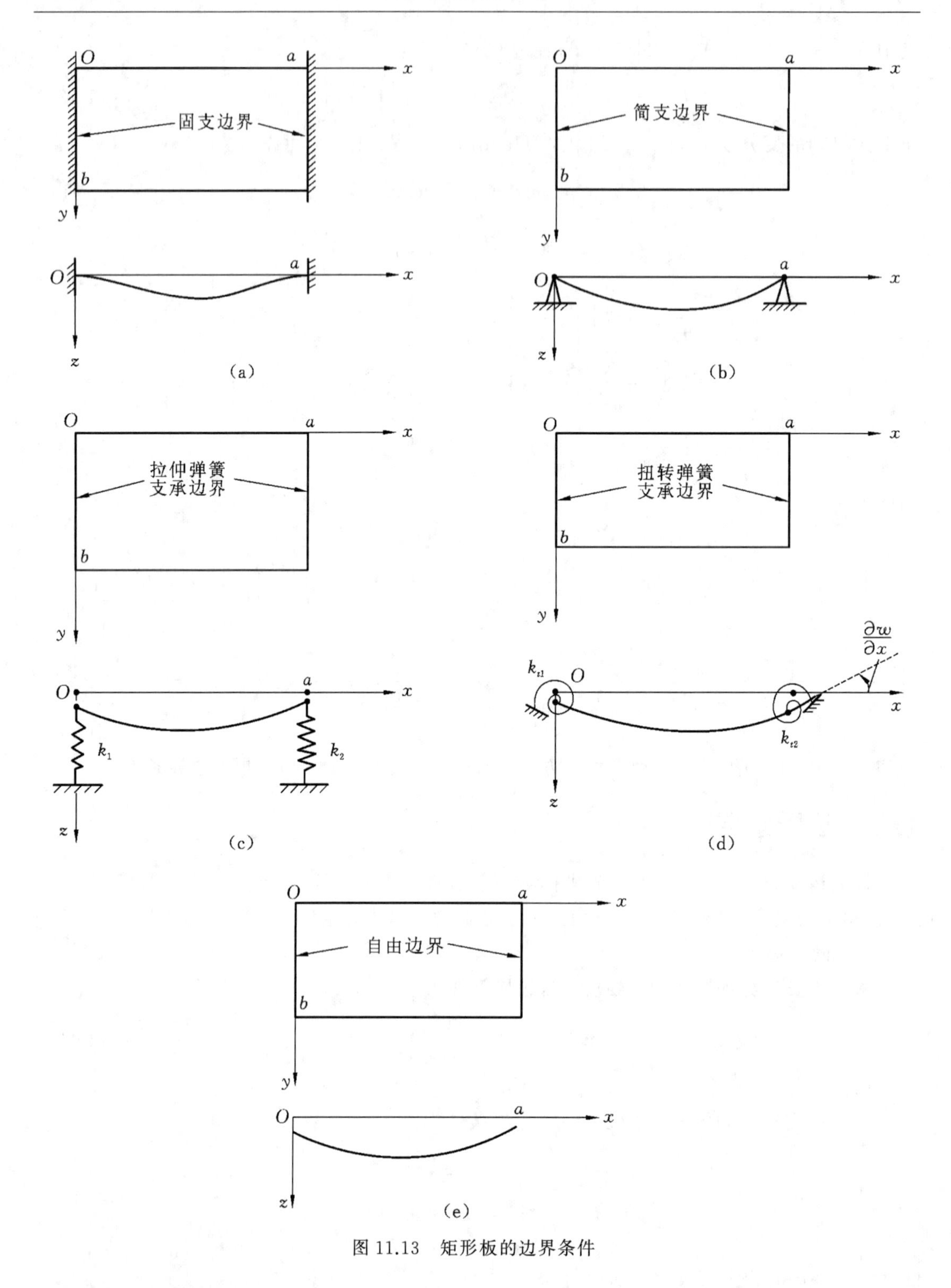

图 11.13　矩形板的边界条件

于是方程(11.144)可写为

$$\left.\frac{\partial^2 w}{\partial x^2}\right|_{x=a}=0 \tag{11.146}$$

(3) 拉伸弹簧支承的边界(参见下面的自由边界的有效剪力)。

板的拉伸弹簧支承边界如图 11.13 (c)所示,边界条件为

$$M_x=-D\left(\frac{\partial^2 w}{\partial x^2}+\nu\frac{\partial^2 w}{\partial y^2}\right)\bigg|_{x=a}=0 \tag{11.147}$$

$$V_x\bigg|_{x=a}=\left(Q_x+\frac{\partial M_{xy}}{\partial y}\right)\bigg|_{x=a}=-k_2 w\bigg|_{x=a}$$

或

$$-D\left[\frac{\partial^3 w}{\partial y^3}+(2-\nu)\frac{\partial^3 w}{\partial x\partial y^2}\right]\bigg|_{x=a}=-k_2 w\bigg|_{x=a} \tag{11.148}$$

(4) 扭转弹簧支承的边界(参见下面的自由边界的有效剪力)。

板的扭转弹簧支承边界如图 11.13 (d)所示,边界条件为

$$M_x\bigg|_{x=a}=-D\left(\frac{\partial^2 w}{\partial x^2}+\nu\frac{\partial^2 w}{\partial y^2}\right)\bigg|_{x=a}=-k_{t2}\frac{\partial w}{\partial x}\bigg|_{x=a} \tag{11.149}$$

$$V_x\bigg|_{x=a}=\left(Q_x+\frac{\partial M_{xy}}{\partial y}\right)\bigg|_{x=a}=-D\left[\frac{\partial^3 w}{\partial y^3}+(2-\nu)\frac{\partial^3 w}{\partial x\partial y^2}\right]\bigg|_{x=a}=0 \tag{11.150}$$

(5) 自由边界。

板的自由边界如图 11.13 (e)所示,边界条件为

$$M_x\bigg|_{x=a}=0 \tag{11.151}$$

$$Q_x\bigg|_{x=a}=0 \tag{11.152}$$

$$M_{xy}\bigg|_{x=a}=0 \tag{11.153}$$

这样,沿 $x=a$ 这条边有三个边界条件,但是每条边只需要两个边界条件。Kirchhoff 将剪力 Q_x 和扭矩 M_{xy} 组合成一个有效剪力,这样就把自由边的三个边界条件合并为两个。

参见图 11.14(a) (注意该图中扭矩的假设转向与图 11.10(a)中的相反),在任意 y 坐标处(即 cd 处)的两边考虑两段长度为 $\mathrm{d}y$ 的边界。在 $cghd$ 这一段边界上,总的扭矩为 $M_{xy}\mathrm{d}y$,它在 gh 和 cd 处产生的剪力为 M_{xy},如图 11.14(b)所示。类似地,在 $cdfe$ 这一段边界上,总的扭矩为

$$\left(M_{xy}+\frac{\partial M_{xy}}{\partial y}\mathrm{d}y\right)\mathrm{d}y$$

在 cd 和 ef 处产生的剪力为

$$M_{xy}+\frac{\partial M_{xy}}{\partial y}\mathrm{d}y$$

在任意 y 坐标处(即 cd 处),由扭矩产生的剪力为$(\partial M_{xy}/\partial y)\mathrm{d}y$,对应的单位长度的剪力为 $\partial M_{xy}/\partial y$,如图 11.14 (c)所示。所以沿 $x=a$ 这条边上的横向剪力可以认为是由 Q_x 与 $\partial M_{xy}/\partial y$ 叠加而成,即

$$V_x=Q_x+\frac{\partial M_{xy}}{\partial y} \tag{11.154}$$

V_x 称为**有效剪力**。类似地，沿 $y=b$ 这条边上的有效剪力为

$$V_y = Q_y + \frac{\partial M_{yx}}{\partial x} \tag{11.155}$$

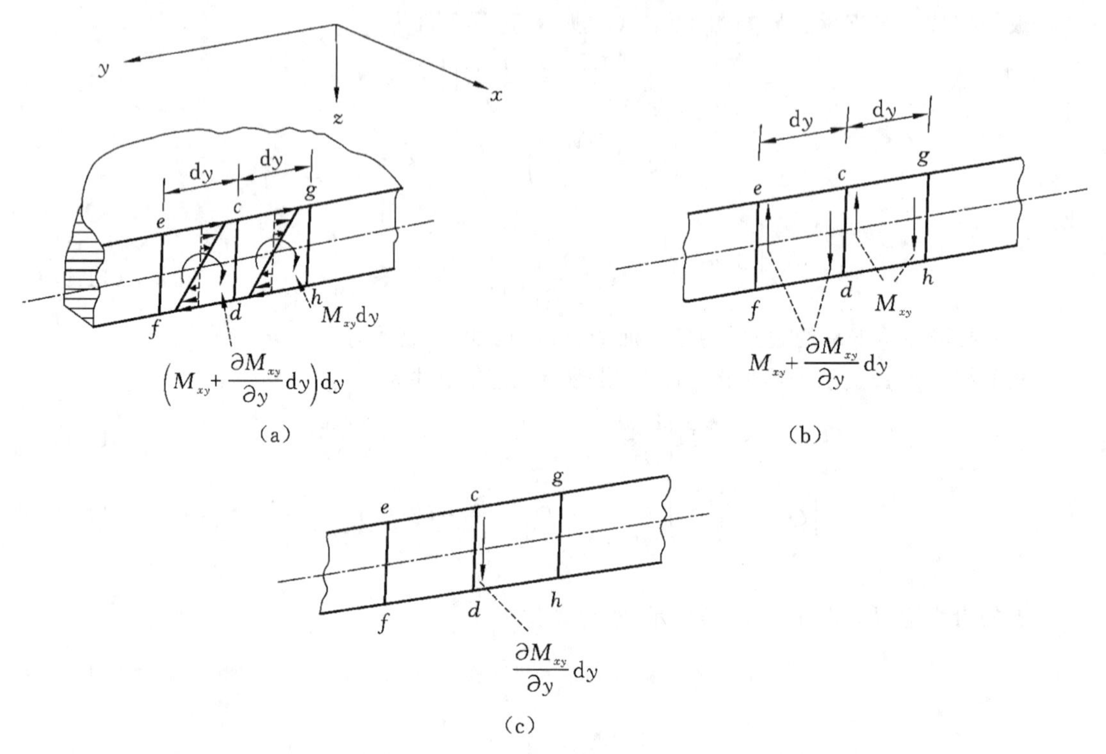

图 11.14　用等效剪力替代扭矩 M_{xy}

综上所述，可得板自由边 $x=a$ 的边界条件为

$$M_x = -D\left(\frac{\partial^2 w}{\partial x^2} + \nu\frac{\partial^2 w}{\partial y^2}\right)\bigg|_{x=a} = 0 \tag{11.156}$$

$$V_x = Q_x + \frac{\partial M_{xy}}{\partial y} = -D\left[\frac{\partial^3 w}{\partial y^3} + (2-\nu)\frac{\partial^3 w}{\partial x \partial y^2}\right]\bigg|_{x=a} = 0 \tag{11.157}$$

(6) 斜边的边界条件。

参见图 11.15，边界截面上的弯矩和扭矩为

$$M_n = \int_{-h/2}^{h/2} z\sigma_n \mathrm{d}z \tag{11.158}$$

$$M_{ns} = \int_{-h/2}^{h/2} z\sigma_{ns} \mathrm{d}z \tag{11.159}$$

斜边上的正应力和剪应力可表示为

$$\sigma_n = \sigma_x \cos^2\theta + \sigma_{yy}\sin^2\theta + \sigma_{xy}\sin(2\theta) \tag{11.160}$$

$$\sigma_{ns} = \sigma_{xy}\cos(2\theta) - \frac{1}{2}(\sigma_{xx} - \sigma_{yy})\sin(2\theta) \tag{11.161}$$

将这两式代入式(11.158)和式(11.159)可得

$$M_n = M_x \cos^2\theta + M_y \sin^2\theta + M_{xy}\sin(2\theta) \tag{11.162}$$

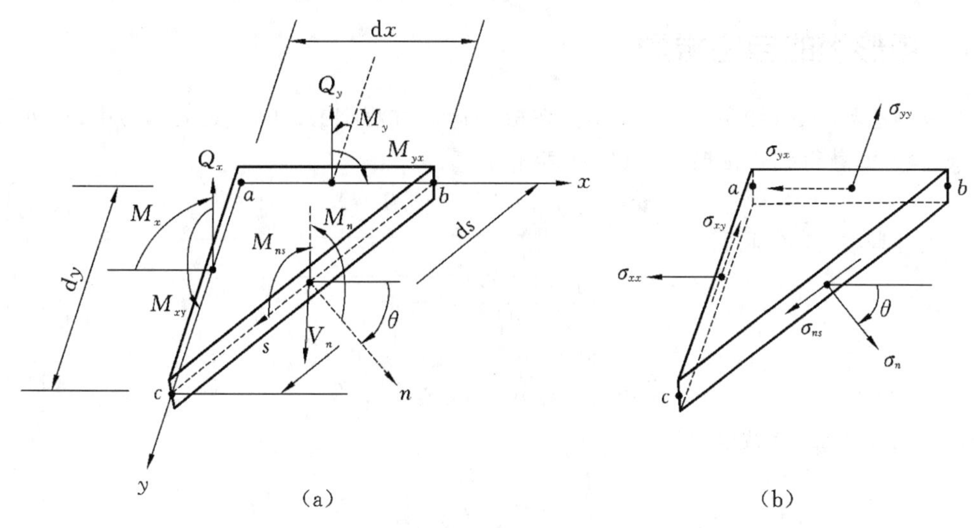

图 11.15　斜边界上的合剪力和合力矩以及应力

(注:图中扭矩的假设正向与截面上的剪应力转向相同)

$$M_{ns}=M_{xy}\cos(2\theta)-\frac{1}{2}(M_x-M_y)\sin(2\theta) \tag{11.163}$$

对图 11.14 所示单元取横向力平衡方程可得单元的横向剪力关系为

$$Q_n=Q_x\cos\theta+Q_y\sin\theta \tag{11.164}$$

斜边上的有效剪力为

$$V_n=Q_n+\frac{\partial M_{ns}}{\partial s} \tag{11.165}$$

根据以上结果,可得具体斜边的边界条件如下。

① 固支斜边。

边界条件为

$$w=0 \tag{11.166}$$

$$\frac{\partial w}{\partial n}=0 \tag{11.167}$$

② 铰支斜边。

边界条件为

$$w=0 \tag{11.168}$$

$$M_n=0 \tag{11.169}$$

③ 自由斜边。

边界条件为

$$M_n=0 \tag{11.170}$$

$$V_n=Q_n+\frac{\partial M_{ns}}{\partial s}=0 \tag{11.171}$$

11.4 矩形板的自由振动

令板的边界为 $x=0,a$ 和 $y=0,b$。在板的运动方程(11.109)或(11.139)中，令外载荷 $f(x,y,t)=0$，就得到自由振动方程，设其解为

$$w(x,y,t)=W(x,y)T(t) \tag{11.172}$$

将此代入方程(11.109)可得

$$\frac{1}{T(t)}\frac{\mathrm{d}^2T(t)}{\mathrm{d}t^2}=-\omega^2 \tag{11.173}$$

$$-\frac{\beta_1^2}{W(x,y)}\nabla^4W(x,y)=-\omega^2 \tag{11.174}$$

其中 ω^2 为一个正的常数以及

$$\beta_1^2=\frac{D}{\rho h} \tag{11.175}$$

方程(11.173)和方程(11.174)可写为

$$\frac{\mathrm{d}^2T(t)}{\mathrm{d}t^2}+\omega^2T(t)=0 \tag{11.176}$$

$$\nabla^4W(x,y)-\lambda^4W(x,y)=0 \tag{11.177}$$

其中

$$\lambda^4=\frac{\omega^2}{\beta_1^2}=\frac{\rho h\omega^2}{D} \tag{11.178}$$

方程(11.176)的通解为

$$T(t)=A\cos(\omega t)+B\sin(\omega t) \tag{11.179}$$

方程(11.177)可表示为

$$(\nabla^4-\lambda^4)W(x,y)=(\nabla^2+\lambda^2)(\nabla^2-\lambda^2)W(x,y)=0 \tag{11.180}$$

根据线性微分方程理论，方程(11.180)的解由如下两个方程的解叠加而成：

$$(\nabla^2+\lambda^2)W_1(x,y)=\frac{\partial^2W_1}{\partial x^2}+\frac{\partial^2W_1}{\partial y^2}+\lambda^2W_1(x,y)=0 \tag{11.181}$$

$$(\nabla^2-\lambda^2)W_2(x,y)=\frac{\partial^2W_2}{\partial x^2}+\frac{\partial^2W_2}{\partial y^2}-\lambda^2W_2(x,y)=0 \tag{11.182}$$

已知方程(11.181)的解为

$$\begin{aligned}W_1(x,y)=&A_1\sin(\alpha x)\sin(\beta y)+A_2\sin(\alpha x)\cos(\beta y)\\&+A_3\cos(\alpha x)\sin(\beta y)+A_4\cos(\alpha x)\cos(\beta y)\end{aligned} \tag{11.183}$$

其中 $\lambda^2=\alpha^2+\beta^2$。方程(11.182)的解由双曲函数构成，所以方程(11.177)的通解为

$$\begin{aligned}W(x,y)=&A_1\sin(\alpha x)\sin(\beta y)+A_2\sin(\alpha x)\cos(\beta y)\\&+A_3\cos(\alpha x)\sin(\beta y)+A_4\cos(\alpha x)\cos(\beta y)\\&+A_5\sinh(\theta x)\sinh(\phi y)+A_6\sinh(\theta x)\cosh(\phi y)\\&+A_7\cosh(\theta x)\sinh(\phi y)+A_8\cosh(\theta x)\cosh(\phi y)\end{aligned} \tag{11.184}$$

其中

$$\lambda^2=\alpha^2+\beta^2=\theta^2+\phi^2 \tag{11.185}$$

11.4.1　四边简支板的解

此时边界条件为

$$\begin{cases} w(x,y,t)=M_x(x,y,t)=0, x=0 \text{ 和 } a \\ w(x,y,t)=M_y(x,y,t)=0, y=0 \text{ 和 } b \end{cases} \tag{11.186}$$

这些边界条件可用 W 来表示：

$$\begin{cases} W(0,y)=0, & \left(\dfrac{\partial^2 W}{\partial x^2}+\nu\dfrac{\partial^2 W}{\partial y^2}\right)\Bigg|_{(0,y)}=0 \\ W(a,y)=0, & \left(\dfrac{\partial^2 W}{\partial x^2}+\nu\dfrac{\partial^2 W}{\partial y^2}\right)\Bigg|_{(a,y)}=0 \\ W(x,0)=0, & \left(\dfrac{\partial^2 W}{\partial x^2}+\nu\dfrac{\partial^2 W}{\partial y^2}\right)\Bigg|_{(x,0)}=0 \\ W(x,b)=0, & \left(\dfrac{\partial^2 W}{\partial x^2}+\nu\dfrac{\partial^2 W}{\partial y^2}\right)\Bigg|_{(x,b)}=0 \end{cases} \tag{11.187}$$

前面已经说明，当 $W(x,y)$ 沿 $x=0$ 和 $x=a$ 边界为常数时，沿这些边界 $\partial^2 W/\partial y^2$ 为零。同理，沿 $y=0$ 和 $y=b$ 边界 $\partial^2 W/\partial x^2$ 为零。所以式(11.187)可简化为

$$\begin{cases} W(0,y)=\dfrac{\partial^2 W}{\partial x^2}(0,y)=W(a,y)=\dfrac{\partial^2 W}{\partial x^2}(a,y)=0 \\ W(x,0)=\dfrac{\partial^2 W}{\partial y^2}(x,0)=W(x,b)=\dfrac{\partial^2 W}{\partial y^2}(x,b)=0 \end{cases} \tag{11.188}$$

当式(11.184)应用这些边界条件后，除了 A_1，其他所有 A_i 都等于零，所以 α 和 β 需要满足的方程为

$$\begin{cases} \sin(\alpha a)=0 \\ \sin(\beta b)=0 \end{cases} \tag{11.189}$$

所以

$$\alpha_m a=m\pi, \quad \beta_n b=n\pi, \quad m=1,2,\cdots, \quad n=1,2,\cdots \tag{11.190}$$

进而由式(11.185)可得固有频率为

$$\omega_{mn}=\lambda_{mn}^2\left(\frac{D}{\rho h}\right)^{1/2}=\pi^2\left[\left(\frac{m}{a}\right)^2+\left(\frac{n}{b}\right)^2\right]\left(\frac{D}{\rho h}\right)^{1/2}, \quad m,n=1,2,\cdots \tag{11.191}$$

对应的特征函数(模态函数)为

$$W_{mn}(x,y)=A_{1mn}\sin\frac{m\pi x}{a}\sin\frac{n\pi y}{b}, \quad m,n=1,2,\cdots \tag{11.192}$$

图 11.16 画出了前几阶模态形状。模态振动为

$$w_{mn}(x,y,t)=\sin\frac{m\pi x}{a}\sin\frac{n\pi y}{b}[A_{mn}\cos(\omega_{mn}t)+B_{mn}\sin(\omega_{mn}t)] \tag{11.193}$$

板的自由振动为

$$w(x,y,t)=\sum_{m=1}^{\infty}\sum_{n=1}^{\infty}\sin\frac{m\pi x}{a}\sin\frac{n\pi y}{b}[A_{mn}\cos(\omega_{mn}t)+B_{mn}\sin(\omega_{mn}t)] \tag{11.194}$$

假设初始条件为

$$w(x,y,0)=w_0(x,y),\quad \frac{\partial w}{\partial t}(x,y,0)=\dot{w}_0(x,y) \tag{11.195}$$

将式(11.194)代入式(11.195)得到

$$\begin{cases}\sum_{m=1}^{\infty}\sum_{n=1}^{\infty}A_{mn}\sin\frac{m\pi x}{a}\sin\frac{n\pi y}{b}=w_0(x,y)\\ \sum_{m=1}^{\infty}\sum_{n=1}^{\infty}B_{mn}\omega_{mn}\sin\frac{m\pi x}{a}\sin\frac{n\pi y}{b}=\dot{w}_0(x,y)\end{cases} \tag{11.196}$$

利用模态函数的正交性可得

$$\begin{cases}A_{mn}=\frac{4}{ab}\int_0^a\int_0^b w_0(x,y)\sin\frac{m\pi x}{a}\sin\frac{n\pi y}{b}\mathrm{d}x\,\mathrm{d}y\\ B_{mn}=\frac{4}{ab\omega_{mn}}\int_0^a\int_0^b \dot{w}_0(x,y)\sin\frac{m\pi x}{a}\sin\frac{n\pi y}{b}\mathrm{d}x\,\mathrm{d}y\end{cases} \tag{11.197}$$

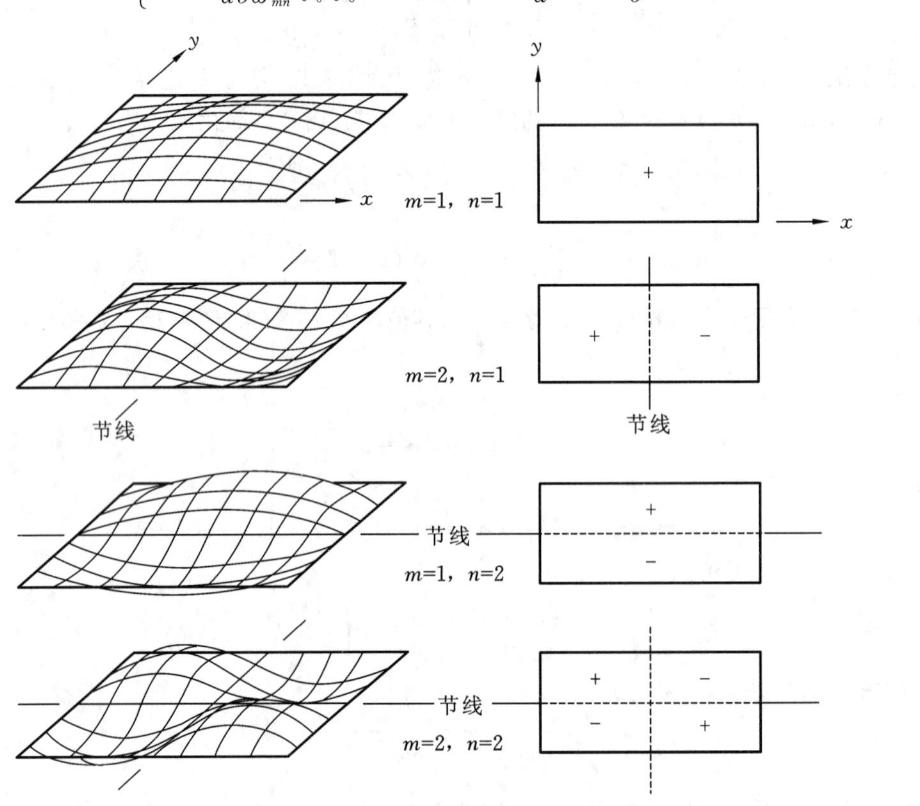

图 11.16　简支矩形板的几个模态

注:虚线表示边界之外的节线。

11.4.2　其他边界条件的矩形板

为了求解其他一些边界条件的矩形板的运动方程(11.177),我们采用分离变量法:

$$W(x,y)=X(x)Y(y) \tag{11.198}$$

将此代入方程(11.177)可得

$$X''''Y+2X''Y''+XY''''-\lambda^4XY=0 \tag{11.199}$$

其中一撇表示对于相应自变量的导数。如果令

$$X''(x)=-\alpha^2X(x),\quad X''''(x)=-\alpha^2X''(x) \tag{11.200}$$

或

$$Y''(y)=-\beta^2Y(y),\quad Y''''(y)=-\beta^2Y''(y) \tag{11.201}$$

或者以上两个方程都满足,则函数 $X(x)$和 $Y(y)$就可以从方程(11.199)分离。方程(11.200)或方程(11.201)只满足以下三角函数:

$$\begin{Bmatrix}\sin(\alpha_m x)\\ \cos(\alpha_m x)\end{Bmatrix}\quad 或\quad \begin{Bmatrix}\sin(\beta_n y)\\ \cos(\beta_n y)\end{Bmatrix} \tag{11.202}$$

且

$$\alpha_m=\frac{m\pi}{a},\quad m=1,2,\cdots,\qquad \beta_n=\frac{n\pi}{b},\quad n=1,2,\cdots \tag{11.203}$$

假设 $x=0$ 和 $x=a$ 简支,这就提示我们有

$$X_m(x)=A\sin(\alpha_m x),\quad m=1,2,\cdots \tag{11.204}$$

其中 A 为常数。式(11.204)满足下面的条件

$$X_m(0)=X_m(a)=X''_m(0)=X''_m(a)=0 \tag{11.205}$$

进而满足边界条件

$$w(0,y,t)=w(a,y,t)=\nabla^2w(0,y,t)=\nabla^2w(a,y,t)=0 \tag{11.206}$$

将解(11.204)代入方程(11.199)可得

$$Y''''(y)-2\alpha_m^2Y''(y)-(\lambda^4-\alpha_m^4)Y(y)=0 \tag{11.207}$$

假设 $\lambda^4>\alpha_m^4$,设方程(11.207)的解为

$$Y(y)=\mathrm{e}^{sy} \tag{11.208}$$

将此代入方程(11.207)得到

$$s^4-2\alpha_m^2s^2-(\lambda^4-\alpha_m^4)=0 \tag{11.209}$$

这个方程的根为

$$s_{1,2}=\pm\sqrt{\lambda^2+\alpha_m^2},\quad s_{3,4}=\pm\mathrm{i}\sqrt{\lambda^2-\alpha_m^2} \tag{11.210}$$

所以方程(11.207)的实数形式的通解为

$$Y(y)=C_1\sin(\delta_1y)+C_2\cos(\delta_1y)+C_3\sinh(\delta_2y)+C_4\cosh(\delta_2y) \tag{11.211}$$

其中

$$\delta_1=\sqrt{\lambda^2-\alpha_m^2},\quad \delta_2=\sqrt{\lambda^2+\alpha_m^2} \tag{11.212}$$

下面我们将边界 $y=0$ 和 $y=b$ 的不同边界条件应用于式(11.211)。

(1) 边界 $y=0$ 和 $y=b$ 简支。

这两条边的边界条件为

$$W(x,0)=0 \tag{11.213}$$

$$W(x,b)=0 \tag{11.214}$$

$$M_y(x,0)=-D\left(\frac{\partial^2W}{\partial x^2}+\nu\frac{\partial^2W}{\partial y^2}\right)\bigg|_{(x,0)}=0 \tag{11.215}$$

$$M_y(x,b)=-D\left(\frac{\partial^2 W}{\partial x^2}+\nu\frac{\partial^2 W}{\partial y^2}\right)\bigg|_{(x,b)}=0 \tag{11.216}$$

因为沿 $y=0$ 和 $y=b$ 边界上 $W=0$,所以在这两条边上也有 $\partial W/\partial x=\partial^2 W/\partial x^2=0$。于是,$Y(y)$的边界条件为

$$Y(0)=0 \tag{11.217}$$

$$Y(b)=0 \tag{11.218}$$

$$\frac{d^2Y(0)}{dy^2}=0 \tag{11.219}$$

$$\frac{d^2Y(b)}{dy^2}=0 \tag{11.220}$$

式(11.211)对 y 求二阶导数可得

$$\frac{d^2Y(y)}{dy^2}=-\delta_1^2C_1\sin(\delta_1 y)-\delta_1^2C_2\cos(\delta_1 y)+\delta_2^2C_3\ \sinh(\delta_2 y)+\delta_2^2C_4\cosh(\delta_2 y) \tag{11.221}$$

将边界条件方程(11.217)～方程(11.220)应用到式(11.211)和式(11.221)可得

$$C_2+C_4=0 \tag{11.222}$$

$$C_1\sin(\delta_1 b)+C_2\cos(\delta_1 b)+C_3\ \sinh(\delta_2 b)+C_4\cosh(\delta_2 b)=0 \tag{11.223}$$

$$-\delta_1^2C_2+\delta_2^2C_4=0 \tag{11.224}$$

$$-\delta_1^2C_1\sin(\delta_1 b)-\delta_1^2C_2\cos(\delta_1 b)+\delta_2^2C_3\ \sinh(\delta_2 b)+\delta_2^2C_4\cosh(\delta_2 b)=0 \tag{11.225}$$

由此可得

$$C_2=C_4=0 \tag{11.226}$$

$$C_1\sin(\delta_1 b)+C_3\ \sinh(\delta_2 b)=0 \tag{11.227}$$

$$-\delta_1^2C_1\sin(\delta_1 b)+\delta_2^2C_3\sinh(\delta_2 b)=0 \tag{11.228}$$

所以

$$C_1(\delta_1^2+\delta_2^2)\sin(\delta_1 b)=0 \tag{11.229}$$

进而有

$$\sin(\delta_1 b)=0$$

或

$$\delta_1=\frac{n\pi}{b},\quad n=1,2,\cdots \tag{11.230}$$

对应的模态形状为

$$Y_n(y)=C_1\sin(\delta_1 y)=C_1\sin\frac{n\pi y}{b} \tag{11.231}$$

因为 $\delta_1=\sqrt{\lambda^2-\alpha_m^2}$,所以

$$\lambda_{mn}^2=\alpha_m^2+\delta_1^2,\quad \delta_1=\frac{n\pi}{b} \tag{11.232}$$

由此可得四边简支板的固有频率为

$$\omega_{mn}=\lambda_{mn}^2\sqrt{\frac{D}{\rho h}}=(\alpha_m^2+\beta_n^2)\sqrt{\frac{D}{\rho h}}$$
$$=\pi^2\left[\left(\frac{m}{a}\right)^2+\left(\frac{n}{b}\right)^2\right]\sqrt{\frac{D}{\rho h}},\quad m,n=1,2,\cdots \tag{11.233}$$

板的模态形状为

$$W_{mn}(x,y)=X_m(x)Y_n(y)=C_{mn}\sin(\alpha_m x)\sin(\beta_n y),\quad m,n=1,2,\cdots \tag{11.234}$$

(2) 边界 $y=0$ 和 $y=b$ 固支。

这两条边上 $Y(y)$ 的边界条件为

$$Y(0)=0 \tag{11.235}$$
$$\frac{\mathrm{d}Y(0)}{\mathrm{d}y}=0 \tag{11.236}$$
$$Y(b)=0 \tag{11.237}$$
$$\frac{\mathrm{d}Y(b)}{\mathrm{d}y}=0 \tag{11.238}$$

式(11.211)对 y 求一阶导数可得

$$\frac{\mathrm{d}Y(y)}{\mathrm{d}y}=\delta_1 C_1\cos(\delta_1 y)-\delta_1 C_2\sin(\delta_1 y)+\delta_2 C_3\cosh(\delta_2 y)+\delta_2 C_4\sinh(\delta_2 y) \tag{11.239}$$

应用边界条件方程(11.235)～方程(11.238)可得

$$C_2+C_4=0 \tag{11.240}$$
$$\delta_1 C_1+\delta_2 C_3=0 \tag{11.241}$$
$$C_1\sin(\delta_1 b)+C_2\cos(\delta_1 b)+C_3\sinh(\delta_2 b)+C_4\cosh(\delta_2 b)=0 \tag{11.242}$$
$$\delta_1 C_1\cos(\delta_1 b)-\delta_1 C_2\sin(\delta_1 b)+\delta_2 C_3\cosh(\delta_2 b)+\delta_2 C_4\sinh(\delta_2 b)=0 \tag{11.243}$$

以上四个方程写成矩阵形式为

$$\begin{bmatrix} 0 & 1 & 0 & 1 \\ \delta_1 & 0 & \delta_2 & 0 \\ \sin(\delta_1 b) & \cos(\delta_1 b) & \sinh(\delta_2 b) & \cosh(\delta_2 b) \\ \delta_1\cos(\delta_1 b) & -\delta_1\sin(\delta_1 b) & \delta_2\cosh(\delta_2 b) & \delta_2\sinh(\delta_2 b) \end{bmatrix}\begin{bmatrix} C_1 \\ C_2 \\ C_3 \\ C_4 \end{bmatrix}=\begin{bmatrix} 0 \\ 0 \\ 0 \\ 0 \end{bmatrix} \tag{11.244}$$

令上式系数矩阵的行列式为零,得到频率方程为

$$2\,\delta_1\delta_2[\cos(\delta_1 b)\cosh(\delta_2 b)-1]-\alpha_m^2\sin(\delta_1 b)\sinh(\delta_2 b)=0 \tag{11.245}$$

对于任一 m,可以求出 $\lambda_n(n=1,2,\cdots)$的值,进而可求出固有频率 ω_{mn} 的值。$Y(y)$的模态形状为

$$Y_n(y)=C_n\{[\cosh(\delta_2 b)-\cos(\delta_1 b)][\delta_1\sinh(\delta_2 y)-\delta_2\sin(\delta_1 y)]$$
$$-[\delta_1\sinh(\delta_2 b)-\delta_2\sin(\delta_1 b)][\cosh(\delta_2 y)-\cos(\delta_1 y)]\} \tag{11.246}$$

板的模态形状为

$$W_{mn}(x,y)=C_{mn}X_m(x)Y_n(y)=C_{mn}Y_n(y)\sin(\alpha_m x) \tag{11.247}$$

11.5　矩形板的受迫振动

本节我们考虑一块简支矩形板在分布载荷 $f(x,y,t)$作用下的振动。采用模态展开方

法，板的横向位移 $w(x,y,t)$ 可表示为

$$w(x,y,t)=\sum_{m=1}^{\infty}\sum_{n=1}^{\infty}W_{mn}(x,y)\eta_{mn}(t) \tag{11.248}$$

其中四边简支板的正则模态形状为

$$W_{mn}(x,y)=A_{1mn}\sin\frac{m\pi x}{a}\sin\frac{n\pi y}{b},\quad m,n=1,2,\cdots \tag{11.249}$$

假设这些模态满足归一性条件：

$$\int_0^a\int_0^b\rho hW_{mn}^2\mathrm{d}x\,\mathrm{d}y=1$$

所以 $A_{1mn}=2/\sqrt{\rho hab}$。将式(11.249)代入方程(11.139)，利用模态的正交性，可得广义坐标的控制方程为

$$\ddot{\eta}_{mn}(t)+\omega_{mn}^2\eta_{mn}(t)=N_{mn}(t),\quad m,n=1,2,\cdots \tag{11.250}$$

其中的广义力 $N_{mn}(t)$ 为

$$N_{mn}(t)=\int_0^a\int_0^b f(x,y,t)W_{mn}(x,y)\mathrm{d}x\,\mathrm{d}y \tag{11.251}$$

固有频率为

$$\omega_{mn}=\pi^2\left[\left(\frac{m}{a}\right)^2+\left(\frac{n}{b}\right)^2\right]\sqrt{\frac{D}{\rho h}},\quad m,n=1,2,\cdots \tag{11.252}$$

方程(11.250)的解为

$$\eta_{mn}(t)=\eta_{mn}(0)\cos(\omega_{mn}t)+\frac{\dot{\eta}_{mn}(0)}{\omega_{mn}}\sin(\omega_{mn}t)+\frac{1}{\omega_{mn}}\int_0^t N_{mn}(\tau)\sin[\omega_{mn}(t-\tau)]\mathrm{d}\tau \tag{11.253}$$

板的受迫振动解为

$$\begin{aligned}w(x,y,t)=\sum_{m=1}^{\infty}\sum_{n=1}^{\infty}A_{1mn}\sin\frac{m\pi x}{a}\sin\frac{n\pi y}{b}\Big\{&\eta_{mn}(0)\cos(\omega_{mn}t)\\&+\frac{\dot{\eta}_{mn}(0)}{\omega_{mn}}\sin(\omega_{mn}t)+\frac{1}{\omega_{mn}}\int_0^t N_{mn}(\tau)\sin[\omega_{mn}(t-\tau)]\mathrm{d}\tau\Big\}\end{aligned} \tag{11.254}$$

例 11.1 四边简支均匀矩形板 x 方向的两条边为 $x=0$ 和 $x=a$，y 方向的两条边为 $y=0$ 和 $y=b$，在 (x_0,y_0) 点作用一个集中力 $F(t)$。求板的响应，设初始条件为零。

解 板的受迫振动为

$$w(x,y,t)=\sum_{m=1}^{\infty}\sum_{n=1}^{\infty}W_{mn}(x,y)\eta_{mn}(t)$$

其中

$$\eta_{mn}(t)=\frac{1}{\omega_{mn}}\int_0^t N_{mn}(\tau)\sin[\omega_{mn}(t-\tau)]\mathrm{d}\tau$$

$$N_{mn}(t)=\int_0^a\int_0^b f(x,y,t)W_{mn}(x,y)\mathrm{d}x\,\mathrm{d}y$$

在 (x_0,y_0) 点作用的集中力 $F(t)$ 可表示为

$$f(x,y,t)=\delta(x-x_0,y-y_0)F(t)$$

所以广义力为

$$N_{mn}(t)=\int_0^a\int_0^b \delta(x-x_0,y-y_0)F(t)W_{mn}(x,y)\mathrm{d}x\,\mathrm{d}y$$
$$=F(t)W_{mn}(x_0,y_0)=\frac{2F(t)}{\sqrt{\rho hab}}\sin\frac{m\pi x_0}{a}\sin\frac{n\pi y_0}{b}$$

进而

$$\eta_{mn}(t)=\frac{2}{\omega_{mn}\sqrt{\rho hab}}\sin\frac{m\pi x_0}{a}\sin\frac{n\pi y_0}{b}\int_0^t F(\tau)\sin[\omega_{mn}(t-\tau)]\mathrm{d}\tau$$

11.6　圆板

11.6.1　运动方程

在极坐标系中考虑一个无穷小的板单元，如图 11.17 所示。图中画出了径向弯矩 M_r，切向弯矩 M_θ，扭矩 $M_{r\theta}$ 和 $M_{\theta r}$，以及横向剪力 Q_r 和 Q_θ。板单元对切向和径向的矩平衡方程为

$$\frac{\partial M_r}{\partial r}+\frac{1}{r}\frac{\partial M_{r\theta}}{\partial\theta}+\frac{M_r-M_\theta}{r}-Q_r=0 \tag{11.255}$$

$$\frac{\partial M_{r\theta}}{\partial r}+\frac{1}{r}\frac{\partial M_\theta}{\partial\theta}+\frac{2}{r}M_{r\theta}-Q_\theta=0 \tag{11.256}$$

z 方向的力平衡方程为

$$\frac{\partial Q_r}{\partial r}+\frac{1}{r}\frac{\partial Q_\theta}{\partial\theta}+\frac{Q_r}{r}+f-\rho h\frac{\partial^2 w}{\partial t^2}=0 \tag{11.257}$$

方程(11.255)～方程(11.257)可以合并成一个关于 M_r，M_θ 和 $M_{r\theta}$ 的方程，再用横向位移 w 来表示这些力矩，就可得用位移表示的板的极坐标运动方程。

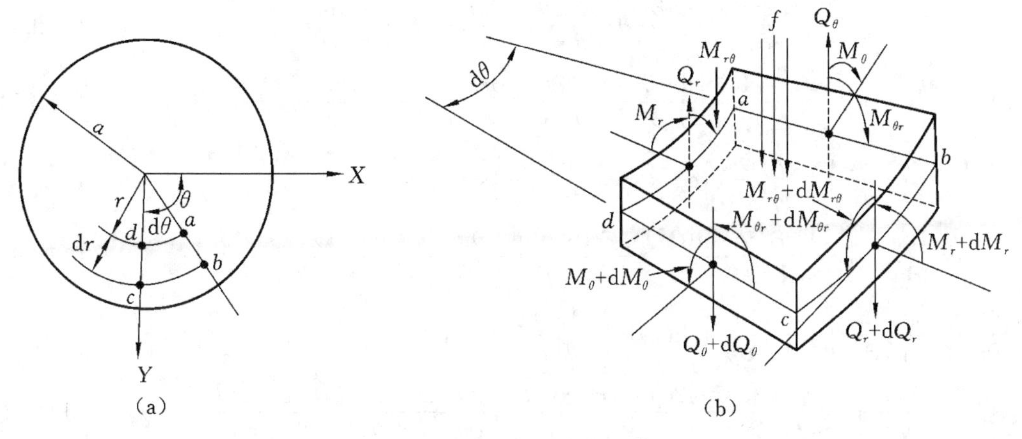

图 11.17　极坐标系中的板单元

也可以用坐标变换的方法来得到板的极坐标运动方程。如图 11.18 所示，一点 P 的直角坐标与极坐标的关系为

$$x=r\cos\theta,\quad y=r\sin\theta \tag{11.258}$$

$$r^2 = x^2 + y^2 \tag{11.259}$$

$$\theta = \tan^{-1}\frac{y}{x} \tag{11.260}$$

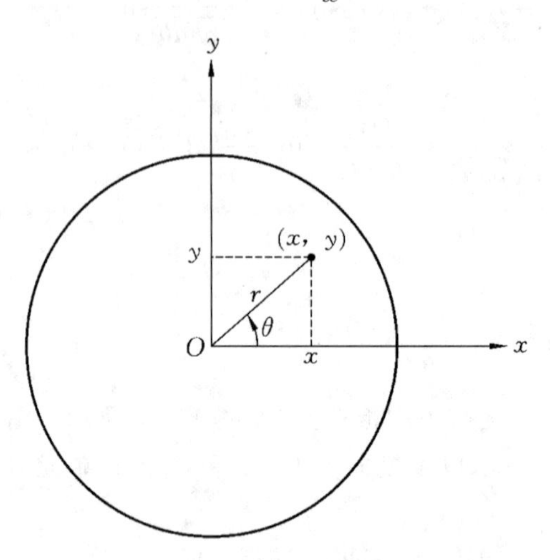

图 11.18　直角坐标和极坐标

所以

$$\frac{\partial r}{\partial x} = \frac{x}{r} = \cos\theta, \quad \frac{\partial r}{\partial y} = \frac{y}{r} = \sin\theta \tag{11.261}$$

类似地，有

$$\frac{\partial \theta}{\partial x} = -\frac{y}{r^2} = -\frac{\sin\theta}{r}, \quad \frac{\partial \theta}{\partial y} = \frac{x}{r^2} = \frac{\cos\theta}{r} \tag{11.262}$$

于是可得

$$\frac{\partial w}{\partial x} = \frac{\partial w}{\partial r}\frac{\partial r}{\partial x} + \frac{\partial w}{\partial \theta}\frac{\partial \theta}{\partial x} = \frac{\partial w}{\partial r}\cos\theta - \frac{1}{r}\frac{\partial w}{\partial \theta}\sin\theta \tag{11.263}$$

$$\frac{\partial w}{\partial y} = \frac{\partial w}{\partial r}\frac{\partial r}{\partial y} + \frac{\partial w}{\partial \theta}\frac{\partial \theta}{\partial y} = \frac{\partial w}{\partial r}\sin\theta + \frac{1}{r}\frac{\partial w}{\partial \theta}\cos\theta \tag{11.264}$$

$$\begin{aligned}\frac{\partial^2 w}{\partial x^2} &= \frac{\partial}{\partial x}\left(\frac{\partial w}{\partial x}\right) = \frac{\partial}{\partial r}\left(\frac{\partial w}{\partial x}\right)\cos\theta - \frac{1}{r}\frac{\partial}{\partial \theta}\left(\frac{\partial w}{\partial x}\right)\sin\theta \\ &= \frac{\partial^2 w}{\partial r^2}\cos^2\theta - \frac{\partial^2 w}{\partial r\partial \theta}\frac{\sin(2\theta)}{r} + \frac{\partial w}{\partial r}\frac{\sin^2\theta}{r} + \frac{\partial w}{\partial \theta}\frac{\sin(2\theta)}{r^2} + \frac{\partial^2 w}{\partial \theta^2}\frac{\sin^2\theta}{r^2}\end{aligned} \tag{11.265}$$

$$\begin{aligned}\frac{\partial^2 w}{\partial y^2} &= \frac{\partial}{\partial y}\left(\frac{\partial w}{\partial y}\right) = \frac{\partial}{\partial r}\left(\frac{\partial w}{\partial y}\right)\sin\theta + \frac{1}{r}\frac{\partial}{\partial \theta}\left(\frac{\partial w}{\partial y}\right)\cos\theta \\ &= \frac{\partial^2 w}{\partial r^2}\sin^2\theta + \frac{\partial^2 w}{\partial r\partial \theta}\frac{\sin(2\theta)}{r} + \frac{\partial w}{\partial r}\frac{\cos^2\theta}{r} - \frac{\partial w}{\partial \theta}\frac{\sin(2\theta)}{r^2} + \frac{\partial^2 w}{\partial \theta^2}\frac{\cos^2\theta}{r^2}\end{aligned} \tag{11.266}$$

$$\begin{aligned}\frac{\partial^2 w}{\partial x\partial y} &= \frac{\partial}{\partial x}\left(\frac{\partial w}{\partial y}\right) = \frac{\partial}{\partial r}\left(\frac{\partial w}{\partial y}\right)\cos\theta - \frac{1}{r}\frac{\partial}{\partial \theta}\left(\frac{\partial w}{\partial y}\right)\sin\theta \\ &= \frac{\partial^2 w}{\partial r^2}\frac{\sin(2\theta)}{2} + \frac{\partial^2 w}{\partial r\partial \theta}\frac{\cos(2\theta)}{r} - \frac{\partial w}{\partial \theta}\frac{\cos(2\theta)}{r^2} - \frac{\partial w}{\partial r}\frac{\sin(2\theta)}{2r} - \frac{\partial^2 w}{\partial \theta^2}\frac{\sin(2\theta)}{2r^2}\end{aligned} \tag{11.267}$$

应用这些变换关系，可将 Laplace 算子∇^2在直角坐标系中的表达式变到极坐标中：

$$\nabla^2 w=\frac{\partial^2 w}{\partial x^2}+\frac{\partial^2 w}{\partial y^2}=\frac{\partial^2 w}{\partial r^2}+\frac{1}{r}\frac{\partial w}{\partial r}+\frac{1}{r^2}\frac{\partial^2 w}{\partial \theta^2} \tag{11.268}$$

对上式再取一次∇^2运算得到

$$\begin{aligned}\nabla^4 w &=\nabla^2(\nabla^2 w)=\left(\frac{\partial^2}{\partial r^2}+\frac{1}{r}\frac{\partial}{\partial r}+\frac{1}{r^2}\frac{\partial^2}{\partial \theta^2}\right)\left(\frac{\partial^2 w}{\partial r^2}+\frac{1}{r}\frac{\partial w}{\partial r}+\frac{1}{r^2}\frac{\partial^2 w}{\partial \theta^2}\right)\\ &=\frac{\partial^4 w}{\partial r^4}+\frac{2}{r}\frac{\partial^3 w}{\partial r^3}-\frac{1}{r^2}\frac{\partial^2 w}{\partial r^2}+\frac{1}{r^3}\frac{\partial w}{\partial r}+\frac{2}{r^2}\frac{\partial^4 w}{\partial r^2\partial \theta^2}\\ &\quad -\frac{2}{r^3}\frac{\partial^3 w}{\partial \theta^2\partial r}+\frac{4}{r^4}\frac{\partial^2 w}{\partial \theta^2}+\frac{1}{r^4}\frac{\partial^4 w}{\partial \theta^4}\end{aligned} \tag{11.269}$$

有了式(11.269)，就可将板的运动方程在极坐标系中写出，为

$$D\,\nabla^4 w+\rho h\,\frac{\partial^2 w}{\partial t^2}=f$$

或

$$\begin{aligned}&D\left(\frac{\partial^4 w}{\partial r^4}+\frac{2}{r}\frac{\partial^3 w}{\partial r^3}-\frac{1}{r^2}\frac{\partial^2 w}{\partial r^2}+\frac{1}{r^3}\frac{\partial w}{\partial r}+\frac{2}{r^2}\frac{\partial^4 w}{\partial r^2\partial \theta^2}-\frac{2}{r^3}\frac{\partial^3 w}{\partial \theta^2\partial r}+\frac{4}{r^4}\frac{\partial^2 w}{\partial \theta^2}+\frac{1}{r^4}\frac{\partial^4 w}{\partial \theta^4}\right)\\ &\quad+\rho h\,\frac{\partial^2 w}{\partial t^2}=f(r,\theta,t)\end{aligned} \tag{11.270}$$

11.6.2　截面上的合力矩和合力

采用变换方法，可得极坐标系中截面上的弯矩和扭矩为

$$M_r=-D\left[\frac{\partial^2 w}{\partial r^2}+\nu\left(\frac{1}{r}\frac{\partial w}{\partial r}+\frac{1}{r^2}\frac{\partial^2 w}{\partial \theta^2}\right)\right] \tag{11.271}$$

$$M_\theta=-D\left(\frac{1}{r}\frac{\partial w}{\partial r}+\frac{1}{r^2}\frac{\partial^2 w}{\partial \theta^2}+\nu\,\frac{\partial^2 w}{\partial r^2}\right) \tag{11.272}$$

$$M_{r\theta}=M_{\theta r}=-(1-\nu)D\,\frac{\partial}{\partial r}\left(\frac{1}{r}\frac{\partial w}{\partial \theta}\right) \tag{11.273}$$

横向剪力为

$$\begin{aligned}Q_r &=\frac{1}{r}\left[\frac{\partial}{\partial r}(rM_r)-M_\theta+\frac{\partial M_{r\theta}}{\partial r}\right]\\ &=-D\,\frac{\partial}{\partial r}\left(\frac{\partial^2 w}{\partial r^2}+\frac{1}{r}\frac{\partial w}{\partial r}+\frac{1}{r^2}\frac{\partial^2 w}{\partial \theta^2}\right)=-D\,\frac{\partial}{\partial r}(\nabla^2 w)\end{aligned} \tag{11.274}$$

$$\begin{aligned}Q_\theta &=\frac{1}{r}\left[\frac{\partial}{\partial r}(rM_{r\theta})+\frac{\partial M_\theta}{\partial \theta}+M_{r\theta}\right]\\ &=-D\,\frac{\partial}{\partial \theta}\left(\frac{\partial^2 w}{\partial r^2}+\frac{1}{r}\frac{\partial w}{\partial r}+\frac{1}{r^2}\frac{\partial^2 w}{\partial \theta^2}\right)=-D\,\frac{1}{r^2}\frac{\partial}{\partial \theta}(\nabla^2 w)\end{aligned} \tag{11.275}$$

所以，横向有效剪力为

$$V_r=Q_r+\frac{1}{r}\frac{\partial M_{r\theta}}{\partial \theta}=-D\left[\frac{\partial}{\partial r}(\nabla^2 w)+\frac{1-\nu}{r}\frac{\partial}{\partial \theta}\left(\frac{1}{r}\frac{\partial^2 w}{\partial r\partial \theta}-\frac{1}{r^2}\frac{\partial w}{\partial \theta}\right)\right] \tag{11.276}$$

$$V_\theta=Q_\theta+\frac{\partial M_{r\theta}}{\partial r}=-D\left[\frac{1}{r}\frac{\partial}{\partial \theta}(\nabla^2 w)+(1-\nu)\frac{\partial}{\partial r}\left(\frac{1}{r}\frac{\partial^2 w}{\partial r\partial \theta}-\frac{1}{r^2}\frac{\partial w}{\partial \theta}\right)\right] \tag{11.277}$$

11.6.3　边界条件

(1) 固支边。

边界条件为

$$w=0 \tag{11.278}$$

$$\frac{\partial w}{\partial r}=0 \tag{11.279}$$

(2) 简支边。

边界条件为

$$w=0 \tag{11.280}$$

$$M_r=-D\left[\frac{\partial^2 w}{\partial r^2}+\nu\left(\frac{1}{r}\frac{\partial w}{\partial r}+\frac{1}{r^2}\frac{\partial^2 w}{\partial \theta^2}\right)\right]=0 \tag{11.281}$$

(3) 自由边。

边界条件为

$$M_r=-D\left[\frac{\partial^2 w}{\partial r^2}+\nu\left(\frac{1}{r}\frac{\partial w}{\partial r}+\frac{1}{r^2}\frac{\partial^2 w}{\partial \theta^2}\right)\right]=0 \tag{11.282}$$

$$V_r=Q_r+\frac{1}{r}\frac{\partial M_{r\theta}}{\partial \theta}=0 \tag{11.283}$$

或

$$-D\left[\frac{\partial}{\partial r}(\nabla^2 w)+\frac{1-\nu}{r}\frac{\partial}{\partial \theta}\left(\frac{1}{r}\frac{\partial^2 w}{\partial r\partial \theta}-\frac{1}{r^2}\frac{\partial w}{\partial \theta}\right)\right]=0 \tag{11.284}$$

(4) 弹簧支承边。

如图 11.19 所示,边界由分布拉压弹簧和扭转弹簧支承,则边界条件为

$$M_r=-k_{t_0}\frac{\partial w}{\partial r}$$

或

$$-D\left[\frac{\partial^2 w}{\partial r^2}+\nu\left(\frac{1}{r}\frac{\partial w}{\partial r}+\frac{1}{r^2}\frac{\partial^2 w}{\partial \theta^2}\right)\right]=-k_{t_0}\frac{\partial w}{\partial r} \tag{11.285}$$

$$V_r=-k_0 w$$

或

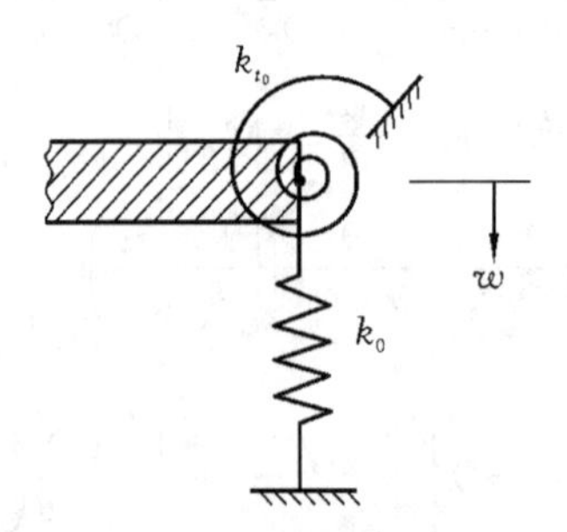

图 11.19　弹簧支承边

$$-D\left[\frac{\partial}{\partial r}(\nabla^2 w)+\frac{1-\nu}{r}\frac{\partial}{\partial \theta}\left(\frac{1}{r}\frac{\partial^2 w}{\partial r\partial \theta}-\frac{1}{r^2}\frac{\partial w}{\partial \theta}\right)\right]=-k_0 w \tag{11.286}$$

11.7　圆板的自由振动

圆板的运动方程为方程(11.270)，重写如下：

$$D\,\nabla^4 w+\rho h\,\frac{\partial^2 w}{\partial t^2}=f \tag{11.287}$$

其中

$$\nabla^2=\frac{\partial^2}{\partial r^2}+\frac{1}{r}\frac{\partial}{\partial r}+\frac{1}{r^2}\frac{\partial^2}{\partial \theta^2} \tag{11.288}$$

令 $f=0$，对方程(11.287)采用分离变量形式的解 $w(r,\theta,t)=W(r,\theta)T(t)$，可得

$$\frac{\mathrm{d}^2 T(t)}{\mathrm{d}t^2}+\omega^2 T(t)=0 \tag{11.289}$$

$$\nabla^4 W(r,\theta)-\lambda^4 W(r,\theta)=0 \tag{11.290}$$

其中

$$\lambda^4=\frac{\rho h\omega^2}{D} \tag{11.291}$$

方程(11.290)可写出两个分离的方程：

$$\frac{\partial^2 W}{\partial r^2}+\frac{1}{r}\frac{\partial W}{\partial r}+\frac{1}{r^2}\frac{\partial^2 W}{\partial \theta^2}+\lambda^2 W=0 \tag{11.292}$$

$$\frac{\partial^2 W}{\partial r^2}+\frac{1}{r}\frac{\partial W}{\partial r}+\frac{1}{r^2}\frac{\partial^2 W}{\partial \theta^2}-\lambda^2 W=0 \tag{11.293}$$

进一步采用分离变量形式 $W(r,\theta)=R(r)\Theta(\theta)$，则方程(11.292)和方程(11.293)变为

$$\frac{r^2}{R(r)}\left[\frac{\mathrm{d}^2 R(r)}{\mathrm{d}r^2}+\frac{1}{r}\frac{\mathrm{d}R(r)}{\mathrm{d}r}\pm\lambda^2\right]=-\frac{1}{\Theta(\theta)}\frac{\mathrm{d}^2\Theta(\theta)}{\mathrm{d}\theta^2}=\alpha^2$$

其中 α^2 为常数。于是

$$\frac{\mathrm{d}^2\Theta}{\mathrm{d}\theta^2}+\alpha^2\Theta=0 \tag{11.294}$$

$$\frac{\mathrm{d}^2 R}{\mathrm{d}r^2}+\frac{1}{r}\frac{\mathrm{d}R}{\mathrm{d}r}+\left(\pm\lambda^2-\frac{\alpha^2}{r^2}\right)R=0 \tag{11.295}$$

方程(11.294)的解为

$$\Theta(\theta)=A\cos(\alpha\theta)+B\sin(\alpha\theta) \tag{11.296}$$

因为 $W(r,\theta)$ 是一个连续函数，且 $\Theta(\theta)$ 必须是一个以 2π 为周期的周期函数，即

$$W(r,\theta)=W(r,\theta+2\pi)$$

所以 α 必须是整数：

$$\alpha=m,\ m=0,1,2,\cdots \tag{11.297}$$

方程(11.295)现在可以分开写为两个方程：

$$\frac{\mathrm{d}^2 R}{\mathrm{d}r^2}+\frac{1}{r}\frac{\mathrm{d}R}{\mathrm{d}r}+\left(\lambda^2-\frac{\alpha^2}{r^2}\right)R=0 \tag{11.298}$$

$$\frac{d^2R}{dr^2}+\frac{1}{r}\frac{dR}{dr}-\left(\lambda^2+\frac{\alpha^2}{r^2}\right)R=0 \tag{11.299}$$

方程(11.298)是一个 $\alpha=m$ 阶和宗量为 λr 的 Bessel 微分方程,它的解为

$$R_1(r)=C_1\mathrm{J}_m(\lambda r)+C_2\mathrm{Y}_m(\lambda r) \tag{11.300}$$

其中 J_m, Y_m 分别为 m 阶第一类和第二类 Bessel 函数。方程(11.299)是一个 $\alpha=m$ 阶和虚宗量为 $\mathrm{i}\lambda r$ 的 Bessel 微分方程,它的解为

$$R_2(r)=C_3\mathrm{I}_m(\lambda r)+C_4\mathrm{K}_m(\lambda r) \tag{11.301}$$

其中 I_m, K_m 分别为 m 阶第一类和第二类修正的 Bessel 函数。于是,方程(11.290)的通解为

$$\begin{aligned}W(r,\theta)=&[C_m^{(1)}\mathrm{J}_m(\lambda r)+C_m^{(2)}\mathrm{Y}_m(\lambda r)+C_m^{(3)}\mathrm{I}_m(\lambda r)\\&+C_m^{(4)}\mathrm{K}_m(\lambda r)][A_m\cos(m\theta)+B_m\sin(m\theta)],\quad m=0,1,2,\cdots\end{aligned} \tag{11.302}$$

11.7.1 固支圆板的解

固支圆板的边界条件为

$$W(a,\theta)=0 \tag{11.303}$$

$$\frac{\partial W}{\partial r}(a,\theta)=0 \tag{11.304}$$

因为各点的振动位移必须是有限的,而 Bessel 函数 $\mathrm{Y}_m(\lambda r)$,$\mathrm{K}_m(\lambda r)$在圆心($r=0$)处变为无穷大,所以对于实心圆板必须有 $C_m^{(2)}=C_m^{(4)}=0$。于是式(11.302)简化为

$$W(r,\theta)=[C_m^{(1)}\mathrm{J}_m(\lambda r)+C_m^{(3)}\mathrm{I}_m(\lambda r)][A_m\cos(m\theta)+B_m\sin(m\theta)],\quad m=0,1,2,\cdots \tag{11.305}$$

由边界条件方程(11.303)可得

$$C_m^{(3)}=-\frac{\mathrm{J}_m(\lambda a)}{\mathrm{I}_m(\lambda a)}C_m^{(1)} \tag{11.306}$$

所以式(11.305)变为

$$W(r,\theta)=\left[\mathrm{J}_m(\lambda r)-\frac{\mathrm{J}_m(\lambda a)}{\mathrm{I}_m(\lambda a)}\mathrm{I}_m(\lambda r)\right][A_m\cos(m\theta)+B_m\sin(m\theta)],\quad m=0,1,2,\cdots \tag{11.307}$$

由式(11.307)和式(11.304)可得频率方程为

$$\left[\frac{d}{dr}\mathrm{J}_m(\lambda r)-\frac{\mathrm{J}_m(\lambda a)}{\mathrm{I}_m(\lambda a)}\frac{d}{dr}\mathrm{I}_m(\lambda r)\right]_{r=a}=0,\quad m=0,1,2,\cdots \tag{11.308}$$

对于 Bessel 函数,已知有关系:

$$\frac{d}{dr}\mathrm{J}_m(\lambda r)=\lambda\mathrm{J}_{m-1}(\lambda r)-\frac{m}{r}\mathrm{J}_m(\lambda r) \tag{11.309}$$

$$\frac{d}{dr}\mathrm{I}_m(\lambda r)=\lambda\mathrm{I}_{m-1}(\lambda r)-\frac{m}{r}\mathrm{I}_m(\lambda r) \tag{11.310}$$

所以,频率方程变为

$$\mathrm{I}_m(\lambda a)\mathrm{J}_{m-1}(\lambda a)-\mathrm{J}_m(\lambda a)\mathrm{I}_{m-1}(\lambda a)=0,\quad m=0,1,2,\cdots \tag{11.311}$$

对于一个给定的 m,由方程(11.311)可以求出特征值 λ_{mn},进而可得到固有频率为

$$\omega_{mn}=\lambda_{mn}^{2}\left(\frac{D}{\rho h}\right)^{1/2} \tag{11.312}$$

由模态形状表达式(11.307)可见，它实际上是由两个模态形状组合而成的，所以，对任意一个固有频率 ω_{mn} ($m=0$ 除外)，对应有两个模态形状：

$$W_{mn}^{(1)}(r,\theta)=[\mathrm{J}_m(\lambda_{mn}r)\mathrm{I}_m(\lambda_{mn}a)-\mathrm{J}_m(\lambda_{mn}a)\mathrm{I}_m(\lambda_{mn}r)]\cos(m\theta) \tag{11.313}$$

$$W_{mn}^{(2)}(r,\theta)=[\mathrm{J}_m(\lambda_{mn}r)\mathrm{I}_m(\lambda_{mn}a)-\mathrm{J}_m(\lambda_{mn}a)\mathrm{I}_m(\lambda_{mn}r)]\sin(m\theta) \tag{11.314}$$

对应的两种模态振动为

$$w_{mn}^{(1)}(r,\theta,t)=\cos(m\theta)[\mathrm{J}_m(\lambda_{mn}r)\mathrm{I}_m(\lambda_{mn}a)-\mathrm{J}_m(\lambda_{mn}a)\mathrm{I}_m(\lambda_{mn}r)]\times[A_{mn}^{(1)}\cos(\omega_{mn}t)+A_{mn}^{(2)}\sin(\omega_{mn}t)] \tag{11.315}$$

$$w_{mn}^{(2)}(r,\theta,t)=\sin(m\theta)[\mathrm{J}_m(\lambda_{mn}r)\mathrm{I}_m(\lambda_{mn}a)-\mathrm{J}_m(\lambda_{mn}a)\mathrm{I}_m(\lambda_{mn}r)]\times[A_{mn}^{(3)}\cos(\omega_{mn}t)+A_{mn}^{(4)}\sin(\omega_{mn}t)] \tag{11.316}$$

板的自由振动的通解为

$$w(r,\theta,t)=\sum_{m=0}^{\infty}\sum_{n=0}^{\infty}[w_{mn}^{(1)}(r,\theta,t)+w_{mn}^{(2)}(r,\theta,t)] \tag{11.317}$$

固支圆板的几个模态如图 11.20 所示。

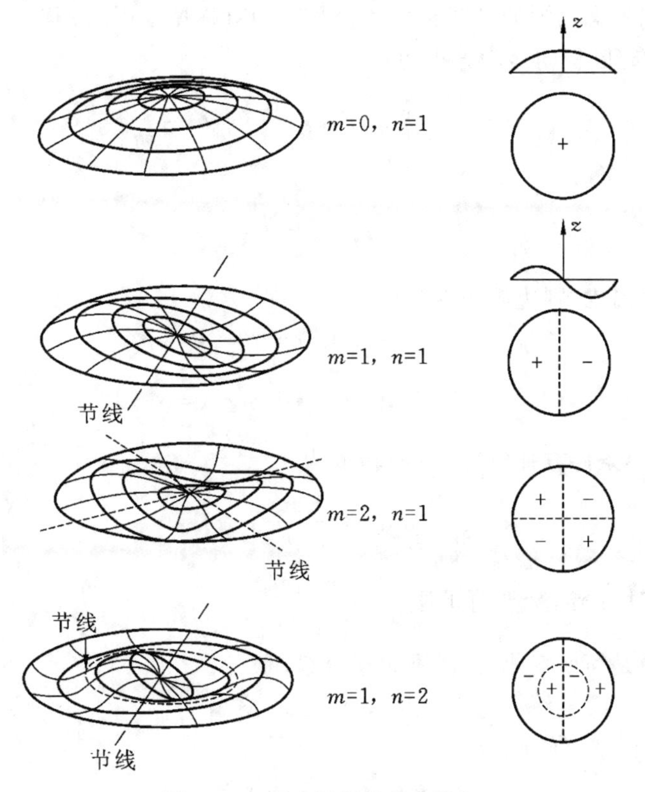

图 11.20　固支圆板的几个模态

11.7.2　自由圆板的解

自由边界圆板的边界条件为

$$\left[\frac{\partial^2 W}{\partial r^2}+\frac{\nu}{r}\frac{\partial W}{\partial r}+\frac{\nu}{r^2}\frac{\partial^2 W}{\partial \theta^2}\right]_{r=a}=0 \tag{11.318}$$

$$\left[\frac{\partial}{\partial r}\left(\frac{\partial^2 W}{\partial r^2}+\frac{1}{r}\frac{\partial W}{\partial r}+\frac{1}{r^2}\frac{\partial^2 W}{\partial \theta^2}\right)+\frac{1-\nu}{r^2}\frac{\partial^2}{\partial \theta^2}\left(\frac{\partial W}{\partial r}-\frac{W}{r}\right)\right]_{r=a}=0 \tag{11.319}$$

对模态形状表达式(11.302)应用这些边界条件(为了使板圆心处的位移为有限,去掉 Bessel 函数 $\mathrm{Y}_m(\lambda r)$,$\mathrm{K}_m(\lambda r)$),最后可得频率方程为

$$\begin{aligned}&\frac{(\lambda a)^2\mathrm{J}_m(\lambda a)+(1-\nu)[\lambda a\mathrm{J}_m'(\lambda a)-m^2\mathrm{J}_m(\lambda a)]}{(\lambda a)^2\mathrm{I}_m(\lambda a)+(1-\nu)[\lambda a\mathrm{I}_m'(\lambda a)-m^2\mathrm{I}_m(\lambda a)]}\\&=\frac{(\lambda a)^2\mathrm{I}_m'(\lambda a)+(1-\nu)m^2[\lambda a\mathrm{J}_m'(\lambda a)-\mathrm{J}_m(\lambda a)]}{(\lambda a)^2\mathrm{I}_m'(\lambda a)-(1-\nu)m^2[\lambda a\mathrm{I}_m'(\lambda a)-\mathrm{I}_m(\lambda a)]}\end{aligned} \tag{11.320}$$

其中一撇表示对宗量求导。当 $\lambda a>m$ 时,频率方程(11.320)可近似为

$$\frac{\mathrm{J}_m(\lambda a)}{\mathrm{J}_m'(\lambda a)}\approx\frac{[(\lambda a)^2+2(1-\nu)m^2][\mathrm{I}_m(\lambda a)/\mathrm{I}_m'(\lambda a)]-2\lambda a(1-\nu)}{(\lambda a)^2-2(1-\nu)m^2} \tag{11.321}$$

11.8 圆板的轴对称受迫振动

本节中我们只考虑**圆板的轴对称振动**。圆板轴对称振动时,位移、载荷与 θ 无关,由方程(11.287)可得此时圆板的运动方程为

$$p^2\left(\frac{\partial^2}{\partial r^2}+\frac{1}{r}\frac{\partial}{\partial r}\right)^2 w(r,t)+\ddot{w}(r,t)=\frac{1}{\rho h}f(r,t) \tag{11.322}$$

其中

$$p^2=\frac{D}{\rho h} \tag{11.323}$$

假定**圆板周边简支**,则边界条件为

$$w(a,t)=0 \tag{11.324}$$

$$\frac{\partial^2 w}{\partial r^2}(a,t)+\frac{\nu}{r}\frac{\partial w}{\partial r}(a,t)=0 \tag{11.325}$$

为了简化解答,边界条件方程(11.325)近似取为

$$\frac{\partial^2 w}{\partial r^2}(a,t)+\frac{1}{r}\frac{\partial w}{\partial r}(a,t)=0 \tag{11.326}$$

11.8.1 轴对称简谐激励函数

假设激励函数是简谐变化的,激励频率为 Ω,即

$$f(r,t)=F(r)\mathrm{e}^{\mathrm{i}\Omega t} \tag{11.327}$$

所以方程(11.322)的解可假设为

$$w(r,t)=W(r)\mathrm{e}^{\mathrm{i}\Omega t} \tag{11.328}$$

将式(11.327)和式(11.328)代入方程(11.322)可得

$$\left(\frac{\mathrm{d}^2}{\mathrm{d}r^2}+\frac{1}{r}\frac{\mathrm{d}}{\mathrm{d}r}\right)^2 W(r)-\bar{\lambda}^4 W(r)=\frac{1}{D}F(r) \tag{11.329}$$

其中

$$\bar{\lambda}^4=\frac{\Omega^2}{p^2}=\frac{\Omega^2\rho h}{D} \tag{11.330}$$

方程(11.329)可用 Hankel 变换方法来求解。为此,方程(11.329)两边乘以 $r\mathrm{J}_0(\lambda r)$,再在 $0\sim a$ 上对 r 积分可得

$$\int_0^a\left(\frac{\mathrm{d}^2}{\mathrm{d}r^2}+\frac{1}{r}\frac{\mathrm{d}}{\mathrm{d}r}\right)^2W(r)r\mathrm{J}_0(\lambda r)\mathrm{d}r-\bar{\lambda}^4\overline{W}(\lambda)=\frac{1}{D}\overline{F}(\lambda) \tag{11.331}$$

其中 $\overline{W}(\lambda)$ 和 $\overline{F}(\lambda)$ 分别为函数 $W(r)$ 和 $F(r)$ 的 Hankel 变换,定义为

$$\overline{W}(\lambda)=\int_0^a rW(r)\mathrm{J}_0(\lambda r)\mathrm{d}r \tag{11.332}$$

$$\overline{F}(\lambda)=\int_0^a rF(r)\mathrm{J}_0(\lambda r)\mathrm{d}r \tag{11.333}$$

为了简化方程(11.331),首先考虑积分

$$I=\int_0^a r\left(\frac{\mathrm{d}^2W}{\mathrm{d}r^2}+\frac{1}{r}\frac{\mathrm{d}W}{\mathrm{d}r}\right)\mathrm{J}_0(\lambda r)\mathrm{d}r \tag{11.334}$$

应用分部积分,并注意到 $\mathrm{J}_0(\lambda r)$ 满足方程(11.298)(取其中的 $\alpha=0$),可得

$$I=\left[r\frac{\mathrm{d}W}{\mathrm{d}r}\mathrm{J}_0(\lambda r)-\lambda rW\mathrm{J}_0'(\lambda r)\right]_0^a-\lambda^2\int_0^a rW\mathrm{J}_0(\lambda r)\mathrm{d}r \tag{11.335}$$

上式方括号内的值在 $r=0$ 处为零,在 $r=a$ 处,如果选取 λ 使得

$$\mathrm{J}_0(\lambda a)=0 \tag{11.336}$$

或

$$\mathrm{J}_0(\lambda_i a)=0,\quad i=1,2,\cdots \tag{11.337}$$

其中 $\lambda_i a$ 为方程(11.336)的第 i 个根。于是式(11.334)变为

$$\int_0^a r\left(\frac{\mathrm{d}^2W}{\mathrm{d}r^2}+\frac{1}{r}\frac{\mathrm{d}W}{\mathrm{d}r}\right)\mathrm{J}_0(\lambda_i r)\mathrm{d}r=-\lambda_i^2\overline{W}(\lambda_i) \tag{11.338}$$

令

$$H(r)=\left(\frac{\mathrm{d}^2}{\mathrm{d}r^2}+\frac{1}{r}\frac{\mathrm{d}}{\mathrm{d}r}\right)W(r) \tag{11.339}$$

则

$$\int_0^a r\left(\frac{\mathrm{d}^2}{\mathrm{d}r^2}+\frac{1}{r}\frac{\mathrm{d}}{\mathrm{d}r}\right)H(r)\mathrm{J}_0(\lambda_i r)\mathrm{d}r=-\lambda_i^2\overline{H}(\lambda_i) \tag{11.340}$$

其中

$$\overline{H}(\lambda)=\int_0^a rH(r)\mathrm{J}_0(\lambda r)\mathrm{d}r=\int_0^a r\left(\frac{\mathrm{d}^2}{\mathrm{d}r^2}+\frac{1}{r}\frac{\mathrm{d}}{\mathrm{d}r}\right)W(r)\mathrm{J}_0(\lambda r)\mathrm{d}r$$

所以

$$\overline{H}(\lambda_i)=\int_0^a r\left(\frac{\mathrm{d}^2}{\mathrm{d}r^2}+\frac{1}{r}\frac{\mathrm{d}}{\mathrm{d}r}\right)W(r)\mathrm{J}_0(\lambda_i r)\mathrm{d}r=-\lambda_i^2\overline{W}(\lambda_i) \tag{11.341}$$

将式(11.339)和式(11.341)代入式(11.340),我们得到

$$\int_0^a\left(\frac{\mathrm{d}^2}{\mathrm{d}r^2}+\frac{1}{r}\frac{\mathrm{d}}{\mathrm{d}r}\right)^2W(r)r\mathrm{J}_0(\lambda_i r)\mathrm{d}r=\lambda_i^4\overline{W}(\lambda_i) \tag{11.342}$$

在方程(11.331)中,取 $\lambda=\lambda_i$ 可得

$$\int_0^a \left(\frac{\mathrm{d}^2}{\mathrm{d}r^2}+\frac{1}{r}\frac{\mathrm{d}}{\mathrm{d}r}\right)^2 W(r)r\mathrm{J}_0(\lambda_i r)\mathrm{d}r-\bar{\lambda}^4\overline{W}(\lambda_i)=\frac{1}{D}\overline{F}(\lambda_i) \tag{11.343}$$

将式(11.342)代入式(11.343)得到

$$\overline{W}(\lambda_i)=\frac{\overline{F}(\lambda_i)}{D(\lambda_i^4-\bar{\lambda}^4)} \tag{11.344}$$

取 Hankel 逆变换可得

$$W(r)=\frac{2}{a^2}\sum_{i=1,2,\cdots}\overline{W}(\lambda_i)\frac{\mathrm{J}_0(\lambda_i r)}{[\mathrm{J}_1(\lambda_i a)]^2}=\frac{2}{a^2 D}\sum_{i=1,2,\cdots}\frac{\mathrm{J}_0(\lambda_i r)\overline{F}(\lambda_i)}{[\mathrm{J}_1(\lambda_i a)]^2(\lambda_i^4-\bar{\lambda}^4)} \tag{11.345}$$

11.8.2 一般的轴对称激励函数

对于一般的轴对称激励函数 $f(r,t)$，$w(r,t)$和 $f(r,t)$，Hankel 变换定义为

$$\overline{W}(\lambda)=\int_0^a r\, w(r,t)\mathrm{J}_0(\lambda r)\mathrm{d}r \tag{11.346}$$

$$\overline{F}(\lambda)=\int_0^a r\, f(r,t)\mathrm{J}_0(\lambda r)\mathrm{d}r \tag{11.347}$$

采用与上一小节类似的过程，由方程(11.322)可得

$$\frac{\mathrm{d}^2\overline{W}(\lambda_i)}{\mathrm{d}t^2}+\lambda_i^4\overline{W}(\lambda_i)=\frac{1}{D}\overline{F}(\lambda_i) \tag{11.348}$$

对方程(11.348)的解取 Hankel 逆变换可得

$$\begin{aligned}w(r,t)=&\frac{2}{a^2}\sum_{i=1,2,\cdots}\frac{\mathrm{J}_0(\lambda_i r)}{[\mathrm{J}_1(\lambda_i a)]^2}\int_0^a r\mathrm{J}_0(\lambda_i r)\left[w_0(r)\cos(\omega_i t)+\frac{\dot{w}_0(r)}{\omega_i}\sin(\omega_i t)\right]\mathrm{d}r\\&+\frac{2}{a^2\rho h}\sum_{i=1,2,\cdots}\frac{\mathrm{J}_0(\lambda_i r)}{[\mathrm{J}_a(\lambda_i a)]^2}\int_0^a r\mathrm{J}_0(\lambda_i r)\mathrm{d}r\int_0^t\frac{f(r,\tau)}{\omega_i}\sin[\omega_i(t-\tau)]\mathrm{d}\tau\end{aligned} \tag{11.349}$$

其中

$$w_0(r)=w(r,t=0) \tag{11.350}$$

$$\dot{w}_0(r)=\frac{\partial w}{\partial t}(r,t=0) \tag{11.351}$$

$$\omega_i=\rho\lambda_i^2=\sqrt{\frac{D}{\rho h}}\lambda_i^2 \tag{11.352}$$

作为例子，我们考虑一个自由振动响应。设圆板的初始位形为

$$w_0(r)=b\left(1-\frac{r^2}{a^2}\right),\quad 0\leqslant r\leqslant a \tag{11.353}$$

板的初始速度分布为零，即 $\dot{w}_0(r)=0$。可得

$$\int_0^a r w_0(r)\mathrm{J}_0(\lambda_i r)\mathrm{d}r=\frac{b}{a^2}\int_0^a(a^2-r^2)r\mathrm{J}_0(\lambda_i r)\mathrm{d}r=\frac{4b\mathrm{J}_1(\lambda_i r)}{a\lambda_i^3} \tag{11.354}$$

由式(11.349)可得对应的自由振动为

$$w(r,t)=\frac{8b}{a^3}\sum_{i=1,2,\cdots}\frac{\mathrm{J}_0(\lambda_i r)}{\mathrm{J}_1(\lambda_i a)}\frac{\cos(\omega_i t)}{\lambda_i^3} \tag{11.355}$$

再来考虑板的受迫振动。设板的初始条件为零，激励函数为

$$f(r,t)=d_0H(c_0-r)H(t) \tag{11.356}$$

其中 $H(x)$ 为单位阶跃函数：

$$H(x)=\begin{cases}0, & x<0\\ 1, & x\geqslant 0\end{cases} \tag{11.357}$$

可得

$$\begin{aligned}&\int_0^a r\mathrm{J}_0(\lambda_i r)\mathrm{d}r\int_0^t \frac{f(r,\tau)}{\omega_i}\sin[\omega_i(t-\tau)]\mathrm{d}\tau\\ &=d_0\int_0^a r\mathrm{J}_0(\lambda_i r)H(c_0-r)\mathrm{d}r\int_0^t \frac{H(t)}{\omega_i}\sin[\omega_i(t-\tau)]\mathrm{d}\tau\\ &=d_0\frac{1-\cos(\omega_i t)}{\omega_i^2}\int_0^{c_0} r\mathrm{J}_0(\lambda_i r)\mathrm{d}r=\frac{d_0\mathrm{J}_1(\lambda_i c_0)}{\lambda_i\omega_i^2}[1-\cos(\omega_i t)]\end{aligned} \tag{11.358}$$

由式(11.349)可得对应的受迫振动为

$$w(r,t)=\frac{2d_0c_0}{aD}\sum_{i=1,2,\cdots}\frac{\mathrm{J}_0(\lambda_i r)\mathrm{J}_1(\lambda_i c_0)}{\lambda_i^5[\mathrm{J}_1(\lambda_i a)]^2}[1-\cos(p\lambda_i^2 t)] \tag{11.359}$$

11.9　转动惯量和剪切变形的影响

对于薄板或低频振动的板，转动惯量和剪切变形的影响很小，可以忽略；但是，对于中厚板或高频振动的板，则需要考虑这些影响。Mindlin 提出了中厚板动力学分析方法，考虑了转动惯量和剪切变形的影响。下面介绍 Mindlin 平板理论的基本框架。

11.9.1　平衡方法

1. 应变-位移关系

假设变形前板的中面位于 xy 平面，它的挠度记为 $w(x,y,t)$。在 xz 平面内，板的变形与 Timoshenko 梁的情况相同，如图 11.21 所示。板在 xz 平面内的实际弯曲运动近似为一个纯剪切运动和纯弯曲运动的叠加。所以板轴线总的挠度为

$$w=w_\mathrm{s}+w_\mathrm{b}$$

其中，w_s 为纯剪切运动挠度，w_b 为纯弯曲运动挠度，板轴线总的斜率为

$$\frac{\partial w}{\partial x}=\frac{\partial w_\mathrm{s}}{\partial x}+\frac{\partial w_\mathrm{b}}{\partial x}$$

由于板截面的转动仅由弯曲引起，截面转角 ψ_x 可表示为

$$\psi_x=\frac{\partial w_\mathrm{b}}{\partial x}=\frac{\partial w}{\partial x}-\frac{\partial w_\mathrm{s}}{\partial x}=\frac{\partial w}{\partial x}-\gamma_x$$

其中，$\gamma_x=\partial w_\mathrm{s}/\partial x$ 为挠曲线与截面交点处的剪应变或剪切角(由纯剪切运动产生)。

前面已知，纯剪切运动不会引起轴向位移，因此板 x 方向的位移完全由截面的弯曲转角 ϕ_x 产生。于是板上任意一点的 x 方向的位移为

$$u=-z\psi_x=z\phi_x(x,t)$$

其中

$$\phi_x=-\psi_x$$

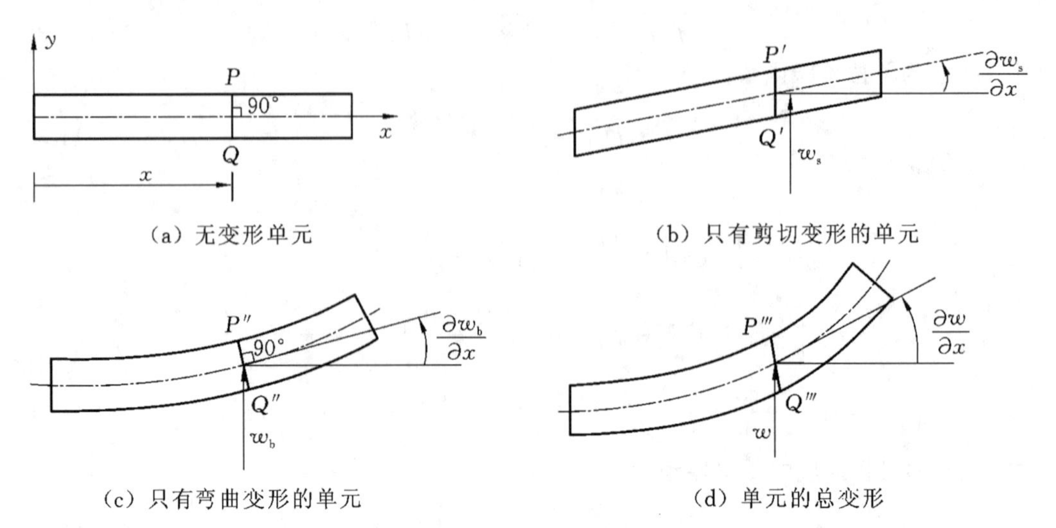

图 11.21 板在 xz 平面内的弯曲变形和剪切变形

同理,板在 yz 平面内的变形具有类似的结果,板上任意一点的 y 方向的位移为

$$v=-z\psi_y=z\phi_y(x,t)$$

其中

$$\phi_y=-\psi_y$$

$\psi_y=\partial w_b/\partial y=\partial w/\partial y-\gamma_y$,$\gamma_y=\partial w_s/\partial y$。综合起来,板中任意一点的位移为

$$\begin{cases}u(x,y,t)=z\phi_x(x,y,t)\\v(x,y,t)=z\phi_y(x,y,t)\\w(x,y,t)=w(x,y,t)\end{cases}\tag{11.360}$$

注意,ϕ_x 和 ϕ_y 分别为绕 y 轴和 x 轴的正向转角(按右手法则)。所以,板中任意一点的应变分量为

$$\begin{cases}\varepsilon_{xx}=\dfrac{\partial u}{\partial x}=z\dfrac{\partial\phi_x}{\partial x},\quad \varepsilon_{yy}=\dfrac{\partial v}{\partial y}=z\dfrac{\partial\phi_y}{\partial y},\quad \varepsilon_{zz}=0\\ \varepsilon_{xy}=\dfrac{\partial u}{\partial y}+\dfrac{\partial v}{\partial x}=z\left(\dfrac{\partial\phi_x}{\partial y}+\dfrac{\partial\phi_y}{\partial x}\right)\\ \varepsilon_{yz}=\dfrac{\partial v}{\partial z}+\dfrac{\partial w}{\partial y}=\phi_y+\dfrac{\partial w}{\partial y}\\ \varepsilon_{xz}=\dfrac{\partial u}{\partial z}+\dfrac{\partial w}{\partial x}=\phi_x+\dfrac{\partial w}{\partial x}\end{cases}\tag{11.361}$$

2. 截面上的合力(矩)

应力-应变关系为

$$\begin{aligned}&\sigma_{xx}=\frac{E}{1-\nu^2}(\varepsilon_{xx}+\nu\varepsilon_{yy}),\quad \sigma_{yy}=\frac{E}{1-\nu^2}(\varepsilon_{yy}+\nu\varepsilon_{xx})\\&\sigma_{xy}=G\varepsilon_{xy},\quad \sigma_{yz}=G\varepsilon_{yz},\quad \sigma_{xz}=G\varepsilon_{xz}\end{aligned}\tag{11.362}$$

其中

$$G=\frac{E}{2(1+\nu)} \tag{11.363}$$

截面上的横向剪力、弯矩和扭矩(参见图 11.22)为

$$\begin{cases}Q_x=\int_{-h/2}^{h/2}\sigma_{xz}\,\mathrm{d}z=\int_{-h/2}^{h/2}G\varepsilon_{xz}\,\mathrm{d}z=G\int_{-h/2}^{h/2}\left(\phi_x+\frac{\partial w}{\partial x}\right)\mathrm{d}z=k^2Gh\left(\phi_x+\frac{\partial w}{\partial x}\right)\\ Q_y=\int_{-h/2}^{h/2}\sigma_{yz}\,\mathrm{d}z=\int_{-h/2}^{h/2}G\varepsilon_{yz}\,\mathrm{d}z=G\int_{-h/2}^{h/2}\left(\phi_y+\frac{\partial w}{\partial y}\right)\mathrm{d}z=k^2Gh\left(\phi_y+\frac{\partial w}{\partial y}\right)\\ M_x=\int_{-h/2}^{h/2}z\sigma_{xx}\,\mathrm{d}z=D\left(\frac{\partial\phi_x}{\partial x}+\nu\frac{\partial\phi_y}{\partial y}\right)\\ M_y=\int_{-h/2}^{h/2}z\sigma_{yy}\,\mathrm{d}z=D\left(\frac{\partial\phi_y}{\partial y}+\nu\frac{\partial\phi_x}{\partial x}\right)\\ M_{xy}=\int_{-h/2}^{h/2}z\sigma_{xy}\,\mathrm{d}z=\frac{D(1-\nu)}{2}\left(\frac{\partial\phi_x}{\partial y}+\frac{\partial\phi_y}{\partial x}\right)=M_{yx}\end{cases} \tag{11.364}$$

k^2 为剪切修正因子(与梁的情况类似)。Reissner 建议对静态问题 k^2 取 5/6,而 Mindlin 将 k^2 取为 $\pi^2/12$。

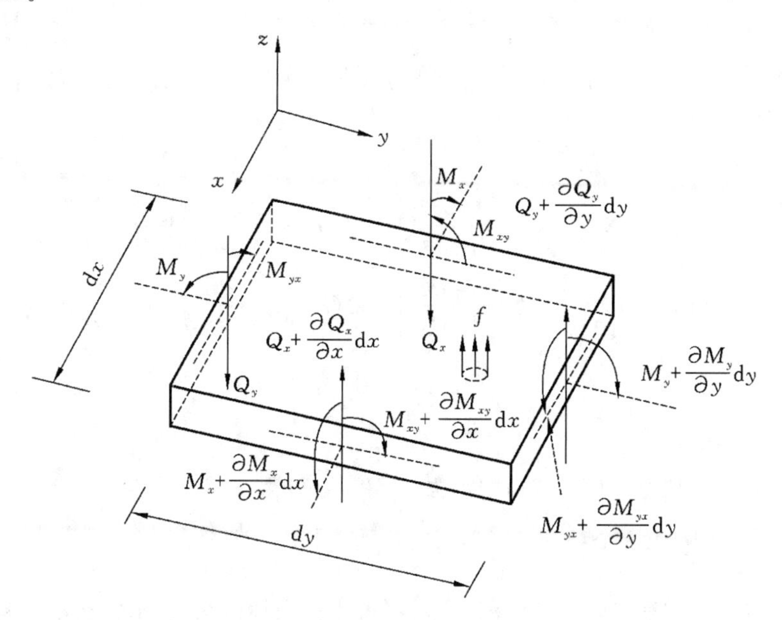

图 11.22　板单元上的合力矩和合剪力

3. 平衡方程

板单元的受力分析如图 11.22 所示。z 方向的力平衡方程为

$$\frac{\partial Q_x}{\partial x}+\frac{\partial Q_y}{\partial y}+f=\rho h\frac{\partial^2 w}{\partial t^2} \tag{11.365}$$

其中 ρ 为质量密度。

单元绕 x 轴的矩平衡方程为

$$-Q_y+\frac{\partial M_y}{\partial y}+\frac{\partial M_{xy}}{\partial x}=\frac{\rho h^3}{12}\frac{\partial^2 \phi_y}{\partial t^2} \tag{11.366}$$

其中，$\rho h^3/12$ 为单位长度的板单元绕 x 轴的转动惯量，它可写为 ρI_x，这里 $I_x=h^3/12$ 为单位长度的截面绕 x 轴的截面惯性矩。

单元绕 y 轴的矩平衡方程为

$$-Q_x+\frac{\partial M_x}{\partial x}+\frac{\partial M_{xy}}{\partial y}=\frac{\rho h^3}{12}\frac{\partial^2 \phi_x}{\partial t^2} \tag{11.367}$$

其中，$\rho h^3/12$ 同样为单位长度的板单元绕 y 轴的转动惯量，它可写为 ρI_y，这里 $I_y=h^3/12$ 为单位长度的截面绕 y 轴的截面惯性矩。

将式(11.364)分别代入方程(11.365)～方程(11.367)，可得板的运动方程：

$$k^2Gh\left(\nabla^2 w+\frac{\partial \phi_x}{\partial x}+\frac{\partial \phi_y}{\partial y}\right)+f=\rho h\frac{\partial^2 w}{\partial t^2} \tag{11.368}$$

$$\frac{D}{2}\left[(1-\nu)\nabla^2\phi_x+(1+\nu)\frac{\partial}{\partial x}\left(\frac{\partial \phi_x}{\partial x}+\frac{\partial \phi_y}{\partial y}\right)\right]-k^2Gh\left(\phi_x+\frac{\partial w}{\partial x}\right)=\frac{\rho h^3}{12}\frac{\partial^2 \phi_x}{\partial t^2} \tag{11.369}$$

$$\frac{D}{2}\left[(1-\nu)\nabla^2\phi_y+(1+\nu)\frac{\partial}{\partial y}\left(\frac{\partial \phi_x}{\partial x}+\frac{\partial \phi_y}{\partial y}\right)\right]-k^2Gh\left(\phi_y+\frac{\partial w}{\partial y}\right)=\frac{\rho h^3}{12}\frac{\partial^2 \phi_y}{\partial t^2} \tag{11.370}$$

其中$\nabla^2=\partial^2/\partial x^2+\partial^2/\partial y^2$ 为 Laplace 算子。方程(11.368)～方程(11.370)可重写为

$$k^2Gh(\nabla^2 w+\Phi)+f=\rho h\frac{\partial^2 w}{\partial t^2} \tag{11.371}$$

$$\frac{D}{2}\left[(1-\nu)\nabla^2\phi_x+(1+\nu)\frac{\partial \Phi}{\partial x}\right]-k^2Gh\left(\phi_x+\frac{\partial w}{\partial x}\right)=\frac{\rho h^3}{12}\frac{\partial^2 \phi_x}{\partial t^2} \tag{11.372}$$

$$\frac{D}{2}\left[(1-\nu)\nabla^2\phi_y+(1+\nu)\frac{\partial \Phi}{\partial y}\right]-k^2Gh\left(\phi_y+\frac{\partial w}{\partial y}\right)=\frac{\rho h^3}{12}\frac{\partial^2 \phi_y}{\partial t^2} \tag{11.373}$$

其中

$$\Phi=\frac{\partial \phi_x}{\partial x}+\frac{\partial \phi_y}{\partial y} \tag{11.374}$$

从方程(11.372)和方程(11.373)中消去 ϕ_x 和 ϕ_y 可得

$$D\,\nabla^2\Phi-k^2Gh\Phi-k^2Gh\,\nabla^2 w=\frac{\rho h^3}{12}\frac{\partial^2 \Phi}{\partial t^2} \tag{11.375}$$

再从方程(11.371)和方程(11.375)中消去 Φ，可得用横向挠度 w 表示的运动方程：

$$\begin{aligned}&\left(\nabla^2-\frac{\rho}{k^2G}\frac{\partial^2}{\partial t^2}\right)\left(D\,\nabla^2-\frac{\rho h^3}{12}\frac{\partial^2}{\partial t^2}\right)w+\rho h\frac{\partial^2 w}{\partial t^2}\\&=\left(1-\frac{D}{k^2Gh}\nabla^2+\frac{\rho h^2}{12k^2G}\frac{\partial^2}{\partial t^2}\right)f\end{aligned} \tag{11.376}$$

如果只考虑剪切变形而不考虑转动惯量，则可以去掉包含 $\rho h^3/12$ 的项，方程(11.376)变为

$$D\left(\nabla^2-\frac{\rho}{k^2G}\frac{\partial^2}{\partial t^2}\right)\nabla^2 w+\rho h\frac{\partial^2 w}{\partial t^2}=\left(1-\frac{D}{k^2Gh}\nabla^2\right)f \tag{11.377}$$

如果只考虑转动惯量而不考虑剪切变形，则可以去掉包含 k^2 的项，方程(11.376)变为

$$\left(D\ \nabla^2-\frac{\rho h^3}{12}\frac{\partial^2}{\partial t^2}\right)\nabla^2 w+\rho h\ \frac{\partial^2 w}{\partial t^2}=f \tag{11.378}$$

如果转动惯量和剪切变形都不考虑，则可去掉方程(11.378)中包含 $\rho h^3/12$ 的项，方程(11.378)退化为经典薄板方程

$$D\ \nabla^4 w+\rho h\ \frac{\partial^2 w}{\partial t^2}=f \tag{11.379}$$

对于等厚均质板，运动方程(11.376)展开后可表示为

$$\begin{aligned}&D\ \nabla^4 w-\frac{\rho D}{k^2 G}\frac{\partial^2}{\partial t^2}(\nabla^2 w)-\frac{\rho h^3}{12}\nabla^2\frac{\partial^2 w}{\partial t^2}+\frac{\rho^2 h^3}{12k^2 G}\frac{\partial^4 w}{\partial t^4}+\rho h\ \frac{\partial^2 w}{\partial t^2}\\&=f-\frac{D}{k^2 Gh}\nabla^2 f+\frac{\rho h^2}{12k^2 G}\frac{\partial^2 f}{\partial t^2}\end{aligned} \tag{11.380}$$

对应的自由振动方程为

$$\nabla^4 w-\frac{\rho}{k^2 G}\frac{\partial^2}{\partial t^2}(\nabla^2 w)-\frac{\rho h^3}{12D}\nabla^2\frac{\partial^2 w}{\partial t^2}+\frac{\rho h}{D}\frac{\rho h^3}{12k^2 Gh}\frac{\partial^4 w}{\partial t^4}+\frac{\rho h}{D}\frac{\partial^2 w}{\partial t^2}=0 \tag{11.381}$$

对于简谐振动

$$w(x,y,t)=W(x,y)\mathrm{e}^{\mathrm{i}\omega t} \tag{11.382}$$

方程(11.381)变为

$$\nabla^4 W+\left(\frac{\rho h}{k^2 Gh}+\frac{\rho h^3}{12D}\right)\omega^2\ \nabla^2 W+\frac{\rho h}{D}\left(\frac{\rho h^3\omega^2}{12k^2 Gh}-1\right)\omega^2 W=0 \tag{11.383}$$

11.9.2　变分法

下面用变分法来推导考虑受转动惯量和剪切变形影响的板的运动方程和边界条件。板的应变能为

$$\pi=\frac{1}{2}\int_V \boldsymbol{\sigma}^{\mathrm{T}}\boldsymbol{\varepsilon}\,\mathrm{d}V \tag{11.384}$$

其中

$$\boldsymbol{\sigma}=\begin{bmatrix}\sigma_{xx}\\\sigma_{yy}\\\sigma_{xy}\\\sigma_{yz}\\\sigma_{xz}\end{bmatrix},\quad \boldsymbol{\varepsilon}=\begin{bmatrix}\varepsilon_{xx}\\\varepsilon_{yy}\\\varepsilon_{xy}\\\varepsilon_{yz}\\\varepsilon_{xz}\end{bmatrix} \tag{11.385}$$

应力-应变关系为

$$\boldsymbol{\sigma}=[B]\boldsymbol{\varepsilon} \tag{11.386}$$

其中

$$[B]=\begin{bmatrix} \frac{E}{1-\nu^2} & \frac{\nu E}{1-\nu^2} & 0 & 0 & 0 \\ \frac{\nu E}{1-\nu^2} & \frac{E}{1-\nu^2} & 0 & 0 & 0 \\ 0 & 0 & G & 0 & 0 \\ 0 & 0 & 0 & k^2 G & 0 \\ 0 & 0 & 0 & 0 & k^2 G \end{bmatrix} \tag{11.387}$$

所以，应变能可写为

$$\pi=\frac{1}{2}\int_V \boldsymbol{\varepsilon}^{\mathrm{T}}[B]\boldsymbol{\varepsilon}\,\mathrm{d}V \tag{11.388}$$

将式(11.387)代入上式得到

$$\pi=\frac{1}{2}\int_V\left(\frac{E}{1-\nu^2}\varepsilon_{xx}^2+\frac{E}{1-\nu^2}\varepsilon_{yy}^2+\frac{2\nu E}{1-\nu^2}\varepsilon_{xx}\varepsilon_{yy}+G\varepsilon_{xy}^2+k^2G\varepsilon_{yz}^2+k^2G\varepsilon_{xz}^2\right)\mathrm{d}V \tag{11.389}$$

将应变-位移关系(11.361)代入上式得到

$$\begin{aligned}\pi=\frac{1}{2}\int_{-h/2}^{h/2}\mathrm{d}z\int_A\bigg[&\frac{E}{1-\nu^2}z^2\left(\frac{\partial\phi_x}{\partial x}\right)^2+\frac{E}{1-\nu^2}z^2\left(\frac{\partial\phi_y}{\partial y}\right)^2+\frac{2\nu E}{1-\nu^2}z^2\frac{\partial\phi_x}{\partial x}\frac{\partial\phi_y}{\partial y}\\&+Gz^2\left(\frac{\partial\phi_x}{\partial y}+\frac{\partial\phi_y}{\partial x}\right)^2+k^2G\left(\phi_y+\frac{\partial w}{\partial y}\right)^2+k^2G\left(\phi_x+\frac{\partial w}{\partial x}\right)^2\bigg]\mathrm{d}A\end{aligned} \tag{11.390}$$

完成对 z 的积分可得

$$\begin{aligned}\pi=&\frac{1}{2}\int_A D\left\{\left(\frac{\partial\phi_x}{\partial x}+\frac{\partial\phi_y}{\partial y}\right)^2-2(1-\nu)\left[\frac{\partial\phi_x}{\partial x}\frac{\partial\phi_y}{\partial y}-\frac{1}{4}\left(\frac{\partial\phi_x}{\partial y}+\frac{\partial\phi_y}{\partial x}\right)^2\right]\right\}\mathrm{d}A\\&+\frac{1}{2}\int_A k^2Gh\left[\left(\phi_y+\frac{\partial w}{\partial y}\right)^2+\left(\phi_x+\frac{\partial w}{\partial x}\right)^2\right]\mathrm{d}A\end{aligned} \tag{11.391}$$

板的动能为

$$T=\frac{1}{2}\int_V\rho\left[\left(\frac{\partial u}{\partial t}\right)^2+\left(\frac{\partial v}{\partial t}\right)^2+\left(\frac{\partial w}{\partial t}\right)^2\right]\mathrm{d}V \tag{11.392}$$

其中 ρ 为板的质量密度。将式(11.360)代入上式可得

$$T=\frac{\rho h}{2}\int_A\left\{\left(\frac{\partial w}{\partial t}\right)^2+\frac{h^2}{12}\left[\left(\frac{\partial\phi_x}{\partial t}\right)^2+\left(\frac{\partial\phi_y}{\partial t}\right)^2\right]\right\}\mathrm{d}A \tag{11.393}$$

外力 $f(x,y,t)$所做的功

$$W=\int_A w\,f\,\mathrm{d}A \tag{11.394}$$

Hamilton 原理为

$$\int_{t_1}^{t_2}(\delta T-\delta\pi+\delta W)\,\mathrm{d}t=0 \tag{11.395}$$

将动能、应变能和外力所做的功代入上式得到

$$\int_{t_1}^{t_2}\int_A\left\{-D\left[\frac{\partial\phi_x}{\partial x}\frac{\partial(\delta\phi_x)}{\partial x}+\frac{\partial\phi_y}{\partial y}\frac{\partial(\delta\phi_y)}{\partial y}+\nu\frac{\partial\phi_x}{\partial x}\frac{\partial(\delta\phi_y)}{\partial y}+\nu\frac{\partial\phi_y}{\partial y}\frac{\partial(\delta\phi_x)}{\partial x}\right]\right.$$
$$-\frac{D(1-\nu)}{2}\left(\frac{\partial\phi_x}{\partial y}+\frac{\partial\phi_y}{\partial x}\right)\left[\frac{\partial(\delta\phi_x)}{\partial y}+\frac{\partial(\delta\phi_y)}{\partial x}\right]$$
$$-k^2Gh\left\{\left(\phi_x+\frac{\partial w}{\partial x}\right)\left[\delta\phi_x+\frac{\partial(\delta w)}{\partial x}\right]+\left(\phi_y+\frac{\partial w}{\partial y}\right)\left[\delta\phi_y+\frac{\partial(\delta w)}{\partial y}\right]\right\}$$
$$\left.+\rho h\frac{\partial w}{\partial t}\frac{\partial(\delta w)}{\partial t}+\frac{\rho h^3}{12}\left[\frac{\partial\phi_x}{\partial t}\frac{\partial(\delta\phi_x)}{\partial t}+\frac{\partial\phi_y}{\partial t}\frac{\partial(\delta\phi_y)}{\partial t}\right]+f\delta w\right\}\mathrm{d}A\,\mathrm{d}t=0 \tag{11.396}$$

应用分部积分和 Green 公式可得

$$\int_{t_1}^{t_2}\int_A\left\{\left[D\left(\frac{\partial^2\phi_x}{\partial x^2}+\nu\frac{\partial^2\phi_y}{\partial x\partial y}\right)+\frac{D(1-\nu)}{2}\left(\frac{\partial^2\phi_x}{\partial y^2}+\frac{\partial^2\phi_y}{\partial x\partial y}\right)\right.\right.$$
$$\left.-k^2Gh\left(\phi_x+\frac{\partial w}{\partial x}\right)-\frac{\rho h^3}{12}\frac{\partial^2\phi_x}{\partial t^2}\right]\delta\phi_x$$
$$+\left[D\left(\frac{\partial^2\phi_y}{\partial y^2}+\nu\frac{\partial^2\phi_x}{\partial x\partial y}\right)+\frac{D(1-\nu)}{2}\left(\frac{\partial^2\phi_y}{\partial x^2}+\frac{\partial^2\phi_x}{\partial x\partial y}\right)\right.$$
$$\left.-k^2Gh\left(\phi_y+\frac{\partial w}{\partial y}\right)-\frac{\rho h^3}{12}\frac{\partial^2\phi_y}{\partial t^2}\right]\delta\phi_y$$
$$\left.+\left[k^2Gh\left(\frac{\partial\phi_x}{\partial x}+\frac{\partial^2 w}{\partial x^2}+\frac{\partial\phi_y}{\partial y}+\frac{\partial^2 w}{\partial y^2}\right)-\rho h\frac{\partial^2 w}{\partial t^2}+f\right]\delta w\right\}\mathrm{d}A\,\mathrm{d}t$$
$$-\int_{t_1}^{t_2}\int_C\left\{\left[D\left(\frac{\partial\phi_x}{\partial x}\mathrm{d}y+\nu\frac{\partial\phi_y}{\partial y}\mathrm{d}y\right)-\frac{D(1-\nu)}{2}\left(\frac{\partial\phi_x}{\partial y}\mathrm{d}x+\frac{\partial\phi_y}{\partial x}\mathrm{d}x\right)\right]\delta\phi_x\right.$$
$$+\left[-D\left(\frac{\partial\phi_y}{\partial y}\mathrm{d}x+\nu\frac{\partial\phi_x}{\partial x}\mathrm{d}x\right)+\frac{D(1-\nu)}{2}\left(\frac{\partial\phi_x}{\partial y}\mathrm{d}y+\frac{\partial\phi_y}{\partial x}\mathrm{d}y\right)\right]\delta\phi_y$$
$$\left.+k^2Gh\left[\phi_x\mathrm{d}y+\frac{\partial w}{\partial x}\mathrm{d}y-\phi_y\mathrm{d}x-\frac{\partial w}{\partial y}\mathrm{d}x\right]\delta w\right\}\mathrm{d}t=0 \tag{11.397}$$

其中 C 表示板的边界曲线。

1. 运动方程

由方程(11.397)可得，板的运动方程为

$$D\left(\frac{\partial^2\phi_x}{\partial x^2}+\nu\frac{\partial^2\phi_y}{\partial x\partial y}\right)+\frac{D(1-\nu)}{2}\left(\frac{\partial^2\phi_x}{\partial y^2}+\frac{\partial^2\phi_y}{\partial x\partial y}\right)-k^2Gh\left(\phi_x+\frac{\partial w}{\partial x}\right)-\frac{\rho h^3}{12}\frac{\partial^2\phi_x}{\partial t^2}=0 \tag{11.398}$$

$$D\left(\frac{\partial^2\phi_y}{\partial y^2}+\nu\frac{\partial^2\phi_x}{\partial x\partial y}\right)+\frac{D(1-\nu)}{2}\left(\frac{\partial^2\phi_y}{\partial x^2}+\frac{\partial^2\phi_x}{\partial x\partial y}\right)-k^2Gh\left(\phi_y+\frac{\partial w}{\partial y}\right)-\frac{\rho h^3}{12}\frac{\partial^2\phi_y}{\partial t^2}=0 \tag{11.399}$$

$$k^2Gh\left(\frac{\partial\phi_x}{\partial x}+\frac{\partial^2 w}{\partial x^2}+\frac{\partial\phi_y}{\partial y}+\frac{\partial^2 w}{\partial y^2}\right)+f-\rho h\frac{\partial^2 w}{\partial t^2}=0 \tag{11.400}$$

方程(11.398)～方程(11.400)可重写为

$$\frac{D(1-\nu)}{2}\nabla^2\phi_x+\frac{D(1+\nu)}{2}\frac{\partial}{\partial x}\left(\frac{\partial\phi_x}{\partial x}+\frac{\partial\phi_y}{\partial y}\right)-k^2Gh\left(\phi_x+\frac{\partial w}{\partial x}\right)=\frac{\rho h^3}{12}\frac{\partial^2\phi_x}{\partial t^2} \tag{11.401}$$

$$\frac{D(1-\nu)}{2}\nabla^2\phi_y+\frac{D(1+\nu)}{2}\frac{\partial}{\partial y}\left(\frac{\partial\phi_x}{\partial x}+\frac{\partial\phi_y}{\partial y}\right)-k^2Gh\left(\phi_y+\frac{\partial w}{\partial y}\right)=\frac{\rho h^3}{12}\frac{\partial^2\phi_y}{\partial t^2} \quad (11.402)$$

$$k^2Gh\left(\nabla^2 w+\frac{\partial\phi_x}{\partial x}+\frac{\partial\phi_y}{\partial y}\right)+f=\rho h\frac{\partial^2 w}{\partial t^2} \quad (11.403)$$

这三个方程与前面用平衡方法推出的方程(11.371)～方程(11.373)相同。从以上三个方程中可以消去 ϕ_x,ϕ_y,最后得到用 w 表示的单个方程

$$\left(\nabla^2-\frac{\rho}{k^2G}\frac{\partial^2}{\partial t^2}\right)\left(D\nabla^2-\frac{\rho h^3}{12}\frac{\partial^2}{\partial t^2}\right)w+\rho h\frac{\partial^2 w}{\partial t^2}$$

$$=\left(1-\frac{D}{k^2Gh}\nabla^2+\frac{\rho h^2}{12k^2G}\frac{\partial^2}{\partial t^2}\right)f \quad (11.404)$$

这就是前面得到的方程(11.376)。

2. 一般的边界条件

为了得到板的边界条件,令方程(11.397)中的线积分为零:

$$\int_C\left[D\left(\frac{\partial\phi_x}{\partial x}+\nu\frac{\partial\phi_y}{\partial y}\right)\delta\phi_x\mathrm{d}y-D\left(\frac{\partial\phi_y}{\partial y}+\nu\frac{\partial\phi_x}{\partial x}\right)\delta\phi_y\mathrm{d}x\right.$$

$$-\frac{D(1-\nu)}{2}\left(\frac{\partial\phi_x}{\partial y}+\frac{\partial\phi_y}{\partial x}\right)\delta\phi_x\mathrm{d}x+\frac{D(1-\nu)}{2}\left(\frac{\partial\phi_x}{\partial y}+\frac{\partial\phi_y}{\partial x}\right)\delta\phi_y\mathrm{d}y$$

$$\left.+k^2Gh\left(\phi_x+\frac{\partial w}{\partial x}\right)\delta w\mathrm{d}y-k^2Gh\left(\phi_y+\frac{\partial w}{\partial y}\right)\delta w\mathrm{d}x\right]=0 \quad (11.405)$$

应用截面合力与合力矩的表达式(11.364),方程(11.405)可表示为

$$\int_C(M_x\delta\phi_x\mathrm{d}y-M_y\delta\phi_y\mathrm{d}x-M_{xy}\delta\phi_x\mathrm{d}x+M_{xy}\delta\phi_y\mathrm{d}y+Q_x\delta w\mathrm{d}y-Q_y\delta w\mathrm{d}x)=0$$

(11.406)

3. 斜边界的边界条件

考虑板的任意一条边界,它的法向和切向分别用 n 和 s 表示,如图 11.23(a)所示。有

$$\mathrm{d}x=-\sin\theta\mathrm{d}s \quad (11.407)$$

$$\mathrm{d}y=\cos\theta\mathrm{d}s \quad (11.408)$$

如果 ϕ_n 表示中面法线在 nz 平面(法平面)内的转角,ϕ_s 表示中面法线在 sz 平面内的转角,则弯曲转角 ϕ_x 和 ϕ_y 与 ϕ_n 和 ϕ_s 之间的关系为(参见图 11.23 (b))

$$\phi_x=\phi_n\cos\theta+\phi_s\sin\theta \quad (11.409)$$

$$\phi_y=\phi_n\sin\theta-\phi_s\cos\theta \quad (11.410)$$

截面力矩有关系(参见图 11.23 (c)、图 11.15(a)、式(11.162)和式(11.163)):

$$M_n=M_x\cos^2\theta+M_y\sin^2\theta+2M_{xy}\cos\theta\sin\theta \quad (11.411)$$

$$M_{ns}=(M_x-M_y)\cos\theta\sin\theta+M_{xy}(\sin^2\theta-\cos^2\theta) \quad (11.412)$$

截面剪力有关系:

$$Q_n=Q_x\cos\theta+Q_y\sin\theta \quad (11.413)$$

将式(11.407)和式(11.408)代入式(11.406)得到

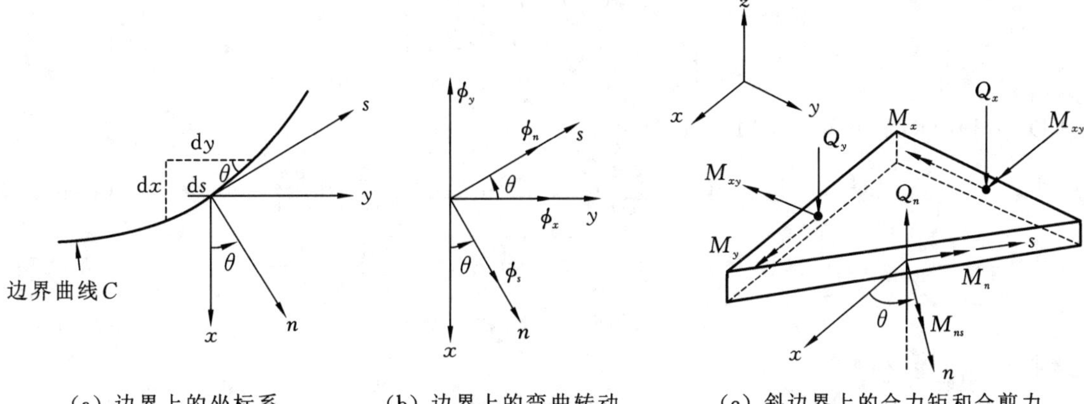

（a）边界上的坐标系　　（b）边界上的弯曲转动　　（c）斜边界上的合力矩和合剪力

图 11.23　截面力矩的关系

$$\int_C (M_x \cos\theta\,\delta\phi_x + M_y \sin\theta\,\delta\phi_y + M_{xy}\sin\theta\,\delta\phi_x + M_{xy}\cos\theta\,\delta\phi_y + Q_x\cos\theta\,\delta w + Q_y\sin\theta\,\delta w)\,\mathrm{d}s = 0 \tag{11.414}$$

将式(11.409)和式(11.410)代入方程(11.414)可得

$$\int_C \Big\{(M_x\cos^2\theta + M_y\sin^2\theta + 2M_{xy}\sin\theta\cos\theta)\delta\phi_n + [(M_x - M_y)\sin\theta\cos\theta + M_{xy}(\sin^2\theta - \cos^2\theta)]\delta\phi_s + (Q_x\cos\theta + Q_y\sin\theta)\delta w\Big\}\,\mathrm{d}s = 0 \tag{11.415}$$

应用式(11.411) 和式(11.412)，上式变为

$$\int_C (M_n\delta\phi_n + M_{ns}\delta\phi_s + Q_n\delta w)\,\mathrm{d}s = 0 \tag{11.416}$$

由此得到板的边界条件为

$$M_n = 0 \quad 或 \quad \delta\phi_n = 0(即\ \phi_n\ 事先指定) \tag{11.417}$$

$$M_{ns} = 0 \quad 或 \quad \delta\phi_s = 0(即\ \phi_s\ 事先指定) \tag{11.418}$$

$$Q_n = 0 \quad 或 \quad \delta w = 0(即\ w\ 事先指定) \tag{11.419}$$

这就是 Mindlin 中厚板边界的三个边界条件。几种典型边界的边界条件分别如下：

（1）固支边。

$$\phi_n = 0,\quad \phi_s = 0,\quad w = 0 \tag{11.420}$$

（2）简支边。

$$M_n = 0,\quad \phi_s = 0,\quad w = 0 \tag{11.421}$$

（3）自由边。

$$M_n = 0,\quad M_{ns} = 0,\quad Q_n = 0 \tag{11.422}$$

11.9.3　自由振动解

对于自由振动，令载荷 $f(x,y,t)=0$，设自由振动解为简谐振动：

$$\begin{cases}\phi_x(x,y,t)=\Phi_x(x,y)\mathrm{e}^{\mathrm{i}\omega t}\\ \phi_y(x,y,t)=\Phi_y(x,y)\mathrm{e}^{\mathrm{i}\omega t}\\ w(x,y,t)=W(x,y)\mathrm{e}^{\mathrm{i}\omega t}\end{cases}\tag{11.423}$$

所以,方程(11.401)~方程(11.403)变为

$$\frac{D}{2}\left[(1-\nu)\nabla^2\Phi_x+(1+\nu)\frac{\partial}{\partial x}\widetilde{\Phi}\right]-k^2Gh\left(\Phi_x+\frac{\partial W}{\partial x}\right)+\frac{\rho h^3\omega^2}{12}\Phi_x=0\tag{11.424}$$

$$\frac{D}{2}\left[(1-\nu)\nabla^2\Phi_y+(1+\nu)\frac{\partial}{\partial y}\widetilde{\Phi}\right]-k^2Gh\left(\Phi_y+\frac{\partial W}{\partial x}\right)+\frac{\rho h^3\omega^2}{12}\Phi_y=0\tag{11.425}$$

$$k^2Gh(\nabla^2W+\widetilde{\Phi})+\rho h\omega^2W=0\tag{11.426}$$

其中

$$\widetilde{\Phi}=\frac{\partial\Phi_x}{\partial x}+\frac{\partial\Phi_y}{\partial y}\tag{11.427}$$

为了求解这组方程,将 Φ_x 和 Φ_y 用两个势函数 $\psi(x,y)$ 和 $H(x,y)$ 表示为

$$\Phi_x=\frac{\partial\psi}{\partial x}+\frac{\partial H}{\partial y}\tag{11.428}$$

$$\Phi_y=\frac{\partial\psi}{\partial y}-\frac{\partial H}{\partial x}\tag{11.429}$$

已经证明 $\psi(x,y)$ 和 $H(x,y)$ 分别对应于板的膨胀运动和剪切运动。把式(11.428)和式(11.429)代入方程(11.424)~方程(11.426)可得

$$\frac{\partial}{\partial x}\left[\nabla^2\psi+\left(Rk_{\mathrm{b}}^4-\frac{1}{S}\right)\psi-\frac{W}{S}\right]+\frac{1-\nu}{2}\frac{\partial}{\partial y}(\nabla^2+\delta_3^2)H=0\tag{11.430}$$

$$\frac{\partial}{\partial y}\left[\nabla^2\psi+\left(Rk_{\mathrm{b}}^4-\frac{1}{S}\right)\psi-\frac{W}{S}\right]-\frac{1-\nu}{2}\frac{\partial}{\partial x}(\nabla^2+\delta_3^2)H=0\tag{11.431}$$

$$\nabla^2(\psi+W)+Sk_{\mathrm{b}}^4W=0\tag{11.432}$$

其中

$$R=\frac{I}{h}=\frac{h^2}{12}\tag{11.433}$$

$$S=\frac{D}{k^2Gh}\tag{11.434}$$

$$k_{\mathrm{b}}^4=\frac{\rho h\omega^2}{D}\tag{11.435}$$

$$\delta_3^2=\frac{2(Rk_{\mathrm{b}}^4-1/S)}{1-\nu}\tag{11.436}$$

方程(11.430)和方程(11.431)分别对 x 和 y 求偏导,再将两个方程相加可得

$$\nabla^2\left[\nabla^2\psi+\left(Rk_{\mathrm{b}}^2-\frac{1}{S}\right)\psi-\frac{W}{S}\right]=0\tag{11.437}$$

方程(11.430)和方程(11.431)分别对 y 和 x 求偏导,再将两个方程相减可得

$$\nabla^2(\nabla^2+\delta_3^2)H=0\tag{11.438}$$

方程(11.432)给出

$$\nabla^2\psi=-\nabla^2W-Sk_{\mathrm{b}}^4W\tag{11.439}$$

将上式代入方程(11.437)得到

$$(\nabla^2+\delta_1^2)(\nabla^2+\delta_2^2)W=0 \tag{11.440}$$

其中

$$\delta_1^2,\delta_2^2=\frac{1}{2}k_b^4\left[R+S\pm\sqrt{(R-S)^2+\frac{4}{k_b^4}}\right] \tag{11.441}$$

方程(11.440)的解为

$$W=W_1+W_2 \tag{11.442}$$

其中 W_j 满足方程

$$(\nabla^2+\delta_j^2)W_j=0,\quad j=1,2 \tag{11.443}$$

可以证明方程(11.432)和方程(11.437)满足下面的函数关系：

$$\psi=(\mu-1)W \tag{11.444}$$

将上式代入方程(11.432)和方程(11.437)可得

$$\begin{cases}\mu_1=\dfrac{\delta_2^2}{Rk_b^4-1/S}\\[2ex]\mu_2=\dfrac{\delta_1^2}{Rk_b^4-1/S}\end{cases} \tag{11.445}$$

H 的控制方程为

$$(\nabla^2+\delta_3^2)H=0 \tag{11.446}$$

所以,方程(11.424)～方程(11.426)的解为

$$\Phi_x=(\mu_1-1)\frac{\partial W_1}{\partial x}+(\mu_2-1)\frac{\partial W_2}{\partial x}+\frac{\partial H}{\partial y} \tag{11.447}$$

$$\Phi_y=(\mu_1-1)\frac{\partial W_1}{\partial y}+(\mu_2-1)\frac{\partial W_2}{\partial y}-\frac{\partial H}{\partial x} \tag{11.448}$$

$$W=W_1+W_2 \tag{11.449}$$

其中,W_1,W_2 和 H 由方程(11.443)和方程(11.446)控制。

11.9.4　四边简支矩形板

矩形板及其坐标的选取如图 11.24 所示。边界条件为

$$W=M_x=\Phi_y=0,\quad \text{在 } x=\pm\frac{a}{2}\text{处} \tag{11.450}$$

$$W=M_y=\Phi_x=0,\quad \text{在 } y=\pm\frac{b}{2}\text{处} \tag{11.451}$$

观察可知,方程(11.443)和方程(11.446)的解可取为

$$W_1(x,y)=C_1\sin(\alpha_1 x)\sin(\beta_1 y) \tag{11.452}$$

$$W_2(x,y)=C_2\sin(\alpha_2 x)\sin(\beta_2 y) \tag{11.453}$$

$$H(x,y)=C_3\cos(\alpha_3 x)\cos(\beta_3 y) \tag{11.454}$$

其中 α_i,β_i 满足：

$$\alpha_i^2+\beta_i^2=\delta_i^2,\quad i=1,2,3 \tag{11.455}$$

将式(11.452)～式(11.454)代入式(11.447)～式(11.449)可得

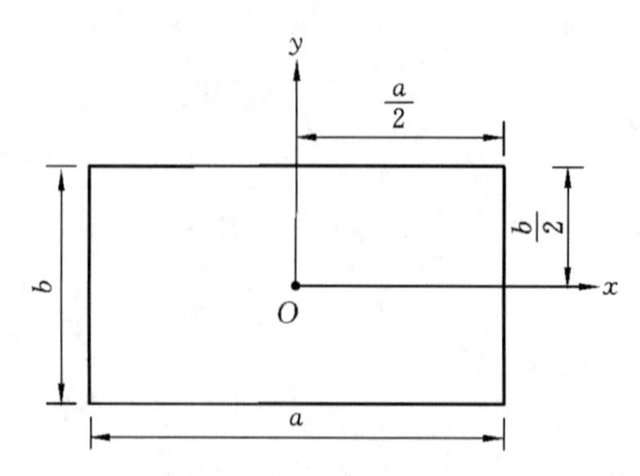

图 11.24 四边简支矩形板

$$\Phi_x = C_1(\mu_1 - 1)\alpha_1\cos(\alpha_1 x)\sin(\beta_1 y) + C_2(\mu_2 - 1)\alpha_2\cos(\alpha_2 x)\sin(\beta_2 y) - C_3\beta_3\cos(\alpha_3 x)\sin(\beta_3 y) \tag{11.456}$$

$$\Phi_y = C_1(\mu_1 - 1)\beta_1\sin(\alpha_1 x)\cos(\beta_1 y) + C_2(\mu_2 - 1)\beta_2\sin(\alpha_2 x)\cos(\beta_2 y) + C_3\alpha_3\sin(\alpha_3 x)\cos(\beta_3 y) \tag{11.457}$$

$$W = C_1\sin(\alpha_1 x)\sin(\beta_1 y) + C_2\sin(\alpha_2 x)\sin(\beta_2 y) \tag{11.458}$$

由式(11.364)可得截面弯矩为

$$M_x = D[-C_1(\mu_1 - 1)(\alpha_1^2 + \nu\beta_1^2)\sin(\alpha_1 x)\sin(\beta_1 y) - C_2(\mu_2 - 1)(\alpha_2^2 + \nu\beta_2^2)\sin(\alpha_2 x)\sin(\beta_2 y) + C_3\alpha_3\beta_3(1-\nu)\sin(\alpha_3 x)\sin(\beta_3 y)] \tag{11.459}$$

$$M_y = D[-C_1(\mu_1 - 1)(\beta_1^2 + \nu\alpha_1^2)\sin(\alpha_1 x)\sin(\beta_1 y) - C_2(\mu_2 - 1)(\beta_2^2 + \nu\alpha_2^2)\sin(\alpha_2 x)\sin(\beta_2 y) - C_3\alpha_3\beta_3(1-\nu)\sin(\alpha_3 x)\sin(\beta_3 y)] \tag{11.460}$$

现在可以应用简支边界条件方程(11.450)和方程(11.451),由此得到

$$\alpha_j = \frac{r_j\pi}{2a},\quad \beta_j = \frac{s_j\pi}{2b},\quad j = 1,2,3 \tag{11.461}$$

其中 r_j 和 s_j 为偶数。

式(11.452)和式(11.453)表示 x 和 y 方向的弯曲模态都是奇性谐波形状的模态(反对称模态)。函数 H 不表示任何弯曲模态,但是产生转角,转角的对称性类型与 W_1 和 W_2 相同。所以,由式(11.452)～式(11.454)给出的解在 x 和 y 方向都是奇性谐波。如果希望在 x 方向是偶性波形的模态(对称模态),则需要在式(11.452)～式(11.454)三式中用 $\cos(\alpha_i x)$ 替换 $\sin(\alpha_i x)$,且将 r_i 取为奇数。类似地,如果希望在 y 方向是偶性模态,则需要在式(11.452)～式(11.454)三式中用 $\cos(\beta_i y)$ 替换 $\sin(\beta_i y)$,且将 s_i 取为奇数。

将式(11.461)代入式(11.455),可得固有频率满足的方程为

$$\begin{cases} \left(\dfrac{\omega_j}{\bar{\omega}}\right)^2 = \dfrac{1}{2}\left\{1 + \dfrac{2}{1-\nu}\left[1 + \dfrac{k^2(1-\nu)}{2}\right]\psi_j^2 + (-1)^j\Omega_j\right\},\quad j = 1,2 \\ \left(\dfrac{\omega_3}{\bar{\omega}}\right)^2 = 1 + \psi_3^2 \end{cases} \tag{11.462}$$

其中

$$\psi_j^2 = \frac{h^2}{\pi^2}(\alpha_j^2 + \beta_j^2),\quad j = 1,2,3 \tag{11.463}$$

$$\Omega_j=\left\{\left[1+\frac{2}{1-\nu}\left(1+\frac{k^2(1-\nu)}{2}\right)\psi_j^2\right]^2-\frac{8k^2}{1-\nu}\psi_j^4\right\}^{1/2},\quad j=1,2,3 \tag{11.464}$$

可见,每一阶模态有三个固有频率,对于确定的比值 a/b 和 a/h,以及任一阶模态,三个固有频率满足不等式 $\omega_1<\omega_3<\omega_2$,且 ω_3,ω_2 远大于 ω_1(很厚的板除外)。ω_1 所对应的模态以 W_1 占优,接近于经典板理论给出的弯曲。ω_2 对应的模态以 W_2 占优,表示**厚度剪切模态**。与 ω_3 对应的模态只包含两个转角分量 Φ_1 和 Φ_2,不产生横向挠度,这两个转角分量彼此相关,表示板的一种扭曲,称为**厚度扭转模态**。所以,W_1,W_2 和 H 产生的模态分别为**弯曲模态**、**厚度剪切模态**和**厚度扭转模态**,三种模态如图 11.25 所示。

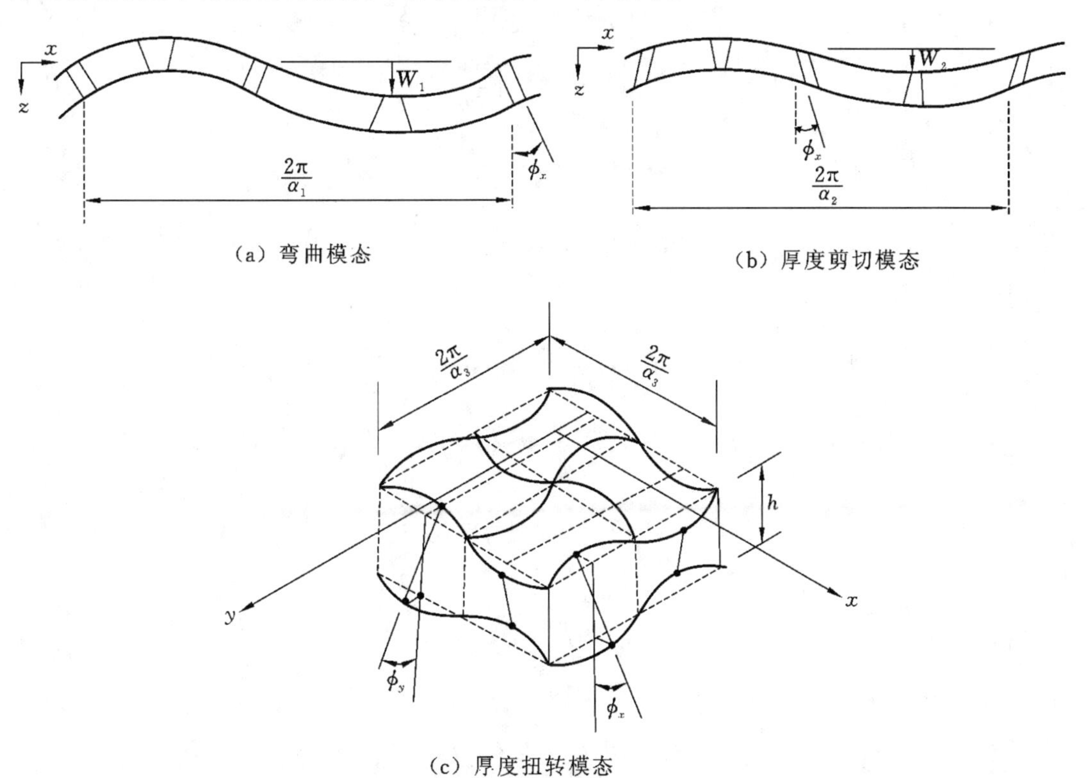

图 11.25　四边简支矩形板的模态

11.9.5　圆板

仍然考虑图 11.17 所示的极坐标系中的一个无穷小板单元。在考虑转动惯量和剪切变形的情况下,板单元的动态矩平衡方程和动态横向力平衡方程为

$$\frac{\partial M_r}{\partial r}+\frac{1}{r}\frac{\partial M_{r\theta}}{\partial \theta}+\frac{M_r-M_\theta}{r}-Q_r=\frac{\rho h^3}{12}\frac{\partial^2\phi_r}{\partial t^2} \tag{11.465}$$

$$\frac{\partial M_r}{\partial r}+\frac{1}{r}\frac{\partial M_\theta}{\partial \theta}+\frac{2}{r}M_{r\theta}-Q_\theta=\frac{\rho h^3}{12}\frac{\partial^2\phi_\theta}{\partial t^2} \tag{11.466}$$

$$\frac{\partial Q_r}{\partial r}+\frac{1}{r}\frac{\partial Q_\theta}{\partial \theta}+\frac{Q_r}{r}=\rho h\frac{\partial^2 w}{\partial t^2} \tag{11.467}$$

其中在方程(11.467)中没有考虑横向载荷 f(这里只研究自由振动)。板的位移为

$$u(r,\theta,t)=z\phi_r(r,\theta,t) \tag{11.468}$$

$$v(r,\theta,t)=z\phi_\theta(r,\theta,t) \tag{11.469}$$

$$w(r,\theta,t)=w(r,\theta,t) \tag{11.470}$$

截面力矩和剪力为

$$M_r=D\left[\frac{\partial\phi_r}{\partial r}+\frac{\nu}{r}\left(\phi_r+\frac{\partial\phi_\theta}{\partial\theta}\right)\right] \tag{11.471}$$

$$M_\theta=D\left[\frac{1}{r}\left(\phi_r+\frac{\partial\phi_\theta}{\partial\theta}\right)+\nu\frac{\partial\phi_r}{\partial r}\right] \tag{11.472}$$

$$M_{r\theta}=M_{\theta r}=\frac{D}{2}(1-\nu)\left[\frac{1}{r}\left(\frac{\partial\phi_r}{\partial\theta}-\phi_\theta\right)+\frac{\partial\phi_\theta}{\partial r}\right] \tag{11.473}$$

$$Q_r=k^2Gh\left(\phi_r+\frac{\partial w}{\partial r}\right) \tag{11.474}$$

$$Q_\theta=k^2Gh\left(\phi_\theta+\frac{1}{r}\frac{\partial w}{\partial\theta}\right) \tag{11.475}$$

所以,运动方程为

$$\frac{D}{2}\left[(1-\nu)\nabla^2\phi_r+(1+\nu)\frac{\partial\Phi}{\partial r}\right]-k^2Gh\left(\phi_r+\frac{\partial w}{\partial r}\right)=\frac{\rho h^3}{12}\frac{\partial^2\phi_r}{\partial t^2} \tag{11.476}$$

$$\frac{D}{2}\left[(1-\nu)\nabla^2\phi_\theta+(1+\nu)\frac{\partial\Phi}{\partial\theta}\right]-k^2Gh\left(\phi_\theta+\frac{1}{r}\frac{\partial w}{\partial\theta}\right)=\frac{\rho h^3}{12}\frac{\partial^2\phi_\theta}{\partial t^2} \tag{11.477}$$

$$k^2Gh(\nabla^2w+\Phi)=\rho h\frac{\partial^2w}{\partial t^2} \tag{11.478}$$

其中

$$\Phi=\frac{\partial\phi_r}{\partial r}+\frac{1}{r}\frac{\partial\phi_\theta}{\partial\theta} \tag{11.479}$$

自由振动可假设为

$$\phi_r(r,\theta,t)=\Phi_r(r,\theta)\mathrm{e}^{\mathrm{i}\omega t} \tag{11.480}$$

$$\phi_\theta(r,\theta,t)=\Phi_\theta(r,\theta)\mathrm{e}^{\mathrm{i}\omega t} \tag{11.481}$$

$$w(r,\theta,t)=W(r,\theta)\mathrm{e}^{\mathrm{i}\omega t} \tag{11.482}$$

代入方程(11.476)~方程(11.478)得到

$$\frac{D}{2}\left[(1-\nu)\nabla^2\Phi_r+(1+\nu)\frac{\partial\widetilde{\Phi}}{\partial r}\right]-k^2Gh\left(\Phi_r+\frac{\partial W}{\partial r}\right)+\frac{\rho h^3\omega^2}{12}\Phi_r=0 \tag{11.483}$$

$$\frac{D}{2}\left[(1-\nu)\nabla^2\Phi_\theta+(1+\nu)\frac{\partial\widetilde{\Phi}}{\partial\theta}\right]-k^2Gh\left(\Phi_\theta+\frac{1}{r}\frac{\partial W}{\partial\theta}\right)+\frac{\rho h^3\omega^2}{12}\Phi_\theta=0 \tag{11.484}$$

$$k^2Gh(\nabla^2W+\widetilde{\Phi})+\rho h\omega^2W=0 \tag{11.485}$$

其中

$$\widetilde{\Phi}=\frac{\partial\Phi_r}{\partial r}+\frac{1}{r}\frac{\partial\Phi_\theta}{\partial\theta} \tag{11.486}$$

应用与矩形板分析类似的过程,方程(11.483)~方程(11.485)的解可表示为

$$W(r,\theta)=W_1(r,\theta)+W_2(r,\theta) \tag{11.487}$$

$$\Phi_r(r,\theta)=(\mu_1-1)\frac{\partial W_1}{\partial r}+(\mu_2-1)\frac{\partial W_2}{\partial r}+\frac{1}{r}\frac{\partial H}{\partial \theta} \tag{11.488}$$

$$\Phi_\theta(r,\theta)=(\mu_1-1)\frac{1}{r}\frac{\partial W_1}{\partial \theta}+(\mu_2-1)\frac{1}{r}\frac{\partial W_2}{\partial \theta}-\frac{\partial H}{\partial r} \tag{11.489}$$

其中 W_1,W_2 和 H 由下列方程控制：

$$(\nabla^2+\delta_j^2)W_j=0,\quad j=1,2 \tag{11.490}$$

$$(\nabla^2+\delta_3^2)H=0 \tag{11.491}$$

极坐标系中的 Laplace 算子为

$$\nabla^2=\frac{\partial^2}{\partial r^2}+\frac{1}{r}\frac{\partial}{\partial r}+\frac{1}{r^2}\frac{\partial^2}{\partial \theta^2} \tag{11.492}$$

$\delta_j^2(j=1,2,3)$由式(11.441)和式(11.436)给出,μ_1 和 μ_2 由式(11.445)给出。如果不考虑转动惯量和剪切变形的影响,则方程(11.490)退化为

$$(\nabla^2+\delta^2)W_1=0 \tag{11.493}$$

$$(\nabla^2-\delta^2)W_2=0 \tag{11.494}$$

其中

$$\delta^2=\delta_1^2\Big|_{R=S=0}=-\delta_2^2\Big|_{R=S=0}=k_b^2=\left(\frac{\rho h\omega^2}{D}\right)^{1/2} \tag{11.495}$$

方程(11.490)和方程(11.491)的解采用分离变量形式：

$$W_j(r,\theta)=R_j(r)\Theta_j(\theta),\quad j=1,2 \tag{11.496}$$

$$H(r,\theta)=R_3(r)\Theta_3(\theta) \tag{11.497}$$

可得如下常微分方程：

$$\frac{\mathrm{d}^2R_j(r)}{\mathrm{d}r^2}+\frac{1}{r}\frac{\mathrm{d}R_j(r)}{\mathrm{d}r}+\left(\delta_j^2-\frac{m^2}{r^2}\right)R_j(r)=0,\quad j=1,2,3 \tag{11.498}$$

$$\frac{\mathrm{d}^2\Theta_j(\theta)}{\mathrm{d}\theta^2}+m^2\Theta_j(\theta)=0,\quad j=1,2,3 \tag{11.499}$$

其中 m^2 为分离常数。注意到方程(11.498)是一个 Bessel 微分方程,所以 $W_j(r,\theta)$ 和 $H(r,\theta)$为

$$W_j(r,\theta)=\sum_{m=0}^{\infty}W_{jm}(r,\theta)=\sum_{m=0}^{\infty}[A_j^{(m)}\mathrm{J}_m(\delta_jr)+B_j^{(m)}\mathrm{Y}_m(\delta_jr)]\cos(m\theta),\quad j=1,2 \tag{11.500}$$

$$H(r,\theta)=\sum_{m=0}^{\infty}H_m(r,\theta)=\sum_{m=0}^{\infty}[A_3^{(m)}\mathrm{J}_m(\delta_3r)+B_3^{(m)}\mathrm{Y}_m(\delta_3r)]\sin(m\theta) \tag{11.501}$$

将以上两式代入截面力矩和剪力的表达式可得*

* 注：式(11.500)没有取 $\sin(m\theta)$项,而式(11.501)中没有取 $\cos(m\theta)$项,也就是这里只研究了这两种简单情况,而没有考察 $\sin(m\theta)$和 $\cos(m\theta)$的线性组合产生的结果。

$$\begin{aligned}M_r^{(m)}(r,\theta)=D\Bigg(&\sum_{i=1}^{2}A_i^{(m)}\left\{(\sigma_i-1)\left[\mathrm{J}''_m(\delta_i r)+\frac{\nu}{r}\mathrm{J}'_m(\delta_i r)-\frac{\nu m^2}{r^2}\mathrm{J}_m(\delta_i r)\right]\right\}\cos(m\theta)\\&+\sum_{i=1}^{2}B_i^{(m)}\left\{(\sigma_i-1)\left[\mathrm{Y}''_m(\delta_i r)+\frac{\nu}{r}\mathrm{Y}'_m(\delta_i r)-\frac{\nu m^2}{r^2}\mathrm{Y}_m(\delta_i r)\right]\right\}\cos(m\theta)\\&+A_3^{(m)}\left\{(1-\nu)\left[\frac{m}{r}\mathrm{J}'_m(\delta_3 r)-\frac{m}{r^2}\mathrm{J}_m(\delta_3 r)\right]\right\}\cos(m\theta)\\&+B_3^{(m)}\left\{(1-\nu)\left[\frac{m}{r}\mathrm{Y}'_m(\delta_3 r)-\frac{m}{r^2}\mathrm{Y}_m(\delta_3 r)\right]\right\}\cos(m\theta)\Bigg)\end{aligned}\tag{11.502}$$

$$\begin{aligned}M_{r\theta}^{(m)}(r,\theta)=D(1-\nu)\Bigg\{&\sum_{i=1}^{2}A_i^{(m)}(\sigma_i-1)\left[-\frac{m}{r}\mathrm{J}'_m(\delta_i r)+\frac{m}{r^2}\mathrm{J}_m(\delta_i r)\right]\\&+\sum_{i=1}^{2}B_i^{(m)}(\sigma_i-1)\left[-\frac{m}{r}\mathrm{Y}'_m(\delta_i r)+\frac{m}{r^2}\mathrm{Y}_m(\delta_i r)\right]\\&+A_3^{(m)}\left[-\frac{1}{2}\mathrm{J}''_m(\delta_3 r)+\frac{1}{2r}\mathrm{J}'_m(\delta_3 r)-\frac{m^2}{2r^2}\mathrm{J}_m(\delta_3 r)\right]\\&+B_3^{(m)}\left[-\frac{1}{2}\mathrm{Y}''_m(\delta_3 r)+\frac{1}{2r}\mathrm{Y}'_m(\delta_3 r)-\frac{m^2}{2r^2}\mathrm{Y}_m(\delta_3 r)\right]\Bigg\}\sin(m\theta)\end{aligned}\tag{11.503}$$

$$\begin{aligned}Q_r^{(m)}(r,\theta)=k^2Gh\Bigg\{&\sum_{i=1}^{2}\left[A_i^{(m)}\sigma_i\mathrm{J}'_m(\delta_i r)+B_i^{(m)}\sigma_i\mathrm{Y}'_m(\delta_i r)\right]\\&+A_3^{(m)}\frac{m}{r}\mathrm{J}_m(\delta_3 r)+B_3^{(m)}\frac{m}{r}\mathrm{Y}_m(\delta_3 r)\Bigg\}\cos(m\theta)\end{aligned}\tag{11.504}$$

板的横向挠度可表示为

$$W^{(m)}(r,\theta)=\left\{\sum_{i=1}^{2}\left[A_i^{(m)}\mathrm{J}_m(\delta_i r)+B_i^{(m)}\mathrm{Y}_m(\delta_i r)\right]\right\}\cos(m\theta)\tag{11.505}$$

典型的边界条件有以下四种。

(1) 固支边。

$$W=\Phi_r=\Phi_\theta=0\tag{11.506}$$

(2) 简支边(硬支承)。

$$W=\Phi_\theta=M_r=0\tag{11.507}$$

(3) 简支边(软支承)。

$$W=M_r=M_{r\theta}=0\tag{11.508}$$

(4) 自由边。

$$M_r=M_{r\theta}=Q_r=0\tag{11.509}$$

11.9.6　固支圆板的固有频率

对于实心圆板,令系数 $B_j^m(j=1,2,3)$ 为零,以避免在圆心处解变为无穷大。可以将式(11.487)～式(11.489)、式(11.500)和式(11.501)代入式(11.506)～式(11.509)得到板的固有频率。

如果板的外边界 $r=a$ 固支，则边界条件(11.506)产生下面的行列式方程：

$$\begin{vmatrix} C_{11} & C_{12} & C_{13} \\ C_{21} & C_{22} & C_{23} \\ C_{31} & C_{32} & C_{33} \end{vmatrix}=0 \tag{11.510}$$

其中

$$\begin{aligned}
&\begin{cases} C_{1j}=(\mu_j-1)\mathrm{J}_m'(\delta_3 a) \\ C_{2j}=m(\mu_j-1)\mathrm{J}_m(\delta_3 a), \quad j=1,2 \\ C_{3j}=\mathrm{J}_m(\delta_3 a) \end{cases} \\
&C_{13}=m\mathrm{J}_m(\delta_3 a) \\
&C_{23}=\mathrm{J}_m'(\delta_3 a) \\
&C_{33}=0
\end{aligned} \tag{11.511}$$

11.10　弹性基础上的板

弹性基础上板的振动问题在许多实际情况中都有应用，如高速公路和机场跑道的钢筋混凝土路面，以及重型机械和建筑物的基础底板。假设基础反力与挠度成正比，则反力 R 可表示为(图 11.26)

$$R=kw(x,y,t) \tag{11.512}$$

其中常数 k 称为**基础模量**，它是单位挠度在板的单位面积上产生的反力。所以，弹性基础上的板的运动方程为

$$\frac{\partial^4 w}{\partial x^4}+2\frac{\partial^4 w}{\partial x^2 \partial y^2}+\frac{\partial^4 w}{\partial y^4}=\frac{1}{D}\left[f(x,y,t)-kw(x,y,t)-\rho h\frac{\partial^2 w}{\partial t^2}\right] \tag{11.513}$$

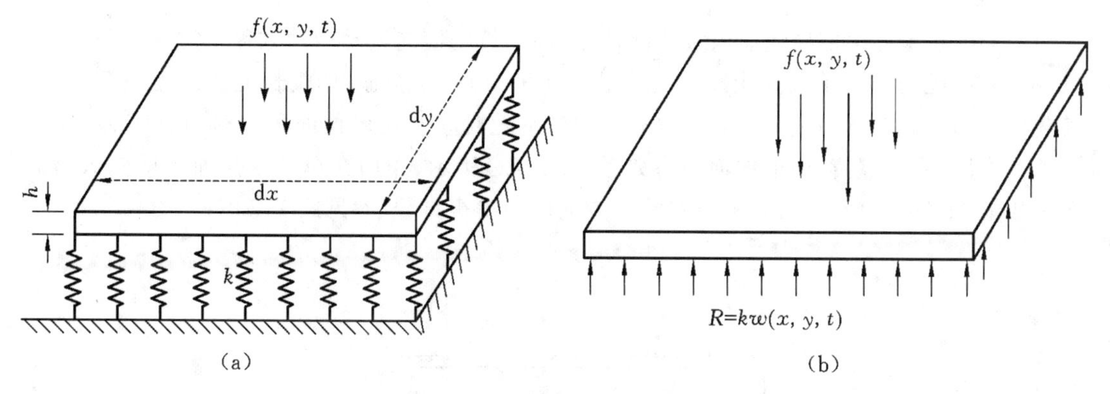

图 11.26　弹性基础上的板

对自由振动，$f(x,y,t)=0$，方程的解可假设为简谐振动：

$$w(x,y,t)=W(x,y)\mathrm{e}^{\mathrm{i}\omega t} \tag{11.514}$$

所以方程(11.513)变为

$$\frac{\partial^4 W}{\partial x^4}+2\frac{\partial^4 W}{\partial x^2 \partial y^2}+\frac{\partial^4 W}{\partial y^4}=\frac{\rho h\omega^2-k}{D}W \tag{11.515}$$

定义

$$\tilde{\lambda}^4=\frac{\rho h\omega^2-k}{D} \tag{11.516}$$

则方程(11.515)可表示为

$$\nabla^4 W-\tilde{\lambda}^4 W=0 \tag{11.517}$$

方程(11.517)与方程(11.177)相同,所以,以前获得的解答可以用于弹性地基上的板,只需用 $\tilde{\lambda}$ 替代原来的 λ。

例如,对于四边简支的弹性地基上的矩形板,可以用方程(11.191)和方程(11.193)来确定其固有频率和模态,为

$$\tilde{\lambda}_{mn}^2=\sqrt{\frac{\rho h\omega_{mn}^2-k}{D}}=\pi^2\left[\left(\frac{m}{a}\right)^2+\left(\frac{n}{b}\right)^2\right] \tag{11.518}$$

或

$$\omega_{mn}=\left\{\frac{D\pi^4}{\rho h}\left[\left(\frac{m}{a}\right)^2+\left(\frac{n}{b}\right)^2\right]^2+\frac{k}{\rho h}\right\}^{1/2} \tag{11.519}$$

对应的模态振动为

$$w_{mn}(x,y,t)=W_{mn}(x,y)[A_{mn}\cos(\omega_{mn}t)+B_{mn}\sin(\omega_{mn}t)] \tag{11.520}$$

其中模态形状为

$$W_{mn}(x,y)\sin\frac{m\pi x}{a}\sin\frac{n\pi y}{b} \tag{11.521}$$

11.11　面内载荷作用下板的横向振动

11.11.1　运动方程

为了用平衡方法推导受面内载荷(图 11.27)的板的横向振动运动方程,考虑一个边长为 $\mathrm{d}x$ 和 $\mathrm{d}y$ 的无穷小板单元。让该单元受到与时间无关的(静态)单位长度的面内载荷(或薄膜载荷)$N_x(x,y)$,$N_y(x,y)$ 和 $N_{xy}(x,y)$,以及随时间变化单位面积的横向分布力 $f(x,y,t)$。作用在单元各截面上的面内力如图 11.28(a)所示,作用在单元各侧面的横向载荷和弯矩如图 11.28(b)所示。xz 平面中沿 x 方向的力平衡方程(参见图 11.28(c))为

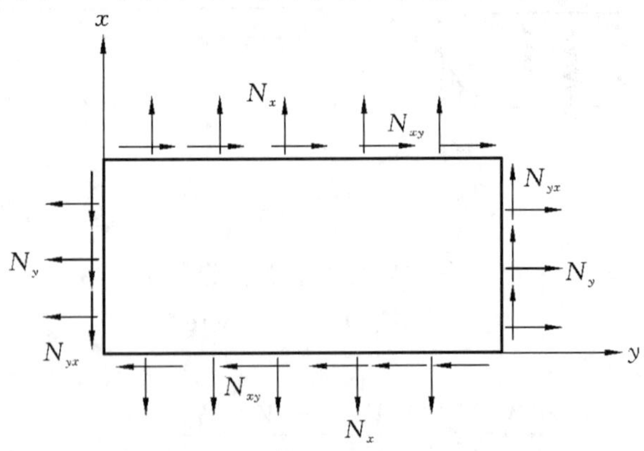

图 11.27　受面内力作用的矩形板

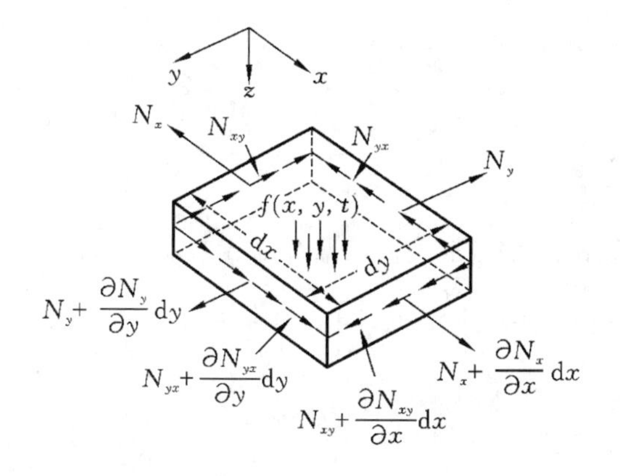

(a) 板单元边界上作用的面内力

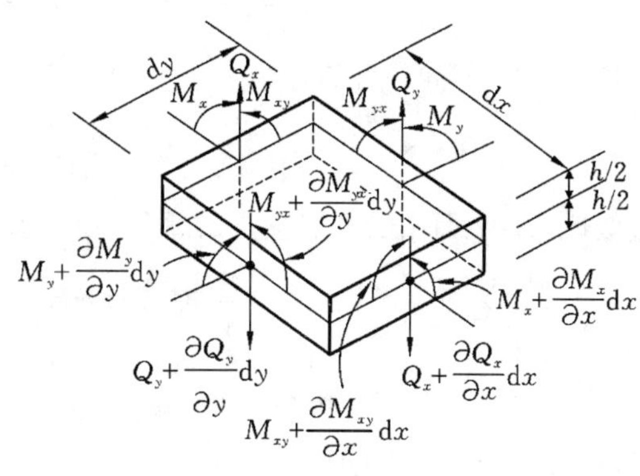

(b) 板单元边界上的合力矩和合剪力

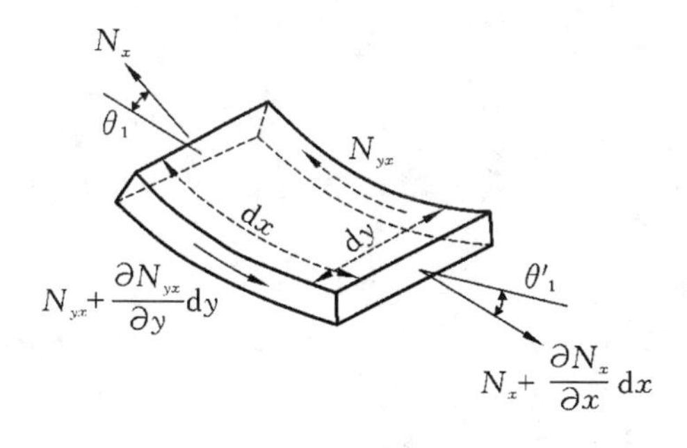

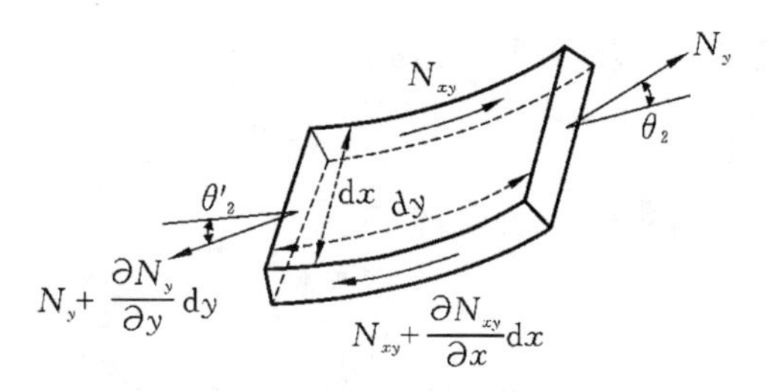

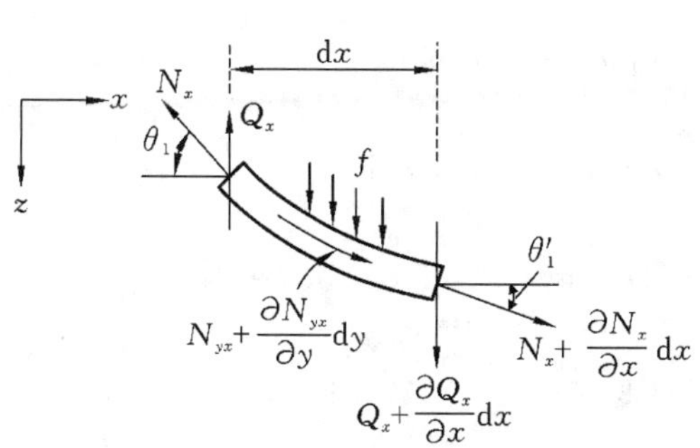

(c) xz平面内的变形

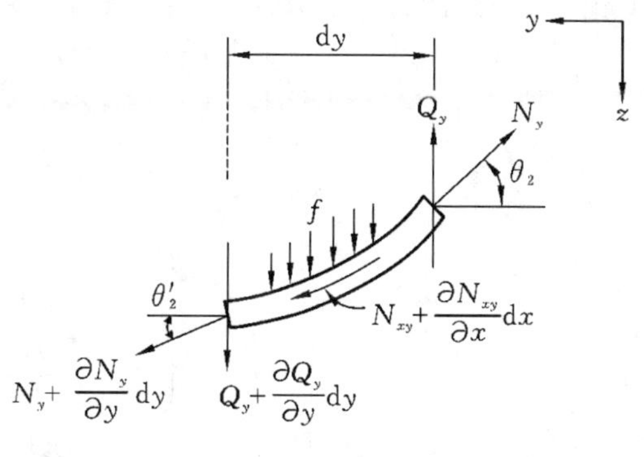

(d) yz平面内的变形

图 11.28　板单元边界上作用的面内力、板单元边界上的合力矩和合剪力、xz 平面内的变形、yz 平面内的变形

$$\sum F_x=\left(N_x+\frac{\partial N_x}{\partial x}\mathrm{d}x\right)\mathrm{d}y\cos\theta'_1+\left(N_{yx}+\frac{\partial N_{yx}}{\partial y}\mathrm{d}y\right)\mathrm{d}x\cos\frac{\theta_1+\theta'_1}{2}$$
$$-N_x\,\mathrm{d}y\cos\theta_1-N_{yx}\,\mathrm{d}x\cos\frac{\theta_1+\theta'_1}{2}=0 \tag{11.522}$$

其中

$$\theta'_1=\theta_1+\mathrm{d}\theta_1=\theta_1+\frac{\partial\theta_1}{\partial x}\mathrm{d}x$$

因为假设为小挠度，θ_1 为小转角，所以

$$\cos\theta_1\approx 1,\quad \cos\theta_1'\approx 1,\quad \cos\frac{\theta_1+\theta_1'}{2}\approx 1 \tag{11.523}$$

于是，方程(11.522)可简化为

$$\frac{\partial N_x}{\partial x}+\frac{\partial N_{yx}}{\partial y}=0 \tag{11.524}$$

类似地，yz 平面中沿 y 方向的力平衡方程(参见图 11.28 (d))为

$$\begin{aligned}\sum F_y=&\left(N_y+\frac{\partial N_y}{\partial y}\mathrm{d}y\right)\mathrm{d}x\cos\theta'_2+\left(N_{xy}+\frac{\partial N_{xy}}{\partial x}\mathrm{d}x\right)\mathrm{d}y\cos\frac{\theta_2+\theta'_2}{2}\\&-N_y\mathrm{d}x\cos\theta_2-N_{xy}\mathrm{d}x\cos\frac{\theta_2+\theta'_2}{2}=0\end{aligned} \tag{11.525}$$

其中

$$\theta_2'=\theta_2+\mathrm{d}\theta_2=\theta_2+\frac{\partial\theta_2}{\partial y}\mathrm{d}y$$

由于 θ_2 为小转角，所以

$$\cos\theta_2\approx 1,\quad \cos\theta_2'\approx 1,\quad \cos\frac{\theta_2+\theta_2'}{2}\approx 1 \tag{11.526}$$

于是方程(11.525)可简化为

$$\frac{\partial N_y}{\partial y}+\frac{\partial N_{xy}}{\partial x}=0 \tag{11.527}$$

单元沿 z 方向的力平衡方程为(参见图 11.28 (b)、(c)、(d))

$$\begin{aligned}\sum F_z=&\left(N_x+\frac{\partial N_x}{\partial x}\mathrm{d}x\right)\mathrm{d}y\sin\theta'_1-N_x\mathrm{d}y\sin\theta_1\\&+\left(N_y+\frac{\partial N_y}{\partial y}\mathrm{d}y\right)\mathrm{d}x\cos\theta'_2-N_y\mathrm{d}x\sin\theta_2\\&+\left(N_{yx}+\frac{\partial N_{yx}}{\partial y}\mathrm{d}y\right)\mathrm{d}x\sin\bar{\theta}'_1-N_{yx}\mathrm{d}x\sin\bar{\theta}_1\\&+\left(N_{xy}+\frac{\partial N_{xy}}{\partial x}\mathrm{d}x\right)\mathrm{d}y\sin\bar{\theta}'_2-N_{xy}\mathrm{d}y\sin\bar{\theta}_2\\&+\left(Q_x+\frac{\partial Q_x}{\partial x}\mathrm{d}x\right)\mathrm{d}y-Q_x\mathrm{d}y\\&+\left(Q_y+\frac{\partial Q_y}{\partial y}\mathrm{d}y\right)\mathrm{d}x+f\,\mathrm{d}x\,\mathrm{d}y=0\end{aligned} \tag{11.528}$$

应用下面的位移与转角的关系：

$$\begin{cases}\sin\theta_1\approx\theta_1\approx\dfrac{\partial w}{\partial x},\quad \sin\theta_1'\approx\theta_1'\approx\theta_1+\dfrac{\partial\theta_1}{\partial x}\mathrm{d}x=\dfrac{\partial w}{\partial x}+\dfrac{\partial^2 w}{\partial x^2}\mathrm{d}x\\ \sin\theta_2\approx\theta_2\approx\dfrac{\partial w}{\partial y},\quad \sin\theta_2'\approx\theta_2'\approx\theta_2+\dfrac{\partial\theta_2}{\partial y}\mathrm{d}y=\dfrac{\partial w}{\partial y}+\dfrac{\partial^2 w}{\partial y^2}\mathrm{d}y\\ \bar{\theta}_2\approx\theta_2\approx\dfrac{\partial w}{\partial y},\quad \bar{\theta}_2'\approx\bar{\theta}_2+\dfrac{\partial\bar{\theta}_2}{\partial x}\mathrm{d}x=\dfrac{\partial w}{\partial y}+\dfrac{\partial^2 w}{\partial x\partial y}\mathrm{d}x\\ \bar{\theta}_1\approx\theta_1\approx\dfrac{\partial w}{\partial x},\quad \bar{\theta}_1'\approx\bar{\theta}_1+\dfrac{\partial\bar{\theta}_1}{\partial y}\mathrm{d}y=\dfrac{\partial w}{\partial x}+\dfrac{\partial^2 w}{\partial x\partial y}\mathrm{d}y\end{cases} \tag{11.529}$$

方程(11.528)的前两项可写为

$$\begin{aligned}&\left(N_x+\frac{\partial N_x}{\partial x}\mathrm{d}x\right)\mathrm{d}y\sin\theta_1'-N_x\mathrm{d}y\sin\theta_1\\&\approx\left(N_x+\frac{\partial N_x}{\partial x}\mathrm{d}x\right)\mathrm{d}y\left(\frac{\partial w}{\partial x}+\frac{\partial^2 w}{\partial x^2}\mathrm{d}x\right)-N_x\mathrm{d}y\frac{\partial w}{\partial x}\\&\approx N_x\frac{\partial^2 w}{\partial x^2}\mathrm{d}x\mathrm{d}y+\frac{\partial N_x}{\partial x}\frac{\partial w}{\partial x}\mathrm{d}x\mathrm{d}y\end{aligned}\tag{11.530}$$

类似地,方程(11.528)中第三项和第四项可写为

$$\begin{aligned}&\left(N_y+\frac{\partial N_y}{\partial y}\mathrm{d}y\right)\mathrm{d}x\sin\theta_2'-N_y\mathrm{d}x\sin\theta_2\\&\approx\left(N_y+\frac{\partial N_y}{\partial y}\mathrm{d}y\right)\mathrm{d}x\left(\frac{\partial w}{\partial y}+\frac{\partial^2 w}{\partial y^2}\mathrm{d}y\right)-N_y\mathrm{d}x\frac{\partial w}{\partial y}\\&\approx N_y\frac{\partial^2 w}{\partial y^2}\mathrm{d}x\mathrm{d}y+\frac{\partial N_y}{\partial y}\frac{\partial w}{\partial y}\mathrm{d}x\mathrm{d}y\end{aligned}\tag{11.531}$$

作用于 x 方向两条边上的面内剪力在 z 方向的分量为

$$\left(N_{xy}+\frac{\partial N_{xy}}{\partial x}\mathrm{d}x\right)\mathrm{d}y\sin\bar{\theta}_2'-N_{xy}\mathrm{d}y\sin\bar{\theta}_2\tag{11.532}$$

应用式(11.529)可得

$$\frac{\partial N_{xy}}{\partial x}\frac{\partial w}{\partial y}\mathrm{d}x\mathrm{d}y+N_{xy}\frac{\partial^2 w}{\partial x\partial y}\mathrm{d}x\mathrm{d}y\tag{11.533}$$

类似地,作用于 y 方向两条边上的面内剪力在 z 方向的分量为

$$\left(N_{yx}+\frac{\partial N_{yx}}{\partial y}\mathrm{d}y\right)\mathrm{d}x\sin\bar{\theta}_1'-N_{yx}\mathrm{d}x\sin\bar{\theta}_1\tag{11.534}$$

对上式应用式(11.529)可得

$$\frac{\partial N_{yx}}{\partial y}\frac{\partial w}{\partial x}\mathrm{d}x\mathrm{d}y+N_{yx}\frac{\partial^2 w}{\partial x\partial y}\mathrm{d}x\mathrm{d}y\tag{11.535}$$

所以,方程(11.528)可表示为

$$\begin{aligned}&\frac{\partial Q_x}{\partial x}+\frac{\partial Q_y}{\partial y}+f+N_x\frac{\partial^2 w}{\partial x^2}+N_y\frac{\partial^2 w}{\partial y^2}+2N_{xy}\frac{\partial^2 w}{\partial x\partial y}\\&+\left(\frac{\partial N_x}{\partial x}+\frac{\partial N_{yx}}{\partial y}\right)\frac{\partial w}{\partial x}+\left(\frac{\partial N_{xy}}{\partial x}+\frac{\partial N_y}{\partial y}\right)\frac{\partial w}{\partial y}=0\end{aligned}\tag{11.536}$$

考虑到方程(11.524)和方程(11.527),上式简化为

$$\frac{\partial Q_x}{\partial x}+\frac{\partial Q_y}{\partial y}+f+N_x\frac{\partial^2 w}{\partial x^2}+N_y\frac{\partial^2 w}{\partial y^2}+2N_{xy}\frac{\partial^2 w}{\partial x\partial y}=0\tag{11.537}$$

面内力对单元边界上的力矩没有任何贡献,单元的矩平衡方程为

$$Q_y=\frac{\partial M_y}{\partial y}+\frac{\partial M_{xy}}{\partial x}\tag{11.538}$$

$$Q_x=\frac{\partial M_x}{\partial x}+\frac{\partial M_{xy}}{\partial y}\tag{11.539}$$

将式(11.100)、式(11.102)和式(11.104)代入式(11.538)、式(11.539),可得

$$\begin{cases} Q_x = -D\dfrac{\partial}{\partial x}\left(\dfrac{\partial^2 w}{\partial x^2}+\nu\dfrac{\partial^2 w}{\partial y^2}\right) \\ Q_y = -D\dfrac{\partial}{\partial y}\left(\dfrac{\partial^2 w}{\partial y^2}+\nu\dfrac{\partial^2 w}{\partial x^2}\right) \end{cases} \tag{11.540}$$

将此代入方程(11.537)得到

$$\frac{\partial^4 w}{\partial x^4}+2\frac{\partial^4 w}{\partial x^2\partial y^2}+\frac{\partial^4 w}{\partial y^4}=\frac{1}{D}\left(f+N_x\frac{\partial^2 w}{\partial x^2}+N_y\frac{\partial^2 w}{\partial y^2}+2N_{xy}\frac{\partial^2 w}{\partial x\partial y}\right) \tag{11.541}$$

最后,加上惯性力,总的横向载荷为

$$f-\rho h\frac{\partial^2 w}{\partial t^2} \tag{11.542}$$

这样就得到考虑面内力的影响时,板的横向振动控制方程为

$$\frac{\partial^4 w}{\partial x^4}+2\frac{\partial^4 w}{\partial x^2\partial y^2}+\frac{\partial^4 w}{\partial y^4}=\frac{1}{D}\left(f-\rho h\frac{\partial^2 w}{\partial t^2}+N_x\frac{\partial^2 w}{\partial x^2}+N_y\frac{\partial^2 w}{\partial y^2}+2N_{xy}\frac{\partial^2 w}{\partial x\partial y}\right) \tag{11.543}$$

11.11.2 自由振动

对自由振动,$f(x,y,t)=0$,方程的解可假设为简谐振动:

$$w(x,y,t)=W(x,y)e^{i\omega t} \tag{11.544}$$

所以方程(11.543)变为

$$\frac{\partial^4 W}{\partial x^4}+2\frac{\partial^4 W}{\partial x^2\partial y^2}+\frac{\partial^4 W}{\partial y^4}=\frac{1}{D}\left(\rho h\omega^2 W+N_x\frac{\partial^2 W}{\partial x^2}+N_y\frac{\partial^2 W}{\partial y^2}+2N_{xy}\frac{\partial^2 W}{\partial x\partial y}\right) \tag{11.545}$$

引入

$$\lambda^4=\frac{\rho h\omega^2}{D} \tag{11.546}$$

方程(11.545)变为

$$\nabla^4 W-\lambda^4 W=\frac{1}{D}\left(N_x\frac{\partial^2 W}{\partial x^2}+N_y\frac{\partial^2 W}{\partial y^2}+2N_{xy}\frac{\partial^2 W}{\partial x\partial y}\right) \tag{11.547}$$

11.11.3 简支矩形板的解

我们考虑一块四边简支的矩形板,承受的面内力为

$$N_x=N_1,\quad N_y=N_2,\quad N_{xy}=0$$

N_1, N_2 为常值。对这种情况,运动方程变为

$$\nabla^4 W-\lambda^4 W=\frac{1}{D}\left(N_1\frac{\partial^2 W}{\partial x^2}+N_2\frac{\partial^2 W}{\partial y^2}\right) \tag{11.548}$$

根据以前的经验,满足四边简支边界条件的模态解很容易得到,为

$$W(x,y)=\sum_{m,\,n=1}^{\infty}A_{mn}\sin\frac{m\pi x}{a}\sin\frac{n\pi y}{b} \tag{11.549}$$

其中 A_{mn} 为待定常数。将式(11.549)代入方程(11.548)可得频率方程为

$$\left[\left(\frac{m\pi}{a}\right)^2+\left(\frac{n\pi}{b}\right)^2\right]^2+\frac{1}{D}\left[N_1\left(\frac{m\pi}{a}\right)^2+N_2\left(\frac{n\pi}{b}\right)^2\right]=\lambda^4=\frac{\rho h\omega_{mn}^2}{D} \tag{11.550}$$

或

$$\omega_{mn}^2=\frac{D}{\rho h}\left[\left(\frac{m\pi}{a}\right)^2+\left(\frac{n\pi}{b}\right)^2\right]^2+\frac{1}{\rho h}\left[N_1\left(\frac{m\pi}{a}\right)^2+N_2\left(\frac{n\pi}{b}\right)^2\right] \tag{11.551}$$

如果 N_1，N_2 是压力，则上式变为

$$\omega_{mn}^2=\frac{1}{\rho h}\left\{D\left[\left(\frac{m\pi}{a}\right)^2+\left(\frac{n\pi}{b}\right)^2\right]^2-N_1\left(\frac{m\pi}{a}\right)^2-N_2\left(\frac{n\pi}{b}\right)^2\right\} \tag{11.552}$$

可见 ω_{mn} 随 N_1，N_2 的增大而减小，一直可以减小到零。例如，$N_2=0$，增大 N_1 使 $\omega_{mn}=0$，这时的压力称为**临界或屈曲载荷**，为

$$(N_1)_{\text{cri}}=-D\left(\frac{a}{m\pi}\right)^2\left[\left(\frac{m\pi}{a}\right)^2+\left(\frac{n\pi}{b}\right)^2\right]^2=-\frac{D\pi^2}{a^2}\left[m+n\left(\frac{n}{m}\right)\left(\frac{a}{b}\right)^2\right]^2 \tag{11.553}$$

其中负号表示压力载荷。在式(11.552)中令 $N_2=0$，并考虑式(11.553)可得

$$\omega_{mn}^2=\left(\frac{m\pi}{a}\right)^2[N_1-(N_1)_{\text{cri}}] \tag{11.554}$$

引入

$$\omega_{\text{ref}}^2=\frac{4D\pi^4}{\rho h a^4} \tag{11.555}$$

其中 ω_{ref} 表示无面内载荷时正方形板的基频，所以

$$\left(\frac{\omega_{mn}}{\omega_{\text{ref}}}\right)^2=\frac{(m\pi/a)^2[N_1-(N_1)_{\text{cri}}]}{4D\pi^4/(\rho h a^4)}=\frac{(m\pi/a)^2\ (N_1)_{\text{cri}}\{[N_1/(N_1)_{\text{cri}}]-1\}}{4D\pi^4/(\rho h a^4)} \tag{11.556}$$

应用式(11.553)，式(11.556)可写为

$$\left(\frac{\omega_{mn}}{\omega_{\text{ref}}}\right)^2=-\frac{m^4}{4}\left[1+\left(\frac{a}{b}\right)^2\right]^2\left[\frac{N_1}{(N_1)_{\text{cri}}}-1\right] \tag{11.557}$$

11.12　变厚度板的振动

11.12.1　矩形板

假设板的厚度连续变化，表示为 $h=h(x,y)$。在这种情况下，由式(11.100)、式(11.102)、式(11.104)给出的矩的表达式仍然可以使用，具有足够的精度。但是，由方程(11.88)和方程(11.89)给出的剪力表达式需要修正为

$$\begin{aligned}
Q_x&=\frac{\partial}{\partial x}\left[-D\left(\frac{\partial^2 w}{\partial x^2}+\nu\frac{\partial^2 w}{\partial y^2}\right)\right]+\frac{\partial}{\partial y}\left[-(1-\nu)D\frac{\partial^2 w}{\partial x\partial y}\right]\\
&=-D\frac{\partial}{\partial x}\left(\frac{\partial^2 w}{\partial x^2}+\nu\frac{\partial^2 w}{\partial y^2}\right)-\frac{\partial D}{\partial x}\left(\frac{\partial^2 w}{\partial x^2}+\nu\frac{\partial^2 w}{\partial y^2}\right)\\
&\quad-(1-\nu)D\frac{\partial^3 w}{\partial x\partial y^2}-(1-\nu)\frac{\partial D}{\partial y}\frac{\partial^2 w}{\partial x\partial y}
\end{aligned} \tag{11.558}$$

$$\begin{aligned}
Q_y&=\frac{\partial}{\partial y}\left[-D\left(\frac{\partial^2 w}{\partial y^2}+\nu\frac{\partial^2 w}{\partial x^2}\right)\right]+\frac{\partial}{\partial x}\left[-(1-\nu)D\frac{\partial^2 w}{\partial x\partial y}\right]\\
&=-D\frac{\partial}{\partial y}\left(\frac{\partial^2 w}{\partial y^2}+\nu\frac{\partial^2 w}{\partial x^2}\right)-\frac{\partial D}{\partial y}\left(\frac{\partial^2 w}{\partial y^2}+\nu\frac{\partial^2 w}{\partial x^2}\right)
\end{aligned}$$

$$-(1-\nu)D\frac{\partial^3 w}{\partial x^2\partial y}-(1-\nu)\frac{\partial D}{\partial x}\frac{\partial^2 w}{\partial x\partial y} \tag{11.559}$$

其中

$$\frac{\partial D}{\partial x}=\frac{\partial}{\partial x}\left[\frac{Eh^3(x,y)}{12(1-\nu^2)}\right]=\frac{Eh^2(x,y)}{4(1-\nu^2)}\frac{\partial h(x,y)}{\partial x} \tag{11.560}$$

$$\frac{\partial D}{\partial y}=\frac{\partial}{\partial y}\left[\frac{Eh^3(x,y)}{12(1-\nu^2)}\right]=\frac{Eh^2(x,y)}{4(1-\nu^2)}\frac{\partial h(x,y)}{\partial y} \tag{11.561}$$

这样,变厚度板的运动方程变为

$$\begin{aligned}&D\left(\frac{\partial^4 w}{\partial x^4}+2\frac{\partial^4 w}{\partial x^2\partial y^2}+\frac{\partial^4 w}{\partial y^4}\right)+2\frac{\partial D}{\partial x}\frac{\partial}{\partial x}\left(\frac{\partial^2 w}{\partial x^2}+\frac{\partial^2 w}{\partial y^2}\right)+2\frac{\partial D}{\partial y}\frac{\partial}{\partial y}\left(\frac{\partial^2 w}{\partial x^2}+\frac{\partial^2 w}{\partial y^2}\right)\\&+\left(\frac{\partial^2 D}{\partial x^2}+\frac{\partial^2 D}{\partial y^2}\right)\left(\frac{\partial^2 w}{\partial x^2}+\frac{\partial^2 w}{\partial y^2}\right)-(1-\nu)\left(\frac{\partial^2 D}{\partial x^2}\frac{\partial^2 w}{\partial y^2}-2\frac{\partial^2 D}{\partial x\partial y}\frac{\partial^2 w}{\partial x\partial y}+\frac{\partial^2 D}{\partial y^2}\frac{\partial^2 w}{\partial y^2}\right)\\&+\rho h(x,y)\frac{\partial^2 w}{\partial t^2}=f(x,y,t)\end{aligned} \tag{11.562}$$

11.12.2 圆形板

设圆形板的厚度函数为 $h=h(r,\theta)$,弯曲刚度为

$$D=\frac{Eh^3(r,\theta)}{12(1-\nu^2)} \tag{11.563}$$

式(11.271)~式(11.273)给出的矩的表达式仍然可以使用,具有足够的精度。但是,由式(11.274)和式(11.275)给出的剪力表达式需要将 D 看作 r,θ 的函数加以修正。

下面**针对轴对称圆板**的情况进行分析,此时 $h=h(r)$。参见图 11.29 (a)所示的板单元,z 方向的平衡方程为

$$\left(Q_r+\frac{\partial Q_r}{\partial r}\mathrm{d}r\right)(r+\mathrm{d}r)\mathrm{d}\theta-Q_r r\,\mathrm{d}\theta+fr\,\mathrm{d}\theta\,\mathrm{d}r=\rho hr\,\mathrm{d}\theta\,\mathrm{d}r\,\frac{\partial^2 w}{\partial t^2} \tag{11.564}$$

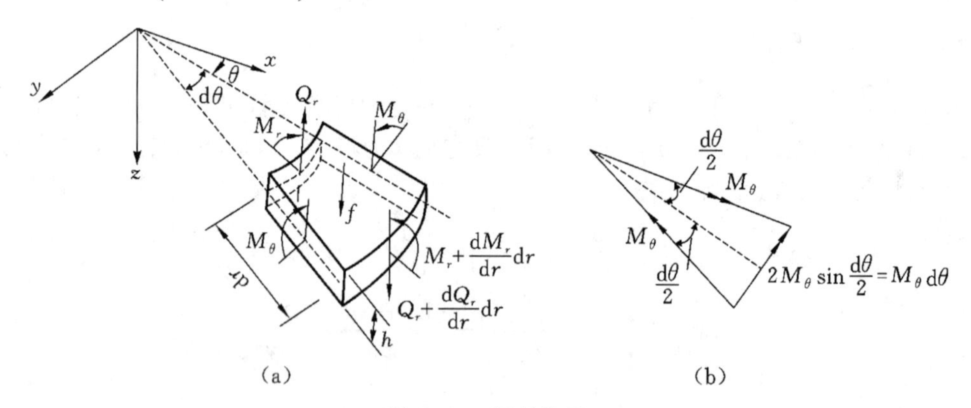

图 11.29 圆板单元

整理方程(11.564)后得到

$$-\frac{1}{r}\frac{\partial}{\partial r}(rQ_r)+\rho h\frac{\partial^2 w}{\partial t^2}=f(r,t) \tag{11.565}$$

在式(11.274)中，将 Q_r 按轴对称情况处理可得

$$Q_r=-D(r)\frac{\partial}{\partial r}\left(\frac{\partial^2 w}{\partial r^2}+\frac{1}{r}\frac{\partial w}{\partial r}\right)=-D(r)\frac{\partial}{\partial r}\left[\frac{1}{r}\frac{\partial}{\partial r}\left(r\frac{\partial w}{\partial r}\right)\right] \tag{11.566}$$

其中

$$D(r)=\frac{Eh^3(r)}{12(1-\nu^2)} \tag{11.567}$$

将上式代入方程(11.565)可得

$$\frac{1}{r}\frac{\partial}{\partial r}\left\{rD(r)\frac{\partial}{\partial r}\left[\frac{1}{r}\frac{\partial}{\partial r}\left(r\frac{\partial w}{\partial r}\right)\right]\right\}+\rho h\frac{\partial^2 w}{\partial t^2}=f(r,t) \tag{11.568}$$

11.12.3　自由振动解

令外激励力 $f(r,t)=0$，方程(11.568)变为

$$\frac{\partial}{\partial r}\left\{rD(r)\frac{\partial}{\partial r}\left[\frac{1}{r}\frac{\partial}{\partial r}\left(r\frac{\partial w}{\partial r}\right)\right]\right\}=-\rho h\frac{\partial^2 w}{\partial t^2} \tag{11.569}$$

下面分析**一种具体的厚度分布**：

$$h(r)=h_0 r \tag{11.570}$$

其中 h_0 是常值，由此可得

$$D(r)=D_0 r^3 \tag{11.571}$$

其中

$$D_0=\frac{Eh_0^3}{12(1-\nu^2)} \tag{11.572}$$

对这种具体情况，方程(11.569)可展开为

$$r^4\frac{\partial^4 w}{\partial r^4}+8r^3\frac{\partial^3 w}{\partial r^3}+(11+3\nu)r^2\frac{\partial^2 w}{\partial r^2}-(2-6\nu)\frac{\partial w}{\partial r}=-\frac{12(1-\nu^2)\rho}{Eh_0^3}r^2\frac{\partial^2 w}{\partial t^2} \tag{11.573}$$

假设 $\nu=1/3$，方程(11.573)简化为

$$\frac{\partial^2}{\partial r^2}\left(r^4\frac{\partial^2 w}{\partial r^2}\right)+\frac{32\rho}{3Eh_0^3}r^2\frac{\partial^2 w}{\partial t^2}=0 \tag{11.574}$$

假设自由振动解为

$$w=W(r)\mathrm{e}^{\mathrm{i}\omega t} \tag{11.575}$$

代入方程(11.574)得到

$$\frac{\mathrm{d}^2}{\mathrm{d}z^2}\left(z^4\frac{\mathrm{d}^2 W}{\mathrm{d}z^2}\right)=z^2 W \tag{11.576}$$

其中

$$z=pr \tag{11.577}$$

$$p=\left(\frac{32\rho\omega^2}{3Eh_0^3}\right)^{1/2} \tag{11.578}$$

方程(11.576)的解为

$$W(z)=\frac{C_1\mathrm{J}_2(2\sqrt{z})}{z}+\frac{C_2\mathrm{Y}_2(2\sqrt{z})}{z}+\frac{C_3\mathrm{I}_2(2\sqrt{z})}{z}+\frac{C_4\mathrm{K}_2(2\sqrt{z})}{z} \tag{11.579}$$

其中 J_2 和 Y_2 为第二类 Bessel 函数，I_2 和 K_2 为第二类修正 Bessel 函数。

现在考虑更具体的板，如图 11.30 所示，板的内边界和外边界都固支。边界条件为

$$W(z)=\frac{\mathrm{d}W}{\mathrm{d}z}(z)=0,\quad z=z_2=pR_2 \quad 和 \quad z=z_1=pR_1 \tag{11.580}$$

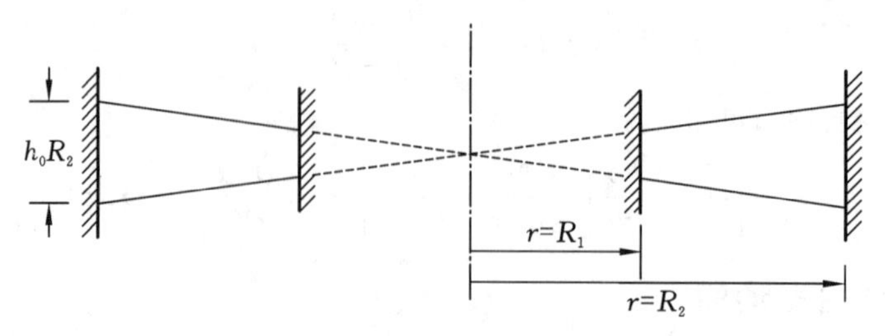

图 11.30 线性渐变轴对称圆板

Bessel 函数有如下关系：

$$\frac{\mathrm{d}}{\mathrm{d}z}[z^{-m/2}\mathrm{J}_m(kz^{1/2})]=-\frac{1}{2}kz^{-(m+1)/2}\mathrm{J}_{m+1}(kz^{1/2}) \tag{11.581}$$

$$\frac{\mathrm{d}}{\mathrm{d}z}[z^{-m/2}\mathrm{Y}_m(kz^{1/2})]=-\frac{1}{2}kz^{-(m+1)/2}\mathrm{Y}_{m+1}(kz^{1/2}) \tag{11.582}$$

$$\frac{\mathrm{d}}{\mathrm{d}z}[z^{-m/2}\mathrm{I}_m(kz^{1/2})]=-\frac{1}{2}kz^{-(m+1)/2}\mathrm{I}_{m+1}(kz^{1/2}) \tag{11.583}$$

$$\frac{\mathrm{d}}{\mathrm{d}z}[z^{-m/2}\mathrm{K}_m(kz^{1/2})]=-\frac{1}{2}kz^{-(m+1)/2}\mathrm{K}_{m+1}(kz^{1/2}) \tag{11.584}$$

于是，应用边界条件可得频率方程为

$$\begin{vmatrix} \mathrm{J}_2(\beta) & \mathrm{Y}_2(\beta) & \mathrm{I}_2(\beta) & \mathrm{K}_2(\beta) \\ \mathrm{J}_3(\beta) & \mathrm{Y}_3(\beta) & -\mathrm{I}_3(\beta) & \mathrm{K}_3(\beta) \\ \mathrm{J}_2(\alpha) & \mathrm{Y}_2(\alpha) & \mathrm{I}_2(\alpha) & \mathrm{K}_2(\alpha) \\ \mathrm{J}_3(\alpha) & \mathrm{Y}_3(\alpha) & -\mathrm{I}_3(\alpha) & \mathrm{K}_3(\alpha) \end{vmatrix}=0 \tag{11.585}$$

其中

$$\beta^2=4z_2=4R_2\left(\frac{32\rho\omega^2}{3Eh_0^3}\right)^{1/2} \tag{11.586}$$

$$\alpha^2=4z_1=4R_1\left(\frac{32\rho\omega^2}{3Eh_0^3}\right)^{1/2} \tag{11.587}$$

拓展知识　有关的 Green 公式

Green 公式：

$$\int_L (P\mathrm{d}x+Q\mathrm{d}y)=\int_D\left(\frac{\partial Q}{\partial x}-\frac{\partial P}{\partial y}\right)\mathrm{d}x\,\mathrm{d}y \tag{11.588}$$

Green 公式可变为：

$$\int_L [P\cos(x,n)+Q\cos(y,n)]\mathrm{d}s=\int_D\left(\frac{\partial P}{\partial x}+\frac{\partial Q}{\partial y}\right)\mathrm{d}x\,\mathrm{d}y \tag{11.589}$$

其中 n 表示区域 D 的边界线 L 的外法线方向。

利用 Green 公式，可得如下公式：

$$\int_D \Delta u \,\mathrm{d}x\,\mathrm{d}y = \int_L \frac{\partial u}{\partial n}\mathrm{d}s \tag{11.590}$$

$$\int_D v\Delta u \,\mathrm{d}x\,\mathrm{d}y = -\int_D \left(\frac{\partial u}{\partial x}\frac{\partial v}{\partial x} + \frac{\partial u}{\partial y}\frac{\partial v}{\partial y}\right)\mathrm{d}x\,\mathrm{d}y + \int_L v\frac{\partial u}{\partial n}\mathrm{d}s \tag{11.591}$$

$$\int_D (v\Delta u - u\Delta v)\,\mathrm{d}x\,\mathrm{d}y = \int_L \left(v\frac{\partial u}{\partial n} - u\frac{\partial v}{\partial n}\right)\mathrm{d}s \tag{11.592}$$

其中

$$\Delta = \nabla^2 = \frac{\partial^2}{\partial x^2} + \frac{\partial^2}{\partial y^2} \tag{11.593}$$

习题

11.1　考虑四边固定矩形膜，$0\leqslant x\leqslant a, 0\leqslant y\leqslant b$。求膜的固有频率和自由振动。

11.2　考虑四边固定矩形膜，$0\leqslant x\leqslant a, 0\leqslant y\leqslant b$。

(1) 对任意横向载荷 $f(x,y,t)$，求响应 $w(x,y,t)$ 的表达式。

(2) 假定初始静止，载荷为常值均布压力 f_0，求响应。

11.3　考虑四边固定矩形膜，$0\leqslant x\leqslant a, 0\leqslant y\leqslant b$。膜的初始条件为

$$w(x,y,0) = w_0 \sin\frac{\pi x}{a}\sin\frac{\pi y}{b},\quad 0\leqslant x\leqslant a, 0\leqslant y\leqslant b$$

$$\frac{\partial w}{\partial t}(x,y,0) = 0,\qquad 0\leqslant x\leqslant a, 0\leqslant y\leqslant b$$

求膜的自由振动响应。

11.4　考虑矩形板，$0\leqslant x\leqslant a, 0\leqslant y\leqslant b$。$x=0$ 和 $x=a$ 两条边简支，$y=0$ 边固支，$y=b$ 边自由，求板的频率方程。

11.5　如图所示，圆环板外边界半径 $r=a$，内边界半径 $r=b$，圆环的厚度 $r=h$，弹性模量为 E，Poisson 比为 ν。就下列两种情况，求圆环板的频率方程。

(1) 边界条件为外边界半径 $r=a$ 和内边界半径 $r=b$ 均固支。

(2) 圆环板外边界（$r=a$）固支，内边界（$r=b$）与一质量为 M 的刚性板固连。求这种圆环板的轴对称模态的频率方程。

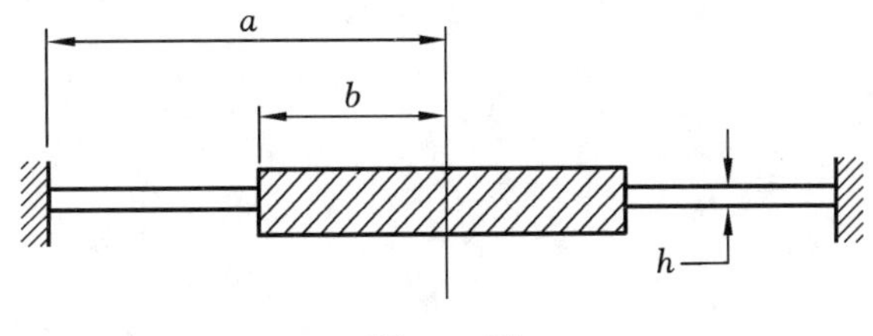

题 11.5 图

11.6　均匀圆板半径为 a，由沿边界的扭簧和拉伸弹簧支承，扭簧的分布刚度为 K_ψ，拉伸弹簧的分布刚度为 K_w，如图所示。写出圆板的边界条件，求出频率方程。

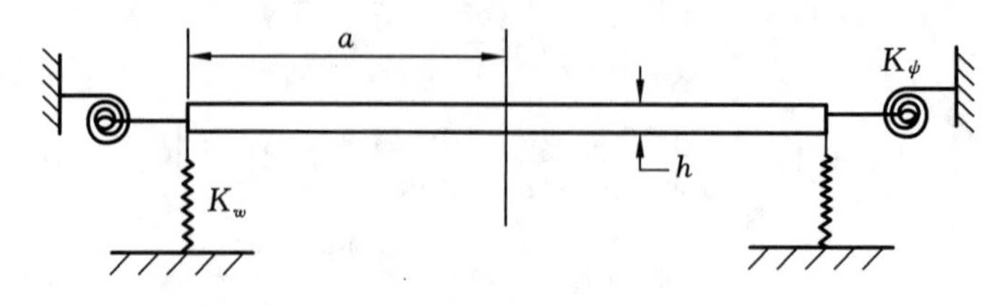

题 11.6 图

11.7　图示圆板在半径 $r=b$ 处沿周围简支，外半径 $r=a$ 处自由。已知这种圆板的模态的一般形式可表示为

$$\begin{cases} W_{n1}(r)=A_{n1}\mathrm{J}_n(kr)+B_{n1}\mathrm{Y}_n(kr)+C_{n1}\mathrm{I}_n(kr)+D_{n1}\mathrm{K}_n(kr), & 0<r<b \\ W_{n2}(r)=A_{n2}\mathrm{J}_n(kr)+B_{n2}\mathrm{Y}_n(kr)+C_{n2}\mathrm{I}_n(kr)+D_{n2}\mathrm{K}_n(kr), & b<r<a \end{cases}$$

求圆板基频随 b/a 的变化曲线。

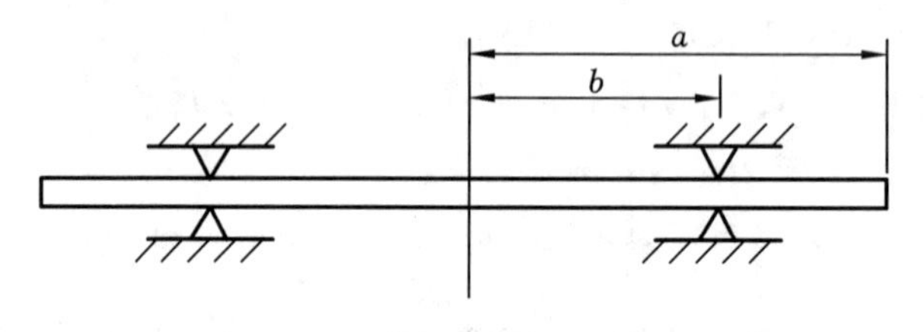

题 11.7 图

第12章 壳的振动

12.1 壳体坐标

薄壳是一个三维物体，它被夹在两个曲面之间，与曲面的曲率半径相比，这两个曲面之间的距离很短，这个距离是壳的**厚度**。相比于壳的长度和宽度这两个维度，壳的厚度很小。现在假定壳体的厚度为常数，壳体的**中面**(中间面)定义为由两个边界曲面中间的点构成的曲面。

壳体和壳体结构在航空航天、建筑、土木、海洋和机械工程等多个领域得到广泛应用。飞机机身、火箭、导弹、船只、潜艇、管道、水箱、压力容器、锅炉、储液罐、气瓶、混凝土拱坝和大跨度建筑物的屋顶等都应用了壳体。

12.1.1 曲面理论

薄壳的变形可以完全用它的中面变形来描述。薄壳未变形的中面可以用图12.1所示的两个独立的曲线坐标 α 和 β 来描述。在固定直角坐标系 $OXYZ$ 中，中面上一点的位置矢量 $\boldsymbol{r}$ 可以用 α 和 β 表示为

$$\boldsymbol{r}=\boldsymbol{r}(\alpha,\beta) \tag{12.1}$$

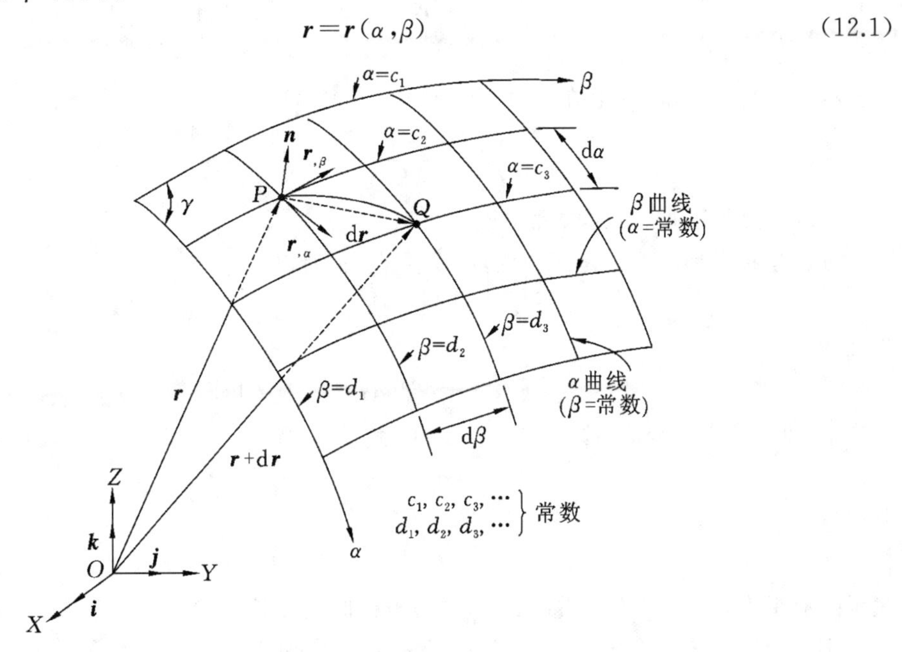

图12.1 壳中面上的曲线坐标系

在直角坐标系 $OXYZ$ 中，该点的坐标可写为

$$\begin{cases}X=X(\alpha,\beta)\\Y=Y(\alpha,\beta)\\Z=Z(\alpha,\beta)\end{cases}\tag{12.2}$$

或

$$\boldsymbol{r}=X(\alpha,\beta)\boldsymbol{i}+Y(\alpha,\beta)\boldsymbol{j}+Z(\alpha,\beta)\boldsymbol{k}\tag{12.3}$$

其中 $\boldsymbol{i},\boldsymbol{j},\boldsymbol{k}$ 分别为 X,Y,Z 轴的正向单位矢量。位置矢量 $\boldsymbol{r}$ 对 α 和 β 的导数记为

$$\frac{\partial \boldsymbol{r}}{\partial \alpha}=\boldsymbol{r}_{,\alpha},\quad \frac{\partial \boldsymbol{r}}{\partial \beta}=\boldsymbol{r}_{,\beta}\tag{12.4}$$

12.1.2 未变形中面上相邻两点的距离

未变形中面上相隔无穷小距离的相邻两点(点 P 和点 Q)之间的长度矢量可表示为

$$\mathrm{d}\boldsymbol{r}=\frac{\partial \boldsymbol{r}}{\partial \alpha}\mathrm{d}\alpha+\frac{\partial \boldsymbol{r}}{\partial \beta}\mathrm{d}\beta=\boldsymbol{r}_{,\alpha}\mathrm{d}\alpha+\boldsymbol{r}_{,\beta}\mathrm{d}\beta\tag{12.5}$$

这个长度矢量的幅值 $\mathrm{d}s$ 为

$$(\mathrm{d}s)^2=\mathrm{d}\boldsymbol{r}\cdot\mathrm{d}\boldsymbol{r}=\frac{\partial \boldsymbol{r}}{\partial \alpha}\cdot\frac{\partial \boldsymbol{r}}{\partial \alpha}(\mathrm{d}\alpha)^2+2\frac{\partial \boldsymbol{r}}{\partial \alpha}\cdot\frac{\partial \boldsymbol{r}}{\partial \beta}\mathrm{d}\alpha\mathrm{d}\beta+\frac{\partial \boldsymbol{r}}{\partial \beta}\cdot\frac{\partial \boldsymbol{r}}{\partial \beta}(\mathrm{d}\beta)^2\tag{12.6}$$

上式可表示为

$$(\mathrm{d}s)^2=A^2(\mathrm{d}\alpha)^2+2AB\cos\gamma\,\mathrm{d}\alpha\mathrm{d}\beta+B^2(\mathrm{d}\beta)^2\tag{12.7}$$

其中

$$A^2=\boldsymbol{r}_{,\alpha}\cdot\boldsymbol{r}_{,\alpha}=|\boldsymbol{r}_{,\alpha}|^2\tag{12.8}$$

$$B^2=\boldsymbol{r}_{,\beta}\cdot\boldsymbol{r}_{,\beta}=|\boldsymbol{r}_{,\beta}|^2\tag{12.9}$$

γ 表示坐标曲线 α 和 β 之间的夹角,定义为

$$\frac{\boldsymbol{r}_{,\alpha}\cdot\boldsymbol{r}_{,\beta}}{AB}=\cos\gamma\tag{12.10}$$

式(12.7)称为所述曲面的**基本形式**。

如果**坐标曲线 α 和 β 是正交的**,则 γ 为直角,所以

$$\boldsymbol{r}_{,\alpha}\cdot\boldsymbol{r}_{,\beta}=0\tag{12.11}$$

进而

$$(\mathrm{d}s)^2=A^2(\mathrm{d}\alpha)^2+B^2(\mathrm{d}\beta)^2\tag{12.12}$$

其中 A 和 B 称为 **Lamé 参数**。式(12.12)可重写为

$$(\mathrm{d}s)^2=\mathrm{d}s_1^2+\mathrm{d}s_2^2\tag{12.13}$$

其中

$$\mathrm{d}s_1=A\mathrm{d}\alpha,\quad \mathrm{d}s_2=B\mathrm{d}\beta\tag{12.14}$$

表示对应于坐标 α 和 β 的增量 $\mathrm{d}\alpha$ 和 $\mathrm{d}\beta$ 的坐标曲线弧长。

例 12.1 确定一个圆柱壳的 Lamé 参数和基本形式。

解 如图 12.2 所示,对圆柱壳建立图示坐标系。圆柱面上任一点 S 的位置矢量为

$$\boldsymbol{r}=x\boldsymbol{i}+R\cos(\theta\boldsymbol{j})+R\sin(\theta\boldsymbol{k})$$

其中 R 为圆柱的半径。本题的两个曲线坐标就是 x 和 θ,于是有

$$\frac{\partial \boldsymbol{r}}{\partial \alpha}=\frac{\partial \boldsymbol{r}}{\partial x}=\boldsymbol{i}$$

$$A=\left|\frac{\partial \boldsymbol{r}}{\partial x}\right|=1$$

$$\frac{\partial \boldsymbol{r}}{\partial \beta}=\frac{\partial \boldsymbol{r}}{\partial \theta}=-R\sin(\theta \boldsymbol{j})+R\cos(\theta \boldsymbol{k})$$

$$B=\left|\frac{\partial \boldsymbol{r}}{\partial \theta}\right|=[(-R\sin\theta)^2+(R\cos\theta)^2]^{1/2}=R$$

圆柱面的基本形式为

$$(\mathrm{d}s)^2=(\mathrm{d}x)^2+R^2\ (\mathrm{d}\theta)^2$$

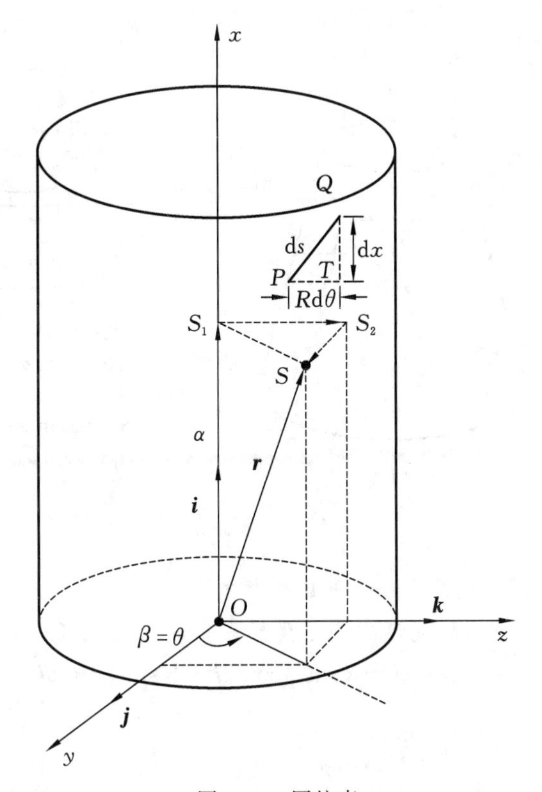

图 12.2 圆柱壳

例 12.2 确定一个圆锥壳的 Lamé 参数和基本形式。

解 如图 12.3 所示，对圆锥壳建立图示坐标系。圆锥面上任一点 S 的位置矢量为

$$\boldsymbol{r}=x\cos(\alpha_0\boldsymbol{i})+x\sin\alpha_0\sin(\theta\boldsymbol{j})+x\sin\alpha_0\cos(\theta\boldsymbol{k})$$

本题的两个曲线坐标就是 x 和 θ，于是有

$$\frac{\partial \boldsymbol{r}}{\partial \alpha}=\frac{\partial \boldsymbol{r}}{\partial x}=\cos(\alpha_0\boldsymbol{i})+\sin\alpha_0\sin(\theta\boldsymbol{j})+\sin\alpha_0\cos(\theta\boldsymbol{k})$$

$$A=\left|\frac{\partial \boldsymbol{r}}{\partial x}\right|=(\cos^2\alpha_0+\sin^2\alpha_0\ \sin^2\theta+\sin^2\alpha_0\ \cos^2\theta)^{1/2}=1$$

$$\frac{\partial \boldsymbol{r}}{\partial \beta}=\frac{\partial \boldsymbol{r}}{\partial \theta}=x\sin\alpha_0\cos\theta\boldsymbol{j}-x\sin\alpha_0\sin\theta\boldsymbol{k}$$

$$B=\left|\frac{\partial \boldsymbol{r}}{\partial \theta}\right|=[(x\sin\alpha_0\cos\theta)^2+(x\sin\alpha_0\sin\theta)^2]^{1/2}=x\sin\alpha_0$$

圆柱面的基本形式为

$$(\mathrm{d}s)^2=(\mathrm{d}x)^2+x^2\sin^2\alpha_0(\mathrm{d}\theta)^2$$

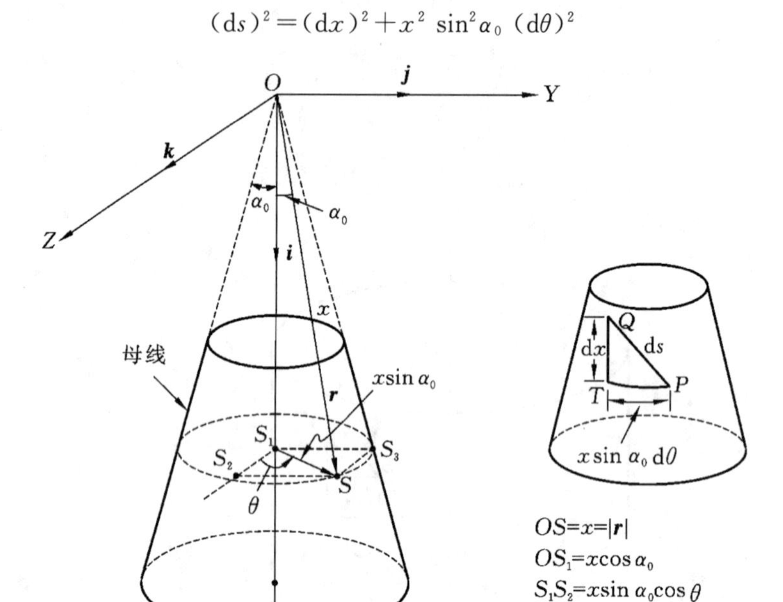

图 12.3 圆锥壳

例 12.3 确定一个圆球壳的 Lamé 参数和基本形式。

解 如图 12.4 所示,对圆球壳建立图示坐标系。球壳面上任一点 S 的位置矢量为

$$\boldsymbol{r}=R\cos\phi\boldsymbol{i}+R\sin\phi\cos\theta\boldsymbol{j}+R\sin\phi\sin\theta\boldsymbol{k}$$

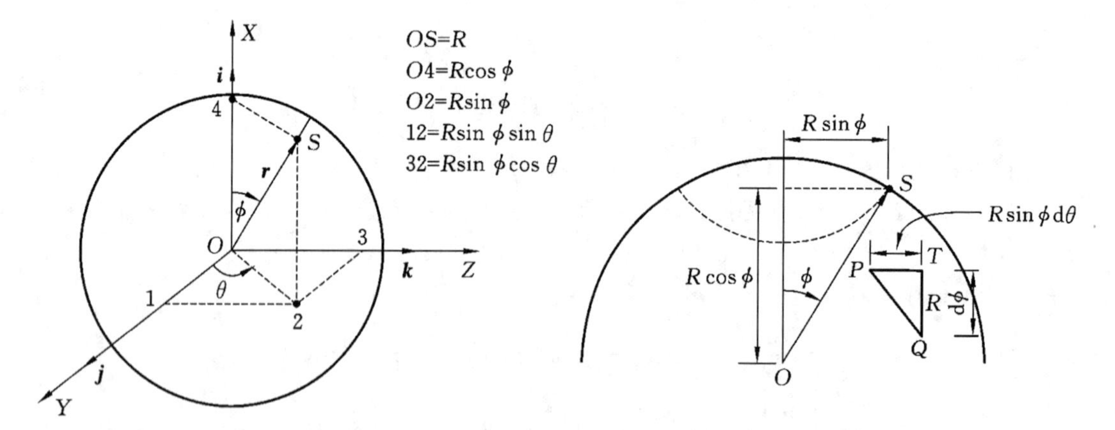

图 12.4 圆球壳

本题的两个曲线坐标就是 ϕ 和 θ，于是有

$$\frac{\partial \boldsymbol{r}}{\partial \alpha}=\frac{\partial \boldsymbol{r}}{\partial \phi}=-R\sin\phi\boldsymbol{i}+R\cos\phi\cos\theta\boldsymbol{j}+R\cos\phi\sin\theta\boldsymbol{k}$$

$$A=\left|\frac{\partial \boldsymbol{r}}{\partial \phi}\right|=[(-R\sin\phi)^2+(R\cos\phi\cos\theta)^2+(R\cos\phi\sin\theta)^2]^{1/2}=R$$

$$\frac{\partial \boldsymbol{r}}{\partial \beta}=\frac{\partial \boldsymbol{r}}{\partial \theta}=-R\sin\phi\sin\theta\boldsymbol{j}+R\sin\phi\cos\theta\boldsymbol{k}$$

$$B=\left|\frac{\partial \boldsymbol{r}}{\partial \theta}\right|=[(-R\sin\phi\sin\theta)^2+(R\sin\phi\cos\theta)^2]^{1/2}=R\sin\phi$$

圆柱面的基本形式为

$$(\mathrm{d}s)^2=R^2(\mathrm{d}\phi)^2+R^2\sin^2\phi(\mathrm{d}\theta)^2$$

12.1.3 未变形壳体中任意相邻两点的距离

如图 12.5(a)所示，考虑未变形壳体的中面外任意相邻两点 P'和 Q'，过 P'和 Q'作中面的法线，与中面的交点分别为 P 和 Q。令 $\boldsymbol{n}$ 为 P 点的中面法线的单位矢量，z 表示 P'点的 z 坐标（$|z|$为 P 点与 P'点的距离）。于是 Q'点的 z 坐标为 $z+\mathrm{d}z$。P'点位置矢量 $P'(\boldsymbol{R})$ 可表示为

$$\boldsymbol{R}(\alpha,\beta,z)=\boldsymbol{r}(\alpha,\beta)+z\boldsymbol{n}(\alpha,\beta) \tag{12.15}$$

Q'点的位置矢量为 $\boldsymbol{R}+\mathrm{d}\boldsymbol{R}$，微分矢量 $\mathrm{d}\boldsymbol{R}$ 可由式(12.15)求得：

$$\mathrm{d}\boldsymbol{R}(\alpha,\beta,z)=\mathrm{d}\boldsymbol{r}(\alpha,\beta)+z\mathrm{d}\boldsymbol{n}(\alpha,\beta)+\mathrm{d}z\boldsymbol{n}(\alpha,\beta) \tag{12.16}$$

其中

$$\mathrm{d}\boldsymbol{n}(\alpha,\beta)=\frac{\partial \boldsymbol{n}}{\partial \alpha}\mathrm{d}\alpha+\frac{\partial \boldsymbol{n}}{\partial \beta}\mathrm{d}\beta \tag{12.17}$$

$\mathrm{d}\boldsymbol{R}$ 的幅值 $\mathrm{d}s'$为

$$\begin{aligned}(\mathrm{d}s')^2&=\mathrm{d}\boldsymbol{R}\cdot\mathrm{d}\boldsymbol{R}=(\mathrm{d}\boldsymbol{r}+z\mathrm{d}\boldsymbol{n}+\mathrm{d}z\boldsymbol{n})\cdot(\mathrm{d}\boldsymbol{r}+z\mathrm{d}\boldsymbol{n}+\mathrm{d}z\boldsymbol{n})\\&=\mathrm{d}\boldsymbol{r}\cdot\mathrm{d}\boldsymbol{r}+z^2\mathrm{d}\boldsymbol{n}\cdot\mathrm{d}\boldsymbol{n}+(\mathrm{d}z)^2\boldsymbol{n}\cdot\boldsymbol{n}\\&\quad+2z\mathrm{d}\boldsymbol{r}\cdot\mathrm{d}\boldsymbol{n}+2\mathrm{d}z\mathrm{d}\boldsymbol{r}\cdot\boldsymbol{n}+2z\mathrm{d}z\mathrm{d}\boldsymbol{n}\cdot\boldsymbol{n}\end{aligned} \tag{12.18}$$

因为 $\boldsymbol{n}$ 是一个单位矢量，所以 $\boldsymbol{n}\cdot\boldsymbol{n}=1$，$\boldsymbol{n}\cdot\mathrm{d}\boldsymbol{n}=0$；由于曲线坐标是正交的，所以 $\mathrm{d}\boldsymbol{r}\cdot\boldsymbol{n}=0$，进而，上式变为

$$(\mathrm{d}s')^2=(\mathrm{d}s)^2+z^2\mathrm{d}\boldsymbol{n}\cdot\mathrm{d}\boldsymbol{n}+(\mathrm{d}z)^2+2z\mathrm{d}\boldsymbol{r}\cdot\mathrm{d}\boldsymbol{n} \tag{12.19}$$

式(12.19)右边第二项为

$$z^2\mathrm{d}\boldsymbol{n}\cdot\mathrm{d}\boldsymbol{n}=z^2\left[\frac{\partial \boldsymbol{n}}{\partial \alpha}\cdot\frac{\partial \boldsymbol{n}}{\partial \alpha}(\mathrm{d}\alpha)^2+\frac{\partial \boldsymbol{n}}{\partial \beta}\cdot\frac{\partial \boldsymbol{n}}{\partial \beta}(\mathrm{d}\beta)^2+2\frac{\partial \boldsymbol{n}}{\partial \alpha}\cdot\frac{\partial \boldsymbol{n}}{\partial \beta}\mathrm{d}\alpha\mathrm{d}\beta\right] \tag{12.20}$$

由于曲线坐标是正交的，所以

$$\frac{\partial \boldsymbol{n}}{\partial \alpha}\cdot\frac{\partial \boldsymbol{n}}{\partial \beta}=0 \tag{12.21}$$

参见图 12.5 (b)，可将$(\partial\boldsymbol{n}/\partial\alpha)$和$(\partial\boldsymbol{n}/\partial\beta)$用中面的曲率半径表示出来，为

$$\left|\frac{\partial \boldsymbol{n}}{\partial \alpha}\right|=\frac{A}{R_\alpha},\quad \left|\frac{\partial \boldsymbol{n}}{\partial \beta}\right|=\frac{B}{R_\beta} \tag{12.22}$$

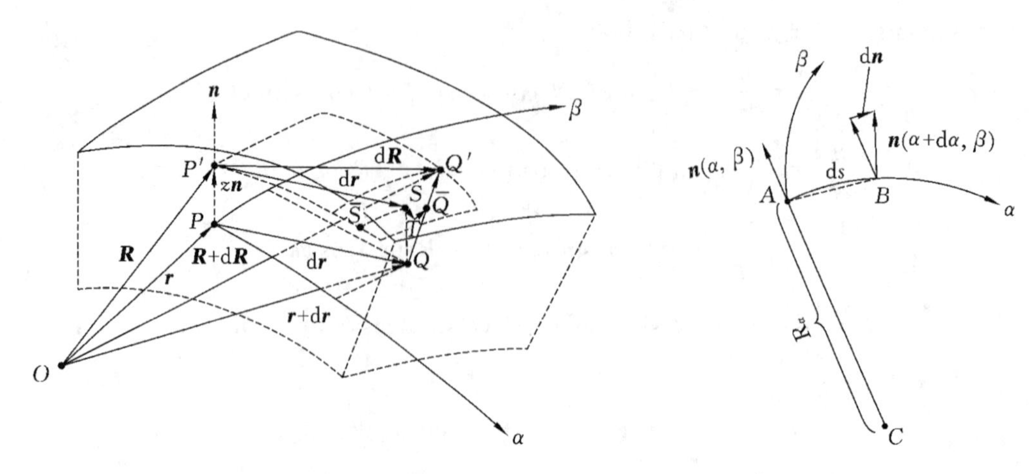

(a) 任意点P'与Q'之间的距离　　(b) 曲线坐标的法线与曲率半径

图 12.5　未变形壳体上任意两点的距离

所以式(12.20)可写为

$$z^2\ \mathrm{d}\boldsymbol{n}\cdot\mathrm{d}\boldsymbol{n}=\frac{z^2A^2}{R_\alpha^2}(\mathrm{d}\alpha)^2+\frac{z^2B^2}{R_\beta^2}(\mathrm{d}\beta)^2 \tag{12.23}$$

式(12.19)右边第四项为

$$\begin{aligned}2z\,\mathrm{d}\boldsymbol{r}\cdot\mathrm{d}\boldsymbol{n}&=2z\left(\frac{\partial\boldsymbol{r}}{\partial\alpha}\mathrm{d}\alpha+\frac{\partial\boldsymbol{r}}{\partial\beta}\mathrm{d}\beta\right)\cdot\left(\frac{\partial\boldsymbol{n}}{\partial\alpha}\mathrm{d}\alpha+\frac{\partial\boldsymbol{n}}{\partial\beta}\mathrm{d}\beta\right)\\&=2z\left[\frac{\partial\boldsymbol{r}}{\partial\alpha}\cdot\frac{\partial\boldsymbol{n}}{\partial\alpha}(\mathrm{d}\alpha)^2+\frac{\partial\boldsymbol{r}}{\partial\beta}\cdot\frac{\partial\boldsymbol{n}}{\partial\alpha}\mathrm{d}\alpha\,\mathrm{d}\beta\right.\\&\qquad\left.+\frac{\partial\boldsymbol{r}}{\partial\alpha}\cdot\frac{\partial\boldsymbol{n}}{\partial\beta}\mathrm{d}\alpha\,\mathrm{d}\beta+\frac{\partial\boldsymbol{r}}{\partial\beta}\cdot\frac{\partial\boldsymbol{n}}{\partial\beta}(\mathrm{d}\beta)^2\right]\end{aligned} \tag{12.24}$$

由于曲线坐标是正交的，所以式(12.24)简化为

$$2z\,\mathrm{d}\boldsymbol{r}\cdot\mathrm{d}\boldsymbol{n}=2z\left[\frac{\partial\boldsymbol{r}}{\partial\alpha}\cdot\frac{\partial\boldsymbol{n}}{\partial\alpha}(\mathrm{d}\alpha)^2+\frac{\partial\boldsymbol{r}}{\partial\beta}\cdot\frac{\partial\boldsymbol{n}}{\partial\beta}(\mathrm{d}\beta)^2\right] \tag{12.25}$$

应用式(12.22)可得

$$\begin{cases}\dfrac{\partial\boldsymbol{r}}{\partial\alpha}\cdot\dfrac{\partial\boldsymbol{n}}{\partial\alpha}(\mathrm{d}\alpha)^2=\left|\dfrac{\partial\boldsymbol{r}}{\partial\alpha}\right|\left|\dfrac{\partial\boldsymbol{n}}{\partial\alpha}\right|(\mathrm{d}\alpha)^2=\dfrac{A^2}{R_\alpha}(\mathrm{d}\alpha)^2\\[2ex]\dfrac{\partial\boldsymbol{r}}{\partial\beta}\cdot\dfrac{\partial\boldsymbol{n}}{\partial\beta}(\mathrm{d}\beta)^2=\left|\dfrac{\partial\boldsymbol{r}}{\partial\beta}\right|\left|\dfrac{\partial\boldsymbol{n}}{\partial\beta}\right|(\mathrm{d}\beta)^2=\dfrac{A^2}{R_\beta}(\mathrm{d}\beta)^2\end{cases} \tag{12.26}$$

将式(12.12)、式(12.23)和式(12.26)代入式(12.19)，可得未变形壳体中任意相邻两点的距离为

$$(\mathrm{d}s')^2=A^2\left(1+\frac{z}{R_\alpha}\right)^2(\mathrm{d}\alpha)^2+B^2\left(1+\frac{z}{R_\beta}\right)^2(\mathrm{d}\beta)^2+(\mathrm{d}z)^2 \tag{12.27}$$

12.1.4　变形后壳体中任意相邻两点的距离

式(12.27)给出了未变形壳体中任意相邻两点 P'与 Q'的距离，可写成

$$(\mathrm{d}s')^2=h_{11}(\alpha,\beta,z)(\mathrm{d}\alpha)^2+h_{22}(\alpha,\beta,z)(\mathrm{d}\beta)^2+h_{33}(\alpha,\beta,z)(\mathrm{d}z)^2 \tag{12.28}$$

其中

$$h_{11}=A^2\left(1+\frac{z}{R_\alpha}\right)^2 \tag{12.29}$$

$$h_{22}=B^2\left(1+\frac{z}{R_\beta}\right)^2 \tag{12.30}$$

$$h_{33}=1 \tag{12.31}$$

壳体变形后，点 P' 与 Q' 分别变为点 P'' 与 Q''，设这些点变形前后的坐标为

$$P':(\alpha,\beta,z),\quad Q':(\alpha+\mathrm{d}\alpha,\beta+\mathrm{d}\beta,z+\mathrm{d}z)$$
$$P'':(\alpha+\eta_1,\beta+\eta_2,z+\eta_3)$$
$$Q'':(\alpha+\mathrm{d}\alpha+\eta_1+\mathrm{d}\eta_1,\beta+\mathrm{d}\beta+\eta_2+\mathrm{d}\eta_2,z+\mathrm{d}z+\eta_3+\mathrm{d}\eta_3)$$

其中 η_1,η_2,η_3 为点 P' 由于变形产生的三个曲线坐标 α,β,z 的改变量。令点 P' 沿 α,β,z 三个坐标方向的位移是 $\bar{u},\bar{v},\bar{w}$，则按照式(12.28)有

$$\bar{u}=\sqrt{h_{11}(\alpha,\beta,z)}\,\eta_1,\quad \bar{v}=\sqrt{h_{22}(\alpha,\beta,z)}\,\eta_2,\quad \bar{w}=\sqrt{h_{33}(\alpha,\beta,z)}\,\eta_3 \tag{12.32}$$

类似式(12.28)，可得变形后壳体中任意相邻两点 P'' 与 Q'' 的距离为

$$\begin{aligned}(\mathrm{d}s'')^2=&h_{11}(\alpha+\eta_1,\beta+\eta_2,z+\eta_3)(\mathrm{d}\alpha+\mathrm{d}\eta_1)^2\\&+h_{22}(\alpha+\eta_1,\beta+\eta_2,z+\eta_3)(\mathrm{d}\beta+\mathrm{d}\eta_2)^2\\&+h_{33}(\alpha+\eta_1,\beta+\eta_2,z+\eta_3)(\mathrm{d}z+\mathrm{d}\eta_3)^2\end{aligned} \tag{12.33}$$

我们考虑小变形问题，η_1,η_2,η_3 都是小量，所以可以作下面的近似：

$$\begin{aligned}h_{ii}(\alpha+\eta_1,\beta+\eta_2,z+\eta_3)\approx&h_{ii}(\alpha,\beta,z)+\frac{\partial h_{ii}(\alpha,\beta,z)}{\partial\alpha}\eta_1\\&+\frac{\partial h_{ii}(\alpha,\beta,z)}{\partial\beta}\eta_2+\frac{\partial h_{ii}(\alpha,\beta,z)}{\partial z}\eta_3,\quad i=1,2,3\end{aligned} \tag{12.34}$$

类似地，有

$$\begin{cases}(\mathrm{d}\alpha+\mathrm{d}\eta_1)^2\approx(\mathrm{d}\alpha)^2+2(\mathrm{d}\alpha)(\mathrm{d}\eta_1)\\(\mathrm{d}\beta+\mathrm{d}\eta_2)^2\approx(\mathrm{d}\beta)^2+2(\mathrm{d}\beta)(\mathrm{d}\eta_2)\\(\mathrm{d}z+\mathrm{d}\eta_3)^2\approx(\mathrm{d}z)^2+2(\mathrm{d}z)(\mathrm{d}\eta_3)\end{cases} \tag{12.35}$$

其中认为 $\mathrm{d}\eta_i$ 是比 $\mathrm{d}\alpha,\mathrm{d}\beta,\mathrm{d}z$ 更高阶的小量，上式中只保留到 $\mathrm{d}\eta_i$ 的一次项。在式(12.35)中将 $\mathrm{d}\eta_i$ 展开可得

$$\begin{cases}(\mathrm{d}\alpha+\mathrm{d}\eta_1)^2\approx(\mathrm{d}\alpha)^2+2(\mathrm{d}\alpha)\left(\dfrac{\partial\eta_1}{\partial\alpha}\mathrm{d}\alpha+\dfrac{\partial\eta_1}{\partial\beta}\mathrm{d}\beta+\dfrac{\partial\eta_1}{\partial z}\mathrm{d}z\right)\\(\mathrm{d}\beta+\mathrm{d}\eta_2)^2\approx(\mathrm{d}\beta)^2+2(\mathrm{d}\beta)\left(\dfrac{\partial\eta_2}{\partial\alpha}\mathrm{d}\alpha+\dfrac{\partial\eta_2}{\partial\beta}\mathrm{d}\beta+\dfrac{\partial\eta_2}{\partial z}\mathrm{d}z\right)\\(\mathrm{d}z+\mathrm{d}\eta_3)^2\approx(\mathrm{d}z)^2+2(\mathrm{d}z)\left(\dfrac{\partial\eta_3}{\partial\alpha}\mathrm{d}\alpha+\dfrac{\partial\eta_3}{\partial\beta}\mathrm{d}\beta+\dfrac{\partial\eta_3}{\partial z}\mathrm{d}z\right)\end{cases} \tag{12.36}$$

将式(12.34)和式(12.36)代入式(12.33)得到

$$\begin{aligned}(\mathrm{d}s'')^2=&\left(h_{11}+\frac{\partial h_{11}}{\partial\alpha}\eta_1+\frac{\partial h_{11}}{\partial\beta}\eta_2+\frac{\partial h_{11}}{\partial z}\eta_3\right)\\&\times\left[(\mathrm{d}\alpha)^2+2(\mathrm{d}\alpha)\left(\frac{\partial\eta_1}{\partial\alpha}\mathrm{d}\alpha+\frac{\partial\eta_1}{\partial\beta}\mathrm{d}\beta+\frac{\partial\eta_1}{\partial z}\mathrm{d}z\right)\right]\end{aligned}$$

$$
\begin{aligned}
&+\left(h_{22}+\frac{\partial h_{22}}{\partial \alpha}\eta_1+\frac{\partial h_{22}}{\partial \beta}\eta_2+\frac{\partial h_{22}}{\partial z}\eta_3\right)\\
&\times\left[(\mathrm{d}\beta)^2+2(\mathrm{d}\beta)\left(\frac{\partial \eta_2}{\partial \alpha}\mathrm{d}\alpha+\frac{\partial \eta_2}{\partial \beta}\mathrm{d}\beta+\frac{\partial \eta_2}{\partial z}\mathrm{d}z\right)\right]\\
&+\left(h_{33}+\frac{\partial h_{33}}{\partial \alpha}\eta_1+\frac{\partial h_{33}}{\partial \beta}\eta_2+\frac{\partial h_{33}}{\partial z}\eta_3\right)\\
&\times\left[(\mathrm{d}z)^2+2(\mathrm{d}z)\left(\frac{\partial \eta_3}{\partial \alpha}\mathrm{d}\alpha+\frac{\partial \eta_3}{\partial \beta}\mathrm{d}\beta+\frac{\partial \eta_3}{\partial z}\mathrm{d}z\right)\right]
\end{aligned}
\tag{12.37}
$$

上式展开后，会出现 h_{ii} 的偏导数与 η_j 的偏导数的乘积项，这些项在绝大多数实际情况中可忽略，由此可得

$$
\begin{aligned}
(\mathrm{d}s'')^2\approx\ & H_{11}(\mathrm{d}\alpha)^2+H_{22}(\mathrm{d}\beta)^2+H_{33}(\mathrm{d}z)^2\\
&+2H_{12}(\mathrm{d}\alpha)(\mathrm{d}\beta)+2H_{23}(\mathrm{d}\beta)(\mathrm{d}z)+2H_{13}(\mathrm{d}\alpha)(\mathrm{d}z)
\end{aligned}
\tag{12.38}
$$

其中

$$H_{11}=h_{11}+\frac{\partial h_{11}}{\partial \alpha}\eta_1+\frac{\partial h_{11}}{\partial \beta}\eta_2+\frac{\partial h_{11}}{\partial z}\eta_3+2h_{11}\frac{\partial \eta_1}{\partial \alpha}\tag{12.39}$$

$$H_{22}=h_{22}+\frac{\partial h_{22}}{\partial \alpha}\eta_1+\frac{\partial h_{22}}{\partial \beta}\eta_2+\frac{\partial h_{22}}{\partial z}\eta_3+2h_{22}\frac{\partial \eta_2}{\partial \beta}\tag{12.40}$$

$$H_{33}=h_{33}+\frac{\partial h_{33}}{\partial \alpha}\eta_1+\frac{\partial h_{33}}{\partial \beta}\eta_2+\frac{\partial h_{33}}{\partial z}\eta_3+2h_{33}\frac{\partial \eta_3}{\partial z}\tag{12.41}$$

$$H_{12}=H_{21}=h_{11}\frac{\partial \eta_1}{\partial \beta}+h_{22}\frac{\partial \eta_2}{\partial \alpha}\tag{12.42}$$

$$H_{23}=H_{32}=h_{22}\frac{\partial \eta_2}{\partial z}+h_{33}\frac{\partial \eta_3}{\partial \beta}\tag{12.43}$$

$$H_{13}=H_{31}=h_{11}\frac{\partial \eta_1}{\partial z}+h_{33}\frac{\partial \eta_3}{\partial \alpha}\tag{12.44}$$

12.2　应变-位移关系

现在我们可以来定义壳体的应变分量。沿坐标 α 方向的正应变 $\varepsilon_{\alpha\alpha}=\varepsilon_{11}$ 定义为

$$\varepsilon_{11}=\frac{\text{沿 }\alpha\text{ 方向纤维的长度变化量}}{\text{纤维的原长度}}\tag{12.45}$$

因为这段纤维变形前后都沿 α 方向，变形前两端 P' 和 Q' 的坐标分别为 (α,β,z) 和 $(\alpha+\mathrm{d}\alpha,\beta,z)$，所以由式(12.38)和式(12.28)可得这段纤维变形后和变形前的长度分别为

$$(\mathrm{d}s'')^2=(\mathrm{d}s'')_{11}^2=H_{11}(\mathrm{d}\alpha)^2\tag{12.46}$$

$$(\mathrm{d}s')^2=(\mathrm{d}s')_{11}^2=h_{11}(\mathrm{d}\alpha)^2\tag{12.47}$$

类似地，沿 β 和 z 方向的纤维变形后与变形前的长度为

$$(\mathrm{d}s'')_{22}^2=H_{22}(\mathrm{d}\beta)^2\tag{12.48}$$

$$(\mathrm{d}s')_{22}^2=h_{22}(\mathrm{d}\beta)^2\tag{12.49}$$

$$(\mathrm{d}s'')_{33}^2=H_{33}(\mathrm{d}z)^2\tag{12.50}$$

$$(ds')_{33}^2 = h_{33}(dz)^2 \tag{12.51}$$

类似地，β 或 z 方向的正应变 $\varepsilon_{\beta\beta}=\varepsilon_{22}$ 或($\varepsilon_{zz}=\varepsilon_{33}$)定义为

$$\varepsilon_{22}(\varepsilon_{33}) = \frac{\text{沿}\ \beta(\text{或}\ z)\text{方向纤维的长度变化量}}{\text{纤维的原长度}} \tag{12.52}$$

于是，正应变 $\varepsilon_{ii}(i=1,2,3)$ 可表示为

$$\begin{aligned}\varepsilon_{ii} &= \frac{(ds'')_{ii}-(ds')_{ii}}{(ds')_{ii}} = \frac{(ds'')_{ii}}{(ds')_{ii}} - 1 = \sqrt{\frac{H_{ii}}{h_{ii}}} - 1 = \sqrt{\frac{h_{ii}+H_{ii}-h_{ii}}{h_{ii}}} - 1 \\ &= \sqrt{1+\frac{H_{ii}-h_{ii}}{h_{ii}}} - 1\end{aligned} \tag{12.53}$$

其中$(H_{ii}-h_{ii})/h_{ii}$是小量，所以上式最后的根号可以近似为

$$\varepsilon_{ii} = \left(1+\frac{1}{2}\frac{H_{ii}-h_{ii}}{h_{ii}}+\cdots\right)-1 \approx \frac{1}{2}\frac{H_{ii}-h_{ii}}{h_{ii}}, \quad i=1,2,3 \tag{12.54}$$

下面来计算剪应变 $\varepsilon_{\alpha\beta}=\varepsilon_{12}$。参见图 12.6，变形前过任一点 $R:(\alpha,\beta,z)$ 的两条正交坐标曲线 α 和 β，变形后它们不再正交，$\varepsilon_{\alpha\beta}$ 定义为

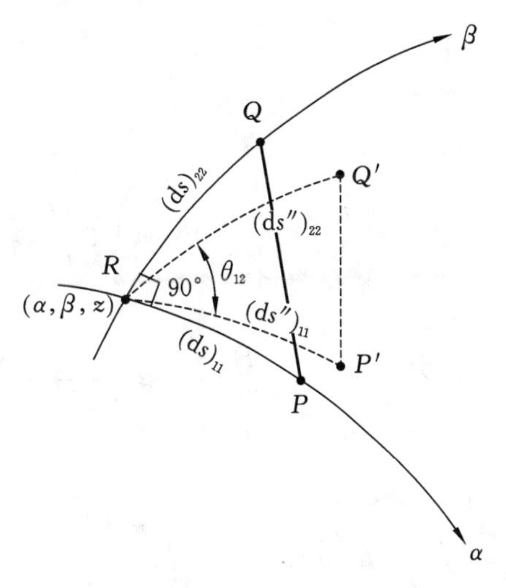

图 12.6　纤维之间的角度变化

$$\varepsilon_{\alpha\beta} = \text{原来相互垂直的}\ \alpha,\beta\ \text{方向的纤维的角度变化量} \tag{12.55}$$

所以

$$\varepsilon_{12} = \frac{\pi}{2} - \theta_{12} \tag{12.56}$$

为了计算 θ_{12}，我们在变形前的两条坐标曲线 α 和 β 上分别取点 P 和 Q，它们的坐标分别为 $P:(\alpha+d\alpha,\beta,z)$ 和 $Q:(\alpha,\beta+d\beta,z)$，所以 PQ 的长度为

$$(ds')^2 = (ds')_{12}^2 = h_{11}(d\alpha)^2 + h_{22}(d\beta)^2 \tag{12.57}$$

变形后点 P 和 Q 变为点 P' 和 Q'，为了计算 $P'Q'$ 的长度，我们将点 P 和 Q 原来的坐标 $P:(\alpha+d\alpha,\beta,z)$ 和 $Q:(\alpha,\beta+d\beta,z)$ 等价地替换为(α,β,z)和$(\alpha-d\alpha,\beta+d\beta,z)$，于是，根据式(12.38)可得变形后 $P'Q'$ 的长度为

$$(ds'')^2=(ds'')_{12}^2=H_{11}(d\alpha)^2+H_{22}(d\beta)^2-2H_{12}(d\alpha)(d\beta) \tag{12.58}$$

类似地，为了计算剪应变 $\varepsilon_{\beta z}=\varepsilon_{23}$ 和 $\varepsilon_{z\alpha}=\varepsilon_{31}$，在坐标面 βz 和 $z\alpha$ 上可得

$$(ds')_{23}^2=h_{22}(d\beta)^2+h_{33}(dz)^2 \tag{12.59}$$

$$(ds'')_{23}^2=H_{22}(d\beta)^2+H_{33}(dz)^2-2H_{23}(d\beta)(dz) \tag{12.60}$$

$$(ds')_{31}^2=h_{33}(dz)^2+h_{11}(d\alpha)^2 \tag{12.61}$$

$$(ds'')_{31}^2=H_{33}(dz)^2+H_{11}(d\alpha)^2-2H_{31}(dz)(d\alpha) \tag{12.62}$$

在图 12.6 中，对三角形 $RP'Q'$ 应用余弦定理可得

$$(ds'')_{12}^2=(ds'')_{11}^2+(ds'')_{22}^2-2(ds'')_{11}(ds'')_{22}\cos\theta_{12} \tag{12.63}$$

式(12.63)可以写成一般形式：

$$(ds'')_{ij}^2=(ds'')_{ii}^2+(ds'')_{jj}^2-2(ds'')_{ii}(ds'')_{jj}\cos\theta_{ij},\quad ij=12,23,31 \tag{12.64}$$

应用式(12.58)，式(12.46)和式(12.48)，式(12.63)可表示为

$$\begin{aligned}&H_{11}(d\alpha)^2+H_{22}(d\beta)^2-2H_{12}(d\alpha)(d\beta)\\&=H_{11}(d\alpha)^2+H_{22}(d\beta)^2-2(\sqrt{H_{11}}\,d\alpha)(\sqrt{H_{22}}\,d\beta)\cos\theta_{12}\end{aligned} \tag{12.65}$$

上式可简化为

$$\cos\theta_{12}=\frac{H_{12}}{\sqrt{H_{11}H_{22}}} \tag{12.66}$$

方程(12.56)和方程(12.66)给出

$$\cos\theta_{12}=\cos\left(\frac{\pi}{2}-\varepsilon_{12}\right)=\sin\varepsilon_{12}=\frac{H_{12}}{\sqrt{H_{11}H_{22}}} \tag{12.67}$$

于是

$$\sin\varepsilon_{12}\approx\varepsilon_{12}=\frac{H_{12}}{\sqrt{H_{11}H_{22}}}\approx\frac{H_{12}}{\sqrt{h_{11}h_{22}}} \tag{12.68}$$

一般有

$$\varepsilon_{ij}=\frac{H_{ij}}{\sqrt{h_{ii}h_{jj}}},\quad ij=12,23,31 \tag{12.69}$$

应用式(12.54)，式(12.39)～式(12.41)和式(12.29)～式(12.32)，可得用位移表示的正应变为

$$\begin{aligned}\varepsilon_{11}=\varepsilon_{\alpha\alpha}=&\frac{1}{2A^2(1+z/R_\alpha)^2}\left\{\frac{\partial}{\partial\alpha}\left[A^2\left(1+\frac{z}{R_\alpha}\right)^2\right]\frac{\bar{u}}{A(1+z/R_\alpha)}\right.\\&\left.+\frac{\partial}{\partial\beta}[A^2(1+z/R_\alpha)^2]\frac{\bar{v}}{B(1+z/R_\beta)}+\frac{\partial}{\partial z}[A^2(1+z/R_\alpha)^2]\bar{w}\right\}\\&+\frac{\partial}{\partial\alpha}\left[\frac{\bar{u}}{A(1+z/R_\alpha)}\right]\end{aligned}$$

$$
\begin{aligned}
&=\frac{1}{A(1+z/R_\alpha)}\left\{\frac{\partial}{\partial\alpha}[A(1+z/R_\alpha)]\frac{\bar{u}}{A(1+z/R_\alpha)}\right.\\
&\quad\left.+\frac{\partial}{\partial\beta}[A(1+z/R_\alpha)]\frac{\bar{v}}{B(1+z/R_\beta)}+\frac{A}{R_\alpha}\bar{w}\right\}\\
&\quad+\frac{1}{A(1+z/R_\alpha)}\frac{\partial\bar{u}}{\partial\alpha}-\frac{\partial}{\partial\alpha}[A(1+z/R_\alpha)]\frac{\bar{u}}{A^2\ (1+z/R_\alpha)^2}
\end{aligned}
\tag{12.70}
$$

为了简化上式，可应用 Codazzi 公式：

$$\frac{\partial}{\partial\beta}\left[A\left(1+\frac{z}{R_\alpha}\right)\right]=\left(1+\frac{z}{R_\beta}\right)\frac{\partial A}{\partial\beta}\tag{12.71}$$

$$\frac{\partial}{\partial\alpha}\left[A\left(1+\frac{z}{R_\beta}\right)\right]=\left(1+\frac{z}{R_\alpha}\right)\frac{\partial A}{\partial\alpha}\tag{12.72}$$

于是

$$\varepsilon_{11}=\varepsilon_{\alpha\alpha}=\frac{1}{A(1+z/R_\alpha)}\left(\frac{\partial\bar{u}}{\partial\alpha}+\frac{\bar{v}}{B}\frac{\partial A}{\partial\beta}+\bar{w}\frac{A}{R_\alpha}\right)\tag{12.73}$$

类似有

$$\varepsilon_{22}=\varepsilon_{\beta\beta}=\frac{1}{B(1+z/R_\beta)}\left(\frac{\partial\bar{v}}{\partial\beta}+\frac{\bar{u}}{B}\frac{\partial B}{\partial\alpha}+\bar{w}\frac{B}{R_\beta}\right)\tag{12.74}$$

$$\varepsilon_{33}=\varepsilon_{zz}=\frac{\partial\bar{w}}{\partial z}\tag{12.75}$$

类似地，应用式(12.69)，式(12.42)～式(12.44)和式(12.29)～式(12.32)，可得用位移表示的剪应变为

$$
\begin{aligned}
\varepsilon_{12}=\varepsilon_{\alpha\beta}&=\frac{A(1+z/R_\alpha)}{B(1+z/R_\beta)}\frac{\partial}{\partial\beta}\left[\frac{\bar{u}}{A(1+z/R_\alpha)}\right]\\
&\quad+\frac{B(1+z/R_\beta)}{A(1+z/R_\alpha)}\frac{\partial}{\partial\alpha}\left[\frac{\bar{v}}{B(1+z/R_\beta)}\right]
\end{aligned}
\tag{12.76}
$$

$$\varepsilon_{23}=\varepsilon_{\beta z}=B(1+z/R_\beta)\frac{\partial}{\partial z}\left[\frac{\bar{v}}{B(1+z/R_\beta)}\right]+\frac{1}{B(1+z/R_\beta)}\frac{\partial\bar{w}}{\partial\beta}\tag{12.77}$$

$$\varepsilon_{31}=\varepsilon_{z\alpha}=A(1+z/R_\alpha)\frac{\partial}{\partial z}\left[\frac{\bar{u}}{A(1+z/R_\alpha)}\right]+\frac{1}{A(1+z/R_\alpha)}\frac{\partial\bar{w}}{\partial\alpha}\tag{12.78}$$

12.3　Love 近似

在经典或小位移薄壳理论中，Love 最先提出了一些假设，已被实践证明是有效的，且已被广泛接受，这就是**壳的一阶近似理论**。基本假设如下：

(1) 壳的厚度相对于它的其他尺寸(如壳体中面的曲率半径)是小量。

(2) 位移和应变都很小，因此在应变-位移关系中可以忽略二阶和高阶小量。

(3) 横向，即 z 方向的正应力与其他正应力分量相比可以忽略。

(4) 壳体未变形中面法线在变形后保持直线且仍然为变形后中面的法线，法线不伸长或缩短。

第一个假设定义了一个薄壳。对于工程应用中的薄壳，比值 $h/R_{\min}$ 一般小于 1/50，其

中 h 为壳体的厚度，$R_{\min}$ 为壳体中面的最小曲率半径。因此，$z/R_{\min}$ 将小于 1/100，进而在应变-位移关系中，可以忽略与 h/R_i 或 $z/R_i(i=\alpha,\beta)$ 同阶或更小的项，即有

$$\frac{z}{R_\alpha}\ll 1,\quad \frac{z}{R_\beta}\ll 1 \tag{12.79}$$

第二个小位移和小变形假设使我们能够将未变形壳体作为计算的参考构型，所有计算都可以相对于未变形构型进行，并确保控制微分方程是线性的。第三个假设强制规定了在 z 方向(厚度方向)上的正应力 $\sigma_{zz}\equiv\sigma_{33}=0$。如果壳的外表面不受载，$\sigma_{33}$ 自然为零。即使壳的外表面有载荷，σ_{33} 在大多数情况下也很小，可以忽略不计。第四个假设也被称为 **Kirchhoff 假设**，引申出横向剪应变和横向正应变为零，即

$$\varepsilon_{13}=\varepsilon_{23}=0 \tag{12.80}$$

$$\varepsilon_{33}=0 \tag{12.81}$$

由式(12.80)和 Hooke 定律可知，横向剪应力也假设为零：

$$\sigma_{13}=\sigma_{23}=0 \tag{12.82}$$

值得注意的是，第三个假设和第四个假设会产生下面的不一致性：

① 横向正应力 σ_{33} 理论上不能为零，特别是在壳体外表面受力时。

② 横向剪应力 σ_{13} 和 σ_{23} 也不能为零，因为它们在壳横截面上的合力 $Q_{13}\equiv Q_{\alpha z}$，是保证壳体横向平衡所必需的。

尽管有这些不一致之处，Love 近似在薄壳理论中仍然是最常用的。为了满足 Kirchhoff 假设，壳体中任一点的**位移分量**可用下面的形式表示：

$$\bar{u}(\alpha,\beta,z)=u(\alpha,\beta)+z\theta_1(\alpha,\beta) \tag{12.83}$$

$$\bar{v}(\alpha,\beta,z)=v(\alpha,\beta)+z\theta_2(\alpha,\beta) \tag{12.84}$$

$$\bar{w}(\alpha,\beta,z)=w(\alpha,\beta) \tag{12.85}$$

其中 u,v,w 为中面上任一点沿 α,β,z 方向的位移分量，θ_1 和 θ_2 分别为中面法线绕 β 轴和 α 轴的转角，它们为

$$\theta_1=\frac{\partial\bar{u}(\alpha,\beta,z)}{\partial z} \tag{12.86}$$

$$\theta_2=\frac{\partial\bar{v}(\alpha,\beta,z)}{\partial z} \tag{12.87}$$

注意，式(12.85)已经满足式(12.81)，因为

$$\varepsilon_{33}=\frac{\partial\bar{w}}{\partial z}=\frac{\partial w}{\partial z}=0 \tag{12.88}$$

将式(12.83)～式(12.85)代入式(12.77)和式(12.78)可得

$$\begin{aligned}
\varepsilon_{13}&=A\left(1+\frac{z}{R_\alpha}\right)\frac{\partial}{\partial z}\left[\frac{\bar{u}}{A(1+z/R_\alpha)}\right]+\frac{1}{A(1+z/R_\alpha)}\frac{\partial\bar{w}}{\partial\alpha}\\
&=A\frac{\partial}{\partial z}\left[\frac{u(\alpha,\beta)+z\theta_1}{A(1+z/R_\alpha)}\right]+\frac{1}{A}\frac{\partial w(\alpha,\beta)}{\partial\alpha}\\
&=A\left\{\frac{1}{A(1+z/R_\alpha)}\frac{\partial}{\partial z}(u+z\theta_1)-\frac{u+z\theta_1}{A^2(1+z/R_\alpha)^2}\frac{\partial}{\partial z}\left[A\left(1+\frac{z}{R_\alpha}\right)\right]\right\}+\frac{1}{A}\frac{\partial w}{\partial\alpha}\\
&=\theta_1-\frac{u}{R_\alpha}+\frac{1}{A}\frac{\partial w}{\partial\alpha}
\end{aligned} \tag{12.89}$$

$$\begin{aligned}
\varepsilon_{23} &= B\left(1+\frac{z}{R_\beta}\right)\frac{\partial}{\partial z}\left[\frac{\bar{v}}{B(1+z/R_\beta)}\right]+\frac{1}{B(1+z/R_\beta)}\frac{\partial \bar{w}}{\partial \beta} \\
&= B\frac{\partial}{\partial z}\left[\frac{v(\alpha,\beta)+z\theta_2}{B(1+z/R_\beta)}\right]+\frac{1}{B}\frac{\partial w(\alpha,\beta)}{\partial \beta} \\
&= B\left\{\frac{1}{B(1+z/R_\beta)}\frac{\partial}{\partial z}(v+z\theta_2)-\frac{v+z\theta_2}{B^2(1+z/R_\beta)^2}\frac{\partial}{\partial z}\left[B\left(1+\frac{z}{R_\beta}\right)\right]\right\}+\frac{1}{B}\frac{\partial w}{\partial \beta} \\
&= \theta_2-\frac{v}{R_\beta}+\frac{1}{B}\frac{\partial w}{\partial \beta}
\end{aligned} \tag{12.90}$$

为了满足式(12.80),必须将式(12.89)和式(12.90)置零,由此得到

$$\theta_1=\frac{u}{R_\alpha}-\frac{1}{A}\frac{\partial w}{\partial \alpha} \tag{12.91}$$

$$\theta_2=\frac{v}{R_\beta}-\frac{1}{B}\frac{\partial w}{\partial \beta} \tag{12.92}$$

将式(12.79),式(12.83)～式(12.85),式(12.91)和式(12.92)代入式(12.73)～式(12.78),可得应变为

$$\varepsilon_{11}=\frac{1}{A}\frac{\partial}{\partial \alpha}(u+z\theta_1)+\frac{v+z\theta_2}{AB}\frac{\partial A}{\partial \beta}+\frac{w}{R_\alpha} \tag{12.93}$$

$$\varepsilon_{22}=\frac{1}{B}\frac{\partial}{\partial \beta}(v+z\theta_2)+\frac{u+z\theta_1}{AB}\frac{\partial B}{\partial \alpha}+\frac{w}{R_\beta} \tag{12.94}$$

$$\varepsilon_{33}=0 \tag{12.95}$$

$$\varepsilon_{12}=\frac{A}{B}\frac{\partial}{\partial \beta}\left(\frac{u+z\theta_1}{A}\right)+\frac{B}{A}\frac{\partial}{\partial \alpha}\left(\frac{v+z\theta_2}{B}\right) \tag{12.96}$$

$$\varepsilon_{23}=0 \tag{12.97}$$

$$\varepsilon_{31}=0 \tag{12.98}$$

由式(12.93),式(12.94)和式(12.96)给出的非零应变分量可以表示为

$$\varepsilon_{11}=\varepsilon_{11}^0+zk_{11} \tag{12.99}$$

$$\varepsilon_{22}=\varepsilon_{22}^0+zk_{22} \tag{12.100}$$

$$\varepsilon_{12}=\varepsilon_{12}^0+zk_{12} \tag{12.101}$$

其中 $\varepsilon_{11}^0,\varepsilon_{22}^0,\varepsilon_{12}^0$ 称为**薄膜应变**(或**中面应变**),k_{11},k_{22},k_{12} 称为**弯曲应变**。有

$$\varepsilon_{11}^0=\frac{1}{A}\frac{\partial u}{\partial \alpha}+\frac{v}{AB}\frac{\partial A}{\partial \beta}+\frac{w}{R_\alpha} \tag{12.102}$$

$$\varepsilon_{22}^0=\frac{1}{B}\frac{\partial v}{\partial \beta}+\frac{u}{AB}\frac{\partial B}{\partial \alpha}+\frac{w}{R_\beta} \tag{12.103}$$

$$\varepsilon_{12}^0=\frac{A}{B}\frac{\partial}{\partial \beta}\left(\frac{u}{A}\right)+\frac{B}{A}\frac{\partial}{\partial \alpha}\left(\frac{v}{B}\right) \tag{12.104}$$

$$k_{11}=\frac{1}{A}\frac{\partial \theta_1}{\partial \alpha}+\frac{\theta_2}{AB}\frac{\partial A}{\partial \beta} \tag{12.105}$$

$$k_{22}=\frac{1}{B}\frac{\partial \theta_2}{\partial \beta}+\frac{\theta_1}{AB}\frac{\partial B}{\partial \alpha} \tag{12.106}$$

$$k_{12}=\frac{A}{B}\frac{\partial}{\partial \beta}\left(\frac{\theta_1}{A}\right)+\frac{B}{A}\frac{\partial}{\partial \alpha}\left(\frac{\theta_2}{B}\right) \tag{12.107}$$

例 12.4 对圆柱壳,简化由式(12.99)～式(12.107)给出的应变-位移关系。

解 对于圆柱壳,有

$$\alpha=x,\beta=\theta,A=1,B=R$$

下标 1 和 2 分别对应于 x 和 θ。$R_\alpha=R_x=\infty,R_\beta=R_\theta=R$。对圆柱壳,式(12.91)和式(12.92)可表示为

$$\theta_x=-\frac{\partial w}{\partial x}$$

$$\theta_\theta=\frac{v}{R}-\frac{1}{R}\frac{\partial w}{\partial \theta}$$

薄膜应变为

$$\varepsilon_{xx}^0=\frac{\partial u}{\partial x}$$

$$\varepsilon_{\theta\theta}^0=\frac{1}{R}\frac{\partial v}{\partial \theta}+\frac{w}{R}$$

$$\varepsilon_{x\theta}^0=\frac{\partial v}{\partial x}+\frac{1}{R}\frac{\partial u}{\partial \theta}$$

弯曲应变为

$$k_{xx}=\frac{\partial \theta_x}{\partial x}=-\frac{\partial^2 w}{\partial x^2}$$

$$k_{\theta\theta}=\frac{1}{R}\frac{\partial \theta_\theta}{\partial \theta}=\frac{1}{R^2}\frac{\partial v}{\partial \theta}-\frac{1}{R^2}\frac{\partial^2 w}{\partial \theta^2}$$

$$k_{x\theta}=\frac{\partial \theta_\theta}{\partial x}+\frac{1}{R}\frac{\partial \theta_x}{\partial \theta}=\frac{1}{R}\frac{\partial v}{\partial x}-\frac{2}{R^2}\frac{\partial^2 w}{\partial x\partial \theta}$$

总的应变为

$$\varepsilon_{xx}=\varepsilon_{xx}^0+zk_{xx}=\frac{\partial u}{\partial x}-z\frac{\partial^2 w}{\partial x^2}$$

$$\varepsilon_{\theta\theta}=\varepsilon_{\theta\theta}^0+zk_{\theta\theta}=\frac{1}{R}\frac{\partial v}{\partial \theta}+\frac{w}{R}+\frac{z}{R^2}\frac{\partial v}{\partial \theta}-\frac{z}{R^2}\frac{\partial^2 w}{\partial \theta^2}$$

$$\varepsilon_{x\theta}=\varepsilon_{x\theta}^0+zk_{x\theta}=\frac{\partial v}{\partial x}+\frac{1}{R}\frac{\partial u}{\partial \theta}+\frac{z}{R}\frac{\partial v}{\partial x}-\frac{2z}{R^2}\frac{\partial^2 w}{\partial x\partial \theta}$$

例 12.5 对圆锥壳,简化由式(12.99)～式(12.107)给出的应变-位移关系。

解 对于圆锥壳,有

$$\alpha=x,\beta=\theta,A=1,B=x\sin\alpha_0,R_\alpha=R_x=\infty,R_\beta=R_\theta=x\tan\alpha_0$$

下标 1 和 2 分别对应于 x 和 θ。对圆锥壳,式(12.91)和式(12.92)可表示为

$$\theta_x=-\frac{\partial w}{\partial x}$$

$$\theta_\theta=\frac{v}{x\tan\alpha_0}-\frac{1}{x\sin\alpha_0}\frac{\partial w}{\partial \theta}$$

薄膜应变为

$$\varepsilon_{xx}^0=\frac{\partial u}{\partial x}$$

$$\varepsilon_{\theta\theta}^{0}=\frac{1}{x\sin\alpha_0}\frac{\partial v}{\partial\theta}+\frac{u}{R}+\frac{w}{x\tan\alpha_0}$$

$$\varepsilon_{x\theta}^{0}=\frac{1}{x\sin\alpha_0}\frac{\partial u}{\partial\theta}+\frac{\partial v}{\partial x}-\frac{v}{x}$$

弯曲应变为

$$k_{xx}=\frac{\partial\theta_x}{\partial x}=-\frac{\partial^2 w}{\partial x^2}$$

$$\begin{aligned}k_{\theta\theta}&=\frac{1}{x\sin\alpha_0}\frac{\partial\theta_\theta}{\partial\theta}+\frac{1}{x}\theta_x\\&=\frac{\cos\alpha_0}{x^2\sin^2\alpha_0}\frac{\partial v}{\partial\theta}-\frac{1}{x^2\sin^2\alpha_0}\frac{\partial^2 w}{\partial\theta^2}-\frac{1}{x}\frac{\partial w}{\partial x}\end{aligned}$$

$$\begin{aligned}k_{x\theta}&=x\frac{\partial}{\partial x}\left(\frac{\theta_\theta}{x}\right)+\frac{1}{x\sin\alpha_0}\frac{\partial\theta_x}{\partial\theta}\\&=\frac{1}{x\tan\alpha_0}\frac{\partial v}{\partial x}-\frac{2v}{x^2\tan\alpha_0}-\frac{1}{x\sin\alpha_0}\frac{\partial^2 w}{\partial\theta^2}+\frac{2}{x^2\sin\alpha_0}\frac{\partial w}{\partial\theta}\end{aligned}$$

总的应变为

$$\varepsilon_{xx}=\varepsilon_{xx}^{0}+zk_{xx}$$

$$\varepsilon_{\theta\theta}=\varepsilon_{\theta\theta}^{0}+zk_{\theta\theta}$$

$$\varepsilon_{x\theta}=\varepsilon_{x\theta}^{0}+zk_{x\theta}$$

例 12.6 对圆球壳,简化由式(12.99)~式(12.107)给出的应变-位移关系。

解 对于圆球壳,有

$$\alpha=\phi,\beta=\theta,A=R,B=x\sin\phi,R_\alpha=R_\phi=R,R_\beta=R_\theta=R$$

下标 1 和 2 分别对应于 ϕ 和 θ。对圆球壳,式(12.91)和式(12.92)可表示为

$$\theta_\phi=\frac{1}{R}\left(u-\frac{\partial w}{\partial\phi}\right)$$

$$\theta_\theta=\frac{1}{R}\left(v-\frac{1}{\sin\phi}\frac{\partial w}{\partial\theta}\right)$$

薄膜应变为

$$\varepsilon_{\phi\phi}^{0}=\frac{1}{R}\frac{\partial u}{\partial\phi}+\frac{w}{R}$$

$$\varepsilon_{\theta\theta}^{0}=\frac{1}{R\sin\phi}\frac{\partial v}{\partial\theta}+\frac{u\cot\phi}{R}+\frac{w}{R}$$

$$\varepsilon_{\phi\theta}^{0}=\frac{1}{R\sin\phi}\frac{\partial u}{\partial\theta}+\frac{1}{R}\frac{\partial v}{\partial\phi}-\frac{v\cot\phi}{R}$$

弯曲应变为

$$k_{\phi\phi}=\frac{1}{R^2}\frac{\partial u}{\partial\phi}-\frac{1}{R^2}\frac{\partial^2 w}{\partial\phi^2}$$

$$k_{\theta\theta}=\frac{1}{R^2\sin\phi}\frac{\partial v}{\partial\theta}-\frac{1}{R^2\sin^2\phi}\frac{\partial^2 w}{\partial\theta^2}+\frac{\cot\phi}{R^2}u-\frac{\cos\phi}{R^2}\frac{\partial w}{\partial\phi}$$

$$k_{\phi\theta}=\frac{1}{R^2\sin\phi}\frac{\partial u}{\partial\theta}-\frac{1}{R^2\sin\phi}\frac{\partial^2 w}{\partial\phi\partial\theta}+\frac{1}{R^2}\frac{\partial v}{\partial\phi}$$
$$-\frac{1}{R^2\sin\phi}\frac{\partial^2 w}{\partial\phi\partial\theta}+\frac{\cos\phi}{R^2\sin^2\phi}\frac{\partial w}{\partial\theta}-\frac{\cot\phi}{R^2}v+\frac{\cot\phi}{R^2\sin\phi}\frac{\partial w}{\partial\theta}$$

总的应变为

$$\varepsilon_{\phi\phi}=\varepsilon_{\phi\phi}^0+zk_{\phi\phi}$$
$$\varepsilon_{\theta\theta}=\varepsilon_{\theta\theta}^0+zk_{\theta\theta}$$
$$\varepsilon_{\phi\theta}=\varepsilon_{\phi\theta}^0+zk_{\phi\theta}$$

12.4 应力-应变关系

在三维各向同性弹性体中，比如薄壳中，应力-应变关系满足 Hooke 定律：

$$\varepsilon_{11}=\frac{1}{E}[\sigma_{11}-\nu(\sigma_{22}+\sigma_{33})] \tag{12.108}$$

$$\varepsilon_{22}=\frac{1}{E}[\sigma_{22}-\nu(\sigma_{11}+\sigma_{33})] \tag{12.109}$$

$$\varepsilon_{33}=\frac{1}{E}[\sigma_{33}-\nu(\sigma_{11}+\sigma_{22})] \tag{12.110}$$

$$\varepsilon_{12}=\frac{\sigma_{12}}{G} \tag{12.111}$$

$$\varepsilon_{23}=\frac{\sigma_{23}}{G} \tag{12.112}$$

$$\varepsilon_{13}=\frac{\sigma_{13}}{G} \tag{12.113}$$

其中有关系 $G=E/2(1+\nu)$。按照 Kirchhoff 假设，壳体中横向正应变和横向剪应变为零，即

$$\varepsilon_{33}=0 \tag{12.114}$$

$$\varepsilon_{13}=\varepsilon_{23}=0 \tag{12.115}$$

由方程(12.110)和方程(12.114)可得

$$\sigma_{33}=\nu(\sigma_{11}+\sigma_{22}) \tag{12.116}$$

但是，按照 Love 近似的第三个假设，$\sigma_{33}=0$，这与式(12.116)是矛盾的。如前所述，这是薄壳理论中一个不可避免的矛盾。另一个矛盾是**横向剪应力 σ_{13} 和 σ_{23} 不能等于零，因为它们的合力是平衡壳体的横向载荷所必需的。**

但是，σ_{13} 和 σ_{23} 的量值相比于 σ_{11}，σ_{22} 和 σ_{12} 通常是很小的。于是，问题退化为平面应力情况，壳体的应力-应变关系简化为

$$\varepsilon_{11}=\frac{1}{E}(\sigma_{11}-\nu\sigma_{22}) \tag{12.117}$$

$$\varepsilon_{22}=\frac{1}{E}(\sigma_{22}-\nu\sigma_{11}) \tag{12.118}$$

$$\varepsilon_{12}=\frac{\sigma_{12}}{G} \tag{12.119}$$

这些关系的逆关系为

$$\sigma_{11}=\frac{E}{1-\nu^2}(\varepsilon_{11}+\nu\varepsilon_{22}) \tag{12.120}$$

$$\sigma_{22}=\frac{E}{1-\nu^2}(\varepsilon_{22}+\nu\varepsilon_{11}) \tag{12.121}$$

$$\sigma_{12}=\frac{E}{2(1+\nu)}\varepsilon_{12} \tag{12.122}$$

如果不考虑 $\varepsilon_{13}=\varepsilon_{23}=0$ 这一假设，则有

$$\sigma_{13}=\frac{E}{2(1+\nu)}\varepsilon_{13},\quad \sigma_{23}=\frac{E}{2(1+\nu)}\varepsilon_{23} \tag{12.123}$$

将非零应变表达式(12.99)～式(12.101)代入方程(12.120)～方程(12.122)得到

$$\sigma_{11}=\frac{E}{1-\nu^2}[\varepsilon_{11}^0+\nu\varepsilon_{22}^0+z(k_{11}+\nu k_{22})] \tag{12.124}$$

$$\sigma_{22}=\frac{E}{1-\nu^2}[\varepsilon_{22}^0+\nu\varepsilon_{11}^0+z(k_{22}+\nu k_{11})] \tag{12.125}$$

$$\sigma_{12}=\frac{E}{2(1+\nu)}(\varepsilon_{12}^0+zk_{12}) \tag{12.126}$$

12.5　截面上的合力和合力矩

如图 12.7 所示，在壳体的任意点 o 截取一个壳微元，它由四个截面从壳体中分隔出来，这四个截面分别与坐标线 α，$\alpha+\mathrm{d}\alpha$，β 和 $\beta+\mathrm{d}\beta$ 相切且垂直于中面，壳微元的中面为 $oabc$。图中示出了截面上的应力分量，下标 1 和 2 分别对应于 α 和 β。

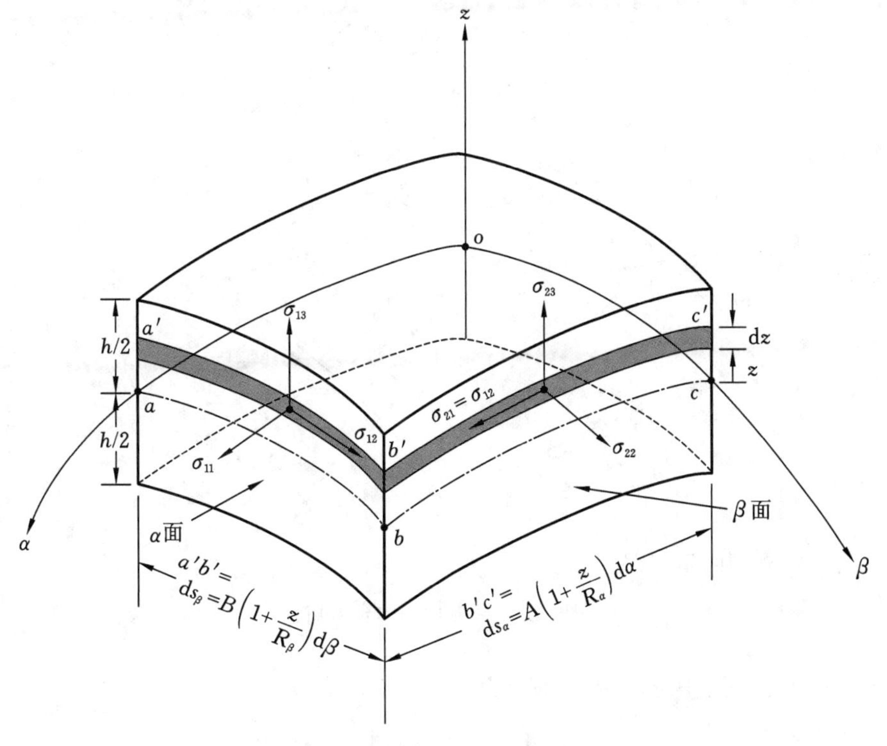

图 12.7　壳微元：$ab=\mathrm{d}s_\beta^0=B\mathrm{d}\beta$，$bc=\mathrm{d}s_\alpha^0=A\mathrm{d}\alpha$

截面上的应力向中面坐标线简化后可得合力和合力矩，如图 12.8 和图 12.9 所示。为了计算合力，我们首先考虑图 12.7 中与坐标线 α 垂直的截面(称为 α 面)。中面与 α 面的交线 ab 弧长为

$$\mathrm{d}s_\beta^0 = B\,\mathrm{d}\beta \tag{12.127}$$

同一 α 面上与交线 ab 平行的线段 $a'b'$ 的弧长为

$$\mathrm{d}s_\beta = B\left(1+\frac{z}{R_\beta}\right)\mathrm{d}\beta \tag{12.128}$$

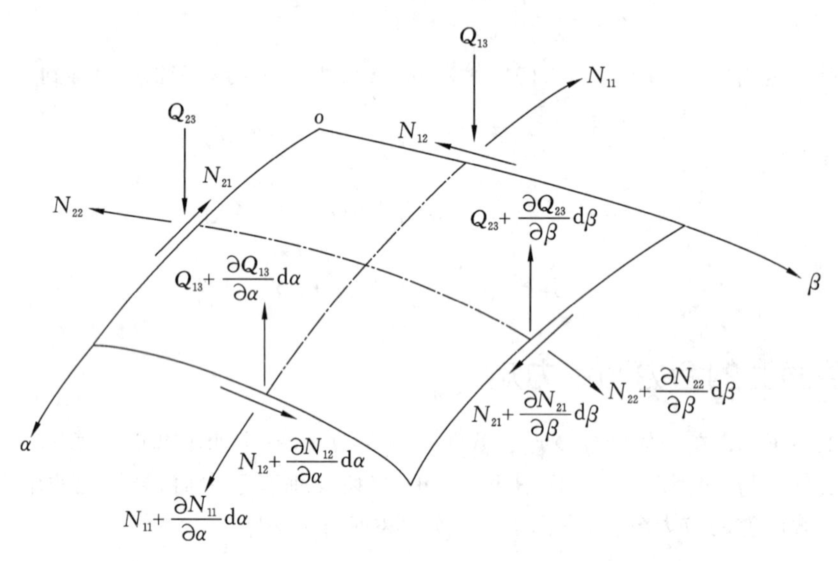

图 12.8　壳截面上的合力

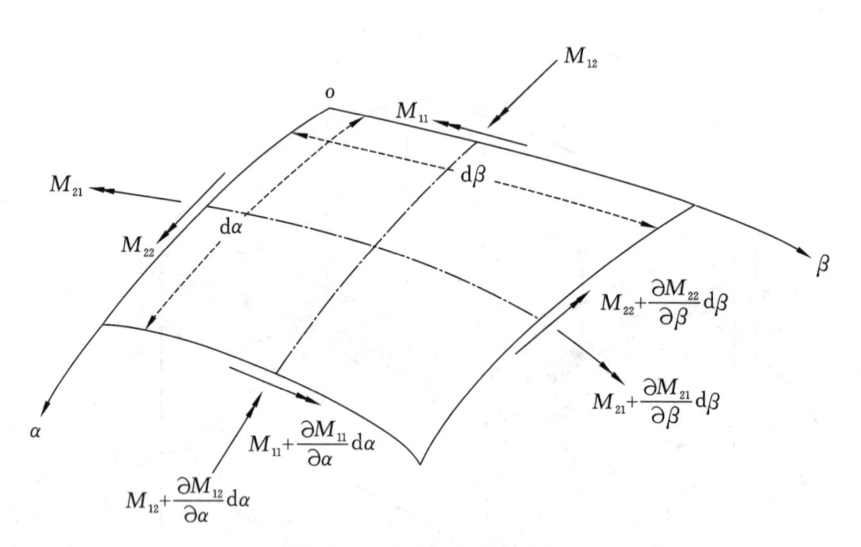

图 12.9　壳截面上的合力矩

正应力 σ_{11} 在 α 面的阴影面元上的合力

$$\mathrm{d}N_{11} = \sigma_{11}\,\mathrm{d}s_\beta\,\mathrm{d}z$$

α 面上作用的总的法向力为

$$\text{总的法向力}=\int_{-h/2}^{h/2}\sigma_{11}\mathrm{d}s_{\beta}\mathrm{d}z=\int_{-h/2}^{h/2}\sigma_{11}B\left(1+\frac{z}{R_{\beta}}\right)\mathrm{d}\beta\mathrm{d}z \tag{12.129}$$

单位长度的法向力等于上式除以 ab 弧长 $\mathrm{d}s_{\beta}^{0}=B\mathrm{d}\beta$，为

$$N_{11}=\int_{-h/2}^{h/2}\sigma_{11}\left(1+\frac{z}{R_{\beta}}\right)\mathrm{d}z \tag{12.130}$$

忽略 z/R_{β}，得到

$$N_{11}=\int_{-h/2}^{h/2}\sigma_{11}\mathrm{d}z \tag{12.131}$$

将式(12.124)代入上式可得

$$\begin{aligned}N_{11}&=\frac{E}{1-\nu^{2}}\int_{-h/2}^{h/2}[\varepsilon_{11}^{0}+\nu\varepsilon_{22}^{0}+z(k_{11}+\nu k_{22})]\mathrm{d}z\\&=\frac{E}{1-\nu^{2}}\left[(\varepsilon_{11}^{0}+\nu\varepsilon_{22}^{0})(z)\Big|_{-h/2}^{h/2}+(k_{11}+\nu k_{22})\left(\frac{z^{2}}{2}\right)\Big|_{-h/2}^{h/2}\right]\\&=\frac{Eh}{1-\nu^{2}}(\varepsilon_{11}^{0}+\nu\varepsilon_{22}^{0})\end{aligned} \tag{12.132}$$

定义壳的**中面刚度**或**薄膜刚度** C 为

$$C=\frac{Eh}{1-\nu^{2}} \tag{12.133}$$

则式(12.132)可写为

$$N_{11}=C(\varepsilon_{11}^{0}+\nu\varepsilon_{22}^{0}) \tag{12.134}$$

类似地，剪应力 σ_{12} 在 α 面上的合力再除以 ab 弧长 $\mathrm{d}s_{\beta}^{0}=B\mathrm{d}\beta$，得到单位长度的面内剪力 N_{12}，它等于 N_{21}，有

$$N_{12}=N_{21}=C\left(\frac{1-\nu}{2}\right)\varepsilon_{12}^{0} \tag{12.135}$$

由横向剪应力 σ_{13} 在 α 面上的合力可得单位长度的横向合剪力为

$$Q_{13}=\int_{-h/2}^{h/2}\sigma_{13}\mathrm{d}z \tag{12.136}$$

类似地，可得 β 面上单位长度的法向合力：

$$N_{22}=C(\varepsilon_{22}^{0}+\nu\varepsilon_{11}^{0}) \tag{12.137}$$

β 面上单位长度的横向合剪力为

$$Q_{23}=\int_{-h/2}^{h/2}\sigma_{23}\mathrm{d}z \tag{12.138}$$

下面来计算截面上的应力对中面坐标线的合力矩。在 α 面上，正应力 σ_{11} 形成的力对坐标线 β 的合力矩，即弯矩为

$$\text{合力矩}=\int_{-h/2}^{h/2}\sigma_{11}zB\left(1+\frac{z}{R_{\beta}}\right)\mathrm{d}\beta\mathrm{d}z \tag{12.139}$$

单位长度的弯矩为

$$M_{11}=\int_{-h/2}^{h/2}\sigma_{11}z\left(1+\frac{z}{R_\beta}\right)\mathrm{d}z \tag{12.140}$$

忽略 z/R_β 后得到

$$M_{11}=\int_{-h/2}^{h/2}\sigma_{11}z\,\mathrm{d}z \tag{12.141}$$

将式(12.124)代入上式可得

$$M_{11}=D(k_{11}+\nu k_{22}) \tag{12.142}$$

其中

$$D=\frac{Eh^3}{12(1-\nu^2)} \tag{12.143}$$

D 称为**壳的弯曲刚度**。类似可得

$$M_{22}=D(k_{22}+\nu k_{11}) \tag{12.144}$$

$$M_{12}=M_{21}=D\left(\frac{1-\nu}{2}\right)k_{12} \tag{12.145}$$

M_{12}即为截面上单位长度的**扭矩**。

例 12.7　对圆柱壳,用位移表示截面合力和合力矩。圆柱壳的坐标系见图 12.10。

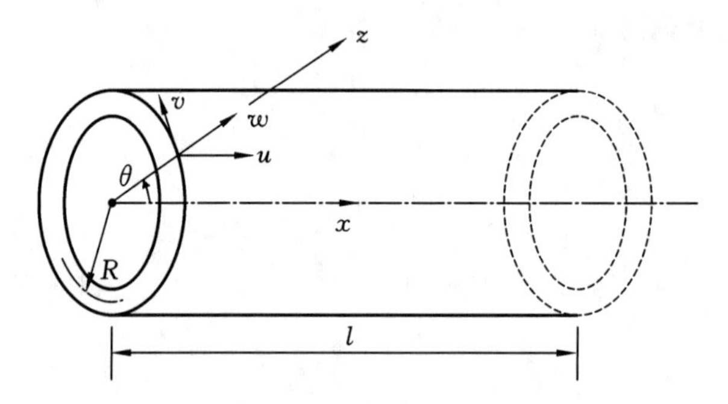

图 12.10　圆柱壳的坐标系

解　前面已经给出了圆柱壳的应变-位移关系,应用这些关系可得截面合力为

$$N_{xx}=C(\varepsilon_{xx}^0+\nu\varepsilon_{\theta\theta}^0)=C\left(\frac{\partial u}{\partial x}+\frac{\nu}{R}\frac{\partial v}{\partial\theta}+\frac{\nu}{R}w\right)$$

$$N_{x\theta}=N_{\theta x}=C\left(\frac{1-\nu}{2}\right)\varepsilon_{x\theta}^0=C\left(\frac{1-\nu}{2}\right)\left(\frac{\partial v}{\partial x}+\frac{1}{R}\frac{\partial u}{\partial\theta}\right)$$

$$N_{\theta\theta}=C(\varepsilon_{\theta\theta}^0+\nu\varepsilon_{xx}^0)=C\left(\frac{1}{R}\frac{\partial v}{\partial\theta}+\frac{w}{R}+\nu\frac{\partial u}{\partial x}\right)$$

截面合力矩为

$$M_{xx}=D(k_{xx}+\nu k_{\theta\theta})=D\left(-\frac{\partial^2 w}{\partial x^2}+\frac{\nu}{R^2}\frac{\partial v}{\partial\theta}-\frac{\nu}{R^2}\frac{\partial^2 w}{\partial\theta^2}\right)$$

$$M_{\theta\theta}=D(k_{\theta\theta}+\nu k_{xx})=D\left(\frac{1}{R^2}\frac{\partial v}{\partial\theta}-\frac{1}{R^2}\frac{\partial^2 w}{\partial\theta^2}-\nu\frac{\partial^2 w}{\partial x^2}\right)$$

$$M_{\theta x}=M_{x\theta}=D\left(\frac{1-\nu}{2}\right)k_{x\theta}=D\left(\frac{1-\nu}{2}\right)\left(\frac{1}{R}\frac{\partial v}{\partial\theta}-\frac{2}{R}\frac{\partial^2 w}{\partial x\partial\theta}\right)$$

例 12.8　对圆锥壳，用位移表示截面合力和合力矩。圆锥壳的坐标系见图 12.11。

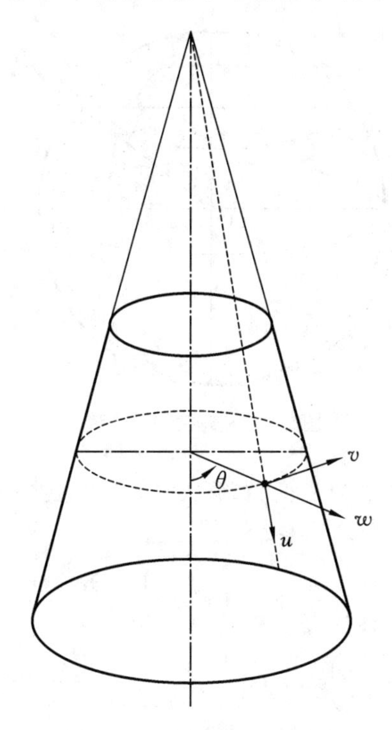

图 12.11　圆锥壳的坐标系

解　前面已经给出了圆锥壳的应变-位移关系，应用这些关系可得截面合力为

$$N_{xx}=C(\varepsilon_{xx}^{0}+\nu\varepsilon_{\theta\theta}^{0})=C\left[\frac{\partial u}{\partial x}+\nu\left(\frac{1}{x\sin\alpha_0}\frac{\partial v}{\partial\theta}+\frac{u}{x}+\frac{w}{x\tan\alpha_0}\right)\right]$$

$$N_{x\theta}=N_{\theta x}=C\left(\frac{1-\nu}{2}\right)\varepsilon_{x\theta}^{0}=C\left(\frac{1-\nu}{2}\right)\left(\frac{1}{x\sin\alpha_0}\frac{\partial u}{\partial\theta}+\frac{\partial v}{\partial x}-\frac{v}{x}\right)$$

$$N_{\theta\theta}=C(\varepsilon_{\theta\theta}^{0}+\nu\varepsilon_{xx}^{0})=C\left(\frac{1}{x\sin\alpha_0}\frac{\partial v}{\partial\theta}+\frac{u}{x}+\frac{w}{x\tan\alpha_0}+\nu\frac{\partial u}{\partial x}\right)$$

截面合力矩为

$$\begin{aligned}M_{xx}&=D(k_{xx}+\nu k_{\theta\theta})\\&=D\left[-\frac{\partial^2 w}{\partial x^2}+\nu\left(\frac{\cos\alpha_0}{x^2\sin^2\alpha_0}\frac{\partial v}{\partial\theta}-\frac{1}{x^2\sin^2\alpha_0}\frac{\partial^2 w}{\partial\theta^2}-\frac{1}{x}\frac{\partial w}{\partial x}\right)\right]\end{aligned}$$

$$\begin{aligned}M_{\theta\theta}&=D(k_{\theta\theta}+\nu k_{xx})\\&=D\left(\frac{\cos\alpha_0}{x^2\sin^2\alpha_0}\frac{\partial v}{\partial\theta}-\frac{1}{x^2\sin^2\alpha_0}\frac{\partial^2 w}{\partial\theta^2}-\frac{1}{x}\frac{\partial w}{\partial x}\right)\end{aligned}$$

$$\begin{aligned}M_{\theta x}&=M_{x\theta}=D\left(\frac{1-\nu}{2}\right)k_{x\theta}\\&=D\left(\frac{1-\nu}{2}\right)\left(\frac{1}{x\tan\alpha_0}\frac{\partial v}{\partial\theta}-\frac{2v}{x^2\tan\alpha_0}-\frac{1}{x\sin\alpha_0}\frac{\partial^2 w}{\partial\theta^2}+\frac{2}{x^2\sin\alpha_0}\frac{\partial w}{\partial\theta}\right)\end{aligned}$$

例 12.9 对圆球壳,用位移表示截面合力和合力矩。球壳的坐标系见图 12.12。

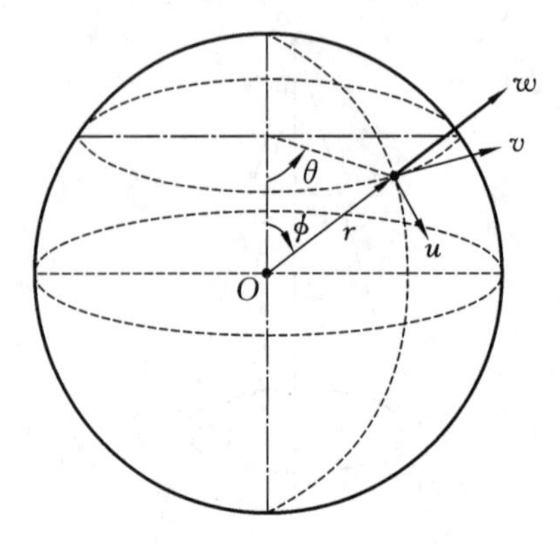

图 12.12 球壳的坐标系

解 前面已经给出了圆球壳的应变-位移关系,应用这些关系可得截面合力为

$$N_{xx}=C(\varepsilon_{\phi\phi}^{0}+\nu\varepsilon_{\theta\theta}^{0})$$

$$=C\left[\frac{1}{R}\frac{\partial u}{\partial\phi}+\frac{w}{R}+\nu\left(\frac{1}{R\sin\phi}\frac{\partial v}{\partial\theta}+\frac{u\cot\phi}{R}+\frac{w}{R}\right)\right]$$

$$N_{\phi\theta}=N_{\theta\phi}=C\left(\frac{1-\nu}{2}\right)\varepsilon_{\phi\theta}^{0}=C\left(\frac{1-\nu}{2}\right)\left(\frac{1}{R\sin\phi}\frac{\partial u}{\partial\theta}+\frac{1}{R}\frac{\partial v}{\partial\phi}-\frac{v\cot\phi}{R}\right)$$

$$N_{\theta\theta}=C(\varepsilon_{\theta\theta}^{0}+\nu\varepsilon_{\phi\phi}^{0})=C\left[\frac{1}{R\sin\phi}\frac{\partial u}{\partial\theta}+\frac{1}{R}\frac{\partial v}{\partial\phi}-\frac{v\cot\phi}{R}+\nu\left(\frac{u}{R}-\frac{1}{R}\frac{\partial w}{\partial\phi}\right)\right]$$

截面合力矩为

$$M_{\phi\phi}=D(k_{\phi\phi}+\nu k_{\theta\theta})$$

$$=D\left[\frac{1}{R^{2}}\frac{\partial u}{\partial\phi}-\frac{1}{R^{2}}\frac{\partial^{2}w}{\partial\phi^{2}}+\nu\left(\frac{1}{x^{2}\sin\phi}\frac{\partial v}{\partial\theta}-\frac{1}{R^{2}\sin^{2}\phi}\frac{\partial^{2}w}{\partial\theta^{2}}+\frac{\cot\phi}{R^{2}}u-\frac{\cot\phi}{R^{2}}\frac{\partial w}{\partial\phi}\right)\right]$$

$$M_{\theta\theta}=D(k_{\theta\theta}+\nu k_{\phi\phi})=D\left[\frac{1}{R^{2}\sin\phi}\frac{\partial v}{\partial\theta}-\frac{1}{R^{2}\sin^{2}\phi}\frac{\partial^{2}w}{\partial\theta^{2}}-\frac{\cot\phi}{R^{2}}u\right.$$

$$\left.-\frac{\cot\phi}{R^{2}}\frac{\partial w}{\partial\phi}+\nu\left(\frac{1}{R^{2}}\frac{\partial u}{\partial\phi}-\frac{1}{R^{2}}\frac{\partial^{2}w}{\partial\phi^{2}}\right)\right]$$

$$M_{\phi\theta}=M_{\theta\phi}=D\left(\frac{1-\nu}{2}\right)k_{\phi\theta}$$

$$=D\left(\frac{1-\nu}{2}\right)\left(\frac{1}{R^{2}\sin\phi}\frac{\partial u}{\partial\theta}-\frac{1}{R^{2}\sin\phi}\frac{\partial^{2}w}{\partial\phi\partial\theta}+\frac{1}{R^{2}}\frac{\partial v}{\partial\phi}-\frac{1}{R^{2}\sin\phi}\frac{\partial^{2}w}{\partial\phi\partial\theta}\right.$$

$$\left.+\frac{\cos\phi}{R^{2}\sin^{2}\phi}\frac{\partial w}{\partial\theta}-\frac{\cot\phi}{R^{2}}v+\frac{\cot\phi}{R^{2}\sin\phi}\frac{\partial w}{\partial\theta}\right)$$

12.6 应变能、动能和外力功

为了推导壳的运动方程,采用 Hamilton 原理,所以需要给出应变能、动能和外力功的表达式。

12.6.1　应变能

壳体的应变能为

$$\pi=\int_{\alpha}\int_{\beta}\int_{z}F\,\mathrm{d}V \tag{12.146}$$

其中

$$F=\frac{1}{2}(\sigma_{11}\varepsilon_{11}+\sigma_{22}\varepsilon_{22}+\sigma_{12}\varepsilon_{12}+\sigma_{13}\varepsilon_{13}+\sigma_{23}\varepsilon_{23}) \tag{12.147}$$

前面已经假设 $\sigma_{33}=0$，所以式(12.147)中不出现含有 σ_{33} 的项。虽然前面也假设了横向剪应变 ε_{13} 和 ε_{23} 为零，但在式(12.147)中仍然保留了它们，以后将会看到，这是为了在横向力平衡方程中出现横向剪力的合力。

壳微元(见图 12.7)的体积为

$$\mathrm{d}V=\mathrm{d}s_{\alpha}\mathrm{d}s_{\beta}\mathrm{d}z=\left[A\left(1+\frac{z}{R_{\alpha}}\right)\mathrm{d}\alpha\right]\left[B\left(1+\frac{z}{R_{\beta}}\right)\mathrm{d}\beta\right]\mathrm{d}z$$

略去 z/R_{α} 和 z/R_{β}，上式简化为

$$\mathrm{d}V=AB\,\mathrm{d}\alpha\,\mathrm{d}\beta\,\mathrm{d}z \tag{12.148}$$

所以，应变能为

$$\pi=\int_{\alpha}\int_{\beta}\int_{z}FAB\,\mathrm{d}\alpha\,\mathrm{d}\beta\,\mathrm{d}z \tag{12.149}$$

下面用截面合力、合力矩和位移来表示应变能。将应变 ε_{13}，ε_{23}，ε_{11}，ε_{22} 和 ε_{12} 的位移表达式(12.89)，式(12.90)，式(12.93)，式(12.94)和式(12.96)代入式(12.149)，得

$$\begin{aligned}\pi=\frac{1}{2}\int_{\alpha}\int_{\beta}\int_{z}\Bigg\{&\sigma_{11}\left[\frac{1}{A}\left(\frac{\partial u}{\partial\alpha}+z\frac{\partial\theta_{1}}{\partial\alpha}\right)+\frac{1}{AB}\frac{\partial A}{\partial\beta}(v+z\theta_{2})+\frac{w}{R_{\alpha}}\right]\\&+\sigma_{22}\left[\frac{1}{B}\left(\frac{\partial v}{\partial\beta}+z\frac{\partial\theta_{2}}{\partial\beta}\right)+\frac{1}{AB}\frac{\partial B}{\partial\alpha}(u+z\theta_{1})+\frac{w}{R_{\beta}}\right]\\&+\sigma_{12}\left(\frac{1}{B}\frac{\partial u}{\partial\beta}-\frac{u}{AB}\frac{\partial A}{\partial\beta}+\frac{z}{B}\frac{\partial\theta_{1}}{\partial\beta}-\frac{z\theta_{1}}{AB}\frac{\partial A}{\partial\beta}+\frac{1}{A}\frac{\partial v}{\partial\alpha}-\frac{v}{AB}\frac{\partial B}{\partial\alpha}+\frac{z}{A}\frac{\partial\theta_{2}}{\partial\alpha}-\frac{z\theta_{2}}{AB}\frac{\partial B}{\partial\alpha}\right)\\&+\sigma_{23}\left(\theta_{2}-\frac{v}{R_{\beta}}+\frac{1}{B}\frac{\partial w}{\partial\beta}\right)+\sigma_{31}\left(\theta_{1}-\frac{u}{R_{\alpha}}+\frac{1}{A}\frac{\partial w}{\partial\alpha}\right)\Bigg\}AB\,\mathrm{d}\alpha\,\mathrm{d}\beta\,\mathrm{d}z\end{aligned} \tag{12.150}$$

注意，上式中没有假设横向剪应变 ε_{13}，ε_{23} 和剪应力 σ_{13}，σ_{23} 为零，因此现在式(12.91)和式(12.92)不成立，θ_1 和 θ_2 为自由变量。式(12.150)先完成对 z 的积分可得

$$\begin{aligned}\pi=\frac{1}{2}\int_{\alpha}\int_{\beta}\Bigg(&N_{11}B\frac{\partial u}{\partial\alpha}+M_{11}B\frac{\partial\theta_{1}}{\partial\alpha}+N_{11}\frac{\partial A}{\partial\beta}v+M_{11}\frac{\partial A}{\partial\beta}\theta_{2}+N_{11}AB\frac{w}{R_{\alpha}}\\&+N_{22}A\frac{\partial v}{\partial\beta}+M_{22}A\frac{\partial\theta_{2}}{\partial\beta}+N_{22}\frac{\partial B}{\partial\alpha}u+M_{22}\frac{\partial B}{\partial\alpha}\theta_{1}+N_{22}AB\frac{w}{R_{\beta}}\\&+N_{12}A\frac{\partial u}{\partial\beta}-N_{12}\frac{\partial A}{\partial\beta}u+M_{12}A\frac{\partial\theta_{1}}{\partial\beta}-M_{12}\frac{\partial A}{\partial\beta}\theta_{1}\end{aligned}$$

$$+N_{12}B\frac{\partial v}{\partial\alpha}-N_{12}\frac{\partial B}{\partial\alpha}v+M_{12}B\frac{\partial\theta_2}{\partial\alpha}-M_{12}\frac{\partial B}{\partial\alpha}\theta_2$$

$$+Q_{23}AB\theta_2-Q_{23}AB\frac{v}{R_\beta}+Q_{23}A\frac{\partial w}{\partial\beta}$$

$$+Q_{13}AB\theta_1-Q_{13}AB\frac{u}{R_\alpha}+Q_{13}B\frac{\partial w}{\partial\alpha}\Bigg)\mathrm{d}\alpha\,\mathrm{d}\beta \tag{12.151}$$

12.6.2 动能

壳体微元的动能为

$$\mathrm{d}T=\frac{1}{2}\rho(\dot{\bar{u}}^2+\dot{\bar{v}}^2+\dot{\bar{w}}^2)\mathrm{d}V \tag{12.152}$$

将式(12.83)～式(12.85)代入上式并对整个壳体积分,可得总动能为

$$T=\frac{1}{2}\int_\alpha\int_\beta\int_z\rho[\dot{u}^2+\dot{v}^2+\dot{w}^2+z^2(\dot{\theta}_1^2+\dot{\theta}_2^2)$$

$$+2z(\dot{u}\dot{\theta}_1+\dot{v}\dot{\theta}_2)]AB\left(1+\frac{z}{R_\alpha}\right)\left(1+\frac{z}{R_\beta}\right)\mathrm{d}\alpha\,\mathrm{d}\beta\,\mathrm{d}z \tag{12.153}$$

略去 z/R_α 和 z/R_β,并完成对 z 的积分,上式变为

$$T=\frac{1}{2}\int_\alpha\int_\beta\rho\left[h(\dot{u}^2+\dot{v}^2+\dot{w}^2)+\frac{h^3}{12}(\dot{\theta}_1^2+\dot{\theta}_2^2)\right]AB\,\mathrm{d}\alpha\,\mathrm{d}\beta \tag{12.154}$$

12.6.3 外力功

外力功 W 包括沿 α,β,z 方向作用的分布载荷分量 f_α,f_β,f_z 所做的功(见图 12.13),以及沿以 α 和 β 为常值的边界上的力和力矩所做的功(见图 12.14)。这里我们假设了壳体只有以 α 和 β 为常值的边界,事实上,如果壳体具有与 α 或 β 坐标线斜交的边界,则它的位移、变形和内力是很难求解的,我们不考虑这种情况。因此,外载荷所做的功为

$$W_\mathrm{d}=\int_\alpha\int_\beta(f_\alpha u+f_\beta v+f_z w)AB\,\mathrm{d}\alpha\,\mathrm{d}\beta \tag{12.155}$$

边界上预先指定的力和力矩所做的功为

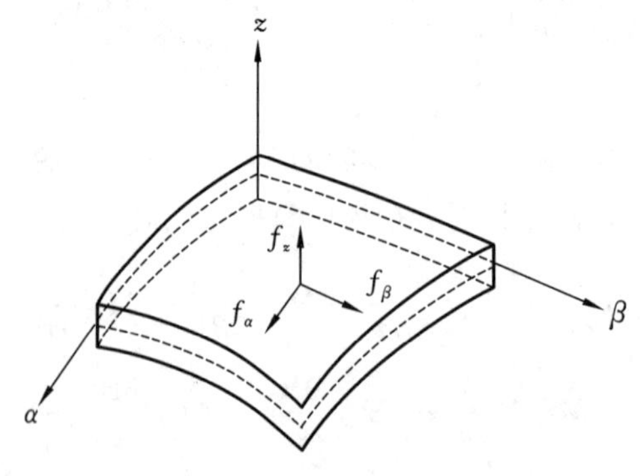

图 12.13 作用于壳中面的分布载荷

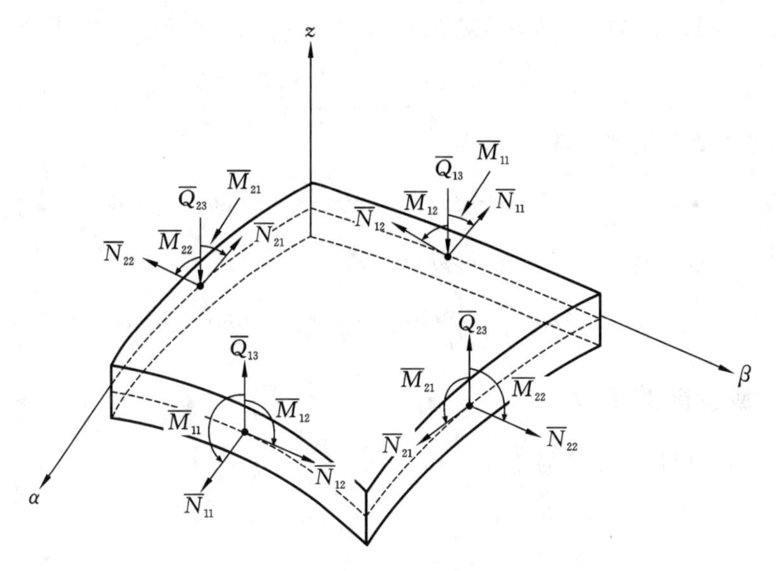

图 12.14 壳边界上指定的力和力矩

$$W_{\mathrm{b}}=\int_{\alpha}(\overline{N}_{22}v+\overline{N}_{21}u+\overline{Q}_{23}w+\overline{M}_{22}\theta_2+\overline{M}_{21}\theta_1)A\,\mathrm{d}\alpha$$
$$+\int_{\beta}(\overline{N}_{11}u+\overline{N}_{12}v+\overline{Q}_{13}w+\overline{M}_{11}\theta_1+\overline{M}_{12}\theta_2)B\,\mathrm{d}\beta \tag{12.156}$$

外力所做的总功为

$$W=W_{\mathrm{d}}+W_{\mathrm{b}} \tag{12.157}$$

12.7 由 Hamilton 原理得到运动方程

广义 Hamilton 原理为

$$\delta\int_{t_1}^{t_2}(T-\pi+W)\,\mathrm{d}t=\int_{t_1}^{t_2}(\delta T-\delta\pi+\delta W)\,\mathrm{d}t=0 \tag{12.158}$$

下面我们来写出动能、应变能和外力功的变分。

12.7.1 动能的变分

由式(12.154)可得：

$$\int_{t_1}^{t_2}\delta T\,\mathrm{d}t=\rho h\int_{t_1}^{t_2}\int_{\alpha}\int_{\beta}\left[\dot{u}\delta\dot{u}+\dot{v}\delta\dot{v}+\dot{w}\delta\dot{w}+\frac{h^2}{12}(\dot{\theta}_1\,\delta\dot{\theta}_1+\dot{\theta}_2\,\delta\dot{\theta}_2)\right]AB\,\mathrm{d}\alpha\,\mathrm{d}\beta\,\mathrm{d}t \tag{12.159}$$

应用分部积分，上式右边第一项为

$$\int_{t_1}^{t_2}\int_{\alpha}\int_{\beta}AB\dot{u}\,\delta\dot{u}\,\mathrm{d}\alpha\,\mathrm{d}\beta\,\mathrm{d}t=\int_{\alpha}\int_{\beta}AB\,\mathrm{d}\alpha\,\mathrm{d}\beta\int_{t_1}^{t_2}\frac{\partial u}{\partial t}\frac{\partial(\delta u)}{\partial t}\mathrm{d}t$$
$$=\int_{\alpha}\int_{\beta}AB\,\mathrm{d}\alpha\,\mathrm{d}\beta\left(-\int_{t_1}^{t_2}\frac{\partial^2 u}{\partial t^2}\delta u\,\mathrm{d}t+\frac{\partial u}{\partial t}\delta u\bigg|_{t_1}^{t_2}\right)$$

位移分量 u 在 t_1 和 t_2 时刻的值是事先指定的，所以 $\delta u(t_1)=\delta u(t_2)=0$，于是上式变为

$$\int_{t_1}^{t_2}\int_\alpha\int_\beta AB\dot{u}\,\delta\dot{u}\,\mathrm{d}\alpha\,\mathrm{d}\beta\,\mathrm{d}t=-\int_{t_1}^{t_2}\int_\alpha\int_\beta \ddot{u}\,\delta u AB\,\mathrm{d}\alpha\,\mathrm{d}\beta\,\mathrm{d}t$$

式(12.159)右边其他项类似处理，结果为

$$\int_{t_1}^{t_2}\delta T\,\mathrm{d}t=-\rho h\int_{t_1}^{t_2}\int_\alpha\int_\beta\left[\ddot{u}\,\delta u+\ddot{v}\,\delta v+\ddot{w}\,\delta w+\frac{h^2}{12}(\ddot{\theta}_1\,\delta\theta_1+\ddot{\theta}_2\,\delta\theta_2)\right]AB\,\mathrm{d}\alpha\,\mathrm{d}\beta\,\mathrm{d}t$$

式中，$\ddot{\theta}_1$ 和 $\ddot{\theta}_2$ 表示转动惯量的影响，可以忽略，所以

$$\int_{t_1}^{t_2}\delta T\,\mathrm{d}t=-\rho h\int_{t_1}^{t_2}\int_\alpha\int_\beta(\ddot{u}\,\delta u+\ddot{v}\,\delta v+\ddot{w}\,\delta w)AB\,\mathrm{d}\alpha\,\mathrm{d}\beta\,\mathrm{d}t \tag{12.160}$$

12.7.2 应变能的变分

由式(12.149)可得，应变能的变分为

$$\int_{t_0}^{t_1}\delta\pi\,\mathrm{d}t=\int_{t_0}^{t_1}\int_\alpha\int_\beta\int_z\delta F\,\mathrm{d}V\,\mathrm{d}t \tag{12.161}$$

其中

$$\delta F=\frac{\partial F}{\partial\varepsilon_{11}}\delta\varepsilon_{11}+\frac{\partial F}{\partial\varepsilon_{22}}\delta\varepsilon_{22}+\frac{\partial F}{\partial\varepsilon_{12}}\delta\varepsilon_{12}+\frac{\partial F}{\partial\varepsilon_{13}}\delta\varepsilon_{13}+\frac{\partial F}{\partial\varepsilon_{23}}\delta\varepsilon_{23} \tag{12.162}$$

检查这一方程的第一项，得

$$\frac{\partial F}{\partial\varepsilon_{11}}\delta\varepsilon_{11}=\frac{1}{2}\left(\frac{\partial\sigma_{11}}{\partial\varepsilon_{11}}\varepsilon_{11}+\sigma_{11}+\frac{\partial\sigma_{22}}{\partial\varepsilon_{11}}\varepsilon_{22}\right)\delta\varepsilon_{11}$$

对上式应用应力-应变关系(12.120)和(12.121)，给出

$$\frac{\partial F}{\partial\varepsilon_{11}}\delta\varepsilon_{11}=\sigma_{11}\delta\varepsilon_{11} \tag{12.163}$$

应用应力-应变关系式(12.120)，式(12.121)，式(12.122)和式(12.123)，方程(12.162)中的其余各项可类似求出，将结果代入式(12.161)，得

$$\begin{aligned}\int_{t_0}^{t_1}\delta\pi\,\mathrm{d}t=\int_{t_0}^{t_1}\int_\alpha\int_\beta\int_z&(\sigma_{11}\delta\varepsilon_{11}+\sigma_{22}\delta\varepsilon_{22}+\sigma_{12}\delta\varepsilon_{12}\\&+\sigma_{13}\delta\varepsilon_{13}+\sigma_{23}\delta\varepsilon_{23})AB\,\mathrm{d}\alpha\,\mathrm{d}\beta\,\mathrm{d}z\,\mathrm{d}t\end{aligned} \tag{12.164}$$

将应变 ε_{13}，ε_{23}，ε_{11}，ε_{22} 和 ε_{12} 的位移表达式(12.89)，式(12.90)，式(12.93)，式(12.94)和式(12.96)代入式(12.164)，再完成对 z 的积分，可得

$$\begin{aligned}\int_{t_0}^{t_1}\delta\pi\,\mathrm{d}t=\int_{t_0}^{t_1}\int_\alpha\int_\beta\Bigg[&N_{11}B\frac{\partial(\delta u)}{\partial\alpha}+M_{11}B\frac{\partial(\delta\theta_1)}{\partial\alpha}\\&+N_{11}\frac{\partial A}{\partial\beta}\delta v+M_{11}\frac{\partial A}{\partial\beta}\delta\theta_2+N_{11}\frac{AB}{R_\alpha}\delta w\\&+N_{22}A\frac{\partial(\delta v)}{\partial\beta}+M_{22}A\frac{\partial(\delta\theta_2)}{\partial\beta}+N_{22}\frac{\partial B}{\partial\alpha}\delta u\\&+M_{22}\frac{\partial B}{\partial\alpha}\delta\theta_1+N_{22}\frac{AB}{R_\beta}\delta w\\&+N_{12}A\frac{\partial(\delta u)}{\partial\beta}-N_{12}\frac{\partial A}{\partial\beta}\delta u+M_{12}A\frac{\partial(\delta\theta_1)}{\partial\beta}\end{aligned}$$

$$
\begin{aligned}
&-M_{12}\frac{\partial A}{\partial \beta}\delta\theta_1+N_{12}B\frac{\partial(\delta v)}{\partial \alpha}-N_{12}\frac{\partial B}{\partial \alpha}\delta v\\
&+M_{12}B\frac{\partial(\delta\theta_2)}{\partial \alpha}-M_{12}\frac{\partial B}{\partial \alpha}\delta\theta_2+Q_{23}AB\delta\theta_2\\
&-Q_{23}\frac{AB}{R_\beta}\delta v+Q_{23}A\frac{\partial(\delta w)}{\partial \beta}+Q_{13}AB\delta\theta_1\\
&-Q_{13}\frac{AB}{R_\alpha}\delta u+Q_{13}B\frac{\partial(\delta w)}{\partial \alpha}\Big]\mathrm{d}\alpha\,\mathrm{d}\beta\,\mathrm{d}t
\end{aligned}
\tag{12.165}
$$

上式右边含有位移变分的导数的各项,可以用分部积分作进一步处理。比如,利用Green公式可得,上式右边第一项为

$$
\begin{aligned}
&\int_{t_0}^{t_1}\int_\alpha\int_\beta N_{11}B\frac{\partial(\delta u)}{\partial \alpha}\mathrm{d}\alpha\,\mathrm{d}\beta\,\mathrm{d}t\\
=&\int_{t_0}^{t_1}\left[-\int_\alpha\int_\beta\frac{\partial}{\partial \alpha}(N_{11}B)\delta u\,\mathrm{d}\alpha\,\mathrm{d}\beta+\int_\beta N_{11}B\delta u\,\mathrm{d}\beta\right]\mathrm{d}t
\end{aligned}
\tag{12.166}
$$

于是,方程(12.165)可表示为

$$
\begin{aligned}
\int_{t_0}^{t_1}\delta\pi\,\mathrm{d}t=&\int_{t_0}^{t_1}\int_\alpha\int_\beta\Big[-\frac{\partial}{\partial \alpha}(N_{11}B)\delta u-\frac{\partial}{\partial \alpha}(M_{11}B)\delta\theta_1\\
&+N_{11}\frac{\partial A}{\partial \beta}\delta v+M_{11}\frac{\partial A}{\partial \beta}\delta\theta_2+N_{11}\frac{AB}{R_\alpha}\delta w\\
&-\frac{\partial}{\partial \beta}(N_{22}A)\delta v-\frac{\partial}{\partial \beta}(M_{22}A)\delta\theta_2+N_{22}\frac{\partial B}{\partial \alpha}\delta u\\
&+M_{22}\frac{\partial B}{\partial \alpha}\delta\theta_1+N_{22}\frac{AB}{R_\beta}\delta w-\frac{\partial}{\partial \beta}(N_{12}A)\delta u\\
&-N_{12}\frac{\partial A}{\partial \beta}\delta u-\frac{\partial}{\partial \beta}(M_{12}A)\delta\theta_1-M_{12}\frac{\partial A}{\partial \beta}\delta\theta_1\\
&-\frac{\partial}{\partial \alpha}(N_{12}B)\delta v-N_{12}\frac{\partial B}{\partial \alpha}\delta v-\frac{\partial}{\partial \alpha}(M_{12}B)\delta\theta_2\\
&-M_{12}\frac{\partial B}{\partial \alpha}\delta\theta_2+Q_{23}AB\delta\theta_2-Q_{23}\frac{AB}{R_\beta}\delta v-\frac{\partial}{\partial \beta}(Q_{23}A)\delta w\\
&+Q_{13}AB\delta\theta_1-Q_{13}\frac{AB}{R_\alpha}\delta u-\frac{\partial}{\partial \alpha}(Q_{13}B)\delta w\Big]\mathrm{d}\alpha\,\mathrm{d}\beta\,\mathrm{d}t\\
&+\int_{t_0}^{t_1}\int_\alpha(N_{22}A\delta v+M_{22}A\delta\theta_2+N_{12}A\delta u+M_{12}A\delta\theta_1+Q_{23}A\delta w)\mathrm{d}\alpha\,\mathrm{d}t\\
&+\int_{t_0}^{t_1}\int_\beta(N_{11}B\delta u+M_{11}B\delta\theta_1+N_{12}B\delta v+M_{12}B\delta\theta_2+Q_{13}B\delta w)\mathrm{d}\beta\,\mathrm{d}t
\end{aligned}
\tag{12.167}
$$

12.7.3 外力功的变分

由式(12.157)可得外力功的变分为

$$
\begin{aligned}
\int_{t_0}^{t_1}\delta W\,\mathrm{d}t &= \int_{t_0}^{t_1}(\delta W_{\mathrm{d}}+\delta W_{\mathrm{b}})\,\mathrm{d}t \\
&= \int_{t_0}^{t_1}\Big[\int_\alpha\int_\beta (f_\alpha\delta u + f_\beta\delta v + f_z\delta w)AB\,\mathrm{d}\alpha\,\mathrm{d}\beta \\
&\quad + \int_\alpha(\overline{N}_{22}\delta v + \overline{N}_{21}\delta u + \overline{Q}_{23}\delta w + \overline{M}_{22}\delta\theta_1 + \overline{M}_{21}\delta\theta_2)A\,\mathrm{d}\alpha \\
&\quad + \int_\beta(\overline{N}_{11}\delta v + \overline{N}_{12}\delta u + \overline{Q}_{13}\delta w + \overline{M}_{11}\delta\theta_1 + \overline{M}_{12}\delta\theta_2)B\,\mathrm{d}\beta\Big]\,\mathrm{d}t
\end{aligned}
\tag{12.168}
$$

12.7.4 运动方程

将式(12.160),式(12.167),式(12.168)代入方程(12.158),可得

$$
\begin{aligned}
&\int_{t_0}^{t_1}\int_\alpha\int_\beta\Big\{\Big[\frac{\partial(N_{11}B)}{\partial\alpha}+\frac{\partial(N_{21}A)}{\partial\beta}+N_{12}\frac{\partial A}{\partial\beta}-N_{22}\frac{\partial B}{\partial\alpha}+Q_{13}\frac{AB}{R_\alpha}+(f_\alpha-\rho h\ddot{u})AB\Big]\delta u \\
&+\Big[\frac{\partial(N_{12}B)}{\partial\alpha}+\frac{\partial(N_{22}A)}{\partial\beta}+N_{21}\frac{\partial B}{\partial\alpha}-N_{11}\frac{\partial A}{\partial\beta}+Q_{23}\frac{AB}{R_\beta}+(f_\beta-\rho h\ddot{v})AB\Big]\delta v \\
&+\Big[\frac{\partial(Q_{13}B)}{\partial\alpha}+\frac{\partial(N_{23}A)}{\partial\beta}-\frac{N_{11}}{R_\alpha}AB-\frac{N_{22}AB}{R_\beta}+(f_z-\rho h\ddot{w})AB\Big]\delta w \\
&+\Big[\frac{\partial(M_{11}B)}{\partial\alpha}+\frac{\partial(M_{21}A)}{\partial\beta}-M_{22}\frac{\partial B}{\partial\alpha}+M_{12}\frac{\partial A}{\partial\beta}-Q_{13}AB\Big]\delta\theta_1 \\
&+\Big[\frac{\partial(M_{12}B)}{\partial\alpha}+\frac{\partial(M_{22}A)}{\partial\beta}-M_{11}\frac{\partial A}{\partial\beta}+M_{21}\frac{\partial B}{\partial\alpha}-Q_{23}AB\Big]\delta\theta_2\Big\}\,\mathrm{d}\alpha\,\mathrm{d}\beta\,\mathrm{d}t \\
&+\int_{t_0}^{t_1}\int_\alpha[(\overline{N}_{21}-N_{21})\delta u+(\overline{N}_{22}-N_{22})\delta v+(\overline{Q}_{23}-Q_{23})\delta w \\
&+(\overline{M}_{22}-M_{22})\delta\theta_2+(\overline{M}_{21}-M_{21})\delta\theta_1]A\,\mathrm{d}\alpha\,\mathrm{d}t \\
&+\int_{t_0}^{t_1}\int_\beta[(\overline{N}_{11}-N_{11})\delta u+(\overline{N}_{12}-N_{12})\delta v+(\overline{Q}_{13}-Q_{13})\delta w \\
&+(\overline{M}_{11}-M_{11})\delta\theta_1+(\overline{M}_{12}-M_{12})\delta\theta_2]B\,\mathrm{d}\beta\,\mathrm{d}t=0
\end{aligned}
\tag{12.169}
$$

为了满足方程(12.169),式中的三重积分和二重积分必须分别等于零。先令三重积分为零:

$$
\begin{aligned}
&\int_{t_0}^{t_1}\int_\alpha\int_\beta\Big\{\Big[\frac{\partial(N_{11}B)}{\partial\alpha}+\frac{\partial(N_{21}A)}{\partial\beta}+N_{12}\frac{\partial A}{\partial\beta}-N_{22}\frac{\partial B}{\partial\alpha}+Q_{13}\frac{AB}{R_\alpha}+(f_\alpha-\rho h\ddot{u})AB\Big]\delta u \\
&+\Big[\frac{\partial(N_{12}B)}{\partial\alpha}+\frac{\partial(N_{22}A)}{\partial\beta}+N_{21}\frac{\partial B}{\partial\alpha}-N_{11}\frac{\partial A}{\partial\beta}+Q_{23}\frac{AB}{R_\beta}+(f_\beta-\rho h\ddot{v})AB\Big]\delta v \\
&+\Big[\frac{\partial(Q_{13}B)}{\partial\alpha}+\frac{\partial(Q_{23}A)}{\partial\beta}-\frac{N_{11}}{R_\alpha}AB-\frac{N_{22}AB}{R_\beta}+(f_z-\rho h\ddot{w})AB\Big]\delta w \\
&+\Big[\frac{\partial(M_{11}B)}{\partial\alpha}+\frac{\partial(M_{21}A)}{\partial\beta}-M_{22}\frac{\partial B}{\partial\alpha}+M_{12}\frac{\partial A}{\partial\beta}-Q_{13}AB\Big]\delta\theta_1 \\
&+\Big[\frac{\partial(M_{12}B)}{\partial\alpha}+\frac{\partial(M_{22}A)}{\partial\beta}-M_{11}\frac{\partial A}{\partial\beta}+M_{21}\frac{\partial B}{\partial\alpha}-Q_{23}AB\Big]\delta\theta_2\Big\}\,\mathrm{d}\alpha\,\mathrm{d}\beta\,\mathrm{d}t=0
\end{aligned}
\tag{12.170}
$$

在方程(12.170)中,位移的变分 $\delta u, \delta v, \delta w, \delta\theta_1, \delta\theta_2$ 是任意的,所以要使方程(12.170)成立,必须让这些变分的系数等于零,由此得到壳的 **Love 方程**:

$$\frac{\partial(N_{11}B)}{\partial\alpha}+\frac{\partial(N_{21}A)}{\partial\beta}+N_{12}\frac{\partial A}{\partial\beta}-N_{22}\frac{\partial B}{\partial\alpha}+AB\frac{Q_{13}}{R_\alpha}+ABf_\alpha=AB\rho h\ddot{u} \tag{12.171}$$

$$\frac{\partial(N_{12}B)}{\partial\alpha}+\frac{\partial(N_{22}A)}{\partial\beta}+N_{21}\frac{\partial B}{\partial\alpha}-N_{11}\frac{\partial A}{\partial\beta}+AB\frac{Q_{23}}{R_\beta}+ABf_\beta=AB\rho h\ddot{v} \tag{12.172}$$

$$\frac{\partial(Q_{13}B)}{\partial\alpha}+\frac{\partial(Q_{23}A)}{\partial\beta}-AB\left(\frac{N_{11}}{R_\alpha}+\frac{N_{22}}{R_\beta}\right)+ABf_z=AB\rho h\ddot{w} \tag{12.173}$$

$$\frac{\partial(M_{11}B)}{\partial\alpha}+\frac{\partial(M_{21}A)}{\partial\beta}+M_{12}\frac{\partial A}{\partial\beta}-M_{22}\frac{\partial B}{\partial\alpha}-Q_{13}AB=0 \tag{12.174}$$

$$\frac{\partial(M_{12}B)}{\partial\alpha}+\frac{\partial(M_{22}A)}{\partial\beta}+M_{21}\frac{\partial B}{\partial\alpha}-M_{11}\frac{\partial A}{\partial\beta}-Q_{23}AB=0 \tag{12.175}$$

方程(12.171)~方程(12.173)为壳体在 α,β,z 方向的运动方程,方程(12.174)和方程(12.175)表示横向合剪力 Q_{13} 和 Q_{23} 与截面弯矩和扭矩的关系。

12.7.5 边界条件

方程(12.169)中的二重积分也必须等于零,由此得

$$\int_{t_0}^{t_1}\int_\alpha[(\overline{N}_{21}-N_{21})\delta u+(\overline{N}_{22}-N_{22})\delta v+(\overline{Q}_{23}-Q_{23})\delta w+(\overline{M}_{21}-M_{21})\delta\theta_1+(\overline{M}_{22}-M_{22})\delta\theta_2]A\,\mathrm{d}\alpha\,\mathrm{d}t=0 \tag{12.176}$$

$$\int_{t_0}^{t_1}\int_\beta[(\overline{N}_{11}-N_{11})\delta u+(\overline{N}_{12}-N_{12})\delta v+(\overline{Q}_{13}-Q_{13})\delta w+(\overline{M}_{11}-M_{11})\delta\theta_1+(\overline{M}_{12}-M_{12})\delta\theta_2]B\,\mathrm{d}\beta\,\mathrm{d}t=0 \tag{12.177}$$

要使方程(12.176)和方程(12.177)成立,只有让各个位移分量的变分 $\delta u, \delta v, \delta w, \delta\theta_1, \delta\theta_2$ 为零或它们的系数为零:

$$\left.\begin{array}{lll}\overline{N}_{21}-N_{21}=0 & 或 & \delta u=0\\ \overline{N}_{22}-N_{22}=0 & 或 & \delta v=0\\ \overline{Q}_{23}-Q_{23}=0 & 或 & \delta w=0\\ \overline{M}_{21}-M_{21}=0 & 或 & \delta\theta_1=0\\ \overline{M}_{22}-M_{22}=0 & 或 & \delta\theta_2=0\end{array}\right\}\quad 在边界处,\quad \beta=\bar{\beta}=常数 \tag{12.178}$$

$$\left.\begin{array}{lll}\overline{N}_{11}-N_{11}=0 & 或 & \delta u=0\\ \overline{N}_{12}-N_{12}=0 & 或 & \delta v=0\\ \overline{Q}_{13}-Q_{13}=0 & 或 & \delta w=0\\ \overline{M}_{11}-M_{11}=0 & 或 & \delta\theta_1=0\\ \overline{M}_{12}-M_{12}=0 & 或 & \delta\theta_2=0\end{array}\right\}\quad 在边界处,\quad \alpha=\bar{\alpha}=常数 \tag{12.179}$$

方程(12.178)和方程(12.179)给出了10个边界条件。但是,运动方程(12.171)~方程(12.173)和应力-应变关系、应变-位移关系一起构成一组关于空间位移变量的、总阶数为8阶的偏微分方程组,这意味着**每条边**(边界$\beta=\bar{\beta}=$常数或$\alpha=\bar{\alpha}=$常数)**最多只需4个边界条件**。

因此,Love方程在满足边界条件的问题上相互之间存在矛盾。在板的研究中有类似的问题,板的方程是四阶的,而每边的边界条件有三个,需要去掉一个。Kirchhoff将边界扭矩和横向剪力合并。下面采用类似的方法处理壳的边界条件。

仿照Kirchhoff的做法,现在对两个线积分变分方程(12.176)和方程(12.177)进行改写。我们先来处理β为常值的这条边。利用式(12.91)将θ_1用u和w表示出来,这样方程(12.176)变为

$$\int_{t_0}^{t_1}\int_{\alpha}\Big\{(\overline{N}_{21}-N_{21})\delta u+(\overline{N}_{22}-N_{22})\delta v+(\overline{Q}_{23}-Q_{23})\delta w+(\overline{M}_{21}-M_{21})\left[\frac{\delta u}{R_\alpha}-\frac{1}{A}\frac{\partial(\delta w)}{\partial\alpha}\right]+(\overline{M}_{22}-M_{22})\delta\theta_2\Big\}A\,\mathrm{d}\alpha\,\mathrm{d}t=0 \tag{12.180}$$

对导数项$\partial(\delta w)/\partial\alpha$作分部积分可得

$$\int_{t_0}^{t_1}\int_{\alpha}(\overline{M}_{21}-M_{21})\frac{\partial(\delta w)}{\partial\alpha}\mathrm{d}\alpha\,\mathrm{d}t=\int_{t_0}^{t_1}\left[(\overline{M}_{21}-M_{21})\delta w\,|_{\alpha}-\int_{\alpha}\frac{\partial}{\partial\alpha}(\overline{M}_{21}-M_{21})\delta w\,\mathrm{d}\alpha\right]\mathrm{d}t \tag{12.181}$$

因为沿β为常值的这条边上都有$\overline{M}_{21}=M_{21}$,所以上式右边第一项为零。这样,将式(12.181)代入式(12.180)得到

$$\int_{t_0}^{t_1}\int_{\alpha}\Big\{\left[\left(\overline{N}_{21}+\frac{\overline{M}_{21}}{R_\alpha}\right)-\left(N_{21}+\frac{M_{21}}{R_\alpha}\right)\right]\delta u+(\overline{N}_{22}-N_{22})\delta v+\left[\left(\overline{Q}_{23}+\frac{1}{A}\frac{\partial\overline{M}_{21}}{\partial\alpha}\right)-\left(Q_{23}+\frac{1}{A}\frac{\partial M_{21}}{\partial\alpha}\right)\right]\delta w+(\overline{M}_{22}-M_{22})\delta\theta_2\Big\}A\,\mathrm{d}\alpha\,\mathrm{d}t=0 \tag{12.182}$$

类似地,由方程(12.177)可得

$$\int_{t_0}^{t_1}\int_{\beta}\Big\{(\overline{N}_{11}-N_{11})\delta u+\left[\left(\overline{N}_{12}+\frac{\overline{M}_{12}}{R_\beta}\right)-\left(N_{12}+\frac{M_{12}}{R_\beta}\right)\right]\delta v+\left[\left(\overline{Q}_{13}+\frac{1}{B}\frac{\partial\overline{M}_{12}}{\partial\beta}\right)-\left(Q_{13}+\frac{1}{B}\frac{\partial M_{12}}{\partial\beta}\right)\right]\delta w+(\overline{M}_{11}-M_{11})\delta\theta_1\Big\}B\,\mathrm{d}\beta\,\mathrm{d}t=0 \tag{12.183}$$

定义**有效面内合剪力**F_{12}和F_{21}为

$$F_{12}=N_{12}+\frac{M_{12}}{R_\beta} \tag{12.184}$$

$$F_{21}=N_{21}+\frac{M_{21}}{R_\alpha} \tag{12.185}$$

定义**有效横向合剪力** V_{13} 和 V_{23} 为

$$V_{13}=Q_{13}+\frac{1}{B}\frac{\partial M_{12}}{\partial\beta} \tag{12.186}$$

$$V_{23}=Q_{23}+\frac{1}{A}\frac{\partial M_{21}}{\partial\alpha} \tag{12.187}$$

于是,方程(12.182)和方程(12.183)变为

$$\begin{aligned}\int_{t_0}^{t_1}\int_{\alpha}[(\overline{F}_{21}-F_{21})\delta u+(\overline{N}_{22}-N_{22})\delta v\\ +(\overline{V}_{23}-V_{23})\delta w+(\overline{M}_{22}-M_{22})\delta\theta_2]A\,\mathrm{d}\alpha\,\mathrm{d}t=0\end{aligned} \tag{12.188}$$

$$\begin{aligned}\int_{t_0}^{t_1}\int_{\beta}[(\overline{N}_{11}-N_{11})\delta u+(\overline{F}_{12}-F_{12})\delta v\\ +(\overline{V}_{13}-V_{13})\delta w+(\overline{M}_{11}-M_{11})\delta\theta_1]B\,\mathrm{d}\beta\,\mathrm{d}t=0\end{aligned} \tag{12.189}$$

边界条件变为

$$\left.\begin{matrix}F_{21}=\overline{F}_{21} & \text{或} & u=\bar{u}\\ N_{22}=\overline{N}_{22} & \text{或} & v=\bar{v}\\ V_{23}=\overline{V}_{23} & \text{或} & w=\bar{w}\\ M_{22}=\overline{M}_{22} & \text{或} & \theta_2=\bar{\theta}_2\end{matrix}\right\}\text{在边界处,}\quad \beta=\bar{\beta}=\text{常数} \tag{12.190}$$

$$\left.\begin{matrix}N_{11}=\overline{N}_{11} & \text{或} & u=\bar{u}\\ F_{12}=\overline{F}_{12} & \text{或} & v=\bar{v}\\ V_{13}=\overline{V}_{13} & \text{或} & w=\bar{w}\\ M_{11}=\overline{M}_{11} & \text{或} & \theta_1=\bar{\theta}_1\end{matrix}\right\}\text{在边界处,}\quad \alpha=\bar{\alpha}=\text{常数} \tag{12.191}$$

常见的边界条件罗列如下:

(1) 由 $\beta=\bar{\beta}=$常数定义的边界。

① 固支边:

$$u=0,\quad v=0,\quad w=0,\quad \theta_2=0 \tag{12.192}$$

② 法向可自由运动的简支边:

$$u=0,\quad v=0,\quad M_{22}=0,\quad V_{23}=0 \tag{12.193}$$

③ 法向不能自由运动的简支边:

$$u=0,\quad v=0,\quad w=0,\quad M_{22}=0 \tag{12.194}$$

④ 自由边:

$$N_{22}=0,\quad F_{21}=0,\quad V_{23}=0,\quad M_{22}=0 \tag{12.195}$$

(2) 由 $\alpha=\bar{\alpha}=$常数定义的边界。

① 固支边:

$$u=0,\quad v=0,\quad w=0,\quad \theta_1=0 \tag{12.196}$$

② 法向可自由运动的简支边:

$$u=0,\quad v=0,\quad M_{11}=0,\quad V_{13}=0 \tag{12.197}$$

③ 法向不能自由运动的简支边：

$$u=0,\quad v=0,\quad w=0,\quad M_{11}=0 \tag{12.198}$$

④ 自由边：

$$N_{11}=0,\quad F_{12}=0,\quad V_{13}=0,\quad M_{11}=0 \tag{12.199}$$

12.7.6 Donnell-Mushtari-Vlasov(DMV)方程

1. 壳的 DMV 方程

壳的 Love 方程在一定的条件下可以得到简化，在现有的简化方法中，Donnell-Mushtari-Vlasov 提出的简化方法在壳的振动中用得最广泛，它既不忽略弯曲效应，也不忽略薄膜效应。这种方法由 Donnell 和 Mushtari 独立提出，由 Vlasov 推广完善。因为 Vlasov 指出这种方法对浅壳给出特别好的结果，因此其近似方程通常称为**浅壳方程(shallow shell equations)**。但是，实际上，"浅壳"是一个不必要的过于严厉的约束。DMV 方程基于如下假设。

第一个假设是中面变形只对形成中面应变作贡献，在弯曲应变表达式中的贡献可忽略。因此弯曲应变的表达式为

$$k_{11}=-\frac{1}{A}\frac{\partial}{\partial\alpha}\left(\frac{1}{A}\frac{\partial w}{\partial\alpha}\right)-\frac{1}{AB^{2}}\frac{\partial w}{\partial\beta}\frac{\partial A}{\partial\beta} \tag{12.200}$$

$$k_{22}=-\frac{1}{A}\frac{\partial}{\partial\beta}\left(\frac{1}{B}\frac{\partial w}{\partial\beta}\right)-\frac{1}{A^{2}B}\frac{\partial w}{\partial\alpha}\frac{\partial B}{\partial\beta} \tag{12.201}$$

$$k_{12}=-\frac{B}{A}\frac{\partial}{\partial\alpha}\left(\frac{1}{B^{2}}\frac{\partial w}{\partial\beta}\right)-\frac{A}{B}\frac{\partial}{\partial\beta}\left(\frac{1}{A^{2}}\frac{\partial w}{\partial\alpha}\right) \tag{12.202}$$

薄膜应变保持不变，即

$$\varepsilon_{11}^{0}=\frac{1}{A}\frac{\partial u}{\partial\alpha}+\frac{v}{AB}\frac{\partial A}{\partial\beta}+\frac{w}{R_{\alpha}}$$

$$\varepsilon_{22}^{0}=\frac{1}{B}\frac{\partial v}{\partial\beta}+\frac{u}{AB}\frac{\partial B}{\partial\alpha}+\frac{w}{R_{\beta}}$$

$$\varepsilon_{12}^{0}=\frac{B}{A}\frac{\partial}{\partial\alpha}\left(\frac{v}{B}\right)+\frac{A}{B}\frac{\partial}{\partial\beta}\left(\frac{u}{A}\right)$$

第二个假设是中面方向的惯性可忽略。

第三个假设是可忽略横向剪力项 Q_{31}/R_{α} 和 Q_{32}/R_{β}。

由三个假设可知，这种方法主要适用于受法向载荷作用的壳，得到的结果将主要揭示横向变形行为，是否是浅壳并不重要。

在上述假设下，Love 方程变为

$$\frac{\partial(N_{11}B)}{\partial\alpha}+\frac{\partial(N_{21}A)}{\partial\beta}+N_{12}\frac{\partial A}{\partial\beta}-N_{22}\frac{\partial B}{\partial\alpha}=0 \tag{12.203}$$

$$\frac{\partial(N_{12}B)}{\partial\alpha}+\frac{\partial(N_{22}A)}{\partial\beta}+N_{21}\frac{\partial B}{\partial\alpha}-N_{11}\frac{\partial A}{\partial\beta}=0 \tag{12.204}$$

$$D\ \nabla^4 w+\frac{N_{11}}{R_\alpha}+\frac{N_{22}}{R_\beta}+\rho h\ddot{w}=f_z \tag{12.205}$$

现在引入一个函数 ϕ，按如下方式定义：

$$N_{11}=\frac{1}{B}\frac{\partial}{\partial\beta}\left(\frac{1}{B}\frac{\partial\phi}{\partial\alpha}\right)+\frac{1}{A^2B}\frac{\partial B}{\partial\alpha}\frac{\partial\phi}{\partial\alpha} \tag{12.206}$$

$$N_{22}=\frac{1}{A}\frac{\partial}{\partial\alpha}\left(\frac{1}{A}\frac{\partial\phi}{\partial\alpha}\right)+\frac{1}{AB^2}\frac{\partial A}{\partial\beta}\frac{\partial\phi}{\partial\beta} \tag{12.207}$$

$$N_{12}=-\frac{1}{AB}\left(\frac{\partial^2\phi}{\partial\alpha\partial\beta}-\frac{1}{A}\frac{\partial A}{\partial\beta}\frac{\partial\phi}{\partial\alpha}-\frac{1}{B}\frac{\partial B}{\partial\alpha}\frac{\partial\phi}{\partial\beta}\right) \tag{12.208}$$

无论 ϕ 是什么样的函数，总能使上面定义的 N_{11}，N_{22}，N_{12} 自动满足平衡方程(12.203)和方程(12.204)，因此这两个平衡方程可以不去考虑。但方程(12.205)变成

$$D\ \nabla^4 w+\nabla_K^2\phi+\rho h\ddot{w}=f_z \tag{12.209}$$

其中

$$\nabla_K^2(\cdot)=\frac{1}{AB}\left\{\frac{\partial}{\partial\alpha}\left[\frac{1}{R_\beta}\frac{B}{A}\frac{\partial(\cdot)}{\partial\alpha}\right]+\frac{\partial}{\partial\beta}\left[\frac{1}{R_\alpha}\frac{A}{B}\frac{\partial(\cdot)}{\partial\beta}\right]\right\} \tag{12.210}$$

实际上函数 ϕ 就是 Airy 应力函数。利用它我们已经有效地消去了中面变形分量 u，v，未知量变成 w，ϕ，方程(12.209)是它们的一个控制方程。为了找出另一个控制方程，我们利用位移的相容关系。在 6 个应变-位移关系中消去位移分量，可得

$$\begin{aligned}&\frac{k_{11}}{R_\alpha}+\frac{k_{22}}{R_\beta}+\frac{1}{AB}\left\{\frac{\partial}{\partial\alpha}\frac{1}{A}\left[B\frac{\partial\varepsilon_{22}^0}{\partial\alpha}+\frac{\partial B}{\partial\alpha}(\varepsilon_{22}^0-\varepsilon_{11}^0)-\frac{A}{2}\frac{\partial\varepsilon_{12}^0}{\partial\beta}-\frac{\partial A}{\partial\beta}\varepsilon_{12}^0\right]\right.\\&\left.\quad+\frac{\partial}{\partial\beta}\frac{1}{B}\left[A\frac{\partial\varepsilon_{11}^0}{\partial\beta}+\frac{\partial A}{\partial\beta}(\varepsilon_{11}^0-\varepsilon_{22}^0)-\frac{B}{2}\frac{\partial\varepsilon_{12}^0}{\partial\alpha}-\frac{\partial B}{\partial\alpha}\varepsilon_{12}^0\right]\right\}=0\end{aligned} \tag{12.211}$$

薄膜应变与薄膜力之间的关系为

$$\varepsilon_{11}^0=\frac{1}{Eh}(N_{11}-\nu N_{22}) \tag{12.212}$$

$$\varepsilon_{22}^0=\frac{1}{Eh}(N_{22}-\nu N_{11}) \tag{12.213}$$

$$\varepsilon_{12}^0=\frac{2(1+\nu)}{Eh}N_{12} \tag{12.214}$$

将方程(12.206)～方程(12.208)代入方程(12.212)～方程(12.214)，再代入方程(12.211)，得

$$Eh\ \nabla_K^2 u_3-\nabla^4\phi=0 \tag{12.215}$$

方程(12.209)和方程(12.215)就是 **Donnell-Mushtari-Vlasov 方程**(简称 **DMV 方程**)，或**浅壳方程**。

每条边需要 4 个边界条件，两个对 w，两个对 ϕ。如果边界条件是对 u，v 指定的，则需要通过方程(12.206)～方程(12.208)求出关于 ϕ 的边界条件，这是一个困难的问题。但是，如果边界条件是对 N_{11}，N_{22}，N_{12} 指定的，则比较容易处理。

2. 由 DMV 方程求固有频率和模态

为了求出浅壳方程(12.209)和方程(12.215)的固有频率,设

$$f_z(\alpha,\beta,t)=0 \tag{12.216}$$

$$w(\alpha,\beta,t)=W(\alpha,\beta)\mathrm{e}^{\mathrm{j}\omega t} \tag{12.217}$$

$$\phi(\alpha,\beta,t)=\Phi(\alpha,\beta)\mathrm{e}^{\mathrm{j}\omega t} \tag{12.218}$$

得

$$D\ \nabla^4 W+\nabla_K^2\Phi-\rho h\omega^2 W=0 \tag{12.219}$$

$$Eh\ \nabla_K^2 W-\nabla^4\Phi=0 \tag{12.220}$$

定义函数 $F(\alpha_1,\alpha_2)$,使得

$$W=\nabla^4 F \tag{12.221}$$

$$\Phi=Eh\ \nabla_K^2 F \tag{12.222}$$

于是方程(12.219)和方程(12.220)可合并为

$$D\ \nabla^8 F+\nabla_K^4 F-\rho h\omega^2\ \nabla^4 F=0 \tag{12.223}$$

也可合并为

$$D\ \nabla^8 W+\nabla_K^4 W-\rho h\omega^2\ \nabla^4 W=0 \tag{12.224}$$

后一种形式是更好的。

12.8 圆柱壳

12.8.1 运动方程

对圆柱壳,x,θ 和 z 作为独立的空间坐标,如图 12.10 所示。沿 x,θ 和 z 方向的位移分量分别为 u,v 和 w。假设圆柱壳的半径为 R。壳的参数为

$$\alpha=x,\quad A=1,\quad \beta=\theta,\quad B=R \tag{12.225}$$

x 和 θ 坐标曲线的曲率半径为

$$R_\alpha=R_x=\infty,\quad R_\beta=R_\theta=R \tag{12.226}$$

Love 运动方程(12.171)～方程(12.173)简化为

$$\frac{\partial N_{xx}}{\partial x}+\frac{1}{R}\frac{\partial N_{\theta x}}{\partial\theta}+f_x=\rho h\ddot{u} \tag{12.227}$$

$$\frac{\partial N_{x\theta}}{\partial x}+\frac{1}{R}\frac{\partial N_{\theta\theta}}{\partial\theta}+\frac{Q_{\theta z}}{R}+f_\theta=\rho h\ddot{v} \tag{12.228}$$

$$\frac{\partial Q_{xz}}{\partial x}+\frac{1}{R}\frac{\partial Q_{\theta z}}{\partial\theta}-\frac{N_{\theta\theta}}{R}+f_z=\rho h\ddot{w} \tag{12.229}$$

由方程(12.174)和方程(12.175)可得横向合剪力 Q_{13} 和 Q_{23},即 Q_{xz} 和 $Q_{\theta z}$:

$$Q_{xz}=\frac{\partial M_{xx}}{\partial x}+\frac{1}{R}\frac{\partial M_{\theta x}}{\partial \theta} \tag{12.230}$$

$$Q_{\theta z}=\frac{\partial M_{x\theta}}{\partial x}+\frac{1}{R}\frac{\partial M_{\theta\theta}}{\partial \theta} \tag{12.231}$$

将截面力矩与中面法线转角 θ_x 和 θ_θ 的关系(见例 12.7)代入式(12.230)和式(12.231)得到

$$Q_{xz}=D\left(\frac{\partial^2\theta_x}{\partial x^2}+\frac{1-\nu}{2R^2}\frac{\partial^2\theta_x}{\partial\theta^2}+\frac{1+\nu}{2R}\frac{\partial^2\theta_\theta}{\partial x\partial\theta}\right) \tag{12.232}$$

$$Q_{\theta z}=D\left(\frac{1-\nu}{2}\frac{\partial^2\theta_\theta}{\partial x^2}+\frac{1}{R^2}\frac{\partial^2\theta_\theta}{\partial\theta^2}+\frac{1+\nu}{2R}\frac{\partial^2\theta_x}{\partial x\partial\theta}\right) \tag{12.233}$$

将 θ_x 和 θ_θ 与中面位移的关系代入式(12.232)和式(12.233)得到

$$Q_{xz}=D\left(-\frac{\partial^3 w}{\partial x^3}+\frac{1+\nu}{2R^2}\frac{\partial^2 v}{\partial x\partial\theta}-\frac{1}{R^2}\frac{\partial^3 w}{\partial x\partial\theta^2}\right) \tag{12.234}$$

$$Q_{\theta z}=D\left(\frac{1-\nu}{2R}\frac{\partial^2 w}{\partial x^2}+\frac{1}{R^3}\frac{\partial^2 v}{\partial\theta^2}-\frac{1}{R^3}\frac{\partial^3 w}{\partial\theta^3}-\frac{1}{R}\frac{\partial^3 w}{\partial x^2\partial\theta}\right) \tag{12.235}$$

最后,将面内合力 N_{11},N_{22},N_{12} 与位移的关系(见例 12.7)以及式(12.234)和式(12.235)代入方程(12.227)~方程(12.229),得到用位移表示的圆柱壳运动方程:

$$C\left(\frac{\partial^2 u}{\partial x^2}+\frac{1-\nu}{2R^2}\frac{\partial^2 u}{\partial\theta^2}+\frac{\nu}{R}\frac{\partial w}{\partial x}+\frac{1+\nu}{2R}\frac{\partial^2 v}{\partial x\partial\theta}\right)+f_x=\rho h\ddot{u} \tag{12.236}$$

$$\begin{aligned}&C\left(\frac{1-\nu}{2}\frac{\partial^2 v}{\partial x^2}+\frac{1}{R^2}\frac{\partial^2 v}{\partial\theta^2}+\frac{1}{R^2}\frac{\partial w}{\partial\theta}+\frac{1+\nu}{2R}\frac{\partial^2 u}{\partial x\partial\theta}\right)\\&+D\left(\frac{1-\nu}{2R^2}\frac{\partial^2 v}{\partial x^2}+\frac{1}{R^4}\frac{\partial^2 v}{\partial\theta^2}-\frac{1}{R^4}\frac{\partial^3 w}{\partial\theta^3}-\frac{1}{R^2}\frac{\partial^3 w}{\partial x^2\partial\theta}\right)+f_\theta=\rho h\ddot{v}\end{aligned} \tag{12.237}$$

$$\begin{aligned}&D\left(-\frac{\partial^4 w}{\partial x^4}+\frac{1}{R^2}\frac{\partial^3 v}{\partial x^2\partial\theta}-\frac{2}{R^2}\frac{\partial^4 w}{\partial x^2\partial\theta^2}-\frac{1}{R^4}\frac{\partial^4 w}{\partial\theta^4}+\frac{1}{R^4}\frac{\partial^3 v}{\partial\theta^3}\right)\\&-C\left(\frac{1}{R^2}\frac{\partial v}{\partial\theta}+\frac{w}{R^2}+\frac{\nu}{R}\frac{\partial u}{\partial x}\right)+f_z=\rho h\ddot{w}\end{aligned} \tag{12.238}$$

12.8.2 圆柱壳的 DMV 方程

用 DMV 方程对圆柱壳的运动方程(12.236)~方程(12.238)简化后,可直接得到用位移表示的运动方程。在圆柱壳振动的 DMV 理论中,做以下假设:

(1) 面内位移 u,v 对弯曲应变 k_{11},k_{22},k_{12} 的贡献可以忽略。

(2) 在关于周向位移 v 的方程(12.228)中,剪力项 $Q_{\theta z}/R$ 的影响可以忽略。这等价于在方程(12.237)中略去含有 D 的项。

于是,圆柱壳自由振动 DMV 方程可表示为

$$\frac{\partial^2 u}{\partial x^2}+\frac{1-\nu}{2R^2}\frac{\partial^2 u}{\partial\theta^2}+\frac{\nu}{R}\frac{\partial w}{\partial x}+\frac{1+\nu}{2R}\frac{\partial^2 v}{\partial x\partial\theta}=\frac{(1-\nu^2)\rho}{E}\frac{\partial^2 u}{\partial t^2} \tag{12.239}$$

$$\frac{1-\nu}{2}\frac{\partial^2 v}{\partial x^2}+\frac{1}{R^2}\frac{\partial^2 v}{\partial\theta^2}+\frac{1}{R^2}\frac{\partial w}{\partial\theta}+\frac{1+\nu}{2R}\frac{\partial^2 u}{\partial x\partial\theta}=\frac{(1-\nu^2)\rho}{E}\frac{\partial^2 v}{\partial t^2} \tag{12.240}$$

$$-\left(\frac{\nu}{R}\frac{\partial u}{\partial x}+\frac{1}{R^2}\frac{\partial v}{\partial \theta}+\frac{w}{R^2}\right)$$

$$-\frac{h^2}{12}\left(\frac{\partial^4 w}{\partial x^4}+\frac{2}{R^2}\frac{\partial^4 w}{\partial x^2\partial \theta^2}+\frac{1}{R^4}\frac{\partial^4 w}{\partial \theta^4}\right)=\frac{(1-\nu^2)\rho}{E}\frac{\partial^2 w}{\partial t^2} \tag{12.241}$$

12.8.3 基于 DMV 方程的圆柱壳固有频率

考虑两端简支的圆柱壳,如图 12.15 (a)所示。在 $x=0$ 和 $x=l$ 处的边界条件为

$$v(0,\theta,t)=0 \tag{12.242}$$

$$w(0,\theta,t)=0 \tag{12.243}$$

$$N_{xx}(0,\theta,t)=C\left(\frac{\partial u}{\partial x}+\frac{\nu}{R}\frac{\partial v}{\partial \theta}+\frac{\nu}{R}w\right)(0,\theta,t)=0 \tag{12.244}$$

$$M_{xx}(0,\theta,t)=D\left(-\frac{\partial^2 w}{\partial x^2}+\frac{\nu}{R^2}\frac{\partial v}{\partial \theta}-\frac{\nu}{R^2}\frac{\partial^2 w}{\partial \theta^2}\right)(0,\theta,t)=0 \tag{12.245}$$

$$v(l,\theta,t)=0 \tag{12.246}$$

$$w(l,\theta,t)=0 \tag{12.247}$$

$$N_{xx}(l,\theta,t)=C\left(\frac{\partial u}{\partial x}+\frac{\nu}{R}\frac{\partial v}{\partial \theta}+\frac{\nu}{R}w\right)(l,\theta,t)=0 \tag{12.248}$$

$$M_{xx}(l,\theta,t)=D\left(-\frac{\partial^2 w}{\partial x^2}+\frac{\nu}{R^2}\frac{\partial v}{\partial \theta}-\frac{\nu}{R^2}\frac{\partial^2 w}{\partial \theta^2}\right)(l,\theta,t)=0 \tag{12.249}$$

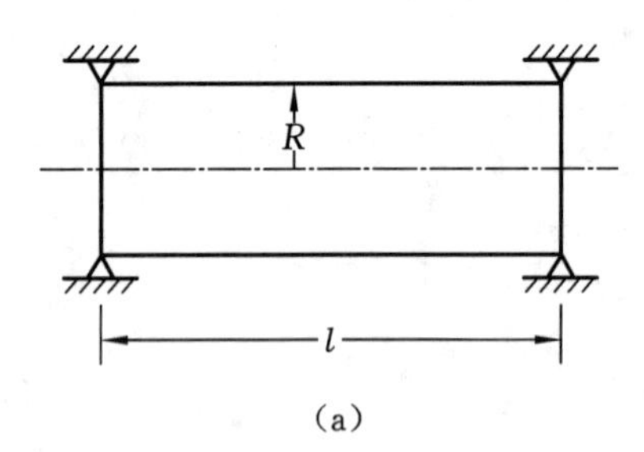

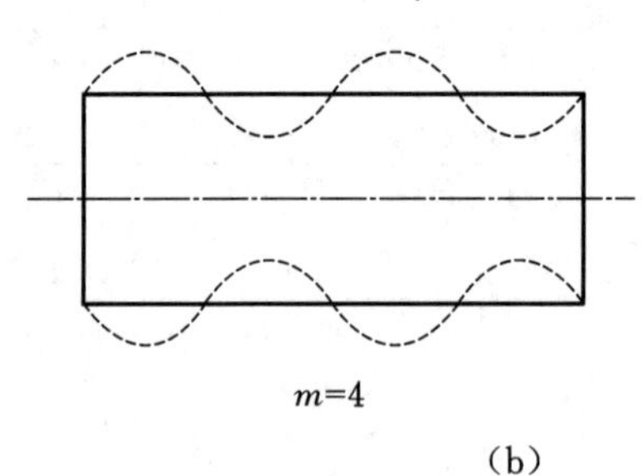

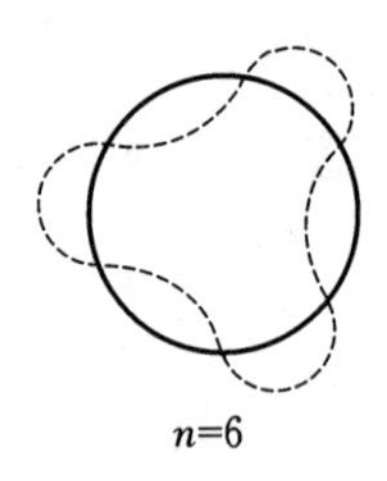

图 12.15　简支圆柱壳及振动位移示意图

运动方程(12.239)～方程(12.241)的解可假设为:

$$u(x,\theta,t)=\sum_m\sum_n A_{mn}\cos\frac{m\pi x}{l}\cos(n\theta)\cos(\omega t) \tag{12.250}$$

$$v(x,\theta,t)=\sum_m\sum_n B_{mn}\sin\frac{m\pi x}{l}\sin(n\theta)\cos(\omega t) \tag{12.251}$$

$$w(x,\theta,t)=\sum_m\sum_n C_{mn}\sin\frac{m\pi x}{l}\cos(n\theta)\cos(\omega t) \tag{12.252}$$

其中 A_{mn}, B_{mn}, C_{mn} 为常数。注意,上面的假设解满足边界条件,以及周向 θ 方向的周期性条件。将式(12.250)～式(12.252)代入圆柱壳的自由振动方程(12.239)～方程(12.241)可得

$$(-\lambda^2-a_1n^2+\Omega)A_{mn}+(a_2n\lambda)B_{mn}+(\nu\lambda)C_{mn}=0 \tag{12.253}$$

$$(a_2n\lambda)A_{mn}+(-a_1\lambda^2-n^2+\Omega)B_{mn}+(-n)C_{mn}=0 \tag{12.254}$$

$$(\nu\lambda)A_{mn}+(-n)B_{mn}+(-1-\mu\lambda^4-2n^2\mu\lambda^2-n^4\mu+\Omega)C_{mn}=0 \tag{12.255}$$

其中

$$\Omega=\frac{(1-\nu^2)R^2\rho}{E}\omega^2,\quad \lambda=\frac{m\pi R}{l},\quad \mu=\frac{h^2}{12R^2} \tag{12.256}$$

$$a_1=\frac{1-\nu}{2},\quad a_2=\frac{1+\nu}{2} \tag{12.257}$$

方程(12.253)～方程(12.255)有非零解的条件为

$$\begin{vmatrix} -\lambda^2-a_1n^2+\Omega & a_2n\lambda & \nu\lambda \\ a_2n\lambda & -a_1\lambda^2-n^2+\Omega & -n \\ \nu\lambda & -n & -1-\mu\lambda^4-2n^2\mu\lambda^2-n^4\mu+\Omega \end{vmatrix}=0 \tag{12.258}$$

展开行列式得到

$$\Omega^3+b_1^2\Omega^2+b_2\Omega+b_3=0 \tag{12.259}$$

其中

$$b_1=-\lambda^2(1+a_1+2n^2\mu)-n^2(1+a_1)-\mu\lambda^4-n^4\mu-1 \tag{12.260}$$

$$\begin{aligned} b_2=&\mu\lambda^6(1+a_1)+\lambda^4(a_1+2n^2\mu+3a_1n^2\mu)\\ &+\lambda^2(1+n^2+a_1^2n^2-a_2^2n^2-\nu^2+a_1+3a_1n^4\mu+3n^4\mu)\\ &+n^6\mu(1+a_1)+n^4a_1+n^2a_1 \end{aligned} \tag{12.261}$$

$$\begin{aligned} b_3=&-\lambda^8a_1\mu-\lambda^6n^2\mu(1+2a_1+a_1^2-a_2^2)\\ &-\lambda^4(a_1+2a_1n^4\mu+2a_1^2n^4\mu+2n^4\mu-2a_2^2n^4\mu-a_2\nu)\\ &-\lambda^2[n^6\mu(1+a_1^2+2a_1-a_2^2)+n^2(a_1^2-a_2^2+2a_2\nu-\nu^2)]-n^8a_1\mu \end{aligned} \tag{12.262}$$

由方程(12.259)可解出Ω,进而可求出固有频率ω。实践表明,方程(12.259)有三个正实根,因此,对同一阶模态m和n,对应有三个固有频率;对每个固有频率,可由方程(12.253)～方程(12.255)求出B_{mn}/A_{mn}和C_{mn}/A_{mn}的一组比值,这样就可由式(12.250)～式(12.252)得到对应的三个模态形状。

在每阶模态(m和n)的三个固有频率中,最小的那个对应于圆柱壳的横向振动模态。因此,与横向振动固有频率对应的Ω相对较小,在方程(12.259)中,可以将二次项和三次项略去,由此得到横向振动对应的Ω满足的近似值:

$$\Omega\approx-\frac{b_3}{b_2} \tag{12.263}$$

或

$$\omega^2=\frac{E\Omega}{(1-\nu^2)R^2\rho}\approx\frac{Eb_3}{(1-\nu^2)R^2\rho b_2} \tag{12.264}$$

例 12.10　求两端简支圆柱壳的固有频率。已知$R=0.254$ m,$l=1.016$ m,$h=0.00254$ m,$E=206.8$ GPa,$\rho=7827.08$ kg/m^3,$\nu=0.3$。

解　利用DMV理论计算的固有频率列于表12.1中。由式(12.264)给出的固有频率略大于DMV理论给出的相应值。

表 12.1 一个圆柱壳的横向振动固有频率($h=2.54$ mm)

模态形状		固有频率/(rad/s)	
m	n	DMV 理论准确值	DMV 理论近似值
1	1	5187.4575	6567.4463
1	2	2298.6262	2494.8096
1	3	1295.3844	1360.8662
2	1	11446.168	13839.495
2	2	6632.3569	7386.4487
2	3	3984.2207	4267.3979
3	1	15160.400	16958.043
3	2	10466.346	11527.878
3	3	7072.3271	7612.5889

12.8.4 基于 Love 理论的圆柱壳固有频率

仍然考虑半径为 R、长度为 l 的圆柱壳,在 $x=0$ 和 $x=l$ 两端简支,边界条件由式(12.242)~式(12.249)给出,由 Love 理论得到的圆柱壳的运动方程为方程(12.236)~方程(12.238),对应的自由振动方程为

$$C\left(\frac{\partial^2 u}{\partial x^2}+\frac{1-\nu}{2R^2}\frac{\partial^2 u}{\partial \theta^2}+\frac{\nu}{R}\frac{\partial w}{\partial x}+\frac{1+\nu}{2R}\frac{\partial^2 v}{\partial x\partial \theta}\right)=\rho h\ddot{u} \tag{12.265}$$

$$C\left(\frac{1-\nu}{2}\frac{\partial^2 v}{\partial x^2}+\frac{1}{R^2}\frac{\partial^2 v}{\partial \theta^2}+\frac{1}{R^2}\frac{\partial w}{\partial \theta}+\frac{1+\nu}{2R}\frac{\partial^2 u}{\partial x\partial \theta}\right)$$
$$+\frac{D}{R^2}\left(\frac{1-\nu}{2}\frac{\partial^2 v}{\partial x^2}+\frac{1}{R^2}\frac{\partial^2 v}{\partial \theta^2}-\frac{1}{R^2}\frac{\partial^3 w}{\partial \theta^3}-\frac{\partial^3 w}{\partial x^2\partial \theta}\right)=\rho h\ddot{v} \tag{12.266}$$

$$-C\left(\frac{1}{R^2}\frac{\partial v}{\partial \theta}+\frac{w}{R^2}+\frac{\nu}{R}\frac{\partial u}{\partial x}\right)$$
$$+\frac{D}{R^2}\left(-R^2\frac{\partial^4 w}{\partial x^4}+\frac{\partial^3 v}{\partial x^2\partial \theta}-2\frac{\partial^4 w}{\partial x^2\partial \theta^2}-\frac{1}{R^2}\frac{\partial^4 w}{\partial \theta^4}+\frac{1}{R^2}\frac{\partial^3 v}{\partial \theta^3}\right)=\rho h\ddot{w} \tag{12.267}$$

自由振动解假设为

$$u(x,\theta,t)=U(x,\theta)\mathrm{e}^{\mathrm{i}\omega t} \tag{12.268}$$

$$v(x,\theta,t)=V(x,\theta)\mathrm{e}^{\mathrm{i}\omega t} \tag{12.269}$$

$$w(x,\theta,t)=W(x,\theta)\mathrm{e}^{\mathrm{i}\omega t} \tag{12.270}$$

将式(12.268)~式(12.270)代入边界条件式(12.242)~式(12.249)得到

$$V(0,\theta)=0 \tag{12.271}$$

$$W(0,\theta)=0 \tag{12.272}$$

$$\left(-\frac{\partial^2 W}{\partial x^2}+\frac{\nu}{R^2}\frac{\partial V}{\partial \theta}-\frac{\nu}{R^2}\frac{\partial^2 W}{\partial \theta^2}\right)(0,\theta)=0 \tag{12.273}$$

$$\left(\frac{\partial U}{\partial x}+\frac{\nu}{R}\frac{\partial V}{\partial \theta}+\frac{\nu}{R}W\right)(0,\theta)=0 \tag{12.274}$$

$$V(l,\theta)=0 \tag{12.275}$$

$$W(l,\theta)=0 \tag{12.276}$$

$$\left(-\frac{\partial^2 W}{\partial x^2}+\frac{\nu}{R^2}\frac{\partial V}{\partial \theta}-\frac{\nu}{R^2}\frac{\partial^2 W}{\partial \theta^2}\right)(l,\theta)=0 \tag{12.277}$$

$$\left(\frac{\partial U}{\partial x}+\frac{\nu}{R}\frac{\partial V}{\partial \theta}+\frac{\nu}{R}W\right)(l,\theta)=0 \tag{12.278}$$

将式(12.268)～式(12.270)代入 Love 理论的运动方程(12.265)～方程(12.267)得到

$$C\left(\frac{\partial^2 U}{\partial x^2}+\frac{1-\nu}{2R^2}\frac{\partial^2 U}{\partial \theta^2}+\frac{\nu}{R}\frac{\partial W}{\partial x}+\frac{1+\nu}{2R}\frac{\partial^2 V}{\partial x\partial \theta}\right)+\rho h\omega^2 U=0 \tag{12.279}$$

$$\begin{aligned}&C\left(\frac{1-\nu}{2}\frac{\partial^2 V}{\partial x^2}+\frac{1}{R^2}\frac{\partial^2 V}{\partial \theta^2}+\frac{1}{R^2}\frac{\partial W}{\partial \theta}+\frac{1+\nu}{2R}\frac{\partial^2 U}{\partial x\partial \theta}\right)\\&+\frac{D}{R^2}\left(\frac{1-\nu}{2}\frac{\partial^2 V}{\partial x^2}+\frac{1}{R^2}\frac{\partial^2 V}{\partial \theta^2}-\frac{1}{R^2}\frac{\partial^3 W}{\partial \theta^3}-\frac{\partial^3 W}{\partial x^2\partial \theta}\right)+\rho h\omega^2 V=0\end{aligned} \tag{12.280}$$

$$\begin{aligned}&-C\left(\frac{1}{R^2}\frac{\partial V}{\partial \theta}+\frac{W}{R^2}+\frac{\nu}{R}\frac{\partial U}{\partial x}\right)+\frac{D}{R^2}\left(-R^2\frac{\partial^4 W}{\partial x^4}+\frac{\partial^3 V}{\partial x^2\partial \theta}\right.\\&\left.-2\frac{\partial^4 W}{\partial x^2\partial \theta^2}-\frac{1}{R^2}\frac{\partial^4 W}{\partial \theta^4}+\frac{1}{R^2}\frac{\partial^3 V}{\partial \theta^3}\right)+\rho h\omega^2 W=0\end{aligned} \tag{12.281}$$

这组方程的一组解可假设为

$$U(x,\theta)=C_1\cos\frac{m\pi x}{l}\cos[n(\theta-\phi_0)] \tag{12.282}$$

$$V(x,\theta)=C_2\sin\frac{m\pi x}{l}\sin[n(\theta-\phi_0)] \tag{12.283}$$

$$W(x,\theta)=C_3\sin\frac{m\pi x}{l}\cos[n(\theta-\phi_0)] \tag{12.284}$$

易知这组假设解满足边界条件式(12.271)～式(12.278)，其中 C_1,C_2,C_3 和 ϕ_0 为常数。将式(12.282)～式(12.284)代入方程(12.279)～方程(12.284)可得

$$C_1\left[-C\left(\frac{m\pi}{l}\right)^2-C\frac{1-\nu}{2R^2}n^2+\rho h\omega^2\right]+C_2\left(C\frac{1+\nu}{2R}\frac{m\pi}{l}n\right)+C_3\left(C\frac{\nu}{R}\frac{m\pi}{l}\right)=0 \tag{12.285}$$

$$\begin{aligned}&C_1\left(C\frac{1+\nu}{2R}\frac{m\pi}{l}\frac{n}{R}\right)+C_2\left[-C\frac{1-\nu}{2}\left(\frac{m\pi}{l}\right)^2-C\frac{n^2}{R^2}-\frac{D}{R^2}\frac{1-\nu}{2}\left(\frac{m\pi}{l}\right)^2-\frac{D}{R^2}\frac{n^2}{R^2}+\rho h\omega^2\right]\\&+C_3\left[-C\frac{n}{R^2}-\frac{D}{R^2}\frac{n^3}{R^2}-\frac{D}{R^2}\left(\frac{m\pi}{l}\right)^2 n\right]=0\end{aligned} \tag{12.286}$$

$$\begin{aligned}&C_1\left(C\frac{\nu}{R}\frac{m\pi}{l}\right)+C_2\left[-C\frac{n}{R^2}-\frac{D}{R^2}\left(\frac{m\pi}{l}\right)^2 n-\frac{D}{R^2}\frac{n^3}{R^2}\right]\\&+C_3\left[-\frac{C}{R^2}-D\left(\frac{m\pi}{l}\right)^4-\frac{2D}{R^2}\left(\frac{m\pi}{l}\right)^2 n^2-\frac{D}{R^2}\frac{n^4}{R^2}+\rho h\omega^2\right]=0\end{aligned} \tag{12.287}$$

方程(12.285)～方程(12.287)可以写成矩阵形式：

$$\begin{bmatrix} \rho h\omega^2-d_{11} & d_{12} & d_{13} \\ d_{21} & \rho h\omega^2-d_{22} & d_{23} \\ d_{31} & d_{32} & \rho h\omega^2-d_{33} \end{bmatrix}\begin{bmatrix} C_1 \\ C_2 \\ C_3 \end{bmatrix}=\begin{bmatrix} 0 \\ 0 \\ 0 \end{bmatrix} \tag{12.288}$$

其中

$$d_{11}=C\left(\frac{m\pi}{l}\right)^2+C\,\frac{1-\nu}{2}\left(\frac{n}{R}\right)^2 \tag{12.289}$$

$$d_{12}=d_{21}=C\,\frac{1-\nu}{2}\frac{m\pi}{l}\frac{n}{R} \tag{12.290}$$

$$d_{13}=d_{31}=C\,\frac{\nu}{R}\frac{m\pi}{l} \tag{12.291}$$

$$d_{22}=C\,\frac{1-\nu}{2}\left(\frac{m\pi}{l}\right)^2+C\left(\frac{n}{R}\right)^2+\frac{D}{R^2}\frac{1-\nu}{2}\left(\frac{m\pi}{l}\right)^2+\frac{D}{R^2}\left(\frac{n}{R}\right)^2 \tag{12.292}$$

$$d_{23}=d_{32}=-\frac{Cn}{R^2}-\frac{Dn}{R^2}\left(\frac{m\pi}{l}\right)^2-\frac{Dn}{R^2}\left(\frac{n}{R}\right)^2 \tag{12.293}$$

$$d_{33}=\frac{C}{R^2}+D\left(\frac{m\pi}{l}\right)^4+2D\left(\frac{m\pi}{l}\right)^2\left(\frac{n}{R}\right)^2+D\left(\frac{n}{R}\right)^4 \tag{12.294}$$

方程(12.288)具有非零解的条件是

$$\begin{vmatrix} \rho h\omega^2-d_{11} & d_{12} & d_{13} \\ d_{21} & \rho h\omega^2-d_{22} & d_{23} \\ d_{31} & d_{32} & \rho h\omega^2-d_{33} \end{vmatrix}=0 \tag{12.295}$$

或

$$\omega^6+p_1\omega^4+p_2\omega^2+p_3=0 \tag{12.296}$$

其中

$$p_1=\frac{1}{\rho h}(d_{11}+d_{22}+d_{33}) \tag{12.297}$$

$$p_2=\frac{1}{\rho^2h^2}(d_{11}d_{22}+d_{22}d_{33}+d_{11}d_{33}-d_{12}^2-d_{23}^2-d_{13}^2) \tag{12.298}$$

$$p_3=\frac{1}{\rho^3h^3}(d_{11}d_{23}^2+d_{22}d_{13}^2+d_{33}d_{12}^2+2d_{12}d_{23}d_{13}-d_{11}d_{22}d_{33}) \tag{12.299}$$

12.9 圆锥壳和圆球壳的运动方程

12.9.1 圆锥壳

令 $\alpha=x,\beta=\theta$，圆锥壳的 Lamé 参数和曲率半径为

$$A=1,\quad B=x\sin\alpha_0,\quad R_\alpha=R_x=\infty,\quad R_\beta=R_\theta=x\tan\alpha_0$$

由壳的 Love 方程(12.171)～方程(12.175)可得圆锥壳的控制方程：

$$\frac{\partial N_{xx}}{\partial x}+\frac{1}{x\sin\alpha_0}\frac{\partial N_{\theta x}}{\partial\theta}+\frac{1}{x}(N_{xx}-N_{\theta\theta})+f_x=\rho h\frac{\partial^2 u}{\partial t^2} \tag{12.300}$$

$$\frac{\partial N_{x\theta}}{\partial x}+\frac{2}{x}N_{\theta x}+\frac{1}{x\sin\alpha_0}\frac{\partial N_{\theta\theta}}{\partial\theta}+\frac{1}{x\tan\alpha_0}Q_{\theta z}+f_\theta=\rho h\frac{\partial^2 v}{\partial t^2} \tag{12.301}$$

$$\frac{\partial Q_{xz}}{\partial x}+\frac{1}{x}Q_{xz}+\frac{1}{x\sin\alpha_0}\frac{\partial Q_{\theta z}}{\partial\theta}-\frac{1}{x\tan\alpha_0}N_{\theta\theta}+f_z=\rho h\frac{\partial^2 w}{\partial t^2} \tag{12.302}$$

$$\frac{\partial M_{xx}}{\partial x}+\frac{M_{xx}}{x}+\frac{1}{x\sin\alpha_0}\frac{\partial M_{\theta x}}{\partial\theta}-\frac{M_{\theta\theta}}{x}-Q_{xz}=0 \tag{12.303}$$

$$\frac{\partial M_{x\theta}}{\partial x}+\frac{2}{x}M_{\theta x}+\frac{1}{x\sin\alpha_0}\frac{\partial M_{\theta\theta}}{\partial\theta}-Q_{\theta z}=0 \tag{12.304}$$

12.9.2 圆球壳

令 $\alpha=\phi,\beta=\theta$，圆球壳的 Lamé 参数和曲率半径为

$$A=R,\quad B=R\sin\phi,\quad R_\alpha=R_\phi=R,\quad R_\beta=R_\theta=R$$

由壳的 Love 方程(12.171)～方程(12.175)可得圆球壳的控制方程：

$$\frac{\partial}{\partial\phi}(N_{\phi\phi}\sin\phi)+\frac{\partial N_{\theta\phi}}{\partial\theta}-N_{\theta\theta}\cos\phi+Q_{\phi z}\sin\phi+Rf_\phi\sin\phi=R\sin\phi\rho h\frac{\partial^2 u}{\partial t^2} \tag{12.305}$$

$$\frac{\partial}{\partial\phi}(N_{\phi\theta}\sin\phi)+\frac{\partial N_{\theta\theta}}{\partial\theta}+N_{\theta\phi}\cos\phi+Q_{\theta z}\sin\phi+Rf_\theta\sin\phi=R\sin\phi\rho h\frac{\partial^2 v}{\partial t^2} \tag{12.306}$$

$$\frac{\partial}{\partial\phi}(N_{\phi z}\sin\phi)+\frac{\partial Q_{\theta z}}{\partial\theta}-(N_{\phi\phi}+N_{\theta\theta})\sin\phi+Rf_z\sin\phi=R\sin\phi\rho h\frac{\partial^2 w}{\partial t^2} \tag{12.307}$$

$$\frac{\partial}{\partial\phi}(M_{\phi\phi}\sin\phi)+\frac{M_{\theta\phi}}{\partial\theta}-M_{\theta\theta}\cos\phi-Q_{\phi z}R\sin\phi=0 \tag{12.308}$$

$$\frac{\partial}{\partial\phi}(M_{\phi\theta}\sin\phi)+\frac{M_{\theta\theta}}{\partial\theta}+M_{\theta\phi}\cos\phi-Q_{\theta z}R\sin\phi=0 \tag{12.309}$$

12.10 剪切变形和转动惯量的影响

剪切变形和转动惯量的影响随着壳体厚度(或 h/R_α，或 h/R_β)的增大而增加。这些影响即使是在薄壳的高阶模态中也是显著的。因此，当处理短波长时(高频振动时)，特别是那些与壳层厚度接近或更小的波长，就应该考虑剪切变形和转动惯量的影响。下面使用类似于 Timoshenko 梁和 Mindlin 板的方法，考虑剪切变形和转动惯量的影响，推导壳体的运动方程。

12.10.1 位移分量

壳体内任一点的位移分量假设为

$$\bar{u}(\alpha,\beta,z)=u(\alpha,\beta)+z\psi_1(\alpha,\beta) \tag{12.310}$$

$$\bar{v}(\alpha,\beta,z)=v(\alpha,\beta)+z\psi_2(\alpha,\beta) \tag{12.311}$$

$$\bar{w}(\alpha,\beta,z)=w(\alpha,\beta) \tag{12.312}$$

其中 ψ_1 和 ψ_2 分别为中面法线绕 β 轴和 α 轴的总转角，其中包含由剪切变形产生的转角。注意，应该认为这里的 ψ_1 和 ψ_2 与以前的 θ_1 和 θ_2 是不同的，因为 θ_1 和 θ_2 不包含剪切变形。式(12.310)～式(12.312)实际上仍然假设了中面法线在壳体变形后仍然保持直线，但不是法

线了。这一假设与 Timoshenko 梁和 Mindlin 板是一致的。

12.10.2　应变-位移关系

当考虑剪切变形时，Love 理论的第四个假设不再成立。这意味着需要放弃式(12.80)，也就是横向剪应变 ε_{13} 和 ε_{23} 不再为零。进而，ψ_1 和 ψ_2 不能再用 u，v 和 w 表示出来，而是要将它们视为独立变量。同时，仍然保持 Love 理论的第三个假设，即正应力 σ_{zz} 可忽略。因此，在分析中，忽略正应力 σ_{zz}，但保留横向正应变 ε_{13} 和 ε_{23}。曲线坐标系中的应变-位移关系由式(12.73)～式(12.78)给出。

将位移表达式(12.310)～式(12.312)代入应变定义式(12.73)～式(12.78)可得

$$\varepsilon_{11}=\varepsilon_{11}^0+zk_{11} \tag{12.313}$$

$$\varepsilon_{22}=\varepsilon_{22}^0+zk_{22} \tag{12.314}$$

$$\varepsilon_{12}=\varepsilon_{12}^0+zk_{12} \tag{12.315}$$

$$\varepsilon_{23}=\psi_2-\frac{v}{R_\beta}+\frac{1}{B}\frac{\partial w}{\partial \beta} \tag{12.316}$$

$$\varepsilon_{13}=\psi_1-\frac{u}{R_\alpha}+\frac{1}{A}\frac{\partial w}{\partial \alpha} \tag{12.317}$$

$$\varepsilon_{33}=0 \tag{12.318}$$

其中薄膜应变和弯曲应变为

$$\varepsilon_{11}^0=\frac{1}{A}\frac{\partial u}{\partial \alpha}+\frac{v}{AB}\frac{\partial A}{\partial \beta}+\frac{w}{R_\alpha} \tag{12.319}$$

$$\varepsilon_{22}^0=\frac{1}{B}\frac{\partial v}{\partial \beta}+\frac{u}{AB}\frac{\partial B}{\partial \alpha}+\frac{w}{R_\beta} \tag{12.320}$$

$$\varepsilon_{12}^0=\frac{B}{A}\frac{\partial}{\partial \alpha}\left(\frac{v}{B}\right)+\frac{A}{B}\frac{\partial}{\partial \beta}\left(\frac{u}{A}\right) \tag{12.321}$$

$$k_{11}=\frac{1}{A}\frac{\partial \psi_1}{\partial \alpha}+\frac{\psi_2}{AB}\frac{\partial A}{\partial \beta} \tag{12.322}$$

$$k_{22}=\frac{1}{B}\frac{\partial \psi_2}{\partial \beta}+\frac{\psi_1}{AB}\frac{\partial B}{\partial \alpha} \tag{12.323}$$

$$k_{12}=\frac{B}{A}\frac{\partial}{\partial \alpha}\left(\frac{\psi_2}{B}\right)+\frac{A}{B}\frac{\partial}{\partial \beta}\left(\frac{\psi_1}{A}\right) \tag{12.324}$$

12.10.3　应力-应变关系

我们将横向剪应力的平均值记为 $\bar{\sigma}_{13}$ 和 $\bar{\sigma}_{23}$，它为中性轴处的横向剪应力乘以一个剪切系数(参见梁和板的有关章节)：

$$\bar{\sigma}_{13}=k\sigma_{13}=kG\varepsilon_{13} \tag{12.325}$$

$$\bar{\sigma}_{23}=k\sigma_{23}=kG\varepsilon_{23} \tag{12.326}$$

其中 σ_{13} 和 σ_{23} 为中性轴处的横向剪应力，k 为**剪切系数**。

12.10.4　截面合力和合力矩

截面合力和合力矩为

$$N_{11}=C(\varepsilon_{11}^0+\nu\varepsilon_{22}^0) \tag{12.327}$$

$$N_{22}=C(\varepsilon_{22}^0+\nu\varepsilon_{11}^0) \tag{12.328}$$

$$N_{12}=N_{21}=\frac{1-\nu}{2}C\varepsilon_{12}^0 \tag{12.329}$$

$$M_{11}=D(k_{11}+\nu k_{22}) \tag{12.330}$$

$$M_{22}=D(k_{22}+\nu k_{11}) \tag{12.331}$$

$$M_{12}=M_{21}=\frac{1-\nu}{2}Dk_{12} \tag{12.332}$$

横向合剪力的定义仍然与以前相同，为

$$Q_{13}=\int_{-h/2}^{h/2}\sigma_{13}\,\mathrm{d}z \tag{12.333}$$

$$Q_{23}=\int_{-h/2}^{h/2}\sigma_{23}\,\mathrm{d}z \tag{12.334}$$

将式(12.325)和式(12.326)代入以上两式，得

$$Q_{13}=\bar{\sigma}_{13}h=kGh\varepsilon_{13} \tag{12.335}$$

$$Q_{23}=\bar{\sigma}_{23}h=kGh\varepsilon_{23} \tag{12.336}$$

将式(12.316)和式(12.317)代入以上两式，得

$$Q_{13}=kGh\left(\psi_1-\frac{u}{R_\alpha}+\frac{1}{A}\frac{\partial w}{\partial\alpha}\right) \tag{12.337}$$

$$Q_{23}=kGh\left(\psi_2-\frac{v}{R_\beta}+\frac{1}{B}\frac{\partial w}{\partial\beta}\right) \tag{12.338}$$

12.10.5 运动方程

推导运动方程，仍然应用广义 Hamilton 原理：

$$\int_{t_1}^{t_2}(\delta T-\delta\pi+\delta W)\,\mathrm{d}t=0 \tag{12.339}$$

上式中的各项变分与以前类似。

动能的变分为

$$\int_{t_1}^{t_2}\delta T\,\mathrm{d}t=-\rho h\int_{t_1}^{t_2}\int_\alpha\int_\beta\Big[\ddot{u}\delta u+\ddot{v}\delta v+\ddot{w}\delta w \\ +\frac{h^2}{12}(\ddot{\psi}_1\,\delta\psi_1+\ddot{\psi}_2\,\delta\psi_2)\Big]AB\,\mathrm{d}\alpha\,\mathrm{d}\beta\,\mathrm{d}t \tag{12.340}$$

应变能的变分为

$$\int_{t_0}^{t_1}\delta\pi\,\mathrm{d}t=\int_{t_0}^{t_1}\int_\alpha\int_\beta\Big[-\frac{\partial}{\partial\alpha}(N_{11}B)\delta u-\frac{\partial}{\partial\alpha}(M_{11}B)\delta\psi_1 \\ +N_{11}\frac{\partial A}{\partial\beta}\delta v+M_{11}\frac{\partial A}{\partial\beta}\delta\psi_2+N_{11}\frac{AB}{R_\alpha}\delta w \\ -\frac{\partial}{\partial\beta}(N_{22}A)\delta v-\frac{\partial}{\partial\beta}(M_{22}A)\delta\psi_2+N_{22}\frac{\partial B}{\partial\alpha}\delta u \\ -M_{22}\frac{\partial B}{\partial\alpha}\delta\psi_1+N_{22}\frac{AB}{R_\beta}\delta w-\frac{\partial}{\partial\beta}(N_{12}A)\delta u$$

$$
\begin{aligned}
& -N_{12}\frac{\partial A}{\partial \beta}\delta u-\frac{\partial}{\partial \beta}(M_{12}A)\delta\psi_1-M_{12}\frac{\partial A}{\partial \beta}\delta\psi_1 \\
& -\frac{\partial}{\partial \alpha}(N_{12}B)\delta v-N_{12}\frac{\partial B}{\partial \alpha}\delta v-\frac{\partial}{\partial \alpha}(M_{12}B)\delta\psi_2 \\
& -M_{12}\frac{\partial B}{\partial \alpha}\delta\psi_2+kGh\varepsilon_{23}AB\delta\psi_2-kGh\varepsilon_{23}\frac{AB}{R_\beta}\delta v \\
& -\frac{\partial}{\partial \beta}(kGh\varepsilon_{23}A)\delta w+kGh\varepsilon_{13}AB\delta\psi_1 \\
& \left.-kGh\varepsilon_{13}\frac{AB}{R_\alpha}\delta u-\frac{\partial}{\partial \alpha}(kGh\varepsilon_{13}B)\delta w\right]\mathrm{d}\alpha\,\mathrm{d}\beta\,\mathrm{d}t \\
& +\int_{t_0}^{t_1}\int_\alpha(N_{22}A\delta v+M_{22}A\delta\psi_2+N_{21}A\delta u \\
& +M_{21}A\delta\psi_1+kgh\varepsilon_{23}A\delta w)\mathrm{d}\alpha\,\mathrm{d}t \\
& +\int_{t_0}^{t_1}\int_\beta(N_{11}B\delta u+M_{11}B\delta\psi_1+N_{12}B\delta v \\
& +M_{12}B\delta\psi_2+kgh\varepsilon_{13}B\delta w)\mathrm{d}\beta\,\mathrm{d}t
\end{aligned}
\tag{12.341}
$$

外力功的变分只需要在式(12.168)中将 $\delta\theta_1$ 改为 $\delta\psi_1$，$\delta\theta_2$ 改为 $\delta\psi_2$ 即可。

将动能、应变能和外力功的变分代入 Hamilton 原理，可得如下方程：

$$
\frac{\partial(N_{11}B)}{\partial \alpha}+\frac{\partial(N_{21}A)}{\partial \beta}+N_{12}\frac{\partial A}{\partial \beta}-N_{22}\frac{\partial B}{\partial \alpha}+\frac{AB}{R_\alpha}kGh\varepsilon_{13}+ABf_\alpha=AB\,\rho h\ddot{u} \tag{12.342}
$$

$$
\frac{\partial(N_{12}B)}{\partial \alpha}+\frac{\partial(N_{22}A)}{\partial \beta}+N_{21}\frac{\partial B}{\partial \alpha}-N_{11}\frac{\partial A}{\partial \beta}+\frac{AB}{R_\beta}kGh\varepsilon_{23}+ABf_\beta=AB\,\rho h\ddot{v} \tag{12.343}
$$

$$
kGh\frac{\partial(\varepsilon_{13}B)}{\partial \alpha}+kGh\frac{\partial(\varepsilon_{23}A)}{\partial \beta}-AB\left(\frac{N_{11}}{R_\alpha}+\frac{N_{22}}{R_\beta}\right)+ABf_z=AB\,\rho h\ddot{w} \tag{12.344}
$$

$$
\frac{\partial(M_{11}B)}{\partial \alpha}+\frac{\partial(M_{21}A)}{\partial \beta}+M_{12}\frac{\partial A}{\partial \beta}-M_{22}\frac{\partial B}{\partial \alpha}-kGh\varepsilon_{13}AB=AB\frac{\rho h^3}{12}\ddot{\psi}_1 \tag{12.345}
$$

$$
\frac{\partial(M_{12}B)}{\partial \alpha}+\frac{\partial(M_{22}A)}{\partial \beta}+M_{21}\frac{\partial B}{\partial \alpha}-M_{11}\frac{\partial A}{\partial \beta}-kGh\varepsilon_{23}AB=AB\frac{\rho h^3}{12}\ddot{\psi}_2 \tag{12.346}
$$

12.10.6 边界条件

类似以前的做法，由 Hamilton 原理可得在 $\alpha=\bar{\alpha}=$常数和 $\beta=\bar{\beta}=$常数的边界上的边界条件为

$$
\left.
\begin{array}{lll}
N_{21}=\overline{N}_{21} & \text{或} & u=\bar{u} \\
N_{22}=\overline{N}_{22} & \text{或} & v=\bar{v} \\
Q_{23}=\overline{Q}_{23}=kGh\varepsilon_{23} & \text{或} & w=\bar{w} \\
M_{21}=\overline{M}_{21} & \text{或} & \psi_1=\bar{\psi}_1 \\
M_{22}=\overline{M}_{22} & \text{或} & \psi_2=\bar{\psi}_2
\end{array}
\right\}\ \text{在边界处，}\ \beta=\bar{\beta}=\text{常数} \tag{12.347}
$$

$$\left.\begin{array}{lll}N_{11}=\overline{N}_{11} & \text{或} & u=\bar{u}\\ N_{12}=\overline{N}_{12} & \text{或} & v=\bar{v}\\ Q_{13}=\overline{Q}_{13}=kGh\varepsilon_{13} & \text{或} & w=\bar{w}\\ M_{11}=\overline{M}_{11} & \text{或} & \psi_1=\bar{\psi}_1\\ M_{12}=\overline{M}_{12} & \text{或} & \psi_2=\bar{\psi}_2\end{array}\right\}\ \text{在边界处，}\ \alpha=\bar{\alpha}=\text{常数} \tag{12.348}$$

12.10.7　圆柱壳的振动

对圆柱壳，x，θ 和 z 作为独立的空间坐标，如图 12.10 所示。沿 x，θ 和 z 方向的位移分量分别为 u，v 和 w。假设圆柱壳的半径为 R。壳的参数为

$$\alpha=x,\quad A=1,\quad \beta=\theta,\quad B=R$$

x 和 θ 坐标曲线的曲率半径为

$$R_\alpha=R_x=\infty,\quad R_\beta=R_\theta=R$$

运动方程(12.342)～方程(12.346)简化为

$$\frac{\partial N_{xx}}{\partial x}+\frac{1}{R}\frac{\partial N_{\theta x}}{\partial \theta}+f_x=\rho h\ddot{u} \tag{12.349}$$

$$\frac{\partial N_{x\theta}}{\partial x}+\frac{1}{R}\frac{\partial N_{\theta\theta}}{\partial \theta}+\frac{Q_{\theta z}}{R}+f_\theta=\rho h\ddot{v} \tag{12.350}$$

$$\frac{\partial Q_{xz}}{\partial x}+\frac{1}{R}\frac{\partial Q_{\theta z}}{\partial \theta}-\frac{N_{\theta\theta}}{R}+f_z=\rho h\ddot{w} \tag{12.351}$$

$$\frac{\partial M_{xx}}{\partial x}+\frac{1}{R}\frac{\partial M_{\theta x}}{\partial \theta}-Q_{xz}=\frac{\rho h^3}{12}\ddot{\psi}_x \tag{12.352}$$

$$\frac{\partial M_{x\theta}}{\partial x}+\frac{1}{R}\frac{\partial M_{\theta\theta}}{\partial \theta}-Q_{\theta z}=\frac{\rho h^3}{12}\ddot{\psi}_\theta \tag{12.353}$$

由式(12.327)～式(12.332)，式(12.337)和式(12.338)可得截面合力和合力矩：

$$N_{xx}=C\left[\frac{\partial u}{\partial x}+\nu\left(\frac{1}{R}\frac{\partial v}{\partial \theta}+\frac{w}{R}\right)\right] \tag{12.354}$$

$$N_{\theta\theta}=C\left(\frac{1}{R}\frac{\partial v}{\partial \theta}+\frac{w}{R}+\nu\frac{\partial u}{\partial x}\right) \tag{12.355}$$

$$N_{x\theta}=N_{\theta x}=\frac{1-\nu}{2}C\left(\frac{1}{R}\frac{\partial u}{\partial \theta}+\frac{\partial v}{\partial x}\right) \tag{12.356}$$

$$M_{xx}=D\left(\frac{\partial \psi_x}{\partial x}+\frac{\nu}{R}\frac{\partial \psi_\theta}{\partial \theta}\right) \tag{12.357}$$

$$M_{\theta\theta}=D\left(\frac{1}{R}\frac{\partial \psi_\theta}{\partial \theta}+\nu\frac{\partial \psi_x}{\partial x}\right) \tag{12.358}$$

$$M_{x\theta}=M_{\theta x}=\frac{1-\nu}{2}D\left(\frac{1}{R}\frac{\partial \psi_x}{\partial \theta}+\frac{\partial \psi_\theta}{\partial x}\right) \tag{12.359}$$

$$Q_{xz}=kGh\left(\frac{\partial w}{\partial x}+\psi_x\right) \tag{12.360}$$

$$Q_{\theta z}=kGh\left[\frac{1}{R}\frac{\partial w}{\partial \theta}-\left(\frac{v}{R}-\psi_\theta\right)\right] \tag{12.361}$$

将这些合力和合力矩代入方程(12.349)～方程(12.353)，得到考虑转动惯量和剪切变形影响的、用位移表示的圆柱壳运动方程：

$$\frac{\partial^2 u}{\partial x^2}+\frac{1-\nu}{2R^2}\frac{\partial^2 u}{\partial \theta^2}+\frac{1+\nu}{2R}\frac{\partial^2 v}{\partial x\partial \theta}+\frac{\nu}{R}\frac{\partial w}{\partial x}=\frac{\rho(1-\nu^2)}{E}\frac{\partial^2 u}{\partial t^2} \tag{12.362}$$

$$\frac{1}{R^2}\frac{\partial^2 v}{\partial \theta^2}+\frac{1-\nu}{2}\frac{\partial^2 v}{\partial x^2}+\frac{1+\nu}{2R}\frac{\partial^2 u}{\partial x\partial \theta}+\frac{1}{R^2}\frac{\partial w}{\partial \theta}+\frac{\bar{k}}{R}\left(\psi_\theta-\frac{v}{R}+\frac{1}{R}\frac{\partial w}{\partial \theta}\right)=\frac{\rho(1-\nu^2)}{E}\frac{\partial^2 v}{\partial t^2} \tag{12.363}$$

$$\bar{k}\left(\nabla^2 w+\frac{\partial \psi_x}{\partial x}+\frac{1}{R}\frac{\partial \psi_\theta}{\partial \theta}-\frac{1}{R^2}\frac{\partial v}{\partial \theta}\right)-\frac{1}{R}\left(\frac{1}{R}\frac{\partial v}{\partial \theta}+\frac{w}{R}+\nu\frac{\partial u}{\partial x}\right)=\frac{\rho(1-\nu^2)}{E}\frac{\partial^2 w}{\partial t^2} \tag{12.364}$$

$$\left(\frac{\partial^2 \psi_x}{\partial x^2}+\frac{1-\nu}{2R^2}\frac{\partial^2 \psi_x}{\partial \theta^2}+\frac{1+\nu}{2R}\frac{\partial^2 \psi_\theta}{\partial x\partial \theta}\right)-\frac{12\bar{k}}{h^2}\left(\frac{\partial w}{\partial x}+\psi_x\right)=\frac{\rho(1-\nu^2)}{E}\frac{\partial^2 \psi_x}{\partial t^2} \tag{12.365}$$

$$\left(\frac{1}{R^2}\frac{\partial^2 \psi_\theta}{\partial \theta^2}+\frac{1-\nu}{2}\frac{\partial^2 \psi_\theta}{\partial x^2}+\frac{1+\nu}{2R}\frac{\partial^2 \psi_x}{\partial x\partial \theta}\right)-\frac{12\bar{k}}{h^2}\left(\frac{1}{R}\frac{\partial w}{\partial \theta}+\psi_\theta-\frac{v}{R}\right)=\frac{\rho(1-\nu^2)}{E}\frac{\partial^2 \psi_\theta}{\partial t^2} \tag{12.366}$$

其中

$$\bar{k}=\frac{1-\nu}{2}k \tag{12.367}$$

$$\nabla^2 w=\frac{\partial^2 w}{\partial x^2}+\frac{1}{R^2}\frac{\partial^2 w}{\partial \theta^2} \tag{12.368}$$

12.10.8　圆柱壳的固有频率

考虑简支圆柱壳，边界条件为

$$v(0,\theta,t)=0 \tag{12.369}$$

$$w(0,\theta,t)=0 \tag{12.370}$$

$$M_{xx}(0,\theta,t)=D\left(\frac{\partial \psi_x}{\partial x}+\frac{\nu}{R}\frac{\partial \psi_\theta}{\partial \theta}\right)(0,\theta,t)=0 \tag{12.371}$$

$$N_{xx}(0,\theta,t)=C\left[\frac{\partial u}{\partial x}+\nu\left(\frac{1}{R}\frac{\partial v}{\partial \theta}+\frac{w}{R}\right)\right](0,\theta,t)=0 \tag{12.372}$$

$$\psi_\theta(0,\theta,t)=0 \tag{12.373}$$

$$v(l,\theta,t)=0 \tag{12.374}$$

$$w(l,\theta,t)=0 \tag{12.375}$$

$$M_{xx}(l,\theta,t)=D\left(\frac{\partial \psi_x}{\partial x}+\frac{\nu}{R}\frac{\partial \psi_\theta}{\partial \theta}\right)(l,\theta,t)=0 \tag{12.376}$$

$$N_{xx}(l,\theta,t)=C\left[\frac{\partial u}{\partial x}+\nu\left(\frac{1}{R}\frac{\partial v}{\partial \theta}+\frac{w}{R}\right)\right](l,\theta,t)=0 \tag{12.377}$$

$$\psi_\theta(l,\theta,t)=0 \tag{12.378}$$

假设自由振动解为

$$u(x,\theta,t)=U(x,\theta)e^{i\omega t} \tag{12.379}$$

$$v(x,\theta,t)=V(x,\theta)e^{i\omega t} \tag{12.380}$$

$$w(x,\theta,t)=W(x,\theta)e^{i\omega t} \tag{12.381}$$

$$\psi_x(x,\theta,t)=\Psi_x(x,\theta)e^{i\omega t} \tag{12.382}$$

$$\psi_\theta(x,\theta,t)=\Psi_\theta(x,\theta)e^{i\omega t} \tag{12.383}$$

将式(12.379)～式(12.383)代入边界条件,则边界条件可重写为

$$V(0,\theta)=0 \tag{12.384}$$

$$W(0,\theta)=0 \tag{12.385}$$

$$\left(\frac{\partial\Psi_x}{\partial x}+\frac{\nu}{R}\frac{\partial\Psi_\theta}{\partial\theta}\right)(0,\theta)=0 \tag{12.386}$$

$$\left[\frac{\partial U}{\partial x}+\nu\left(\frac{1}{R}\frac{\partial V}{\partial\theta}+\frac{W}{R}\right)\right](0,\theta)=0 \tag{12.387}$$

$$\Psi_\theta(0,\theta)=0 \tag{12.388}$$

$$V(l,\theta)=0 \tag{12.389}$$

$$W(l,\theta)=0 \tag{12.390}$$

$$\left(\frac{\partial\Psi_x}{\partial x}+\frac{\nu}{R}\frac{\partial\Psi_\theta}{\partial\theta}\right)(l,\theta)=0 \tag{12.391}$$

$$\left[\frac{\partial U}{\partial x}+\nu\left(\frac{1}{R}\frac{\partial V}{\partial\theta}+\frac{W}{R}\right)\right](l,\theta)=0 \tag{12.392}$$

$$\Psi_\theta(l,\theta)=0 \tag{12.393}$$

满足边界条件式(12.384)～式(12.393)的解可假设为

$$U(x,\theta)=C_1\cos\frac{m\pi x}{l}\cos[n(\theta-\phi)] \tag{12.394}$$

$$V(x,\theta)=C_2\sin\frac{m\pi x}{l}\sin[n(\theta-\phi)] \tag{12.395}$$

$$W(x,\theta)=C_3\sin\frac{m\pi x}{l}\cos[n(\theta-\phi)] \tag{12.396}$$

$$\Psi_x(x,\theta)=C_4\cos\frac{m\pi x}{l}\cos[n(\theta-\phi)] \tag{12.397}$$

$$\Psi_\theta(x,\theta)=C_5\sin\frac{m\pi x}{l}\sin[n(\theta-\phi)] \tag{12.398}$$

将式(12.379)～式(12.383)和式(12.394)～式(12.398)代入运动方程(12.362)～方程(12.366),我们得到

$$\begin{bmatrix} d_{11}-\Omega^2 & d_{12} & d_{13} & 0 & 0 \\ d_{21} & d_{22}-\Omega^2 & d_{23} & 0 & d_{25} \\ d_{31} & d_{32} & d_{33}-\Omega^2 & d_{34} & d_{35} \\ 0 & 0 & d_{43} & d_{44}-\Omega^2 & d_{45} \\ 0 & d_{52} & d_{53} & d_{54} & d_{55}-\Omega^2 \end{bmatrix}\begin{bmatrix} C_1 \\ C_2 \\ C_3 \\ C_4 \\ C_5 \end{bmatrix}=\begin{bmatrix} 0 \\ 0 \\ 0 \\ 0 \\ 0 \end{bmatrix} \tag{12.399}$$

其中

$$d_{11}=\left(\frac{m\pi}{l}\right)^2+\frac{1-\nu}{2}\left(\frac{n}{R}\right)^2 \tag{12.400}$$

$$d_{12}=d_{21}=-\frac{1+\nu}{2}\frac{n}{R}\frac{m\pi}{l} \tag{12.401}$$

$$d_{13}=d_{31}=-\frac{\nu}{R}\frac{m\pi}{l} \tag{12.402}$$

$$d_{22}=\frac{1-\nu}{2}\left(\frac{m\pi}{l}\right)^2+\left(\frac{n}{R}\right)^2+\frac{\bar{k}}{R^2} \tag{12.403}$$

$$d_{23}=d_{32}=\frac{1}{R}\frac{n}{R}+\frac{n}{R}\frac{\bar{k}}{R} \tag{12.404}$$

$$d_{25}=d_{52}=-\frac{\bar{k}}{R} \tag{12.405}$$

$$d_{33}=\bar{k}\left[\left(\frac{m\pi}{l}\right)^2+\left(\frac{n}{R}\right)^2\right]+\frac{1}{R^2} \tag{12.406}$$

$$d_{34}=d_{43}=\bar{k}\ \frac{m\pi}{l} \tag{12.407}$$

$$d_{35}=d_{53}=-\bar{k}\ \frac{n}{R} \tag{12.408}$$

$$d_{44}=\frac{12\bar{k}}{h^2}+\frac{1-\nu}{2}\left(\frac{n}{R}\right)^2+\left(\frac{m\pi}{l}\right)^2 \tag{12.409}$$

$$d_{45}=d_{54}=-\frac{1+\nu}{2}\frac{n}{R}\frac{m\pi}{l} \tag{12.410}$$

$$d_{55}=\frac{12\bar{k}}{h^2}+\frac{1-\nu}{2}\left(\frac{m\pi}{l}\right)^2+\left(\frac{n}{R}\right)^2 \tag{12.411}$$

$$\Omega^2=\frac{\rho(1-\nu^2)}{E}\omega^2 \tag{12.412}$$

由方程(12.399)的非零解条件，即该方程的系数矩阵的行列式等于零，对每一组 m,n 组合值可求出 Ω^2 的五个特征值，即五个固有频率，进而可求出同一阶 m,n 模态的五个模态形状。

12.10.9 圆柱壳的轴对称模态

在轴对称模态的特殊情况下($n=0$)，五个运动方程将被解耦为两组：一组由三个涉及 u,w 和 ψ_x 的方程组成，另一组由两个涉及 v 和 ψ_θ 的方程组成。因此，第一组方程导出频率的三次方程并描述弯曲或径向模态，第二组方程导出频率的二次方程并描述周向模态。对于 $n=0$，式(12.400)～式(12.411)简化为

$$d_{11}=\left(\frac{m\pi}{l}\right)^2 \tag{12.413}$$

$$d_{12}=d_{21}=0 \tag{12.414}$$

$$d_{13}=d_{31}=-\frac{\nu}{R}\frac{m\pi}{l} \tag{12.415}$$

$$d_{22}=\frac{1-\nu}{2}\left(\frac{m\pi}{l}\right)^2+\frac{\bar{k}}{R^2} \tag{12.416}$$

$$d_{23}=d_{32}=0 \tag{12.417}$$

$$d_{25}=d_{52}=-\frac{\bar{k}}{R} \tag{12.418}$$

$$d_{33}=\bar{k}\left(\frac{m\pi}{l}\right)^2+\frac{1}{R^2} \tag{12.419}$$

$$d_{34}=d_{43}=\bar{k}\ \frac{m\pi}{l} \tag{12.420}$$

$$d_{35}=d_{53}=0 \tag{12.421}$$

$$d_{44}=\frac{12\bar{k}}{h^2}+\left(\frac{m\pi}{l}\right)^2 \tag{12.422}$$

$$d_{45}=d_{54}=0 \tag{12.423}$$

$$d_{55}=\frac{12\bar{k}}{h^2}+\frac{1-\nu}{2}\left(\frac{m\pi}{l}\right)^2 \tag{12.424}$$

方程(12.399)变为

$$\begin{bmatrix} d_{11}-\Omega^2 & 0 & d_{13} & 0 & 0 \\ 0 & d_{22}-\Omega^2 & 0 & 0 & d_{25} \\ d_{31} & 0 & d_{33}-\Omega^2 & d_{34} & 0 \\ 0 & 0 & d_{43} & d_{44}-\Omega^2 & 0 \\ 0 & d_{52} & 0 & 0 & d_{55}-\Omega^2 \end{bmatrix}\begin{bmatrix} C_1 \\ C_2 \\ C_3 \\ C_4 \\ C_5 \end{bmatrix}=\begin{bmatrix} 0 \\ 0 \\ 0 \\ 0 \\ 0 \end{bmatrix} \tag{12.425}$$

这个方程可以分成两组不耦合的方程：

$$\begin{bmatrix} d_{11}-\Omega^2 & d_{13} & 0 \\ d_{31} & d_{33}-\Omega^2 & d_{34} \\ 0 & d_{43} & d_{44}-\Omega^2 \end{bmatrix}\begin{bmatrix} C_1 \\ C_3 \\ C_4 \end{bmatrix}=\begin{bmatrix} 0 \\ 0 \\ 0 \end{bmatrix} \tag{12.426}$$

$$\begin{bmatrix} d_{22}-\Omega^2 & d_{25} \\ d_{52} & d_{55}-\Omega^2 \end{bmatrix}\begin{bmatrix} C_2 \\ C_5 \end{bmatrix}=\begin{bmatrix} 0 \\ 0 \end{bmatrix} \tag{12.427}$$

这两个方程对应的频率方程为

$$\begin{aligned}\Omega^6-(d_{11}+d_{33}+d_{44})\Omega^4+(d_{11}d_{33}+d_{11}d_{44}+d_{33}d_{44}-d_{13}^2-d_{34}^2)\Omega^2 \\ +(d_{11}d_{33}d_{44}-d_{11}d_{34}^2-d_{44}d_{13}^2)=0\end{aligned} \tag{12.428}$$

$$\Omega^4-(d_{22}+d_{55})\Omega^2+(d_{22}d_{55}-d_{25}^2)=0 \tag{12.429}$$

由这两组方程可以求出考虑转动惯量和剪切变形影响、两端简支圆柱壳的轴对称模态的固有频率。

习题

12.1 假设简支圆柱壳作轴对称自由振动，且忽略纵向位移 v 的影响，证明壳的控制微分方程可简化为

$$\frac{\partial^4 w}{\partial x^4}+\beta^4 w=-\frac{\rho h}{D}\frac{\partial^2 w}{\partial t^2},\quad \beta^4=\frac{C}{Da^2}$$

其中 a 为圆柱半径,C 为壳的薄膜刚度,D 为壳的弯曲刚度。假设简支圆柱壳的第 n 阶轴对称模态为 $w_n(x)=\sin(n\pi x/L)$,其中 L 为圆柱壳的长度。求壳的第 n 阶轴对称模态的固有频率。

12.2　平面拱(或平面曲梁)的运动方程可以由壳的 Love 方程退化得到。为此,考虑轴线在平面内的平面拱,并限定拱的振动也在该平面内,拱的截面为矩形,如图所示。取拱的法向坐标为 z,中面坐标为 x,s,即令 $\alpha=s$,s 为中性轴的弧坐标,$\beta=x$,x 为垂直于拱平面的直线坐标。沿 s、z 方向的位移取为 v 和 w。推导平面拱的运动方程。

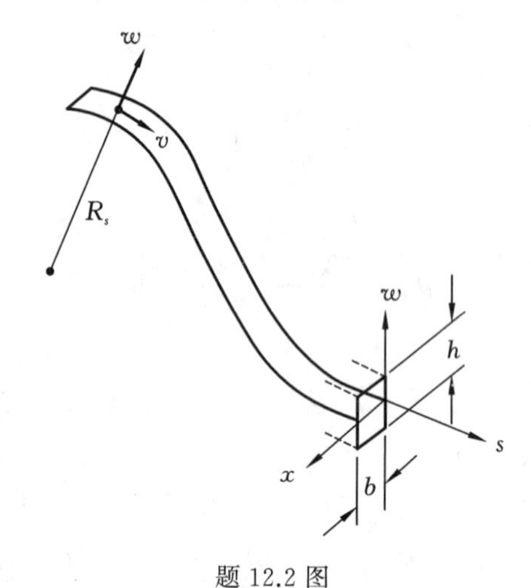

题 12.2 图

12.3　任意一条曲线绕一根轴旋转一周形成回转壳。对于一般的回转壳,取壳的中面曲线坐标为 $\alpha=\phi$,$\beta=\theta$,设 ϕ 坐标曲线的曲率半径为 R_ϕ,θ 坐标曲线的曲率半径为 R_θ,如图所示。壳的中面上的主要几何关系也示于图中。令 ϕ,θ,z 方向的位移分别为 u,v,w,求这种一般回转壳的 Love 方程。

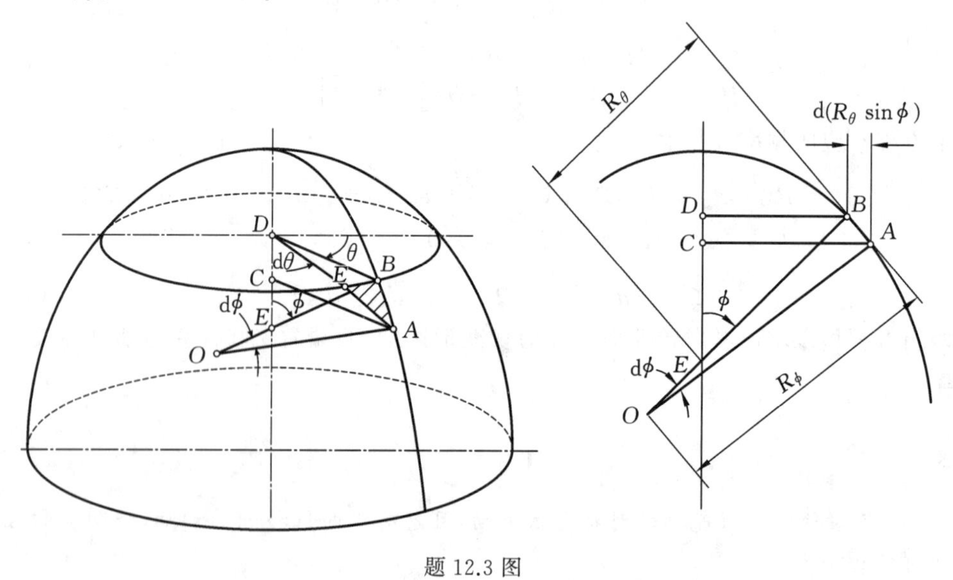

题 12.3 图

12.4　在壳的DMV理论中，壳的法向位移 w 的模态形状 $W(\alpha,\beta)$ 满足的方程为

$$D\ \nabla^8 W+\nabla_K^4 W-\rho h\omega^2\ \nabla^4 W=0$$

其中

$$\nabla_K^2(\cdot)=\frac{1}{AB}\left\{\frac{\partial}{\partial\alpha}\left[\frac{1}{R_\alpha}\frac{B}{A}\frac{\partial(\cdot)}{\partial\alpha}\right]+\frac{\partial}{\partial\beta}\left[\frac{1}{R_\alpha}\frac{A}{B}\frac{\partial(\cdot)}{\partial\beta}\right]\right\}$$

对于半径为 a 的球盖，当球盖的深度远小于 a 时，球的半径可应用DMV理论。将球盖视为具有球曲率的圆板，如图所示。圆板的曲线坐标取极坐标 r,θ，所以近似有

$$A=1,B=a,\alpha=r,\beta=\theta,R_\alpha=R_\beta=R$$

求这种球盖模态形状 $W(\alpha,\beta)$ 满足的控制方程。

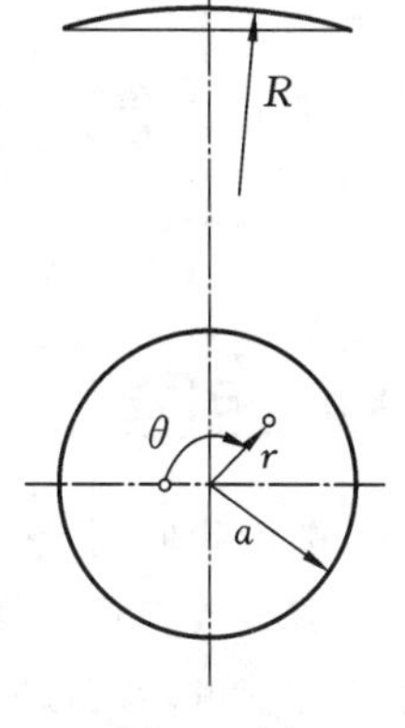

题12.4图

12.5　图示开口圆柱壳，长度为 L，半径为 R，厚度为 h，圆心角为 θ_0，四边简支。按照DMV理论，这种壳的自由振动方程为

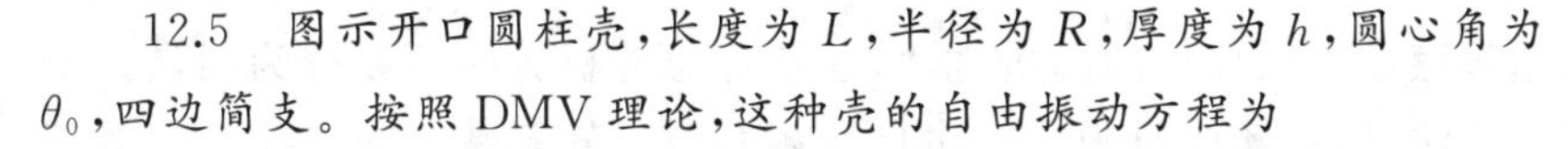

$$\begin{cases}-R\dfrac{\partial^2\Phi}{\partial\xi^2}+D\ \nabla^4 w+\rho hR^4\dfrac{\partial^2 w}{\partial t^2}=0\\ \nabla^4\Phi+RhE\dfrac{\partial^2 w}{\partial\xi^2}=0\end{cases}\tag{1}$$

其中 $\Phi(\xi,\theta,t)$ 为一个应力函数，$w(\xi,\theta,t)$ 为壳的法线位移，$\xi=x/L$。对圆周壳，有

$$\nabla^4(\cdot)=\frac{1}{R^4}\frac{\partial^4(\cdot)}{\partial\theta^4}+\frac{1}{L^4}\frac{\partial^4(\cdot)}{\partial\xi^4}+\frac{2}{R^2L^2}\frac{\partial^4(\cdot)}{\partial\xi^2\partial\theta^2}$$

方程的模态解（自由振动解）可设为

$$\begin{cases}\Phi=A\sin(\lambda\xi)\sin(\mu\theta)\sin(\omega t)\\ w=B\sin(\lambda\xi)\sin(\mu\theta)\sin(\omega t)\end{cases}\tag{2}$$

其中

$$\lambda=\frac{n\pi R}{L},\quad \mu=\frac{m\pi}{\theta_0}$$

求壳固有频率的表达式。

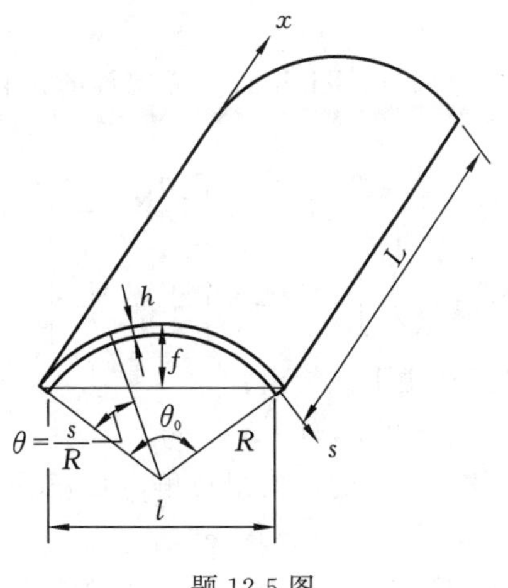

题12.5图

第 13 章　连续体振动的近似分析方法

13.1　引言

前面我们讨论了连续系统振动问题的一些精确求解方法。精确解通常用一个正则振型的无穷级数表示。精确解只在很简单的连续系统中才有可能存在。然而，很多问题中，控制微分方程可能难以求解，或者边界条件很难满足。在这种情况下，我们需要寻求连续体振动问题的近似解。

本章首先介绍连续体振动近似分析的解析方法，这些近似分析方法可以分为两类。第一类是基于级数展开的方法，即把解假设为一个由已知函数与未知系数的乘积项组成的有限级数。已知函数可以是**比较函数**、**容许函数**或满足微分方程但不满足边界条件的函数。如果一个假设级数由 n 个函数组成，对应的特征值问题将得到 n 个特征值和特征函数。第二类方法是基于系统属性的简单集中。例如，可以假设系统的质量分配到某些集中质量元件上，这些集中质量元件则用无质量刚度元件连接。本章只介绍第一类近似分析方法。

有两种基于级数展开的方法：Rayleigh-Ritz 法和加权余值法。本章将介绍 Rayleigh 方法、Rayleigh-Ritz 法、假设模态法，以及几种加权余值法。

近似分析方法需要事先假设试函数，这对于实际的复杂结构仍然是很难做到的，所以实际结构的振动分析中，经常需要用到有限元法。现在，绝大多数机械、土木和力学类专业都有专门的有限元法课程。因此，本章基于课程内容的基本完整性，最后将简单介绍梁、板和壳的有限元格式。

需要指出的是，解析解和半解析解虽然不容易得到，但它们是很有用的，因为由此可获得对系统行为的深刻见解。

13.2　Rayleigh 商

我们通过一个特殊系统来介绍 Rayleigh 商。考虑轴的扭转振动，轴的弹性势能和动能可表示为

$$\pi(t)=\frac{1}{2}\int_0^l GI_p(x)\left[\frac{\partial\theta(x,t)}{\partial x}\right]^2\mathrm{d}x \tag{13.1}$$

$$T(t)=\frac{1}{2}\int_0^l \rho I_p(x)\left[\frac{\partial\theta(x,t)}{\partial t}\right]^2\mathrm{d}x \tag{13.2}$$

对于自由振动，假定轴的扭转角 θ 由下式给出：

$$\theta(x,t)=X(x)f(t) \tag{13.3}$$

其中 $X(x)$ 为一个试函数，它表示 x 处的最大扭转角，$f(t)$ 表示一个时间简谐函数：

$$f(t)=\mathrm{e}^{\mathrm{i}\omega t} \tag{13.4}$$

其中 ω 为振动频率。将式(13.3)和式(13.4)代入式(13.1)和式(13.2)得到

$$\pi(t)=\frac{\mathrm{e}^{\mathrm{i}\omega t}}{2}\int_0^l GI_p(x)\left[\frac{\mathrm{d}X(x)}{\mathrm{d}x}\right]^2\mathrm{d}x \tag{13.5}$$

$$T(t)=\frac{\mathrm{e}^{\mathrm{i}\omega t}}{2}(-\omega^2)\int_0^l \rho I_p(x)[X(x)]^2\mathrm{d}x \tag{13.6}$$

对于能量守恒的自由振动系统，可令势能和动能的最大值相等，即 $\pi_{\max}=T_{\max}$，所以有

$$\int_0^l GI_p(x)\left[\frac{\mathrm{d}X(x)}{\mathrm{d}x}\right]^2\mathrm{d}x=\omega^2\int_0^l \rho I_p(x)[X(x)]^2\mathrm{d}x \tag{13.7}$$

定义 **Rayleigh** 商 R 为

$$R(X(x))=\lambda=\omega^2=\frac{\int_0^l GI_p(x)\left[\frac{\mathrm{d}X(x)}{\mathrm{d}x}\right]^2\mathrm{d}x}{\int_0^l \rho I_p(x)[X(x)]^2\mathrm{d}x} \tag{13.8}$$

可见，Rayleigh 商的值依赖于所使用的试函数 $X(x)$。为了研究 R 随 $X(x)$的变化，假设试函数可用轴的正则模态 $\Theta_i(x)$表示为

$$X(x)=\sum_{i=1}^{\infty}c_i\Theta_i(x) \tag{13.9}$$

其中 c_i 为未知系数。将式(13.9)代入式(13.8)可得

$$\begin{aligned}R(c_1,c_2,\cdots)=\lambda=\omega^2&=\frac{\int_0^l GI_p(x)\sum_{i=1}^{\infty}c_i\frac{\mathrm{d}\Theta_i(x)}{x}\sum_{j=1}^{\infty}c_j\frac{\mathrm{d}\Theta_j(x)}{x}\mathrm{d}x}{\int_0^l \rho I_p(x)\sum_{i=1}^{\infty}c_i\Theta_i(x)\sum_{j=1}^{\infty}c_j\Theta_j(x)\mathrm{d}x}\\&=\frac{\sum_{i=1}^{\infty}\sum_{j=1}^{\infty}c_ic_j\int_0^l GI_p(x)\frac{\mathrm{d}\Theta_i(x)}{x}\frac{\mathrm{d}\Theta_j(x)}{x}\mathrm{d}x}{\sum_{i=1}^{\infty}\sum_{j=1}^{\infty}c_ic_j\int_0^l \rho I_p(x)\Theta_i(x)\Theta_j(x)\mathrm{d}x}\end{aligned} \tag{13.10}$$

轴的正则模态满足下面的正交性条件：

$$\int_0^l \rho I_p(x)\Theta_i(x)\Theta_j(x)\mathrm{d}x=\delta_{ij} \tag{13.11}$$

$$\int_0^l GI_p(x)\frac{\mathrm{d}\Theta_i(x)}{x}\frac{\mathrm{d}\Theta_j(x)}{x}\mathrm{d}x=\lambda_i\delta_{ij},\quad i,j=1,2,\cdots \tag{13.12}$$

其中 $\lambda_i=\omega_i^2$ 为扭振轴的第 i 个特征值。所以，式(13.10)可表示为

$$R(c_1,c_2,\cdots)=\frac{\sum_{i=1}^{\infty}c_i^2\lambda_i}{\sum_{i=1}^{\infty}c_i^2}=\frac{c_k^2\lambda_k+\sum_{i=1,i\neq k}^{\infty}c_i^2\lambda_i}{c_k^2+\sum_{i=1,i\neq k}^{\infty}c_i^2} \tag{13.13}$$

如果试函数 $X(x)$与某个特征函数 $\Theta_k(x)$很接近，即在所有系数 c_i 中，除了 c_k 外其余系数都很小，则有

$$c_i=\varepsilon_i c_k,\quad i=1,2,\cdots,k-1,k+1,\cdots \tag{13.14}$$

其中 ε_i 为小参数。于是，式(13.13)可写为

$$R(c_1,c_2,\cdots)=\frac{\lambda_k+\sum\limits_{i=1,i\neq k}^{\infty}\varepsilon_i^2\lambda_i}{1+\sum\limits_{i=1,i\neq k}^{\infty}\varepsilon_i^2}\approx\left(\lambda_k+\sum_{i=1,i\neq k}^{\infty}\varepsilon_i^2\lambda_i\right)\left(1-\sum_{i=1,i\neq k}^{\infty}\varepsilon_i^2\right)$$

$$\approx\lambda_k+\sum_{i=1,i\neq k}^{\infty}(\lambda_i-\lambda_k)\varepsilon_i^2 \tag{13.15}$$

上式表明，当试函数 $X(x)$ 与第 k 个特征函数 $\Theta_k(x)$ 相差一阶小量 ε 时，Rayleigh 商与第 k 个特征值 λ_k 只相差二阶小量。如果在式(13.15)中令 $k=1$，则

$$R(X(x))=\lambda_1+\sum_{i=2}^{\infty}(\lambda_i-\lambda_1)\varepsilon_i^2 \tag{13.16}$$

假定特征值已经按升序排列：

$$\lambda_1\leqslant\lambda_2\leqslant\lambda_3\leqslant\cdots \tag{13.17}$$

所以，式(13.16)表明

$$R(X(x))\geqslant\lambda_1 \tag{13.18}$$

可见 Rayleigh 商不小于一阶特征值。式(13.18)也可解释为

$$\lambda_1=\omega_1^2=\min R(X(x))=R(\Theta_1(x)) \tag{13.19}$$

上式表示，最低阶特征值等于 Rayleigh 商的极小值。方程(13.19)称为 **Rayleigh 原理**。

13.3 Rayleigh 方法

在大多数结构和机械系统中，基本频率或最低阶固有频率(**基频**)是最重要的。为了快速估计系统的动态响应，特别是在初步设计研究期间，往往需要知道基本固有频率。在这种情况下，Rayleigh 方法是非常有效的估计方法，且不必求解运动微分方程。该方法基于 Rayleigh 原理。它可用于离散或连续的保守系统。

在 Rayleigh 方法中，我们选择一个与一阶模态 $\Theta_1(x)$ 近似的试函数 $X(x)$，代入系统的 Rayleigh 商，类似于方程(13.10)，进行积分，求出 $R=\lambda=\omega^2$ 的值。由于 Rayleigh 商在基频特征函数处取最小值，系统的基频可取为 $\omega=\sqrt{R}$。即使试函数与基频特征函数不太相似，该方法也可以很好地估计基频。当然，试函数与基频特征函数的相似度越高，基频的估计效果越好。

通常，选择一个合适的试函数用于 Rayleigh 商并不困难。例如，自重下的静挠度曲线可用于杆、梁、板或壳结构。当系统具有非均匀的质量和刚度分布时，采用具有均匀质量和刚度分布的系统静挠度曲线同样可用于 Rayleigh 商。当系统具有复杂的边界条件时，简单边界条件下的静态挠度曲线也可以用于 Rayleigh 商。例如，简单起见，可以使用自由端条件来代替梁的弹簧支承端条件。

应用 Rayleigh 商需要知道结构单元的应变能和动能表达式，下面罗列一些常见结构元件的能量表达式。

(1)横向振动的弦。

$$\pi=\frac{P}{2}\int_0^l\left(\frac{\partial w}{\partial x}\right)^2\mathrm{d}x \tag{13.20}$$

$$T=\frac{\rho}{2}\int_0^l\left(\frac{\partial w}{\partial t}\right)^2\mathrm{d}x \tag{13.21}$$

其中，P 为弦的张力，ρ 为弦单位长度的质量。

（2）纵向振动的杆。

$$\pi=\frac{AE}{2}\int_0^l\left(\frac{\partial u}{\partial x}\right)^2\mathrm{d}x \tag{13.22}$$

$$T=\frac{\rho A}{2}\int_0^l\left(\frac{\partial u}{\partial t}\right)^2\mathrm{d}x \tag{13.23}$$

其中，A 为杆的截面积，E 为杨氏模量，ρ 为质量密度。

（3）扭转振动的轴。

$$\pi=\frac{GJ}{2}\int_0^l\left(\frac{\partial \theta}{\partial x}\right)^2\mathrm{d}x \tag{13.24}$$

$$T=\frac{\rho J}{2}\int_0^l\left(\frac{\partial \theta}{\partial t}\right)^2\mathrm{d}x \tag{13.25}$$

其中，GJ 为轴的扭转刚度，ρ 为轴的质量密度，J 为轴截面对转轴的极惯性矩。

（4）弯曲振动的梁。

$$\pi=\frac{EI}{2}\int_0^l\left(\frac{\partial^2 w}{\partial x^2}\right)^2\mathrm{d}x \tag{13.26}$$

$$T=\frac{\rho A}{2}\int_0^l\left(\frac{\partial w}{\partial t}\right)^2\mathrm{d}x \tag{13.27}$$

其中，EI 为梁的弯曲刚度，ρ 为梁的质量密度，A 为梁的截面积。

（5）弯曲振动的矩形板。

$$\pi=\frac{D}{2}\iint_A\left\{\left(\frac{\partial^2 w}{\partial x^2}+\frac{\partial^2 w}{\partial y^2}\right)^2-2(1-\nu)\left[\frac{\partial^2 w}{\partial x^2}\frac{\partial^2 w}{\partial y^2}-\left(\frac{\partial^2 w}{\partial x\partial y}\right)^2\right]\right\}\mathrm{d}x\,\mathrm{d}y \tag{13.28}$$

$$T=\frac{\rho A}{2}\iint_A\left(\frac{\partial w}{\partial t}\right)^2\mathrm{d}x\,\mathrm{d}y \tag{13.29}$$

其中，$D=Eh^3/[12(1-\nu^2)]$为板的弯曲刚度，ρ 为板的质量密度，ν 为 Poisson 比，A 为板的面积，h 为板的厚度。

（6）弯曲振动的圆形板。

$$\begin{aligned}\pi=\frac{D}{2}\int_0^{2\pi}\int_0^R&\left[\left(\frac{\partial^2 w}{\partial r^2}+\frac{1}{r}\frac{\partial w}{\partial r}+\frac{1}{r^2}\frac{\partial^2 w}{\partial \theta^2}\right)^2\right.\\&\left.-2(1-\nu)\frac{\partial^2 w}{\partial r^2}\left(\frac{1}{r}\frac{\partial w}{\partial r}+\frac{1}{r^2}\frac{\partial^2 w}{\partial \theta^2}\right)\right]r\,\mathrm{d}\theta\,\mathrm{d}r\end{aligned} \tag{13.30}$$

$$T=\pi\rho h\int_0^R\left(\frac{\partial w}{\partial t}\right)^2 r\,\mathrm{d}r \tag{13.31}$$

其中，R 为板的半径。

（7）弯曲振动的矩形膜。

$$\pi=\frac{P}{2}\iint_A\left[\left(\frac{\partial^2 w}{\partial x^2}\right)^2+\left(\frac{\partial^2 w}{\partial y^2}\right)^2\right]\mathrm{d}x\,\mathrm{d}y \tag{13.32}$$

$$T=\frac{\rho}{2}\iint_A\left(\frac{\partial w}{\partial t}\right)^2\mathrm{d}x\,\mathrm{d}y \tag{13.33}$$

其中，T 为膜中的分布张力(单位长度的力)，ρ 为膜的单位面积的质量，A 为膜的面积。

(8) 弯曲振动的圆形膜。

$$\pi = \frac{P}{2}\int_0^{2\pi}\int_0^R \left(\frac{\partial^2 w}{\partial r^2}\right)^2 \cdot 2\pi r\,\mathrm{d}r \tag{13.34}$$

$$T = \frac{\rho}{2}\int_0^R \left(\frac{\partial w}{\partial t}\right)^2 \cdot 2\pi r\,\mathrm{d}r \tag{13.35}$$

其中，R 为膜的半径。

例 13.1 用 Rayleigh 方法，确定均匀固支-固支梁(图 13.1)的基频。采用下面的近似基频模态形状：

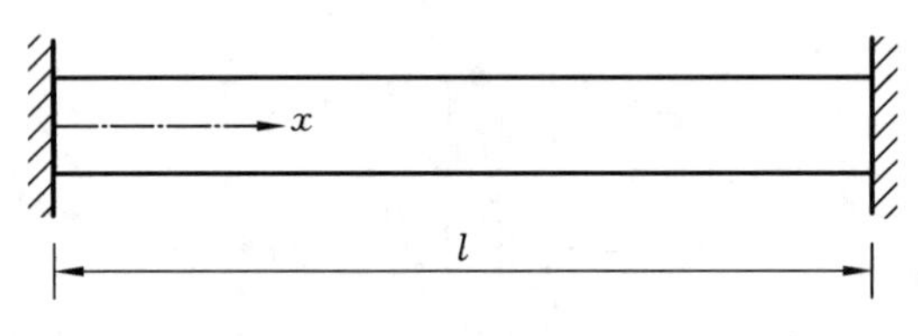

图 13.1 固支-固支梁

(1) 试函数为

$$X(x) = C\left(1 - \cos\frac{2\pi x}{l}\right)$$

其中，C 为常数。

(2) 试函数为

$$X(x) = Cx^2(l-x)^2$$

其中，取 $C = w_0/(24EI)$ 为常数。

解 梁的应变能和动能为

$$\pi = \frac{1}{2}EI\int_0^l \left[\frac{\partial^2 w(x,t)}{\partial x^2}\right]^2 \mathrm{d}x$$

$$T = \frac{1}{2}\rho A\int_0^l \left[\frac{\partial w(x,t)}{\partial t}\right]^2 \mathrm{d}x$$

横向挠度函数可取为

$$w(x,t) = X(x)\cos(\omega t)$$

其中 ω 为振动频率。所以，最大应变能和动能为

$$\pi_{\max} = \frac{1}{2}EI\int_0^l \left[\frac{\mathrm{d}^2 X(x)}{\mathrm{d}x^2}\right]^2 \mathrm{d}x$$

$$T_{\max} = \frac{1}{2}\rho A\omega^2\int_0^l [X(x)]^2\,\mathrm{d}x$$

Rayleigh 商为

$$R(X(x)) = \omega^2 = \frac{EI\int_0^l \left[\frac{\mathrm{d}^2 X(x)}{\mathrm{d}x^2}\right]^2 \mathrm{d}x}{\rho A\int_0^l [X(x)]^2\,\mathrm{d}x}$$

对于题设的两种试函数，有

(1) 将所给近似模态代入 Rayleigh 商，可得

$$R=\omega^2=\frac{EI(8C^2\pi^4/l^3)}{\rho A(3C^2l/2)}=\frac{16\pi^4}{3}\frac{EI}{\rho Al^4}$$

(2) 将所给近似模态代入 Rayleigh 商，可得

$$R=\omega^2=\frac{EI\left(\frac{4}{5}C^2l^5\right)}{\rho A\left(\frac{1}{630}C^2l^9\right)}=504\frac{EI}{\rho Al^4}$$

例 13.2　用 Rayleigh 方法，确定一端附加集中质量和弹簧的均匀悬臂梁(图 13.2)的基频。采用下面的近似基频模态形状：

$$X(x)=Cx^2(3l-x)$$

其中，$C=F/(6EI)$。

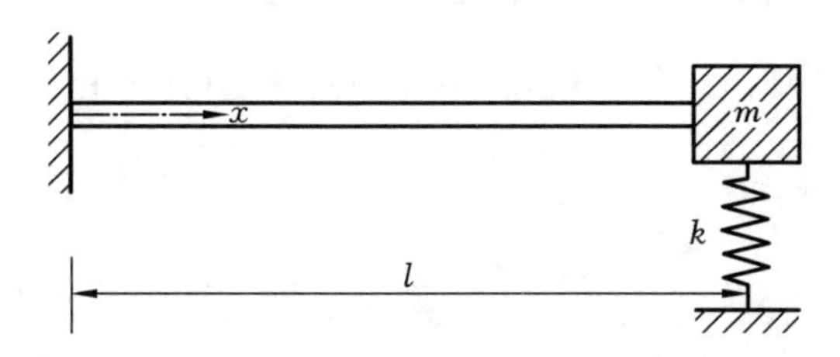

图 13.2　左端固支、右端附加集中质量和弹簧的梁

解　梁的弹性势能和动能为

$$\pi=\frac{1}{2}EI\int_0^l\left[\frac{\partial^2 w(x,t)}{\partial x^2}\right]^2\mathrm{d}x+\frac{1}{2}k\left[w(l,t)\right]^2$$

$$T=\frac{1}{2}\rho A\int_0^l\left[\frac{\partial w(x,t)}{\partial t}\right]^2\mathrm{d}x+\frac{1}{2}m\left[\frac{\partial w(l,t)}{\partial t}\right]^2$$

其中横向挠度函数可取为

$$w(x,t)=X(x)\cos(\omega t)$$

其中，ω 为振动频率。所以，最大应变能和动能为

$$\pi_{\max}=\frac{1}{2}EI\int_0^l\left[\frac{\mathrm{d}^2X(x)}{\mathrm{d}x^2}\right]^2\mathrm{d}x+\frac{1}{2}kX^2(l)$$

$$T_{\max}=\frac{1}{2}\rho A\omega^2\int_0^l[X(x)]^2\,\mathrm{d}x+\frac{1}{2}m\omega^2X^2(l)$$

Rayleigh 商为

$$R(X(x))=\omega^2=\frac{\frac{1}{2}EI\int_0^l\left[\frac{\mathrm{d}^2X(x)}{\mathrm{d}x^2}\right]^2\mathrm{d}x+\frac{1}{2}kX^2(l)}{\frac{1}{2}\rho A\int_0^l[X(x)]^2\,\mathrm{d}x+\frac{1}{2}m\omega^2X^2(l)}$$

将题设的试函数代入 Rayleigh 商，可得

$$R=\omega^2=\frac{\frac{1}{2}EI(12C^2l^3)+2kC^2l^6}{\frac{1}{2}\rho A(33C^2l^7/35)+2mC^2l^6}=\frac{6EI+2kl^3}{\frac{33}{70}\rho Al^4+2ml^3}$$

例 13.3　如图 13.3 所示的楔形杆，左端固定，右端与一弹簧相连，假设杆的截面积的变化为 $A(x)=A_0(1-x/2l)$。应用试函数 $X(x)=C\sin(\pi x/2l)$，其中 C 为常数，求出杆纵向振动的基频。

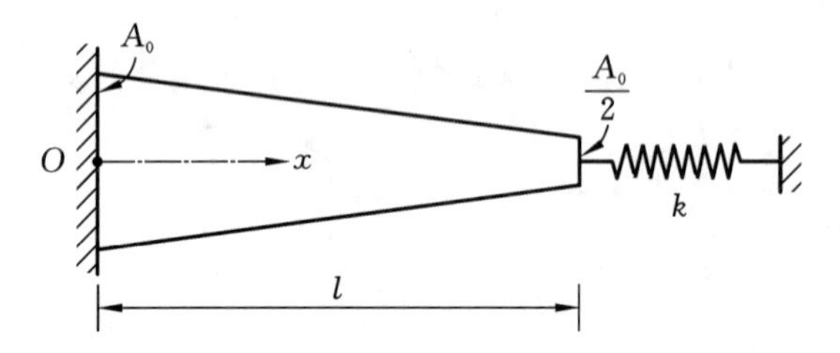

图 13.3　左端固定、右端与弹簧相连的楔形杆

解　纵向振动杆的弹性势能和动能为

$$\pi=\frac{1}{2}E\int_0^l A(x)\left[\frac{\partial u(x,t)}{\partial x}\right]^2\mathrm{d}x+\frac{1}{2}ku^2(l,t)$$

$$T=\frac{1}{2}\rho\int_0^l A(x)\left[\frac{\partial u(x,t)}{\partial t}\right]^2\mathrm{d}x$$

其中轴向位移函数可取为

$$u(x,t)=X(x)\cos(\omega t)$$

其中 ω 为振动频率。所以，最大应变能和动能为

$$\pi_{\max}=\frac{1}{2}E\int_0^l A_0\left(1-\frac{x}{2l}\right)\left[\frac{\mathrm{d}X(x)}{\mathrm{d}x}\right]^2\mathrm{d}x+\frac{1}{2}kX^2(l)$$

$$T_{\max}=\frac{1}{2}\rho\omega^2\int_0^l A_0\left(1-\frac{x}{2l}\right)X^2(x)\mathrm{d}x$$

Rayleigh 商为

$$R(X(x))=\omega^2=\frac{E\int_0^l A_0\left(1-\frac{x}{2l}\right)\left[\frac{\mathrm{d}X(x)}{\mathrm{d}x}\right]^2\mathrm{d}x+kX^2(l)}{\rho\int_0^l A_0\left(1-\frac{x}{2l}\right)X^2(x)\mathrm{d}x}$$

将题设的试函数代入 Rayleigh 商，可得

$$R=\omega^2=\frac{(EA_0C^2\pi^2/16l)\left(\frac{3}{4}+1/\pi^2\right)+kC^2/2}{(\rho A_0C^2l/4)\left(\frac{3}{4}-1/\pi^2\right)}=\frac{1}{\rho A_0l^2}(3.2382EA_0+3.0632kl)$$

例 13.4　圆形薄板半径为 a，周边固支，轴对称振动采用下面的试函数：

$$W(r)=c\left(1-\frac{r^2}{a^2}\right)$$

其中 c 为常数。估计圆板轴对称振动的基频。

解 圆板的应变能和动能为

$$\Pi=\pi D\int_0^a\left[\left(\frac{\partial^2 w}{\partial r^2}+\frac{1}{r}\frac{\partial w}{\partial r}\right)^2-2(1-\nu)\frac{\partial^2 w}{\partial r^2}\frac{1}{r}\frac{\partial w}{\partial r}\right]r\mathrm{d}r$$

$$T=\pi\rho h\int_0^a\left(\frac{\partial w}{\partial t}\right)^2 r\mathrm{d}r$$

对于周边固支的圆板,应变能表达式中的第二项变为零。轴对称横向挠度函数可取为

$$u(x,t)=X(x)\cos(\omega t)$$

其中 ω 为振动频率。所以,最大应变能和动能为

$$\Pi_{\max}=\pi D\int_0^a\left(\frac{\mathrm{d}^2 W}{\mathrm{d}r^2}+\frac{1}{r}\frac{\mathrm{d}W}{\mathrm{d}r}\right)^2 r\mathrm{d}r$$

$$T_{\max}=\pi\rho h\omega^2\int_0^a W^2(r)r\mathrm{d}r$$

Rayleigh 商为

$$R(X(x))=\omega^2=\frac{\Pi_{\max}}{T_{\max}}=\frac{\pi D\int_0^a\left(\frac{\mathrm{d}^2 W}{\mathrm{d}r^2}+\frac{1}{r}\frac{\mathrm{d}W}{\mathrm{d}r}\right)^2 r\mathrm{d}r}{\pi\rho h\int_0^a W^2(r)r\mathrm{d}r}$$

将题设的试函数代入 Rayleigh 商,可得

$$R=\omega^2\approx\frac{32\pi Dc^2/3a^2}{\pi\rho h a^2c^2/10}=106.6667\frac{D}{\rho h a^4}$$

13.4 Rayleigh-Ritz 法

Rayleigh-Ritz 法可看作 Rayleigh 方法的推广。这个方法是基于 Rayleigh 商给出第一阶特征值的上界这一事实:

$$R(X(x))\geqslant\lambda_1=\omega_1^2 \tag{13.36}$$

在 Rayleigh-Ritz 法中,连续系统的形状 $X(x)$ 用容许函数来近似:

$$X(x)=\sum_{i=1}^{n}c_i\phi_i(x) \tag{13.37}$$

其中 $\phi_i(x)$ 至少为**容许函数**(即这些函数满足系统的几何边界条件),c_i 为未知系数。于是,Rayleigh 商就变成 $c_1,c_2,\cdots,c_n$ 的函数:

$$R=R(c_1,c_2,\cdots,c_n) \tag{13.38}$$

选取系数 $c_1,c_2,\cdots,c_n$ 使得 Rayleigh 商取极小值,对应的必要条件为:

$$\frac{\partial R}{\partial c_i}=0,\quad i=1,2,\cdots,n \tag{13.39}$$

方程(13.39)表示 $c_1,c_2,\cdots,c_n$ 的一组齐次线性方程组,由 $c_1,c_2,\cdots,c_n$ 的非零解条件可求出近似固有频率 ω_i,再返回到方程(13.39)可求出对应的系数 $c_1^{(i)},c_2^{(i)},\cdots,c_n^{(i)}$。

Rayleigh-Ritz 法给出的基频将高于真实值。原因是,用 n 个自由度的系统近似一个无限多个自由度的连续系统相当于强加了如下约束:

$$c_{n+1}=c_{n+2}=\cdots=0 \tag{13.40}$$

将 Rayleigh 商表示为

$$R=\omega^2=\frac{\pi_{\max}}{T^*_{\max}}=\frac{N}{D} \tag{13.41}$$

其中 $N=\pi_{\max}$，$D=T^*_{\max}$，将 $T^*_{\max}$称为**参考动能**，为

$$T^*_{\max}=\pi_{\max}/\omega^2 \tag{13.42}$$

最大弹性势能和参考动能可表示为

$$\pi_{\max}=N=\frac{1}{2}\sum_{i=1}^{n}\sum_{j=1}^{n}c_ic_jk_{ij}=\frac{1}{2}\boldsymbol{c}^{\mathrm{T}}[k]\boldsymbol{c} \tag{13.43}$$

$$T^*_{\max}=D=\frac{1}{2}\sum_{i=1}^{n}\sum_{j=1}^{n}c_ic_jm_{ij}=\frac{1}{2}\boldsymbol{c}^{\mathrm{T}}[m]\boldsymbol{c} \tag{13.44}$$

其中

$$\boldsymbol{c}=[c_1,c_2,\cdots,c_n]^{\mathrm{T}} \tag{13.45}$$

m_{ij}和k_{ij}为系统的质量和刚度元素。举例来说，对于纵向振动杆，有

$$k_{ij}=\int_0^l EA\frac{\mathrm{d}\phi_i}{\mathrm{d}x}\frac{\mathrm{d}\phi_j}{\mathrm{d}x}\mathrm{d}x \tag{13.46}$$

$$m_{ij}=\int_0^l \rho A\phi_i\phi_j\mathrm{d}x \tag{13.47}$$

对于振动梁，有

$$k_{ij}=\int_0^l EI\frac{\mathrm{d}^2\phi_i}{\mathrm{d}x^2}\frac{\mathrm{d}^2\phi_j}{\mathrm{d}x^2}\mathrm{d}x \tag{13.48}$$

$$m_{ij}=\int_0^l \rho A\phi_i\phi_j\mathrm{d}x \tag{13.49}$$

考虑到式(13.43)和式(13.44)，方程(13.41)可以表示为

$$R(c_1,c_2,\cdots,c_n)=\frac{N(c_1,c_2,\cdots,c_n)}{D(c_1,c_2,\cdots,c_n)} \tag{13.50}$$

所以

$$\frac{\partial R}{\partial c_i}=\frac{D(\partial N/\partial c_i)-N(\partial D/\partial c_i)}{D^2}=0,\quad i=1,2,\cdots,n$$

或

$$\frac{1}{D}\left(\frac{\partial N}{\partial c_i}-\frac{N}{D}\frac{\partial D}{\partial c_i}\right)=\frac{1}{D}\left(\frac{\partial N}{\partial c_i}-\lambda^{(n)}\frac{\partial D}{\partial c_i}\right)=0,\quad i=1,2,\cdots,n \tag{13.51}$$

其中 $\lambda^{(n)}$表示由式(13.37)假设的 n 个试函数得到的近似特征值。方程(13.51)可写成矩阵形式：

$$\frac{\partial N}{\partial \boldsymbol{c}}-\lambda^{(n)}\frac{\partial D}{\partial \boldsymbol{c}}=\boldsymbol{0} \tag{13.52}$$

上式左边的两项偏导数可表示为

$$\frac{\partial N}{\partial \boldsymbol{c}}=\boldsymbol{c}^{\mathrm{T}}[k] \tag{13.53}$$

$$\frac{\partial D}{\partial \boldsymbol{c}}=\boldsymbol{c}^{\mathrm{T}}[m] \tag{13.54}$$

所以，方程(13.52)变为

$$[[k]-\lambda^{(n)}[m]]\mathbf{c}=\mathbf{0} \tag{13.55}$$

为了使这个方程有非零解，其系数矩阵的行列式必须等于零：

$$|[k]-\lambda^{(n)}[m]|=0 \tag{13.56}$$

由方程(13.56)可解出特征值 $\lambda_i^{(n)}$，$i=1,2,\cdots,n$，近似固有频率为

$$\omega_i=\sqrt{\lambda_i^{(n)}},\quad i=1,2,\cdots,n \tag{13.57}$$

将 $\lambda_i^{(n)}$ 代回方程(13.55)得到

$$[[k]-\lambda_i^{(n)}[m]]\mathbf{c}^{(i)}=\mathbf{0} \tag{13.58}$$

由此可求出对应的特征向量 $\mathbf{c}^{(i)}$。将 $\mathbf{c}^{(i)}$ 代入式(13.37)可得近似模态函数为

$$X^{(i)}(x)=\sum_{j=1}^{n}c_j^{(i)}\phi_j(x),\quad i=1,2,\cdots,n \tag{13.59}$$

例 13.5　对图 13.4 所示的楔形杆，利用 Rayleigh-Ritz 法求该杆纵向振动的前三阶近似固有频率。杆截面变化函数为 $A(x)=A_0(1-x/2l)$。试函数假设为

$$\phi_1(x)=\frac{x}{l},\quad \phi_2(x)=\frac{x^2}{l^2},\quad \phi_3(x)=\frac{x^3}{l^3}$$

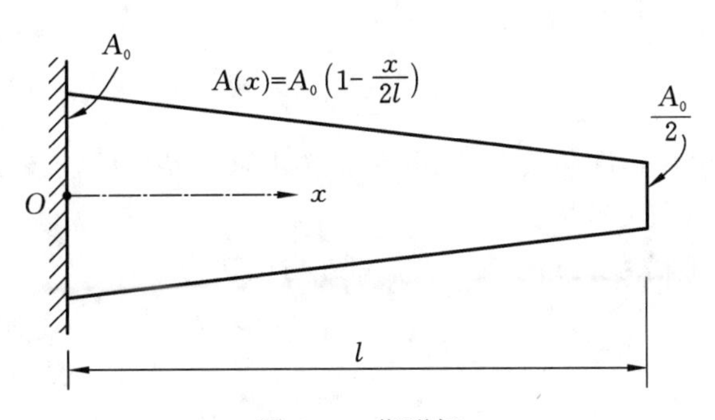

图 13.4　楔形杆

解　最大应变能和动能为

$$\begin{aligned}\pi_{\max}&=\frac{1}{2}E\int_0^l A_0\left(1-\frac{x}{2l}\right)\left[\sum_{i=1}^{3}c_i\frac{\mathrm{d}\phi_i(x)}{\mathrm{d}x}\right]^2\mathrm{d}x\\&=\frac{EA_0}{2}\left(\frac{3}{4}c_1^2+\frac{5}{6}c_2^2+\frac{21}{20}c_3^2+\frac{4}{3}c_1c_2+\frac{9}{5}c_2c_3+\frac{4}{5}c_1c_3\right)\\T_{\max}^*&=\frac{1}{2}\rho\int_0^l A_0\left(1-\frac{x}{2l}\right)\left[\sum_{i=1}^{3}c_i\phi_i(x)\right]^2\mathrm{d}x\\&=\frac{\rho A_0 l}{2}\left(\frac{5}{24}c_1^2+\frac{7}{60}c_2^2+\frac{9}{112}c_3^2+\frac{3}{10}c_1c_2+\frac{4}{21}c_2c_3+\frac{7}{30}c_1c_3\right)\end{aligned}$$

按照 Rayleigh-Ritz 法，可得方程：

$$[k]\mathbf{c}=\lambda[m]\mathbf{c}$$

其中 $\lambda=\rho l^2\omega^2/E$，以及

$$[k]=\begin{bmatrix}\frac{3}{2} & \frac{4}{3} & \frac{5}{4}\\ \frac{4}{3} & \frac{5}{3} & \frac{9}{5}\\ \frac{5}{4} & \frac{9}{5} & \frac{21}{10}\end{bmatrix},\quad [m]=\begin{bmatrix}\frac{5}{12} & \frac{3}{10} & \frac{7}{30}\\ \frac{3}{10} & \frac{7}{30} & \frac{4}{21}\\ \frac{4}{21} & \frac{9}{5} & \frac{9}{56}\end{bmatrix},\quad \boldsymbol{c}=\begin{bmatrix}c_1\\ c_2\\ c_3\end{bmatrix}$$

解得特征值和特征向量为

$$\boldsymbol{\lambda}=\begin{bmatrix}3.2186\\ 24.8137\\ 10.8460\end{bmatrix},\quad \boldsymbol{c}^{(1)}=\begin{bmatrix}0.8710\\ -0.2198\\ 0.4394\end{bmatrix},\quad \boldsymbol{c}^{(2)}=\begin{bmatrix}0.3732\\ -0.8370\\ 0.4001\end{bmatrix},\quad \boldsymbol{c}^{(3)}=\begin{bmatrix}-0.2034\\ 0.7603\\ -0.6170\end{bmatrix}$$

13.5 假设模态法

假设模态法采用 Lagrange 方程来建立系统的运动微分方程，因此，**假设模态法可同时用于解决特征值问题和强迫振动问题**。在假设模态法中，连续系统的振动解假设为一些容许函数的线性组合，但是，现在将组合系数变为时间的未知函数，即广义坐标 $\eta_i(t)$。例如，对一维连续系统，位移假设为

$$w(x,t)=\sum_{i=1}^{n}\phi_i(x)\eta_i(t) \tag{13.60}$$

其中试函数 $\phi_i(x)$ 至少为容许函数，它满足系统的几何边界条件，$\eta_i(t)$ 为时间的未知函数，实际上就是系统的一组广义坐标。

对于纵向振动的杆，系统的应变能、动能和外力虚功为

$$\pi(t)=\frac{1}{2}\int_0^l EA(x)\left[\frac{\partial w(x,t)}{\partial x}\right]^2\mathrm{d}x \tag{13.61}$$

$$T(t)=\frac{1}{2}\int_0^l \rho A(x)\left[\frac{\partial w(x,t)}{\partial t}\right]^2\mathrm{d}x \tag{13.62}$$

$$\delta W_{\mathrm{nc}}=\int_0^l f(x,t)\delta w(x,t)\mathrm{d}x \tag{13.63}$$

将式(13.60)代入式(13.61)～式(13.63)可得

$$\begin{aligned}\pi(t)&=\frac{1}{2}\int_0^l EA(x)\sum_{i=1}^{n}\frac{\mathrm{d}\phi_i(x)}{\mathrm{d}x}\eta_i(t)\sum_{j=1}^{n}\frac{\mathrm{d}\phi_j(x)}{\mathrm{d}x}\eta_j(t)\mathrm{d}x\\ &=\frac{1}{2}\sum_{i=1}^{n}\sum_{j=1}^{n}\eta_i(t)\eta_j(t)\left[\int_0^l EA(x)\frac{\mathrm{d}\phi_i(x)}{\mathrm{d}x}\frac{\mathrm{d}\phi_j(x)}{\mathrm{d}x}\mathrm{d}x\right]\\ &=\frac{1}{2}\sum_{i=1}^{n}\sum_{j=1}^{n}k_{ij}\eta_i(t)\eta_j(t)\end{aligned} \tag{13.64}$$

$$\begin{aligned}T(t)&=\frac{1}{2}\int_0^l \rho A(x)\sum_{i=1}^{n}\phi_i(x)\dot{\eta}_i(t)\sum_{j=1}^{n}\phi_j(x)\dot{\eta}_j(t)\mathrm{d}x\\ &=\frac{1}{2}\sum_{i=1}^{n}\sum_{j=1}^{n}\dot{\eta}_i(t)\dot{\eta}_j(t)\left[\int_0^l \rho A(x)\phi_i(x)\phi_j(x)\mathrm{d}x\right]\\ &=\frac{1}{2}\sum_{i=1}^{n}\sum_{j=1}^{n}m_{ij}\dot{\eta}_i(t)\dot{\eta}_j(t)\end{aligned} \tag{13.65}$$

$$\delta W_{\mathrm{nc}}=\int_0^l f(x,t)\sum_{i=1}^{n}\phi_i(x)\delta\eta_i(t)\mathrm{d}x=\sum_{i=1}^{n}Q_{i\mathrm{nc}}(t)\delta\eta_i(t) \tag{13.66}$$

其中 k_{ij} 为对称的刚度系数，为

$$k_{ij}=k_{ji}=\int_0^l EA(x)\frac{\mathrm{d}\phi_i(x)}{\mathrm{d}x}\frac{\mathrm{d}\phi_j(x)}{\mathrm{d}x}\mathrm{d}x,\quad i,j=1,2,\cdots,n \tag{13.67}$$

m_{ij} 为对称的刚度系数，为

$$m_{ij}=m_{ji}=\int_0^l \rho A(x)\phi_i(x)\phi_j(x)\mathrm{d}x,\quad i,j=1,2,\cdots,n \tag{13.68}$$

$Q_{i\mathrm{nc}}(t)$ 为非保守力对应的广义力，为

$$Q_{i\mathrm{nc}}(t)=\int_0^l f(x,t)\phi_i(x)\mathrm{d}x,\quad i=1,2,\cdots,n \tag{13.69}$$

对于现在的问题，对应的 Lagrange 方程为

$$\frac{\mathrm{d}}{\mathrm{d}t}\left(\frac{\partial T}{\partial\dot{\eta}_i}\right)-\frac{\partial T}{\partial\eta_i}+\frac{\partial\pi}{\partial\eta_i}=Q_{i\mathrm{nc}},\quad i=1,2,\cdots,n \tag{13.70}$$

将上述动能、应变能和广义力代入 Lagrange 方程可得

$$\sum_{j=1}^{n}m_{ij}\ddot{\eta}_j(t)+\sum_{j=1}^{n}k_{ij}\eta_j(t)=Q_{i\mathrm{nc}}(t),\quad i=1,2,\cdots,n \tag{13.71}$$

或写成矩阵形式，为

$$[m]\ddot{\boldsymbol{\eta}}(t)+[k]\boldsymbol{\eta}(t)=\boldsymbol{Q}(t) \tag{13.72}$$

其中

$$\boldsymbol{\eta}(t)=\begin{bmatrix}\eta_1(t)\\ \eta_2(t)\\ \vdots\\ \eta_n(t)\end{bmatrix},\quad \boldsymbol{Q}(t)=\begin{bmatrix}Q_{1\mathrm{nc}}(t)\\ Q_{2\mathrm{nc}}(t)\\ \vdots\\ Q_{n\mathrm{nc}}(t)\end{bmatrix} \tag{13.73}$$

自由振动方程为

$$[m]\ddot{\boldsymbol{\eta}}(t)+[k]\boldsymbol{\eta}(t)=\mathbf{0} \tag{13.74}$$

假定自由振动解为

$$\boldsymbol{\eta}(t)=\boldsymbol{X}\cos(\omega t) \tag{13.75}$$

将式(13.75)代入方程(13.74)可得

$$\omega^2[m]\boldsymbol{X}=[k]\boldsymbol{X} \tag{13.76}$$

由此可以求出系统的固有频率和模态。方程(13.76)与 Rayleigh-Ritz 法得到的方程(13.55)是相同的。

13.6　加权余值法

加权余值法直接处理系统的控制微分方程和边界条件。设连续系统特征值问题的微分方程为

$$AW=\lambda BW,\quad 在 D 中 \tag{13.77}$$

边界条件为

$$E_jW=0,\quad j=1,2,\cdots,p,\quad 在 S 上 \tag{13.78}$$

其中 A,B 和 E_j 为线性微分算子,W 为特征函数或正则模态,λ 为特征值,p 是边界条件的数量,S 是系统的边界。

设试函数 $\bar{\phi}$ 已经满足边界条件,它一般不满足控制方程(13.77),为此定义误差函数,比如,对一维问题,误差函数为

$$R(\bar{\phi},x)=A\bar{\phi}-\lambda B\bar{\phi} \tag{13.79}$$

这个误差函数 $R(\bar{\phi},x)$称为**余值**。一般余值不为零,在加权余值法中,事先选取 n 个函数 $\psi_j(x)$ $(j=1,2,\cdots,n)$,称为**加权函数**。我们要求下面的加权余值积分为零

$$\int_0^l R(\bar{\phi},x)\psi_j(x)\mathrm{d}x=0 \tag{13.80}$$

可以证明,$\bar{\phi}$ **为原问题的解的充分必要条件是方程(13.80)对任何函数** ψ_j **均成立**。但是,实际运用中只能选取一些特殊的加权函数,从而派生出了多种加权余值法。

13.7 Galerkin 法

Galerkin 法是应用最广泛的加权余值法。在该方法中,特征值问题的解假定为满足所有边界条件的 n 个函数的线性组合:

$$\bar{\phi}^{(n)}(x)=\sum_{i=1}^{n}c_i\phi_i(x) \tag{13.81}$$

其中 c_i 为待定系数,$\phi_i(x)$为已知的**比较函数**(即满足所有边界条件的函数)。将式(13.81)代入微分方程(13.77),得到误差函数或余值为

$$R=A\bar{\phi}^{(n)}-\lambda^{(n)}B\bar{\phi}^{(n)} \tag{13.82}$$

其中 $\lambda^{(n)}$表示由 n 项试函数得到的估计特征值。注意,由于试函数都是比较函数,所以已经满足边界条件。

在 Galerkin 法中,选取比较函数 $\phi_1(x),\cdots,\phi_n(x)$作为加权函数,则余值方程(13.80)变为

$$\int_0^l R(\bar{\phi}^{(n)})\phi_i(x)\mathrm{d}x=0,\quad i=1,2,\cdots,n \tag{13.83}$$

这组方程称为 **Galerkin 方程**,它表示一个 n 阶特征值问题,由此可求出 n 个特征值 $\lambda_1,\lambda_2,\cdots,\lambda_n$ 和对应的特征向量 $\boldsymbol{c}^{(1)},\boldsymbol{c}^{(2)},\cdots,\boldsymbol{c}^{(n)}$,其中

$$\boldsymbol{c}^{(i)}=\begin{bmatrix}c_1^{(i)}\\c_2^{(i)}\\\vdots\\c_n^{(i)}\end{bmatrix},\quad i=1,2,\cdots,n \tag{13.84}$$

例 13.6　用 Galerkin 法,确定均匀固支-固支梁(见图 13.1)的固有频率。设梁的长度为 L,弯曲刚度为 EI,单位长度的质量为 m。采用下面的试函数:

$$\phi_1(x)=\cos\frac{2\pi x}{L}-1$$

$$\phi_2(x)=\cos\frac{4\pi x}{L}-1$$

解　梁模态的控制方程为

$$\frac{d^4W}{dx^4}-\beta^4W=0$$

其中

$$\beta^4=\frac{m\omega^2}{EI}$$

近似解假设为

$$\overline{W}=c_1\phi_1(x)+c_2\phi_2(x)=c_1\left(\cos\frac{2\pi x}{L}-1\right)+c_2\left(\cos\frac{4\pi x}{L}-1\right)$$

余值为

$$R(c_1,c_2)=c_1\left[\left(\frac{2\pi}{L}\right)^4-\beta^4\right]\cos\frac{2\pi x}{L}+c_1\beta^4+c_2\left[\left(\frac{4\pi}{L}\right)^4-\beta^4\right]\cos\frac{4\pi x}{L}+c_2\beta^4$$

由 Galerkin 法给出：

$$\int_0^L R\phi_i\,dx=0,\quad i=1,2$$

由此得到下面的两个方程：

$$c_1\left\{\frac{1}{2}\left[\left(\frac{2\pi}{L}\right)^4-\beta^4\right]-\beta^4\right\}-c_2\beta^4=0$$

$$-c_1\beta^4+c_2\left\{\frac{1}{2}\left[\left(\frac{4\pi}{L}\right)^4-\beta^4\right]-\beta^4\right\}=0$$

要使 c_1,c_2 有非零解，必须

$$\begin{vmatrix}\frac{1}{2}\left[\left(\frac{2\pi}{L}\right)^4-\beta^4\right]-\beta^4 & -\beta^4\\ -\beta^4 & \frac{1}{2}\left[\left(\frac{4\pi}{L}\right)^4-\beta^4\right]-\beta^4\end{vmatrix}=0$$

展开行列式可得

$$(\beta L)^8-15900(\beta L)^4+7771000=0$$

解得

$$\beta L=4.760\quad 或\quad 11.180$$

所以，固有频率为

$$\omega_1=\frac{22.48}{L^2}\sqrt{\frac{EI}{m}},\quad \omega_2=\frac{124.1}{L^2}\sqrt{\frac{EI}{m}}$$

对应的特征向量为

$$\begin{bmatrix}c_1\\c_2\end{bmatrix}^{(1)}=\begin{bmatrix}23.0\\1.0\end{bmatrix},\quad \begin{bmatrix}c_1\\c_2\end{bmatrix}^{(2)}=\begin{bmatrix}-0.69\\1.0\end{bmatrix}$$

13.8　配置法

配置法是加权余值法的一种推广。仍然以一维问题为例来介绍配置法。对于一维特征值问题，设近似解为

$$\bar{\phi}^{(n)}(x)=\sum_{i=1}^{n}c_i\phi_i(x)\tag{13.85}$$

根据试函数 $\phi_i(x)$的性质,配置法分为以下三种:

(1) **边界法**:试函数 $\phi_i(x)$满足控制方程,但不满足所有的边界条件。

(2) **内域法**:试函数 $\phi_i(x)$满足所有的边界条件,但不满足控制方程。

(3) **混合法**:试函数 $\phi_i(x)$既不满足控制方程,也不满足所有的边界条件。

配置法使下面的加权余值积分为零:

$$\int_0^l \delta(x-x_i)R(\bar{\phi}^{(n)}(x))\mathrm{d}x=0,\quad i=1,2,\cdots,n \tag{13.86}$$

其中 δ 为 Dirac δ 函数,$x_i(i=1,2,\cdots,n)$称为**配置点**,在这些点上余值为零。由 Dirac δ 函数的性质,方程(13.86)为

$$R(\bar{\phi}^{(n)}(x_i))=0,\quad i=1,2,\cdots,n \tag{13.87}$$

式(13.87)表示待定系数 $c_1,c_2,\cdots,c_n$ 和特征值λ 的 n 个方程。

应在系统的定义域和/或边界上尽可能均匀地选择配置点的位置,以使得到的方程具有良好的独立性。

13.9　子域法

这种方法,将问题的域 D 划分成 n 个子域 $D_1,D_2,\cdots,D_n$,即有

$$D=\sum_{i=1}^{n}D_i \tag{13.88}$$

令每个子域上的余值积分为零,即

$$\int_{D_i} R(\bar{\phi}(x))\mathrm{d}x=0,\quad i=1,2,\cdots,n \tag{13.89}$$

13.10　最小二乘法

最小二乘法使余值平方的积分为最小:

$$\int_D R^2\,\mathrm{d}D=\text{极小值} \tag{13.90}$$

其中 R 为控制微分方程的余值,D 为问题的域。对于一维问题,假设近似解为式(13.85),则方程(13.90)可表示为

$$\int_0^l R^2(\bar{\phi}(x))\mathrm{d}x=\int_0^l R^2(c_1,c_2,\cdots,c_n)\mathrm{d}x=\text{极小值} \tag{13.91}$$

上式取极小值的必要条件是

$$\frac{\partial}{\partial c_i}\left(\int_0^l R^2\,\mathrm{d}x\right)=2\int_0^l R\frac{\partial R}{\partial c_i}\mathrm{d}x=0 \tag{13.92}$$

或

$$\int_0^l R\frac{\partial R}{\partial c_i}\mathrm{d}x=0,\quad i=1,2,\cdots,n \tag{13.93}$$

可见,最小二乘法可视为加权余值法,加权函数是

$$\psi_i(x)=\frac{\partial R}{\partial c_i},\quad i=1,2,\cdots,n \tag{13.94}$$

13.11　有限元法

有限元法是一种物理方法。当知道一个单元的解后，整个结构可以认为是这些单元的集合。这种集合是通过将单元各个结点连接起来而形成的，结点之间连接时需要强加连续条件和平衡条件。

推导单元特性有多种途径，这里用 Hamilton 原理。

13.11.1　梁单元

首先，写出梁的应变能表达式，对于平面振动梁，有

$$\pi=\frac{EI}{2}\int_0^L\left(\frac{\partial^2 w}{\partial x^2}\right)^2\mathrm{d}x \tag{13.95}$$

其次，我们要假设一个未知的位移函数，该函数可以使我们对梁两端施加位移连续条件，因为梁两端有四个边界条件，因此位移函数需要包含四个待定系数。挠度 $w(x,t)$ 近似取为

$$w(x,t)=a_0+a_1x+a_2x^2+a_3x^3 \tag{13.96}$$

用矩阵形式写出，为

$$w(x,t)=\boldsymbol{A}^{\mathrm{T}}\boldsymbol{Z} \tag{13.97}$$

其中

$$\boldsymbol{A}^{\mathrm{T}}=[a_0,a_1,a_2,a_3] \tag{13.98}$$

$$\boldsymbol{Z}^{\mathrm{T}}=[1,x,x^2,x^3] \tag{13.99}$$

所以

$$\frac{\partial^2 w}{\partial x^2}=\boldsymbol{A}^{\mathrm{T}}\frac{\partial^2\boldsymbol{Z}}{\partial x^2}=\frac{\partial^2\boldsymbol{Z}^{\mathrm{T}}}{\partial x^2}\boldsymbol{A} \tag{13.100}$$

$$\left(\frac{\partial^2 w}{\partial x^2}\right)^2=\boldsymbol{A}^{\mathrm{T}}\boldsymbol{D}(x)\boldsymbol{A} \tag{13.101}$$

$$\boldsymbol{D}(x)=\frac{\partial^2\boldsymbol{Z}}{\partial x^2}\frac{\partial^2\boldsymbol{Z}^{\mathrm{T}}}{\partial x^2} \tag{13.102}$$

将式(13.99)代入式(13.102)，得

$$\boldsymbol{D}(x)=\begin{bmatrix}0&0&0&0\\0&0&0&0\\0&0&4&12x\\0&0&12x&36x^2\end{bmatrix} \tag{13.103}$$

于是应变能表达式成为

$$\pi=\frac{EI}{2}\boldsymbol{A}^{\mathrm{T}}\left[\int_0^L\boldsymbol{D}(x)\mathrm{d}x\right]\boldsymbol{A} \tag{13.104}$$

接下来定义梁单元的结点位移。如图13.5所示，将单元两端的结点分别记为 k 和 l，那么结点振动的广义位移为一个横向位移和一个转角。

$$w_k=w(0,t)=a_0 \tag{13.105}$$

$$\theta_k=\frac{\partial w(0,t)}{\partial x}=a_1 \tag{13.106}$$

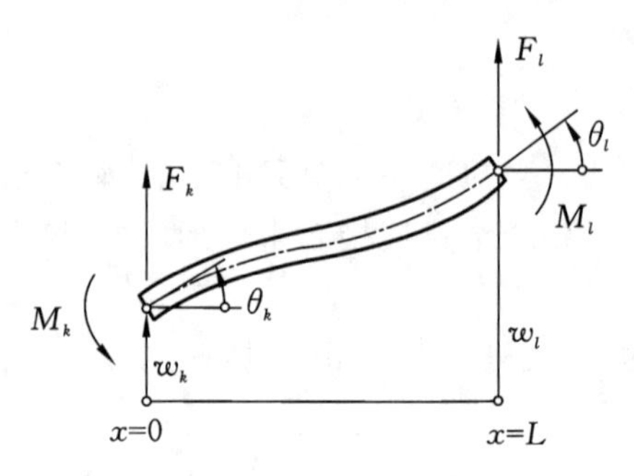

图 13.5　平面振动梁单元

$$w_l = w(L,t) = a_0 + a_1 L + a_2 L^2 + a_3 L^3 \tag{13.107}$$

$$\theta_l = \frac{\partial w(L,t)}{\partial x} = a_1 + 2a_2 L + 3a_3 L^2 \tag{13.108}$$

写成矩阵形式为

$$\boldsymbol{w}_i = \boldsymbol{BA} \tag{13.109}$$

其中

$$\boldsymbol{w}_i^{\mathrm{T}} = [w_k, \theta_k, w_l, \theta_l] \tag{13.110}$$

$$\boldsymbol{B} = \begin{bmatrix} 1 & 0 & 0 & 0 \\ 0 & 1 & 0 & 0 \\ 1 & L & L^2 & L^3 \\ 0 & 1 & 2L & 3L^2 \end{bmatrix} \tag{13.111}$$

解出 $\boldsymbol{A}$，得

$$\boldsymbol{A} = \boldsymbol{B}^{-1} \boldsymbol{w}_i \tag{13.112}$$

令

$$\boldsymbol{C} = \boldsymbol{B}^{-1} \tag{13.113}$$

现在应变能可用结点位移表示

$$\pi = \frac{EI}{2} \boldsymbol{w}_i^{\mathrm{T}} \boldsymbol{C}^{\mathrm{T}} \left[\int_0^L \boldsymbol{D}(x) \mathrm{d}x \right] \boldsymbol{C} \boldsymbol{w}_i \tag{13.114}$$

应变能的变分为

$$\delta\pi = EI \delta \boldsymbol{w}_i^{\mathrm{T}} \boldsymbol{C}^{\mathrm{T}} \left[\int_0^L \boldsymbol{D}(x) \mathrm{d}x \right] \boldsymbol{C} \boldsymbol{w}_i \tag{13.115}$$

单元的动能为

$$T = \frac{\rho A}{2} \int_0^L \dot{w}^2 \, \mathrm{d}x \tag{13.116}$$

由式(13.97)可得

$$\dot{w}^2 = \dot{\boldsymbol{A}}^{\mathrm{T}} \boldsymbol{Z} \boldsymbol{Z}^{\mathrm{T}} \dot{\boldsymbol{A}} \tag{13.117}$$

将式(13.112)和式(13.113)代入上式得

$$\dot{w}^2 = \dot{\boldsymbol{w}}_i^{\mathrm{T}} \boldsymbol{C} [\boldsymbol{F}(x)] \boldsymbol{C} \dot{\boldsymbol{w}}_i \tag{13.118}$$

其中

$$\boldsymbol{F}(x)=\boldsymbol{Z}\boldsymbol{Z}^{\mathrm{T}}=\begin{bmatrix}1 & x & x^2 & x^3\\ x & x^2 & x^3 & x^4\\ x^2 & x^4 & x^4 & x^5\\ x^3 & x^4 & x^5 & x^6\end{bmatrix} \tag{13.119}$$

动能变为

$$T=\frac{\rho A}{2}\dot{\boldsymbol{w}}_i^{\mathrm{T}}\boldsymbol{C}^{\mathrm{T}}\left[\int_0^L \boldsymbol{F}(x)\mathrm{d}x\right]\boldsymbol{C}\dot{\boldsymbol{w}}_i \tag{13.120}$$

动能的变分为

$$\delta T=\rho A\delta\dot{\boldsymbol{w}}_i^{\mathrm{T}}\boldsymbol{C}^{\mathrm{T}}\left[\int_0^L \boldsymbol{F}(x)\mathrm{d}x\right]\boldsymbol{C}\dot{\boldsymbol{w}}_i \tag{13.121}$$

最后写出单元结点力所做的虚功表达式，单元受到的边界力 F_k，M_k，F_l，M_l 如图 13.5 所示。虚功为

$$\delta W=\boldsymbol{F}_i^{\mathrm{T}}\delta\boldsymbol{w}_i=\delta\boldsymbol{w}_i^{\mathrm{T}}\boldsymbol{F}_i \tag{13.122}$$

其中

$$\boldsymbol{F}_i^{\mathrm{T}}=[F_k, M_k, F_l, M_l] \tag{13.123}$$

将应变能、动能的变分和边界力虚功代入 Hamilton 原理，得

$$\int_{t_0}^{t_1}(\delta T-\delta\pi+\delta W)\mathrm{d}t=0 \tag{13.124}$$

动能变分的积分为

$$\int_{t_0}^{t_1}\delta T\mathrm{d}t=\rho A\int_{t_0}^{t_1}\delta\dot{\boldsymbol{w}}_i^{\mathrm{T}}\boldsymbol{C}^{\mathrm{T}}\left[\int_0^L \boldsymbol{F}(x)\mathrm{d}x\right]\boldsymbol{C}\dot{\boldsymbol{w}}_i\mathrm{d}t \tag{13.125}$$

应用分部积分，得

$$\begin{aligned}\int_{t_0}^{t_1}\delta T\mathrm{d}t&=\rho A\int_{t_0}^{t_1}\mathrm{d}(\delta\boldsymbol{w}_i^{\mathrm{T}})\left\{\boldsymbol{C}^{\mathrm{T}}\left[\int_0^L \boldsymbol{F}(x)\mathrm{d}x\right]\boldsymbol{C}\dot{\boldsymbol{w}}_i\right\}\\ &=\rho A\delta\boldsymbol{w}_i^{\mathrm{T}}\boldsymbol{C}^{\mathrm{T}}\left[\int_0^L \boldsymbol{F}(x)\mathrm{d}x\right]\boldsymbol{C}\dot{\boldsymbol{w}}_i\Big|_{t_0}^{t_1}\\ &\quad-\rho A\int_{t_0}^{t_1}\delta\boldsymbol{w}_i^{\mathrm{T}}\frac{\partial}{\partial t}\left\{\boldsymbol{C}^{\mathrm{T}}\left[\int_0^L \boldsymbol{F}(x)\mathrm{d}x\right]\boldsymbol{C}\dot{\boldsymbol{w}}_i\right\}\mathrm{d}t\\ &=\rho A\delta\boldsymbol{w}_i^{\mathrm{T}}\boldsymbol{C}^{\mathrm{T}}\left[\int_0^L \boldsymbol{F}(x)\mathrm{d}x\right]\boldsymbol{C}\dot{\boldsymbol{w}}_i\Big|_{t_0}^{t_1}\\ &\quad-\rho A\int_{t_0}^{t_1}\delta\boldsymbol{w}_i^{\mathrm{T}}\boldsymbol{C}^{\mathrm{T}}\left[\int_0^L \boldsymbol{F}(x)\mathrm{d}x\right]\boldsymbol{C}\ddot{\boldsymbol{w}}_i\mathrm{d}t\end{aligned} \tag{13.126}$$

上式右边第一项为零。将式(13.115)、式(13.122)和式(13.126)代入式(13.124)，得

$$\begin{aligned}&\int_{t_0}^{t_1}\delta\boldsymbol{w}_i^{\mathrm{T}}\left\{\rho A\boldsymbol{C}^{\mathrm{T}}\left[\int_0^L \boldsymbol{F}(x)\mathrm{d}x\right]\boldsymbol{C}\dot{\boldsymbol{w}}_i\right.\\ &\quad\left.+EI\boldsymbol{C}^{\mathrm{T}}\left[\int_0^L \boldsymbol{D}(x)\mathrm{d}x\right]\boldsymbol{C}\boldsymbol{w}_i-\boldsymbol{F}_i\right\}\mathrm{d}t=0\end{aligned} \tag{13.127}$$

由位移变分的独立性和任意性得

$$\boldsymbol{m}\ddot{\boldsymbol{w}}_i+\boldsymbol{k}\boldsymbol{w}_i=\boldsymbol{F}_i \tag{13.128}$$

其中

$$\boldsymbol{m}=\rho A\boldsymbol{C}^{\mathrm{T}}\left[\int_0^L \boldsymbol{F}(x)\mathrm{d}x\right]\boldsymbol{C} \tag{13.129}$$

$$\boldsymbol{k}=EI\boldsymbol{C}^{\mathrm{T}}\left[\int_0^L \boldsymbol{D}(x)\mathrm{d}x\right]\boldsymbol{C} \tag{13.130}$$

这就是单元质量矩阵和刚度矩阵，经运算可得具体表达式为

$$\boldsymbol{m}=\frac{\rho AL}{420}\begin{bmatrix}156 & 22L & 54 & -13L\\ 22L & 4L^2 & 13L & -3L^2\\ 54 & 13L & 156 & -22L\\ -13L & -3L^2 & -22L & 4L^2\end{bmatrix} \tag{13.131}$$

$$\boldsymbol{k}=\frac{EI}{L^3}\begin{bmatrix}12 & 6L & 12 & 6L\\ 6L & 4L^2 & -6L & 2L^2\\ -12 & -6L & 12 & -6L\\ 6L & 2L^2 & -6L & 4L^2\end{bmatrix} \tag{13.132}$$

13.11.2 板单元

推导过程与上一小节相同。矩形板单元 $klmn$ 如图 13.6 所示，其应变能为

$$\pi=\frac{D}{2}\int_0^b\int_0^a\left\{\left(\frac{\partial^2 w}{\partial x^2}+\frac{\partial^2 w}{\partial y^2}\right)^2-2(1-\mu)\left[\frac{\partial^2 w}{\partial x^2}\frac{\partial^2 w}{\partial y^2}-\left(\frac{\partial^2 w}{\partial x\partial y}\right)^2\right]\right\}\mathrm{d}x\,\mathrm{d}y \tag{13.133}$$

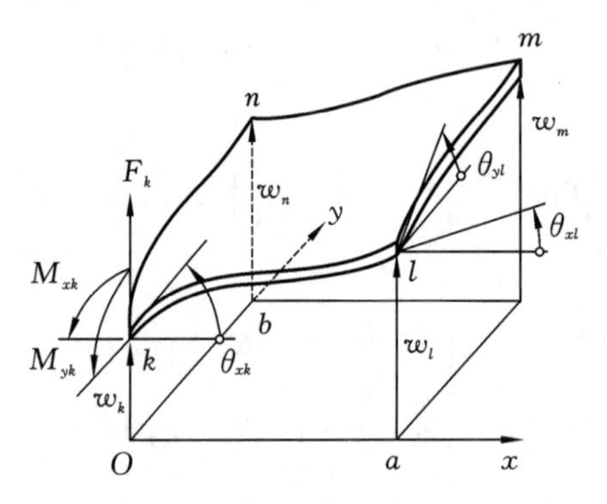

图 13.6 矩形板单元

每个结点有三个广义位移、一个横向位移、两个转角，比如结点 l，其转角为

$$\theta_{xl}=\frac{\partial w_l}{\partial x},\quad \theta_{yl}=\frac{\partial w_l}{\partial y} \tag{13.134}$$

单元 4 个结点共有 12 个广义位移，单元位移场需要满足 12 个位移条件，所以单元的位移场假设为

$$\begin{aligned}w(x,t)=&a_1+a_2x+a_3y+a_4x^2+a_5xy+a_6y^2+a_7x^3\\&+a_8x^2y+a_9xy^2+a_{10}y^3+a_{11}x^3y+a_{12}xy^3\end{aligned} \tag{13.135}$$

写成矩阵形式为

$$w(x,t)=\boldsymbol{A}^{\mathrm{T}}\boldsymbol{Z} \tag{13.136}$$

其中

$$\boldsymbol{A}^{\mathrm{T}}=[a_1,a_2,\cdots,a_{12}] \tag{13.137}$$

$$\boldsymbol{Z}^{\mathrm{T}}=[1,x,y,x^2,xy,y^2,x^3,x^2y,xy^2,y^3,x^3y,xy^3] \tag{13.138}$$

应变能变为

$$\pi=\frac{D}{2}\boldsymbol{A}^{\mathrm{T}}\left[\int_{0}^{b}\int_{0}^{a}\boldsymbol{D}(x,y)\mathrm{d}x\,\mathrm{d}y\right]\boldsymbol{A} \tag{13.139}$$

其中

$$\begin{aligned}\boldsymbol{D}(x,y)=&\frac{\partial^{2}\boldsymbol{Z}}{\partial x^{2}}\frac{\partial^{2}\boldsymbol{Z}^{\mathrm{T}}}{\partial x^{2}}+\frac{\partial^{2}\boldsymbol{Z}}{\partial y^{2}}\frac{\partial^{2}\boldsymbol{Z}^{\mathrm{T}}}{\partial y^{2}}+\mu\frac{\partial^{2}\boldsymbol{Z}}{\partial x^{2}}\frac{\partial^{2}\boldsymbol{Z}^{\mathrm{T}}}{\partial y^{2}}\\&+\mu\frac{\partial^{2}\boldsymbol{Z}}{\partial y^{2}}\frac{\partial^{2}\boldsymbol{Z}^{\mathrm{T}}}{\partial x^{2}}+2(1-\mu)\frac{\partial^{2}\boldsymbol{Z}}{\partial x\partial y}\frac{\partial^{2}\boldsymbol{Z}^{\mathrm{T}}}{\partial x\partial y}\end{aligned} \tag{13.140}$$

位移场需要满足的 12 个结点位移条件为

$$\begin{cases}w(0,0,t)=w_{k}, & \dfrac{\partial w}{\partial x}(0,0,t)=\theta_{xk}, & \dfrac{\partial w}{\partial y}(0,0,t)=\theta_{yk}\\ w(a,0,t)=w_{l}, & \dfrac{\partial w}{\partial x}(a,0,t)=\theta_{xl}, & \dfrac{\partial w}{\partial y}(a,0,t)=\theta_{yl}\\ w(a,b,t)=w_{m}, & \dfrac{\partial w}{\partial x}(a,b,t)=\theta_{xm}, & \dfrac{\partial w}{\partial y}(a,b,t)=\theta_{ym}\\ w(0,b,t)=w_{n}, & \dfrac{\partial w}{\partial x}(0,b,t)=\theta_{xn}, & \dfrac{\partial w}{\partial y}(0,b,t)=\theta_{yn}\end{cases} \tag{13.141}$$

这可写成矩阵形式：

$$\boldsymbol{w}_{i}=\boldsymbol{B}\boldsymbol{A} \tag{13.142}$$

其中

$$\boldsymbol{w}_{i}^{\mathrm{T}}=[w_{k},\theta_{xk},\theta_{yk},w_{l},\theta_{xl},\theta_{yl},w_{m},\theta_{xm},\theta_{ym},w_{n},\theta_{xn},\theta_{yn}] \tag{13.143}$$

$$\boldsymbol{B}=\begin{bmatrix}1&0&0&0&0&0&0&0&0&0&0&0\\0&1&0&0&0&0&0&0&0&0&0&0\\0&0&1&0&0&0&0&0&0&0&0&0\\1&a&0&a^{2}&0&0&a^{3}&0&0&0&0&0\\0&1&0&2a&0&0&3a^{2}&0&0&0&0&0\\0&0&1&0&a&0&0&a^{2}&0&0&a^{3}&0\\1&a&b&a^{2}&ab&b^{2}&a^{3}&a^{2}b&ab^{2}&b^{3}&a^{3}b&ab^{3}\\0&1&0&2a&b&0&3a^{2}&2ab&b^{2}&0&3a^{2}b&b^{3}\\0&0&1&0&a&2b&0&a^{2}&2ab&3b^{2}&a^{3}&3ab^{2}\\1&0&b&0&0&b^{2}&0&0&0&b^{3}&0&0\\0&1&0&0&b&0&0&0&b^{2}&0&0&b^{3}\\0&0&1&0&0&2b&0&0&0&3b^{2}&0&0\end{bmatrix} \tag{13.144}$$

解出 $\boldsymbol{A}$，得

$$\boldsymbol{A}=\boldsymbol{C}\boldsymbol{w}_{i} \tag{13.145}$$

其中

$$\boldsymbol{C}=\boldsymbol{B}^{-1} \tag{13.146}$$

应变能变为

$$\pi=\frac{D}{2}\boldsymbol{w}_{i}^{\mathrm{T}}\boldsymbol{C}^{\mathrm{T}}\left[\int_{0}^{b}\int_{0}^{a}\boldsymbol{D}(x,y)\mathrm{d}x\,\mathrm{d}y\right]\boldsymbol{C}\boldsymbol{w}_{i} \tag{13.147}$$

单元的动能为

$$T=\frac{\rho h}{2}\int_0^b\int_0^a \dot{w}^2\ \mathrm{d}x\,\mathrm{d}y \tag{13.148}$$

由方程(13.136)可得

$$\dot{w}^2=\dot{\boldsymbol{A}}^{\mathrm{T}}\boldsymbol{Z}\boldsymbol{Z}^{\mathrm{T}}\dot{\boldsymbol{A}} \tag{13.149}$$

代入式(13.145)

$$\dot{w}^2=\dot{\boldsymbol{w}}_i^{\mathrm{T}}\boldsymbol{C}^{\mathrm{T}}[\boldsymbol{F}(x,y)]\boldsymbol{C}\dot{\boldsymbol{w}}_i \tag{13.150}$$

其中

$$\boldsymbol{F}(x,y)=\boldsymbol{Z}\boldsymbol{Z}^{\mathrm{T}} \tag{13.151}$$

单元的动能为

$$T=\frac{\rho h}{2}\ \dot{\boldsymbol{w}}_i^{\mathrm{T}}\boldsymbol{C}^{\mathrm{T}}\left[\int_0^b\int_0^a\boldsymbol{F}(x,y)\mathrm{d}x\,\mathrm{d}y\right]\boldsymbol{C}\dot{\boldsymbol{w}}_i \tag{13.152}$$

结点力和力矩产生的虚功为

$$\delta W=\boldsymbol{F}_i^{\mathrm{T}}\delta\boldsymbol{w}_i=\delta\boldsymbol{w}_i^{\mathrm{T}}\boldsymbol{F}_i \tag{13.153}$$

其中

$$\boldsymbol{F}_i^{\mathrm{T}}=[F_k,M_{xk},M_{yk},F_l,M_{xl},M_{yl},F_m,M_{xm},M_{ym},F_n,M_{xn},M_{yn}] \tag{13.154}$$

将应变能、动能的变分和边界力虚功代入 Hamilton 原理,得

$$\boldsymbol{m}\ddot{\boldsymbol{w}}_i+\boldsymbol{k}\boldsymbol{w}_i=\boldsymbol{F}_i \tag{13.155}$$

其中

$$\boldsymbol{m}=\rho h\boldsymbol{C}^{\mathrm{T}}\left[\int_0^b\int_0^a\boldsymbol{F}(x,y)\mathrm{d}x\,\mathrm{d}y\right]\boldsymbol{C} \tag{13.156}$$

$$\boldsymbol{k}=D\boldsymbol{C}^{\mathrm{T}}\left[\int_0^b\int_0^a\boldsymbol{D}(x,y)\mathrm{d}x\,\mathrm{d}y\right]\boldsymbol{C} \tag{13.157}$$

13.11.3　整体运动方程的集成

我们用例子来说明集成方法和过程。考虑一根固支-固支均匀梁,只分成两个单元,单元长度 $L=a/2$,如图 13.7 所示。用下标 1 表示单元 1,下标 2 表示单元 2,由连续性条件可得

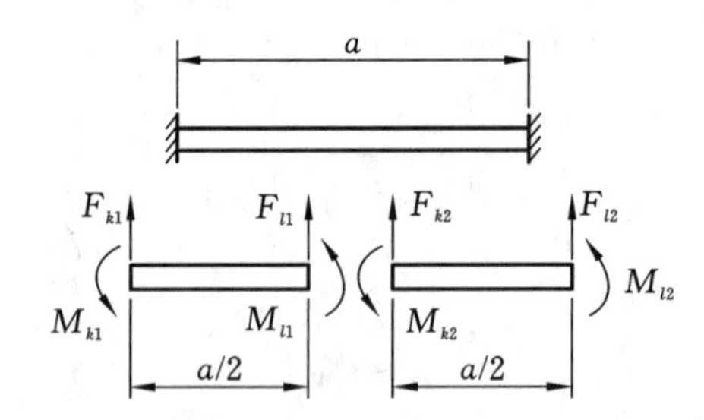

图 13.7　分成两个单元的一根固支-固支均匀梁

$$w_{l1}=w_{k2} \tag{13.158}$$

$$\theta_{l1}=\theta_{k2} \tag{13.159}$$

连接点的力和力矩叠加后为零:

$$F_{l1}+F_{k2}=0 \tag{13.160}$$

$$M_{l1}+M_{k2}=0 \tag{13.161}$$

这就允许我们将单元运动方程经简单相加而形成整体运动方程。我们得到

$$\boldsymbol{M}\ddot{\boldsymbol{w}}+\boldsymbol{K}\boldsymbol{w}=\boldsymbol{Q} \tag{13.162}$$

其中

$$\boldsymbol{Q}^{\mathrm{T}}=[F_{k1},M_{k1},0,0,F_{l2},M_{l2}] \tag{13.163}$$

$$\boldsymbol{w}^{\mathrm{T}}=\{w_{k1},\theta_{k1},w_{k2},\theta_{k2},2_{l2},\theta_{l2}\} \tag{13.164}$$

$$\boldsymbol{M}=\frac{\rho AL}{420}\begin{bmatrix}156 & 22L & 54 & -13L & 0 & 0\\ 22L & 4L^2 & 13L & -3L^2 & 0 & 0\\ 54 & 13L & 312 & 0 & 54 & -13L\\ -13L & -3L^2 & 0 & 8L^2 & 13L & -3L^2\\ 0 & 0 & 54 & 13L & 156 & -22L\\ 0 & 0 & -13L & -3L^2 & -22L & 4L^2\end{bmatrix} \tag{13.165}$$

$$\boldsymbol{K}=\frac{EI}{L^3}\begin{bmatrix}12 & 6L & -12 & 6L & 0 & 0\\ 6L & 4L^2 & -6L & 2L^2 & 0 & 0\\ -12 & -6L & 24 & 0 & -12 & 6L\\ 6L & 2L^2 & 0 & 8L^2 & -6L & 2L^2\\ 0 & 0 & -12 & -6L & 12 & -6L\\ 0 & 0 & 6L & 2L^2 & -6L & 4L^2\end{bmatrix} \tag{13.166}$$

应用边界条件后，结点位移向量变为

$$\boldsymbol{w}^{\mathrm{T}}=[w_{k2},\theta_{k2}] \tag{13.167}$$

运动方程变为

$$\frac{\rho AL}{420}\begin{bmatrix}312 & 0\\ 0 & 8L^2\end{bmatrix}\begin{bmatrix}\ddot{w}_{k2}\\ \ddot{\theta}_{k2}\end{bmatrix}+\frac{EI}{L^3}\begin{bmatrix}24 & 0\\ 0 & 8L^2\end{bmatrix}\begin{bmatrix}w_{k2}\\ \theta_{k2}\end{bmatrix}=\begin{bmatrix}0\\ 0\end{bmatrix} \tag{13.168}$$

13.11.4　壳单元

用应变表示的壳的应变能表达式为

$$\pi=\frac{1}{2}\int_\alpha\int_\beta\left\{C\left[(\varepsilon_{11}^0)^2+2\nu\varepsilon_{11}^0\varepsilon_{22}^0+(\varepsilon_{22}^0)^2+\frac{1-\nu}{2}(\varepsilon_{12}^0)^2\right]\right.$$
$$\left.+D\left(k_{11}^2+2\nu k_{11}k_{22}+k_{22}^2+\frac{1-\nu}{2}k_{12}^2\right)\right\}AB\,\mathrm{d}\alpha\,\mathrm{d}\beta \tag{13.169}$$

其中 C 和 D 分别为壳的薄膜刚度和弯曲刚度，ν 为 Poisson 比，$\varepsilon_{11}^0,\varepsilon_{22}^0,\varepsilon_{12}^0$ 为壳的薄膜应变，k_{11},k_{22},k_{12} 为壳的弯曲应变。

每个结点的广义位移一般可取三个位移和两个转角，即 u,v,w,θ_1,θ_2，因此单元位移场的选取应满足所有单元结点的位移条件。单元的形状、指向和曲率的选取，应使其在无变形状态下保持连续。这一点不容易做到，但应尽量避免由壳体的单元划分产生的初始不连续曲率，因为这样会导致出现波纹壳的行为。

作为例子，我们来讨论一种特殊环形单元，如图 13.8 所示。单元的曲率半径与单元所

在位置处回转壳的半径相匹配。取曲线坐标 $\alpha=s,\beta=\theta$，因此 Lamé 参数 $A=1,B=r$，位移函数假设为

$$w(s,\theta,t)=(a_1+a_2s+a_3s^2+a_4s^3)\cos[n(\theta-\phi)] \tag{13.170}$$

$$v(s,\theta,t)=(a_5+a_6s+a_7s^2+a_8s^3)\sin[n(\theta-\phi)] \tag{13.171}$$

$$u(s,\theta,t)=(a_9+a_{10}s+a_{11}s^2+a_{12}s^3)\cos[n(\theta-\phi)] \tag{13.172}$$

其中 $\phi=0,\pi/(2n),n=1,2,\cdots$，但是，如果只是求固有频率，那么只需要 $\phi=0$，因为由 $\phi=\pi/(2n)$ 求出的固有频率是相同的。方程(13.170)～方程(13.172)可以使单元满足 12 个位移条件。现在的环形单元之间不是通过结点连接的，而是通过环的两条圆周线来连接的，每条圆周线上满足的位移条件选为以下 6 个：$w,v,u,\theta_s,\partial v/\partial s,\partial u/\partial s$。这些也就是单元的广义结点位移。

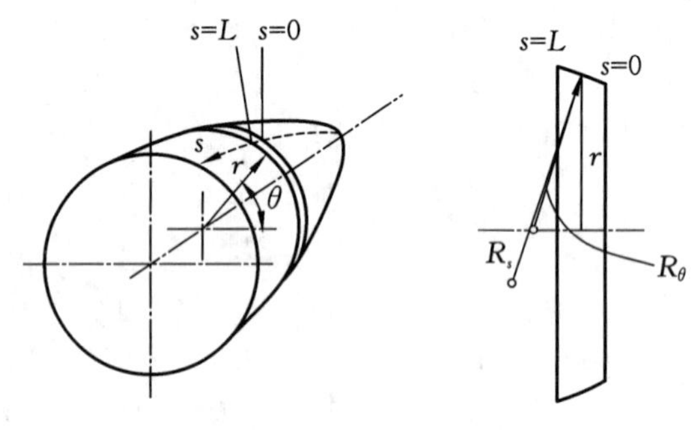

图 13.8　回转壳的环形单元

将单元的位移场写成矩阵形式：

$$w(s,\theta,t)=\boldsymbol{A}_{1\sim4}^{\mathrm{T}}\boldsymbol{Z}\cos[n(\theta-\phi)] \tag{13.173}$$

$$v(s,\theta,t)=\boldsymbol{A}_{5\sim8}^{\mathrm{T}}\boldsymbol{Z}\sin[n(\theta-\phi)] \tag{13.174}$$

$$u(s,\theta,t)=\boldsymbol{A}_{9\sim12}^{\mathrm{T}}\boldsymbol{Z}\cos[n(\theta-\phi)] \tag{13.175}$$

其中

$$\boldsymbol{A}_{1\sim4}^{\mathrm{T}}=[a_1,a_2,a_3,a_4] \tag{13.176}$$

$$\boldsymbol{A}_{5\sim8}^{\mathrm{T}}=[a_5,a_6,a_7,a_8] \tag{13.177}$$

$$\boldsymbol{A}_{9\sim12}^{\mathrm{T}}=[a_9,a_{10},a_{11},a_{12}] \tag{13.178}$$

$$\boldsymbol{Z}^{\mathrm{T}}=[1,s,s^2,s^3] \tag{13.179}$$

应变能表达式可写为

$$\pi=\boldsymbol{A}^{\mathrm{T}}\left[\int_{s=0}^{L}\boldsymbol{D}(s,n)\mathrm{d}s\right]\boldsymbol{A} \tag{13.180}$$

其中

$$\boldsymbol{A}=\begin{bmatrix}\boldsymbol{A}_{1\sim4}\\\boldsymbol{A}_{5\sim8}\\\boldsymbol{A}_{9\sim12}\end{bmatrix} \tag{13.181}$$

单元两条圆周线上的广义结点位移为

$$
\begin{cases}
w_0 = w(0,\theta,t), & \theta_{s0} = \theta_s(0,\theta,t) \\
w_L = w(L,\theta,t), & \theta_{sL} = \theta_s(L,\theta,t) \\
u_0 = u(0,\theta,t), & u_0' = \dfrac{\partial u(0,\theta,t)}{\partial s} \\
u_L = u(L,\theta,t), & u_L' = \dfrac{\partial u(L,\theta,t)}{\partial s} \\
v_0 = v(0,\theta,t), & v_0' = \dfrac{\partial v(0,\theta,t)}{\partial s} \\
v_L = v(L,\theta,t), & v_L' = \dfrac{\partial v(L,\theta,t)}{\partial s}
\end{cases}
\tag{13.182}
$$

可以写成矩阵形式

$$\boldsymbol{w}_i = \boldsymbol{B}\boldsymbol{A} \tag{13.183}$$

其中

$$\boldsymbol{w}_i^{\mathrm{T}} = [w_0, \theta_{s0}, w_L, \theta_{sL}, \cdots] \tag{13.184}$$

解出 $\boldsymbol{A}$，得

$$\boldsymbol{A} = \boldsymbol{C}\boldsymbol{w}_i \tag{13.185}$$

其中

$$\boldsymbol{C} = \boldsymbol{B}^{-1} \tag{13.186}$$

与前面类似，单元的应变能可用结点位移向量表示为

$$\pi = \frac{1}{2}\boldsymbol{w}_i^{\mathrm{T}}\boldsymbol{C}^{\mathrm{T}}\left[\int_{s=0}^{L}\boldsymbol{D}(s,n)\mathrm{d}s\right]\boldsymbol{C}\boldsymbol{w}_i \tag{13.187}$$

单元的动能为

$$T = \frac{\rho h}{2}\boldsymbol{w}_i^{\mathrm{T}}\boldsymbol{C}^{\mathrm{T}}\left[\int_{s=0}^{L}\boldsymbol{F}(s,n)\mathrm{d}s\right]\boldsymbol{C}\boldsymbol{w}_i \tag{13.188}$$

将应变能、动能的变分和结点力虚功代入 Hamilton 原理，得

$$\boldsymbol{m}\ddot{\boldsymbol{w}}_i + \boldsymbol{k}\boldsymbol{w}_i = \boldsymbol{F}_i \tag{13.189}$$

其中

$$\boldsymbol{k} = \boldsymbol{C}^{\mathrm{T}}\left[\int_{s=0}^{L}\boldsymbol{D}(s,n)\mathrm{d}s\right]\boldsymbol{C} \tag{13.190}$$

$$\boldsymbol{m} = \rho h\boldsymbol{C}^{\mathrm{T}}\left[\int_{s=0}^{L}\boldsymbol{F}(s,n)\mathrm{d}s\right]\boldsymbol{C} \tag{13.191}$$

$\boldsymbol{k}$，$\boldsymbol{m}$ 分别为单元的刚度矩阵和质量矩阵。

习题

13.1　用 Rayleigh 方法确定一根均匀悬臂梁的基频。

(1) 取试函数为 $W(x)=x^2$。

(2) 取试函数为 $W(x)=1-\cos(\pi x/2l)$。

13.2　应用 Rayleigh-Ritz 法求得均匀悬臂梁的固有频率。取试函数为

$$W(x)=c_1x^2+c_2x^3$$

13.3　一根长度为 l、密度为 ρ 的均匀梁，截面积为 A，弯曲刚度为 EI。梁铅垂放置，其一端固支，另一端自由，如图所示。梁受到单位体积的体力 ρg 作用，在梁内形成轴向压力。这个体力可以认为是重力，或者由铅垂方向基础运动的加速度产生。

(1) 用 Rayleigh 方法估算梁的基频，取试函数为 $W(x)=x^4-4lx^3+6l^2x^2$。

(2) 用 Rayleigh-Ritz 法估算梁的前二阶固有频率，取试函数为 $W(x)=c_1x^2+c_2x^3$。

13.4　均匀矩形板四边固支，如图所示，用 Rayleigh 方法估算板的基频。取试函数为

$$W(x,y)=C\,(x^2-a^2)^2\,(y^2-b^2)^2$$

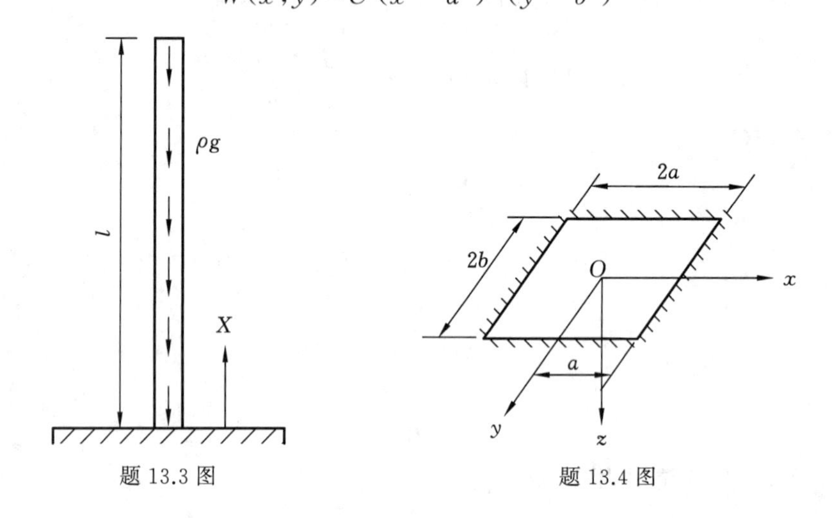

题 13.3 图　　　　题 13.4 图

13.5　均匀矩形板四边简支，板的分布质量为 m，板上有 4 个质量为 M 的集中质量，如图所示。取四边简支板的精确模态形状函数作为权函数，采用 Galerkin 法，写出求解板的 n 个固有频率的方程。

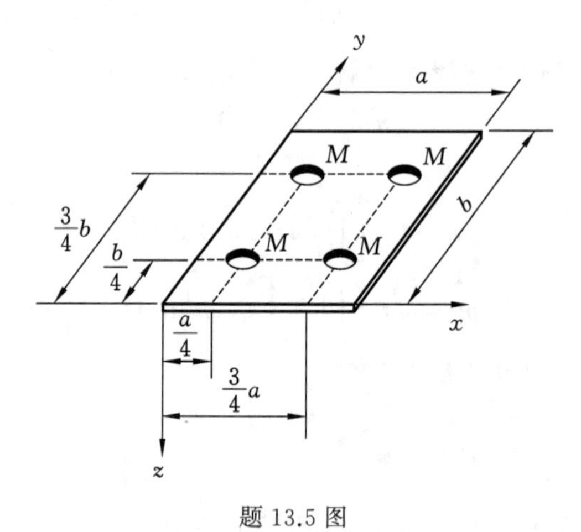

题 13.5 图

第 14 章　复合材料壳

复合材料有许多重要的优良性能，如轻质、高比刚度和比强度，可以按要求设计材料性能，但是在分析方面会有一定难度。

14.1　复合特性

我们集中讨论使用最广泛的复合结构，即**层合结构**（**laminated composite**）。这种复合材料是由等厚度薄片复合构造而成的。每一个薄片就是一层，或称为单层板（lamina）。每个单层可以是各向同性、正交各向异性或各向异性的，可以是**均质的**（**homogeneous**），也可以是**非均质的**（**heterogeneous**）。当各个单层黏结在一起后，一般将呈现出**耦合各向异性**（**coupled anisotropic**）。图 14.1 示出了从各向同性体到耦合各向异性体的一些特征。

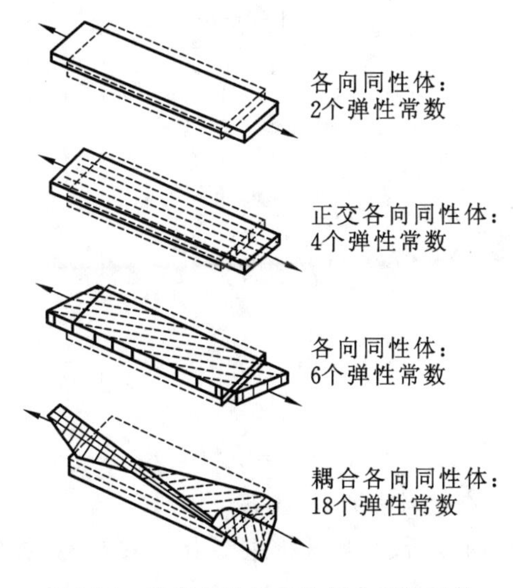

图 14.1　轴向加载的各种复合材料板条

通常，单层板由**增强材料**（**reinforcing material**）（如纤维）与**基体材料**（**matrix material**）复合而成。增强材料承受载荷，基体材料使纤维保持一定的间隔。通过改变单层中的纤维排列、布置，以及选用不同的基体材料，可以改变单层的力学特性和其他物理特性。

14.2　单层的本构关系

我们假设每个单层处于平面应变状态。平面问题的应力-应变关系为

$$\begin{bmatrix}\sigma_{xx}\\ \sigma_{yy}\\ \sigma_{xy}\end{bmatrix}=[Q]\begin{bmatrix}\varepsilon_{xx}\\ \varepsilon_{yy}\\ \varepsilon_{xy}\end{bmatrix}\tag{14.1}$$

其中

$$[Q]=\begin{bmatrix} Q_{11} & Q_{12} & 0 \\ Q_{21} & Q_{22} & 0 \\ 0 & 0 & Q_{33} \end{bmatrix} \tag{14.2}$$

对于各向同性单层材料

$$Q_{11}=Q_{22}=\frac{E}{1-\nu^2} \tag{14.3}$$

$$Q_{21}=Q_{12}=\frac{\nu E}{1-\nu^2} \tag{14.4}$$

$$Q_{33}=G=\frac{E}{2(1+\nu)} \tag{14.5}$$

其中 E 为弹性模量，ν 为 Poisson 比。

对于正交各向异性单层材料，有

$$Q_{11}=\frac{E_{xx}}{1-\nu_{xy}\nu_{yx}} \tag{14.6}$$

$$Q_{22}=\frac{E_{yy}}{1-\nu_{xy}\nu_{yx}} \tag{14.7}$$

$$Q_{12}=\frac{\nu_{yx}E_{xx}}{1-\nu_{xy}\nu_{yx}} \tag{14.8}$$

$$Q_{21}=\frac{\nu_{xy}E_{yy}}{1-\nu_{xy}\nu_{yx}} \tag{14.9}$$

$$Q_{33}=G_{xy} \tag{14.10}$$

因为要求

$$Q_{12}=Q_{21} \tag{14.11}$$

得

$$\nu_{yx}E_{xx}=\nu_{xy}E_{yy} \tag{14.12}$$

正交各向异性体需要 4 个基本材料常数：E_{xx}，E_{yy}，ν_{xy}，G_{xy}。

对于纤维单层板，如图 14.2 所示，当纤维主要沿 x 方向（主刚度方向）铺设时，材料常数采用以下间接表达式：

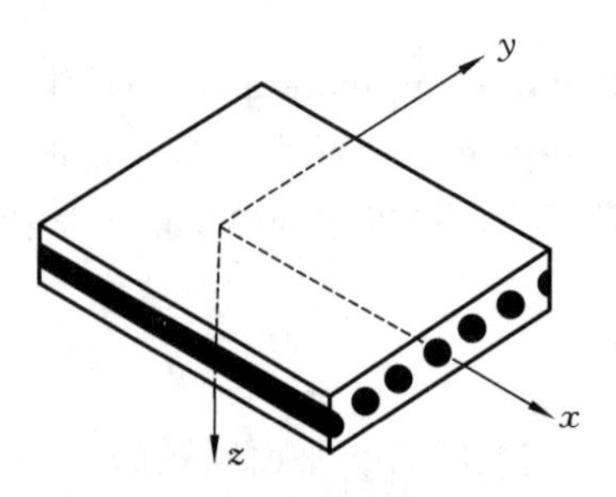

图 14.2　纤维单层板

$$E_{xx}=E_{\mathrm{f}}V_{\mathrm{f}}+E_{\mathrm{m}}V_{\mathrm{m}} \tag{14.13}$$

$$E_{yy}=E_{\mathrm{m}}\frac{1+\zeta\alpha V_{\mathrm{f}}}{1-\zeta V_{\mathrm{f}}} \tag{14.14}$$

$$\nu_{xy}=\nu_{\mathrm{f}}V_{\mathrm{f}}+\nu_{\mathrm{m}}V_{\mathrm{m}} \tag{14.15}$$

$$G_{xy}=G_{\mathrm{m}}\frac{1+\zeta\beta V_{\mathrm{f}}}{1-\zeta V_{\mathrm{f}}} \tag{14.16}$$

其中

$$\alpha=\frac{E_{\mathrm{f}}/E_{\mathrm{m}}-1}{E_{\mathrm{f}}/E_{\mathrm{m}}+\zeta} \tag{14.17}$$

$$\beta=\frac{G_{\mathrm{f}}/G_{\mathrm{m}}-1}{G_{\mathrm{f}}/G_{\mathrm{m}}+\zeta} \tag{14.18}$$

其中：E_{f} 为纤维材料(filamentary material)的弹性模量(N/m^2)；E_{m} 为基体材料的弹性模量(N/m^2)；ν_{f} 为纤维材料的 Poisson 比；ν_{m} 为基体材料的 Poisson 比；V_{f} 为纤维材料的体积份额；V_{m} 为基体材料的体积份额($V_{\mathrm{f}}+V_{\mathrm{m}}=1$)；$G_{\mathrm{f}}$ 为纤维材料的剪切模量(N/m^2)；G_{m} 为基体材料的剪切模量(N/m^2)；ζ 是一个调整因子，一定程度上取决于边界条件，$\zeta=1$ 是首阶近似。

当刚度很高的纤维与相对柔软的基体复合时，比如充气轮胎，有 $E_{\mathrm{f}}\gg E_{\mathrm{m}}$，$G_{\mathrm{f}}\gg G_{\mathrm{m}}$，因此以上各式近似为

$$E_{xx}\approx E_{\mathrm{f}}V_{\mathrm{f}} \tag{14.19}$$

$$E_{yy}\approx E_{\mathrm{m}} \tag{14.20}$$

$$\nu_{xy}\approx\nu_{\mathrm{m}}V_{\mathrm{m}} \tag{14.21}$$

$$G_{xy}\approx G_{\mathrm{m}} \tag{14.22}$$

如果我们要在 $\alpha_1\alpha_2$ 坐标系中分析单层板，但主刚度方向沿 x 方向，而不是沿 α_1 方向，如图 14.3 所示，对这种情况我们需要进行坐标变换。取斜边长度分别为 dy 和 dx 的直角三角形微元，如图 14.4 所示，分析微元体的平衡，得

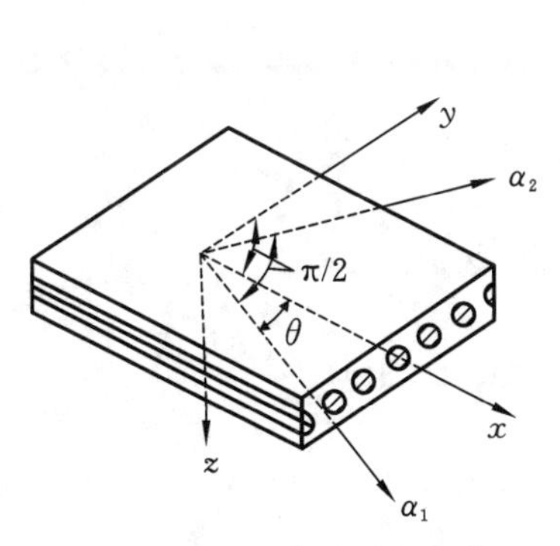

图 14.3　正交各向异性板条

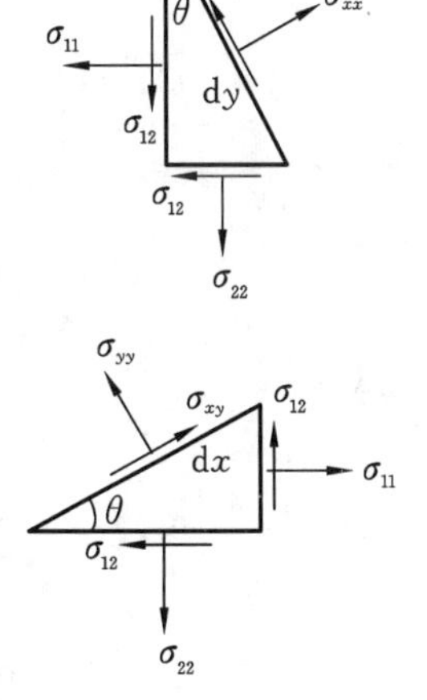

图 14.4　三角形板微元的应力

$$\begin{bmatrix}\sigma_{xx}\\ \sigma_{yy}\\ \sigma_{xy}\end{bmatrix}=[T_1]\begin{bmatrix}\sigma_{11}\\ \sigma_{22}\\ \sigma_{12}\end{bmatrix} \tag{14.23}$$

$$[T_1]=\begin{bmatrix}\cos^2\theta & \sin^2\theta & 2\sin\theta\cos\theta\\ \sin^2\theta & \cos^2\theta & -2\sin\theta\cos\theta\\ -\sin\theta\cos\theta & \sin\theta\cos\theta & \cos^2\theta-\sin^2\theta\end{bmatrix} \tag{14.24}$$

类似地,对应变有

$$\begin{bmatrix}\varepsilon_{xx}\\ \varepsilon_{yy}\\ \varepsilon_{xy}\end{bmatrix}=[T_2]\begin{bmatrix}\varepsilon_{11}\\ \varepsilon_{22}\\ \varepsilon_{12}\end{bmatrix} \tag{14.25}$$

$$[T_2]=\begin{bmatrix}\cos^2\theta & \sin^2\theta & \sin\theta\cos\theta\\ \sin^2\theta & \cos^2\theta & -\sin\theta\cos\theta\\ -2\sin\theta\cos\theta & 2\sin\theta\cos\theta & \cos^2\theta-\sin^2\theta\end{bmatrix} \tag{14.26}$$

于是得 $\alpha_1\alpha_2$ 坐标系中的本构关系为

$$\begin{bmatrix}\sigma_{11}\\ \sigma_{22}\\ \sigma_{12}\end{bmatrix}=[\overline{Q}]\begin{bmatrix}\varepsilon_{11}\\ \varepsilon_{22}\\ \varepsilon_{12}\end{bmatrix} \tag{14.27}$$

其中

$$[\overline{Q}]=[T_1]^{-1}[Q][T_2] \tag{14.28}$$

$[\overline{Q}]$的各个元素为

$$\overline{Q}_{11}=U_1+U_2\cos(2\theta)+U_3\cos(4\theta) \tag{14.29}$$

$$\overline{Q}_{22}=U_1-U_2\cos(2\theta)+U_3\cos(4\theta) \tag{14.30}$$

$$\overline{Q}_{12}=U_4-U_3\cos(4\theta)=\overline{Q}_{21} \tag{14.31}$$

$$\overline{Q}_{33}=U_5-U_3\cos(4\theta) \tag{14.32}$$

$$\overline{Q}_{13}=-\frac{1}{2}U_2\cos(2\theta)-U_3\cos(4\theta)=\overline{Q}_{31} \tag{14.33}$$

$$\overline{Q}_{23}=-\frac{1}{2}U_2\cos(2\theta)+U_3\cos(4\theta)=\overline{Q}_{32} \tag{14.34}$$

其中

$$U_1=\frac{1}{8}(3Q_{11}+3Q_{22}+2Q_{12}+4Q_{33}) \tag{14.35}$$

$$U_2=\frac{1}{2}(Q_{11}-Q_{22}) \tag{14.36}$$

$$U_3=\frac{1}{8}(Q_{11}+Q_{22}-2Q_{12}-4Q_{33}) \tag{14.37}$$

$$U_4=\frac{1}{8}(Q_{11}+Q_{22}+6Q_{12}-4Q_{33}) \tag{14.38}$$

$$U_5=\frac{1}{8}(Q_{11}+Q_{22}-2Q_{12}-4Q_{33}) \tag{14.39}$$

14.3 层合结构

如图 14.5 所示，虽然板壳由多个单层复合而成，我们仍然假设壳体是薄的。仍然采用 Love 位移近似，这意味着式(12.99)～(12.101)仍然成立，即有

$$\begin{bmatrix}\varepsilon_{11}\\ \varepsilon_{22}\\ \varepsilon_{12}\end{bmatrix}=\begin{bmatrix}\varepsilon_{11}^0\\ \varepsilon_{22}^0\\ \varepsilon_{12}^0\end{bmatrix}+z\begin{bmatrix}k_{11}\\ k_{22}\\ k_{12}\end{bmatrix} \tag{14.40}$$

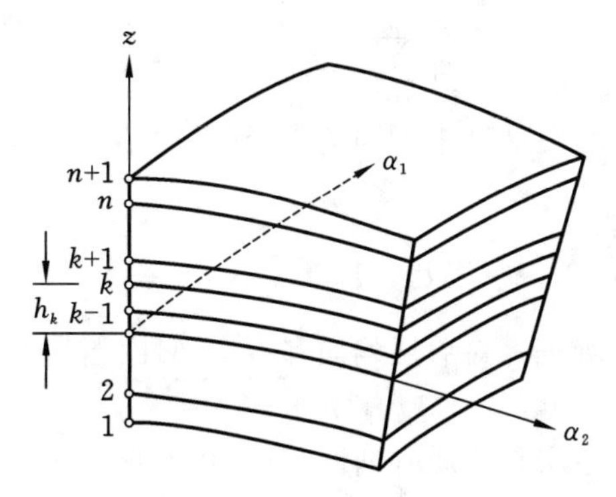

图 14.5　层合壳单元

用下标 k 表示第 k 个单层板，那么该层的本构关系为

$$\begin{bmatrix}\sigma_{11}\\ \sigma_{22}\\ \sigma_{12}\end{bmatrix}_k=[\overline{Q}]_k\begin{bmatrix}\varepsilon_{11}^0\\ \varepsilon_{22}^0\\ \varepsilon_{12}^0\end{bmatrix}+z\,[\overline{Q}]_k\begin{bmatrix}k_{11}\\ k_{22}\\ k_{12}\end{bmatrix} \tag{14.41}$$

这些应力的叠加结果为截面内力

$$\begin{bmatrix}N_{11}\\ N_{22}\\ N_{12}\end{bmatrix}=\int_z\begin{bmatrix}\sigma_{11}\\ \sigma_{22}\\ \sigma_{12}\end{bmatrix}\mathrm{d}z \tag{14.42}$$

对具有 n 层的层合结构，如图 14.5 所示，上式为

$$\begin{bmatrix}N_{11}\\ N_{22}\\ N_{12}\end{bmatrix}=\sum_{k=1}^{n}\int_{h_k}^{h_{k+1}}\begin{bmatrix}\sigma_{11}\\ \sigma_{22}\\ \sigma_{12}\end{bmatrix}\mathrm{d}z \tag{14.43}$$

代入方程(14.41)，得

$$\begin{bmatrix}N_{11}\\ N_{22}\\ N_{12}\end{bmatrix}=\sum_{k=1}^{n}\left\{[\overline{Q}]_k\begin{bmatrix}\varepsilon_{11}^0\\ \varepsilon_{22}^0\\ \varepsilon_{12}^0\end{bmatrix}\int_{h_k}^{h_{k+1}}\mathrm{d}z+[\overline{Q}]_k\begin{bmatrix}k_{11}\\ k_{22}\\ k_{12}\end{bmatrix}\int_{h_k}^{h_{k+1}}z\,\mathrm{d}z\right\} \tag{14.44}$$

该式可以写成

$$\begin{bmatrix}N_{11}\\ N_{22}\\ N_{12}\end{bmatrix}=[A]\begin{bmatrix}\varepsilon_{11}^0\\ \varepsilon_{22}^0\\ \varepsilon_{12}^0\end{bmatrix}+[B]\begin{bmatrix}k_{11}\\ k_{22}\\ k_{12}\end{bmatrix} \tag{14.45}$$

其中

$$[A]=\sum_{k=1}^{n}[\overline{Q}]_k(h_{k+1}-h_k) \tag{14.46}$$

$$[B]=\frac{1}{2}\sum_{k=1}^{n}[\overline{Q}]_k(h_{k+1}^2-h_k^2) \tag{14.47}$$

所以这两个矩阵的元素为

$$A_{ij}=\sum_{k=1}^{n}(\overline{Q}_{ij})_k(h_{k+1}-h_k) \tag{14.48}$$

$$B_{ij}=\frac{1}{2}\sum_{k=1}^{n}(\overline{Q}_{ij})_k(h_{k+1}^2-h_k^2) \tag{14.49}$$

可见,与各向同性材料的应力叠加结果不同的是,现在的结果一般也是弯曲应变的函数。只有当$[B]=0$,即

$$\sum_{k=1}^{n}(\overline{Q}_{ij})_k(h_{k+1}^2-h_k^2)=0 \tag{14.50}$$

时,截面内力才与弯曲应变解耦。对单层均质和各向同性材料,$n=1$,上式变为

$$(\overline{Q}_{ij})_1(h_2^2-h_1^2)=0 \tag{14.51}$$

一般,如果复合材料的各层是均质各向同性的,可选取一个参考面使$[B]=0$;如果各层的正交各向异性主方向与复合材料的主方向重合,也可使$[B]=0$。其余的绝大部分情况,不可能选取到一个参考面使$[B]=0$。**换句话说,很多复合材料板壳不存在中性面。**

截面上的合力矩为

$$\begin{bmatrix}M_{11}\\M_{22}\\M_{12}\end{bmatrix}=\int_z\begin{bmatrix}\sigma_{11}\\\sigma_{22}\\\sigma_{12}\end{bmatrix}z\,\mathrm{d}z=\sum_{k=1}^{n}\int_{h_k}^{h_{k+1}}\begin{bmatrix}\sigma_{11}\\\sigma_{22}\\\sigma_{12}\end{bmatrix}z\,\mathrm{d}z \tag{14.52}$$

代入各层的本构关系,得

$$\begin{bmatrix}M_{11}\\M_{22}\\M_{12}\end{bmatrix}=[B]\begin{bmatrix}\varepsilon_{11}^0\\\varepsilon_{22}^0\\\varepsilon_{12}^0\end{bmatrix}+[D]\begin{bmatrix}k_{11}\\k_{22}\\k_{12}\end{bmatrix} \tag{14.53}$$

其中

$$B_{ij}=\frac{1}{2}\sum_{k=1}^{n}(\overline{Q}_{ij})_k(h_{k+1}^2-h_k^2) \tag{14.54}$$

$$D_{ij}=\frac{1}{3}\sum_{k=1}^{n}(\overline{Q}_{ij})_k(h_{k+1}^3-h_k^3) \tag{14.55}$$

按常规,将方程(14.45)和方程(14.53)组合写成

$$\begin{bmatrix}N_{11}\\N_{22}\\N_{12}\\M_{11}\\M_{22}\\M_{12}\end{bmatrix}=\left[\begin{array}{ccc:ccc}A_{11}&A_{12}&A_{13}&B_{11}&B_{12}&B_{13}\\A_{21}&A_{22}&A_{23}&B_{21}&B_{22}&B_{23}\\A_{31}&A_{32}&A_{33}&B_{31}&B_{32}&B_{33}\\\hdashline B_{11}&B_{12}&B_{13}&D_{11}&D_{12}&D_{13}\\B_{21}&B_{22}&B_{23}&D_{21}&D_{22}&D_{23}\\B_{31}&B_{32}&B_{33}&D_{31}&D_{32}&D_{33}\end{array}\right]\begin{bmatrix}\varepsilon_{11}^0\\\varepsilon_{22}^0\\\varepsilon_{12}^0\\k_{11}\\k_{22}\\k_{12}\end{bmatrix} \tag{14.56}$$

由于元素 $\overline{Q}_{ij}$ 的对称性，我们有

$$\begin{cases} A_{ij}=A_{ji} \\ B_{ij}=B_{ji} \\ D_{ij}=D_{ji} \end{cases} \tag{14.57}$$

14.4　运动方程

因为 Love 方程是对截面内力写出的，所以 Love 方程(12.171)～方程(12.175)对现在的复合材料壳体同样成立，力和力矩边界条件也同样有效。我们将 Love 方程重写如下：

$$\frac{\partial(N_{11}B)}{\partial\alpha}+\frac{\partial(N_{21}A)}{\partial\beta}+N_{12}\frac{\partial A}{\partial\beta}-N_{22}\frac{\partial B}{\partial\alpha}+AB\frac{Q_{13}}{R_\alpha}+ABf_\alpha=AB\,\rho h\ddot{u} \tag{14.58}$$

$$\frac{\partial(N_{12}B)}{\partial\alpha}+\frac{\partial(N_{22}A)}{\partial\beta}+N_{21}\frac{\partial B}{\partial\alpha}-N_{11}\frac{\partial A}{\partial\beta}+AB\frac{Q_{23}}{R_\beta}+ABf_\beta=AB\,\rho h\ddot{v} \tag{14.59}$$

$$\frac{\partial(Q_{13}B)}{\partial\alpha}+\frac{\partial(Q_{23}A)}{\partial\beta}-AB\left(\frac{N_{11}}{R_\alpha}+\frac{N_{22}}{R_\beta}\right)+ABf_z=AB\,\rho h\ddot{w} \tag{14.60}$$

$$\frac{\partial(M_{11}B)}{\partial\alpha}+\frac{\partial(M_{21}A)}{\partial\beta}+M_{12}\frac{\partial A}{\partial\beta}-M_{22}\frac{\partial B}{\partial\alpha}-Q_{13}AB=0 \tag{14.61}$$

$$\frac{\partial(M_{12}B)}{\partial\alpha}+\frac{\partial(M_{22}A)}{\partial\beta}+M_{21}\frac{\partial B}{\partial\alpha}-M_{11}\frac{\partial A}{\partial\beta}-Q_{23}AB=0 \tag{14.62}$$

但是，如果将方程进一步用位移分量写出，则会使其变得更加复杂。至今，只有几种特殊情况的复合材料板和壳的特征值问题得到了精确解。

14.5　正交各向异性板

正交各向异性简支矩形板是少数几个可以得到精确解的例子之一。在本例中，令

$$\alpha=x,\quad \beta=y,\quad A=1,\quad B=1,\quad \frac{1}{R_\alpha}=\frac{1}{R_\beta}=0$$

因此，横向振动方程为

$$-\frac{\partial Q_{x3}}{\partial x}-\frac{\partial Q_{y3}}{\partial y}+\rho h\ddot{w}=f_z \tag{14.63}$$

$$Q_{x3}=\frac{\partial M_{xx}}{\partial x}+\frac{\partial M_{xy}}{\partial y} \tag{14.64}$$

$$Q_{y3}=\frac{\partial M_{xy}}{\partial x}+\frac{\partial M_{yy}}{\partial y} \tag{14.65}$$

由此得到自由振动方程为

$$-\frac{\partial^2 M_{xx}}{\partial x^2}-2\frac{\partial^2 M_{xy}}{\partial x\partial y}-\frac{\partial^2 M_{yy}}{\partial y^2}+\rho h\ddot{w}=0 \tag{14.66}$$

对正交各向异性材料，当选取参考平面与中性面重合时，由方程(14.56)得

$$\begin{bmatrix} N_{xx} \\ N_{yy} \\ N_{xy} \\ M_{xx} \\ M_{yy} \\ M_{xy} \end{bmatrix} = \begin{bmatrix} A_{11} & A_{12} & 0 & 0 & 0 & 0 \\ A_{21} & A_{22} & 0 & 0 & 0 & 0 \\ 0 & 0 & A_{33} & 0 & 0 & 0 \\ 0 & 0 & 0 & D_{11} & D_{12} & 0 \\ 0 & 0 & 0 & D_{21} & D_{22} & 0 \\ 0 & 0 & 0 & 0 & 0 & D_{33} \end{bmatrix} \begin{bmatrix} \varepsilon_{xx}^0 \\ \varepsilon_{yy}^0 \\ \varepsilon_{xy}^0 \\ k_{xx} \\ k_{yy} \\ k_{xy} \end{bmatrix} \tag{14.67}$$

所以

$$M_{xx} = D_{11} k_{xx} + D_{12} k_{yy} \tag{14.68}$$

$$M_{yy} = D_{12} k_{xx} + D_{22} k_{yy} \tag{14.69}$$

$$M_{xy} = D_{33} k_{xy} \tag{14.70}$$

将这些代入方程(14.66),得

$$-\left(D_{11}\frac{\partial^2 k_{xx}}{\partial x^2} + D_{12}\frac{\partial^2 k_{yy}}{\partial x^2}\right) - 2D_{33}\frac{\partial^2 k_{xy}}{\partial x \partial y} - \left(D_{12}\frac{\partial^2 k_{xx}}{\partial y^2} + D_{22}\frac{\partial^2 k_{yy}}{\partial y^2}\right) + \rho h \ddot{w} = 0 \tag{14.71}$$

因为

$$k_{xx} = -\frac{\partial^2 w}{\partial x^2} \tag{14.72}$$

$$k_{yy} = -\frac{\partial^2 w}{\partial y^2} \tag{14.73}$$

$$k_{xy} = -2\frac{\partial^2 w}{\partial x \partial y} \tag{14.74}$$

我们得

$$D_{11}\frac{\partial^4 w}{\partial x^4} + 2(D_{12} + 2D_{33})\frac{\partial^4 w}{\partial x^2 \partial y^2} + D_{22}\frac{\partial^4 w}{\partial y^4} + \rho h \ddot{w} = 0 \tag{14.75}$$

边界条件为

$$w(0,y,t) = w(a,y,t) = w(x,0,t) = w(x,b,t) = 0 \tag{14.76}$$

$$M_{xx}(0,y,t) = M_{xx}(a,y,t) = 0 \tag{14.77}$$

$$M_{yy}(x,0,t) = M_{yy}(x,b,t) = 0 \tag{14.78}$$

为了求出固有频率,令

$$w(x,y,t) = W(x,y)e^{i\omega t} \tag{14.79}$$

模态形状设为

$$W(x,y) = \sin\frac{m\pi x}{a}\sin\frac{n\pi x}{b} \tag{14.80}$$

它满足控制方程和边界条件。解得固有频率为

$$\omega_{mn} = \pi^2\sqrt{D_{11}\left(\frac{m}{a}\right)^4 + 2(D_{12} + 2D_{33})\left(\frac{m}{a}\right)^2\left(\frac{n}{b}\right)^2 + D_{22}\left(\frac{n}{b}\right)^4}\sqrt{\frac{1}{\rho h}} \tag{14.81}$$

当 $D_{11} = D_{22} = D, D_{12} = \nu D, D_{33} = (1-\nu)D/2$ 时,上式将退化为各向同性简支板的结果。

14.6　圆柱壳

我们应用 Donnell-Mushtari-Vlasov 近似方法。对半径为 a 的圆柱壳，有

$$\mathrm{d}\alpha=\mathrm{d}x,\quad \mathrm{d}\beta=\mathrm{d}\theta,\quad A=1,\quad B=a,\quad 1/R_{\alpha}=0,\quad R_{\beta}=a$$

忽略面内方向的两个惯性力和剪力项 $Q_{3\theta}/a$ 后，壳体的方程为

$$a\frac{\partial N_{xx}}{\partial x}+\frac{\partial N_{x\theta}}{\partial \theta}=0 \tag{14.82}$$

$$a\frac{\partial N_{x\theta}}{\partial x}+\frac{\partial N_{\theta\theta}}{\partial \theta}=0 \tag{14.83}$$

$$-a\frac{\partial Q_{x3}}{\partial x}-\frac{\partial Q_{\theta 3}}{\partial \theta}+N_{\theta\theta}+\rho h\ddot{w}=af_{z} \tag{14.84}$$

其中

$$Q_{x3}=\frac{\partial M_{xx}}{\partial x}+\frac{1}{a}\frac{\partial M_{x\theta}}{\partial \theta} \tag{14.85}$$

$$Q_{\theta 3}=\frac{\partial M_{x\theta}}{\partial x}+\frac{1}{a}\frac{\partial M_{\theta\theta}}{\partial \theta} \tag{14.86}$$

通过观察易知，方程(14.82)和方程(14.83)可取下列应力函数解

$$N_{xx}=\frac{1}{a^{2}}\frac{\partial^{2}\phi}{\partial \theta^{2}} \tag{14.87}$$

$$N_{\theta\theta}=\frac{\partial^{2}\phi}{\partial x^{2}} \tag{14.88}$$

$$N_{x\theta}=-\frac{1}{a}\frac{\partial^{2}\phi}{\partial x\partial \theta} \tag{14.89}$$

将方程(14.85)，方程(14.86)和方程(14.88)代入方程(14.84)，得

$$-a\frac{\partial^{2}M_{xx}}{\partial x^{2}}-2\frac{\partial^{2}M_{xx}}{\partial x\partial \theta}-\frac{1}{a}\frac{\partial^{2}M_{\theta\theta}}{\partial \theta^{2}}+\frac{\partial^{2}\phi}{\partial x^{2}}+a\rho h\ddot{w}=af_{z} \tag{14.90}$$

因为

$$M_{xx}=D_{11}k_{xx}+D_{12}k_{\theta\theta} \tag{14.91}$$

$$M_{\theta\theta}=D_{12}k_{xx}+D_{22}k_{\theta\theta} \tag{14.92}$$

$$M_{x\theta}=D_{33}k_{x\theta} \tag{14.93}$$

将这些式子代入方程(14.90)，并去掉载荷项，得

$$\begin{aligned}&-\left(D_{11}\frac{\partial^{2}k_{xx}}{\partial x^{2}}+D_{12}\frac{\partial^{2}k_{\theta\theta}}{\partial x^{2}}\right)-\frac{2D_{33}}{a}\frac{\partial^{2}k_{x\theta}}{\partial x\partial \theta}\\&\quad-\frac{1}{a^{2}}\left(D_{12}\frac{\partial^{2}k_{xx}}{\partial \theta^{2}}+D_{22}\frac{\partial^{2}k_{\theta\theta}}{\partial \theta^{2}}\right)+\frac{1}{a}\frac{\partial^{2}\phi}{\partial x^{2}}+\rho h\ddot{w}=0\end{aligned} \tag{14.94}$$

因为

$$k_{xx}=-\frac{\partial^{2}w}{\partial x^{2}} \tag{14.95}$$

$$k_{\theta\theta}=-\frac{1}{a^{2}}\frac{\partial^{2}w}{\partial \theta^{2}} \tag{14.96}$$

$$k_{x\theta}=-\frac{2}{a}\frac{\partial^2 w}{\partial x\partial\theta} \tag{14.97}$$

可得用位移和应力函数表示的运动方程：

$$D_{11}\frac{\partial^4 w}{\partial x^4}+2(D_{12}+2D_{33})\frac{1}{a^2}\frac{\partial^4 w}{\partial\theta^2\partial x^2}+D_{22}\frac{1}{a^4}\frac{\partial^4 w}{\partial\theta^4}+\frac{1}{a}\frac{\partial^2\phi}{\partial x^2}+\rho h\ddot{w}=0 \tag{14.98}$$

作为检验，在上式中令

$$D_{11}=D_{22}=D \tag{14.99}$$

$$D_{12}=\nu D \tag{14.100}$$

$$D_{33}=\frac{(1-\nu)D}{2} \tag{14.101}$$

方程(14.98)就退化为各向同性壳的 Donnell-Mushtari-Vlasov 运动方程：

$$D\nabla^4 w+\frac{1}{a^2}\frac{\partial^2\phi}{\partial x^2}+\rho h\ddot{w}=0 \tag{14.102}$$

其次，我们从相容方程(12.211)出发来导出另一个关于位移和应力函数的方程：

$$\frac{k_{xx}}{a}+\frac{\partial^2\varepsilon^0_{\theta\theta}}{\partial x^2}-\frac{1}{a}\frac{\partial^2\varepsilon^0_{x\theta}}{\partial x\partial\theta}+\frac{1}{a^2}\frac{\partial^2\varepsilon^0_{xx}}{\partial\theta^2}=0 \tag{14.103}$$

因为

$$N_{xx}=A_{11}\varepsilon^0_{xx}+A_{12}\varepsilon^0_{\theta\theta} \tag{14.104}$$

$$N_{\theta\theta}=A_{12}\varepsilon^0_{xx}+A_{22}\varepsilon^0_{\theta\theta} \tag{14.105}$$

$$N_{x\theta}=A_{33}\varepsilon^0_{x\theta} \tag{14.106}$$

解得

$$\varepsilon^0_{xx}=P_{11}N_{xx}-P_{12}N_{\theta\theta} \tag{14.107}$$

$$\varepsilon^0_{\theta\theta}=P_{22}N_{\theta\theta}-P_{12}N_{xx} \tag{14.108}$$

$$\varepsilon^0_{x\theta}=P_{33}N_{x\theta} \tag{14.109}$$

其中

$$P_{11}=\frac{A_{22}}{\alpha} \tag{14.110}$$

$$P_{22}=\frac{A_{11}}{\alpha} \tag{14.111}$$

$$P_{12}=\frac{A_{12}}{\alpha} \tag{14.112}$$

$$\alpha=A_{11}A_{22}-A_{12}^2 \tag{14.113}$$

$$P_{33}=\frac{1}{A_{33}} \tag{14.114}$$

将以上各式代入方程(14.103)，得

$$\frac{k_{xx}}{a}+P_{22}\frac{\partial^2 N_{\theta\theta}}{\partial x^2}-P_{12}\frac{\partial^2 N_{xx}}{\partial x^2}-\frac{P_{33}}{a}\frac{\partial^2 N_{x\theta}}{\partial x\partial\theta}+\frac{P_{11}}{a^2}\frac{\partial^2 N_{xx}}{\partial\theta^2}-\frac{P_{12}}{a^2}\frac{\partial^2 N_{\theta\theta}}{\partial\theta^2}=0 \tag{14.115}$$

再将方程(14.87)～方程(14.89)和方程(14.95)代入方程(14.115)，得

$$-\frac{1}{a}\frac{\partial^2 w}{\partial x^2}+P_{22}\frac{\partial^4\phi}{\partial x^4}+\frac{P_{11}}{a^4}\frac{\partial^4\phi}{\partial\theta^4}+\frac{1}{a^2}(P_{33}-2P_{12})\frac{\partial^4\phi}{\partial x^2\partial\theta^2}=0 \tag{14.116}$$

该方程也可写成

$$-\frac{A_{12}^2-A_{11}A_{22}}{a}\frac{\partial^2 w}{\partial x^2}+A_{11}\frac{\partial^4\phi}{\partial x^4}+\frac{A_{22}}{a^4}\frac{\partial^4\phi}{\partial\theta^4}+\frac{A_{11}A_{22}-A_{12}^2-2A_{12}A_{33}}{A_{33}a^2}\frac{\partial^4\phi}{\partial x^2\partial\theta^2}=0 \tag{14.117}$$

为检验方程的正确性，在上式中令

$$A_{11}=A_{22}=C \tag{14.118}$$

$$A_{12}=\nu C \tag{14.119}$$

$$A_{33}=\frac{(1-\nu)C}{2} \tag{14.120}$$

其中 $C=Eh/(1-\nu^2)$，方程(14.117)就退化为各向同性的 Donnell-Mushtari-Vlasov 相容方程：

$$\frac{Eh}{a^2}\frac{\partial^2 w}{\partial x^2}-\nabla^4\phi=0 \tag{14.121}$$

下面来求解简支封闭圆柱壳的模态。边界条件为

$$w(0,\theta,t)=w(L,\theta,t)=0 \tag{14.122}$$

$$M_{xx}(0,\theta,t)=M_{xx}(L,\theta,t)=0 \tag{14.123}$$

选取如下模态解可以同时满足边界条件和两个控制方程：

$$w(x,\theta,t)=W(x,\theta)\mathrm{e}^{\mathrm{i}\omega t} \tag{14.124}$$

$$\phi(x,\theta,t)=\Phi(x,\theta)\mathrm{e}^{\mathrm{i}\omega t} \tag{14.125}$$

$$W(x,\theta)=W_{mn}\sin\frac{m\pi x}{L}\cos[n(\theta-\phi)] \tag{14.126}$$

$$\Phi(x,\theta)=\Phi_{mn}\sin\frac{m\pi x}{L}\cos[n(\theta-\phi)] \tag{14.127}$$

将此代入方程(14.98)和方程(14.117)，得

$$\left[D_{11}\left(\frac{m\pi}{L}\right)^4+2(D_{12}+2D_{33})\left(\frac{n}{a}\right)^2\left(\frac{m\pi}{L}\right)^2+D_{22}\left(\frac{n}{a}\right)^4-\rho h\omega^2\right]W_{mn}-\frac{1}{a}\left(\frac{m\pi}{L}\right)^2\Phi_{mn}=0 \tag{14.128}$$

$$\begin{aligned}\frac{A_{11}A_{22}-A_{12}^2}{a}\left(\frac{m\pi}{L}\right)^2 W_{mn}+\bigg[&A_{11}\left(\frac{m\pi}{L}\right)^4+A_{22}\left(\frac{n}{a}\right)^4\\&+\frac{A_{11}A_{22}-A_{12}^2-2A_{12}A_{33}}{A_{33}}\left(\frac{n}{a}\right)^2\left(\frac{m\pi}{L}\right)^2\bigg]\Phi_{mn}=0\end{aligned} \tag{14.129}$$

由非零解条件解得固有频率为

$$\omega_{mn}^2=\frac{1}{\rho h}\left(F_1+\frac{F_2}{F_3}\right) \tag{14.130}$$

其中

$$\begin{cases}F_1=D_{11}\left(\dfrac{m\pi}{L}\right)^4+2(D_{12}+2D_{33})\left(\dfrac{n}{a}\right)^2\left(\dfrac{m\pi}{L}\right)^2+D_{22}\left(\dfrac{n}{a}\right)^4\\F_2=(A_{11}A_{22}-A_{12}^2)(m\pi/L)^4\\F_3=a^2\{A_{11}(m\pi/L)^4+A_{22}(n/a)^4\\\qquad+[(A_{11}A_{22}-A_{12}^2-2A_{12}A_{33})/A_{33}](n/a)^2(m\pi/L)^2\}\end{cases} \tag{14.131}$$

第 15 章　随机振动的数学基础

15.1　学习随机振动的目的

结构和机械工程师研究概率的主要目的是更好地估计某些工程系统提供理想服务的可能性，或反过来说，估计提供不理想服务或出现故障的可能性。任何实际的工程系统总是或多或少存在一些不确定的因素，设计和建造一个能绝对理想运行的系统要么非常困难，要么是不可能的，我们必须承认和接受这个不确定世界的事实。我们相信，对故障和失败的可能性的深刻研究将会产生更合理的设计和决策，这就是我们研究概率论的动机，也是研究随机振动的目的和意义。

我们对不确定性的表征始终通过概率论的方法来完成，因为这些方法已被证明对各种各样的问题都是有用的。基于其他不同于概率论的方法(如模糊集、区间表示等)也具有一定的有效性，但本书不涉及这部分内容。

前面已经知道，振动系统是一类动力学系统，这类系统的运动可用微分方程或积分方程进行建模。它们通常由具有质量、刚度和阻尼的元件组成。随机振动系统可以是系统的输入、输出，或系统本身的特性具有随机性，不过本书不考虑系统特性的随机性问题。本书提出的方法是通用的，可以应用于各种结构和机械振动问题。本书将重点放在线性模型的问题上。

15.2　概率论的基本概念

在一定条件下，出现的可能结果不止一个，事先无法确切知道哪一个结果一定会出现，具有这种特性的现象称为**随机现象**。对某随机现象进行的大量重复观测称为**随机试验**。在随机试验中，可能发生也可能不发生的试验结果称为**随机事件**，简称**事件**。

令 ω_j 为某随机试验的第 j 个可能结果，Ω 为所有可能结果组成的空间，通常称为**样本空间**。任何事件 A 都是 Ω 的一个子集。通常，事件被定义为满足某种物理条件的所有可能结果的集合，例如 $A=\{\omega$：风速$\leqslant 40\ \text{km/h}\}$。类似地，另一个事件可以定义为 $B=\{\omega$：风来自南方$\}$。$A\cup B$，$A\cap B$，A^C 和 B^C 等都是事件，其中

$$A\cup B=\{\omega:\omega\in A，或\ \omega\in B，或\ \omega\in A\cup B\}$$

$$A\cap B=\{\omega:\omega\in A\ 和\ \omega\in B\}$$

$$A^C=\{\omega:\omega\notin A\}$$

事件之间的集合运算中，通常省去交集的运算符号$\cap$，比如

$$A^C B=\{\omega：风速>40\ \text{km/h}，风来自南方\}$$

给定样本空间 Ω 和事件 A，**概率测度** $P(\cdot)$为事件的函数，它满足如下三个条件：

(1) 对任何事件 A,$P(A)\geqslant 0$。

(2) $P(\Omega)=1$。

(3) 如果对所有 $i,j\in I$ 有 $A_iA_j=\varnothing$,则

$$P(\bigcup_{i\in I}A_i)=\sum_{i\in I}P(A_i)$$

其中$\varnothing$为空集。

这三个条件称为**概率公理**。在概率论术语中,Ω 称为**必然事件**,$\varnothing$称为**不可能事件**。

概率论的应用中另一个很有用的概念是**条件概率**,它的定义是

$$P(B|A)=\frac{P(AB)}{P(A)} \tag{15.1}$$

条件概率 $P(B|A)$的含义是在 A 发生的条件下 B 发生的概率。由此可得

$$P(AB)=P(A)P(B|A)=P(B)P(A|B) \tag{15.2}$$

如果

$$P(AB)=P(A)P(B) \tag{15.3}$$

则称事件 A 与 B **独立**。

15.3　随机变量及其概率分布

人们感兴趣的大部分物理现象中,随机试验的结果为数值,比如每天的环境温度、大气压或平均风速等。如果随机试验的结果不是数值(比如抛硬币),则可以为每个基本试验结果指定一个数值(比如抛硬币,出现正面为 1,出现反面为 0)。因此,可以将任何随机试验的结果 ω 表示为某个实数值,这样我们就在样本空间 Ω 上引入了一个实值变量 $X(\omega)$,$\omega\in\Omega$。在随机试验之前,$X(\omega)$到底取何值是不能预测的,X 称为**随机变量**。可见 $X(\omega)$是从样本空间 Ω 到实数轴的映射。

随机变量的取值可以是离散的,也可以是连续的,分别称为**离散型**和**连续型**随机变量。

描述一个随机变量 X 取某个或某些值的概率,一般途径是采用**概率分布函数**(**或累积分布函数**),记为 $F_X(u)$,它的定义为

$$F_X(u)=P(X\leqslant u) \tag{15.4}$$

对于离散型随机变量 X,它的取值 x_i 是离散的。X 取 x_i 值的概率记为 $P_X(x_i)$,称为**概率函数**(**probability function**)。离散型随机变量 X 的概率分布函数为

$$F_X(x)=P(X\leqslant x)=\sum_{x_i\leqslant x}P_X(x_i),\quad F_X(-\infty)=0,\quad F_X(\infty)=1$$

例 15.1　假设 X 是一个随机变量,它是标准骰子一次掷出的点数。因此,X 有 6 个可能的点数$\{1,2,3,4,5,6\}$,出现每个点数的可能性是一样的,即有

$$P(X=1)=P(X=2)=P(X=3)=P(X=4)=P(X=5)=P(X=6)=1/6$$

求 X 的累积分布函数。

解　这个随机变量的累积分布函数可以简单地通过对落在区间$(-\infty,u]$的概率求和得到:

$$\begin{cases} F_X(u)=0, & -\infty<u<1 \\ F_X(u)=1/6, & 1\leqslant u<2 \\ F_X(u)=2/6, & 2\leqslant u<3 \\ F_X(u)=3/6, & 3\leqslant u<4 \\ F_X(u)=4/6, & 4\leqslant u<5 \\ F_X(u)=5/6, & 5\leqslant u<6 \\ F_X(u)=1, & 6\leqslant u<\infty \end{cases}$$

例 15.2　设随机变量 X 表示某个力传感器输出的直流电压，在区间 $[-4,16]$ 上均匀分布，当 $-4\leqslant u\leqslant 16$ 时，$F_X(u)=0.05(u+4)$；$F_X(u)$ 在区间 $[-4,16]$ 的左边是 0，右边是 1。现在用另一个(混合)随机变量 Y 表示电压表的输出，它的读数在 0 V 到 10 V 之间，电压表的输入为 X。当 $0\leqslant X\leqslant 10$ 时，我们得到 $Y=X$；而当 $X<0$ 时，$Y=0$；当 $X>10$ 时，$Y=10$。求 Y 的累积分布函数。

解　由概率 $P(Y\leqslant u)$ 的含义可得

$$\begin{cases} F_Y(u)=0, & u<0 \\ F_Y(u)=0.05(u+4), & 0\leqslant u<10 \\ F_Y(u)=1, & u\geqslant 10 \end{cases}$$

这个分布函数 $F_Y(u)$ 有间断点，它们是 $u=0$ 和 $u=10$，取这两个离散值的概率分别为 0.2 和 0.3。所以 Y 是一个**混合型随机变量**。

为了描述累积分布函数，经常采用单位阶跃函数，我们用 $U(\cdot)$ 表示，它的定义为

$$U(x)=\begin{cases} 0, & x<0 \\ 1, & x\geqslant 0 \end{cases} \tag{15.5}$$

应用单位阶跃函数，可以将离散型随机变量的累积分布函数写为

$$F_X(u)=\sum_j p_j U(u-x_j) \tag{15.6}$$

其中 $p_j=P(X=x_j)$。

例 15.3　用单位阶跃函数写出离散型随机变量 X 的累积分布函数的单个表达式，X 的取值概率为

$$P(X=1)=P(X=2)=P(X=3)=P(X=4)=P(X=5)=P(X=6)=1/6$$

解　用单位阶跃函数 $U(u)$ 表示的 X 的分布函数为

$$F_X(u)=\frac{1}{6}[U(u-1)+U(u-2)+U(u-3)+U(u-4)+U(u-5)+U(u-6)]$$

15.4　概率密度函数

如果分布函数是连续可微的，则可定义**概率密度函数**为

$$p_X(u)=\frac{\mathrm{d}}{\mathrm{d}u}F_X(u) \tag{15.7}$$

它的逆关系为

$$F_X(u)=\int_{-\infty}^{u} p_X(u)\mathrm{d}u \tag{15.8}$$

显然有

$$F_X(\infty)=\int_{-\infty}^{\infty}p_X(u)\mathrm{d}u=1 \tag{15.9}$$

$$P(a<X\leqslant b)=\int_a^b p_X(u)\mathrm{d}u=F_X(b)-F_X(a) \tag{15.10}$$

特别地，在区间$[u,u+\mathrm{d}u]$上 X 的概率为

$$P(u<X\leqslant u+\mathrm{d}u)=\int_u^{u+\mathrm{d}u}p_X(u)\mathrm{d}u=p_X(u)\mathrm{d}u \tag{15.11}$$

例 15.4　已知随机变量 X 的概率分布函数为

$$\begin{cases}F_X(u)=0, & -\infty<u<0\\ F_X(u)=0.1u, & 0\leqslant u<10\\ F_X(u)=1, & 10\leqslant u<\infty\end{cases}$$

求 X 的概率密度函数。

解　对分布 $F_X(u)$求导，得到 X 的概率密度函数为

$$\begin{cases}p_X(u)=0.1, & 0\leqslant u<10\\ p_X(u)=0, & \text{其他}\end{cases}$$

或用阶跃函数表示为

$$p_X(u)=0.1U(u)U(10-u)$$

例 15.5　设随机变量 X 具有 **Gauss(或正态)分布**，其概率密度函数为

$$p_X(u)=\frac{1}{(2\pi)^{1/2}\sigma}\exp\left[-\frac{1}{2}\left(\frac{u-\mu}{\sigma}\right)^2\right]$$

其中 μ 和 $\sigma(\sigma>0)$为常数。求累积分布函数 $F_X(u)$。

解　累积分布函数 $F_X(u)$为

$$F_X(u)=\int_{-\infty}^{u}p_X(v)\mathrm{d}v=\frac{1}{(2\pi)^{1/2}}\int_{-\infty}^{(u-\mu)/\sigma}\mathrm{e}^{-w^2/2}\mathrm{d}w=\Phi\left(\frac{u-\mu}{\sigma}\right)$$

其中函数 $\Phi(\cdot)$定义为

$$\Phi(r)=\frac{1}{(2\pi)^{1/2}}\int_{-\infty}^{r}\mathrm{e}^{-w^2/2}\mathrm{d}w$$

当 $\mu=0$ 和 $\sigma=1$ 时，有 $\Phi(u)=F_X(u)$，所以 $\Phi(u)$是一个分布函数。它是单调增函数，且有 $\Phi(-\infty)=0$，$\Phi(\infty)=1$。此外，有 $\Phi(0)=0.5$，因为密度函数关于 $u=0$ 对称。$\Phi(r)$也可用误差函数 $\mathrm{erf}(r/\sqrt{2})$来表示：

$$\Phi(r)=\frac{1}{2}+\frac{1}{\sqrt{\pi}}\int_{-\infty}^{r/\sqrt{2}}\mathrm{e}^{-s^2}\mathrm{d}s=\frac{1+\mathrm{erf}(r/\sqrt{2})}{2}$$

其中 $\mathrm{erf}(x)$定义为

$$\mathrm{erf}(x)=\frac{2}{\sqrt{\pi}}\int_0^x\mathrm{e}^{-s^2}\mathrm{d}s$$

前面定义的概率密度函数是针对连续的累积分布函数的，对于诸如离散型随机变量就不适用了。我们可以应用 Dirac δ 函数 $\delta(\cdot)$来消除这一限制，该函数由下列性质定义：

$$\delta(x)=\begin{cases}0, & x\neq 0\\ \infty, & x=0\end{cases} \tag{15.12}$$

$$\int_{-\infty}^{\infty}\delta(x-x_0)f(x)\mathrm{d}x=\int_{x_0-\varepsilon}^{x_0+\varepsilon}\delta(x-x_0)f(x)\mathrm{d}x=f(x_0) \tag{15.13}$$

$\delta(\cdot)$函数也可认为是单位阶跃函数的形式导数：

$$\delta(x)=\frac{\mathrm{d}}{\mathrm{d}x}U(x) \tag{15.14}$$

采用 Dirac δ 函数，我们可以用概率密度函数形式化地描述任何随机变量。特别是对于离散型随机变量，有

$$p_X(u)=\sum_j p_j\delta(u-x_j) \tag{15.15}$$

积分上式可知，$P(X=x_j)=p_j$。

由 Dirac δ 函数的性质可得

$$g(x)\delta(x-x_0)=0,\quad 当\ g(x_0)=0\ 时 \tag{15.16}$$

例 15.6 用 Dirac δ 函数写出离散型随机变量 X 的概率密度函数，X 的概率分布为

$$P(X=1)=P(X=2)=P(X=3)=P(X=4)=P(X=5)=P(X=6)=1/6$$

解 X 的概率密度函数可写为

$$p_X(u)=\frac{1}{6}[\delta(u-1)+\delta(u-2)+\delta(u-3)+\delta(u-4)+\delta(u-5)+\delta(u-6)]$$

15.5 联合分布和边缘分布

在许多问题中，我们必须使用多个随机变量来描述给定活动的各种结果所存在的不确定性。比如，一个随机变量 Y 的可能值和/或任何特定值的概率可能取决于另一个随机变量 X 的值。

类似于单个随机变量，多个随机变量的概率也可用累积分布函数描述。两个随机变量 X 和 Y 的分布函数可写为

$$F_{XY}(u,v)=P(X\leqslant u,Y\leqslant v) \tag{15.17}$$

函数 $F_{XY}(u,v)$定义在由(X,Y)的全体可能值组成的二维空间上，称为**联合概率分布函数**。这个定义可推广到多个随机变量的情况，我们用向量来表示 n 个量作为整体的一组量：

$$\boldsymbol{X}=\begin{bmatrix}X_1\\X_2\\\vdots\\X_n\end{bmatrix},\quad \boldsymbol{u}=\begin{bmatrix}u_1\\u_2\\\vdots\\u_n\end{bmatrix}$$

$\boldsymbol{X}$ 称为 n 维**随机向量**。于是随机向量 $\boldsymbol{X}$ 的**联合概率分布函数**定义为

$$F_{\boldsymbol{X}}(\boldsymbol{u})=F_{X_1X_2\cdots X_n}(u_1,u_2,\cdots,u_n)=P\left[\bigcap_{j=1}^{n}(X_j\leqslant u_j)\right] \tag{15.18}$$

二维随机变量和多维随机变量的概率密度函数为

$$p_{XY}(u,v)=\frac{\partial^2}{\partial u\partial v}F_{XY}(u,v),\quad p_{\boldsymbol{X}}(\boldsymbol{u})=\frac{\partial^n}{\partial u_1\partial u_2\cdots\partial u_n}F_{\boldsymbol{X}}(\boldsymbol{u}) \tag{15.19}$$

上式的逆关系为

$$F_{\boldsymbol{X}}(\boldsymbol{u})=\int_{-\infty}^{u_n}\cdots\int_{-\infty}^{u_1}p_{\boldsymbol{X}}(\boldsymbol{w})\mathrm{d}w_1\,\mathrm{d}w_2\cdots\mathrm{d}w_n \tag{15.20}$$

对于二维随机变量(X,Y),在一个二维区域A上的概率为

$$P[(X,Y)\in A]=\iint_A p_{XY}(u,v)\mathrm{d}u\mathrm{d}v \tag{15.21}$$

例 15.7　设二维随机变量(X,Y)的联合分布使得其可能的输出是矩形($-1\leqslant u\leqslant 2$,$-1\leqslant v\leqslant 1$)内的点(u,v),且这些点是等可能出现的。因此,(X,Y)的联合概率密度为

$$\begin{cases}p_{XY}(u,v)=C, & -1\leqslant u\leqslant 2,-1\leqslant v\leqslant 1\\ p_{XY}(u,v)=0, & \text{其他}\end{cases}$$

其中C为常数。求常数C的值和联合概率分布函数$F_{XY}(u,v)$。

解　联合概率密度在所给矩形上的积分等于1,所以有

$$1=P(-1\leqslant X\leqslant 2,-1\leqslant Y\leqslant 1)=\int_{-1}^{1}\int_{-1}^{2}p_{XY}(u,v)\mathrm{d}u\mathrm{d}v=6C$$

进而

$$C=1/6$$

联合概率分布函数$F_{XY}(u,v)$为

$$F_{XY}(u,v)=\int_{-1}^{u}\int_{-1}^{v}p_{XY}(u,v)\mathrm{d}u\mathrm{d}v$$

进而

$$\begin{cases}F_{XY}(u,v)=(u+1)(v+1)/6, & -1\leqslant u\leqslant 2,-1\leqslant v\leqslant 1\\ F_{XY}(u,v)=(v+1)/2, & u>2,-1\leqslant v\leqslant 1\\ F_{XY}(u,v)=(u+1)/3, & -1\leqslant u\leqslant 2,v>1\\ F_{XY}(u,v)=1, & u>2,v>1\\ F_{XY}(u,v)=0, & \text{其他}\end{cases}$$

例 15.8　设(X,Y)的联合概率密度在u,v平面的一个直角三角形上为常数,即

$$\begin{cases}p_{XY}(u,v)=C, & 1\leqslant v\leqslant u\leqslant 5\\ p_{XY}(u,v)=0, & \text{其他}\end{cases}$$

其中C为常数,如图15.1所示。求常数C的值和联合概率分布函数$F_{XY}(u,v)$。

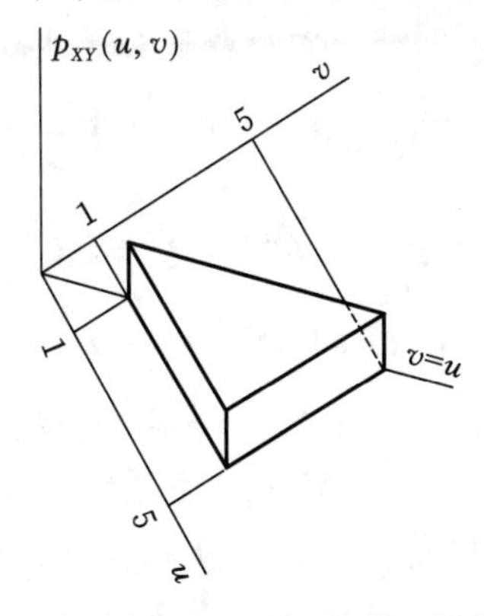

图 15.1　(X,Y)在一个三角形上均匀分布

解 三角形的面积为 8,所以

$$C=1/8$$

联合概率分布函数 $F_{XY}(u,v)$ 为

$$F_{XY}(u,v)=\iint_A p_{XY}(u,v)\mathrm{d}u\mathrm{d}v$$

进而

$$\begin{cases}F_{XY}(u,v)=(2u-v+1)(v-1)/16, & 1\leqslant v\leqslant u\leqslant 5\\ F_{XY}(u,v)=(u-1)^2/16, & v>u,\quad 1\leqslant u\leqslant 5\\ F_{XY}(u,v)=(9-v)(v-1)/16, & 1\leqslant v\leqslant 5,\quad u\geqslant 5\\ F_{XY}(u,v)=1, & u>5,\quad v>5\\ F_{XY}(u,v)=0, & \text{其他}\end{cases}$$

对于二维随机变量,联合概率分布函数具有以下性质:

$$F_{XY}(-\infty,-\infty)=0 \tag{15.22}$$

$$F_{XY}(u,-\infty)=0 \tag{15.23}$$

$$F_{XY}(-\infty,v)=0 \tag{15.24}$$

$$F_{XY}(\infty,\infty)=1 \tag{15.25}$$

$$F_{XY}(u,\infty)=F_X(u) \tag{15.26}$$

$$F_{XY}(\infty,v)=F_Y(v) \tag{15.27}$$

$$p_{XY}(u,v)\geqslant 0,\quad \text{对所有}(u,v) \tag{15.28}$$

$$\int_{-\infty}^{\infty}p_{XY}(u,v)\mathrm{d}v=p_X(u) \tag{15.29}$$

$$\int_{-\infty}^{\infty}p_{XY}(u,v)\mathrm{d}u=p_Y(v) \tag{15.30}$$

$$\int_{-\infty}^{\infty}\int_{-\infty}^{\infty}p_{XY}(u,v)\mathrm{d}u\mathrm{d}v=1 \tag{15.31}$$

以上性质可以推广到 n 维随机向量:

$$F_{\boldsymbol{X}}(-\infty,u_2,\cdots,u_n)=0 \tag{15.32}$$

$$F_{\boldsymbol{X}}(\infty,\cdots,\infty)=1 \tag{15.33}$$

$$F_{\boldsymbol{X}}(u_1,\infty,\cdots,\infty)=F_{X_1}(u_1) \tag{15.34}$$

$$F_{\boldsymbol{X}}(u_1,u_2,\infty,\cdots,\infty)=F_{X_1X_2}(u_1,u_2) \tag{15.35}$$

$$\int_{-\infty}^{\infty}\cdots\int_{-\infty}^{\infty}p_{\boldsymbol{X}}(\boldsymbol{u})\mathrm{d}u_1\cdots\mathrm{d}u_n=1 \tag{15.36}$$

$$\int_{-\infty}^{\infty}\cdots\int_{-\infty}^{\infty}p_{\boldsymbol{X}}(\boldsymbol{u})\mathrm{d}u_2\cdots\mathrm{d}u_n=p_{X_1}(u_1) \tag{15.37}$$

$$\int_{-\infty}^{\infty}\cdots\int_{-\infty}^{\infty}p_{\boldsymbol{X}}(\boldsymbol{u})\mathrm{d}u_3\cdots\mathrm{d}u_n=p_{X_1X_2}(u_1,u_2) \tag{15.38}$$

在涉及多个随机变量的问题中,其中的单个随机变量的一维分布称为**边缘分布**。如 $F_X(u)$,$F_Y(v)$ 为边缘分布函数,$p_X(u)$,$p_Y(v)$ 为**边缘概率密度**。式(15.26)、式(15.27)、式(15.29)、式(15.30)、式(15.34)和式(15.37)为从联合分布导出边缘分布的公式。类似地,可以给出包含两个以上随机变量的边缘分布,式(15.35)和式(15.38)为二维随机变量边缘分

布的公式。

例 15.9　设二维随机变量(X,Y)的联合概率密度在一个矩形上为常数,即

$$\begin{cases} p_{XY}(u,v)=1/6, & -1\leqslant u\leqslant 2,-1\leqslant v\leqslant 1 \\ p_{XY}(u,v)=0, & \text{其他} \end{cases}$$

求 X 和 Y 的边缘分布函数。

解　对 $u<-1$ 或 $u>2$,边缘概率密度 $p_X(u)=0$。对于$-1<u\leqslant 2$,积分为

$$p_X(u)=\int_{-1}^{1}\frac{\mathrm{d}v}{6}=\frac{1}{3}$$

所以这个边缘概率密度函数可写为

$$p_X(u)=\frac{1}{3}U(u+1)U(2-u)$$

于是边缘分布函数为

$$F_X(u)=\frac{u+1}{3}[U(u+1)-U(2-u)]+U(u-2)$$

用同样的方法可得 Y 的边缘概率密度函数为

$$p_Y(v)=\frac{1}{2}U(v+1)U(1-v)$$

于是对应的边缘分布函数为

$$F_Y(u)=\frac{v+1}{2}[U(v+1)-U(v-1)]+U(v-1)$$

例 15.10　设随机向量 $\boldsymbol{X}$ 是联合 Gauss 变量,也就是它的概率密度可写为

$$p_{\boldsymbol{X}}(\boldsymbol{u})=\frac{1}{(2\pi)^{n/2}|\boldsymbol{K}|^{1/2}}\exp\left[-\frac{1}{2}(\boldsymbol{u}-\boldsymbol{\mu})^{\mathrm{T}}\boldsymbol{K}^{-1}(\boldsymbol{u}-\boldsymbol{\mu})\right]$$

其中 $\boldsymbol{\mu}$ 为常值向量,$\boldsymbol{K}$ 为对称正定常值矩阵,$\boldsymbol{K}^{-1}$和$|\boldsymbol{K}|$分别表示 $\boldsymbol{K}$ 的逆和行列式。证明:$\boldsymbol{X}$ 分量的任意子集组成的随机向量是联合 Gauss 变量。

证明　首先,注意到这个矢量形式的 Gauss 概率密度函数退化后可表示标量 Gauss 变量的概率密度函数。

其次,我们来求出 $X_1,X_2,\cdots,X_{n-1}$ 的联合概率密度,为此需要将 $p_{\boldsymbol{X}}(\boldsymbol{u})$ 对 X_n 的所有可能值作积分。为了完成这一工作,我们将 $p_{\boldsymbol{X}}(\boldsymbol{u})$ 的指数部分重写成如下形式:

$$\begin{aligned}-\frac{1}{2}(\boldsymbol{u}-\boldsymbol{\mu})^{\mathrm{T}}\boldsymbol{K}^{-1}(\boldsymbol{u}-\boldsymbol{\mu})&=-\frac{1}{2}\sum_{j=1}^{n}\sum_{k=1}^{n}K_{jk}^{-1}(u_j-\mu_j)(u_k-\mu_k)\\&=-\frac{K_{nn}^{-1}}{2}(u_n-\mu_n)^2-(u_n-\mu_n)\sum_{j=1}^{n-1}K_{jn}^{-1}(u_j-\mu_j)\\&\quad-\frac{1}{2}\sum_{j=1}^{n-1}\sum_{k=1}^{n-1}K_{jk}^{-1}(u_j-\mu_j)(u_k-\mu_k)\end{aligned}$$

其中已经考虑了 $\boldsymbol{K}^{-1}$的对称性,K_{jk}^{-1}表示 $\boldsymbol{K}^{-1}$的元素。可见为了使积分为有限值,K_{nn}^{-1}(当然还有其他的 K_{jj}^{-1})必须大于零。现在令

$$\sigma^2=\frac{1}{K_{nn}^{-1/2}},\quad \mu=\mu_n-\frac{1}{K_{nn}^{-1}}\sum_{j=1}^{n-1}K_{jn}^{-1}(u_j-\mu_j)$$

则指数部分可写为

$$-\frac{1}{2}(\boldsymbol{u}-\boldsymbol{\mu})^{\mathrm{T}}\boldsymbol{K}^{-1}(\boldsymbol{u}-\boldsymbol{\mu})=-\frac{1}{2}\left(\frac{u_n-\mu}{\sigma}\right)^2+\frac{1}{2\sigma^2}\left[\sum_{j=1}^{n-1}K_{jn}^{-1}(u_j-\mu_j)\right]^2$$
$$-\frac{1}{2}\sum_{j=1}^{n-1}\sum_{k=1}^{n-1}K_{jk}^{-1}(u_j-\mu_j)(u_k-\mu_k)$$

该式将含有 u_n 的项分离出来了。于是,将 $p_{\boldsymbol{X}}(\boldsymbol{u})$ 关于 u_n 积分可得

$$p_{X_1\cdots X_{n-1}}(u_1,\cdots,u_{n-1})=C\int_{-\infty}^{\infty}\exp\left[-\frac{1}{2}\left(\frac{u_n-\mu_n}{\sigma}\right)^2\right]\mathrm{d}u_n=C\,(2\pi)^{1/2}\sigma$$

在上式中将 C 具体写出后得到

$$p_{X_1\cdots X_{n-1}}(u_1,\cdots,u_{n-1})=\frac{(2\pi)^{1/2}\sigma}{(2\pi)^{n/2}\,|\boldsymbol{K}|^{1/2}}\exp\left\{\frac{1}{2\sigma^2}\left[\sum_{j=1}^{n-1}K_{jn}^{-1}(u_j-\mu_j)\right]^2\right.$$
$$\left.-\frac{1}{2}\sum_{j=1}^{n-1}\sum_{k=1}^{n-1}K_{jk}^{-1}(u_j-\mu_j)(u_k-\mu_k)\right\}$$

不难看出,上式中的指数部分是 $u_1,\cdots,u_{n-1}$ 的二次型,即这个概率密度是一个常数乘以一个二次型指数函数,这样就证明了 $p_{X_1,\cdots,X_{n-1}}(u_1,\cdots,u_{n-1})$ 是一个 Gauss 分布密度。进而也证明了如果 $X_1,\cdots,X_n$ 是联合 Gauss 变量,则这些变量的任意子集也是联合 Gauss 变量。

15.6 随机变量的函数的分布

对于任何平滑的函数 $g(\cdot)$,我们可以用给定的随机变量 X 定义一个新的随机变量 $Y=g(X)$。我们现在要考虑 X 与 Y 的概率分布之间的关系。

$Y=g(X)$的概率分布函数定义为

$$F_Y(v)=P(Y\leqslant v)=P(X\in D_x) \tag{15.39}$$

其中

$$D_x\triangleq\{u:g(u)\leqslant v\}$$

假定 $v=g(u)$是连续的,对每个给定的 v 值,有可数个根 $u_1,u_2,\cdots$,即

$$v=g(u_1)=g(u_2)=\cdots$$

由图 15.2 可见,使 $v<Y\leqslant v+\mathrm{d}v$ 满足的 X 值分散在多个区间$(u_i,u_i+\mathrm{d}u_i]$$(i=1,2,\cdots)$上,对应的概率为

$$\begin{aligned}p_Y(v)\mathrm{d}v&=P(v<Y\leqslant v+\mathrm{d}v)\\&=P[(u_1<X\leqslant u_1+\mathrm{d}u_1)\cup(u_2<X\leqslant u_2+\mathrm{d}u_2)\cup\cdots]\\&=P(u_1<X\leqslant u_1+\mathrm{d}u_1)+P(u_2<X\leqslant u_2+\mathrm{d}u_2)+\cdots\end{aligned}$$

或

$$p_Y(v)\mathrm{d}v=p_X(u_1)\mathrm{d}u_1+p_X(u_2)\mathrm{d}u_2+\cdots$$

考虑到概率计算中隐含取了增量 $\mathrm{d}v>0,\mathrm{d}u_i>0$,则有

$$\mathrm{d}u_i=\frac{|\mathrm{d}u_i/\mathrm{d}v|}{1/\mathrm{d}v}=\frac{\mathrm{d}v}{|\mathrm{d}v/\mathrm{d}u_i|}=\frac{\mathrm{d}v}{\left|\left(\dfrac{\mathrm{d}g}{\mathrm{d}u}\right)_{u=u_i}\right|}=\frac{\mathrm{d}v}{|g'(u_i)|}$$

因此,由以上两式可得

$$p_Y(v)=\sum_i \frac{p_X(u_i)}{|g'(u_i)|} \tag{15.40}$$

其中 $u_1,u_2,\cdots$ 通过方程 $v=g(u_1)=g(u_2)=\cdots$ 用 v 表示。

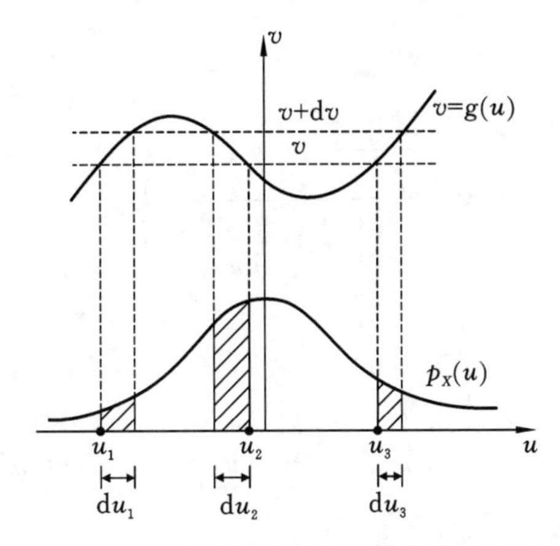

图 15.2　一个随机变量的函数的概率密度

下面用两个例子来说明以上公式。第一个例子，考虑**线性变换** $Y=aX+b$，对任意 v 值，$u=(v-b)/a$。因为 $g'(u)=a$，所以由式(15.40)可得

$$p_Y(v)=\frac{1}{|a|}p_X\left(\frac{v-b}{a}\right)$$

第二个例子，考虑变换

$$Y=a\sin\theta,\quad a\text{ 为正的常数}$$

设 θ 是在$[0,2\pi]$上均匀分布的随机变量，如图 15.3 所示。对于 $-a\sim a$ 的任意 y 值，方程 $y=a\sin\theta$ 有两个 θ 的根。对于每个 θ 值，有

$$\left|\frac{\mathrm{d}y}{\mathrm{d}\theta}\right|=|a\cos\theta|=a\sqrt{1-\sin^2\theta}=\sqrt{a^2-y^2}$$

所以由式(15.40)可得

$$p_Y(y)=\frac{1}{\pi}\frac{1}{\sqrt{a^2-y^2}},\quad -a\leqslant y\leqslant a$$

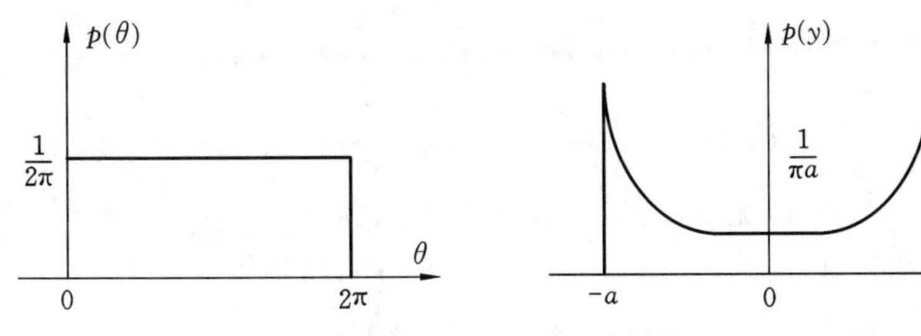

图 15.3　θ 及其函数的概率密度

现在把以上结果推广到随机向量的情况。设 $\boldsymbol{Y}=\boldsymbol{g}(\boldsymbol{X})$，先考虑维数相同的两个随机向量 $\boldsymbol{X}=[X_1,\cdots,X_n]^{\mathrm{T}}$ 和 $\boldsymbol{Y}=[Y_1,\cdots,Y_n]^{\mathrm{T}}$ 的情况。两者的概率密度函数为 $p_{X_1\cdots X_n}(u_1,\cdots,u_n)$ 和 $p_{Y_1\cdots Y_n}(v_1,\cdots,v_n)$，或写成向量形式 $p_{\boldsymbol{X}}(\boldsymbol{u})$ 和 $p_{\boldsymbol{Y}}(\boldsymbol{v})$。我们假定 $X_1,\cdots,X_n$ 与

$Y_1,\cdots,Y_n$ 之间具有一一对应关系，则存在反函数

$$\boldsymbol{X}=\boldsymbol{g}^{-1}(\boldsymbol{Y})\triangleq\boldsymbol{f}(\boldsymbol{Y})$$

如果 D 为 $\boldsymbol{X}$ 空间中的一个任意区域，与此对应的 $\boldsymbol{Y}$ 空间中的区域为 D'，则有

$$\int_D p_{X_1\cdots X_n}(u_1,\cdots,u_n)\mathrm{d}u_1\cdots\mathrm{d}u_n=\int_{D'} p_{Y_1\cdots Y_n}(v_1,\cdots,v_n)\mathrm{d}v_1\cdots\mathrm{d}v_n$$

再应用多重积分的变量替换公式，可得

$$p_{\boldsymbol{Y}}(\boldsymbol{v})=\left\{\frac{p_{\boldsymbol{X}}(\boldsymbol{u})}{\left|\det\left(\dfrac{\mathrm{d}\boldsymbol{g}(\boldsymbol{u})}{\mathrm{d}\boldsymbol{u}}\right)\right|}\right\}_{\boldsymbol{u}=\boldsymbol{f}(\boldsymbol{v})}\tag{15.41}$$

其中

$$\frac{\mathrm{d}\boldsymbol{g}(\boldsymbol{u})}{\mathrm{d}\boldsymbol{u}}=\begin{bmatrix}\dfrac{\partial g_1(\boldsymbol{u})}{\partial u_1} & \dfrac{\partial g_1(\boldsymbol{u})}{\partial u_2} & \cdots & \dfrac{\partial g_1(\boldsymbol{u})}{\partial u_n}\\ \dfrac{\partial g_2(\boldsymbol{u})}{\partial u_1} & \dfrac{\partial g_2(\boldsymbol{u})}{\partial u_2} & \cdots & \dfrac{\partial g_2(\boldsymbol{u})}{\partial u_n}\\ \vdots & \vdots & & \vdots\\ \dfrac{\partial g_n(\boldsymbol{u})}{\partial u_1} & \dfrac{\partial g_n(\boldsymbol{u})}{\partial u_2} & \cdots & \dfrac{\partial g_n(\boldsymbol{u})}{\partial u_n}\end{bmatrix}\tag{15.42}$$

$\mathrm{d}\boldsymbol{g}(\boldsymbol{u})/\mathrm{d}\boldsymbol{u}$ 为 $\boldsymbol{g}(\boldsymbol{u})$ 的 Jacobi 矩阵。

对于线性函数 $\boldsymbol{Y}=\boldsymbol{C}+\boldsymbol{B}\boldsymbol{X}$，其中 $\boldsymbol{B}$ 为正方形矩阵，所以有

$$p_{\boldsymbol{Y}}(\boldsymbol{v})=\frac{p_{\boldsymbol{X}}[\boldsymbol{g}^{-1}(\boldsymbol{v})]}{\|\boldsymbol{B}\|}=\frac{p_{\boldsymbol{X}}[\boldsymbol{B}^{-1}(\boldsymbol{v}-\boldsymbol{C})]}{\|\boldsymbol{B}\|}$$

如果 $\boldsymbol{X}$ 与 $\boldsymbol{Y}$ 的维数不相同，则它们的分量之间不存在一一对应关系，式(15.41)不再适用。这里考虑两个随机变量 X,Y 的函数 $Z=g(X,Y)$，设 X,Y 具有联合概率密度 $p_{XY}(u,v)$。Z 的概率分布为

$$F_Z(w)=P(Z\leqslant w)=P[(X,Y)\in D_z]=\iint_{D_z} p_{XY}(u,v)\mathrm{d}u\mathrm{d}v$$

其中

$$D_z=\{(u,v):g(u,v)\leqslant w\}$$

考虑一个具体问题 $Z=X+Y$，则上式中的区域 D_z 由 $u+v\leqslant w$ 定义。进而

$$F_Z(w)=\int_{-\infty}^{\infty}\mathrm{d}v\int_{-\infty}^{w-v}p_{XY}(u,v)\mathrm{d}u$$

$$p_Z(w)=\frac{\mathrm{d}F_Z(w)}{\mathrm{d}w}=\int_{-\infty}^{\infty}p_{XY}(w-v,v)\mathrm{d}v$$

上式对任意 $Z=X+Y$ 成立(无论随机变量 X 和 Y 是否独立)。

如果 X 和 Y 相互独立，则 $p_{XY}(u,v)=p_X(u)p_Y(v)$，此时有

$$p_Z(w)=\int_{-\infty}^{\infty}p_X(w-v)p_Y(v)\mathrm{d}v=\int_{-\infty}^{\infty}p_X(u)p_Y(w-u)\mathrm{d}u=p_X(w)*p_Y(w)$$

如果 $Z=\sum X_i$，$X_i(i=1,2,\cdots,n)$ 相互独立，则有

$$p_Z(w)=p_{X_1}(w)*p_{X_2}(w)*\cdots*p_{X_n}(w)$$

例 15.11 设 X 的概率密度函数为

$$p_X(u)=(1-u)U(u+1)U(1-u)/2$$

令 $Y=X^2$。求概率密度函数 $p_Y(v)$。

解 显然可以写出 $g(X)=X^2, v=g(u)=u^2$。反函数是二值的，有 $u=\pm v^{1/2}$，Y 的可能取值范围是 0 到 1。对于 $0<v\leqslant 1$，根据随机变量的函数的概率密度公式：

$$p_Y(v)=\sum_i \frac{p_X(u_i)}{|g'(u_i)|}$$

可得

$$p_Y(v)=\frac{p_X(v^{1/2})}{2v^{1/2}}+\frac{p_X(-v^{1/2})}{2v^{1/2}}=\frac{1-v^{1/2}}{4v^{1/2}}+\frac{1+v^{1/2}}{4v^{1/2}}=\frac{1}{2v^{1/2}}$$

所以

$$p_Y(v)=\frac{1}{2v^{1/2}}U(v)U(1-v)$$

例 15.12 设随机向量 $\boldsymbol{X}$ 的各个分量是联合 Gauss 型的，其联合概率密度为

$$p_{\boldsymbol{X}}(\boldsymbol{u})=\frac{1}{(2\pi)^{n/2}|\boldsymbol{K}|^{1/2}}\exp\left[-\frac{1}{2}(\boldsymbol{u}-\boldsymbol{\mu})^{\mathrm{T}}\boldsymbol{K}^{-1}(\boldsymbol{u}-\boldsymbol{\mu})\right]$$

令 $\boldsymbol{Y}=\boldsymbol{BX}+\boldsymbol{C}$，$\boldsymbol{B}$ 为一个非奇异方阵。证明：$\boldsymbol{Y}$ 是联合 Gauss 型的。

证明 随机向量的函数的概率密度公式为

$$p_{\boldsymbol{Y}}(\boldsymbol{v})=\left\{\frac{p_{\boldsymbol{X}}(\boldsymbol{u})}{\left|\det\left(\frac{\mathrm{d}\boldsymbol{g}(\boldsymbol{u})}{\mathrm{d}\boldsymbol{u}}\right)\right|}\right\}_{\boldsymbol{u}=\boldsymbol{f}(\boldsymbol{v})}$$

当 $\boldsymbol{Y}=\boldsymbol{BX}+\boldsymbol{C}$ 时，有

$$p_{\boldsymbol{Y}}(\boldsymbol{v})=\frac{p_{\boldsymbol{X}}[\boldsymbol{g}^{-1}(\boldsymbol{v})]}{\|\boldsymbol{B}\|}=\frac{p_{\boldsymbol{X}}[\boldsymbol{B}^{-1}(\boldsymbol{v}-\boldsymbol{C})]}{\|\boldsymbol{B}\|}$$

由此可得 $p_{\boldsymbol{Y}}(\boldsymbol{v})$ 为

$$p_{\boldsymbol{Y}}(\boldsymbol{v})=\frac{1}{(2\pi)^{n/2}|\boldsymbol{K}|^{1/2}\|\boldsymbol{B}\|}\exp\left\{-\frac{1}{2}[\boldsymbol{B}^{-1}(\boldsymbol{v}-\boldsymbol{C})-\boldsymbol{\mu}]^{\mathrm{T}}\boldsymbol{K}^{-1}[\boldsymbol{B}^{-1}(\boldsymbol{v}-\boldsymbol{C})-\boldsymbol{\mu}]\right\}$$

可见本例的 $\boldsymbol{Y}$ 是联合 Gauss 型的。

15.7 条件概率分布

回想一下，一个条件事件给定时，另一个事件发生的条件概率被定义为这两个事件交集的概率除以条件事件的概率，如式(15.1)所示。对于随机变量问题，当条件事件具有非零概率时，为求某个随机变量 X 的条件概率分布，推荐的方法是首先根据式(15.1)写出条件概率分布函数，然后可以通过求导得到条件概率密度函数。条件概率分布函数的定义为

$$F_X(u|B)=\frac{P(\{X\leqslant u\}\cap B)}{P(B)},\quad P(B)>0 \tag{15.43}$$

条件概率密度为

$$p_X(u|B)=\frac{\mathrm{d}}{\mathrm{d}u}F_X(u|B),\quad P(B)>0 \tag{15.44}$$

对于具有连续分布函数的随机变量 X 和 Y，条件概率密度函数可定义为

$$p_X(u|Y=v)=\frac{p_{XY}(u,v)}{p_Y(v)} \tag{15.45}$$

这个定义是由下式得到的：

$$p_X(u \mid Y=v)\mathrm{d}u=\frac{p_{XY}(u,v)\mathrm{d}u\mathrm{d}v}{p_Y(v)\mathrm{d}v}$$

这个式子是有概率意义的。这种条件概率分布函数为

$$F_X(u \mid Y=v)=\int_{-\infty}^{u} p_X(w \mid Y=v)\mathrm{d}w \tag{15.46}$$

X 和 Y 的联合概率密度也可写为

$$p_{XY}(u,v)=p_X(u|Y=v)p_Y(v) \tag{15.47}$$

或

$$p_{XY}(u,v)=p_Y(v|X=u)p_X(u) \tag{15.48}$$

例 15.13 设二维随机变量 X,Y 的联合概率密度为

$$\begin{cases} p_{XY}(u,v)=1/6, & -1\leqslant u\leqslant 2,-1\leqslant v\leqslant 1 \\ p_{XY}(u,v)=0, & \text{其他} \end{cases}$$

求在条件 $Y\geqslant 0.5$ 下随机变量 X 的条件概率分布函数。

解 为了计算任一事件 A 在条件 $Y\geqslant 0.5$ 下的条件概率，我们需要计算 $Y\geqslant 0.5$ 的概率和 A 与 $Y\geqslant 0.5$ 交集的概率。因此，为了计算 X 的条件概率分布，我们需要计算：

$$P(Y\geqslant 0.5)=\int_{0.5}^{\infty}\int_{-\infty}^{\infty} p_{XY}(u,v)\mathrm{d}u\mathrm{d}v=\int_{0.5}^{\infty}\int_{-1}^{2}\frac{1}{6}\mathrm{d}u\mathrm{d}v=0.25$$

和

$$P(X\leqslant u,Y\geqslant 0.5)=\int_{0.5}^{\infty}\int_{-\infty}^{u} p_{XY}(u,v)\mathrm{d}u\mathrm{d}v$$

由此给出

$$\begin{cases} P(X\leqslant u,Y\geqslant 0.5)=0, & u<-1 \\ P(X\leqslant u,Y\geqslant 0.5)=(u+1)/12, & -1\leqslant u\leqslant 2 \\ P(X\leqslant u,Y\geqslant 0.5)=1/4, & u>2 \end{cases}$$

因此，由条件概率公式可得，条件概率分布函数为

$$\begin{cases} F_X(u|Y\geqslant 0.5)=0, & u<-1 \\ F_X(u|Y\geqslant 0.5)=(u+1)/3, & -1\leqslant u\leqslant 2 \\ F_X(u|Y\geqslant 0.5)=1, & u>2 \end{cases}$$

例 15.14 设二维随机变量 X,Y 的联合概率密度为

$$p_{XY}(u,v)=U(u-1)U(5-u)U(v-1)U(u-v)/8$$

这是一个在三角形上均匀分布的函数，如图 15.1 所示。求在条件 $X\leqslant 3$ 下随机变量 Y 的条件概率分布函数。

解 先计算构造条件概率分布所需的概率：

$$P(X\leqslant 3)=\int_{-\infty}^{\infty}\int_{v}^{3}\frac{1}{6}\mathrm{d}u\mathrm{d}v=\frac{1}{4}$$

和

$$\begin{cases}P(X \leqslant 3, Y \leqslant v)=0, & v<1 \\ P(X \leqslant 3, Y \leqslant v)=\int_1^v \int_w^3 \frac{1}{8} \mathrm{d}u \mathrm{d}v=\frac{1}{16}(v-1)(5-v), & 1 \leqslant v \leqslant 3 \\ P(X \leqslant 3, Y \leqslant v)=1/4, & v>3\end{cases}$$

因此,由条件概率公式可得

$$\begin{cases}F_Y(v \mid X \leqslant 3)=0, & v<1 \\ F_Y(v \mid X \leqslant 3)=\frac{1}{4}(v-1)(5-v), & 1 \leqslant v \leqslant 3 \\ F_Y(v \mid X \leqslant 3)=1, & v>3\end{cases}$$

微分上式,可得条件概率密度

$$p_Y(v \mid X \leqslant 3)=\frac{1}{2}(3-v) U(v-1) U(5-v)$$

例 15.15 与上例相同,设二维随机变量 X, Y 的联合概率密度为

$$p_{XY}(u, v)=U(u-1) U(5-u) U(v-1) U(u-v)/8$$

求在事件 $Y=v$ 下 X 的条件概率分布,以及在 $X=u$ 下 Y 的条件概率分布。

解 不难得到

$$p_X(u)=(u-1) U(u-1) U(5-u)/8, \quad p_Y(v)=(5-v) U(v-1) U(u-1)/8$$

所以可得条件概率密度为

$$p_Y(v \mid X=u)=\frac{p_{XY}(u, v)}{p_X(u)}=\frac{1}{u-1} U(v-1) U(u-v), \quad 1 \leqslant u \leqslant 5$$

和

$$p_X(u \mid Y=v)=\frac{p_{XY}(u, v)}{p_Y(v)}=\frac{1}{5-v} U(u-v) U(5-u), \quad 1 \leqslant v \leqslant 5$$

这两个概率密度函数如图 15.4 所示。

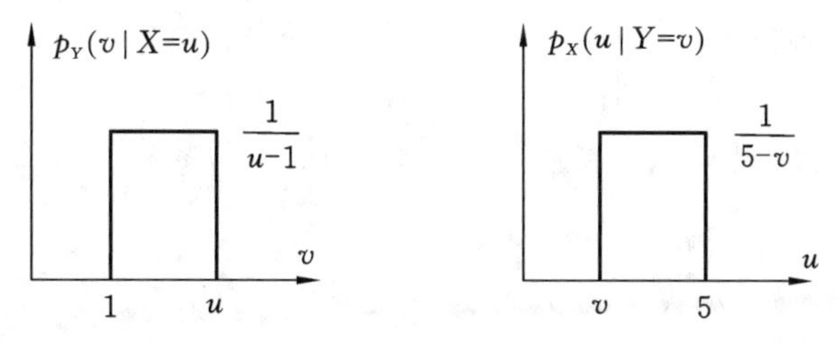

图 15.4 概率密度函数

积分可得条件概率分布为

$$F_Y(v \mid X=u)=\frac{v-1}{u-1} U(v-1) U(u-v), \quad 1 \leqslant u \leqslant 5$$

和

$$F_X(u \mid Y=v)=\frac{1}{5-v} U(u-v) U(5-u), \quad 1 \leqslant v \leqslant 5$$

这两个概率分布函数如图 15.5 所示。

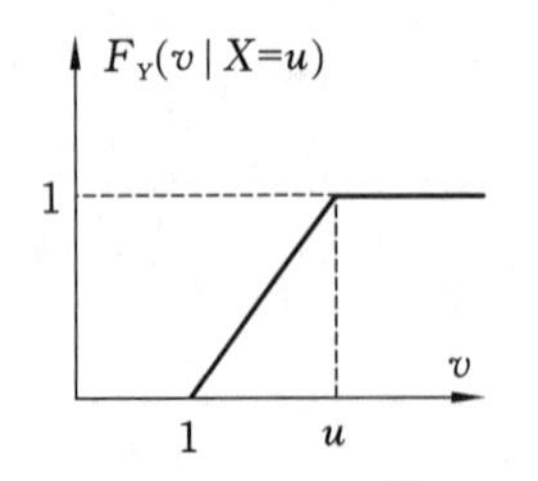

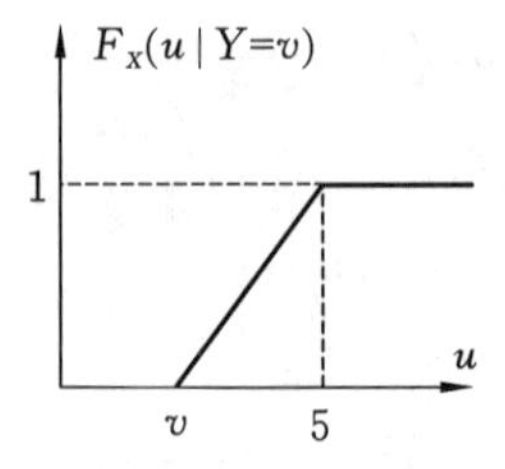

图 15.5 概率分布函数

例 15.16 设 $\boldsymbol{X}$ 为联合 Gauss 型随机向量,其联合概率密度为

$$p_X(\boldsymbol{u})=\frac{1}{(2\pi)^{n/2}|\boldsymbol{K}|^{1/2}}\exp\left[-\frac{1}{2}(\boldsymbol{u}-\boldsymbol{\mu})^{\mathrm{T}}\boldsymbol{K}^{-1}(\boldsymbol{u}-\boldsymbol{\mu})\right]$$

求在给定 $X_n=u_n$ 的条件下 $X_1,\cdots,X_{n-1}$ 的条件概率密度。

解 已经证明 $\boldsymbol{X}$ 的每个分量是 Gauss 型的,于是有

$$p_{X_n}(u_n)=\frac{1}{(2\pi)^{1/2}\sigma_n}\exp\left[-\frac{1}{2}\left(\frac{u_n-\mu_n}{\sigma_n}\right)^2\right]$$

进而可得所求条件概率密度为

$$p_{X_1\cdots X_{n-1}}(u_1,\cdots,u_{n-1}\mid X_n=u_n)=\frac{\exp\left[-\dfrac{1}{2}\sum_{j=1}^{n}\sum_{k=1}^{n}K_{jk}^{-1}(u_j-\mu_j)(u_k-\mu_k)\right]}{\dfrac{(2\pi)^{n/2}\ |\boldsymbol{K}|^{1/2}}{(2\pi)^{1/2}\sigma_n}\exp\left[-\dfrac{1}{2}\left(\dfrac{u_n-\mu_n}{\sigma_n}\right)^2\right]}$$

可见,这个条件概率密度函数的形式是一个常数乘以一个 $u_1,\cdots,u_{n-1}$ 的二次型指数。这足以保证条件分布是 Gauss 分布。本例是 Gauss 分布的另一个一般性质的例子,即如果 X 的分量都是 Gauss 型的,那么这些分量的任何子集的条件分布也是 Gauss 型的。

例 15.17 设随机变量 X 在区间[0,10]上均匀分布,所以其概率密度函数为

$$p_X(u)=U(u)U(10-u)/10$$

设另一个 Y 是 X 的有偏估计,它总是大于 X,特别地,条件概率密度函数为下面的指数形式:

$$p_Y(v|X=u)=b\mathrm{e}^{-b(v-u)}U(v-u)$$

其中常数 $b>0$。求 X 和 Y 的联合概率密度函数,指出该函数在什么区域上非零。

解 按公式有

$$p_{XY}(u,v)=p_Y(v|X=u)p_X(u)=\frac{b}{10}\mathrm{e}^{-b(u-v)}U(u)U(10-u)U(v-u)$$

这个函数在图 15.6 所示的阴影区域上非零。

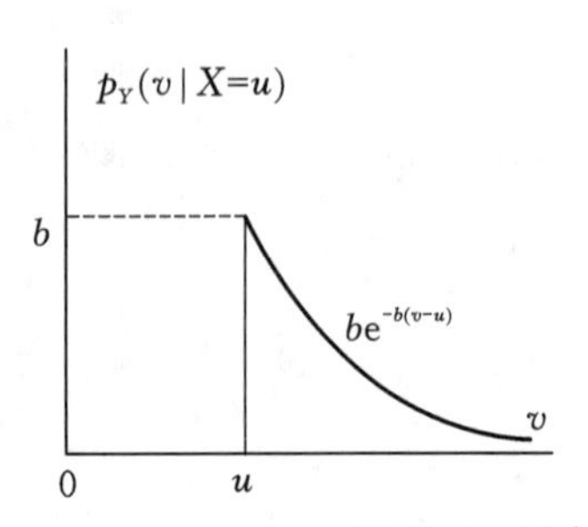

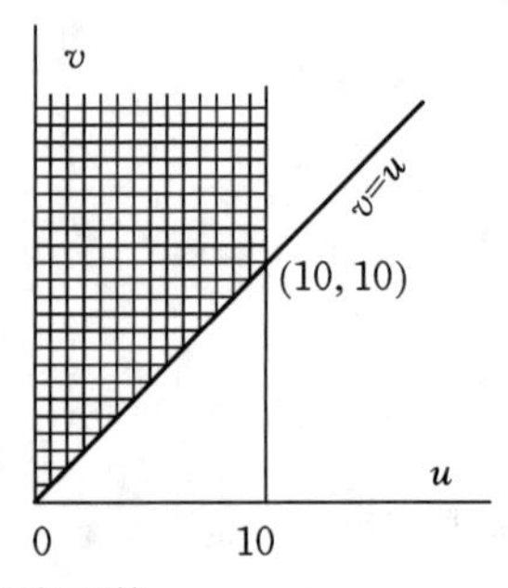

图 15.6 联合概率密度函数

也可以使用条件概率分布和联合概率分布的思想来描述一个随机变量的函数问题，然而，这种函数关系总是给出退化的条件分布和联合分布。例如，设 $Y=g(X)$，如果现在给定事件 $X=u$，那么 Y 的唯一可能值就是 $g(u)$。通过使用 Dirac δ 函数，我们可以将条件概率密度函数写成 $p_Y(v|X=u)=\delta[v-g(u)]$。这个函数是一个可以接受的概率密度函数，因为它在实线上的积分等于 1，且只有当 v 等于 Y 的可能值时它才非零。应用式(15.48)，我们现在可以得到联合概率密度函数为 $p_{XY}(u,v)=p_X(u)\delta[v-g(u)]$。显然，这个联合概率密度函数只在二维$(u,v)$平面的一维子集上是非零的，在这个一维子集上 $p_{XY}(u,v)$为无限大。当使用联合分布来描述一个随机变量和该随机变量的函数之间的关系时，这种退化是典型的结果。利用这个关系也可以求出 $Y=g(X)$的概率密度 $p_Y(v)$，但这需要 Dirac δ 函数的一个附加性质。为了论述这个性质，需要注意：

$$U[v-g(u)]=U[g^{-1}(v)-u],\quad \text{当 } g'[g^{-1}(v)]>0 \text{ 时}$$

$$U[v-g(u)]=U[u-g^{-1}(v)],\quad \text{当 } g'[g^{-1}(v)]<0 \text{ 时}$$

其中 $g^{-1}(v)$表示 $v=g(u)$的反函数。上式对 v 求导可得

$$\delta[v-g(u)]=\left|\frac{\mathrm{d}g^{-1}(v)}{\mathrm{d}v}\right|\delta[u-g^{-1}(v)]=\frac{\delta[u-g^{-1}(v)]}{|g'[g^{-1}(v)]|} \tag{15.49}$$

将上式代入 $p_{XY}(u,v)=p_X(u)\delta[v-g(u)]$，再对 u 积分，得到

$$p_Y(v)=\frac{p_X[g^{-1}(v)]}{|g'[g^{-1}(v)]|}$$

这一结果与式(15.40)相同。

15.8　随机变量的独立性

两个随机变量 X 和 Y 称为**独立的**，当且仅当

$$p_{XY}(u,v)=p_X(u)p_Y(v),\quad \text{对所有 } u \text{ 和 } v \tag{15.50}$$

或等价地

$$F_{XY}(u,v)=F_X(u)F_Y(v),\quad \text{对所有 } u \text{ 和 } v \tag{15.51}$$

对于独立的随机变量 X 和 Y，条件概率密度简化为

$$p_Y(v|X=u)=p_Y(v),\quad \text{要求 } p_X(u)\neq 0 \tag{15.52}$$

$$p_X(u|Y=v)=p_X(u),\quad \text{要求 } p_Y(v)\neq 0 \tag{15.53}$$

由此易得

$$F_Y(v|X=u)=F_Y(v),\quad \text{要求 } p_X(u)\neq 0 \tag{15.54}$$

$$F_X(u|Y=v)=F_X(u),\quad \text{要求 } p_Y(v)\neq 0 \tag{15.55}$$

也可得到

$$p_Y(v|X\leqslant u)=p_Y(v),\quad \text{要求 } P(X\leqslant u)\neq 0 \tag{15.56}$$

$$F_X(u|Y>v)=F_X(u),\quad \text{要求 } P(Y>v)\neq 0 \tag{15.57}$$

例 15.18　已知 X 和 Y 在矩形$(-1\leqslant u\leqslant 2,-1\leqslant v\leqslant 1)$上均匀分布，其联合概率密度函数为

$$p_{XY}(u,v)=U(u+1)U(2-u)U(v+1)U(1-v)/6$$

考查 X 和 Y 之间的独立性。

解 不难得到边缘密度为

$$p_X(u)=U(u+1)U(2-u)/3,\quad p_Y(v)=U(v+1)U(1-v)/2$$

考查可知，对(u,v)的每一组值有

$$p_{XY}(u,v)=p_X(u)p_Y(v)$$

因此满足独立性条件，X 和 Y 是相互独立的。

例 15.19 已知 $X_1,\cdots,X_n$ 相互独立且都是 Gauss 型的，它们的概率密度为

$$p_{X_j}(u_j)=\frac{1}{(2\pi)^{1/2}\sigma_j}\exp\left[-\frac{1}{2}\left(\frac{u_j-\mu_j}{\sigma_j}\right)^2\right]$$

求随机向量 $\boldsymbol{X}=[X_1,\cdots,X_n]^{\mathrm{T}}$ 的联合概率密度。

解 由独立性可得

$$p_{\boldsymbol{X}}(\boldsymbol{u})=\prod_{j=1}^{n}p_{X_j}(u_j)=\frac{1}{(2\pi)^{n/2}\sigma_1\cdots\sigma_n}\exp\left[-\frac{1}{2}\sum_{j=1}^{n}\left(\frac{u_j-\mu_j}{\sigma_j}\right)^2\right]$$

此式与一般形式

$$p_{\boldsymbol{X}}(\boldsymbol{u})=\frac{1}{(2\pi)^{n/2}|\boldsymbol{K}|^{1/2}}\exp\left[-\frac{1}{2}(\boldsymbol{u}-\boldsymbol{\mu})^{\mathrm{T}}\boldsymbol{K}^{-1}(\boldsymbol{u}-\boldsymbol{\mu})\right]$$

一致，其中 $\boldsymbol{K}=\mathrm{diag}[\sigma_1^2,\cdots,\sigma_n^2]$。

15.9 随机变量的期望值

要完整描述一个实值随机变量，需要知道它在任何有限或无限实数区间上的概率分布。在某些情况下，我们无法获得满足这一要求所需的信息。在其他情况下，由于概率分布的一般形式是已知的或是假设的，因此仅凭少数几个参数的知识就可以获得完整的信息。在这两种情况下，通过使用所有可能值的平均值来给出随机变量的部分特征是非常有价值的。下面我们介绍一种特殊类型的平均值，称为**期望值**(**expected values**)。

任何随机变量 X 的期望值定义为

$$E(X)=\int_{-\infty}^{\infty}up_X(u)\mathrm{d}u \tag{15.58}$$

这个表达式可认为是 X 的所有可能值的加权平均，权函数为概率密度函数。因此，u 代表 X 的一个特定值，$p_X(u)\mathrm{d}u$ 是 X 在 u 附近区间上的概率，而积分给出了所有这些项的“和”。在加权积分中，我们通常希望积分值被加权函数的积分归一化。当权函数是概率密度时，加权函数的积分恰好是 1，所以可以不写出。因此，期望值是 X 的概率加权平均，通常也称为 X 的**均值**。

仿照式(15.58)，现在定义随机变量 X 的函数 $g(X)$的期望值：

$$E[g(X)]=\int_{-\infty}^{\infty}g(u)p_X(u)\mathrm{d}u \tag{15.59}$$

和前面一样，我们把 $E[g(X)]$作为 $g(X)$所有可能值的加权平均值，因为 $g(u)$为 $g(X)$的一个特殊值，$p_X(u)\mathrm{d}u$ 表示 $g(X)$在 $g(u)$的邻域内的概率。X 的所有可能值给出 $g(X)$的所有可能值，因此，$E[g(X)]$就是 $g(X)$的所有可能值的加权平均值。

对于随机变量的函数 $Y=g(X)$，如果 Y 的概率密度已经求出，则 $g(X)$的期望值也可写为

$$E[g(X)]=E(Y)=\int_{-\infty}^{\infty} v p_Y(v)\mathrm{d}v \tag{15.60}$$

式(15.59)可以推广到多个随机变量的函数,比如 $g(X,Y)$。$g(X,Y)$的期望值为

$$E[g(X,Y)]=\int_{-\infty}^{\infty}\int_{-\infty}^{\infty} g(u,v)p_{XY}(u,v)\mathrm{d}u\mathrm{d}v \tag{15.61}$$

对 n 个随机变量的函数 $g(\boldsymbol{X})$,$\boldsymbol{X}=[X_1,\cdots,X_n]$,其期望值为

$$E[g(\boldsymbol{X})]=\int_{-\infty}^{\infty}\cdots\int_{-\infty}^{\infty} g(\boldsymbol{u})p_X(\boldsymbol{u})\mathrm{d}u_1\cdots\mathrm{d}u_n \tag{15.62}$$

例 15.20　假设随机变量 X 的概率密度为

$$p_X(u)=2\,\mathrm{e}^{-2u}U(u)$$

求 X 的均值。

解　由均值公式可得

$$E(X)=\int_{-\infty}^{\infty} u p_X(u)\mathrm{d}u=2\int_0^{\infty} u\mathrm{e}^{-2u}\mathrm{d}u=0.5$$

例 15.21　假设随机变量 X 的概率密度在区间[−2,−1]和[1,2]上均匀分布,如图 15.7 所示。求 X 的均值。

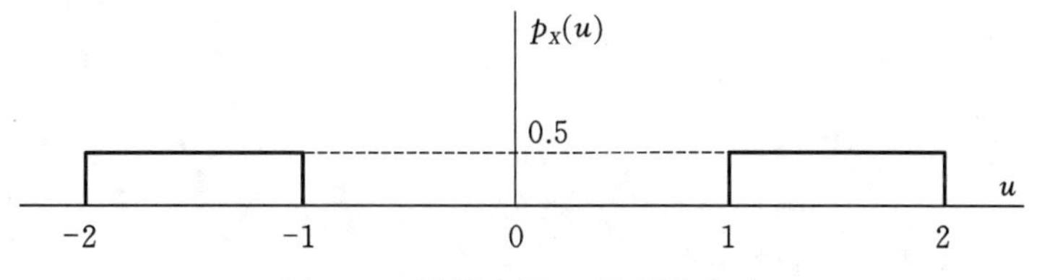

图 15.7　随机变量 X 的概率密度

解　由均值公式可得

$$E(X)=\int_{-\infty}^{\infty} u p_X(u)\mathrm{d}u=0.5\int_{-2}^{-1} u\mathrm{d}u+0.5\int_1^2 u\mathrm{d}u=0$$

例 15.22　设随机变量 X 的概率密度为

$$p_X(u)=0.05(u+4)U(u+4)U(16-u)+U(u-16)$$

令 $Y=X[U(X)-U(X-10)]+10U(X-10)$。求 $E(Y)$。

解　令 $g(u)=u[U(u)-U(u-10)]+10U(u-10)$,由均值公式可得

$$\begin{aligned}E(Y)&=\int_{-\infty}^{\infty} g(u)p_X(u)\mathrm{d}u\\&=\int_{-4}^{0}0\times 0.05\,\mathrm{d}u+\int_0^{10}u\times 0.05\,\mathrm{d}u+\int_{10}^{16}10\times 0.05\,\mathrm{d}u=5.5\end{aligned}$$

例 15.23　设随机变量 X,Y 的联合概率密度为

$$p_{XY}(u,v)=U(u-1)U(5-u)U(v-1)U(u-v)/8$$

求 $E[X(X-Y)]$。

解
$$E[X(X-Y)]=E(X^2)-E(XY)$$

其中,$E(X^2)$可按下式计算

$$E(X^2)=\int_{-\infty}^{\infty}\int_{-\infty}^{\infty} u^2 p_{XY}(u,v)\mathrm{d}u\mathrm{d}v=\frac{1}{8}\int_1^5\int_v^5 u^2\,\mathrm{d}u\mathrm{d}v=14.33$$

$E(XY)$ 为

$$E(XY)=\int_{-\infty}^{\infty}\int_{-\infty}^{\infty}uvp_{XY}(u,v)\mathrm{d}u\mathrm{d}v=\frac{1}{8}\int_{1}^{5}\int_{v}^{5}uv\mathrm{d}u\mathrm{d}v=9$$

所以

$$E[X(X-Y)]=5.33$$

15.10 随机变量的矩

随机变量的**矩**是随机变量函数期望的特殊情况。特别地，X 的 j **阶矩**定义为 $E(X^j)$，对应于 $E[g(X)]$ 的一种特殊情况。X 的一阶矩就是 X 的**均值**(**mean**)，记为 μ_X，它就是随机变量 X 的期望值：

$$\mu_X=E(X)=\int_{-\infty}^{\infty}up_X(u)\mathrm{d}u \tag{15.63}$$

在某些情况下，使用一种特殊形式的矩更为方便，即先用随机变量减去它的均值再来取矩。这些矩的形式为 $E[(X-\mu_X)^j]$ 和 $E[(X-\mu_X)^j\ (Y-\mu_Y)^k]$，这些矩称为**中心矩**。其中最重要的两个中心矩分别是

方差：

$$\begin{aligned}\sigma_X^2&=E[(X-\mu_X)^2]\\&=E[X^2-2\mu_XE(X)+\mu_X^2]=E(X^2)-\mu_X^2\end{aligned} \tag{15.64}$$

协方差：

$$K_{XY}=E[(X-\mu_X)(Y-\mu_Y)]=E(XY)-\mu_X\mu_Y \tag{15.65}$$

$\sigma_X=\sqrt{\sigma_X^2}$ 称为 X 的**标准差**，均方值 $E(X^2)$ 的平方根 $[E(X^2)]^{1/2}$ 称为 X 的**均方根值**或 **rms**。

下面为 X 的几个高阶矩的表达式：

$$E[(X-\mu_X)^j]=\sum_{i=0}^{j}\frac{(-1)^ij!}{i!\ (j-i)!}\mu_X^iE(X^{j-i})$$

或

$$E[(X-\mu_X)^j]=\sum_{i=0}^{j-2}\frac{(-1)^ij!}{i!\ (j-i)!}\mu_X^iE(X^{j-i})-(-1)^j(j-1)\mu_X^j \tag{15.66}$$

$$E(X^j)=E([(X-\mu_X)+\mu_X]^j)=\sum_{i=0}^{j-2}\frac{(-1)^ij!}{i!\ (j-i)!}\mu_X^iE[(X-\mu_X)^{j-i}]+\mu_X^j \tag{15.67}$$

另一种形式的协方差特别值得注意，这种形式称为**相关系数**(**correlation coefficient**)，可以看作协方差的标准化形式，它的定义为

$$\rho_{XY}=\frac{K_{XY}}{\sigma_X\sigma_Y}=E\left[\left(\frac{X-\mu_X}{\sigma_X}\right)\left(\frac{Y-\mu_Y}{\sigma_Y}\right)\right] \tag{15.68}$$

还有两个特殊的矩函数——偏度(skewness)和峰度(kurtosis)，这两个量用得较少。

$$\text{偏度：}\quad E\left[\left(\frac{X-\mu_X}{\sigma_X}\right)^3\right]=\frac{E[(X-\mu_X)^3]}{\sigma_X^3} \tag{15.69}$$

$$峰度：\quad E\left[\left(\frac{X-\mu_X}{\sigma_X}\right)^4\right]=\frac{E[(X-\mu_X)^4]}{\sigma_X^4} \tag{15.70}$$

为了说明协方差和相关系数的重要性，现在研究 Schwarz 不等式及其相关的结果。考虑任意两个已知联合概率分布的随机变量 W 和 Z。现在设 b 和 c 是两个实数，我们来研究这两个随机变量线性组合的均方值：

$$E[(bW+cZ)^2]=b^2E(W^2)+2bcE(WZ)+c^2E(Z^2)$$

如果 $E(W^2)\neq 0$，则上式可写为

$$E[(bW+cZ)^2]=\left\{b\,[E(W^2)]^{1/2}+c\,\frac{E(WZ)}{[E(W^2)]^{1/2}}\right\}^2+c^2\left\{E(Z^2)-\frac{[E(WZ)]^2}{E(W^2)}\right\}$$

可以选取 b 和 c 的值使得上式右边第一项为零，但对任何 b 和 c 值，$E[(bW+cZ)^2]\geqslant 0$，于是由上式右边第二项可得

$$[E(WZ)]^2\leqslant E(W^2)E(Z^2) \tag{15.71}$$

这就是 **Schwarz 不等式**。上式等号成立的充分必要条件为存在不全为零的常数 b 和 c 使得

$$E[(bW+cZ)^2]=0 \tag{15.72}$$

令

$$W=\frac{X-\mu_X}{\sigma_X},\quad Z=\frac{Y-\mu_Y}{\sigma_Y}$$

则由 Schwarz 不等式立得

$$\rho_{XY}^2\leqslant 1 \tag{15.73}$$

上式等号成立的条件是存在不全为零的常数 $\tilde{a}$，$\tilde{b}$ 和 $\tilde{c}$ 使得

$$E[(\tilde{b}X+\tilde{c}Y-\tilde{a})^2]=0 \tag{15.74}$$

这一条件等价于 $\tilde{b}X+\tilde{c}Y=\tilde{a}$，即 X 与 Y 之间是线性关系。也就是说，当 X 与 Y 之间是线性关系时，相关系数 $\rho_{XY}^2=1$，所以**可以由相关系数的值来判断 X 与 Y 之间的线性度**。

如果 $\rho_{XY}=0$（或 $K_{XY}=0$），则称 X 与 Y **不相关**。需要牢记的是，随机变量之间不相关一般并不表示它们之间是独立的，只意味着 X 与 Y 之间不存在线性关系。但是，如果 X 与 Y 之间是独立的，则它们一定不相关，因为此时

$$\begin{aligned}E(XY)&=\int_{-\infty}^{\infty}\int_{-\infty}^{\infty}uvp_{XY}(u,v)\,\mathrm{d}u\,\mathrm{d}v\\&=\int_{-\infty}^{\infty}up_X(u)\,\mathrm{d}u\int_{-\infty}^{\infty}vp_Y(v)\,\mathrm{d}v=E(X)E(Y)\end{aligned}$$

所以

$$K_{XY}=E(XY)-E(X)E(Y)=0$$

对于 n 维随机向量 $\boldsymbol{X}=[X_1,\cdots,X_n]^{\mathrm{T}}$，可以用一个矩阵来表示各个分量之间的积的期望值。例如：

$$E(\boldsymbol{X}\boldsymbol{X}^{\mathrm{T}})=E\left(\begin{bmatrix}X_1\\X_2\\\vdots\\X_n\end{bmatrix}[X_1,X_2,\cdots,X_n]\right)$$

这个矩阵称为**自相关矩阵**。类似地

$$\boldsymbol{K}_{XX}=E[(\boldsymbol{X}-\boldsymbol{\mu}_X)(\boldsymbol{X}-\boldsymbol{\mu}_X)^{\mathrm{T}}] \tag{15.75}$$

其中 $\boldsymbol{\mu}_X=E(\boldsymbol{X})$，这个矩阵称为**自协方差矩阵**。对于两个随机向量 $\boldsymbol{X}=[X_1,\cdots,X_n]^{\mathrm{T}}$ 和 $\boldsymbol{Y}=[Y_1,\cdots,Y_m]^{\mathrm{T}}$，可定义**互协方差矩阵**：

$$\boldsymbol{K}_{XY}=E[(\boldsymbol{X}-\boldsymbol{\mu}_X)(\boldsymbol{Y}-\boldsymbol{\mu}_Y)^{\mathrm{T}}] \tag{15.76}$$

$E(\boldsymbol{X}\boldsymbol{X}^{\mathrm{T}})$ 和 $\boldsymbol{K}_{XX}$ 为对称非负定正方形矩阵，而 $\boldsymbol{K}_{XY}$ 可以是一般的矩形矩阵。

例 15.24　设随机变量 X 的概率密度为

$$p_X(u)=b\mathrm{e}^{-bu}U(u)$$

其中 b 为正常数。求 $E(X^j)$。

解　由均值公式可得

$$E(X^j)=\int_{-\infty}^{\infty}u^j p_X(u)\mathrm{d}u=b\int_0^{\infty}u^j\mathrm{e}^{-bu}\mathrm{d}u$$

采用变量变换 $v=bu$ 可得

$$E(X^j)=b^{-j}\int_0^{\infty}v^j\mathrm{e}^{-v}\mathrm{d}v$$

上式中的积分不依赖 b。这个积分称为 **Gamma 函数**，一般写为

$$\Gamma(a)=\int_0^{\infty}v^{a-1}\mathrm{e}^{-v}\mathrm{d}v$$

它是 a 的连续实函数($a>0$)。当 a 为整数时，$\Gamma(a)=(a-1)!$。所以

$$E(X^j)=b^{-j}\Gamma(j+1)\xrightarrow{\text{当 } a \text{ 为整数时}}E(X^j)=b^{-j}j!$$

例 15.25　假设随机变量 X 的概率密度在区间$[-2,-1]$和$[1,2]$上均匀分布，如图 15.7 所示。令 $Y=X^2$。考查 X 与 Y 之间的相关性和独立性。

解　不难看出，X 与 Y 是不独立的。实际上，X 与 Y 的联合概率密度 $p_{XY}(u,v)$ 只有在曲线 $v=u^2$ 上才有 $p_{XY}(u,v)\neq 0$；但 $p_X(u)p_Y(v)$ 在 (u,v) 的一个区域上非零。

另外，因为 $E(X)=0$ 和 $E(XY)=E(X^3)=0$，所以 $E(XY)=E(X)E(Y)$，这就证明了 X 与 Y 是不相关的。

例 15.26　随机向量 $\boldsymbol{X}$ 是联合 Gauss 变量，也就是它的概率密度函数可写为

$$p_{\boldsymbol{X}}(\boldsymbol{u})=\frac{1}{(2\pi)^{n/2}|\boldsymbol{K}|^{1/2}}\exp\left[-\frac{1}{2}(\boldsymbol{u}-\boldsymbol{\mu})^{\mathrm{T}}\boldsymbol{K}^{-1}(\boldsymbol{u}-\boldsymbol{\mu})\right]$$

其中 $\boldsymbol{\mu}$ 为常值向量，$\boldsymbol{K}$ 为对称正定常值矩阵，$\boldsymbol{K}^{-1}$ 和 $|\boldsymbol{K}|$ 分别表示 $\boldsymbol{K}$ 的逆和行列式。证明：$\boldsymbol{X}$ 的均值为 $\boldsymbol{\mu}_X=\boldsymbol{\mu}$，自协方差矩阵 $\boldsymbol{K}_{XX}=\boldsymbol{K}$。

证明　令矩阵 $\boldsymbol{D}$ 是由 $\boldsymbol{K}$ 的单位正交化特征向量组成的特征向量矩阵，即 $\boldsymbol{KD}=\boldsymbol{D\Lambda}$，其中 $\boldsymbol{\Lambda}$ 是由 $\boldsymbol{K}$ 的特征值组成的对角矩阵。于是 $\boldsymbol{D}^{\mathrm{T}}\boldsymbol{D}=\boldsymbol{I}$ 和 $\boldsymbol{D}^{\mathrm{T}}\boldsymbol{KD}=\boldsymbol{\Lambda}$。进而可得

$$\boldsymbol{D}^{\mathrm{T}}\boldsymbol{K}^{-1}\boldsymbol{D}=\boldsymbol{\Lambda}^{-1},\quad |\boldsymbol{K}|=|\boldsymbol{\Lambda}|/|\boldsymbol{D}|^2=\Lambda_{11}\cdots\Lambda_{nn}$$

现在考虑一个新的随机向量：

$$\boldsymbol{Y}=\boldsymbol{D}^{\mathrm{T}}(\boldsymbol{X}-\boldsymbol{\mu})\triangleq\boldsymbol{g}(\boldsymbol{X})$$

其中 $\boldsymbol{g}(\boldsymbol{X})=\boldsymbol{D}^{\mathrm{T}}(\boldsymbol{X}-\boldsymbol{\mu})$，根据随机向量函数的概率密度公式(15.41)，$\boldsymbol{Y}$ 的概率密度为

$$p_Y(\boldsymbol{v})=\frac{p_X[\boldsymbol{g}^{-1}(\boldsymbol{v})]}{\|\mathrm{d}\boldsymbol{g}(\boldsymbol{u})/\mathrm{d}\boldsymbol{u}\|_{\boldsymbol{u}=\boldsymbol{g}^{-1}(\boldsymbol{v})}}=\frac{1}{(2\pi)^{n/2}(\Lambda_{11}\cdots\Lambda_{nn})^{1/2}}\exp\left(-\frac{1}{2}\boldsymbol{v}^{\mathrm{T}}\boldsymbol{D}^{\mathrm{T}}\boldsymbol{K}^{-1}\boldsymbol{D}\boldsymbol{v}\right)$$

应用 $\boldsymbol{D}^{\mathrm{T}}\boldsymbol{K}^{-1}\boldsymbol{D}=\boldsymbol{\Lambda}^{-1}$ 可得

$$p_{\boldsymbol{Y}}(\boldsymbol{v})=\frac{\exp[-(\Lambda_{11}^{-1}v_1^2+\cdots+\Lambda_{nn}^{-1}v_n^2)/2]}{(2\pi)^{n/2}(\Lambda_{11}\cdots\Lambda_{nn})^{1/2}}=\prod_{j=1}^{n}\frac{\mathrm{e}^{-\Lambda_{jj}^{-1}v_j^2/2}}{(2\pi\Lambda_{jj})^{1/2}}$$

可见 $p_{\boldsymbol{Y}}(\boldsymbol{v})$ 为各个 v_j 的单变量函数的乘积，表明各个 Y_j 是独立的，它们的概率密度为

$$p_{Y_j}(v_j)=\frac{\mathrm{e}^{-\Lambda_{jj}^{-1}v_j^2/2}}{(2\pi\Lambda_{jj})^{1/2}}$$

易见这是一个标准 Gauss 随机变量，具有

$$E(Y_j)=0,\quad \sigma_{Y_j}^2=\Lambda_{jj}$$

因此 $\boldsymbol{Y}$ 的均值向量和协方差矩阵为 $\boldsymbol{\mu}_Y=\boldsymbol{0}$，$\boldsymbol{K}_{YY}=\boldsymbol{\Lambda}$。再利用变换式 $\boldsymbol{X}=\boldsymbol{DY}+\boldsymbol{\mu}$ 可得

$$\boldsymbol{\mu}_X=\boldsymbol{\mu},\quad \boldsymbol{K}_{XX}=E[(\boldsymbol{X}-\boldsymbol{\mu})(\boldsymbol{X}-\boldsymbol{\mu})^{\mathrm{T}}]=\boldsymbol{DK}_{YY}\boldsymbol{D}^{\mathrm{T}}=\boldsymbol{D\Lambda D}^{\mathrm{T}}=\boldsymbol{K}$$

下面来考察一种特殊情况。令

$$g(\boldsymbol{X})=(X_1-\mu_{X_1})^{\alpha_1}\cdots(X_n-\mu_{X_n})^{\alpha_n}$$

于是有

$$E[(X_j-\mu_{X_j})g(\boldsymbol{X})]=\sum_{l=1}^{n}\alpha_l\boldsymbol{K}_{X_jX_l}E\left[\frac{g(\boldsymbol{X})}{(X_l-\mu_{X_l})}\right]$$

对于标量随机变量，$n=1$，上式变为

$$E[(X-\mu_X)^{\alpha+1}]=\alpha\sigma_X^2E[(X-\mu_X)^{\alpha-1}] \tag{15.77}$$

由这个公式可以计算 Gauss 随机变量的任意次中心矩，比如

$$\begin{cases}E[(X-\mu_X)^4]=3\sigma_X^2E[(X-\mu_X)^2]=3\sigma_X^4\\E[(X-\mu_X)^6]=5\sigma_X^2E[(X-\mu_X)^4]=15\sigma_X^4\end{cases} \tag{15.78}$$

以上这种递推关系也可推广到原点矩的计算。取

$$g(\boldsymbol{X})=X_1^{\alpha_1}\cdots X_1^{\alpha_n} \tag{15.79}$$

可得

$$E[(X_j-\mu_{X_j})g(\boldsymbol{X})]=\sum_{l=1}^{n}\alpha_l\boldsymbol{K}_{X_jX_l}E(g(\boldsymbol{X})/X_l) \tag{15.80}$$

或

$$E[X_jg(\boldsymbol{X})]=\mu_{X_j}E[g(\boldsymbol{X})]+\sum_{l=1}^{n}\alpha_l\boldsymbol{K}_{X_jX_l}E(g(\boldsymbol{X})/X_l) \tag{15.81}$$

对于标量随机变量，$n=1$，上式变为

$$E(X^{\alpha+1})=\mu_XE(X^\alpha)+\alpha\sigma_X^2E(X^{\alpha-1}) \tag{15.82}$$

由此可得

$$\begin{cases}E(X^2)=\mu_XE(X^1)+\sigma_X^2E(X^0)=\mu_X^2+\sigma_X^2\\E(X^3)=\mu_XE(X^2)+2\sigma_X^2E(X^1)=\mu_X^3+3\mu_X\sigma_X^2\\E(X^4)=\mu_XE(X^3)+3\sigma_X^2E(X^2)=\mu_X^4+6\mu_X^2\sigma_X^2+3\sigma_X^4\\\cdots\cdots\end{cases} \tag{15.83}$$

例 15.27　对二维 Gauss 随机向量，请给出其概率密度函数的具体表达式。

解　协方差矩阵 $\boldsymbol{K}_{XX}$ 变为

$$\boldsymbol{K}_{XX}=E[(\boldsymbol{X}-\boldsymbol{\mu})(\boldsymbol{X}-\boldsymbol{\mu})^{\mathrm{T}}]=\begin{bmatrix}\sigma_{X_1}^2 & \rho_{X_1X_2}\sigma_{X_1}\sigma_{X_2}\\\rho_{X_1X_2}\sigma_{X_1}\sigma_{X_2} & \sigma_{X_2}^2\end{bmatrix}$$

其中 $\rho_{X_1X_2}=E[(X_1-\mu_{X_1})(X_2-\mu_{X_2})]/\sigma_{X_1}\sigma_{X_2}$。因此有

$$\boldsymbol{K}_{XX}^{-1}=\begin{bmatrix}1/\sigma_{X_1}^2 & -\rho_{X_1X_2}/\sigma_{X_1}\sigma_{X_2}\\ -\rho_{X_1X_2}/\sigma_{X_1}\sigma_{X_2} & 1/\sigma_{X_2}^2\end{bmatrix}$$

二维 Gauss 随机向量的概率密度为

$$p_X(\boldsymbol{u})=\frac{1}{2\pi\sigma_{X_1}\sigma_{X_2}(1-\rho_{X_1X_2}^2)^{1/2}}\exp\left\{-\frac{1}{2(1-\rho_{X_1X_2}^2)}\left[\left(\frac{u_1-\mu_{X_1}}{\sigma_{X_1}}\right)^2\right.\right.$$
$$\left.\left.-2\rho_{X_1X_2}\left(\frac{u_1-\mu_{X_1}}{\sigma_{X_1}}\right)\left(\frac{u_2-\mu_{X_2}}{\sigma_{X_2}}\right)+\left(\frac{u_2-\mu_{X_2}}{\sigma_{X_2}}\right)^2\right]\right\}$$

例 15.28 设 $\boldsymbol{X}$ 是 Gauss 随机向量，它的各个分量之间互不相关，即对所有 j,k 有 $\rho_{X_jX_k}=0$。证明：各个分量之间相互独立。

证明 此时协方差矩阵

$$\boldsymbol{K}_{XX}=E[(\boldsymbol{X}-\boldsymbol{\mu})(\boldsymbol{X}-\boldsymbol{\mu})^{\mathrm{T}}]=\begin{bmatrix}K_{11} & K_{12} & \cdots & K_{1n}\\ K_{21} & K_{22} & \cdots & K_{2n}\\ \vdots & \vdots & & \vdots\\ K_{n1} & K_{n2} & \cdots & K_{nn}\end{bmatrix}$$

其中

$$K_{jj}=\sigma_{X_j}^2,\quad K_{jk}=K_{kj}=\rho_{X_jX_k}\sigma_{X_j}\sigma_{X_k}$$

因为 $\rho_{X_jX_k}=0$，所以

$$\boldsymbol{K}_{XX}=\mathrm{diag}[\sigma_{X_1}^2,\cdots,\sigma_{X_n}^2],\quad \boldsymbol{K}_{XX}^{-1}=\mathrm{diag}[\sigma_{X_1}^{-2},\cdots,\sigma_{X_n}^{-2}]$$

进而可得

$$p_X(\boldsymbol{u})=p_{X_1}(u_1)\cdots p_{X_n}(u_n)$$

即 $X_1,\cdots,X_n$ 之间相互独立。

15.11 条件期望

对于任意一个给定的事件 A，随机变量 X 在给定 A 的条件下，其**条件期望值** $E(X|A)$ 定义为

$$E(X\mid A)=\int_{-\infty}^{\infty}up_X(u\mid A)\mathrm{d}u \tag{15.84}$$

其中 $p_X(u|A)$ 为条件概率密度。类似地，可定义随机变量的函数的条件期望：

$$E[g(X)\mid A]=\int_{-\infty}^{\infty}g(u)p_X(u\mid A)\mathrm{d}u \tag{15.85}$$

$$E[g(\boldsymbol{X})\mid A]=\int_{-\infty}^{\infty}\cdots\int_{-\infty}^{\infty}g(\boldsymbol{u})p_X(\boldsymbol{u}\mid A)\mathrm{d}u_1\cdots\mathrm{d}u_n \tag{15.86}$$

例 15.29 随机变量 X,Y，其联合概率密度在一个三角形上均匀分布，即

$$p_{XY}(u,v)=U(u-1)U(5-u)U(v-1)U(u-v)/8$$

求 $E(Y|X\leqslant 3)$，$E(Y^2|X\leqslant 3)$，$E(Y|X=u)$。

解 我们可以求出条件概率密度 $p_Y(v|X\leqslant 3)$：

$$p_Y(v|X\leqslant 3)=\frac{3-v}{2}U(v-1)U(3-v)$$

所以

$$E(Y \mid X\leqslant 3)=\int_1^3 v\left(\frac{3-v}{2}\right)\mathrm{d}v=\frac{5}{3}$$

$$E(Y^2 \mid X\leqslant 3)=\int_1^3 v^2\left(\frac{3-v}{2}\right)\mathrm{d}v=3$$

我们也可以求出 $p_Y(v|X=u)$：

$$p_Y(v|X=u)=\frac{1}{u-1}U(v-1)U(u-v),\quad 1\leqslant u\leqslant 5$$

所以

$$E(Y \mid X=u)=\int_1^u v\left(\frac{1}{u-1}\right)\mathrm{d}v=\frac{u+1}{2},\quad 1\leqslant u\leqslant 5$$

例 15.30　随机变量 X,Y 为联合 Gauss 型的，其联合概率密度为

$$p_{XY}(u,v)=\frac{1}{2\pi\sigma_X\sigma_Y(1-\rho^2)^{1/2}}\exp\left\{-\frac{1}{2(1-\rho^2)}\left[\left(\frac{u-\mu_X}{\sigma_X}\right)^2-2\rho\left(\frac{u-\mu_X}{\sigma_X}\right)\left(\frac{v-\mu_Y}{\sigma_Y}\right)+\left(\frac{v-\mu_Y}{\sigma_Y}\right)^2\right]\right\}$$

求 $E(Y^2|X=u)$。

解　我们可以求出条件概率密度 $p_Y(v|X=u)$：

$$p_Y(v|X=u)=\frac{1}{(2\pi)^{1/2}\sigma_Y(1-\rho^2)^{1/2}}\exp\left\{-\frac{1}{2(1-\rho^2)}\left[\left(\frac{u-\mu_X}{\sigma_X}\right)^2-2\rho\left(\frac{u-\mu_X}{\sigma_X}\right)\left(\frac{v-\mu_Y}{\sigma_Y}\right)+\left(\frac{v-\mu_Y}{\sigma_Y}\right)^2\right]+\frac{1}{2}\left(\frac{u-\mu_X}{\sigma_X}\right)^2\right\}$$

定义

$$\tilde{\sigma}_Y=\sigma_Y(1-\rho^2)^{1/2},\quad \tilde{\mu}_Y=\mu_Y+\rho\frac{\sigma_Y}{\sigma_X}(u-\mu_X)$$

则条件概率密度变为

$$p_Y(v|X=u)=\frac{1}{(2\pi)^{1/2}\tilde{\sigma}_Y}\exp\left[-\frac{1}{2}\left(\frac{v-\tilde{\mu}_Y}{\tilde{\sigma}_Y}\right)^2\right]$$

这是一个均值为 $\tilde{\mu}_Y$、方差为 $\tilde{\sigma}_Y^2$ 的 Gauss 分布，所以

$$E(Y|X=u)=\tilde{\mu}_Y=\mu_Y+\rho\frac{\sigma_Y}{\sigma_X}(u-\mu_X)$$

以及

$$E[(Y-\tilde{\mu}_Y)^2|X=u]=E(Y^2|X=u)-\tilde{\mu}_Y^2=\tilde{\sigma}_Y^2$$

$$\tilde{\sigma}_Y=\sigma_Y(1-\rho^2)^{1/2},\quad \tilde{\mu}_Y=\mu_Y+\rho\frac{\sigma_Y}{\sigma_X}(u-\mu_X)$$

由此得

$$E(Y^2|X=u)=\tilde{\sigma}_Y^2+\tilde{\mu}_Y^2=\sigma_Y^2(1-\rho^2)+\left[\mu_Y+\rho\frac{\sigma_Y}{\sigma_X}(u-\mu_X)\right]^2$$

15.12 广义条件期望

前面介绍的条件期望是在给定某些特定事件的条件下计算的，条件期望是一个确定的值。现在我们介绍一种不确定条件期望，它是一个随机变量。不确定条件期望由给定事件的不确定性产生。我们考虑 $E(Y|X=u)$，其中 X 和 Y 都是随机变量。对不同的确定性值 u，这个条件期望一般是不同的，因此可以认为这个条件期望是 u 的函数：

$$f(u)=E(Y|X=u)$$

当 X 随机取值时，函数 $f(\cdot)$ 也可看作随机变量 X 的函数。因此有

$$f(X)=E(Y|X)$$

$$E[f(X)]=\int_{-\infty}^{\infty} f(u)p_X(u)\mathrm{d}u$$

但是，由 $f(u)$ 的定义，有

$$f(u)=\int_{-\infty}^{\infty} vp_Y(v \mid X=u)\mathrm{d}v$$

以上两式合并可得

$$E[f(X)]=\int_{-\infty}^{\infty}\int_{-\infty}^{\infty} vp_Y(v \mid X=u)p_X(u)\mathrm{d}v\mathrm{d}u$$

由于 $p_{XY}(u,v)=p_X(u)p_Y(v|X=u)$，所以 $E[f(X)]=E[g(X,Y)]$

$$E[f(X)]=\int_{-\infty}^{\infty}\int_{-\infty}^{\infty} vp_{XY}(u,v)\mathrm{d}v\mathrm{d}u=\int_{-\infty}^{\infty} vp_Y(v)\mathrm{d}v=E(Y)$$

所以有

$$E[E(Y|X)]=E(Y) \tag{15.87}$$

即条件期望的期望值就是无条件期望值。方程(15.87)可作进一步推广，我们有

$$E[h(Y) \mid X=u]=\int_{-\infty}^{\infty} h(v)p_Y(v \mid X=u)\mathrm{d}v$$

$$E(g(X)E[h(Y) \mid X])=\int_{-\infty}^{\infty} g(u)E[h(Y) \mid X=u]p_X(u)\mathrm{d}u$$

两式合并得到

$$\begin{aligned}E(g(X)E[h(Y) \mid X])&=\int_{-\infty}^{\infty}\int_{-\infty}^{\infty} g(u)h(v)p_X(u)p_Y(v \mid X=u)\mathrm{d}u\mathrm{d}v\\&=\int_{-\infty}^{\infty}\int_{-\infty}^{\infty} g(u)h(v)p_{XY}(u,v)\mathrm{d}u\mathrm{d}v=E[g(X)h(Y)]\end{aligned}$$

即有

$$E\{g(X)E[h(Y)|X]\}=E[g(X)h(Y)] \tag{15.88}$$

例 15.31 设随机变量 X 在区间$[0,10]$上均匀分布，所以其概率密度函数为

$$p_X(u)=U(u)U(10-u)/10$$

设另一个随机变量 Y 在区间$[0,X]$上均匀分布，即如果给定 $X=u$，则 Y 在区间$[0,u]$上是均匀的，所以其概率密度函数为

$$p_Y(v|X=u)=\frac{1}{u}U(v)U(u-v)$$

求 $E(Y)$。

解　可得

$$E(Y \mid X=u)=\int_0^u v p_Y(v \mid X=u)\mathrm{d}v=\int_0^u v\,\frac{1}{u}\mathrm{d}v=\frac{u}{2}$$

所以

$$E(Y|X)=\frac{X}{2}$$

进而由公式

$$E(Y)=E[E(Y|X)]=\frac{1}{2}E(X)$$

容易得到 $E(X)=5$，所以 $E(Y)=2.5$。

例 15.32　设随机变量 X 的概率密度函数为

$$p_X(u)=2\,\mathrm{e}^{-2u}U(u)$$

设另一个随机变量 Y 的条件期望和条件均方值为

$$E(Y|X=u)=3u,\quad E(Y^2|X=u)=10u^2+2u$$

求 $E(Y)$，$E(Y^2)$和 $E(X^2Y^2)$。

解　本例没有足够的信息让我们写出 $p_Y(v)$或 $p_{XY}(u,v)$。此时我们可以用式(15.87)和式(15.88)，即

$$E[E(Y|X)]=E(Y) \tag{1}$$

$$E\{g(x)E[h(Y)|X]\}=E[g(X)h(Y)] \tag{2}$$

由已知可得 $E(Y|X)=3X$，所以 $E(Y)=3E(X)$。用 X 的概率密度可计算得到 $E(X)=0.5$，利用公式(1)可得 $E(Y)=1.5$。类似地，由已知可得 $E(Y^2|X)=10X^2+2X$，所以 $E(Y^2)=10E(X^2)+2E(X)$。用 X 的概率密度可计算得到 $E(X)=0.5$，$E(X^2)=0.5$，所以 $E(Y^2)=6$。

令 $g(X)=X^2$，$h(Y)=Y^2$，利用公式(2)可得

$$E(X^2Y^2)=E[E(X^2)E(Y^2|X)]=10E(X^4)+2E(X^3)$$

由 $p_X(u)$可算得 $E(X^4)=1.5$，$E(X^3)=0.75$，所以 $E(X^2Y^2)=16.5$。

15.13　随机变量的特征函数

15.13.1　特征函数的定义和基本性质

随机变量 X 的**特征函数**记为 $M_X(\theta)$，定义为

$$M_X(\theta)=E(\mathrm{e}^{\mathrm{i}\theta X})=\int_{-\infty}^{\infty}\mathrm{e}^{\mathrm{i}\theta u}p_X(u)\mathrm{d}u \tag{15.89}$$

可见 $M_X(\theta)$为随机变量 X 的复函数 $\mathrm{e}^{\mathrm{i}\theta X}$ 的期望。不难看出，$M_X(\theta)$也是概率密度 $p_X(u)$的 Fourier 变换，所以由 Fourier 逆变换可得

$$p_X(u)=\frac{1}{2\pi}\int_{-\infty}^{\infty}M_X(\theta)\mathrm{e}^{-\mathrm{i}\theta u}\mathrm{d}\theta \tag{15.90}$$

对 $M_X(\theta)$求 j 阶导数可得

$$\frac{\mathrm{d}^j}{\mathrm{d}\theta^j}M_X(\theta)=i^j\int_{-\infty}^{\infty}u^j\mathrm{e}^{\mathrm{i}\theta u}p_X(u)\mathrm{d}u=i^jE(X^j\mathrm{e}^{\mathrm{i}\theta X})$$

上式中令 $\theta=0$ 可得

$$E(X^j)=i^{-j}\left[\frac{\mathrm{d}^j}{\mathrm{d}\theta^j}M_X(\theta)\right]_{\theta=0} \tag{15.91}$$

所以,**如果 $M_X(\theta)$ 已知,则可应用这个公式计算 X 的 j 阶矩。**

上面的单个随机变量的特征函数可以推广到随机向量的情况:

$$M_{\boldsymbol{X}}(\boldsymbol{\theta})=E(\mathrm{e}^{\mathrm{i}\boldsymbol{\theta}^{\mathrm{T}}\boldsymbol{X}})=\int_{-\infty}^{\infty}\cdots\int_{-\infty}^{\infty}\mathrm{e}^{\mathrm{i}\boldsymbol{\theta}^{\mathrm{T}}\boldsymbol{u}}p_{\boldsymbol{X}}(\boldsymbol{u})\mathrm{d}u_1\cdots\mathrm{d}u_n \tag{15.92}$$

其中

$$\boldsymbol{X}=[X_1,\cdots,X_n]^{\mathrm{T}},\quad \boldsymbol{\theta}=[\theta_1,\cdots,\theta_n]^{\mathrm{T}},\quad \boldsymbol{\theta}^{\mathrm{T}}\boldsymbol{X}=\theta_1X_1+\cdots+\theta_nX_n$$

逆变换关系为

$$p_{\boldsymbol{X}}(\boldsymbol{u})=E(\mathrm{e}^{\mathrm{i}\boldsymbol{\theta}^{\mathrm{T}}\boldsymbol{X}})=\frac{1}{(2\pi)^n}\int_{-\infty}^{\infty}\cdots\int_{-\infty}^{\infty}\mathrm{e}^{-\mathrm{i}\boldsymbol{\theta}^{\mathrm{T}}\boldsymbol{X}}M_{\boldsymbol{X}}(\boldsymbol{\theta})\mathrm{d}\theta_1\cdots\mathrm{d}\theta_n \tag{15.93}$$

特征函数与矩的关系为

$$E(X_1^jX_2^k)=i^{-(j+k)}\left[\frac{\partial^{j+k}}{\partial\theta_1^j\partial\theta_2^k}M_{\boldsymbol{X}}(\boldsymbol{\theta})\right]_{\boldsymbol{\theta}=\boldsymbol{0}}$$

或

$$E(X_1^{j_1}\cdots X_n^{j_n})=i^{-(j_1+\cdots+j_n)}\left[\frac{\partial^{j_1+\cdots+j_n}}{\partial\theta_1^{j_1}\cdots\partial\theta_n^{j_n}}M_{\boldsymbol{X}}(\boldsymbol{\theta})\right]_{\boldsymbol{\theta}=\boldsymbol{0}} \tag{15.94}$$

例 15.33 随机变量 X 的概率密度为

$$p_X(u)=b\mathrm{e}^{-bu}U(u)$$

求 X 的特征函数 $M_X(\theta)$。

解 按定义有

$$M_X(\theta)=\int_{-\infty}^{\infty}\mathrm{e}^{\mathrm{i}\theta u}p_X(u)\mathrm{d}u=b\int_0^{\infty}\mathrm{e}^{\mathrm{i}\theta u}\mathrm{e}^{-bu}\mathrm{d}u=b\int_0^{\infty}\mathrm{e}^{-(b-\mathrm{i}\theta)u}\mathrm{d}u$$

令 $v=(b-\mathrm{i}\theta)u$,则上式变为

$$M_X(\theta)=\frac{b}{b-\mathrm{i}\theta}\int_{C_1}\mathrm{e}^{-v}\mathrm{d}v$$

积分路径 C_1 为复平面 v 上的从原点出发、斜率为 θ/b 的射线,所以上式积分为

$$M_X(\theta)=\frac{b}{b-\mathrm{i}\theta}\int_0^{\infty}\mathrm{e}^{-v}\mathrm{d}v=-\frac{b}{b-\mathrm{i}\theta}\mathrm{e}^{-v}\Big|_0^{\infty}=\frac{b}{b-\mathrm{i}\theta}$$

例 15.34 Gauss 随机变量 X 的概率密度为

$$p_X(u)=\frac{1}{(2\pi)^{1/2}\sigma_X}\exp\left[-\frac{1}{2}\left(\frac{u-\mu_X}{\sigma_X}\right)^2\right]$$

求 X 的特征函数 $M_X(\theta)$。

解 注意到 $Y=(X-\mu_X)/\sigma_X$ 是均值为零、方差为 1 的 Gauss 随机变量,它的特征函数为

$$M_Y(\theta)=E(\mathrm{e}^{\mathrm{i}\theta Y})=\frac{1}{(2\pi)^{1/2}}\int_{-\infty}^{\infty}\exp(\mathrm{i}\theta v-v^2/2)\mathrm{d}v$$

令 $w=v-\mathrm{i}\theta$，则上式变为

$$M_Y(\theta)=\mathrm{e}^{-\theta^2/2}\int_{C_1}\frac{\mathrm{e}^{-w^2/2}}{(2\pi)^{1/2}}\mathrm{d}w$$

其中积分路径 C_1 为复平面 w 上平行于实轴、从 $-\infty-\mathrm{i}\theta$ 到 $\infty-\mathrm{i}\theta$ 的直线，可得上式积分值等于 1，于是 $M_Y(\theta)=\mathrm{e}^{-\theta^2/2}$。

利用变换 $X=\mu_X+\sigma_X Y$ 可得

$$M_X(\theta)=E(\mathrm{e}^{-\theta X})=\mathrm{e}^{\mathrm{i}\theta\mu_X}E(\mathrm{e}^{\mathrm{i}\theta\sigma_X Y})=\mathrm{e}^{\mathrm{i}\theta\mu_X}M_Y(\sigma_X\theta)=\exp\left(\mathrm{i}\theta\mu_X-\frac{\sigma_X^2\theta^2}{2}\right)$$

15.13.2　特征函数的幂级数

将特征函数 $M_X(\theta)$ 在 $\theta=0$ 处展开为 Taylor 级数可得

$$M_X(\theta)=\sum_{j=0}^{\infty}\frac{\theta^j}{j!}\left[\frac{\mathrm{d}^j M_X(\theta)}{\mathrm{d}\theta^j}\right]_{\theta=0}=\sum_{j=0}^{\infty}\frac{(\mathrm{i}\theta)^j}{j!}E(X^j) \tag{15.95}$$

有时使用 $M_X(\theta)$ 的自然对数来代替 $M_X(\theta)$ 会更方便。函数 $\ln M_X(\theta)$ 称为**对数特征函数**。我们也可以将对数特征函数展开为 Taylor 级数，就像式(15.95)中的一样，但是系数是不同的，这个级数为

$$\ln[M_X(\theta)]=\sum_{j=0}^{\infty}\frac{(\mathrm{i}\theta)^j}{j!}\kappa_j(X) \tag{15.96}$$

其中

$$\kappa_j(X)=\mathrm{i}^{-j}\left\{\frac{\mathrm{d}^j}{\mathrm{d}\theta^j}\ln[M_X(\theta)]\right\}_{\theta=0} \tag{15.97}$$

$\kappa_j(X)$ 称为 X 的 j **阶累积量**，注意 $\kappa_0(X)=0$。有时用累积量描述概率分布比用矩更方便。

对于联合分布，需要用如下形式的**联合累积量**：

$$\kappa_J(\underbrace{X_1,\cdots,X_1}_{j_1},\cdots,\underbrace{X_n,\cdots,X_n}_{j_n})=i^{-J}\left\{\frac{\partial^J}{\partial\theta_1^{j_1}\cdots\partial\theta_n^{j_n}}\ln[M_{\boldsymbol{X}}(\boldsymbol{\theta})]\right\}_{\boldsymbol{\theta}=\boldsymbol{0}} \tag{15.98}$$

这个累积量的阶数是 $J=j_1+\cdots+j_n$ 阶。随机向量的对数特征函数可展开为

$$\ln[M_{\boldsymbol{X}}(\boldsymbol{\theta})]=\sum_{j_1=0}^{\infty}\cdots\sum_{j_n=0}^{\infty}\frac{(\mathrm{i}\theta_1)^{j_1}\cdots(\mathrm{i}\theta_1)^{j_n}}{j_1!\cdots j_n!}\kappa_J(\underbrace{X_1,\cdots,X_1}_{j_1},\cdots,\underbrace{X_n,\cdots,X_n}_{j_n}) \tag{15.99}$$

联合特征函数也可用联合矩展开：

$$M_{\boldsymbol{X}}(\boldsymbol{\theta})=\sum_{j_1=0}^{\infty}\cdots\sum_{j_n=0}^{\infty}\frac{(\mathrm{i}\theta_1)^{j_1}\cdots(\mathrm{i}\theta_n)^{j_n}}{j_1!\cdots j_n!}E(X_1^{j_1}\cdots X_n^{j_n}) \tag{15.100}$$

一些低阶矩与累积量之间的关系如下：

$$\kappa_1(X)=E(X)=\mu_X \tag{15.101}$$

$$\kappa_2(X_1,X_2)=E(X_1X_2)-\mu_{X_1}\mu_{X_2}=K_{X_1X_2} \tag{15.102}$$

$$\begin{aligned}\kappa_3(X_1,X_2,X_3)&=E(X_1X_2X_3)-\mu_{X_1}E(X_2X_3)-\mu_{X_2}E(X_1X_3)\\&\quad-\mu_{X_3}E(X_1X_2)+2\mu_{X_1}\mu_{X_2}\mu_{X_3}E(X_1X_2)\\&=E[(X_1-\mu_{X_1})(X_2-\mu_{X_2})(X_3-\mu_{X_3})]\end{aligned} \tag{15.103}$$

$$\kappa_4(X_1,X_2,X_3,X_4)=E[(X_1-\mu_{X_1})(X_2-\mu_{X_2})(X_3-\mu_{X_3})(X_4-\mu_{X_4})] -K_{X_1X_2}K_{X_3X_4}-K_{X_1X_3}K_{X_2X_4}-K_{X_1X_4}K_{X_2X_3} \tag{15.104}$$

对于单个随机变量,以上公式变为

$$\kappa_2(X)=E[(X-\mu_X)^2]=\sigma_X^2 \tag{15.105}$$

$$\kappa_3(X)=E[(X-\mu_X)^3]=\sigma_X^3\times\text{偏度} \tag{15.106}$$

$$\kappa_4(X)=E[(X-\mu_X)^4]-3\sigma_X^4=\sigma_X^4\times(\text{峰度}-3) \tag{15.107}$$

偏度和峰度的定义见式(15.69)和式(15.70)。

下面是一个有用的高阶联合累积量公式:

$$\kappa_{n+1}(X_1,\cdots,X_n,\sum a_jY_j)=\sum a_j\kappa_{n+1}(X_1,\cdots,X_n,Y_j) \tag{15.108}$$

上式也可写成

$$\kappa_{n+1}(X_1,\cdots,X_n,\sum a_jY_j)=\frac{1}{\mathrm{i}^n}\left[\sum a_j\frac{E(Y_j\mathrm{e}^{\mathrm{i}\boldsymbol{\theta}^{\mathrm{T}}\boldsymbol{X}})}{E(\mathrm{e}^{\mathrm{i}\boldsymbol{\theta}^{\mathrm{T}}\boldsymbol{X}})}\right]_{\boldsymbol{\theta}=\boldsymbol{0}} \tag{15.109}$$

例 15.35 已知 Gauss 随机向量 $\boldsymbol{X}$ 的期望 $\boldsymbol{\mu}_{\boldsymbol{X}}$ 和协方差矩阵 $\boldsymbol{K}_{\boldsymbol{XX}}$,求 $\boldsymbol{X}$ 的对数特征函数和所有累积量。

解 由前面的例题已知 $M_{\boldsymbol{X}}(\boldsymbol{\theta})=\exp(\mathrm{i}\,\boldsymbol{\theta}^{\mathrm{T}}\boldsymbol{\mu}_{\boldsymbol{X}}-\boldsymbol{\theta}^{\mathrm{T}}\boldsymbol{K}_{\boldsymbol{XX}}\boldsymbol{\theta})$,于是

$$\ln[M_{\boldsymbol{X}}(\boldsymbol{\theta})]=\mathrm{i}\,\boldsymbol{\theta}^{\mathrm{T}}\boldsymbol{\mu}_{\boldsymbol{X}}-\boldsymbol{\theta}^{\mathrm{T}}\boldsymbol{K}_{\boldsymbol{XX}}\boldsymbol{\theta}$$

由前面相应的公式可得

$$\begin{cases}\kappa_1(X_j)=\mu_{X_j}, & j=1,\cdots,n\\ \kappa_2(X_j,X_k)=K_{X_jX_k}, & j=1,\cdots,n;\quad k=1,\cdots,n\\ \kappa_J(X_{j_1},X_{j_J})=0, & J\geqslant 2\end{cases}$$

15.14 随机过程的概念

考虑一种随机试验,其结果不再是数值,而是时间 t(或其他参数)的函数 $X(t)$。一个**随机过程(random process)**就是随机变量的参数族。当存在多个参数时,比如空间坐标,称为**随机场(random field)**。海浪是随机场的一个例子:在一个固定点,海面高度是以时间为参数的一个随机过程;在一个确定的时刻,海面是一个以空间坐标为参数的随机场。一个随机过程可以看成一族随机变量,常用的做法是用大括号来表示这一组量,因此我们用$\{X(t)\}$表示一个随机过程,对于 t 的任何一个特定值,$X(t)$是一个随机变量。t 称为该过程的**索引参数**,可能的 t 值的集合就是**索引集**。在某些情况下,我们明确地在过程的表示法中包含索引集,例如$\{X(t):t\geqslant 0\}$或$\{X(t):0\leqslant t\leqslant 20\}$。我们总是将可能的 t 值的索引集看作连续的,而不是离散的。如果我们考虑一组 $X(t)$的随机变量,其中 t 从一个离散集合中取值,例如$\{t_1,t_2,\cdots,t_j,\cdots\}$,那么我们将使用随机向量表示法,而不是随机过程。

随机过程也可认为是其可能的时间历程的集合,每个时间历程是对该过程的一次特定观测,它随 t 变化。例如,地震时的地面加速度记录,可以认为是该地点发生的多次地震的时间记录之一。一个随机过程的时间历程的集合通常被称为**总体(ensemble)**,每个时间历程称为**样本函数**。图 15.8 用 $X^{(j)}(t)$表示一个随机过程观察到的第 j 个时间历程,图中给出了

6 个独立观测到的时间历程。在一个任意特定时刻 t，所有 $X^{(j)}(t)$ 的值组成了随机变量 $X(t)$ 的一组取值。比如，$X(10)$ 的 6 个值，$X(20)$ 的 6 个值，等等。

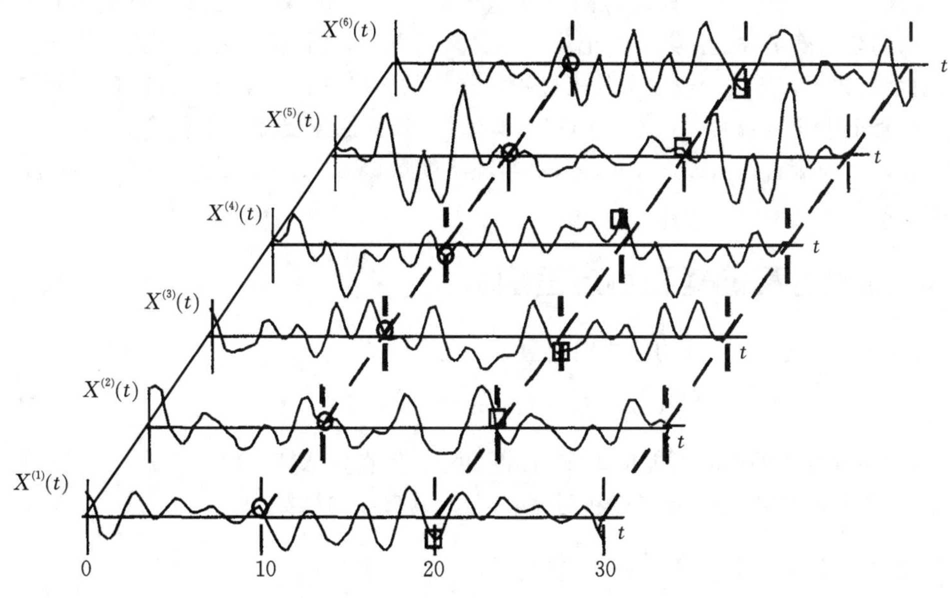

图 15.8　$\{X(t)\}$ 的时间历程的集合

在大多数实际问题中，用特定时间历程发生的概率来描述一个随机过程一般是不可行的。因此，转而考察随机过程派生的一系列随机变量的联合概率分布的信息。另一方面，很自然地会想到所有可能的时间历程的集合（一般有无限多个成员），考虑这些时间历程的统计特征。术语**集合平均**通常是指所有可能时间历程的集合的统计平均。因此，可以从图 15.8所示的样本中计算 $X(10)$ 的平均值为 $[X^{(1)}(10)+\cdots+X^{(6)}(10)]/6$，这可以认为是随机变量 $X(10)$ 的观测值的统计平均值，也可以认为是随机过程 $\{X(t)\}$ 在 $t=10$ 时刻的集合平均值。术语集合平均有时也用来指数学期望。如果我们能获得无限个时间历程，统计平均值将收敛到潜在的期望值。但实际中时间历程的数量总是有限的，集合平均值就是一个随机过程的统计平均值，它们与理论上的期望值不一样。

15.15　随机过程的概率分布

为了对一个随机过程 $\{X(t)\}$ 有一个完整的概率描述，我们必须知道属于该过程的每一组随机变量的概率分布。也就是对任意的正整数 n 和任意 n 个时刻 $t_1,t_2,\cdots,t_n$，我们必须知道每组随机变量 $\{X(t_1),X(t_2),\cdots,X(t_n)\}$ 的联合概率分布。因为一个随机变量或一组随机变量的概率分布总是可以由概率密度函数（或累积分布函数）给出，所以必要的信息为

$$p_{X(t_1)}(u_1),\qquad \text{对所有 } t_1 \text{ 和 } u_1$$

$$p_{X(t_1)X(t_2)}(u_1,u_2),\qquad \text{对所有 } t_1,t_2 \text{ 和 } u_1,u_2$$

$$\vdots$$

$$p_{X(t_1)\cdots X(t_n)}(u_1,\cdots,u_n),\qquad \text{对所有 } t_1,\cdots,t_n \text{ 和 } u_1,\cdots,u_n$$

$$\vdots$$

不过,上面所列信息是多余的,因为低维概率密度是高维概率密度的边缘密度,因此低维概率密度可以由高维概率密度求出。

概率密度 $p_{X(t)}(u)$ 可以看成是两个变量 t 和 u 的函数,有时也可以写成 $p_X(u,t)$ 或 $p_X(u;t)$,高阶密度函数也有类似的记号。在许多问题中,我们需要考虑不止一个随机过程。这意味着我们需要知道两个或多个随机过程中产生的随机变量的联合分布信息。例如,为了得到两个随机过程 $\{X(t)\}$ 和 $\{Y(t)\}$ 的完整概率描述,我们需要知道对任意 n 和 m 值,以及任意 n 和 m 个时刻 $t_1,\cdots,t_n,s_1,\cdots,s_m$,每组随机变量 $\{X(t_1),\cdots,X(t_n),Y(s_1),\cdots,Y(s_m)\}$ 的联合概率分布。

15.16 随机过程的矩和协方差函数

一个随机过程 $\{X(t)\}$ 的均值或期望值定义为

$$\mu_X(t)=E[X(t)]=\int_{-\infty}^{\infty} u p_{X(t)}(u)\mathrm{d}u \tag{15.110}$$

显然 $\mu_X(t)$ 定义在 t 的所有可能值组成的索引集上,但在任意特定的时刻 t,$\mu_X(t)$ 就是随机变量 $X(t)$ 的均值。类似地,定义随机过程 $\{X(t)\}$ 的**自相关函数**为

$$\phi_{XX}(t,s)=E[X(t)X(s)]=\int_{-\infty}^{\infty}\int_{-\infty}^{\infty} uv p_{X(t)X(s)}(u,v)\mathrm{d}u\mathrm{d}v \tag{15.111}$$

其中 $p_{X(t)X(s)}(u,v)$ 是随机变量 $X(t)$ 和 $X(s)$ 的二维联合概率密度函数,t 和 s 都在 $\{X(t)\}$ 的索引集上变化。$\phi_{XX}(t,s)$ 中的两个下标是为了区分自相关函数与互相关函数。**互相关函数**定义为

$$\phi_{XY}(t,s)=E[X(t)Y(s)]=\int_{-\infty}^{\infty}\int_{-\infty}^{\infty} uv p_{X(t)Y(s)}(u,v)\mathrm{d}u\mathrm{d}v \tag{15.112}$$

其中 t 和 s 分别在 $\{X(t)\}$ 和 $\{Y(t)\}$ 的索引集上变化,这两个索引集可以相同,也可以不同。

自协方差函数定义为

$$K_{XX}(t,s)=E([X(t)-\mu_X(t)][X(s)-\mu_X(s)]) \tag{15.113}$$

互协方差函数定义为

$$K_{XY}(t,s)=E([X(t)-\mu_X(t)][Y(s)-\mu_Y(s)]) \tag{15.114}$$

协方差函数也可用相关函数表示为

$$K_{XX}(t,s)=\phi_{XX}(t,s)-\mu_X(t)\mu_X(s) \tag{15.115}$$

和

$$K_{XY}(t,s)=\phi_{XY}(t,s)-\mu_X(t)\mu_Y(s) \tag{15.116}$$

随机过程 $\{X(t)\}$ 的**均方值**和**方差**定义为

$$E[X^2(t)]=\phi_{XX}(t,t) \tag{15.117}$$

和

$$\sigma_X^2(t)=K_{XX}(t,t) \tag{15.118}$$

也可以将**相关系数**扩展到随机过程:

$$\rho_{XX}(t,s)=\frac{K_{XX}(t,s)}{\sigma_X(t)\sigma_X(s)}=\frac{K_{XX}(t,s)}{[K_{XX}(t,t)K_{XX}(s,s)]^{1/2}} \tag{15.119}$$

和

$$\rho_{XY}(t,s)=\frac{K_{XY}(t,s)}{\sigma_X(t)\sigma_Y(s)}=\frac{K_{XY}(t,s)}{[K_{XX}(t,t)K_{YY}(s,s)]^{1/2}} \tag{15.120}$$

例 15.36　考虑一个过程$\{X(t):t\geqslant 0\}$，它表示一个物体的位置，该物体可能翻倒，也可能不翻倒。实际中，$\{X(t)\}$只有三个可能的时间历程：

$$X^{(1)}(t)=0$$

$$X^{(2)}(t)=\alpha\sinh(\beta t)$$

$$X^{(3)}(t)=-\alpha\sinh(\beta t)$$

其中α和β为常数，三个时间历程分别表示“不翻倒”“向右翻倒”和“向左翻倒”，如图 15.9 所示。设概率为

$$P[X(t)=X^{(1)}(t)]=0.50$$

$$P[X(t)=X^{(2)}(t)]=0.25$$

$$P[X(t)=X^{(3)}(t)]=0.25$$

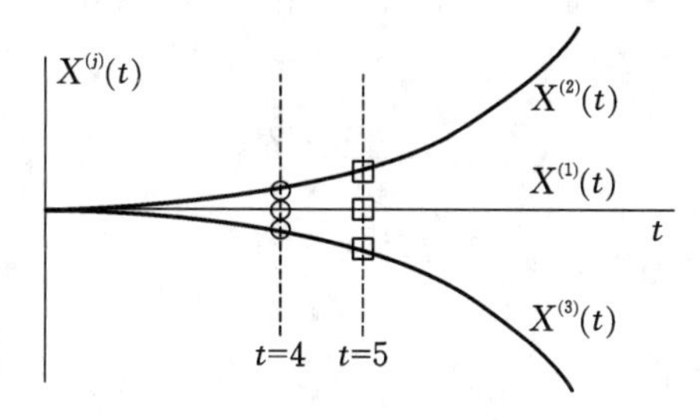

图 15.9　例 15.36 图

求：

(1) 由$\{X(t)\}$产生的任意随机变量$X(t)$的一阶概率分布；

(2) 两个随机变量$X(t)$和$X(s)$的联合概率分布；

(3) $\{X(t)\}$的均值；

(4) $\{X(t)\}$的协方差函数和方差函数，$\sigma_X^2(t)=\sigma_{X(t)}^2$；

(5) 随机变量$X(t)$和$X(s)$的相关系数。

解　(1) 在任意时刻，$X(t)$只有三个可能的值，这个离散型随机变量的概率分布为

$$P[X(t)=0]=0.50,\quad P[X(t)=\alpha\sinh(\beta t)]=0.25,\quad P[X(t)=-\alpha\sinh(\beta t)]=0.25$$

用 Dirac δ 函数可写出对应的概率密度为

$$p_{X(t)}(u)=0.5\,\delta(u)+0.25\,\delta[u-\alpha\sinh(\beta t)]+0.25\,\delta[u+\alpha\sinh(\beta t)]$$

(2) $X(t)$有三个可能的值，$X(s)$也有三个可能的值，但在本例的情况下，$X(t)$或$X(s)$一旦在某条曲线上取值，那么$X(s)$也一定在该曲线上取值，因此$X(t)$和$X(s)$一定在同一条曲线上取值，于是它们的联合概率分布为

$$P[X(t)=0,X(s)=0]=0.50$$

$$P[X(t)=\alpha\sinh(\beta t),X(s)=\alpha\sinh(\beta s)]=0.25$$

$$P[X(t)=-\alpha\sinh(\beta t),X(s)=-\alpha\sinh(\beta s)]=0.25$$

或写成联合概率密度，为

$$p_{X(t),X(s)}(u,v)=0.50\,\delta(u)\delta(v)+0.25\,\delta[u-\alpha\sinh(\beta t)]\delta[v-\alpha\sinh(\beta s)]$$

$$+0.25\ \delta[u+\alpha\sinh(\beta t)]\delta[v+\alpha\sinh(\beta s)]$$

(3) $\{X(t)\}$的均值为

$$\mu_X(t)=0.50\times0+0.25\times\alpha\sinh(\beta t)+0.25\times[-\alpha\sinh(\beta t)]=0$$

(4) 因为均值等于零，所以 $X(t)$和 $X(s)$的协方差等于自相关函数，为

$$\phi_{XX}(t,s)=E[X(t)X(s)]=0.50\times0\times0+0.25\times\alpha\sinh(\beta t)\times\alpha\sinh(\beta s)$$
$$+0.25\times[-\alpha\sinh(\beta t)]\times[-\alpha\sinh(\beta s)]$$

所以

$$K_{XX}(t,s)=\phi_{XX}(t,s)=0.5\alpha^2\sinh(\beta t)\sinh(\beta s)$$

取 $s=t$，给出方差或均方值

$$\sigma^2_{X(t)}=E[X^2(t)]=0.5\alpha^2\sinh^2(\beta t)$$

(5) $X(t)$和 $X(s)$的相关系数为

$$\rho_{XX}(t,s)=\frac{K_{XX}(t,s)}{\sigma_{X(t)}\sigma_{X(s)}}=\frac{0.5\alpha^2\sinh(\beta t)\sinh(\beta s)}{0.5\alpha^2[\sinh^2(\beta t)\sinh^2(\beta s)]^{1/2}}=1$$

所以，$X(t)$和 $X(s)$完全相关，即它们之间存在线性关系，易知为

$$X(s)=\frac{\sinh(\beta s)}{\sinh(\beta t)}X(t)$$

例 15.37 考虑一个过程$\{X(t)\}$，它的时间历程依赖于两个随机变量：

$$X(t)=A\cos(\omega t+\theta)$$

其中 ω 是一个确定性角频率；A 和 θ 为随机变量，其联合概率分布已知。令 A 和 θ 相互独立，θ 在$[0,2\pi]$上均匀分布。再假设另一个随机过程$\{Y(t)\}$，它的时间历程也是一个简谐过程，与$\{X(t)\}$的时间历程的相位差是 $\pi/4$，且有一个固定的偏移量 5，即

$$Y(t)=5+A\cos(\omega t+\theta+\pi/4)$$

求$\{X(t)\}$和$\{Y(t)\}$的互相关函数和互协方差函数。

解 因为 A 和 θ 是独立的，所以可以证明 A 和 $\cos(\omega t+\theta)$也是独立的。这是因为知道 A 的值不会给出任何关于θ 的可能值或概率信息，这就保证了即使知道 A 的值，也不会得到任何关于 $\cos(\omega t+\theta)$的可能值或概率信息，这也就是 A 和 $\cos(\omega t+\theta)$独立的条件。于是有

$$\mu_X(t)=\mu_A E[\cos(\omega t+\theta)]$$

而

$$E[\cos(\omega t+\theta)]=\int_{-\infty}^{\infty}p_\theta(\eta)\cos(\omega t+\eta)\mathrm{d}\eta=\int_0^{2\pi}\frac{1}{2\pi}\cos(\omega t+\eta)\mathrm{d}\eta=0$$

$\{X(t)\}$的均值函数恒为零，即 $\mu_X(t)=0$，进而易知$\{X(t)\}$和$\{Y(t)\}$的互相关函数和互协方差函数相同。有

$$K_{XY}(t,s)=\phi_{XY}(t,s)=E\left\{[A\cos(\omega t+\theta)]\left[5+A\cos\left(\omega s+\theta+\frac{\pi}{4}\right)\right]\right\}$$
$$=E(A^2)E\left[\cos(\omega t+\theta)\cos\left(\omega s+\theta+\frac{\pi}{4}\right)\right]$$
$$=\frac{E(A^2)}{2}E\left\{\cos\left[\omega(t+s)+2\theta+\frac{\pi}{4}\right]+\cos\left[\omega(t-s)-\frac{\pi}{4}\right]\right\}$$
$$=\frac{E(A^2)}{2^{3/2}}\{\cos[\omega(t-s)]+\sin[\omega(t-s)]\}$$

15.17　随机过程的平稳性

一个随机过程$\{X(t)\}$的**平稳性**(或**均匀性**)是指该过程的某些量在沿t轴作任意移动后不变。有多种类型的平稳性,这取决于过程的什么量具有时移不变性。

最简单的平稳性为均值平稳性。我们说$\{X(t)\}$具有**均值平稳性**,如果

$$\mu_X(t+r)=\mu_X(t),\quad \text{对任何位移值 } r \tag{15.121}$$

显然只有当$\mu_X(t)$对任何t均为同一值时,上式才成立。因此$\{X(t)\}$具有**均值平稳性**,如果

$$\mu_X(t+r)=\mu_X=\text{常数} \tag{15.122}$$

且$\{X(t)\}$的二阶矩具有时移不变性,则称$\{X(t)\}$具有**二阶矩平稳性**,即

$$E[X(t+r)X(s+r)]=E[X(t)X(s)],\quad \text{对任何位移值 } r$$

或

$$\phi_{XX}(t+r,s+r)=\phi_{XX}(t,s),\quad \text{对任何位移值 } r \tag{15.123}$$

因为式(15.123)对任何r值都成立,特别是对于$r=-s$成立,所以使用这个特殊的值可以得到$\phi_{XX}(t,s)=\phi_{XX}(t-s,0)$。这表明二阶矩平稳过程的自相关函数是一个时间参量$t-s$的函数。我们使用$R_{XX}(t-s)=\phi_{XX}(t-s,0)$来专门表示二阶矩平稳过程的自相关函数,因此

$$\phi_{XX}(t,s)=R_{XX}(t-s),\quad \text{对任何 } t \text{ 和 } s \text{ 值} \tag{15.124}$$

或者令$\tau=t-s$,则

$$R_{XX}(\tau)=\phi_{XX}(t+\tau,t),\quad \text{对任何 } t \text{ 和 } \tau \text{ 值} \tag{15.125}$$

类似地,两个随机变量$\{X(t)\}$和$\{Y(t)\}$称为具有**联合二阶矩平稳性**,如果

$$\phi_{XY}(t+r,s+r)=\phi_{XY}(t,s),\quad \text{对任何位移值 } r \tag{15.126}$$

我们定义$R_{XY}(t-s)=\phi_{XY}(t-s,0)$,因此

$$\phi_{XY}(t,s)=R_{XY}(t-s),\quad \text{对任何 } t \text{ 和 } s \text{ 值} \tag{15.127}$$

或

$$R_{XY}(\tau)=\phi_{XX}(t+\tau,t)=E[X(t+\tau)Y(t)],\quad \text{对任何 } t \text{ 和 } \tau \text{ 值} \tag{15.128}$$

也可以用自协方差和互协方差函数来定义二阶矩平稳性。我们说一个随机过程具有**协方差平稳性**,如果

$$K_{XX}(t,s)=G_{XX}(t-s),\quad \text{对任何 } t \text{ 和 } s \text{ 值} \tag{15.129}$$

或

$$G_{XX}(\tau)=K_{XX}(t+\tau,t),\quad \text{对任何 } t \text{ 和 } \tau \text{ 值} \tag{15.130}$$

式中给出了**平稳自协方差函数**$G_{XX}(\tau)$的定义。类似地,两个随机变量$\{X(t)\}$和$\{Y(t)\}$称为具有**联合协方差平稳性**,如果

$$K_{XY}(t,s)=G_{XY}(t-s),\quad \text{对任何 } t \text{ 和 } s \text{ 值} \tag{15.131}$$

或

$$G_{XY}(\tau)=K_{XY}(t+\tau,t),\quad \text{对任何 } t \text{ 和 } \tau \text{ 值} \tag{15.132}$$

推广到高阶矩,我们说$\{X(t)\}$具有j **阶矩平稳性**,如果

$$E[X(t_1+r)\cdots X(t_j+r)]=E[X(t_1)\cdots X(t_j)] \tag{15.133}$$

对任何r和$\{t_1,\cdots,t_j\}$都成立。应用记号$\tau_k=t_k-t_j,k=1,\cdots,j-1$,则

$$E[X(t_1)\cdots X(t_j)]=E[X(t_j+\tau_1)\cdots X(t_j+\tau_{j-1})X(t_j)] \tag{15.134}$$

上式右边与 t_j 无关(因为上式对任何 t_j 都成立)。因此,由式(15.133)可知,一个 j 阶矩平稳过程只是 $j-1$ 个时间参量 $\{\tau_1,\cdots,\tau_{j-1}\}$ 的函数。

还可以用概率分布来定义平稳性。我们说 $\{X(t)\}$ 具有 j **阶平稳性**,如果

$$p_{X(t_1+r)\cdots X(t_j+r)}(u_1,\cdots,u_j)=p_{X(t_1)\cdots X(t_j)}(u_1,\cdots,u_j) \tag{15.135}$$

对任何 r 和 $\{t_1,\cdots,t_j\}$ 都成立。按这个定义,**一阶平稳**的条件为

$$p_{X(t+r)}(u)=p_{X(t)}(u) \tag{15.136}$$

对任何 r 和 t 都成立。**二阶平稳**的条件为

$$p_{X(t_1+r)X(t_2+r)}(u_1,u_2)=p_{X(t_1)X(t_2)}(u_1,u_2) \tag{15.137}$$

对任何 r 和 $\{t_1,t_2\}$ 都成立。

需要指出的是,j 阶平稳意味着 j 阶矩平稳,因为 j 阶矩可以通过 j 阶概率分布计算出来。此外,高阶平稳意味着低阶平稳。所以,一般 j 阶平稳意味着小于或等于 j 阶的所有矩都平稳。

如果 $\{X(t)\}$ 对任意 j 值都是 j 阶平稳的,则我们说 $\{X(t)\}$ 是**严格平稳**的。这意味着任意阶概率密度函数具有时移不变性,以及任意阶矩函数具有时移不变性。此外,我们经常使用**弱平稳**或**广义平稳**的概念,它们一般是指均值平稳和协方差平稳。

例 15.38　考虑一个随机过程 $\{X(t):t\geqslant 0\}$,它只有三个可能的时间历程:

$$X^{(1)}(t)=0$$
$$X^{(2)}(t)=\alpha\sinh(\beta t)$$
$$X^{(3)}(t)=-\alpha\sinh(\beta t)$$

其中 α 和 β 为常数,参见图 15.9。设概率为

$$P[X(t)=X^{(1)}(t)]=0.50$$
$$P[X(t)=X^{(2)}(t)]=0.25$$
$$P[X(t)=X^{(3)}(t)]=0.25$$

确定 $\{X(t)\}$ 的平稳性。

解　$X(t)$ 的概率密度函数为

$$p_{X(t)}(u)=0.5\,\delta(u)+0.25\,\delta[u-\alpha\sinh(\beta t)]+0.25\,\delta[u+\alpha\sinh(\beta t)]$$

显然,它在时间偏移下并不是不变的,因此它不是一阶平稳的,这也排除了它具有任何 j 阶平稳的可能性。然而,我们发现该过程的均值函数为常值($\mu_X(t)=0$),所以它是时移不变的,进而是均值平稳的。

已知自相关函数 $\phi_{XX}(t,s)=0.5\alpha^2\sinh(\beta t)\sinh(\beta s)$,它不是时移 $t-s$ 的函数,所以本例的过程不是二阶矩平稳的。

例 15.39　考虑一个过程 $\{X(t)\}$,它的时间历程值依赖于一个随机变量,为

$$X(t)=A\cos(\omega t)$$

其中,ω 是一个确定性角频率;A 为一个随机变量,其概率分布已知。确定 $\{X(t)\}$ 的平稳性。

解　因为 $X(t)$ 的均值函数和自相关函数为

$$\mu_X(t)=E[X(t)]=E(A)\cos(\omega t)=\mu_A\cos(\omega t)$$
$$\phi_{XX}(t,s)=E[X(t)X(s)]=E(A^2)\cos(\omega t)\cos(\omega s)$$

这些函数表明$\{X(t)\}$既不是均值平稳的，也不是二阶矩平稳的。

我们可以通过推导随机变量$X(t)$的概率密度函数来研究一阶平稳性。对于任意固定的t，这是$X=cA$的一个特殊情况，其中c是一个确定性常数。当$c>0$时，$F_X(u)=F_A(u/c)$，而对$c<0$，$F_X(u)=1-F_A(u/c)$。对u求导得到$p_X(u)=|c|^{-1}p_A(u/c)$。因此，对于$c=\cos(\omega t)$，我们有

$$p_X(u)=\frac{1}{|\cos(\omega t)|}p_A\left[\frac{u}{\cos(\omega t)}\right]$$

它对时移并不是不变的。因此，我们不能断定这个过程是一阶平稳的，或者是任意j阶平稳的。

例 15.40 随机过程$\{X(t)\}$和$\{Y(t)\}$的互协方差和互相关函数为

$$K_{XX}(t,s)=\phi_{XX}(t,s)=\frac{E(A^2)}{2^{3/2}}\{\cos[\omega(t-s)]+\sin[\omega(t-s)]\}$$

$\{X(t)\}$和$\{Y(t)\}$是互协方差平稳的吗？

解 由于协方差函数没有时移不变特性，因此$\{X(t)\}$和$\{Y(t)\}$不是互协方差平稳的。

15.18 自相关和自协方差函数的性质

下面给出自相关函数和自协方差函数的一些普遍性质。自相关函数和自协方差函数的**对称性**是最明显、最重要的特性之一。

$$\phi_{XX}(s,t)=\phi_{XX}(t,s) \quad 和 \quad K_{XX}(s,t)=K_{XX}(t,s) \tag{15.138}$$

对于二阶矩和协方差平稳过程，有

$$R_{XX}(-\tau)=R_{XX}(\tau) \quad 和 \quad G_{XX}(-\tau)=G_{XX}(\tau) \tag{15.139}$$

一个随机过程$\{X(t)\}$在不同时刻的随机变量可以写成随机向量

$$\boldsymbol{X}=\begin{bmatrix} X(t_1) \\ X(t_2) \\ \vdots \\ X(t_n) \end{bmatrix}$$

我们已知$\boldsymbol{X}$的自相关矩阵$E(\boldsymbol{XX}^{\mathrm{T}})$和自协方差矩阵$\boldsymbol{K}_{XX}$是对称非负定的，而$E(\boldsymbol{XX}^{\mathrm{T}})$的元素为$\{X(t)\}$的一个自相关函数值$\phi_{XX}(t_j,t_k)$，$\boldsymbol{K}_{XX}$的元素是$\{X(t)\}$的一个自协方差函数值$K_{XX}(t_j,t_k)$，因此过程$\{X(t)\}$对任意$n$值和$n$个时刻$\{t_1,\cdots,t_n\}$定义的自相关函数$\phi_{XX}$和自协方差函数$K_{XX}$组成的矩阵是非负定的。可以证明，如果一个$n$维正方形矩阵$\boldsymbol{A}$非负定，则对任何$1\leqslant m\leqslant n$，有

$$\begin{vmatrix} A_{11} & A_{12} & \cdots & A_{1m} \\ A_{21} & A_{22} & \cdots & A_{2m} \\ \vdots & \vdots & & \vdots \\ A_{m1} & A_{m2} & \cdots & A_{mm} \end{vmatrix}\geqslant 0$$

由于$E(\boldsymbol{XX}^{\mathrm{T}})$和$\boldsymbol{K}_{XX}$非负定，所以有

$$\begin{vmatrix} \phi_{XX}(t_1,t_1) & \cdots & \phi_{XX}(t_1,t_n) \\ \vdots & & \vdots \\ \phi_{XX}(t_n,t_1) & \cdots & \phi_{XX}(t_n,t_n) \end{vmatrix} \geqslant 0, \quad \begin{vmatrix} K_{XX}(t_1,t_1) & \cdots & K_{XX}(t_1,t_n) \\ \vdots & & \vdots \\ K_{XX}(t_n,t_1) & \cdots & K_{XX}(t_n,t_n) \end{vmatrix} \geqslant 0 \tag{15.140}$$

令 $n=1$，则有 $\phi_{XX}(t_1,t_1)=E[X^2(t_1)]\geqslant 0$。令 $n=2$，可得

$$|\phi_{XX}(t_1,t_2)|\leqslant[\phi_{XX}(t_1,t_1)\phi_{XX}(t_2,t_2)]^{1/2} \tag{15.141}$$

和

$$|K_{XX}(t_1,t_2)|\leqslant[K_{XX}(t_1,t_1)K_{XX}(t_2,t_2)]^{1/2} \tag{15.142}$$

式(15.141)和式(15.142)提供了 $\phi_{XX}(t,s)$ 和 $K_{XX}(t,s)$ 的边界值。对于平稳过程，有

$$|R_{XX}(\tau)|\leqslant R_{XX}(0)=E[X^2],\quad |G_{XX}(\tau)|\leqslant G_{XX}(0)=\sigma_X^2 \tag{15.143}$$

下面来考察自相关函数和自协方差函数的某些**连续性**。一个二元函数 $\phi(t,s)$ 在点 (t,s) 连续，当且仅当

$$\lim_{\substack{\varepsilon_1\to 0\\ \varepsilon_2\to 0}}\phi(t+\varepsilon_1,s+\varepsilon_2)=\phi(t,s) \tag{15.144}$$

对于特殊情况，即在点 (t,t) 连续的充分必要条件是

$$\lim_{\substack{\varepsilon_1\to 0\\ \varepsilon_2\to 0}}\phi(t+\varepsilon_1,t+\varepsilon_2)=\phi(t,t)$$

对于自相关函数，有

$$\phi_{XX}(t+\varepsilon_1,s+\varepsilon_2)-\phi_{XX}(t,s)=E[X(t+\varepsilon_1)X(s+\varepsilon_2)-X(t)X(s)]$$

此式可写为

$$\begin{aligned}\phi_{XX}(t+\varepsilon_1,s+\varepsilon_2)-\phi_{XX}(t,s)=E\{&[X(t+\varepsilon_1)-X(t)][X(s+\varepsilon_2)-X(s)]\\ &+[X(t+\varepsilon_1)-X(t)]X(s)+X(t)[X(s+\varepsilon_2)-X(s)]\}\end{aligned} \tag{15.145}$$

应用 Schwarz 不等式，有

$$E\{[X(t+\varepsilon_1)-X(t)]X(s)\}\leqslant\{E([X(t+\varepsilon_1)-X(t)]^2)E([X(s)]^2)\}^{1/2}$$

即

$$\begin{aligned}&E\{[X(t+\varepsilon_1)-X(t)]X(s)\}\\ &\leqslant[\phi_{XX}(t+\varepsilon_1,t+\varepsilon_1)-2\phi_{XX}(t+\varepsilon_1,t)+\phi_{XX}(t,t)]^{1/2}[\phi_{XX}(t,t)]^{1/2}\end{aligned}$$

可见，如果 ϕ_{XX} 在 (t,t) 点连续(与在其他点 (t,s) 是否连续都没关系)，则当 $\varepsilon_1\to 0$ 时，上式中第一个平方根趋于零。因此，ϕ_{XX} 在 (t,t) 点的连续性保证了当 $\varepsilon_1\to 0$ 时，式(15.145)右边第二项趋于零。显然，对式(15.145)右边第一项有相同的结果。类似地，ϕ_{XX} 在 (s,s) 点的连续性保证了当 $\varepsilon_2\to 0$ 时，式(15.145)右边第二项趋于零。因此，ϕ_{XX} 如果在 (t,t) 和 (s,s) 点连续，则它也在 (t,s) 点连续。对于自协方差函数 K_{XX} 也有相同的结果。进而有结论，**如果 ϕ_{XX} 或 K_{XX} 在 (t,s) 平面的对角线上的所有点 (t,t) 连续，则它们在平面上处处连续。**

刚刚导出的一般连续性关系可以应用于平稳过程的特殊情况，只需用 R_{XX} 和 G_{XX} 替换 ϕ_{XX} 和 K_{XX}，注意点 (t,t) 和 (s,s) 都对应于 $\tau=0$。由此得到，**$R_{XX}(\tau)$ 或 $G_{XX}(\tau)$ 在 $\tau=0$ 处的连续性就完全保证了该函数处处连续。**

例 15.41　考虑一个非常不稳定的随机过程 $\{X(t)\}$，它具有不连续的阶梯形时间历程，即

$$X(t)=A_j,\quad j\Delta\leqslant t<(j+1)\Delta$$

或

$$X(t)=\sum_j A_j\{U[t-j\Delta]-U[t-(j+1)\Delta]\}$$

其中各个随机变量 A_j 相互独立，具有相同的零均值和方差 $E(A^2)$。求自相关函数 $\phi_{XX}(t,s)$，确定该函数的间断点 (t,s)。

解　由定义 $\phi_{XX}(t,s)=E[X(t)X(s)]$可得

$$\phi_{XX}(t,s)=\begin{cases}E(A^2), & \text{如果 } t \text{ 和 } s \text{ 位于长度为 } \Delta \text{ 的同一个时间区间}\\ 0, & \text{其他}\end{cases}$$

因此，当 t 和 s 在 (t,s) 平面对角线上的、边长为 Δ 的同一个正方形 $j\Delta\leqslant t,s<(j+1)\Delta$ 内时，该过程是相关的；当 t 和 s 在其他时间区域时，该过程为不相关的。图 15.10 示出了 $\phi_{XX}(t,s)\neq 0$的区域，它们是(t,s)平面对角线上排列的正方形。

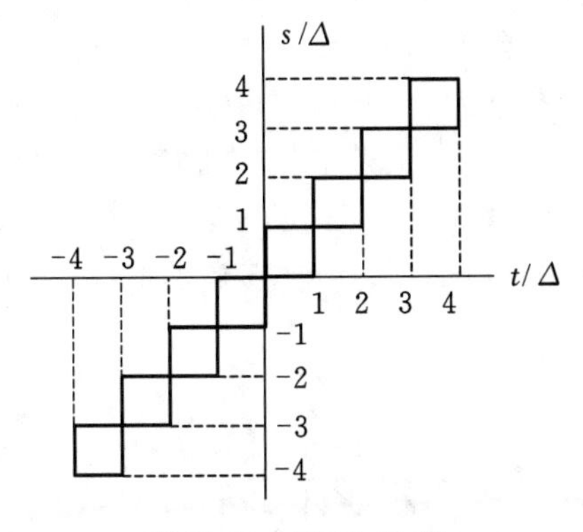

图 15.10　例 15.41 图

显然，这个函数在边长为 Δ 的正方形边界上是不连续的。任意一个这些边界所对应的 t 或 s 都是 Δ 的整数倍(在这些正方形的角点处，t 和 s 都是 Δ 的整数倍)。在沿着平面的 45° 对角线上，每当 t 是 Δ 的整数倍时，就出现 $\phi_{XX}(t,s)$的间断点(t,t)。

例 15.42　给出一个理由，说明为什么下面的每一个 $\phi(t,s)$和 $R(\tau)$函数不可能是任何随机过程的自相关函数，即不存在过程$\{X(t)\}$使它具有 $\phi_{XX}(t,s)=\phi(t,s)$或 $R_{XX}(\tau)=R(\tau)$：

(a) $\phi(t,s)=(t^2-s)^{-2}$；

(b) $\phi(t,s)=2-\cos(t-s)$；

(c) $\phi(t,s)=U[4-(t^2+s^2)]$；

(d) $R(\tau)=\tau^2\,\mathrm{e}^{-\tau}$；

(e) $R(\tau)=\mathrm{e}^{-\tau(\tau-1)}$；

(f) $R(\tau)=U(1-|\tau|)$。

解　一般的条件是对称性、非负定性，以及如果 $\phi(t,s)$在点(t,t)和点(s,s)的邻域内连续，则 $\phi(t,s)$必须在点(t,s)的邻域内连续，如果$R(\tau)$在 $\tau=0$ 处连续，则 $R(\tau)$必须对所有 τ 值都连续。

注意到对于一个特定的候选函数，存在各种可能的违反必要条件的情况，只需要一个违

反就可以证明该函数不是自相关函数。尽管如此，对于这六个函数，我们将研究至少两个条件。特别地，我们将研究每个建议的自相关函数的对称性和 Schwarz 不等式。我们将只研究(c)和(f)的连续性条件，因为其他四个在任何地方都是明显连续的——它们不包含不连续项。我们将不研究证明非负定性所需要的更复杂的高阶项。

(a) 检验对称性：我们有 $\phi(t,s)\neq\phi(s,t)$，因此，这个函数违反了自相关函数所要求的对称性，所以 $\phi(t,s)$ 不是自相关函数。

检验 Schwarz 不等式：我们看到，当 $s=t^2$ 时，$\phi(t,s)$ 是无界的，但是 $\phi(t,t)$ 除了在单点 $t=0$ 之外到处都是有界的。因此，这个函数也违反了以 $[\phi(t,t)\phi(s,s)]^{1/2}$ 为界的必要条件。

(b) 检验对称性：是的，$\phi(t,s)=\phi(s,t)$，所以它具有必要的对称性。

检验 Schwarz 不等式：我们有 $\phi(t,t)=\phi(s,s)=1$，但是对于某些 (t,s)，有 $\phi(t,s)>1$。因此，这个函数也违反了以 $[\phi(t,t)\phi(s,s)]^{1/2}$ 为界的必要条件。

(c) 检验对称性：是的，$\phi(t,s)=\phi(s,t)$，所以它具有必要的对称性。

检验 Schwarz 不等式：我们有 $\phi(t,t)=U(4-2t^2)=U(2-t^2)$ 和 $\phi(s,s)=U(2-s^2)$，所以 $[\phi(t,t)\phi(s,s)]^{1/2}=[U(2-t^2)U(2-s^2)]^{1/2}$，它在图 15.11 所示的正方形内为 1，正方形外为 0。但是，$\phi(t,s)=U[4-(t^2+s^2)]$ 在图 15.11 所示的圆内为 1，圆外为 0。因此，在圆与正方形之间的区域上有 $\phi(t,s)>[\phi(t,t)\phi(s,s)]^{1/2}$。例如，$\phi(1.8,0)=U(0.76)=1$，$\phi(1.8,1.8)=U(-2.48)=0$，$\phi(0,0)=U(4)=1$。于是 $\phi(1.8,0)=1>[\phi(1.8,1.8)\phi(0,0)]^{1/2}$，进而破坏了 Schwarz 不等式。

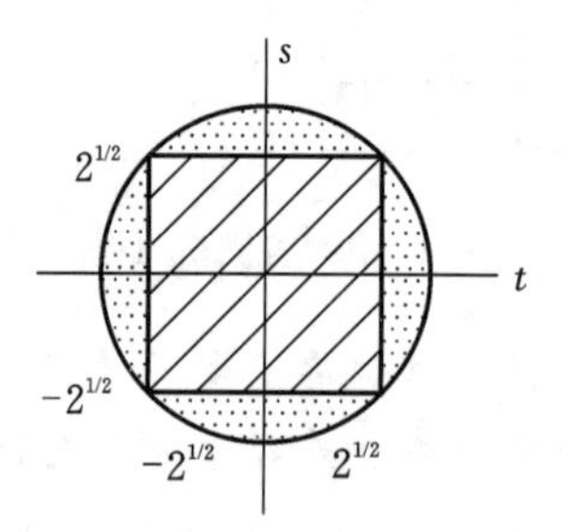

图 15.11　例 15.42 图

检验连续性：显然 $\phi(t,s)$ 在圆 $t^2+s^2=4$ 上是不连续的。这表明 $\phi(t,s)$ 在 (t,s) 平面的对角线上只有 $(2^{1/2},2^{1/2})$ 和 $(-2^{1/2},-2^{1/2})$ 两个间断点。因此，这个函数的不连续性不是 Schwarz 不等式所允许的类型。

(d) 检验对称性：现在我们有了 $R(\tau)$ 的平稳形式，所以对称的必要条件是 $R(-\tau)=R(\tau)$。显然这是满足的。

检验 Schwarz 不等式：我们需要 $|R(\tau)|<R(0)$。显然这是不满足的，因为 $R(0)=0$，但 $R(\tau)$ 并非处处为零。

(e) 检验对称性：$R(-\tau)\neq R(\tau)$，因此不满足对称性。

检验 Schwarz 不等式：$R(0)=1$，但当 $\tau(\tau-1)<0$ 时，$R(\tau)>1$。因此，$R(\tau)$ 不满足 $|R(\tau)|<R(0)$。

(f) 检验对称性：$R(-\tau)=R(\tau)$，满足对称性。

检验 Schwarz 不等式：我们确实有 $|R(\tau)|\leqslant R(0)=1$，所以满足 Schwarz 不等式。

检验连续条件：$R(\tau)$在$\tau=0$处是连续的，因此必要条件是它处处连续。显然这不满足。

15.19　随机过程的极限

为了进一步处理随机过程$\{X(t)\}$，如随机过程的微分，需要过程关于索引集取极限。

对随机过程$\{X(t)\}$和随机变量Y，如果下式满足

$$\lim_{t\to t_1} P[|X(t)-Y|\geqslant\varepsilon]=0,\quad 对任何\ \varepsilon>0 \tag{15.146}$$

则当t趋近于t_1时，称随机过程$\{X(t)\}$**依概率收敛**到随机变量Y。

式(15.146)需要估计随机变量超过某个特定值的概率，对于这种问题，Chebyshev 不等式提供了一个非常有用的工具。**Chebyshev 不等式**可以写成下面的形式

$$\lim_{t\to t_1} P(|Z|\geqslant b)\leqslant\frac{E(|Z|^c)}{b^c} \tag{15.147}$$

它对任何随机变量Z和非负数值b及c成立。应用这个不等式可以证明，式(15.146)满足的充分条件是

$$\lim_{t\to t_1} E(|X(t)-Y|^c)=0 \tag{15.148}$$

其中c为某些正实数。但是，如果正实数c不是一个正整数，则该式很难在实际中使用。我们选择$c=2$，并称这种情况为$\{X(t)\}$**均方收敛**于Y，均方收敛的条件为

$$\lim_{t\to t_1} E(|X(t)-Y|^2)=0 \tag{15.149}$$

可以证明，此时也是依概率收敛的。

现在回到$\{X(t)\}$在t_1连续的问题。如果下式满足

$$\lim_{t\to t_1} E([X(t)-X(t_1)]^2)=0 \tag{15.150}$$

则称$\{X(t)\}$在t_1**均方连续**。将上式展开得到

$$\lim_{t\to t_1}[\phi_{XX}(t,t)-2\phi_{XX}(t,t_1)+\phi_{XX}(t_1,t_1)]=0 \tag{15.151}$$

可见，如果$\phi_{XX}(t,s)$在(t_1,t_1)连续，则上式成立。因此，**过程$\{X(t)\}$在t_1均方收敛的充分必要条件是$\phi_{XX}(t,s)$在(t_1,t_1)连续。**

例 15.43　考虑一个非常不稳定的随机过程$\{X(t)\}$，它具有不连续的阶梯形时间历程，即

$$X(t)=A_j,\quad j\Delta\leqslant t(j+1)\Delta$$

或

$$X(t)=\sum_j A_j\{U(t-j\Delta)-U[t-(j+1)\Delta]\}$$

其中各个随机变量A_j相互独立，具有相同的零均值和方差$E(A^2)$。确定过程$\{X(t)\}$均方连续点t的值。

解　前面的例题已表明，在(t,s)平面上沿45°对角线、边长为Δ的正方形上，这个过程的$\phi_{XX}(t,s)$为$E(A^2)$，而在这些正方形之外为零。因此，这种自相关函数在这些正方形的边界上是不连续的，而在其他地方则是连续的。这意味着如果$t_1\neq j\Delta$，则$\phi_{XX}(t,s)$在(t_1,t_1)处是连续的。进而这个过程在除了$t_1=j\Delta$之外的其他所有点上是均方连续的。注意到$t_1=$

$j\Delta$ 是过程$\{X(t)\}$产生间断的瞬间。因此,在本例中,当过程连续时,$\{X(t)\}$为均方连续的;当过程不连续时,$\{X(t)\}$为均方不连续的。

例 15.44 考虑一个非常不稳定的随机过程$\{X(t)\}$,它具有

$$E[X^2(t)]=E(A^2)$$

但是

$$E[X(t)X(s)]=0, \quad 当\ t\neq s\ 时$$

即它与其自身在任何不同的两个时刻是不相关的。求$\{X(t)\}$均方连续的 t 值。

解 按照定义可得

$$\phi_{XX}(t,s)=\begin{cases}E(A^2), & 当\ t=s\ 时\\ 0, & 当\ t\neq s\ 时\end{cases}$$

显然 $\phi_{XX}(t,s)$在(t,s)平面的 45 °线上到处不连续,所以$\{X(t)\}$到处均方不连续。

15.20 随机过程的遍历性

如果一个随机过程$\{X(t)\}$的统计特性可以通过任意一个样本得到,就称该随机过程具有**遍历性**(或**各态历经性**)。设$\{X(t)\}$是均值平稳的,$X^{(j)}(t)$为$\{X(t)\}$的任意一个时间历程,如果下式

$$\mu_X=E[X(t)]=\lim_{T\to\infty}\frac{1}{T}\int_{-T/2}^{T/2}X^{(j)}(t)\mathrm{d}t \tag{15.152}$$

按概率 1 成立(即$\{X(t)\}$的期望值等于任一样本函数的时间平均值),我们就称$\{X(t)\}$具有**均值遍历性**。

类似地,如果随机过程$\{X(t)\}$是二阶矩平稳的,且下式

$$R_{XX}(\tau)=E[X(t+\tau)X(t)]=\lim_{T\to\infty}\frac{1}{T}\int_{-T/2}^{T/2}X^{(j)}(t+\tau)X^{(j)}(t)\mathrm{d}t \tag{15.153}$$

按概率 1 成立,我们就称$\{X(t)\}$具有**自相关函数遍历性**。可以针对随机过程的其他平稳性定义出另外的遍历性,此处不再展开。

一个平稳过程,需要满足一定的条件才具有遍历性,下面给出均值各态历经定理,它回答了均值遍历性的条件。

均值遍历性定理:平稳随机过程$\{X(t)\}$的均值具有遍历性的条件是

$$\lim_{T\to\infty}\frac{1}{T}\int_{-T}^{T}\left(1-\frac{|\tau|}{T}\right)G_{XX}(\tau)\mathrm{d}\tau=0 \tag{15.154}$$

下面来证明这个定理。为了使平稳随机过程$\{X(t)\}$的均值具有遍历性,要求式(15.152)按概率 1 成立,因此我们需要证明

$$\lim_{T\to\infty}P(|Q_{\mathrm{T}}|\geqslant\varepsilon)=0, \quad \varepsilon>0 \tag{15.155}$$

其中

$$Q_{\mathrm{T}}=\mu_X-\frac{1}{T}\int_{-T/2}^{T/2}X(t)\mathrm{d}t \tag{15.156}$$

由 Chebyshev 不等式可得,式(15.155)成立的条件是当 $T\to\infty$时,对某些 $c>0$ 有 $E(|Q_{\mathrm{T}}|^c)\to 0$,特别是有均方收敛:

$$\lim_{T\to\infty}E[|Q_{\mathrm{T}}|^2]=0 \tag{15.157}$$

对于实值随机过程，$|Q_{\mathrm{T}}|^2=Q_{\mathrm{T}}^2$，$Q_{\mathrm{T}}^2$ 可写为

$$Q_{\mathrm{T}}^2=\left(\frac{1}{T}\int_{-T/2}^{T/2}[X(t)-\mu_X]\mathrm{d}t\right)^2=\frac{1}{T^2}\int_{-T/2}^{T/2}\int_{-T/2}^{T/2}[X(t_1)-\mu_X][X(t_2)-\mu_X]\mathrm{d}t_1\,\mathrm{d}t_2$$

所以

$$E(Q_{\mathrm{T}}^2)=\frac{1}{T^2}\int_{-T/2}^{T/2}\int_{-T/2}^{T/2}G_{XX}(t_1-t_2)\mathrm{d}t_1\,\mathrm{d}t_2=\frac{1}{T^2}\int_{-T/2}^{T/2}\mathrm{d}t_2\int_{-T/2-t_2}^{T/2-t_2}G_{XX}(\tau)\mathrm{d}\tau$$

这个积分的积分区域为图 15.12 中的阴影区域。这个积分区域等于图示的矩形区域减去两个无阴影的三角形，因此，再利用 $G_{XX}(\tau)$ 的对称性，上式可写为

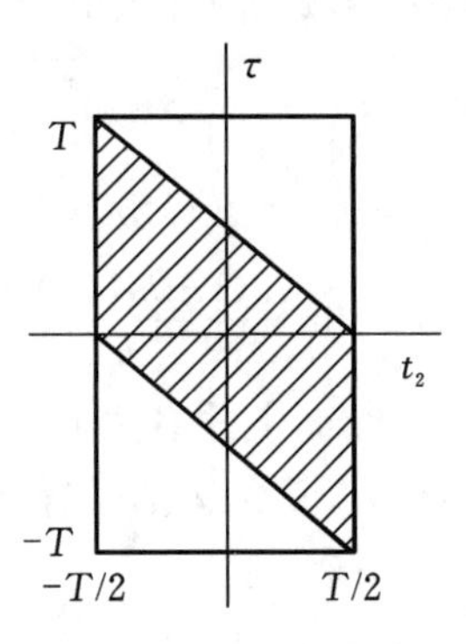

图 15.12　积分区域

$$\begin{aligned}E(Q_{\mathrm{T}}^2)&=\frac{1}{T^2}\left[\int_{-T/2}^{T/2}\mathrm{d}t_2\int_{-T}^{T}G_{XX}(\tau)\mathrm{d}\tau-2\int_{-T/2}^{T/2}\mathrm{d}t_2\int_{T/2-t_2}^{T}G_{XX}(\tau)\mathrm{d}\tau\right]\\&=\frac{1}{T^2}\left[\int_{-T/2}^{T/2}\mathrm{d}t_2\int_{-T}^{T}G_{XX}(\tau)\mathrm{d}\tau-2\int_{0}^{T}\mathrm{d}\tau\int_{T/2-\tau}^{T/2}G_{XX}(\tau)\mathrm{d}t_2\right]\\&=\frac{1}{T^2}\left[T\int_{-T}^{T}G_{XX}(\tau)\mathrm{d}\tau-2\int_{0}^{T}\tau G_{XX}(\tau)\mathrm{d}\tau\right]\\&=\frac{1}{T^2}\left[T\int_{-T}^{T}G_{XX}(\tau)\mathrm{d}\tau-\int_{-T}^{T}|\tau|G_{XX}(\tau)\mathrm{d}\tau\right]\end{aligned}$$

这样就得到均值遍历性的充分条件：

$$\lim_{T\to\infty}\frac{1}{T}\int_{-T}^{T}\left(1-\frac{|\tau|}{T}\right)G_{XX}(\tau)\mathrm{d}\tau=0 \tag{15.158}$$

此即式(15.154)。

上面关于均值遍历性的条件可以推广到自相关函数遍历性的情况，即可以给出式(15.153)依概率存在的条件。为此，定义一个新的随机过程$\{Y(t)\}$：

$$Y(t)=X(t+\tau)X(t) \tag{15.159}$$

其中将 τ 看作参数。因此，如果$\{Y(t)\}$是均值遍历的，则式(15.153)成立。$\{Y(t)\}$的自相关函数为

$$G_{YY}(s)=E[X(t+\tau+s)X(t+s)X(t+\tau)X(t)]-R_{XX}^2 \tag{15.160}$$

因此，如果随机过程$\{X(t)\}$是四阶矩平稳的，且 $G_{YY}(s)$满足式(15.158)，则$\{X(t)\}$具有自相关函数遍历性。

实践表明,工程中碰到的平稳过程大多满足遍历性条件,但要严格去验证它们是否成立却是十分困难的。因此,在实践中,通常事先假设所研究的平稳过程具有遍历性,并从这个假设出发,对过程进行分析、处理,看所得的结果是否与实际相符,如果不符合,就要修改假设,另作处理。

15.21 随机导数

大多数确定性动力学问题是由微分方程控制的。当确定性激励和响应的时间历程被随机过程取代时,我们希望仍然能分析这类系统。这意味着我们需要分析随机微分方程,进而要建立随机过程$\{X(t)\}$关于它的索引参数t的导数的概念:

$$\dot{X}(t)=\frac{\mathrm{d}}{\mathrm{d}t}X(t)$$

对于不同的t值,$X(t)$是不同的随机变量,所以导数$\dot{X}(t)$可定义为

$$\dot{X}(t)=\lim_{h\to 0}\frac{X(t+h)-X(t)}{h} \tag{15.161}$$

这个导数可以在不同的意义下存在。比如,上式右边的极限可以在均方意义下存在,称为**均方可微(differentiable in the mean-sense)**,其含义是:我们能找到另一个过程$\dot{X}(t)$满足

$$\lim_{h\to 0}E\left\{\left[\frac{X(t+h)-X(t)}{h}-\dot{X}(t)\right]^2\right\}=0 \tag{15.162}$$

现在来研究导数过程$\{\dot{X}(t)\}$的矩。$\{\dot{X}(t)\}$的均值为

$$\mu_{\dot{X}}(t)=E[\dot{X}(t)]=\lim_{h\to 0}E\left[\frac{X(t+h)-X(t)}{h}\right]=\lim_{h\to 0}\frac{\mu_X(t+h)-\mu_X(t)}{h}$$

或

$$\mu_{\dot{X}}(t)=\frac{\mathrm{d}}{\mathrm{d}t}\mu_X(t) \tag{15.163}$$

可见“**导数的均值等于均值的导数**”,即均值和导数两种运算可以交换。

$\{X(t)\}$与$\{\dot{X}(t)\}$的互相关函数为

$$\phi_{X\dot{X}}(t,s)=E[X(t)\dot{X}(s)]=\lim_{h\to 0}E\left[X(t)\frac{X(s+h)-X(s)}{h}\right]$$

由此给出

$$\phi_{X\dot{X}}(t,s)=\lim_{h\to 0}E\left[\frac{\phi_{XX}(t,s+h)-\phi_{XX}(t,s)}{h}\right]=\frac{\partial}{\partial s}\phi_{XX}(t,s) \tag{15.164}$$

类似地,导数过程的$\{\dot{X}(t)\}$的自相关函数为

$$\phi_{\dot{X}\dot{X}}(t,s)=E[\dot{X}(t)\dot{X}(s)]=\lim_{\substack{h_1\to 0\\ h_2\to 0}}E\left[\frac{X(t+h_1)-X(t)}{h_1}\frac{X(s+h_2)-X(s)}{h_2}\right]$$

即

$$\phi_{\dot{X}\dot{X}}(t,s)=\lim_{\substack{h_1\to 0\\ h_2\to 0}}\frac{\phi_{XX}(t+h_1,s+h_2)-\phi_{XX}(t,s+h_2)-\phi_{XX}(t+h_1,s)+\phi_{XX}(t,s)}{h_1h_2}$$

或

$$\phi_{\dot{X}\dot{X}}(t,s)=\frac{\partial^2}{\partial t\partial s}\phi_{XX}(t,s) \tag{15.165}$$

如果$\{X(t)\}$是二阶矩平稳的,则

$$R_{X\dot{X}}(\tau)=\frac{\partial}{\partial s}R_{XX}(t-s)=-\frac{\mathrm{d}}{\mathrm{d}\tau}R_{XX}(\tau) \tag{15.166}$$

$$R_{\dot{X}\dot{X}}(\tau)=\frac{\partial^2}{\partial t\partial s}R_{XX}(t-s)=-\frac{\mathrm{d}^2}{\mathrm{d}\tau^2}R_{XX}(\tau) \tag{15.167}$$

对于$\{X(t)\}$和$\{\dot{X}(t)\}$的自协方差函数和互协方差函数,有

$$K_{X\dot{X}}(t,s)=\frac{\partial}{\partial s}K_{XX}(t,s),\quad K_{\dot{X}\dot{X}}(t,s)=\frac{\partial^2}{\partial t\partial s}K_{XX}(t,s) \tag{15.168}$$

$$G_{X\dot{X}}(\tau)=-\frac{\mathrm{d}}{\mathrm{d}\tau}G_{XX}(\tau),\quad G_{\dot{X}\dot{X}}(\tau)=-\frac{\mathrm{d}^2}{\mathrm{d}\tau^2}G_{XX}(\tau) \tag{15.169}$$

现在来研究随机过程的函数的导数。为此,令 $Z(t)=g[X(t)]$,由此定义一个新的随机过程$\{Z(t)\}$,我们来考察导数过程$\{\dot{Z}(t)\}$。根据前面导数的定义,有

$$\dot{Z}(t)=\lim_{h\to 0}\frac{Z(t+h)-Z(t)}{h}=\lim_{h\to 0}\frac{g[X(t+h)]-g[X(t)]}{h} \tag{15.170}$$

进而有

$$E[\dot{Z}(t)]=\lim_{h\to 0}\frac{E(g[X(t+h)])-E(g[X(t)])}{h}=\frac{\mathrm{d}}{\mathrm{d}t}E(g[X(t)])$$

即

$$E\left(\frac{\mathrm{d}}{\mathrm{d}t}g[X(t)]\right)=\frac{\mathrm{d}}{\mathrm{d}t}E(g[X(t)]) \tag{15.171}$$

$g[X(t)]$的导数可以用复合函数求导法则写出,所以上式可写为

$$\frac{\mathrm{d}}{\mathrm{d}t}E(g[X(t)])=E(\dot{X}(t)g'[X(t)]) \tag{15.172}$$

其中 $g'(\cdot)$表示 $g(\cdot)$对其整个变量求导。例如

$$\frac{\mathrm{d}}{\mathrm{d}t}E[X^2(t)]=E[2X(t)\dot{X}(t)]=2\phi_{X\dot{X}}(t,t) \tag{15.173}$$

$$\frac{\mathrm{d}}{\mathrm{d}t}E[X^j(t)]=jE[X^{j-1}(t)\dot{X}(t)] \tag{15.174}$$

更一般,可得

$$\frac{\mathrm{d}}{\mathrm{d}t}E[X^j(t)Z^k(t)]=jE[X^{j-1}(t)\dot{X}(t)Z^k(t)]+kE[X^j(t)Z^{k-1}(t)\dot{Z}(t)] \tag{15.175}$$

例 15.45　已知 Poisson 过程$\{X(t):t\geqslant 0\}$的均值 $\mu_X(t)=bt$,自相关函数为

$$\phi_{XX}(t,s)=b^2ts+b\min(t,s)=b^2ts+bsU(t-s)+btU(s-t)$$

讨论$\{X(t)\}$的可微性。

解　因为 $\mu_X(t)=bt$,所以导数过程$\{\dot{X}(t)\}$的均值存在,为 $\mu_{\dot{X}}(t)=b$。$\{X(t)\}$和$\{\dot{X}(t)\}$的互相关函数为

$$\phi_{X\dot{X}}(t,s)=\frac{\partial}{\partial s}\phi_{XX}(t,s)=b^2t+bU(t-s)+b(t-s)\delta(s-t)$$

上式最后一项总等于零,所以

$$\phi_{X\dot{X}}(t,s)=b^2t+bU(t-s)$$

由此可得

$$\phi_{\dot{X}\dot{X}}(t,s)=\frac{\partial^2}{\partial t\partial s}\phi_{XX}(t,s)=b^2+b\delta(t-s)$$

例 15.46 随机过程$\{X(t)\}$具有不连续的阶梯形时间历程,即

$$X(t)=A_j,\quad j\Delta\leqslant t<(j+1)\Delta$$

或

$$X(t)=\sum_j A_j\{U(t-j\Delta)-U[t-(j+1)\Delta]\}$$

其中各个随机变量A_j相互独立,具有相同的零均值和方差$E(A^2)$。讨论$\{X(t)\}$的可微性。

解 因为$\mu_X(t)=\mu_A=0$,所以导数过程$\{\dot{X}(t)\}$的均值$\mu_{\dot{X}}(t)=0$。由定义$\phi_{XX}(t,s)=E[X(t)X(s)]$可得

$$\phi_{XX}(t,s)=\begin{cases}E(A^2), & t\text{ 和 }s\text{ 位于长度为 }\Delta\text{ 的同一个时间区间}\\ 0, & \text{其他}\end{cases}$$

上式可写为

$$\phi_{XX}(t,s)=E(A^2)\sum_j\{U(t-j\Delta)-U[t-(j+1)\Delta]\}\{U(s-j\Delta)-U[s-(j+1)\Delta]\}$$

这个函数在(t,s)平面的对角线上、边长为Δ的正方形的边界上是不连续的。所以

$$\phi_{X\dot{X}}(t,s)=E(A^2)\sum_j\{U(t-j\Delta)-U[t-(j+1)\Delta]\}\{\delta(s-j\Delta)-\delta[s-(j+1)\Delta]\}$$

例 15.47 考虑一个过程$\{X(t):t\geqslant 0\}$,它表示一个物体的位置,该物体可能翻倒,也可能不翻倒。实际上,$\{X(t)\}$只有三个可能的时间历程:

$$X^{(1)}(t)=0$$
$$X^{(2)}(t)=\alpha\sinh(\beta t)$$
$$X^{(3)}(t)=-\alpha\sinh(\beta t)$$

其中α和β为常数,三个时间历程分别表示“不翻倒”“向右翻倒”和“向左翻倒”,参见图 15.9。设概率为

$$P[X(t)=X^{(1)}(t)]=0.50$$
$$P[X(t)=X^{(2)}(t)]=0.25$$
$$P[X(t)=X^{(3)}(t)]=0.25$$

讨论$\{X(t)\}$的可微性。

解 在前面相关的例子中已求出$\phi_{XX}(t,s)=0.5\alpha^2\sinh(\beta t)\sinh(\beta s)$和$\mu_X(t)=0$。所以

$$\mu_{\dot{X}}(t)=0,\quad \phi_{X\dot{X}}(t,s)=0.5\alpha^2\beta\sinh(\beta t)\cosh(\beta s)$$
$$\phi_{\dot{X}\dot{X}}(t,s)=0.5\alpha^2\beta^2\cosh(\beta t)\cosh(\beta s)$$

例 15.48 考虑一个过程$\{X(t)\}$,它具有无穷多个可能的时间历程,但这些时间历程只依赖于一个随机变量,有

$$X(t)=A\cos(\omega t)$$

其中 ω 是一个确定性角频率;A 为一个随机变量,其概率分布已知。求 $\mu_{\dot{X}}(t)$,$\phi_{X\dot{X}}(t,s)$和 $\phi_{\dot{X}\dot{X}}(t,s)$。

解　因为 $X(t)$中只有 A 是随机变量,所以

$$\mu_X(t)=E[X(t)]=E(A)\cos(\omega t)=\mu_A\cos(\omega t)$$

$$\phi_{XX}(t,s)=E[X(t)X(s)]=E(A^2)\cos(\omega t)\cos(\omega s)$$

因此有

$$\mu_{\dot{X}}(t)=-\mu_A\omega\sin(\omega t)$$

$$\phi_{X\dot{X}}(t,s)=-E(A^2)\omega\cos(\omega t)\sin(\omega s)$$

$$\phi_{\dot{X}\dot{X}}(t,s)=E(A^2)\omega^2\sin(\omega t)\sin(\omega s)$$

15.22　随机积分

随机过程$\{X(t)\}$的最简单的积分为下面的定积分:

$$Z=\int_a^b X(t)\mathrm{d}t \tag{15.176}$$

对于常值 a,b,Z 为一个随机变量。式(15.176)的含义是

$$Z=\lim_{n\to\infty}\left[\Delta t\sum_{j=1}^{n}X(a+j\Delta t)\right]$$

其中 $\Delta t=(b-a)/n$。这个极限,即随机积分,可以在不同意义下存在。

我们来考察随机积分的矩,有

$$\mu_Z=E(Z)=\lim_{n\to\infty}\left[\Delta t\sum_{j=1}^{n}\mu_X(a+j\Delta t)\right]=\int_a^b\mu_X(t)\mathrm{d}t \tag{15.177}$$

$$\begin{aligned}E(Z^2)&=\lim_{n\to\infty}E\left[\Delta t\sum_{j=1}^{n}X_X(a+j\Delta t)\right]^2=\lim_{n\to\infty}(\Delta t)^2\sum_{j=1}^{n}\sum_{k=1}^{n}\phi_{XX}(a+j\Delta t,a+k\Delta t)\\&=\int_a^b\int_a^b\phi_{XX}(t,s)\mathrm{d}t\,\mathrm{d}s\end{aligned} \tag{15.178}$$

下面考虑随机过程的不定积分:

$$Z(t)=\int_a^t X(s)\mathrm{d}s \tag{15.179}$$

其中 a 是一个常数。于是有

$$\mu_Z(t)=E[Z(t)]=\int_a^t\mu_X(s)\mathrm{d}s \tag{15.180}$$

$$\phi_{XZ}(t_1,t_2)=E[X(t_1)Z(t_2)]=\int_a^{t_2}\phi_{XX}(t_1,s_2)\mathrm{d}s_2 \tag{15.181}$$

$$\phi_{ZZ}(t_1,t_2)=E[Z(t_1)Z(t_2)]=\int_a^{t_2}\int_a^{t_1}\phi_{XX}(s_1,s_2)\mathrm{d}s_1\,\mathrm{d}s_2 \tag{15.182}$$

我们考虑的第三种随机积分是

$$Z(\eta)=\int_a^b X(t)g(t,\eta)\mathrm{d}t \tag{15.183}$$

其中 $g(t,\eta)$为一个核函数,$\{Z(\eta)\}$为一个随机过程,有

$$\mu_Z(\eta)=\int_a^b \mu_X(t)g(t,\eta)\mathrm{d}t \tag{15.184}$$

$$\phi_{ZZ}(\eta_1,\eta_2)=\int_a^b\int_a^b \phi_{XX}(t,s)g(t,\eta_1)g(s,\eta_2)\mathrm{d}t\,\mathrm{d}s \tag{15.185}$$

例 15.49 考虑积分随机过程$\{Z(t):t\geqslant 0\}$，定义为

$$Z(t)=\int_0^t X(s)\mathrm{d}s$$

其中$\{X(t)\}$为一个零均值平稳随机过程，自相关函数为$R_{XX}(\tau)=\mathrm{e}^{-\alpha|\tau|}$，其中$\alpha$为正常数。求$\{X(t)\}$与$\{Z(t)\}$的互相关函数以及$\{Z(t)\}$的自相关函数。

解 应用前面的有关公式可得

$$\phi_{XZ}(t_1,t_2)=\int_0^{t_2}\phi_{XX}(t_1,s_2)\mathrm{d}s_2=\int_0^{t_2}R_{XX}(t_1-s_2)\mathrm{d}s_2=\int_0^{t_2}\mathrm{e}^{-\alpha|t_1-s_2|}\mathrm{d}s_2$$

对于$t_2\leqslant t_1$，上式给出

$$\phi_{XZ}(t_1,t_2)=\int_0^{t_2}\mathrm{e}^{-\alpha t_1+\alpha s_2}\mathrm{d}s_2=\mathrm{e}^{-\alpha t_1}\frac{\mathrm{e}^{\alpha t_2}-1}{\alpha}=\frac{\mathrm{e}^{-\alpha(t_1-t_2)}-\mathrm{e}^{-\alpha t_1}}{\alpha}$$

对于$t_2>t_1$，结果为

$$\phi_{XZ}(t_1,t_2)=\int_0^{t_1}\mathrm{e}^{-\alpha t_1+\alpha s_2}\mathrm{d}s_2+\int_{t_1}^{t_2}\mathrm{e}^{-\alpha t_1+\alpha s_2}\mathrm{d}s_2$$

$$=\mathrm{e}^{-\alpha t_1}\frac{\mathrm{e}^{\alpha t_1}-1}{\alpha}+\mathrm{e}^{\alpha t_1}\frac{\mathrm{e}^{-\alpha t_2}-\mathrm{e}^{-\alpha t_1}}{\alpha}=\frac{2-\mathrm{e}^{-\alpha t_1}-\mathrm{e}^{-\alpha(t_2-t_1)}}{-\alpha}$$

$\{Z(t)\}$的自相关函数为

$$\phi_{ZZ}(t_1,t_2)=\int_0^{t_1}\phi_{XZ}(s_1,t_2)\mathrm{d}s_1$$

对于$t_2\leqslant t_1$，上式给出

$$\phi_{ZZ}(t_1,t_2)=\int_0^{t_2}\frac{2-\mathrm{e}^{-\alpha s_1}-\mathrm{e}^{-\alpha(t_2-s_1)}}{\alpha}\mathrm{d}s_1+\frac{\mathrm{e}^{\alpha t_2}-1}{\alpha}\int_{t_2}^{t_1}\mathrm{e}^{-\alpha s_1}\mathrm{d}s_1$$

$$=\frac{1}{\alpha}\left[2t_2-\frac{(\mathrm{e}^{-\alpha t_2}-1)(\mathrm{e}^{\alpha t_2}-1)}{\alpha}+\frac{(\mathrm{e}^{\alpha t_2}-1)(\mathrm{e}^{-\alpha t_1}-\mathrm{e}^{-\alpha t_2})}{-\alpha}\right]$$

$$=\frac{1}{\alpha^2}[2\alpha t_2-\mathrm{e}^{-\alpha(t_1-t_2)}+\mathrm{e}^{-\alpha t_1}+\mathrm{e}^{-\alpha t_2}-1]$$

对于$t_2>t_1$，结果为

$$\phi_{ZZ}(t_1,t_2)=\int_0^{t_1}\frac{2-\mathrm{e}^{-\alpha s_1}-\mathrm{e}^{-\alpha(t_2-s_1)}}{\alpha}\mathrm{d}s_1=\frac{1}{\alpha}\left[2t_1-\frac{\mathrm{e}^{-\alpha t_1}-1}{-\alpha}-\frac{\mathrm{e}^{-\alpha t_2}(\mathrm{e}^{\alpha t_1}-1)}{\alpha}\right]$$

$$=\frac{1}{\alpha^2}[2\alpha t_1-\mathrm{e}^{-\alpha(t_2-t_1)}+\mathrm{e}^{-\alpha t_1}+\mathrm{e}^{-\alpha t_2}-1]$$

以上两个结果可以合并为

$$\phi_{ZZ}(t_1,t_2)=\frac{1}{\alpha^2}[2\alpha\min(t_1,t_2)-\mathrm{e}^{-\alpha|t_2-t_1|}+\mathrm{e}^{-\alpha t_1}+\mathrm{e}^{-\alpha t_2}-1]$$

例 15.50 随机过程$\{X(t)\}$具有不连续的阶梯形时间历程，即

$$X(t)=A_j,\quad j\Delta\leqslant t<(j+1)\Delta$$

或

$$X(t)=\sum_{j}A_{j}\{U(t-j\Delta)-U[t-(j+1)\Delta]\}$$

其中各个随机变量 A_j 相互独立，具有相同的零均值和方差 $E(A^2)$。再考虑积分随机过程 $\{Z(t):t\geqslant 0\}$：

$$Z(t)=\int_{0}^{t}X(s)\mathrm{d}s$$

其中 $\{X(t)\}$ 为一个零均值平稳随机过程，自相关函数为 $R_{XX}(\tau)=\mathrm{e}^{-\alpha|\tau|}$，其中 α 为正常数。求 $\{Z(t)\}$ 的均值，$\{X(t)\}$ 与 $\{Z(t)\}$ 的互相关函数以及 $\{Z(t)\}$ 的自相关函数。

解　因为 $\mu_X(t)=\mu_A=0$，所以积分过程 $\{Z(t)\}$ 的均值 $\mu_Z(t)=\mu_A t=0$。由定义 $\phi_{XX}(t,s)=E[X(t)X(s)]$ 可得

$$\phi_{XX}(t,s)=\begin{cases}E(A^2), & \text{如果点}(t,s)\text{位于}(t,s)\text{平面的 }45°\text{线上、边长为 }\Delta\text{ 的各个正方形内}\\ 0, & \text{其他}\end{cases}$$

为了简化这个结果的表达式，我们在 $[0,t]$ 上定义一个整数时间函数：

$$k(t)=\mathrm{Int}(t/\Delta)=j,\quad j\Delta\leqslant t<(j+1)\Delta$$

这使得我们可以更简单地将任何点分类为三个集合之一：沿着 (t_1,t_2) 平面的 45 °线、边长为 Δ 的正方形内的点用 $k(t_1)=k(t_2)$，$k(t_1)\Delta\leqslant t_2<[k(t_1)+1]\Delta$ 或 $k(t_2)\Delta\leqslant t_1<[k(t_2)+1]\Delta$ 描述；正方形下方的点用 $k(t_1)>k(t_2)$，$t_2<k(t_1)\Delta$ 或 $t_1\geqslant[k(t_2)+1]\Delta$ 描述；正方形上方的点用 $k(t_1)<k(t_2)$，$t_2\geqslant[k(t_1)+1]\Delta$ 或 $t_1<k(t_2)\Delta$ 描述。

于是，应用公式

$$\phi_{XZ}(t_1,t_2)=\int_{0}^{t_2}\phi_{XX}(t_1,s_2)\mathrm{d}s_2$$

给出

$$\phi_{XZ}(t_1,t_2)=\begin{cases}0, & k(t_1)>k(t_2)\\ E(A^2)[t_2-k(t_1)\Delta], & k(t_1)=k(t_2)\\ E(A^2)\Delta, & k(t_1)<k(t_2)\end{cases}$$

$\{Z(t)\}$ 的自相关函数为

$$\phi_{ZZ}(t_1,t_2)=\int_{0}^{t_1}\phi_{XZ}(s_1,t_2)\mathrm{d}s_1$$

由此给出

$$\phi_{ZZ}(t_1,t_2)=\begin{cases}E(A^2)t_1\Delta, & k(t_1)>k(t_2)\\ E(A^2)\{k(t_1)\Delta^2+[t_2-k(t_1)\Delta][t_1-k(t_2)\Delta]\}, & k(t_1)=k(t_2)\\ E(A^2)t_2\Delta, & k(t_1)<k(t_2)\end{cases}$$

上式可写为

$$\phi_{XX}(t,s)=E(A^2)\sum_{j}\{U(t-j\Delta)-U[t-(j+1)\Delta]\}\{U(s-j\Delta)-U[s-(j+1)\Delta]\}$$

这个函数在 (t,s) 平面的对角线上、边长为 Δ 的正方形的边界上是不连续的。所以

$$\phi_{X\dot{X}}(t,s)=E(A^2)\sum_{j}\{U(t-j\Delta)-U[t-(j+1)\Delta]\}\{\delta(s-j\Delta)-\delta[s-(j+1)\Delta]\}$$

15.23　Gauss 随机过程

Gauss 随机过程的定义很简单。如果由随机过程$\{X(t)\}$产生的任意的随机变量的有限集$\{X(t_1),\cdots,X(t_n)\}$具有联合 Gauss 分布，则$\{X(t)\}$称为**Gauss 随机过程**。随机向量$\boldsymbol{V}=[X(t_1),\cdots,X(t_n)]^{\mathrm{T}}$ 的联合概率密度函数为

$$p_{\boldsymbol{V}}(\boldsymbol{u})=\frac{1}{(2\pi)^{n/2}\,|\boldsymbol{K}_{VV}|^{1/2}}\exp\left[-\frac{1}{2}(\boldsymbol{u}-\boldsymbol{\mu}_V)^{\mathrm{T}}\boldsymbol{K}_{VV}^{-1}(\boldsymbol{u}-\boldsymbol{\mu}_V)\right] \tag{15.186}$$

特征函数为

$$M_{\boldsymbol{V}}(\boldsymbol{\theta})=\exp(\mathrm{i}\,\boldsymbol{\theta}^{\mathrm{T}}\boldsymbol{\mu}_V-\boldsymbol{\theta}^{\mathrm{T}}\boldsymbol{K}_{VV}\boldsymbol{\theta}) \tag{15.187}$$

此外，联合 Gauss 分布意味着每个分量都是一个标量 Gauss 随机变量，概率密度和特征函数为

$$p_{X(t_j)}(u_j)=\frac{1}{(2\pi)^{1/2}\sigma_X(t_j)}\exp\left\{-\frac{1}{2}\left[\frac{u_j-\mu_X(t_j)}{\sigma_X(t_j)}\right]^2\right\} \tag{15.188}$$

$$M_{X(t_j)}(\theta_j)=\exp[\mathrm{i}\theta_j\mu_X(t_j)-\theta_j^2\sigma_X^2(t_j)] \tag{15.189}$$

例 15.51　考虑协方差平稳的随机过程$\{X(t)\}$，$X(t)$与导数$\dot{X}(t)$在同一时刻的联合概率密度函数为

$$p_{X(t)\dot{X}(t)}(u,v)=\frac{1}{\pi 2^{1/2}u}\exp\left(-u^2-\frac{v^2}{2u^2}\right)$$

求边缘概率密度函数$p_{X(t)}(u)$和条件概率密度函数$p_{\dot{X}(t)}[v\,|\,X(t)=u]$。指出$X(t)$是否为 Gauss 随机变量。

解　边缘概率密度函数$p_{X(t)}(u)$为

$$p_{X(t)}(u)=\frac{\mathrm{e}^{-u^2}}{\pi 2^{1/2}u}\int_{-\infty}^{\infty}\mathrm{e}^{-v^2/(2u^2)}\,\mathrm{d}v=\frac{\mathrm{e}^{-u^2}}{\pi^{1/2}}\int_{-\infty}^{\infty}\frac{\mathrm{e}^{-v^2/(2u^2)}}{(2\pi)^{1/2}u}\mathrm{d}v$$

上式中的被积函数是一个均值为零、方差为u^2 的 Gauss 概率密度函数，它的积分为 1，所以

$$p_{X(t)}(u)=\frac{\mathrm{e}^{-u^2}}{\pi^{1/2}}$$

可见$X(t)$是一个 Gauss 随机变量，其均值为零，方差为$\sigma_{X(t)}^2=1/2$。

条件概率密度函数$p_{\dot{X}(t)}[v\,|\,X(t)=u]$为

$$p_{\dot{X}(t)}[v\,|\,X(t)=u]=\frac{p_{X(t)\dot{X}(t)}(u,v)}{p_{X(t)}(u)}=\frac{1}{(2\pi)^{1/2}u}\exp\left(-\frac{v^2}{2u^2}\right)$$

可知这个条件分布也是一个 Gauss 随机变量，其均值为零，方差为u^2。

习题

15.1　设X表示一个从区间[0,10]中“随机”抽取的实数。求X的累积分布函数。

15.2　Y的分布函数为

$$\begin{cases}F_Y(u)=0, & u<0\\ F_Y(u)=0.05(u+4), & 0\leqslant u<10\\ F_Y(u)=1, & u\geqslant 10\end{cases}$$

用单位阶跃函数写出混合随机变量 Y 的累积分布函数的单个表达式。

15.3　设随机变量 X 的概率密度函数为

$$p_X(u)=A\exp(-au^2-bu-c)$$

其中 A,a,b,c 都是常数，$A>0,a>0$，且 A 的值使得 $p_X(u)$ 在整个实轴上的积分为 1。证明 X 是 Gauss 分布的。

15.4　用 Dirac δ 函数写出混合随机变量 Y 的概率密度函数，Y 的概率分布函数为

$$F_Y(u)=0.05(u+4)U(u)+(0.8-0.05u)U(u-10)$$

15.5　设随机变量 X,Y 的联合概率分布函数为

$$F_{XY}(u,v)=\left[\frac{(1-e^{-4u})(1-e^{-4v})}{2}+\frac{(1-e^{-4u})(1-e^{-3v})}{4}+\frac{(1-e^{-3u})(1-e^{-4v})}{4}\right]U(u)U(v)$$

式中的两个单位阶跃函数意味着该函数只是在 (u,v) 平面的第一象限非零。求联合概率密度函数。

15.6　设二维随机变量 (X,Y) 的联合概率密度在一个三角形上为常数，即为

$$\begin{cases}p_{XY}(u,v)=1/8, & 1\leqslant v\leqslant u\leqslant 5\\ p_{XY}(u,v)=0, & \text{其他}\end{cases}$$

求 X 和 Y 的边缘分布函数。

15.7　设随机变量 X,Y 的联合概率分布函数为

$$F_{XY}(u,v)=\left[\frac{(1-e^{-4u})(1-e^{-4v})}{2}+\frac{(1-e^{-4u})(1-e^{-3v})}{4}+\frac{(1-e^{-3u})(1-e^{-4v})}{4}\right]U(u)U(v)$$

求 X 和 Y 的边缘概率密度。

15.8　设二维随机变量 X,Y 的联合概率密度为

$$\begin{cases}p_{XY}(u,v)=1/6, & -1\leqslant u\leqslant 2,-1\leqslant v\leqslant 1\\ p_{XY}(u,v)=0, & \text{其他}\end{cases}$$

求在事件 $Y=v$ 下 X 的条件概率分布，以及在 $X=u$ 下 Y 的条件概率分布。

15.9　设二维随机变量 X,Y 的联合概率密度为

$$p_{XY}(u,v)=(8\,e^{-4u-4v}+3\,e^{-4u-3v}+3\,e^{-3u-4v})U(u)U(v)$$

该函数只是在 (u,v) 平面的第一象限非零。求在事件 $Y=v$ 下 X 的条件概率密度。

15.10　设随机变量 X 在区间 $[0,10]$ 上均匀分布，所以其概率密度函数为

$$p_X(u)=U(u)U(10-u)/10$$

设另一个 Y 在区间 $[0,X]$ 上均匀分布，即如果给定 $X=u$，则 Y 在区间 $[0,u]$ 上是均匀分布的，所以其概率密度函数为

$$p_Y(v\,|\,X=u)=\frac{1}{u}U(v)U(u-v)$$

求 X 和 Y 的联合概率密度函数，指出该函数在什么区域上非零。

15.11　已知 X 和 Y 在三角形 $1\leqslant v\leqslant u\leqslant 5$ 上均匀分布，其联合概率密度函数为

$$p_{XY}(u,v)=U(u-1)U(5-u)U(v-1)U(u-v)/8$$

检查 X 和 Y 之间的独立性。

15.12　已知 X 和 Y 的联合概率密度函数为

$$p_{XY}(u,v)=(8\,\mathrm{e}^{-4u-4v}+3\,\mathrm{e}^{-4u-3v}+3\,\mathrm{e}^{-3u-4v})U(u)U(v)$$

检查 X 和 Y 之间的独立性。

15.13　假设随机变量 X 的概率密度为

$$p_X(u)=0.1U(u)U(10-u)$$

求 $E(X^2)$ 和 $E[\sin(3X)]$。

15.14　设随机变量 X,Y 的联合概率密度为

$$p_{XY}(u,v)=U(u-1)U(5-u)U(v-1)U(u-v)/8$$

求 $E(X^2)$ 和 $E(XY)$。

15.15　Gauss 随机变量 X 的概率密度为

$$p_X(u)=\frac{1}{(2\pi)^{1/2}\sigma}\exp\left[-\frac{1}{2}\left(\frac{u-\mu}{\sigma}\right)^2\right]$$

求 X 的均值 μ_X 和中心矩 $E[(X-\mu_X)^j]$。

15.16　设 $\boldsymbol{X}$ 是 Gauss 随机向量，它的概率可写为

$$p_{\boldsymbol{X}}(\boldsymbol{u})=\frac{1}{(2\pi)^{n/2}|\boldsymbol{K}_{XX}|^{1/2}}\exp\left[-\frac{1}{2}(\boldsymbol{u}-\boldsymbol{\mu}_X)^{\mathrm{T}}\boldsymbol{K}_{XX}^{-1}(\boldsymbol{u}-\boldsymbol{\mu}_X)\right]$$

令 $g(\boldsymbol{X})$ 为 $\boldsymbol{X}$ 的 n 个分量的非线性函数。证明对满足

$$g(\boldsymbol{u})p_{\boldsymbol{X}}(\boldsymbol{u})\big|_{\|\boldsymbol{u}\|\to\infty}\to 0$$

的函数 $g(\cdot)$，下式成立

$$E[(\boldsymbol{X}-\boldsymbol{\mu}_X)g(\boldsymbol{X})]=\boldsymbol{K}_{XX}E\left(\left[\frac{\partial g(\boldsymbol{X})}{\partial X_1},\cdots,\frac{\partial g(\boldsymbol{X})}{\partial X_n}\right]^{\mathrm{T}}\right)$$

15.17　随机变量 X,Y，其联合概率密度在一个三角形上均匀分布，即

$$p_{XY}(u,v)=(8\,\mathrm{e}^{-4u-4v}+3\,\mathrm{e}^{-4u-3v}+3\,\mathrm{e}^{-3u-4v})U(u)U(v)$$

求 $E(X|Y=v)$ 和 $E(X^2|Y=v)$。

15.18　随机变量 X,Y 的联合概率密度为

$$p_{XY}(u,v)=U(u+1)U(2-u)U(v+1)U(1-v)/6$$

求 $E(Y|X=u)$，$E(X|Y=v)$ 和 $E(X|Y>0.5)$。

15.19　离散型随机变量 X 的概率密度为

$$p_X(u)=[\delta(u-1)+\delta(u-2)+\delta(u-3)+\delta(u-4)+\delta(u-5)+\delta(u-6)]/6$$

求 X 的特征函数 $M_X(\theta)$、均值和均方值。

15.20　Gauss 随机向量 $\boldsymbol{X}$ 的概率密度为

$$p_{\boldsymbol{X}}(\boldsymbol{u})=\frac{1}{(2\pi)^{n/2}|\boldsymbol{K}_{XX}|^{1/2}}\exp\left[-\frac{1}{2}(\boldsymbol{u}-\boldsymbol{\mu}_X)^{\mathrm{T}}\boldsymbol{K}_{XX}^{-1}(\boldsymbol{u}-\boldsymbol{\mu}_X)\right]$$

求 Gauss 随机向量 $\boldsymbol{X}$ 的特征函数。

15.21　考虑一个过程 $\{X(t)\}$，它具有无穷多个可能的时间历程，但这些时间历程只依赖于一个随机变量，有

$$X(t)=A\cos(\omega t)$$

其中 ω 是一个确定性角频率；A 为一个随机变量，其概率分布已知。求$\{X(t)\}$的均值函数、自相关函数和自协方差函数。

15.22　考虑一个过程$\{X(t)\}$，它的时间历程依赖于两个随机变量：

$$X(t)=A\cos(\omega t+\theta)$$

其中 ω 是一个确定性角频率；A 和 θ 为随机变量，其联合概率分布已知。令 A 和 θ 相互独立，θ 在$[0,2\pi]$上均匀分布。求$\{X(t)\}$的均值函数、自相关函数和协方差函数。

15.23　考虑一个过程$\{X(t)\}$，它的时间历程依赖于两个随机变量：

$$X(t)=A\cos(\omega t+\theta)$$

其中 ω 是一个确定性角频率；A 和 θ 为随机变量，其联合概率分布已知。令 A 和 θ 相互独立，θ 在$[0,2\pi]$上均匀分布。确定$\{X(t)\}$的平稳性。

15.24　考虑一个非常不稳定的随机过程$\{X(t)\}$，它具有

$$E[X^2(t)]=E(A^2)$$

但是

$$E[X(t)X(s)]=0,\quad t\neq s$$

$X(t)$在任何不同的两个时刻是不相关的。求自相关函数，确定该函数的间断点(t,s)。

15.25　设$\{X(t):t\geqslant 0\}$为 Poisson 过程，$X(t)$总是取整数值。它定义为

$$X(0)=0$$

$$P[X(t)-X(s)=k]=\frac{e^{-b(t-s)}b^k\ (t-s)^k}{k!},\quad k=0,1,\cdots,\infty,\quad 0\leqslant s\leqslant t$$

对于 $0\leqslant r\leqslant s\leqslant t$，$[X(t)-X(s)]$与$[X(s)-X(r)]$独立。这种分布出现在概率应用的许多领域，$\{X(t)\}$表示在时间区间$[0,t]$内某些事件发生的次数(计数)。它对应于在两个非重叠(即不相交)的时间间隔中发生的次数彼此独立，并且如果时间间隔相同，则它们的分布是相同的。参数 b 表示平均出现率。分析$\{X(t)\}$的连续性。

15.26　已知随机过程$\{X(t)\}$的均值和自协方差函数为

$$\mu_X(t)=e^{3t},\quad G_{XX}(\tau)=K_{XX}(t+\tau,t)=2\ e^{-5\tau^2}$$

求 $\phi_{\dot{X}\dot{X}}(t,s)$。

15.27　已知零均值平稳随机过程$\{X(t)\}$的自相关函数为

$$R_{XX}(\tau)=e^{-a|\tau|}$$

其中 a 是一个正常数。求 $R_{\dot{X}\dot{X}}(\tau)$。

15.28　随机过程$\{X(t)\}$在时间增量 $0\leqslant t\leqslant\Delta$ 内等于随机变量 A，在其他时间为零。考虑随机积分过程$\{Z(t)\}$：

$$Z(t)=\int_{-\infty}^{t}X(s)\mathrm{d}s$$

求$\{Z(t)\}$的均值，$\{X(t)\}$与$\{Z(t)\}$的互相关函数以及$\{Z(t)\}$的自相关函数。

第 16 章　线性系统随机振动的时域和频域分析

16.1　确定性动力学

在学习随机动力学之前，我们先复习一下线性系统的确定性动力学分析方法。这里我们只考虑具有一个标量激励 $f(t)$ 和一个标量响应 $x(t)$ 的线性时不变系统。将激励作为线性系统的输入，将响应作为其输出，图 16.1 给出了这种系统的输入-输出关系。

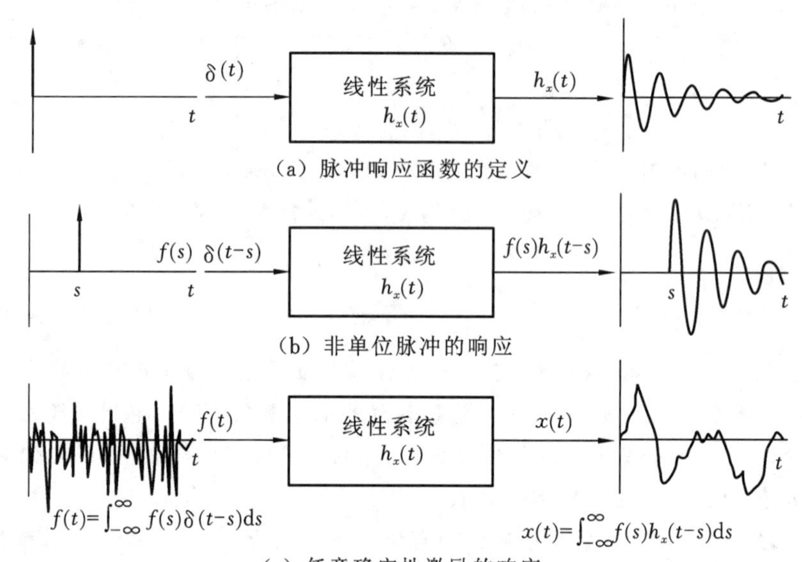

图 16.1　一般线性系统的激励和响应

在图 16.1 中，$h_x(t)$ 为线性系统对脉冲激励 $\delta(t)$ 的响应，即**脉冲响应**。对于一般的激励函数 $f(t)$，系统的响应为

$$x(t)=\int_{-\infty}^{\infty} f(s)h_x(t-s)\mathrm{d}s=\int_{-\infty}^{\infty} f(t-r)h_x(r)\mathrm{d}r \tag{16.1}$$

这就是 **Duhamel 积分**，这是一个卷积积分。

注意，脉冲响应 $h_x(t)$ 是在 $t=0$ 时刻作用于系统的脉冲激励 $\delta(t)$ 产生的响应，在 $t<0$ 的整个时域中系统是没有响应的，即对于 $t<0$ 有 $h_x(t)\equiv 0$。具有这种特性的系统称为**因果系统**，现实的物理系统都是因果系统。对于因果系统，式(16.1)中的积分限可改写为

$$x(t)=\int_{-\infty}^{t} f(s)h_x(t-s)\mathrm{d}s=\int_{0}^{\infty} f(t-r)h_x(r)\mathrm{d}r \tag{16.2}$$

另一个有趣的结果是对静态激励 $f(t)=f_0$ 的响应为

$$x(t)=f_0 h_{x,\mathrm{static}},\quad 其中\ h_{x,\mathrm{static}}=\int_{-\infty}^{\infty} h_x(r)\mathrm{d}r \tag{16.3}$$

所以,系统存在恒定的静态响应的充分必要条件是 $h_{x,\text{static}}$是有限的。

上面提出的响应计算方法仅限于特性不随时间变化的定常线性系统。对于具有时变性质的线性系统,可以使用下面的计算公式。基本的变化是将 $h_x(t-s)$替换为两个时间参数的函数 $h_{xf}(t,s)$。式(16.2)的基本卷积积分就变为

$$x(t)=\int_{-\infty}^{\infty} f(s)h_{xf}(t,s)\mathrm{d}s \tag{16.4}$$

$h_{xf}(t,s)$是时变系统的脉冲响应,所以在上式中令 $f(t)=\delta(t)$就得到 $h_{xf}(t,s)$。

式(16.4)的计算方法可以推广到系统速度响应的计算:

$$\dot{x}(t)=\int_{-\infty}^{\infty} f(s)h_{\dot{x}f}(t,s)\mathrm{d}s$$

其中 $h_{\dot{x}f}(t,s)$表示系统对脉冲激励的速度响应。系统的速度也可将式(16.4)对时间求导得到:

$$\dot{x}(t)=\int_{-\infty}^{\infty} f(s)\frac{\partial}{\partial t}h_{xf}(t,s)\mathrm{d}s$$

由此得到

$$h_{\dot{x}f}(t,s)=\frac{\partial}{\partial t}h_{xf}(t,s) \tag{16.5}$$

进而,对于时不变系统,$h_{\dot{x}}(t)=\mathrm{d}h_x(t)/\mathrm{d}t$。

16.2　脉冲响应函数的计算

这里我们关心的是由线性常微分方程控制的动力学问题。一个 n 阶线性常系数微分方程的一般形式为

$$\sum_{j=0}^{n} a_j \frac{\mathrm{d}^j x(t)}{\mathrm{d}t^j}=f(t) \tag{16.6}$$

为了计算该系统的脉冲响应,令 $f(t)=\delta(t)$,上式变为

$$\sum_{j=0}^{n} a_j \frac{\mathrm{d}^j h_x(t)}{\mathrm{d}t^j}=\delta(t) \tag{16.7}$$

我们已经知道,当 $t<0$ 时,$h_x(t)$等于零,所以我们只需要关心 $t\geqslant 0$ 时方程的解。显然,在 $t=0$处我们必须非常小心,但在 $t>0$ 时方程是齐次的:

$$\sum_{j=0}^{n} a_j \frac{\mathrm{d}^j h_x(t)}{\mathrm{d}t^j}=0,\quad t>0 \tag{16.8}$$

为了使这个 n 阶方程有唯一的解,需要有 n 个初始条件或边界值条件。我们来考察 $h_x(t)$的初值和它的前 $n-1$ 阶导数。用 $h_x(0^+)$表示 $h_x(t)$从 $t>0$ 一侧趋于零的极限。因此,我们需要的初始条件也是在 $t=0^+$ 取值。

由于 $\delta(t)$在 $t=0$ 处是无穷大的,方程(16.7)告诉我们方程左边至少有一项在 $t=0$ 处也是无穷大的。如果我们假设第 $j(j<n)$阶导数项是无穷大的,则会使方程(16.7)不成立,原因如下。比如我们假设

$$\frac{\mathrm{d}^j h_x(t)}{\mathrm{d}t^j}=b\delta(t)$$

其中 b 是一个常数。进而有

$$\frac{\mathrm{d}^{j+1}h_x(t)}{\mathrm{d}t^{j+1}}=b\,\frac{\mathrm{d}\delta(t)}{\mathrm{d}t}=b\dot{\delta}(t)$$

$\delta(t)$可以定义为一个函数序列的极限。例如，$\delta(t)$可定义为

$$\delta(t)=\lim_{\Delta\to 0}\left(\frac{1-|t|/\Delta}{\Delta}\right)U(\Delta-|t|)$$

如图 16.2 所示，所以有

$$\dot{\delta}(t)=\lim_{\Delta\to 0}\left[\frac{-\mathrm{sgn}(t)}{\Delta^2}\right]U(\Delta-|t|),\quad \lim_{\Delta\to 0}\frac{|\dot{\delta}(t)|}{\delta(t)}\to\infty$$

于是，在原点附近，如果 $h_x(t)$的第 j 阶导数与 $\delta(t)$同量阶，并且第 $j+1$ 阶导数也出现在方程中，则第 $j+1$ 阶导数与$[\delta(t)]^2$ 同量阶，方程(16.7)不成立。但是，如果 $h_x(t)$在原点附近的第 n 阶导数是$b\delta(t)$，那么方程(16.7)左边的所有其他项都是有限的，所以如果取 $b=a_n^{-1}$，则可以认为方程在原点处成立。

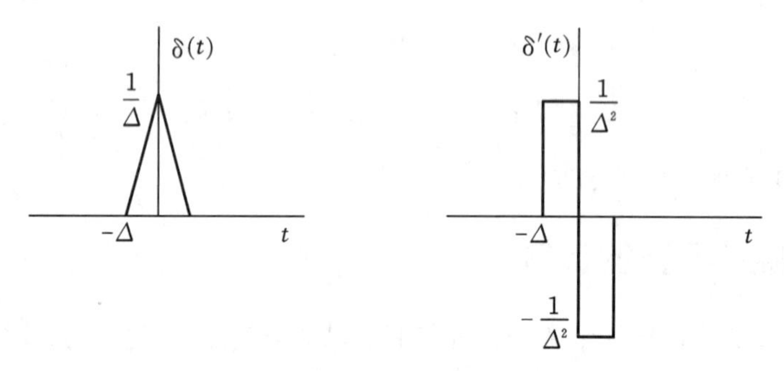

图 16.2　Dirac δ 函数及其导数的近似

基于上述讨论，我们有

$$\frac{\mathrm{d}^n h_x(t)}{\mathrm{d}t^n}=a_n^{-1}\delta(t),\quad |t|\leqslant\Delta,\Delta\to 0 \tag{16.9}$$

积分得

$$\frac{\mathrm{d}^{n-1}h_x(t)}{\mathrm{d}t^{n-1}}=a_n^{-1}U(t),\quad |t|\leqslant\Delta,\Delta\to 0$$

所以

$$\left[\frac{\mathrm{d}^{n-1}h_x(t)}{\mathrm{d}t^{n-1}}\right]_{t=0+}=a_n^{-1} \tag{16.10}$$

进一步积分得到 t 的连续函数，所以

$$\left[\frac{\mathrm{d}^j h_x(t)}{\mathrm{d}t^j}\right]_{t=0+}=0,\quad 0\leqslant j\leqslant n-2 \tag{16.11}$$

式(16.10)和式(16.11)给出了 n 个初始条件，它们保证方程(16.7)能得到唯一解。

例 16.1　考虑图 16.3 (a)所示线性系统，它的控制方程为一个一阶微分方程：

$$c\dot{x}(t)+kx(t)=f(t)$$

求系统的脉冲响应函数。

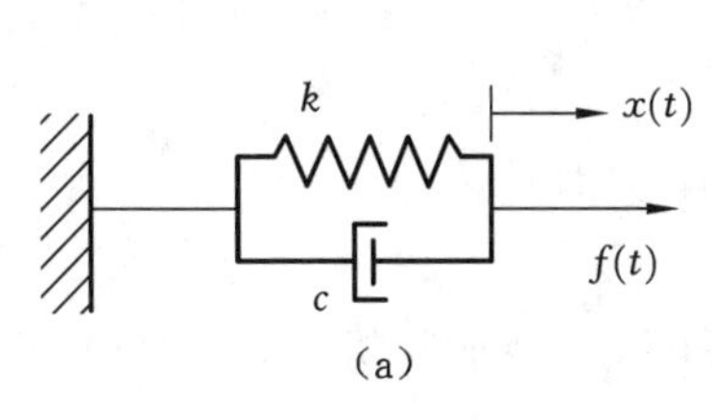

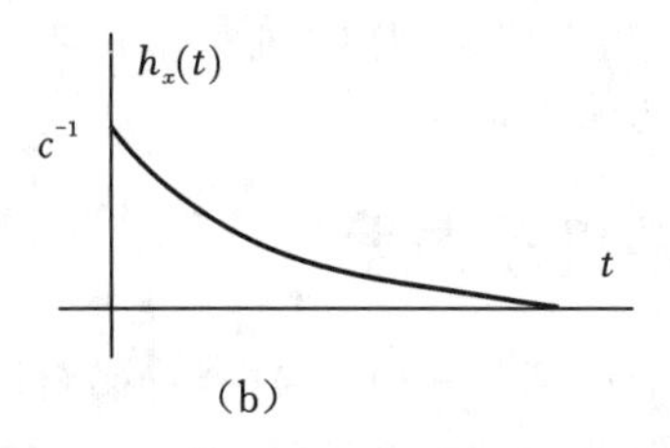

图 16.3　弹簧-阻尼系统及其脉冲响应

解　我们有

$$c\frac{\mathrm{d}h_x(t)}{\mathrm{d}t}+kh_x(t)=0,\quad t>0$$

初始条件为 $h_x(0^+)=c^{-1}$。这个方程的通解为 $h_x(t)=a\mathrm{e}^{-kt/c}$，应用初始条件得 $a=c^{-1}$，所以脉冲响应函数为

$$h_x(t)=c^{-1}\mathrm{e}^{-kt/c}U(t)$$

$h_x(t)$的曲线如图 16.3 (b)所示。该系统的静态响应为

$$h_{x,\mathrm{static}}(t)=\int_{-\infty}^{\infty}h_x(r)\mathrm{d}r=k^{-1}<\infty$$

所以这个系统存在有界的静态响应。

例 16.2　考虑图 16.4(a)所示的线性系统，它的控制微分方程为

$$m\ddot{x}(t)+c\dot{x}(t)+kx(t)=f(t)$$

求系统的脉冲响应函数。

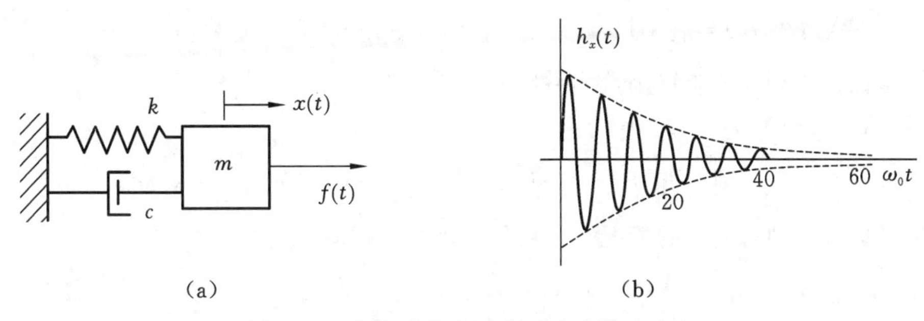

图 16.4　质量-弹簧-阻尼振子及其脉冲响应

解　我们把系统的运动方程写为

$$\ddot{x}(t)+2\zeta\omega_0\dot{x}(t)+\omega_0^2x(t)=f(t)/m$$

其中 $\omega_0=(k/m)^{1/2}$，$\zeta=c/[2(km)^{1/2}]$。脉冲响应函数 $h_x(t)$满足方程：

$$\frac{\mathrm{d}^2h_x(t)}{\mathrm{d}t^2}+2\zeta\omega_0\frac{\mathrm{d}h_x(t)}{\mathrm{d}t}+\omega_0^2h_x(t)=0,\quad t>0$$

初始条件为$\dot{h}_x(0^+)=m^{-1}$和 $h_x(0^+)=0$。当 $\zeta<1$ 时，这个方程的通解为

$$h_x(t)=\mathrm{e}^{-\omega_0\zeta t}[A\cos(\omega_\mathrm{d}t)+B\sin(\omega_\mathrm{d}t)],\quad \omega_\mathrm{d}=\omega_0\sqrt{1-\zeta^2}$$

应用初始条件可得待定系数 A,B。最后得到脉冲响应函数为

$$h_x(t)=\left[\frac{\mathrm{e}^{-\omega_0\zeta t}}{m\omega_\mathrm{d}}\sin(\omega_\mathrm{d}t)\right]U(t)$$

$h_x(t)$的曲线如图 16.4(b)所示。该系统的静态响应为 $h_{x,\text{static}}(t)=k^{-1}$,所以这个系统存在有界的静态响应。

16.3　随机动力学

在响应计算公式(16.1)中将确定性函数 $f(t)$和 $x(t)$换成随机过程$\{F(t)\}$和$\{X(t)\}$,就得到最简单的随机线性动力学系统的响应:

$$X(t)=\int_{-\infty}^{\infty}F(s)h_x(t-s)\mathrm{d}s=\int_{-\infty}^{\infty}F(t-r)h_x(r)\mathrm{d}r \tag{16.12}$$

上式的积分是一个随机积分。需要注意的是,式(16.12)对激励的每个时间历程都是正确的。我们来考察响应过程$\{X(t)\}$的统计特征。首先是均值:

$$\mu_X(t)=E[X(t)]=\int_{-\infty}^{\infty}\mu_F(s)h_x(t-s)\mathrm{d}s=\int_{-\infty}^{\infty}\mu_X(t-r)h_x(r)\mathrm{d}r \tag{16.13}$$

上式由积分与均值运算次序交换直接得到。

$\{X(t)\}$的自相关函数为

$$\begin{aligned}\phi_{XX}(t_1,t_2)&=E[X(t_1)X(t_2)]\\&=E\left[\int_{-\infty}^{\infty}\int_{-\infty}^{\infty}F(s_1)h_x(t_1-s_1)F(s_2)h_x(t_2-s_2)\mathrm{d}s_1\,\mathrm{d}s_2\right]\end{aligned}$$

或

$$\phi_{XX}(t_1,t_2)=\int_{-\infty}^{\infty}\int_{-\infty}^{\infty}\phi_{FF}(s_1,s_2)h_x(t_1-s_1)h_x(t_2-s_2)\mathrm{d}s_1\,\mathrm{d}s_2 \tag{16.14}$$

或

$$\phi_{XX}(t_1,t_2)=\int_{-\infty}^{\infty}\int_{-\infty}^{\infty}\phi_{FF}(t_1-r_1,t_2-r_2)h_x(r_1)h_x(r_2)\mathrm{d}r_1\,\mathrm{d}r_2 \tag{16.15}$$

这种做法可以推广到任意阶矩函数。一般的 j 阶矩为

$$\begin{aligned}&E[X(t_1)\cdots X(t_j)]\\&=\int_{-\infty}^{\infty}\int_{-\infty}^{\infty}E[F(s_1)\cdots F(s_j)]h_x(t_1-s_1)\cdots h_x(t_2-s_j)\mathrm{d}s_1\cdots\mathrm{d}s_j\end{aligned} \tag{16.16}$$

可以考虑多个动态响应的情况。假设另一个感兴趣的响应为

$$Y(t)=\int_{-\infty}^{\infty}F(s)h_y(t-s)\mathrm{d}s$$

于是,可以写出响应$\{X(t)\}$和$\{Y(t)\}$的互相关函数:

$$\begin{aligned}\phi_{XY}(t_1,t_2)&=E[X(t_1)Y(t_2)]\\&=\int_{-\infty}^{\infty}\int_{-\infty}^{\infty}\phi_{FF}(s_1,s_2)h_x(t_1-s_1)h_y(t_2-s_2)\mathrm{d}s_1\,\mathrm{d}s_2\end{aligned} \tag{16.17}$$

前面已知导数 $\dot{x}(t)$和$\ddot{x}(t)$的脉冲响应函数 $h_{\dot{x}}(t)$和 $h_{\ddot{x}}(t)$,可用 $x(t)$的脉冲响应函数 $h_x(t)$求导得到,即

$$h_{\dot{x}}(t)=\dot{h}_x(t),\quad h_{\ddot{x}}(t)=\ddot{h}_x(t)$$

这些公式可用于计算导数过程$\{\dot{X}(t)\}$和$\{\ddot{X}(t)\}$的矩。两个重要的矩为

$$\begin{aligned}\phi_{X\dot{X}}(t_1,t_2)&=\frac{\partial}{\partial t_2}\phi_{XX}(t_1,t_2)\\&=\int_{-\infty}^{\infty}\int_{-\infty}^{\infty}\phi_{FF}(s_1,s_2)h_x(t_1-s_1)\dot{h}_x(t_2-s_2)\mathrm{d}s_1\,\mathrm{d}s_2\end{aligned} \tag{16.18}$$

$$\phi_{\dot{X}\dot{X}}(t_1,t_2)=\frac{\partial^2}{\partial t_1\partial t_2}\phi_{XX}(t_1,t_2)$$
$$=\int_{-\infty}^{\infty}\int_{-\infty}^{\infty}\phi_{FF}(s_1,s_2)\dot{h}_x(t_1-s_1)\dot{h}_x(t_2-s_2)\mathrm{d}s_1\mathrm{d}s_2 \tag{16.19}$$

类似地,可得任意高阶叉积项的积分表达式,比如

$$E[X(t_1)\dot{X}(t_2)\ddot{X}(t_3)]$$
$$=\int_{-\infty}^{\infty}\int_{-\infty}^{\infty}\int_{-\infty}^{\infty}E[F(s_1)F(s_2)F(s_3)]h_x(t_1-s_1)\dot{h}_x(t_2-s_2)\ddot{h}_x(t_2-s_2)\mathrm{d}s_1\mathrm{d}s_2\mathrm{d}s_3$$

也可以写出过程$\{X(t)\}$的协方差函数:

$$K_{XX}(t_1,t_2)=\int_{-\infty}^{\infty}\int_{-\infty}^{\infty}K_{FF}(s_1,s_2)h_x(t_1-s_1)h_x(t_2-s_2)\mathrm{d}s_1\mathrm{d}s_2 \tag{16.20}$$

如果系统的初值不为零,则响应中还需包含初值响应。比如,在 t_0 时刻已知一组完整的初始条件,则系统的响应可写为

$$X(t)=\sum_j Y_j g_j(t-t_0)+\int_{t_0}^{\infty}F(s)h_x(t-s)\mathrm{d}s$$

其中随机变量 Y_j 表示第 j 个初始条件,$g_j(t-t_0)$表示在 t_0 时刻系统对第 j 个初始条件单位值的响应,是一个确定性函数。此时系统的均值和自协方差函数为

$$\mu_X(t)=\sum_j\mu_{Y_j}g_j(t-t_0)+\int_{t_0}^{\infty}\mu_F(s)h_x(t-s)\mathrm{d}s \tag{16.21}$$

$$K_{XX}(t_1,t_2)=\sum_{j_1}\sum_{j_2}K_{Y_{j_1}Y_{j_2}}g_{j_1}(t_1-t_0)g_{j_2}(t_2-t_0)$$
$$+\sum_j\int_{t_0}^{\infty}K_{Y_jF(s)}g_j(t_1-t_0)[h_x(t_1-s)+h_x(t_2-s)]\mathrm{d}s$$
$$+\int_{t_0}^{\infty}\int_{t_0}^{\infty}K_{FF}(s_1,s_2)h_x(t_1-s_1)h_x(t_2-s_2)\mathrm{d}s_1\mathrm{d}s_2 \tag{16.22}$$

现在来讨论过程$\{X(t)\}$在某事件 A 发生的条件下的统计特性。一般情况下,需要先获得条件分布,再来计算均值和相关函数等。这里,我们只讨论一种特殊情况,即在给定事件 A 的条件下,在 t_0 时刻系统有一组完整的确定性初始条件。这样,参照式(16.21)和式(16.22),我们可以写出条件均值和条件协方差。条件均值为

$$E[X(t)\mid A]=\sum_j y_j g_j(t-t_0)+\int_{t_0}^{\infty}E[F(s)\mid A]h_x(t-s)\mathrm{d}s \tag{16.23}$$

其中 y_j 为第 j 个确定性初始条件。条件协方差为

$$\mathrm{Cov}[X(t_1),X(t_2)\mid A]=\int_{t_0}^{\infty}\int_{t_0}^{\infty}\mathrm{Cov}[F(s_1),F(s_2)\mid A]h_x(t_1-s_1)h_x(t_2-s_2)\mathrm{d}s_1\mathrm{d}s_2 \tag{16.24}$$

这里用 Cov 表示条件协方差。

16.4 平稳激励的响应

现在考虑从时间 $t=-\infty$开始的平稳激励过程$\{F(t)\}$。首先,如果$\{F(t)\}$是均值平稳的,则 $\mu_F(t-r)=\mu_F$ 为常数,由式(16.13)可得

$$\mu_X(t)=E[X(t)]=\mu_F\int_{-\infty}^{\infty}h_x(r)\mathrm{d}r=\mu_F h_{x,\text{static}} \tag{16.25}$$

其中 $h_{x,\text{static}}$ 由式(16.3)定义。

如果激励是二阶矩平稳的，则 $\phi_{FF}(t_1-r_1,t_2-r_2)=R_{FF}(t_1-r_1-t_2+r_2)$，由式(16.15)得

$$\phi_{XX}(t_1,t_2)=\int_{-\infty}^{\infty}\int_{-\infty}^{\infty}R_{FF}(t_1-t_2-r_1+r_2)h_x(r_1)h_x(r_2)\mathrm{d}r_1\,\mathrm{d}r_2$$

如果这个二阶矩 $\phi_{XX}(t_1,t_2)$ 是有限的，则它只是时间参量 $\tau=t_1-t_2$ 的函数，$\phi_{XX}(t_1,t_2)$ 为一个平稳自相关函数：

$$R_{XX}(\tau)=\int_{-\infty}^{\infty}\int_{-\infty}^{\infty}R_{FF}(\tau-r_1+r_2)h_x(r_1)h_x(r_2)\mathrm{d}r_1\,\mathrm{d}r_2 \tag{16.26}$$

如果平稳激励过程 $\{F(t)\}$ 产生两个响应 $\{X(t)\}$ 和 $\{Y(t)\}$，则可得它们的互相关函数为

$$R_{XY}(\tau)=\int_{-\infty}^{\infty}\int_{-\infty}^{\infty}R_{FF}(\tau-r_1+r_2)h_x(r_1)h_y(r_2)\mathrm{d}r_1\,\mathrm{d}r_2 \tag{16.27}$$

在上式中令 $Y=\dot{X}$ 得到

$$R_{X\dot{X}}(\tau)=\int_{-\infty}^{\infty}\int_{-\infty}^{\infty}R_{FF}(\tau-r_1+r_2)h_x(r_1)\dot{h}_x(r_2)\mathrm{d}r_1\,\mathrm{d}r_2 \tag{16.28}$$

不难看出，式(16.26)～式(16.28)中将自相关函数换成自协方差函数也是成立的。

我们已知 $|R_{XY}(\tau)|\leqslant E(X^2)$ 和 $|G_{XX}(\tau)|\leqslant\sigma_X^2$，因此当 $E(X^2)$ 和 σ_X^2 有界时，$R_{XY}(\tau)$ 和 $G_{XX}(\tau)$ 是有界的。另外，由上面的公式可知，当 $|h_{x,\text{static}}|=\infty$ 和 $\mu_F\neq0$ 时，μ_X 是无界的；由于 $E(X^2)=\mu_X^2+\sigma_X^2$，所以此时 $E(X^2)$ 也是无界的。

响应 $\{X(t)\}$ 的方差为

$$\sigma_X^2=\int_{-\infty}^{\infty}\int_{-\infty}^{\infty}G_{FF}(r_2-r_1)h_x(r_1)h_x(r_2)\mathrm{d}r_1\,\mathrm{d}r_2=\int_{-\infty}^{\infty}G_{FF}(r_3)h_{x,\text{var}}(r_3)\mathrm{d}r_3 \tag{16.29}$$

其中

$$h_{x,\text{var}}(\tau)=\int_{-\infty}^{\infty}h_x(s-\tau)h_x(s)\mathrm{d}s \tag{16.30}$$

$h_{x,\text{var}}(\tau)$ 满足下面的有界性条件：

$$h_{x,\text{var}}(\tau)\leqslant h_{x,\text{var}}(0)=\int_{-\infty}^{\infty}h_x^2(s)\mathrm{d}s$$

进而方差满足下面的有界性条件：

$$\sigma_X^2\leqslant h_{x,\text{var}}(0)\int_{-\infty}^{\infty}|G_{FF}(r_3)|\,\mathrm{d}r_3 \tag{16.31}$$

例 16.3 随机线性系统为

$$m\ddot{X}(t)+c\dot{X}(t)=F(t)$$

它的脉冲响应函数为

$$h_x(t)=c^{-1}(1-\mathrm{e}^{-ct/m})U(t)$$

求平稳随机响应的一阶矩和二阶矩的有界性条件。

解 因为这个系统的静态响应 $h_{x,\text{static}}$ 是无界的，所以当 $\mu_F\neq0$ 时，响应的均值和自相关函数是无界的。

前面的结果都是针对时不变系统的，特别是将激励$\{F(t)\}$视为平稳过程具有较大的实用意义。时变系统对一个平稳激励的响应是一种典型的非平稳过程，称为**"调制过程"**或**"演进过程"**，人们对它们的性质已经有一些研究。调制过程可作为非平稳激励过程建模的一种特殊途径。例如，可以将非平稳激励过程$\{F(t)\}$表示为一个调制过程：

$$F(t)=\int_{-\infty}^{\infty} P(s)h_{fp}(t,s)\mathrm{d}s \tag{16.32}$$

其中$\{P(t)\}$是一个平稳过程。如果$\{X(t)\}$表示一个线性系统对$\{F(t)\}$的响应，则有

$$X(t)=\int_{-\infty}^{\infty} F(u)h_{xf}(t,u)\mathrm{d}u=\int_{-\infty}^{\infty} P(s)h_{xp}(t,s)\mathrm{d}s$$

其中

$$h_{xp}(t,s)=\int_{-\infty}^{\infty} h_{xf}(t,u)h_{fp}(u,s)\mathrm{d}u \tag{16.33}$$

因此$\{X(t)\}$也是一个对平稳激励$\{P(t)\}$的调制过程。$h_{xp}(t,s)$为一个组合脉冲响应函数。调制过程的一种特殊情况是$h_{fp}(t,s)=\hat{h}(t)\delta(t-s)$，所以$F(t)=\hat{h}(t)P(t)$，此时，组合脉冲响应为

$$h_{xp}(t,s)=\int_{-\infty}^{\infty} h_{xf}(t,u)\hat{h}(u)\delta(u-s)\mathrm{d}u=h_{xf}(t,s)\hat{h}(s)$$

系统对$\{F(t)\}$的响应$\{X(t)\}$为

$$X(t)=\int_{-\infty}^{\infty} P(s)\hat{h}(s)h_{xf}(t,s)\mathrm{d}s$$

因此，它与激励$\{P(t)\hat{h}(t)\}$的响应相同。

16.5　delta-相关激励

在许多重要的实际问题中，存在非常不稳定(或非常不确定)的激励过程$\{F(t)\}$，只要t与s不接近，$F(t)$与$F(s)$就几乎是独立的。为了说明这种问题，令T_c为一个时间长度，当$|t-s|\leqslant T_c$时，$F(t)$与$F(s)$是明显相关的，而当$|t-s|>T_c$时，$F(t)$与$F(s)$本质上是独立的。因此，当T_c充分小时，可以认为只要$t\neq s$，$F(t)$与$F(s)$就是独立的。具有这种极限特性的过程称为**delta-相关过程(delta-correlated process)**。

根据delta-相关过程的性质，当$t\neq s$时，它的自协方差函数$K_{FF}(t,s)=0$(因为当$t\neq s$时，$F(t)$与$F(s)$相互独立)。对于协方差平稳的delta-相关过程，对所有$\tau\neq 0$有$G_{FF}(\tau)=0$；如果delta-相关过程的$G_{FF}(\tau)$在$\tau=0$处是有限值，则$G_{FF}(\tau)$绝对值的积分将为零，进而由式(16.31)可知，平稳的delta-相关过程的响应方差为零。因此，除非我们取$G_{FF}(\tau)$在$\tau=0$处为无穷大，否则delta-相关激励过程不会产生任何响应，这是不符合事实的。这就引出了平稳delta-相关过程自协方差函数的标准形式：

$$G_{FF}(\tau)=G_0\,\delta(\tau) \tag{16.34}$$

非平稳delta-相关过程自协方差函数的形式应为

$$K_{FF}(t,s)=G_0(t)\delta(t-s) \tag{16.35}$$

由式(16.26)，系统对平稳delta-相关激励的响应的自协方差为

$$G_{XX}(\tau)=\int_{-\infty}^{\infty}\int_{-\infty}^{\infty} G_0\,\delta(\tau-r_1+r_2)h_x(r_1)h_x(r_2)\mathrm{d}r_1\,\mathrm{d}r_2$$

应用 Dirac δ 函数的积分性质，上式可写为

$$G_{XX}(\tau)=G_0\int_{-\infty}^{\infty}h_x(\tau+r)h_x(r)\mathrm{d}r \tag{16.36}$$

由此可得方差为

$$\sigma_X^2=G_{XX}(0)=G_0\int_{-\infty}^{\infty}h_x^2(r)\mathrm{d}r=G_0h_{x,\mathrm{var}}(0) \tag{16.37}$$

将式(16.35)代入式(16.20)可得非平稳 delta-相关激励下响应的自协方差为

$$K_{XX}(t_1,t_2)=\int_{-\infty}^{\infty}\int_{-\infty}^{\infty}G_0(s_1)\delta(s_1-s_2)h_x(t_1-s_1)h_x(t_2-s_2)\mathrm{d}s_1\,\mathrm{d}s_2$$

上式可简化为

$$K_{XX}(t_1,t_2)=\int_{-\infty}^{\infty}G_0(s_1)h_x(t_1-s_1)h_x(t_2-s_1)\mathrm{d}s_1 \tag{16.38}$$

此时的方差为

$$\sigma_X^2(t)=K_{XX}(t,t)=\int_{-\infty}^{\infty}G_0(s)h_x^2(t-s)\mathrm{d}s=\int_{-\infty}^{\infty}G_0(t-r)h_x^2(r)\mathrm{d}r \tag{16.39}$$

当考虑响应的条件分布时，如式(16.23)和式(16.24)所示，采用 delta-相关激励这种模型还有另一个特征。对于因果系统，只有当 $t\leqslant t_0$ 时，t_0 时刻的响应才是激励 $F(t)$ 的函数。对于 delta-相关激励，$t\leqslant t_0$ 时的 $F(t)$ 与 $t>t_0$ 时的 $F(t)$ 是相互独立的，这意味着系统在 t_0 时刻的响应与 $t>t_0$ 时的 $F(t)$ 是独立的。因此，如果作为条件的事件 A 只涉及 t_0 时刻的激励和响应的值，那么我们可以说，$t>t_0$ 时的 $F(t)$ 与 A 无关。这就使得式(16.23)和式(16.24)只依赖于激励的无条件平均值和协方差，由此给出

$$E[X(t)\mid A]=\sum_j y_jg_j(t-t_0)+\int_{t_0}^{\infty}\mu_F(s)h_x(t-s)\mathrm{d}s \tag{16.40}$$

$$\mathrm{Cov}[X(t_1),X(t_2)\mid A]=\int_{t_0}^{\infty}G_0(s)h_x(t_1-s)h_x(t_2-s)\mathrm{d}s \tag{16.41}$$

例 16.4 已知平稳“**散粒噪声(shot noise)**”为

$$F(t)=\sum F_j\delta(t-T_j)$$

其中$\{T_1,T_2,\cdots,T_j,\cdots\}$$(0\leqslant T_1\leqslant T_2\leqslant\cdots\leqslant T_j)$为一个 Poisson 过程$\{Z(t)\}$的随机到达时间(Poisson 过程的定义参见习题 15.25)，$\{F_1,F_2,\cdots,F_j,\cdots\}$为一系列具有相同分布的相互独立的随机变量，与到达时间也相互独立。证明 $F(t)$ 是一种特殊的 delta-相关过程，同时证明这个过程不是 Gauss 过程，并计算 $F(t)$ 的累积量函数。

解 上面定义的散粒噪声实际上就是一系列随机脉冲，脉冲的幅值 F_j 和脉冲作用时间 T_j 都是随机变量，并且 $F_1,F_2,\cdots,F_j,\cdots$各个量之间相互独立，与 $T_1,T_2,\cdots,T_j,\cdots$也相互独立。Poisson 过程的本质是过去到达时间的知识对于未来到达时间不能给出任何信息；特别是，时间间隔 $T_{j+1}-T_j$ 独立于$\{T_1,T_2,\cdots,T_j\}$。结合脉冲幅值 F_j 的独立性，这样就确保了对于 $t\neq s$，$F(t)$ 必须与 $F(s)$ 独立。对于 $s<t$，$F(s)$ 可以提供一些关于过去到达时间和脉冲大小的信息，但它不能提供关于一个脉冲在未来时刻 t 是否到达的信息，或者如果这个脉冲在未来时刻 t 到达，不能提供这个脉冲的可能大小的信息。因此，$\{F(t)\}$必须是 delta-相关的。

为了研究累积量函数，我们先定义一个过程$\{Q(t)\}$，它是$\{F(t)\}$的积分：

$$Q(t)=\int_0^t F(s)\mathrm{d}s=\sum F_j U(t-T_j)$$

于是我们有$\{F(t)\}=\{\dot{Q}(t)\}$。累积量函数是确定一个随机过程是否为 Gauss 随机过程的理想工具,因为大于 2 阶的累积量在 Gauss 过程中等于零。因此,我们将直接寻找$\{Q(t)\}$和$\{F(t)\}$的累积量函数。$\{Q(t)\}$在时刻$\{t_1,\cdots,t_n\}$的 n 阶联合特征函数为

$$M_{Q(t_1)\cdots Q(t_n)}(\theta_1,\cdots,\theta_n)=E\left\{\exp\left[\mathrm{i}\sum_{j=1}^{n}\theta_j Q(t_j)\right]\right\}$$

为了利用散粒噪声的 delta-相关性质,将 $Q(t_j)$写为

$$Q(t_j)=\sum_{l=1}^{j}\Delta Q_l,\quad \Delta Q_l=Q(t_l)-Q(t_{l-1})$$

其中 $t_0<t_1<\cdots<t_n,t_0=0,Q(t_0)=0$。现在可以将特征函数写为

$$M_{Q(t_1)\cdots Q(t_n)}(\theta_1,\cdots,\theta_n)=E\left[\exp\left(\mathrm{i}\sum_{j=1}^{n}\sum_{l=1}^{j}\theta_j\Delta Q_l\right)\right]=E\left[\exp\left(\mathrm{i}\sum_{l=1}^{n}\sum_{j=l}^{n}\theta_j\Delta Q_l\right)\right]$$

由 $t\neq s$ 时 $F(t)$与 $F(s)$的独立性可知,$\{\Delta Q_1,\cdots,\Delta Q_n\}$是一系列相互独立的随机变量。于是

$$M_{Q(t_1)\cdots Q(t_n)}(\theta_1,\cdots,\theta_n)=\prod_{l=1}^{n}E\left[\exp\left(\mathrm{i}\Delta Q_l\sum_{j=l}^{n}\theta_j\right)\right]=\prod_{l=1}^{n}M_{\Delta Q_l}(\theta_l+\cdots+\theta_n)$$

由此可以从 ΔQ_l 的特征函数求出联合特征函数。

作为示例,我们来推出 $\Delta Q_1\equiv Q(t_1)$的特征函数,这可通过两个步骤来计算。首先,我们计算条件期望值:

$$E\{\exp[\mathrm{i}\theta Q(t_1)]\mid Z(t)=r\}=E\left[\exp\left(\mathrm{i}\theta\sum_{j=1}^{r}F_j\right)\right]=E(\mathrm{e}^{\mathrm{i}\theta F_1}\cdots\mathrm{e}^{\mathrm{i}\theta F_r})=M_F^r(\theta)$$

其中 $M_F(\theta)$表示$\{F_1,F_2,\cdots,F_j,\cdots\}$中任意一个随机变量的特征函数。应用 Poisson 过程的概率值(参见习题 15.25)可得

$$M_{\Delta Q_1}(\theta)=\sum_{r=1}^{\infty}E\{\exp[\mathrm{i}\theta Q(t_1)]\mid Z(t_1)=r\}P[Z(t_1)=r]=\sum_{r=1}^{\infty}M_F^r(\theta)\frac{\mu_Z^r(t_1)}{r!}\mathrm{e}^{-\mu Z(t_1)}$$

上式可简化为

$$M_{\Delta Q_1}(\theta)=\mathrm{e}^{-\mu Z(t_1)}\sum_{r=1}^{\infty}\frac{1}{r!}[M_F(\theta)\mu_Z(t_1)]^r=\exp[-\mu_Z(t_1)+M_F(\theta)\mu_Z(t_1)]$$

所以 ΔQ_1 的对数特征函数为

$$\ln[M_{\Delta Q_1}(\theta)]=\mu_Z(t_1)[M_F(\theta)-1]$$

对于任意增量 ΔQ_l,对应的对数特征函数只需将上式中的 $\mu_Z(t_1)$替换成 $\mu_Z(t_l)-\mu_Z(t_{l-1})$。

我们可以通过对 $\ln[M_{Q(t)}(\theta)]$求导数来计算 $Q(t)$的累积量。已知

$$\frac{\mathrm{d}^j}{\mathrm{d}\theta^j}\ln[M_{Q(t)}(\theta)]=\mu_Z(t)\frac{\mathrm{d}^j}{\mathrm{d}\theta^j}M_F(\theta)$$

上式在 $\theta=0$ 时就给出 $Q(t)$的 j 阶累积量。F 的高阶偶数阶矩不可能为零(比如 $E(F^4)$),所以 $Q(t)$的高阶偶数阶累积量不可能为零。这就证明了 $Q(t)$不是一个 Gauss 随机变量,也就意味着$\{Q(t)\}$不是一个 Gauss 随机过程。进而$\{Q(t)\}$的导数过程$\{F(t)\}$也不是一个 Gauss 随机过程。

应用以上结果，可以计算$\{Q(t)\}$的联合对数特征函数：

$$\ln[M_{Q(t_1)\cdots Q(t_n)}(\theta_1,\cdots,\theta_n)]=\sum_{l=1}^{n}[\mu_Z(t_l)-\mu_Z(t_{l-1})][M_F(\theta_l+\cdots+\theta_n)-1]$$

进而，$\{Q(t_1),\cdots,Q(t_n)\}$的联合累积量函数为

$$\kappa_n[Q(t_1),\cdots,Q(t_n)]=\mathrm{i}^{-n}\left\{\frac{\partial^n}{\partial\theta_1\cdots\partial\theta_n}\ln[M_{Q(t_1)\cdots Q(t_n)}(\theta_1,\cdots,\theta_n)]\right\}_{\theta_1=\cdots=\theta_n=0}$$

在 $\ln[M_{Q(t_1)\cdots Q(t_n)}(\theta_1,\cdots,\theta_n)]$的求和表达式中，只有第一项，即 $l=1$，包含所有参数$(\theta_1,\cdots,\theta_n)$。因此，上式右边的混合偏导数中只有第一项的混合偏导数给出非零值。所以

$$\begin{aligned}\kappa_n[Q(t_1),\cdots,Q(t_n)]&=\mathrm{i}^{-n}\mu_Z(t_1)\left(\frac{\partial^n}{\partial\theta_1\cdots\partial\theta_n}M_F(\theta_1,\cdots,\theta_n)\right)_{\theta_1=\cdots=\theta_n=0}\\&=\mu_Z(t_1)E[F^n]\end{aligned}$$

回想一下，t_1 在集合$(t_1,\cdots,t_n)$中唯一与众不同的地方就是它是集合中的最小值。因此，与$\{Q(t)\}$对应的一般结果为

$$\kappa_n[Q(t_1),\cdots,Q(t_n)]=\mathrm{i}^{-n}\mu_Z\min(t_1,\cdots,t_n)E[F^n]$$

根据累积量的线性特性(见式(15.108))，我们可以将过程$\{F(t)\}$的累积量函数写成：

$$\begin{aligned}\kappa_n[F(t_1),\cdots,F(t_n)]&=E[F^n]\frac{\partial^n}{\partial t_1\cdots\partial t_n}\mu_Z\min(t_1,\cdots,t_n)\\&=E[F^n]\frac{\partial^n}{\partial t_1\cdots\partial t_n}\sum_{j=1}^{n}\mu_Z(t_j)\prod_{\substack{l=1\\l\neq j}}^{n}U(t_l-t_j)\end{aligned}$$

完成求导后可得

$$\kappa_n[F(t_1),\cdots,F(t_n)]=E[F^n]\dot{\mu}_Z(t_n)\prod_{l=1}^{n}\delta(t_l-t_j)$$

这一结果断定$\{F(t)\}$是一个 delta-相关过程。上式中取 $n=2$，得到$\{F(t)\}$的自协方差函数：

$$K_{FF}(t,s)=\kappa_2[F(t),F(s)]=E[F^2]\dot{\mu}_Z(t)\delta(t-s)$$

16.6 线性单自由度振子的响应

16.6.1 对 delta-相关激励的非平稳响应

现在研究在平稳的 delta-相关激励下线性单自由度振子的响应。我们考虑的线性单自由度系统如图 16.5 所示，其随机运动微分方程为

$$m\ddot{X}(t)+c\dot{X}(t)+kX(t)=F(t) \tag{16.42}$$

或

$$\ddot{X}(t)+2\zeta\omega_0\dot{X}(t)+\omega_0^2X(t)=F(t)/m$$

对于基础激励系统有

$$\ddot{X}(t)+2\zeta\omega_0\dot{X}(t)+\omega_0^2X(t)=-\ddot{Z}(t) \tag{16.43}$$

其中$\{F(t)\}$表示作用于质量块上的激励力，如图 16.5 (a)所示。$\{Z(t)\}$是基础运动激励，如图 16.5(b)所示，此时 $X(t)=Y(t)-Z(t)$表示质量块相对于基础的位移。

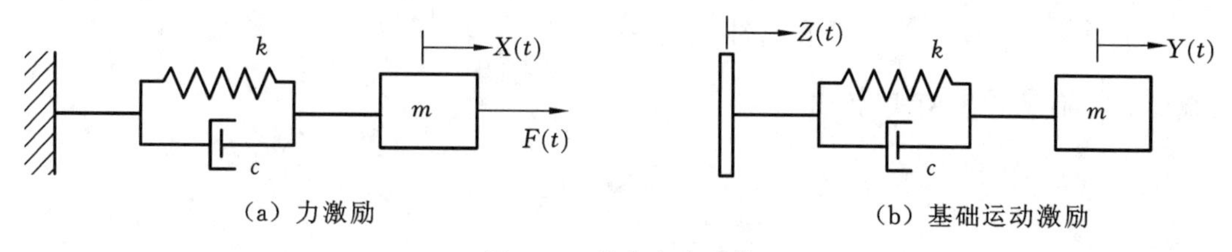

(a) 力激励　　(b) 基础运动激励

图 16.5　单自由度系统

首先,我们考虑振子初始是静止的,delta-相关激励在 $t=0$ 时突然施加到系统,然后在之后的所有时间激励都是平稳的。在数学上,这一条件可以通过将 $\{F(t)\}$ 激励过程视为均匀调制的 delta-相关过程:

$$F(t)=W(t)U(t)$$

其中 $U(t)$ 为单位阶跃函数,$W(t)$ 为平稳的 delta-相关过程。$\{W(t)\}$ 的自协方差函数为 $K_{WW}(t,s)=G_0\,\delta(t-s)$,因此有

$$K_{FF}(t,s)=G_0\,\delta(t-s)U(t)$$

其中 G_0 为一个常数。我们来研究这个系统的一般的**非平稳响应**。

方程(16.42)的脉冲响应函数为

$$h_x(t)=\frac{e^{-\zeta\omega_0 t}}{m\omega_d}\sin(\omega_d t)U(t),\quad \omega_d=\omega_0\,(1-\zeta^2)^{1/2}$$

由式(16.20)可得响应的自协方差函数为

$$K_{XX}(t_1,t_2)=\frac{G_0}{m^2\omega_d^2}\int_{-\infty}^{\infty}\int_{-\infty}^{\infty}\delta(s_1-s_2)U(s_1)e^{-\zeta\omega_0(t_1-s_1)}\sin[\omega_d(t_1-s_1)]$$
$$\times U(t_1-s_1)e^{-\zeta\omega_0(t_2-s_2)}\sin[\omega_d(t_2-s_2)]U(t_2-s_2)ds_1\,ds_2$$

积分得

$$K_{XX}(t_1,t_2)=\frac{G_0}{m^2\omega_d^2}\left\{\int_0^{\min[t_1,t_2]}e^{-\zeta\omega_0(t_1+t_2-2s_1)}\sin[\omega_d(t_1-s)]\sin[\omega_d(t_2-s)]ds\right\}U(t_1)U(t_2)$$

对式中的每个正弦项利用恒等式 $\sin\alpha=(e^{i\alpha}-e^{-i\alpha})/(2i)$,并考虑:

$$t_1+t_2-2\min(t_1,t_2)=|t_1+t_2|$$

可计算出上式的积分,结果为

$$K_{XX}(t_1,t_2)=\frac{G_0}{4m^2\zeta\omega_0^3}U(t_1)U(t_2)\left\{e^{-\zeta\omega_0|t_1-t_2|}\left\{\cos[\omega_d(t_1-t_2)]+\frac{\zeta\omega_0}{\omega_d}\sin(\omega_d|t_1-t_2|)\right\}\right.$$
$$\left.-e^{-\zeta\omega_0(t_1+t_2)}\left\{\frac{\omega_0^2}{\omega_d^2}\cos[\omega_d(t_1-t_2)]+\frac{\zeta\omega_0}{\omega_d}\sin[\omega_d(t_1+t_2)]-\frac{\zeta^2\omega_0^2}{\omega_d^2}\cos[\omega_d(t_1+t_2)]\right\}\right\}\tag{16.44}$$

式(16.44)包含了单自由度系统随机动力学行为的许多信息。我们将用它来考察一些我们感兴趣的问题。

系统位移响应过程 $\{X(t)\}$ 与速度过程 $\{\dot{X}(t)\}$ 的互协方差函数为

$$K_{X\dot{X}}(t_1,t_2)=\frac{\partial K_{XX}(t_1,t_2)}{\partial t_2}$$

速度过程 $\{\dot{X}(t)\}$ 的自协方差函数为

$$K_{\dot{X}\dot{X}}(t_1,t_2)=\frac{\partial^2 K_{XX}(t_1,t_2)}{\partial t_1 \partial t_2}$$

将式(16.44)代入以上两式，给出：

$$K_{X\dot{X}}(t_1,t_2)=\frac{G_0}{4m^2\zeta\omega_0\omega_d}U(t_1)U(t_2)\Big\{e^{-\zeta\omega_0|t_1-t_2|}\sin[\omega_d(t_1-t_2)]$$
$$-e^{-\zeta\omega_0(t_1+t_2)}\Big\{\sin[\omega_d(t_1-t_2)]-\frac{\zeta\omega_0}{\omega_d}\cos[\omega_d(t_1-t_2)]+\frac{\zeta\omega_0}{\omega_d}\cos[\omega_d(t_1+t_2)]\Big\}\Big\} \tag{16.45}$$

$$K_{\dot{X}\dot{X}}(t_1,t_2)=\frac{G_0}{4m^2\zeta\omega_0}U(t_1)U(t_2)\Big\{e^{-\zeta\omega_0|t_1-t_2|}\Big\{\cos[\omega_d(t_1-t_2)]-\frac{\zeta\omega_0}{\omega_d}\sin(\omega_d|t_1-t_2|)\Big\}$$
$$-e^{-\zeta\omega_0(t_1+t_2)}\Big\{\frac{\omega_0^2}{\omega_d^2}\cos[\omega_d(t_1-t_2)]-\frac{\zeta\omega_0}{\omega_d}\sin[\omega_d(t_1+t_2)]$$
$$-\frac{\zeta^2\omega_0^2}{\omega_d^2}\cos[\omega_d(t_1+t_2)]\Big\}\Big\} \tag{16.46}$$

在式(16.44)中，令 $t_1=t_2=t$，则$\{X(t)\}$的方差为

$$\sigma_X^2(t)=K_{XX}(t,t)=\frac{G_0}{4m^2\zeta\omega_0^3}\Big\{1-e^{-2\zeta\omega_0 t}\Big[\frac{\omega_0^2}{\omega_d^2}+\frac{\zeta\omega_0}{\omega_d}\sin(2\omega_d t)-\frac{\zeta^2\omega_0^2}{\omega_d^2}\cos(2\omega_d t)\Big]\Big\}U(t) \tag{16.47}$$

这是一个很重要的结果，图 16.6 给出了阻尼比 ζ 不同时无量纲方差随时间变化的曲线。$\zeta=0$ 对应的曲线不能直接从式(16.47)得到，而必须对此式令 $\zeta\to 0$ 取极限得到：

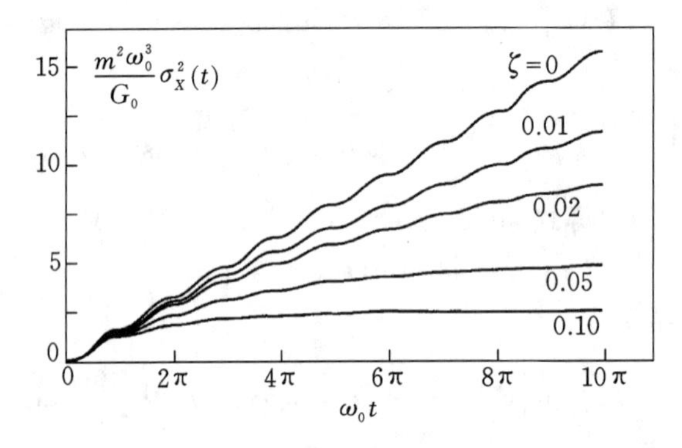

图 16.6　非平稳方差的增长

$$\sigma_X^2(t)=\frac{G_0}{4m^2\omega_0^3}[2\omega_0 t-\sin(2\omega_d t)]U(t),\quad \zeta=0 \tag{16.48}$$

由式(16.47)可见，当 $t\to\infty$ 时，$\sigma_X^2(t)\to G_0/(4m^2\zeta\omega_0^3)$。图 16.6 通过归一化形式给出了当 $t\to\infty$ 时每条曲线的渐近线为$(4\zeta)^{-1}$。因此，每条曲线的渐近线都是不同的，这掩盖了每条曲线接近渐近线的速率以及这个速率如何依赖于阻尼的信息。为了更清楚地揭示这方面的信息，图 16.7 显示了几条非零阻尼的归一化方差响应接近渐近线的情况。在这种形式的图中，随着 t 的变大，每条曲线都趋于单位值，但在阻尼较大的系统中，达到渐近水平的速度要快得多。

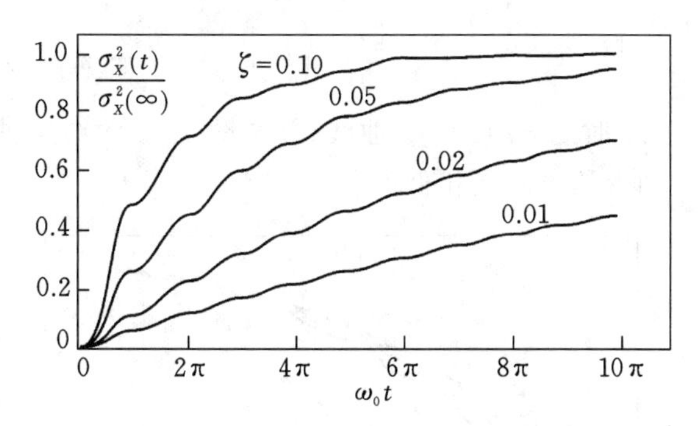

图 16.7　非平稳方差对渐近值的逼近

由于响应方差在随机动力学的实际应用中是一个非常重要的量，我们来给出一些简单的近似和式(16.47)的边界值。一种可能的近似是将式(16.47)中的正弦和余弦振荡项用其零均值来替换，得到的平均表达式为

$$\sigma_X^2(t) \approx \frac{G_0}{4m^2\zeta\omega_0^3}\left(1-\frac{\omega_0^2}{\omega_d^2}\mathrm{e}^{-2\zeta\omega_0 t}\right)U(t)=\frac{G_0}{4m^2\zeta\omega_0^3}\left(1-\frac{\mathrm{e}^{-2\zeta\omega_0 t}}{1-\zeta^2}\right)U(t)$$

对阻尼很小的系统，上式可进一步简化为

$$\sigma_X^2(t) \approx \frac{G_0}{4m^2\zeta\omega_0^3}(1-\mathrm{e}^{-2\zeta\omega_0 t})U(t) \tag{16.49}$$

在某些情况下，人们可能希望式(16.47)这个非平稳方差表达式获得一个严格的上界。这可以用两个振荡项之和的振幅得到：

$$\mathrm{Ampl}\left[\frac{\zeta\omega_0}{\omega_d}\sin(2\omega_d t)-\frac{\zeta^2\omega_0^2}{\omega_d^2}\cos(2\omega_d t)\right]=\frac{\zeta\omega_0}{\omega_d}\left(1+\frac{\zeta^2\omega_0^2}{\omega_d^2}\right)^{1/2}=\frac{\zeta\omega_0^2}{\omega_d^2}$$

所以方差 $\sigma_X^2(t)$ 满足下面的有界性条件：

$$\sigma_X^2(t) \leqslant \frac{G_0}{4m^2\zeta\omega_0^3}\left(1-\frac{\mathrm{e}^{-2\zeta\omega_0 t}}{1+\zeta}\right)U(t) \tag{16.50}$$

图 16.8 比较了在阻尼比 $\zeta=0.1$ 时方差的精确表达式(16.47)与近似式(16.49)随时间变化的情况。

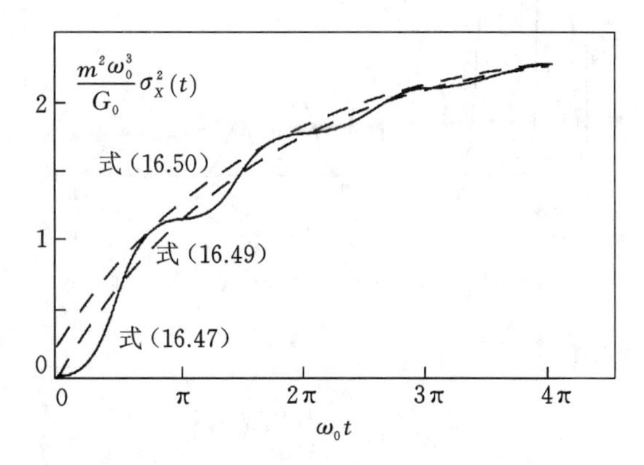

图 16.8　$\zeta=0.1$ 时非平稳方差的精确值与近似值的对比

按以上类似的方法，在式(16.46)中取 $t_1=t_2=t$ 可得速度过程 $\{\dot{X}(t)\}$ 的方差：

$$\sigma_{\dot{X}}^{2}(t)=\frac{G_{0}}{4m^{2}\zeta\omega_{0}}\left\{1-\mathrm{e}^{-2\zeta\omega_{0}t}\left[\frac{\omega_{0}^{2}}{\omega_{\mathrm{d}}^{2}}-\frac{\zeta\omega_{0}}{\omega_{\mathrm{d}}}\sin(2\omega_{\mathrm{d}}t)-\frac{\zeta^{2}\omega_{0}^{2}}{\omega_{\mathrm{d}}^{2}}\cos(2\omega_{\mathrm{d}}t)\right]\right\}U(t) \quad (16.51)$$

图 16.9 给出了 $\zeta=0.1$ 时的 $\sigma_{\dot{X}}^{2}(t)\sim t$ 曲线，并与图 16.8 的结果进行比较，可见对于小阻尼，$\{X(t)\}$ 与 $\{\dot{X}(t)\}$ 两者的方差是相似的。

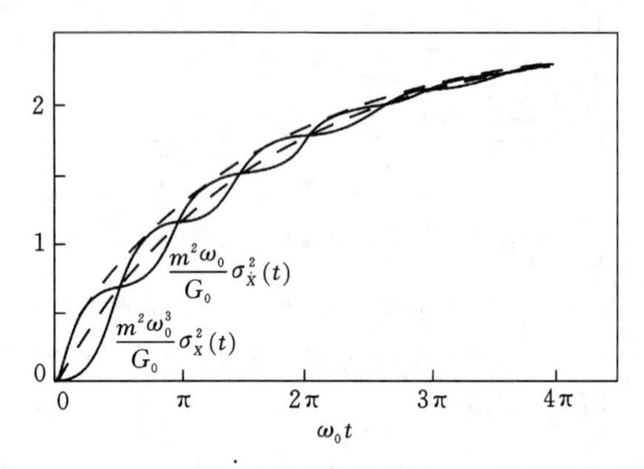

图 16.9 $\zeta=0.1$ 时 $\{\dot{X}(t)\}$ 的方差与图 16.8 的结果作对比

对式(16.45)取 $t_1=t_2=t$，可得位移过程 $\{X(t)\}$ 与速度过程 $\{\dot{X}(t)\}$ 的互协方差在同一时刻的取值，结果为

$$\begin{aligned}K_{X\dot{X}}(t)&=\frac{G_{0}}{4m^{2}\omega_{\mathrm{d}}^{2}}\mathrm{e}^{-2\zeta\omega_{0}t}[1-\cos(2\omega_{\mathrm{d}}t)]U(t)\\&=\frac{G_{0}}{4m^{2}\omega_{\mathrm{d}}^{2}}\mathrm{e}^{-2\zeta\omega_{0}t}\sin^{2}(\omega_{\mathrm{d}}t)U(t)\end{aligned} \quad (16.52)$$

图 16.10 给出了当 $\zeta=0.1$ 时 $K_{X\dot{X}}(t)$ 随时间变化的曲线。

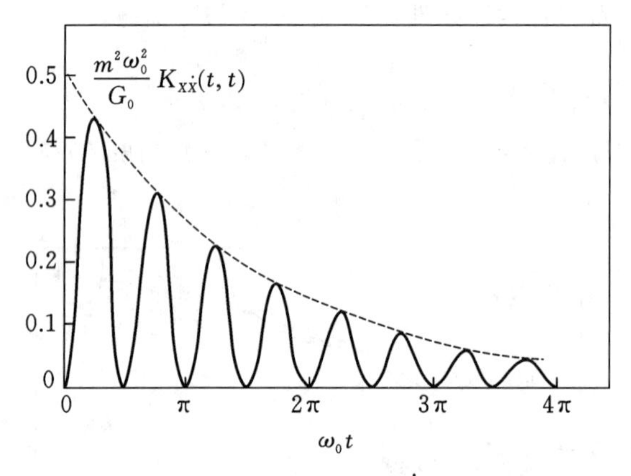

图 16.10 $\zeta=0.1$ 时 $\{X(t)\}$ 与 $\{\dot{X}(t)\}$ 的协方差

不难推出 $K_{X\dot{X}}(t)$ 与 $\sigma_X^2(t)$ 的关系为

$$K_{X\dot{X}}(t)=\frac{1}{2}\frac{\mathrm{d}}{\mathrm{d}t}\sigma_{X}^{2}(t) \quad (16.53)$$

以上推出的关系式也可用来描述单自由度系统响应的条件协方差函数。如果在 t_0 时刻系统的 $X(t_0)$ 和 $\dot{X}(t_0)$ 取指定值，则系统在 t_0 之后的 delta-相关激励在时刻 t 产生的响应

精确等于 $t=0$ 时刻静止的系统在 $t-t_0$ 时刻的响应。因此，由式(16.41)和式(16.44)可得响应的条件协方差为

$$\begin{aligned}&\operatorname{Cov}[X(t_1),X(t_2)\mid X(t_0)=u,\dot{X}(t_0)=v]\\&=\frac{G_0}{4m^2\zeta\omega_0^3}\left\{\mathrm{e}^{-\zeta\omega_0|t_1-t_2|}\left\{\cos[\omega_\mathrm{d}(t_1-t_2)]+\frac{\zeta\omega_0}{\omega_\mathrm{d}}\sin[\omega_\mathrm{d}(t_1-t_2)]\right\}\right.\\&\quad-\mathrm{e}^{-\zeta\omega_0(t_1+t_2-2t_0)}\left\{\frac{\omega_0^2}{\omega_\mathrm{d}^2}\cos[\omega_\mathrm{d}(t_1-t_2)]+\frac{\zeta\omega_0}{\omega_\mathrm{d}}\sin[\omega_\mathrm{d}(t_1+t_2-2t_0)]\right.\\&\quad\left.\left.-\frac{\zeta^2\omega_0^2}{\omega_\mathrm{d}^2}\cos[\omega_\mathrm{d}(t_1+t_2-2t_0)]\right\}\right\}\end{aligned}\tag{16.54}$$

类似地，由式(16.40)可得

$$E[X(t)\mid X(t_0)=u,\dot{X}(t_0)=v]=ug(t-t_0)+vmh_x(t-t_0)+\int_{t_0}^{\infty}\mu_F(s)h_x(t-s)\mathrm{d}s\tag{16.55}$$

其中

$$g(t)=\mathrm{e}^{-\zeta\omega_0 t}\left[\cos(\omega_\mathrm{d}t)+\frac{\zeta\omega_0}{\omega_\mathrm{d}}\sin(\omega_\mathrm{d}t)\right]\tag{16.56}$$

16.6.2　对 delta-相关激励的平稳响应

单自由度振子平稳响应的协方差函数可由式(16.26)得到：

$$\begin{aligned}G_{XX}(\tau)&=\int_{-\infty}^{\infty}\int_{-\infty}^{\infty}G_{FF}(\tau-r_1+r_2)h_x(r_1)h_x(r_2)\mathrm{d}r_1\,\mathrm{d}r_2\\&=G_0\int_{-\infty}^{\infty}h_x(r)h_x(r-\tau)\mathrm{d}r=G_0h_{x,\mathrm{var}}(\tau)\end{aligned}$$

其中激励的协方差函数为 $G_{FF}(\tau)=G_0\,\delta(\tau)$。

将单自由度系统的 $h_{x,\mathrm{var}}(\tau)$ 代入上式可得

$$G_{XX}(\tau)=G_0h_{x,\mathrm{var}}(\tau)=\frac{G_0}{4m^2\zeta\omega_0^3}\mathrm{e}^{-\zeta\omega_0|\tau|}\left[\cos(\omega_\mathrm{d}\tau)+\frac{\zeta\omega_0}{\omega_\mathrm{d}}\sin(\omega_\mathrm{d}|\tau|)\right]\tag{16.57}$$

类似地，由式(16.28)可得

$$G_{X\dot{X}}(\tau)=\frac{G_0}{4m^2\zeta\omega_0\omega_\mathrm{d}}\mathrm{e}^{-\zeta\omega_0|\tau|}\sin(\omega_\mathrm{d}|\tau|)\tag{16.58}$$

$$G_{\dot{X}\dot{X}}(\tau)=\frac{G_0}{4m^2\zeta\omega_0}\mathrm{e}^{-\zeta\omega_0|\tau|}\left[\cos(\omega_\mathrm{d}\tau)-\frac{\zeta\omega_0}{\omega_\mathrm{d}}\sin(\omega_\mathrm{d}|\tau|)\right]\tag{16.59}$$

平稳响应的方差为

$$\sigma_X^2=\frac{G_0}{4m^2\zeta\omega_0^3},\qquad\sigma_{\dot{X}}^2=\frac{G_0}{4m^2\zeta\omega_0}\tag{16.60}$$

用系统的刚度和阻尼系数表示为

$$\sigma_X^2=\frac{G_0}{2kc},\qquad\sigma_{\dot{X}}^2=\frac{G_0}{4mc}\tag{16.61}$$

例 16.5　在单自由度系统运动方程(16.42)中，令 $c=0$ 和 $k=0$(实际上就是只考虑一个

质量块的运动)，分析该系统响应的协方差。

解 由于 $c=0$ 和 $k=0$，系统的运动方程变为 $m\ddot{X}(t)=F(t)$，由此，我们可以直接写出

$$K_{\ddot{X}\ddot{X}}(t,s)=\frac{1}{m^2}K_{FF}(t,s)=\frac{G_0}{m^2}\delta(t-s)U(t)U(s)$$

逐次积分可得

$$K_{\dot{X}\ddot{X}}(t,s)=\frac{G_0}{m^2}U(t-s)U(t)U(s)$$

$$K_{\dot{X}\dot{X}}(t,s)=\frac{G_0}{m^2}\min(t,s)U(t)U(s)=\frac{G_0}{m^2}[t+(s-t)U(s-t)]U(t)U(s)$$

$$K_{X\dot{X}}(t,s)=\frac{G_0}{2m^2}[t^2-(t-s)^2U(s-t)]U(t)U(s)$$

$$K_{XX}(t,s)=\frac{G_0}{6m^2}\{s^2(3t-s)U(t-s)+t^2(3s-t)[1-U(t-s)]\}U(t)U(s)$$

$$=\frac{G_0}{6m^2}[\max(t,s)]^2[3\max(t,s)-\min(t,s)]U(t)U(s)$$

在 $K_{\dot{X}\dot{X}}(t,s)$ 和 $K_{XX}(t,s)$ 中，令 $s=t$，可得响应的方差：

$$\sigma_{\dot{X}}^2=\frac{G_0}{m^2}tU(t),\quad \sigma_X^2=\frac{G_0}{3m^2}t^3U(t)$$

位移和速度的互协方差在 $s=t$ 的值为 $K_{X\dot{X}}(t,t)$：

$$K_{X\dot{X}}(t,t)=\frac{G_0}{2m^2}t^2U(t)$$

16.6.3 近似 delta-相关过程

尽管 delta-相关过程在实际问题中经常被用来近似在不同时刻 t 和 s 上几乎独立的激励，但是没有一个实际物理过程是真正 delta-相关的。式(16.34)和式(16.35)说明，我们需要以某种方式选择 G_0(要么作为常数，要么作为时间的函数)，以便定义逼近 delta-相关过程的协方差函数。对于协方差平稳的过程，实现这一点的一个方法是基于式(16.31)中的方差有界性条件。特别地，如果选择 G_0 使 delta-相关过程与实际过程的 $G_{FF}(\tau)$的绝对值积分相同，即

$$G_0=\int_{-\infty}^{\infty}|G_{FF}(r)|\,\mathrm{d}r \tag{16.62}$$

则式(16.31)将对理想的近似激励和实际激励两者的响应方差给出相同界限值。

为了将式(16.62)推广到非平稳情况 $G_{FF}(s_1,s_2)$，我们引入新的时间变量 $\tau=s_1-s_2$ 和 $t=(s_1+s_2)/2$。第一个变量是时间差，第二个变量是 s_1 和 s_2 的对称函数，使得 $s_1=s_2=s$ 时 t 变为 s。于是有

$$G_{FF}(s_1,s_2)=K_{FF}\left(t+\frac{\tau}{2},t-\frac{\tau}{2}\right)$$

对于一个近似 delta-相关过程，这个协方差函数在 τ 增大时必须急剧衰减。于是式(16.62)推广为

$$G_0(t)=\int_{-\infty}^{\infty}K_{FF}\left(t+\frac{\tau}{2},t-\frac{\tau}{2}\right)\mathrm{d}\tau \tag{16.63}$$

可见式(16.62)是式(16.63)在平稳时的特殊情况。

例 16.6　一个随机过程$\{F(t)\}$的自协方差函数为

$$G_{FF}(\tau)=A\mathrm{e}^{-c|\tau|}$$

请对这个过程的 delta-相关近似选取 G_0。

解　由式(16.62)和式(16.37)可知，选取 $G_0=2A/c$ 将使具有 delta-相关激励的任何线性振子的响应方差与由式(16.31)给出的、$\{F(t)\}$激励的响应方差的界限值相同。当然$\{F(t)\}$只有当 c 很大时才是近似 delta-相关的，并且当 $c\to\infty$ 时，$G_{FF}(\tau)\to(2A/c)\delta(\tau)$。

16.6.4　Gauss 激励的响应

响应是一个高斯过程这一信息在实践中是非常有用的，因为任何 Gauss 随机变量或向量的完全概率密度函数是由适当的一阶矩和二阶矩的值决定的。例如，关于 $\mu_X(t)$和 $\sigma_X(t)$函数的知识允许我们计算任意 t 时刻的概率，诸如 $P[X(t)>a]$或 $P[a<X(t)<b]$。

总之，无论是高斯激励还是非高斯激励，响应的一阶矩和二阶矩的计算方法都是完全相同的。这两种情况的唯一区别是，对前两个矩的了解可以给出关于高斯响应的完整概率信息，但只能给出关于非高斯响应的部分信息。

16.7　随机过程的频域分析

16.7.1　随机过程的频率成分

Fourier 变换提供了将时间历程分解为频率分量的经典方法。这里，定义 Fourier 变换如下：对于任意时间历程 $f(t)$，其 Fourier 变换记为 $\tilde{f}(\omega)$，定义为

$$\tilde{f}(\omega)=\frac{1}{2\pi}\int_{-\infty}^{\infty}f(t)\mathrm{e}^{-\mathrm{i}\omega t}\,\mathrm{d}t \tag{16.64}$$

其逆变换为

$$f(t)=\int_{-\infty}^{\infty}\tilde{f}(\omega)\mathrm{e}^{\mathrm{i}\omega t}\,\mathrm{d}\omega \tag{16.65}$$

由于积分可以看作求和的极限，式(16.65)表明，时间历程 $f(t)$本质上是谐波项的和，分量 $\mathrm{e}^{\mathrm{i}\omega t}$的幅值是 $\tilde{f}(\omega)\mathrm{d}\omega$，频率是 ω。这个振幅通常是复数，如公式(16.64)所示，因此必须考虑它的绝对值，以确定频率 ω 的分量对 $f(t)$的贡献有多大。保证 Fourier 变换 $\tilde{f}(\omega)$存在的一个条件是 $f(t)$是绝对可积的：

$$\int_{-\infty}^{\infty}|f(t)|\,\mathrm{d}t<\infty \tag{16.66}$$

在 $f(t)$的所有连续点上，由式(16.65)得到原始的 $f(t)$函数值。在 $f(t)$的有限个不连续点上，式(16.65)给出在该点上左极限和右极限之间的一个值。

现在将 Fourier 变换用于随机过程$\{X(t)\}$。根据式(16.64)，给出随机被积函数 $X(t)$的 Fourier 变换，即

$$\tilde{X}(\omega)=\frac{1}{2\pi}\int_{-\infty}^{\infty}X(t)\mathrm{e}^{-\mathrm{i}\omega t}\,\mathrm{d}t \tag{16.67}$$

它是一个随机积分。上式对所有可能的 ω 值形成的集合定义了一个新的随机过程

$\{\widetilde{X}(\omega)\}$。对式(16.67)取期望值,得

$$\mu_{\widetilde{X}}(\omega)=\frac{1}{2\pi}\int_{-\infty}^{\infty}\mu_X(t)\mathrm{e}^{-\mathrm{i}\omega t}\,\mathrm{d}t=\widetilde{\mu}_X(\omega) \tag{16.68}$$

上式最右边的项 $\widetilde{\mu}_X(\omega)$ 表示均值函数 $\mu_X(t)$ 的 Fourier 变换。

下面考虑过程 $\{\widetilde{X}(\omega)\}$ 的二阶矩,但由于 $\{\widetilde{X}(\omega)\}$ 不是实数,所以我们对二阶矩函数的定义稍作修改。对一个复数过程,我们定义 $\widetilde{X}(\omega)$ 的**二阶矩**为

$$\phi_{\widetilde{X}\widetilde{X}}(\omega_1,\omega_2)=E[\widetilde{X}(\omega_1)\widetilde{X}^*(\omega_2)] \tag{16.69}$$

注意,对于实数过程,这个定义与原来的是一致的。采用共轭复数的一个原因是,在直线 $\omega_1=\omega_2=\omega$ 上 $\phi_{\widetilde{X}\widetilde{X}}(\omega_1,\omega_2)$ 为实数。特别地,我们有 $\phi_{\widetilde{X}\widetilde{X}}(\omega,\omega)=E[|\widetilde{X}(\omega)|^2]$。应用定义式(16.69)和方程(16.67)给出

$$\phi_{\widetilde{X}\widetilde{X}}(\omega_1,\omega_2)=\frac{1}{(2\pi)^2}\int_{-\infty}^{\infty}\int_{-\infty}^{\infty}\phi_{XX}(t_1,t_2)\mathrm{e}^{-\mathrm{i}(\omega_1t_1-\omega_2t_2)}\,\mathrm{d}t_1\,\mathrm{d}t_2 \tag{16.70}$$

对应的 $\{\widetilde{X}(\omega)\}$ 的**自协方差函数**定义为

$$K_{\widetilde{X}\widetilde{X}}(\omega_1,\omega_2)=E\{[\widetilde{X}(\omega_1)-\mu_{\widetilde{X}}(\omega_1)][\widetilde{X}(\omega_2)-\mu_{\widetilde{X}}(\omega_2)]^*\}$$

可以证明

$$K_{\widetilde{X}\widetilde{X}}(\omega_1,\omega_2)=\frac{1}{(2\pi)^2}\int_{-\infty}^{\infty}\int_{-\infty}^{\infty}K_{XX}(t_1,t_2)\mathrm{e}^{-\mathrm{i}(\omega_1t_1-\omega_2t_2)}\,\mathrm{d}t_1\,\mathrm{d}t_2 \tag{16.71}$$

高阶矩函数可类似推出。

将 Fourier 变换应用于许多感兴趣的过程的主要困难是,如果 $\{X(t)\}$ 是一个平稳随机过程,则上面给出的表达式将不存在。特别地,式(16.66)和式(16.68)表明了除非 $\mu_X(t)$ 是绝对可积的,否则 $\mu_{\widetilde{X}}(\omega)$ 可能不存在,这要求在 $|t|$ 趋于无穷大时,$\mu_X(t)$ 趋于零。一般来说,只有在过程的均值为零的情况下,一个均值平稳过程才存在 $\mu_{\widetilde{X}}(\omega)$,此时 $\mu_{\widetilde{X}}(\omega)$ 也为零。类似地,式(16.70)和式(16.71)表明,除非 $\phi_{XX}(t_1,t_2)$ 和 $K_{XX}(t_1,t_2)$ 在 t_1 与 t_2 分别趋于无穷时都趋于零,否则 $\phi_{\widetilde{X}\widetilde{X}}(\omega_1,\omega_2)$ 和 $K_{\widetilde{X}\widetilde{X}}(\omega_1,\omega_2)$ 可能不存在。

对于平稳过程,我们有 $\phi_{XX}(t_1,t_2)=R_{XX}(t_1-t_2)$ 和 $K_{XX}(t_1,t_2)=G_{XX}(t_1-t_2)$,所以在 t_1 与 t_2 分别趋于无穷而 (t_1-t_2) 仍为有限值时,将不会使 $\phi_{XX}(t_1,t_2)$ 和 $K_{XX}(t_1,t_2)$ 趋于零,积分可能不存在。于是,我们将修改 Fourier 变换以便可以用于平稳过程。

16.7.2　平稳过程的谱密度函数

为了避免 Fourier 变换的存在性问题,考虑一个新的随机过程 $\{X_{\mathrm{T}}(\omega)\}$,它是原平稳过程 $\{X(\omega)\}$ 的截断:

$$X_{\mathrm{T}}(t)=X(t)U(t+T/2)U(T/2-t) \tag{16.72}$$

其中 $U(\cdot)$ 为阶跃函数,$X_{\mathrm{T}}(t)$ 的图像如图 16.11 所示。由于在 $|t|>T/2$ 处 $X_{\mathrm{T}}(t)=0$,所以它是绝对可积的,式(16.68)~式(16.71)的积分一定存在。当然,我们必须考虑当 T 趋于无穷时的行为,否则我们将无法描述完整的 $\{X(t)\}$ 过程。我们知道式(16.68)~式(16.71)的积分在这种情况下可能会发散,因此,我们必须找到一种方法来规范我们的结果,使其在 T 趋于无穷大时存在极限。

我们不需要再关注平稳过程的 Fourier 变换的均值函数。如果 $\{X(t)\}$ 是均值平稳且

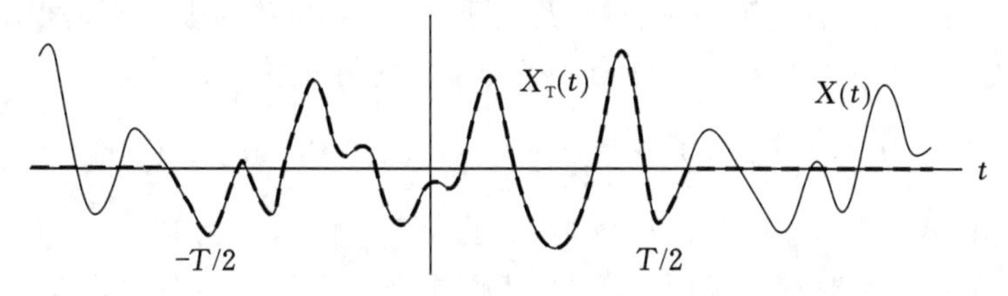

图 16.11 将 $X(t)$截断后的时间历程及 $X_T(t)$的图像

$\mu_X(t)\neq 0$,那么 $\mu_X(t)$的 Fourier 变换在原点只包含一个无穷大尖锋:$\mu_{\widetilde{X}}(\omega)=\mu_X\delta(\omega)$。我们更感兴趣的情况是过程的二阶矩。特别地,考虑$\{X(t)\}$是平稳的情况,有

$$\phi_{\widetilde{X}_T\widetilde{X}_T}(\omega_1,\omega_2)=\frac{1}{(2\pi)^2}\int_{-T/2}^{T/2}\int_{-T/2}^{T/2}R_{XX}(t_1-t_2)\mathrm{e}^{-\mathrm{i}(\omega_1t_1-\omega_2t_2)}\mathrm{d}t_1\,\mathrm{d}t_2 \tag{16.73}$$

和

$$K_{\widetilde{X}_T\widetilde{X}_T}(\omega_1,\omega_2)=\frac{1}{(2\pi)^2}\int_{-T/2}^{T/2}\int_{-T/2}^{T/2}G_{XX}(t_1-t_2)\mathrm{e}^{-\mathrm{i}(\omega_1t_1-\omega_2t_2)}\mathrm{d}t_1\,\mathrm{d}t_2 \tag{16.74}$$

在大多数应用中,我们会发现对应于一个随机过程的两个随机变量,如果它们对应的观测时间间隔无限远,则它们相互是独立的。也就是说,当$|\tau|$变得很大时,$X(t+\tau)$与 $X(t)$趋于相互独立。这就导致当$|\tau|$趋于无穷大时,$G_{XX}(\tau)$趋于零,而 $R_{XX}(\tau)$趋于$(\mu_X)^2$。也就是说,当 T 趋于无穷时,式(16.73)中的积分增长可能比式(16.74)中的要快得多。因此,式(16.74)中的积分具有更好的性态,我们将把注意力放在协方差的积分上。如果平稳均值为零,则 $R_{XX}(\tau)$与 $G_{XX}(\tau)$相同。

我们现在来分析当$\{X(t)\}$是协方差平稳过程时,截断的随机过程$\{X_T(t)\}$的 Fourier 变换的协方差函数。式(16.74)可写为

$$\begin{aligned}K_{\widetilde{X}_T\widetilde{X}_T}(\omega_1,\omega_2)=\frac{1}{(2\pi)^2}\Bigg\{&\frac{2\sin[(\omega_1-\omega_2)T/2]}{\omega_1-\omega_2}\int_{-T/2}^{T/2}G_{XX}(\tau)\mathrm{e}^{-\mathrm{i}\omega_1\tau}\mathrm{d}\tau\\&-2\cos[(\omega_1-\omega_2)T/2]\int_0^T G_{XX}(\tau)\left[\frac{\sin(\omega_1\tau)-\sin(\omega_2\tau)}{\omega_1-\omega_2}\right]\mathrm{d}\tau\\&+\frac{2\sin[(\omega_1-\omega_2)T/2]}{\omega_1-\omega_2}\int_0^T G_{XX}(\tau)[\cos(\omega_1\tau)-\cos(\omega_2\tau)]\mathrm{d}\tau\Bigg\}\end{aligned} \tag{16.75}$$

对于 ω_1 和 ω_2 不接近相等的情况,如果自协方差函数绝对可积,即有

$$\int_{-\infty}^{\infty}|G_{XX}(\tau)|\,\mathrm{d}\tau<\infty \tag{16.76}$$

则对任何 T 值,$K_{\widetilde{X}_T\widetilde{X}_T}(\omega_1,\omega_2)$都是有界的,对 $T\to\infty$也是如此。

但是,对于 ω_1 与 ω_2 接近相等的情况,表达式(16.75)的行为就不太好了。令 $\omega_2=\omega$,$\omega_1=\omega+\Delta\omega$,然后令 $\Delta\omega\to 0$,则有

$$\sin(\omega_1\tau)\approx\sin(\omega\tau)+\Delta\omega\tau\cos(\omega\tau),\quad \cos(\omega_1\tau)\approx\cos(\omega\tau)-\Delta\omega\tau\sin(\omega\tau)$$

将这些代入方程(16.75),并取 $\sin(\Delta\omega\tau)\approx\Delta\omega\tau$,这样,方程(16.75)中最后一项被消掉了,另外两项给出:

$$K_{\widetilde{X}_T\widetilde{X}_T}(\omega,\omega)=\frac{1}{(2\pi)^2}\left\{T\int_{-T}^{T}G_{XX}(\tau)\mathrm{e}^{-\mathrm{i}\omega\tau}\mathrm{d}\tau-2\int_0^T G_{XX}(\tau)\tau\cos(\omega\tau)\mathrm{d}\tau\right\}$$

在条件式(16.76)下,上式右边第一项将随 T 趋于无穷;第二项的表现不是很明显,但可以看出它比第一项增长得慢,所以第一项总是在极限上占主导地位。因此有

$$K_{\widetilde{X}_T\widetilde{X}_T}(\omega,\omega) \to \frac{T}{(2\pi)^2}\int_{-T}^{T} G_{XX}(\tau)\mathrm{e}^{-\mathrm{i}\omega\tau}\mathrm{d}\tau, \quad T \to \infty \tag{16.77}$$

对于较大的 T 值,式(16.77)随 T 按比例增长,将 $K_{\widetilde{X}_T\widetilde{X}_T}(\omega,\omega)$ 除以 T,我们可以定义一个规范化形式,它在 $T\to\infty$ 时存在极限。因此,我们定义一个新的频率函数:

$$\begin{aligned} S_{XX}(\omega) &= \lim_{T\to\infty}\frac{2\pi}{T}K_{\widetilde{X}_T\widetilde{X}_T}(\omega,\omega) \\ &= \lim_{T\to\infty}\frac{2\pi}{T}E\{[\widetilde{X}_T(\omega)-\mu_{\widetilde{X}_T}(\omega)][\widetilde{X}_T(\omega)-\mu_{\widetilde{X}_T}(\omega)]^*\} \end{aligned} \tag{16.78}$$

其中包含因子 2π 是为了使结果更简洁,上标星号“ * ”表示复共轭。一种等价形式是

$$S_{XX}(\omega) = \lim_{T\to\infty}\frac{2\pi}{T}E[|\widetilde{X}_T(\omega)-\widetilde{\mu}_{X_T}(\omega)|^2] \tag{16.79}$$

注意到对于实值 $X(t)$,有 $\widetilde{X}_T(-\omega)=\widetilde{X}_T^*(\omega)$,上式可写为

$$S_{XX}(\omega) = \lim_{T\to\infty}\frac{2\pi}{T}E\{[\widetilde{X}_T(\omega)-\widetilde{\mu}_{X_T}(\omega)][\widetilde{X}_T(-\omega)-\widetilde{\mu}_{X_T}(-\omega)]\} \tag{16.80}$$

我们将 $S_{XX}(\omega)$ 称为 $\{X(t)\}$ 的**自谱密度函数(auto-spectral density function)**。通常使用的术语还有**功率谱密度**或简单地称为**谱密度**。许多作者使用自相关函数而不是自协方差函数来定义谱密度。这种方法的困难之处在于,如果 $\mu_X(t)$ 的 Fourier 变换不存在,那么它给出的谱密度通常不存在,比如当 $\{X(t)\}$ 是均值平稳的且 $\mu_X\neq 0$ 时。为了解决这个问题,通过定义 $Y(t)=X(t)-\mu_X(t)$ 这样一个均值为零的过程,转而计算该过程的谱密度。我们上面使用的定义以一种更直接的方式给出了完全相同的结果。

比较式(16.77)和式(16.78)可得一个非常重要的结果:

$$S_{XX}(\omega) = \frac{1}{2\pi}\int_{-\infty}^{\infty} G_{XX}(\tau)\mathrm{e}^{-\mathrm{i}\omega\tau}\mathrm{d}\tau \tag{16.81}$$

即**自谱密度函数 $S_{XX}(\omega)$ 等于自协方差函数 $G_{XX}(\tau)$ 的 Fourier 变换**。根据 Fourier 逆变换可得

$$G_{XX}(\tau) = \int_{-\infty}^{\infty} S_{XX}(\omega)\mathrm{e}^{\mathrm{i}\omega\tau}\mathrm{d}\omega \tag{16.82}$$

与式(16.78)类似,可以定义两个**联合协方差平稳的随机过程** $\{X(t)\}$ 和 $\{Y(t)\}$ **的互谱密度函数(cross-spectral density function)**,为

$$\begin{aligned} S_{XY}(\omega) &= \lim_{T\to\infty}\frac{2\pi}{T}K_{\widetilde{X}_T\widetilde{Y}_T}(\omega,\omega) \\ &= \lim_{T\to\infty}\frac{2\pi}{T}E\{[\widetilde{X}_T(\omega)-\widetilde{\mu}_{X_T}(\omega)][\widetilde{Y}_T(-\omega)-\widetilde{\mu}_{Y_T}(-\omega)]\} \end{aligned} \tag{16.83}$$

可以证明它是互协方差函数 $G_{XY}(\tau)$ 的 Fourier 变换:

$$S_{XY}(\omega) = \frac{1}{2\pi}\int_{-\infty}^{\infty} G_{XY}(\tau)\mathrm{e}^{-\mathrm{i}\omega\tau}\mathrm{d}\tau \tag{16.84}$$

16.7.3　自谱密度函数的性质

首先,我们注意到自谱密度函数的三个物理特征,直接从式(16.78)或式(16.79)的定义

可以看出，任何随机过程$\{X(t)\}$具有以下性质：$S_{XX}(\omega)$对所有ω都是实数；对所有ω，有$S_{XX}(\omega)\geqslant 0$；对所有$\omega$，有$S_{XX}(-\omega)=S_{XX}(\omega)$。另一个重要性质是

$$\sigma_X^2=G_{XX}(0)=\int_{-\infty}^{\infty}S_{XX}(\omega)\mathrm{d}\omega \tag{16.85}$$

下面给出一些导数关系。由式(16.82)可得

$$\frac{\mathrm{d}^j G_{XX}(\tau)}{\mathrm{d}\tau^j}=\mathrm{i}^j\int_{-\infty}^{\infty}\omega^j S_{XX}(\omega)\mathrm{e}^{\mathrm{i}\omega\tau}\mathrm{d}\omega$$

进而可得

$$G_{X\dot{X}}(\tau)=-\frac{\mathrm{d}G_{XX}(\tau)}{\mathrm{d}\tau}=-\mathrm{i}\int_{-\infty}^{\infty}\omega S_{XX}(\omega)\mathrm{e}^{\mathrm{i}\omega\tau}\mathrm{d}\omega$$

$\{\dot{X}(t)\}$的自协方差为

$$G_{\dot{X}\dot{X}}(\tau)=-\frac{\mathrm{d}^2 G_{XX}(\tau)}{\mathrm{d}\tau^2}=\int_{-\infty}^{\infty}\omega^2 S_{XX}(\omega)\mathrm{e}^{\mathrm{i}\omega\tau}\mathrm{d}\omega$$

将这两式与式(16.82)比较可得

$$S_{X\dot{X}}(\omega)=-\mathrm{i}\omega S_{XX}(\omega) \tag{16.86}$$

$$S_{\dot{X}\dot{X}}(\omega)=\omega^2 S_{XX}(\omega) \tag{16.87}$$

导数过程的谱密度的一般表达式为

$$S_{X^{(j)}X^{(k)}}(\omega)=(-1)^k\,\mathrm{i}^{j+k}\omega^{j+k}S_{XX}(\omega) \tag{16.88}$$

16.7.4　窄带过程

对于一个随机过程$\{X(t)\}$，如果$S_{XX}(\omega)$只是在一个狭窄的频带上有较大的值，而在这个狭窄频带之外$S_{XX}(\omega)$的值很小，则称$\{X(t)\}$为**窄带过程**。因为$S_{XX}(\omega)$是ω的偶函数，这意味着有意义的频带的频率对称地出现在正、负两个频率上。因此，窄带条件可表示为

$$|\omega|\neq\omega_c\text{ 时，}\quad S_{XX}(\omega)\approx 0$$

ω_c称为**特征频率**。

例如，$S_{XX}(\omega)$是以$\omega=\omega_c$和$\omega=-\omega_c$为中心、宽度为$2b$、高度为S_0的矩形，如图 16.12 所示，它的表达式为

$$S_{XX}(\omega)=S_0U[|\omega|-(\omega_c-b)]U[(\omega_c+b)-|\omega|]$$

我们可以应用式(16.82)计算对应的自协方差函数：

$$G_{XX}(\tau)=S_0\int_{-\omega_c-b}^{-\omega_c+b}\mathrm{e}^{\mathrm{i}\omega\tau}\mathrm{d}\omega+S_0\int_{\omega_c-b}^{\omega_c+b}\mathrm{e}^{\mathrm{i}\omega\tau}\mathrm{d}\omega=2S_0\int_{\omega_c-b}^{\omega_c+b}\cos(\omega\tau)\mathrm{d}\omega$$

或

$$G_{XX}(\tau)=2S_0\frac{\sin[(\omega_c+b)\tau]-\sin[(\omega_c-b)\tau]}{\tau}=4S_0\frac{\cos(\omega_c\tau)\sin(b\tau)}{\tau}$$

在上式中令$\tau\to 0$，则给出过程的方差$\sigma_X^2=4bS_0$。因此上式也可写为

$$G_{XX}(\tau)=\sigma_X^2\cos(\omega_c\tau)\frac{\sin(b\tau)}{b\tau}$$

$G_{XX}(\tau)/\sigma_X^2$的图形如图 16.13 所示，它是变幅值的简谐函数$\cos(\omega_c\tau)$，幅值的包络线为$\sin(b\tau)/b\tau$和$-\sin(b\tau)/b\tau$。一般$b\ll\omega_c$，所以包络线是一个慢变函数。窄带过程的极端情

况是 $G_{XX}(\tau)=\sigma_X^2\cos(\omega_c\tau)$，它的自谱密度为

$$S_{XX}(\omega)=\sigma_X^2[\delta(\omega+\omega_c)+\delta(\omega-\omega_c)]$$

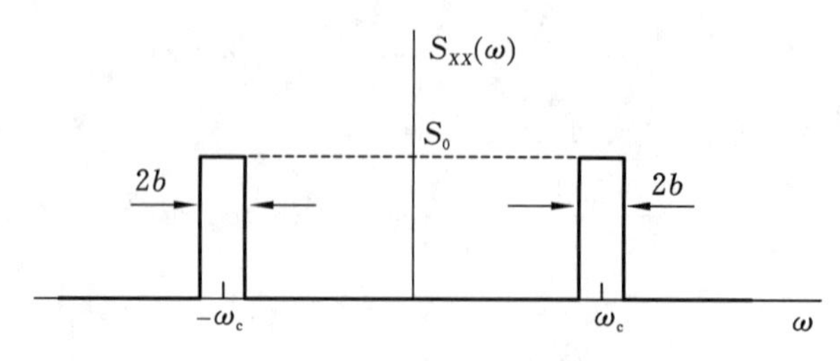

图 16.12　理想窄带过程

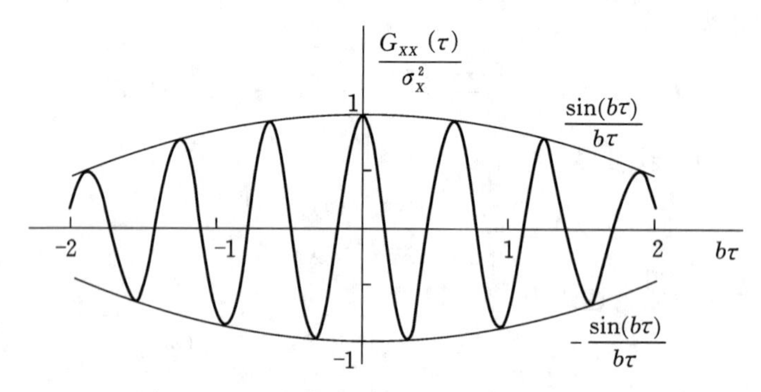

图 16.13　一个窄带过程的自协方差函数图形

我们想强调的是，如果任何过程有一个近似为 $\sigma_X^2\cos(\omega_c\tau)$ 的自协方差函数，那么 $Y(t)=X(t)-\mu_X(t)$ 的几乎所有时间历程都接近于频率为 ω_c 的简谐函数。也就是说，我们可以写出

$$X(t)=\mu_X(t)+A(t)\cos[\omega_c t+\theta(t)] \tag{16.89}$$

其中幅值 $A(t)$ 和相位 $\theta(t)$ 为慢变的。

因此，对于任何窄带过程，$Y(t)=X(t)-\mu_X(t)$ 的一段典型的时间历程近似为一段谐波函数，如图 16.14 所示。相反，如果 $Y(t)=X(t)-\mu_X(t)$ 的时间历程确实是一个具有固定频率 ω_c、缓变的振幅和相位的谐波函数，那么 $X(t)$ 将是一个具有窄带自谱密度的函数。

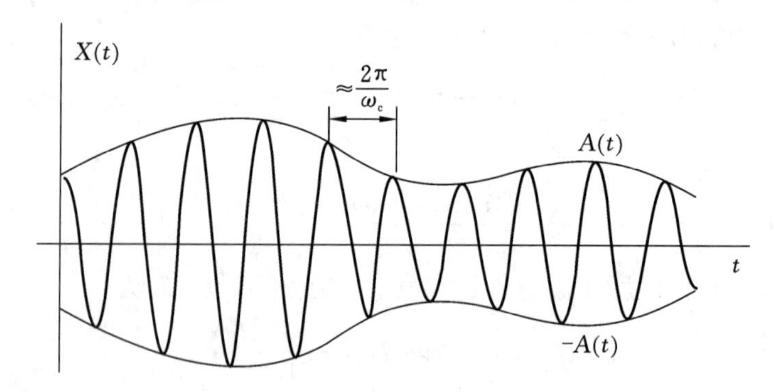

图 16.14　一个窄带过程的典型时间历程

此外,由于 $\sigma_X^2 \approx E[A^2(t)]/2$,$\sigma_{\dot{X}}^2 \approx \omega_c^2 E[A^2(t)]/2$(其中考虑 $A(t)$ 和 $\theta(t)$ 是慢变的,$\dot{A}(t)$ 和 $\dot{\theta}(t)$ 很小,在 $\dot{X}(t)$ 中略去 $\dot{A}(t)$ 和 $\dot{\theta}(t)$),由此可得任何窄带过程的特征频率 ω_c 近似为

$$\omega_c = \frac{\sigma_{\dot{X}}}{\sigma_X} \tag{16.90}$$

16.7.5　宽带过程和白噪声

前面已经看到,窄带过程的方差来自两个频率 ω_c 和 $-\omega_c$ 附近的分量。现在考虑另一种极端情况,即过程的所有分量的贡献是同等的。考虑过程 $\{X(t)\}$,设它的自谱密度为常值,即 $S_{XX}(\omega)=S_0$。首先注意到,由式(16.85)可知,该过程的方差 $\sigma_X^2=\infty$,因此实际中不存在这样的过程。然而,进一步考察这种过程将会发现它可用来近似一些很有意义的过程。由于 $S_{XX}(\omega)$ 不可积,所以它的 Fourier 逆变换为 Dirac δ 函数这种退化形式,即自协方差函数为 $S_{XX}(\tau)=2\pi S_0\delta(\tau)$。于是,我们看到这个过程的自协方差函数与以前介绍的平稳 delta-相关过程相同。反过来,我们可以说,delta-相关过程总是会给出一个常值的自谱密度。由前面的章节可知,自谱密度的值 S_0 与自协方差的幅值 G_0 之间的关系为 $G_0=2\pi S_0$。

自谱密度 $S_{XX}(\omega)$ 为常值的过程称为**白噪声(white noise)**,该术语是类比白光提出的,白光由可见光频率范围内的多种成分混合而成。在定义随机过程时,delta-相关和白噪声的基本区别是,前者关注过程的时域表征,后者则关注过程的频域特性。这种过程的 $\{X(t)\}$ 是如此不确定,以至于在任意两个不同的时间 t_1 和 $t_2(t_1 \neq t_2)$,$X(t_1)$ 和 $X(t_2)$ 是相互独立的,其协方差的频率分解中包含所有频率。理论上,一个真正的 delta-相关过程是如此的不确定,以至于无法绘制出它的时间历程的一个样本。

例 16.7　令 $\{X(t)\}$ 为一个协方差平稳过程,其自谱密度为

$$S_{XX}(\omega)=S_0\,\mathrm{e}^{-\gamma|\omega|}$$

如图 16.15 所示,求该过程的自协方差函数,验证当 $\gamma\to 0$ 时,过程趋于 delta-相关过程。

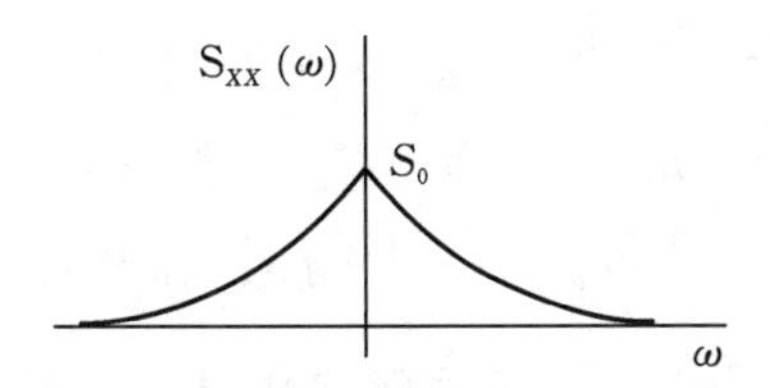

图 16.15　一个协方差平稳过程的自谱密度

解　$S_{XX}(\omega)$ 的逆变换为

$$G_{XX}(\tau)=S_0\int_{-\infty}^{\infty}\mathrm{e}^{-\gamma|\omega|}\mathrm{e}^{\mathrm{i}\omega\tau}\mathrm{d}\omega$$
$$=S_0\int_{-\infty}^{\infty}\mathrm{e}^{(\gamma+\mathrm{i}\tau)\omega}\mathrm{d}\omega+S_0\int_{-\infty}^{\infty}\mathrm{e}^{(-\gamma+\mathrm{i}\tau)\omega}\mathrm{d}\omega$$

或

$$G_{XX}(\tau)=S_0\left(\frac{1}{\gamma+\mathrm{i}\tau}+\frac{1}{\gamma-\mathrm{i}\tau}\right)=\frac{2\gamma S_0}{\gamma^2+\tau^2}$$

可见,对任何 $\tau\neq 0$,当 $\gamma\to 0$ 时,$G_{XX}(\tau)\to 0$;当 $\tau=0$ 时,则 $\sigma_X^2=G_{XX}(0)=2S_0/\gamma$,此时,

若 $\gamma \to 0$，则 $G_{XX}(0) \to \infty$。由此表明，当 $\gamma \to 0$ 时，$\{X(t)\}$ 趋于 delta-相关过程。

16.8　单输入-单输出线性系统的频域分析方法

16.8.1　简谐传递函数

现在我们介绍单输入-单输出线性系统的频域分析方法。设时不变线性系统的输入为 $f(t)$ 或 $\tilde{f}(\omega)$，输出为 $x(t)$ 或 $\tilde{x}(\omega)$，如图 16.16 所示。

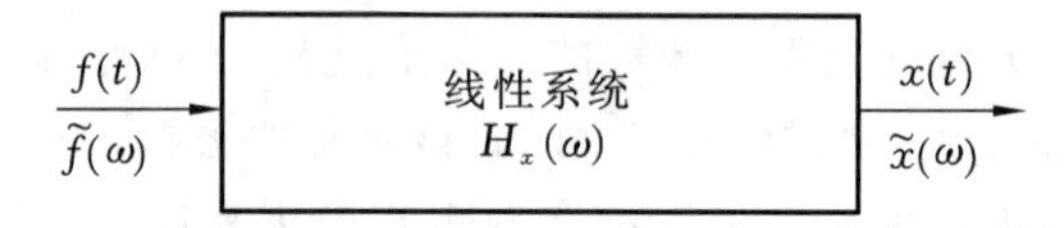

图 16.16　时不变线性系统示意图

图 16.16 中，$H_x(\omega)$ 称为**简谐传递函数**(或**频率响应函数**、**频响函数**)，它是输入为 $f(t)=\mathrm{e}^{\mathrm{i}\omega t}$ 时输出与输入的比值 $x(t)/f(t)$，也就是说，如果 $f(t)=\mathrm{e}^{\mathrm{i}\omega t}$，则 $x(t)=H_x(\omega)\mathrm{e}^{\mathrm{i}\omega t}$。因此，当输入为 $\tilde{f}(\omega)\mathrm{e}^{\mathrm{i}\omega t}$ 时，输出为 $H_x(\omega)\tilde{f}(\omega)\mathrm{e}^{\mathrm{i}\omega t}$。进而，对于一个输入的时间历程：

$$f(t)=\int_{-\infty}^{\infty}\tilde{f}(\omega)\mathrm{e}^{\mathrm{i}\omega t}\mathrm{d}\omega$$

将产生一个输出的时间历程：

$$x(t)=\int_{-\infty}^{\infty}H_x(\omega)\tilde{f}(\omega)\mathrm{e}^{\mathrm{i}\omega t}\mathrm{d}\omega \tag{16.91}$$

将此式与标准的 Fourier 逆变换比较可知：

$$\tilde{x}(\omega)=H_x(\omega)\tilde{f}(\omega) \tag{16.92}$$

现在来考察系统的**脉冲响应** $h_x(t)$ 与 $H_x(\omega)$ 之间的关系。我们已知，对于输入 $f(t)=\mathrm{e}^{\mathrm{i}\omega t}$，其输出可用 $h_x(t)$ 的卷积给出：

$$x(t)=\int_{-\infty}^{\infty}f(t-r)h_x(r)\mathrm{d}r=\int_{-\infty}^{\infty}\mathrm{e}^{\mathrm{i}\omega(t-r)}h_x(r)\mathrm{d}r=\mathrm{e}^{\mathrm{i}\omega t}\int_{-\infty}^{\infty}h_x(r)\mathrm{e}^{-\mathrm{i}\omega r}\mathrm{d}r$$

另外，我们已知此时系统的响应为 $x(t)=H_x(\omega)\mathrm{e}^{\mathrm{i}\omega t}$，所以立得

$$H_x(\omega)=\int_{-\infty}^{\infty}h_x(r)\mathrm{e}^{-\mathrm{i}\omega r}\mathrm{d}r \tag{16.93}$$

可见，在相差一个因子的条件下，$H_x(\omega)$ 是系统的脉冲响应函数 $h_x(t)$ 的 Fourier 变换。

当输入和输出为随机过程 $\{F(t)\}$ 和 $\{X(t)\}$ 时，有 $\widetilde{X}(\omega)=H_x(\omega)\widetilde{F}(\omega)$。对该方程取期望可得 $\tilde{\mu}_X(\omega)=H_x(\omega)\tilde{\mu}_F(\omega)$。此外，对于协方差平稳过程，由式(16.78)～式(16.80)可得

$$S_{XX}(\omega)=H_x(\omega)H_x(-\omega)S_{FF}(\omega)=|H_x(\omega)|^2S_{FF}(\omega) \tag{16.94}$$

这是**线性系统自谱密度的输入输出关系**。

类似于方程(16.94)，可以对两个响应过程 $\{X(t)\}$ 和 $\{Y(t)\}$ 写出互谱密度的输入输出关系：

$$S_{XY}(\omega)=H_x(\omega)H_y(-\omega)S_{FF}(\omega)=H_x(\omega)H_y^*(\omega)S_{FF}(\omega) \tag{16.95}$$

由此立得输入与输出之间的互谱密度 $S_{XF}(\omega)$ 为

$$S_{XF}(\omega)=H_x(\omega)S_{FF}(\omega)$$

频域分析的另一个优点是可以很容易地求出由线性微分方程控制的系统的简谐传递函数。设线性系统的控制微分方程为

$$\sum_{j=0}^{n}a_j\frac{\mathrm{d}^jx(t)}{\mathrm{d}t^j}=f(t)$$

令 $f(t)=\mathrm{e}^{\mathrm{i}\omega t}$，则 $x(t)=H_x(\omega)\mathrm{e}^{\mathrm{i}\omega t}$，由此给出

$$H_x(\omega)=\left[\sum_{j=0}^{n}a_j(\mathrm{i}\omega)^j\right]^{-1} \tag{16.96}$$

例 16.8　线性系统的控制微分方程为

$$c\dot{x}(t)+k(t)=f(t)$$

其脉冲响应函数为 $h_x(t)=c^{-1}\mathrm{e}^{-kt/c}U(t)$。(1) 用 $h_x(t)$ 的 Fourier 变换求出简谐传递函数，将结果与用公式(16.96)得到的结果进行比较。(2) 当 $f(t)$ 为一个白噪声过程 $\{F(t)\}$，其自谱密度为 $S_{FF}(\omega)=S_0$ 时，求系统响应 $\{X(t)\}$ 的自谱密度。

解　(1) 对 $h_x(t)$ 作如下 Fourier 变换：

$$H_x(\omega)=\int_{-\infty}^{\infty}\mathrm{e}^{-\mathrm{i}\omega r}h_x(r)\mathrm{d}r=c^{-1}\int_{-\infty}^{\infty}\mathrm{e}^{-\mathrm{i}\omega r}\mathrm{e}^{-kr/c}\mathrm{d}r=c^{-1}(\mathrm{i}\omega+k/c)^{-1}=(k+\mathrm{i}\omega c)^{-1}$$

它与由公式(16.96)得到的结果完全相同。

(2) 响应 $\{X(t)\}$ 的自谱密度为

$$S_{XX}(\omega)=|H_x(\omega)|^2S_{FF}(\omega)=\frac{S_0}{k^2+\omega^2c^2}$$

$\{X(t)\}$ 的方差为

$$\sigma_X^2=\int_{-\infty}^{\infty}S_{XX}(\omega)\mathrm{d}\omega=\int_{-\infty}^{\infty}\frac{S_0}{k^2+\omega^2c^2}\mathrm{d}\omega$$

上式的积分可将 ω 看作复数而化为图 16.17 所示的围线积分，这个围线积分用留数定理计算。围线内的极点为 $\omega=\mathrm{i}k/c$，按照留数定理有

$$\sigma_X^2=\int_{-\infty}^{\infty}\frac{S_0}{k^2+\omega^2c^2}\mathrm{d}\omega=(2\pi\mathrm{i})\lim_{\omega\to\mathrm{i}k/c}\frac{S_0(\omega-\mathrm{i}k/c)}{c^2(\omega-\mathrm{i}k/c)(\omega+\mathrm{i}k/c)}=\frac{\pi S_0}{ck}$$

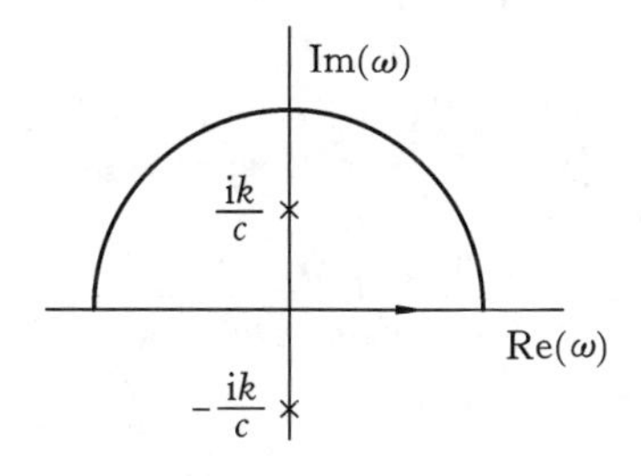

图 16.17　围线积分

例 16.9　已知随机过程 $\{X(t)\}$ 的一个长时间样本，用它来估计自谱密度 $S_{XX}(\omega_c)$ 的值。

解　为了完成估计，考虑一个带通滤波器，中心频率为 $\omega=\pm\omega_c$，带宽为 2ε。假定滤波器的输入为 $\{X(t)\}$、输出为 $\{Z(t)\}$。于是在通带内有 $S_{ZZ}(\omega)=S_{XX}(\omega)$，在通带外则有 $S_{ZZ}(\omega)=0$，如图 16.18 所示。$\{Z(t)\}$ 具有零均值，因为 $\{X(t)\}$ 的平稳均值是它的一个零频分量，而零频

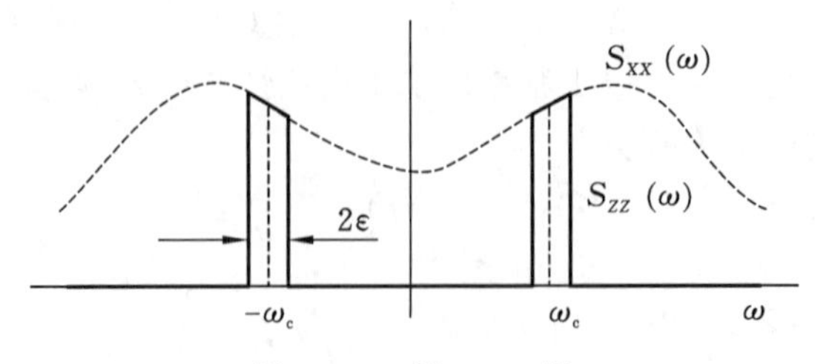

图 16.18 例 16.10 图

分量被滤波器阻塞(即零频分量不能通过滤波器)。因此,$\{Z(t)\}$的方差或均方值为

$$E[Z^2(t)]=\int_{-\infty}^{\infty}S_{ZZ}(\omega)\mathrm{d}\omega=2\int_0^{\infty}S_{ZZ}(\omega)\mathrm{d}\omega=2\int_{\omega_c-\varepsilon}^{\omega_c+\varepsilon}S_{XX}(\omega)\mathrm{d}\omega$$

如果 ε 充分小,而 $S_{XX}(\omega)$在积分限内是线性的,则

$$E[Z^2(t)]\approx 4\varepsilon S_{XX}(\omega_c)$$

这样,$E[Z^2(t)]/(4\varepsilon)$可作为未知的 $S_{XX}(\omega_c)$的估计值。

假定$\{Z(t)\}$具有协方差遍历性,则 $E[Z^2(t)]$可用时间均值估计,进而得到

$$S_{XX}(\omega_c)\approx\frac{1}{4\varepsilon T}\int_0^T Z^2(s)\mathrm{d}s$$

其中 T 为一个大的时间值。请注意,限定带宽 2ε 的选取只需使测量的自谱密度平滑即可,但几乎会丢失 $S_{XX}(\omega)$的所有带宽不大于 2ε 的峰值。因此,人们可能会想要选择尽可能小的 ε,以最小化由 $S_{XX}(\omega)$穿越通带的变化而产生的误差。另外,带宽越小,$Z^2(t)$的时间平均收敛到期望值的速度越慢。因此,如果使用一个非常小的 ε 值,那么也必须有一个非常大的 T 值,这在某些情况下可能是不可行的。

为了能以这种方式估计整个自谱密度函数 $S_{XX}(\omega)$,必须有一个中心频率 ω_c 可变的滤波器(可能 ε 也是一个变量),并对不同的 ω_c 值重复这个过程,直到函数被定义为具有足够的分辨率。

16.8.2 线性单自由度振子的响应

线性单自由度振子的控制微分方程为

$$m\ddot{X}(t)+c\dot{X}(t)+kX(t)=F(t)$$

或

$$\ddot{X}(t)+2\zeta\omega_0\dot{X}(t)+\omega_0^2X(t)=F(t)/m$$

由此可得简谐传递函数为

$$H_x(\omega)=\frac{1}{k+\mathrm{i}\omega c-\omega^2 m}=\frac{1}{m(\omega_0^2+2\,\mathrm{i}\zeta\omega_0-\omega^2)}\tag{16.97}$$

脉冲响应函数为

$$h_x(t)=\frac{1}{m\omega_d}\mathrm{e}^{-\zeta\omega_0 t}\sin(\omega_d t),\quad \omega_d=\omega_0\,(1-\zeta^2)^{1/2}$$

对于协方差平稳激励$\{F(t)\}$,系统响应$\{X(t)\}$的自谱密度为

$$S_{XX}(\omega)=|H_x(\omega)|^2S_{FF}(\omega)=\frac{S_{FF}(\omega)}{m^2[(\omega_0^2-\omega^2)^2+(2\zeta\omega_0)^2]}\tag{16.98}$$

图 16.19 示出了在取定阻尼比时,$|H_x(\omega)|^2$随频率的变化曲线。

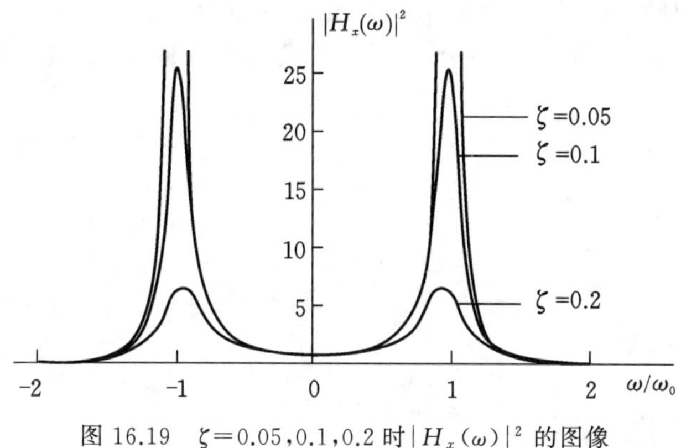

图 16.19 $\zeta=0.05,0.1,0.2$ 时 $|H_x(\omega)|^2$ 的图像

可见,小阻尼系统 $|H_x(\omega)|^2$ 在 $\omega=\pm\omega_0$ 附近有两个峰值,它们的作用类似于带通滤波器。若 $S_{FF}(\omega)$ 在 $\pm\omega_0$ 的其他频段上没有明显大的分布值,则响应的自谱密度主要由 $\omega=\pm\omega_0$ 附近的频段主导。这样就可以将单自由度振子的响应 $\{X(t)\}$ 视为一个窄带过程,而激励 $\{F(t)\}$ 则可视为一个宽带过程,甚至近似等价为白噪声,如图 16.20 所示。此时,响应的方差为

$$\sigma_X^2=\int_{-\infty}^{\infty}S_{XX}(\omega)\mathrm{d}\omega=\int_{-\infty}^{\infty}S_{FF}(\omega)\mid H_x(\omega)\mid^2\mathrm{d}\omega\approx S_{FF}(\omega_0)\int_{-\infty}^{\infty}\mid H_x(\omega)\mid^2\mathrm{d}\omega \tag{16.99}$$

上式最后的结果中将 $\{F(t)\}$ 近似成了自谱密度为常值 $S_{FF}(\omega_0)$ 的白噪声,因此这个结果与 delta-相关激励的响应的方差相同,这个方差已经通过时域中的积分得到,结果为式(16.61)。在式(16.61)中取 $G_0=2\pi S_{FF}(\omega_0)$,得

$$\sigma_X^2\approx\frac{\pi S_{FF}(\omega_0)}{2m^2\zeta\omega_0^3}=\frac{\pi S_{FF}(\omega_0)}{ck} \tag{16.100}$$

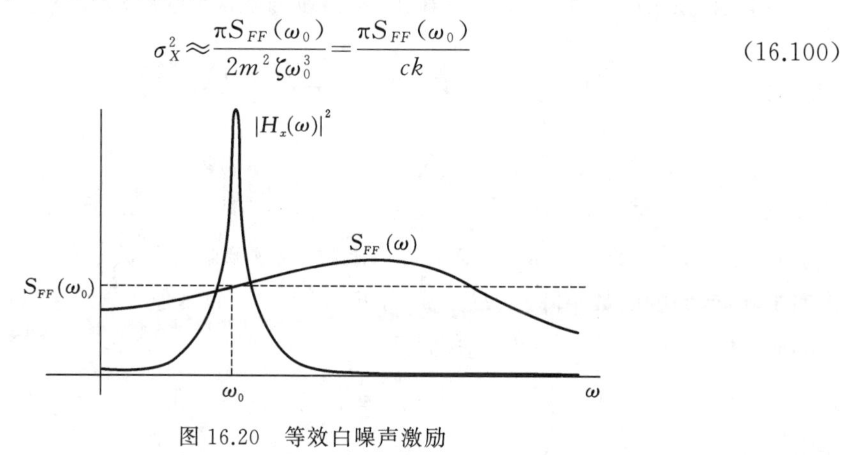

图 16.20 等效白噪声激励

16.9 多输入-多输出线性系统的随机分析

16.9.1 多输入-多输出关系

现在我们用矩阵来进行动力学分析和随机分析。令 n_X 为输出(或响应)的分量个数,

n_F 为系统输入(或激励)的个数。将输出的分量记为$\{X_j(t)\}(j=1,\cdots,n_X)$,输入的分量记为$\{F_l(t)\}(l=1,\cdots,n_F)$。很多情况中,激励可能是力的分量,而响应可能是位移的分量,如图 16.21 所示。

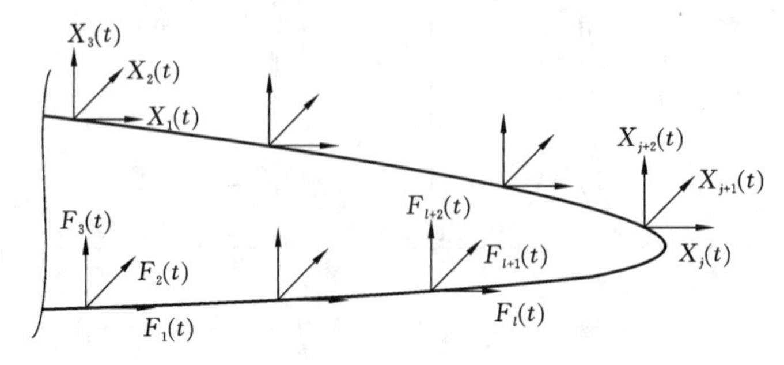

图 16.21　一个机翼上的作用力和位移分量

对于线性系统,应用线性叠加原理,在时域中,第 j 个响应 $X_j(t)$可表示为

$$X_j(t)=\sum_{l=1}^{n_F}\int_{-\infty}^{\infty}h_{jl}(t-s)F_l(s)\mathrm{d}s \tag{16.101}$$

其中 $h_{jl}(t)$为 $F_l(t)=\delta(t)$,而其他 $F_r(t)=0(r\neq l)$时 $X_j(t)$的脉冲响应。将 $X_j(t)(j=1,\cdots,n_X)$排成一个列向量,则上式可写为矩阵形式:

$$\boldsymbol{X}(t)=\int_{-\infty}^{\infty}\boldsymbol{h}(t-s)\boldsymbol{F}(s)\mathrm{d}s \tag{16.102}$$

其中 $\boldsymbol{X}(t)=[X_1(t),\cdots,X_{n_X}(t)]^{\mathrm{T}}$,$\boldsymbol{F}(t)=[F_1(t),\cdots,F_{n_F}(t)]^{\mathrm{T}}$。$\boldsymbol{h}(t)$为一个 $n_X\times n_F$ 矩阵,其元素为脉冲响应函数 $h_{jl}(t)$,$\boldsymbol{h}(t)$称为**脉冲响应矩阵**。

类似地,在频域中可写出输入-输出(或激励与响应)关系:

$$\widetilde{X}_j(\omega)=\sum_{l=1}^{n_F}H_{jl}(\omega)\widetilde{F}_l(\omega) \tag{16.103}$$

或

$$\widetilde{\boldsymbol{X}}(\omega)=\boldsymbol{H}(\omega)\widetilde{\boldsymbol{F}}(\omega) \tag{16.104}$$

其中 $\widetilde{\boldsymbol{X}}(\omega)=[\widetilde{X}_1(\omega),\cdots,\widetilde{X}_{n_X}(\omega)]^{\mathrm{T}}$,$\widetilde{\boldsymbol{F}}(\omega)=[\widetilde{F}_1(\omega),\cdots,\widetilde{F}_{n_F}(\omega)]^{\mathrm{T}}$。$\boldsymbol{H}(\omega)$为一个 $n_X\times n_F$ 矩阵,其元素 $H_{jl}(\omega)$为简谐传递函数(或频率响应函数、频响函数),$\boldsymbol{H}(\omega)$称为**简谐传递矩阵**(或**频响函数矩阵**)。$H_{jl}(\omega)$为 $F_l(t)=\mathrm{e}^{\mathrm{i}\omega t}$,而其他 $F_r(t)=0(r\neq l)$时,$X_j(t)$的简谐响应,且 $X_j(t)=H_{jl}(\omega)\mathrm{e}^{\mathrm{i}\omega t}$。我们已知 $H_{jl}(\omega)$为 $h_{jl}(t)$的 Fourier 变换,即

$$H_{jl}(\omega)=\int_{-\infty}^{\infty}h_{jl}(t)\mathrm{e}^{-\mathrm{i}\omega t}\mathrm{d}t$$

所以频响函数矩阵 $\boldsymbol{H}(\omega)$为

$$\boldsymbol{H}(\omega)=\int_{-\infty}^{\infty}\boldsymbol{h}(t)\mathrm{e}^{-\mathrm{i}\omega t}\mathrm{d}t$$

现在可以利用式(16.102)和式(16.104)来写出随机输出(或响应)和输入(或激励)之间的矩阵关系式。直接对式(16.102)和式(16.104)取期望值就得到均值关系:

$$\boldsymbol{\mu}_X(t)=\int_{-\infty}^{\infty}\boldsymbol{h}(t-s)\boldsymbol{\mu}_F(s)\mathrm{d}s \tag{16.105}$$

$$\tilde{\boldsymbol{\mu}}_X(\omega)=\boldsymbol{H}(\omega)\tilde{\boldsymbol{\mu}}_F(\omega) \tag{16.106}$$

类似地,可得响应的自相关矩阵:

$$\boldsymbol{\phi}_{XX}(t,s)=E[\boldsymbol{X}(t)\boldsymbol{X}^{\mathrm{T}}(s)]=\int_{-\infty}^{\infty}\int_{-\infty}^{\infty}\boldsymbol{h}(t-u)\boldsymbol{\phi}_{FF}(u,v)\boldsymbol{h}^{\mathrm{T}}(s-v)\mathrm{d}u\mathrm{d}v \tag{16.107}$$

自协方差矩阵为

$$\begin{aligned}\boldsymbol{K}_{XX}(t,s)&=\boldsymbol{\phi}_{XX}(t,s)-\boldsymbol{\mu}_X(t)\boldsymbol{\mu}_X^{\mathrm{T}}(s)\\&=\int_{-\infty}^{\infty}\int_{-\infty}^{\infty}\boldsymbol{h}(t-u)\boldsymbol{K}_{FF}(u,v)\boldsymbol{h}^{\mathrm{T}}(s-v)\mathrm{d}u\mathrm{d}v\end{aligned} \tag{16.108}$$

对于平稳过程,以上公式可以更简洁,输出的自相关函数矩阵为

$$\boldsymbol{R}_{XX}(\tau)=\int_{-\infty}^{\infty}\int_{-\infty}^{\infty}\boldsymbol{h}(u)\boldsymbol{\phi}_{FF}(\tau-u+v)\boldsymbol{h}^{\mathrm{T}}(v)\mathrm{d}u\mathrm{d}v \tag{16.109}$$

输出的自协方差矩阵为

$$\boldsymbol{G}_{XX}(\tau)=\int_{-\infty}^{\infty}\int_{-\infty}^{\infty}\boldsymbol{h}(u)\boldsymbol{G}_{FF}(\tau-u+v)\boldsymbol{h}^{\mathrm{T}}(v)\mathrm{d}u\mathrm{d}v \tag{16.110}$$

由此可得,对于协方差平稳的情况,输入、输出的自谱密度矩阵之间的关系为

$$\boldsymbol{S}_{XX}(\omega)=\boldsymbol{H}(\omega)\boldsymbol{S}_{FF}(\omega)\boldsymbol{H}^{*\mathrm{T}}(\omega) \tag{16.111}$$

如果在 t_0 时刻响应的值 $\boldsymbol{X}(t_0)=\boldsymbol{Y}$ 是已知的,则式(16.102)可写为

$$\boldsymbol{X}(t)=\boldsymbol{g}(t-t_0)\boldsymbol{Y}+\int_{t_0}^{\infty}\boldsymbol{h}(t-s)\boldsymbol{F}(s)\mathrm{d}s \tag{16.112}$$

其中 $\boldsymbol{g}(t)$ 为一个矩阵,它给出系统对单位初始条件的响应。

也可推出输入 $\boldsymbol{F}(t)$ 与输出 $\boldsymbol{X}(t)$ 之间的互相关函数矩阵 $\boldsymbol{R}_{FX}(\tau)$ 与互谱密度矩阵 $\boldsymbol{S}_{FX}(\omega)$ 的关系,结果为

$$\boldsymbol{S}_{FX}(\omega)=\int_{-\infty}^{+\infty}\boldsymbol{R}_{FX}(\tau)\mathrm{e}^{-\mathrm{i}\omega\tau}\mathrm{d}\tau \tag{16.113}$$

$$\boldsymbol{S}_{FX}(\omega)=\boldsymbol{S}_{XX}(\omega)\boldsymbol{H}^{\mathrm{T}}(\omega) \tag{16.114}$$

16.9.2　多自由度系统的时域分析

线性多自由度系统的运动方程为

$$\boldsymbol{m}\ddot{\boldsymbol{X}}(t)+\boldsymbol{c}\dot{\boldsymbol{X}}(t)+\boldsymbol{k}\boldsymbol{X}(t)=\boldsymbol{F}(t) \tag{16.115}$$

其中 $\boldsymbol{m},\boldsymbol{c},\boldsymbol{k}$ 为 $n\times n$ 维正方形矩阵,在通常的物理系统中,它们分别为质量、阻尼和刚度矩阵。系统的动能 KE 和势能 PE 为

$$\mathrm{KE}(t)=\frac{1}{2}\dot{\boldsymbol{X}}^{\mathrm{T}}(t)\boldsymbol{m}\dot{\boldsymbol{X}}(t) \tag{16.116}$$

$$\mathrm{PE}(t)=\frac{1}{2}\boldsymbol{X}^{\mathrm{T}}(t)\boldsymbol{k}\boldsymbol{X}(t) \tag{16.117}$$

能量损耗速率(功率损耗)PD 为

$$\mathrm{PD}(t)=\dot{\boldsymbol{X}}^{\mathrm{T}}(t)\boldsymbol{c}\dot{\boldsymbol{X}}(t) \tag{16.118}$$

注意,矩阵 $\boldsymbol{m},\boldsymbol{c},\boldsymbol{k}$ 一般是对称矩阵,$\boldsymbol{m}$ 是正定矩阵,$\boldsymbol{c},\boldsymbol{k}$ 是非负定的。

我们知道,线性多自由度系统经常可以解耦。假定 $\boldsymbol{m}$ 是正定矩阵,则存在逆矩阵。令

$n \times n$维矩阵$\boldsymbol{\theta}$为矩阵$\boldsymbol{m}^{-1}\boldsymbol{k}$的特征向量矩阵，即有

$$\boldsymbol{m}^{-1}\boldsymbol{k}\boldsymbol{\theta}=\boldsymbol{\theta}\boldsymbol{\lambda} \tag{16.119}$$

其中$\boldsymbol{\lambda}$为以矩阵$\boldsymbol{m}^{-1}\boldsymbol{k}$的$n$个特征值为对角元素的对角矩阵（$\boldsymbol{\lambda}$的各个元素为系统各个固有频率的平方），其各个对角元素对应于矩阵$\boldsymbol{\theta}$中的各列，即$\boldsymbol{m}^{-1}\boldsymbol{k}$的特征向量。$\boldsymbol{\theta}$称为系统的**模态矩阵**（系统的固有频率和模态也可通过求解系统的广义特征值问题而得到）。定义两个新的对称矩阵：

$$\hat{\boldsymbol{m}}=\boldsymbol{\theta}^{\mathrm{T}}\boldsymbol{m}\boldsymbol{\theta} \tag{16.120}$$

$$\hat{\boldsymbol{k}}=\boldsymbol{\theta}^{\mathrm{T}}\boldsymbol{k}\boldsymbol{\theta} \tag{16.121}$$

我们已知，对于对称矩阵$\boldsymbol{m}$和$\boldsymbol{k}$，模态矩阵$\boldsymbol{\theta}$的各列关于矩阵$\boldsymbol{m}$和$\boldsymbol{k}$加权正交，即$\hat{\boldsymbol{m}}$和$\hat{\boldsymbol{k}}$是对角矩阵。

现在对向量$\boldsymbol{X}(t)$作模态变换：

$$\boldsymbol{X}(t)=\boldsymbol{\theta}\boldsymbol{Z}(t) \tag{16.122}$$

则方程(16.115)变为

$$\boldsymbol{\theta}^{\mathrm{T}}\boldsymbol{m}\boldsymbol{\theta}\ddot{\boldsymbol{Z}}(t)+\boldsymbol{\theta}^{\mathrm{T}}\boldsymbol{c}\boldsymbol{\theta}\dot{\boldsymbol{Z}}(t)+\boldsymbol{\theta}^{\mathrm{T}}\boldsymbol{k}\boldsymbol{\theta}\boldsymbol{Z}(t)=\boldsymbol{\theta}^{\mathrm{T}}\boldsymbol{F}(t)$$

考虑式(16.120)和式(16.121)，得

$$\ddot{\boldsymbol{Z}}(t)+\boldsymbol{\beta}\dot{\boldsymbol{Z}}(t)+\boldsymbol{\lambda}\boldsymbol{Z}(t)=\hat{\boldsymbol{m}}^{-1}\boldsymbol{\theta}^{\mathrm{T}}\boldsymbol{F}(t) \tag{16.123}$$

其中

$$\boldsymbol{\beta}=\hat{\boldsymbol{m}}^{-1}\hat{\boldsymbol{c}},\quad \hat{\boldsymbol{c}}=\boldsymbol{\theta}^{\mathrm{T}}\boldsymbol{c}\boldsymbol{\theta} \tag{16.124}$$

如果$\boldsymbol{\beta}$是一个对角矩阵，则方程(16.123)是n个不耦合的二阶常微分方程，或n个单自由度系统的运动方程，第j个方程为

$$\ddot{Z}_j(t)+\beta_{jj}\dot{Z}_j(t)+\lambda_{jj}Z_j(t)=\frac{1}{\hat{m}_{jj}}\sum_{l=1}^{n}\theta_{lj}F_l(t) \tag{16.125}$$

令$\omega_j=(\lambda_{jj})^{1/2}$，$2\zeta_j\omega_j=\beta_{jj}$，其中$\omega_j$为**固有频率**，$\zeta_j$为**模态阻尼比**（它是一个无量纲量），则方程(16.125)变为

$$\ddot{Z}_j(t)+2\zeta_j\omega_j\dot{Z}_j(t)+\omega_j^2Z_j(t)=\frac{1}{\hat{m}_{jj}}\sum_{l=1}^{n}\theta_{lj}F_l(t) \tag{16.126}$$

求出这些方程的解后代回式(16.122)，可得原来的向量$\boldsymbol{X}(t)$的解。

可以证明，矩阵$\boldsymbol{\beta}=\hat{\boldsymbol{m}}^{-1}\hat{\boldsymbol{c}}$为对角矩阵的充分必要条件是$\boldsymbol{k}\boldsymbol{m}^{-1}\boldsymbol{c}=\boldsymbol{c}\boldsymbol{m}^{-1}\boldsymbol{k}$。另外，已经证明一个充分条件是

$$\boldsymbol{c}=\boldsymbol{m}\sum_{j=0}^{J}a_j\ (\boldsymbol{m}^{-1}\boldsymbol{k})^j \tag{16.127}$$

如果阻尼矩阵$\boldsymbol{c}$不能解耦，则方程(16.115)的各个分量需要同时求解。

为了对多自由度系统（方程(16.115)）进行随机时域分析，需要先求出脉冲响应矩阵$\boldsymbol{h}(t)$。对于解耦的多自由度系统，可以得到解耦方程(16.125)或方程(16.126)。当原系统的第l个激励$F_l(t)=\delta(t)$，其他激励为零时，方程(16.126)右边的激励为$(\theta_{lj}/\hat{m}_{jj})\delta(t)$，方程(16.126)的响应为

$$Z_j(t)=\theta_{lj}\hat{h}_{jj}(t)$$

其中

$$\hat{h}_{jj}(t)=\frac{1}{\hat{m}_{jj}\omega_{dj}}e^{-\zeta_j\omega_j t}\sin(\omega_{dj}t)U(t) \tag{16.128}$$

其中 $\omega_{dj}=\omega_j\ (1-\zeta_j^2)^{1/2}$。而由模态变换式(16.122)可知，此时，原系统的第 r 个响应 $X_r(t)$ 为

$$X_r(t)=\sum_{j=1}^{n}\theta_{rj}Z_j(t)=\sum_{j=1}^{n}\theta_{rj}\theta_{lj}\hat{h}_{jj}(t)$$

另外，我们已知，当原系统的第 l 个激励 $F_l(t)=\delta(t)$，其他激励为零时，响应 $X_r(t)(r=1,\cdots,n)$ 就是原系统的脉冲响应矩阵 $\boldsymbol{h}(t)$ 的第 l 个列，或 $X_r(t)$ 为 $\boldsymbol{h}(t)$ 的第 (r,l) 个元素 $h_{rl}(t)$，即有

$$h_{rl}(t)=\sum_{j=1}^{n}\theta_{rj}\theta_{lj}\hat{h}_{jj}(t) \tag{16.129}$$

所以，原系统的脉冲响应矩阵 $\boldsymbol{h}(t)$ 为

$$\boldsymbol{h}(t)=\boldsymbol{\theta}\hat{\boldsymbol{h}}(t)\boldsymbol{\theta}^{\mathrm{T}} \tag{16.130}$$

其中

$$\hat{\boldsymbol{h}}(t)=\mathrm{diag}[\hat{h}_{11}(t),\cdots,\hat{h}_{nn}(t)]$$

现在对系统进行随机时域分析。由模态变换式(16.122)可知

$$\boldsymbol{\mu}_X(t)=\boldsymbol{\theta}\boldsymbol{\mu}_Z(t),\quad \boldsymbol{\phi}_{XX}(t,s)=\boldsymbol{\theta}\boldsymbol{\phi}_{ZZ}(t,s)\boldsymbol{\theta}^{\mathrm{T}},\quad \boldsymbol{K}_{XX}(t,s)=\boldsymbol{\theta}\boldsymbol{K}_{ZZ}(t,s)\boldsymbol{\theta}^{\mathrm{T}}$$

由方程(16.126)可知，模态坐标 $Z_j(t)$ 的响应为

$$Z_j(t)=\sum_{k=1}^{n}\theta_{kj}\int_{-\infty}^{\infty}\hat{h}_{jj}(t-s)F_k(s)\mathrm{d}s \tag{16.131}$$

或写成矩阵形式为

$$\boldsymbol{Z}(t)=\int_{-\infty}^{\infty}\hat{\boldsymbol{h}}(t-u)\boldsymbol{\theta}^{\mathrm{T}}\boldsymbol{F}(u)\mathrm{d}u \tag{16.132}$$

所以，原系统响应 $\{\boldsymbol{X}(t)\}$ 的均值为

$$\boldsymbol{\mu}_X(t)=\boldsymbol{\theta}\boldsymbol{\mu}_Z(t)=\int_{-\infty}^{\infty}\boldsymbol{\theta}\hat{\boldsymbol{h}}(t-u)\boldsymbol{\theta}^{\mathrm{T}}\boldsymbol{\mu}_F(u)\mathrm{d}u \tag{16.133}$$

模态响应 $\{\boldsymbol{Z}(t)\}$ 的自相关矩阵为

$$\boldsymbol{\phi}_{ZZ}(t,s)=\int_{-\infty}^{\infty}\int_{-\infty}^{\infty}\hat{\boldsymbol{h}}(t-u)\boldsymbol{\theta}^{\mathrm{T}}\boldsymbol{\phi}_{FF}(u,v)\,\boldsymbol{\theta}\hat{\boldsymbol{h}}^{\mathrm{T}}(s-v)\mathrm{d}u\mathrm{d}v \tag{16.134}$$

原系统响应 $\{\boldsymbol{X}(t)\}$ 的自相关矩阵为

$$\boldsymbol{\phi}_{XX}(t,s)=\boldsymbol{\theta}\int_{-\infty}^{\infty}\int_{-\infty}^{\infty}\hat{\boldsymbol{h}}(t-u)\boldsymbol{\theta}^{\mathrm{T}}\boldsymbol{\phi}_{FF}(u,v)\,\boldsymbol{\theta}\hat{\boldsymbol{h}}^{\mathrm{T}}(s-v)\mathrm{d}u\mathrm{d}v\boldsymbol{\theta}^{\mathrm{T}} \tag{16.135}$$

系统的自协方差矩阵为

$$\boldsymbol{K}_{ZZ}(t,s)=\int_{-\infty}^{\infty}\int_{-\infty}^{\infty}\hat{\boldsymbol{h}}(t-u)\boldsymbol{\theta}^{\mathrm{T}}\boldsymbol{K}_{FF}(u,v)\,\boldsymbol{\theta}\hat{\boldsymbol{h}}^{\mathrm{T}}(s-v)\mathrm{d}u\mathrm{d}v \tag{16.136}$$

$$\boldsymbol{K}_{XX}(t,s)=\boldsymbol{\theta}\int_{-\infty}^{\infty}\int_{-\infty}^{\infty}\hat{\boldsymbol{h}}(t-u)\boldsymbol{\theta}^{\mathrm{T}}\boldsymbol{K}_{FF}(u,v)\,\boldsymbol{\theta}\hat{\boldsymbol{h}}^{\mathrm{T}}(s-v)\mathrm{d}u\mathrm{d}v\boldsymbol{\theta}^{\mathrm{T}} \tag{16.137}$$

如果激励 $\{\boldsymbol{F}(t)\}$ 为白噪声，则 $\boldsymbol{K}_{FF}(t,s)=2\pi\boldsymbol{S}_0\,\delta(t-s)$，其中 $\boldsymbol{S}_0$ 为 $\{\boldsymbol{F}(t)\}$ 的自谱密度矩阵。所以原系统响应的方差矩阵为

$$\boldsymbol{K}_{XX}(t,t)=2\pi\boldsymbol{\theta}\int_{-\infty}^{\infty}\int_{-\infty}^{\infty}\hat{\boldsymbol{h}}(t-u)\boldsymbol{\theta}^{\mathrm{T}}\boldsymbol{S}_0\,\boldsymbol{\theta}\hat{\boldsymbol{h}}^{\mathrm{T}}(t-v)\mathrm{d}u\mathrm{d}v\boldsymbol{\theta}^{\mathrm{T}}$$

进而$\boldsymbol{K}_{XX}(t,s)$的任一元素是

$$K_{X_j(t)X_l(t)}=2\pi\sum_{r_1=1}^{n}\sum_{r_2=1}^{n}\sum_{r_3=1}^{n}\sum_{r_4=1}^{n}\theta_{jr_1}\theta_{r_2r_1}\left[\boldsymbol{S}_0\right]_{r_2r_3}\theta_{r_3r_4}\theta_{lr_4}q_{r_1r_4} \tag{16.138}$$

其中

$$q_{r_1r_4}=\int_{-\infty}^{\infty}\hat{h}_{r_1r_1}(t-u)\hat{h}_{r_4r_4}(t-u)\mathrm{d}u=\int_{0}^{\infty}\hat{h}_{r_1r_1}(v)\hat{h}_{r_4r_4}(v)\mathrm{d}v$$

将式(16.128)代入上式,积分后可得

$$q_{r_1r_4}=\frac{2(\zeta_{r_1}\omega_{r_1}+\zeta_{r_4}\omega_{r_4})}{\hat{m}_{r_1r_1}\hat{m}_{r_4r_4}\left[(\omega_{r_1}^2-\omega_{r_4}^2)^2+4\omega_{r_1}\omega_{r_4}(\zeta_{r_1}\omega_{r_1}+\zeta_{r_4}\omega_{r_4})(\zeta_{r_1}\omega_{r_4}+\zeta_{r_4}\omega_{r_1})\right]} \tag{16.139}$$

令$r_4=r_1$,则上式变为

$$q_{r_1r_4}=\frac{1}{4\hat{m}_{r_1r_1}^2\zeta_{r_1}\omega_{r_1}^3} \tag{16.140}$$

注意,式(16.140)与模态阻尼比的-1次方成正比,因此对于通常考虑的小阻尼系统来说,它是相当大的。只要ω_{r_1}与ω_{r_4}能很好地分离,则式(16.139)的阶次为模态阻尼比的$+1$次方。因此,如果所有模态频率都很好地分离,那么式(16.138)中$r_4\neq r_1$的非对角项比$r_4=r_1$的对角项要小得多。特别地,非对角项和对角项之间的比值是阻尼比的平方阶。例如,对于小于10 %的模态阻尼值,可以预期非对角项对响应$\boldsymbol{X}(t)$的协方差贡献相对较小。因此,在许多情况下,由式(16.138)可知,在式(16.137)中可忽略$r_4\neq r_1$的项,而只考虑$r_4=r_1$的项,这样就得到式(16.138)的近似:

$$K_{X_j(t)X_l(s)}\approx\sum_{r_1=1}^{n}\sum_{r_2=1}^{n}\sum_{r_3=1}^{n}\theta_{jr_1}\theta_{r_2r_1}\left[\boldsymbol{K}_{FF}(u,v)\right]_{r_2r_3}\theta_{r_3r_1}\theta_{lr_1}q_{r_1r_1} \tag{16.141}$$

例 16.10 一个二自由度系统如图16.22所示,求矩阵$\boldsymbol{m},\boldsymbol{c},\boldsymbol{k}$。

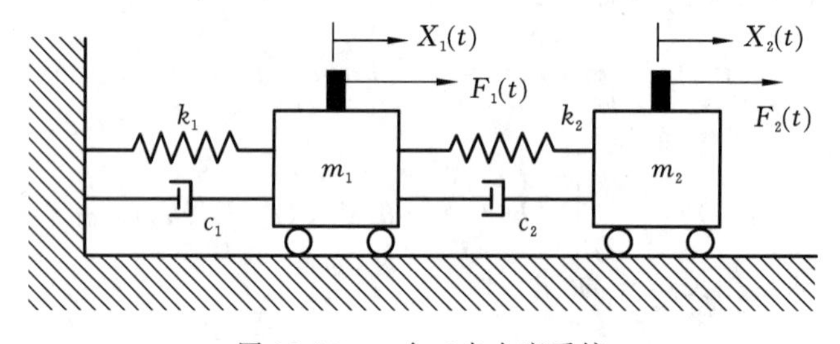

图16.22 一个二自由度系统

解 两个质量的运动方程为

$$m_1\ddot{X}_1(t)+c_1\dot{X}_1(t)+c_2[\dot{X}_1(t)-\dot{X}_2(t)]+k_1X_1(t)+k_2[X_1(t)-X_2(t)]=F_1(t)$$
$$m_2\ddot{X}_2(t)+c_2[\dot{X}_2(t)-\dot{X}_1(t)]+k_2[X_2(t)-X_1(t)]=F_2(t)$$

所以,矩阵$\boldsymbol{m},\boldsymbol{c},\boldsymbol{k}$为

$$\boldsymbol{m}=\begin{bmatrix}m_1 & 0\\0 & m_2\end{bmatrix},\quad \boldsymbol{c}=\begin{bmatrix}c_1+c_2 & -c_2\\-c_2 & c_2\end{bmatrix},\quad \boldsymbol{k}=\begin{bmatrix}k_1+k_2 & -k_2\\-k_2 & k_2\end{bmatrix}$$

例 16.11 对于上例的二自由度系统,设$m_1=2m,m_2=m,k_1=k_2=k,c_1=c_2=c$,其中$m,k,c$为正常数。证明系统可以用模态解耦,求出矩阵$\boldsymbol{\theta},\boldsymbol{\lambda},\hat{\boldsymbol{m}}$和$\boldsymbol{\beta}$,以及模态频率和模态

阻尼比。

解　应用上例的结果，对于现在的情况，系统的 $\boldsymbol{m}$，$\boldsymbol{c}$，$\boldsymbol{k}$ 矩阵为

$$\boldsymbol{m}=m\begin{bmatrix}2 & 0\\0 & 1\end{bmatrix},\quad \boldsymbol{c}=c\begin{bmatrix}2 & -1\\-1 & 1\end{bmatrix},\quad \boldsymbol{k}=k\begin{bmatrix}2 & -1\\-1 & 1\end{bmatrix}$$

由此可得

$$\boldsymbol{k}\boldsymbol{m}^{-1}\boldsymbol{c}=\boldsymbol{c}\boldsymbol{m}^{-1}\boldsymbol{k}=\frac{kc}{m}\begin{bmatrix}3 & -2\\-2 & 1.5\end{bmatrix}$$

因此矩阵 $\boldsymbol{c}$ 满足可对角化的充分必要条件。系统的模态矩阵和特征值矩阵为

$$\boldsymbol{\theta}=\begin{bmatrix}1 & 1\\1.414 & -1.414\end{bmatrix},\quad \boldsymbol{\lambda}=\frac{k}{m}\begin{bmatrix}0.2929 & 0\\0 & 1.707\end{bmatrix}$$

模态质量矩阵 $\hat{\boldsymbol{m}}$ 和对角化阻尼矩阵 $\boldsymbol{\beta}$ 为

$$\hat{\boldsymbol{m}}=\boldsymbol{\theta}^{\mathrm{T}}\boldsymbol{m}\boldsymbol{\theta}=m\begin{bmatrix}4 & 0\\0 & 4\end{bmatrix},\quad \boldsymbol{\beta}=\hat{\boldsymbol{m}}^{-1}\boldsymbol{\theta}^{\mathrm{T}}\boldsymbol{c}\boldsymbol{\theta}=\frac{c}{m}\begin{bmatrix}0.2929 & 0\\0 & 1.707\end{bmatrix}$$

进而可得固有频率为

$$\omega_1=0.5412\sqrt{k/m},\quad \omega_2=1.307\sqrt{k/m}$$

模态阻尼比为

$$\zeta_1=0.2076c/\sqrt{km},\quad \zeta_2=0.6533c/\sqrt{km}$$

例 16.12　设系统的质量、刚度和阻尼矩阵为

$$\boldsymbol{m}=\begin{bmatrix}1000 & 0\\0 & 500\end{bmatrix}\mathrm{kg},\quad \boldsymbol{k}=\begin{bmatrix}10^6 & -5\times10^5\\-5\times10^5 & 5\times10^5\end{bmatrix}\frac{\mathrm{N}}{\mathrm{m}},\quad \boldsymbol{c}=\begin{bmatrix}2500 & -2000\\-2000 & 2000\end{bmatrix}\frac{\mathrm{N\cdot s}}{\mathrm{m}}$$

验证该系统没有解耦模态。

解　由已知条件可得

$$\boldsymbol{c}\boldsymbol{m}^{-1}\boldsymbol{k}=\begin{bmatrix}4.5 & -3.25\\-4 & 3\end{bmatrix}\times10^6\frac{\mathrm{N}^2}{\mathrm{m\cdot s}},\quad \boldsymbol{k}\boldsymbol{m}^{-1}\boldsymbol{c}=\begin{bmatrix}4.5 & -4\\-3.25 & 3\end{bmatrix}\times10^6\frac{\mathrm{N}^2}{\mathrm{m\cdot s}}$$

因此矩阵 $\boldsymbol{c}$ 不满足可对角化的充分必要条件。采用模态变换后，阻尼矩阵 $\boldsymbol{\beta}$ 为

$$\boldsymbol{\beta}=\begin{bmatrix}0.4216 & -0.7071\\-0.7955 & 6.078\end{bmatrix}\mathrm{rad/s}$$

例 16.13　设系统矩阵为

$$\boldsymbol{m}=\begin{bmatrix}1000 & 0\\0 & 500\end{bmatrix}\mathrm{kg},\quad \boldsymbol{k}=\begin{bmatrix}10^6 & -5\times10^5\\-5\times10^5 & 5\times10^5\end{bmatrix}\frac{\mathrm{N}}{\mathrm{m}},\quad \boldsymbol{c}=\begin{bmatrix}1000 & -500\\-500 & 500\end{bmatrix}\frac{\mathrm{N\cdot s}}{\mathrm{m}}$$

求脉冲响应矩阵 $\boldsymbol{h}(t)$。

解　这个系统可以解耦，结果为 $\hat{m}_{11}=\hat{m}_{22}=2000\ \mathrm{kg}$，$\omega_1=17.11\ \mathrm{rad/s}$，$\omega_2=41.32\ \mathrm{rad/s}$，$\zeta_1=0.00856$，$\zeta_2=0.02066$，模态矩阵为

$$\boldsymbol{\theta}=\begin{bmatrix}1 & 1\\1.414 & -1.414\end{bmatrix}$$

所以由式(16.128)得到

$$\hat{\boldsymbol{h}}(t)=\frac{1}{2000}\begin{bmatrix}\dfrac{e^{-0.1464t}\sin(17.11t)}{17.11} & 0\\ 0 & \dfrac{e^{-0.8536t}\sin(41.31t)}{41.31}\end{bmatrix}U(t)$$

进而得到 $\boldsymbol{h}(t)$ 的各个元素为

$$\begin{aligned}h_{11}(t)&=\theta_{11}^2\hat{h}_{11}(t)+\theta_{12}^2\hat{h}_{22}(t)\\&=[2.922\times10^{-5}e^{-0.1464t}\sin(17.11t)+1.21\times10^{-5}e^{-0.8536t}\sin(41.31t)]U(t)\\h_{12}(t)&=h_{21}(t)=\theta_{11}\theta_{21}\hat{h}_{11}(t)+\theta_{12}\theta_{22}\hat{h}_{22}(t)\\&=[4.132\times10^{-5}e^{-0.1464t}\sin(17.11t)-1.712\times10^{-5}e^{-0.8536t}\sin(41.31t)]U(t)\\h_{22}(t)&=\theta_{21}^2\hat{h}_{11}(t)+\theta_{22}^2\hat{h}_{22}(t)\\&=[5.843\times10^{-5}e^{-0.1464t}\sin(17.11t)+2.421\times10^{-5}e^{-0.8536t}\sin(41.31t)]U(t)\end{aligned}$$

例 16.14 考虑例 16.10 的系统，取 $F_2(t)=0$，$F_1(t)$ 为一个零均值、自谱密度为 S_0 的白噪声。求响应 $\{X_1(t)\}$ 的自相关函数 $R_{X_1X_1}(\tau)=E[X_1(t+\tau)X_1(t)]$。

解 利用模态叠加法，我们注意到 $\boldsymbol{R}_{XX}(\tau)=\boldsymbol{\theta R}_{XX}(\tau)\boldsymbol{\theta}^{\mathrm{T}}$，所以

$$R_{X_1X_1}(\tau)=\theta_{11}^2R_{Z_1Z_1}(\tau)+\theta_{11}\theta_{12}[R_{Z_1Z_2}(\tau)+R_{Z_2Z_1}(\tau)]+\theta_{12}^2R_{Z_2Z_2}(\tau)$$

解耦的模态运动方程为

$$\ddot{\boldsymbol{Z}}+\boldsymbol{\beta}\dot{\boldsymbol{Z}}+\boldsymbol{\lambda Z}=\hat{\boldsymbol{m}}^{-1}\boldsymbol{\theta}^{\mathrm{T}}\boldsymbol{F}(t)$$

或

$$\begin{aligned}\ddot{Z}_1+\beta_{11}\dot{Z}_1+\lambda_{11}Z_1&=\theta_{11}F_1(t)/\hat{m}_{11}\\\ddot{Z}_2+\beta_{22}\dot{Z}_2+\lambda_{22}Z_2&=\theta_{12}F_2(t)/\hat{m}_{22}\end{aligned}$$

由 Duhamel 积分可得这些方程的响应：

$$Z_1(t)=\frac{\theta_{11}}{\hat{m}_{11}}\int_0^\infty F_1(t-s)\,\frac{e^{-\zeta_1\omega_1 s}}{\omega_{d1}}\sin(\omega_{d1}s)\mathrm{d}s$$

$$Z_2(t)=\frac{\theta_{12}}{\hat{m}_{22}}\int_0^\infty F_1(t-s)\,\frac{e^{-\zeta_2\omega_2 s}}{\omega_{d2}}\sin(\omega_{d2}s)\mathrm{d}s$$

$R_{Z_1Z_1}(\tau)$ 和 $R_{Z_2Z_2}(\tau)$ 与单自由度系统的结果相同。下面来求互相关函数 $R_{Z_1Z_2}(\tau)$：

$$\begin{aligned}R_{Z_1Z_2}(\tau)&=E[Z_1(t+\tau)Z_2(t)]\\&=\frac{\theta_{11}\theta_{12}}{\hat{m}_{11}\hat{m}_{22}}E\left\{\int_0^\infty\int_0^\infty F_1(t+\tau-s_1)F_1(t-s_2)\right.\\&\qquad\left.\times\frac{e^{-\zeta_1\omega_1 s_1}}{\omega_{d1}}\sin(\omega_{d1}s_1)\,\frac{e^{-\zeta_2\omega_2 s_2}}{\omega_{d2}}\sin(\omega_{d2}s_2)\mathrm{d}s_1\,\mathrm{d}s_2\right\}\\&=\frac{\theta_{11}\theta_{12}}{\hat{m}_{11}\hat{m}_{22}}\int_0^\infty\int_0^\infty R_{F_1F_1}(t+\tau-s_1,t-s_2)\\&\qquad\times\frac{e^{-\zeta_1\omega_1 s_1}e^{-\zeta_2\omega_2 s_2}}{\omega_{d1}\omega_{d2}}\sin(\omega_{d1}s_1)\sin(\omega_{d2}s_2)\mathrm{d}s_1\,\mathrm{d}s_2\end{aligned}$$

其中 $R_{F_1F_1}(t+\tau-s_1,t-s_2)=2\pi S_0\,\delta(\tau-s_1+s_2)$，所以上式积分可写成

$$R_{Z_1Z_2}(\tau)=\frac{\theta_{11}\theta_{12}}{\hat{m}_{11}\hat{m}_{22}}\,\frac{2\pi S_0}{\omega_{d1}\omega_{d2}}\int_0^\infty\int_0^\infty\delta(\tau-s_1+s_2)e^{-\zeta_1\omega_1 s_1}e^{-\zeta_2\omega_2 s_2}\sin(\omega_{d1}s_1)\sin(\omega_{d2}s_2)\mathrm{d}s_1\,\mathrm{d}s_2$$

$$=\frac{\theta_{11}\theta_{12}}{\hat{m}_{11}\hat{m}_{22}}\frac{2\pi S_0}{\omega_{d1}\omega_{d2}}e^{-\zeta_1\omega_1\tau}\int_{\max(0,-\tau)}^{\infty}e^{-(\zeta_1\omega_1+\zeta_2\omega_2)s_2}\sin[\omega_{d1}(\tau+s_2)]\sin(\omega_{d2}s_2)ds_2$$

当 $\tau>0$ 时，结果为

$$R_{Z_1Z_2}(\tau)=\frac{\theta_{11}\theta_{12}}{\hat{m}_{11}\hat{m}_{22}}\frac{2\pi S_0}{\omega_{d1}}e^{-\zeta_1\omega_1\tau}$$

$$\times\frac{2\omega_{d1}(\zeta_1\omega_1+\zeta_2\omega_2)\cos(\omega_{d1}\tau)+[(\zeta_1\omega_1+\zeta_2\omega_2)^2+\omega_{d2}^2-\omega_{d1}^2]\sin(\omega_{d1}\tau)}{(\omega_1^2-\omega_2^2)^2+4\omega_1\omega_2(\zeta_1\omega_1+\zeta_2\omega_2)(\zeta_1\omega_2+\zeta_2\omega_1)}$$

当 $\tau<0$ 时，结果为

$$R_{Z_1Z_2}(\tau)=\frac{\theta_{11}\theta_{12}}{\hat{m}_{11}\hat{m}_{22}}\frac{2\pi S_0}{\omega_{d2}}e^{-\zeta_2\omega_2\tau}$$

$$\times\frac{2\omega_{d2}(\zeta_1\omega_1+\zeta_2\omega_2)\cos(\omega_{d2}\tau)-[(\zeta_1\omega_1+\zeta_2\omega_2)^2+\omega_{d1}^2-\omega_{d2}^2]\sin(\omega_{d2}\tau)}{(\omega_1^2-\omega_2^2)^2+4\omega_1\omega_2(\zeta_1\omega_1+\zeta_2\omega_2)(\zeta_1\omega_2+\zeta_2\omega_1)}$$

此外，有

$$R_{Z_2Z_1}(\tau)=E[Z_2(t+\tau)Z_1(t)]=E[Z_2(t)Z_1(t-\tau)]=R_{Z_1Z_2}(-\tau)$$

另外，由式(16.59)可得

$$R_{Z_1Z_1}(\tau)=\frac{\theta_{11}^2}{\hat{m}_{11}^2}\frac{\pi S_0}{2\zeta_1\omega_1^3}e^{-\zeta_1\omega_1|\tau|}\left[\cos(\omega_{d1}\tau)+\frac{\zeta_1\omega_1}{\omega_{d1}}\sin(\omega_{d1}|\tau|)\right]$$

$$R_{Z_2Z_2}(\tau)=\frac{\theta_{22}^2}{\hat{m}_{22}^2}\frac{\pi S_0}{2\zeta_2\omega_2^3}e^{-\zeta_2\omega_2|\tau|}\left[\cos(\omega_{d2}\tau)+\frac{\zeta_2\omega_2}{\omega_{d2}}\sin(\omega_{d2}|\tau|)\right]$$

有了以上结果，可以立即求出 $R_{X_1X_1}(\tau)$。

16.9.3　多自由度系统的频域分析

我们使用多自由度运动方程获得简谐传递矩阵 $\boldsymbol{H}(\omega)$，然后使用 16.9.1 节的方程进行随机分析。获得 $\boldsymbol{H}(\omega)$ 有两种不同的可能途径。

当激励分量取为 $F_l(t)=e^{i\omega t}$，其他激励分量为零时，方程(16.126)变为

$$\ddot{Z}_j(t)+2\zeta_j\omega_j\dot{Z}_j(t)+\omega_j^2Z_j(t)=\frac{\theta_{lj}}{\hat{m}_{jj}}e^{i\omega t}$$

响应 $Z_j(t)=\hat{H}_{jl}(\omega)e^{i\omega t}$，其中 $\hat{H}_{jl}(\omega)$ 就是 $\hat{\boldsymbol{H}}(\omega)$ 的 (j,l) 元素，它为

$$\hat{H}_{jl}(\omega)=\frac{\theta_{lj}}{\hat{m}_{jj}(\omega_j^2-\omega^2+2i\zeta_j\omega_j\omega)}$$

此式可写成矩阵形式：

$$\hat{\boldsymbol{H}}(\omega)=\hat{\boldsymbol{m}}^{-1}(\boldsymbol{\lambda}-\omega^2\boldsymbol{I}+i\omega\boldsymbol{\beta})^{-1}\boldsymbol{\theta}^{T}\tag{16.142}$$

因此，与原系统响应 $\boldsymbol{X}(t)$ 对应的简谐传递矩阵 $\boldsymbol{H}(\omega)$ 为

$$\boldsymbol{H}(\omega)=\boldsymbol{\theta}\hat{\boldsymbol{H}}(\omega)\boldsymbol{\theta}^{T}=\boldsymbol{\theta}\hat{\boldsymbol{m}}^{-1}(\boldsymbol{\lambda}-\omega^2\boldsymbol{I}+i\omega\boldsymbol{\beta})^{-1}\boldsymbol{\theta}^{T}\tag{16.143}$$

$\boldsymbol{H}(\omega)$ 也可通过另一条途径获得。对方程(16.115)作 Fourier 变换可得

$$(\boldsymbol{k}-\omega^2\boldsymbol{m}+i\omega\boldsymbol{c})\widetilde{\boldsymbol{X}}(\omega)=\widetilde{\boldsymbol{F}}(\omega)$$

由此可得

$$\widetilde{\boldsymbol{X}}(\omega)=(\boldsymbol{k}-\omega^2\boldsymbol{m}+i\omega\boldsymbol{c})^{-1}\widetilde{\boldsymbol{F}}(\omega)$$

上式与式(16.104)比较立知

$$\boldsymbol{H}(\omega)=(\boldsymbol{k}-\omega^2\boldsymbol{m}+\mathrm{i}\omega\boldsymbol{c})^{-1} \tag{16.144}$$

进而系统的脉冲响应矩阵 $\boldsymbol{h}(t)$ 可对上式作 Fourier 逆变换得到：

$$\boldsymbol{h}(t)=\frac{1}{2\pi}\int_{-\infty}^{\infty}(\boldsymbol{k}-\omega^2\boldsymbol{m}+\mathrm{i}\omega\boldsymbol{c})^{-1}\mathrm{e}^{\mathrm{i}\omega t}\mathrm{d}\omega \tag{16.145}$$

对于协方差为 $\boldsymbol{K}_{FF}(t,s)=2\pi\boldsymbol{S}_0\delta(t-s)$ 的平稳白噪声激励，响应的自谱密度为

$$\begin{aligned}\boldsymbol{S}_{XX}(\omega)&=\boldsymbol{H}(\omega)\boldsymbol{S}_0\boldsymbol{H}^{*\mathrm{T}}(\omega)\\&=\boldsymbol{\theta}\hat{\boldsymbol{m}}^{-1}(\boldsymbol{\lambda}-\omega^2\boldsymbol{I}+\mathrm{i}\omega\boldsymbol{\beta})^{-1}\boldsymbol{\theta}^{\mathrm{T}}\boldsymbol{S}_0\boldsymbol{\theta}(\boldsymbol{\lambda}-\omega^2\boldsymbol{I}-\mathrm{i}\omega\boldsymbol{\beta})^{-1}\hat{\boldsymbol{m}}^{-1}\boldsymbol{\theta}^{\mathrm{T}}\end{aligned}$$

其中对角矩阵 $\boldsymbol{\lambda}$ 的对角元 $\lambda_{jj}=\omega_j^2$，对角矩阵 $\boldsymbol{\beta}$ 的对角元 $\beta_{jj}=2\zeta_j\omega_j$。由上式可得式(16.138)在频域中的等价表达式为

$$S_{X_jX_l}(\omega)=\sum_{r_1=1}^{n}\sum_{r_2=1}^{n}\sum_{r_3=1}^{n}\sum_{r_4=1}^{n}\theta_{jr_1}\theta_{r_2r_1}[\boldsymbol{S}_0]_{r_2r_3}\theta_{r_3r_4}\theta_{lr_4}\frac{w_{r_1}(\omega)w_{r_4}(-\omega)}{\hat{m}_{r_1r_1}\hat{m}_{r_4r_4}\lambda_{r_1r_1}\lambda_{r_4r_4}}$$

其中

$$w_{r_1}(\omega)=\frac{\lambda_{r_1r_1}}{\lambda_{r_1r_1}-\omega^2+2\mathrm{i}\omega\beta_{r_1r_1}}=\left(1-\frac{\omega^2}{\omega_{r_1}^2}+2\mathrm{i}\zeta_{r_1}\frac{\omega}{\omega_{r_1}}\right)^{-1}$$

例 16.15 设系统质量、刚度和阻尼矩阵为

$$\boldsymbol{m}=\begin{bmatrix}1000&0\\0&500\end{bmatrix}\mathrm{kg},\quad \boldsymbol{k}=\begin{bmatrix}10^6&-5\times10^5\\-5\times10^5&5\times10^5\end{bmatrix}\mathrm{kg},\quad \boldsymbol{c}=\begin{bmatrix}1000&-500\\-500&500\end{bmatrix}\frac{\mathrm{N\cdot s}}{\mathrm{m}}$$

求系统的简谐传递矩阵 $\boldsymbol{H}(\omega)$。

解 不难得到模态矩阵和解耦后的质量、刚度和阻尼矩阵为

$$\boldsymbol{\theta}=\begin{bmatrix}1&1\\1.414&-1.414\end{bmatrix},\quad \boldsymbol{\lambda}=\begin{bmatrix}292.9&0\\0&1707\end{bmatrix}(\mathrm{rad/s})^2$$

$$\hat{\boldsymbol{m}}=\begin{bmatrix}2000&0\\0&2000\end{bmatrix}\mathrm{kg},\quad \boldsymbol{\beta}=\begin{bmatrix}0.2929&0\\0&1.707\end{bmatrix}\mathrm{rad/s}$$

由式(16.143)得到

$$\boldsymbol{H}(\omega)=\boldsymbol{\theta}\hat{\boldsymbol{m}}^{-1}\begin{bmatrix}292.9-\omega^2+0.2929\mathrm{i}\omega&0\\0&1707-\omega^2+1.707\mathrm{i}\omega\end{bmatrix}^{-1}\boldsymbol{\theta}^{\mathrm{T}}$$

该矩阵各个元素为

$$H_{11}(\omega)=\frac{H_{22}(\omega)}{2}=\frac{5\times10^{-4}}{292.9-\omega^2+0.2929\mathrm{i}\omega}+\frac{5\times10^{-4}}{1707-\omega^2+1.707\mathrm{i}\omega}$$

$$H_{12}(\omega)=H_{21}(\omega)=\frac{7.071\times10^{-4}}{292.9-\omega^2+0.2929\mathrm{i}\omega}-\frac{7.071\times10^{-4}}{1707-\omega^2+1.707\mathrm{i}\omega}$$

所以

$$\boldsymbol{H}(\omega)=\frac{1}{D(\omega)}\begin{bmatrix}1000-\omega^2+\mathrm{i}\omega&1000+\mathrm{i}\omega\\1000+\mathrm{i}\omega&2(1000-\omega^2+\mathrm{i}\omega)\end{bmatrix}$$

其中

$$\begin{aligned}D(\omega)&=1000(\omega^4-2\mathrm{i}\omega^3-2000.5\omega^2+1000\mathrm{i}+5\times10^5)\\&=1000(292.9-\omega^2+0.2929\mathrm{i}\omega)(1707-\omega^2+1.707\mathrm{i}\omega)\end{aligned}$$

也可通过式(16.144)得到 $\boldsymbol{H}(\omega)$。

16.9.4 线性系统的状态空间分析方法

多自由度线性系统的运动方程可以写成一组一阶线性常微分方程：

$$\boldsymbol{A}\dot{\boldsymbol{Y}}(t)+\boldsymbol{B}\boldsymbol{Y}(t)=\boldsymbol{Q}(t) \tag{16.146}$$

其中$\boldsymbol{Y}(t)$,$\boldsymbol{Q}(t)$为n_Y维向量,$\boldsymbol{A}$,$\boldsymbol{B}$为正方形矩阵。$\boldsymbol{Y}(t)$称为**状态向量**,它的分量称为**状态变量**。设初始条件为$\boldsymbol{Y}(t_0)$,它是在某个时刻t_0事先给定的向量。方程(16.146)称为系统的**状态方程**。

对于多自由度运动方程(16.115),可以写为

$$\ddot{\boldsymbol{X}}(t)+\boldsymbol{m}^{-1}\boldsymbol{c}\dot{\boldsymbol{X}}(t)+\boldsymbol{m}^{-1}\boldsymbol{k}\boldsymbol{X}(t)=\boldsymbol{m}^{-1}\boldsymbol{F}(t)$$

令$\boldsymbol{Y}^{\mathrm{T}}=[\boldsymbol{X}^{\mathrm{T}},\dot{\boldsymbol{X}}^{\mathrm{T}}]$,则对应的状态方程的矩阵为

$$\boldsymbol{A}=\boldsymbol{I}_{2n}=\begin{bmatrix}\boldsymbol{I}_n & \boldsymbol{0}\\ \boldsymbol{0} & \boldsymbol{I}_n\end{bmatrix},\quad \boldsymbol{B}=\begin{bmatrix}\boldsymbol{0} & -\boldsymbol{I}_n\\ \boldsymbol{m}^{-1}\boldsymbol{k} & \boldsymbol{m}^{-1}\boldsymbol{c}\end{bmatrix},\quad \boldsymbol{Q}(t)=\begin{bmatrix}\boldsymbol{0}\\ \boldsymbol{m}^{-1}\boldsymbol{F}(t)\end{bmatrix} \tag{16.147}$$

运动方程(16.115)也可变为另一种状态方程,其方程的矩阵为

$$\boldsymbol{A}=\begin{bmatrix}-\boldsymbol{k} & \boldsymbol{0}\\ \boldsymbol{0} & \boldsymbol{m}\end{bmatrix},\quad \boldsymbol{B}=\begin{bmatrix}\boldsymbol{0} & \boldsymbol{k}\\ \boldsymbol{k} & \boldsymbol{c}\end{bmatrix},\quad \boldsymbol{Q}(t)=\begin{bmatrix}\boldsymbol{0}\\ \boldsymbol{F}(t)\end{bmatrix} \tag{16.148}$$

例 16.16 已知系统的运动方程为

$$\sum_{j=0}^{n}a_j\frac{\mathrm{d}^jX(t)}{\mathrm{d}t^j}=F(t)$$

求$\boldsymbol{Y}(t)$,$\boldsymbol{A}$,$\boldsymbol{B}$,$\boldsymbol{Q}(t)$。

解 令

$$\boldsymbol{Y}(t)=\left[X(t),\dot{X}(t),\ddot{X}(t),\cdots,\frac{\mathrm{d}^{n-1}X(t)}{\mathrm{d}t^{n-1}}\right]^{\mathrm{T}}$$

所以,对应状态方程的矩阵为

$$\boldsymbol{A}=\boldsymbol{I}_n,\quad \boldsymbol{B}=\begin{bmatrix}0 & -1 & 0 & \cdots & 0\\ 0 & 0 & -1 & \ddots & \vdots\\ \vdots & \ddots & \ddots & \ddots & 0\\ 0 & \cdots & 0 & 0 & -1\\ \dfrac{a_0}{a_n} & \dfrac{a_1}{a_n} & \dfrac{a_2}{a_n} & \cdots & \dfrac{a_{n-1}}{a_n}\end{bmatrix},\quad \boldsymbol{Q}(t)=\frac{1}{a_n}\begin{bmatrix}0\\ 0\\ \vdots\\ 0\\ F(t)\end{bmatrix}$$

矩阵$\boldsymbol{A}$,$\boldsymbol{B}$也可取为

$$\boldsymbol{A}=\begin{bmatrix}0 & \cdots & 0 & -a_0 & 0\\ 0 & \cdots & -a_0 & -a_1 & 0\\ \vdots & \ddots & \vdots & \vdots & \vdots\\ -a_0 & \cdots & -a_{n-3} & -a_{n-2} & 0\\ 0 & 0 & \cdots & 0 & a_n\end{bmatrix},\quad \boldsymbol{B}=\begin{bmatrix}0 & 0 & \cdots & 0 & a_0\\ 0 & \ddots & 0 & a_0 & a_1\\ \vdots & 0 & \ddots & \vdots & \vdots\\ 0 & a_0 & \cdots & a_{n-3} & a_{n-2}\\ a_0 & a_1 & \cdots & a_{n-2} & a_{n-1}\end{bmatrix}$$

事实上,方程(16.146)只涉及一阶导数,使其解可以很容易地写成矩阵指数函数的形式。特别地,方程(16.146)的齐次解可以写成$\boldsymbol{X}(t)=\exp(-t\boldsymbol{A}^{-1}\boldsymbol{B})$,其中矩阵指数定义为

$$\exp(\boldsymbol{A})=\sum_{j=0}^{\infty}\frac{1}{j!}\boldsymbol{A}^j \tag{16.149}$$

其中 $\boldsymbol{A}$ 为正方形矩阵,$\boldsymbol{A}^0$ 为一个单位矩阵(维数与 $\boldsymbol{A}$ 相同),$\boldsymbol{A}^j=\boldsymbol{A}\boldsymbol{A}^{j-1}$。由这些关系给出 $\exp(-t\boldsymbol{A}^{-1}\boldsymbol{B})$ 对时间的导数为 $-\boldsymbol{A}^{-1}\boldsymbol{B}\exp(-t\boldsymbol{A}^{-1}\boldsymbol{B})$,因此方程(16.146)具有与标量方程相同形式的解。类似地,一般的非齐次解可以写成下面的卷积积分:

$$\boldsymbol{Y}(t)=\int_{-\infty}^{t}\exp[-(t-s)\boldsymbol{A}^{-1}\boldsymbol{B}]\boldsymbol{A}^{-1}\boldsymbol{Q}(s)\mathrm{d}s \tag{16.150}$$

虽然式(16.150)从数学上说是正确的,但是并不适合数值计算。利用特征值分析结果将矩阵 $\boldsymbol{A}^{-1}\boldsymbol{B}$ 对角化,可得简化的数值方法。令 $\boldsymbol{A}^{-1}\boldsymbol{B}$ 的特征值和特征向量矩阵分别为 $\boldsymbol{\lambda}$ 和 $\boldsymbol{\theta}$,于是有 $\boldsymbol{A}^{-1}\boldsymbol{B}\boldsymbol{\theta}=\boldsymbol{\theta}\boldsymbol{\lambda}$ 或 $\boldsymbol{A}^{-1}\boldsymbol{B}=\boldsymbol{\theta}\boldsymbol{\lambda}\boldsymbol{\theta}^{-1}$。容易证明 $(\boldsymbol{A}^{-1}\boldsymbol{B})^j=\boldsymbol{\theta}\,\boldsymbol{\lambda}^j\boldsymbol{\theta}^{-1}$,进而有

$$\exp(-t\boldsymbol{A}^{-1}\boldsymbol{B})=\boldsymbol{\theta}\exp(-t\boldsymbol{\lambda})\boldsymbol{\theta}^{-1}$$

于是式(16.150)可写为

$$\boldsymbol{Y}(t)=\int_{-\infty}^{t}\boldsymbol{\theta}\exp[-(t-s)\boldsymbol{\lambda}]\boldsymbol{\theta}^{-1}\boldsymbol{A}^{-1}\boldsymbol{Q}(s)\mathrm{d}s \tag{16.151}$$

当 $\boldsymbol{A}$ 和 $\boldsymbol{B}$ 都是对称矩阵时,$\hat{\boldsymbol{A}}=\boldsymbol{\theta}^{\mathrm{T}}\boldsymbol{A}\boldsymbol{\theta}$ 为对角矩阵,所以 $\boldsymbol{\theta}^{-1}=\hat{\boldsymbol{A}}^{-1}\boldsymbol{\theta}^{\mathrm{T}}\boldsymbol{A}$,代入式(16.151)可得

$$\boldsymbol{Y}(t)=\int_{-\infty}^{t}\boldsymbol{\theta}\exp[-(t-s)\boldsymbol{\lambda}]\hat{\boldsymbol{A}}^{-1}\boldsymbol{\theta}^{\mathrm{T}}\boldsymbol{Q}(s)\mathrm{d}s \tag{16.152}$$

与以前类似,方程(16.146)的随机分析可以有几种方法。一种方法是应用式(16.150)(也可用式(16.151))获得脉冲响应矩阵 $\boldsymbol{h}(t)$。比如,令第 l 个输入 $Q_l(t)=\delta(t)$,其他输入均为零,则由式(16.150)得到的一列响应就是脉冲响应矩阵 $\boldsymbol{h}(t)$ 的第 l 列,取遍所有输入分量,就得到脉冲响应矩阵 $\boldsymbol{h}(t)$,为

$$\boldsymbol{h}(t)=\exp(-t\boldsymbol{A}^{-1}\boldsymbol{B})\boldsymbol{A}^{-1}U(t)=\boldsymbol{\theta}\exp(-t\boldsymbol{\lambda})\boldsymbol{\theta}^{-1}\boldsymbol{A}^{-1}U(t) \tag{16.153}$$

类似地,当第 l 个输入 $Q_l(t)=\mathrm{e}^{\mathrm{i}\omega t}$,其他输入均为零时,由方程(16.146)得到的一列响应为简谐传递函数矩阵 $\boldsymbol{H}(\omega)$ 的第 l 列,取遍所有输入分量,就得到传递矩阵 $\boldsymbol{H}(\omega)$,为

$$\boldsymbol{H}(\omega)=(\mathrm{i}\omega\boldsymbol{A}+\boldsymbol{B})^{-1}=(\mathrm{i}\omega\boldsymbol{I}+\boldsymbol{A}^{-1}\boldsymbol{B})^{-1}\boldsymbol{A}^{-1}=\boldsymbol{\theta}\,(\mathrm{i}\omega\boldsymbol{I}+\boldsymbol{\lambda})^{-1}\boldsymbol{\theta}^{-1}\boldsymbol{A}^{-1} \tag{16.154}$$

由式(16.150)(也可用式(16.151))可直接得到响应的均值向量:

$$\begin{aligned}\boldsymbol{\mu}_Y(t)&=\int_{-\infty}^{t}\exp[-(t-s)\boldsymbol{A}^{-1}\boldsymbol{B}]\boldsymbol{A}^{-1}\boldsymbol{\mu}_Q(s)\mathrm{d}s\\&=\int_{-\infty}^{t}\boldsymbol{\theta}\exp[-(t-s)\boldsymbol{\lambda}]\boldsymbol{\theta}^{-1}\boldsymbol{A}^{-1}\boldsymbol{\mu}_Q(s)\mathrm{d}s\end{aligned} \tag{16.155}$$

类似可得响应的自相关函数:

$$\begin{aligned}\boldsymbol{\phi}_{YY}(t)=&\int_{-\infty}^{s}\int_{-\infty}^{t}\exp[-(t-u)\boldsymbol{A}^{-1}\boldsymbol{B}]\boldsymbol{A}^{-1}\boldsymbol{\phi}_{QQ}(u,v)\,(\boldsymbol{A}^{-1})^{\mathrm{T}}\\&\times\exp[-(s-v)\boldsymbol{B}^{\mathrm{T}}(\boldsymbol{A}^{-1})^{\mathrm{T}}]\mathrm{d}u\,\mathrm{d}v\end{aligned} \tag{16.156}$$

或

$$\begin{aligned}\boldsymbol{\phi}_{YY}(t)=&\int_{-\infty}^{s}\int_{-\infty}^{t}\boldsymbol{\theta}\exp[-(t-u)\boldsymbol{\lambda}]\boldsymbol{\theta}^{-1}\boldsymbol{A}^{-1}\boldsymbol{\phi}_{QQ}(u,v)\,(\boldsymbol{A}^{-1})^{\mathrm{T}}\\&\times(\boldsymbol{\theta}^{-1})^{\mathrm{T}}\exp[-(s-v)\boldsymbol{\lambda}]\boldsymbol{\theta}^{\mathrm{T}}\mathrm{d}u\,\mathrm{d}v\end{aligned} \tag{16.157}$$

响应的自协方差函数为

$$\begin{aligned}\boldsymbol{K}_{YY}(t)=&\int_{-\infty}^{s}\int_{-\infty}^{t}\boldsymbol{\theta}\exp[-(t-u)\boldsymbol{\lambda}]\boldsymbol{\theta}^{-1}\boldsymbol{A}^{-1}\boldsymbol{K}_{QQ}(u,v)\,(\boldsymbol{A}^{-1})^{\mathrm{T}}\\&\times(\boldsymbol{\theta}^{-1})^{\mathrm{T}}\exp[-(s-v)\boldsymbol{\lambda}]\boldsymbol{\theta}^{\mathrm{T}}\mathrm{d}u\,\mathrm{d}v\end{aligned} \tag{16.158}$$

对于协方差平稳的响应,自谱密度函数为

$$\boldsymbol{S}_{YY}(\omega)=(\mathrm{i}\omega\boldsymbol{A}+\boldsymbol{B})^{-1}\boldsymbol{S}_{QQ}(\omega)(-\mathrm{i}\omega\boldsymbol{A}^{\mathrm{T}}+\boldsymbol{B})^{-1}$$
$$=\boldsymbol{\theta}(\mathrm{i}\omega\boldsymbol{I}+\boldsymbol{\lambda})^{-1}\boldsymbol{\theta}^{-1}\boldsymbol{A}^{-1}\boldsymbol{S}_{QQ}(u,v)(\boldsymbol{A}^{\mathrm{T}})^{-1}(\boldsymbol{\theta}^{\mathrm{T}*})^{-1}(-\mathrm{i}\omega\boldsymbol{I}+\boldsymbol{\lambda}^{*})^{-1}\boldsymbol{\theta}^{\mathrm{T}*} \tag{16.159}$$

现在来考虑给定初始条件之后的响应。系统对初始条件的响应矩阵 $\boldsymbol{g}(t)=\boldsymbol{h}(t)\boldsymbol{A}$，所以，对于状态方程(16.146)，系统的响应表达式(16.112)可写为

$$\boldsymbol{Y}(t)=\exp[-(t-t_0)\boldsymbol{A}^{-1}\boldsymbol{B}]\boldsymbol{Y}(t_0)+\int_{t_0}^{t}\exp[-(t-t_0)\boldsymbol{A}^{-1}\boldsymbol{B}]\boldsymbol{A}^{-1}\boldsymbol{Q}(s)\mathrm{d}s \tag{16.160}$$

其中 $\boldsymbol{Y}(t_0)$ 为事先指定的初始条件。由此可得均值为

$$\boldsymbol{\mu}_Y(t)=\exp[-(t-t_0)\boldsymbol{A}^{-1}\boldsymbol{B}]\boldsymbol{\mu}_Y(t_0)+\int_{t_0}^{t}\exp[-(t-t_0)\boldsymbol{A}^{-1}\boldsymbol{B}]\boldsymbol{A}^{-1}\boldsymbol{\mu}_Q(s)\mathrm{d}s \tag{16.161}$$

如果 $s>t_0$ 时 $\boldsymbol{Q}(s)$ 独立于初始条件 $\boldsymbol{Y}(t_0)$，则协方差简化为

$$\boldsymbol{K}_{YY}(t,s)=\exp[-(t-t_0)\boldsymbol{A}^{-1}\boldsymbol{B}]\boldsymbol{K}_{YY}(t_0,t_0)\exp[-(t-t_0)\boldsymbol{B}^{\mathrm{T}}(\boldsymbol{A}^{-1})^{\mathrm{T}}]$$
$$+\int_{t_0}^{s}\int_{t_0}^{t}\exp[-(t-u)\boldsymbol{A}^{-1}\boldsymbol{B}]\boldsymbol{A}^{-1}\boldsymbol{K}_{QQ}(u,v)(\boldsymbol{A}^{-1})^{\mathrm{T}}\exp[-(s-v)\boldsymbol{B}^{\mathrm{T}}(\boldsymbol{A}^{-1})^{\mathrm{T}}]\mathrm{d}u\mathrm{d}v \tag{16.162}$$

对应的条件均值和协方差分别为

$$E[\boldsymbol{Y}(t)\mid\boldsymbol{Y}(t_0)=\boldsymbol{w}]=\exp[-(t-t_0)\boldsymbol{A}^{-1}\boldsymbol{B}]\boldsymbol{w} \tag{16.163}$$
$$+\int_{t_0}^{t}\exp[-(t-s)\boldsymbol{A}^{-1}\boldsymbol{B}]\boldsymbol{A}^{-1}E[\boldsymbol{Q}(s)\mid\boldsymbol{Y}(t_0)=\boldsymbol{w}]\mathrm{d}s$$

$$\boldsymbol{K}[\boldsymbol{Y}(t),\boldsymbol{Y}(s)\mid\boldsymbol{Y}(t_0)=\boldsymbol{w}]=\int_{t_0}^{s}\int_{t_0}^{t}\exp[-(t-u)\boldsymbol{A}^{-1}\boldsymbol{B}]\boldsymbol{A}^{-1}$$
$$\times\boldsymbol{K}[\boldsymbol{Q}(u),\boldsymbol{Q}(v)\mid\boldsymbol{Y}(t_0)=\boldsymbol{w}](\boldsymbol{A}^{-1})^{\mathrm{T}}\exp[-(s-v)\boldsymbol{B}^{\mathrm{T}}(\boldsymbol{A}^{-1})^{\mathrm{T}}]\mathrm{d}u\mathrm{d}v \tag{16.164}$$

对于 delta-相关激励，如果

$$\boldsymbol{K}_{QQ}(u,v)=2\pi\boldsymbol{S}_0(u)\delta(u-v)$$

则响应的自协方差矩阵为

$$\boldsymbol{K}_{YY}(t,s)=2\pi\int_{-\infty}^{\min(t,s)}\exp[-(t-u)\boldsymbol{A}^{-1}\boldsymbol{B}]\boldsymbol{A}^{-1}\boldsymbol{S}_0(u)(\boldsymbol{A}^{-1})^{\mathrm{T}}\exp[-(s-u)\boldsymbol{B}^{\mathrm{T}}(\boldsymbol{A}^{\mathrm{T}})^{-1}]\mathrm{d}u \tag{16.165}$$

或

$$\boldsymbol{K}_{YY}(t,s)=\exp[-(t-t_0)\boldsymbol{A}^{-1}\boldsymbol{B}]\boldsymbol{K}_{YY}(t_0,t_0)\exp[-(s-t_0)\boldsymbol{B}^{\mathrm{T}}(\boldsymbol{A}^{-1})^{\mathrm{T}}]$$
$$+2\pi\int_{t_0}^{\min(t,s)}\exp[-(t-u)\boldsymbol{A}^{-1}\boldsymbol{B}]\boldsymbol{A}^{-1}\boldsymbol{S}_0(u)(\boldsymbol{A}^{-1})^{\mathrm{T}}\exp[-(s-u)\boldsymbol{B}^{\mathrm{T}}(\boldsymbol{A}^{-1})^{\mathrm{T}}]\mathrm{d}u \tag{16.166}$$

对应的条件均值和协方差分别为

$$E[\boldsymbol{Y}(t)\mid\boldsymbol{Y}(t_0)=\boldsymbol{w}]=\exp[-(t-t_0)\boldsymbol{A}^{-1}\boldsymbol{B}]\boldsymbol{w}$$
$$+\int_{t_0}^{t}\exp[-(t-s)\boldsymbol{A}^{-1}\boldsymbol{B}]\boldsymbol{A}^{-1}\boldsymbol{\mu}_Q(s)\mathrm{d}s \tag{16.167}$$

$$\mathrm{Var}[\boldsymbol{Y}(t),\boldsymbol{Y}(s)\mid\boldsymbol{Y}(t_0)=\boldsymbol{w}]=2\pi\int_{t_0}^{t}\exp[-(t-u)\boldsymbol{A}^{-1}\boldsymbol{B}]\boldsymbol{A}^{-1}$$
$$\times\boldsymbol{S}_0(u)(\boldsymbol{A}^{-1})^{\mathrm{T}}\exp[-(s-u)\boldsymbol{B}^{\mathrm{T}}(\boldsymbol{A}^{-1})^{\mathrm{T}}]\mathrm{d}u \tag{16.168}$$

例 16.17　考虑图 16.22 所示的二自由度系统，设系统的质量、刚度和阻尼矩阵为

$$\boldsymbol{m}=\begin{bmatrix}1000 & 0\\ 0 & 500\end{bmatrix}\text{kg},\quad \boldsymbol{k}=\begin{bmatrix}10^6 & -5\times10^5\\ -5\times10^5 & 5\times10^5\end{bmatrix}\text{kg},\quad \boldsymbol{c}=\begin{bmatrix}1000 & -500\\ -500 & 500\end{bmatrix}\frac{\text{N}\cdot\text{s}}{\text{m}}$$

取状态空间向量为 $\boldsymbol{Y}(t)=[X_1(t),X_2(t),\dot{X}_1(t),\dot{X}_2(t)]^{\mathrm{T}}$，求脉冲响应矩阵 $\boldsymbol{h}(t)$ 和简谐传递矩阵 $\boldsymbol{H}(\omega)$。

解　应用式(16.148)可得状态空间方程的矩阵为

$$\boldsymbol{A}=\begin{bmatrix}-10^6 & 5\times10^5 & 0 & 0\\ 5\times10^5 & -5\times10^5 & 0 & 0\\ 0 & 0 & 1000 & 0\\ 0 & 0 & 0 & 500\end{bmatrix}$$

$$\boldsymbol{B}=\begin{bmatrix}0 & 0 & 10^6 & -5\times10^5\\ 0 & 0 & -5\times10^5 & 5\times10^5\\ 10^6 & -5\times10^5 & 1000 & -500\\ -5\times10^5 & 5\times10^5 & -500 & 500\end{bmatrix}$$

对 $\boldsymbol{A}^{-1}\boldsymbol{B}$ 作特征值分析可得

$$\boldsymbol{\theta}=\begin{bmatrix}-0.3536-41.32\mathrm{i} & -0.3536+41.32\mathrm{i} & -0.3536+17.11\mathrm{i} & -0.3536-17.11\mathrm{i}\\ -0.5-58.43\mathrm{i} & -0.5+58.43\mathrm{i} & -0.5-24.2\mathrm{i} & -0.5+24.2\mathrm{i}\\ 707.1 & 707.1 & -707.1 & -707.1\\ 1000 & 1000 & 1000 & 1000\end{bmatrix}$$

$$\boldsymbol{\lambda}=\mathrm{diag}[\lambda_{11},\lambda_{22},\lambda_{33},\lambda_{44}],\quad \hat{\boldsymbol{A}}=\mathrm{diag}[\hat{A}_{11},\hat{A}_{22},\hat{A}_{33},\hat{A}_{44}]$$

其中

$$\lambda_{11}=0.1464-17.11\mathrm{i},\quad \lambda_{22}=\lambda_{11}^*$$

$$\lambda_{33}=0.8536-41.32\mathrm{i},\quad \lambda_{44}=\lambda_{33}^*$$

$$\hat{A}_{11}=2.000\times10^9-1.711\times10^7\mathrm{i},\quad \hat{A}_{22}=\hat{A}_{11}^*$$

$$\hat{A}_{33}=1.999\times10^9-4.131\times10^7\mathrm{i},\quad \hat{A}_{44}=\hat{A}_{33}^*$$

注意，$\boldsymbol{A}^{-1}\boldsymbol{B}$ 的特征值为 $\pm\mathrm{i}\omega_j\,(1-\zeta_j^2)^{1/2}+\zeta_j\omega_j$，即它们的虚部是有阻尼固有频率。

按下式可计算 $\boldsymbol{h}(t)$ 和 $\boldsymbol{H}(\omega)$：

$$\boldsymbol{h}(t)=\boldsymbol{\theta}\exp(-t\boldsymbol{\lambda})\hat{\boldsymbol{A}}^{-1}\boldsymbol{\theta}^{\mathrm{T}}U(t)$$

$$\boldsymbol{H}(\omega)=\boldsymbol{\theta}\,(\mathrm{i}\omega\boldsymbol{I}+\boldsymbol{\lambda})^{-1}\hat{\boldsymbol{A}}^{-1}\boldsymbol{\theta}^{\mathrm{T}}$$

例 16.18　图 16.23 所示的系统受到基础激励，设系统受到的基础加速度激励 $\{\ddot{Y}(t)\}$ 为零均值白噪声，自谱密度为 $S_0=0.1\ (\mathrm{m/s^2})/(\mathrm{rad/s})$。取状态空间向量为

$$\boldsymbol{Y}(t)=[X_1(t),X_2(t),\dot{X}_1(t),\dot{X}_2(t)]^{\mathrm{T}}$$

求平稳响应 $\{X_1(t)\}$ 的自谱密度和均方值。

解　系统的质量、刚度和阻尼矩阵与例 16.17 相同。由式(16.148)可得状态空间方程的激励向量为 $\boldsymbol{Q}(t)=-\ddot{Y}(t)[0,0,m_1,m_2]^{\mathrm{T}}$。因此，输入的自谱密度矩阵为

$$\boldsymbol{S}_{QQ}=S_0\begin{bmatrix}0 & 0 & 0 & 0\\ 0 & 0 & 0 & 0\\ 0 & 0 & m_1^2 & m_1m_2\\ 0 & 0 & m_1m_2 & m_2^2\end{bmatrix}=S_0\begin{bmatrix}0 & 0 & 0 & 0\\ 0 & 0 & 0 & 0\\ 0 & 0 & 10^6 & 5\times10^5\\ 0 & 0 & 5\times10^5 & 2.5\times10^5\end{bmatrix}$$

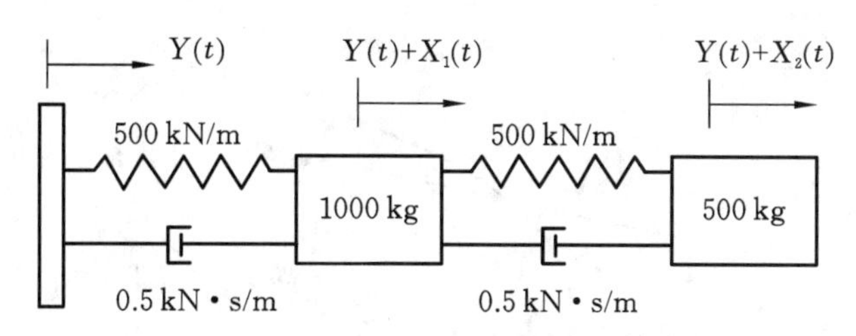

图 16.23　一个受到基础激励的二自由度系统

响应$\{\boldsymbol{Y}(t)\}$的自谱密度矩阵为

$$\begin{aligned}\boldsymbol{S}_{YY}(\omega)&=\boldsymbol{H}(\omega)\boldsymbol{S}_{QQ}(\omega)\boldsymbol{H}^{*\mathrm{T}}(\omega)\\&=\boldsymbol{\theta}(\mathrm{i}\omega\boldsymbol{I}+\boldsymbol{\lambda})^{-1}\hat{\boldsymbol{A}}^{-1}\boldsymbol{\theta}^{\mathrm{T}}\boldsymbol{S}_{QQ}(\omega)\boldsymbol{\theta}^{*}\hat{\boldsymbol{A}}^{-1*}(-\mathrm{i}\omega\boldsymbol{I}+\boldsymbol{\lambda}^{*})^{-1}\boldsymbol{\theta}^{\mathrm{T}*}\end{aligned}$$

可得$\boldsymbol{S}_{YY}(\omega)$的(1,1)元素，即$\{X_1(t)\}$的自谱密度为

$$\begin{aligned}[\boldsymbol{S}_{YY}(\omega)]_{11}&=\sum_{j_1=1}^{4}\sum_{j_2=1}^{4}\sum_{j_3=1}^{4}\sum_{j_4=1}^{4}\frac{\theta_{1j_1}\theta_{j_2j_1}[\boldsymbol{S}_{QQ}]_{j_2j_3}\theta^{*}_{j_3j_4}\theta^{*}_{1j_4}}{(\mathrm{i}\omega+\lambda_{j_1j_1})\hat{A}_{j_1j_1}\hat{A}^{*}_{j_4j_4}(-\mathrm{i}\omega+\lambda^{*}_{j_4j_4})}\\&=\frac{(\omega^4-2964\omega^2+2.25\times10^6)S_0}{(\omega^4-585.4\omega^2+8.584\times10^4)(\omega^4-3376\omega^2+2.912\times10^6)}\end{aligned}$$

由式(16.165)可得这个平稳、零均值问题的自协方差矩阵为

$$\begin{aligned}\boldsymbol{K}_{YY}(t,t)&=2\pi\int_0^{\infty}\exp(-u\boldsymbol{A}^{-1}\boldsymbol{B})\boldsymbol{A}^{-1}\boldsymbol{S}_{QQ}(\boldsymbol{A}^{-1})^{\mathrm{T}}\exp[-u\boldsymbol{B}^{\mathrm{T}}(\boldsymbol{A}^{-1})^{\mathrm{T}}]\mathrm{d}u\\&=2\pi\boldsymbol{\theta}\int_0^{\infty}\exp(-u\boldsymbol{\lambda})\hat{\boldsymbol{A}}^{-1}\boldsymbol{\theta}^{\mathrm{T}}\boldsymbol{S}_{QQ}\boldsymbol{\theta}\hat{\boldsymbol{A}}^{-1}\exp(-u\boldsymbol{\lambda})\mathrm{d}u\boldsymbol{\theta}^{\mathrm{T}}\end{aligned}$$

$\{X_1(t)\}$的均方值为

$$\begin{aligned}E(X_1^1)&=[\boldsymbol{K}_{YY}(t,t)]_{11}\\&=2\pi\sum_{j_1=1}^{4}\sum_{j_2=1}^{4}\sum_{j_3=1}^{4}\sum_{j_4=1}^{4}\frac{\theta_{1j_1}\theta_{j_2j_1}[\boldsymbol{S}_{QQ}]_{j_2j_3}\theta_{j_3j_4}\theta_{1j_4}}{\hat{A}_{j_1j_1}\hat{A}_{j_4j_4}}\int_0^{\infty}\mathrm{e}^{-u(\lambda_{j_1j_1}+\lambda_{j_4j_4})}\mathrm{d}u\\&=2\pi\sum_{j_1=1}^{4}\sum_{j_2=1}^{4}\sum_{j_3=1}^{4}\sum_{j_4=1}^{4}\frac{\theta_{1j_1}\theta_{j_2j_1}[\boldsymbol{S}_{QQ}]_{j_2j_3}\theta_{j_3j_4}\theta_{1j_4}}{\hat{A}_{j_1j_1}\hat{A}_{j_4j_4}(\lambda_{j_1j_1}+\lambda_{j_4j_4})}=1.86\times10^{-3}\ \mathrm{m}^2\end{aligned}$$

16.10　线性连续体系统对平稳随机激励的响应

16.10.1　点激励产生的响应

考虑线性连续体结构系统，假定它是稳定和时不变的。例如，该系统可能是一种机械结构，它因表面压力的急剧变化而振动。这种结构可以示意地用图 16.24 表示。在惯性系中取固定点 O，假设结构上点 S 的位置矢量记为 $\boldsymbol{s}$，另一点 R 的位置矢量记为 $\boldsymbol{r}$；在 R 点沿单位矢量 $\boldsymbol{e}_s$ 方向作用了激励 $f(\boldsymbol{s},t)$，在 R 点产生沿单位矢量 $\boldsymbol{e}_r$ 方向的响应 $y(\boldsymbol{r},t)$。

系统的动态行为可以用脉冲响应函数 $h(\boldsymbol{r},\boldsymbol{s},t)$或频率响应函数 $H(\boldsymbol{r},\boldsymbol{s},\omega)$来描述。脉冲响应函数 $h(\boldsymbol{r},\boldsymbol{s},t)$表示 $t=0$ 时刻在 $\boldsymbol{s}$ 点的单位矢量$\boldsymbol{e}_s$ 方向作用单位脉冲函数、在 $\boldsymbol{r}$ 点的单位矢量 $\boldsymbol{e}_r$ 方向产生的响应。频率响应函数 $H(\boldsymbol{r},\boldsymbol{s},\omega)$表示在 $\boldsymbol{s}$ 点的单位矢量 $\boldsymbol{e}_s$ 方向作

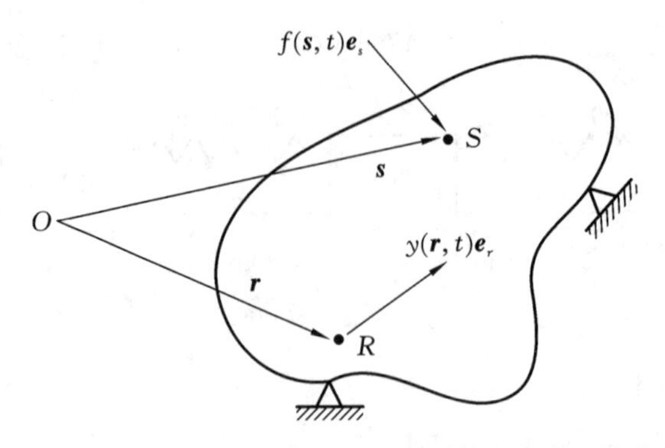

图 16.24 结构动力学系统:s 点的激励在 r 点产生的响应

用频率为 ω 的简谐激励、在 r 点的单位矢量 e_r 方向的稳态简谐响应。

我们已知 $H(\boldsymbol{r},\boldsymbol{s},\omega)$ 与 $h(\boldsymbol{r},\boldsymbol{s},t)$ 满足 Fourier 变换关系,即

$$H(\boldsymbol{r},\boldsymbol{s},\omega)=\int_{-\infty}^{\infty} h(\boldsymbol{r},\boldsymbol{s},t)\mathrm{e}^{-\mathrm{i}\omega t}\,\mathrm{d}t \tag{16.169}$$

和

$$h(\boldsymbol{r},\boldsymbol{s},t)=\frac{1}{2\pi}\int_{-\infty}^{\infty} H(\boldsymbol{r},\boldsymbol{s},\omega)\mathrm{e}^{\mathrm{i}\omega t}\,\mathrm{d}t \tag{16.170}$$

如果 $f(\boldsymbol{s},t)$ 为唯一的激励源,且该激励为平稳随机过程,那么在 $\boldsymbol{r}$ 点的响应谱密度为

$$S_{yy}(\boldsymbol{r},\omega)=H^*(\boldsymbol{r},\boldsymbol{s},\omega)H(\boldsymbol{r},\boldsymbol{s},\omega)S_{ff}(\boldsymbol{s},\omega) \tag{16.171}$$

下面我们来考虑多点激励、多点响应的结构系统的互谱密度。以两点激励和两点响应为例(参见图 16.25),我们定义:$S_{yy}(\boldsymbol{r}_1,\boldsymbol{r}_2,\omega)$ 为两点 $\boldsymbol{r}_1$ 与 $\boldsymbol{r}_2$ 的响应之间的互谱密度;$S_{ff}(\boldsymbol{s}_1,\boldsymbol{s}_2,\omega)$ 为两点 $\boldsymbol{s}_1$ 与 $\boldsymbol{s}_2$ 的激励之间的互谱密度;$S_{ff}(\boldsymbol{s}_1,\boldsymbol{s}_1,\omega)$ 为点 $\boldsymbol{s}_1$ 处激励的自谱密度;$S_{ff}(\boldsymbol{s}_2,\boldsymbol{s}_2,\omega)$ 为点 $\boldsymbol{s}_2$ 处激励的自谱密度;$H(\boldsymbol{r}_1,\boldsymbol{s}_1,\omega)$ 为点 $\boldsymbol{r}_1$ 处的响应与点 $\boldsymbol{s}_1$ 处的激励之间的频率响应函数,类似可定义 $H(\boldsymbol{r}_2,\boldsymbol{s}_1,\omega)$,$H(\boldsymbol{r}_1,\boldsymbol{s}_2,\omega)$ 和 $H(\boldsymbol{r}_2,\boldsymbol{s}_2,\omega)$。

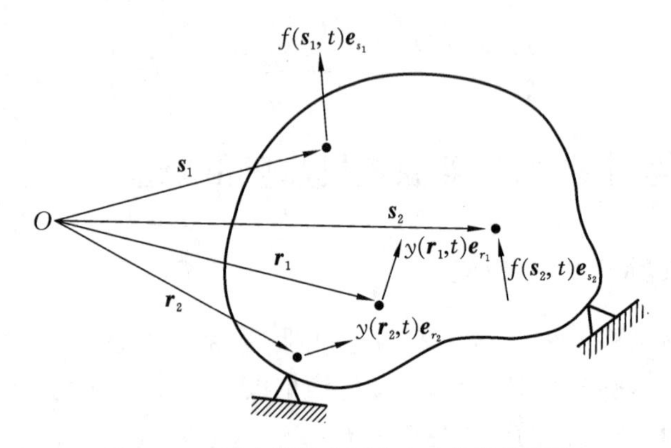

图 16.25 两点激励和两点响应的结构系统

因此,根据多输入-多输出关系可得

$$\begin{aligned}S_{yy}(\boldsymbol{r}_1,\boldsymbol{r}_2,\omega)=&H^*(\boldsymbol{r}_1,\boldsymbol{s}_1,\omega)H(\boldsymbol{r}_2,\boldsymbol{s}_1,\omega)S_{ff}(\boldsymbol{s}_1,\boldsymbol{s}_1,\omega)\\&+H^*(\boldsymbol{r}_1,\boldsymbol{s}_1,\omega)H(\boldsymbol{r}_2,\boldsymbol{s}_2,\omega)S_{ff}(\boldsymbol{s}_1,\boldsymbol{s}_2,\omega)\end{aligned}$$

$$+H^*(\boldsymbol{r}_1,\boldsymbol{s}_2,\omega)H(\boldsymbol{r}_2,\boldsymbol{s}_1,\omega)S_{ff}(\boldsymbol{s}_2,\boldsymbol{s}_1,\omega)$$
$$+H^*(\boldsymbol{r}_1,\boldsymbol{s}_2,\omega)H(\boldsymbol{r}_2,\boldsymbol{s}_2,\omega)S_{ff}(\boldsymbol{s}_2,\boldsymbol{s}_2,\omega) \tag{16.172}$$

其中

$$S_{yy}(\boldsymbol{r}_2,\boldsymbol{r}_1,\omega)=S_{yy}^*(\boldsymbol{r}_1,\boldsymbol{r}_2,\omega) \tag{16.173}$$

$$S_{ff}(\boldsymbol{s}_2,\boldsymbol{s}_1,\omega)=S_{ff}^*(\boldsymbol{s}_1,\boldsymbol{s}_2,\omega) \tag{16.174}$$

16.10.2 分布激励产生的响应

对于具有 N 个点激励的情况，推广式(16.172)可得结构上任意两点 $\boldsymbol{r}_1$ 与 $\boldsymbol{r}_2$ 的响应之间的互谱密度为

$$S_{yy}(\boldsymbol{r}_1,\boldsymbol{r}_2,\omega)=\sum_{j=1}^{N}\sum_{k=1}^{N}H^*(\boldsymbol{r}_1,\boldsymbol{s}_j,\omega)H(\boldsymbol{r}_2,\boldsymbol{s}_k,\omega)S_{ff}(\boldsymbol{s}_j,\boldsymbol{s}_k,\omega) \tag{16.175}$$

现在，我们考虑当点的激励数量为无穷大时的极限情况，它趋近于分布随机载荷，例如波动的压力场(如飞机蒙皮上的湍流边界层)。我们假设分布随机激励为 $p(\boldsymbol{s},t)$，且其在空间和时间上是平稳的(或换句话说，它在空间尺度上是齐性的，在时间上是稳定的)，它的谱密度是 $S_{pp}(\boldsymbol{\gamma},\omega)$，其中 $\boldsymbol{\gamma}$ 是**波矢量**，ω 为时间频率。

显然，施加在面元 $\mathrm{d}s=\mathrm{d}s_1\,\mathrm{d}s_2$ 上的力的大小是压力(或应力)乘以面积，即

$$f(\boldsymbol{s},t)=p(\boldsymbol{s},t)\mathrm{d}s \tag{16.176}$$

其中 $p(\boldsymbol{s},t)$为作用于面元上的分布压力的大小，$f(\boldsymbol{s},t)$是面元 $\mathrm{d}s$ 上作用的压力。不同点和不同方向的输出与不同激励点的不同方向之间的关系用不同的频率响应函数描述。

在式(16.175)中，$S_{ff}(\boldsymbol{s}_j,\boldsymbol{s}_k,\omega)$为结构上的点 $\boldsymbol{s}_j$ 的激励力 $f(\boldsymbol{s}_j,t)$和点 $\boldsymbol{s}_k$ 的激励力 $f(\boldsymbol{s}_k,t)$之间的互谱密度。由式(16.176)可以写出

$$f(\boldsymbol{s}_j,t)=p(\boldsymbol{s}_j,t)\mathrm{d}s_j,\quad f(\boldsymbol{s}_k,t)=p(\boldsymbol{s}_k,t)\mathrm{d}s_k \tag{16.177}$$

所以

$$S_{ff}(\boldsymbol{s}_j,\boldsymbol{s}_k,\omega)\approx S_{pp}(\boldsymbol{s}_j,\boldsymbol{s}_k,\omega)\Delta s_j\Delta s_k \tag{16.178}$$

进而

$$S_{yy}(\boldsymbol{r}_1,\boldsymbol{r}_2,\omega)\approx\sum_{j=1}^{N}\sum_{k=1}^{N}H^*(\boldsymbol{r}_1,\boldsymbol{s}_j,\omega)H(\boldsymbol{r}_2,\boldsymbol{s}_k,\omega)S_{pp}(\boldsymbol{s}_j,\boldsymbol{s}_k,\omega)\Delta s_j\Delta s_k \tag{16.179}$$

当 $N\to\infty$时，$\Delta\boldsymbol{s}_j\to0$，$\Delta\boldsymbol{s}_k\to0$，式(16.179)变为

$$S_{yy}(\boldsymbol{r}_1,\boldsymbol{r}_2,\omega)=\int_R\mathrm{d}s_1\int_R H^*(\boldsymbol{r}_1,\boldsymbol{s}_1,\omega)H(\boldsymbol{r}_2,\boldsymbol{s}_2,\omega)S_{pp}(\boldsymbol{s}_1,\boldsymbol{s}_2,\omega)\mathrm{d}s_2 \tag{16.180}$$

式(16.180)给出了响应 $y(\boldsymbol{r}_1,t)$与 $y(\boldsymbol{r}_2,t)$之间的互谱密度，$S_{pp}(\boldsymbol{s}_1,\boldsymbol{s}_2,\omega)$为激励 $p(\boldsymbol{s}_1,t)$与 $p(\boldsymbol{s}_2,t)$之间的互谱密度。

式(16.180)对于任何时间平稳激励都成立。现在考虑分布激励 $p(\boldsymbol{s},t)$是一个过程的样本函数的情况，假设该过程在空间上是齐性的，具有谱密度 $S_{pp}(\boldsymbol{\gamma},\omega)$。此时，可用 $S_{pp}(\boldsymbol{\gamma},\omega)$来计算 $S_{pp}(\boldsymbol{s}_1,\boldsymbol{s}_2,\omega)$。

例如，假设我们想计算随机变量 $y(X_1,X_2,t)$在两点的互谱密度，这两点在 X_1 方向上

的距离为 x_{10}、在 X_2 方向上的距离为 x_{20}。此时，我们可以将互相关函数写成

$$R_{yy}(x_{10},x_{20},\tau)=\int_{-\infty}^{\infty}\mathrm{d}\omega\int_{-\infty}^{\infty}\mathrm{d}\gamma_1\int_{-\infty}^{\infty}\mathrm{d}\gamma_2 S_{yy}(\gamma_1,\gamma_2,\omega)\mathrm{e}^{\mathrm{i}(\gamma_1 x_{10}+\gamma_2 x_{20}+\omega\tau)} \tag{16.181}$$

可以证明，等效的一维结果可写为

$$R_{y_1y_2}(\tau)=\int_{-\infty}^{\infty}\mathrm{d}\omega S_{y_1y_2}(\omega)\mathrm{e}^{\mathrm{i}\omega\tau} \tag{16.182}$$

其中 $y_1(t)=y(X_1,X_2,t)$，$y_2(t)=y(X_1+x_{10},X_2+x_{20},t+\tau)$。因为以上两式的左边是相同的，所以有

$$S_{y_1y_2}(\omega)=\int_{-\infty}^{\infty}\mathrm{d}\gamma_1\int_{-\infty}^{\infty}\mathrm{d}\gamma_2 S_{yy}(\gamma_1,\gamma_2,\omega)\mathrm{e}^{\mathrm{i}(\gamma_1 x_{10}+\gamma_2 x_{20}+\omega\tau)} \tag{16.183}$$

或写成更一般的形式，为

$$S_{y_1y_2}(\omega)=\int_{\infty}\mathrm{d}\boldsymbol{\gamma} S_{yy}(\boldsymbol{\gamma},\omega)\mathrm{e}^{\mathrm{i}(\boldsymbol{\gamma}\boldsymbol{x}_0)} \tag{16.184}$$

其中

$$\boldsymbol{x}_0=x_{10}\boldsymbol{e}_1+x_{20}\boldsymbol{e}_2,\quad \boldsymbol{\gamma}=\gamma_1\boldsymbol{e}_1+\gamma_2\boldsymbol{e}_2$$

分别为位置矢量和波矢量。式(16.184)是一个重要结果，它的含义是：对一个齐性和平稳的随机过程 $y(\boldsymbol{x},t)$，设它的多维谱密度为 $S_{yy}(\boldsymbol{\gamma},\omega)$，则任意两点 1 和 2(从点 1 到点 2 的矢量为 $\boldsymbol{x}_0$)的互谱密度可以用 $S_{yy}(\boldsymbol{\gamma},\omega)$ 的加权积分表示，其中权函数是 $\mathrm{e}^{\mathrm{i}(\boldsymbol{\gamma}\boldsymbol{x}_0)}$，积分在所有 $\boldsymbol{\gamma}$ 值上进行。

采用前面定义的记号，任意点 $\boldsymbol{s}_j$ 的激励力 $f(\boldsymbol{s}_j,t)$ 和点 $\boldsymbol{s}_k$ 的激励力 $f(\boldsymbol{s}_k,t)$ 之间的互谱密度为

$$S_{pp}(\boldsymbol{s}_j,\boldsymbol{s}_k,\omega)=\int_{\infty}\mathrm{d}\boldsymbol{\gamma} S_{pp}(\boldsymbol{\gamma},\omega)\mathrm{e}^{\mathrm{i}[\boldsymbol{\gamma}\cdot(\boldsymbol{s}_k-\boldsymbol{s}_j)]} \tag{16.185}$$

将式(16.185)代入式(16.180)，得到

$$S_{yy}(\boldsymbol{r}_1,\boldsymbol{r}_2,\omega)=\int_{\infty}\mathrm{d}\boldsymbol{\gamma} S_{pp}(\boldsymbol{\gamma},\omega)G^*(\boldsymbol{r}_1,\boldsymbol{\gamma},\omega)G(\boldsymbol{r}_2,\boldsymbol{\gamma},\omega) \tag{16.186}$$

其中

$$G(\boldsymbol{r},\boldsymbol{\gamma},\omega)=\int_R H(\boldsymbol{r},\boldsymbol{s},\omega)\mathrm{e}^{\mathrm{i}(\boldsymbol{\gamma}\cdot\boldsymbol{s})}\mathrm{d}s \tag{16.187}$$

$S_{yy}(\boldsymbol{r}_1,\boldsymbol{r}_2,\omega)$ 给出了稳定、线性、时不变连续结构在位置向量 $\boldsymbol{r}_1$ 处的平稳响应 $y(\boldsymbol{r}_1,t)$ 和位置向量 $\boldsymbol{r}_2$ 处的平稳响应 $y(\boldsymbol{r}_2,t)$ 之间的总体平均交叉谱密度。假设该结构受到分布激励 $p(\boldsymbol{s},t)$，则该分布激励在空间上是齐性的，在时间上是稳定的，其多维谱密度为 $S_{pp}(\boldsymbol{\gamma},\omega)$。函数 $G(\boldsymbol{r},\boldsymbol{\gamma},\omega)$ 称为**结构的灵敏度函数**，它给出了结构在 $\boldsymbol{r}$ 处对简谐分布激励的灵敏度，这种简谐分布激励在空间中是波矢量为 $\boldsymbol{\gamma}$ 的简谐波，在时间上是频率为 ω 的简谐波。

16.10.3 正则模态分析

我们先从简支梁的特殊例子开始，然后过渡到一般情况。

考虑一根简支弹性梁，受到分布横向载荷 $p(x,t)$ 的作用。梁的运动方程为

$$m\frac{\partial^2 y}{\partial t^2}+c\frac{\partial y}{\partial t}+EI\frac{\partial^4 y}{\partial x^4}=p(x,t),\quad 0<x<L \tag{16.188}$$

其中 $y(x,t)$ 为梁的挠度，m 为梁单位长度的质量，c 为梁受到的单位长度的黏性阻尼系数，EI 为梁的弯曲刚度。假设梁的挠度 $y(x,t)$ 为无阻尼固有模态的叠加：

$$y(x,t)=\sum_{j=1}^{\infty}\Psi_j(x)y_j(t) \tag{16.189}$$

其中 $\Psi_j(x)$ 为简支梁的正则固有模态，已知为

$$\Psi_j(x)=\sqrt{2}\sin\left(j\frac{\pi x}{L}\right) \tag{16.190}$$

它们满足正交和归一化条件：

$$\int_0^L\Psi_j(x)\Psi_k(x)\mathrm{d}x=L\delta_{jk} \tag{16.191}$$

将式(16.189)代入方程(16.188)可得

$$\sum_{j=1}^{\infty}m\Psi_j(x)\frac{\mathrm{d}^2y_j}{\mathrm{d}t^2}+c\Psi_j(x)\frac{\mathrm{d}y_j}{\mathrm{d}t}+y_jEI\frac{\mathrm{d}^4\Psi_j(x)}{\mathrm{d}x^4}=p(x,t) \tag{16.192}$$

这个方程乘以 $\Psi_j(x)$ 后对 x 积分，并利用模态的正交性可得

$$\frac{\mathrm{d}^2y_j}{\mathrm{d}t^2}+\frac{c}{m}\frac{\mathrm{d}y_j}{\mathrm{d}t}+\frac{EI}{m}\left(\frac{j\pi}{L}\right)^4y_j=\frac{1}{mL}\int_0^L\Psi_j(x)p(x,t)\mathrm{d}x \tag{16.193}$$

梁的无阻尼固有频率为

$$\omega_j=\left(\frac{j\pi}{L}\right)^2\sqrt{\frac{EI}{m}} \tag{16.194}$$

模态振动的带宽为

$$\beta_j=\frac{c}{m} \tag{16.195}$$

定义模态激励力为

$$p_j(t)=\int_0^L\Psi_j(x)p(x,t)\mathrm{d}x \tag{16.196}$$

则方程(16.193)变为

$$\frac{\mathrm{d}^2y_j}{\mathrm{d}t^2}+\beta_j\frac{\mathrm{d}y_j}{\mathrm{d}t}+\omega_j^2y_j=\frac{1}{mL}p_j(t) \tag{16.197}$$

当在 $x=s$ 处作用简谐激励 $\mathrm{e}^{\mathrm{i}\omega t}$ 时，$y(x,t)$ 就是 x 与 s 点之间的频率响应函数 $H(x,s,\omega)$。这个点激励可写为

$$p(x,t)=\mathrm{e}^{\mathrm{i}\omega t}\delta(x-s) \tag{16.198}$$

对应的模态激励力为

$$p_j(t)=\int_0^L\sqrt{2}\sin\left(j\frac{\pi x}{L}\right)\mathrm{e}^{\mathrm{i}\omega t}\delta(x-s)\mathrm{d}x=\sqrt{2}\sin\left(j\frac{\pi s}{L}\right)\mathrm{e}^{\mathrm{i}\omega t} \tag{16.199}$$

所以，方程(16.197)变为

$$\frac{\mathrm{d}^2y_j}{\mathrm{d}t^2}+\beta_j\frac{\mathrm{d}y_j}{\mathrm{d}t}+\omega_j^2y_j=\frac{1}{mL}\sqrt{2}\sin\left(j\frac{\pi s}{L}\right)\mathrm{e}^{\mathrm{i}\omega t} \tag{16.200}$$

梁的响应为

$$y(x,t)=H(x,s,\omega)\mathrm{e}^{\mathrm{i}\omega t}=\sum_{j=1}^{\infty}\Psi_j(x)y_j(t)=\sum_{j=1}^{\infty}\sqrt{2}\sin\left(j\ \frac{\pi x}{L}\right)y_j(t) \tag{16.201}$$

方程(16.200)的稳态解为

$$y_j(t)=\left(\frac{1}{-\omega^2+\beta_j\mathrm{i}\omega+\omega_j^2}\right)\frac{\sqrt{2}}{mL}\sin\left(j\ \frac{\pi x}{L}\right)\mathrm{e}^{\mathrm{i}\omega t} \tag{16.202}$$

可得频率响应函数为

$$H(x,s,\omega)=\sum_{j=1}^{\infty}\frac{2\sin\left(j\ \frac{\pi x}{L}\right)\sin\left(j\ \frac{\pi s}{L}\right)}{mL(-\omega^2+\beta_j\mathrm{i}\omega+\omega_j^2)} \tag{16.203}$$

结构的灵敏度函数 $G(x,\gamma,\omega)$ 为

$$G(x,\gamma,\omega)=\sum_{j=1}^{\infty}\int_0^L\mathrm{d}s\ \frac{2\sin\left(j\ \frac{\pi x}{L}\right)\sin\left(j\ \frac{\pi s}{L}\right)}{mL(-\omega^2+\beta_j\mathrm{i}\omega+\omega_j^2)}\mathrm{e}^{\mathrm{i}\gamma s} \tag{16.204}$$

现在将以上讨论推广到一般情况。假设结构的一般运动方程为

$$m(\boldsymbol{r})\frac{\partial^2 y}{\partial t^2}+c(\boldsymbol{r})\frac{\partial y}{\partial t}+L[y(\boldsymbol{r},t)]=p(x,t) \tag{16.205}$$

其中 L 是空间变量的线性微分算子,比如,对于张紧弦,为

$$L=-T\ \frac{\partial^2}{\partial x^2} \tag{16.206}$$

对于均匀梁,为

$$L=EI\ \frac{\partial^4}{\partial x^4} \tag{16.207}$$

对于薄板,为

$$L=D\ \nabla^4=D\left(\frac{\partial^4}{\partial x_1^4}+2\ \frac{\partial^4}{\partial x_1^2\partial x_2^2}+\frac{\partial^4}{\partial x_2^4}\right) \tag{16.208}$$

其中 D 为板的弯曲刚度,计算公式为

$$D=\frac{Eh^3}{12(1-\nu^2)} \tag{16.209}$$

其中 E 为弹性模量,h 为板的厚度,ν 为 Poisson 比。

假设结构的固有模态为 $\Psi_j(\boldsymbol{r})$,它们满足正交性条件:

$$\int_R m(\boldsymbol{r})\Psi_j(\boldsymbol{r})\Psi_k(\boldsymbol{r})\mathrm{d}\boldsymbol{r}=m_j\delta_{jk} \tag{16.210}$$

假设模态对于阻尼系数也是加权正交的,即

$$\int_R c(\boldsymbol{r})\Psi_j(\boldsymbol{r})\Psi_k(\boldsymbol{r})\mathrm{d}\boldsymbol{r}=c_j\delta_{jk} \tag{16.211}$$

仍然假设结构的响应 $y(\boldsymbol{r},t)$ 为无限个固有模态的叠加:

$$y(\boldsymbol{r},t)=\sum_{j=1}^{\infty}\Psi_j(\boldsymbol{r})y_j(t) \tag{16.212}$$

由此可得,频率响应函数为

$$H(\boldsymbol{r},\boldsymbol{s},\omega)=\sum_{j=1}^{\infty}\Psi_j(\boldsymbol{r})H_j(\omega)\Psi_j(\boldsymbol{s}) \tag{16.213}$$

结构的灵敏度函数$G(\boldsymbol{r},\boldsymbol{\gamma},\omega)$为

$$G(\boldsymbol{r},\boldsymbol{\gamma},\omega)=\sum_{j=1}^{\infty}\int_R \mathrm{d}\boldsymbol{s}\Psi_j(\boldsymbol{r})H_j(\omega)\Psi_j(\boldsymbol{s})\mathrm{e}^{\mathrm{i}(\boldsymbol{\gamma}\cdot\boldsymbol{s})} \tag{16.214}$$

其中

$$H_j(\omega)=\frac{1}{m_j(-\omega^2+\beta_j\mathrm{i}\omega+\omega_j^2)} \tag{16.215}$$

习题

16.1　考虑图示线性系统，它的控制微分方程为

$$m\ddot{x}(t)+c\dot{x}(t)=f(t)$$

求系统的脉冲响应函数。

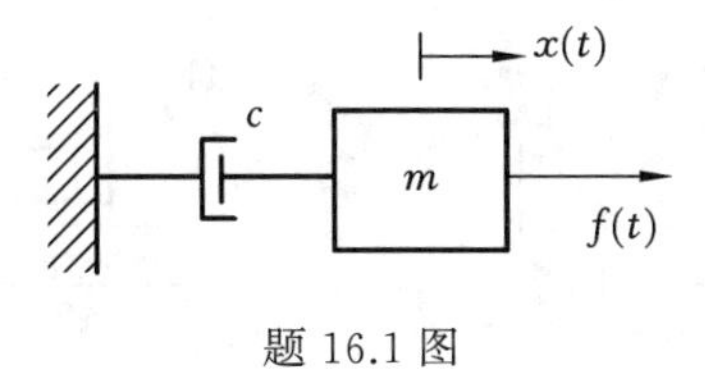

题16.1图

16.2　随机线性系统为

$$c\dot{X}(t)+kX(t)=0$$

它的脉冲响应函数为

$$h_x(t)=c^{-1}\mathrm{e}^{-kt/c}U(t)$$

系统没有激励，但有随机变量初始条件$X(t_0)=Y$，Y的均值μ_Y和标准差σ_Y均已知。求随机过程$\{X(t)\}$的$\mu_X(t)$，$K_{XX}(t_1,t_2)$和$\phi_{XX}(t_1,t_2)$。

16.3　考虑线性系统：

$$c\dot{X}(t)+kX(t)=F(t),\quad X(0)=0$$

对$t>0$，$\{F(t)\}$为一个零均值、非平稳delta-相关过程，$\phi_{FF}(t_1,t_2)=G_0(1-\mathrm{e}^{-at_1})\delta(t_1-t_2)$。求系统响应$\{X(t)\}$的自协方差函数。

16.4　令$\{X(t)\}$为一个协方差平稳过程，其自谱密度为

$$S_{XX}(\omega)=S_0\frac{\alpha^2}{\alpha^2+\omega^2}$$

求该过程的自协方差函数，验证当$\alpha\to\infty$时过程趋于delta-相关过程。

16.5　线性系统的控制微分方程为

$$m\ddot{x}(t)+c\dot{x}(t)=f(t)$$

其脉冲响应函数为$h_x(t)=c^{-1}(1-\mathrm{e}^{-kt/m})U(t)$。(1)求出简谐传递函数；(2)当$f(t)$为一个随机过程$\{F(t)\}$时，其自谱密度为$S_{FF}(\omega)$，求系统响应$\{X(t)\}$的自谱密度。

16.6 如图所示的四个系统的频率响应函数为 $H(\omega)$，脉冲响应函数为 $h(t)$。在四个系统中，$x(t)$ 为输入，$y(t)$ 为输出。

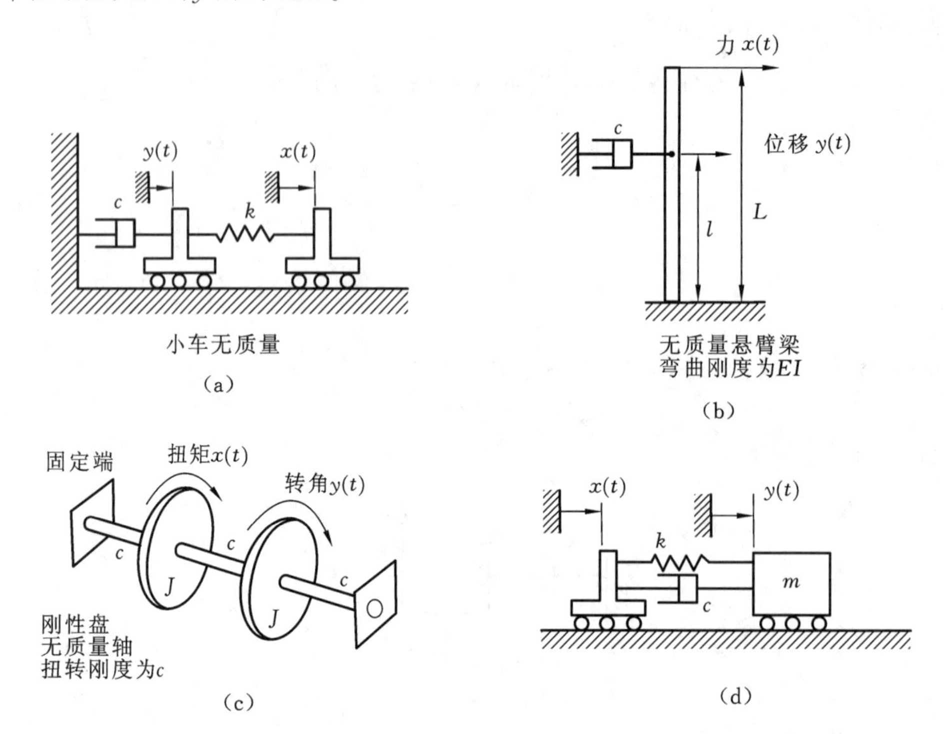

题 16.6 图

注意：

① 题 16.6 图(a)与(d)中的脉冲位移输入 $x(t)=\delta(t)$ 要求 $x(t)$ 突然向前运动，然后立即向后回到初始位置，这样可使位移-时间曲线下方的面积为 1。

② 题 16.6 图(b)中悬臂梁的挠度为

$$\frac{P}{6EI}(3x^2a-x^3)$$

其中 P 为悬臂梁自由端作用的横向力，a 为量的长度，x 为从固支端起算的高度坐标。

③ 题 16.6 图(c)假设系统阻尼很小，在输入作用之前系统是静止的。

④ 题 16.6 图(d)中 $h(t)$ 的初始条件是

$$h(0+)=c/m,\quad \dot{h}(0+)=k/m-c^2/m^2$$

为了得到以上两式，注意到，因为在 $t=0$ 处 y 和 $\dot{y}$ 不连续，所以对 $t\approx 0$，我们可以令

$$\dot{y}(t)=\begin{cases}a\delta(t)+b, & t>0\\ a\delta(t), & t<0\end{cases}$$

$$\ddot{y}(t)=a\frac{\mathrm{d}}{\mathrm{d}t}\delta(t)+b\delta(t)$$

其中 a 和 b 为常数。

假定 $c^2<4mk$，即阻尼小于临界值。

16.7　一辆车可在水平面上做直线运动，车上一个质量 m，它与车之间用弹簧 k 和阻尼器 c 连接，如图所示，车的水平位移用 $x(t)$ 表示，质量与车之间的相对位移用 $y(t)$ 表示。求：

(1) 输出 $y(t)$ 与加速度输入 $\ddot{x}(t)$ 之间的频率响应函数 $H(\omega)$；

(2) 加速度输入 $\ddot{x}(t)=\delta(t)$ 时的脉冲响应函数 $h(t)$(假定 $c^2<4mk$)。

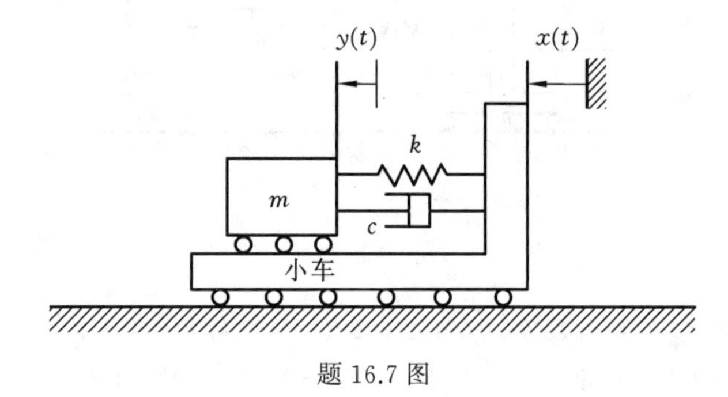

题16.7图

16.8　对于题16.7描述的系统，假设输入加速度是谱密度为 S_0 的白噪声，请确定质量 m 的均方位移 $E[y^2]$。

若输入加速度是谱密度为 S_0 的白噪声再叠加一个幅值为 a 的常值加速度，即

$$\ddot{x}(t)=a+b(t)$$

其中 $b(t)$ 就是谱密度为 S_0 的白噪声。计算此时弹簧中的力的均方根值。

16.9　如图所示系统，确定输出位移的均值 $E[y]$ 和均方值 $E[y^2]$，假定：

(1) 激励为白噪声，其谱密度 $S_x(\omega)=S_0$，S_0 为常数。

(2) 激励为带限白噪声，其谱密度 $S_x(\omega)=S_0$，S_0 为常数。

$$S_x(\omega)=\begin{cases}S_0, & -\Omega<\omega<\Omega\\ 0, & \omega>|\Omega|\end{cases}$$

另外，对于情况(1)，确定输入的自相关函数和输出的自相关函数。

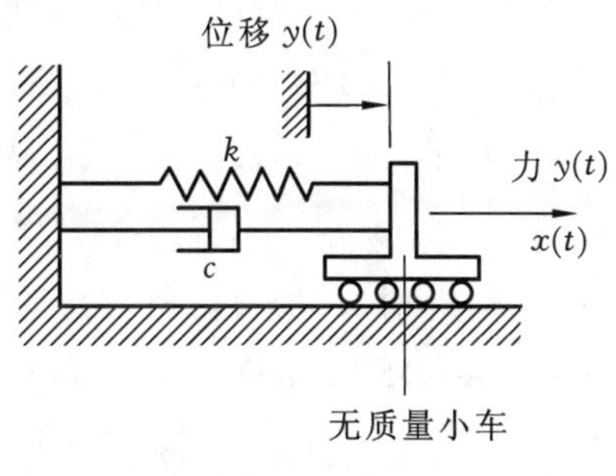

题16.9图

16.10　黏弹性材料物块的动态特性可以通过两个弹簧和一个黏性阻尼器近似建模，如图所示。如果物块受到随机变化的力 $f(t)$，响应为移动位移 $x(t)$，确定均方响应 $E[x^2]$。设 $f(t)$ 为平稳随机过程，它的均方谱密度由下式给出：

$$S_f(\omega)=\frac{S_0}{(1+\omega^2/\omega_0^2)}$$

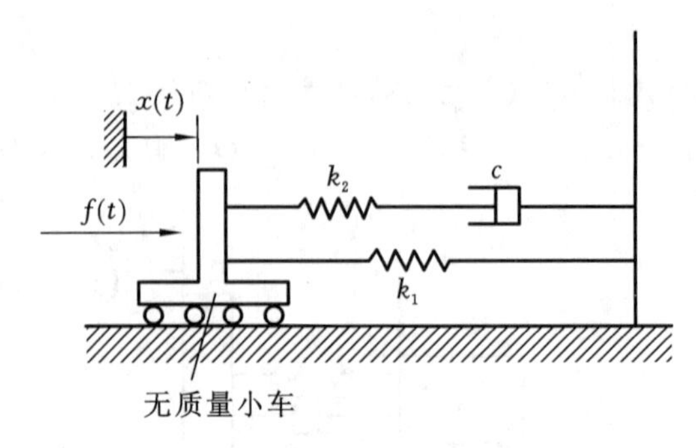

题 16.10 图

16.11　对于图示的二自由度系统，确定输出位移 $x_2(t)$ 与输入力 $F(t)$ 之间的频率响应函数 $H(\omega)$；进一步，当 $F(t)$ 的自谱密度 $S_F(\omega)=S_0$（常数）时，求出质量 m_2 的平均动能。

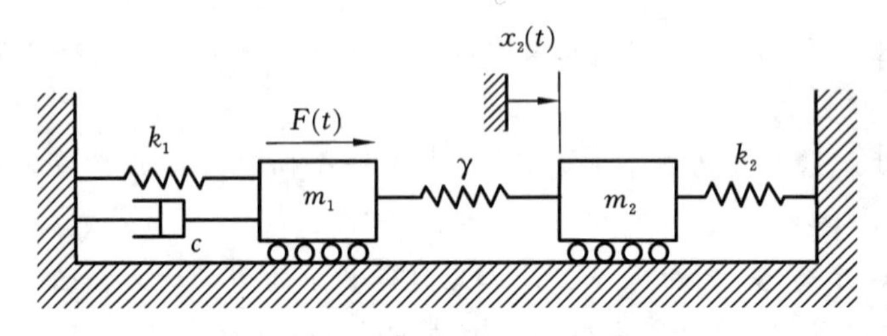

题 16.11 图

16.12　一个线性系统有两个输入 $x_1(t)$ 和 $x_2(t)$，两个输出 $y_1(t)$ 和 $y_2(t)$。输出 $y_1(t)$ 与输入 $x_1(t)$ 和 $x_2(t)$ 之间的频率响应函数分别为 $H_{11}(\omega)$ 和 $H_{12}(\omega)$，输出 $y_2(t)$ 与输入 $x_1(t)$ 和 $x_2(t)$ 之间的频率响应函数分别为 $H_{21}(\omega)$ 和 $H_{22}(\omega)$。证明：两个输出的互谱密度 $S_{y_1y_2}(\omega)$ 和 $S_{y_2y_1}(\omega)$ 与两个输入的谱密度的关系为

$$\begin{aligned}S_{y_1y_2}(\omega)=&H_{11}^*(\omega)H_{21}(\omega)S_{x_1x_1}(\omega)+H_{11}^*(\omega)H_{22}(\omega)S_{x_1x_2}(\omega)\\&+H_{12}^*(\omega)H_{21}(\omega)S_{x_2x_1}(\omega)+H_{12}^*(\omega)H_{22}(\omega)S_{x_2x_2}(\omega)\\S_{y_2y_1}(\omega)=&H_{21}^*(\omega)H_{11}(\omega)S_{x_1x_1}(\omega)+H_{21}^*(\omega)H_{12}(\omega)S_{x_1x_2}(\omega)\\&+H_{22}^*(\omega)H_{11}(\omega)S_{x_2x_1}(\omega)+H_{22}^*(\omega)H_{12}(\omega)S_{x_2x_2}(\omega)\end{aligned}$$

输出的互谱密度 $S_{y_1y_2}(\omega)$ 和 $S_{y_2y_1}(\omega)$ 与输入-输出之间的互谱密度的关系为

$$S_{y_1y_2}(\omega)=H_{11}^*(\omega)S_{x_1y_2}(\omega)+H_{11}^*(\omega)S_{x_2y_2}(\omega)$$

$$S_{y_2y_1}(\omega)=H_{21}^*(\omega)S_{x_1y_1}(\omega)+H_{22}^*(\omega)S_{x_2y_1}(\omega)$$

16.13　如图所示的系统受到基础激励，基础的加速度 $\{\ddot{Y}(t)\}$ 为零均值白噪声，其自谱密度 $S_0=0.1\ (\mathrm{m/s^2})/(\mathrm{rad/s})$。求响应 $\{X_1(t)\}$ 的均方值 $E(X_1^2)$。

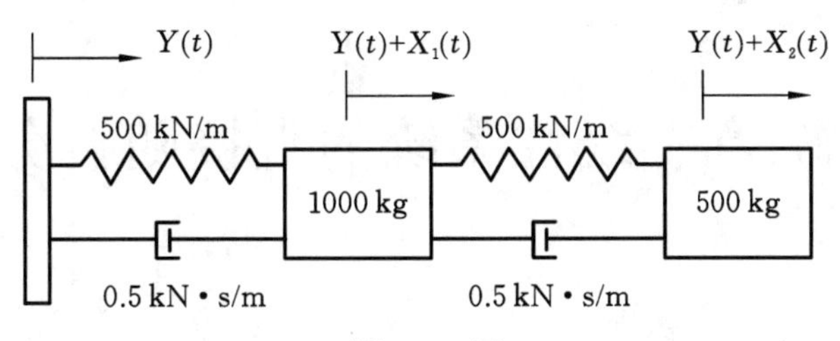

题 16.13 图

16.14　考虑上题的系统，设基础加速度为零均值平稳白噪声，其自谱密度 $S_0=0.1$ (m/s^2)/(rad/s)。求响应的自谱密度矩阵。

16.15　图为一个二自由度系统，求该系统的状态空间控制方程和简谐传递矩阵。

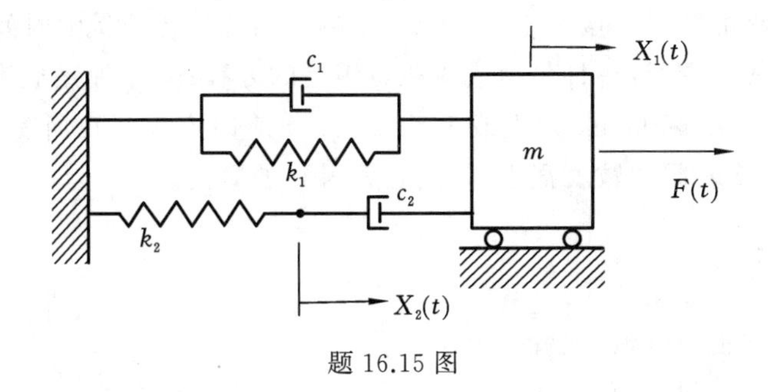

题 16.15 图

16.16　两端均固定的张紧弦，长度为 L，单位长度的质量为 m，张力为 T，假设弦受到单位长度的阻尼力，单位长度的阻尼系数为 c。在距左端 a 处作用一个横向平稳随机力 $f(a,t)$，如题 16.16 图(a)所示。假设激励的自谱密度为带限白噪声，如题 16.16 图(b)所示。求弦横向位移和速度均方响应。

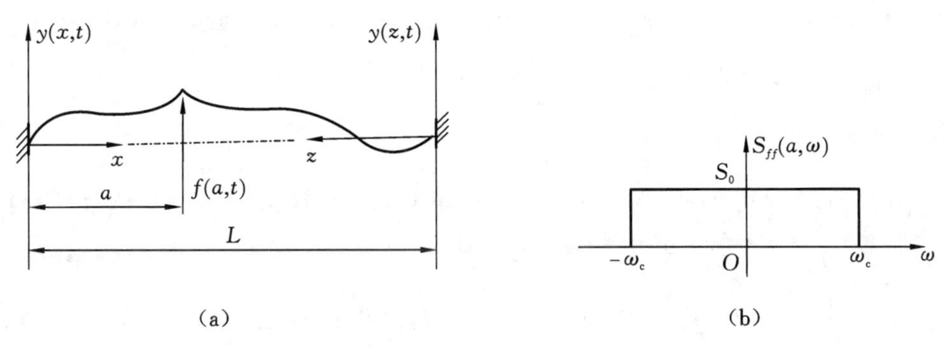

题 16.16 图

16.17　均匀简支梁的长度为 L，取空间坐标 x（向右为正），其原点取为梁的左端；梁单位长度的质量为 m，弯曲刚度为 EI。梁受到一个分布载荷的作用，它是齐性和平稳的，二维谱密度为 S_0（常值）。求梁的均方位移响应和速度均方响应。

16.18　求上题均匀简支梁的弯矩均方响应。

第17章　线性系统的直接随机分析

17.1　引言

前面介绍的时域和频域分析方法是一种间接方法，需要从线性问题的确定性解答开始，然后考虑用随机过程来替代确定性激励和响应。本章将采用一种直接方法来研究线性随机振动问题。这种方法将对随机响应的统计特征量进行推导，从而得到一些确定性微分方程，这些确定性微分方程的解将直接给出一个或多个响应的统计特征量随时间的演变。

本章主要介绍两种方程：一种是矩或累积量满足的方程；另一种是概率密度函数演化的偏微分方程，称为 Fokker-Planck 方程或 Kolmogorov 前向方程。在所有情况下，如果所研究的量是平稳的，那么时间导数就消失了，问题就得到了简化。

17.2　基本概念

为了说明直接方法的思想，先看一个例子。

例 17.1　令$\{X(t)\}$表示单自由度振子的响应，振子的运动方程为

$$m\ddot{X}(t)+c\dot{X}(t)+kX(t)=F(t)$$

将 $X(t)$和 $\dot{X}(t)$作为系统的状态变量，试推导这些变量的矩的控制方程。

解　用 $X(t)$乘以运动方程，然后取期望可得

$$mE[X(t)\ddot{X}(t)]+cE[X(t)\dot{X}(t)]+kE[X^2(t)]=E[X(t)F(t)]$$

上式左边第二项和第三项是状态变量的矩函数，而第一项则不是。但第一项可写为

$$E[X(t)\ddot{X}(t)]=\frac{\mathrm{d}}{\mathrm{d}t}E[X(t)\dot{X}(t)]-E[\dot{X}^2(t)]$$

于是，运动方程变为

$$m\,\frac{\mathrm{d}}{\mathrm{d}t}E[X(t)\dot{X}(t)]-mE[\dot{X}^2(t)]+cE[X(t)\dot{X}(t)]+kE[X^2(t)]=E[X(t)F(t)]$$

类似地，用 $\dot{X}(t)$乘以运动方程，然后取期望可得

$$\frac{m}{2}\frac{\mathrm{d}}{\mathrm{d}t}E[\dot{X}^2(t)]+cE[\dot{X}^2(t)]+kE[X(t)\dot{X}(t)]=E[\dot{X}(t)F(t)]$$

此外，有恒等式：

$$\frac{\mathrm{d}}{\mathrm{d}t}E[X^2(t)]=2E[X(t)\dot{X}(t)]$$

将以上三式联立，可得要求推导的矩方程为

$$m\,\frac{\mathrm{d}}{\mathrm{d}t}\begin{bmatrix}E[X^2(t)]\\E[X(t)\dot{X}(t)]\\E[\dot{X}^2(t)]\end{bmatrix}+\begin{bmatrix}0&-2m&0\\k&c&m\\0&2k&2c\end{bmatrix}\begin{bmatrix}E[X^2(t)]\\E[X(t)\dot{X}(t)]\\E[\dot{X}^2(t)]\end{bmatrix}=\begin{bmatrix}0\\E[X(t)F(t)]\\2E[\dot{X}(t)F(t)]\end{bmatrix}$$

对于二阶矩平稳响应的特殊情况，这一方程的结果会有很大的简化。比如，如果 $E[X^2(t)]$，$E[X(t)\dot{X}(t)]$，$E[\dot{X}^2(t)]$与时间无关，则立即可得 $E[X(t)\dot{X}(t)]=0$，进一步可由两个代数方程解出 $E[X^2(t)]$和 $E[\dot{X}^2(t)]$。

17.3　状态空间中的矩方程和累积量方程的推导

令一个一般线性系统在随机激励$\{F(t)\}$下的响应为$\{X(t)\}$。例如，系统的运动方程为

$$\sum_{j=0}^{n} a_j \frac{\mathrm{d}^j X(t)}{\mathrm{d}t^j} = F(t) \tag{17.1}$$

以上方程乘以 $X^k(t)$，再取期望可得

$$\sum_{j=0}^{n} a_j E\left[X^k(t)\frac{\mathrm{d}^j X(t)}{\mathrm{d}t^j}\right] = E[X^k(t)F(t)] \tag{17.2}$$

我们称上式为**矩方程**(**moment equation**)，这是因为方程中的变量为 $X(t)$及其导数与 $F(t)$的各阶联合矩。类似地，也可得其他矩方程，比如

$$\sum_{j=0}^{n} a_j E\left[X^k(s)\frac{\mathrm{d}^j X(t)}{\mathrm{d}t^j}\right] = E[X^k(s)F(t)]$$

$$\sum_{j=0}^{n} a_j E\left[\dot{X}^k(t)\frac{\mathrm{d}^j X(t)}{\mathrm{d}t^j}\right] = E[\dot{X}^k(t)F(t)]$$

$$\sum_{j=0}^{n} a_j E\left[F^k(t)\frac{\mathrm{d}^j X(t)}{\mathrm{d}t^j}\right] = E[F^{k+1}(t)]$$

采用类似的途径，我们也可得到关于累积量的方程。先重写累积量的线性性质，即

$$\kappa_{n+1}(W_1,\cdots,W_n,\sum_j a_j Z_j) = \sum_j a_j \kappa_{n+1}(W_1,\cdots,W_n,Z_j) \tag{17.3}$$

其中 W_n 和 Z_j 为任意随机变量。利用这个线性性质可以处理线性系统与任何随机变量的联合累积量。比如

$$\sum_{j=0}^{n} a_j \kappa_2\left(X^k(t),\frac{\mathrm{d}^j X(t)}{\mathrm{d}t^j}\right) = \kappa_2(X^k(t),F(t)) \tag{17.4}$$

可见，建立线性系统的矩方程或累积量方程是不难的。

我们知道，任何由常微分方程控制的线性系统都可以写成状态变量形式的控制方程：

$$\boldsymbol{A}\dot{\boldsymbol{Y}}(t)+\boldsymbol{B}\boldsymbol{Y}(t)=\boldsymbol{Q}(t) \tag{17.5}$$

其中 $\boldsymbol{Y}(t)$表示响应的一个状态向量，$\boldsymbol{A}$ 和 $\boldsymbol{B}$ 为常值正方形矩阵，$\boldsymbol{Q}(t)$表示一个激励向量。因此，我们可以在状态空间中建立给定线性系统的矩方程或累积量方程。

17.4　一阶矩和二阶矩及协方差的方程

现在我们来考察均值(即一阶矩)的方程，以及二阶矩和二阶协方差(或二阶累积量)的方程。对于均值，方程(17.5)可写为

$$\boldsymbol{A}\dot{\boldsymbol{\mu}}_Y(t)+\boldsymbol{B}\boldsymbol{\mu}_Y(t)=\boldsymbol{\mu}_Q(t) \tag{17.6}$$

其中 $\boldsymbol{\mu}_Y(t)=E[\boldsymbol{Y}(t)]$，$\boldsymbol{\mu}_Q(t)=E[\boldsymbol{Q}(t)]$。

下面来推出二阶矩的方程。状态向量 $\boldsymbol{Y}(t)$的二阶矩阵(或相关矩阵)$\boldsymbol{\phi}_{YY}(t,t)$对时间的导数可写为

$$\frac{\mathrm{d}}{\mathrm{d}t}\boldsymbol{\phi}_{YY}(t,t)=E[\dot{\boldsymbol{Y}}(t)\boldsymbol{Y}^{\mathrm{T}}(t)]+E[\boldsymbol{Y}(t)\dot{\boldsymbol{Y}}^{\mathrm{T}}(t)] \tag{17.7}$$

方程(17.5)右乘 $\boldsymbol{Y}^{\mathrm{T}}(t)$、左乘 $\boldsymbol{A}^{-1}$，然后取期望，可得

$$E[\dot{\boldsymbol{Y}}(t)\boldsymbol{Y}^{\mathrm{T}}(t)]+\boldsymbol{A}^{-1}\boldsymbol{B}\boldsymbol{\phi}_{YY}(t,t)=\boldsymbol{A}^{-1}E[\boldsymbol{Q}(t)\boldsymbol{Y}^{\mathrm{T}}(t)]=\boldsymbol{A}^{-1}\boldsymbol{\phi}_{QY}(t,t)$$

将上式转置，并考虑 $\boldsymbol{\phi}_{YY}(t,t)$ 是对称的，得

$$E[\boldsymbol{Y}(t)\dot{\boldsymbol{Y}}^{\mathrm{T}}(t)]+\boldsymbol{\phi}_{YY}(t,t)(\boldsymbol{A}^{-1}\boldsymbol{B})^{\mathrm{T}}=\boldsymbol{\phi}_{YQ}(t,t)(\boldsymbol{A}^{-1})^{\mathrm{T}}$$

将这些式子代入方程(17.7)，得

$$\frac{\mathrm{d}}{\mathrm{d}t}\boldsymbol{\phi}_{YY}(t,t)+(\boldsymbol{A}^{-1}\boldsymbol{B})\boldsymbol{\phi}_{YY}(t,t)+\boldsymbol{\phi}_{YY}(t,t)(\boldsymbol{A}^{-1}\boldsymbol{B})^{\mathrm{T}}=\boldsymbol{A}^{-1}\boldsymbol{\phi}_{QY}(t,t)+\boldsymbol{\phi}_{YQ}(t,t)(\boldsymbol{A}^{-1})^{\mathrm{T}} \tag{17.8}$$

注意，这个方程是对称的，因此如果展开，只需展开方程的上三角或下三角部分。

将方程(17.8)中的相关矩阵 $\boldsymbol{\phi}_{YY}(t,t)$ 换成协方差矩阵 $\boldsymbol{K}_{YY}(t,t)=\boldsymbol{\phi}_{YY}(t,t)-\boldsymbol{\mu}_Y(t)\boldsymbol{\mu}_Y^{\mathrm{T}}(t)$ 同样成立，由此得到协方差矩阵 $\boldsymbol{K}_{YY}(t,t)$ 满足的方程：

$$\begin{aligned}&\frac{\mathrm{d}}{\mathrm{d}t}\boldsymbol{K}_{YY}(t,t)+(\boldsymbol{A}^{-1}\boldsymbol{B})\boldsymbol{K}_{YY}(t,t)+\boldsymbol{K}_{YY}(t,t)(\boldsymbol{A}^{-1}\boldsymbol{B})^{\mathrm{T}}\\&\quad=\boldsymbol{A}^{-1}\boldsymbol{K}_{QY}(t,t)+\boldsymbol{K}_{YQ}(t,t)(\boldsymbol{A}^{-1})^{\mathrm{T}}\end{aligned} \tag{17.9}$$

其中 $\boldsymbol{K}_{QY}(t,t)$ 为 $\boldsymbol{Q}(t)$ 和 $\boldsymbol{Y}(t)$ 的互协方差矩阵。

例 17.2 令 $\{X(t)\}$ 表示一个线性振子的响应，$\{F(t)\}$ 为激励，振子的运动方程为

$$m\ddot{X}_1(t)+c_1\dot{X}_1(t)+k_1X_1(t)+k_2X_2(t)=F(t)$$

$$k_2X_2(t)=c_2[\dot{X}_1(t)-\dot{X}_2(t)]$$

求系统的一阶矩和二阶矩的控制方程。

解 把运动方程写为状态方程的形式：

$$\boldsymbol{A}\dot{\boldsymbol{Y}}(t)+\boldsymbol{B}\boldsymbol{Y}(t)=\boldsymbol{Q}(t)$$

其中

$$\boldsymbol{Y}(t)=\begin{Bmatrix}X_1(t)\\X_2(t)\\\dot{X}_1(t)\end{Bmatrix},\quad \boldsymbol{A}=\begin{bmatrix}-k_1&0&0\\0&-k_2&0\\0&0&m\end{bmatrix},\quad \boldsymbol{B}=\begin{bmatrix}0&0&k_1\\0&-k_2^2/c_2&k_2\\k_1&k_2&c_1\end{bmatrix},\quad \boldsymbol{Q}(t)=\begin{Bmatrix}0\\0\\F(t)\end{Bmatrix}$$

对上面的方程取均值，可得系统的均值(一阶矩)方程为

$$-k_1\dot{\mu}_{Y_1}(t)+k_1\dot{\mu}_{Y_3}(t)=0$$

$$-k_2\dot{\mu}_{Y_2}(t)-(k_2^2/c_2)\mu_{Y_2}(t)-k_2\mu_{Y_3}(t)=0$$

$$m\dot{\mu}_{Y_3}(t)+k_1\dot{\mu}_{Y_1}(t)+k_2\mu_{Y_2}(t)+c_1\mu_{Y_3}(t)=\mu_F(t)$$

应用方程(17.8)，可得二阶矩的方程：

$$\frac{\mathrm{d}}{\mathrm{d}t}\boldsymbol{\phi}_{YY}(t,t)+(\boldsymbol{A}^{-1}\boldsymbol{B})\boldsymbol{\phi}_{YY}(t,t)+\boldsymbol{\phi}_{YY}(t,t)(\boldsymbol{A}^{-1}\boldsymbol{B})^{\mathrm{T}}=\boldsymbol{A}^{-1}\boldsymbol{\phi}_{QY}(t,t)+\boldsymbol{\phi}_{YQ}(t,t)(\boldsymbol{A}^{-1})^{\mathrm{T}}$$

其中

$$\boldsymbol{A}^{-1}=\begin{bmatrix}-k_1^{-1}&0&0\\0&-k_2^{-1}&0\\0&0&m^{-1}\end{bmatrix},\quad \boldsymbol{A}^{-1}\boldsymbol{B}=\begin{bmatrix}0&0&-1\\0&-k_2^2/c_2&-1\\k_1/m&k_2/m&c_1/m\end{bmatrix}$$

如果展开上面的二阶矩方程,可得下三角各个元素满足的 6 个方程为

$$\frac{\mathrm{d}}{\mathrm{d}t}E[Y_1^2(t)]-2E[Y_1(t)Y_3(t)]=0$$

$$\frac{\mathrm{d}}{\mathrm{d}t}E[Y_1(t)Y_2(t)]+\frac{k_2}{c_2}E[Y_1(t)Y_2(t)]-E[Y_1(t)Y_3(t)]-E[Y_2(t)Y_3(t)]=0$$

$$\frac{\mathrm{d}}{\mathrm{d}t}E[Y_2^2(t)]+2\frac{k_2}{c_2}E[Y_2^2(t)]-2E[Y_2(t)Y_3(t)]=0$$

$$\frac{\mathrm{d}}{\mathrm{d}t}E[Y_1(t)Y_3(t)]+\frac{k_1}{m}E[Y_1^2(t)]+\frac{k_2}{m}E[Y_1(t)Y_2(t)]$$
$$+\frac{c_1}{m}E[Y_1(t)Y_3(t)]-E[Y_3^2(t)]=\frac{1}{m}E[F(t)Y_1(t)]$$

$$\frac{\mathrm{d}}{\mathrm{d}t}E[Y_2(t)Y_3(t)]+\frac{k_1}{m}E[Y_1(t)Y_2(t)]+\frac{k_2}{m}E[Y_2^2(t)]$$
$$+\left(\frac{k_2}{c_2}+\frac{c_1}{m}\right)E[Y_2(t)Y_3(t)]-E[Y_3^2(t)]=\frac{1}{m}E[F(t)Y_2(t)]$$

$$\frac{\mathrm{d}}{\mathrm{d}t}E[Y_3^2(t)]+2\frac{k_1}{m}E[Y_1(t)Y_2(t)]+2\frac{k_2}{m}E[Y_2(t)Y_3(t)]$$
$$+2\frac{c_1}{m}E[Y_3^2(t)]=\frac{2}{m}E[F(t)Y_3(t)]$$

以上 6 个方程可以写成矩阵形式:

$$\dot{\boldsymbol{V}}(t)+\boldsymbol{G}\boldsymbol{V}(t)=\boldsymbol{\psi}(t)$$

其中未知向量为

$$\boldsymbol{V}(t)=[E[Y_1^2],E[Y_1Y_2],E[Y_2^2],E[Y_1Y_3],E[Y_2Y_3],E[Y_3^2]]^{\mathrm{T}}$$

17.5　delta-相关激励的简化

现在从最简单的情况开始,我们研究状态空间方程的右边。特别地,我们从状态空间协方差方程开始,其中随机激励向量$\{\boldsymbol{Q}(t)\}$是 delta-相关过程。我们不强加任何平稳性条件,也不假设$\boldsymbol{Q}(t)$的不同分量之间在任意时刻 t 是相互独立的。但是,我们要求$\boldsymbol{Q}(t)$和$\boldsymbol{Q}(s)$对于 $t\neq s$ 是独立的随机向量,这意味着知道$\boldsymbol{Q}(t)$的值并不能获得关于$\boldsymbol{Q}(s)$的可能值或这些可能值的概率分布的信息。针对这种情况,激励过程的协方差矩阵为

$$\boldsymbol{K}_{QQ}(t,s)=2\pi\boldsymbol{S}_0(t)\delta(t-s)\tag{17.10}$$

其中$\boldsymbol{S}_0(t)$为$\{\boldsymbol{Q}(t)\}$的非平稳自谱密度矩阵。为了简化方程(17.9)的右边,我们将$\boldsymbol{Y}(t)$写为

$$\boldsymbol{Y}(t)=\boldsymbol{Y}(t_0)+\int_{t_0}^{t}\dot{\boldsymbol{Y}}(u)\mathrm{d}u$$

从方程(17.5)解出$\dot{\boldsymbol{Y}}(t)$,代入上式可得

$$\boldsymbol{Y}(t)=\boldsymbol{Y}(t_0)+\boldsymbol{A}^{-1}\int_{t_0}^{t}\boldsymbol{Q}(u)\mathrm{d}u-\boldsymbol{A}^{-1}\boldsymbol{B}\int_{t_0}^{t}\boldsymbol{Y}(u)\mathrm{d}u\tag{17.11}$$

将上式转置后代入$\boldsymbol{K}_{QY}(t,t)$的表达式可得

$$\boldsymbol{K}_{QY}(t,t)=\boldsymbol{K}_{QY}(t,t_0)+\left[\int_{t_0}^{t}\boldsymbol{K}_{QQ}(t,u)\mathrm{d}u\right](\boldsymbol{A}^{-1})^{\mathrm{T}}-\left[\int_{t_0}^{t}\boldsymbol{K}_{QY}(t,u)\mathrm{d}u\right](\boldsymbol{A}^{-1}\boldsymbol{B})^{\mathrm{T}} \tag{17.12}$$

我们注意到,对于 $u<t$,$\boldsymbol{Q}(t)$ 和 $\boldsymbol{Q}(u)$ 是相互独立的。而由因果性可知,对于 $t>t_0$,$\boldsymbol{Q}(t)$ 和 $\boldsymbol{Y}(t_0)$ 也是独立的。于是上式右边第一项为零,而第三项中的积分可写为

$$\int_{t_0}^{t}\boldsymbol{K}_{QY}(t,u)\mathrm{d}u=\int_{t-\Delta t}^{t}\boldsymbol{K}_{QY}(t,u)\mathrm{d}u$$

其中 Δt 可取为任意小量。我们注意到 $\boldsymbol{K}_{QY}(t,u)$ 是有限的,因此上式的积分为零。此外,式(17.12)右边第二项一般可写为

$$\int_{t_0}^{s}\boldsymbol{K}_{QQ}(t,u)\mathrm{d}u=2\pi\int_{t_0}^{s}\boldsymbol{S}_0(t)\delta(t-u)\mathrm{d}u=2\pi\boldsymbol{S}_0(t)U(s-t)$$

当 $s<t$ 时,上式的结果为零;当 $s>t$ 时,上式的结果为 $2\pi\boldsymbol{S}_0(t)$。但是我们感兴趣的是 $s=t$ 时的结果,此时,上式的积分上限准确地为被积函数中的脉冲作用时刻,这是一个使积分值不确定的积分上限,我们将在后面解决这个问题,而现在先将式(17.12)写为

$$\boldsymbol{K}_{QY}(t,t)=\left[\int_{t_0}^{t}\boldsymbol{K}_{QQ}(t,u)\mathrm{d}u\right](\boldsymbol{A}^{-1})^{\mathrm{T}} \tag{17.13}$$

类似有

$$\boldsymbol{K}_{YQ}(t,t)=\boldsymbol{A}^{-1}\int_{t_0}^{t}\boldsymbol{K}_{QQ}(u,t)\mathrm{d}u$$

进而方程(17.9)可写为

$$\begin{aligned}&\frac{\mathrm{d}}{\mathrm{d}t}\boldsymbol{K}_{YY}(t,t)+(\boldsymbol{A}^{-1}\boldsymbol{B})\boldsymbol{K}_{YY}(t,t)+\boldsymbol{K}_{YY}(t,t)(\boldsymbol{A}^{-1}\boldsymbol{B})^{\mathrm{T}}\\&=\boldsymbol{A}^{-1}\left[\int_{t_0}^{t}\boldsymbol{K}_{QQ}(t,u)\mathrm{d}u+\int_{t_0}^{t}\boldsymbol{K}_{QQ}(u,t)\mathrm{d}u\right](\boldsymbol{A}^{-1})^{\mathrm{T}}\end{aligned} \tag{17.14}$$

为了求出上式右边的积分值,我们作积分:

$$\int_{t_0}^{t}\int_{t_0}^{t}\boldsymbol{K}_{QQ}(u,v)\mathrm{d}u\mathrm{d}v=2\pi\int_{t_0}^{t}\boldsymbol{S}_0(u)U(t-v)\mathrm{d}v=2\pi\int_{t_0}^{t}\boldsymbol{S}_0(v)\mathrm{d}v \tag{17.15}$$

这个结果只对 $u>v$ 的情况成立,否则结果为零。上式对 t 求导,得出

$$\int_{t_0}^{t}\boldsymbol{K}_{QQ}(t,v)\mathrm{d}v+\int_{t_0}^{t}\boldsymbol{K}_{QQ}(u,t)\mathrm{d}u=2\pi\boldsymbol{S}_0(t) \tag{17.16}$$

方程(17.14)变为

$$\frac{\mathrm{d}}{\mathrm{d}t}\boldsymbol{K}_{YY}(t,t)+(\boldsymbol{A}^{-1}\boldsymbol{B})\boldsymbol{K}_{YY}(t,t)+\boldsymbol{K}_{YY}(t,t)(\boldsymbol{A}^{-1}\boldsymbol{B})^{\mathrm{T}}=2\pi\boldsymbol{A}^{-1}\boldsymbol{S}_0(t)(\boldsymbol{A}^{-1})^{\mathrm{T}} \tag{17.17}$$

这就是**在 delta-相关激励下,协方差矩阵满足的方程**。

类似地,我们可将方程(17.8)的右边简化为

$$\begin{aligned}\boldsymbol{A}^{-1}\boldsymbol{\phi}_{QY}(t,t)+\boldsymbol{\phi}_{YQ}(t,t)(\boldsymbol{A}^{-1})^{\mathrm{T}}=&\boldsymbol{A}^{-1}\boldsymbol{K}_{QY}(t,t)+\boldsymbol{K}_{YQ}(t,t)(\boldsymbol{A}^{-1})^{\mathrm{T}}\\&+\boldsymbol{A}^{-1}\boldsymbol{\mu}_Q(t)\boldsymbol{\mu}_Y^{\mathrm{T}}(t)+\boldsymbol{\mu}_Y(t)\boldsymbol{\mu}_Q^{\mathrm{T}}(t)(\boldsymbol{A}^{-1})^{\mathrm{T}}\end{aligned}$$

因此我们得到

$$\begin{aligned}&\frac{\mathrm{d}}{\mathrm{d}t}\boldsymbol{\phi}_{YY}(t,t)+(\boldsymbol{A}^{-1}\boldsymbol{B})\boldsymbol{\phi}_{YY}(t,t)+\boldsymbol{\phi}_{YY}(t,t)(\boldsymbol{A}^{-1}\boldsymbol{B})^{\mathrm{T}}\\&=2\pi\boldsymbol{A}^{-1}\boldsymbol{S}_0(t)(\boldsymbol{A}^{-1})^{\mathrm{T}}+\boldsymbol{A}^{-1}\boldsymbol{\mu}_Q(t)\boldsymbol{\mu}_Y^{\mathrm{T}}(t)+\boldsymbol{\mu}_Y(t)\boldsymbol{\mu}_Q^{\mathrm{T}}(t)(\boldsymbol{A}^{-1})^{\mathrm{T}}\end{aligned} \tag{17.18}$$

这就是在 delta-相关激励下，相关矩阵满足的方程。

17.6　状态方程的解

我们先来考察方程(17.6)和方程(17.17)的稳态解，为此设 $\boldsymbol{\mu}_Q$ 和 $\boldsymbol{S}_0$ 与 t 无关，则方程(17.6)和方程(17.17)变为

$$\boldsymbol{B}\boldsymbol{\mu}_Y=\boldsymbol{\mu}_Q \tag{17.19}$$

$$(\boldsymbol{A}^{-1}\boldsymbol{B})\boldsymbol{K}_{YY}+\boldsymbol{K}_{YY}(\boldsymbol{A}^{-1}\boldsymbol{B})^{\mathrm{T}}=2\pi\boldsymbol{A}^{-1}\boldsymbol{S}_0(\boldsymbol{A}^{-1})^{\mathrm{T}} \tag{17.20}$$

显然，方程(17.19)的解为

$$\boldsymbol{\mu}_Y=\boldsymbol{B}^{-1}\boldsymbol{\mu}_Q \tag{17.21}$$

但是，方程(17.20)的解并不能直接写出。为此，我们将回到时变方程(17.6)和方程(17.17)，求取非稳态解。

方程(17.6)的非稳态解为

$$\boldsymbol{\mu}_Y(t)=\boldsymbol{\mu}_Y(t_0)\exp[-(\boldsymbol{A}^{-1}\boldsymbol{B})(t-t_0)]+\int_{t_0}^{t}\exp[-(\boldsymbol{A}^{-1}\boldsymbol{B})(t-s)]\boldsymbol{A}^{-1}\boldsymbol{\mu}_Q(s)\mathrm{d}s \tag{17.22}$$

方程(17.17)的非稳态解为

$$\begin{aligned}\boldsymbol{K}_{YY}(t,t)=&\exp[-(\boldsymbol{A}^{-1}\boldsymbol{B})(t-t_0)]\boldsymbol{A}^{-1}\boldsymbol{K}_{YY}(t_0,t_0)(\boldsymbol{A}^{-1})^{\mathrm{T}}\exp[-(\boldsymbol{A}^{-1}\boldsymbol{B})^{\mathrm{T}}(t-t_0)]\\&+2\pi\int_{t_0}^{t}\exp[-(\boldsymbol{A}^{-1}\boldsymbol{B})(t-s)]\boldsymbol{A}^{-1}\boldsymbol{S}_0(s)(\boldsymbol{A}^{-1})^{\mathrm{T}}\exp[-(\boldsymbol{A}^{-1}\boldsymbol{B})^{\mathrm{T}}(t-s)]\mathrm{d}s\end{aligned} \tag{17.23}$$

当 $\boldsymbol{S}_0$ 为常值矩阵时，忽略初始条件，则上式变为

$$\boldsymbol{K}_{YY}(t,t)=2\pi\int_0^{\infty}\mathrm{e}^{-(\boldsymbol{A}^{-1}\boldsymbol{B})r}\boldsymbol{A}^{-1}\boldsymbol{S}_0(\boldsymbol{A}^{-1})^{\mathrm{T}}\mathrm{e}^{-(\boldsymbol{A}^{-1}\boldsymbol{B})^{\mathrm{T}}r}\mathrm{d}r$$

这就是方程(17.20)的一种解。

为了对以上解答中的矩阵指数及其积分进行实际计算，我们需要将矩阵 $\boldsymbol{A}^{-1}\boldsymbol{B}$ 对角化。设 $\boldsymbol{\lambda}$ 和 $\boldsymbol{\theta}$ 分别为矩阵 $\boldsymbol{A}^{-1}\boldsymbol{B}$ 的特征值矩阵(对角阵)和特征向量矩阵，即有 $\boldsymbol{A}^{-1}\boldsymbol{B}\boldsymbol{\theta}=\boldsymbol{\theta}\boldsymbol{\lambda}$。采用变量变换：

$$\boldsymbol{Y}(t)=\boldsymbol{\theta}\boldsymbol{Z}(t) \tag{17.24}$$

则状态方程(17.5)可写为

$$\dot{\boldsymbol{Z}}(t)+\boldsymbol{\lambda}\boldsymbol{Z}(t)=\boldsymbol{P}(t) \tag{17.25}$$

其中

$$\boldsymbol{P}(t)=\boldsymbol{\theta}^{-1}\boldsymbol{A}^{-1}\boldsymbol{Q}(t) \tag{17.26}$$

对于新的状态变量 $\boldsymbol{Z}(t)$，均值的稳态解变为

$$\boldsymbol{\mu}_Z=\boldsymbol{\lambda}^{-1}\boldsymbol{\mu}_P=\boldsymbol{\lambda}^{-1}\boldsymbol{\theta}^{-1}\boldsymbol{A}^{-1}\boldsymbol{\mu}_Q \tag{17.27}$$

类似地，方程(17.20)变为

$$\boldsymbol{\lambda}\boldsymbol{K}_{ZZ}+\boldsymbol{K}_{ZZ}\boldsymbol{\lambda}=2\pi\boldsymbol{S}_{PP}=2\pi\boldsymbol{\theta}^{-1}\boldsymbol{A}^{-1}\boldsymbol{S}_0(\boldsymbol{\theta}^{-1}\boldsymbol{A}^{-1})^{\mathrm{T}} \tag{17.28}$$

这个稳态方程的解为

$$[\boldsymbol{K}_{ZZ}]_{jl}=\frac{2\pi[\boldsymbol{S}_{PP}]_{jl}}{\lambda_j+\lambda_l} \tag{17.29}$$

因此，对应于原状态变量 $\boldsymbol{Y}(t)$ 的稳态解为

$$\boldsymbol{\mu}_Y=\boldsymbol{\theta\mu}_Z=\boldsymbol{\theta\lambda}^{-1}\boldsymbol{\theta}^{-1}\boldsymbol{A}^{-1}\boldsymbol{\mu}_Q,\quad \boldsymbol{K}_{YY}=\boldsymbol{\theta K}_{ZZ}\boldsymbol{\theta}^{\mathrm{T}} \tag{17.30}$$

类似地，对于新的状态变量 $\boldsymbol{Z}(t)$，可得非稳态解为

$$\boldsymbol{\mu}_Z(t)=\boldsymbol{\mu}_Z(t_0)\exp[-\boldsymbol{\lambda}(t-t_0)]+\int_{t_0}^{t}\exp[-\boldsymbol{\lambda}(t-s)]\boldsymbol{\mu}_P(s)\mathrm{d}s \tag{17.31}$$

$$\begin{aligned}\boldsymbol{K}_{ZZ}(t,t)=&\exp[-\boldsymbol{\lambda}(t-t_0)]\boldsymbol{K}_{ZZ}(t_0,t_0)\exp[-\boldsymbol{\lambda}(t-t_0)]\\&+2\pi\int_{t_0}^{t}\exp[-\boldsymbol{\lambda}(t-s)]\boldsymbol{S}_{PP}(s)\exp[-\boldsymbol{\lambda}(t-s)]\mathrm{d}s\end{aligned} \tag{17.32}$$

其中 $\exp(-\boldsymbol{\lambda}t)=\mathrm{diag}\{\mathrm{e}^{-\lambda_k t}\}$。求出 $\boldsymbol{\mu}_Z(t)$ 和 $\boldsymbol{K}_{ZZ}(t,t)$ 后，利用变换式 $\boldsymbol{\mu}_Y(t)=\boldsymbol{\theta\mu}_Z(t)$ 和 $\boldsymbol{K}_{YY}(t)=\boldsymbol{\theta K}_{ZZ}(t)\boldsymbol{\theta}^{\mathrm{T}}$ 可得对应于原状态变量 $\boldsymbol{Y}(t)$ 的非稳态解。

例 17.3 应用状态空间分析方法，求图 17.1 所示弹簧-阻尼系统响应的方差，其中 $F(t)$ 为一个平稳 delta-相关激励，其自谱密度为 S_0。

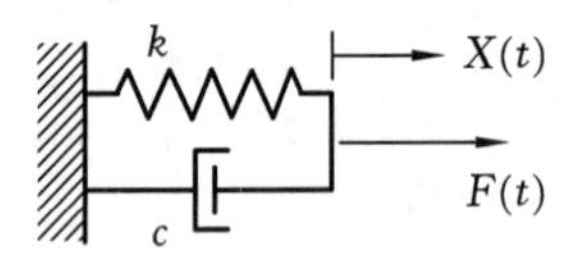

图 17.1 弹簧-阻尼系统

解 系统的状态方程为

$$c\dot{X}(t)+kX(t)=F(t)$$

对于现在的标量问题，协方差矩阵方程(17.17)变为 $\sigma_X^2(t)$ 应满足的方程：

$$\frac{\mathrm{d}}{\mathrm{d}t}\sigma_X^2(t)+2\frac{k}{c}\sigma_X^2(t)=\frac{2\pi S_0}{c^2}$$

稳态解为

$$\sigma_X^2=\frac{\pi S_0}{kc}$$

非稳态解为

$$\begin{aligned}\sigma_X^2(t)&=\sigma_X^2(t_0)\mathrm{e}^{-2kt/c}+\frac{2\pi S_0}{c^2}\int_{t_0}^{t}\mathrm{e}^{-2k(t-s)/c}\mathrm{d}s\\&=\sigma_X^2(t_0)\mathrm{e}^{-2kt/c}+\frac{\pi S_0}{kc}[1-\mathrm{e}^{-2k(t-t_0)/c}]\end{aligned}$$

例 17.4 单自由度质量-弹簧-阻尼系统的状态空间方程为

$$\boldsymbol{A}\dot{\boldsymbol{Y}}(t)+\boldsymbol{BY}(t)=\boldsymbol{Q}(t)$$

其中

$$\boldsymbol{Y}(t)=\begin{Bmatrix}Y(t)\\ \dot{Y}(t)\end{Bmatrix},\quad \boldsymbol{A}=\begin{bmatrix}-k & 0\\ 0 & m\end{bmatrix},\quad \boldsymbol{B}=\begin{bmatrix}0 & k\\ k & c\end{bmatrix},\quad \boldsymbol{Q}(t)=\begin{Bmatrix}0\\ F(t)\end{Bmatrix}$$

已知 $F(t)$ 为一个零均值、平稳 delta-相关激励，其自谱密度为 S_0。求响应的协方差和方差。

解 协方差矩阵方程(17.17)为

$$\frac{\mathrm{d}}{\mathrm{d}t}\boldsymbol{K}_{YY}(t,t)+\begin{bmatrix}0 & -1\\ k/m & c/m\end{bmatrix}\boldsymbol{K}_{YY}(t,t)+\boldsymbol{K}_{YY}(t,t)\begin{bmatrix}0 & k/m\\ -1 & c/m\end{bmatrix}=\frac{2\pi S_0}{m^2}\begin{bmatrix}0 & 0\\ 0 & 1\end{bmatrix}$$

上式右边的系数矩阵为 $\boldsymbol{A}^{-1}\boldsymbol{S}_0(t)(\boldsymbol{A}^{-1})^{\mathrm{T}}$，左边的系数矩阵为 $\boldsymbol{A}^{-1}\boldsymbol{B}$，它的特征值和特征向量矩阵为

$$\lambda_{11}=\zeta\omega_0-j\omega_{\mathrm{d}},\quad \lambda_{22}=\lambda_{11}^*;\quad \boldsymbol{\theta}=\begin{bmatrix}1 & 1\\ -\lambda_{11} & -\lambda_{22}\end{bmatrix}$$

其中

$$\omega_0^2=k/m,\quad c/m=2\zeta\omega_0,\quad \omega_{\mathrm{d}}=\omega_0\sqrt{1-\zeta^2}$$

取变换 $\boldsymbol{Z}(t)=\boldsymbol{\theta}\boldsymbol{Y}(t)$，则状态方程变为

$$\dot{\boldsymbol{Z}}(t)+\boldsymbol{\lambda}\boldsymbol{Z}(t)=\boldsymbol{P}(t)$$

其中

$$\boldsymbol{P}(t)=\boldsymbol{\theta}^{-1}\boldsymbol{A}^{-1}\boldsymbol{Q}(t)$$

激励 $\boldsymbol{P}(t)$ 的自谱密度矩阵为

$$\boldsymbol{S}_{PP}=\boldsymbol{\theta}^{-1}\boldsymbol{A}^{-1}\boldsymbol{S}_0\ (\boldsymbol{\theta}^{-1}\boldsymbol{A}^{-1})^{\mathrm{T}}=\frac{S_0}{m^2}\boldsymbol{\theta}^{-1}\begin{bmatrix}0 & 0\\ 0 & 1\end{bmatrix}(\boldsymbol{\theta}^{-1})^{\mathrm{T}}=\frac{S_0}{4m^2\omega_{\mathrm{d}}^2}\begin{bmatrix}-1 & 1\\ 1 & -1\end{bmatrix}$$

$\boldsymbol{Z}(t)$ 的协方差矩阵的稳态解 $\boldsymbol{K}_{ZZ}$ 为

$$\boldsymbol{K}_{ZZ}=\frac{\pi S_0}{4m^2\omega_{\mathrm{d}}^2}\begin{bmatrix}-1/\lambda_{11} & 1/(2\zeta\omega_0)\\ 1/(2\zeta\omega_0) & -1/\lambda_{22}\end{bmatrix}$$

原变量 $\boldsymbol{Y}(t)$ 的协方差矩阵的稳态解 $\boldsymbol{K}_{YY}$ 为

$$\boldsymbol{K}_{YY}=\boldsymbol{\theta}\boldsymbol{K}_{ZZ}\boldsymbol{\theta}^{\mathrm{T}}=\frac{\pi S_0}{2m^2}\begin{bmatrix}1/(2\zeta\omega_0^3) & 0\\ 0 & 1/(\zeta\omega_0)\end{bmatrix}=\pi S_0\begin{bmatrix}1/(ck) & 0\\ 0 & 1/(cm)\end{bmatrix}$$

利用公式(17.32)，可得 $\boldsymbol{Z}(t)$ 的协方差矩阵的非稳态解 $\boldsymbol{K}_{ZZ}(t,t)$ 为

$$\begin{aligned}[\boldsymbol{K}_{ZZ}(t,t)]_{kl}&=\exp[-(\lambda_k+\lambda_l)(t-t_0)][\boldsymbol{K}_{ZZ}(t_0,t_0)]_{kl}\\&\quad+2\pi[\boldsymbol{S}_{PP}]_{kl}\int_{t_0}^{t}\exp[-(\lambda_k+\lambda_l)(t-s)]\mathrm{d}s\end{aligned}$$

完成积分可得

$$\begin{aligned}[\boldsymbol{K}_{ZZ}(t,t)]_{kl}&=\exp[-(\lambda_k+\lambda_l)(t-t_0)][\boldsymbol{K}_{ZZ}(t_0,t_0)]_{kl}\\&\quad+2\pi[\boldsymbol{S}_{PP}]_{kl}\frac{1-\exp[-(\lambda_k+\lambda_l)(t-t_0)]}{\lambda_k+\lambda_l}\end{aligned}$$

注意 $\boldsymbol{K}_{ZZ}(t_0,t_0)=\boldsymbol{\theta}^{-1}\boldsymbol{K}_{ZZ}(t_0,t_0)(\boldsymbol{\theta}^{-1})^{\mathrm{T}}$。假定 $\boldsymbol{K}_{YY}(t_0,t_0)=\boldsymbol{0}$，则可得

$$\begin{aligned}\sigma_X^2(t)&=[\boldsymbol{K}_{YY}(t,t)]_{11}\\&=\frac{\pi S_0}{2m^2\zeta\omega_0^3}\left\{1-\mathrm{e}^{-2\zeta\omega_0 t}\left[\frac{\omega_0^2}{\omega_{\mathrm{d}}^2}+\frac{\zeta\omega_0}{\omega_{\mathrm{d}}}\sin(2\omega_{\mathrm{d}}t)-\frac{\omega_0^2}{\omega_{\mathrm{d}}^2}\cos(2\omega_{\mathrm{d}}t)\right]\right\}\end{aligned}$$

$$\mathrm{Cov}[X(t),\dot{X}(t)]=[\boldsymbol{K}_{YY}(t,t)]_{12}=\frac{\pi S_0}{2m^2\omega_0^2}\mathrm{e}^{-2\zeta\omega_0 t}[1-\cos(2\omega_{\mathrm{d}}t)]$$

$$\begin{aligned}\sigma_{\dot{X}}^2(t)&=[\boldsymbol{K}_{YY}(t,t)]_{22}\\&=\frac{\pi S_0}{2m^2\zeta\omega_0}\left\{1-\mathrm{e}^{-2\zeta\omega_0 t}\left[\frac{\omega_0^2}{\omega_{\mathrm{d}}^2}-\frac{\zeta\omega_0}{\omega_{\mathrm{d}}}\sin(2\omega_{\mathrm{d}}t)-\frac{\omega_0^2}{\omega_{\mathrm{d}}^2}\cos(2\omega_{\mathrm{d}}t)\right]\right\}\end{aligned}$$

例 17.5　单自由度质量-弹簧-阻尼系统，$m=100$ kg，$k=10$ kN/m，$c=40$ N·s/m。激励 $F(t)$ 为非平稳、delta-相关过程，均值 $\mu_F(t)=\mu_0 t\mathrm{e}^{-\alpha t}$，$\mu_0=1$ kN/s，$\alpha=0.8\ \mathrm{s}^{-1}$；$F(t)$ 的协

方差 $K_{FF}(t,s)=2\pi S_0 t\mathrm{e}^{-\alpha t}\delta(t-s)U(t)$，$S_0=1000\ \mathrm{N^2/rad}$。系统初始是静止的。求响应 $X(t)$ 的方差。

解　系统的状态方程与例 17.4 相同。状态向量 $\boldsymbol{Y}(t)$ 的均值满足的方程为

$$\boldsymbol{A}\dot{\boldsymbol{\mu}}_Y(t)+\boldsymbol{B}\boldsymbol{\mu}_Y(t)=\boldsymbol{\mu}_F(t)=\mu_0 t\mathrm{e}^{-\alpha t}U(t)\begin{bmatrix}0\\1\end{bmatrix}$$

或

$$\begin{bmatrix}-10^4 & 0\\0 & 100\end{bmatrix}\dot{\boldsymbol{\mu}}_Y(t)+\begin{bmatrix}0 & 10^4\\10^4 & 40\end{bmatrix}\boldsymbol{\mu}_Y(t)=10t\mathrm{e}^{-0.8t}U(t)\begin{bmatrix}0\\1\end{bmatrix}$$

这个方程的解为

$$\boldsymbol{\mu}_Y(t)=10\int_0^t\boldsymbol{\theta}\exp[-\boldsymbol{\lambda}(t-s)]\boldsymbol{\theta}^{-1}s\mathrm{e}^{-0.8s}\mathrm{d}s\begin{bmatrix}0\\1\end{bmatrix}$$

其中 $\boldsymbol{\lambda}$ 和 $\boldsymbol{\theta}$ 分别为 $\boldsymbol{A}^{-1}\boldsymbol{B}$ 的特征值和特征向量矩阵：

$$\boldsymbol{\lambda}=\begin{bmatrix}\lambda_{11} & 0\\0 & \lambda_{22}\end{bmatrix}=\begin{bmatrix}0.2-9.998\mathrm{j} & 0\\0 & 0.2+9.998\mathrm{j}\end{bmatrix}$$

$$\boldsymbol{\theta}=\begin{bmatrix}1 & 1\\-0.2+9.998\mathrm{j} & -0.2-9.998\mathrm{j}\end{bmatrix}$$

因此可得

$$\begin{aligned}\mu_X(t)&=10\sum_{r=1}^{2}\theta_{1r}\theta_{r2}^{-1}\int_0^t\mathrm{e}^{-\lambda_{rr}(t-s)}\mathrm{e}^{-0.8s}s\,\mathrm{d}s\\&=(0.001192+0.09968t)\mathrm{e}^{-0.8t}-\mathrm{e}^{-0.09899t}[0.001192\cos(9.998t)\\&\quad+0.009899\sin(9.998t)]\end{aligned}$$

$\mu_X(t)$ 和 $\mu_F(t)/k$ 的变化如图 17.2 所示。

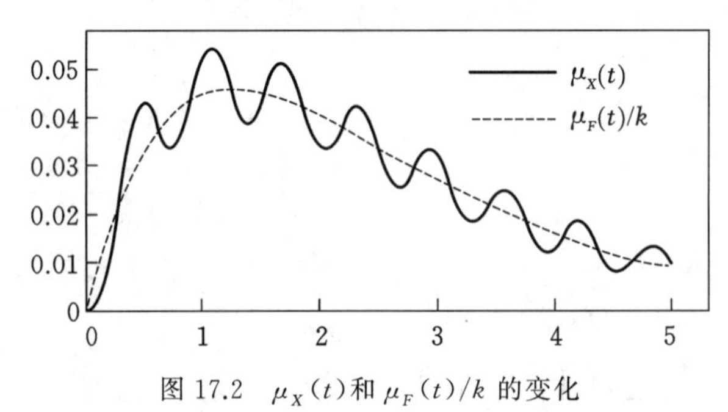

图 17.2　$\mu_X(t)$ 和 $\mu_F(t)/k$ 的变化

对于协方差分析，我们可以应用例 17.4 的结果，有

$$\boldsymbol{S}_{PP}=\frac{S_0 t\mathrm{e}^{-\alpha t}}{4m^2\omega_\mathrm{d}^2}\begin{bmatrix}-1 & 1\\1 & -1\end{bmatrix}=t\mathrm{e}^{-0.8t}\begin{bmatrix}-2.501\times10^{-4} & 2.501\times10^{-4}\\2.501\times10^{-4} & -2.501\times10^{-4}\end{bmatrix}$$

进而

$$\begin{aligned}[\boldsymbol{K}_{ZZ}(t,t)]_{kl}&=\int_0^t[\boldsymbol{S}_{PP}(s,s)]_{kl}\exp[-(\lambda_{kk}+\lambda_{ll})(t-s)]\mathrm{d}s\\&=2.501\times10^{-4}\mathrm{e}^{-0.8t}\beta^{-2}(1-\mathrm{e}^{\beta t}+\beta t)\end{aligned}$$

其中 $\beta=0.8-(\lambda_{kk}+\lambda_{ll})$。由 $\boldsymbol{K}_{YY}(t,t)=\boldsymbol{\theta}\boldsymbol{K}_{ZZ}(t,t)\boldsymbol{\theta}^{\mathrm{T}}$ 可得响应 $X(t)$ 的方差为

$$\sigma_X^2(t)=(-1.965\times10^{-2}+7.854\times10^{-3}t)\mathrm{e}^{-0.8t}$$
$$+\mathrm{e}^{-0.4t}[1.964\times10^{-2}+7.851\times10^{-6}\cos(20t)-3.142\times10^{-7}\sin(20t)]$$

$\sigma_X^2(t)$ 的变化如图 17.3 所示。

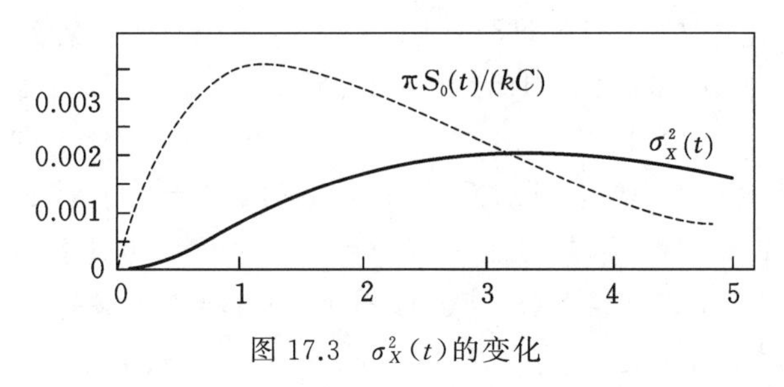

图 17.3　$\sigma_X^2(t)$ 的变化

例 17.6　图 17.4 所示为一个二自由度系统，$m_1=1000$ kg，$m_2=500$ kg，$k_1=k_2=5\times10^5$ N/m，$c_1=c_2=500$ N·s/m。基础激励加速度 $a(t)$ 是自谱密度 $S_{aa}=0.1$ (m/s²)/(rad/s) 的白噪声。用相对位移 $X_i(t)$ 描述系统的运动，求系统响应的稳态协方差矩阵。

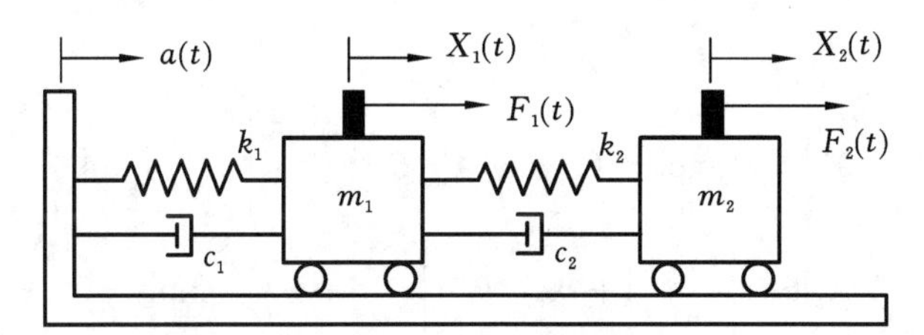

图 17.4　二自由度系统

解　系统的状态方程为

$$\boldsymbol{A}\dot{\boldsymbol{Y}}(t)+\boldsymbol{B}\boldsymbol{Y}(t)=\boldsymbol{Q}(t)$$

其中

$$\boldsymbol{Y}(t)=\begin{Bmatrix}X_1(t)\\X_2(t)\\\dot{X}_1(t)\\\dot{X}_2(t)\end{Bmatrix},\quad \boldsymbol{A}=\begin{bmatrix}-10^6 & 5\times10^5 & 0 & 0\\5\times10^5 & -5\times10^5 & 0 & 0\\0 & 0 & 1000 & 0\\0 & 0 & 0 & 500\end{bmatrix}$$

$$\boldsymbol{B}=\begin{bmatrix}0 & 0 & 10^6 & -5\times10^5\\0 & 0 & -5\times10^5 & 5\times10^5\\10^6 & -5\times10^5 & 1000 & -500\\-5\times10^5 & 5\times10^5 & -500 & 500\end{bmatrix},\quad \boldsymbol{Q}(t)=\begin{Bmatrix}0\\0\\-m_1a(t)\\-m_2a(t)\end{Bmatrix}$$

激励向量 $\boldsymbol{Q}(t)$ 的自谱密度为

$$\boldsymbol{S}_{QQ}=\begin{bmatrix}0 & 0 & 0 & 0\\0 & 0 & 0 & 0\\0 & 0 & m_1^2S_{aa} & m_1m_2S_{aa}\\0 & 0 & m_1m_2S_{aa} & m_2^2S_{aa}\end{bmatrix}=\begin{bmatrix}0 & 0 & 0 & 0\\0 & 0 & 0 & 0\\0 & 0 & 10^5 & 5\times10^4\\0 & 0 & 5\times10^4 & 2.5\times10^4\end{bmatrix}\mathrm{N}^2\cdot\mathrm{s/rad}$$

系统响应的稳态协方差矩阵 $\boldsymbol{K}_{YY}$ 满足方程：

$$\boldsymbol{A}^{-1}\boldsymbol{B}\boldsymbol{K}_{YY}+\boldsymbol{K}_{YY}(\boldsymbol{A}^{-1}\boldsymbol{B})^{\mathrm{T}}=2\pi\boldsymbol{S}_{QQ}(\boldsymbol{A}^{-1})^{\mathrm{T}}$$

由此可解得

$$\boldsymbol{K}_{YY}=\begin{bmatrix}2.67\times10^{-3} & 3.77\times10^{-3} & 0 & 1.57\times10^{-4}\\ 3.77\times10^{-3} & 5.34\times10^{-3} & 1.57\times10^{-4} & 0\\ 0 & 1.57\times10^{-4} & 7.85\times10^{-1} & 1.1\\ 1.57\times10^{-4} & 0 & 1.1 & 1.57\end{bmatrix}$$

例 17.7　单自由度质量-弹簧-阻尼系统，$m=100\ \mathrm{kg}$，$k=10\ \mathrm{kN/m}$，$c=40\ \mathrm{N\cdot s/m}$。激励 $F(t)$ 为平稳、delta-相关过程，其均值 $\mu_F(t)=\mu_0=1\ \mathrm{kN}$，协方差函数 $\kappa_{FF}(t,s)=2\pi S_0\delta(t-s)$，$S_0=1000\ \mathrm{N^2/rad}$。求在 $X(5)=0.05\ \mathrm{m}$ 和 $\dot{X}(5)=0$ 的条件下，$t>5\ \mathrm{s}$ 时响应 $X(t)$ 和 $\dot{X}(t)$ 的条件均值和条件方差。

解　本例的系统参数与例 17.5 相同，因此状态方程与例 17.5 相同，所不同的是激励和初始条件。因此条件均值的方程为

$$\frac{\mathrm{d}}{\mathrm{d}t}E\{\boldsymbol{Y}(t)|\boldsymbol{Y}(5)=(0.05,0)^{\mathrm{T}}\}+\boldsymbol{A}^{-1}\boldsymbol{B}E\{\boldsymbol{Y}(t)|\boldsymbol{Y}(5)=(0.05,0)^{\mathrm{T}}\}=\boldsymbol{A}^{-1}\begin{bmatrix}0\\ \mu_0\end{bmatrix}=\begin{bmatrix}0\\ 10\end{bmatrix}$$

该方程的解为

$$\begin{aligned}E\{\boldsymbol{Y}(t)\mid\boldsymbol{Y}(5)=(0.05,0)^{\mathrm{T}}\}&=\exp[-(t-5)\boldsymbol{A}^{-1}\boldsymbol{B}]\begin{bmatrix}0.05\\ 0\end{bmatrix}+\int_5^t\exp[-(t-5)\boldsymbol{A}^{-1}\boldsymbol{B}]\mathrm{d}s\begin{bmatrix}0\\ 10\end{bmatrix}\\ &=\boldsymbol{\theta}\exp[-(t-5)\boldsymbol{\lambda}]\boldsymbol{\theta}^{-1}\begin{bmatrix}0.05\\ 0\end{bmatrix}+\boldsymbol{\theta}\boldsymbol{\lambda}^{-1}\boldsymbol{\theta}^{-1}\begin{bmatrix}0\\ 10\end{bmatrix}-\boldsymbol{\theta}\boldsymbol{\lambda}^{-1}\exp[-(t-5)\boldsymbol{\lambda}]\boldsymbol{\theta}^{-1}\begin{bmatrix}0\\ 10\end{bmatrix}\end{aligned}$$

由此可得

$$\begin{aligned}E\{X(t)|X(5)=0.05,\dot{X}(5)=0\}=0.1-\mathrm{e}^{-0.2(t-5)}\{&0.05\cos[9.998(t-5)]\\ &+10^{-3}\sin[9.998(t-5)]\}\end{aligned}$$

$$E\{\dot{X}(t)|X(5)=0.05,\dot{X}(5)=0\}=0.5001\ \mathrm{e}^{-0.2(t-5)}\sin[9.998(t-5)]$$

这两个条件均值的变化如图 17.5 所示。

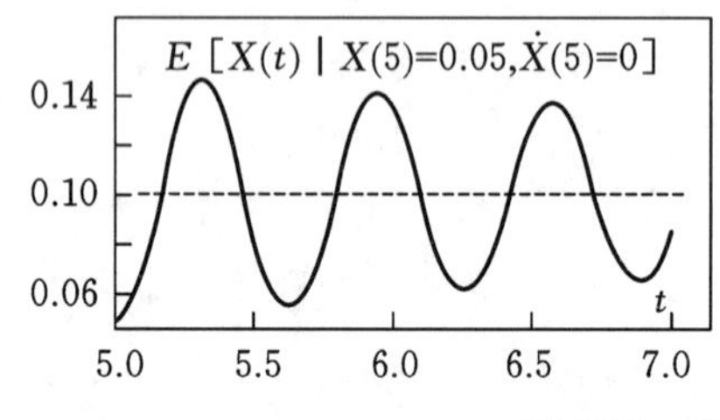

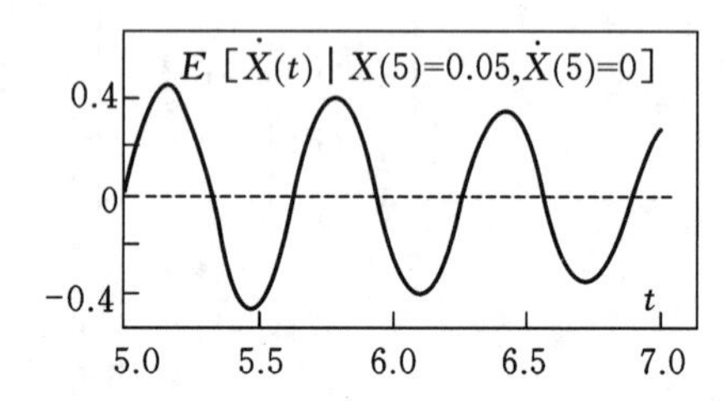

图 17.5　条件均值的变化

变换后的协方差矩阵 $\boldsymbol{K}_{ZZ}(t,t)$ 为

$$\boldsymbol{K}_{ZZ}(t,t)=\int_5^t\exp[-(t-s)\boldsymbol{\lambda}]\boldsymbol{S}_{PP}\exp[-(t-s)\boldsymbol{\lambda}]\mathrm{d}s$$

其中

$$\boldsymbol{S}_{PP}=\boldsymbol{\theta}^{-1}\boldsymbol{A}^{-1}\boldsymbol{S}_{QQ}(\boldsymbol{\theta}^{-1}\boldsymbol{A}^{-1})^{\mathrm{T}}=\boldsymbol{\theta}^{-1}\boldsymbol{A}^{-1}\begin{bmatrix}0 & 0\\ 0 & S_0\end{bmatrix}(\boldsymbol{\theta}^{-1}\boldsymbol{A}^{-1})^{\mathrm{T}}$$

因此

$$[\boldsymbol{K}_{ZZ}(t,t)]_{kl}=\frac{2\pi[\boldsymbol{S}_{PP}]_{kl}}{\lambda_k+\lambda_l}[1-e^{-(\lambda_k+\lambda_l)(t-5)}]$$

因为 $\boldsymbol{K}_{YY}(t,t)=\boldsymbol{\theta}\boldsymbol{K}_{ZZ}(t,t)\boldsymbol{\theta}^{\mathrm{T}}$，其对角元素即为 $X(t)$ 和 $\dot{X}(t)$ 的条件方差：

$$\begin{aligned}\mathrm{Var}\{X(t)\,|\,X(5)=0.05,\dot{X}(5)=0\}&=[\boldsymbol{K}_{YY}(t,t)]_{11}\\&=\frac{\pi}{1000}\Big[2.5-e^{-0.4(t-5)}\{2.501-0.001\cos[20(t-5)]\\&\qquad+0.05001\sin[20(t-5)]\}\Big]\end{aligned}$$

$$\begin{aligned}\mathrm{Var}\{\dot{X}(t)\,|\,X(5)=0.05,\dot{X}(5)=0\}&=[\boldsymbol{K}_{YY}(t,t)]_{22}\\&=\frac{\pi}{10}\Big[2.5-e^{-0.4(t-5)}\{2.501-0.001\cos[20(t-5)]\\&\qquad-0.05001\sin[20(t-5)]\}\Big]\end{aligned}$$

17.7　用 Kronecker 乘积表示高阶矩和累积量

在状态空间中研究高阶矩或累积量时，一个困难是选取适当的记号。我们发现一阶矩可以写为向量 $\boldsymbol{\mu}_Y(t)$，二阶矩可以写为矩阵 $\boldsymbol{\phi}_{YY}(t,t)$，照此继续，三阶矩为三阶张量，四阶矩为四阶张量，等等。具体写出高阶张量的一个分量并不困难，例如四阶张量的第 (j,k,l,m) 分量为 $E[Y_j(t)Y_k(t)Y_l(t)Y_m(t)]$，但是要表示高阶矩的一般关系却有困难。因此，我们需要对高阶数组（阶数大于 2）定义一种记号或恰当代数。Kronecker 记号为处理这一问题提供了一条方便的途径，下面来介绍它的基本概念。

Kronecker 代数的基本运算是乘积，用符号⊗表示，数组之间的 **Kronecker 乘积**定义为：如果 $\boldsymbol{A}$ 为一个 $n_A\times r_A$ 矩阵，$\boldsymbol{B}$ 为一个 $n_B\times r_B$ 矩阵，于是 $\boldsymbol{C}=\boldsymbol{A}\otimes\boldsymbol{B}$ 为一个 $n_An_B\times r_Ar_B$ 矩阵，其元素为

$$C_{(j_A-1)n_B+j_B,(l_A-1)r_B+l_B}=A_{j_Al_A}B_{j_Bl_B}$$

这个关系也可写为

$$\boldsymbol{C}=\begin{bmatrix}A_{11}\boldsymbol{B} & A_{11}\boldsymbol{B} & \cdots & A_{1r_A}\boldsymbol{B}\\ A_{21}\boldsymbol{B} & A_{22}\boldsymbol{B} & \cdots & A_{2r_A}\boldsymbol{B}\\ \vdots & \vdots & & \vdots\\ A_{n_A1}\boldsymbol{B} & A_{n_A2}\boldsymbol{B} & \cdots & A_{n_Ar_A}\boldsymbol{B}\end{bmatrix}\tag{17.33}$$

注意，Kronecker 乘积比矩阵乘积更一般，它对被乘数组的维数没有限制。

根据定义容易证明：

$$(\boldsymbol{A}+\boldsymbol{B})\otimes(\boldsymbol{C}+\boldsymbol{D})=\boldsymbol{A}\otimes\boldsymbol{C}+\boldsymbol{A}\otimes\boldsymbol{D}+\boldsymbol{B}\otimes\boldsymbol{C}+\boldsymbol{B}\otimes\boldsymbol{D}\tag{17.34}$$

$$\boldsymbol{A}\otimes(\boldsymbol{B}\otimes\boldsymbol{C})=(\boldsymbol{A}\otimes\boldsymbol{B})\otimes\boldsymbol{C}\tag{17.35}$$

即 **Kronecker 乘积满足分配律和结合律**，但不满足交换律，即 $\boldsymbol{A}\otimes\boldsymbol{B}\neq\boldsymbol{B}\otimes\boldsymbol{A}$。此外，我们定义：

$$\boldsymbol{A}^{[2]}=\boldsymbol{A}\otimes\boldsymbol{A};\quad \boldsymbol{A}^{[k]}=\boldsymbol{A}\otimes\boldsymbol{A}^{[k-1]},\quad k>2\tag{17.36}$$

因为我们的运动方程中包含矩阵的乘积，所以我们也需要矩阵乘积之间的 Kronecker 乘积，

可得如下结果：

$$(\boldsymbol{AB})\otimes(\boldsymbol{CD})=(\boldsymbol{A}\otimes\boldsymbol{C})(\boldsymbol{B}\otimes\boldsymbol{D}) \tag{17.37}$$

现在将二阶矩方程采用 Kronecker 乘积重新写出。状态变量 $\boldsymbol{Y}(t)$ 的二阶矩可写为 $E[\boldsymbol{Y}^{[2]}(t)]=E[\boldsymbol{Y}(t)\otimes\boldsymbol{Y}(t)]$，它包含了相关矩阵 $\boldsymbol{\phi}_{YY}(t,t)$ 的所有分量。所不同的是，现在这些分量排列在一个长度为 n_Y^2 的列向量中。$E[\boldsymbol{Y}^{[2]}(t)]$ 的导数可写为

$$\frac{\mathrm{d}}{\mathrm{d}t}E[\boldsymbol{Y}^{[2]}(t)]=E[\dot{\boldsymbol{Y}}(t)\otimes\boldsymbol{Y}(t)]+E[\boldsymbol{Y}(t)\otimes\dot{\boldsymbol{Y}}(t)] \tag{17.38}$$

将方程(17.5)写为 $\dot{\boldsymbol{Y}}(t)+\boldsymbol{A}^{-1}\boldsymbol{BY}(t)=\boldsymbol{A}^{-1}\boldsymbol{Q}(t)$，用 $\boldsymbol{Y}(t)$ 对该方程作 Kronecker 右乘积和左乘积，再取期望可得

$$E[\dot{\boldsymbol{Y}}(t)\otimes\boldsymbol{Y}(t)]+E[\boldsymbol{A}^{-1}\boldsymbol{BY}(t)\otimes\boldsymbol{Y}(t)]=E[\boldsymbol{A}^{-1}\boldsymbol{Q}(t)\otimes\boldsymbol{Y}(t)] \tag{17.39}$$

$$E[\boldsymbol{Y}(t)\otimes\dot{\boldsymbol{Y}}(t)]+E[\boldsymbol{Y}(t)\otimes\boldsymbol{A}^{-1}\boldsymbol{BY}(t)]=E[\boldsymbol{Y}(t)\otimes\boldsymbol{A}^{-1}\boldsymbol{Q}(t)] \tag{17.40}$$

两式相加可得

$$\begin{aligned}&\frac{\mathrm{d}}{\mathrm{d}t}E[\boldsymbol{Y}^{[2]}(t)]+E[\boldsymbol{A}^{-1}\boldsymbol{BY}(t)\otimes\boldsymbol{Y}(t)]+E[\boldsymbol{Y}(t)\otimes\boldsymbol{A}^{-1}\boldsymbol{BY}(t)]\\&=E[\boldsymbol{A}^{-1}\boldsymbol{Q}(t)\otimes\boldsymbol{Y}(t)]+E[\boldsymbol{Y}(t)\otimes\boldsymbol{A}^{-1}\boldsymbol{Q}(t)]\end{aligned} \tag{17.41}$$

应用公式(17.37)，上式变为

$$\begin{aligned}&\frac{\mathrm{d}}{\mathrm{d}t}E[\boldsymbol{Y}^{[2]}(t)]+[(\boldsymbol{A}^{-1}\boldsymbol{B}\otimes\boldsymbol{I})+(\boldsymbol{I}\otimes\boldsymbol{A}^{-1}\boldsymbol{B})]E[\boldsymbol{Y}^{[2]}(t)]\\&=E[\boldsymbol{A}^{-1}\boldsymbol{Q}(t)\otimes\boldsymbol{Y}(t)]+E[\boldsymbol{Y}(t)\otimes\boldsymbol{A}^{-1}\boldsymbol{Q}(t)]\end{aligned} \tag{17.42}$$

以上过程可以推广到高阶矩方程的推导。作为例子，我们来推导三阶矩 $E[\boldsymbol{Y}^{[3]}(t)]$ 的方程。$E[\boldsymbol{Y}^{[3]}(t)]$ 的导数可写为

$$\begin{aligned}\frac{\mathrm{d}}{\mathrm{d}t}E[\boldsymbol{Y}^{[3]}(t)]=&E[\boldsymbol{Y}(t)\otimes\boldsymbol{Y}(t)\otimes\dot{\boldsymbol{Y}}(t)]+E[\boldsymbol{Y}(t)\otimes\dot{\boldsymbol{Y}}(t)\otimes\boldsymbol{Y}(t)]\\&+E[\dot{\boldsymbol{Y}}(t)\otimes\boldsymbol{Y}(t)\otimes\boldsymbol{Y}(t)]\end{aligned} \tag{17.43}$$

从运动方程中解出 $\dot{\boldsymbol{Y}}(t)$，代入上式，整理后可得

$$\begin{aligned}&\frac{\mathrm{d}}{\mathrm{d}t}E[\boldsymbol{Y}^{[3]}(t)]+[(\boldsymbol{I}\otimes\boldsymbol{I}\otimes\boldsymbol{A}^{-1}\boldsymbol{B})+(\boldsymbol{I}\otimes\boldsymbol{A}^{-1}\boldsymbol{B}\otimes\boldsymbol{I})\\&\quad+(\boldsymbol{A}^{-1}\boldsymbol{B}\otimes\boldsymbol{I}\otimes\boldsymbol{I})]E[\boldsymbol{Y}^{[3]}(t)]=E[\boldsymbol{Y}(t)\otimes\boldsymbol{Y}(t)\otimes\boldsymbol{A}^{-1}\boldsymbol{Q}(t)]\\&\quad+E[\boldsymbol{Y}(t)\otimes\boldsymbol{A}^{-1}\boldsymbol{Q}(t)\otimes\boldsymbol{Y}(t)]+E[\boldsymbol{A}^{-1}\boldsymbol{Q}(t)\otimes\boldsymbol{Y}(t)\otimes\boldsymbol{Y}(t)]\end{aligned} \tag{17.44}$$

按照以上的推导和结果，我们可得任意 j 阶矩($j>2$)的方程为

$$\frac{\mathrm{d}}{\mathrm{d}t}E[\boldsymbol{Y}^{[j]}(t)]+\boldsymbol{C}E[\boldsymbol{Y}^{[j]}(t)]=\boldsymbol{\psi}(t) \tag{17.45}$$

其中

$$\boldsymbol{C}=\sum_{l=1}^{j}\underbrace{\boldsymbol{I}\otimes\cdots\otimes\boldsymbol{I}}_{l-1}\otimes\boldsymbol{A}^{-1}\boldsymbol{B}\otimes\underbrace{\boldsymbol{I}\otimes\cdots\otimes\boldsymbol{I}}_{j-l}=\sum_{l=1}^{j}\boldsymbol{I}^{[l-1]}\otimes\boldsymbol{A}^{-1}\boldsymbol{B}\otimes\boldsymbol{I}^{[j-l]} \tag{17.46}$$

$$\begin{aligned}\boldsymbol{\psi}(t)&=\sum_{l=1}^{j}E[\underbrace{\boldsymbol{Y}(t)\otimes\cdots\otimes\boldsymbol{Y}(t)}_{l-1}\otimes\boldsymbol{A}^{-1}\boldsymbol{Q}(t)\otimes\underbrace{\boldsymbol{Y}(t)\otimes\cdots\otimes\boldsymbol{Y}(t)}_{j-l}]\\&=\sum_{l=1}^{j}E[\boldsymbol{Y}^{[l-1]}(t)\otimes\boldsymbol{A}^{-1}\boldsymbol{Q}(t)\otimes\boldsymbol{Y}^{[j-l]}(t)]\end{aligned} \tag{17.47}$$

对于具有多个随机变量矩阵$(\boldsymbol{M}_1,\boldsymbol{M}_2,\cdots,\boldsymbol{M}_j)$的一般情况，$E(\boldsymbol{M}_1\otimes\boldsymbol{M}_2\otimes\cdots\otimes\boldsymbol{M}_j)$为 n 阶矩的矩阵，其每个分量为从$(\boldsymbol{M}_1,\boldsymbol{M}_2,\cdots,\boldsymbol{M}_j)$的每个矩阵中取出一个元素的乘积的期望值。现在我们定义 j **阶联合累积量矩阵** $\kappa_j^{\otimes}(\boldsymbol{M}_1,\boldsymbol{M}_2,\cdots,\boldsymbol{M}_j)$，它的每一个元素为从$(\boldsymbol{M}_1,\boldsymbol{M}_2,\cdots,\boldsymbol{M}_j)$的每个矩阵中取出一个元素形成 n 阶联合累积量。根据累积量的线性性质(式(17.3))，我们可将方程(17.45)写成累积量形式：

$$\frac{\mathrm{d}}{\mathrm{d}t}\kappa_j^{\otimes}[\boldsymbol{Y}(t),\cdots,\boldsymbol{Y}(t)]+\boldsymbol{C}\kappa_j^{\otimes}[\boldsymbol{Y}(t),\cdots,\boldsymbol{Y}(t)]$$

$$=\sum_{l=1}^{j}\kappa_j^{\otimes}[\underbrace{\boldsymbol{Y}(t),\cdots,\boldsymbol{Y}(t)}_{l-1},\boldsymbol{A}^{-1}\boldsymbol{Q}(t),\underbrace{\boldsymbol{Y}(t),\cdots,\boldsymbol{Y}(t)}_{j-l}] \tag{17.48}$$

其中矩阵 $\boldsymbol{C}$ 由式(17.46)给出。

现在我们来考虑特殊情况，即激励向量过程 $\boldsymbol{Q}(t)$是 delta-相关的，此时有

$$\kappa_j^{\otimes}[\boldsymbol{Q}(t_1),\cdots,\boldsymbol{Q}(t_j)]=(2\pi)^{j-1}\boldsymbol{S}_j(t_j)\delta(t_1-t_j)\cdots\delta(t_{j-1}-t_j) \tag{17.49}$$

其中 $\boldsymbol{S}_j(t)$为$(n_Y)^j$ 维向量，它的任一分量为 $\boldsymbol{Q}(t)$的 j 阶累积量非平稳谱密度。类似于方程(17.15)，对任意 $t_0<t$，应用方程(17.49)可得

$$\int_{t_0}^{t}\cdots\int_{t_0}^{t}\kappa_j^{\otimes}[\boldsymbol{Q}(t_1),\cdots,\boldsymbol{Q}(t_j)]\mathrm{d}t_1\cdots\mathrm{d}t_j=(2\pi)^{j-1}\int_{t_0}^{t}\boldsymbol{S}_j(v)\mathrm{d}v$$

上式对 t 求导可得

$$\sum_{k=1}^{j}\int_{t_0}^{t}\cdots\int_{t_0}^{t}\kappa_j^{\otimes}[\boldsymbol{Q}(t_1),\cdots,\boldsymbol{Q}(t_{k-1}),\boldsymbol{Q}(t),\boldsymbol{Q}(t_{k+1}),\cdots,\boldsymbol{Q}(t_j)]$$

$$\times\mathrm{d}t_1\cdots\mathrm{d}t_{k-1}\mathrm{d}t_{k+1}\cdots\mathrm{d}t_j=(2\pi)^{j-1}\boldsymbol{S}_j(t)$$

将式(17.11)代入方程(17.48)右边，再应用上式，则方程(17.48)变为

$$\frac{\mathrm{d}}{\mathrm{d}t}\kappa_j^{\otimes}[\boldsymbol{Y}(t),\cdots,\boldsymbol{Y}(t)]+\boldsymbol{C}\kappa_j^{\otimes}[\boldsymbol{Y}(t),\cdots,\boldsymbol{Y}(t)]=(2\pi)^{j-1}(\boldsymbol{A}^{-1})^{[j]}\boldsymbol{S}_j(t) \tag{17.50}$$

方程(17.50)的一般解可写为

$$\kappa_j^{\otimes}[\boldsymbol{Y}(t),\cdots,\boldsymbol{Y}(t)]=(2\pi)^{j-1}\int_{-\infty}^{t}\mathrm{e}^{-C(t-u)}(\boldsymbol{A}^{-1})^{[j]}\boldsymbol{S}_j(u)\mathrm{d}u \tag{17.51}$$

如果在某一时刻 t_0 有 $\boldsymbol{Y}(t_0)=\boldsymbol{y}$，则**条件累积量**为

$$\kappa_j^{\otimes}[\boldsymbol{Y}(t),\cdots,\boldsymbol{Y}(t)\mid\boldsymbol{Y}(t_0)=\boldsymbol{y}]=(2\pi)^{j-1}\int_{t_0}^{t}\mathrm{e}^{-C(t-u)}(\boldsymbol{A}^{-1})^{[j]}\boldsymbol{S}_j(u)\mathrm{d}u,\quad j>2 \tag{17.52}$$

为了计算其中的矩阵指数，可采用变换式(17.24)。

例 17.8　单自由度质量-弹簧-阻尼系统的状态空间方程为

$$\boldsymbol{A}\dot{\boldsymbol{Y}}(t)+\boldsymbol{B}\boldsymbol{Y}(t)=\boldsymbol{Q}(t)$$

其中

$$\boldsymbol{Y}(t)=\begin{Bmatrix}Y(t)\\ \dot{Y}(t)\end{Bmatrix},\quad \boldsymbol{A}=\begin{bmatrix}-k & 0\\ 0 & m\end{bmatrix},\quad \boldsymbol{B}=\begin{bmatrix}0 & k\\ k & c\end{bmatrix},\quad \boldsymbol{Q}(t)=\begin{Bmatrix}0\\ F(t)\end{Bmatrix}$$

其中 $F(t)$为一个平稳 delta-相关激励。求响应的三阶累积量。

解　响应 $\boldsymbol{Y}(t)$的三阶累积量向量 $\boldsymbol{V}(t)=\kappa_3^{\otimes}[\boldsymbol{Y}(t),\boldsymbol{Y}(t),\boldsymbol{Y}(t)]$，显式写出为

$$\begin{aligned}\boldsymbol{V}(t)=\{&\kappa_3[X(t),X(t),X(t)],\kappa_3[X(t),X(t),\dot{X}(t)],\kappa_3[X(t),\dot{X}(t),X(t)],\\&\kappa_3[X(t),\dot{X}(t),\dot{X}(t)],\kappa_3[\dot{X}(t),X(t),X(t)],\kappa_3[\dot{X}(t),X(t),\dot{X}(t)],\\&\kappa_3[\dot{X}(t),\dot{X}(t),X(t)],\kappa_3[\dot{X}(t),\dot{X}(t),\dot{X}(t)]\}^{\mathrm{T}}\end{aligned}$$

$\boldsymbol{V}(t)$满足的方程为

$$\dot{\boldsymbol{V}}(t)+\boldsymbol{C}\boldsymbol{V}(t)=(2\pi)^2\,(\boldsymbol{A}^{-1})^{[3]}\boldsymbol{S}_3$$

其中$\boldsymbol{S}_3$为一个八维向量，只有第八个元素非零，它为$(2\pi)^2S_3/m^3$，其中S_3表示激励$F(t)$二重谱：

$$\kappa_3[F(t_1),F(t_2),F(t_3)]=(2\pi)^2S_3\,\delta(t_1-t_3)\delta(t_2-t_3)$$

矩阵$\boldsymbol{C}$为

$$\boldsymbol{C}=\boldsymbol{A}^{-1}\boldsymbol{B}\otimes\boldsymbol{I}^{[2]}+\boldsymbol{I}\otimes\boldsymbol{A}^{-1}\boldsymbol{B}\otimes\boldsymbol{I}+\boldsymbol{I}^{[2]}\otimes\boldsymbol{A}^{-1}\boldsymbol{B}$$

上式展开可得

$$\boldsymbol{C}=\begin{bmatrix}0&-1&-1&0&-1&0&0&0\\k/m&c/m&0&-1&0&-1&0&0\\k/m&0&c/m&-1&0&0&-1&0\\0&k/m&k/m&2c/m&0&0&0&-1\\k/m&0&0&0&c/m&-1&-1&0\\0&k/m&0&0&k/m&2c/m&0&-1\\0&0&k/m&0&k/m&0&2c/m&-1\\0&0&0&k/m&0&k/m&k/m&3c/m\end{bmatrix}$$

因此可得$\boldsymbol{V}(t)$的稳态解为

$$\boldsymbol{V}(t)=\frac{(2\pi)^2S_3}{m^3}\left\{\frac{2m^3}{6c^2k+3k^2m},0,0,\frac{m^2}{6c^2+3km},0,\frac{m^2}{6c^2+3km},\frac{m^2}{6c^2+3km},\frac{m^2}{6c^2+3km}\right\}^{\mathrm{T}}$$

17.8 Fokker-Planck 方程

现在，我们推导一个微分方程，它控制非平稳过程概率密度的演化。我们先对一个标量随机过程$\{Y(t)\}$进行推导，然后推广到向量随机过程$\{\boldsymbol{Y}(t)\}$。

非平稳概率密度函数的导数可写为

$$\frac{\partial}{\partial t}p_{Y(t)}(u)=\lim_{\Delta t\to 0}\frac{1}{\Delta t}[p_{Y(t+\Delta t)}(u)-p_{Y(t)}(u)] \tag{17.53}$$

我们现在需要将这个表达式用$Y(t)$的增量$\Delta Y=Y(t+\Delta t)-Y(t)$的条件矩来表示，因为在许多问题中，这些条件矩可以直接从随机运动方程中得到。我们有

$$p_{Y(t+\Delta t)}(u)=\int_{-\infty}^{\infty}p_{Y(t)Y(t+\Delta t)}(v,u)\mathrm{d}v=\int_{-\infty}^{\infty}p_{Y(t)}(v)p_{\Delta Y}[u-v\mid Y(t)=v]\mathrm{d}v \tag{17.54}$$

将ΔY的条件概率写为

$$p_{\Delta Y}[u-v\mid Y(t)=v]=\int_{-\infty}^{\infty}p_{\Delta Y}[w\mid Y(t)=v]\delta(w-u+v)\mathrm{d}w$$

而 Dirac δ 函数可写成 Fourier 积分：

$$\delta(w-u+v)=\frac{1}{2\pi}\int_{-\infty}^{\infty}\mathrm{e}^{\mathrm{i}\theta w}\mathrm{e}^{-\mathrm{i}\theta(u-v)}\mathrm{d}\theta=\frac{1}{2\pi}\int_{-\infty}^{\infty}\sum_{j=0}^{\infty}\frac{(\mathrm{i}\theta w)^j}{j!}\mathrm{e}^{-\mathrm{i}\theta(u-v)}\mathrm{d}\theta \tag{17.55}$$

由以上两式可得

$$p_{\Delta Y}[u-v \mid Y(t)=v]=\frac{1}{2\pi}\int_{-\infty}^{\infty}\mathrm{e}^{-\mathrm{i}\theta(u-v)}\sum_{j=0}^{\infty}\frac{(\mathrm{i}\theta)^j}{j!}E[(\Delta Y)^j \mid Y(t)=v]\mathrm{d}\theta \tag{17.56}$$

将式(17.56)代入式(17.54)可得

$$\begin{aligned}p_{Y(t+\Delta t)}(u)&=p_{Y(t)}(u)\\&\quad+\frac{1}{2\pi}\sum_{j=1}^{\infty}\int_{-\infty}^{\infty}p_{Y(t)}(v)\int_{-\infty}^{\infty}\mathrm{e}^{-\mathrm{i}\theta(u-v)}\frac{(\mathrm{i}\theta)^j}{j!}E[(\Delta Y)^j \mid Y(t)=v]\mathrm{d}\theta\,\mathrm{d}v\end{aligned} \tag{17.57}$$

将上式代入概率密度的导数表达式(17.53)可得

$$\frac{\partial}{\partial t}p_{Y(t)}(u)=\frac{1}{2\pi}\sum_{j=1}^{\infty}\int_{-\infty}^{\infty}p_{Y(t)}(v)\int_{-\infty}^{\infty}\mathrm{e}^{-\mathrm{i}\theta(u-v)}\frac{(\mathrm{i}\theta)^j}{j!}C^{(j)}(v,t)\mathrm{d}\theta\,\mathrm{d}v \tag{17.58}$$

其中

$$C^{(j)}(v,t)=\lim_{\Delta t\to 0}\frac{1}{\Delta t}E[(\Delta Y)^j \mid Y(t)=v] \tag{17.59}$$

称为**导数矩(derivate moment)**,并假定上式的极限存在。对式(17.58)关于 v 反复作分部积分可得

$$\frac{\partial}{\partial t}p_{Y(t)}(u)=\frac{1}{2\pi}\sum_{j=1}^{\infty}\int_{-\infty}^{\infty}\frac{(-1)^j}{j!}\int_{-\infty}^{\infty}\mathrm{e}^{-\mathrm{i}\theta(u-v)}\frac{\partial^j}{\partial v^j}[C^{(j)}(v,t)p_{Y(t)}(v)]\mathrm{d}\theta\,\mathrm{d}v$$

对 θ 积分可得 Dirac δ 函数,因此上式变为

$$\frac{\partial}{\partial t}p_{Y(t)}(u)=\sum_{j=1}^{\infty}\frac{(-1)^j}{j!}\frac{\partial^j}{\partial u^j}[C^{(j)}(u,t)p_{Y(t)}(u)] \tag{17.60}$$

这就是随机过程 $Y(t)$ 的 **Fokker-Planck 方程**,有时也称为 **Kolmogorov 前向方程**。所谓“前向”,是指对 t 和 v 的导数是在前向时刻 $t\geqslant t_0$ 取的。

下面来确定导数矩 $C^{(j)}(v,t)$。对于一类重要的动态问题,我们可以从随机运动方程直接推出导数矩。对于标量运动方程:

$$A\dot{Y}(t)+BY(t)=Q(t)$$

我们可得

$$\Delta Y=Y(t+\Delta t)-Y(t)=\int_t^{t+\Delta t}\dot{Y}(s)\mathrm{d}s=\frac{1}{A}\int_t^{t+\Delta t}Q(s)\mathrm{d}s-\frac{B}{A}\int_t^{t+\Delta t}Y(s)\mathrm{d}s$$

因此

$$C^{(1)}(u,t)=\lim_{\Delta t\to 0}\frac{1}{\Delta t}\left\{\frac{1}{A}\int_t^{t+\Delta t}E[Q(s) \mid Y(t)=u]\mathrm{d}s-\frac{B}{A}\int_t^{t+\Delta t}E[Y(s) \mid Y(t)=u]\mathrm{d}s\right\}$$

只要 $Y(t)$ 在 t 时刻附近是连续的,则在 t 时刻附近有 $E[Y(s)|Y(t)=u]\approx u$。类似地,我们假设 $E[Q(s)|Y(t)=u]$ 也是连续的,则可得

$$C^{(1)}(u,t)=A^{-1}E[Q(s)|Y(t)=u]-A^{-1}Bu \tag{17.61}$$

类似可得

$$C^{(2)}(u,t)=\lim_{\Delta t\to 0}\frac{1}{\Delta t}\left\{\frac{1}{A^2}\int_t^{t+\Delta t}\int_t^{t+\Delta t}E[Q(s_1)Q(s_2)\mid Y(t)=u]\mathrm{d}s_1\,\mathrm{d}s_2\right.$$
$$-\frac{2B}{A^2}\int_t^{t+\Delta t}\int_t^{t+\Delta t}E[Q(s_1)Y(s_2)\mid Y(t)=u]\mathrm{d}s_1\,\mathrm{d}s_2$$
$$\left.+\frac{B^2}{A^2}\int_t^{t+\Delta t}\int_t^{t+\Delta t}E[Y(s_1)Y(s_2)\mid Y(t)=u]\mathrm{d}s_1\,\mathrm{d}s_2\right\}$$

上式中的二重积分区域都是$(\Delta t)^2$阶的，因此，如果被积函数不是无穷大，则积分值对$C^{(2)}(u,t)$将没有贡献。而$E[Q(s_1)Y(s_2)|Y(t)=u]$和$E[Y(s_1)Y(s_2)|Y(t)=u]$都是有限的，上式右边第二、第三项对$C^{(2)}(u,t)$没有贡献，只有第一项可能有贡献，因此

$$C^{(2)}(u,t)=\frac{1}{A^2}\lim_{\Delta t\to 0}\frac{1}{\Delta t}\left\{\int_t^{t+\Delta t}\int_t^{t+\Delta t}E[Q(s_1)Q(s_2)\mid Y(t)=u]\mathrm{d}s_1\,\mathrm{d}s_2\right\}$$

推广到高阶导数矩，有

$$C^{(j)}(u,t)=\frac{1}{A^j}\lim_{\Delta t\to 0}\frac{1}{\Delta t}\left\{\int_t^{t+\Delta t}\cdots\int_t^{t+\Delta t}E[Q(s_1)\cdots Q(s_j)\mid Y(t)=u]\mathrm{d}s_1\cdots\mathrm{d}s_j\right\},\quad j\geqslant 2 \tag{17.62}$$

下面给出向量随机过程$\{\boldsymbol{Y}(t)\}$的 Fokker-Planck 方程。现在，增量的条件概率密度为

$$p_{\Delta\boldsymbol{Y}}[\boldsymbol{u}-\boldsymbol{v}\mid\boldsymbol{Y}(t)=\boldsymbol{v}]=\prod_{l=1}^{n_Y}\frac{1}{2\pi}\int_{-\infty}^{\infty}\mathrm{e}^{-\mathrm{i}\theta_l(u_l-v_l)}\sum_{j_l=0}^{\infty}\frac{(\mathrm{i}\theta)^{j_l}}{j_l!}E[(\Delta Y_l)^{j_l}\mid\boldsymbol{Y}(t)=\boldsymbol{v}]\mathrm{d}\theta_l$$

接下去的推导与标量随机过程的类似，最后可得

$$\frac{\partial}{\partial t}p_{\boldsymbol{Y}(t)}(\boldsymbol{u})=\underbrace{\sum_{j_1=0}^{\infty}\cdots\sum_{j_{n_Y}=0}^{\infty}}_{(\text{除去}j_1=\cdots=j_{n_Y}=0)}\frac{(-1)^{j_1+\cdots+j_{n_Y}}}{j_1!\cdots j_{n_Y}!}\frac{\partial^{j_1+\cdots+j_{n_Y}}}{\partial u_1^{j_1}\cdots\partial u_{n_Y}^{j_{n_Y}}}[C^{(j_1,\cdots,j_{n_Y})}(\boldsymbol{u},t)p_{\boldsymbol{Y}(t)}(\boldsymbol{u})] \tag{17.63}$$

其中

$$C^{(j_1,\cdots,j_{n_Y})}(\boldsymbol{u},t)=\lim_{\Delta t\to 0}\frac{1}{\Delta t}E[(\Delta Y_1)^{j_1}\cdots(\Delta Y_{n_Y})^{j_{n_Y}}|\boldsymbol{Y}(t)=\boldsymbol{u}] \tag{17.64}$$

这就是**向量随机过程$\{\boldsymbol{Y}(t)\}$的 Fokker-Planck 方程**。

再来给出导数矩。对随机运动方程

$$\boldsymbol{A}\dot{\boldsymbol{Y}}(t)+\boldsymbol{B}\boldsymbol{Y}(t)=\boldsymbol{Q}(t)$$

可得

$$\boldsymbol{C}^{(1)}(\boldsymbol{u},t)=\boldsymbol{A}^{-1}E[\boldsymbol{Q}(t)|\boldsymbol{Y}(t)=\boldsymbol{u}]-\boldsymbol{A}^{-1}\boldsymbol{B}\boldsymbol{u} \tag{17.65}$$

以及

$$C^{(j_1,\cdots,j_{n_Y})}(\boldsymbol{u},t)=\lim_{\Delta t\to 0}\frac{1}{\Delta t}\int_t^{t+\Delta t}\cdots\int_t^{t+\Delta t}E\{[\boldsymbol{A}^{-1}\boldsymbol{Q}(s_{11})]_1\cdots[\boldsymbol{A}^{-1}\boldsymbol{Q}(s_{1j_1})]_1\cdots$$
$$\times[\boldsymbol{A}^{-1}\boldsymbol{Q}(s_{n_Y1})]_{n_Y}\cdots[\boldsymbol{A}^{-1}\boldsymbol{Q}(s_{n_Yj_{n_Y}})]_{n_Y}\mid\boldsymbol{Y}(t)=\boldsymbol{u}\}\mathrm{d}s_{11}\cdots\mathrm{d}s_{1j_1}\cdots\mathrm{d}s_{n_Y1}\cdots\mathrm{d}s_{n_Yj_{n_Y}} \tag{17.66}$$

以上得到的是 Fokker-Planck 方程的很一般的结果，但是实际的应用还只能限于特殊情况，即$\boldsymbol{Y}(t)$为 Markov 过程的情况。Markov 过程$\boldsymbol{Y}(t)$的性质为

$$p_{\boldsymbol{Y}(t)}[\boldsymbol{v}|\boldsymbol{Y}(s_1)=\boldsymbol{u}_1,\cdots,\boldsymbol{Y}(s_l)=\boldsymbol{u}_l]=p_{\boldsymbol{Y}(t)}[\boldsymbol{v}|\boldsymbol{Y}(s_l)=\boldsymbol{u}_l]$$

其中 $t\geqslant s_l\cdots\geqslant s_1$。对于这种 Markov 过程，导数矩表达式(17.64)中的条件可以去掉，故有

$$C^{(j_1,\cdots,j_{n_Y})}(\boldsymbol{u},t)=\lim_{\Delta t\to 0}\frac{1}{\Delta t}E[(\Delta Y_1)^{j_1}\cdots(\Delta Y_{n_Y})^{j_{n_Y}}] \tag{17.67}$$

这是因为 $\Delta\boldsymbol{Y}$ 与 $\boldsymbol{Y}(t)$ 是相互独立的。进而，方程(17.65)和方程(17.66)中的条件也可以去掉，所以

$$\boldsymbol{C}^{(1)}(\boldsymbol{u},t)=\boldsymbol{A}^{-1}\boldsymbol{\mu}_Q(t)-\boldsymbol{A}^{-1}\boldsymbol{B}\boldsymbol{u} \tag{17.68}$$

$$C^{(j_1,\cdots,j_{n_Y})}(\boldsymbol{u},t)=\lim_{\Delta t\to 0}\frac{1}{\Delta t}\int_t^{t+\Delta t}\cdots\int_t^{t+\Delta t}E\{[\boldsymbol{A}^{-1}\boldsymbol{Q}(s_{11})]_1\cdots[\boldsymbol{A}^{-1}\boldsymbol{Q}(s_{1j_1})]_1\cdots$$
$$\times[\boldsymbol{A}^{-1}\boldsymbol{Q}(s_{n_Y1})]_{n_Y}\cdots[\boldsymbol{A}^{-1}\boldsymbol{Q}(s_{n_Yj_{n_Y}})]_{n_Y}\}\mathrm{d}s_{11}\cdots\mathrm{d}s_{1j_1}\cdots\mathrm{d}s_{n_Y1}\cdots\mathrm{d}s_{n_Yj_{n_Y}} \tag{17.69}$$

方程(17.69)也适用于 delta-相关过程。

对于 delta-相关过程，我们定义记号：

$$\begin{aligned}&\kappa_J[Q_1(s_{1,1}),\cdots,Q_1(s_{1,j_1}),\cdots,Q_{n_Y}(s_{n_Y,1}),\cdots,Q_{n_Y}(s_{n_Y,j_{n_Y}})]\\&=(2\pi)^{J-1}S_{j_1,\cdots,j_{n_Y}}(s_{n_Y,j_{n_Y}})\delta(s_{11}-s_{n_Y,j_{n_Y}})\cdots\delta(s_{1,j_1}-s_{n_Y,j_{n_Y}})\\&\quad\times\cdots\delta(s_{n_Y,1}-s_{n_Y,j_{n_Y}})\cdots\delta(s_{n_Y,j_{n_Y}-1}-s_{n_Y,j_{n_Y}})\end{aligned} \tag{17.70}$$

其中 $J=j_1+\cdots+j_{n_Y}$。因此，可将 $\boldsymbol{Q}(t)$ 的各个分量的各阶矩用 κ_K 表示，比如对于 $j_1=J$ 和 $k_2+\cdots+k_{n_Y}=0$ 的情况，有

$$\begin{aligned}E[Q_1(s_1),\cdots,Q_1(s_J)]&=\kappa_J[Q_1(s_1),\cdots,Q_1(s_J)]\\&+b_1\sum_l E[Q_1(s_l)]\cdot\kappa_{J-1}[Q_1(s_1),\cdots,Q_1(s_{l-1}),Q_1(s_{l+1}),\cdots,Q_1(s_J)]\\&+b_2\sum_{l_1}\sum_{l_2}\kappa_2[Q_1(s_{l_1}),Q_1(s_{l_2})]\kappa_{J-2}[\text{其他 } Q_1(s)]\\&+b_3\sum_{l_1}\sum_{l_2}\sum_{l_3}\kappa_3[Q_1(s_{l_1}),Q_1(s_{l_2}),Q_1(s_{l_3})]\kappa_{J-3}[\text{其他 } Q_1(s)]+\cdots\end{aligned}$$

因此可得

$$C^{(j_1,\cdots,j_{n_Y})}(\boldsymbol{u},t)=(2\pi)^{J-1}S_{j_1,\cdots,j_{n_Y}}(t) \tag{17.71}$$

最后，对于激励 $\boldsymbol{Q}(t)$ 既是自谱密度矩阵为 $\boldsymbol{S}_0(t)$ 的 delta-相关过程，即 $\boldsymbol{K}_{QQ}(t,s)=2\pi\boldsymbol{S}_0(t)\delta(t-s)$，又是 Gauss 过程的情况，以上的公式可以得到很大的简化。我们知道，Gauss 过程的大于 2 阶的累积量均为零。由方程(17.71)可知

$$C^{(\overbrace{0,\cdots,0}^{j-1},1,0,\cdots,0,1,\overbrace{0,\cdots,0}^{n_Y-l})}(\boldsymbol{u},t)=2\pi[\boldsymbol{S}_0(t)]_{jl},\quad j\neq l \tag{17.72}$$

$$C^{(\overbrace{0,\cdots,0}^{j-1},2,\overbrace{0,\cdots,0}^{n_Y-j})}(\boldsymbol{u},t)=2\pi[\boldsymbol{S}_0(t)]_{jj} \tag{17.73}$$

于是，对于 delta-相关的 Gauss 激励系统，Fokker-Planck 方程(17.63)变为

$$\frac{\partial}{\partial t}p_{\boldsymbol{Y}(t)}(\boldsymbol{u})=-\sum_{j=1}^{n_Y}\frac{\partial}{\partial u_j}[C_j^{(1)}(\boldsymbol{u},t)p_{\boldsymbol{Y}(t)}(\boldsymbol{u})]+\pi\sum_{j=1}^{n_Y}\sum_{l=1}^{n_Y}[\boldsymbol{S}_0(t)]_{jl}\frac{\partial}{\partial u_j\partial u_l}p_{\boldsymbol{Y}(t)}(\boldsymbol{u}) \tag{17.74}$$

例 17.9　如图 17.6 所示，阻尼器受到一个非平稳 Gauss 白噪声力 $F(t)$ 的激励，其均值为 $\mu_F(t)$，自谱密度为 $S_0(t)$。求解对应的 Fokker-Planck 方程，初始条件为 $X(0)=0$。

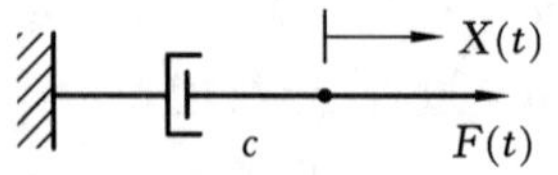

图 17.6　单阻尼器系统

解　系统的状态方程为

$$c\dot{X}(t)=F(t)$$

由于激励是 Gauss 的，只需考虑一阶和二阶系数：

$$C^{(1)}(u,t)=\mu_F(t)/c,\quad C^{(2)}(u,t)=2\pi S_0(t)/c^2$$

Fokker-Planck 方程(17.74)变为

$$\frac{\partial}{\partial t}p_{X(t)}(u)=-\frac{\mu_F(t)}{c}\frac{\partial}{\partial u}p_{X(t)}(u)+\frac{\pi S_0(t)}{c^2}\frac{\partial^2}{\partial u^2}p_{X(t)}(u)$$

我们不去求解这个偏微分方程，而是应用预知的结论，即响应的概率密度 $p_{X(t)}(u)$ 为 Gauss 概率密度，即

$$p_{X(t)}(u)=\frac{1}{\sqrt{2\pi}\sigma_X(t)}\exp\left\{-\frac{1}{2}\left[\frac{u-\mu_X(t)}{\sigma_X(t)}\right]^2\right\}$$

将上式代入 Fokker-Planck 方程，可以确定 $\mu_X(t)$ 和 $\sigma_X(t)$。为此，先计算 Fokker-Planck 方程中的三个导数项：

$$\frac{\partial}{\partial u}p_{X(t)}(u)=\frac{-1}{\sigma_X(t)}\left[\frac{u-\mu_X(t)}{\sigma_X(t)}\right]p_{X(t)}(u)$$

$$\frac{\partial^2}{\partial u^2}p_{X(t)}(u)=\frac{1}{\sigma_X^2(t)}\left\{\left[\frac{u-\mu_X(t)}{\sigma_X(t)}\right]^2-1\right\}p_{X(t)}(u)$$

$$\begin{aligned}\frac{\partial}{\partial t}p_{X(t)}(u)&=\left\{\frac{\dot{\sigma}_X(t)}{\sigma_X(t)}\left\{\left[\frac{u-\mu_X(t)}{\sigma_X(t)}\right]^2-1\right\}+\frac{\dot{\mu}_F(t)}{\sigma_X(t)}\left[\frac{u-\mu_X(t)}{\sigma_X(t)}\right]\right\}p_{X(t)}(u)\\&=\frac{\partial}{\partial u}\left[\sigma_X(t)\dot{\sigma}_X(t)\frac{\partial}{\partial u}p_{X(t)}(u)-\dot{\mu}_F(t)p_{X(t)}(u)\right]\end{aligned}$$

将以上三式代入 Fokker-Planck 方程可得

$$\frac{\partial}{\partial u}\left\{\left[\frac{1}{2}\frac{\mathrm{d}}{\mathrm{d}t}\sigma_X^2(t)-\frac{\pi S_0(t)}{c^2}\right]\frac{\partial}{\partial u}p_{X(t)}(u)-\left[\dot{\mu}_X(t)-\frac{\mu_F(t)}{c}\right]p_{X(t)}(u)\right\}=0$$

根据概率密度函数的性质，当 $|u|\to\infty$ 时，上式花括号中的两项为零，再加上这些项对 u 的导数为零，因此花括号中两项对所有 u 为零，进而必须有

$$\frac{\mathrm{d}}{\mathrm{d}t}\mu_X(t)=\frac{\mu_F(t)}{c},\quad \frac{\mathrm{d}}{\mathrm{d}t}\sigma_X^2(t)=\frac{2\pi S_0(t)}{c^2}$$

这两个方程的解为

$$\mu_X(t)=\frac{1}{c}\int_0^t\mu_F(s)\mathrm{d}s,\quad \sigma_X^2(t)=\frac{2\pi}{c^2}\int_0^t S_0(s)\mathrm{d}s$$

例 17.10　如图 17.7 所示，弹簧-阻尼器系统受到一个非平稳 Gauss 白噪声力 $F(t)$ 的激励，其均值为 $\mu_F(t)$，自谱密度为 $S_0(t)$。确定响应 $X(t)$ 的 Gauss 概率密度函数中均值和方差应该满足的方程。

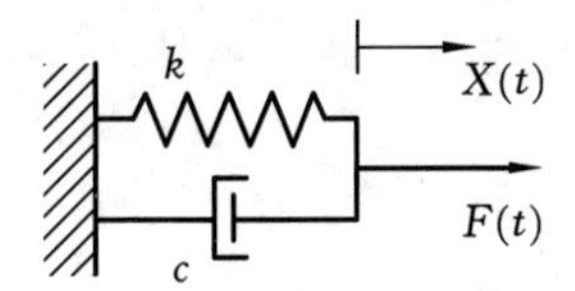

图 17.7　弹簧-阻尼器系统

解　系统的状态方程为

$$c\dot{X}(t)+kX(t)=F(t)$$

由于激励是 Gauss 的，只需考虑一阶和二阶系数：

$$C^{(1)}(u,t)=\frac{\mu_F(t)}{c}-\frac{k}{c}u,\quad C^{(2)}(u,t)=\frac{2\pi S_0(t)}{c^2}$$

Fokker-Planck 方程(17.74)变为

$$\frac{\partial}{\partial t}p_{X(t)}(u)=-\frac{\partial}{\partial u}\left[\left(\frac{\mu_F(t)}{c}-\frac{k}{c}u\right)p_{X(t)}(u)\right]+\frac{\pi S_0(t)}{c^2}\frac{\partial^2}{\partial u^2}p_{X(t)}(u)$$

将上例中 Gauss 概率密度 $p_{X(t)}(u)$ 的三个导数项代入上述方程可得

$$\frac{\partial}{\partial u}\left\{\sigma_X(t)\dot{\sigma}_X(t)\frac{\partial}{\partial u}p_{X(t)}(u)-\dot{\mu}_X(t)p_{X(t)}(u)\right.$$
$$\left.+\left[\frac{\mu_F(t)}{c}-\frac{k}{c}u\right]p_{X(t)}(u)-\frac{\pi S_0(t)}{c^2}\frac{\partial}{\partial u}p_{X(t)}(u)\right\}=0$$

因此有

$$\left[\sigma_X(t)\dot{\sigma}_X(t)-\frac{\pi S_0(t)}{c^2}\right]\frac{\partial}{\partial u}p_{X(t)}(u)-\dot{\mu}_X(t)p_{X(t)}(u)$$
$$+\frac{\mu_F(t)}{c}p_{X(t)}(u)-\frac{k}{c}up_{X(t)}(u)=D \tag{1}$$

其中 D 为常数。将上式对 u 在$(-\infty,\infty)$上积分，可得

$$-\dot{\mu}_X(t)+\frac{\mu_F(t)}{c}-\frac{k}{c}\mu_X(t)=D\int_{-\infty}^{\infty}\mathrm{d}u$$

上式左边是有限的，因此右边的常数 D 必须为零，故有

$$\frac{\mathrm{d}}{\mathrm{d}t}\mu_X(t)+\frac{k}{c}\mu_X(t)=\frac{\mu_F(t)}{c} \tag{2}$$

将上式和 $D=0$ 代入式(1)可得

$$\left[\sigma_X(t)\dot{\sigma}_X(t)-\frac{\pi S_0(t)}{c^2}\right]\frac{\partial}{\partial u}p_{X(t)}(u)-\frac{k}{c}[u-\mu_X(t)]p_{X(t)}(u)=0$$

两边同乘$[u-\mu_X(t)]$，再对 u 在$(-\infty,\infty)$上积分，可得

$$\left[\sigma_X(t)\dot{\sigma}_X(t)-\frac{\pi S_0(t)}{c^2}\right]\int_{-\infty}^{\infty}[u-\mu_X(t)]\frac{\partial}{\partial u}p_{X(t)}(u)\mathrm{d}u$$
$$-\frac{k}{c}\int_{-\infty}^{\infty}[u-\mu_X(t)]^2p_{X(t)}(u)\mathrm{d}u=0$$

上式左边第一项作分部积分并考虑$|u|\to\infty$时$|up_x(u)|\to 0$，得

$$-\left[\sigma_X(t)\dot{\sigma}_X(t)-\frac{\pi S_0(t)}{c^2}\right]-\frac{k}{c}\sigma_X^2=0$$

即

$$\frac{\mathrm{d}}{\mathrm{d}t}\sigma_X^2+2\frac{k}{c}\sigma_X^2=\frac{2\pi S_0(t)}{c^2} \tag{3}$$

式(2)和式(3)即为$\{X(t)\}$的 Gauss 概率密度函数中均值和方差应该满足的方程。

例 17.11 图 17.8 所示为二自由度建筑结构模型，弹簧-阻尼器系统受到基础加速度 $a(t)$的作用，$a(t)$为一个非平稳的短时噪声(shot noise)。将相对位移 $X_1(t)$和 $X_2(t)$作为系统的广义坐标。求系统的 Fokker-Planck 方程。

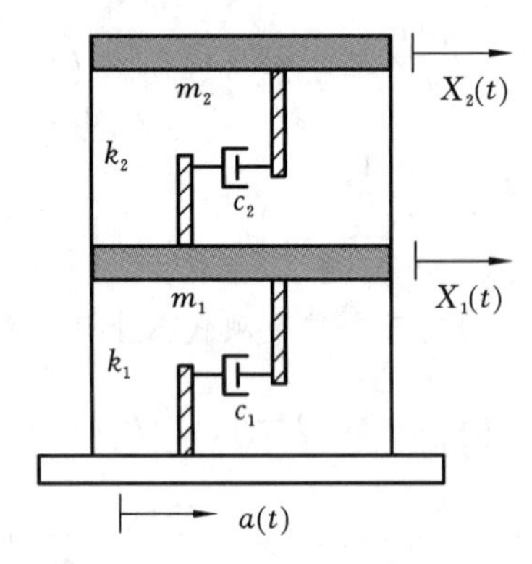

图 17.8　二自由度建筑结构模型

短时噪声 $F(t)$定义为

$$F(t)=\sum F_k\delta(t-T_k)$$

其中 $0\leqslant T_1\leqslant T_2\leqslant\cdots\leqslant T_k$ 为一个 Poisson 过程 $Z(t)$的随机到达时间，$F_1,F_2,\cdots,F_k$ 为具有相同分布、相互独立的随机变量。

解　随机运动方程为

$$\boldsymbol{A}\dot{\boldsymbol{Y}}(t)+\boldsymbol{B}\boldsymbol{Y}(t)=\boldsymbol{Q}(t)$$

其中

$$\boldsymbol{Y}(t)=\begin{Bmatrix}X_1(t)\\X_2(t)\\\dot{X}_1(t)\\\dot{X}_2(t)\end{Bmatrix},\quad \boldsymbol{A}=\begin{bmatrix}-k_1-k_2 & k_2 & 0 & 0\\ k_2 & -k_2 & 0 & 0\\ 0 & 0 & \dfrac{c_1+c_2}{m_1} & 0\\ 0 & 0 & 0 & \dfrac{c_2}{m_2}\end{bmatrix}$$

$$\boldsymbol{B}=\begin{bmatrix}0 & 0 & k_1+k_2 & -k_2\\ 0 & 0 & -k_2 & k_2\\ k_1+k_2 & -k_2 & c_1+c_2 & -c_2\\ -k_2 & k_2 & -c_2 & c_2\end{bmatrix},\quad \boldsymbol{Q}(t)=\begin{Bmatrix}0\\0\\-m_1a(t)\\-m_2a(t)\end{Bmatrix}$$

Fokker-Planck 方程中的一阶系数由方程(17.68)给出：

$$C_j^{(1)}(\boldsymbol{u},t)=[\boldsymbol{A}^{-1}\boldsymbol{\mu}_Q(t)]_j-[\boldsymbol{A}^{-1}\boldsymbol{B}\boldsymbol{u}]_j=\sum_{l=1}^{4}\boldsymbol{A}_{lj}^{-1}\mu_{Qj}(t)-\sum_{l=1}^{4}[\boldsymbol{A}^{-1}\boldsymbol{B}]_{lj}u_l$$

由此可得

$$C_1^{(1)}=-u_3,\quad C_2^{(1)}=-u_4$$

$$C_3^{(1)}=-\mu_a(t)+\frac{k_1+k_2}{m_1}u_1-\frac{k_2}{m_1}u_2+\frac{c_1+c_2}{m_1}u_3-\frac{c_2}{m_1}u_4$$

$$C_4^{(1)}=-\mu_a(t)+\frac{k_2}{m_2}u_1-\frac{k_2}{m_2}u_2+\frac{c_2}{m_2}u_3-\frac{c_2}{m_2}u_4$$

其中 $\mu_a(t)=\mu_F\dot{\mu}_Z(t)$，$F$ 为短时噪声的一个典型脉冲，$\dot{\mu}_Z(t)$ 为脉冲的期望到达速率。Fokker-Planck 方程中的高阶系数由方程(17.71)给出，**其中的 $S_{j_1,j_2,j_3,j_4}(t)$（当 $j_1=j_2=0$ 时）为 $-a(t)$ 的 (j_3+j_4) 阶自谱密度，而其他的高阶系数均为零**。此外，我们已经知道，短时噪声的 J 阶自谱密度为 $E(F^J)\dot{\mu}_Z(t)/(2\pi)^{J-1}$。因此，由式(17.71)给出

$$C^{(j_1,j_2,j_3,j_4)}(\boldsymbol{u},t)=\begin{cases}E[(-F)^{j_3+j_4}]\dot{\mu}_Z(t), & j_1=j_2=0\\ 0, & \text{其他}\end{cases}$$

因此，由方程(17.63)可得所求 Fokker-Planck 方程为

$$\begin{aligned}\frac{\partial}{\partial t}p(\boldsymbol{u})=&-\frac{\partial}{\partial u_1}[-u_3p(\boldsymbol{u})]-\frac{\partial}{\partial u_2}[-u_4p(\boldsymbol{u})]\\&-\frac{\partial}{\partial u_3}\left\{\left[-\mu_F\dot{\mu}_Z(t)+\frac{k_1+k_2}{m_1}u_1-\frac{k_2}{m_1}u_2+\frac{c_1+c_2}{m_1}u_3-\frac{c_2}{m_1}u_4\right]p(\boldsymbol{u})\right\}\\&-\frac{\partial}{\partial u_4}\left\{\left[-\mu_F\dot{\mu}_Z(t)+\frac{k_2}{m_2}u_1-\frac{k_2}{m_2}u_2+\frac{c_2}{m_2}u_3-\frac{c_2}{m_2}u_4\right]p(\boldsymbol{u})\right\}\\&+E(F^2)\dot{\mu}_Z(t)\left(\frac{1}{2}\frac{\partial^2}{\partial u_3^2}+\frac{\partial^2}{\partial u_3\partial u_4}+\frac{1}{2}\frac{\partial^2}{\partial u_4^2}\right)p(\boldsymbol{u})\\&+E(F^3)\dot{\mu}_Z(t)\left(\frac{1}{6}\frac{\partial^3}{\partial u_3^3}+\frac{1}{2}\frac{\partial^3}{\partial u_3^2\partial u_4}+\frac{1}{2}\frac{\partial^3}{\partial u_3\partial u_4^2}+\frac{1}{6}\frac{\partial^3}{\partial u_4^3}\right)p(\boldsymbol{u})+\cdots\end{aligned}$$

或

$$\begin{aligned}\frac{\partial}{\partial t}p(\boldsymbol{u})=&u_3\frac{\partial}{\partial u_1}p(\boldsymbol{u})+u_4\frac{\partial}{\partial u_2}p(\boldsymbol{u})-\frac{c_1+c_2}{m_1}p(\boldsymbol{u})+\frac{c_2}{m_1}p(\boldsymbol{u})\\&-\left[-\mu_F\dot{\mu}_Z(t)+\frac{k_1+k_2}{m_1}u_1-\frac{k_2}{m_1}u_2+\frac{c_1+c_2}{m_1}u_3-\frac{c_2}{m_1}u_4\right]\frac{\partial}{\partial u_3}p(\boldsymbol{u})\\&-\left[-\mu_F\dot{\mu}_Z(t)+\frac{k_2}{m_2}u_1-\frac{k_2}{m_2}u_2+\frac{c_2}{m_2}u_3-\frac{c_2}{m_2}u_4\right]\frac{\partial}{\partial u_4}p(\boldsymbol{u})\\&+\dot{\mu}_Z(t)\sum_{J=2}^{\infty}E(F^J)\sum_{l=0}^{J}\frac{J!}{(J-l)!\ l!}\frac{\partial^2}{\partial u_3^l\partial u_4^{J-1}}p(\boldsymbol{u})\end{aligned}$$

习题参考答案(部分)

第1章

1.1 $\omega_n = 221.4723\ \text{rad/s}$

1.2 $\omega_n = \sqrt{\dfrac{3EI}{l^3\left(M+\dfrac{33}{140}m\right)}}$

1.3 $\omega_n = \sqrt{\dfrac{k_1(3EI)a^4(3l-a)^2+k_2(3EI)b^4(3l-b)^2}{ml^3[k_1a^4(3l-a)^2+k_2b^4(3l-b)^2+12EIl^3]}}$

1.4 $x(t)=A_0\sin(\omega_n t+\phi)$

$$A_0=\sqrt{\frac{m^2g^2}{16k^2}+\frac{m^2gl}{2k(M+m)}},\quad \phi=\tan^{-1}\sqrt{\frac{-g}{8lk(M+m)}}$$

1.5 $m\ddot{x}+\left(\dfrac{T}{a}+\dfrac{T}{b}\right)x=0,\quad \omega_n=\sqrt{\dfrac{2g}{L}}$

1.6 $\omega_n=\sqrt{\dfrac{2g}{L}}$

1.7 (a) $\omega_n=\sqrt{\dfrac{12EI}{l^3(W/g+33m/140)}}$;(b) $\omega_n=\sqrt{\dfrac{48EI}{l^3(W/g+13m/35)}}$

1.8 $\mu=\sqrt{\dfrac{\omega^2Wc-2kgc}{Wg+W\omega^2a-2kga}}$

1.9 $0.08727=1.309(1+2\omega_n)\mathrm{e}^{-2\omega_n}$

1.11 1.9386 A

1.12 (1) $m\ddot{x}+(c_1+c_2)\dot{x}+k_2x=-c_1\omega Y\sin(\omega t)$

(2) $x_{\mathrm{p}}(t)=-\dfrac{c_1\omega Y/k_2}{\sqrt{(1-r^2)^2+(2\zeta r)^2}}$

其中,$\omega_n=\sqrt{\dfrac{k_2}{m}}$, $r=\omega/\omega_n$, $\zeta=(c_1+c_2)\omega/(2rk_2)$, $\phi=\tan^{-1}[2\zeta r/(1-r^2)]$

(3) $F_P(t)=-\dfrac{c_1\omega Y}{\sqrt{(1-r^2)^2+(2\zeta r)^2}}\left[\sin(\omega t-\phi)+\dfrac{c_2\omega}{k_2}\cos(\omega t-\phi)\right]$

1.13 $k=5\times10^6\ \text{N/m}$, $c=158805.0\ \text{N}\cdot\text{s/m}$

1.14 $Y=169.5294\times10^{-6}\ \text{m}$

1.15 $x(t)=0.0012\cos(20t+0.229)$

1.16 $x(t)=0.00011097\cos(314.16t+0.0707)$

1.17 $m\ddot{x}+k_2x+\dfrac{T_0x}{\sqrt{l^2+x^2}}-\mu\left(mg+\dfrac{T_0l}{\sqrt{l^2+x^2}}\right)=p_0A\sin(\omega t)$

1.18 $\gamma=2.254964$, $\beta=0.0228685$

1.19 $v>\sqrt{\dfrac{2EI}{\rho Al^2}}$

第2章

2.1
$$\begin{bmatrix} m_1 & 0 & 0 \\ 0 & m_2 & 0 \\ 0 & 0 & m_3 \end{bmatrix}\begin{bmatrix}\ddot{x}_1\\ \ddot{x}_2\\ \ddot{x}_3\end{bmatrix}+k\begin{bmatrix} 7 & -1 & -5 \\ -1 & 2 & -1 \\ -5 & -1 & 7 \end{bmatrix}\begin{bmatrix}x_1\\ x_2\\ x_3\end{bmatrix}=\begin{bmatrix}F_1(t)\\ F_2(t)\\ F_3(t)\end{bmatrix}$$

2.2
$$\begin{bmatrix} \frac{2}{3}ml^2 & 0 & 0 \\ 0 & 2m & 0 \\ 0 & 0 & m \end{bmatrix}\begin{bmatrix}\ddot{\theta}\\ \ddot{x}_1\\ \ddot{x}_2\end{bmatrix}+c\begin{bmatrix} \frac{1}{16}l^2 & -\frac{1}{4}l & 0 \\ -\frac{1}{4}l & 1 & 0 \\ 0 & 0 & 0 \end{bmatrix}\begin{bmatrix}\dot{\theta}\\ \dot{x}_1\\ \dot{x}_2\end{bmatrix}$$
$$+k\begin{bmatrix} \frac{25}{8}l^2 & -\frac{1}{2}l & 0 \\ -\frac{1}{4}l & 3 & -1 \\ 0 & -1 & 1 \end{bmatrix}\begin{bmatrix}\theta\\ x_1\\ x_2\end{bmatrix}=\begin{bmatrix}M_t(t)\\ F_1(t)\\ F_2(t)\end{bmatrix}$$

2.3
$$\begin{bmatrix} \left(M+\frac{J_0}{9r^2}\right) & -\frac{J_0}{9r^2} & 0 \\ -\frac{J_0}{9r^2} & \left(3m+\frac{J_0}{9r^2}\right) & 0 \\ 0 & 0 & m \end{bmatrix}\begin{bmatrix}\ddot{x}_1\\ \ddot{x}_2\\ \ddot{x}_3\end{bmatrix}+k\begin{bmatrix} \frac{41}{9} & -\frac{8}{9} & -\frac{8}{3} \\ -\frac{8}{9} & \frac{2}{9} & \frac{2}{3} \\ -\frac{8}{3} & \frac{2}{3} & 5 \end{bmatrix}\begin{bmatrix}x_1\\ x_2\\ x_3\end{bmatrix}=\begin{bmatrix}F_1(t)\\ F_2(t)\\ F_3(t)\end{bmatrix}$$

2.4
$$J_G\ddot{\theta}+(c_2l_1^2+c_2l_2^2)\dot{\theta}+(-c_2l_1+c_2l_2)\dot{x}_3-c_2l_2\dot{x}_2+c_2l_1\dot{x}_1$$
$$+(k_2l_1^2+k_2l_2^2)\theta+(-k_2l_1+k_2l_2)x_3-k_2l_2x_2+k_2l_1x_1=0$$
$$M\ddot{x}_3+2c_2\dot{x}_3-c_2\dot{x}_2-c_2\dot{x}_1+(-k_2l_1+k_2l_2)\theta+2k_2x_3-k_2x_2-k_2x_1=0$$
$$m_2\ddot{x}_2-c_2l_2\dot{\theta}-c_2\dot{x}_3+(c_1+c_2)\dot{x}_1-k_2l_1\theta-k_2x_3+(k_1+k_2)x_1=0$$
$$m_1\ddot{x}_1-c_2l_1\dot{\theta}-c_2\dot{x}_3+(c_1+c_2)\dot{x}_2-k_2l_2\theta-k_2x_3+(k_1+k_2)x_2=0$$

2.5
$$\boldsymbol{K}=\begin{bmatrix} 5k & -k & -3k \\ -k & 4k & -k \\ -3k & -k & 5k \end{bmatrix}$$

2.6
$$\boldsymbol{K}=\begin{bmatrix} 3k & 0 & 0 \\ 0 & 3k & 0 \\ 0 & 0 & 3kr \end{bmatrix}$$

2.7 $\boldsymbol{M}\ddot{\boldsymbol{x}}+\boldsymbol{C}\dot{\boldsymbol{x}}+\boldsymbol{K}\boldsymbol{x}=\boldsymbol{F}(t)$

其中

$$\boldsymbol{x}=[x_1,x_2,x_3,x_4]^{\mathrm{T}},\quad \boldsymbol{M}=\mathrm{diag}[m_1,m_2,m_3,m_4]$$

$$\boldsymbol{F}(t)=[F_1(t),F_2(t),F_3(t),F_4(t)]^{\mathrm{T}}$$

$$\boldsymbol{C}=\begin{bmatrix} c_1+c_2 & -c_2 & 0 & 0 \\ -c_2 & c_2+c_3 & -c_3 & 0 \\ 0 & -c_3 & c_3+c_4 & -c_4 \\ 0 & 0 & -c_4 & c_4 \end{bmatrix},\quad \boldsymbol{K}=\begin{bmatrix} k_1+k_2 & -k_2 & 0 & 0 \\ -k_2 & k_2+k_3 & -k_3 & 0 \\ 0 & -k_3 & k_3+k_4 & -k_4 \\ 0 & 0 & -k_4 & k_4 \end{bmatrix}$$

2.8 (1) 系统的运动方程为

$$\begin{bmatrix} M_0+2M & 2Ml \\ 2Ml & 2Ml^2 \end{bmatrix}\begin{bmatrix} \ddot{x} \\ \ddot{\theta} \end{bmatrix}+\begin{bmatrix} 0 & 0 \\ 0 & 2k_{\mathrm{t}} \end{bmatrix}\begin{bmatrix} x \\ \theta \end{bmatrix}=\begin{bmatrix} 0 \\ 0 \end{bmatrix}$$

(2) 系统的固有频率和振型为

$$\omega_1=0,\quad \boldsymbol{\psi}_1=\begin{bmatrix} 1 \\ 0 \end{bmatrix};\quad \omega_2=\sqrt{\frac{2(M_0+2M)k_{\mathrm{t}}}{2M_0Ml^2}},\quad \boldsymbol{\psi}_2=\begin{bmatrix} 1 \\ -\dfrac{M_0+2M}{2Ml} \end{bmatrix}$$

(3) $k_{\mathrm{t}}=1.4212\times10^{10}\ \mathrm{N\cdot m/rad}$

2.9 $\boldsymbol{\Psi}=\begin{bmatrix} 1 & 1 & 1 \\ 1 & -0.26795 & -3.73205 \\ 1 & -0.73205 & 2.73205 \end{bmatrix}$(注意:该模态矩阵还没有正则化)

2.12 $\omega_{1,2,3,4}^2=0,0.451\dfrac{k}{J},2.215\dfrac{k}{J},4\dfrac{k}{J}$

2.13 $\omega=316\ \mathrm{rad/s}$

2.14 $\omega_{1,2}^2=0.31\dfrac{EI}{ml^3},8.12\dfrac{EI}{ml^3}$

第4章

4.1 $\dfrac{\mathrm{d}^2x_i}{\mathrm{d}t^2}=\dfrac{x_i-2x_{i-1}+x_{i-2}}{(\Delta t)^2},\quad \dfrac{\mathrm{d}^3x_i}{\mathrm{d}t^3}=\dfrac{x_i-3x_{i-1}+3x_{i-2}-x_{i-3}}{(\Delta t)^3}$

$\dfrac{\mathrm{d}^4x_i}{\mathrm{d}t^4}=\dfrac{x_i-4x_{i-1}+6x_{i-2}-4x_{i-3}+x_{i-4}}{(\Delta t)^4}$

4.2 $x_i=\dfrac{2x_{i-1}-x_{i-2}}{1-0.1\,(\Delta t)^2},\quad x_{-1}=x_0$

4.3 $x_{i+1}=\dfrac{1}{1620}(200x_i-1580x_{i-1}+F_i)$

第5章

5.1 (1) 奇点为 s:(0,0),为中心;(2) 奇点为 s_1:(0,0),s_2:(1,0),s_3:(−1,0),分别为鞍点、中心、鞍点;(3) 奇点为 s_1:(0,0),s_2:(1,0),s_3:(−1,0),分别为中心、鞍点、中心;(4) 奇点为 s:(0,0),为中心;(5) 奇点为 s:(0,0),为鞍点。

5.2 (1) 在奇点(0,1)附近,$\omega=\left(1-\dfrac{3}{8}a^2\right)\omega_0$;

(2) 在奇点(0,1)附近,$\omega=\omega_0-\frac{1}{8\omega_0}\left(\frac{10\delta^2}{3\omega_0^2}-3\alpha\right)a^2$,其中 $\omega_0^2=2,\delta=3,\alpha=1$。

5.3 (3) $\omega=\omega_0-\frac{R}{8\omega_0}\left(2\omega_0^2-\frac{3g}{2l}\right)a^2$

5.5 奇点为 $s_1:(0,0)$和 $s_2:(1,1)$,分别为稳定焦点和鞍点。

5.7 当 $\varepsilon>0$ 时,奇点 $x_1=0,x_2=0$ 为不稳定结点或不稳定焦点,取决于 $\varepsilon^2-4\omega_0^2$ 是否大于零。方程的解为

$$u=a\cos(\omega_0 t+\beta)$$

其中

$$\dot{a}=\frac{1}{2}\varepsilon a\left(1-\frac{3}{4}a^2\omega_0^2\right),\quad \dot{\beta}=0$$

5.8 $\theta=\frac{a_0}{\sqrt{1+\frac{1}{2}\mu a_0^2 t}}\cos\left\{\omega_0\left[t-\frac{\ln\left(1+\frac{1}{2}\mu a_0^2 t\right)}{8\mu}\right]+\beta_0\right\}$

5.9 (2) $\left(\frac{3\alpha a^3}{8}-a\sigma\right)^2+\frac{16a^4}{9\pi^2}=k^2$

5.10 (1) $u=a\cos(t-\gamma)+a^2\left[-\frac{3}{4}+\frac{1}{4}\cos(2t-2\gamma)\right]+O(\varepsilon^3)$

(2) $u=a\cos\left(t-\frac{1}{2}\gamma\right)-\frac{1}{3}K\cos(2t)+\left[-\frac{3}{4}a^2-\frac{1}{12}K^2+\frac{1}{4}a^2\cos(2t+\gamma)\right.$

$\left.-\frac{1}{70}Ka\cos\left(3t-\frac{1}{2}\gamma\right)+\frac{1}{180}K^2\cos(4t)\right]+O(\varepsilon^3)$

(3) $u=\left[a\cos(t-\gamma)+\frac{4}{3}k\cos\left(\frac{1}{2}t\right)\right]+\left[-\frac{3}{8}a^2-\frac{8}{3}K^2-\frac{8}{3}Ka\cos\left(\frac{1}{2}t+\gamma\right)\right.$

$\left.+\frac{1}{8}a^2\cos(2t-2\gamma)+\frac{8}{5}Ka\cos\left(\frac{3}{2}t-\gamma\right)\right]+O(\varepsilon^3)$

(4) $u=a\cos\left(t-\frac{1}{3}\gamma\right)-\frac{1}{8}K\cos(3t)+O(\varepsilon^2)$

(5) $u=a\cos(t-\gamma)+\frac{9}{8}K\cos(3t)+O(\varepsilon^2)$

第 6 章

6.1 (1) $\lambda=-\frac{1}{3}$; (2) $\lambda=0$

6.2 尖点曲线的方程为 $\mu=2\left(\frac{\lambda}{3}\right)^{3/2}$

6.3 原点为分岔点。

6.4 同宿轨道通过鞍点(0,0),方程为 $y^2=x^2-\frac{2}{3}x^3,x\geqslant 0$。摄动系统在 $\lambda\neq 0$ 时同宿

轨道将被破坏，变为异宿轨道。

6.5　异宿轨道连接两个鞍点(0,1)和(0,−1)。

6.6　周期轨道(极限环)为圆，半径 $r_0=\sqrt{(1-\mu)/\mu}$。

6.7　$r=\dfrac{r_0}{\sqrt{r_0^2+(1-r_0^2)\mathrm{e}^{-2t}}}$，　$\theta=-t+\theta_0$

在截面 Σ 上，在 $\theta=-2\pi,-4\pi,\cdots$ 处，顺次返回值为

$$r_n=\frac{r_0}{\sqrt{r_0^2+(1-r_0^2)\mathrm{e}^{-4\pi n}}}$$

6.8　稳定流形为 $2x+y+5=0$；不稳定流形为 $x-y+4=0$。

6.10　$M(t_0)=\sqrt{2}\pi\sum_{n=1}^{\infty}a_n n\omega\,\mathrm{sech}\left(\dfrac{1}{2}\pi n\omega\right)\sin(n\omega t_0)-\dfrac{4}{3}\kappa$

第 7 章

7.1　$\tan\alpha=\dfrac{Tk-(Tmc_0^2/l^2)\alpha^2}{(mkc_0^2/l)\alpha+(T^2c_0/l)\alpha}$，　$c_0^2=\dfrac{T}{\rho}$，　$\alpha=\dfrac{l\omega}{c_0}$

7.2　$y(x,t)=\dfrac{8al}{\pi^3 c_0}\sum_{n=1,3,5,\cdots}^{\infty}\dfrac{(-1)^{(n-1)/2}}{n^3}\sin\dfrac{n\pi x}{l}\sin\dfrac{n\pi c_0 t}{l}$

7.3　$T=2.356\times10^6$ N

7.4　$T\dfrac{\partial^2 y}{\partial x^2}+q(x,t)=\rho\dfrac{\partial^2 y}{\partial t^2}+c\dfrac{\partial y}{\partial t}$

7.5　$y(x,t)=\dfrac{8h}{\pi^2}\left(\sin\dfrac{\pi x}{l}\cos\dfrac{\pi c_0 t}{l}-\dfrac{1}{9}\sin\dfrac{3\pi x}{l}\cos\dfrac{3\pi c_0 t}{l}\right)+\cdots$

7.6　$\tan\dfrac{\omega l}{a}=\dfrac{\alpha\left(\dfrac{\omega l}{a}\right)}{\dfrac{\alpha}{\beta}\left(\dfrac{\omega l}{a}\right)^2-1}$，其中 $\alpha=\dfrac{T}{kl}$，　$\beta=\dfrac{\rho l}{m}$

第 8 章

8.1　(a) $\omega M_2\cos\dfrac{\omega l}{c}+\dfrac{\omega AE}{c}\sin\dfrac{\omega l}{c}+\dfrac{\omega M_1 c}{AE}\left(-\omega^2 M_2\sin\dfrac{\omega l}{c}+\dfrac{\omega AE}{c}\cos\dfrac{\omega l}{c}\right)=0$

(b) $\tan\dfrac{\omega l}{c}=\dfrac{k_1c^2-k_2AEc\omega}{k_1k_2-A^2E^2\omega^2}$

(c) $\tan\dfrac{\omega l}{c}=\dfrac{AEc\omega(k-M\omega^2)}{A^2E^2\omega^2-M\omega^2kc^2}$

8.2　附加的集中质量 $M=1.1397m$。

8.4　$\tan\dfrac{\omega l_1}{c_1}\cdot\tan\dfrac{\omega l_2}{c_2}=\dfrac{A_1E_1c_2}{A_2E_2c_1}$

8.5　$\sigma_{\mathrm{t}}=\dfrac{2A_1\rho_2c_2}{A_1\rho_1c_1+A_2\rho_2c_2}\sigma_{\mathrm{i}}$，　$\sigma_{\mathrm{r}}=\dfrac{A_2\rho_2c_2-A_1\rho_1c_1}{A_1\rho_1c_1+A_2\rho_2c_2}\sigma_{\mathrm{i}}$

8.6 $\frac{E_2A_2}{E_1A_1}\cos(\beta_1 l_1)\sin(\beta_2 l_2)+\cos(\beta_2 l_2)\sin(\beta_1 l_1)=0$；$A_1/A_2$

第9章

9.1 $\omega_n=\frac{n\pi c}{l}=\frac{n\pi}{l}\sqrt{\frac{G}{\rho}},\quad n=1,2,\cdots$

9.2 $\omega_n=\left(n-\frac{1}{2}\right)\frac{\pi}{l}\sqrt{\frac{G}{\rho}},\quad n=1,2,\cdots$

9.3 $\theta(x,t)=\sum_{n=1}^{\infty}\frac{8c\dot{\theta}_0}{\pi l\omega_n^2}\sin\frac{\omega_n x}{c}\sin(\omega_n t)$

固有频率 ω_n 满足频率方程 $\alpha\tan\alpha=\beta$,其中 $\alpha=\frac{\omega l}{2c}$, $\beta=\frac{GI_0 l}{J_0c^2}=\frac{\rho I_0 l}{J_0}$

9.4 $GJ\frac{\partial\theta}{\partial x}(0,t)=k_{t1}\theta(0,t)+c_{t1}\frac{\partial\theta}{\partial t}(0,t)+I_{01}\frac{\partial^2\theta}{\partial t^2}(0,t)$

$GJ\frac{\partial\theta}{\partial x}(l,t)=-k_{t2}\theta(l,t)-c_{t2}\frac{\partial\theta}{\partial t}(l,t)-I_{02}\frac{\partial^2\theta}{\partial t^2}(l,t)$

9.5 $I_{01}I_{02}\omega^2\sin\frac{\omega l}{c}-(I_{01}+I_{02})\frac{GJ\omega}{c}\cos\frac{\omega l}{c}-\frac{G^2J^2}{c^2}\sin\frac{\omega l}{c}=0$

9.6 $\theta(x,t)=\frac{M_{t0}c}{GJ\omega}\sec\frac{\omega l}{c}\sin\frac{\omega x}{c}\cos(\omega t)$

9.7 5030.586 rad/s

9.8 $\theta(x,t)=\sum_{n=1,3,\cdots}^{\infty}\frac{8l\omega}{n^2\pi^2c}\sin\frac{n\pi x}{2l}\sin(\omega_n t)$,其中 $\omega_n=\frac{n\pi c}{2l}(n=1,3,\cdots)$ 为左端固定、右端自由轴的固有频率。

第10章

10.1 (1) $\omega_1=1093.373$ rad/s,$\omega_2=4373.495$ rad/s,$\omega_3=9840.363$ rad/s;

(2) $\omega_1=2479.383$ rad/s,$\omega_2=6832.202$ rad/s,$\omega_3=13393.847$ rad/s;

(3) $\omega_1=389.509$ rad/s,$\omega_2=2441.012$ rad/s,$\omega_3=6834.703$ rad/s;

(4) $\omega_1=0$,$\omega_2=2479.383$ rad/s,$\omega_3=6832.202$ rad/s

10.2 $\cos(\beta l)\cosh(\beta l)=-1$,其中 $\beta^4=\frac{\omega^2}{c^2}=\frac{\rho A\omega^2}{EI}$

10.4 $\begin{vmatrix} -EI\beta^3 & 2k_1 & EI\beta^3 \\ -\sin(\beta l) & \cosh(\beta l)-\cos(\beta l) & \sin(\beta l) \\ EI\beta^3\cos(\beta l) & EI\beta^3[\sin(\beta l)+\sinh(\beta l)] & EI\beta^3\cosh(\beta l) \\ -k_2\sin(\beta l) & -k_2[\cos(\beta l)+\cosh(\beta l)] & -k_2\sinh(\beta l) \end{vmatrix}=0$

10.5 $\lambda\left(\tan\frac{\beta l}{2}-\tanh\frac{\beta l}{2}\right)=2$,其中 $\beta^4=\frac{\rho A\omega^2}{EI}$,$\lambda=\frac{M\omega^2}{2EI\beta^3}$

10.6 $\cos(\beta l)\cosh(\beta l)=1$；$\tan(\beta l)=\tanh(\beta l)$

10.7 $w(w,t)=\dfrac{4f_0 l^4}{\pi^5 EI}\sum\limits_{n=1,3,\cdots}^{\infty}\dfrac{1}{n^5}\sin\dfrac{n\pi x}{l}\cos(\omega_n t)$，$\omega_n$ 为简支梁的固有频率

10.8
$$w(w,t)=\frac{f_0 l^4}{2\rho A c^2}\left\{[\cos(\beta x)+\cosh(\beta x)]+\tan\frac{\beta x}{2}\sin(\beta x)\right.$$
$$\left.-\tanh\frac{\beta x}{2}\sinh(\beta x)-2\right\}\sin(\omega t)$$

10.9
$$w(w,t)=\sum_{n=1}^{\infty}W_n(x)q_n(t)$$
$$q_n(t)=\frac{100W_n(l)}{\rho A l\omega_n(\omega_n^2+0.01)}[\omega_n e^{-0.1t}+0.1\sin(\omega_n t)-\omega_n\cos(\omega_n t)]$$

其中，ω_n，$W_n(x)$为悬臂梁的固有频率和模态形状。

10.10 $c_{11}c_{22}-c_{12}c_{21}=0$，其中

$$c_{11}=\beta\left\{[-\sin(\beta l)-\cosh(\beta l)]-\frac{\cos(\beta l)-\cosh(\beta l)}{\sin(\beta l)-\sinh(\beta l)}[\cos(\beta l)-\cosh(\beta l)]\right\}$$
$$c_{12}=\beta\left\{[-\sin(\beta l)+\sinh(\beta l)]-B_1\left[\frac{\cos(\beta l)+\cosh(\beta l)}{\sin(\beta l)+\sinh(\beta l)}\right][\cos(\beta l)+\cosh(\beta l)]\right\}$$
$$c_{21}=\beta^2\left\{-[\cos(\beta l)+\sinh(\beta l)]+\frac{\cos(\beta l)-\cosh(\beta l)}{\sin(\beta l)-\sinh(\beta l)}[\sin(\beta l)+\sinh(\beta l)]\right\}$$
$$c_{22}=-\beta^2\left\{[-\cos(\beta l)+\cosh(\beta l)]-B_1\left[\frac{\cos(\beta l)+\cosh(\beta l)}{\sin(\beta l)+\sinh(\beta l)}\right][-\sin(\beta l)+\sinh(\beta l)]\right\}$$

10.11 $c_{11}c_{21}=0$，其中

$$c_{11}=c_{12}=\beta\left\{[-\sin(\beta l)-\cosh(\beta l)]-\frac{\cos(\beta l)-\cosh(\beta l)}{\sin(\beta l)-\sinh(\beta l)}[\cos(\beta l)-\cosh(\beta l)]\right\}$$
$$c_{21}=-c_{22}=\beta^2\left\{-[\cos(\beta l)+\sinh(\beta l)]+\frac{\cos(\beta l)-\cosh(\beta l)}{\sin(\beta l)-\sinh(\beta l)}[\sin(\beta l)+\sinh(\beta l)]\right\}$$

10.12 $\det\begin{bmatrix}c_{11} & c_{12} & 0 & 0\\ 0 & 0 & c_{23} & c_{24}\\ c_{31} & c_{32} & c_{33} & c_{34}\\ c_{41} & c_{42} & c_{43} & c_{44}\end{bmatrix}=0$，其中

$$c_{11}=EI\beta^3[\sin(\beta l_1)-\cosh(\beta l_1)]+\rho_t l_2\omega^2[\cos(\beta l_1)-\cosh(\beta l_1)]$$
$$c_{12}=-EI\beta^3[\cos(\beta l_1)+\sinh(\beta l_1)]+\rho_t l_2\omega^2[\sin(\beta l_1)-\sinh(\beta l_1)]$$
$$c_{23}=\cos(\beta l_2)+\cosh(\beta l_2),\quad c_{24}=\sin(\beta l_2)+\sinh(\beta l_2)$$
$$c_{31}=-\sin(\beta l_1)-\sinh(\beta l_1),\quad c_{32}=\cos(\beta l_1)-\cosh(\beta l_1)$$
$$c_{33}=-\sin(\beta l_2)+\sinh(\beta l_2),\quad c_{34}=\cos(\beta l_2)+\cosh(\beta l_2)$$
$$c_{41}=-\cos(\beta l_1)-\cosh(\beta l_1),\quad c_{42}=-\sin(\beta l_1)-\sinh(\beta l_1)$$
$$c_{43}=\cos(\beta l_2)-\cosh(\beta l_2),\quad c_{44}=\sin(\beta l_2)-\sinh(\beta l_2)$$

10.13 （1）频率方程为

$$\det\begin{bmatrix}\lambda-\varepsilon\ (n\pi)^2 & \varepsilon n\pi \\ \varepsilon n\pi & \lambda\left(\dfrac{r}{l}\right)-\varepsilon-(n\pi)^2\end{bmatrix}=0 \tag{5}$$

其中

$$\lambda=\frac{\omega^2 l^4 \rho A}{EI},\quad \varepsilon=\frac{kGAl^2}{EI}=k\frac{G}{E}\left(\frac{l}{r}\right)^2,\quad r=\sqrt{\frac{I}{A}} \tag{6}$$

对于同一个 n,有两个固有频率 ω_1 和 ω_2,小的 ω_1 对应的模态主要为弯曲模态,大的 ω_2 对应的模态主要为厚度剪切模态。

(2) 当 $h/l=0.4$,$k=2/3$ 和 $G/E=0.4$ 时,可以算出两个一阶频率参数对应的弯曲模态和厚度剪切模态,如图所示。

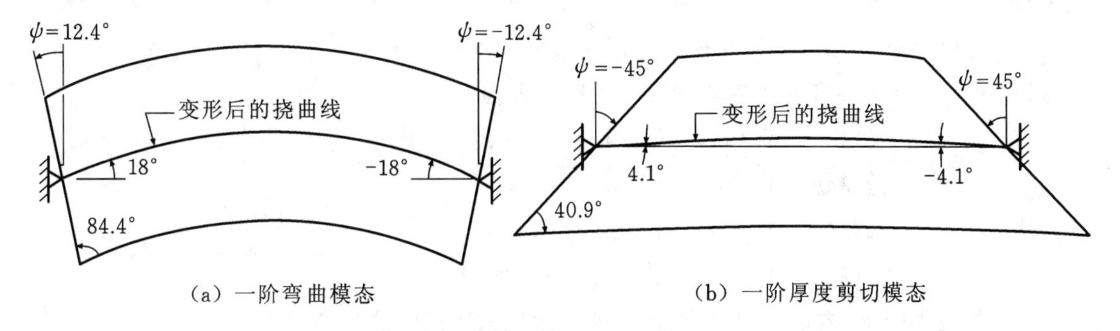

(a) 一阶弯曲模态　　(b) 一阶厚度剪切模态

第 11 章

11.1 $\omega_{mn}(t)=\pi\sqrt{\dfrac{T}{\rho}\left(\dfrac{m^2}{a^2}+\dfrac{n^2}{b^2}\right)}$

自由振动为 $w(x,y,t)=\sum\limits_{m=1}^{\infty}\sum\limits_{n=1}^{\infty}\sin\dfrac{m\pi x}{a}\sin\dfrac{n\pi x}{b}[A_{mn}\cos(\omega_{mn}t)+B_{mn}\sin(\omega_{mn}t)]$

11.2 (1) $w(x,y,t)=\sum\limits_{m=1}^{\infty}\sum\limits_{n=1}^{\infty}\eta_{mn}(t)\sin\dfrac{m\pi x}{a}\sin\dfrac{n\pi x}{b}$,

$$\eta_{mn}(t)=A_{mn}\cos\left[\pi\sqrt{\frac{T}{\rho}\left(\frac{m^2}{a^2}+\frac{n^2}{b^2}\right)}\ t\right]+B_{mn}\sin\left[\pi\sqrt{\frac{T}{\rho}\left(\frac{m^2}{a^2}+\frac{n^2}{b^2}\right)}\ t\right]$$
$$+\frac{4}{\pi\rho ab\sqrt{\dfrac{T}{\rho}\left(\dfrac{m^2}{a^2}+\dfrac{n^2}{b^2}\right)}}\int_0^t F_{mn}(\tau)\sin\left[\sqrt{\frac{T}{\rho}\left(\frac{m^2}{a^2}+\frac{n^2}{b^2}\right)}\ (t-\tau)\right]\mathrm{d}\tau$$

$$F_{mn}(t)=\int_0^a\int_0^b f(x,y,t)\sin\frac{m\pi x}{a}\sin\frac{n\pi x}{b}\mathrm{d}x\,\mathrm{d}y$$

其中,A_{mn} 和 B_{mn} 由初始条件确定。

(2) $F_{mn}(t)=\begin{cases}0, & m \text{ 或 } n \text{ 为偶数} \\ \dfrac{4f_0ab}{\pi^2 mn}, & m \text{ 和 } n \text{ 为奇数}\end{cases}$

$$\eta_{mn}(t)=\frac{16f_0}{\pi^4 mn\Delta^2}[1-\cos(\pi\Delta t)],\quad m\text{ 和 }n\text{ 为奇数},\quad \Delta^2=\frac{T}{\rho}\left(\frac{m^2}{a^2}+\frac{n^2}{b^2}\right)$$

11.3　$w(x,y,t)=\sum_{m=1}^{\infty}\sum_{n=1}^{\infty}\sin\frac{m\pi x}{a}\sin\frac{n\pi x}{b}[A_{mn}\cos(\omega_{mn}t)+B_{mn}\sin(\omega_{mn}t)]$

$$A_{mn}=\begin{cases}w_0, & m=1,n=1\\ 0, & m\neq 1,n\neq 1\end{cases},\quad B_{mn}=0$$

11.4　$\phi_1\phi_2[\lambda^4-m^4\pi^4(1-\nu)^2]+\phi_1\phi_2[\lambda^4+m^4\pi^4(1-\nu)^2]\cos\phi_1\cosh\phi_2$

$$+m^2\pi^2\left(\frac{b}{a}\right)^2[\lambda^4(1-2\nu)-m^4\pi^4(1-\nu)^2]\sin\phi_1\sinh\phi_2=0$$

其中,$\phi_1=(b/a)\sqrt{\lambda^2-m^2\pi^2}$，　$\phi_2=(b/a)\sqrt{\lambda^2+m^2\pi^2}$，

$$k^4=\rho h\omega^2/D,\quad \alpha=m\pi/a,\quad \lambda^2=(ka)^2=\omega a^2\sqrt{\rho h/D}$$

11.5　(1) 外边界和内边界均固支时的频率方程：

$$\begin{vmatrix}J_n(\lambda a) & Y_n(\lambda a) & I_n(\lambda a) & K_n(\lambda a)\\ J_n'(\lambda a) & Y_n'(\lambda a) & I_n'(\lambda a) & K_n'(\lambda a)\\ J_n(\lambda b) & Y_n(\lambda b) & I_n(\lambda b) & K_n(\lambda b)\\ J_n'(\lambda b) & Y_n'(\lambda b) & I_n'(\lambda b) & K_n'(\lambda b)\end{vmatrix}=0,\quad n=0,1,2,\cdots$$

(2) 外边界固支,内边界与一质量为 M 的刚性板固连时的频率方程：

$$\begin{bmatrix}J_n(\lambda a) & Y_n(\lambda a) & I_n(\lambda a) & K_n(\lambda a)\\ J_n'(\lambda a) & Y_n'(\lambda a) & I_n'(\lambda a) & K_n'(\lambda a)\\ J_n(\lambda b) & Y_n(\lambda b) & I_n(\lambda b) & K_n(\lambda b)\\ J_n'(\lambda b) & Y_n'(\lambda b) & I_n'(\lambda b) & K_n'(\lambda b)\end{bmatrix}\begin{bmatrix}A_n\\ B_n\\ C_n\\ D_n\end{bmatrix}=\begin{bmatrix}0\\0\\0\\0\end{bmatrix},\quad n=0,1,2,\cdots$$

11.6　边界条件为

$$M_r(a,\theta)=K_\psi\frac{\partial W}{\partial r}(a,\theta),\quad V_r(a,\theta)=-K_w W(a,\theta)$$

由下列方程组的系数行列式为零即可得到频率方程

$$A_n\left\{[J_{n+2}(\lambda)+J_{n-2}(\lambda)]-\frac{2}{\lambda}\left(\nu+\frac{K_\psi a}{D}\right)[J_{n+1}(\lambda)-J_{n-1}(\lambda)]-\left(2+\frac{4\nu n^2}{\lambda^2}\right)J_n(\lambda)\right\}$$

$$+A_n\left\{[I_{n+2}(\lambda)+I_{n-2}(\lambda)]+\frac{2}{\lambda}\left(\nu+\frac{K_\psi a}{D}\right)[I_{n+1}(\lambda)+I_{n-1}(\lambda)]+\left(2-\frac{4\nu n^2}{\lambda^2}\right)I_n(\lambda)\right\}=0$$

$$A_n\left\{-[J_{n+3}(\lambda)+J_{n-3}(\lambda)]+\frac{2}{\lambda}[J_{n+2}(\lambda)+J_{n+1}(\lambda)]+\left[3+\frac{4}{\lambda^2}+\frac{4(2-\nu)n^2}{\lambda^2}\right]\right.$$

$$\left.\cdot[J_{n+1}(\lambda)-J_{n-1}(\lambda)]+\frac{4}{\lambda^3}\left[2(3-\nu)n^2-\lambda^2-\frac{2K_w a^2}{D}\right]J_n(\lambda)\right\}$$

$$+B_n\left\{[I_{n+3}(\lambda)+I_{n-3}(\lambda)]+\frac{2}{\lambda}[I_{n+2}(\lambda)+I_{n-2}(\lambda)]+\left[3-\frac{4}{\lambda^2}-\frac{4(2-\nu)n^2}{\lambda^2}\right]\right.$$

$$\left.\cdot[I_{n+1}(\lambda)+I_{n-1}(\lambda)]+\frac{4}{\lambda^3}\left[2(2-3\nu)n^2+\lambda^2-\frac{2K_w a^2}{D}\right]I_n(\lambda)\right\}=0$$

11.7 提示:边界条件为

$$\begin{cases} W_{n1}(b)=W_{n2}(b)=0, & \dfrac{\partial W_{n1}(b)}{\partial r}=\dfrac{\partial W_{n2}(b)}{\partial r} \\ \dfrac{\partial^2 W_{n1}(b)}{\partial r^2}=\dfrac{\partial^2 W_{n2}(b)}{\partial r^2}, & M_{r1}(a)=V_{r2}(a)=0 \end{cases}$$

第 12 章

12.1 $\omega_n^2=\dfrac{D}{\rho h}\left[\left(\dfrac{n\pi}{L}\right)^4+\beta^4\right]$

12.2 $$\frac{EI}{R_s}\left[\frac{\partial^2}{\partial s^2}\left(\frac{v}{R_s}\right)-\frac{\partial^3 w}{\partial s^3}\right]+EA\left[\frac{\partial^2 v}{\partial s^2}+\frac{\partial}{\partial s}\left(\frac{w}{R_s}\right)\right]+q_s=\rho A\frac{\partial^2 v}{\partial t^2}$$

$$EI\left[\frac{\partial^3}{\partial s^3}\left(\frac{u_s}{R_s}\right)-\frac{\partial^4 u_3}{\partial s^4}\right]-\frac{EA}{R_s}\left[\frac{\partial u_s}{\partial s}+\frac{u_s}{R_s}\right]+q_z=\rho A\frac{\partial^2 u_3}{\partial t^2}$$

其中 $A=hb$ 为拱的截面积,$I=bh^3/12$ 为截面惯性矩,$q_s(s)$,$q_z(s)$为沿拱曲线作用的切向和法向分布载荷(单位长度的力)。

12.3 $$\frac{\partial}{\partial\phi}(N_{\phi\phi}R_\theta\sin\phi)+R_\phi\frac{\partial N_{\theta\phi}}{\partial\theta}-N_{\theta\theta}R_\phi\cos\phi$$
$$+R_\phi R_\theta\sin\phi\left(\frac{Q_{\phi z}}{R_\phi}+q_\phi\right)=R_\phi R_\theta\sin\phi\,\rho h\frac{\partial^2 u}{\partial t^2}$$

$$\frac{\partial}{\partial\phi}(N_{\phi\theta}R_\theta\sin\phi)+R_\phi\frac{\partial N_{\theta\theta}}{\partial\theta}+N_{\theta\phi}R_\phi\cos\phi$$
$$+R_\phi R_\theta\sin\phi\left(\frac{Q_{\theta z}}{R_\theta}+q_\theta\right)=R_\phi R_\theta\sin\phi\,\rho h\frac{\partial^2 v}{\partial t^2}$$

$$\frac{\partial}{\partial\phi}(Q_{\phi z}R_\theta\sin\phi)+R_\phi\frac{\partial Q_{\theta z}}{\partial\theta}-\left(\frac{N_{\phi\phi}}{R_\phi}+\frac{N_{\theta\theta}}{R_\theta}\right)R_\phi R_\theta\sin\phi$$
$$+q_z R_\phi R_\theta\sin\phi=R_\phi R_\theta\sin\phi\,\rho h\frac{\partial^2 w}{\partial t^2}$$

其中

$$Q_{\phi z}=\frac{1}{R_\phi R_\theta\sin\phi}\left[\frac{\partial}{\partial\phi}(M_{\phi\phi}R_\theta\sin\phi)+R_\phi\frac{\partial M_{\theta\phi}}{\partial\theta}-M_{\theta\theta}R_\phi\cos\phi\right]$$
$$Q_{\theta z}=\frac{1}{R_\phi R_\theta\sin\phi}\left[\frac{\partial}{\partial\phi}(M_{\phi\theta}R_\theta\sin\phi)+R_\phi\frac{\partial M_{\theta\theta}}{\partial\theta}+M_{\theta\phi}R_\phi\cos\phi\right]$$

12.4 $\nabla^4\left[D\,\nabla^4+\left(\dfrac{Eh}{R^2}-\rho h\omega^2\right)\right]W=0$

12.5 $\omega^2=\dfrac{1}{\rho hR^4}\left[\dfrac{EhR^2\lambda^4}{(\lambda^2+\mu^2)^2}+D\,(\lambda^2+\mu^2)^2\right]$

第 13 章

13.1 (1) 基频满足 $\omega l^2\sqrt{\dfrac{\rho A}{EI}}=\sqrt{20}=4.4732$。

(2) 基频满足 $\omega l^2\sqrt{\dfrac{\rho A}{EI}}=3.664$。

13.2 $\lambda_1=\dfrac{\omega^2 l^4\rho A}{EI}=3.5327$， $\lambda_2=\dfrac{\omega^2 l^4\rho A}{EI}=34.807$

13.3 (1) $\lambda=\dfrac{\omega^2 l^4\rho A}{EI}=\dfrac{162}{13}\times\left(1-\dfrac{1}{8}\gamma\right)=12.46-1.558\gamma$，其中 $\gamma=\rho g A l^2/(EI)$

13.4 $\omega_{11}=4\sqrt{\left(\dfrac{1}{a^4}+\dfrac{1}{b^4}+\dfrac{2^8}{3^2\times 7^2}\dfrac{1}{a^2b^2}\right)}\sqrt{\dfrac{D}{\rho h}}$

13.5
$$\det\begin{vmatrix} a_{11} & a_{12} & \cdots & a_{1n} \\ a_{21} & a_{22} & \cdots & a_{2n} \\ \vdots & \vdots & & \vdots \\ a_{n1} & a_{n2} & \cdots & a_{nn} \end{vmatrix}=0$$

其中

$$a_{kl}=a_{lk}=\int_A(D\,\nabla^4 W_k-\rho h\omega^2 W_k)W_l\,\mathrm{d}x\,\mathrm{d}y-\int_A M\omega^2 W_k W_l\delta(x-x_p)\delta(y-y_p)\,\mathrm{d}x\,\mathrm{d}y$$
$$=\int_A(D\,\nabla^4 W_k-\rho h\omega^2 W_k)W_l\,\mathrm{d}x\,\mathrm{d}y-M\omega^2\sum_{p=1}^{4}W_k W_l(x_p,y_p),\quad k,l=1,2,\cdots,n$$
$$W_k(x,y)=\sin\frac{i\pi x}{a}\sin\frac{j\pi x}{b},\quad k=1,2,\cdots$$

上式中的 k 只起到编号作用，编号规则可任意定义，比如，当 $i,j=1,2,3$ 时，取 $k=3(i-1)+j$。

第 15 章

15.1
$$\begin{cases} F_X(u)=0, & -\infty<u<0 \\ F_X(u)=0.1u, & 0\leqslant u<10 \\ F_X(u)=1, & 10\leqslant u<\infty \end{cases}$$

15.2 $F_X(u)=0.05(u+4)[U(u-0)-U(u-10)]+U(u-10)$

15.4 $p_Y(u)=0.05U(u)+0.05(u+4)\delta(u)-0.05U(u-10)+(0.8-0.05u)\delta(u-10)$

或 $p_Y(u)=0.05U(u)U(u-10)+0.2\,\delta(u)+0.3\,\delta(u-10)$

15.5 $p_{XY}(u,v)=(8\,\mathrm{e}^{-4u-4v}+3\,\mathrm{e}^{-4u-3v}+3\,\mathrm{e}^{-3u-4v})U(u)U(v)$

15.6 $F_X(u)=\dfrac{(u-1)^2}{16}[U(u-1)-U(u-5)]+U(u-5)$

$$F_Y(v)=\left[\frac{5(v-1)}{8}-\frac{v-1}{16}\right][U(v-1)-U(v-5)]+U(v-5)$$

15.7 $p_X(u)=\left(3\,\mathrm{e}^{-4u}+\dfrac{3\,\mathrm{e}^{-3u}}{4}\right)U(u)$，由于 $F_{XY}(u,v)$ 的形式关于 u,v 对称，所以关于 Y 的边缘概率密度具有与 X 相同的形式。

15.8 $F_X(u|Y=v)=\dfrac{p_{XY}(u,v)}{p_Y(v)}=\dfrac{u+1}{3}[U(u+1)-U(2-u)]+U(u-2)$

$$F_Y(v|X=u)=\frac{v+1}{2}[U(v+1)-U(v-1)]+U(v-1)$$

15.9 $p_X(u|Y=v)=\dfrac{8\ \mathrm{e}^{-4u-4v}+3\ \mathrm{e}^{-4u-3v}+3\ \mathrm{e}^{-3u-4v}}{3(\mathrm{e}^{-4v}+\mathrm{e}^{-3v}/4)}U(u),\quad v\geqslant 0$

15.10 $p_{XY}(u,v)=p_Y(v|X=u)p_X(u)=\dfrac{1}{10u}U(u)U(10-u)U(v)U(u-v)$

15.11 X 和 Y 之间是不独立的。

15.12 X 和 Y 之间是不独立的。

15.13 $E(X^2)=\int_{-\infty}^{\infty}u^2 p_X(u)\mathrm{d}u=0.1\int_0^{10}u^2\ \mathrm{d}u=33.3$

$$E[\sin(3X)]=\int_{-\infty}^{\infty}\sin(3u)p_X(u)\mathrm{d}u=0.1\int_0^{10}\sin(3u)\mathrm{d}u=\frac{1-\cos 30}{30}$$

15.14 $E(X^2)=\int_{-\infty}^{\infty}\int_{-\infty}^{\infty}u^2 p_{XY}(u,v)\mathrm{d}u\mathrm{d}v=\dfrac{1}{8}\int_1^5 u^2\ \mathrm{d}u\int_1^u \mathrm{d}v=14.33$

$$E(XY)=\int_{-\infty}^{\infty}\int_{-\infty}^{\infty}uvp_{XY}(u,v)\mathrm{d}u\mathrm{d}v=\frac{1}{8}\int_1^5 u\mathrm{d}u\int_1^u v\mathrm{d}v=9$$

15.15 $\mu_X=\mu$；

$$E[(X-\mu_X)^j]=\begin{cases}0, & j\text{ 为奇数}\\ 1\times 3\cdots(j-1)(j-3)\sigma^j, & j\text{ 为偶数}\end{cases}$$

15.17 $E(X\mid Y=v)=\int_0^{\infty}u\dfrac{8\mathrm{e}^{-4u-4v}+3\mathrm{e}^{-4u-3v}+3\mathrm{e}^{-3u-4v}}{3(\mathrm{e}^{-4v}+\mathrm{e}^{-3v}/4)}\mathrm{d}u=\dfrac{9+40\mathrm{e}^{-v}}{36\times(1+\mathrm{e}^{-v})},\quad v\geqslant 0$

$$E(X^2\mid Y=v)=\int_0^{\infty}u^2\frac{8\mathrm{e}^{-4u-4v}+3\mathrm{e}^{-4u-3v}+3\mathrm{e}^{-3u-4v}}{3(\mathrm{e}^{-4v}+\mathrm{e}^{-3v}/4)}\mathrm{d}u=\frac{27+136\mathrm{e}^{-v}}{216\times(1+4\mathrm{e}^{-v})},\quad v\geqslant 0$$

15.18 $E(Y|X=u)=E(Y)=0$

$E(X|Y=v)=E(X)=0.5,\quad -1<v<1$

$E(X|Y>0.5)=E(X)=0.5$

15.19 $M_X(\theta)=\dfrac{1}{6}(\mathrm{e}^{\mathrm{i}\theta}+\mathrm{e}^{2\mathrm{i}\theta}+\mathrm{e}^{3\mathrm{i}\theta}+\mathrm{e}^{4\mathrm{i}\theta}+\mathrm{e}^{5\mathrm{i}\theta}+\mathrm{e}^{6\mathrm{i}\theta})$

$E(X)=7/2, E(X^2)=91/6$

15.20 $M_{\boldsymbol{X}}(\boldsymbol{\theta})=\exp\left(\mathrm{i}\boldsymbol{\theta}^{\mathrm{T}}\boldsymbol{\mu}_{\boldsymbol{X}}-\dfrac{1}{2}\boldsymbol{\theta}^{\mathrm{T}}\boldsymbol{K}_{XX}\boldsymbol{\theta}\right)$

15.21 $\mu_X(t)=E[X(t)]=E(A)\cos(\omega t)=\mu_A\cos(\omega t)$

$\phi_{XX}(t,s)=E[X(t)X(s)]=E(A^2)\cos(\omega t)\cos(\omega s)$

$K_{XX}(t,s)=\phi_{XX}(t,s)-\mu_X(t)\mu_X(s)=\sigma_A^2\cos(\omega t)\cos(\omega s)$

15.22 $\mu_X(t)=0$

$$K_{XX}(t,s)=\phi_{XX}(t,s)=\frac{1}{2}E(A^2)\cos[\omega(t-s)]$$

15.23 该过程具有均值平稳性、二阶矩平稳性和自相关函数平稳性。

15.24 $\begin{cases}R_{XX}(\tau)=E(A^2), & \tau=0\\ R_{XX}(\tau)=0, & \tau\neq 0\end{cases}$

这个函数在 $\tau=0$ 处不连续，在其他点均连续。

15.25 $\{X(t)\}$到处均方连续。

15.26 $\phi_{\dot{X}\dot{X}}(t,s)=\frac{\partial^2}{\partial t\partial s}\phi_{XX}(t,s)=20[1-(t-s)^2]\mathrm{e}^{-5(t-s)^2}+9\ \mathrm{e}^{3(t+s)}$

15.27 $R_{\dot{X}\dot{X}}(\tau)=-\frac{\mathrm{d}^2}{\mathrm{d}\tau^2}R_{XX}(\tau)=\mathrm{e}^{-a|\tau|}[2a\tau\delta(\tau)-a^2]$

15.28 $\phi_{XZ}(t_1,t_2)=E(A^2)U(t_1)U(\Delta-t_1)[t_2U(t_2)U(\Delta-t_2)+\Delta U(t_2-\Delta)]$

$\phi_{ZZ}(t_1,t_2)=E(A^2)[t_1U(t_1)U(\Delta-t_1)+\Delta U(t_1-\Delta)][t_2U(t_2)U(\Delta-t_2)+\Delta U(t_2-\Delta)]$

第16章

16.1 $h_x(t)=c^{-1}(1-\mathrm{e}^{-ct/m})U(t)$

16.2 $\mu_X(t)=\mu_Y\mathrm{e}^{-k(t-t_0)/c}U(t-t_0)$

$K_{XX}(t_1,t_2)=\sigma_X^2 g(t_1-t_0)g(t_2-t_0)=\sigma_X^2\mathrm{e}^{-k(t_1+t_2-2t_0)/c}$

$\phi_{XX}(t_1,t_2)=E(Y^2)g(t_1-t_0)g(t_2-t_0)=E(Y^2)\mathrm{e}^{-k(t_1+t_2-2t_0)/c}$

16.3 $K_{XX}(t_1,t_2)=\frac{G_0\ \mathrm{e}^{-k|t_1-t_2|/c}}{c}\left(\frac{1}{2k}-\frac{\mathrm{e}^{-\alpha\min(t_1,t_2)}}{2k-\alpha c}\right)+\frac{\alpha G_0\ \mathrm{e}^{-k(t_1+t_2)/c}}{2k(2k-\alpha c)}$

16.4 $G_{XX}(\tau)=S_0\pi\alpha\mathrm{e}^{-\alpha|\tau|}$

16.5 $S_{XX}(\omega)=\frac{S_{FF}(\omega)}{\omega^2c^2+\omega^4m^2}$

16.6 (a) $\frac{k}{k+\mathrm{i}c\omega}$；$\frac{k}{c}\mathrm{e}^{-(k/c)t},t\geqslant0$

(b) $\frac{\frac{1}{2}(3L/l-1)}{3\mathrm{EI}/l^3+\mathrm{i}c\omega}$；$\frac{(3L/l-1)}{2c}\mathrm{e}^{-(3\mathrm{EI}/cl^3)t},t\geqslant0$

(c) $\frac{c}{(J\omega^2-3c)(J\omega^2-c)}$；$\frac{1}{2\sqrt{cJ}}\left(\sin\sqrt{\frac{c}{J}}t-\frac{1}{\sqrt{3}}\sin\sqrt{\frac{3c}{J}}t\right),t\geqslant0$

(d) $\frac{\mathrm{i}c\omega+k}{-m\omega^2+\mathrm{i}c\omega+k}$；

$\mathrm{e}^{-(c/2m)t}\left[\frac{c}{m}\cos\sqrt{\frac{k}{m}-\frac{c^2}{4m^2}}t+\frac{k/m-c^2/2m^2}{\sqrt{k/m-c^2/4m^2}}\sin\sqrt{\frac{k}{m}-\frac{c^2}{4m^2}}t\right]$

16.7 (1)$H(\omega)=\frac{-m}{-m\omega^2+\mathrm{i}c\omega+k}$；(2)$h(t)=\frac{-\mathrm{e}^{-(c/2m)t}\sin\sqrt{k/m-c^2/4m^2}\,t}{\sqrt{k/m-c^2/4m^2}}$

16.8 $\frac{\pi S_0m^2}{kc}$；$m\sqrt{\frac{\pi S_0k}{c}+a^2}$

16.9 (1) $0,\frac{\pi S_0}{kc}$；(2)$0,\frac{2S_0}{kc}\tan^{-1}\frac{\Omega c}{k}$

$R_x(\tau)=2\pi S_0\ \delta(\tau)$；　$R_y(\tau)=\frac{\pi S_0}{kc}\mathrm{e}^{-(k/c)|\tau|}$；　$S_y(\omega)=\frac{S_0}{k^2+c^2\omega^2}$

16.10　$\pi S_0\left\{\dfrac{ck_2(k_1+k_2)/\omega_0k_1+c^2}{[c(k_1+k_2)/\omega_0][c(k_1+k_2)+k_1k_2/\omega_0]}\right\}$

16.11　$H(\omega)=\dfrac{\gamma}{G}$,

$$G=m_1m_2\omega^4-\mathrm{i}m_2c\omega^3-[(k_1+\gamma)m_2+(k_2+\gamma)m_1]\omega^2$$
$$+\mathrm{i}(k_2+\gamma)c\omega+k_1k_2+\gamma(k_1+k_2);$$

$\dfrac{\pi S_0}{2c}$

16.13　$E(X_1^2)=2.671\times10^{-3}\,\mathrm{m}^2$

16.14　$\boldsymbol{H}(\omega)=\dfrac{1}{D}\begin{bmatrix}1000-\omega^2+\mathrm{i}\omega & 1000+\mathrm{i}\omega\\ 1000+\mathrm{i}\omega & 2\times(1000-\omega^2+\mathrm{i}\omega)\end{bmatrix}$

其中

$$\begin{aligned}D(\omega)&=1000\times(\omega^4-2\,\mathrm{i}\omega^3-2000.5\omega^2+1000\,\mathrm{i}+5\times10^5)\\&=1000\times(292.9-\omega^2+0.2929\,\mathrm{i}\omega)(1707-\omega^2+1.707\,\mathrm{i}\omega)\end{aligned}$$

16.15　$\boldsymbol{A}\dot{\boldsymbol{Y}}(t)+\boldsymbol{B}\boldsymbol{Y}(t)=\boldsymbol{Q}(t)$

其中

$\boldsymbol{Y}(t)=[X_1,X_2,\dot{X}_1]^{\mathrm{T}}$,

$$\boldsymbol{A}=\boldsymbol{I}_3,\quad \boldsymbol{B}=\begin{bmatrix}0 & 0 & -1\\ 0 & k_2/c_2 & -1\\ k_1/m & k_2/m & c_1/m\end{bmatrix},\quad \boldsymbol{Q}(t)=\frac{1}{m}\begin{bmatrix}0\\0\\F(t)\end{bmatrix}$$

$\boldsymbol{H}(\omega)=[\mathrm{i}\omega\boldsymbol{A}+\boldsymbol{B}]^{-1}$

16.16　$E[y^2(x,t)]=S_0\displaystyle\int_{-\omega_c}^{\omega_c}|H(x,a,\omega)|^2\,\mathrm{d}\omega$

$E[\dot{y}^2(x,t)]=S_0\displaystyle\int_{-\omega_c}^{\omega_c}\omega^2|H(x,a,\omega)|^2\,\mathrm{d}\omega$

其中

$$H(x,a,\omega)=\begin{cases}\dfrac{\sinh[\lambda_1(L-a)]}{2T\lambda_1\sinh(\lambda_1L)}\sinh(\lambda_1x), & 0<x<a\\[2ex] \dfrac{\sinh(\lambda_1a)}{2T\lambda_1\sinh(\lambda_1L)}\sinh[\lambda_1(L-x)], & a<x<L\end{cases}$$

16.17　$E[y^2(x,t)]=\dfrac{4S_0L^3}{\pi^2\mathrm{EI}c}\displaystyle\sum_{j=1}^{\infty}\dfrac{\sin^2\left(j\dfrac{\pi x}{L}\right)}{j^4}$

$E[\dot{y}^2(x,t)]=\dfrac{4\pi^2S_0L^3}{mLc}\displaystyle\sum_{j=1}^{\infty}\sin^2\left(j\dfrac{\pi x}{L}\right)$

16.18　$E[M^2(x,t)]=\displaystyle\int_{-\infty}^{\infty}S_{MM}(x,x,\omega)\,\mathrm{d}\omega=\dfrac{4\pi^2S_0\mathrm{EI}}{Lc}\sum_{j=1}^{\infty}\sin^2\left(j\dfrac{\pi x}{L}\right)$

参考文献

[1] 季文美,方同,陈松淇.机械振动[M].北京:科学出版社,1985.

[2] 刘延柱,陈立群,陈文良.振动力学[M].北京:高等教育出版社,1998.

[3] RAO S S.Mechanical vibrations[M].6th ed.London:Pearson,2017.

[4] GERADIN M,RIXEN D J.Mechanical vibrations:theory and application to structural dynamics[M].3rd ed.New York:John Wiley & Sons,Inc.,2015.

[5] NAYFEH A H,MOOK D T.Nonlinear oscillations[M].New York:John Wiley & Sons,Ltd,1995.

[6] JORDAN D W,SMITH P.Nonlinear ordinary differential equations:an introduction for scientists and engineers[M]. 4th ed. Oxford:Oxford University Press,2007.

[7] RAO S S. Vibration of continuous systems[M]. New York:John Wiley & Sons, Inc.,2019.

[8] SOEDEL W. Vibrations of shells and plates[M]. 3rd ed. New York: Marcel Dekker Inc.,2004.

[9] LUTES L D,SARKANI S.Random vibrations:analysis of structural and mechanical systems[M].Amsterdam:Elsevier,2004.

[10] NEWLAND D E.An introduction to random vibrations,spectral & wavelet analysis [M]. 3rd ed. New York:Dover Publications Inc.,2005.